DIE MATHEMATISCHE METHODE

LOGISCH ERKENNTNISTHEORETISCHE UNTERSUCHUNGEN IM GEBIETE DER MATHEMATIK MECHANIK UND PHYSIK

VON

OTTO HÖLDER

O. PROFESSOR AN DER UNIVERSITÄT LEIPZIG

MIT 235 ABBILDUNGEN

VERLAG VON JULIUS SPRINGER · BERLIN · 1924

ISBN-13: 978-3-642-48484-1   e-ISBN-13: 978-3-642-48551-0
DOI: 10.1007/978-3-642-48551-0

VORWORT.

Das Interesse allgemeinerer Kreise an der Mathematik hat in neuerer Zeit entschieden zugenommen. Es ist dies die Folge teils der Anwendungen, welche die Technik von dieser Wissenschaft macht, teils der Bemühungen der Philosophie um das Problem, das durch das Vorhandensein einer solchen Wissenschaft gestellt ist. Darum ist es auch kein Wunder, daß die Mathematiker selbst mehr als früher geneigt sind, weiteren Kreisen von ihrer Wissenschaft Mitteilungen zukommen zu lassen und sich an der Erörterung der mit der Mathematik verknüpften erkenntnistheoretischen Fragen zu beteiligen. So habe ich mich schon vor einer Reihe von Jahren entschlossen, die Überlegungen der Öffentlichkeit zu unterbreiten, die seit meiner Studentenzeit, ursprünglich durch die Kantsche Philosophie angeregt, meine Facharbeit begleitet haben.

Schon vorher hatte meine, im Jahre 1900 veröffentlichte Leipziger Antrittsvorlesung mir den Anlaß geboten, mich über das Teilgebiet der Geometrie in der einer Gelegenheitsschrift entsprechenden kurzen Weise zu äußern. In den Jahren 1903—1910 sind dann die bekannten größeren Werke von Russel, Couturat und Natorp über die Prinzipien der Mathematik und der exakten Wissenschaften erschienen. Diese Schriften haben viel Dankenswertes gebracht, ohne jedoch auf die logischen und erkenntnistheoretischen Fragen diejenigen Antworten zu geben, die mir als die vermutlich richtigsten vorschweben. Hieraus ergab sich mir der äußere Anstoß zu der ausführlichen Darlegung meines eigenen Standpunktes. Die Arbeit hat einen großen Umfang angenommen, weil es in solchen Fragen unerläßlich ist, daß man sich mit den abweichenden Ansichten auseinandersetzt, und auch deshalb, weil ich alle die mathematischen Ergebnisse, auf die ich mich stützen mußte, und die nicht zum Gemeingut der Gebildeten gehören, in dem Buche selbst entwickeln wollte.

Begonnen wurde die Schrift in der ersten Zeit des großen Krieges, als die Stimmung der noch konzentrierteren mathematischen Facharbeit weniger günstig war. Vor ungefähr Jahresfrist erst war die Ausarbeitung vollendet, und es ist dadurch die Veröffentlichung in eine schwierige Zeit gefallen. Um so mehr habe ich der Verlagsbuchhandlung dafür zu danken, daß sie es ohne irgendwelche Hilfe unternommen hat, mein Buch zum Erscheinen zu bringen, und daß sie ihm eine so gute und schöne Ausstattung hat zuteil werden lassen

Leipzig, im März 1924.

O. Hölder.

INHALT.

Seite

Einleitung 1

Erster Teil.
Beispiele aus den einzelnen Gebieten.
Erster Abschnitt.
Der geometrische Beweis.

§ 1. Vorgegebene und synthetische Begriffe. Gegenstandsbegriffe. Relationsbegriffe 10
§ 2. Axiome, insbesondere Existentialaxiome 12
§ 3. Das Parallelenaxiom 16
§ 4. Einfachste Beweisformen: Winkelsumme im Dreieck, gleichschenkliges
Dreieck 18
§ 5. Beispiel aus der nichteuklidischen Geometrie 19
§ 6. Das Wesen dieser Beweise 22
§ 7. Rolle der Anschauung. Rein logische Beweisführung 26
§ 8. Rein logische Entwicklung von Anordnungstatsachen 29
§ 9. Symbolrechnung 31
§ 10. Beweise, die durch Abbildung geführt werden 32

Zweiter Abschnitt.
Beweise und Konstruktionen in der Mechanik.

§ 11. Mittelpunkt von drei gleichen, an einer ebenen Platte angreifenden
Parallelkräften 37
§ 12. Der Hebelbeweis des ARCHIMEDES 39
§ 13. MACHs Kritik des Beweises 42
§ 14. Geradlinige Bewegung einer Masse unter dem Einfluß einer konstanten
Kraft 45
§ 15. Konstruktion der Wurfparabel 47
§ 16. Rückblick 49

Dritter Abschnitt.
Die Synthese des Maßbegriffs.

§ 17. Qualität und Quantität. Maß 50
§ 18. Gleichheit und Äquivalenz 51
§ 19. Das Ganze und der Teil bei den Strecken. Addition der Strecken . . . 56
§ 20. Die unendliche Länge der Geraden 59
§ 21. Vielfache und Bruchteile von Strecken 61
§ 22. Begründung des Streckenmaßes 63
§ 23. Proportionen 67
§ 24. Maßzahlen von mit Zirkel und Lineal konstruierbaren Strecken 72
§ 25. Das Maß bei anderen Größenarten 77

Seite

§ 26. Inhalt von ebenen Figuren und Körpern 79
§ 27. Inhaltsmaß und rechnende Geometrie 82
§ 28. Die Dimension in der Mechanik und der Physik 83

Vierter Abschnitt.
Die mathematische Stetigkeit. Eigenschaften unendlicher Punktmengen.

§ 29. Das DEDEKINDsche Stetigkeitsaxiom 86
§ 30. Beweis des archimedischen Hilfssatzes 88
§ 31. Die Existenz der genauen Teilstrecke 90
§ 32. Einholung eines bewegten Punktes durch einen anderen 93
§ 33. Bemerkungen über Kontinuum, stetige Abhängigkeit und zusammenhängende Linie. Die Stetigkeit als Prinzip von LEIBNIZ 96
§ 34. Mengen von unendlich vielen Punkten 98
§ 35. Existenz des Verdichtungspunkts und des rechten und linken Grenzpunkts 99
§ 36. „Nichtabzählbarkeit" des Punktkontinuums 102

Fünfter Abschnitt.
Analytische Geometrie.

§ 37. Abszissen auf einer Geraden 104
§ 38 Koordinaten in einer Ebene. Gleichung einer Geraden. Anordnung der
Punkte in der Geraden 105
§ 39. Strecken und Winkel. Parallelität und Senkrechtstehen 107
§ 40. Kegelschnitte 108
§ 41. Abbildung der Ebene und des Raumes auf Zahlenmannigfaltigkeiten . 109

Sechster Abschnitt.
Widerspruchslosigkeit und Unabhängigkeit der geometrischen Axiome.
Höhere Mannigfaltigkeiten.

§ 42. Die Widerspruchslosigkeit der euklidischen Geometrie 113
§ 43. Die Unabhängigkeit des Parallelenaxioms von den anderen Axiomen oder
die Widerspruchslosigkeit der nichteuklidischen Geometrie 115
§ 44. JOHN STUART MILLs Äußerungen zum Parallelenaxiom 118
§ 45. Neueste Versuche das Parallelenaxiom aufzufassen 120
§ 46. Andere Arten des Aufbaus der Geometrie 123
§ 47. Wert der „Axiomatik" 124
§ 48. Sogenannte vier- und mehrdimensionale Geometrie. RIEMANNS allgemeine
Zahlenmannigfaltigkeiten 125

Siebenter Abschnitt.
Methode der Grenzwerte oder Infinitesimalverfahren.

§ 49. Bestimmung des Inhalts der Kreisfläche 130
§ 50. Dreiecke mit gleicher Grundlinie und Höhe 132
§ 51. Würdigung des in den beiden letzten Paragraphen benutzten Beweisverfahrens 133
§ 52. Gleichförmig beschleunigte Bewegung 135
§ 53. Strenger Beweis für die eindeutige Bestimmtheit des Grenzwerts . . . 138
§ 54. Unhaltbarkeit der logisch transzendenten Auffassung des Unendlichen.
KEPLER und CAVALIERI 140
§ 55. Sogenannte Summen unendlicher Reihen 142
§ 56. Herleitung der Barometerformel 145

Seite

Achter Abschnitt.
Funktion und Differentialquotient.

§ 57. Begriff der Funktion 149
§ 58. Der Differentialquotient als Koeffizient der Kurvensteigung 151
§ 59. Der Differentialquotient als Geschwindigkeitsmaß 152
§ 60. Würdigung des Begriffs des Differentialquotienten 154
§ 61. Anwendung auf Maxima und Minima 156
§ 62. Satz von ROLLE. Mittelwertsatz und Folgerungen für endliche Zuwüchse 158

Neunter Abschnitt.
Reine niedere Arithmetik der reellen Zahlen.

§ 63. Die ganze Zahl als Stellenzeichen und als Anzahl 161
§ 64. Addition der Stellenzeichen 163
§ 65. Beweis des Assoziativgesetzes und des Kommutativgesetzes der Addition 165
§ 66. Analyse eines anderen Beweises des Kommutativgesetzes 168
§ 67. Die Notwendigkeit der Grundtatsache und des Anzahlbegriffs auch für
theoretische Erwägungen 169
§ 68. Beweis der Grundtatsache 171
§ 69. Begründung der Anzahl. Addition und Subtraktion der Anzahlen . . . 174
§ 70. Multiplikation der Anzahlen 176
§ 71. Beweis des Kommutativgesetzes der Multiplikation 177
§ 72. Produkt von beliebig vielen Faktoren 180
§ 73. Die Buchstabenrechnung 181
§ 74. Brüche 182
§ 75. Irrationalzahlen 187
§ 76. Die Existenz der oberen Grenze 191
§ 77. Negative Zahlen 194

Zehnter Abschnitt.
Die sogenannten imaginären Zahlen und ihre Anwendungen.

§ 78. Der „casus irreducibilis" der Gleichung dritten Grades und die imaginären
Zahlen 199
§ 79. Geometrische Darstellung und Begründung 201
§ 80. Rein arithmetische Begründung 204
§ 81. NATORPS Vorschlag für eine arithmetische Begründung 205
§ 82. Der Fundamentalsatz der Algebra 207
§ 83. Allgemeine Bemerkungen über die Einführung neuer Zahlenarten . . . 209
§ 84. Die HAMILTONschen Quaternionen 212
§ 85. Weitere Beispiele 214
§ 86. Potenzlinie. Imaginäre Schnittpunkte von Kreisen 219
§ 87. Unendlich ferne Punkte 223
§ 88. Imaginäre unendlich ferne Punkte 226

Elfter Abschnitt.
Höhere Arithmetik der reellen Zahlen.

§ 89. Zerlegung der Zahlen in Primzahlen 228
§ 90. Die unendliche Zahl der Primzahlen 232
§ 91. Satz von FERMAT 233
§ 92. Darstellung einer Primzahl als Summe zweier Quadrate 235
§ 93. Gerade und ungerade Permutationen und Substitutionen 241

Zweiter Teil.

Logische Analyse der Methoden.

Zwölfter Abschnitt.

Allgemein logische Vorbemerkungen.

Seite

§ 94. Form und Inhalt der Aussagen 247
§ 95. Schlüsse. Umkehrung der zweigliedrigen Relation 249
§ 96. Begriff. Umfang und Inhalt. Merkmalstheorie 251
§ 97. Bildung der Begriffe. Definition 253
§ 98. Gegenstand und Begriff höherer Ordnung. Begriffszeichen. Begriff und Sache 255
§ 99. Vorangehender und nachfolgender Begriff 257
§ 100. Einteilung eines Begriffs. Prinzip der Einteilung 258
§ 101. Urteil. Bejahung und Verneinung. Beziehung zu den Existenzurteilen 261
§ 102. Abhängigkeit der Urteile. Hypothetisches Urteil. Alternative. Unverträglichkeit. Prinzip des Widerspruchs 264
§ 103. Die eigentliche Bedeutung des hypothetischen Urteils und der Unverträglichkeit. Indirekter Beweis 266
§ 104. Gibt es eine Verneinung des hypothetischen Urteils? Verträglichkeit. Das Problem von LEWIS-CARROLL 269
§ 105. Logistik. Kalkül der Gattungsbegriffe und Relationen 272
§ 106. Urteilskalkül. Allgemeine Verstandesbegriffe 275

Dreizehnter Abschnitt.

Bausteine zu einer Logik der mathematischen Wissenschaften.

§ 107. Verkettung der Relationen 278
§ 108. Beispiel: Die Theorie des dritten Elements 282
§ 109. Erweiterung der Theorie mit Hilfe eines neuen Relationsbegriffs . . . 285
§ 110. Zahlformeln, Vertauschungen und Ähnliches 288
§ 111. Synthetische Begriffe 292
§ 112. Synthetische Allgemeinbegriffe und erzeugende Beziehungen 297
§ 113. Abbildung und auf Grund von Abbildungen gezogene Schlüsse 302
§ 114. Vereinfachte Abbildung. Darstellung und Deutung 304
§ 115. Substitution des Gleichartigen für das Gleichartige. Prinzip der übereinstimmenden Erzeugung 309
§ 116. Überbauung synthetischer und anderer Begriffe durch synthetische Begriffe 313
§ 117. Die sogenannte axiomatische Arithmetik beleuchtet vom Standpunkt der Überbauung der Begriffe 319
§ 118. Weitere Aufschlüsse über hypothetisches Urteil und Unverträglichkeit, Widerspruchslosigkeit und Unabhängigkeit 326
§ 119. Schluß von n auf $n + 1$. Beispiele 331
§ 120. Würdigung dieser und anderer ähnlicher Schlußweisen 334
§ 121. Die Reihenfolge ein Gegenstand des Denkens und eine Form des Denkprozesses 338
§ 122. Nichtableitbarkeit des Begriffs der Reihenfolge. Versuch diesen Begriff auf ein System von Relationen zurückzuführen 339
§ 123. Neuer Versuch einer solchen Zurückführung 346
§ 124. Das Kontinuum eine gegebene Urform 349
§ 125. Der notwendige Charakter mathematischer Betrachtung und die verschiedenen Seiten des mathematischen Denkprozesses 351
§ 126. Vom Einfachen und Zusammengesetzten 358
§ 127. KANTS synthetische und analytische Urteile 361

Dritter Teil.
Der Zusammenhang mit der Erfahrung.

Vierzehnter Abschnitt.
Die Tatsachen räumlicher Wahrnehmung und die Grundbegriffe und Axiome der Geometrie.

Seite

§ 128. Die Geometrie als Erfahrungswissenschaft im Gegensatz zu der Theorie von KANT 367
§ 129. Sehlinie. Gespannter Faden. Starrer Körper 369
§ 130. Möglichkeit der „Abbildung" von Erfahrungstatsachen durch das Denken. Realrelationen. Gegenstände höherer Ordnung 374
§ 131. Grund der Anwendbarkeit der Mathematik auf Erfahrung 380
§ 132. KANTS Argumente für die angebliche Subjektivität der Raumordnung . 382
§ 133. Die unendliche Länge der Geraden. Der Körper und sein Spiegelbild . 385
§ 134. Apriorisches und aposteriorisches Wissen 389
§ 135. Möglichkeit der Bestätigung oder Widerlegung der Geometrie in der Erfahrung. Idealisierung. Genauigkeitsgrenzen 395

Fünfzehnter Abschnitt.
Tatsachen und Annahmen in der klassischen Mechanik.

§ 136. Allgemeine Stellungnahme zu den Grundbegriffen und Definitionen der Mechanik 401
§ 137. Kraft 403
§ 138. Trägheitsgesetz 406
§ 139. Zeitmessung 407
§ 140. NEWTONS zweites Gesetz 409
§ 141. Das Relativitätsprinzip der klassischen Mechanik 411
§ 142. Unabhängigkeitsprinzip. Deduktion der Proportionalität von Beschleunigung und Kraft. Parallelogramm der Kräfte 414
§ 143. Masse 417
§ 144. Die Erhaltung der lebendigen Kraft bei LEIBNIZ 420
§ 145. Das zusammengesetzte Pendel behandelt auf Grund des Satzes von der lebendigen Kraft 423
§ 146. Würdigung der gemachten Annahme. Die Behandlung des Problems durch HUYGENS 425
§ 147. Dritte Behandlung des zusammengesetzten Pendels 427
§ 148. Prinzip der Wirkung und Gegenwirkung. Prinzip von D'ALEMBERT . . 430
§ 149. Über den Charakter der Annahmen in der Mechanik 432

Sechzehnter Abschnitt.
Tatsachen und Annahmen in der Physik.

§ 150. Allgeimene Bemerkungen über die zu machenden Annahmen 434
§ 151. Wärmemenge 435
§ 152. Satz von der Erhaltung der Energie 440
§ 153. Zur Vorgeschichte des Energieprinzips 442
§ 154. Die Energie im unendlichen Raum 445
§ 155. Das Licht als Strahl 446
§ 156. Das Licht als Wellenvorgang 447
§ 157. Positive und negative Elektrizitätsmengen 449
§ 158. Elektrischer Strom und OHMsches Gesetz 450
§ 159. KIRCHHOFFsche Gesetze 454
§ 160. FARADAYs Kraftfelder und MAXWELLs Theorie des Elektromagnetismus 456
§ 161. Potential. Beziehung zu den Messungen 458

Seite

§ 162. Elektromagnetische Schwingungen. MAXWELLS Lichttheorie 460
§ 163. Unmittelbare Fernwirkung und Fortpflanzung von Wirkungen 461
§ 164. Moderne Atomtheorie. 462
§ 165. Neueste Annahmen in der Physik. EINSTEINS Relativitätstheorie . . 465
§ 166. KANTS „reine Naturwissenschaft". Regulative Ideen in der Physik.
Kausalität 477

Erster Anhang.
Die Kunst der Untersuchung.

§ 167. Erfahrung und Denken 485
§ 168. Vermutung, Fragestellungen, Induktion und Analogie 487
§ 169. Beispiel einer GAUSSschen Untersuchung 493
§ 170. Zweites Beispiel 496
§ 171. Wesen und Verfahren der Induktion. MILLS induktive Logik 503
§ 172. Verhältnis von Deduktion und Induktion 511
§ 173. Verwendung der Annahme 515
§ 174. Das Auftreten des Widerspruchs. Verfahren der Prüfung 522
§ 175. Die Entwicklung der Wissenschaft 524
§ 176. Allgemeine Verhaltungsmaßregeln. Wissenschaftliche Fähigkeiten . . . 530

Zweiter Anhang.
Paradoxien und Antinomien.

§ 177. Einleitende Bemerkungen 533
§ 178. Division mit Null 533
§ 179. TRISTRAM SHANDYS Lebensbeschreibung 534
§ 180. Nochmals der Teil und das Ganze 536
§ 181. Sophisma des ZENO 538
§ 182. Das Rätsel der Sphinx 540
§ 183. KANTS sogenannte Antinomien 542
§ 184. Geordnete und wohlgeordnete Mengen. Ordnungstypen und transfinite
Zahlen 543
§ 185. Antinomie von BURALI-FORTI 546
§ 186. Antinomie von RICHARD 548
§ 187. RUSSELS Antinomie 551
§ 188. Schlußbetrachtungen 552

Namenverzeichnis 557
Sachverzeichnis 560

EINLEITUNG.

In der Mathematik und in den exakten Naturwissenschaften, die sich der Mathematik als einer Hilfswissenschaft bedienen, kommen eigentümliche, lange und verzweigte Schlußketten vor. Während in den historischen Wissenschaften der Grundsatz gilt, daß Kombinationen sich nur auf unmittelbar beurkundete Wahrheiten, nicht auf gleichfalls nur Kombiniertes stützen sollen, baut man in den mathematischen Wissenschaften fortgesetzt das Eine auf das Andere. Daß ein solches Verfahren hier möglich ist, kann nur auf der exakten Gültigkeit der Gesetze beruhen, die hier zur Verfügung stehen. Dieses Verfahren hat da, wo es angewandt wird, um Tatsachen zu beweisen, die bereits vorher auf andere Weise gefunden worden sind, den Zweck, einen möglichst vollständigen Zusammenhang zwischen den Tatsachen herzustellen und sie zugleich vollständig sicherzustellen. Unser Bemühen ist also vornehmlich auf das Verstehen der Tatsachen, auf ihre Erklärung gerichtet. Daß wir damit nur die „einfachste Beschreibung" der Tatsachen anstreben, kann ich durchaus nicht zugeben; auch ist eine solche mathematische Behandlung meist viel weniger einfach als eine unmittelbare Beschreibung. Aus diesem Verstehen der Tatsachen ergibt sich dann in den Anwendungen auf die Naturwissenschaften und auf die Technik von selbst die Vorausbestimmung künftiger Ereignisse und das Erzielen gewollter Wirkungen; doch sind diese Ziele nicht die wissenschaftlich im Vordergrunde stehenden.

Die Schlußketten, die in den mathematischen Wissenschaften beim Beweise benutzt werden, zu beschreiben, zu zergliedern, ihre Bestandteile zu vergleichen, das ist mir schon lange als eine erfolgversprechende Aufgabe der Logik und Erkenntnistheorie erschienen. Die so sich ergebenden Beobachtungen müssen zu einer Art Logik der Mathematik führen. Dabei scheint mir, daß die Zergliederung der mathematischen Schlußketten von einem Mathematiker vorgenommen werden sollte, der dabei natürlich sich auch von erkenntnistheoretischen Gesichtspunkten leiten lassen muß. Der Leser hat darüber zu urteilen, ob ich diesem Erfordernis in dem vorliegenden Versuch genügt habe. Die endgültige Einfügung der gefundenen logischen Elemente in einen Gesamtbau der Logik wird einem Philosophen von Fach vorbehalten werden müssen.

An bereits vorhandenen Vorarbeiten von Mathematikern sind vor allem die Untersuchungen von PASCH und HILBERT zu nennen[1]), in denen die Voraussetzungen herausgelöst worden sind, mit denen die Geometrie in ihren Beweisen arbeitet. Die logischen Schritte selbst, aus denen das Beweisverfahren sich aufbaut, haben keine hinreichende Bearbeitung erfahren, wenn auch bereits J. H. LAMBERT 1764 in der Vorrede zu seinem „Neuen Organon" die Absicht ausgesprochen hat, mit der Wissenschaft „anatomisch zu verfahren". Er hat meines Erachtens seine Absicht nicht durchgeführt; auch hat er sich im ganzen an die gewöhnlichen Schulbeispiele der Logik gehalten, an denen nicht viel zu beobachten ist.

Das beschreibende, zergliedernde und vergleichende Verfahren, das mir für die Logik der Mathematik hier vorschwebt, entspricht dem Grundsatz der Alten, wonach Ähnliches durch Ähnliches erkannt wird. Ein solches, auf die Einzelwissenschaften gegründetes Verfahren erscheint mir auch für die Logik überhaupt viel angemessener als der Versuch, Richtlinien für die Gültigkeit von Schlußweisen vom allgemeinen Standpunkt aus gewinnen und dann nachher die Einzelwissenschaften daran messen zu wollen.

Das in der Mathematik selbst beim Beweis eingeschlagene Verfahren, d. h. das Schritt für Schritt aufbauende Vorgehen EUKLIDS, jene Methode, welche die Griechen in die vermutlich in mehr empirischer Form aus Ägypten überkommene geometrische Wissenschaft eingeführt haben[2]), wird heutzutage in der Mathematik und der Physik, und zwar in allen Sprachen, durch das Wort Deduktion bezeichnet, während man in der älteren Literatur dafür auch das lateinische „demonstratio" oder das griechische „$\dot{\alpha}\pi\dot{o}\delta\varepsilon\iota\xi\iota\varsigma$" findet[3]). Etwas ganz anderes wird mit „Deduktion" gemeint, wenn etwa von „juristischer Deduktion" oder wenn z. B. bei KANT von der „Deduktion der reinen Verstandesbegriffe" die Rede ist. In den letzten beiden Fällen handelt es sich mehr um vergleichende Betrachtungen, nicht um den Aufbau verbundener Schlußketten. Es dürfte nun aus dem Gesagten hervorgehen, daß, in der Ausdrucksweise der Mathematiker gesprochen, die Logik, welche gewissermaßen die Wissenschaft von der Deduktion ist, nicht selbst deduktiv aufgebaut werden kann. Ich

---

[1]) Vgl. § 2.

[2]) Vgl. die Äußerung KANTS in der Vorrede zur 2. Ausgabe der Kritik der reinen Vernunft (1787).

[3]) Dieselbe Methode und nicht etwa ein anschauliches Verfahren haben ohne Zweifel auch DESCARTES und SPINOZA im Auge gehabt, wenn sie gedacht haben, die Philosophie „geometrisch" behandeln zu können. Freilich war dies ein Irrtum, und bereits JUNGIUS hat bemerkt, daß es in der Metaphysik keine Demonstrationen gebe (vgl. G. E. GUHRAUER, Joachim Jungius und sein Zeitalter, 1850, S. 154).

freue mich, betonen zu können, daß ich in dieser Auffassung vollständig mit NATORP übereinstimme[1]), während ich allerdings in sehr vielen Einzelfragen gegen seine Anschauungen Stellung nehmen muß.

Den deduktiven Beweisgang aufzuklären, und zwar durch Zergliederung von Beispielen, das ist also die hauptsächlichste Aufgabe, die ich mir in dieser Schrift gestellt habe. Sollte es mir gelingen, den mehr philosophisch gerichteten Kreisen nebenbei noch klarzumachen, was den Mathematiker an seiner Wissenschaft so besonders fesselt, andererseits die Mathematiker und Physiker auf die erkenntnistheoretische Seite ihrer eigenen Arbeit noch mehr, als dies bis jetzt von anderer Seite geschehen ist, hinzuweisen, die Mathematiker auf die Grenzen ihrer Wissenschaft, die Physiker auf die Gefahr übermäßiger Hypothesenbildung aufmerksam zu machen, so würde ich sehr zufrieden sein.

Die hier in erster Linie gestellte Aufgabe deckt sich teilweise mit der von KANT in den „Prolegomena zu jeder künftigen Metaphysik"[2]) gestellten Frage: „Wie ist reine Mathematik möglich?" Diese KANTsche Frage teilt sich für die Geometrie, die KANT zur reinen Mathematik gerechnet hat, während sie die neueren Mathematiker im Grunde der angewandten zuteilen, in zwei Fragen:

1. Wie baut sich deduktiv die Geometrie aus ihren Voraussetzungen, d. h. aus den Axiomen auf?

2. Woher stammen die Axiome selbst?

Die erste der beiden Teilfragen scheint mir durch die oben geschilderte Zergliederung einwandfrei behandelt werden zu können. Diese Frage nach dem Aufbau des deduktiven Verfahrens wird in den beiden ersten Teilen der vorliegenden Schrift für die ganze Mathematik, auch für die Arithmetik, die im Grunde keine besonderen Voraussetzungen hat, und für die Anwendungen der Mathematik untersucht. Sie kann auch in Anlehnung an MEINONG so ausgedrückt werden: Auf welchem Wege wird mittelbare Gewißheit gewonnen?[3])

Wenn nun die alte Logik als Weg der Deduktion oder der Gewißheitsvermittlung das sogenannte syllogistische Verfahren bezeichnet, dieses aber ausschließlich auf das Enthaltensein eines Gattungsbegriffs in einem anderen solchen Begriff gegründet hat, so ist sie damit gewiß im Unrecht gewesen. Jener Syllogismus ist gänzlich ungeeignet, eine

---

[1]) P. NATORP, Die logischen Grundlagen der exakten Wissenschaften, 1910, S. 5.
[2]) 1. Aufl., 1783, S. 48.
[3]) Vgl. A. MEINONG, Über Annahmen, Zeitschr. f. Psychol. u. Physiol. d. Sinnesorgane, Ergänzungsbd. 2, S. 69. MEINONG braucht allerdings den Ausdruck „mittelbare Evidenz", den man vielleicht als widersprechend empfinden könnte, da man im Worte Evidenz meist das Unmittelbare der Gewißheit mitdenkt.

Erweiterung unseres Wissens hervorzubringen. Von neueren Autoren, die zum Teil ihren Ausgang von der Mathematik genommen haben, ist auf eine Erweiterung der Formallogik hingewiesen worden, die darin besteht, daß an Stelle der ausschließlichen Betrachtung der Gattungsbegriffe die Relationen, d. h. die Eigenschaften, welche gewisse Gegenstände des Denkens in Beziehung aufeinander besitzen, in die Logik mit einbezogen werden[1]). In der Tat spielen in der Mathematik schon gar nicht die Urteilsformen die Hauptrolle, mit denen die gewöhnliche Syllogistik sich beschäftigt, und welche Individuen unter Gattungsbegriffe oder Gattungsbegriffe unter andere ebensolche Begriffe subsumieren. Nicht solche Urteile werden vom Mathematiker aufgestellt, die etwa besagen, daß alle ganzen Zahlen rationale Zahlen sind, oder daß alle Strecken unter die „Größen" gerechnet werden müssen[2]), wohl aber solche, die z. B. von zwei Zahlen aussagen, daß die erste davon „größer" ist als die zweite, die zweite „kleiner" als die erste, oder daß eine Zahl dadurch entsteht, daß eine zweite Zahl mit einer dritten vervielfältigt wird usw.

Von der Bedeutung des Relationsbegriffs findet sich schon eine erste Erkenntnis bei einem Schriftsteller des 17. Jahrhunderts, indem in JOACHIM JUNGIUS' Logik[3]) die Umkehrung der unsymmetrischen zweigliedrigen Relation als neue besondere Schlußart aufgeführt wird. Dabei kennt JUNGIUS Beispiele wie: A ist der Vater von B, also ist B der Sohn von A, aber nicht etwa das Beispiel: a ist kleiner als b, somit ist b größer als a, wie er denn überhaupt die besondere Bedeutung nicht erkannt zu haben scheint, welche die Relation für die Mathematik hat. Es ist von LEIBNIZ bei verschiedenen Gelegenheiten darauf aufmerksam gemacht worden, daß JUNGIUS einen nicht auf dem Syllogismus beruhenden Schluß gefunden habe[4]).

Die vorhin angedeutete, auf dem Relationsbegriff beruhende Formallogik ist von Mathematikern für einfache Fälle in die Gestalt eines Symbolkalküls, einer Art von Buchstabenrechnung, gebracht

---

[1]) Bei B. RUSSEL, The Principles of Mathematics, 1903, und bei L. COUTURAT, Les Principes des mathématiques, 1905, spielt die Formallogik der Relationen eine Rolle. Ich habe in meiner Antrittsrede: Anschauung und Denken in der Geometrie, 1900, S. 41, gleichfalls darauf hingewiesen, daß die mathematischen Schlüsse sich nicht der gewöhnlichen Syllogistik, sondern eher der schon früher in England in Betracht gezogenen „Logic of relativs" fügen. Es kann dabei aber auch schon auf eine Bemerkung hingewiesen werden, die LOCKE über den Beweis des Satzes von der Winkelsumme im Dreieck gemacht hat (vgl. unten § 6).

[2]) Vgl. die vortrefflichen Bemerkungen in CH. SIGWARTS Logik, Bd. 1, 1873, S. 408/9, wo gleichfalls auf die Relationen hingewiesen wird.

[3]) Logica Hamburgensis 1638, S. 492.

[4]) Besonders hat COUTURAT auf JUNGIUS' und LEIBNIZ' Reformversuche hin gewiesen; vgl. L. COUTURAT, La Logique de Leibniz d'après des Documents inédits, 1901, S. 434.

worden. Man bezeichnet eine solche rechnende Logik neuerdings bisweilen als Logistik[1]). Im Grunde kann ich aber auch der so erweiterten Formallogik keine übermäßige Bedeutung zuerkennen. Im Einzelgebiet dient eine solche Symbolrechnung manchmal der Verbesserung der Übersicht und damit auch dem wissenschaftlichen Fortschritt. So vermögen wir uns eine Arithmetik oder eine Algebra kaum mehr vorzustellen, die nicht von der gemeinen sogenannten Buchstabenrechnung, der genialen Erfindung VIETAS, Gebrauch machte. Für die Logik selbst liegt die Sache anders. Namentlich muß ich mich auch entschieden der Meinung entgegenstellen, die neuerdings manchmal auftaucht, daß alle Deduktionen auf die Form einer solchen Symbolrechnung gebracht werden müßten, und daß eben nur soweit, als dies möglich sei, eine strenge Deduktion vorliege[2]). Man kann diese Meinung auch durch die folgende Betrachtung widerlegen. Es ist leicht zu erkennen, daß z. B. dann, wenn im Laufe einer mathematischen Untersuchung neue Zeichen (Symbole) eingeführt werden, was des öfteren vorkommt, es nicht möglich ist, diejenigen Überlegungen, welche die Einführung der neuen Zeichen begründen, selbst wieder durch eine Symbolrechnung darzustellen. Es ist ja auch klar, daß man, wenn dem so wäre und die obige Meinung zu Recht bestünde, nun auch wieder diese letzte Art der Symbolrechnung durch eine neue solche Rechnung zu beweisen hätte und so bis ins Unendliche fortfahren müßte. Man käme also auf einen sogenannten „recursus in infinitum"[3]); ein solcher aber, der wohl möglich ist in der Rückwärtsverfolgung einer Kette von Ursachen, ist widersinnig bei einer logischen Begründung.

Im Grunde kommt es eben weniger auf die Symbole, mittels deren wir unsere Begriffe darstellen, als auf die Begriffe selber an, und hier scheint mir für alle Mathematik und auch für deren Anwendungen wichtig zu sein, worauf von philosophischer Seite schon oft hingewiesen worden ist, daß wir in der mathematischen Wissenschaft Begriffe selbst aufzubauen vermögen. Dabei werden vielfach neue Begriffe zu dem Zwecke gebildet, verborgene Eigenschaften bereits bekannter Begriffe zu ermitteln oder zu beweisen[4]). Der Aufbau von

---

[1]) Vgl. E. CASSIRER, Kantstudien, Bd. 12, 1907, S. 4, P. NATORP, a. a. O., S. 85. Der Ausdruck geht auf L. COUTURAT zurück. NATORP sagt ebenda mit Recht, daß die Logistik auch innerhalb der Mathematik eine vergleichsweise untergeordnete Provinz darstelle.

[2]) Vgl. L. COUTURAT, Die philosophischen Prinzipien der Mathematik, deutsch von C. SIEGEL, 1908, S. 24.

[3]) Nach E. STUDY, Denken und Darstellung, 1921, S. 2, hat hierauf bereits PASCAL hingewiesen.

[4]) Vgl. in § 71 den hinzukonstruierten allgemeinen Begriff von der Umänderung der Anordnung der $a \times b$ Elemente.

Begriffen macht also hier geradezu einen Bestandteil der Beweisführung aus[1]). Diese selbstgebildeten Begriffe, die ich synthetische Begriffe nennen will, werden in der Geometrie oder Mechanik auf Grund von Voraussetzungen, d. h. auf Grund der aus der Erfahrung oder Anschauung stammenden Grundbegriffe (Punkt, Gerade, Ebene, Winkel, Kraft, Masse) und der über diese gemachten Annahmen gebildet oder, wie wir sagen, konstruiert. Hier ist z. B. zu nennen der Begriff eines Quadrats, eines regelmäßigen Vielecks, der Begriff der Abhängigkeit zwischen zwei Figuren, von denen die eine eine Projektion der anderen ist, der Begriff eines Kräftepaares, d. h. zweier gleich starker, paralleler und entgegengesetzt gerichteter, aber nicht in derselben Geraden wirkender Kräfte. Es gibt aber auch Begriffe, die ohne solche besonderen Voraussetzungen, bloß auf Grund gewisser allgemein logischer Tätigkeiten des Setzens und Wiederaufhebens, des Zusammenfassens und gleichzeitigen Auseinanderhaltens, des Zuordnens, der Reihenbildung entstehen, wie die Zahlen, die Gruppenbildungen und Vertauschungen von Elementen usw. Diese Begriffe, von denen die ganzen Zahlen vielleicht die einfachsten sind, will ich die rein synthetischen Begriffe nennen[2]).

Mit den synthetischen Begriffen, sowohl den rein synthetischen, als auch mit denen, die auf besonderen Voraussetzungen beruhen, muß sich meines Erachtens eine Logik der Mathematik vor allem auseinandersetzen. Auch die Anwendbarkeit dieser Begriffe auf die Erfahrung birgt ein besonderes Problem in sich.

Dies führt mich auf den dritten Teil des vorliegenden Buches. Während die beiden ersten Teile sich mit der Aufklärung des deduktiven Verfahrens beschäftigen, habe ich im dritten den Zusammenhang der Deduktion mit der Erfahrung zu behandeln versucht. In diesen Teil schlägt auch die oben berührte Frage über den Ursprung der Axiome der Geometrie ein. Ich bin mir wohl bewußt, daß ich in diesem Teile größerem Widerspruch begegnen werde als in den beiden ersten, in denen ich ja in der Hauptsache nur die von gewissen erkenntnistheoretischen Gesichtspunkten betrachteten Ergebnisse meiner Fachwissenschaft wiedergebe. Trotzdem habe ich mich nicht dazu entschließen können, den die Erfahrung betreffenden Teil zu unterdrücken, schon deshalb, weil das Verfahren der Deduktion auch auf Wissenschaften wie die Physik und die Chemie, die allgemein als

---

[1]) Vgl. CHR. SIGWART, Logik, Bd. 2, 3. Aufl., 1904, S. 276.

[2]) Die „Einheit" der in der Zahl miteinander vereinigten und doch zugleich geschiedenen „Einheiten" stellt den einfachsten Fall von KANTS „synthetischer Einheit" vor. NATORP, a. a. O., S. 101, macht im Zusammenhang damit auf PLATOS Parmenides aufmerksam, wo sich (153—154) bereits ähnliche Gedanken finden.

Erfahrungswissenschaften anerkannt sind, wenigstens in gewissen Gebieten dieser Wissenschaften anwendbar ist. Zugleich ergibt der dritte Teil gewisse Bestätigungen der vorhergehenden Teile. Offenbar ist darin eine Bestätigung zu erblicken, wenn gerade zu einer Annahme, die in der Geometrie den logischen Prozessen zugrunde gelegt wird und selbst nicht durch solche Prozesse bewiesen werden kann, eine einfache Grundtatsache der Wahrnehmung, d. h. also ein entsprechendes Element der Erfahrung, aufgezeigt werden kann.

Der Standpunkt, zu dem ich hinsichtlich des Ursprungs der Grundannahmen (Axiome) schließlich gelange, deckt sich im wesentlichen mit demjenigen, der schon von GAUSS und später von HELMHOLTZ eingenommen worden ist; ich glaube jedoch denselben vollständiger begründet zu haben. Wenn ich demnach, entgegen der Auffassung KANTS, die Axiome der Geometrie, insbesondere das Parallelenaxiom, nicht als apriorische, d. h. in sich notwendige Bedingungen des mathematischen Erkennens, sondern als Annahmen auffasse, die der Erfahrung angepaßt sind[1]), so liegt es mir doch völlig fern, einem weitergehenden Empirismus, z. B. einer psychologistischen Auffassung, welche die Denkgesetze in Denkgewohnheiten auflösen möchte, das Wort zu reden. Daß die Arithmetik eine apriorische Wissenschaft ist, wird wohl von den meisten Mathematikern angenommen[2]); es wird also von dieser Seite das Vorhandensein von Erkenntnissen zugegeben, die in sich unbedingt notwendig sind. Während wir allerdings widerspruchslos eine Geometrie aufbauen können, in der die Winkelsummen der geradlinigen Dreiecke kleiner als zwei Rechte sind, ist keine Mathematik möglich, in der etwa $2 + 2$ nicht gleich 4[3]) oder die Zahl der Zerfällungen von vier Elementen in zwei Paare nicht gleich 3 wäre. Der Gesichtspunkt also, den schon PLATO und unter den Neueren besonders KANT geltend gemacht hat, daß es unbedingt notwendige Erkenntnisse gibt, die ihren Grund in dem haben, was für uns Bedingung und Maßstab alles Erkennens ist, kann dabei bestehen bleiben; nur wird dann die Grenzlinie zwischen dem, was notwendig (apriorisch) ist, und dem, was der Erfahrung angehört, an einer anderen Stelle gezogen.

Hinsichtlich des Ausdrucks habe ich mich einer möglichst gemeinverständlichen, meist auch die Fremdworte vermeidenden Sprache befleißigt, womit ich einem Ratschlag von LEIBNIZ gefolgt bin. Mir scheint, daß die lebendige Umgangssprache, in der die Worte meist

---

[1]) Man vergleiche aber das, was in § 76 und 124 über das Kontinuum gesagt wird.

[2]) Vgl. z. B. GAUSS' Brief an OLBERS vom 28. April 1817 (Werke, Bd. 8, S. 177).

[3]) Davon ist hier natürlich nicht die Rede, daß die Zahlen auch anders benannt werden könnten.

erst durch den Zusammenhang ihre Schattierung bekommen, oft auch in der Philosophie vor den festgeprägten Fachausdrücken den Vorzug hat. Auch den Umstand, daß das Wort der Umgangssprache in höherem Grade suggestiv ist, gerade wie das Wort überhaupt mehr suggestiv ist als z. B. eine Symbolrechnung, betrachte ich bei vorsichtiger Handhabung des Wortes nur als einen Vorteil[1]). Es beruht also nicht notwendig auf Unkenntnis, wenn ich einen philosophischen Fachausdruck nicht gebrauche. Gerade die Fachausdrücke haben hier oft mehr Unklarheit als Klarheit geschaffen. So hat z. B. KANTS berühmte Einteilung der Urteile in „synthetische" und „analytische" geradezu Streitfragen veranlaßt, indem Autoren, welche dasselbe Urteil auf dieselbe Weise auslegen und seine Entstehung auf dieselbe Weise beschreiben, es trotzdem in Hinsicht auf jene KANTsche Unterscheidung entgegengesetzt benennen. Das Wort „Realist", das im Mittelalter den Gegensatz zum „Nominalisten" ausdrückte[2]), jetzt aber bei vielen den Gegensatz zum Idealisten darstellt, hat dadurch seine Bedeutung fast in das Entgegengesetzte verkehrt.

Die vorliegende Schrift besteht, wie bereits angedeutet worden ist, im wesentlichen aus drei Teilen. Der erste davon enthält Beispiele von Beweisen aus den mathematischen Einzelwissenschaften, auf die nachher stets hingewiesen werden muß. Die Beispiele sind so gewählt, daß dabei die verschiedenen mathematischen Methoden zur Geltung kommen. Die Anordnung mußte sowohl nach stofflichen, als auch nach methodischen Gesichtspunkten erfolgen. Es wäre systematischer erschienen, wenn ich in diesem Teil die Arithmetik, die in den anderen Gebieten angewendet werden muß, als das Allgemeinste an die Spitze gestellt hätte. Da man aber das mathematische Denken leichter an der Geometrie erlernt, welche zwar Voraussetzungen hat, deren Quellen nicht in ihr selbst liegen, dafür aber weniger mit gehäuften und übereinander gebauten Begriffssynthesen arbeitet, so habe ich mit der Geometrie begonnen und die Arithmetik ganz an das Ende gestellt. Eine vorläufige Kenntnis der Arithmetik kann ja ruhig bei der Behandlung der anderen Gebiete vorausgesetzt werden, während die Schwierigkeiten der arithmetischen Disziplin erst dann hervortreten, wenn man daran geht, ihre allgemeinen Sätze strenge zu beweisen.

Der zweite Teil bringt anschließend an die Beispiele des ersten die zugehörigen logischen Erörterungen und Zergliederungen und eine

---

[1]) Nach V. PRANTL, „Reformgedanken zur Logik", Sitzungsber. d. philosoph.-philolog. u. hist. Kl. d. Bayer. Akad. d. Wiss. Bd. 1, 1875, S. 163, wäre das Denken überhaupt nur im Kleide der lebendigen Sprache möglich.

[2]) Den mittelalterlichen „Realisten" waren die Allgemeinbegriffe wirklich existierende Wesen.

Zusammenfassung der dadurch gewonnenen Ergebnisse. Der dritte Teil, der den schon erwähnten Zusammenhang mit der Erfahrung behandelt, beschäftigt sich zuerst mit der räumlichen (geometrischen) Erfahrung, dann mit Mechanik und Physik. Ich möchte mir mit der Hoffnung schmeicheln, daß auch diejenigen, welche vielleicht diesen letzten Teil ablehnen, doch in den beiden ersten einiges für sie Nützliche finden. Die im ersten Teil gegebenen Beispiele müssen zum Verständnis der logischen Untersuchung durchgearbeitet werden; doch scheint es mir möglich, daß jemand mit dem zweiten Teil beginnt und dann erst nach Bedürfnis die angeführten mathematischen Entwicklungen des ersten vornimmt.

Während der größte Teil der vorliegenden Schrift dem mathematischen Beweis gewidmet ist, als demjenigen, was die Mathematik von anderen Wissenschaften unterscheidet und sie speziell für den Logiker interessant macht, erörtert ein anhangsweise gegebener Abschnitt die Auffindung der mathematischen Wahrheiten, stellt also gewissermaßen eine Erläuterung der „Kunst des Entdeckens", der von älteren Logikern gelegentlich noch besprochenen „ars inveniendi" vor[1]).

Ein zweiter Anhang beschäftigt sich mit mathematischen Paradoxien und Antinomien.

---

[1]) Neuerdings hat STUDY mit Recht darauf hingewiesen, daß man nach Möglichkeit auch das Entstehen mathematischer Gedanken darstellen sollte (Denken und Darstellung, S. 26). In dieser Hinsicht hat sich auch bereits LEIBNIZ geäußert (Ges. Werke, herausg. von PERTZ, 3. Folge, Mathematik, Bd. 5, S. 89): „Or comme il n'y a rien de si important que de voir les origines des inventions qui valent mieux à mon avis que les inventions mêmes, à cause de leur fécondité ..."

ERSTER TEIL

BEISPIELE AUS DEN EINZELNEN GEBIETEN

Erster Abschnitt.

Der geometrische Beweis.

§ 1. Vorgegebene und synthetische Begriffe. Gegenstandsbegriffe. Relationsbegriffe.

Mustert man die Begriffe, mit denen der Geometer arbeitet, so erkennt man einen wesentlichen Unterschied. Einige dieser Begriffe, sie mögen uns nun zugekommen sein, woher sie wollen, werden in der geometrischen Betrachtung selbst schlechthin als gegeben angesehen. Zu diesen Begriffen gehören der Punkt, die Gerade, die Ebene. Von anderen Begriffen wird eine Definition gegeben, die meistens darin besteht, daß eine Konstruktion zur Erzeugung des entsprechenden Gegenstandes mitgeteilt wird, wobei dann die Begriffe der ersten Art als bekannt vorausgesetzt und benutzt werden[1]). Vielleicht hält jemand das Gesagte z. B. hinsichtlich des Punktes für unzutreffend, denn EUKLID gibt die Erklärung: „Ein Punkt ist, was keine Teile hat." Es ist aber schon des öfteren bemerkt worden, daß diese Definition ungenügend ist, da es noch andere Gegenstände gibt, die keine Teile haben, und, was noch wesentlicher ist, daß die euklidischen Beweisführungen an keiner Stelle diese Definition benutzen. Ähnliches würde für andere Erklärungen gelten, die schon von geometrischen Grundbegriffen gegeben worden sind. Man pflegt deshalb neuerdings die eigentlichen Grundbegriffe der Geometrie nicht mehr zu definieren, sondern sie einfach als gegeben anzunehmen.

Neben denjenigen gegebenen Begriffen, die man, wie die vorhin angeführten, als Gegenstandsbegriffe bezeichnen kann, kommen noch andere, gleichfalls gegebene Begriffe vor, die Eigenschaften oder „Relationen" bezeichnen, welche geometrische Gebilde in Beziehung aufeinander besitzen. So vermögen wir keine geometrische Definition davon zu geben, was mit der Aussage gemeint ist, daß „der Punkt A

---

[1]) K. ZINDLER, Sitzungsber. d. phil.-hist. Kl. d. Kgl. Akad. d. Wiss. zu Wien, Bd. 118, 1889, IX, S. 55, nennt die Begriffe der ersten Art „axiomatische Begriffe"

auf der Geraden b liegt", oder, anders ausgedrückt, daß „die Gerade b durch den Punkt A geht", oder daß „der Punkt A und die Gerade b vereinigte Lage haben". Die Lage eines Punktes auf einer Ebene, die Zwischenlage eines Punktes zwischen zwei anderen auf deren Verbindungslinie bedeutet gleichfalls eine solche als gegeben anzusehende Relation.

Eine solche Relation ist auch die Gleichheit zweier Strecken und ebenso die Gleichheit zweier Winkel. Dabei mag gleich bemerkt werden, daß es nur einen geringen Unterschied in der Darstellung ausmacht, ob ich z. B. die Strecke als einen besonderen Gegenstand der Geometrie einführe oder dies nicht tue, in welchem Fall ich statt von gleichen Strecken von äquivalenten Punktepaaren sprechen muß. Die Äquivalenz des aus den Punkten A und B bestehenden Paares mit dem aus den Punkten A' und B' bestehenden bedeutet dann eine Relation zwischen vier Punkten. Es ist noch zu beachten, daß die Gleichheit zwischen zwei Strecken etwas anderes ist als die Gleichheit zwischen zwei Winkeln, nicht zu reden von der Inhaltsgleichheit zwischen zwei ebenen Figuren verschiedener Form, welch letzteren Gleichheitsbegriff die voll entwickelte Geometrie gar nicht mehr als einen vorgegebenen zu behandeln pflegt[1]).

Ein Begriff, der nicht zu den gegebenen gehört, ist z. B., wie schon in der Einleitung erwähnt wurde, das Quadrat. Wir können es definieren als ein Viereck, dessen Seiten alle einander gleich und dessen Winkel sämtlich Rechte sind. Abgesehen aber davon, daß die eben erwähnte Namenserklärung den Begriff des Vierecks oder gleich allgemeiner den des Vielecks voraussetzt, ist hier einzuwenden, daß die Definition keine Gewißheit darüber gibt, ob die in ihr geforderten Eigenschaften miteinander verträglich sind. Wir werden also nicht umhin können, das Quadrat noch aus einer Konstruktion entstehen zu lassen, die zugleich seine Existenz beweist. Zu diesem Zweck gehen wir (Abb. 1) von einer Strecke AB aus und setzen an sie auf derselben Seite die ihr gleichen Strecken AD und BC unter rechten Winkeln an, was nach den Axiomen der Geometrie möglich ist, worauf wir dann noch C mit D geradlinig verbinden. Offenbar muß nun erst bewiesen werden, daß die Strecke CD den drei anderen gleich ist, und daß die bei C und D entstandenen Winkel rechte Winkel sind. Der Beweis läßt sich auf Grund der Axiome der euklidischen Geometrie führen, worauf jetzt nicht eingegangen werden soll.

In ähnlicher Weise wird jeder verwickeltere Begriff der Geometrie durch eine Konstruktion definiert, d. h. durch eine bestimmte Reihen-

---

[1]) Vgl. § 26.

folge von Operationen, deren Ausführbarkeit in dieser Folge auf Grund der Axiome erkannt wird. Ich möchte diese Begriffe, die ich den vorgegebenen gegenüberstelle, in Anlehnung an einen von KANT, allerdings in etwas anderer Weise, viel gebrauchten Ausdruck als synthetische Begriffe[1]) bezeichnen. Natürlich gibt es auch synthetische Relationsbegriffe; ein solcher ist z. B. die Eigenschaft einer ebenen Figur, aus einer anderen durch senkrechte oder irgendwie parallele oder zentrale Projektion hervorzugehen.

Infolge einer Änderung des ganzen Systems der Geometrie kann allerdings manchmal an Stelle eines Begriffs, der vorher als ein gegebener behandelt wurde, nachträglich auch ein synthetischer Begriff treten, worauf ich später noch zu sprechen kommen werde.

§ 2. Axiome, insbesondere Existentialaxiome.

Neben den als gegeben vorausgesetzten Begriffen werden in der Geometrie auch gewisse Tatsachen allgemeiner Art, gewisse Grundsätze oder Regeln als von vornherein gegeben angenommen. Diese Grundsätze, die nicht bewiesen werden können, werden üblicher Weise Axiome genannt. Bei EUKLID erscheinen die Grundsätze in zwei Gruppen aufgeführt als αἰτήματα (postulata) und als κοιναὶ ἔννοιαι (communes animi conceptiones)[2]), welche letzteren bei PROKLUS als ἀξιώματα bezeichnet sind. Heutzutage wird ein wesentlicher Unterschied zwischen diesen beiden Gruppen von Grundsätzen nicht mehr gemacht; es ist aber zu bemerken, daß derjenige Grundsatz, den die nichteuklidische Geometrie fallen läßt, bei EUKLID unter den Postulaten vorkommt.

Man kann in einem gewissen Sinne sagen, daß in den Axiomen der ganze Tatsachengehalt der Geometrie „enthalten" sei, indem mit Hilfe der Axiome alles übrige logisch abgeleitet werden kann[3]). LEIBNIZ glaubte bei passender Definition der geometrischen Gebilde ohne Axiome auskommen zu können. In diesem Sinne hat der Aristoteliker CONRING, der in seinem Briefwechsel mit LEIBNIZ die Unbeweisbarkeit und damit die Unentbehrlichkeit der Axiome betont hat, tiefer gesehen als der große Philosoph[4]). Ich werde weiter unten

---

[1]) In der bereits erwähnten Antrittsrede habe ich (S. 2) diese Begriffe „konstruierte" Begriffe genannt.

[2]) Vgl. Euclidis elementa ed. J. L. Heiberg, Bd. 1, 1883, S. 8—11.

[3]) Dies schließt nicht aus, daß derselbe Tatsachengehalt auch noch auf andere Weise aufgebaut werden kann. Vgl. § 46.

[4]) Vgl. die von L. COUTURAT in La Logique de Leibniz d'après des documents inédits, 1901, S. 186, angezogene Stelle des Briefes von LEIBNIZ an CONRING vom 19. März 1678: „Unde solae identicae sunt indemonstrabiles, axiomata autem omnia ... sunt demonstrabiles ..."

auf diese Leibnizschen Gedanken und auf sonstige Versuche, die euklidischen Grundsätze zu beweisen, näher eingehen[1]).

Als Beispiele von Axiomen will ich zunächst anführen, daß durch zwei verschiedene Punkte stets eine und nur eine Gerade gelegt werden kann, und das andere, daß, wenn zwei verschiedene Punkte einer Geraden in eine Ebene fallen, die ganze Gerade in die Ebene fällt, d. h. jeder auf der Geraden befindliche Punkt auch in der genannten Ebene liegt; ferner das Axiom, daß durch drei nicht auf einer Geraden liegende Punkte stets eine und nur eine Ebene gelegt werden kann. Grundsätze dieser Art nennt Hilbert „Axiome der Verknüpfung"[2]).

Auch die Zwischenlage eines Punktes zwischen zwei anderen ist in gewissen Axiomen, die erst neuerdings beachtet und vorher stillschweigend mitbenutzt worden sind, der maßgebende Relationsbegriff. So wird als allgemeingültige Tatsache angenommen, daß von drei verschiedenen, auf einer Geraden gelegenen Punkten einer und nur einer zwischen[3]) den beiden anderen liegt. Sind ferner A und C zwei verschiedene Punkte, so gibt es nach einem anderen Axiom stets mindestens einen Punkt B, der zwischen A und C liegt, und mindestens einen Punkt D von solcher Art, daß C zwischen A und D gelegen ist[4]). Die Axiome der Gruppe, zu welcher die eben genannten gehören, nennt Hilbert „Axiome der Anordnung". Axiome dieser Art sind zuerst von M. Pasch aufgestellt worden[5]). Von Pasch stammt auch das „ebene Axiom der Anordnung", welches so lautet (Abb. 2):

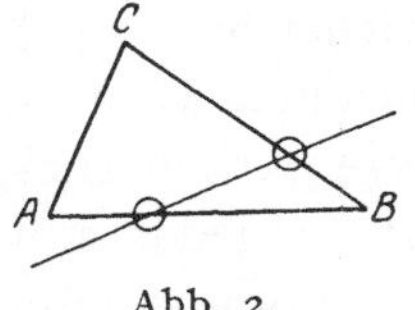

Abb. 2.

Sind A, B und C drei nicht in einer Geraden liegende Punkte und enthält eine durch keinen dieser Punkte gehende Gerade einen zwischen A und B gelegenen Punkt, so enthält sie auch sicher entweder einen zwischen A und C oder einen zwischen B und C gelegenen Punkt.

Der euklidische Grundsatz, daß zwei Größen, die einer und derselben dritten gleich sind, einander gleich sind[6]), wird jetzt nur für Strecken und für Winkel als ein Axiom angenommen, während die entsprechende Tatsache z. B. für die Inhaltsgleichheit von ebenen Figuren verschiedener Form, welche Art von Gleichheit jetzt als ein synthetischer Begriff behandelt wird, bewiesen werden kann. Man kann jenen Grundsatz für Strecken und Winkel zu den Axiomen

---

[1]) § 45 und 46.
[2]) David Hilbert, Grundlagen der Geometrie, 1899, S. 5.
[3]) Selbstverständlich ist der Begriff des „zwischen" so zu denken, daß „zwischen A und B liegen" dasselbe heißt wie „zwischen B und A liegen".
[4]) Hilbert: Grundlagen der Geometrie, 3. Aufl., 1909, S. 5.
[5]) Vorlesungen über neuere Geometrie, 1882, S. 5 ff.   [6]) Vgl. auch § 18.

der Kongruenz rechnen, da die betreffende Art der Gleichheit durch den Hinweis auf Gebilde, die sich decken, erläutert zu werden pflegt; der Grundsatz ist somit verwandt mit den Tatsachen, die in den sogenannten Kongruenzsätzen ausgesprochen werden. Bekanntlich besagt der erste Kongruenzsatz, daß zwei Dreiecke, die in zwei Seiten und in dem von diesen Seiten eingeschlossenen Winkel übereinstimmen, auch in den übrigen Stücken übereinstimmen müssen. Dieser Satz wird von EUKLID durch den Hinweis darauf abgetan[1]), daß man durch Bewegung des einen Dreiecks dieses mit dem anderen zur Deckung bringen könnte, wobei nicht vergessen werden darf, daß der Satz selbst eine Zuordnung der Stücke des einen Dreiecks zu denen des anderen voraussetzt und dann schließlich die einander zugeordneten Stücke zur Deckung kommen müssen. Der Hinweis auf die Bewegung stellt aber nicht einen aus Schlüssen logisch aufgebauten Beweis dar, so wie wir den geometrischen Beweis in § 6 schildern werden, sondern es handelt sich um einen unmittelbaren Hinweis auf Anschauung oder vielleicht noch besser auf die bei der Bewegung starrer Körper gemachten Erfahrungen; denn das bewegte Dreieck darf nicht irgend wie veränderlich, sondern muß verschiebbar und drehbar und dabei starr gedacht werden. Hier liegt also eine Tatsache vor, die wohl als Voraussetzung in einer logischen Entwicklung verwendbar, aber nicht selbst das Ergebnis einer solchen ist. Noch genauer kann man nach dem Vorgang von HILBERT[2]) einen Teil des ersten Kongruenzsatzes, nämlich denjenigen, der besagt, daß die genannten Dreiecke auch in den beiden anderen Winkeln übereinstimmen müssen, als ein besonderes „Axiom der Kongruenz" einführen, wobei man dann den übrigen Inhalt des ersten Kongruenzsatzes, wie auch die anderen Kongruenzsätze im eigentlichen Sinne des Wortes beweisen kann[3]).

Es sind aber noch einige weitere einfache Kongruenzaxiome zu nennen. Einmal solche, die sich auf die Gleichheit und auf das Abtragen von Strecken beziehen:

I. Aus $MN = M'N'$ und $M'N' = M''N''$ folgt $MN = M''N''$[4]).

II. Ist eine Strecke MN und auf der Geraden a ein Punkt A gegeben, so existieren auf a gerade zwei Punkte B und B' so, daß $AB = AB' = MN$ ist; dabei liegt A zwischen B und B'.

---

[1]) Euclidis Elementa, Bd. I, S. 17.

[2]) Grundlagen, 1899, S. 12.

[3]) Genauer besehen gibt auch schon EUKLID für den jetzt meist als zweiten bezeichneten Kongruenzsatz einen eigentlichen Beweis. Vgl. Euclidis elementa, vol. I, Nr. 26, p. 63.

[4]) Daß jede Strecke sich selbst gleich ist, und zwar auch in der umgekehrten Richtung, soll hier als selbstverständlich gelten. Es ist also $AB = AB$ und $AB = BA$. Dies wird z. B. in § 19 benutzt.

III. Liegt B zwischen A und C, und auf derselben oder auf einer anderen Geraden B' zwischen A' und C', so folgt aus $AB = A'B'$ und $BC = B'C'$, daß auch $AC = A'C'$ ist (Abb. 3).

Entsprechende Beziehungen gelten für die Gleichheit der um einen Punkt liegenden Winkel und für das Anlegen solcher Winkel; auch diese Beziehungen müssen als Axiome eingeführt werden.

Indem das Parallelenaxiom erst im nächsten Paragraphen und das Stetigkeitsaxiom noch später in § 29 eingeführt und erörtert werden soll, mögen jetzt nur die bereits erwähnten Axiome kurz besprochen werden. Zunächst ist dabei hervorzuheben, daß die Axiome sich stets nur auf vorgegebene Begriffe, also auf Grundbegriffe, beziehen und nicht auf synthetische Begriffe, die erst innerhalb der Geometrie durch Konstruktionen definiert worden sind. Man erkennt ferner, daß ein Axiom meistens aussagt, daß, falls zwischen gewissen unter die gegenständlichen Grundbegriffe fallenden Individuen, d. h. zwischen gewissen geometrischen „Elementen" bestimmte Relationen bestehen, zwischen diesen Elementen und unter Umständen noch anderen neuen Elementen weitere Relationen bestehen müssen (z. B. das vorige Streckenaxiom III). Es kann ein Axiom aber auch die Existenz eines Elements feststellen, das zu gegebenen Elementen in bestimmten Relationen steht, oder auch die Nichtexistenz eines Elements, von dem die Erfüllung einer oder mehrerer Relationen gefordert wird. Im letzten Fall bestätigt das Axiom die „Unverträglichkeit" der geforderten Relationen, und es kann aus einem solchen Axiom auch auf die Verschiedenheit zweier Elemente geschlossen werden, von denen das eine durch eine erste, das andere durch eine zweite Relation bestimmt wird. So stellt das zweite der oben erwähnten Anordnungsaxiome fest, daß zwischen zwei verschiedenen Punkten A und C mindestens ein Punkt B existiert, während das erste besagt, daß zu den beiden A und C kein dritter Punkt B so existiert, daß gleichzeitig B zwischen A und C, und C zwischen A und B gelegen wäre. Wird also durch eine Konstruktion zu A und C ein Punkt B hinzugefunden, der nachweislich zwischen A und C liegt und durch eine andere Konstruktion ein Punkt B' so, daß sicher C zwischen A und B' gelegen ist, so sind die Punkte B und B', auf welche die beiden Konstruktionen führen, sicher voneinander verschieden.

Philosophischerseits ist vielfach der Mathematik die Berechtigung bestritten worden, von „Existenz" zu sprechen. Es sollen in der Mathematik die Begriffe Möglichkeit und Existenz sich decken[1].

____
[1] Natorp, a. a. O., S. 84.

Dazu ist zu bemerken, daß auch der Mathematiker nicht umhin kann, da von „Möglichkeit" zu sprechen, wo etwas seiner bisherigen Kenntnis nicht widerspricht. Wenn wir aber die Existenz behaupten, so ist damit etwas wesentlich anderes und bestimmteres gemeint, und es kann deshalb das Wort „Existenz" in der Mathematik nicht entbehrt werden. Natürlich muß man zwischen mathematischer und physischer Existenz unterscheiden[1]).

§ 3. Das Parallelenaxiom.

Von besonderem Interesse ist das Parallelenaxiom. EUKLID definiert parallele Gerade als solche, die in einer Ebene liegen und die sich an keiner Seite treffen, soweit man sie auch verlängern mag. Um durch den Punkt A in der durch A und die Gerade b bestimmten Ebene eine Gerade zu ziehen, die sicher b nicht schneidet, hat man nur einen Punkt B auf b beliebig zu wählen, die Verbindungslinie AB zu ziehen und in der erwähnten Ebene die Gerade a durch A so zu ziehen, daß die in der Abb. 4 bezeichneten „inneren Wechselwinkel" einander gleich sind. Daß dann a die Gerade b nicht schneidet, läßt sich aus den Axiomen der schon genannten drei Gruppen beweisen[2]).

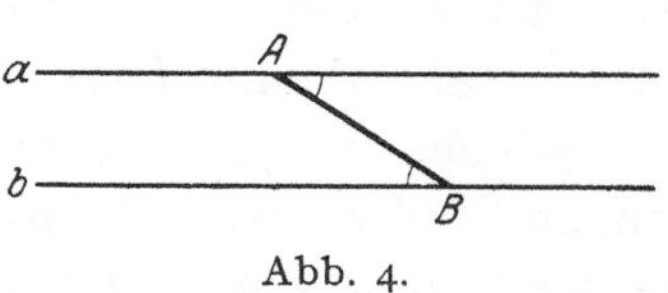

Abb. 4.

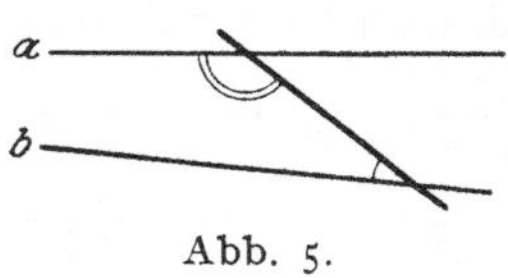

Abb. 5.

Das Parallelenaxiom EUKLIDS[3]) besagt nun, daß zwei Gerade a und b, die mit einer dritten an derselben Seite innere Winkel bilden (Abb. 5), deren Summe kleiner ist als zwei Rechte, sich auf der betreffenden Seite schneiden, also nicht parallel sind. Da nun im Fall der Abb. 4 die auf einer und derselben Seite von AB liegenden inneren Winkel, d. h. die „inneren Gegenwinkel", auf jeder Seite die Summe von zwei Rechten haben, und im anderen Fall, in Abb. 5, die inneren Gegenwinkel der einen Seite weniger, die der anderen mehr als zwei Rechte betragen müssen, so besagt EUKLIDS Parallelenaxiom, daß die nach Abb. 4 konstruierte Gerade a die einzige Parallele zu b durch

---

[1]) Nachdrücklich sind die Existentialsätze der Mathematik von ZINDLER betont worden (Sitzungsber. d. phil.-hist. Kl. d. Akad. d. Wiss. zu Wien, Bd. 118, 1889, S. 33); es hat aber auch bereits J. ST. MILL auf sie hingewiesen (System der deduktiven und induktiven Logik, 4. deutsche Ausgabe von SCHIEL, 2. Teil, 1877, S. 157ff.). MEINONG hat für diese Art von Existenz das Wort „Bestehen" vorgeschlagen (Ges. Abh., Bd. 2, 1913, S. 288).

[2]) Euclidis Elementa, Bd. I, Nr. 27, S. 67, wozu auch Nr. 16, S. 43 zu vergleichen ist. HILBERT: Grundlagen, 1. Aufl., S. 22.

[3]) Euclidis Elementa, Bd. I, S. 9, 5. Postulat.

A ist, obwohl bei der Konstruktion ein willkürlicher Punkt B von b benutzt worden ist. Das Axiom läßt sich also durch die Aussage ersetzen, daß durch einen gegebenen Punkt niemals zwei verschiedene Parallelen zu einer gegebenen Geraden existieren.

Bei den Untersuchungen über die Unabhängigkeit der Axiome (§ 43) wird jedesmal eine Axiomgruppe fallen gelassen und gefragt, ob dann die anderen bestehen bleiben können. Will man die Kongruenzaxiome ausschalten, so muß man das Parallelenaxiom so fassen:

Durch einen gegebenen Punkt gibt es eine und nur eine Parallele zu einer gegebenen Geraden;
in diesem Fall ist nicht mehr der erste Teil der Aussage beweisbar.

Im Gegensatz zu Euklid wird nun in der nichteuklidischen Geometrie Lobatschefskijs[1]) angenommen, daß es durch einen Punkt A, der nicht auf der Geraden b liegt, in der durch A und b bestimmten Ebene zwei verschiedene Gerade CAC' und DAD' (Abb. 6) so gibt, daß jede gerade Linie durch den Punkt A, die in dem Winkelraum CAD und also auch in dem Scheitelwinkelraum $C'AD'$ verläuft, die Gerade b schneidet, während jede andere durch A gehende Gerade die Linie b nicht schneidet. Insbesondere wird dann die Gerade b auch von den beiden Geraden DAD' und CAC' nicht geschnitten. Diese beiden geraden Linien, welche den in der Abb. 6 schraffierten Winkelraum der nichtschneidenden Geraden begrenzen, heißen bei Lobatschefskij die Parallelen zur Geraden b durch den Punkt A, wobei dann die anderen, b nicht schneidenden durch A gehenden Geraden nicht als Parallelen von b bezeichnet werden. Die genannte, von Lobatschefskij gemachte Annahme kann auch aus den Axiomen der Anordnung, wenn diese so wie oben gefaßt werden[2]), aus den Axiomen der Verknüpfung und dem Stetigkeitsaxiom (§ 29) gefolgert werden, wenn man annimmt, daß das Parallelenaxiom in der zuletzt aufgestellten Form nicht gilt. Es ist wohl kein Zweifel darüber, daß Lobatschefskij, als er seine Untersuchungen begann, der Meinung war, daß seine Annahme schließlich zu einem Widerspruch führen, und sich dadurch ein indirekter Beweis für das Parallelenaxiom ergeben würde. Das Ergebnis war jedoch eine in sich widerspruchslose neue Geometrie, was in § 43 noch näher auseinandergesetzt werden wird.

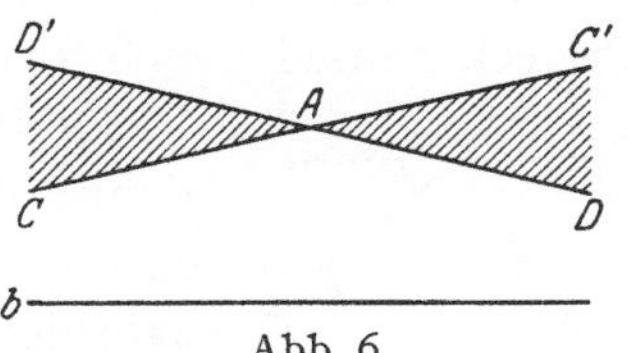
Abb. 6.

---

[1]) Es ist das die sog. „hyperbolische" Geometrie. Die „elliptische" nichteuklidische Geometrie, die dem Nichtmathematiker vielleicht noch größere Schwierigkeiten bietet, will ich hier nicht näher erörtern.

[2]) In der „elliptischen" Geometrie müssen die Anordnungsaxiome anders gefaßt werden.

§ 4. Einfachste Beweisformen: Winkelsumme im Dreieck, gleichschenkliges Dreieck.

Um nun für die Geometrie der in der Einleitung gestellten Frage näher zu kommen, wie es uns möglich ist, unsere Kenntnisse deduktiv zu erweitern, will ich den Beweis für den Lehrsatz von der Winkelsumme im Dreieck in Erinnerung bringen. Man zieht bei diesem Beweis durch die eine Ecke A des Dreiecks ABC eine Gerade so, daß der an der Dreiecksseite AB neu entstehende Winkel dem Dreieckswinkel in B gleich ist (Abb. 7). Die gezogene Hilfsgerade ist dann (vgl. die Konstruktion in Abb. 4) eine Parallele zu BC. Da aber nach dem Parallelenaxiom EUKLIDS nur eine Parallele zu BC durch den Punkt A möglich ist, so muß der an AC von der gezogenen Hilfsgeraden gebildete Winkel dem Dreieckswinkel in C gleich sein. Nun machen aber die beiden in A neu entstandenen Winkel mit dem dort schon vorhandenen Dreieckswinkel zusammen einen gestreckten Winkel, d. h. also zwei Rechte aus. Es ist also auch die Summe der drei Dreieckswinkel gleich zwei Rechten.

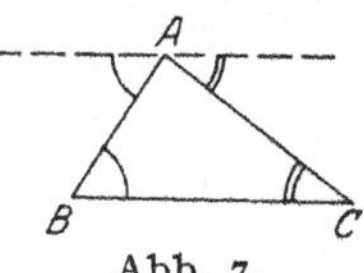

Abb. 7.

Es ist ohne weiteres klar, daß nur das Hereinziehen der durch A gehenden Hilfslinie und der dort entstehenden Winkel den Beweis ermöglicht hat; denn dadurch sind neue Elemente geschaffen worden, die in mehrfachen Relationen stehen, wobei dann mit Hilfe der Axiome auf das Bestehen einer neuen Relation zwischen den Elementen der ursprünglichen Figur geschlossen werden konnte. Ich bin deshalb überzeugt, daß COUTURAT mit Unrecht die Wichtigkeit der Hilfslinien bestreitet[1]), wenn auch zugegeben werden mag, daß manchmal überflüssig viele Hilfslinien verwendet werden. Die Existenz der oben gezogenen Hilfslinie folgte aus dem Existentialaxiom, das die Möglichkeit des Anlegens eines Winkels feststellt. Man erkennt also die Wichtigkeit der Existentialsätze und insbesondere der Existentialaxiome.

Als zweites Beispiel mag der Beweis für den Satz gegeben werden, daß in einem Dreieck mit zwei gleichen Winkeln auch die den gleichen Winkeln gegenüberliegenden Seiten einander gleich sein müssen. Hier will ich aber gleich den zweiten Kongruenzsatz als gegeben annehmen, wonach zwei Dreiecke, die eine Seite und die beiden an dieser anliegenden Winkel gemein haben, auch in den übrigen Stücken übereinstimmen müssen. Es ist zugleich zu beachten, daß bei jeder Aussage über

---

[1]) a. a. O., S. 300 u. 307. Ältere Logiker haben bereits auf die Bedeutung der Hilfslinien hingewiesen. Vgl. z. B. CHR. SIGWART, Logik, Bd. 2, 2. Aufl., 1893, S. 275, 280.

die Kongruenz zweier Dreiecke die Stücke dieser Dreiecke in bestimmter Weise aufeinander bezogen, einander zugeordnet gedacht sind. Werden nun in dem Dreieck ABC die beiden Winkel ABC und ACB als gleich angenommen (Abb. 8), so kann man sich das Dreieck in doppelter Weise als Dreieck ABC und Dreieck ACB denken, so daß die Ecke A sich selbst, die Ecke B des ersten Dreiecks der Ecke C des zweiten und die Ecke C des ersten der Ecke B des zweiten entspricht. Nun entspricht die Seite BC des ersten Dreiecks der ihr gleichen Seite CB des zweiten, und es sind auch die anliegenden Winkel entsprechend gleich, weshalb auch die Seite AB des ersten Dreiecks der ihr entsprechenden Seite AC des zweiten gleich sein muß, wie zu beweisen war.

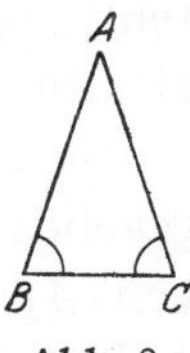

Abb. 8.

Die in dem gegebenen Beweis benutzte eigentümliche Auffassung, das Dreieck ABC als sich selbst mit vertauschten Ecken kongruent anzusehen, hat Euklid durch eine Konstruktion umgangen[1]), die im Grunde überflüssig ist. Der Beweis beruht also, wenn er so wie oben dargestellt wird, nicht auf einer Hilfslinie, sondern auf der vorgenommenen Zuordnung bzw. Vertauschung der Ecken.

§ 5. Beispiel aus der nichteuklidischen Geometrie.

Es soll jetzt auch aus der nichteuklidischen Geometrie Lobatschefskijs ein Beispiel gegeben werden. Durch den Punkt A, der nicht auf der Geraden b liegt, seien die „Parallelen" (vgl. § 3) DAD' und CAC' zu b gezogen (Abb. 9). Wir nehmen an, daß die beiden Parallelen nicht zusammenfallen. Man kann beweisen, daß in dieser Geometrie in jedem Dreieck die Winkelsumme kleiner als zwei Rechte ist[2]). Doch soll dafür jetzt nicht der Beweis geführt werden. Wir wollen dagegen von A aus ein Lot auf die Gerade b fällen, was in der vor-

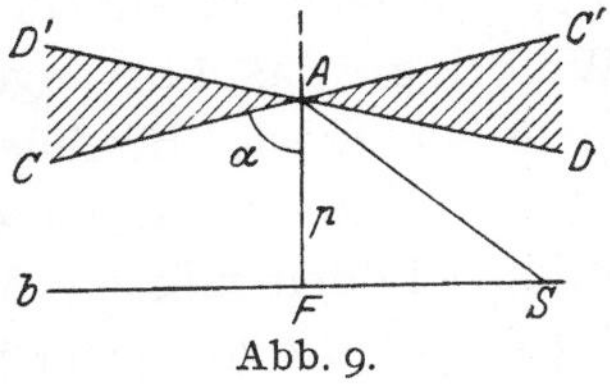

Abb. 9.

liegenden Geometrie möglich ist, hier jedoch gleichfalls nicht weiter ausgeführt werden soll. F sei der Fußpunkt des Lotes. Richtet man die Bezeichnungen so wie in der Figur ein, so daß D auf derselben Seite von CC' und C auf derselben Seite von DD' wie b gelegen ist, so liegen die von A ausgehenden Geraden, die b nicht schneiden, in dem Winkel DAC' und seinem Scheitelwinkel CAD', die beide in der Figur schraffiert sind. Der mit α bezeichnete Winkel CAF,

---

[1]) Euclidis elementa, Bd. I, Nr. 5, S. 21.

[2]) Lobatschefskij, Geometrische Untersuchungen zur Theorie der Parallellinien, 1840, S. 13ff.

dem der Winkel DAF gleich ist (s. u.), heißt der Parallelwinkel. Dieser Winkel tritt nun in der Figur viermal auf, und es ist ersichtlich, daß das Doppelte von α mit dem einen schraffierten Winkel zusammen auf der einen Seite des über A hinaus rückwärts verlängerten Lotes zwei Rechte ausmacht. Der Parallelwinkel α ist also kleiner als ein Rechter.

Nun sei, nicht notwendig in derselben Ebene, eine zweite Gerade b_1 gegeben und ein Punkt A_1, der nicht auf b_1 liegt (Abb. 10). Das Lot von A_1 auf b_1 sei A_1F_1 und es sei dieses gleich dem in der vorigen Abb. 9 gefällten Lote AF. Schneidet jetzt eine durch A_1 gehende Gerade die Linie b_1 in S_1, so kann man in der anderen Figur auf b einen Punkt S so bestimmen, daß $FS = F_1S_1$ ist. Die Dreiecke AFS und $A_1F_1S_1$ der beiden Ebenen (Figuren) stimmen dann in den Seiten AF und A_1F_1, ebenso in den Seiten FS und F_1S_1 und in den rechten Winkeln überein, so daß sie also nach dem auch hier gültigen ersten Kongruenzsatz auch in den Winkeln FAS und $F_1A_1S_1$ übereinstim-

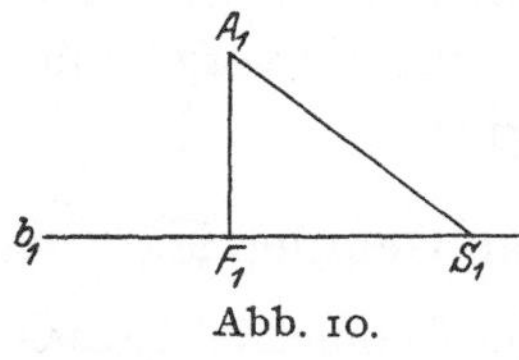

Abb. 10.

men müssen. Wenn also eine durch A_1 gehende gerade Linie die Gerade b_1 in S_1 schneidet, so schneidet auch eine Gerade, die in der durch A und b gehenden Ebene mit dem Lot AF denselben Winkel bildet wie A_1S_1 mit A_1F_1, die Gerade b. Da nun in dieser Betrachtung die Rolle der beiden Figuren vertauscht werden kann, so ergibt sich, daß eine in der einen Ebene durch A_1 gelegte Gerade, die mit dem Lot A_1F_1 irgendeinen Winkel bildet, die Gerade b_1 schneidet oder nicht, je nachdem eine in der anderen Ebene durch A unter demselben Winkel an das Lot angelegte Gerade die Gerade b schneidet oder nicht schneidet. Hieraus folgt aber, wenn man durch A_1 die Parallelen zu b_1 zieht, daß diese unter sich und mit dem Lot A_1F_1 dieselben Winkel bilden müssen, die bei A aufgetreten sind. Da ferner S auf der Geraden b auf jeder Seite des Punktes F, und S_1 auf b_1 auf jeder Seite des Punktes F_1 liegen kann, so zeigt sich jetzt noch, daß z. B. die Winkel DAF und CAF einander gleich sind, was oben schon vorausgenommen worden war.

Das Ergebnis kann so ausgesprochen werden, daß der Parallelwinkel α lediglich vom Abstand $p = AF$ abhängt (Abb. 9), den der Punkt A von der Geraden b hat, und nicht davon, wie im übrigen A und b im Raume liegen. Eine nähere Untersuchung, bei der die Axiome der Geometrie in der gewöhnlichen Form einschließlich des Stetigkeitsaxioms (§ 29), aber ausschließlich des euklidischen Parallelenaxioms benutzt werden, zeigt, daß der Parallelwinkel α abnimmt, wenn der Abstand p sich vergrößert, daß α sich unbegrenzt einem

Rechten annähert, wenn p unter jede Grenze sinkt, und unbegrenzt gegen Null abnimmt, wenn p über alle Grenzen wächst. Außerdem ist der Parallelwinkel α von p in stetiger (kontinuierlicher) Weise abhängig, woraus sich ergibt, daß α auch alle Zwischenwerte zwischen 90° und 0° wirklich annimmt, wenn wir den Abstand p alle Größen von Null bis ins Unendliche durchlaufen lassen[1]).

Es wird jetzt auch deutlich sein, daß z. B. der Abstand, der den Parallelwinkel 45° ergibt, in der Geometrie Lobatschefskijs eine ganz andere Rolle spielt als derjenige, der den Parallelwinkel 60° erzeugt. Bezeichnen wir die genannten Längen mit p_1 und p_2 und errichten auf jeder derselben im einen Endpunkt die Senkrechte, während wir im anderen Ende die beiden Parallelen zur Senkrechten ziehen, so liegen zwei Figuren vor,

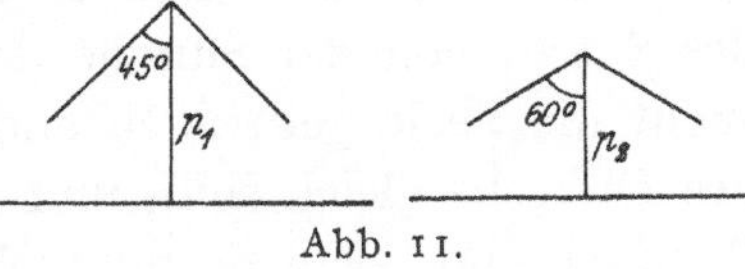

Abb. 11.

von denen die eine ausschließlich durch die Strecke p_1, die andere ausschließlich durch die Strecke p_2 bestimmt ist (Abb. 11). Trotzdem zeigen diese Figuren verschiedene Winkel und man kann schon hieraus erkennen, daß es in der nichteuklidischen Geometrie nicht möglich ist, eine Figur mit denselben Winkeln und in anderen Fällen auch denselben Längenverhältnissen, aber in einem anderen Maßstab zu wiederholen. Es gelten hier also nicht die Gesetze von der Ähnlichkeit der Figuren.

Auch bei den Beweisen der nichteuklidischen Geometrie erkennt man die Wichtigkeit neu eingeführter Hilfselemente oder, was auf dasselbe hinauskommt, die Wichtigkeit der Existentialaxiome, welche die Annahme der neuen Elemente begründen. So wurde in Abb. 9 der Umstand benutzt, daß auf der Geraden b die Strecke $FS = F_1 S_1$

---

[1]) Auch eine Formel läßt sich aufstellen, welche in der Geometrie Lobatschefskijs die Abhängigkeit des Parallelwinkels vom Abstand ausdrückt. Dies mag vielleicht dem Nichtmathematiker unbegreiflich erscheinen; bedenkt man aber, wie in § 23 durch Teilung der Strecken in beliebig viele gleiche Teile und durch eine Betrachtung, die beliebig oft wiederholt werden kann, eine allgemeine metrische Beziehung erhalten wird, so wird man es eher verstehen.

Zeichnet man den Abstand p_0 aus, zu dem der Parallelwinkel α_0 gehört, der durch die Gleichung

$$\operatorname{tg} \frac{\alpha_0}{2} = \frac{1}{e}$$

bestimmt ist, so gilt allgemein die Formel

$$\operatorname{tg} \frac{\alpha}{2} = e^{-\frac{p}{p_0}}$$

für jeden Abstand p und den zugehörigen Parallelwinkel α. Dabei ist e die bekannte Irrationalzahl:

$$e = 1 + \frac{1}{1} + \frac{1}{1 \cdot 2} + \frac{1}{1 \cdot 2 \cdot 3} + \frac{1}{1 \cdot 2 \cdot 3 \cdot 4} + \ldots = 2{,}71828 \ldots$$

abgetragen werden konnte, d. h. die Existenz von zwei Punkten, die auf beiden Seiten von F auf b gelegen von F den Abstand $F_1 S_1$ besitzen.

§ 6. Das Wesen dieser Beweise.

Wie schon in § 4 und § 5 betont worden ist, werden in den geometrischen Beweisen meist Hilfselemente eingeführt, so daß der Beweis in gewissem Sinne auf einem Umweg vor sich geht. Die Bedeutung der neuen Elemente für die Ermittlung weiterer, zwischen den ursprünglich vorhandenen Elementen geltender Relationen hat auch schon Locke erkannt. So sagt er mit bezug auf den Beweis des Satzes von der Summe der Dreieckswinkel: „In solchem Falle sucht die Seele gern nach anderen Winkeln, denen die drei Winkel des Dreiecks gleich sind, und indem sie findet, daß jene gleich zwei Rechten sind, weiß sie nunmehr auch, daß die drei Winkel des Dreiecks gleich zwei Rechten sind"[1].

Es muß zunächst ein erstes Hilfselement einem Existentialaxiom gemäß unmittelbar durch die ursprünglich gegebenen Elemente bestimmt werden. Nachher ergeben sich weitere neue Elemente meistens mit Hilfe derjenigen, die vorher eingeführt worden sind. Dadurch löst sich vielfach die „Hilfskonstruktion" von selbst in eine Reihenfolge von Operationen auf, von denen sich jede auf die ihr in der Reihe vorangehenden stützt; jedoch können auch mehrere Reihen nebeneinander hergehen, Reihen sich teilen usw. Es lassen sich nun aus den Relationen, die ursprünglich gegeben waren, zusammen mit denen, welche durch die Einführung der Hilfselemente gesetzt sind, auf Grund der Axiome neue Relationen erschließen. Da die Existentialaxiome erlauben, neue Elemente in beliebiger Zahl in die Betrachtung hineinzunehmen, so kann das Verfahren nach den verschiedensten Richtungen beliebig weit fortgesetzt werden. Es läßt sich jedoch im allgemeinen keine der Relationen, die sich so ergeben, voraussehen, ohne daß das geschilderte allgemeine Verfahren in irgendeiner besonderen Weise wirklich ausgeführt wird.

Die gegebene Schilderung dürfte deutlich machen, daß die mathematischen Schlüsse im allgemeinen keine Syllogismen sind im Sinne der von der schulgemäßen Logik erörterten, auf Aristoteles zurückgehenden Formen[2]. Wir schließen nicht in dieser Weise: Alle geometrischen Gebilde von der Gattung A sind zugleich von der Gattung B, alle von der Gattung B auch von der Gattung C, also sind

---

[1] John Lockes Versuch über den menschlichen Verstand, übersetzt von W. Kirchmann, Bd. 2, 2. Aufl., bearbeitet von Siegert, 1901, S. 146.
[2] Vgl. S. 4, Anm. 1.

alle Gebilde von der Gattung A auch von der Gattung C, d. h. es ist
die Gattung A in der Gattung C enthalten oder ihr untergeordnet.
Vielmehr schließen wir daraus, daß zwischen gewissen Elementen
gewisse Relationen bestehen, daß zwischen diesen oder auch noch
anderen Elementen weitere Relationen bestehen müssen. Dabei bilden
die Axiome die Regeln, nach denen die Schlüsse verlaufen, denn diejenigen Axiome, die nicht eine Existenz feststellen, besagen stets, daß,
wenn[1]) gewisse Relationen bestehen, auch noch andere Relationen
notwendig gelten (§ 2).

Versuche, die mathematischen Beweise in die schulmäßigen syllogistischen Formen zu zwängen, sind mehrfach gemacht worden. So
ist in der zweiten Ausgabe von Jungius' „Logica Hamburgensis" aus
dem Jahre 1681 in dem von dem Herausgeber Vagetius hinzugefüg-
ten Anhang die Konstruktion des gleichseitigen Dreiecks erörtert[2]).
Nachdem, ausgehend von der Strecke AB, mit Hilfe der beiden Kreise
(Abb. 12) der Punkt C konstruiert ist, soll be-
wiesen werden, daß im Dreieck ABC jede
Seite jeder anderen gleich ist. Durch Konstruktion ist $AC = AB$ und auch $CB = AB$.
Es ist also nur zu beweisen, daß auch $AC = CB$
ist, was sich sofort ergibt unter Berufung auf
die Regel, daß zwei Strecken, hier AC und CB,

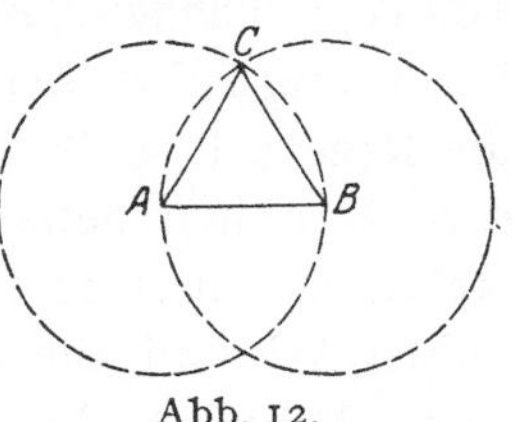

Abb. 12.

die einer dritten, hier AB, gleich sind, auch einander gleich sein müssen.
Dieser eine Schluß wird von Vagetius unter Bezugnahme auf die „prae-
cepta" des Aristoteles in zahlreiche angebliche Syllogismen zersplittert,
die noch nach Arten aufgezählt werden[3]). Auch bei John Stuart Mill[4])
findet sich ein solcher Versuch, indem der Beweis Euklids erläutert
wird für die Gleichheit zweier Seiten in einem Dreieck mit zwei glei-

---

[1]) Auf diesen hypothetischen Charakter, der sich bei entsprechender Fassung
auch an mathematischen Lehrsätzen zeigt, hat Sigwart: Logik, Bd. 1, 1. Aufl.,
S. 410, hingewiesen; ebenda (S. 408/9) auch auf das Versagen der logischen Muster-
schablone und auf die Bedeutung der Relationsverhältnisse. Trotzdem sagt er, daß
„alle mathematischen Sätze mit Ausnahme der Axiome und Definitionen durch Syllogismen, jedenfalls nach denselben Prinzipien, welche die syllogistischen Formen
bestimmen, erwiesen werden". In dieser letzten Äußerung nimmt Sigwart offenbar
das Wort „Syllogismus" im Sinne von „Anwendung einer Regel" oder von „Schluß";
mit den syllogistischen Formen hat aber diese Art von Schlüssen nichts zu tun,
denn unter diesen Formen könnte man doch nur diejenigen verstehen, welche die
Schullogik wirklich aufgestellt hat: „Barbara", „Celarent" usw., und die im mathematischen Gebiet so gut wie keine Anwendung finden.

[2]) S. 6ff.

[3]) Es fehlte also der Schule des Jungius und wohl auch ihm selbst doch noch
die Einsicht in den Zusammenhang zwischen Relationslogik und Mathematik, trotzdem er auf den Begriff der Relation aufmerksam geworden war.

[4]) System der deduktiven und induktiven Logik, deutsch von Schiel, 4. Aufl.,
1877, 1. Teil, S. 271.

chen Winkeln (vgl. auch hier § 4). Bei MILL beruht alles auf einem
Spiel mit dem Wort „Sichdecken". Indem einmal zwei Strecken, ein
anderes Mal zwei Winkel sich decken, dann aber daraus geschlossen
wird, daß nun auch die eine Strecke mit dem einen an ihr anliegenden
Winkel, als bewegliches und offenbar starres Gebilde gedacht, mit der
anderen Strecke und dem an diese sich anschließenden Winkel zur
Deckung gebracht werden könne, wird das im Kongruenzsatz steckende
Axiom (§ 2), welches den eigentlichen Rechtsgrund des Schlusses, d. h.
die Regel, nach der er verläuft, ausmacht, stillschweigend benutzt.

Unser Ergebnis kann demnach so ausgedrückt werden, daß die
mathematischen Schlüsse nicht auf der Einordnung von Individuen
in Gattungsbegriffe oder der Unterordnung der Gattungsbegriffe
untereinander, sondern vielmehr auf der Verkettung der Relationen beruhen. Es ist möglich, für eine Logik der Relationen besondere Formen aufzustellen. Dies ist durch B. RUSSEL und L. COU-
TURAT geschehen. Als einfachstes Beispiel mag die „transitive" Relation angeführt werden. Wir nennen jede Relation transitiv, wenn
die Regel gilt, daß aus dem Bestehen dieser Relation von A zu B und
dem Bestehen derselben von B zu C auch das Bestehen derselben
Relation von A zu C folgt. So ist z. B., wenn A und B Größen derselben Art sind, die Relation: „A kleiner als B" eine transitive Relation. Es wird ohne weiteres deutlich sein, wie nach dieser Regel
Ketten von Schlüssen, allerdings einfachster Art, gebildet werden
können. Es kommen in der Mathematik viele transitive Relationen
vor. Auch die Gleichheit ist eine transitive Relation, diese ist aber
symmetrisch, indem aus A gleich B folgt, daß auch B gleich A ist.
Die mit dem Wort „kleiner" bezeichnete Relation ist unsymmetrisch.
Weshalb es sich meines Erachtens nicht sehr lohnt, in der Logik
Theorien von besonderen Relationsschlüssen aufzustellen, werde ich
in § 105 auseinandersetzen.

Manchmal wird als Grundprinzip des mathematischen Schließens
das Substitutionsverfahren bezeichnet, vermöge dessen Gleiches durch
Gleiches ersetzt wird[1]), und es wird dann das „Prinzip der Identität"
als die Quelle des Verfahrens angesehen. Bei dem obigen Beispiel,
das die Winkelsumme im Dreieck betrifft (§ 4, Abb. 7), werden in der
Tat zwei von den Winkeln, die am Punkt A zwei Rechte ausmachen,
durch gleiche Winkel ersetzt. Es ist jedoch z. B. der Dreieckswinkel
bei B keineswegs „identisch" mit dem Winkel, an dessen Stelle er
gesetzt wird. Der Dreieckswinkel liegt an einer anderen Geraden und
hat eine andere Spitze, er steht also in Relationen, in denen der ihm
gleiche Winkel, der die Spitze A hat, nicht steht. Geometrische

---

[1]) Vgl. W. STANLEY JEVONS, The Principles of Science, Bd. 2, 1877, S. 49.

Gebilde, die einander gleich sind, pflegen nur in gewisser Hinsicht gleich zu sein; so können gleiche Strecken da nicht füreinander gesetzt werden, wo es auf die Richtung ankommt.

Auf der anderen Seite kann man auch Substitutionsmethoden angeben, die nicht durch das Prinzip der Ersetzung des Gleichen durch Gleiches zu begründen sind. So kann ich in der Aussage, daß a kleiner ist als b, die Größe b stets durch eine im Vergleich zu ihr größere ersetzen. Um ein anderes Beispiel zu haben, betrachte man die Abb. 7 in § 4. Dort macht die Hilfslinie zusammen mit BC gleiche innere Wechselwinkel an AB; daraus konnte auf die Parallelität der Hilfslinie mit BC und daraus, mit Rücksicht auf das Parallelenaxiom Euklids, geschlossen werden, daß die Hilfslinie mit BC auch an AC gleiche innere Wechselwinkel hervorbringt. Man hat also den Satz, der allerdings nicht als Axiom angesehen wird, aber als Substitutionsprinzip gebraucht werden kann: Wenn in einer Ebene die Gerade a mit den Geraden b und c gleiche Wechselwinkel macht, so macht auch jede andere Gerade der Ebene mit b und c gleiche Wechselwinkel. Es liegt also eine dreigliedrige Relation zwischen den Geraden a, b, c einer Ebene vor, in der stets das erste Element durch eine beliebige andere Gerade der Ebene ersetzt werden kann.

Gleichheit von Winkeln ist eben eine besondere Relation, Gleichheit von Strecken eine andere, und diese Relationen spielen keine wesentlich andere Rolle als andere Relationen, z. B. als die, welche besagt, daß ein Punkt zwischen zwei anderen gelegen ist, oder diejenige, welche feststellt, daß eine Gerade durch einen Punkt hindurchgeht. Mit Rücksicht auf diese verschiedenen Relationen schließen wir eben jedesmal nach den Regeln, welche für dieselben gelten. Beispiele von Schlüssen, in denen der Begriff „gleich" überhaupt nicht vorkommt, enthält der übernächste Paragraph.

Von einem Prinzip der Identität kann man meines Erachtens beim Schließen nur insofern sprechen, als man sich der Identität der jedesmal anzuwendenden Regel bewußt sein muß. Wir haben darauf zu achten, daß unser logisches Tun auf die im Axiom niedergelegte Regel paßt; dies ist das sogenannte Prinzip der Identität.

Es ist noch kein Beispiel eines indirekten Beweises gegeben worden. Ein solcher geht von einer für den Augenblick gemachten Annahme aus, entwickelt aus dieser mit Hilfe der Axiome einen Widerspruch und beweist dadurch, daß das Gegenteil jener Annahme wahr ist. Hier genügt es, darauf hinzuweisen, daß die Art, wie wir aus der zuerst gemachten Annahme Folgerungen entwickeln, vollständig dem eben geschilderten Verfahren entspricht.

Bis jetzt ist in den Beweisen nur von geometrischen „Elementen", d. h. von Individuen, die unter die gegebenen Gegenstandsbegriffe fallen, und von ihren Relationen die Rede gewesen. Handelt es sich um einen synthetischen Begriff (§ 1), bzw. um einen Gegenstand, der einem solchen sich unterordnet, z. B. um ein Quadrat, so kann man diesen Gegenstand in die Elemente auflösen, aus denen er sich aufbaut, und die durch gewisse Relationen verbunden sind. Nachher kann man wieder auf die vorhin geschilderte Weise verfahren. In einem gewissen Sinne bedeutet deshalb in den einfacheren Fällen der Gebrauch des synthetischen Begriffes nur eine Abkürzung in der Formulierung, zugleich aber auch eine Abkürzung des Verfahrens, wenn eine bereits früher bewiesene Eigenschaft des synthetischen Begriffs mit angewendet wird. Wesentlich anders aber gestalten sich die Verhältnisse, wenn ein synthetischer Begriff allgemeinerer Art in Frage steht, z. B. an Stelle eines Quadrats ein allgemeines regelmäßiges n-Eck. In solchem Fall kommt in die Geometrie eine Allgemeinheit hinein, die von derselben Art ist wie die des Zahlbegriffs, und es werden dann neue Gesichtspunkte für die Betrachtung maßgebend (vgl. auch die mechanische Beweisführung in § 12 und die logischen Erörterungen von § 112, 115 und 116).

§ 7. Rolle der Anschauung. Rein logische Beweisführung.

Wenn wir ein geometrisches Gebilde untersuchen, so pflegen wir es in einer Zeichnung darzustellen oder doch uns davon in der inneren Anschauung ein möglichst deutliches Bild zu entwerfen, dem dann auch die Hilfskonstruktion hinzugefügt wird. Es ist nun die Frage, ob der Anschauung dabei die Rolle eines Beweismittels zukommt, oder ob sie uns nur durch Erleichterung der Übersicht, Unterstützung des Gedächtnisses und dadurch nützlich ist, daß sie neue Gedanken anregt. Zunächst scheint sie wirklich als Beweismittel zu dienen. In dem Beweise für die Winkelsumme im Dreieck, der in § 4 an Abb. 7 geführt worden ist, haben wir folgende Umstände nur der Anschauung entnommen: daß die drei Winkel an der Ecke A einen Winkelraum von zwei Rechten erfüllen und daß z. B. der Winkel, den die Hilfslinie mit AB macht, und der Dreieckswinkel bei B in dem Verhältnis von inneren Wechselwinkeln stehen, welche Relationen dann im weiteren Verfolg des Beweises gebraucht worden sind. In ähnlicher Weise ist es auch sonst üblich, eine unmittelbare Beurteilung der Figur in einen Beweis hineinzuziehen. Es handle sich z. B. um den Beweis des bekannten Satzes, daß die seitenhalbierenden Transversalen eines Dreiecks durch einen Punkt gehen und sich gegenseitig im Verhältnis 1 : 2 teilen. In diesem Fall muß vorher bewiesen werden, daß im

Dreieck ABC die Verbindungslinie der Mittelpunkte M und N von AB und AC der Seite BC parallel ist und halb so groß als diese (Abb. 13). Nunmehr zieht man BN und CM *und entnimmt der Anschauung, daß diese beiden Geraden sich in einem Punkt O schneiden, und daß dieser zwischen B und N und zwischen C und M gelegen ist*[1]). Nun kann mittelst der Proportionallehrsätze geschlossen werden, daß z. B. ON zu OB sich verhält wie NM zu BC, d. h. wie 1 zu 2. Es teilt also die eine Transversale die andere im Verhältnis 1 : 2, woraus dann auch das übrige folgt. Dabei ist zu bedenken, daß das Verhältnis 1 : 2 der parallelen Strecken BC und MN, wenn wir nicht jener Zwischenlage versichert wären, eine etwas andere Konsequenz haben würde (Abb. 14).

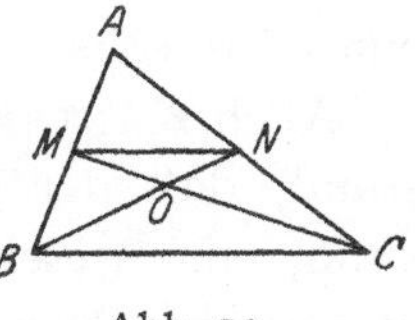

Abb. 13.

Eine genauere Prüfung der angeführten und anderer ähnlicher Fälle ergibt nun, daß alle die im Verlauf des Beweisverfahrens aus der Anschauung entnommenen Relationen im eigentlichen Sinne des Wortes logisch bewiesen werden können, wenn man den Axiomen Euklids noch die in § 2 angeführten Anordnungsaxiome zufügt. Im nächsten Paragraphen werden ausführliche Beispiele dafür gegeben werden. Durch ein solches Vorgehen wird der geometrische Beweis in einen rein logischen Prozeß verwandelt, wobei wir mit „rein logisch" selbstverständlich nicht meinen, daß dieser Prozeß aus den aristotelischen Schlußfiguren begriffen werden könnte, sondern an das in § 6 beschriebene Verfahren denken[2]). Die Geometrie bedarf also der Anschauung, oder wie andere sagen, der Erfahrung, nur zur Aufstellung der Axiome.

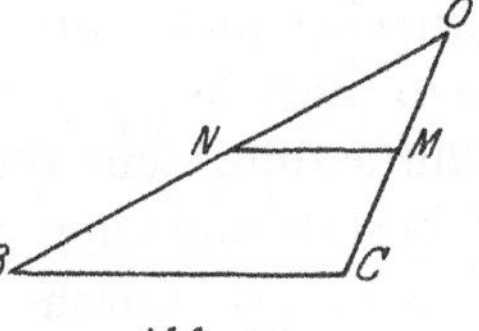

Abb. 14.

Durch die Verwandlung des geometrischen Beweises in einen rein logischen Prozeß wird auch die Bemerkung Berkeleys hinfällig, daß der geometrische Beweis auf einer Induktion beruhe, da er das an

---

[1]) Offenbar würde man nicht unmittelbar auf Grund der Anschauung zugeben, daß die drei seitenhalbierenden Transversalen durch einen und denselben Punkt gehen; man vgl. hierzu auch die Bemerkungen in K. Kroman, Unsere Naturerkenntnis, 1883, S. 92ff., wonach nur „grobe" Beurteilungen unmittelbar aus der Anschauung übernommen werden.

[2]) Als suggestives Mittel wird man stets die Figur benutzen, wie es denn in der Praxis auch bei dem üblichen anschaulichen Verfahren meist sein Bewenden haben wird. Nur bei prinzipiellen Erörterungen wird man die rein logische Beweisführung durch alle Schritte durchführen. F. Klein hat diese Umgestaltung des mathematischen Beweises als „Arithmetisierung der Mathematik" bezeichnet und E. Cassirer hat den Sachverhalt dadurch gekennzeichnet, daß er sagt, die Mathematik sei im platonischen Sinne des Wortes „dialektisch" geworden (Kantstudien, Bd. 12, 1907, S. 3).

einer einzelnen Figur Erkannte auf alle Fälle derselben Art ausdehne[1]). Früher ist der BERKELEYschen Behauptung vielfach entgegengehalten worden, daß man sich die Figur, an der ein Beweis geführt werden soll, beweglich denken und dann alle Gestalten, die sie annehmen könne, zu übersehen vermöge[2]). Dies gelingt aber nur bei ganz einfachen Figuren; so werden wir wohl durch Bewegung erkennen, daß zwei sich schneidende Gerade unter allen Umständen vier Winkel miteinander bilden, wir übersehen aber nicht ohne eine deduktive Untersuchung die Fälle, die z. B. bei der Zentralprojektion eines Vierecks auftreten können.

Auch KANTS Auffassung von der Geometrie erfährt durch den Umstand, daß der geometrische Beweis rein logisch gestaltet werden kann, eine wesentliche Modifikation. KANT hat eine „reine“, d. h. apriorische Anschauung angenommen, welche sowohl unserer Gestalten erzeugenden Phantasie als auch der Erfahrung als notwendige Bedingung zugrunde liegen sollte. In ihr hat er wohl nicht nur die Quelle der Axiome, sondern auch ein in jedem geometrischen Beweis wirksames Hilfsmittel gesehen[3]). Dabei ist zu bemerken, daß doch auch das Bild in der reinen Anschauung ein einzelnes wäre, das wir für alle die Fälle, auf die der Beweis sich bezieht, als typisch betrachten, so daß auch die KANTsche Auffassung dem BERKELEYschen Einwand unterworfen wäre. Eine Überführung der verschiedenen möglichen Gestalten einer Figur ineinander durch Bewegung innerhalb der reinen Anschauung hat KANT nirgends angenommen[4]). Die neuere[5]) Erkenntnis von der Möglichkeit, den geometrischen Beweis rein logisch zu gestalten, überhebt uns also jedenfalls der Notwendigkeit, dem geometrischen Beweis zuliebe eine apriorische Anschauung des Raumes annehmen zu müssen.

---

[1]) Vgl. auch E. HUSSERL, Logische Untersuchungen, 2. Teil, 1901, S. 155.

[2]) CH. SIGWART, Logik. Bd. 2, 2. Aufl., 1893, S. 226.

[3]) KANTS Äußerungen sind allerdings nicht ganz eindeutig. Er sagt (Kritik der reinen Vernunft, 1. Ausg., Elementarlehre, II. Teil, I. Abteil., II. Buch, II. Hauptst., 3. Abschn., Nr. 1): „Auf diese sukzessive Synthesis der produktiven Einbildungskraft, in der Erzeugung der Gestalten, gründet sich die Mathematik der Ausdehnung (Geometrie) mit ihren Axiomen.“ Die Gegenüberstellung des Ziehens von Linien in der reinen Anschauung und des Auf- und Absteigens in der Zahlenreihe, wodurch arithmetische Sätze oder wenigstens die Zahlformeln bewiesen werden (Kritik der reinen Vernunft, ebenda), scheint mir zu zeigen, daß auch an eine Mitwirkung der Anschauung im Beweise gedacht ist.

[4]) KANT bezeichnet außerdem die Bewegung überall ausdrücklich als einen empirischen Begriff.

[5]) Man vgl. aber auch LEIBNIZ: Neue Abhandlungen über den menschlichen Verstand, deutsch von SCHAARSCHMIDT, 2. Aufl., 1904 (Philosophische Bibliothek, Bd. 69), S. 380.

§ 8. Rein logische Entwicklung von Anordnungstatsachen.

Es möge jetzt an einigen Beispielen gezeigt werden, wie solche Tatsachen, die üblicher Weise der Anschauung entnommen werden, rein logisch aus den Axiomen entwickelt werden können. Dazu eignen sich vor allem solche Tatsachen der Anordnung, die wir nicht unter die in § 2 genannten Axiome der Anordnung aufgenommen haben. Solche Beweise bieten dem Nichtgeübten gewisse Schwierigkeiten dar, weil man sich dabei gewohnter Gedankenverbindungen entschlagen muß. Trotzdem hoffe ich, daß auch die Nichtmathematiker diese Beweise als einwandfrei erkennen werden.

Zunächst werde bemerkt, daß die Aussage: „B liegt zwischen A und C" hier immer stillschweigend mit enthalten soll, daß die genannten drei Punkte voneinander verschieden und in einer Geraden gelegen sind. Wir nehmen jetzt drei Punkte A, B und C an, die nicht auf einer Geraden liegen, d. h. also ein richtiges Dreieck bilden. Der Punkt C werde nun mit einem zwischen A und B gelegenen Punkt M durch eine gerade Linie verbunden. Zunächst läßt sich beweisen, daß die Gerade CM mit der Geraden AC keinen weiteren Punkt außer C gemein hat. Wäre nämlich ein solcher gemeinsamer Punkt vorhanden, so müßten die Geraden CM und AC, da sie zwei verschiedene Punkte

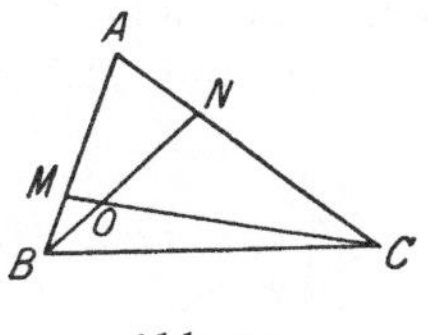

Abb. 15.

gemein hätten, zusammenfallen (§ 2). Es ginge also CM durch A; es läge also der von A verschiedene Punkt M (s. o.) auch auf AC, so daß die Gerade AM mit AC zusammenfallen, und somit der Punkt B, welcher der Geraden AM angehört, auf AC liegen müßte. Also lägen, der gemachten Voraussetzung entgegen, die drei Punkte A, B, C auf einer Geraden.

Es wird deutlich sein, daß die eben gegebene Überlegung von der Anschauung unabhängig ist. Dasselbe gilt auch von den folgenden Betrachtungen, obwohl ich sie zur Erleichterung des Verständnisses durch einige Abbildungen begleite. Ich füge zu den vorigen Elementen noch einen zwischen A und C gelegenen Punkt N und die Verbindungslinie BN (Abb. 15) hinzu. Wie vorhin von der Geraden CM bewiesen wurde, daß sie mit der Geraden CA nur den Punkt C gemein hat, so läßt sich auch von ihr zeigen, daß sie mit CB keinen anderen Punkt als C gemeinsam hat. Somit geht die Gerade CM weder durch A, noch durch N, noch durch B. Da aber die eben genannten drei Punkte nicht auf einer Geraden liegen, weil sonst B ein Punkt von AC sein müßte, so kann man auf das Dreieck ANB und die schneidende Gerade CM das in § 2 aufgeführte ebene Anordnungsaxiom anwenden.

Es liegt der Schnittpunkt M zwischen A und B und, da N zwischen A und C gelegen ist, der Schnittpunkt C nicht zwischen A und N (vgl. das erste Anordnungsaxiom von § 2); deshalb muß die Gerade CM auf der dritten Seite BN des Dreiecks, zwischen B und N, einen Schnittpunkt O bestimmen. Aus demselben Grund, aus dem der Schnittpunkt O von BN und CM zwischen B und N gelegen ist, liegt er aber auch zwischen C und M. Damit ist die Anordnungstatsache bewiesen, die im vorigen Paragraphen zu dem Beweise des Satzes von den seitenhalbierenden Transversalen gebraucht wurde.

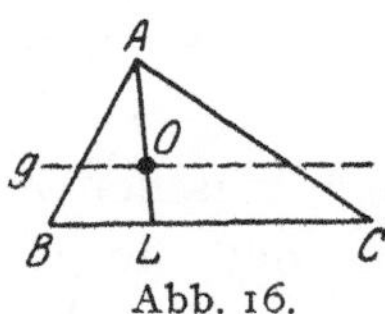

Abb. 16.

Nimmt man jetzt umgekehrt auf einer Geraden, die von der Ecke C des Dreiecks nach einem Punkt der Gegenseite, d. h. nach einem Zwischenpunkt M von A und B, gezogen ist, zwischen C und M einen Punkt O an, so kann mit denselben Hilfsmitteln bewiesen werden, daß die Verbindungsgerade BO auf AC einen Schnittpunkt N zwischen A und C bestimmt, und daß O zwischen B und N gelegen ist. Zieht man also von der Ecke C aus alle Strecken, die nach den Zwischenpunkten von A und B hinführen, und denkt sich alle die inneren Punkte

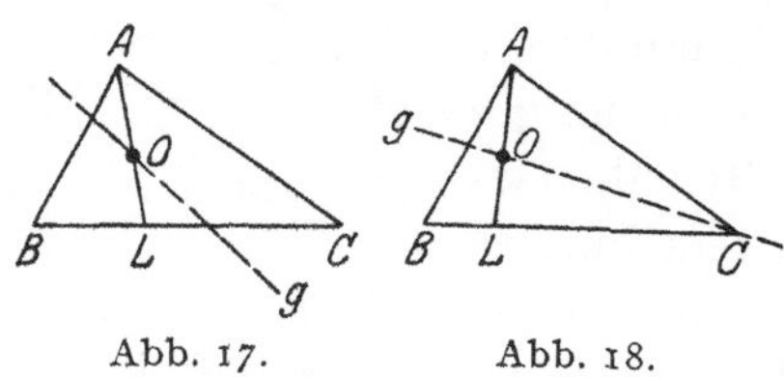

Abb. 17.   Abb. 18.

aller der so gezogenen Strecken, so erhält man genau dieselbe Gesamtheit von Punkten, die man auf dieselbe Weise durch die Strecken bekommt, welche die Ecke B mit den Zwischenpunkten auf der Gegenseite von B verbinden. Dieselbe Gesamtheit muß sich auch von der dritten Ecke A aus ergeben, und wir definieren durch sie die Gesamtheit der inneren Punkte des Dreiecks.

Geht man jetzt von einem solchen inneren Punkt O des Dreiecks aus, so muß die Verbindungslinie von O mit einer Ecke, z. B. die Verbindungslinie AO, auf der Gegenseite BC zwischen B und C einen Punkt L bestimmen (Abb. 16). Wird jetzt durch O irgendeine Gerade g gelegt, die jedoch von AL verschieden ist, so kann man auf diese Gerade und das Dreieck ABL, falls die Gerade nicht durch B geht, das ebene Anordnungsaxiom anwenden, wobei sich ein Punkt von g zwischen A und B oder zwischen L und B und nur eines von beiden ergibt. Die Fortsetzung dieser Untersuchung liefert einen rein logischen Beweis dafür, daß nur einer der Fälle, welche durch die Abb. 16, 17, 18, 19, 20 charakterisiert sind, eintreten kann. Schließlich kommt man zu dem Satz: *Jede durch einen inneren Punkt eines Dreiecks gehende Gerade hat mit dem Umfang des Dreiecks zwei und nur zwei Punkte gemein.*

Durch ähnliche Betrachtungen läßt sich beweisen, daß jeder zwischen zwei inneren Punkten eines Dreiecks gelegene Punkt selbst ein innerer sein muß. Auch die Anordnungsverhältnisse von Punkten einer Geraden bedürfen, wenn sie aus den genannten Axiomen abgeleitet werden sollen, solcher Überlegungen. Es läßt sich dann, wenn z. B. vier oder fünf oder sechs Punkte auf einer Geraden angenommen werden, beweisen, daß diese Punkte in einer solchen

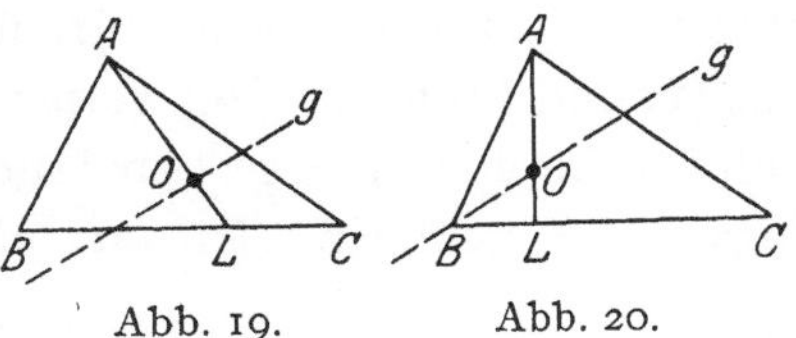

Abb. 19.   Abb. 20.

Reihenfolge aufgezählt werden können, daß jeder zwischen jedem in der Reihenfolge vorangehenden und jedem in der Reihenfolge nachfolgenden Punkt gelegen ist. Merkwürdigerweise ist zu dieser Beweisführung, falls nicht etwa noch mehr Anordnungsaxiome vorausgesetzt werden sollen, eine Hilfskonstruktion in einer durch die Gerade der Punkte gelegten Ebene und die Anwendung des ebenen Anordnungsaxioms notwendig[1]).

§ 9. Symbolrechnung.

Derartige Beweise, wie die im vorigen Paragraphen geführten, können auch mit Hilfe einer Symbolrechnung dargestellt werden. Wird zunächst der Sachverhalt, daß der Punkt B zwischen A und C liegt, durch die Formel ABC und der Umstand, daß B nicht zwischen A und C liegt, durch $\overline{ABC}$ ausgedrückt (wobei immer A, B und C als voneinander verschieden angesehen werden sollen), so ergibt sich die Regel, daß aus ABC auf CBA, $\overline{ACB}$, $\overline{BAC}$, $\overline{BCA}$ und $\overline{CAB}$ geschlossen werden darf (vgl. das erste Anordnungsaxiom von § 2).

Es dürfen also in der Relation, in der B zu A und C steht, und die mit ABC ausgedrückt wird, die Punkte A und C untereinander vertauscht werden, während jede andere Vertauschung zwischen den drei Elementen bewirkt, daß die Relation in das Entgegengesetzte umschlägt.

Nehmen wir ferner an, es besage die Zeichenzusammenstellung

(1) $$g \,|\, AB,$$

daß die Gerade g, ohne mit der Verbindungslinie von A und B zusammenzufallen, einen zwischen A und B gelegenen Punkt enthält, dagegen die Zusammenstellung

(2) $$g \,\|\, AB,$$

daß auf der Geraden g weder der Punkt A, noch B, noch ein zwischen

---

[1]) Vgl. E. H. Moore, Transactions of the American Mathematical Society, Bd. 3, 1902, S. 150 ff.

A und B befindlicher Punkt gelegen ist, so ergibt sich aus dem ebenen Anordnungsaxiom die Regel, daß die Formeln $g\,|\,AB$ und $g\,\|\,AC$, falls B und C voneinander verschieden sind, unter Ausschaltung des den rechten Seiten gemeinsamen Elements A in die Formel $g\,|\,BC$ zusammengezogen werden dürfen, d. h. daß diese letzte Formel immer aus (1) und (2) folgt. Soll weiter $gA = 0$ bedeuten, daß der Punkt A auf der Geraden g liegt (Abstand gleich Null), so stellen sich weitere formelle Regeln ein. Es darf nämlich aus den Formeln

$$(3) \qquad\qquad gM = 0, \qquad AMB,$$

falls $gA = 0$ und $gB = 0$ nicht gelten, die Formel (1) zusammengezogen werden, während umgekehrt das Bestehen der Formel (1) die Einführung eines Elements M gestattet, das gleichzeitig die beiden Formeln (3) erfüllt.

Es wird wohl deutlich sein, daß die eingeführten Symbolzusammenstellungen mit Rücksicht auf die gegebenen und noch einige andere leicht zu ermittelnde Regeln zu einem rechnenden Verfahren führen, und daß die Beweise von § 8 in die Form dieser Symbolrechnung gekleidet werden könnten. Wie in der früheren Form der Beweise die Schlüsse auf der Anwendung der Axiome beruhten, so beruht jetzt die Rechnung auf der Anwendung der formalen Regeln, welche nichts anderes als die Übersetzung der Axiome in die Symbolrechnung darstellen. Einen besonderen Vorteil kann ich aber in einem Fall wie in dem vorliegenden der Symbolrechnung nicht zuerkennen; ich habe mich allgemein schon in der Einleitung über Symbolrechnungen geäußert.

§ 10. Beweise, die durch Abbildung geführt werden.

Besondere Beachtung verdienen in der Geometrie die Beweise, die, wie wir uns ausdrücken, durch Übertragung vermittelst einer Abbildung geführt werden. Bekanntlich entsteht durch senkrechte Projektion eines Kreises auf eine Ebene eine Ellipse (Abb. 21). Bei der senkrechten Projektion entstehen aus parallelen Geraden wieder unter sich parallele Gerade, und der Mittelpunkt einer Strecke projiziert sich in den Mittelpunkt der Projektion der Strecke. Hieraus ergibt sich, daß der Mittelpunkt des Kreises, d. h. der Punkt, der jede durch ihn gehende Kreissehne halbiert, sich in den Mittel-

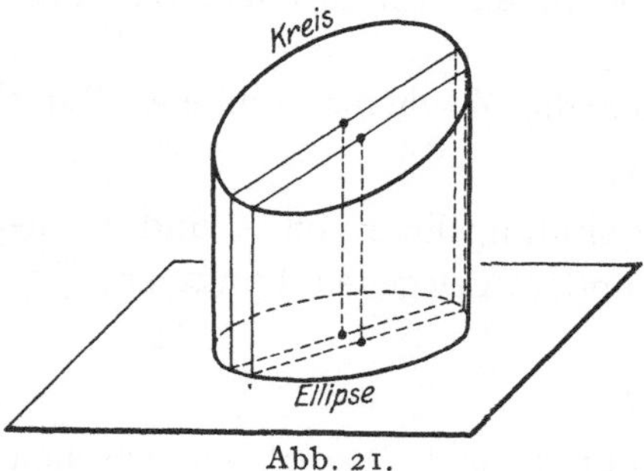

Abb. 21.

punkt der Ellipse projiziert. Jeder Durchmesser, d. h. jede durch den Mittelpunkt gehende Gerade, des Kreises projiziert sich in einen Durchmesser der Ellipse.

Man denke sich jetzt in dem Kreise eine Schar paralleler Sehnen gezogen; ihre Mittelpunkte liegen bekanntlich auf einem Durchmesser (Abb. 22). Die parallelen Sehnen des Kreises projizieren sich nun in parallele Sehnen der Ellipse, die Mittelpunkte jener in die Mittelpunkte dieser Sehnen. Diese letzteren müssen deshalb auf die Projektion des Kreisdurchmessers, d. h. also auf einen Ellipsendurchmesser zu liegen kommen (Abb. 23). Da nun jede Ellipse durch Projektion eines Kreises erhalten werden kann, und jede Schar von Parallelsehnen der Ellipse dann die Projektion einer Schar von Parallelsehnen des Kreises vorstellt, so ergibt sich der Satz: *Bei jeder Ellipse liegen die Mittelpunkte paralleler Sehnen auf einem Durchmesser.*

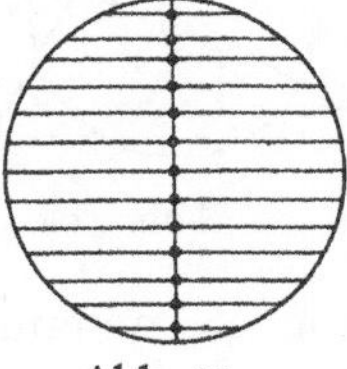

Abb. 22.

Dieser Satz ist durch eine Übertragung bewiesen worden, indem durch die Projektion der Kreis auf die Ellipse, oder wenn man lieber will, die Ellipse auf den Kreis „abgebildet" worden ist, und das eindeutige gegenseitige Entsprechen zwischen der einen Figur und ihrem Abbild die Übertragung erlaubt.

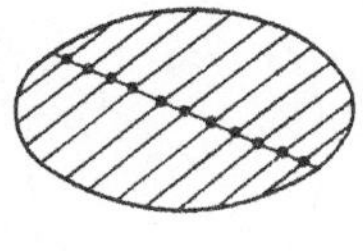

Abb. 23.

Eine andere Art der Abbildung einer ebenen Figur auf eine andere wird durch zentrale Projektion, also durch projizierende Strahlen, die alle von demselben Punkt ausgehen, vermittelt. Vermöge dieser Abbildung kann man gewisse Eigenschaften des Kreises auf jede Ellipse, Parabel und Hyperbel übertragen.

Die Geometrie kennt aber noch Übertragungen wesentlich anderer Art, bei denen wir zwar auch noch von „Abbildung" sprechen wollen, wobei jedoch dieser Ausdruck in einem weit allgemeineren Sinne gemeint ist. Um ein Beispiel zu haben, nehmen wir einen festen Kreis mit Mittelpunkt O und in der Ebene des Kreises einen veränderlichen Punkt P an. Jeder Lage des Punktes P entspreche ein bestimmter Punkt Q, der so gefunden wird (Abb. 24a u. 24b):

1. Q liegt auf der Verbindungslinie OP auf derselben Seite von O wie P.

2. Das Rechteck aus den Längen OP und OQ soll gleich dem Quadrat des Kreisradius sein[1]).

Rückt P auf die Kreisperipherie, so fällt Q mit P zusammen. Liegt P außerhalb des Kreises, so befindet sich Q innerhalb und

---

[1]) Man sagt dann, daß sich P und Q nach dem „Prinzip der reziproken Radien" entsprechen, weil sich für die Maßzahlen von OP und OQ reziproke Zahlen ergeben, falls der Kreisradius zur Einheit der Längenmessung erhoben wird.

umgekehrt. Nimmt P die Stelle ein, die vorher Q gehabt hat, so kommt Q an den Platz, den vorher P innegehabt hat. Kommt P dem Mittelpunkt des Kreises näher und näher, so rückt Q weiter und weiter hinaus. Für den Fall, daß P in O zu liegen kommt, ist ausnahmsweise kein P entsprechender Punkt Q mehr vorhanden. Wir sagen, daß in diesem Fall Q „im Unendlichen verschwunden" sei.

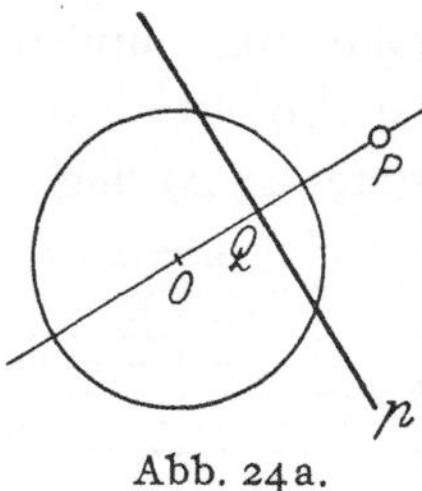

Abb. 24 a.

Wenn man jetzt auf OP in Q eine Senkrechte p errichtet und die Gerade p und den Punkt P einander zuordnet, so liegt eine Regel oder ein Gesetz vor, wonach mit gewissen Ausnahmen, die jetzt übergangen werden mögen, jedem Punkt in der Ebene eine Gerade und jeder Geraden ein Punkt entspricht. p wird die „Polare" von P und P der „Pol" von p genannt. Es gilt dabei der Satz, daß, wenn gewisse Punkte auf einer Geraden gelegen sind, auch die Polaren jener Punkte durch den Pol der Geraden hindurchgehen.

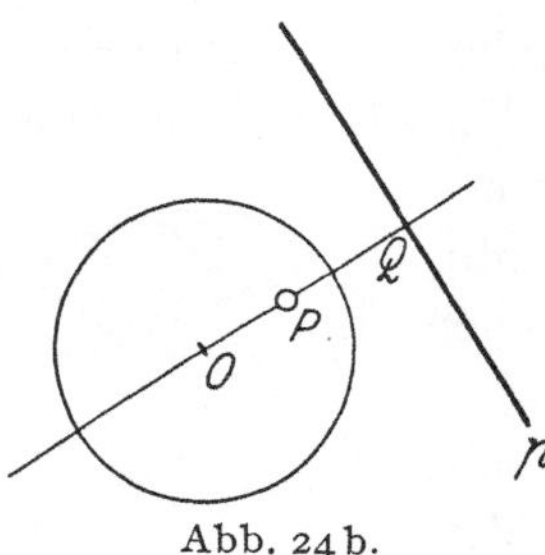

Abb. 24 b.

Das genannte Gesetz setzt uns nun in den Stand, eine aus geraden Linien und Punkten bestehende ebene Figur in eine andere „abzubilden", indem wir für jeden Punkt seine Polare und für jede Gerade ihren Pol nehmen. Dabei werden infolge des zuletzt erwähnten Satzes Punkte, die in einer Geraden g liegen, durch Gerade ersetzt, die durch einen Punkt P gehen, und jene Gerade g durch den Punkt P, in dem diese Geraden zusammenlaufen. Diese Abbildung führt zu einem Übertragungs-

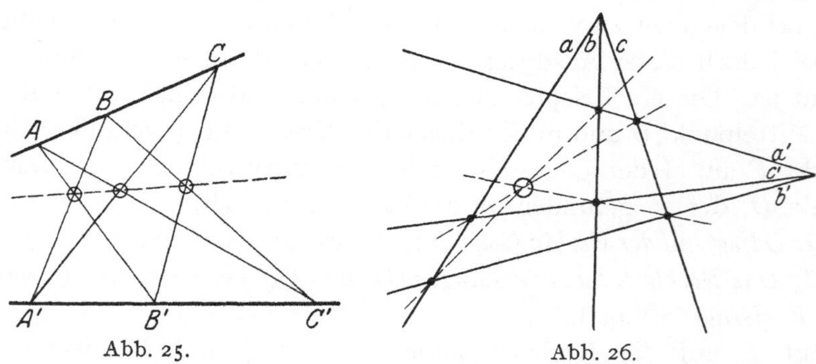

Abb. 25. Abb. 26.

prinzip, das aus jedem Lehrsatz einer gewissen Art einen zweiten ihm gegenüberstehenden abzuleiten gestattet. Die Übertragung findet statt durch eine Art von wörtlicher Übersetzung, indem man statt Punkt „Gerade", statt Gerade „Punkt", statt Verbindungslinie „Schnittpunkt" und statt Schnittpunkt „Verbindungslinie" einsetzt. Als Beispiel für dieses Prinzip, das als Prinzip der Dualität bezeichnet wird, stelle ich hier zwei solcher Lehrsätze nebeneinander (Abb. 25 u. 26):

<table>
<tr><td>

Wenn sowohl die Punkte A, B, C, als auch die Punkte A', B', C' auf einer Geraden liegen, so liegt der Schnittpunkt der Verbindungslinie von A und B' und der Verbindunglinie von A' und B mit dem Schnittpunkt der Verbindungslinien BC' und B'C und dem Schnittpunkt der Verbindungslinien CA' und C'A auf einer geraden Linie.

</td><td>

Wenn sowohl die Geraden a, b, c, als auch die Geraden a', b', c' sich in einem Punkt begegnen, so geht die Verbindungslinie des Schnittpunkts von a und b' und des Schnittpunkts von a' und b mit der Verbindungslinie der Schnittpunkte bc' und b'c und der Verbindungslinie der Schnittpunkte ca' und c'a durch einen und denselben Punkt.

</td></tr>
</table>

Die eben genannten Sätze und die zugehörigen Figuren erleiden ausnahmsweise gewisse Modifikationen, in dem Sinne, daß an Stelle von Geraden, die sich in einem Punkte begegnen, parallele Gerade treten können. Auf diese Modifikationen, die mit der oben erwähnten Ausnahme eines im Unendlichen verschwundenen Punktes Q zusammenhängen, soll hier nicht eingegangen werden.

Statt den auf der linken Seite stehenden fertigen Lehrsatz in den anderen zu übertragen, könnte man aber auch den Beweis, der den einen Lehrsatz ergibt, in den Beweis des anderen Lehrsatzes übertragen. Soll dies in derselben wörtlichen Form geschehen, so ist dazu notwendig, daß sich auch die in den Beweisen zu verwendenden Voraussetzungen „dual" gegenüberstehen. Dies ist nun zunächst bei den Axiomen nicht der Fall; es lassen sich aber aus diesen solche dual einander gegenüberstehende Formulierungen herleiten, wenn noch gewisse Hilfsbegriffe gebraucht werden. Hier werde nur auf die beiden Aussagen hingewiesen:

<table>
<tr><td>

Zwei Punkte bestimmen eine Gerade, ihre Verbindungslinie

</td><td>

Zwei Gerade bestimmen einen Punkt, ihren Schnittpunkt,

</td></tr>
</table>

von denen die rechtsstehende zunächst wieder eine Ausnahme aufweist, indem zwei Gerade auch parallel sein können[1]).

---

[1]) Diese Ausnahmen werden durch die Hilfsbegriffe der „unendlich fernen Punkte" und einer „unendlich fernen Geraden", d. h. durch die Einführung idealer Elemente beseitigt, indem man annimmt, daß mehrere parallele Gerade einen gemeinsamen unendlich fernen Punkt, daß Gerade verschiedener Richtung verschiedene unendlich ferne Punkte haben, und daß eine unendlich ferne Gerade vorhanden sei, welche die sämtlichen unendlich fernen Punkte der Ebene enthält. Mit diesen Annahmen, die

Die letzte Bemerkung führt uns noch weiter. Es zeigt sich jetzt, daß es bei einem geometrischen Beweis nicht auf die Bedeutung der vorkommenden Gegenstands- und Relationsbegriffe, sondern nur auf die Art und Weise ankommt, wie diese miteinander durch Gesetze verknüpft sind. Denken wir uns einmal an Stelle der Punkte ganz neue Elemente — sie brauchen nicht einmal geometrischer Natur zu sein. In derselben Weise wollen wir an Stelle der Geraden eine zweite Art neuer Elemente setzen. Zugleich wollen wir annehmen, daß zwischen diesen neuen Elementen gewisse neue Relationen vorkommen. So soll zwischen einem Element der ersten und einem solchen der zweiten Art eine Relation bestehen können, und es soll eine weitere Relation auftreten, in der unter Umständen ein Element erster Art mit zwei anderen Elementen derselben Art steht (vgl. auch § 41). Es soll nun allgemein das Gesetz gelten, daß zu zwei verschiedenen Elementen der ersten Art ein und nur ein Element der zweiten Art hinzu-existiert, das mit jedem jener beiden Elemente durch die erste Relation verbunden ist (so wie durch zwei Punkte eine und nur eine Gerade hindurchgeht). Ebenso soll von drei solchen verschiedenen Elementen erster Art, die alle mit demselben Element zweiter Art in der ersten Relation stehen, eines und nur eines zu den beiden anderen in der zweiten Relation stehen (so wie von drei solchen verschiedenen Punkten, die alle auf derselben Geraden liegen, einer und nur einer zwischen den beiden anderen gelegen ist). Nimmt man dazu in ähnlicher Weise noch einige andere Gesetze, die den übrigen geometrischen Axiomen entsprechen, so kann man für die neuen Elemente und für die zwischen ihnen bestehenden neuen Relationen die geometrischen Beweise, falls sie in rein logischer Form gegeben worden sind (§ 7 und 8), wiederholen. Der eben geschilderte Sachverhalt ist gemeint, wenn man sagt, daß die in Frage stehenden Beweise **formaler** Natur sind.

---

lediglich **Hilfsbegriffe** einführen, soll nur zum Ausdruck gebracht werden, daß z. B. eine Schar paralleler Geraden in gewissen Lehrsätzen dieselbe Rolle spielen kann wie eine Schar von Geraden, die in einem Punkt zusammenlaufen. Man kann tatsächlich beweisen, daß die mit diesen Hilfsbegriffen abgeleiteten Lehrsätze immer wahr sind, wenn sie richtig gedeutet werden, daß also die Verhältnisse so sind, als ob die eingeführten idealen Elemente vorhanden wären. So können in der Abb. 25 zwei der hervorgehobenen Kreuzungspunkte unendlich ferne Punkte sein, es muß dann ihre Verbindungslinie die unendlich ferne Gerade und der auf dieser Verbindungslinie gelegene dritte Kreuzungspunkt auch ein unendlich ferner sein. In eine andere Sprache übersetzt, heißt dies, daß, falls AB' mit $A'B$ und ebenso BC' mit BC' parallel ist, auch CA' mit $C'A$ parallel sein muß (Abb. 27). NATORP (a. a. O., S. 217) hat das Wesen der sog. unendlich fernen Punkte gut charakterisiert (vgl. auch unten § 87).

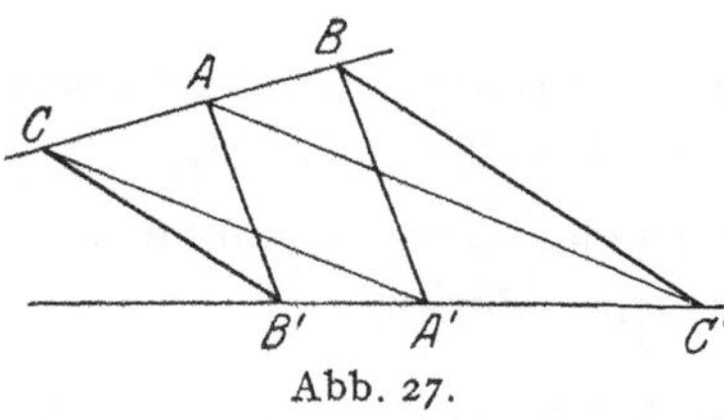

Abb. 27.

Zweiter Abschnitt.

Beweise und Konstruktionen in der Mechanik.

§ 11. Mittelpunkt von drei gleichen, an einer ebenen Platte angreifenden Parallelkräften.

Die Mechanik wird bald als eine mathematische Disziplin, bald als einfachstes Kapitel der Physik aufgefaßt. Je nachdem die eine oder die andere Auffassung Platz greift, wird mehr deduktiv oder mehr so verfahren, daß bei den einzelnen Problemen der Erfahrung angepaßte Annahmen ad hoc eingeführt werden. Die deduktive Mechanik wird auch als „rationelle" Mechanik bezeichnet. Im Grunde soll hier nur gezeigt werden, daß da, wo deduktiv verfahren wird, die mechanische Deduktion von derselben Art ist wie die im vorigen Abschnitt geschilderte geometrische Deduktion.

Zunächst wähle ich ein Beispiel aus der Statik, der Lehre vom Gleichgewicht. An drei Stellen einer starren, ebenen Platte mögen drei gleiche und gleichgerichtete Kräfte p, q, r angreifen; der Einfachheit wegen sollen sie noch senkrecht zur Platte gerichtet sein (vgl. Abb. 28, wo die Kräfte in der üblichen Weise durch mit Pfeilen versehene Strecken vorgestellt sind). Ich will untersuchen, wo die Kraft, welche die drei gegebenen Kräfte in ihrer Wirkung ersetzt, d. h. wo die Resultante der drei Kräfte angreifend zu denken ist.

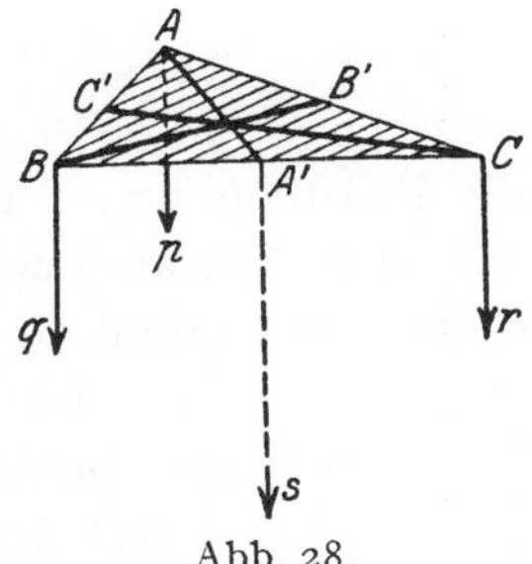

Abb. 28.

Es sollen nun vorweg gewisse Voraussetzungen gemacht werden, deren Berechtigung oder Nichtberechtigung ich gar nicht erörtern will. Zunächst wird von den Gewichten der Teile der Platte ganz abgesehen, weshalb wir auch annehmen können, daß es zur Sache gar nichts tut, wenn an die Platte in ihrer Ebene weitere Teile angesetzt werden, so daß also die Platte gewissermaßen als eine unendliche Ebene gedacht werden darf. Außerdem will ich von vornherein annehmen, daß mehrere Kräfte der betrachteten Art, d. h. solche, die in derselben senkrechten Richtung an der Platte angreifen, stets durch eine einzige Kraft, ihre Resultante, ersetzt werden können, und daß diese dieselbe Richtung hat und eindeutig bestimmt ist, also auch einen ganz bestimmten Angriffspunkt in der Platte besitzt. Ferner will ich eine Art von additivem Prinzip annehmen, das dahin geht, daß man die Resultante aller vorhandenen Kräfte auch dadurch bekommen kann, daß man einen Teil von ihnen zur Resultante vereinigt und dann aus dieser Teilresultanten und aus den noch übrigen

Kräften hinwiederum die Resultante bildet. Man beachte wohl, daß das genannte Prinzip nur eben dies besagt, daß man einen Teil der Kräfte von vornherein zusammenfassen kann, aber nichts darüber enthält, nach welchem bestimmten Gesetz die Resultante von den Kräften abhängt, aus denen sie sich zusammensetzt. Nun werden schließlich noch gewisse Symmetrieprinzipien angenommen. Denkt man sich nämlich, es seien nur zwei Kräfte p und s vorhanden (Abb. 29), die aber auch ungleich sein dürfen, so wäre die durch diese Kräfte gelegte Ebene, wenigstens dann, wenn die angegriffene Platte nach allen Seiten unendlich ausgedehnt gedacht wird, eine Symmetrie-

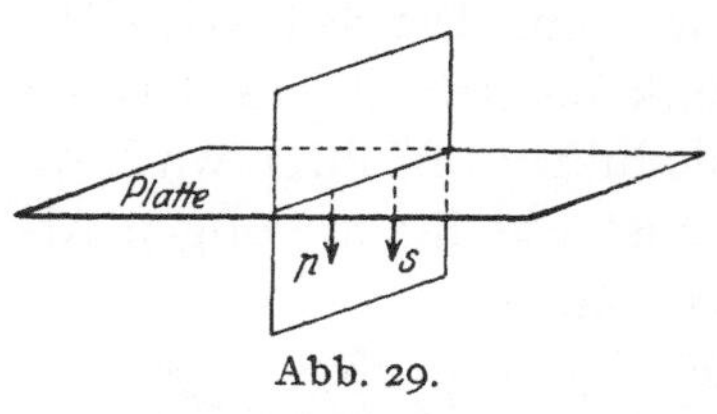

Abb. 29.

ebene der ganzen vorliegenden Vorrichtung. Man folgert hieraus, daß die Resultante von zwei Kräften in ihrer Ebene liegt[1]), also in unserem Fall *ihren Angriffspunkt in der Geraden haben muß, in der diese Ebene die Platte durchdringt.* Werden nun die Kräfte p und s noch als gleich angenommen, so ist auch die auf der Verbindungslinie ihrer Angriffspunkte im Mittelpunkte senkrecht errichtete Ebene eine Symmetrieebene (Abb. 30). Es

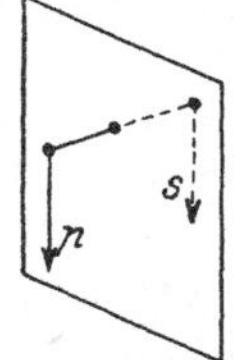

Abb. 30.

muß also dann die Resultante *im Mittelpunkt der Angriffspunkte der beiden gegebenen Kräfte angreifen.*

Auf Grund dieser Voraussetzungen läßt sich die gestellte Aufgabe leicht behandeln. Der Angriffspunkt der Resultante s von q und r (Abb. 28) ist der Mittelpunkt der Angriffspunkte B und C der beiden letzten Kräfte, also A'. Die Resultante von p und s, welche zugleich die Resultante der drei Kräfte p, q und r ist, muß (s. o.) in einem Punkt der Verbindungslinie AA' angreifen, der im übrigen noch nicht bekannt ist. Nun hätte man aber ebensogut zuerst die beiden Kräfte p und r zur Resultante vereinigen und dann aus dieser und der noch übrigen Kraft q die Endresultante bestimmen können. Diese greift also in einem Punkt der Geraden an, die B mit dem Mittelpunkt B' von AC verbindet. Der Angriffspunkt der Endresultante liegt also im Schnittpunkt von AA' und BB'. Damit ist der „Mittelpunkt der Parallelkräfte" p, q und r bestimmt.

Offenbar kann man genau ebenso zeigen, daß der Angriffspunkt der Endresultante auf CC' liegen muß, wenn mit C' der Mittelpunkt

---

[1]) Im Sinne von Leibniz kann man sagen, daß kein Grund dafür vorhanden ist, weshalb die Resultante auf der einen Seite der Ebene und nicht auf der anderen angreifen soll, und daß deshalb aus dem „Satz vom zureichenden Grunde" folgt, daß der Angriffspunkt in der genannten Ebene liegt.

der Strecke AB bezeichnet wird. Da aber der genannte Angriffspunkt, nach den gemachten Voraussetzungen nur ein einziger sein kann, so müssen die Verbindungslinien AA', BB' und CC' durch einen und denselben Punkt hindurchgehen. Wir haben hier gleich ein Beispiel dafür, daß unter Umständen aus Voraussetzungen mechanischer Art Sätze der Geometrie einfach bewiesen werden können. Vermeidet man auch jetzt meistens solche Beweise um der „Reinheit der Methode" willen, so muß immerhin betont werden, daß solche Beweise doch *auf Grund der gemachten Voraussetzungen* wirkliche Beweise sind.

§ 12. Der Hebelbeweis des Archimedes.

Für die Bedingungen des Gleichgewichts zweier Gewichte, die an verschieden langen Armen eines Hebels, d. h. einer um einen Punkt drehbaren Stange, aufgehängt sind (Abb. 31), hat Archimedes einen sinnreichen Beweis gegeben[1]). Ich will die Stange horizontal und die Armlängen OA und OB im Verhältnis 3 : 2 annehmen. Es ist zu beweisen, daß unter der Bedingung Gleichgewicht vorhanden ist, daß das Gewicht bei A sich zu dem bei B wie 2 : 3 oder, was dasselbe ist, wie 4 : 6 verhält. Dies kann

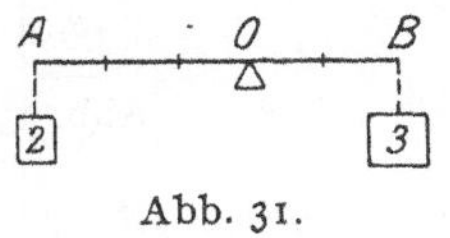

Abb. 31.

auch so ausgedrückt werden, daß Gleichgewicht herrscht, wenn in A vier Gewichte, die alle gleich p sind, und in B sechs ebenso große Gewichte aufgehängt werden.

Der Beweis des Archimedes setzt natürlich auch gewisse Annahmen voraus, die ihrerseits nicht im eigentlichen Sinne bewiesen, aber durch den Hinweis auf die Erfahrung gestützt werden können. Im Grunde wird angenommen[2]), daß man zwei gleiche Gewichte in den Mittelpunkt ihrer bisherigen Aufhängepunkte ¡versetzen¡ kann, ohne daß in der Frage des Gleichgewichts eine Änderung eintritt, und daß auch die umgekehrte Versetzung stets vorgenommen werden darf, wobei im übrigen daneben noch beliebig viele andere Gewichte von beliebiger Größe vorhanden sein mögen. Die Erfahrungsanalogie, auf die man sich hinsichtlich der genannten Versetzung berufen kann, soll im nächsten Paragraphen zur Sprache kommen.

Nun besteht der Arm OA aus 3, der Arm OB aus 2 Teilen und jeder Teil hat die Länge l. Archimedes fügt jetzt an den Arm OA die Länge $AM = 2\,l$ und an OB die Länge $BN = 3\,l$ an; er denkt sich also die Stange nach beiden Seiten verlängert, so wie in § 11 die

---

[1]) Archimedis opera omnia, iterum ed. J. L. Heiberg, Bd. 2, 1913, S. 125ff.

[2]) Archimedes macht allerdings ausdrücklich eine engere Annahme (vgl. den folgenden Paragraphen). Die Anordnung des Beweises habe ich nach dem Vorgang von Mach etwas übersichtlicher gestaltet.

Platte zu einer unendlichen Ebene ausgedehnt gedacht war, indem jetzt der Stange ebensowenig wie früher der Ebene Gewicht zugeschrieben wird (Abb. 32). S sei der Teilpunkt der Stange, der von Punkt A nach der Seite des Drehpunkts O zu um zwei Längen l abliegt. Es ist dann

$$(1) \qquad AM = AS = 2\,l,$$
$$(2) \qquad BN = BS = 3\,l.$$

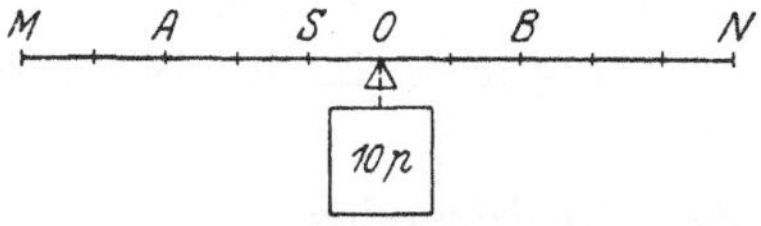

Abb. 32.

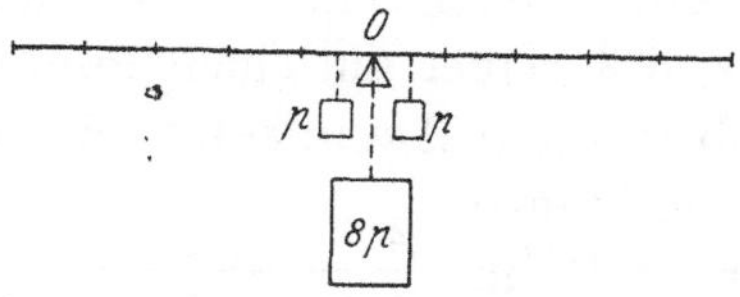

Abb. 33.

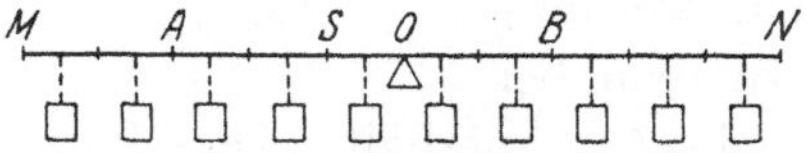

Abb. 34.

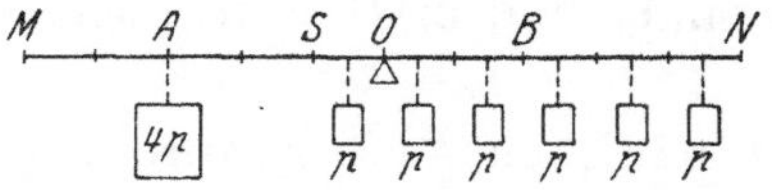

Abb. 35.

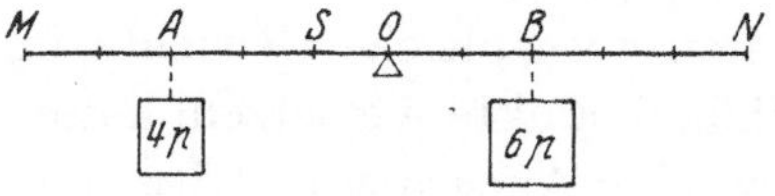

Abb. 36.

Werden nun zuerst alle $4 + 6 = 10$ Gewichte, die sämtlich gleich p sind, am Drehpunkt angebracht, so ist sicher Gleichgewicht vorhanden. Indem jetzt zwei der zehn Gewichte von O weggenommen und links und rechts in den Mittelpunkten der anstoßenden Strecken angebracht werden, ergibt sich der in Abb. 33 dargestellte Fall. Nunmehr werden wieder zwei Gewichte von O abgenommen und auf die beiden nächstfolgenden Strecken links und rechts verteilt und in deren Mittelpunkten angebracht. Es wird nun so fortgefahren, bis sich nach fünf solcher Veränderungen die Verteilung ergeben hat, welche die Abb. 34 zum Ausdruck bringt. Da diese Verteilung aus einem Fall des Gleichgewichts durch die angenommenermaßen gestatteten Veränderungen hervorgegangen ist, muß sie wieder einen Gleichgewichtsfall vorstellen, was man auch auf Grund von Symmetrieprinzipien ohne weiteres zugestehen wird.

Von der zuletzt erreichten Verteilung gelangt man jetzt zu einer neuen, indem man zuerst die beiden zunächst an A links und rechts von A gelegenen Gewichte in A zusammenlegt und dann mit den beiden nächstfolgenden links und rechts von A gelegenen dasselbe tut. Es entsteht so die Verteilung von Abb. 35. Nun hat man nur auf dieselbe Weise, wie die vier Gewichte p im Punkt A vereinigt wurden, noch die sechs übrigen Gewichte p im Punkt B zu vereinigen, wodurch man die Abb. 36 erhält, die sich im Grunde nicht von 31 unterscheidet. Es muß also Abb. 31 eine Gleichgewichtslage darstellen, wie zu beweisen war.

Man kann aber den Beweis auch in allgemeinen Zahlen durchführen. Bedeuten m und n irgendwelche ganze Zahlen, und seien die Arme OA und OB gleich dem m fachen bzw. n fachen derselben Länge l, so verlängere man die Arme um $AM = nl$ und $BN = ml$. Trägt man jetzt von A aus gegen O zu $AS = nl$ ab, so ist (Abb. 32)

$$BS = AB - AS = (m + n)\, l - nl = ml.$$

Man hat also die Gleichungen

$$AM = AS = nl$$

und

$$BN = BS = ml,$$

welche den obigen Gleichungen (1) und (2) entsprechen, d. h. es ist wieder A der Mittelpunkt von MS und B der Mittelpunkt von SN. Nun erkennt man, daß man wiederum so wie oben verfahren könnte, wenn irgendwelche spezielle ganze Zahlen m und n gegeben wären. Die verlängerte Stange

$$MN = MS + SN = MO + ON$$

zerfällt jetzt in

$$2\,n + 2\,m = (n + m) + (n + m)$$

Teile von der Länge l. Da auf jeder Seite von O genau $n + m$ Teile sich befinden, könnte man den der Abb. 32 entsprechenden Fall, in dem $2\,(n + m)$ Gewichte der Größe p in O aufgehängt sind, in den Fall der Abb. 34 überführen; es befände sich dann im Mittelpunkt jedes Teils der Stange ein Gewicht p. Nun müßten sich aber wieder die zwischen M und S hängenden $2\,n$ Gewichte Schritt für Schritt im Mittelpunkt A von MS und die übrigen $2\,m$ Gewichte im Mittelpunkt B von SN vereinigen lassen. Man erhält so die Abb. 37, die einen Gleichgewichtsfall vorstellen muß. *Es sind also am Hebel zwei solche Gewichte im Gleichgewicht, die sich umgekehrt wie die Arme verhalten, an denen sie wirken.*

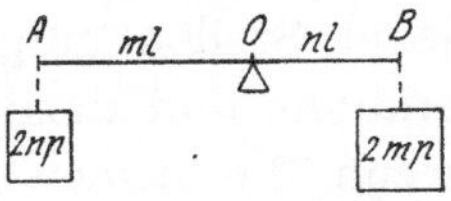

Abb. 37.

Der gegebene Beweis gilt nur, wenn die Längen der beiden Arme sich zueinander wie zwei ganze Zahlen verhalten, d. h. wenn sie Vielfache einer und derselben Länge l, d. h. zueinander „kommensurabel" sind. Der Beweis für den inkommensurablen Fall läßt sich auf indirekte Weise führen, wenn noch gewisse, auf Grund der Erfahrung sehr naheliegende Annahmen über das Verhalten des Hebels bei der Verlängerung oder Verkürzung eines Armes oder bei der Vergrößerung oder Verkleinerung eines Gewichtes hinzugenommen werden. Es kann dann zugleich gezeigt werden, daß nur im Falle des Bestehens jener umgekehrten Proportionalität Gleichgewicht herrscht. Sind jetzt p_1 und p_2 die Maßzahlen der beiden Gewichte und a_1 und a_2

die der zugehörigen Arme, so erhält man als notwendige und hinreichende Bedingung des Gleichgewichtes die Proportion

$$p_1 : p_2 = a_2 : a_1$$

oder, was dasselbe heißt, die Gleichung

$$(3) \qquad\qquad a_1 p_1 = a_2 p_2 .$$

Es muß also für beide Gewichte das „Produkt aus Kraft und Arm" dasselbe sein.

§ 13. MACHS Kritik des Beweises.

E. MACH[1]) hat den eben geschilderten Beweis des ARCHIMEDES verworfen. Seine Kritik richtet sich jedoch nicht eigentlich gegen den Gang des Beweises, sondern gegen die Berechtigung der Annahme, auf welcher der Beweis aufgebaut ist. In dieser Beziehung ist sofort zuzugeben, daß ARCHIMEDES dadurch, daß er mehrere gleiche und äquidistant aufgehängte Gewichte in ihrem „Schwerpunkt" vereinigt, eine Annahme benutzt, die nicht in der von ihm am Anfang aufgeführten enthalten ist, daß gleiche Gewichte *in gleicher Entfernung vom Drehpunkt* zu beiden Seiten desselben wirkend, sich das Gleichgewicht halten. Tatsächlich wird überall die Voraussetzung gebraucht, daß zwei gleiche Gewichte an zwei beliebigen Stellen dieselbe Wirkung ausüben, wie wenn sie beide im Mittelpunkt jener Stellen aufgehängt wären. MACH hat auch diesen Umstand erkannt und dazu bemerkt, daß die genannte Voraussetzung dann, wenn die beiden Gewichte ungleiche Entfernung vom Drehpunkt haben, nicht hätte von vornherein gemacht werden dürfen[2]). Offenbar genügt es also, um den Beweis als sinnvoll erscheinen zu lassen, eben die erwähnte Voraussetzung durch Analogien aus der Erfahrung zu stützen.

Betrachtet man wieder eine gewichtlose, unendlich ausgedehnte Stange, an der in zu ihr senkrechter Richtung zwei gleiche und gleichgerichtete Kräfte p wirken, so wird man es als eine auf Grund von Erfahrungen naheliegende Annahme gelten lassen, daß es möglich sein wird, diese Kräfte durch eine im Mittelpunkt der Angriffspunkte in entgegengesetzter Richtung angebrachte Kraft im Gleichgewicht zu halten. Dasselbe lehrt schließlich auch die von ARCHIMEDES ausdrücklich erwähnte Tatsache von den beiden gleichen Gewichten an gleichen Armen des Hebels, wenn man noch auf die Erfahrung Bezug nimmt, daß der feste Drehpunkt eine an ihm entspringende Kraft hervorruft, die auf die Stange wirkt und sich je nach Bedürfnis

---

[1]) Die Mechanik in ihrer Entwicklung, 4. Aufl., 1901, S. 16ff.
[2]) a. a. O., S. 17.

einstellt. Daß die Gegenkraft im Mittelpunkt gleich $2\,p$ sein wird, wird man auch als der Erfahrung entsprechend annehmen können, wie ja auch der Hebel mit den gleichen Gewichten an den gleichen Armen erfahrungsgemäß den Drehpunkt mit dem Gesamtgewicht belastet (Abb. 38 und 39).

Geht man jetzt von einer senkrecht zur Stange wirkenden Kraft $2\,p$ aus, so kann man diesen Fall (Abb. 40) nach dem in § 11 erwähnten additiven Prinzip, wonach Kräfte, die an und für sich im Gleichgewicht wären, jederzeit hinzugefügt gedacht werden können, mit der Abb. 38 überlagern. Hierdurch entsteht dann der durch Abb. 41 vorgestellte Fall, der durch Weglassen der beiden sich aufhebenden Kräfte $2\,p$ in den Fall von Abb. 42 übergeht. Offenbar kann man auch einen Übergang konstruieren, der statt von Abb. 40 nach 42 umgekehrt von 42 zu 40 führt[1]).

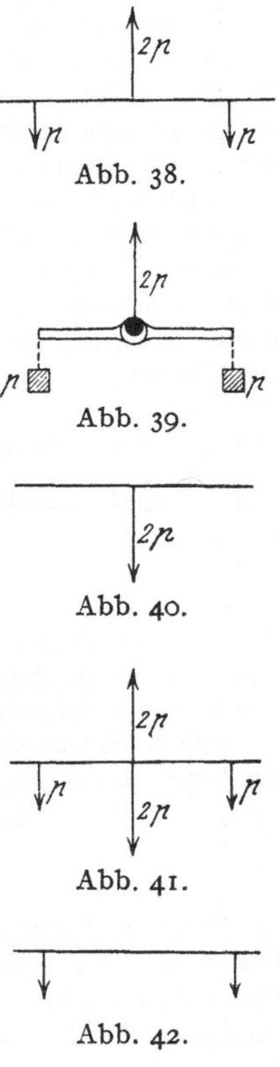

Auf diese Weise wird durch ganz elementare Anschauungen die Annahme vermittelt, daß man zuerst an der freien Stange zwei gleiche Kräfte durch die doppelte im Mittelpunkt angreifende Kraft ersetzen kann, wenn die Richtungen senkrecht zur Stange nach derselben Seite gehen. Bedenkt man nun wieder, daß die um einen festen Punkt drehbare Stange sich von der freien nur dadurch unterscheidet, daß sie durch eine im Drehpunkt nach Bedürfnis sich einstellende Kraft ins Gleichgewicht gebracht werden kann, und daß die Überlagerung durch einen Gleichgewichtsfall unabhängig von sonst vorhandenen Kräften als möglich angenommen wurde, so zeigt sich, daß die Hebelfigur auch dann mit Abb. 38 überlagert werden kann, wenn der Mittelpunkt dieser von dem Drehpunkt des Hebels verschieden ist. Hieraus aber ergibt sich allgemein die Ersetzung der gleichen Gewichte durch das im Mittelpunkt der beiden angebrachte doppelte Gewicht, sowie auch die Umkehrung dieser Operation. Damit wären uns die Voraussetzungen von Archimedes durch einfache, an die Erfahrung anknüpfende Überlegungen näher gebracht. Auf Grund dieser Voraussetzungen ist der Beweis ein durchaus deduktiver[2]).

---

[1]) Durch ähnliche Überlagerungen kann man bekanntlich auf Grund gewisser Annahmen der Symmetrie u. dgl. den Satz vom Parallelogramm der Kräfte statisch beweisen.

[2]) Man kann auch im Sinne der weiteren Bemerkungen von Mach, etwas abweichend von dem Verfahren des Archimedes, davon ausgehen, daß irgendein Ge-

Wenn MACH noch die allgemeine Bemerkung hinzufügt: „Wenn wir schon die bloße Abhängigkeit des Gleichgewichtes vom Gewicht

wicht an irgendeiner Stelle angebracht, einem passenden in der Entfernung 1 auf derselben Seite aufgehängten Gewicht in der Wirkung gleichwertig ist. Zugleich sollen zwei Gewichte, die sich in gewissen Abständen auf derselben Seite des Hebels ersetzen können, sich auf entgegengesetzten Seiten das Gleichgewicht halten. Es sei dabei eine Längeneinheit und ebenso eine Gewichtseinheit ein für allemal gewählt. Mit Rücksicht auf diese Einheiten sei $f(x)$ die Maßzahl des Gewichts, das am Arm 1 die Wirkung des Gewichts 1 am Arm x ersetzt. Es ist dann $f(x)$ eine nach einem bestimmten Gesetz der Zahl x zugeordnete Zahl, die für andere und wieder andere x andere und wieder andere Werte hat; wir nennen $f(x)$ eine Funktion von x (§ 57). Unser Problem deckt sich jetzt im Grunde mit der Bestimmung dieser Funktion. Denken wir uns zwei Gewichte, die beide gleich p sind, der Einfachheit wegen auf derselben Seite des Hebels, das eine am Arm x_1, das andere am Arm x_2. Das Gewicht 1 am Arm x_1 wäre dem Gewicht $f(x_1)$ am Arm 1 äquivalent. Es wird dasselbe gelten, wenn ich beide Gewichte in gleicher Weise vervielfache (diese naheliegende Annahme möge außerdem noch zugelassen sein). Es wird also das Gewicht p am Arm x_1 dem Gewicht $p \cdot f(x_1)$ am Arm 1 äquivalent sein, ebenso aber auch das Gewicht p am Arm x_2 dem Gewicht $p \cdot f(x_2)$ am Arm 1. Wir können also jetzt statt der oben gedachten beiden Gewichte uns an demselben Arm 1 die Gewichte $p f(x_1)$ und $p f(x_2)$, d. h. also ihre Summe

$$(1) \qquad p\,[f(x_1) + f(x_2)]$$

denken. Andererseits denken wir uns ein in der Mitte der früheren Angriffspunkte

angebrachtes Gewicht $2\,p$, das also den Arm $\dfrac{x_1 + x_2}{2}$ hat; es wäre ein solches mit dem Gewicht

$$(2) \qquad 2\,p\,f\left(\frac{x_1 + x_2}{2}\right)$$

von gleicher Wirkung, wenn letzteres am Arm 1 angebracht würde. Da nun (dies gehört auch zu den ausdrücklichen Voraussetzungen von ARCHIMEDES) ungleiche Gewichte an demselben Arm nicht gleichwertig sein könnten, so folgt aus der ursprünglich angenommenen Gleichwertigkeit des Gewichtes $2\,p$ im Mittelpunkt mit jenen beiden Gewichten p, daß auch die Ausdrücke (1) und (2) einander gleichgesetzt werden müssen. Die Funktion $f(x)$ genügt also dem Gesetz, daß

$$(3) \qquad 2\,f\left(\frac{x_1 + x_2}{2}\right) = f(x_1) + f(x_2)$$

ist. Hieraus kann aber mit Hilfe gewisser Nebenbedingungen der Ausdruck der Funktion $f(x)$ gefolgert werden. Man beweist nach einem Verfahren von A. L. CAUCHY (Algebraische Analysis, deutsch von ITZIGSOHN, 1885, S. 70—73) die strenge Gültigkeit der Formel

$$(4) \qquad f(x) = ax + b,$$

wo a und b konstante Zahlen sind. Bedenkt man noch, daß das Gewicht 1 im Drehpunkt dem Gewicht 0 am Arm 1 gleichwertig, d. h. daß $f(0) = 0$ ist, ferner, daß, ebenfalls nach der Definition, $f(1) = 1$ sein muß, so ergibt sich

$$b = 0, \quad a = 1,$$

und es ist somit

$$f(x) = x.$$

Das Gewicht 1 am Arm x ist also dem Gewicht x am Arm 1 äquivalent, wenn beide auf derselben Seite sich befinden, und mit dem letztgenannten im Gleichgewicht, wenn sie auf verschiedenen Seiten aufgehängt sind. Man sieht leicht, daß darin das Hebelgesetz liegt.

Es ist aber wohl zu beachten, daß die, hier nicht wiedergegebenen Schlüsse, welche aus der „Funktionalgleichung" (3) die Gültigkeit der Formel (4) zu folgern erlauben, eine ganz ähnliche schrittweise Betrachtung enthalten, wie sie ARCHIMEDES in seinem mechanischen Beweise angewendet hat.

und Abstand überhaupt nicht aus uns herausphilosophieren
konnten, sondern aus der Erfahrung holen mußten, um wieviel weniger
werden wir die Form dieser Abhängigkeit, die Proportionalität, auf
spekulativem Wege finden können," so ist zu entgegnen, daß auch
die Geometrie aus gewissen einfachen Tatsachen, welche Gleichheit
und noch einige andere Relationen betreffen, metrische Abhängigkeiten entwickelt (vgl. z. B. § 23). Eine Erörterung der hier ein-
schlagenden grundsätzlichen Fragen wird gegen Ende des § 116 gegeben werden.

§ 14. Geradlinige Bewegung einer Masse unter dem Einfluß einer konstanten Kraft.

Eine punktförmige Masse, die sich unter dem Einfluß einer nach
Richtung und Größe konstanten Kraft auf einer Geraden dieser
Richtung bewegt, führt eine „gleichförmig beschleunigte" Bewegung
aus, d. h. bewegt sich so, daß die Geschwindigkeit in gleichen Zeiten
um gleich viel zunimmt. Dieses Gesetz ergab sich induktiv aus den
von GALILEI auf der schiefen Ebene vorgenommenen Experimenten.
Man kann es deduktiv beweisen, wenn man eine Annahme über relative Bewegungen machen will. Wir wollen uns einen „Bezugskörper",
etwa ein starres System von drei aufeinander senkrechten Achsen,
denken, das eine geradlinige Verschiebungsbewegung (d. h. Bewegung
ohne Drehung) mit konstanter Geschwindigkeit ausführt. Die Annahme, die wir machen wollen, ist nun die, daß ein freier Massenpunkt, der nur in bezug auf das genannte System betrachtet wird,
ohne irgendwie von ihm bewegt oder gehemmt zu werden, unter dem
Einfluß anderweitiger Kräfte „sich relativ zu diesem System gerade so
bewegt, als ob dieses in Ruhe wäre". Dies soll heißen, daß die Bewegung, die in einem gewissen Zeitintervall unter dem Einfluß der
Kraft dem Massenpunkt relativ zu dem Bezugssystem erteilt wird,
dieselbe ist wie diejenige, die in dem betrachteten Zeitintervall demselben Massenpunkt von derselben Kraft als absolute Bewegung erteilt werden würde, wenn die Geschwindigkeit, die dem Punkt im
Anfang des Zeitintervalls relativ zum Bezugssystem zukam, seine
wirkliche, absolute Anfangsgeschwindigkeit wäre.

Um diese Annahme durch Erfahrung zu motivieren, kann man
darauf hinweisen, wie wir uns z. B. auf einem Schiffe benehmen müssen, auf dem wir uns bewegen, etwa Ball oder Billard spielen oder dergleichen. Wir bemerken tatsächlich gar nichts von der Bewegung
des Schiffes, solange als diese nur eine geradlinig gleichförmige Verschiebungsbewegung ist. Wenn das Schiff sich zu drehen beginnt,
wenn es die Richtung der Fortbewegung oder die Größe der Geschwin-

digkeit ändert, so empfinden wir, je nachdem dies plötzlich oder allmählich geschieht, einen Stoß oder einen Druck, der bewirkt, daß
unsere, auf Grund der Voraussetzung einer feststehenden Umgebung
berechneten Bewegungen nicht mehr in der erwarteten Weise ausfallen.

Es besitze jetzt unser Massenpunkt m in dem Augenblick, den
wir als Anfangspunkt unserer Zeitangabe benutzen wollen, auf der
Geraden a eine Geschwindigkeit v_0. Dies bedeutet, daß er, sich selbst
überlassen, nach dem Trägheitsgesetz gleichmäßig so weiter gehen
müßte, daß er in der Zeiteinheit, sagen wir der Sekunde, v_0 Längeneinheiten, sagen wir Meter, zurücklegt. Wir denken uns jetzt ein
Bezugssystem, das sich in der Richtung von a gleichförmig mit der
Geschwindigkeit v_0 verschiebt. In Beziehung auf dieses System hat
der Punkt m im Anfang des Zeitintervalls die relative Geschwindigkeit 0. Angenommen nun, die wirkende Kraft p sei so beschaffen,
daß sie dem Massenpunkt m aus der wirklichen Ruhe heraus im Laufe
einer Sekunde die wahre Geschwindigkeit b erteilt, so muß der Punkt
am Ende der ersten Sekunde der betrachteten Bewegung nach jener
Annahme auch relativ zu dem Bezugssystem die Geschwindigkeit b
haben; er hat also in diesem Zeitpunkt die absolute Geschwindigkeit
$v_0 + b$ [1]).

Nun denke man sich ein zweites Bezugssystem, das sich mit der
Geschwindigkeit $v_0 + b$, sonst in gleicher Weise wie das obige erste
fortbewegt. In Beziehung auf dieses System hat der Massenpunkt
im Beginn der zweiten Sekunde die relative Geschwindigkeit 0. Da
nun dieselbe Kraft fortwirkt, ergibt sich durch dieselbe Schlußweise,
daß der Massenpunkt am Ende der zweiten Sekunde relativ zu dem
zweiten Bezugssystem die Geschwindigkeit b, also absolut die Geschwindigkeit $(v_0 + b) + b = v_0 + 2b$ besitzt. Indem man so
weiterschließt, findet man, daß der Punkt m nach μ Sekunden die
Geschwindigkeit $v_0 + \mu b$ besitzt. Hier bedeutet μ zunächst eine
ganze Zahl.

Das Ergebnis kann aber auch auf Bruchteile von Sekunden ausgedehnt werden. Angenommen, es werde unserem Massenpunkt aus
der Ruhe heraus durch die obige Kraft p, falls diese $\frac{1}{\nu}$ Sekunde lang
wirkt, die Geschwindigkeit b' erteilt, so wird der Punkt, wenn die
obige Bewegung $\frac{1}{\nu}$ Sekunde lang gedauert hat, nach der früheren
Schlußweise die absolute Geschwindigkeit $v_0 + b'$ besitzen. Ebenso

---

[1]) Der Einfachheit wegen denke man sich die Kraft p im Richtungssinne der
Anfangsgeschwindigkeit wirkend, dann erkennt man ohne weiteres, daß die Geschwindigkeiten sich addieren.

wird die absolute Geschwindigkeit der Masse $v_0 + \nu\, b'$ sein, wenn die Bewegung ν mal eine $\frac{1}{\nu}$ Sekunde, d. h. wenn sie eine Sekunde gedauert hat. In diesem Falle aber war die Geschwindigkeit oben gleich $v_0 + b$ gefunden worden. Es ist also

$$v_0 + \nu\, b' = v_0 + b$$

und somit

$$b' = \frac{1}{\nu}\, b\,.$$

Nach $\frac{\mu}{\nu}$ Sekunden, d. h. also, wenn μ mal $\frac{1}{\nu}$ Sekunde verstrichen ist, wird also die Geschwindigkeit sein

$$v_0 + \mu\, b' = v_0 + \frac{\mu}{\nu}\, b\,.$$

Es ist also, zunächst für ein rational gebrochenes t, die Geschwindigkeit nach t Sekunden gleich $v_0 + t\, b$, was man nachträglich infolge einer Stetigkeitsüberlegung als eine für ein ganz beliebiges t gültige Formel erkennt.

Geht man vom Zeitpunkt t zum Zeitpunkt $t + \tau$ über, so erkennt man eine Vermehrung der Geschwindigkeit um

$$[v_0 + (t + \tau)\, b] - (v_0 + t\, b) = \tau\, b\,.$$

Es vermehrt sich also die Geschwindigkeit um den Wert $\tau\, b$, der dem Zeitzuwachs τ proportional ist. Dies heißt, daß die Bewegung eine gleichförmig beschleunigte ist. Für $\tau = 1$ ergibt sich der Geschwindigkeitszuwachs b; dies ist also der in der Sekunde, d. h. hier in der Zeiteinheit, gewonnene Geschwindigkeitszuwachs, der als die Beschleunigung bezeichnet wird.

§ 15. Konstruktion der Wurfparabel.

Fällt ein schwerer Massenpunkt senkrecht herab, so liegt der im vorigen Paragraphen erörterte Fall vor. Wird die Masse so geworfen, daß die Bewegung, die der Einwirkung der Schwere unterliegt, mit einer nicht senkrechten Geschwindigkeit beginnt, so entsteht als Bahn die bereits 1638 von GALILEI[1]) konstruierte Parabel. Der Einfachheit wegen will ich annehmen, daß die Masse im Anfang eine horizontale Geschwindigkeit hat. Es würde also (Abb. 43) der Massenpunkt vermöge seiner Trägheit, wenn die Schwere nicht wirkte, in der 1., 2., 3., 4. Sekunde von A nach B, von B nach C, von C nach D, von D nach E gelangen, wobei alle die einzelnen zurückgelegten Wege

---

[1]) Unterredungen und mathematische Demonstrationen über zwei neue Wissenszweige usw., deutsch von A. v. OETTINGEN, dritter und vierter Tag (Ostwalds Klassiker der exakten Wissenschaften Nr. 24), 1904, S. 80ff.

einander gleich wären. Denkt man sich umgekehrt den Massenpunkt im Anfang nicht mit Geschwindigkeit begabt, sondern augenblicklich in Ruhe, so würde er unter der Einwirkung der Schwere in der 1., 2., 3., 4. Sekunde von A nach B', von B' nach C', von C' nach D', von D' nach E' kommen, wobei die vom Ausgangspunkt gemessenen

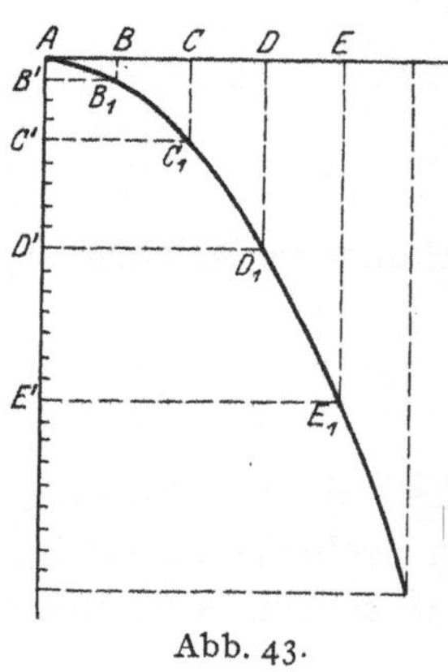

Strecken AB', AC', AD', AE' sich wie $1^2 : 2^2 : 3^2 : 4^2$ verhalten müßten, nach dem bekannten Gesetz, das aus der gleichförmigen Beschleunigung folgt[1]). Bei derjenigen Bewegung jedoch, die unter den obigen Voraussetzungen wirklich eintritt, läuft der Punkt von A über B_1, C_1, D_1 nach E_1, wobei z. B. B_1 aus B und B' in der durch die Abb. 43 angezeigten Weise konstruiert ist. Daß die Bewegung nach diesem Gesetze vor sich geht, kann man auch beweisen, wenn man wieder die im vorigen Paragraphen benutzte Annahme über die Relativbewegung macht,

Abb. 43.

während Galilei die in der Figur dargestellte Konstruktion der wirklichen Bewegung einfach angenommen hat.

Es erscheint also die Wurfbewegung des Massenpunktes in gewissem Sinne als zusammengesetzt aus der Bewegung, die der Masse

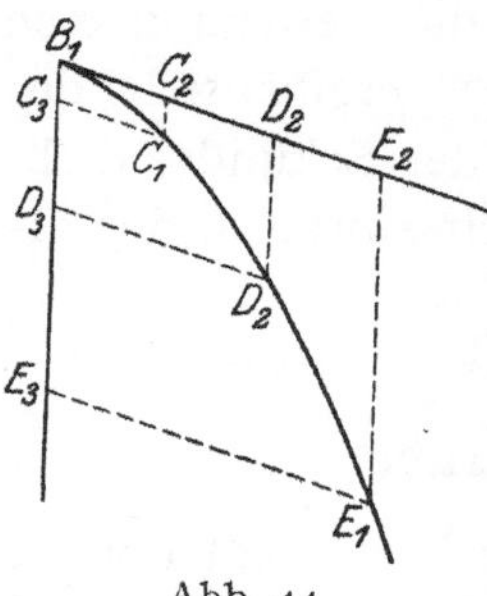

nur vermöge ihrer Trägheit zukäme, und derjenigen, die sie unter dem Einfluß der Schwere machen würde, wenn sie am Anfang in Ruhe gewesen wäre. Man sagt wohl auch, daß die Masse diese beiden Bewegungen gleichzeitig ausführe. Im Grunde hat diese Ausdrucksweise nur den Sinn eines Gleichnisses. Weder die Bewegung von A über B' und C' nach D' usw. findet statt, noch die andere auf der horizontalen Geraden[2]), sondern nur die Be-

Abb. 44.

wegung auf der in jedem kleinsten Teil krummen Linie A, B_1, C_1, D_1 usw. Auch ist die Zerlegung der krummlinigen Bewegung in zwei geradlinige nicht auf nur eine, sondern auf unendlich viele Weisen möglich. So kann man sie z. B. auch aus der Bewegung zusammensetzen, welche aus der in B_1 vorhandenen Geschwindigkeit bloß nach dem Trägheitsgesetz sich ergäbe, zusammen mit derjenigen, die aus einer augenblicklichen Ruhelage in B_1 durch die Wirkung der Schwere hervorginge (Abb. 44). Die beschriebene

---

[1]) Vgl. § 52.
[2]) Vgl. auch die in § 126 angeführte Bemerkung von Russel.

Zusammensetzung ist also eine bloße Hilfskonstruktion, die dazu dient, die gesuchte Bewegung aus zwei anderen, allerdings einfacheren, nach einer Regel herzuleiten; es handelt sich dabei aber nicht um ein Zerlegen der wirklichen Bewegung in zwei an und für sich vorhandene Bestandteile.

§ 16. Rückblick.

Die letzten Paragraphen werden es hinreichend deutlich gemacht haben, daß da, wo in der Mechanik Beweise möglich sind, diese von derselben Art sind wie in der Geometrie. Dabei stehen neben den geometrischen Grundbegriffen noch eine Reihe anderer zur Verfügung, so die Gegenstandsbegriffe: Zeitpunkt und Zeitinterval, woraus sich im Zusammenhang mit geometrischen Begriffen noch die Begriffe der Geschwindigkeit und der Beschleunigung ergeben, dann Kraft und Masse und verschiedene Relationsbegriffe. So kann ein Punkt mit einer Kraft in der Relation stehen, daß diese an dem betreffenden Punkt angreift oder in einer den Punkt enthaltenden Geraden wirkt. Zwei Kräfte können mit einer dritten in der Relation stehen, daß diese die Resultante ist von den beiden ersten, eine Kraft mit einer Masse, einer Strecke und einem Zeitintervall in der Relation, daß die Strecke der Weg ist, den die Kraft der Masse aus der Ruhe heraus in dem genannten Zeitintervall erteilt. Was in § 6 über das Wesen der geometrischen Beweise gesagt worden ist, daß sie nämlich auf der Verkettung der Relationen beruhen, gilt gleicherweise auch von den mechanischen Beweisen. Besonders deutlich scheint mir dies im Falle des archimedischen Beweises für das Hebelgesetz zu sein, der, wenn man die gemachten Voraussetzungen einmal angenommen hat, rein deduktiv ist (§ 12).

Immerhin fällt auf, wenn man die ganze Mechanik überblickt, daß häufig bei der Behandlung eines einzelnen Gegenstandes eine besonders für diesen Zweck bestimmte Annahme gemacht wird, die jedoch in den meisten Fällen durch Erfahrungen alltäglicher Art so nahe gelegt zu sein pflegt, daß man sie als evident bezeichnen kann. Von solcher Art ist z. B. die Ersetzung einer Befestigung durch eine an der betreffenden Stelle angreifende Kraft (§ 13) oder die Ersetzung mehrerer Kräfte, die ein gemeinschaftliches Maß besitzen, durch ideale Flaschenzüge, die untereinander verbunden sind, wovon LAGRANGE in seinem Beweis für das Grundprinzip der Statik Gebrauch gemacht hat[1]. Man könnte demgemäß sagen, daß die mechanischen Beweise mehr denjenigen geometrischen Beweisen gleichen, die im eigentlichen Sinne des Wortes mit Hilfe der Figur geführt sind (§ 7). Für die Lehre

---

[1] Vgl. LAGRANGE, Analytische Mechanik, deutsch von SERVUS, 1887, S. 20ff.

vom Gleichgewicht des starren Körpers, der entweder ganz frei oder nur durch Bedingungen einer ganz bestimmten Art in seiner Bewegung beschränkt und dabei an einzelnen Punkten von einer endlichen Zahl von Kräften angegriffen ist, läßt sich wohl eine Theorie ganz nach dem Muster der in rein logischer Darstellung geführten geometrischen Beweise bilden (§ 7 u. 8); dabei hat man dann eben alle die Annahmen vorauszuschicken, welche hier die Rolle der Axiome spielen. Für die ganze Mechanik wäre ein solches Verfahren aber nicht zweckmäßig und vielleicht auch nicht möglich.

Vom Zusammenhang der in der Mechanik gemachten Annahmen mit der Erfahrung soll im fünfzehnten Abschnitt gehandelt werden.

Dritter Abschnitt.

Die Synthese des Maßbegriffs.

§ 17. Qualität und Quantität. Maß.

Die früher sehr übliche Definition der Mathematik als der Wissenschaft, die sich mit der Quantität befaßt, im Gegensatze zur Qualität, ist heutzutage von den meisten mit Recht aufgegeben worden[1]. Beispiele von Lehrsätzen, in denen von Quantität gar keine Rede ist, sind in den obigen Abb. 25 und 26 und in den Entwicklungen von § 8 enthalten, in denen Relationen der Verknüpfung und Anordnung (§ 2) eine Rolle spielen, aber keine Gleichheit von Strecken oder von Winkeln in Betracht gezogen wird. Aber auch eine solche Gleichheit wird in unseren Beweisen genau nach Art der anderen, zweifellos qualitativen Relationen gebraucht. Gerade so wie ein gegebener Punkt auf einer gegebenen Geraden, wenn von dem Abstand beider gar nicht die Rede sein soll, nur entweder liegt oder nicht liegt, wie ferner auf einer Geraden ein bestimmter Punkt entweder zwischen zwei anderen bestimmten Punkten oder nicht zwischen ihnen gelegen ist, so ist auch eine Strecke einer anderen entweder gleich oder ungleich, ohne daß wir zunächst irgendeinen Grund hätten, die Gleichheit unter dem Gesichtspunkt des Zahl verhältnisses 1 : 1 aufzufassen. Wie im eben gedachten Fall eine Strecke einer anderen in Beziehung auf die Länge gleich gedacht war, so können auch zwei Strecken in Beziehung auf die Richtung einander gleich sein[2]. Zwischen diesen

---

[1]) Vgl. L. Couturat, Die philosophischen Prinzipien der Mathematik, deutsch von C. Siegel, 1908, S. 1.

[2]) Damit soll nur der obige Grundgedanke ins Licht gesetzt werden; allerdings ist in der euklidischen Entwicklung der Geometrie die Richtungsgleichheit kein „gegebener" Begriff.

Relationen und z. B. derjenigen zweier Töne, die wir im Ohr als gleich hoch empfinden, besteht kein wesentlicher Artunterschied.

Man kann also in diesem Sinne die Gleichheit, z. B. der Strecke, als eine gewissermaßen „qualitative" Relation gelten lassen. Auf Grund dieser Relation gelangt man durch Konstruktion äquidistanter Punkte und durch Zählung (Abb. 45) zur Messung der Strecken. Man kann also sagen, daß das Maß der Strecke aus den qualitativen Relationen „zwischen" und „gleich" mit Hilfe einer Folge von Punkten auf Grund eines Zählverfahrens entsteht (§ 22). Das Zählverfahren aber rechnen wir (§ 110) zu den rein logischen Operationen. Es ist also das Maß ein synthetischer, auf Grund von qualitativen Begriffsbestimmungen aufgebauter Begriff (§ 111). Dies wird besonders deutlich, wenn z. B. an Stelle der natürlichen Streckengleicheit — d. h. der Kongruenz — eine gewisse künstliche, durch Verbinden von Punkten und durch Schneiden von Geraden definierte Äquivalenz gesetzt wird (§ 18), wobei sich dann ein künstliches, ganz anderes Maß, die sogenannte „projektive Maßbestimmung", ergibt.

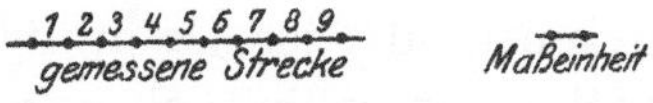

Abb. 45.

An die mannigfaltigen Beziehungen, die zwischen geometrischen, mechanischen und physikalischen Größen und den Zahlbegriffen entstehen, pflegt man meistens gleich zu denken, wenn von quantitativen Verhältnissen die Rede ist und diese mit den bloß qualitativen in einen Gegensatz gestellt werden, während andererseits das Wort „Quantität" auch bloße Zahlverhältnisse oder auch den bloßen Gegensatz von Einheit und Mehrheit, wie z. B. bei der Einteilung der Urteile in der Logik, bedeuten kann[1]).

§ 18. Gleichheit und Äquivalenz.

Die Gleichheit zweier Gegenstände ist eine symmetrische Relation derselben, d. h., wenn a gleich b ist, so ist stets zugleich auch b gleich a (während z. B. aus a kleiner als b folgt, daß b größer als a ist). Die Gleichheit ist aber auch eine transitive Relation, d. h. es gilt das Gesetz: Wenn a gleich b ist, und b gleich c, so ist auch a gleich c[2]). Der letzte Umstand wird von den Erkenntnistheoretikern in sehr verschiedener Weise gewertet. Der eine sieht darin eine logische Selbstverständlichkeit[3]), der andere einen Erfahrungssatz. Ich will

---

[1]) A. MEINONG (Gesammelte Abhandlungen, 2. Bd., 1913, S. 217) sagt: „Denn tatsächlich hat sich der so populäre Gegensatz von Qualität und Quantität für sich allein nicht als deutlich genug erwiesen, um die Frage fern zu halten, ob es denn auch ein wirklicher Gegensatz sei."

[2]) Auch eine unsymmetrische Relation kann transitiv sein (vgl. § 6).

[3]) Vgl. CH. SIGWART, Logik, 2. Aufl., Bd. 1, 1889, S. 414, wo die in Frage stehende Tatsache als ein „analytischer Satz" bezeichnet wird.

hier zeigen, daß je nach dem vorliegenden Fall bald der eine, bald der andere im Recht sein, daß aber die transitive Eigenschaft auch den Inhalt eines beweisbaren Lehrsatzes bilden kann. Zunächst sei darauf hingewiesen, daß zwei Gegenstände, die für „gleich“ erklärt werden, sich meist zugleich in anderen Beziehungen unterscheiden, so daß es sich fast immer um die „Gleichheit in gewisser Hinsicht“[1] handeln dürfte. Besteht nun die Gleichheit von Gegenständen eben darin, daß sie unter denselben Gattungsbegriff fallen[2]), und sieht man diesen als das ursprünglich Gegebene an, so ist das angeführte Gesetz gewiß selbstverständlich. Es kann aber auch nicht geleugnet werden, daß in vielen Fällen die Relation zwischen zweien der Einzelgegenstände das Ursprüngliche[3]) ist und sich auf irgendein, manchmal sogar willkürlich ersonnenes Vergleichsverfahren stützt. In solchen Fällen ist das Bestehen der transitiven Eigenschaft entweder durch Erfahrung zu belegen oder deduktiv zu beweisen, indem es offenbar eine Erschleichung wäre, wenn man die Transitivität daraus erschließen wollte, daß man für die willkürlich definierte symmetrische Relation das Wort „gleich“ oder einen ähnlichen Ausdruck, wie z. B. „äquivalent“, gebraucht hat.

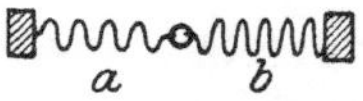

Abb. 46.

Abb. 47.

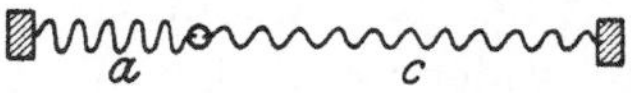

Abb. 48.

Beispiele für das zuletzt Gesagte lassen sich in Menge geben. Wir erklären zwei gleiche Kräfte am einfachsten als solche, die, wenn sie an derselben Stelle in entgegengesetzter Richtung angebracht werden, sich im Gleichgewicht halten, so daß also keine von beiden die andere zu überwinden vermag. Denken wir uns einmal drei Spiralfedern a, b und c von verschiedener Stärke und Länge, jede in einem gewissen Grade ausgezogen und dadurch gespannt. Es kann nun sein, daß in diesem ausgezogenen Zustande die Feder a der Feder b und diese der Feder c das Gleichgewicht hält. Offenbar folgt aus diesen durch die Abb. 46 u. 47 veranschaulichten beiden Tatsachen nicht ohne weiteres die Tatsache des Gleichgewichts von a und c, welche in der Abb. 48 zum Ausdruck kommt. Es muß also als eine durch die Erfahrung zu belegende Regel angesehen werden, daß, wenn a mit b, und b mit c im Gleichgewicht ist, dann auch zwischen a und c Gleichgewicht besteht, und es erscheint also hier das Transitivitätsgesetz als ein Erfahrungssatz.

---

[1]) Vgl. § 100.

[2]) Wie z. B. bei Dingen, die deshalb denselben Namen bekommen, weil sie uns denselben Eindruck machen.

[3]) Vgl. A. Meinong, Gesammelte Abhandlungen, Bd. 1, 1914, S. 129, wo diese Möglichkeit gleichfalls zugegeben wird.

In der Geometrie bei der Gleichheit der Strecken und der Winkel betrachten die Mathematiker das Transitivitätsgesetz als ein Axiom, von dem wir es hier dahingestellt lassen wollen, ob es auf der Erfahrung oder auf der Anschauung[1]) beruht. Es kann aber auch mit Benutzung der anderen vorgegebenen Begriffe der Geometrie (§ 1) auf Grund eines Teils der Axiome ein künstlicher Gleichheitsbegriff definiert werden, der für die vorliegende Betrachtung sehr lehrreich ist, und mit dem ich mich hier beschäftigen will.

Es sei eine Gerade g gegeben und auf ihr die beiden voneinander verschiedenen Punkte X und Y. Zwei Strecken AB und $A'B'$ auf g, die der Einfachheit wegen beide zwischen X und Y liegen mögen, sollen nun „in

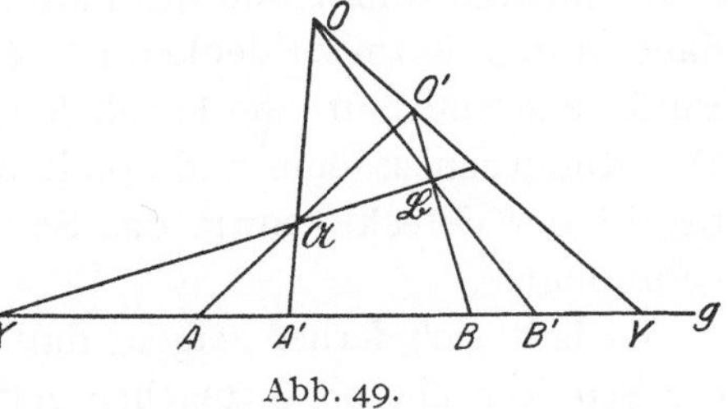

Abb. 49.

Beziehung auf die Fluchtpunkte X und Y projektiv gleich" heißen, wenn sie als die Projektionen einer und derselben Strecke $\mathfrak{AB}$ aufgefaßt werden können, die eine projiziert aus einem Zentrum O', die andere aus einem Zentrum O, wobei aber noch die Strecke $\mathfrak{AB}$ oder ihre Verlängerung durch den Punkt X gehen und die Zentren O und O' mit Y in gerader Linie liegen sollen (Abb. 49). Daß die so definierte „projektive Gleichheit" eine symmetrische Relation der Strecken AB und $A'B'$ ist, läßt sich unmittelbar einsehen. Sind die beiden Fluchtpunkte X und Y, von denen übrigens zunächst der erste eine andere Rolle spielt als der zweite, ein für allemal gegeben, so kann man im

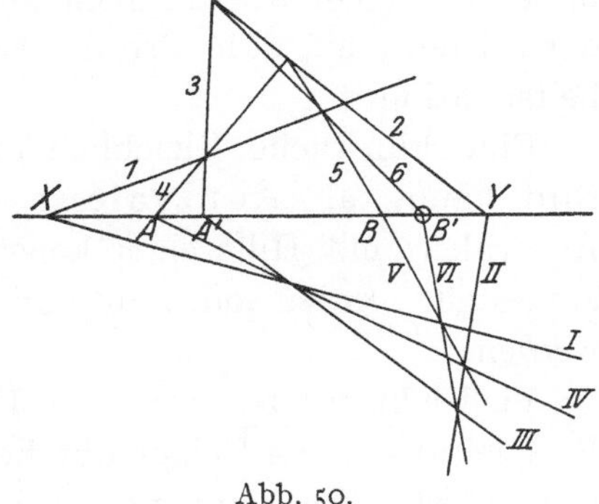

Abb. 50.

Sinne dieser neuen Gleichheit von einem gegebenen Punkt A' die Strecke $A'B'$ „gleich" der gegebenen Strecke AB abtragen. Man erkennt dies, wenn man in einer durch g gehenden Ebene die Geraden 1—6 der Abb. 50 in der durch die Numerierung angezeigten Folge durch die Punkte X, Y, A', A, B und durch die entstehenden Schnittpunkte hindurchzieht. Dabei können noch die drei ersten Geraden 1, 2 und 3 durch X, Y und A' willkürlich gezogen

---

[1]) Von Physikern werden die beiden Ausdrücke Erfahrung und Anschauung manchmal geradezu als gleichbedeutend behandelt; man vergleiche aber den dritten Abschnitt.

werden; es ergibt sich jedoch der zu konstruierende Punkt B', wie sich beweisen läßt, unabhängig von der Ebene durch g, welche benutzt wird, und von der Wahl der drei ersten Geraden. Die Abb. 50 veranschaulicht auch dies, indem noch eine zweite Ausführung der Konstruktion mit den Anfangsgeraden I, II und III hinzugefügt ist, die man sich auch in eine neue durch g gehende Ebene verlegt denken kann.

Der Beweis hierfür läßt sich mit Hilfe der Axiome der Verknüpfung und Anordnung und des Parallelenaxioms führen, welch letzteres dabei in der Form zu denken ist (§ 3), daß es durch einen gegebenen Punkt eine und nur eine Parallele gibt zu einer gegebenen Geraden[1]). Die Kongruenzaxiome und somit auch der gewöhnliche Gleichheitsbegriff der Strecke, sowie das Stetigkeitsaxiom (§ 29) werden nicht gebraucht.

Es läßt sich ferner zeigen, daß für diese „projektive Gleichheit" der Strecken alle die Tatsachen gelten, die in § 2 für die gewöhnliche Gleichheit der Strecken als Grundtatsachen gefordert worden sind, insbesondere also die dort unter II und III aufgeführten Tatsachen über das Abtragen von Strecken und die Tatsache I, daß aus der Gleichheit einer Strecke mit einer zweiten und aus der Gleichheit dieser mit einer dritten auch die Gleichheit der ersten Strecke mit der dritten folgt, d. h. also die Tatsache der Transitivität der Gleichheitsrelation.

Eine künstliche Gleichheitsrelation wie die vorhin aufgestellte wird häufig als Äquivalenz bezeichnet. Falls also eine solche Äquivalenz mit Hilfe einer konstruktiven (synthetischen) Definition aufgestellt werden soll, muß dabei die Transitivität deduktiv gezeigt werden.

Vielleicht ist zur weiteren Erläuterung des Gesagten noch ein Beispiel aus einem Gebiet nützlich, das bis jetzt nicht herangezogen worden ist. Man kann von den zahlentheoretischen „Formen"

$$2\,x^2 + 2\,xy - 3\,y^2, \quad 9\,x^2 - 26\,xy + 18\,y^2$$

die erste in die zweite überführen. Ersetzt man nämlich in der ersten x und y gemäß dem Ansatz

$$x = \alpha\,x' + \beta\,y',$$
$$y = \gamma\,x' + \delta\,y',$$

so erhält man einen Ausdruck, der, wenn er geeignet geordnet wird, und wenn in ihm die neuen Buchstaben x' und y' wieder durch die

---

[1]) Das Parallelenaxiom kommt deshalb mit in Betracht, weil in gewissen Fällen an Stelle von solchen Geraden, die in einem Punkt zusammenlaufen, parallele Gerade treten.

alten ersetzt werden, mit der zweiten der gegebenen Formen übereinstimmen kann. Man erhält z. B. dieses Ergebnis, wenn man

$$\alpha = 3, \quad \beta = -5, \quad \gamma = -1, \quad \delta = 2$$

macht; dabei ist die „Determinante der Transformation"

$$\alpha\,\delta - \beta\,\gamma = 3 \cdot 2 - (-5)(-1) = 1.$$

Wenn überhaupt in solcher Weise eine Form F mit ganzzahligen
Koeffizienten in eine Form F' durch eine Transformation mit ganzzahligen Koeffizienten und der Determinante 1 übergeht, so geht
auch F in F, wie man leicht zeigen kann, durch eine ebensolche
Transformation über. Wir sagen dann, daß F' mit F äquivalent
sei, und es ist also diese Äquivalenz eine symmetrische Relation (§ 95)
zwischen zwei Formen. Es läßt sich ferner die Tatsache beweisen,
daß, wenn F mit F', und F' mit F'' äquivalent ist, auch F äquivalent
ist mit F'', d. h. also, daß die Äquivalenz eine transitive Relation
der Formen ist.

Offenbar würde hier niemand die Transitivität als selbstverständlich ansehen und sie ohne Rechnung und Beweis zugeben wollen.
Wollte man eine Form einer zweiten äquivalent nennen, wenn die
erste in die zweite übergeht durch eine Transformation mit ganzzahligen Koeffizienten und beliebiger Determinante, so würde das
Transitivitätsgesetz zwar gelten, eine solche „Äquivalenzrelation"
aber nicht symmetrisch sein. Würde man aber z. B. für die Äquivalenz den Übergang durch eine Transformation der Determinante 3
verlangen, so würde weder Symmetrie noch Transitivität bestehen.

Es gibt nun unendlich viele Formen, die in zwei „Variabeln"
x und y homogen vom zweiten Grade[1]) mit ganzzahligen Koeffizienten
gebildet sind. Denkt man sich jetzt die Gesamtheit derjenigen davon,
die einer bestimmten Form äquivalent sind, so folgt aus dem Transitivitätsgesetz, daß in dieser Gesamtheit *jede Form mit jeder anderen
äquivalent ist*. Es ergibt sich daraus, daß man die Formen zweiten
Grades so in Klassen eingeteilt denken kann, daß äquivalente Formen
stets und nichtäquivalente Formen niemals in dieselbe Klasse fallen
(§ 100). Dabei erhält man, wie sich beweisen läßt, unendlich viele
Klassen und in jeder Klasse unendlich viele Formen[2]).

---

[1]) D. h. es soll in jedem Gliede der Form die Summe der Exponenten von x und y
gleich 2 sein.

[2]) Noch genauer verhält sich die Sache so. Liegt die Form $a\,x^2 + 2\,b\,x\,y + c\,y^2$
vor, so versteht man unter der „Determinante der Form" den Ausdruck $b^2 - a\,c$.
Man beschränkt sich zweckmäßiger Weise auf die Formen, in denen der mittlere
Koeffizient eine gerade Zahl ist, und teilt die Formen zunächst nach ihren
Determinanten ein, da äquivalente Formen stets dieselbe Determinante haben.
Die Formen derselben Determinante werden nun in die obigen Klassen unter-
geteilt. Merkwürdiger Weise erhält man dann zu jeder der unendlich vielen
Determinanten nur eine endliche Zahl von Klassen.

Äquivalente Formen haben gewisse Eigenschaften gemein, die jedoch tiefer liegen und erst mit Hilfe der Theorie der Äquivalenz erkannt werden können; man kann deshalb diese Eigenschaften nicht benutzen, um von vornherein durch sie als durch die Merkmale die Klassen zu definieren. Unsere Formen bieten also ein Beispiel dafür dar, daß ein Klassen- oder Gattungsbegriff auf Grund eines vorher aufgestellten Äquivalenzbegriffes, d. h. auf Grund eines Vergleichungsprinzips nachträglich geschaffen werden kann. Das Wesentliche dabei ist, daß für den aufgestellten Äquivalenzbegriff das Transitivitätsgesetz wirklich gültig ist. Daß dies nicht der Fall sein würde bei einer ganz beliebigen Festsetzung über die Äquivalenz, geht schon aus den obigen zahlentheoretischen Beispielen hervor, über die berichtet worden ist. Ein geometrisches Beispiel, das Weierstrass in seinen Vorlesungen zur Erläuterung zu verwenden pflegte, mag noch einmal denselben Sachverhalt für jedermann klar machen, ohne daß dabei auf besondere Kenntnisse Bezug genommen wird. Erklären wir einmal für den Augenblick zwei Strecken für äquivalent, wenn sie gleiche Länge und zugleich entgegengesetzte Richtung haben. Ist nun nach dieser Definition die Strecke a der Strecke b, und diese der Strecke c äquivalent, so würden augenscheinlich die drei Strecken gleich lang sein; da aber a mit b entgegengesetzt und ebenso dieses mit c entgegengesetzt gerichtet wäre, so müßten a und c gleichgerichtet sein, und es würde auf diese beiden Strecken die gewählte Definition der Äquivalenz nicht passen. Für eine solchermaßen definierte „Äquivalenz" wäre also das Transitivitätsgesetz nicht gültig. Deshalb muß auch der Versuch, die Strecken auf Grund der eben erwähnten Äquivalenzdefinition in Klassen einzuteilen, auf Widersprüche führen; es müßte ja von den eben genannten Strecken a mit b und ebenso b mit c in dieselbe Klasse und doch andererseits a in eine andere Klasse kommen als c.

§ 19. Das Ganze und der Teil bei den Strecken. Addition der Strecken.

Das Verhältnis des „Ganzen" zum „Teil" ist nicht immer genau dasselbe; es kann naturgemäß verschieden definiert werden, je nachdem es sich dabei um Strecken, Flächenstücke, Körper, Kräfte, ganze Zahlen oder Punktmengen handelt. Daraus, daß diese Verschiedenheiten nicht immer beachtet werden, entspringen einige scheinbare Widersprüche oder Paradoxien, die im zweiten Anhang in § 180 besprochen werden sollen. Liegen Strecken vor, so ist die Zwischenlage der Punkte (§ 1 und 2) der Begriff, von dem man ausgehen wird. Wir werden sagen: *Die Strecke A′B′ ist ein Teil der Strecke AB, wenn sowohl A' als auch B' zwischen A und B, oder wenn nur einer der beiden Punkte A' und B' zwischen A und B gelegen ist, und der andere mit A oder B zusammenfällt.* In einem weiteren Sinne des Wortes kann auch die Strecke $A''B''$ als ein Teil der Strecke AB bezeichnet werden, wenn $A''B''$ einem eigentlichen Teil $A'B'$ der Strecke AB gleich ist. Ich will jedoch lieber in dem zuletzt genannten Falle den Ausdruck „Teil" vermeiden und dann nur sagen, daß AB größer sei als $A''B''$. Bei dieser Auffassung sind also die Punkte und Strecken die gegebenen Gegenstandsbegriffe, die Zwischenlage der Punkte und die Gleichheit der Strecken — und zwar die gewöhnliche Gleichheit — gegebene Relationsbegriffe (§ 1). Natürlich sollen mit diesen Grundbegriffen auch die auf sie sich beziehenden Axiome mitgesetzt sein (§ 2). Auf Grund der gegebenen Begriffe haben wir nun die Begriffe „Teil" und „größer" definiert, die also in diesem Falle als „synthetische Begriffe" anzusprechen sind (§ 1); man darf aber nicht vergessen, daß auch andere Grundbegriffe und andere Axiome eingeführt werden könnten.

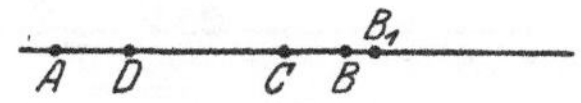

Daß das Ganze größer ist als sein Teil, ist eine unmittelbare Folge aus den gewählten Definitionen, da wir unter dem Teil einen eigentlichen Teil verstehen, und dieser,

Abb. 51.

wie jede Größe, sich selbst gleich ist. Nicht so selbstverständlich aber ist es, so wie wir unsere Begriffe gebildet haben, daß nicht zugleich auch ein Teil größer oder gleich dem Ganzen sein kann[1]). Daß dies tatsächlich nicht möglich ist, soll im folgenden bewiesen werden. Als Grundsatz kann dies hier nicht angenommen werden, da ja die Begriffe „Teil" und „größer" jetzt keine vorgegebenen Begriffe sind.

Zur Vorbereitung muß folgende Betrachtung vorausgeschickt werden. Es liege C zwischen A und B. Nun werde D auf derselben Seite[2]) von A, auf der C und B liegen, so bestimmt, daß $AD = CB$, außerdem werde B_1 so angenommen, daß D zwischen A und B_1 gelegen, und $DB_1 = AC$ ist (Abb. 51). Es ist also auch $AD = BC$ und $DB_1 = CA$ und somit (vgl. III in § 2) auch $AB_1 = BA$, d. h. gleich AB. Aus den Anordnungstatsachen, deren rein logische Entwicklung möglich ist[3]), ergibt sich aber, daß B_1 auf derselben Seite

---

[1]) Leibniz kennt dieselbe, auf dem Begriff des Teils beruhende Definition des „Größeren", die oben benutzt wurde, und zwar hat er sie von Hobbes entlehnt (vgl. L. Couturat, La Logique de Leibniz d'après des documents inédits, 1901, S. 204). Leibniz beschränkt sich aber auf den selbstverständlichen Teil der Betrachtung.

[2]) C und D liegen „auf derselben Seite" von A, wenn A nicht zwischen C und D gelegen ist.

[3]) Vgl. den Schluß von § 8.

von A wie B gelegen ist. Da es jedoch auf derselben Seite von A nicht zwei verschiedene Punkte gibt, die von A denselben Abstand haben (II in § 2), so fällt B_1 mit B zusammen; es liegt also der Punkt D, der festgesetztermaßen zwischen A und B_1 gelegen war, auch zwischen A und B, worin auch mitinbegriffen ist, daß D von B verschieden ist. Anschaulich kann man die Ergebnisse so ausdrücken, daß, falls es möglich ist, von einer Strecke AB eine andere als deren Teil BC von dem Ende B her abzuschneiden, man diese Strecke auch vom anderen Ende her, nämlich als Strecke AD, von jener abschneiden kann, und daß dann ein gleich großes Stück wie im ersten Fall übrigbleibt.

Man kann nun auch den Fall behandeln, daß die Strecke AB eine Strecke $A'B'$ im Sinne der Abb. 52 als Teil enthält. Man wähle in

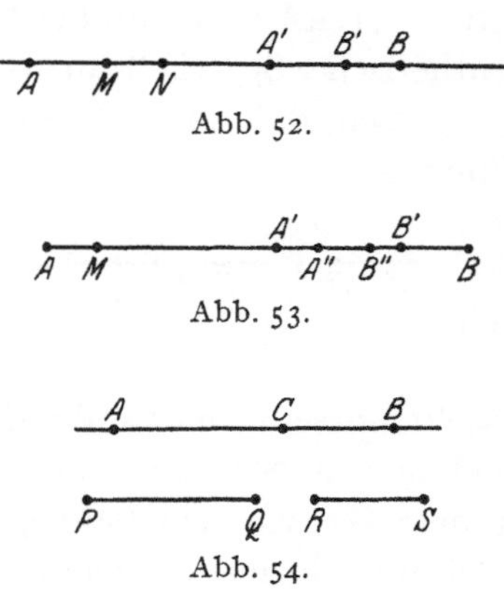

Abb. 52.

Abb. 53.

Abb. 54.

diesem Fall den Punkt M auf derselben Seite von A, wie B, und N so, daß M zwischen A und N gelegen ist, und mache dabei $AM = A'B'$ und $MN = B'B$. Es ist dann (nach III in § 2) auch $AN = A'B$ und somit gemäß der vorigen Überlegung N zwischen A und B, und somit, da ja M zwischen A und N liegt, auch M zwischen A und B gelegen[1]). Man erkennt jetzt, daß auch in diesem Fall die Teilstrecke $A'B'$ vom Ende A her als Strecke AM abgeschnitten werden kann.

Wäre nun der Teil $A'B'$ von AB größer als AB, so müßte AB einem Teil $A''B''$ von $A'B'$ gleich sein (Abb. 53). Nach dem eben Bewiesenen müßte nun, da auch A'' und B'' zwischen A und B liegen, eine Strecke AM nach der Seite von B hin abgetragen werden können, die gleich $A''B''$ ist; dabei würde M zwischen A und B liegen und somit von B verschieden sein. Andererseits wäre nun AM gleich $A''B''$, und dieses gleich AB, somit auch AM gleich AB (I in § 2). Nun liegt aber ein Widerspruch vor, da es auf derselben Seite von A nicht zwei Punkte gibt, die von A denselben Abstand hätten (II in § 2).

An die Abb. 51 knüpfen sich gleich auch Überlegungen an, welche die Addition der Strecke betreffen. Liegt C zwischen A und B und ist AC gleich der Strecke PQ und CB gleich der Strecke RS (Abb. 54), so bezeichnen wir AB und ebenso jede mit AB gleiche Strecke als Summe von PQ und RS. Da nun aber nach unserer Auffassung

---

[1]) Vgl. den Schluß von § 8.

jede Strecke sich selber umgekehrt genommen gleich ist (§ 2), so folgt auch, daß im Falle der Abb. 51

$$AC + CB = AB = BA = BC + CA = CB + AC$$

ist. Der Vergleich des ersten dieser Ausdrücke mit dem letzten zeigt, daß für die so definierte Streckenaddition das sogenannte Kommutativgesetz

$$a + b = b + a$$

gilt.

Abb. 55.

Denkt man sich jetzt auf einer Geraden vier Punkte A, B, C, D so, daß B zwischen A und C, und dieses zwischen B und D gelegen ist (Abb. 55), so erkennt man, daß $(AB + BC) + CD = AB + (BC + CD)$ ist, d. h. daß für die Addition der Strecken auch das Assoziativgesetz besteht.

Man beweist nun leicht auch, daß von zwei ungleichen Strecken sicher eine und nur eine größer ist als die andere, daß, wenn eine Strecke größer ist als eine zweite, und diese größer als eine dritte, auch die erste Strecke größer ist als die dritte, daß Größeres zu Größerem (oder Gleichem) addiert, Größeres gibt[1]).

§ 20. Die unendliche Länge der Geraden.

Man kann auf einer Geraden, beginnend mit irgendeinem Punkt A_0, eine Punktfolge A_0, A_1, A_2, A_3, ... so bilden, daß jeder Punkt der Folge, abgesehen vom ersten, zwischen dem in der Folge vorangehenden und dem nachfolgenden gelegen ist, und daß zugleich die Strecken $A_0 A_1$, $A_1 A_2$, $A_2 A_3$ usw. alle *einer und derselben gegebenen Strecke PQ gleich* sind. Dabei ergibt sich aus den oben (§ 2) angenommenen Axiomen, welche Anordnungstatsachen und die Gleichheit der Strecken betreffen, daß man in der Reihenfolge der Punkte A_0, A_1, A_2, ... ohne Ende weitergehen kann, ohne daß dabei ein Punkt der Reihe oder ein zwischen zwei aufeinanderfolgenden

---

[1]) Abb. 52, in der von der Strecke AB das Stück AM gleich dem Teil $A'B'$ abgeschnitten worden ist, zeigt, daß die größere Strecke sich stets als Summe der kleineren und einer passend dazu gewählten anderen darstellen läßt. Auf die Kenntnis dieser Verhältnisse, wie sie bei den Strecken und in anderen gewöhnlichen Fällen bestehen, gründen sich die so häufig anzutreffenden Urteile, z. B. des Inhalts, daß einem Etwas, das größer und kleiner sein kann, Teile zukommen müssen (vgl. O. Schmitz-Dumont, Naturphilosophie als exakte Wissenschaft mit besonderer Berücksichtigung der mathematischen Physik, 1895, S. 100, wo sogar gesagt wird, daß ein solches Etwas „aus mehreren gleichen Teilen" bestehen müsse). Es ist jedoch ein Irrtum, zu glauben, daß alle die Eigenschaften (Relationen), von denen hier die Rede ist, und die zwischen ihnen herrschenden Gesetze einen untrennbaren Zusammenhang bilden. Man kann z. B. die materiellen Körper so in eine Reihe ordnen, daß jeder in der Reihe folgende härter ist als der vorangehende, d. h., daß jeder folgende den vorangehenden ritzt. Die Härte hat jedoch keine Teile.

Punkten der Reihe gelegener Punkt eine Wiederholung darstellen würde in dem Sinne, daß er entweder als Reihenpunkt oder als Zwischenpunkt schon einmal dagewesen wäre[1]). Dies aber meinen wir, wenn wir der Geraden eine unendliche Länge zuschreiben[2]). Die gegebene Betrachtung dürfte klar machen, daß wir auf Grund eines ohne Ende fortsetzbaren Denkverfahrens die Gerade für unendlich lang erklären[3]).

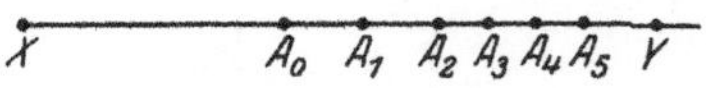

Abb. 56.

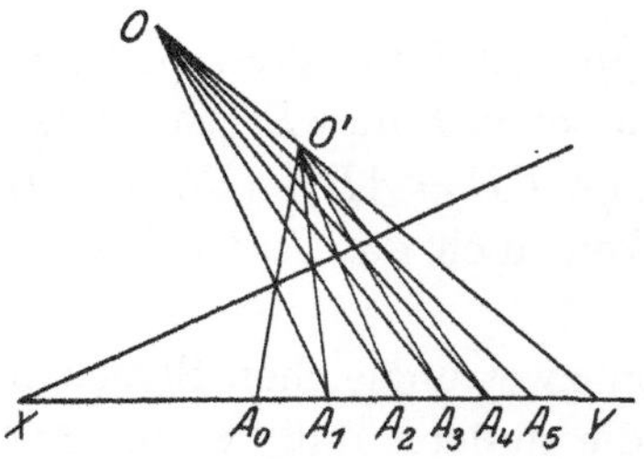

Abb. 57.

Das Folgende wird dies noch deutlicher machen. Wir können an Stelle der gewöhnlichen Gleichheit, d. h. der Kongruenz (§ 2) der Strecken, auch die in § 18 definierte projektive Gleichheit treten lassen. Es ergibt sich dann auf einer Geraden (Abb. 56) mit Rücksicht auf zwei vorher eingeführte Fluchtpunkte X und Y eine nicht abbrechende Punktfolge A_0, A_1, A_2, A_3, A_4, A_5, ..., die vollständig zwischen X und Y enthalten ist, wobei zugleich die Strecken $A_0 A_1$, $A_1 A_2$, $A_2 A_3$, ... einander im projektiven Sinne alle gleich sind. Dies ergibt sich aus den Axiomen der Verknüpfung und Anordnung. Die in § 18 definierte projektive Gleichheit führt nämlich bei passender Anordnung der Konstruktion, wenn immer dieselben Zentren O und O' benutzt werden, auf die Abb. 57, in der allgemein zwischen A_n und Y neue Punkte ohne Ende durch Fortsetzung der Konstruktion eingeschaltet werden können. Es erscheint also nur der Weg von A_0 nach Y, welch letzterer Punkt eigentlich nicht mehr hinzuzurechnen ist, mit Rücksicht auf den neuen Gleichheitsbegriff der Strecken als von unendlicher Länge.

---

[1]) Z. B. kann A_4 nicht mit A_1 zusammenfallen, weil dann dieser Punkt zwischen A_0 und A_2 läge, während doch andererseits A_2 zwischen A_0 und A_4 liegen muß, und doch nur einer von den dreien: A_0, A_2, A_4 zwischen den beiden anderen gelegen sein kann. Vgl. auch meine bereits erwähnte Antrittsrede (1900), S. 43.

[2]) In der elliptischen (nichteuklidischen) Geometrie gelten die Axiome der Anordnung nicht ganz in der Weise, wie sie oben (§ 2) formuliert worden sind; in dieser Geometrie schließt sich die Gerade und hat eine endliche Länge.

[3]) Vielleicht könnte auch psychologisch begründet werden, daß wir die Gerade nicht als unendlich lang schauen, sondern nur denken. Versteht man die „Anschauung" nicht im Sinne der Kantschen Forderung der Existenz einer apriorischen Anschauung, sondern im Sinne des psychologischen Erlebnisses, so wird man wohl auf Grund der Selbstbeobachtung sagen, daß wir uns eine Gerade in endlicher Ausdehnung vorstellen und dabei denken, daß sie ohne Ende verlängert werden könnte. Interessant ist auch Leibniz' Äußerung über die unendliche Länge der Geraden in den „Nouveaux Essais" (II, 17, 3), wo er sich eine Strecke verdoppelt denkt, dann das Doppelte wieder verdoppelt usw.

§ 21. Vielfache und Bruchteile von Strecken.

Um die Strecke PQ z. B. zu versechsfachen, müssen wir auf einer Geraden die Punkte $A_0, A_1, A_2, A_3, A_4, A_5, A_6$ so annehmen, daß A_1 zwischen A_0 und A_2, A_2 zwischen A_1 und A_3 usw. liegt, d. h. also, daß die Punkte „in der angegebenen Reihenfolge gelegen" sind, und daß zugleich

$$A_0 A_1 = A_1 A_2 = A_2 A_3 = A_3 A_4 = A_4 A_5 = A_5 A_6 = PQ$$

ist (Abb. 58). Wir können dann auch sagen, daß die Strecke $A_0 A_6$ durch Aneinandersetzen von sechs der Strecke PQ gleichen Strecken entstanden sei.

Da nun aus den obigen Gleichungen $A_0 A_1 = A_1 A_2$ und $A_1 A_2 = A_2 A_3$ auf Grund des Axioms III von § 2 folgt, daß auch $A_0 A_2 = A_2 A_4$ ist, und ebenso auch $A_2 A_4 = A_4 A_6$ sein muß, so erscheint die Strecke $A_0 A_6$, die das 6fache von PQ ist, zugleich als das 3fache der Strecke $A_0 A_2$, die ihrerseits das 2fache ist von PQ. Genau so läßt sich auch allgemein für zwei beliebige ganze Zahlen m und n der Lehrsatz zeigen (vgl. auch in § 19 die Definition der Streckenaddition und die Gesetze derselben): *Das mnfache einer Strecke ist gleich dem $m$fachen des $n$fachen derselben.* Dieser Lehrsatz kann, wenn c die Strecke bedeutet, durch die Formel

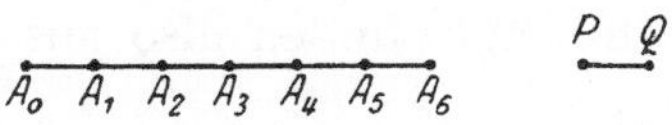

$$(1) \qquad (m\,n) \cdot c = m \cdot (n \cdot c)$$

ausgedrückt werden.

Abb. 58.

Durch den Begriff des $m$fachen ist auch definiert, wann wir eine Strecke als den m^{ten} Teil einer anderen zu bezeichnen haben. Damit ist aber an sich noch nicht gesagt, daß zu jeder Strecke ein m^{ter} Teil vorhanden sein muß[1]), während die Existenz des $m$fachen aus den Existentialaxiomen von § 2 folgt oder, was auf dasselbe hinauskommt, sich daraus ergibt, daß das $m$fache durch Streckenabtragungen konstruiert wird. Für die Zwecke, die wir hier im Auge haben, genügt es, einfach die Annahme zu machen, daß der genaue m^{te} Teil jeder gegebenen Strecke existiert[2]). Dabei ist sofort noch zu bemerken, daß vermöge der früher aufgestellten Axiome nicht zwei einander ungleiche Strecken beide die Eigenschaft des m^{ten} Teiles einer und derselben Strecke besitzen können; es müßte nämlich dann von den beiden ungleichen Strecken die eine die größere sein, und es würde nun die mehrmalige Anwendung des Satzes von der

---

[1]) Vgl. § 74.
[2]) Im übrigen ist § 31 zu vergleichen.

Addition des Größeren zum Größeren auf einen Widerspruch führen (§ 19).

Es sei nun die Strecke a gleich dem m fachen des n^{ten} Teiles der Strecke c. In diesem Fall sagt man, daß *a gleich dem $\dfrac{m}{n}$ fachen der Strecke c* sei. Wird der n^{te} Teil von c mit c_1 bezeichnet, so ist

$$n \cdot c_1 = c.$$

Andererseits soll ja

$$m \cdot c_1 = a$$

sein, weshalb sich mit Rücksicht auf die obige Formel (1) ergibt

$$(2) \qquad m \cdot c = m \cdot (n \cdot c_1) = (m\,n) \cdot c_1.$$

Da wir aber aus der Arithmetik wissen[1]), daß

$$m\,n = n\,m$$

ist, so muß, wiederum nach Formel (1), auch

$$(3) \qquad (m\,n) \cdot c_1 = (n\,m) \cdot c_1 = n \cdot (m \cdot c_1) = n \cdot a$$

sein. Wir finden also aus (2) und (3) schließlich die Gleichung

$$(4) \qquad m \cdot c = n \cdot a.$$

Ist jetzt die Strecke a' das $\dfrac{m'}{n'}$ fache derselben vorigen Strecke c, so muß neben (4) auch die Gleichung

$$(5) \qquad m' \cdot c = n' \cdot a'$$

bestehen. Mit Rücksicht auf (1) ergibt sich aus (4), daß

$$(n'm) \cdot c = n' \cdot (m \cdot c) = n' \cdot (n \cdot a) = (n'n) \cdot a$$

ist, ebenso aber aus (5), daß

$$(n\,m') \cdot c = n \cdot (m' \cdot c) = n \cdot (n' \cdot a') = (n\,n') \cdot a'.$$

Es ist somit auch $(n'm) \cdot c$ *größer, gleich oder kleiner als* $(n\,m') \cdot c$, *je nachdem* $(n'n) \cdot a$ *größer, gleich oder kleiner als* $(n\,n') \cdot a'$ *ist*. Da aber jede Strecke durch Addition einer anderen vergrößert wird, so richtet sich bei den Vielfachen einer und derselben Strecke die Größe des Vielfachen nach der Vervielfachungszahl, d. h. es ist

$$(n'm) \cdot c \gtreqless (n\,m') \cdot c$$

je nachdem in Zahlen

$$n'm \gtreqless n\,m'$$

ist. Andererseits folgt aus dem Satz von der Addition des Größeren zum Größeren, daß das Vielfache des Größeren stets größer sein muß als das Ebensovielfache des Kleineren. Es ist also

$$(n'n)\,a \gtreqless (n\,n')\,a',$$

---

[1]) Vgl. § 71. Ich bemerke noch, daß ich entsprechend der älteren Übung, die allerdings zum Teil verlassen ist, den Multiplikator auf die linke Seite setze, so daß also $m\,n$ das m fache der Zahl n bedeutet

je nachdem

$$a \gtreqless a'$$

ist. Aus dem eben Bemerkten und dem vorher Hervorgehobenen folgt also, daß $a \gtreqless a'$, d. h. *das $\frac{m}{n}$ fache der Strecke c größer, gleich oder kleiner ist als das $\frac{m'}{n'}$ fache dieser Strecke, je nachdem n'm größer, gleich oder kleiner ist als nm'.* Insbesondere ist somit auch das $\frac{m}{n}$ fache einer Strecke gleich dem $\frac{mr}{nr}$ fachen derselben, wenn r irgendeine dritte ganze Zahl bedeutet.

Die übrigen für Bruchteile geltenden Beziehungen lassen sich leicht ebenso beweisen, so, daß das m-fache des n^{ten} Teils dem n^{ten} Teil des m-fachen gleich, daß der n^{te} Teil des n'^{ten} Teils zugleich der nn'^{te} Teil der ursprünglichen Strecke ist, daß *die Summe des $\frac{m}{n}$ fachen und des $\frac{m'}{n'}$ fachen einer Strecke das $\frac{mn' + m'n}{nn'}$ fache derselben ergibt, und daß das $\frac{m}{n}$ fache des $\frac{m'}{n'}$ fachen gleich ist dem $\frac{mm'}{nn'}$ fachen der ursprünglichen Strecke.*

Hier war mit dem $\frac{m}{n}$ fachen einer Strecke eine zweite S t r e c k e bezeichnet, deren Relation zur ersten durch die b e i d e n g a n z e n Z a h l e n n und m in bestimmter Weise charakterisiert ist. Von g e - b r o c h e n e n Z a h l e n war im Grunde nicht die Rede. Man wird aber sofort erkennen, daß die hier, wenigstens zum Teil, entwickelte Theorie der Bruchteile von Strecken zugleich die Widerspruchslosigkeit der üblichen Bruchrechnung erweist, vorausgesetzt, daß man die benutzten geometrischen Axiome als wahr annimmt. Ein rein arithmetrischer Beweis für die Widerspruchslosigkeit der Bruchrechnung wird dadurch natürlich nicht überflüssig gemacht (vgl. § 74).

§ 22. Begründung des Streckenmaßes.

Falls die Strecke a das $\frac{m}{n}$ fache der Strecke b ist, so gibt es eine Strecke c, von der gleichzeitig a das m fache und b das n fache ist, wobei m und n ganze Zahlen bedeuten (Abb. 59). Die Strecken a und b heißen in diesem Fall kommensurabel, und wir nennen den

Abb. 59.

Bruch $\frac{m}{n}$ die Maßzahl, die der Strecke a zukommt, wenn die Strecke b als Einheit der Messung zugrunde gelegt wird.

Descartes[1]) hat zuerst den Gedanken gefaßt, daß jeder Strecke eine Maßzahl zukomme *in Beziehung auf irgendeine zur Einheit gewählte andere*, also auch in Beziehung auf eine solche, die zur ersten Strecke inkommensurabel ist. Dieser Gedanke, der zuerst ohne Begründung in die Wissenschaft eingeführt war, läßt sich auch wirklich begründen, wenn man zu den schon erwähnten geometrischen Axiomen noch ein weiteres hinzufügt und den Begriff der „Zahl" hinreichend allgemein faßt.

Sind a und b zwei ganz beliebige Strecken, so fragt es sich also zunächst noch, ob a durch b als Einheit gemessen werden kann. Hier ist eine neue Voraussetzung nötig. An und für sich würde es den früher angenommenen geometrischen Axiomen nicht widersprechen[2]), daß von den beiden vorliegenden Strecken die kleinere so beschaffen wäre, daß alle ihre Vielfachen gleichfalls kleiner wären als die größere jener Strecken. Wir setzen deshalb ausdrücklich das Axiom voraus, daß von zwei Strecken die größere stets durch geeignete Vervielfachung der kleineren übertroffen werden kann. Dieses Axiom wird als das „archimedische" bezeichnet[3]). Man kann es auch folgendermaßen ausdrücken. Es sei auf einer Geraden (Abb. 60) der Punkt A_1 zwischen A_0 und B gelegen, und es sollen die Punkte $A_0, A_1, A_2, A_3 \ldots$ in der aufgeführten Reihenfolge liegend und zugleich so gedacht werden, daß

$$A_0 A_1 = A_1 A_2 = A_2 A_3 = \ldots$$

ist; das Axiom besagt dann, daß in jener unendlichen Folge ein Punkt A_n vorkommt, für den B zwischen A_0 und A_n gelegen ist. Es wird später gezeigt werden, daß die in Rede stehende Tatsache nach Einführung eines neuen Axioms, des Stetigkeitsaxioms, bewiesen werden kann[4]). Mit Rücksicht darauf werde ich sie dann als archimedischen Hilfssatz bezeichnen.

Jetzt soll die Strecke a durch die zur Längeneinheit gewählte Strecke b gemessen werden. Es folgt aus dem archimedischen Axiom, daß jedenfalls ein gewisses Vielfaches na von a existiert, das größer ist als b, und es ist dann der n^{te} Teil von b kleiner als a. Nun muß es aber, wiederum nach dem archimedischen Axiom, Vielfache von $\frac{1}{n} b$ geben, die a übertreffen. Ist $\frac{m}{n} b$ ein solches Vielfaches, so ist $\frac{m}{n} b > a$ und $\frac{1}{n} b < a$. Demnach kann man die Brüche in dieser

---

[1]) Vgl. „La Géométrie", 1638, t. 1, p. 1.
[2]) Vgl. Hilbert: Grundlagen der Geometrie, 1899, S. 24.
[3]) A. Voss (Über das Wesen der Mathematik, Leipzig u. Berlin, 1908, S. 44) schreibt das Axiom Eudoxus zu.
[4]) Vgl. § 30.

Weise in zwei Klassen einteilen, daß der Bruch $\frac{\mu}{\nu}$ in die erste, bzw. in die zweite Klasse versetzt wird, je nachdem

$$\frac{\mu}{\nu}\, b \leqq a$$

oder

$$\frac{\mu}{\nu}\, b > a \,.$$

Diese Einteilung der Brüche läßt sich aber auch so kennzeichnen, daß in die erste Klasse jeder Bruch $\frac{\mu}{\nu}$ kommt, für den

$$(1) \qquad \mu\, b \leqq \nu\, a \,,$$

und in die zweite Klasse jeder Bruch, für den

$$(2) \qquad \mu\, b > \nu\, a$$

ist. Bei dieser Formulierung wird die vorhin zur Erleichterung der Vorstellung gemachte Annahme, daß ein genauer n^{ter} Teil jeder Strecke existiere, überflüssig.

Es ist leicht zu sehen, daß bei einer den Ungleichungen (1) und (2) entsprechenden Einteilung der Brüche in zwei Klassen zwei einander gleiche Brüche, d. h. also solche, welche, wie z. B. $\frac{2}{3}$ und $\frac{4}{6}$, dieselbe Rationalzahl vorstellen, in dieselbe Klasse gelangen, und daß jeder Bruch, und also auch jede Rationalzahl der zweiten Klasse größer ist als jede Rationalzahl der ersten[1]). *Jede Einteilung der Rationalzahlen in zwei Klassen, die so beschaffen ist, daß alle Rationalzahlen der einen Klasse kleiner sind als alle die der zweiten, wird ein Schnitt genannt.* Was wir nun im weitesten Sinne des Wortes unter einer — reellen, absoluten — Zahlgröße verstehen, ist nichts anderes als ein solcher Schnitt. Der oben definierte Schnitt, der aus der Strecke a und der Strecke b entstand, ist die Maßzahl, die der Strecke a zukommt, wenn die Strecke b zur Längeneinheit genommen wird. Notwendig ist die Voraussetzung des archimedischen Axioms, wenn jede Strecke bei der Messung durch irgendeine andere eine endliche und von Null verschiedene Maßzahl ergeben soll.

Zu einer ausführlichen und strengen Theorie des Maßes ist erforderlich, daß zunächst die Theorie der „Schnitte" rein arithmetisch durchgeführt wird. Auf Grund gewisser naheliegender arithmetischer Festsetzungen darüber, wann ein Schnitt als Summe oder als Produkt zweier anderen angesehen werden soll[2]), kann man rein arithmetisch, d. h. ohne die Benutzung irgendeines geometrischen Axioms, beweisen, daß für diese mit den Schnitten auszuführenden Operationen

---

[1]) Vgl. z. B. meine Schrift: Die Arithmetik in strenger Begründung, Programmabhandlung der Philosophischen Fakultät zu Leipzig, 1914, S. 68.

[2]) Vgl. § 75.

der Addition und Multiplikation die Rechengesetze gelten. Mit Hilfe der geometrischen Tatsachen, die in einer Geraden für die Anordnung von Punkten und die Gleichheit von Strecken als allgemeingültig angenommen worden sind[1]), lassen sich dann auch die Sätze beweisen:

Ist für dieselbe Einheit die Zahl α die Maßzahl der Strecke a, und die Zahl α' die Maßzahl der Strecke a', so ist für eben diese Einheit die arithmetische Summe α + α' *die Maßzahl der geometrischen Summe*[2]) *der Strecken a und a'.*

Ist α die Maßzahl der Strecke a für die Längeneinheit b, und β die Maßzahl von b für die Längeneinheit c, so ist das arithmetische Produkt α β *die Maßzahl der Strecke a, wenn die Strecke c zur Längeneinheit gewählt wird.*

Indem wir den Begriff der Vervielfachung in der Weise erweitert denken, daß nicht bloß von einem rational gebrochenen Vielfachen, sondern auch von einer irrationalen Vervielfachungszahl gesprochen werden kann, kann man sagen, daß *die Summe des α fachen und des α' fachen einer Strecke ganz allgemein das* (α + α')-*fache derselben Strecke ergibt, und daß das α fache des β fachen einer Strecke stets dem α β fachen dieser Strecke gleich ist.* In diesem Sinne stellen die eben erwähnten Sätze eine Verallgemeinerung der im vorigen Paragraphen für rationale Vielfache gezeigten Beziehungen dar.

Denkt man sich in Beziehung auf eine gewisse Längeneinheit b die Maßzahlen hergestellt für eine Reihe von Strecken und vertauscht man nachher die Längeneinheit mit einer neuen Längeneinheit c, in Beziehung auf welche die frühere Einheit b die Maßzahl β haben möge, so multiplizieren sich nun nach dem zuletzt hervorgehobenen Satz alle jene Maßzahlen mit β.

Die Frage nach der Existenz einer Strecke, welcher in Beziehung auf eine vorgegebene Längeneinheit eine vorgegebene rationale oder irrationale Zahl als Maß zukommt, ist dann zu bejahen, wenn man auch das Stetigkeitsaxiom fordert[3]).

Daß auf Grund von Voraussetzungen, die sich auf die Anordnung von Punkten und auf die Gleichheit von Strecken beziehen, Sätze

---

[1]) Vgl. § 2, insbesondere die dort mit II und III bezeichneten Axiome. Es ist aber zu bemerken, daß man die Axiome der Anordnung für die Punkte einer Geraden vermehren muß, wenn man die Betrachtung nur in der Geraden erledigen und das sog. „ebene Axiom der Anordnung" nicht herbeiziehen will. Es genügt, noch hinzuzunehmen, daß für irgendwelche vier verschiedene Punkte einer Geraden stets eine solche Reihenfolge A, B, C, D existiert, daß dabei B sowohl zwischen A und C, als auch zwischen A und D, und C sowohl zwischen A und D, als auch zwischen B und D gelegen ist (vgl. Hilbert, Grundlagen der Geometrie, 1. Aufl. 1899, S. 6).

[2]) Vgl. § 19.

[3]) Vgl. meine Arbeit: „Die Axiome der Quantität und die Lehre vom Maß" in den Berichten d. Sächs. Ges. d. Wiss., 1901, S. 30.

entwickelt werden können, welche beliebige Maßzahlen von Strecken betreffen, ist durchaus nicht verwunderlich, da das „Maß" ein auf Grund der Relationen der Anordnung und der Gleichheit und der dafür geltenden Beziehungen gebildeter synthetischer Begriff ist. Ebensowenig erscheint es mir verwunderlich, daß ARCHIMEDES für den Hebel die Bedeutung des Produkts der Maßzahlen von Kraft und Arm deduzieren konnte auf Grund einer Voraussetzung, welche sich auf die Versetzbarkeit gleicher Gewichte in den Mittelpunkt ihrer Aufhängepunkte bezog[1]).

Die Ergebnisse lassen sich verallgemeinern, da die hier maßgebenden Tatsachen, welche die Gleichheit und das Abtragen von Strecken auf einer Geraden betreffen (§ 2, II und III), auch hinsichtlich zweier auf einer Geraden gewählten Fluchtpunkte X und Y für die in § 18 definierte „projektive Gleichheit" gelten. Man muß dann freilich noch eine dem archimedischen Axiom entsprechende, dem neuen Fall angepaßte Annahme machen[2]), wodurch man dann eine „projektive Maßbestimmung" mit ganz entsprechenden Eigenschaften erhält. Da diese Maßbestimmung auf dem Begriff der „projektiven Gleichheit" beruht, so ist sie wie diese von der gewöhnlichen Gleichheit der Strecken und von den darauf sich beziehenden Axiomen, d. h. also von Kongruenzaxiomen, unabhängig. Die erste Maßbestimmung von dieser Art verdankt man v. STAUDT[3]). F. KLEIN hat nachher bemerkt, daß die Betrachtungen v. STAUDTs auch in der nichteuklidischen Geometrie angestellt werden können. Hier ist eine Festsetzung gewählt worden, welche dazu geeignet ist, mit Hilfe der gewöhnlichen Geometrie die nichteuklidische zu erläutern[4]).

§ 23. Proportionen.

EUKLIDs Definition der Proportion kann so ausgedrückt werden:
Die Größen a und b stehen zueinander in demselben Verhältnis wie die Größen a′ und b′, wenn ein Vielfaches von a größer, gleich oder kleiner ist als ein Vielfaches von b, je nachdem das Entsprechendviel-

---

[1]) Vgl. § 12 u. 13.

[2]) Diese Annahme kann folgendermaßen ausgedrückt werden. Es sei B irgendein zwischen X und Y, ebenso A_0 ein zwischen X und B, und A_1 ein zwischen A_0 und B gelegener Punkt; es soll dann jedesmal die mit Hilfe zweier mit Y in einer Geraden liegenden Punkte O und O' nach der Regel der nebenstehenden Abb. 61 konstruierte Punktfolge $A_0, A_1, A_2, A_3, \ldots$ in die Strecke BY hineinführen.

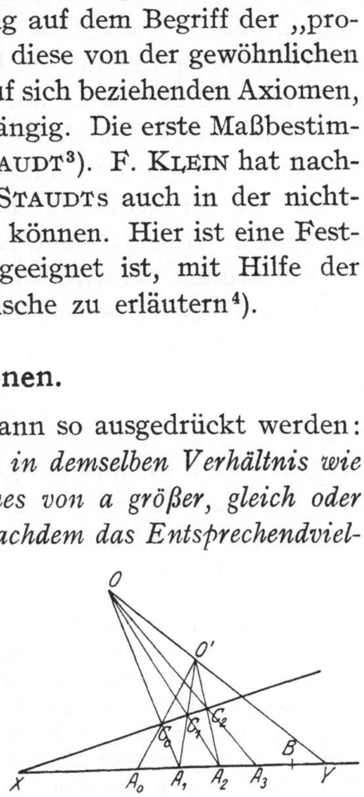

Abb. 61.

[3]) Beiträge zur Geometrie der Lage, 2. Heft, 1857, S. 166ff.

[4]) Vgl. § 43.

5*

fache von a′ größer, gleich oder kleiner ist als das Entsprechendviel-
fache von b′.

Diese Definition kann auf Größen irgendwelcher Art angewendet werden, also auf Strecken, Volumina, Massen, Zeiten, Kräfte. Für denjenigen, der den Begriff der Maßzahl bereits gefaßt hat (vgl. § 22, wo dieser Begriff wenigstens für die Strecken auseinandergesetzt ist), besagt die euklidische Definition der Proportion nichts anderes, als daß sich a zu b verhält wie $a′$ zu $b′$, falls die Maßzahl, die a zukommt, wenn a durch b als Einheit gemessen wird, gleich derjenigen Maßzahl ist, die man erhält, wenn man $a′$ durch die Einheit $b′$ mißt. Immerhin besteht ein Unterschied zwischen der alten Auffassung und der neueren und stellt diese einen Fortschritt dar. Während die Aussage: „es verhält sich a zu b wie $a′$ zu $b′$" in der alten Auffassung lediglich eine Relation zwischen vier Größen derselben Art bedeutet, erfaßt die neue Auffassung das „Verhältnis" zweier Größen $a : b$ als einen selbständigen Gegenstand, nämlich als eine Zahl im weitesten Sinne des Worts, d. h. als einen „Schnitt" oder eine „Zahlgröße"[1]), auf. Dazu kommt dann in der neuen Auffassung noch der Gedanke, daß die Größen einer und derselben Art dadurch geordnet und überblickt werden können, daß man alle auf eine einzige bestimmte von ihnen als auf die Einheit der Messung bezieht und die Größen so durch ihre Maßzahlen darstellt.

Sowohl der euklidische Proportionsbegriff als der moderne Begriff der einem Größenverhältnis zugeordneten Zahl baut sich auf der Vervielfachung der Größen auf.

Fassen wir wieder im besonderen die Strecken ins Auge. Es sei der Lehrsatz zu beweisen, der im Hinblick auf die Abb. 62 durch die Formel

$$OA : OB = OA′ : OB′$$

ausgedrückt wird, und der gilt, wenn $AA′$ mit $BB′$ parallel ist. Man teilt zu diesem Zweck die Strecke OA in n gleiche Teile[2]) und trägt auf der ganzen Strecke OB von O an einen solchen Teil so oft ab, als es innerhalb dieser Strecke möglich ist. Der letzte so entstehende

---

[1]) In den mathematischen Wissenschaften wird vielfach die „Größe" als geometrischer oder physikalischer Begriff, als Strecke, Flächeninhalt, Volum, Winkel, Masse, Zeit, Kraft, den rein arithmetischen Begriffen entgegengestellt, während andererseits manchmal auch die „Größe" innerhalb der reinen Arithmetik den Gegensatz bildet zu einem auf die ganzen und gebrochenen Zahlen eingeschränkten Zahlbegriff. Dieser Verschiedenheit des Sprachgebrauchs gegenüber bildet das Wort „Zahlgröße", in dem die rationalen und irrationalen Zahlen zusammengefaßt werden können, einen gewissen Ausweg.

[2]) Die Möglichkeit der Teilung geht, falls man gleich die Axiome der Ebene voraussetzt, aus der bekannten, auf dem Abtragen von Strecken und wiederum dem Ziehen von Parallelen beruhenden Konstruktion hervor.

Teilpunkt sei der m^{te} und werde mit A_m bezeichnet. Nachher zieht man durch jeden Teilpunkt eine Parallele zu AA' bis zum Schnitt mit der Geraden OB'. Es entstehen dann auf der Strecke OB' Abschnitte, deren Anzahl *wegen der durch die Parallelen vermittelten Zuordnung*[1]) dieselbe ist wie die Anzahl m der auf OB abgetragenen gleichen Streckenteile. Mit Benutzung der Axiome der Geometrie ergibt sich dann, die Kongruenz der in Abb. 62 längs OB' anliegenden Dreiecke und daraus auch die Gleichheit der auf OB' von O bis A'_m gebildeten Abschnitte. Diese Betrachtung kann für die Teilung der Strecke OA in irgendeine neue Zahl von Teilen wiederholt werden, und es ergibt sich nun mit Rücksicht auf den in § 22 aufgestellten Begriff der Maßzahl, daß OB durch OA gemessen dieselbe Zahlgröße ergibt wie OA', wenn diese Strecke durch OB' gemessen wird. Es ist also

$$OB : OA = OB' : OA'.$$

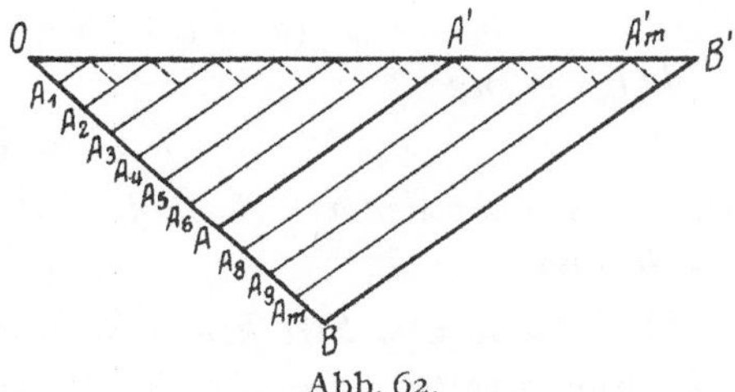

Abb. 62.

Es hat sich also auch hier aus den Axiomen, die sich in gewissem Sinn alle nur auf qualitative Relationen beziehen (vgl. § 17), ein Lehrsatz ergeben, der über eine Maßbeziehung, d. h. über eine im eigentlichen Sinne quantitative Beziehung, etwas aussagt. Wir haben uns über ein solches Ergebnis nicht zu verwundern, weil das Maß ein abgeleiteter, d. h. synthetischer Begriff ist.

Es ist freilich auch eine andere Auffassung der Proportionenlehre der Strecken möglich. Man kann die in der Formel

$$a : b = c : d$$

dargestellte Aussage als eine Relation zwischen vier Strecken a, b, c und d ansehen, die unmittelbar im Hinblick auf Erfahrung oder Anschauung eine Bedeutung hat. Es wird sich ja die Tatsache des Proportioniertseins im Zusammenhang mit der Ähnlichkeit der Gestalten[2]) von jeher dem unbefangenen Beobachter aufgedrängt, und man könnte von diesem Gesichtspunkt aus den Begriff des Proportioniertseins unmittelbar in die Wissenschaft eingeführt haben. Bei dieser Auffassung stellt die Proportion einen Relationsbegriff dar, der als gegeben angesehen wird, wie die Relation zwischen Punkt und Gerade gegeben ist, die darin besteht, daß der Punkt auf der Geraden liegt oder, anders ausgedrückt, die Gerade durch den Punkt geht,

---

[1]) Hinsichtlich der Bedeutung der Zuordnung für den Begriff der Anzahl vgl. § 68 u. 69.

[2]) Vgl. v. HELMHOLTZ, Vorträge und Reden, 1884, Bd. 2, S. 30.

und wie die Relation der Gleichheit zweier Strecken eine gegebene ist (§ 1).

Bei dieser Auffassung hat man dann mit Rücksicht auf den neuen gegebenen Begriff noch gewisse Axiome einzuführen. Dabei könnte man die folgenden Axiome wählen:

I. Wenn

$$a : b = c : d$$

ist, so ist auch

$$b : a = d : c.$$

II. Wenn die beiden Proportionen

$$a : b = c : d$$

und

$$a' : b = c' : d$$

bestehen, so besteht auch die Proportion

$$(a + a') : b = (c + c') : d.$$

III. Wenn

$$a : b = c : d$$

ist, so ist entweder $a < b$ und $c < d$, oder $a = b$ und $c = d$, oder $a > b$ und $c > d$.

IV. Zu je drei Strecken a, b, c existiert eine vierte Proportionale, d. h. eine Strecke d, welche die Bedingung

$$a : b = c : d$$

erfüllt.

Mit Hilfe dieser Axiome und der sonst schon für Strecken in einer Geraden aufgestellten Tatsachen können dann weitere Folgerungen gezogen werden. So ergibt sich aus der Proportion

$$(1) \qquad a : b = c : d,$$

wenn dieselbe zweimal geschrieben gedacht wird, nach Axiom II, daß auch

$$2\,a : b = 2\,c : d$$

sein, hieraus aber und aus (1), wiederum nach Axiom II, daß auch

$$3\,a : b = 3\,c : d$$

sein muß. Man gelangt so zu dem Schluß, daß aus dem Bestehen der Proportion (1) das Bestehen von

$$(2) \qquad m\,a : b = m\,c : d$$

folgt, wobei m eine beliebige ganze Zahl ist.

Es folgt nun weiter aus (2), nach Axiom I, daß auch

$$b : m\,a = d : m\,c,$$

und aus dieser Proportion nach der vorigen Schlußweise, daß

$$n\,b : m\,a = n\,d : m\,c$$

ist. Hieraus folgt dann, wieder nach Axiom I, daß

$$(3) \qquad m\,a : n\,b = m\,c : n\,d$$

sein muß. Wenn also die Proportion (1) besteht, so muß auch (3) bestehen für zwei beliebige ganze Zahlen m und n.

Nimmt man jetzt das Axiom III hinzu, so ist ersichtlich, daß, falls $a : b = c : d$ ist, für je zwei ganze Zahlen m und n gelten muß, daß $m\,a \gtreqless n\,b$ ist, je nachdem $m\,c \gtreqless n\,d$. Falls also a, b, c und d proportioniert sind, muß die am Anfang dieses Paragraphen angegebene euklidische Formulierung Geltung haben. Will man nun von dem jetzigen Standpunkt aus auch das Umgekehrte beweisen, so mache man für den Augenblick einmal die Annahme, es seien a, b, c, d so beschaffen, daß für je zwei Zahlen m und n gilt, daß $m\,a \gtreqless n\,b$ ist, je nachdem $m\,c \gtreqless n\,d$; es seien aber trotzdem a, b, c und d nicht proportioniert. Es müßte dann nach Axiom IV auch eine Strecke d' von der Beschaffenheit existieren, daß

$$(4) \qquad a : b = c : d'$$

ist, und dabei müßte nun d' von d verschieden sein. Infolge des Bestehens der Proportion (4) müßte aber nach dem vorhin Bewiesenen $m\,a \gtreqless n\,b$ sein, je nachdem $m\,c \gtreqless n\,d'$ ist, und somit ist wegen der gemachten Annahme auch $m\,c \gtreqless n\,d$, je nachdem $m\,c \gtreqless n\,d'$. Da nun d' von d verschieden, also entweder $d' > d$ oder $d' < d$ ist, so kommen wir, *falls auch noch das archimedische Axiom* (§ 22) *vorausgesetzt wird*, auf einen Widerspruch hinaus. Es hat nämlich bereits EUKLID auf Grund des letzterwähnten Axioms bewiesen[1]), daß, falls z. B. $d' > d$ ist, und c irgendeine dritte Strecke bedeutet, zwei Zahlen m und n so gefunden werden können, daß das $n$fache von d' größer, das $n$fache von d aber kleiner ist als das $m$fache von c.

Die zuletzt gekennzeichnete Darstellung der Proportionenlehre kann man die a x i o m a t i s c h e nennen. Es ist dies im wesentlichen die von GALILEI[2]) gewählte Darstellung. Man erkennt aber zugleich, daß die axiomatische Theorie und die Theorie EUKLIDs sich in gewissem Sinne decken. Behandelt man nämlich die Proportion im Sinne der axiomatischen Theorie als eine vorgegebene Relation, führt aber gleichzeitig auch die von EUKLID mit Hilfe der Gleichvielfachen

---

[1]) 5. Buch, Nr. 8. Das sog. „archimedische Axiom" wird von EUKLID an dieser Stelle zweimal stillschweigend benutzt.

[2]) Vgl. „Unterredungen und mathematische Demonstrationen usw., fünfter Tag", OSTWALDS Klassiker der exakten Wissenschaften, Nr. 25, S. 29, wo auch eine mit dem eben erwähnten euklidischen Beweis fast ganz zusammenfallende Betrachtung durchgeführt wird.

definierte Relation als eine zweite Relation ein, so haben wir ja unter Beiziehung noch des archimedischen Axioms gezeigt, daß für vier Strecken a, b, c, d beide Relationen gleichzeitig entweder eintreten oder nicht eintreten.

Auf Grund der Definition EUKLIDS kann man ohne besondere, auf den Proportionsbegriff sich beziehende Annahmen aus den auf der Geraden geltenden Tatsachen die oben als Axiome eingeführten Gesetze I, II und III beweisen[1]). Die Tatsache IV der Existenz der vierten Proportionale ergibt sich bei EUKLID durch Konstruktion in der Ebene (vgl. Abb. 62), während zu ihrem Beweis, wenn dieser nur auf Grund der in der Geraden geltenden Tatsachen geführt werden soll, noch eine weitere Annahme, z. B. das Stetigkeitsaxiom (vgl. § 29), erfordert wird[2]). Von dem Standpunkt aus, der möglichst viel deduktiv aufklären und an Voraussetzungen möglichst sparen will, erscheint wohl die euklidische Darstellung als die vollkommenere. Es erscheint auch nicht als ausgeschlossen, daß geschichtlich der von EUKLID überlieferten Theorie bereits eine andere, axiomatische, vorausgegangen sein könnte.

Eine dritte Darstellung der Proportionenlehre hat neuerdings HILBERT gegeben. Dabei wird die Streckenproportion mit Hilfe einer Konstruktion in der Ebene definiert[3]). Der Beweis der zugehörigen Lehrsätze beruht dann auf dem „PASKALschen Satz", dessen Beweis seinerseits auf der Kongruenz der Dreiecke, also auf den ebenen Kongruenzaxiomen aufgebaut ist. Hier erscheint also die Proportion wieder als synthetischer, nicht als vorgegebener Begriff. Mit Rücksicht auf die Herbeiziehung der genannten ebenen Axiome kann dann das archimedische Axiom entbehrt werden.

§ 24. Maßzahlen von mit Zirkel und Lineal konstruierbaren Strecken.

DESCARTES hat bemerkt, daß alle die nur mit dem Zirkel und dem Lineal allein ausführbaren Konstruktionen an Strecken neben dem bloßen Abtragen der Strecken hinauskommen auf das Konstruieren von vierten und von mittleren Proportionalen[4]). Auf den Beweis, den DESCARTES im Grunde nicht gegeben hat, will ich nachher noch zu sprechen kommen. Zunächst betrachte ich die Konstruktion und Berechnung der vierten und mittleren Proportionale selbst.

[1]) Vgl. auch das 5. Buch der Elemente, Nr. 11—19.

[2]) Vgl. HILL, Transactions of the Cambridge Philosophical Society, vol. XVI, 1896, S. 244 ff.

[3]) Vgl. HILBERT, Grundlagen der Geometrie, 1899, wobei die auf S. 33 und 35 gegebenen Erklärungen zu kombinieren sind.

[4]) La Géométrie, 1638; vgl. Oeuvres de DESCARTES, t. VI, Paris, 1902, p. 369.

Die Konstruktion der vierten Proportionale OX zu OA, OB und OC ergibt sich aus Abb. 63, in der BX parallel zu AC gezogen ist; bekanntlich beruht auch die euklidische Konstruktion der Parallelen auf der Benutzung von Zirkel und Lineal. Werden nun die Maßzahlen der genannten Strecken, zunächst für irgendeine Längeneinheit, mit x, a, b, c bezeichnet, so hat man für die Z a h l e n die entsprechende Proportion

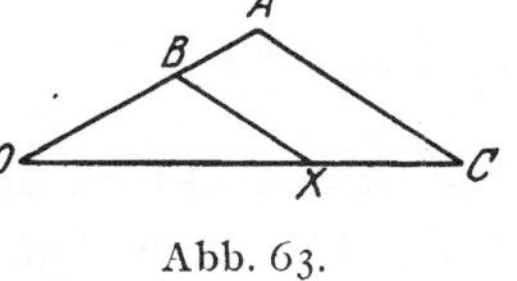

Abb. 63.

$$a : b = c : x$$

und daraus, wie bereits VIETA bekannt war[1]), die Gleichung

$$x = \frac{b\,c}{a}.$$

Wird nun die Strecke OA zur Längeneinheit gewählt, so ist $a = 1$ und

$$x = b\,c;$$

nimmt man dagegen die Strecke c oder b als Längeneinheit an, so ist

$$x = \frac{b}{a}$$

oder

$$x = \frac{c}{a}.$$

Es entspricht also die Konstruktion der vierten Proportionale zu drei Strecken, von denen die eine als Längeneinheit angesehen wird, entweder der Multiplikation oder der Division der Maßzahlen der beiden anderen Strecken, je nach der Stellung, welche die Längeneinheit in der Proportion gehabt hat.

Soll die mittlere Proportionale zwischen zwei Strecken gefunden werden, so legt man diese in einem Punkte in entgegengesetzter Richtung als OA und OB aneinander (Abb. 64), errichtet in O auf AB eine Senkrechte und beschreibt nach derselben Seite über AB als Durchmesser einen Halbkreis, der auf der Senkrechten den Punkt X bestimmt. Es ist dann OX die gesuchte mittlere Proportionale. Dies bedeutet, daß

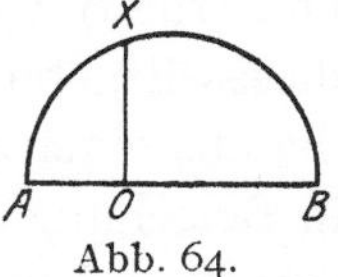

Abb. 64.

$$OA : OX = OX : OB$$

ist, und somit für die Maßzahlen der Strecken, die sich auf eine und dieselbe, aber beliebige Längeneinheit beziehen, die entsprechende Gleichung

$$a : x = x : b$$

____

1) Vgl. Francisci Vietae Opera Mathematica, studio Francisci a Schooten, 1646, p. 13.

gilt. Hieraus aber ergibt sich

$$x^2 = ab,$$

und somit

$$x = \sqrt{ab}.$$

Die Konstruktion der mittleren Proportionale bedeutet also für die Maßzahlen eine Quadratwurzelausziehung.

Die Abtragung von zwei Strecken in derselben oder in entgegengesetzter Richtung von demselben Punkte aus ergibt die Addition bzw. die Subtraktion der Maßzahlen.

Geht man von einer Strecke aus, so kann man zuerst durch mehrfaches Abtragen dieser Strecke Vielfache von ihr bilden. Alle Strecken nun, die sich aus den jetzt vorhandenen weiterhin durch Konstruieren von vierten und von mittleren Proportionalen im Zusammenhang mit Streckenabtragungen in beliebiger Verbindung der Operationen erreichen lassen, haben dann, wenn die erste Strecke zur Längeneinheit gemacht wird, Maßzahlen von besonderer Art. Es sind dies die Zahlen, welche sich durch die Operationen der Addition, Subtraktion, Multiplikation, Division und der Quadratwurzelausziehung aus den ganzen Zahlen ableiten lassen, also durch Ausdrücke wie z. B.

$$\sqrt{2}, \qquad \sqrt{6 - 4\sqrt{2}}, \qquad \sqrt{\frac{1 + \sqrt{2}}{3 - \sqrt{2}}}$$

usw. dargestellt sind. Ich will diese Ausdrücke kurz als die Quadratwurzelausdrücke bezeichnen.

Es geht aus diesen Darlegungen hervor, daß jede Strecke, welche in bezug auf eine Längeneinheit einen Quadratwurzelausdruck zur Maßzahl hat, aus eben dieser Längeneinheit mit Zirkel und Lineal konstruiert werden kann. DESCARTES' Bemerkung geht dahin, daß dieses Ergebnis auch umgekehrt werden kann, daß also jede Strecke, die aus einer zweiten mit Zirkel und Lineal konstruiert werden kann, in Beziehung auf die zweite Strecke als Längeneinheit einen Quadratwurzelausdruck zur Maßzahl hat.

Behufs des Beweises erwäge man zunächst die hier zugelassene Konstruktionsart genauer. Man kann, wenn gewisse Punkte gegeben sind, irgend zwei derselben verbinden und aus irgendeinem der gegebenen Punkte als Mittelpunkt einen Kreis beschreiben, dessen Radius dem Abstand zweier der gegebenen Punkte gleich ist. Nunmehr können zwei Gerade oder zwei Kreise oder eine Gerade und ein Kreis miteinander zum Schnitt gebracht werden. Auf diese Weise entstehen neue Punkte, die zu den alten hinzutreten, wobei dann aus den Punkten wieder neue Linien und mit Hilfe dieser Linien wieder neue Punkte erhalten werden können und so weiter ins Unendliche.

Geht man von zwei Punkten O und E aus, so kann man sie zunächst geradlinig verbinden und dann um O als Mittelpunkt den durch E und um E als Mittelpunkt den durch O gehenden Kreis beschreiben. Es entstehen nunmehr vier neue Punkte M, N, P und Q (vgl. Abb. 65), mit Hilfe deren dann wieder neue Gerade und Kreislinien konstruiert werden können.

Um die Sachlage zu beurteilen, führe man die Gerade OE und eine darauf senkrecht errichtete zweite Gerade OF als Achsen ein (Abb. 66) und bestimme die Lage irgendeines Punktes U der Ebene durch seine „Koordinaten", d. h. durch die Maßzahlen x und y, welche seine mit Vorzeichen genommenen senkrechten Abstände von OF und

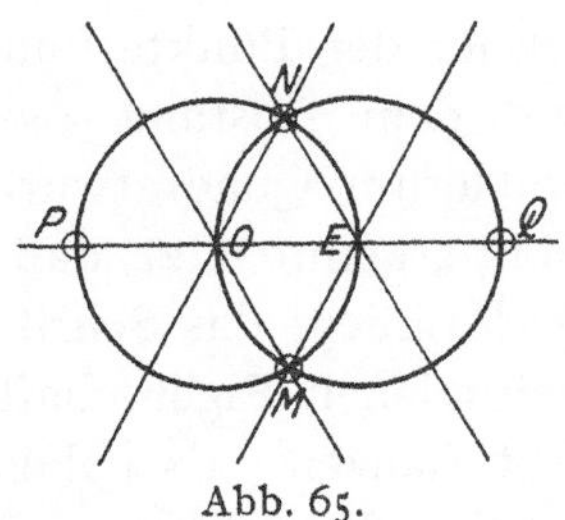

Abb. 65.

OE dann bekommen, wenn OE zur Längeneinheit gemacht wird (vgl. § 38). Es ist dann leicht zu sehen, daß die Koordinaten der Punkte

$$O,\ E,\ M,\ N,\ P,\ Q$$

der Abb. 65 sind:

$$0,0\ ;\qquad 1,0\ ;\qquad \tfrac{1}{2},-\tfrac{1}{2}\sqrt{3}\ ;\qquad \tfrac{1}{2},+\tfrac{1}{2}\sqrt{3}\ ;\qquad -1,0\ ;\qquad +2,0\ .$$

Es kommen also Quadratwurzelausdrücke zum Vorschein.

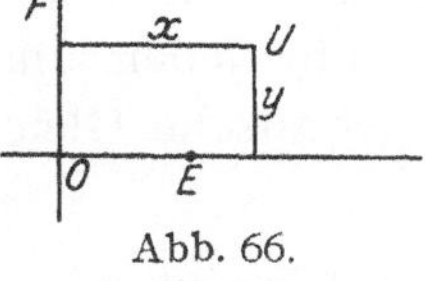

Abb. 66.

Nach dem Verfahren der analytischen Geometrie wird nun eine Linie durch die Gleichung dargestellt, welche zwischen den variablen Koordinaten x und y eines nur auf der Linie veränderlichen Punktes besteht. So ist die Gleichung eines Kreises von der Form

$$(1)\qquad\qquad x^2 + y^2 + ax + by + c = 0$$

und die Gleichung einer Geraden von der Form

$$(2)\qquad\qquad mx + ny + p = 0,$$

wobei die Koeffizienten a, b, c, m, n, p konstante Zahlen bedeuten (§ 40, 38). Für die in Abb. 65 eingezeichneten Linien ergeben sich dabei die Koeffizienten als Quadratwurzelausdrücke.

Die Koordinaten eines Schnittpunktes zweier Linien ergeben sich durch Auflösung der beiden Gleichungen der Linien, indem x und y als die Unbekannten angesehen werden (§ 38). Man erhält aber, wenn man z. B. die beiden obigen Gleichungen (1) und (2) gemeinsam auflöst, für die Koordinaten der Schnittpunkte solche Werte, die sich aus den Koeffizienten a, b, c, m, n, p durch die Operationen der Addition, Subtraktion, Multiplikation, Division und Quadratwurzelausziehung zusammensetzen. Sind also die Koeffizienten selbst durch

Quadratwurzelausdrücke aus reinen Zahlen dargestellt, so ergeben sich auch die Koordinaten eines Schnittpunktes als ebensolche Quadratwurzelausdrücke.

Denkt man sich jetzt eine Anzahl von Punkten gegeben, deren Koordinaten sich durch Quadratwurzelausdrücke darstellen lassen, so läßt sich beweisen, daß die Gleichung der Verbindungsgeraden zweier der Punkte und die eines Kreises, der um einen der Punkte mit dem Abstand zweier der Punkte als Radius beschrieben ist, wiederum Quadratwurzelausdrücke zu Koeffizienten haben müssen. Man erkennt jetzt, daß in dem oben definierten System von Punkten und Linien, das Schritt für Schritt erweitert werden kann, sich die gefundenen Eigenschaften der Punkte und Linien weiter und weiter fortpflanzen. Es haben also alle die unendlich vielen entstehenden Punkte Koordinaten, die durch Quadratwurzelausdrücke darstellbar

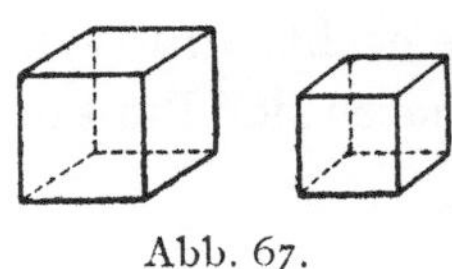

Abb. 67.

sind, und die Gleichungen aller entstehenden Linien haben ebensolche Ausdrücke zu Koeffizienten. Es ist jetzt ohne weiteres zu sehen, daß auch der Abstand je zweier Punkte des Systems, gemessen durch die Grundstrecke OE, einen solchen Quadratwurzelausdruck als Maßzahl ergibt (vgl. § 39). Damit ist aber die Behauptung von DESCARTES bewiesen.

Für jeden unserer Quadratwurzelausdrücke läßt sich nun eine algebraische Gleichung finden. So genügt der Ausdruck

$$x = \sqrt{3 - \sqrt{2}}$$

der Gleichung

$$x^4 - 6\,x^2 + 7 = 0.$$

Allgemein hat die Gleichung niedrigsten Grades mit ganzzahligen Koeffizienten, der ein solcher Quadratwurzelausdruck genügt, stets eine Potenz von 2 zum Grad, ein Satz, der sich durchaus nicht umkehren läßt. Man kann aber, teils mit diesem Satz, teils mit anderen Hilfsmitteln, häufig die Wurzeln gegebener Gleichungen in der fraglichen Hinsicht untersuchen. So ergibt sich, daß z. B. die Wurzel der Gleichung

$$(3) \qquad\qquad x^3 = 2$$

nicht durch einen Quadratwurzelausdruck dargestellt werden kann. Dies bedeutet die Unmöglichkeit der Lösung mit Zirkel und Lineal für das „delische Problem". Dieses verlangt nämlich die Konstruktion der Kante eines Würfels, der doppelt so groß ist als ein gegebener, aus der Kante des gegebenen Würfels (Abb. 67). Setzt man die Kante des letzteren gleich 1, die des doppelten Würfels gleich x, so gelangt man zu der angegebenen Gleichung (3).

In dieser Weise kann man die Unmöglichkeit noch anderer Konstruktionen, für den Fall, daß nur die Verwendung von Zirkel und Lineal zugelassen wird, beweisen, z. B. die Unmöglichkeit der Teilung des Vollkreises in sieben gleiche Teile. Die Unmöglichkeit der sogenannten „Quadratur des Zirkels", d. h. des Problems, aus dem Radius eines Kreises mit Zirkel und Lineal eine Strecke herauszukonstruieren, derart, daß das Quadrat, welches diese Strecke zur Seite hat, der Kreisfläche gleich ist (Abb. 68), ergibt sich daraus, daß die Zahl π überhaupt nicht Wurzel einer algebraischen Gleichung mit ganzzahligen Koeffizienten sein kann[1]).

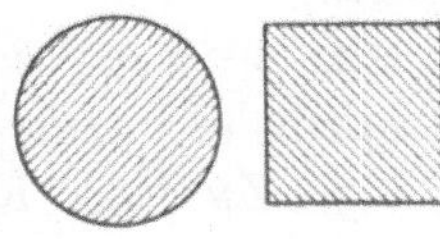

Abb. 68.

§ 25. Das Maß bei anderen Größenarten.

Die Messung der Strecken beruht auf deren Vervielfachung, die Vervielfachung auf den Tatsachen, welche die Anordnung der Punkte und die Gleichheit der Strecken in einer Geraden betreffen (§ 22). Man kann es auch so wenden, daß auf Grund der genannten Tatsachen zuerst die Addition der Strecken definiert (§ 19) und dann mit Hilfe der Addition gleicher Strecken der Maßbegriff aufgebaut wird.

Handelt es sich um andere Größen als Strecken, so wird man meist die Addition durch den Hinweis auf eine physische Zusammensetzung deuten und bei dem mathematischen Aufbau des Maßbegriffes die Addition als vorgegebenen Begriff behandeln müssen. So wird man z. B. bei den Kräften verfahren, die, wenn sie auch oft durch Strecken dargestellt werden, doch nur an einer Stelle wirken und außerdem Richtung und Intensität besitzen. Wir können dabei die Gleichheit wieder so wie in § 18 (Abb. 46—48) erklären, so daß also zwei Kräfte als gleich zu gelten haben, wenn sie an demselben Punkt in entgegengesetzter Richtung angebracht sich das Gleichgewicht halten. Von zwei ungleichen Kräften wollen wir diejenige die größere nennen, welche in dem genannten Fall die andere überwindet, und die Summe zweier Kräfte soll diejenige Kraft sein, welche den beiden, falls diese nach derselben Richtung angreifen, in der entgegengesetzten Richtung genau das Gleichgewicht hält. Es genügt dann zum Aufbau

---

[1]) Der Beweis ist zum erstenmal von F. LINDEMANN geführt worden (Mathematische Annalen, Bd. 20, 1882, S. 213); er beruht auf einer Verallgemeinerung der von CH. HERMITE auf die Zahl $e = 1 + \dfrac{1}{1} + \dfrac{1}{1 \cdot 2} + \dfrac{1}{1 \cdot 2 \cdot 3} + \ldots$ angewandten Betrachtungsweise. In bedeutend vereinfachter Form erscheint der Beweis bei D. HILBERT, Göttinger Nachrichten, 1893, S. 1.

des Begriffs des Kräftemaßes die folgenden Tatsachen als gegeben anzunehmen, d. h. also sie zu Axiomen zu stempeln[1]):

1. *Wenn zwei Kräfte einer dritten gleich sind, so sind sie einander gleich.*

2. *Von zwei ungleichen Kräften ist die eine, und nur diese, die größere, die andere die kleinere.*

3. *Zu jeder Kraft gibt es eine kleinere.*

4. *Je zwei Kräfte p und q haben eine Summe $p + q$.*

5. *Es ist $p + q = q + p$.*

6. *Es ist $(p + q) + r = p + (q + r)$.*

7. *Gleiches zu Gleichem (oder zu demselben) addiert gibt Gleiches.*

8. *Es ist $p + q > p$.*

9. *Wenn $p > q$ ist, so gibt es eine Kraft s so, daß $p = q + s$.*

10. *Sind zwei Kräfte gegeben, so gibt es stets ein Vielfaches der kleineren, das die größere übertrifft (archimedisches Axiom).*

Diese Tatsachen, die bei den Beweisen der bereits in § 22 für die Maße von Strecken ausgesprochenen Lehrsätze vorausgesetzt werden, sind also durch den Hinweis auf physische Erfahrung zu rechtfertigen. Während z. B. früher bei den Strecken das Assoziativgesetz der Addition auf die Zwischenlage der Punkte und die Gleichheit der Strecken zurückgeführt wurde (§ 19), bedeutet jetzt das Gesetz 6 unmittelbar eine Erfahrungstatsache. Es wird dabei festgestellt, daß, falls p mit q zusammen einer gewissen Kraft, und diese mit r zusammen der Kraft d das Gleichgewicht hält, falls aber q mit r zusammen einer anderen Kraft, und p mit dieser zusammen der Kraft d' das Gleichgewicht hält, dann stets auch d und d' einander das Gleichgewicht halten.

Physische Messung ergibt sich also aus physischer Addition im Zusammenhang mit Zählung. Daß neben den Objekten, die wir hier betrachten, den sogenannten „Größen", auch ein Zusammensetzungsmodus existiert, den wir „Addition" nennen, und daß dabei die genannten Gesetze angenommen werden, das ist in der Tat notwendige Voraussetzung der mathematischen Entwicklung. Philosophischerseits wird die Notwendigkeit solcher Voraussetzungen häufig verkannt; so wird vielfach als selbstverständlich angenommen, daß überall da, wo verschiedene G r a d e gefunden werden, auch M a ß z a h l e n eingeführt werden könnten. Es bestehen aber z. B. Grade bei der Härte; obwohl

---

[1]) In den Berichten der Sächs. Gesellsch. d. Wiss., mathematisch-physische Klasse, 1901, S. 5—7, habe ich ein ähnliches Axiomsystem für irgendwelche Größen aufgestellt. Dabei habe ich der Einfachheit wegen angenommen, daß keine gleichen Größen existieren, die zugleich in anderer Hinsicht voneinander unterschieden werden könnten; das Axiom 5 ist weggelassen und seine Abhängigkeit von den anderen Axiomen gezeigt worden.

jedoch von zwei Körpern der eine härter sein kann als der andere, und dieser weniger hart als der erste, kann man doch nicht sagen, daß ein Körper so hart sei wie zwei andere zusammengenommen, oder daß ein Körper doppelt so hart sei als ein anderer. Aus diesem Grunde kann man auch bei der Härte kein Maß, wenigstens kein eigentliches und durchaus natürliches, einführen.

Auf der anderen Seite ist für die mathematische Entwicklung nur die Voraussetzung nötig, daß gewisse Objekte und gewisse Relationen, insbesondere solche der Zusammensetzung, zwischen diesen Objekten bestehen, welche formal den angegebenen Gesetzen genügen. Die Deutung der Objekte und der Relationen in der Erfahrung ist für die theoretische Entwicklung gleichgültig, und es kann deshalb auch für ganz verschiedenartige Objekte dieselbe Theorie bestehen. Setzen wir z. B. in den früheren Betrachtungen an Stelle der Punkte und der Strecken der Geraden Empfindungsstufen und deren Unterschiede, indem wir annehmen, daß die gleiche oder verschiedene Größe zweier solcher Unterschiede festgestellt werden könne, und daß dann dieselben Gesetze gelten, die bei den Strecken als Axiome aufgestellt worden sind, so ergibt sich hier dieselbe Theorie des Maßes wie bei den Strecken.

Aus diesem Grund hat auch die Unterscheidung, die in philosophischen Schriften meist zwischen den „extensiven“ und den „intensiven“ Größen gemacht wird, keine wesentliche Bedeutung für die Mathematik.

§ 26. Inhalt von ebenen Figuren und Körpern.

Die Gleichheit des Inhalts von zwei ebenen Figuren oder Körpern, die nicht dieselbe Gestalt haben, läßt sich nicht anschaulich erkennen; es werden deshalb auch diejenigen, welche im Sinne von KANT die Geometrie auf eine „apriorische“ Anschauung zurückführen wollen, die Erfahrungen, z. B. diejenigen, die beim Umgießen von Flüssigkeiten gemacht werden[1]), wenigstens als Veranlassung zu der vorliegenden Begriffsbildung anerkennen. Ich will aber hier auf den Zusammenhang mit der Erfahrung nicht eingehen, sondern nur untersuchen, was in diesem Begriffsgebiet vorausgesetzt und wie aus den Voraussetzungen geschlossen wird.

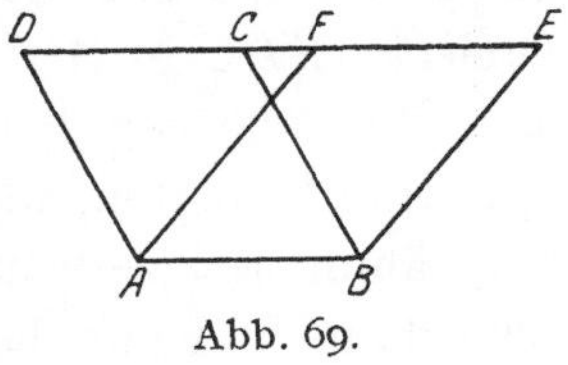
Abb. 69.

Betrachten wir zunächst den üblichen Beweis dafür, daß zwei Parallelogramme $ABCD$ und $ABEF$ einander gleich sind, wenn sie die Grundlinie gemeinsam und gleiche Höhe haben (Abb. 69). Er ist nicht wesentlich von demjenigen verschieden, den bereits EUKLID

---

[1]) Vgl. unten § 130.

gegeben hat, und beruht darauf, daß von dem Viereck $ABED$ einmal das eine, das andere Mal das andere der einander kongruenten Dreiecke EBC und FAD weggenommen wird. Es wird also vorausgesetzt, daß die ebenen Figuren einen Inhalt haben, d. h. daß zwei Figuren in bestimmter Weise einander entweder gleich oder nicht gleich sind, daß im zweiten Fall eine die größere ist, daß Gleiches zu Gleichem addiert Gleiches, Gleiches zu Größerem addiert Größeres und somit auch Gleiches von Gleichem subtrahiert Gleiches ergibt usw.

Da es sich dabei um eine neue Art der Gleichheit und um eine neue Art der Addition bzw. Subtraktion handelt, welche durch das Aneinanderlegen bzw. Wegschneiden von Flächen definiert werden, so sind damit neue Begriffe gesetzt, die als gegebene behandelt, und neue Tatsachen, die als Axiome betrachtet werden[1]. Es ist aber hier geradeso wie bei den Proportionen (§ 23) möglich, die neuen Begriffe auf die anderen Grundbegriffe der Geometrie zurückzuführen, sie also

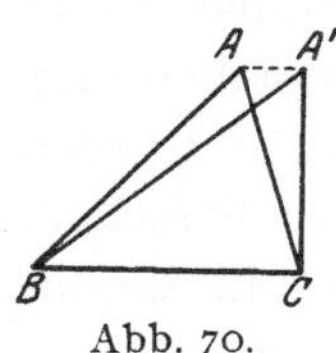

Abb. 70.

synthetisch (§ 1) aufzubauen, wobei dann die vorhin berührten „Axiome" als Lehrsätze erscheinen und bewiesen werden können.

Es genügt zunächst, wenn ich Dreiecke betrachte. Die Gleichheit zweier Dreiecke ist jetzt nicht als eine gegebene Relation anzusehen, sondern konstruktiv zu definieren. Die leitende Idee bei dieser Definition ist die, daß auf Grund einer Umkehrung des gewöhnlichen Gedankenganges zwei Dreiecke, welche die Grundlinie gemein und die gleiche Höhe haben (Abb. 70), für gleich erklärt werden. Um den Gedanken, der damit nur oberflächlich angedeutet ist, durchzuführen, will ich den Übergang eines Dreiecks ABC in $A'BC$, wenn dabei AA' parallel zu BC ist (Abb. 70), eine Verwandlung des Dreiecks ABC in $A'BC$ nennen. Das Wort „Verwandlung" soll nur den Übergang von dem einen Dreieck in das andere durch eine Konstruktion bedeuten, wie man auch etwa ein Dreieck in ein kleineres, z. B. ähnliches, verwandeln kann. Für gleich sollen nun zwei Dreiecke dann und nur dann erklärt werden, wenn das eine sich in das andere durch eine Kette solcher Verwandlungen überführen läßt; dabei kann natürlich in der Folge der Verwandlungen die Dreiecksseite

---

[1]) Vgl. U. AMALDI in den Questioni riguardanti le Matematiche elementari, raccolte da F. ENRIQUES, vol. 1, 1912, p. 147.

Mit Rücksicht auf die Flächenmessung (§ 27) könnte man diese Axiome durch die Annahme ersetzen wollen, daß jeder Fläche so eine Zahl zugeordnet werden kann, daß dabei einer zusammengesetzten Fläche die Summe der Zahlen zugeordnet erscheint, die den Teilen zugeordnet sind, und daß kongruenten Flächen dieselbe Zahl zugeordnet wird. Eine solche Annahme hat aber im Grund einen zu verwickelten Charakter, um als Axiom gelten zu können (vgl. auch § 37).

wechseln, zu der die Parallele gezogen wird. Man sieht unmittelbar, daß auf Grund der gewählten Erklärung der Satz gilt: Wenn ein Dreieck einem zweiten und dieses einem dritten gleich ist, so ist auch das erste Dreieck dem dritten gleich. Nun taucht aber die Frage auf, ob nicht in dem erklärten Sinne des Wortes jedes Dreieck jedem anderen gleich sein könnte. Es läßt sich beweisen, was hier nicht ausgeführt werden soll, daß dem nicht so ist, daß insbesondere zwei Dreiecke mit gleicher Grundlinie und verschiedener Höhe niemals einander gleich sind, d. h. niemals durch eine Folge von Verwandlungen der erwähnten Art ineinander übergeführt werden können[1]).

Um die Summe zweier Dreiecke zu definieren und zugleich herzustellen, führe man die Dreiecke in der erwähnte Weise allmählich in solche über, die eine Ecke gemein haben und für welche die Gegenseiten dieser Ecke in eine Gerade fallen und eben aneinanderstoßen (Abb. 71); es ist dies stets ausführbar. An Stelle der ursprünglich gegebenen treten nun die beiden Dreiecke PQR und PRS, wobei R zwischen Q und S gelegen ist. Es wird dann das Dreieck PQS und zugleich jedes Dreieck, das ihm gleich ist, zur Summe der beiden ursprünglichen Dreiecke erklärt.

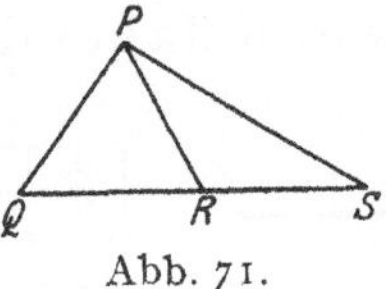

Abb. 71.

Auf Grund der genannten Festsetzungen und mit Hilfe der Axiome von § 2 und 3 gelingt dann der Beweis für die erwähnten Tatsachen, z. B. dafür, daß Gleiches zu Gleichem addiert Gleiches ergibt. Insbesondere kann man für die Dreiecke und für ihre Addition auch beweisen, daß neben der Gleichung $\varDelta = \varDelta' + \varDelta_1$ nicht etwa noch außerdem die Gleichung $\varDelta' = \varDelta + \varDelta_2$ bestehen, d. h. daß nicht $\varDelta$ einem Dreieck gleich sein kann, von dem $\varDelta'$ ein Bestandteil ist, und gleichzeitig $\varDelta'$ gleich einem Dreieck, welches das Dreieck $\varDelta$ als Bestandteil enthält. Es kommt im Grunde auf dasselbe hinaus, wenn wir sagen, daß nicht $\varDelta'$ einem Teil von $\varDelta$, und gleichzeitig $\varDelta$ einem Teil von $\varDelta'$ gleich sein kann, und es liegt hier wieder eine Form des Lehrsatzes vor, der besagt, daß der Teil nicht größer sein kann als das Ganze[2]).

Auf den Dreiecksinhalt läßt sich dann der Begriff des Inhalts eines ebenen Polygons gründen. Die Begründung des Rauminhalts

---

[1]) Der Beweis ist von Hilbert (Grundlagen der Geometrie, 1899, S. 46) nur auf Grund der Axiome von § 2 und 3, also ohne das Dedekindsche Stetigkeitsaxiom und ohne das archimedische Axiom geführt worden. Die erste Begründung des Flächeninhalts, welche natürlich den im Text erwähnten Umstand in sich schließt, ist unter Mitbenutzung des archimedischen Axioms von F. Schur gegeben worden (Sitzungsber. d. Dorpater Naturforscher-Gesellschaft, 1892).

[2]) Vgl. § 19.

der Körper ist schwieriger; es läßt sich dabei die Mitbenutzung des archimedischen Axioms und auch das Grenzwertverfahren (VII. Abschnitt) nicht vermeiden[1]).

§ 27. Inhaltsmaß und rechnende Geometrie.

Denkt man sich unter den ebenen Figuren irgend eine bestimmte herausgehoben, die als Einheitsfläche für Inhaltsmessungen dienen soll, so kommt, wenn das archimedische Axiom vorausgesetzt wird, jeder ebenen Figur ein Inhaltsmaß zu. Bekanntlich pflegt man festzusetzen, daß als Flächeneinheit ein solches Quadrat dienen soll, dessen Seite der Länge gleich ist, die bei der Längenmessung als Einheit angenommen wird. Im Grunde ist dies ein Übereinkommen, das auch abgeändert werden könnte. Wechselt man nun die Längeneinheit, indem man beispielsweise den 3. Teil der ursprünglichen Längeneinheit zur neuen Längeneinheit wählt (Abb. 72), so zerfällt, wenn dabei das festgesetzte Übereinkommen beibehalten

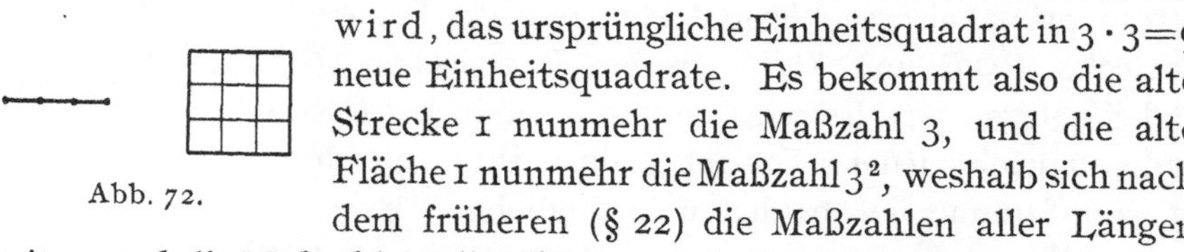

Abb. 72.

wird, das ursprüngliche Einheitsquadrat in $3 \cdot 3 = 9$ neue Einheitsquadrate. Es bekommt also die alte Strecke 1 nunmehr die Maßzahl 3, und die alte Fläche 1 nunmehr die Maßzahl 3^2, weshalb sich nach dem früheren (§ 22) die Maßzahlen aller Längen mit 3, und die Maßzahlen aller Flächen mit 3^2 multiplizieren. Dies verallgemeinert sich dann so, daß bei Einführung irgendeiner neuen Längeneinheit sich alle Längenmaße mit einer Zahlgröße λ, die Flächenmaße aber sich mit λ^2 multiplizieren. Infolge der Änderung der Längeneinheit multiplizieren sich dann die Maßzahlen der Körpervolumina mit λ^3, wenn in jedem Falle die Volumeinheit ein solcher Würfel sein soll, dessen Kante gleich der Längeneinheit ist.

Auf dem genannten Übereinkommen beruhen alle ähnlichen Aussagen, wie: „Der Inhalt eines Rechtecks ist gleich dem Produkt der Seiten", „der Inhalt eines Dreiecks ist gleich dem halben Produkt aus Grundlinie und Höhe." Es soll dies heißen, daß mit Rücksicht auf die Festsetzung, welche die Flächeneinheit mit der Längeneinheit verknüpft, die Maßzahl des Rechtecks dem Produkt der Maßzahlen der Seiten, die Maßzahl des Dreiecks dem halben Produkt aus den Maßzahlen von Grundlinie und Höhe gleich ist. Hätte man die etwas weniger einfache Festsetzung getroffen, die Hälfte des Quadrats, das die Längeneinheit zur Seite hat, zur Flächeneinheit zu wählen, dann hieße der Lehrsatz für das Dreieck: „Der Inhalt ist gleich dem Produkt aus Grundlinie und Höhe."

---

[1]) Vgl. den Beweis vom M. DEHN, Mathematische Annalen, Bd. 55, S. 465ff.

Aus solchen einfachen Beziehungen, wie auch aus den geometrischen Proportionallehrsätzen (§ 23), wenn sie als arithmetische Gleichungen zwischen den Maßzahlen der Strecken angesehen werden, ergibt sich die Möglichkeit der Aufstellung von Formeln in der Geometrie und der Errechnung weiterer Beziehungen durch den algebraischen Kalkül. Neben diesem Verfahren, das man früher in den elementaren Lehrbüchern als das Verfahren der algebraischen Geometrie zu bezeichnen pflegte, besteht allerdings noch ein anderes, das z. B. den Ausdruck „Multiplikation zweier Strecken" nicht im arithmetischen Sinn mit Beziehung auf die Maßzahlen, sondern im Sinne einer rein geometrisch konstruktiven Maßnahme gebraucht, die aus zwei Strecken eine dritte abzuleiten erlaubt[1]). Die Konstruktion wird dabei so gewählt, daß diese Operation zusammen mit dem Anfügen der Strecken an Strecken und mit dem Wegnehmen der Strecken von Strecken denselben Gesetzen genügt, die in der Arithmetik die Multiplikation der Zahlen zusammen mit deren Addition und Subtraktion beherrschen. Man kann dann rein geometrische Schlüsse in der Form eines Kalküls, der nach den Regeln der gewöhnlichen Algebra verläuft (§ 73), mit Symbolen vollziehen[2]). Für gewöhnlich sind jedoch Formeln in der Geometrie im arithmetischen Sinne mit Rücksicht auf die Maßzahlen der vorkommenden Größen zu verstehen, wie dies auch ohnehin in der Mechanik und Physik nicht anders sein kann, wo neben den Längen, Flächen und den Volumina meist auch Kräfte, Zeiten, Massen, Elektrizitätsmengen u. dgl. in derselben Formel vereinigt vorkommen.

§ 28. Die Dimension in der Mechanik und der Physik.

Im vorigen Paragraphen ist erwähnt worden, wie üblicherweise die Flächeneinheit an die Längeneinheit geknüpft wird. Ähnliche Festsetzungen pflegt man auch in der Mechanik und in der Physik zwischen den Einheiten zu treffen, mit denen verschiedene Arten von Größen gemessen werden. Als besonders einfaches Beispiel soll der Zusammenhang erörtert werden, der zwischen der Messung der Längen, Zeiten und Geschwindigkeiten hergestellt wird. Unter einer gleichförmigen Bewegung in gerader Linie versteht man eine solche, bei der in gleichen Zeitintervallen gleiche Wege, in beliebigen Zeitintervallen solche Wege zurückgelegt werden, die den Zeitintervallen proportional sind. Ist eine gleichförmige Bewegung im Vergleich zu

---

[1]) Vgl. z. B. Hilbert in dem Beweis, der im vorigen Paragraphen angeführt wurde (Grundlagen, 1899, S. 33).

[2]) Man vergleiche damit die in § 9 auseinandergesetzte Möglichkeit, überhaupt die geometrischen Schlüsse in das Gewand von Symbolrechnungen zu kleiden.

einer zweiten, ebensolchen Bewegung so beschaffen, daß der in einem
Zeitintervall bei der ersten Bewegung zurückgelegte Weg z. B. doppelt
so groß ist als der bei der zweiten Bewegung in einem gleichgroßen
Zeitintervall zurückgelegte Weg, so wird man sagen, daß die erste
Bewegung mit der doppelten Geschwindigkeit erfolge im Vergleich
zu der zweiten.

Man könnte nun versuchen, irgendeine empirisch gegebene gleichförmige Bewegung auszuzeichnen, ihre Geschwindigkeit für die Einheit der Geschwindigkeiten zu erklären und die Geschwindigkeiten
aller anderen Bewegungen durch die eine zu messen. Da es schwierig
ist, eine solche Geschwindigkeitseinheit ein für allemal empirisch fest-
zuhalten, verfährt man aber anders. Man bestimmt üblicherweise,
daß als Maßzahl der Geschwindigkeit einer gleichförmigen Bewegung
zu gelten habe die Maßzahl des dabei in der Zeiteinheit zurückgelegten
Weges. Damit ist aber nicht nur festgesetzt, was als das doppelte,
was als das dreifache einer gegebenen Geschwindigkeit anzusehen ist,
sondern auch, welche Geschwindigkeit als Einheit den Geschwindig-
keitsmessungen zugrunde gelegt werden soll. Offenbar kommt jetzt
derjenigen Geschwindigkeit die Maßzahl 1 zu, bei der in der Zeiteinheit ein der Längeneinheit gleicher Weg zurückgelegt wird. Es
sind also durch die genannte Bestimmung die Einheiten von Zeit
und Länge und von Geschwindigkeit so miteinander verknüpft, daß
die beiden ersten Einheiten beliebig gewählt werden können, und sich
dann aus ihnen die dritte ergibt.

An und für sich hätte man auch eine andere Festsetzung treffen,
z. B. es so einrichten können, daß zur Einheit der Geschwindigkeiten
die Geschwindigkeit derjenigen Bewegung gemacht worden wäre, bei
der in der Zeiteinheit ein Drittel der Längeneinheit zurückgelegt wird.
Bei der obigen Festsetzung aber gilt der Satz, der bei der zuletzt
genannten nicht so gelten würde, daß die Maßzahl t eines Zeitintervalls
multipliziert mit der Maßzahl v der Geschwindigkeit, mit der sich
der betrachtete Körper während des Zeitintervalls bewegt, stets die
Maßzahl s des dabei zurückgelegten Weges ergibt. Es ist also

$$s = v\,t$$

und deshalb auch

$$(1) \qquad v = \frac{s}{t} = s\,t^{-1}$$

Wechselt man die Längeneinheit und die Zeiteinheit, wobei sich
dann die Einheit der Geschwindigkeiten in bestimmter Weise mit
verändert, indem an der oben erklärten Verknüpfung der Einheiten
festgehalten wird, so multiplizieren sich (§ 22) die Maßzahlen aller
Wege mit einem Faktor λ, die Maßzahlen aller Zeitintervalle mit

einem Faktor μ und die Maßzahlen aller Geschwindigkeiten nach Formel (1) mit dem Faktor $\lambda\,\mu^{-1}$. Dies aber und nichts anderes meint man, wenn man sagt, daß eine Geschwindigkeit die „Dimension" eines Produktes einer Länge in die -1te Potenz einer Zeit habe.

Auf die Art und Weise, wie die Geschwindigkeit einer nicht gleichförmigen Bewegung durch ein Grenzverfahren[1]) erhalten wird, soll hier nicht eingegangen werden. Bei einer gleichförmig beschleunigten Bewegung, d. h. bei einer solchen, bei der die Geschwindigkeit gleichförmig zunimmt, definiert man die „Beschleunigung" als die Zunahme, welche die Geschwindigkeit in der Zeiteinheit erwirbt. Es hat also diejenige Bewegung die Beschleunigung 1, bei der die Geschwindigkeit in der Zeiteinheit in ihrem Zahlwert um 1 zunimmt. Bekanntlich wird nun an diese Erklärung noch diejenige der Krafteinheit geknüpft. Es bewirkt die doppelte Kraft bei derselben Masse die doppelte Beschleunigung, bei der doppelten Masse dieselbe Beschleunigung, welche die einfache Kraft der einfachen Masse erteilt. Infolge dieser Beziehungen ist es natürlich, diejenige Kraft gleich 1 zu setzen, welche der Masseneinheit die Beschleunigung 1 erteilt. Die Masseneinheit ist dabei eine neue, willkürlich zu wählende Einheit, während die Krafteinheit an diese und an die schon vorher irgendwie gewählten Einheiten der Zeit- und Längenmessung geknüpft wird. Vertauscht man nun die ursprünglich gewählte Längeneinheit z. B. mit ihrer Hälfte, so multiplizieren sich (§ 22) die Maßzahlen aller Wege und damit auch die aller Geschwindigkeiten und Geschwindigkeitsdifferenzen mit 2. Es multiplizieren sich also dann die Maßzahlen aller Beschleunigungen und somit auch die aller Kräfte mit 2, vorausgesetzt, daß die Einheiten der Zeit und der Masse dieselben geblieben sind. Nimmt man andererseits etwa ein Drittel der ursprünglichen Zeiteinheit nunmehr als Zeiteinheit an, wobei man jetzt die Einheiten der Länge und der Masse bestehen läßt, so multiplizieren sich die Maße aller Zeitintervalle mit 3. Der bei einer bestimmten gleichförmigen Bewegung in der neuen Zeiteinheit zurückgelegte Weg ist ein Drittel des Weges, der bei derselben Bewegung in der alten Zeiteinheit zurückgelegt worden war. Es multiplizieren sich also die Maße der Geschwindigkeiten mit $\frac{1}{3}$ und aus demselben Grunde die Maße der Beschleunigungen zweimal mit diesem Faktor. Nimmt man aber jetzt etwa die Masseneinheit halb so groß wie vorher, so braucht man, wenn die Zeiteinheit und die Längeneinheit beibehalten wird, nur die halbe Kraft, um die Beschleunigung 1 zu bewirken; es wird also die Krafteinheit halb so groß sein als vorher, und es multiplizieren sich die Maßzahlen aller Massen und die aller Kräfte mit 2. Eine

---

[1]) § 59.

Kraft hat infolgedessen die Dimension des Produkts einer Masse in eine Länge und in die -2te Potenz einer Zeit.

In derselben Weise hat in der Geometrie eine Fläche (§ 27) als Dimension die zweite Potenz und ein körperliches Volum als Dimension die dritte Potenz einer Länge. Weitere Beispiele für diesen Dimensionsbegriff, der die Bedeutung der Maßeinheiten besonders klar hervortreten läßt, bietet die Physik dar. Man setzt mit Rücksicht auf das COULOMBsche Gesetz der Anziehung und Abstoßung bei den Elektrizitätsmengen diejenige Menge als Einheit fest, welche die gleiche Menge gleichnamiger Elektrizität in der Entfernung 1 mit der Kraft 1 abstößt. Dadurch ist auch die Einheit der Elektrizitätsmengen an die Einheiten von Masse, Zeit und Länge geknüpft. Eine Elektrizitätsmenge hat die Dimension eines Produktes aus der $1\frac{1}{2}^{\text{ten}}$ Potenz einer Länge in die $\frac{1}{2}^{\text{te}}$ Potenz einer Masse und die -1te Potenz einer Zeit. Ist von einer empirischen Größe eine Zahlenangabe mit Beziehung auf bestimmte Einheiten der Masse, Zeit und Länge gegeben, so kann man auf Grund der Kenntnis der Dimension der Größe die Zahlenangabe für andere Einheiten der Masse, Zeit und Länge unmittelbar umrechnen.

Vierter Abschnitt.

Die mathematische Stetigkeit. Eigenschaften unendlicher Punktmengen.

§ 29. Das DEDEKINDsche Stetigkeitsaxiom.

Es sei eine Strecke AB gegeben. Auf dieser soll z. B. demjenigen Punkt die Zahl $\frac{2}{3}$ zugeordnet werden, dessen Abstand von A gerade $\frac{2}{3}$ der Strecke AB mißt[1]). In dieser Weise mögen zuerst die Punkte $\frac{3}{4}$, $\frac{5}{7}$ usw., d. h. alle die zwischen A und B gelegenen „rationalen Punkte" bezeichnet werden. In sinngemäßer Erweiterung dieser Festsetzung kommen dann den Punkten A und B selbst die Zahlen o und 1 zu; dazu ergeben sich noch auf den Verlängerungen der Strecke AB über B und über A hinaus diejenigen rationalen Punkte, denen die positiven, unechten und diejenigen, denen die negativen Brüche zugeordnet sind (Abb. 73).

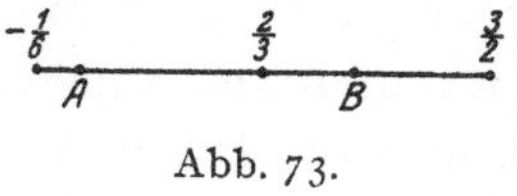

Abb. 73.

Diese in Beziehung auf A als Nullpunkt und auf B als Punkt 1 rationalen Punkte der unendlichen Geraden haben die Eigenschaft,

---

[1]) Die Existenz der Punkte, welche die Strecke dritteln, vierteln usw., soll hier zunächst einfach postuliert werden; man vergleiche aber § 31.

daß zwischen zwei verschiedenen solchen Punkten stets ein Punkt derselben Art gelegen ist. Trotzdem sind in dieser Gesamtheit der rationalen Punkte gewisse Punkte, welche der „stetigen" Geraden angehören, ausgefallen. Konstruiert man z. B. über der Strecke AB als über der Hypotenuse ein gleichschenklig rechtwinkliges Dreieck ACB und nimmt zwischen A und B den Punkt D so an, daß $AC = AD$ ist (Abb. 74), so gehört zum Punkt D keine rationale Zahl. Es ist nämlich nach dem Lehrsatz des Pythagoras

$$\overline{AC}^2 + \overline{BC}^2 = \overline{AB}^2,$$

und somit, wenn die den Strecken AC, BC und AD gemeinsame, auf AB als Einheit sich beziehende Maßzahl mit x bezeichnet wird,

$$x^2 + x^2 = 1.$$

Somit ist

$$x = \sqrt{\tfrac{1}{2}};$$

es gibt jedoch keinen Bruch, dessen Quadrat gleich $\tfrac{1}{2}$ wäre (vgl. § 75).

Wir werden demgemäß den Punkt D einen „irrationalen Punkt" nennen, da die ihm zugeordnete Zahl $\sqrt{\tfrac{1}{2}}$ irrational ist. Sein Abstand AD ist zur Längeneinheit AB „inkommensurabel". Das Vorhandensein von Längen, die zueinander inkommensurabel sind, ist von den Pythagoräern entdeckt worden. Es ist jedoch erst in neuerer Zeit eine Formulierung gefunden worden, durch welche die Stetigkeit oder in gewissem Sinne Lückenlosigkeit der Geraden charakterisiert

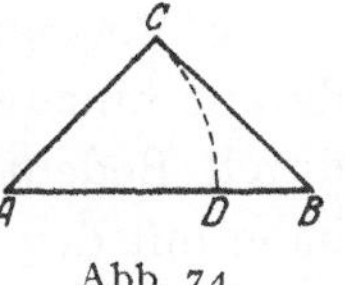

Abb. 74.

wird. Wir wollen der Anschaulichkeit wegen annehmen, daß uns eine Gerade in horizontaler Lage vorliegt, so daß wir die Ordnung von auf ihr gelegenen Punkten einfach durch die Worte „links" und „rechts" bezeichnen können. Es sei nun auf der Geraden ein Punkt X gegeben. In Beziehung auf diesen Punkt können wir die sämtlichen übrigen Punkte der Geraden so auf zwei Klassen verteilen, daß in die erste Klasse alle diejenigen Punkte, die links von X gelegen sind, und in die zweite Klasse alle diejenigen Punkte kommen, die rechts von X liegen; den Punkt X selbst kann man nach Belieben der einen oder der anderen Klasse zuteilen. Man erhält so zwei, im Grunde nicht wesentlich verschiedene Einteilungen der Punkte der Geraden in zwei Klassen, welche beide durch den Punkt X hervorgebracht werden. Jede dieser Einteilungen hat die Eigenschaft, *daß jeder Punkt der ersten Klasse links gelegen ist von jedem Punkt der zweiten Klasse.* R. Dedekind hat erkannt, daß die Stetigkeit oder Lückenlosigkeit der Geraden nun durch das Axiom zum Ausdruck gebracht werden kann, daß umgekehrt zu jeder Einteilung der Punkte einer Geraden von der genannten Eigenschaft auch stets ein Punkt X gehört, durch den diese Einteilung wieder hervorgebracht werden kann. Es läßt sich dies auch so aussprechen, daß es bei jeder Einteilung in zwei Klassen von der erwähnten Eigenschaft entweder in der ersten Klasse einen Punkt gibt, der rechts von allen anderen Punkten dieser Klasse gelegen ist, oder in der zweiten Klasse einen Punkt, der links liegt von jedem anderen Punkt dieser letzteren Klasse. Wir bezeichnen dieses Axiom als das DEDEKINDsche Stetigkeitsaxiom.

Gegen das DEDEKINDsche Stetigkeitsaxiom, sofern durch dasselbe die kontinuierliche Beschaffenheit der Geraden beschrieben werden soll, sind von philosophischer Seite Einwendungen gemacht worden. Diese beanstanden im wesentlichen den Umstand, daß die Punkte der Geraden zur Erklärung der Stetigkeit herangezogen werden[1]), während nach der Auffassung jener philosophischen Autoren der Begriff der stetigen Geraden der Unterscheidung der auf ihr liegenden oder der möglicherweise auf ihr zu bestimmenden Punkte „vorangehen" soll. Ich werde später (§ 99) zu zeigen haben, daß die Frage darnach, welcher von zwei Begriffen dem anderen „vorangeht", durchaus nicht immer entschieden werden kann. Hier aber dürfte es zur Verteidigung des DEDEKINDschen Stetigkeitsaxioms genügen, darauf hinzuweisen, daß ein Axiom in der Mathematik lediglich dadurch Bedeutung gewinnt, daß wir mit demselben, im Zusammenhang mit den anderen eingeführten Axiomen, ein mannigfaltiges Tatsachengebiet beherrschen. Dies will ich für das Stetigkeitsaxiom durch Beispiele belegen; z. B. werde ich mit Hilfe dieses Axioms, indem ich es in sinngemäßer Weise auf ein Zeitintervall übertrage, beweisen, daß von zwei in gleicher Richtung auf einer Geraden laufenden Punkten der nachfolgende, falls er eine größere Geschwindigkeit besitzt, den anderen einholen muß.

§ 30. Beweis des archimedischen Hilfssatzes.

Als erste Anwendung des Stetigkeitsaxioms soll ein Beweis für den Tatbestand gegeben werden, den ich oben (§ 22) als archimedisches Axiom bezeichnet habe und nunmehr mit Rücksicht auf die

---

[1]) Vgl. NATORP, Die logischen Grundlagen der exakten Wissenschaften, 1910. S. 188. Er sagt: „Es war von Anfang an falsch, die Stetigkeit definieren zu wollen durch die angebbare Möglichkeit der Diskretionen, da sie vielmehr das Hinausgehen über jede Diskretion besagt." NATORP charakterisiert dann die Stetigkeit als „qualitative Allheit"; mir scheint jedoch hier die „Allheit" nur dann verständlich, wenn dabei alle Punkte gemeint sind. Dann aber würde doch wieder an die Unterscheidung der Punkte voneinander gedacht sein.

KANT gebraucht einmal in der Kritik der reinen Vernunft in der 2. Ausgabe (Elementarlehre, II. Teil, I. Abteil., I. Buch, I. Hauptst., III. Abschn., § 12) den Ausdruck „qualitative Vollständigkeit (Totalität)", wobei er aber die Vollständigkeit der zu irgendeinem Begriff gehörenden Individuen meint ohne eine Beziehung zur kontinuierlichen Ausdehnung oder etwas Ähnlichem.

jetzt eingetretene Beweisbarkeit den archimedischen Hilfssatz nennen will[1]).

Es sei auf einer Geraden der Punkt B zwischen A und C gelegen; der Einfachheit wegen soll B rechts von A und der Punkt C rechts von B angenommen werden (Abb. 75). Wir wollen beweisen, daß es ein Vielfaches von AB gibt, das AC übertrifft. Der Beweis wird indirekt geführt, weshalb wir zunächst umgekehrt annehmen, es sei AC größer als jedes Vielfache von AB; es hat dann jeder Punkt P, der auf der Geraden AB rechts von C gelegen ist, erst recht die Eigenschaft, daß AP größer ist als jedes Vielfache von AB. Nun gibt es aber auch Punkte P der Geraden rechts von A, für welche AP nicht größer ist als jedes Vielfache von AB; solche Punkte P sind z. B. diejenigen, die rechts oder links von B von diesem Punkt um weniger als AB abstehen, und für welche deshalb AP kleiner ist als das Doppelte von AB. Es ist noch zu bemerken, daß AP, falls es genau gleich einem Vielfachen von AB sein sollte, auch von einem Vielfachen von AB, nämlich gleich von dem nächsten Vielfachen, übertroffen wird.

Abb. 75.

Auf Grund dieser Bemerkung erkennt man, daß sich die Punkte P rechts von A auf die folgenden beiden Klassen vollständig verteilen:

I. Punkte P, für welche die Strecke AP von einem Vielfachen von AB übertroffen wird,

II. Punkte, für welche die Strecke AP größer ist als jedes Vielfache von AB.

Den Punkten der ersten Klasse möge noch der Punkt A samt den Punkten, die links von A gelegen sind, hinzugefügt werden. Da nun die Definitionen so getroffen sind, daß jeder Punkt, der rechts von einem Punkt der zweiten Klasse liegt, selbst zur zweiten Klasse gehören muß, liegt jeder Punkt der ersten Klasse links von jedem

---

[1]) G. Veronese hat ein anderes Stetigkeitsaxiom aufgestellt, welches das archimedische Axiom nicht zur Folge hat; man vergleiche auch meine Ausführungen hierzu in den Berichten der Sächs. Gesellsch. d. Wiss., 1901, S. 10, Anm. Die erste Herleitung des archimedischen Hilfssatzes (in projektiver Form) aus einer dem Dedekindschen Axiom gleichwertigen Annahme hat M. Pasch gegeben (Vorlesungen über Neuere Geometrie, 1882, S. 125/6). Bisweilen wird das archimedische Axiom selbst unter die „Stetigkeitsaxiome" gerechnet (vgl. F. Klein, Zur ersten Verteilung des Lobatschewsky-Preises, 1897, S. 18). Im Grunde scheint mir dies doch nicht sehr zweckmäßig zu sein. Nimmt man z. B. in der gewöhnlichen Geometrie auf der Verbindungsgeraden zweier Punkte A und B nur diejenigen Punkte, deren Abstände von A mit der Strecke AB kommensurabel sind, also nur die „rationalen" Punkte, als existierend an, so besteht für die Abstände irgendwelcher dieser Punkte das archimedische Axiom, es besteht aber für die Gesamtheit dieser Punkte nicht das Dedekindsche Axiom. Dieses Axiom scheint am besten die Eigenschaft der Geraden zum Ausdruck zu bringen, die wir auch mit den Worten „stetig", „kontinuierlich" oder „zusammenhängend" bezeichnen.

Punkt der zweiten. Es liegt also für die Punkte der unendlichen Geraden eine Einteilung von der früher vorausgesetzten Art vor, weshalb nach dem DEDEKINDschen Axiom ein Punkt X der Geraden existieren muß, der die beiden Klassen voneinander trennt, wobei noch unentschieden bleibt, ob X selbst der einen oder der anderen der beiden Klassen angehört. Dabei muß X rechts von B gelegen sein.

Wir bestimmen jetzt (Abb. 76) zwei Punkte X_1 und X_2, indem wir nach Axiom II von § 2 von X aus eine Strecke, die kleiner als AB ist, nach beiden Seiten abtragen. Es ist also

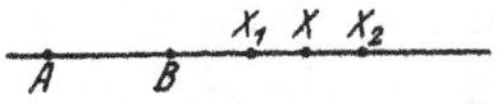

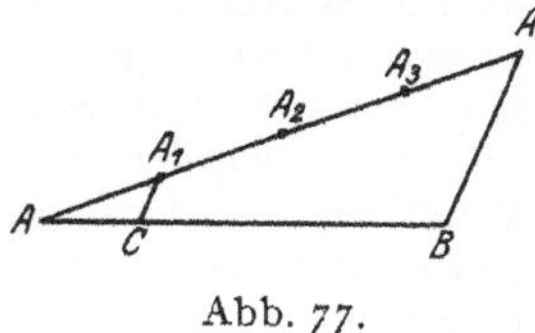

Abb. 76.

$$(\text{I}) \qquad X_1X = XX_2 < AB,$$

und es liege X_1 links, und X_2 rechts von X.

Da X_1 zur ersten der oben definierten Punktklassen gehört, muß es ein Vielfaches $\mu \cdot AB$ von AB geben, das die Strecke AX_1 übertrifft, weshalb nach (I)

$$(\mu + \text{I})\,AB = \mu\,AB + AB > AX_1 + X_1X = AX$$

ist (vgl. auch § 19), d. h. *es wird auch die Strecke AX von einem Vielfachen von AB übertroffen.* Da andererseits X_2 zur zweiten Punktklasse gehört, so muß für jede Zahl $\nu = \text{I}, 2, 3, \ldots$

$$(2) \qquad AX_2 > \nu \cdot AB$$

sein. Nun folgt aber aus der Gleichung

$$AX + XX_2 = AX_2$$

mit Hilfe der Ungleichungen (I) und (2), daß

$$AX + AB > \nu \cdot AB,$$

d. h. *daß AX größer ist als das $\nu - \text{I}$ fache, somit größer ist als jedes Vielfache von AB.*

Die beiden soeben gezogenen Schlußfolgerungen stehen im Widerspruch zueinander. Da somit die Annahme, daß der Tatbestand des archimedischen Hilfssatzes nicht statthabe, auf einen Widerspruch geführt hat, ist dieser Hilfssatz damit bewiesen.

§ 31. Die Existenz der genauen Teilstrecke.

Wenn wir über die Axiome der Ebene verfügen, so können wir in bekannter Weise eine Strecke AB in eine gegebene Zahl, z. B. in vier gleiche Teile teilen. Wir tragen in einer anderen durch A gehenden Geraden gleiche Strecken AA_1, A_1A_2, A_2A_3, A_3A_4 ab, verbinden A_4 mit B und ziehen zu dieser Verbindungslinie durch A_1 eine Parallele, welche die Strecke AB in dem gesuchten ersten Teilpunkte trifft (Abb. 77).

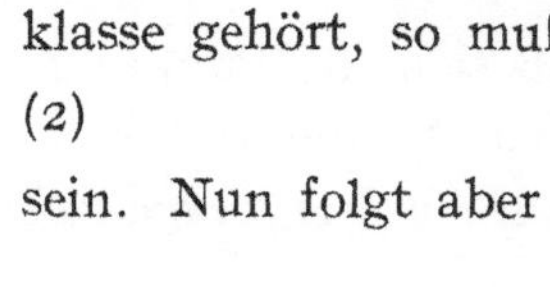

Abb. 77.

Will man nur die Sätze über die Anordnung der Punkte, über gleiche Strecken und über das Abtragen von Strecken, alles in derselben Geraden, voraussetzen (§ 2 u. § 8, Schluß) und nicht die Ebene, welche die zu teilende Strecke enthält, soweit sie außerhalb der Geraden liegt, mit heranziehen, so muß man noch für die fragliche Gerade das DEDEKINDsche Stetigkeitsaxiom voraussetzen, um die Existenz der Teilstrecke, welche den genauen n^{ten} Teil der gegebenen ausmacht, beweisen zu können.

Zuerst soll bewiesen werden, daß, falls eine beliebige ganze Zahl $n \geqq 2$ gegeben ist, es zwischen A und B einerseits solche Punkte P gibt, für die $n \cdot AP$ größer oder gleich AB ist, und andererseits solche Punkte P, für die $n \cdot AP$ kleiner bleibt als AB. Um zunächst das erste zu zeigen, nehme man einmal P zwischen A und B beliebig an. Ist nun $AP \geqq PB$ (Abb. 78), so ist auch

$$AP + AP \geqq AP + PB = AB .$$

Es ist also in diesem Fall das Doppelte von AP nicht kleiner als AB, und es gilt deshalb dasselbe erst recht von dem Dreifachen, Vierfachen von AB usw. War aber für den beliebig gegriffenen Punkt P die Strecke AP kleiner als PB, so braucht man nur (Abb. 79) den Punkt P_0 zwischen A und B so zu bestimmen, daß $AP_0 = PB$ ist, wobei dann auch $AP = P_0B$ wird (§ 19). Es ist dann $AP_0 > P_0B$ und es ist das Zweifache, Dreifache usw. von AP_0 größer als AB. Ist also eine Zahl $n \geqq 2$ gegeben, so existieren sicher zwischen A und B solche Punkte P, für welche $n \cdot AP \geqq AB$ ist.

Um den zweiten Umstand zu beweisen, nehme man, was nach den letzten Ausführungen möglich ist, zwischen A und B einen Punkt P an, für den $2 BP \geqq AB$ ist. Da

$$2 AP + 2 BP = 2 AB$$

ist, so muß dann auch $2 AP \leqq AB$ sein. Wählt man nun weiter zwischen A und P einen Punkt P_1 so, daß in entsprechender Weise $2 AP_1 \leqq AP$ ist (Abb. 80), und fährt man so fort, so kann man schließlich einen Punkt P_k finden, für den dann $2^{k+1} AP_k \leqq AB$ ist. Ist nun n irgendeine gegebene ganze Zahl, so braucht man nur k so zu wählen, daß $2^{k+1} > n$ ist, und man hat dann sicher $n AP_k < AB .$

Nach diesen Vorbereitungen können die zwischen A und B gelegenen Punkte folgendermaßen in Beziehung auf eine gegebene ganze Zahl n in zwei Klassen eingeteilt werden. In die erste Klasse kommen alle diejenigen Punkte P, für welche das $n$fache von AP kleiner ist als AB, und alle anderen Punkte kommen in die zweite Klasse. Gehört nun P der ersten und P' der zweiten Klasse an, so muß AP kleiner sein als AP', und somit, wenn A links von B gelegen war, P links von P' gelegen sein. Der Punkt A und die links von ihm gelegenen Punkte der unendlichen Geraden werden noch der ersten Klasse hinzugefügt, und der Punkt B mit den rechts von ihm gelegenen Punkten ebenso der zweiten Klasse. Die Einteilung besitzt die früher erwähnten Eigenschaften, es muß deshalb nach dem Stetigkeitsaxiom ein Punkt X existieren, der die beiden Klassen voneinander trennt und der selbst entweder der ersten oder der zweiten Klasse angehört. Dieser Punkt muß zwischen A und B liegen, da ja auch in diesem Zwischenraum sowohl Punkte der ersten, als auch solche der zweiten Klasse nachgewiesen worden sind.

Es handelt sich jetzt darum, zu beweisen, daß der Punkt X die Strecke AB wirklich drittelt, was auf indirektem Wege geschehen muß. Nehmen wir für den Augenblick an, es sei $n\,AX = AY < AB$ (Abb. 81). Wir könnten dann gemäß den vorigen Auseinandersetzungen zwischen Y und B einen Punkt Y_1 so finden, daß $n\,YY_1 < YB$ ist. Trägt man dann von X aus in derselben Richtung, d. h. also nach rechts, die Strecke $XX_1 = YY_1$ ab (vgl. § 2), so ist

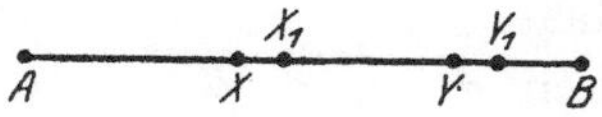

Abb. 81.

$$n \cdot AX_1 = (AX + XX_1) + (AX + XX_1) + \ldots + (AX + XX_1).$$

Da aber für die Addition der Strecken sowohl das assoziative als auch das kommutative Gesetz gültig ist (§ 19), so erhält man aus der letzten Gleichung durch Umstellung der in den Klammern stehenden Strecken und durch deren Zusammenfassung

$$n \cdot AX_1 = n\,AX + n\,XX_1 = n\,AX + n\,YY_1.$$

Weil aber $n\,AX = AY$, und $n\,YY_1 < YB$ angenommen war, so folgt jetzt

$$n \cdot AX_1 < AY + YB = AB.$$

Nun aber hat sich ein Widerspruch eingestellt; es wäre das n fache von AX_1 kleiner als AB, während doch X_1 rechts von X gelegen war und somit der zweiten von jenen beiden Punktklassen angehören müßte.

Ganz ähnlich ergibt auch die Annahme $n\,AX > AB$ einen Widerspruch. Es bleibt deshalb nur die Möglichkeit übrig, daß $n\,AX = AB$ ist, was zu beweisen war.

§ 32. Einholung eines bewegten Punktes durch einen anderen.

Ich nehme jetzt an, daß auf einer Geraden g zwei Punkte A und B sich bewegen, etwa beide von links nach rechts[1]). Die Bewegung soll eine stetige sein, d. h. die jeweilige Lage jedes der Punkte in stetiger Weise von der Zeit abhängen, was später noch genauer erläutert werden wird. Im Anfang der Bewegung soll der Ort von A links von dem Ort von B sein, d. h. A hinter B herlaufen, während in einem späteren Zeitpunkt der Ort von A sich rechts von dem von B befinden, d. h. also A dem Punkt B vorangehen soll. Es soll unter diesen Voraussetzungen bewiesen werden, daß ein Zwischenpunkt vorkommt, in dem die gleichzeitigen Lagen von A und B sich decken, also die bewegten Punkte sich für den Augenblick treffen. Dabei muß noch die Annahme gemacht werden, daß das Zeitintervall ein Kontinuum ist, d. h., daß für die in ihm enthaltenen Zeitpunkte das DEDEKINDsche Stetigkeitsaxiom in sinngemäßer Übertragung gültig ist.

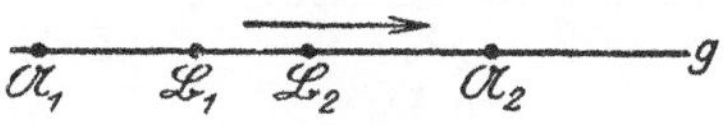

Der bekannte, von dem Eleaten ZENO betrachtete Fall[2]), in dem ACHILLES die Schildkröte verfolgt, fügt sich der

Abb. 82.

obigen Aufgabe ein, und ich halte es für fruchtbarer, jenen Fall von diesem Gesichtspunkte aus zu betrachten, statt durch die zenonische endlose Zerlegung der Intervalle die Nichterreichbarkeit der Schildkröte vorzutäuschen.

Zur Zeit t_1 — d. h. in dem Augenblick, in dem von einem gewissen Anfang der Zeitrechnung an t_1 Zeiteinheiten verstrichen waren — sei der momentane Ort $\mathfrak{A}_1$ des bewegten Punktes A links von dem Ort $\mathfrak{B}_1$ des Punktes B gelegen. Später zur Zeit t_2, wo also $t_2 > t_1$ ist, sei der Ort $\mathfrak{A}_2$ von A auf der rechten Seite des Ortes $\mathfrak{B}_2$ von B (Abb. 82). Ich will jetzt einen zwischen t_1 und t_2 gelegenen Zeitpunkt t zur ersten Klasse rechnen, wenn für jeden zwischen t_1 und t gelegenen Zeitpunkt τ der zugehörige Ort $\mathfrak{A}$, den der bewegte Punkt A zur Zeit τ einnimmt, links von dem Ort $\mathfrak{B}$ liegt, den der bewegte Punkt B zu derselben Zeit τ einnimmt. Alle anderen Zeitpunkte zwischen t_1 und t_2 sollen zur zweiten Klasse gehören, während noch t_1 samt den vor t_1 befindlichen Zeitpunkten der ersten, und t_2 samt den nach t_2 befindlichen Zeitpunkten der zweiten Klasse zugezählt wird. Ist nun zwischen t_1 und t_2 der Zeitpunkt t ein solcher der zweiten Klasse, und t' ein im Vergleich zu ihm späterer Zeitpunkt, so

---

[1]) Der Einfachheit wegen soll auch angenommen werden, daß niemals ein Stillstand eintritt.

[2]) Vgl. § 181.

muß es einen vor t und somit auch vor t' befindlichen Zeitpunkt geben, für den der Ort von A nicht links von dem Ort von B gelegen ist, so daß also auch t' ein Zeitpunkt der zweiten Klasse sein muß. Allgemein erkennt man, daß jeder Zeitpunkt, der nach einem Zeitpunkt der zweiten Klasse eintritt, selbst ein solcher Zeitpunkt sein muß, und daß also jeder Zeitpunkt der ersten Klasse sich vor jedem Zeitpunkt der zweiten Klasse befindet.

Zuerst soll gezeigt werden, daß es zwischen t_1 und t_2 Zeitpunkte beider Klassen wirklich gibt. Die vorausgesetzte stetige Abhängigkeit der Lage des Punktes A von der Zeit soll zunächst folgendes bedeuten:

Wenn in irgendeinem bestimmten Zeitpunkt t_3 der Punkt A die Stelle $\mathfrak{A}_3$ einnimmt, und zwei Stellen Γ und Δ beliebig nahe links und rechts von $\mathfrak{A}_3$ gewählt werden, so muß es ein dem Zeitpunkt t_3 vorangehendes, mit t_3 endendes Zeitintervall geben, für das die Lagen von A ausnahmslos der Strecke $\Gamma\mathfrak{A}_3$ angehören, und ebenso ein dem Zeitpunkt t_3 folgendes, mit diesem beginnendes Zeitintervall, für das A in die Strecke $\mathfrak{A}_3\Delta$ fällt (Abb. 83)[1].

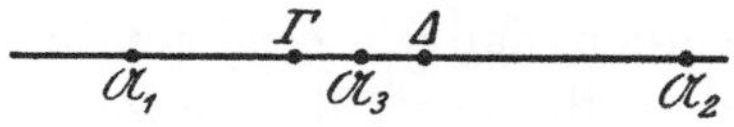

Abb. 83.

Abb. 84.

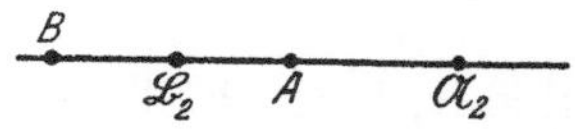

Abb. 85.

Die stetige Abhängigkeit des Punktes A von der Zeit soll aber auch für den anfänglichen Zeitpunkt t_1 selbst gelten, was bedeutet, daß ein auf t_1 folgendes Zeitintervall gefunden werden kann, für welches A in eine vorher beliebig vorgeschriebene, an $\mathfrak{A}_1$ nach rechts anschließende Strecke fallen muß. Dies hat zur Folge, daß auch ein auf t_1 folgender Zeitpunkt t so existiert, daß für jeden zwischen t_1 und t gelegenen Zeitpunkt τ die zugehörige Lage von A zwischen $\mathfrak{A}_1$ und $\mathfrak{B}_1$ fällt. Da ferner die im Zeitpunkt τ eintretende Lage von B wegen der Richtung der Bewegung sich rechts von $\mathfrak{B}_1$ befinden muß (Abb. 84), so folgt im Zeitpunkt τ der Punkt A dem Punkt B nach, und es ist also t ein Zeitpunkt der ersten Klasse. Desgleichen muß es ein t_2 vorangehendes Zeitintervall geben, für das A zwischen $\mathfrak{B}_2$ und $\mathfrak{A}_2$ fällt, und es sind dann, da wegen der Richtung der Bewegung B links von $\mathfrak{B}_2$ gelegen ist, Zeitpunkte von der zweiten Klasse nachweisbar (Abb. 85).

---

[1] Man kann auch sagen: Die stetige Abhängigkeit der Lage des Punktes A von der Zeit für den im Augenblick t_3 stattfindenden Durchgang durch $\mathfrak{A}_3$ zeigt sich darin, daß ein noch von Null verschiedener Spielraum der Zeit um t_3 herum existiert, für den die Abweichung des Punktes A von der Lage $\mathfrak{A}_3$ unterhalb eines vorher beliebig vorgeschriebenen Kleinheitsgrades verbleibt. Ganz kurz und nur angedeutetermaßen drückt man dies auch so aus, daß einer unendlich kleinen Änderung der Zeit auch eine unendlich kleine Änderung der Lage entspricht.

Es ergibt sich nun nach dem Stetigkeitsaxiom die Existenz eines zwischen t_1 und t_2 sich befindenden Zeitpunktes t_0, der die Einteilung der Zeitpunkte in die beiden Klassen hervorbringt, und es ist nur noch zu zeigen, daß die diesem Zeitpunkte entsprechenden Lagen $\mathfrak{A}_0$ von A und $\mathfrak{B}_0$ von B sich wirklich decken. Der Beweis ist hier wieder nur auf indirekte Weise möglich. Ich nehme zuerst an, es sei $\mathfrak{B}_0$ links von $\mathfrak{A}_0$ gelegen. Es befindet sich dann wegen der stetigen Abhängigkeit der Lage von der Zeit in einem gewissen mit t_0 endigenden Zeitintervall A stets zwischen $\mathfrak{B}_0$ und $\mathfrak{A}_0$, und da in jedem solchen Augenblick die zugehörige Lage von B, wegen der Richtung der Bewegung, sich links von $\mathfrak{B}_0$ befinden muß, so läge B links von A (Abb. 86). Der Zeitpunkt t, zu dem dabei A und B gehören, liegt in diesem Fall vor t_0, also auch noch vor einem Zeitpunkt t', der zwischen t und t_0 eingeschaltet werden kann. Nun würde aber wegen des Verhältnisses der zum Zeitpunkt t gehörenden Lagen von A und B der Zeitpunkt t', der später als t ist, nicht zur ersten Klasse gehören können (s. o.), während andererseits doch t' dem t_0 vorangeht, womit sich jetzt ein Widerspruch ergeben hat.

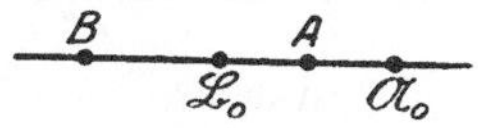

Abb. 86.

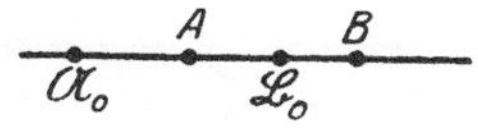

Wäre andererseits $\mathfrak{B}_0$ rechts von $\mathfrak{A}_0$ gelegen, so müßte für alle Zeitpunkte innerhalb eines passend gewählten, mit t_0 beginnenden Intervalls der Punkt A sich zwischen $\mathfrak{A}_0$ und $\mathfrak{B}_0$ befinden; dies ist eine Folge der stetigen Abhängigkeit des Punktes A von der Zeit. Da außerdem wegen der Richtung der Bewegung der Punkt B in einem Zeitpunkt jenes Intervalls rechts von $\mathfrak{B}_0$ zu liegen kommt, so ist für jeden Zeitpunkt des genannten Intervalls A links von B gelegen (Abb. 87). Dasselbe ist zur Zeit t_0 und für jeden dem t_0 vorangehenden Zeitpunkt der Fall, d. h. es gilt der Umstand, daß A links von B liegt, für alle Zeiten von t_1 an bis zu irgendeinem Zeitpunkt des erwähnten Intervalls hin. Somit genügt jeder Zeitpunkt dieses Intervalls der Definition eines Zeitpunkts der ersten Klasse. Da jedoch das genannte Intervall mit t_0 beginnt, und somit die anderen Zeitpunkte desselben nach t_0 fallen, während doch t_0 die Punkte beider Klassen trennen sollte, so ist damit wieder ein Widerspruch erzielt.

Abb. 87.

Es bleibt also als einzige Möglichkeit die übrig, daß $\mathfrak{A}_0$ und $\mathfrak{B}_0$ zusammenfallen. Somit treffen die bewegten Punkte A und B im Zeitintervall $t_0 \ldots t_1$ mindestens einmal zusammen.

In ähnlicher Weise kann der Beweis geführt werden für den Fall, daß die beiden Punkte A und B sich stetig gegeneinander oder daß sie sich stetig, aber sonst irgendwie auf einer Geraden bewegen, wofern nur ihre Lagen $\mathfrak{A}_1$, $\mathfrak{B}_1$ bzw. $\mathfrak{A}_2$, $\mathfrak{B}_2$ für zwei Zeitpunkte t_1 und t_2

sich so zueinander verhalten, wie es oben angegeben wurde, so daß also etwa $\mathfrak{A}_1$ links von $\mathfrak{B}_1$, dagegen $\mathfrak{A}_2$ rechts von $\mathfrak{B}_2$ gelegen ist.

§ 33. Bemerkungen über Kontinuum, stetige Abhängigkeit und zusammenhängende Linie. Die Stetigkeit als Prinzip von LEIBNIZ.

Notwendig war bei dem im vorigen Paragraphen gegebenen Beweise die Voraussetzung, daß das Zeitintervall ein Kontinuum ist, d. h. die Annahme, daß das DEDEKINDsche Stetigkeitsaxiom für die Gesamtheit aller Zeitpunkte gilt. Man wird dies auch einigermaßen infolge der Überlegung einsehen können, daß das Ausfallen eines Zeitpunktes, d. h. also die Nichtexistenz eines Zeitpunktes, der auf Grund des Stetigkeitsaxioms eigentlich vorhanden sein müßte, gerade auch das Ausfallen des Zusammentreffens der bewegten Punkte bewirken könnte.

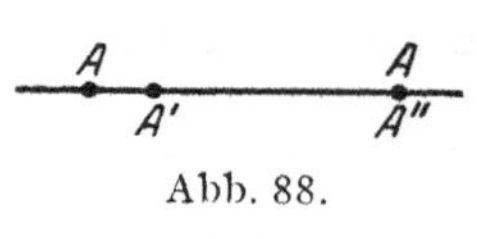

Abb. 88.

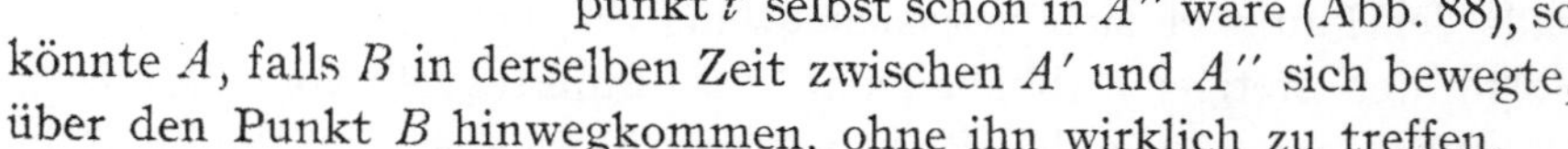

Abb. 89.

Aber auch die Eigenschaft der Bewegung, wonach der Ort des bewegten Punktes stetig von der Zeit abhängt, ist hier wesentlich benutzt worden. Könnte z. B. der sich bewegende Punkt A in einem Augenblick t' einen Sprung vorwärts tun, so daß er zu einer Zeit, die vor t' und nahe an t' liegt, noch links von A' und nahe bei A' sich befände, jedoch im Zeitpunkt t' selbst schon in A'' wäre (Abb. 88), so könnte A, falls B in derselben Zeit zwischen A' und A'' sich bewegte, über den Punkt B hinwegkommen, ohne ihn wirklich zu treffen.

Mit den hier behandelten Begriffen in naher Verwandtschaft steht der Begriff einer zusammenhängenden Linie. Er kann dadurch definiert werden, daß eine Linie, in der Weise auf eine geradlinige Strecke bezogen wird, daß jedem Punkt der Strecke ein einziger Punkt der Linie zugeordnet erscheint; hängt der Punkt der Linie noch stetig von dem Punkt der Strecke ab, falls dieser veränderlich gedacht wird, so ist die Linie zusammenhängend. Auf Grund dieser Definition kann man mit Hilfe der Axiome der Geometrie, falls auch das DEDEKINDsche Stetigkeitsaxiom für die Punkte jener Strecke angenommen wird, die bekannten Eigenschaften zusammenhängender Linien beweisen, so z. B. die Tatsache, daß eine zusammenhängende Linie mit einer Geraden mindestens einen Punkt gemein hat, falls sich auf jeder Seite der Geraden ein Punkt der Linie befindet (Abb. 89).

Ein Satz von dieser Art, der gleichfalls große Wichtigkeit besitzt, ist der folgende. Man denke sich auf einem Kreise vier verschiedene Punkte M, N, P, Q; dieselben sollen so gelegen sein, daß das Paar

M, N durch das Paar P, Q getrennt wird (Abb. 90). Sind nun M und N durch eine zusammenhängende Linie, die ganz im Innern des Kreises verläuft, und P und Q durch eine ebensolche Linie verbunden, so müssen diese beiden Linien im Innern des Kreises mindestens einen gemeinsamen Punkt besitzen. Auch diese Tatsache läßt sich auf Grund der angegebenen Voraussetzungen beweisen. Sie dient ihrerseits bei einem fundamentalen Lehrsatze als Hilfsmittel des Beweises[1]).

Die „Stetigkeit" spielte auch eine große Rolle in dem Gedankenkreise von Leibniz. Er hat z. B. mit ihrer Hilfe einen Fehler von Descartes aufgedeckt. Dieser hatte für zwei auf einer Geraden sich gegeneinander bewegende und zusammenstoßende materielle Punkte Regeln aufgestellt, welche die nach dem Stoße eintretenden Endgeschwindigkeiten nach Größe und Richtung ergeben sollten. Dabei bezog sich die erste Regel auf den Fall, in dem die Massen gleich groß, die zweite auf denjenigen, in dem sie verschieden sind; in beiden Fällen wurden die anfänglichen Geschwindigkeiten der Massen im Absolutwert gleich groß angenommen. Leibniz bemerkte nun[2]), daß die aus der zweiten Regel sich ergebende Endgeschwindigkeit, wenn die größere Masse allmählich der anderen angenähert wird, nicht in die Endgeschwindigkeit übergeht, welche

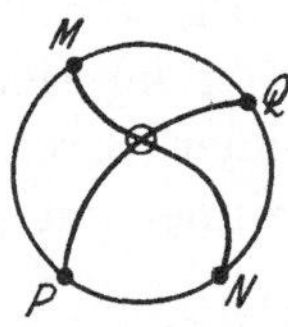
Abb. 90.

die erste Regel liefert, und schloß daraus, daß jedenfalls nicht beide Regeln Descartes' richtig sein könnten. Ein derartiger Gegensatz zwischen den Fällen der Gleichheit und Ungleichheit wäre, wie Leibniz sagt, der Vernunft nicht angemessen. Leibniz nimmt hier also als vernünftige Voraussetzung an, daß die Endgeschwindigkeit, falls die eine Masse festgehalten, die andere aber allmählich abgeändert wird, von der Größe dieser letzteren stetig abhängt.

Es hat also bereits Leibniz die „stetige Abhängigkeit" in einer allerdings mehr instinktiven Weise[3]) erkannt. Die logisch klare Formulierung dieses Begriffs, die in § 32 hervorgehoben worden ist, verdankt man Dirichlet[4]), während es erst Dedekind gelang, das Wesen des kontinuierlichen Intervalls durch ein Axiom zu kennzeichnen, mit dessen Hilfe sich nun alle Tatsachen der Stetigkeit streng deduktiv behandeln lassen.

---

[1]) Vgl. § 116.

[2]) Vgl. Hauptschriften zur Grundlegung der Philosophie, übersetzt von Buchenau, herausgegeben von Cassirer, Bd. 1, 1904 (Philosophische Bibliothek, Bd. 107), S. 87.

[3]) Über „instinktives Erkennen" vgl. E. Mach: Die Mechanik in ihrer Entwicklung, 4. Aufl., 1901, S. 28, 29.

[4]) Vgl. Werke, 1. Bd., 1889, S. 121.

§ 34. Mengen von unendlich vielen Punkten.

Aus den in § 2 für die Punkte der Geraden eingeführten Axiomen ergibt sich bereits, daß in jeder Strecke AB beliebig viele Punkte angenommen werden können; man erkennt dies auch, ohne daß die Existenz der genauen Teilpunkte oder das Stetigkeitsaxiom angenommen wird. Es muß ja nach § 2 zwischen A und B ein Punkt C, dann z. B. zwischen C und B ein Punkt D, zwischen D und B ein Punkt E vorhanden sein usw. (vgl. Abb. 91). Man wird ferner die sämtlichen Punkte, die zwischen zwei gegebenen gelegen sind, d. h. die sämtlichen inneren Punkte einer geradlinigen Strecke als eine bestimmt vorgegebene unendliche Gesamtheit anzusehen haben.

Abb. 91.

Will man sonst noch eine Menge von unendlich vielen Punkten wirklich geben, so muß ein Gesetz[1]) vorgeschrieben werden, z. B. ein auf die aliquoten Teile der Strecke sich beziehendes arithmetisches Gesetz. So kann man auf einer Strecke AB unendlich viele Punkte bestimmen, denen im Sinne von § 29 die Zahlen

$$(1) \qquad \tfrac{1}{4}, \; \tfrac{2}{6}, \; \tfrac{3}{8}, \; \tfrac{4}{10}, \; \ldots \ldots$$

oder auch die Zahlen

$$(2) \qquad \tfrac{3}{4}, \; \tfrac{4}{6}, \; \tfrac{5}{8}, \; \tfrac{6}{10}, \; \ldots \ldots$$

zukommen. Die Gesetze, nach denen in den Reihen (1) und (2) die Zahlen aufeinanderfolgen, sind dadurch vollständig gegeben, daß die Zähler aufeinanderfolgende Zahlen und die Nenner aufeinanderfolgende gerade Zahlen sind.

---

[1]) Darauf, daß man unendlich viele Elemente nur durch ein Gesetz geben kann, habe ich gelegentlich in den Göttinger gelehrten Anzeigen von 1892, S. 585 hingewiesen. Besonders betont hat diesen Umstand neuerdings WEYL mit der Bemerkung, daß eine unendliche Folge von einzelnen Willkürakten schlechterdings undenkbar ist (Das Kontinuum, 1918, S. 15).

Es ist noch darauf hinzuweisen, daß das Wort „Gesetz" in den exakten Wissenschaften in einem doppelten Sinn gebraucht wird: einmal in dem Sinn eines gesetzmäßigen Begriffes, wie oben im Text das Gesetz der Zahlenfolge (1), d. h. der gesetzmäßige Allgemeinbegriff der in der Folge enthaltenen Zahlen, dann aber außerdem in dem Sinn einer gesetzmäßigen Aussage. Eine solche stellt unendlich viele Aussagen in einem Allgemeinbegriff dar, so z. B. wenn das Zusammentreffen zweier gesetzmäßiger Begriffe oder eine Beziehung zwischen mehreren solchen Begriffen ausgesagt wird. Als Einzelbeispiele kann man anführen das Zusammenfallen der Begriffe „Primzahl von der Form $4n+1$" (vgl. § 92) und „ungerade Primzahl, die in die Summe zweier Quadrate zerlegt werden kann", oder die im M a r i o t t e - B o y l e 'schen Gesetze ausgesprochene Beziehung zwischen dem Druck und dem Volum einer und derselben Gasmenge, derzufolge die Zustandsänderungen so vor sich gehen, daß die Maßzahlen von Druck und Volum umgekehrt proportional sind.

Um, abgesehen von der Gesamtheit aller Punkte der Strecke und von solchen Gesamtheiten, die als Reihenfolgen gegeben sind, noch ein Beispiel zu haben, wollen wir die folgende Konstruktion ausführen[1]).

In einer Strecke AB seien zwei Teilstrecken A_0B_0 und A_1B_1, die sich gegenseitig ausschließen, enthalten. Um eine ganz bestimmte Annahme zu haben, will ich AB in fünf gleiche Teile teilen und von diesen Teilen, von A an gerechnet, den zweiten und den vierten wählen (Abb. 92). Es kommen also, falls AB zur Längeneinheit gemacht wird, den Abständen AA_0, AB_0, AA_1, AB_1 die Maßzahlen $\frac{1}{5}$, $\frac{2}{5}$, $\frac{3}{5}$, $\frac{4}{5}$ zu. In jede der Strecken A_0B_0 und A_1B_1 werden nun je zwei Strecken hineinkonstruiert, und zwar auf genau dieselbe Weise wie jene Strecken selbst in die Strecke AB hineinkonstruiert worden sind. So sollen also in A_0B_0 die Strecken $A_{00}B_{00}$ und $A_{01}B_{01}$, und in A_1B_1 die Strecken $A_{10}B_{10}$ und $A_{11}B_{11}$ enthalten sein, wobei in Beziehung auf $A_0B_0 = A_1B_1$ als Einheit die Abstände A_0A_{00}, A_0B_{00}, A_0A_{01}, A_0B_{01} die Maßzahlen $\frac{1}{5}$, $\frac{2}{5}$, $\frac{3}{5}$, $\frac{4}{5}$ und die Abstände A_1A_{10}, A_1B_{10}, A_1A_{11}, A_1B_{11} dieselben Maßzahlen besitzen (Abb. 93).

In derselben Weise, und zwar in denselben Zahlverhältnissen sollen nun in jede der eben erhaltenen Strecken wieder je zwei neue Strecken hineinkonstruiert und dann so ins Unendliche fortgefahren werden. Man erhält so eine gesetzmäßige unendliche Gesamtheit von Strecken. Einem Punkt der ursprünglichen Strecke AB kommt nun eine besondere Eigenschaft zu, wenn er in unendlich vielen der konstruierten Strecken enthalten ist. Es läßt sich nachweisen, daß es solche Punkte der Strecke AB gibt, und zwar in unendlicher Zahl, womit dann eine unendliche Punktmenge M von neuer Art gegeben ist.

Auch die Endpunkte der vorhin konstruierten unendlich vielen Strecken stellen eine gesetzmäßige unendliche Punktmenge dar, die mit N bezeichnet werden möge. Es läßt sich beweisen, daß die Punkte der Menge M nichts anderes sind als die „Verdichtungspunkte" (vgl. den folgenden Paragraphen) der Punkte von N.

§ 35. Existenz des Verdichtungspunktes und des rechten und linken Grenzpunktes.

Wenn auf einer endlichen Strecke AB unendlich viele Punkte S gegeben sind, so existiert mindestens ein Verdichtungspunkt dieser Punkte im Innern oder am einen Ende der Strecke. Ein

---

[1]) Ein Konstruktionsgesetz ähnlicher Art findet sich wohl zuerst bei P. du Bois-Reymond, Die allgemeine Funktionentheorie, 1882, S. 188, 189.

Verdichtungspunkt D jener Punkte S, der im Innern der Strecke AB gelegen ist, hat die Eigenschaft, daß in jeder Strecke KL, die ein Teil von AB ist und D in ihrem Innern enthält, unendlich viele von den gegebenen Punkten S enthalten sind (Abb. 94). Fällt ein Verdichtungspunkt D in einen der Endpunkte A oder B selbst, so ist die Definition des Verdichtungspunktes sinngemäß abzuändern. Die Existenz des Verdichtungspunktes wird folgendermaßen bewiesen.

Es sei P ein zwischen A und B gelegener Punkt. Da nun in AB unendlich viele Punkte S enthalten sind, so befinden sich mindestens in einer der beiden Strecken AP oder PB unendlich viele von den Punkten S. Nehmen wir zunächst an, es seien bei jeder Lage des Punktes P in der Strecke PB unendlich viele der Punkte S enthalten, so ist B selbst ein Verdichtungspunkt der Punkte S. Sind jedoch nicht in jeder Strecke PB unendlich viele Punkte S enthalten, so muß

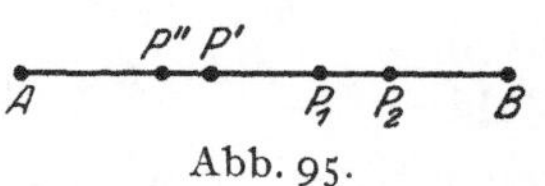

Abb. 94.

Abb. 95.

es jedenfalls einen zwischen A und B gelegenen Punkt P_1 so geben, daß sich in $P_1 B$ nur eine endliche Zahl von Punkten S findet; es sind dann in der Strecke AP_1 notwendig dafür unendlich viele Punkte S enthalten. Wird jetzt noch P_2 zwischen P_1 und B angenommen (Abb. 95), so kann auch in der Strecke $P_2 B$, die eine Teilstrecke von $P_1 B$ ist, nur eine endliche Zahl der Punkte S gelegen sein; es befinden sich also dann in der Strecke AP_2 unendlich viele der gegebenen Punkte S.

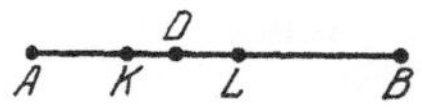

Es wäre ferner A selbst ein Verdichtungspunkt der Punkte S, wenn bei jeder Lage von P in der Strecke AP unendlich viele der Punkte S gefunden werden. Im anderen Fall gibt es einen Punkt P' von der Art, daß in AP' nur eine endliche Zahl der Punkte S gelegen ist, und es gilt dann dasselbe für die Strecke AP'', wenn P'' einen zwischen A und P' liegenden Punkt bezeichnet.

Ist nun weder A noch B ein Verdichtungspunkt der gegebenen Punkte S, so kann man die zwischen A und B liegenden Punkte P folgendermaßen in zwei Klassen einteilen. In die erste Klasse sollen diejenigen Punkte P kommen, für welche die Strecke AP nur eine endliche Zahl, in die zweite Klasse die Punkte P, für welche AP eine unendliche Zahl von Punkten S enthält. Es ist ersichtlich, daß unter den jetzt gemachten Annahmen Punkte beider Klassen zwischen A und B sich finden müssen. Der Einfachheit halber wollen wir uns die Strecke jetzt horizontal denken. Liegt nun A links von B, so geht aus dem Vorigen hervor, daß jeder Punkt, der links von einem Punkt der ersten Klasse liegt, zur ersten, und jeder Punkt, der rechts von einem Punkt der zweiten Klasse liegt, zur zweiten Klasse gehören muß; es liegt also jeder Punkt der ersten Klasse links von jedem Punkt der zweiten. Infolgedessen muß ein Punkt X existieren, der die Teilung in die beiden Klassen unmittelbar hervorbringt.

Es muß noch bewiesen werden, daß der Punkt X, dessen Existenz eben begründet worden ist, wirklich die Eigenschaft eines Verdichtungspunktes der gegebenen Punkte S besitzt. Zu diesem Zwecke werden zwei Punkte X_1 und X_2, der erste links, der zweite rechts von X, beide in der Strecke AB angenommen (Abb. 96). Nach den gemachten Festsetzungen sind in der Strecke AX_1 nur endlich viele, aber in AX_2 unendlich viele Punkte S enthalten. Da aber die Strecke AX_2 sich aus AX_1 und X_1X_2 zusammensetzt, so müssen notwendig in der letzten Strecke unendlich viele der Punkte S vorhanden sein. Es gilt also von jeder Strecke X_1X_2, die in AB enthalten ist und den Punkt X umgibt, daß sie unendlich viele der gegebenen Punkte S enthält. Es ist also X ein Verdichtungspunkt der Punkte S.

Die zwischen A und B liegenden Punkte P hätten auch anders eingeteilt werden können, nämlich so, daß in die erste Klasse solchePunkte P kommen, für welche die Strecke AP überhaupt

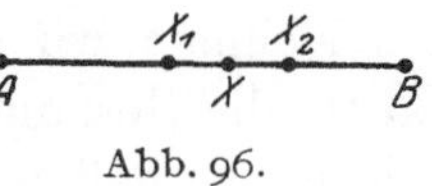

Abb. 96.

keinen Punkt S, weder im Innern, noch als einen Endpunkt, in sich schließt, und in die zweite Klasse alle anderen Punkte. Der Punkt X, der durch diese Einteilung gemäß dem Dedekindschen Stetigkeitsaxiom sich bestimmen muß, ist dann, wenn wieder A links von B gedacht wird, der linke Grenzpunkt des Systems der Punkte S. Dieser Punkt X ist durch die beiden folgenden Eigenschaften gekennzeichnet:

I. Keiner der Punkte S liegt links von X.

II. Wenn ein Punkt X_1 rechts von X gewählt ist, so kann man stets links von X_1 einen Punkt S finden.

Dieser Punkt X kann selbst zu den Punkten S gehören, dann stellt er eben denjenigen von den Punkten S vor, der am weitesten nach links zu gelegen ist; es ist aber auch möglich, daß der Grenzpunkt X nicht selbst zu den Punkten S gehört. So besitzen die im vorigen Paragraphen durch die Zahlfolge (2) dargestellten Punkte den Punkt $\frac{1}{2}$ als linken Grenzpunkt, falls A links von B gedacht wird, und es gehört der Punkt $\frac{1}{2}$ nicht selbst zu den Punkten der Folge.

Ganz Entsprechendes gilt natürlich von dem rechten Grenzpunkt eines Systems gegebener Punkte[1]).

---

[1]) Dem rechten und linken Grenzpunkt eines Punktsystems entspricht bei den Zahlen die „obere Grenze" und „untere Grenze" (vgl. B. Bolzano, „Rein analytischer Beweis des Lehrsatzes, daß zwischen je zwei Werten, die ein entgegengesetztes Resultat gewähren, wenigstens eine reelle Wurzel der Gleichung liege", 1817, S. 41 ff.).

§ 36. „Nichtabzählbarkeit" des Punktkontinuums.

Eine unendliche Gesamtheit von Elementen, die als gesetzmäßige Folge in einer nicht abbrechenden Reihe dargestellt werden kann, wie z. B. die in § 34 angegebenen Zahlen (1), bzw. die ihnen entsprechenden Punkte, nennt man eine abzählbare unendliche Gesamtheit. Der Sinn dieser Ausdrucksweise ist der, daß hier jedem Element, das zu der definierten Gesamtheit gehört, in der Ordnung, in welche die Gesamtheit gebracht worden ist, gewisse bestimmte Elemente in endlicher Anzahl vorangehen, die somit abgezählt werden können, während wir natürlich bei dem Versuch, alle Elemente abzuzählen, niemals fertig werden, da ja die Gesamtheit unendlich ist, d. h. die Reihe nicht abbricht.

Es ist ein wichtiges Ergebnis, das man G. Cantor verdankt[1]), daß das Punktkontinuum, d. h. die Gesamtheit aller einer Strecke angehörender Punkte, nicht abzählbar unendlich ist.

Nehmen wir zum Zweck des Beweises einmal an, es sei umgekehrt die Gesamtheit der zwischen A und B gelegenen Punkte durch die gesetzmäßige Folge

$$(1) \qquad P_1, P_2, P_3, P_4, \ldots$$

in der Weise dargestellt, daß jeder Punkt von (1) zwischen A und B liegt, und jeder zwischen A und B gelegene Punkt in der Reihe (1) einmal und nur einmal auftritt. Es müssen nun unter den Punkten, die in der Reihe (1) auf P_2 folgen, d. h. unter den Punkten

$$(2) \qquad P_3, P_4, P_5, P_6, \ldots$$

alle Punkte vorkommen, die zwischen P_1 und P_2 überhaupt gelegen sind, da ja die Strecke $P_1 P_2$ einen Teil der Strecke AB ausmacht. Die beiden ersten Punkte von (2), welche die Lage zwischen P_1 und P_2 haben, sollen mit P_α und P_β bezeichnet werden ($\beta > \alpha$); es liegt dann von den Punkten $P_3, P_4, P_5, \ldots P_{\alpha-1}$ und auch von den Punkten $P_{\alpha+1}, P_{a+2}, \ldots P_{\beta-1}$ keiner zwischen P_1 und P_2 und somit auch keiner zwischen P_α und P_β, da diese beiden Punkte zwischen P_1 und P_2 gelegen sind. Aus eben diesem Grunde liegen auch P_1 und P_2 nicht zwischen P_α und P_β, was ja auch für P_α und P_β selbst nicht der Fall ist. Es liegt also keiner der Punkte, die in der Folge (1) dem Punkt $P_{\beta+1}$ vorangehen, zwischen P_α und P_β.

Infolge des eben Bewiesenen müssen unter den Punkten, die in (1) auf P_β folgen, d. h. unter den Punkten

$$(3) \qquad P_{\beta+1}, P_{\beta+2}, P_{\beta+3}, \ldots$$

alle diejenigen vorkommen, welche die Zwischenlage zwischen P_α und

---

[1]) Vgl. Journal für die reine und angewandte Mathematik, Bd. 77, 1874, S. 260.

P_β innehaben. Nun seien P_γ und P_δ die beiden ersten in der Folge (3) auftretenden Punkte, die zwischen P_α und P_β gelegen sind ($\delta > \gamma > \beta$). Es fällt dann keiner der Punkte $P_{\beta+1}$, $P_{\beta+2}$, ... $P_{\gamma-1}$ und keiner der Punkte $P_{\gamma+1}$, $P_{\gamma+2}$, ... $P_{\delta-1}$ zwischen P_α und P_β hinein, und da nach dem Früheren die dem Punkt $P_{\beta+1}$ in der Folge (1) vorangehenden Punkte dies auch nicht tun, so liegt keiner der Punkte P_1, P_2, ... $P_{\gamma-1}$, $P_{\gamma+1}$, $P_{\gamma+2}$, ... $P_{\delta-1}$ zwischen P_α und P_β und somit auch keiner der eben genannten Punkte zwischen P_γ und P_δ, indem die Strecke $P_\gamma P_\delta$ einen Teil der Strecke $P_\alpha P_\beta$ darstellt. Jetzt erkennt man, daß keiner der dem Punkt $P_{\delta+1}$ in der Folge (1) vorangehenden Punkte zwischen P_γ und P_δ gelegen sein kann.

Offenbar kann man in dieser Weise ohne Ende fortfahren. Man wird jetzt zunächst auf zwei Punkte P_ε und P_ζ kommen, die zwischen P_γ und P_δ liegen, wobei $\zeta > \varepsilon > \delta$ ist, und kein dem Punkt $P_{\zeta+1}$ in der Folge (1) vorangehender Punkt zwischen P_ε und P_ζ gelegen sein kann, und dann so weiter machen. Es ergibt sich schließlich eine aus der Folge (1) nach einem ganz bestimmten Gesetz herausgehobene Folge von Punkten

$$(4) \qquad P_1, \quad P_2, \quad P_\alpha, \quad P_\beta, \quad P_\gamma, \quad P_\delta, \quad P_\varepsilon, \quad P_\zeta, \ldots,$$

die alle zwischen A und B gelegen sind. Die Indizes in der Reihe (4) wachsen stets, ferner liegen P_α und P_β zwischen P_1 und P_2, ebenso P_γ und P_δ zwischen P_α und P_β, ebenso P_ε und P_ζ zwischen P_γ und P_δ usw., so daß in der Reihe der Strecken

$$(5) \qquad P_1 P_2, \quad P_\alpha P_\beta, \quad P_\gamma P_\delta, \quad P_\varepsilon P_\zeta, \ldots$$

jede folgende in der vorangehenden enthalten ist. Dabei ist aber zu bemerken, daß, wenn der Einfachheit wegen wieder A links von B angenommen wird, P_1 ebensogut links als rechts von P_2, und davon unabhängig P_α ebensogut links als rechts von P_β liegen kann usw.

Da nun in der Folge (4) unendlich viele verschiedene Punkte definiert sind, die sich alle zwischen A und B, also auf einer endlichen Strecke befinden, so müssen diese mindestens einen Verdichtungspunkt V besitzen[1]). Da ferner außer P_1 und P_2 selbst alle anderen Punkte der Reihe (4) zwischen P_1 und P_2 liegen, so kann der Punkt V auch nicht aus der Strecke $P_1 P_2$ herausfallen. Es liegen aber ebenso die auf P_β folgenden Punkte der Folge (4) alle zwischen P_α und P_β, weshalb auch der Verdichtungspunkt V im Innern oder auf der Grenze der Strecke $P_\alpha P_\beta$ liegen muß. Da sich diese Schlüsse fortsetzen lassen, ersieht man, daß V jeder der Strecken (5) angehört, und zwar als

---

[1]) Noch genauer müßten sowohl die linken Enden der Strecken (5), als auch die rechten Enden einer Grenzlage zustreben, wobei noch offen bliebe, ob diese beiden Grenzlagen zusammenfallen oder nicht.

innerer Punkt, da ja sowohl die inneren Punkte als die Endpunkte der Strecke $P_\alpha P_\beta$ innere Punkte der Strecke $P_1 P_2$, sowohl die inneren Punkte als die Endpunkte der Strecke $P_\gamma P_\delta$ innere Punkte der Strecke $P_\alpha P_\beta$ sind usw.

Nach dem Früheren ist kein dem P_3 vorangehender Punkt der ursprünglichen Folge (1) zwischen P_1 und P_2, keiner der $P_{\beta+1}$ vorangehenden Punkte von (1) zwischen P_α und P_β, keiner der $P_{\delta+1}$ vorangehenden Punkte von (1) zwischen P_γ und P_δ gelegen usw. Da nun doch V zwischen P_1 und P_2, zwischen P_α und P_β, zwischen P_γ und P_δ usw. liegt, so kann V in der Reihe (1) weder dem Punkt P_3, noch dem Punkt $P_{\beta+1}$, noch dem Punkt $P_{\delta+1}$ usw. vorangehen. Es wird nun deutlich, daß V in der Folge (1) überhaupt nicht vorkommen könnte, was aber, da der Punkt V zwischen A und B gelegen ist, mit der ursprünglichen Annahme im Widerspruch steht.

Im Kontinuum ist somit eine „nicht abzählbare" unendliche Menge von Punkten gegeben. Von den in § 34 definierten Punktsystemen M und N kann das zweite in einer Reihenfolge dargestellt werden, wie ohne weiteres ersichtlich ist. Vom Punktsystem M ließe sich zeigen, daß sich seine Punkte umkehrbar eindeutig den sämtlichen inneren Punkten einer Strecke zuordnen lassen. Es stellt also das System M eine nicht abzählbare Menge vor[1]).

Fünfter Abschnitt.

Analytische Geometrie.

§ 37.   Abszissen auf einer Geraden.

Um die Lage von Punkten auf einer gegebenen Geraden zu kennzeichnen, hat man zwei feste Punkte O und A auf der Geraden anzu-

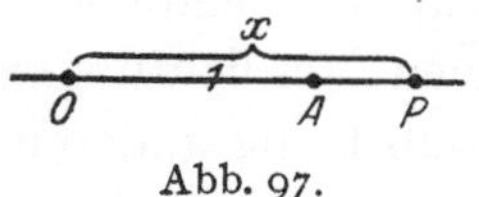
Abb. 97.

nehmen. Man ordnet dann irgendeinem Punkt P der Geraden die Zahl x zu, welche absolut genommen den Abstand $\overline{OP}$ durch $\overline{OA}$ als Einheit mißt, wobei aber der Zahl noch das positive oder negative Vorzeichen zu erteilen ist, je nachdem P auf derselben Seite von O gelegen ist wie A oder nicht (Abb. 97). Die Zahl x heißt die Abszisse des Punktes P. Man muß jedoch neben den in § 2 erwähnten Axiomen noch das archimedische Axiom voraussetzen, um wirklich für jeden Punkt der Geraden eine Abszisse zu bekommen[2]); es zeigt sich dann auch, daß verschiedenen Punkten der

---

[1]) Vgl. G. CANTOR, Acta Mathematica, Bd. 2, 1883, S. 407.
[2]) Vgl. die in § 22 über das Streckenmaß gegebenen Auseinandersetzungen.

Geraden stets verschiedene Abszissen zukommen. Für den Punkt O ist $x = 0$, er ist der „Nullpunkt" der Geraden; für den Punkt A ist $x = 1$.

Nimmt man für die Punkte der Geraden noch das DEDEKINDsche Stetigkeitsaxiom an, so kann man beweisen, daß auch stets ein bestimmter Punkt gefunden werden kann, wenn für ihn irgendeine[1]) positive oder negative Zahl als Abszisse vorgeschrieben wird[2]).

§ 38. Koordinaten in einer Ebene. Gleichung einer Geraden. Anordnung der Punkte in der Geraden.

Um die Lage von Punkten in einer Ebene zu kennzeichnen, nehme man zwei gleich lange, von demselben Punkt O ausgehende Strecken OA und OB an. Nun führe man nach Art des vorigen Paragraphen für den veränderlichen Punkt der unendlichen Geraden OA eine Zahl x und für den veränderlichen Punkt auf der Geraden OB eine Zahl y so ein, daß für beide Gerade der Punkt O der Nullpunkt, und daß für den Punkt A die Zahl $x = 1$, und für den Punkt B die Zahl $y = 1$ ist. Um nun die Lage irgendeines Punktes R der Ebene festzulegen, gibt man die Zahlen x und y an, welche den Fußpunkten P und Q der von R auf die Geraden OA und OB gefällten Lote in dem eben erwähnten Sinne zugeordnet sind (Abb. 98). Man nennt in diesem Falle x die „Abszisse" und y die „Ordinate", beide Zahlen zusammen die „Koordinaten" des Punktes R der Ebene. Es ist also

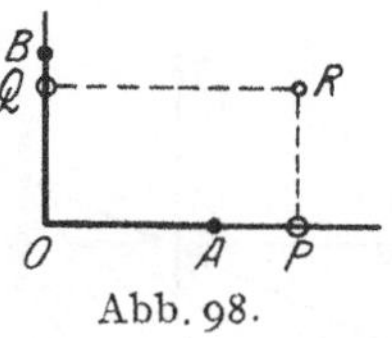

Abb. 98.

Abb. 99.

die Abszisse der durch die Einheitsstrecke $OA = OB$ gemessene und noch mit einem Vorzeichen versehene Abstand des Punktes R von der Geraden OB, und die Ordinate die gleichfalls noch mit einem Vorzeichen versehene Maßzahl des Abstandes von der Geraden OA. Die Abb. 99, in der das Vorzeichen von x links vor dem Vorzeichen von y steht, veranschaulicht die Verteilung der Vorzeichen der Koordinaten über die vier „Quadranten". Der Punkt O mit den

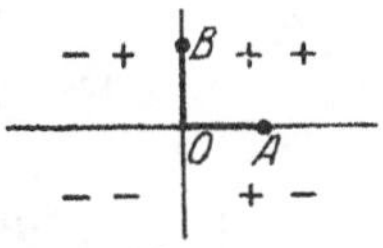

---

[1]) Vgl. den allgemeinsten Begriff der Zahl, wie er in § 22 und § 75 dargestellt ist.

[2]) Vgl. § 22 (S. 66). Man bezeichnet es manchmal auch als ein Axiom, daß man die Punkte einer Geraden und die sämtlichen reellen Zahlen einander umkehrbar eindeutig so zuordnen kann, daß für zwei gleiche und gleichgerichtete Strecken der Geraden jedesmal die Differenzen zwischen den dem Endpunkt und dem Anfangspunkt zugeordneten Zahlen dieselben sind (vgl. G. CANTOR, Mathematische Annalen, Bd. 5, 1872, S. 128, F. KLEIN, „Zur ersten Verteilung des Lobatschewsky-Preises", 1897, S. 17 u. 18). Mir scheint aber, daß die Forderung der Möglichkeit einer solchen Zuordnung besonderer Art zwischen zwei unendlichen Mengen von Elementen sich nicht sehr zum Axiom eignet. Die Herleitung der Tatsache unter der Voraussetzung des Stetigkeitsaxioms dürfte die natürlichere Darstellung ergeben.

Koordinaten o, o heißt der „Anfangspunkt" oder „Ursprung" des Koordinatensystems, das aus den beiden Geraden OA und OB besteht. Die unendliche Gerade OA heißt die „Abszissenachse", die Gerade OB die „Ordinatenachse".

Ist nun der Punkt R mit den Koordinaten x, y irgendein Punkt der Geraden, die den Anfangspunkt O mit dem von ihm verschiedenen Punkt M verbindet, der die Koordinaten p, q hat, so erkennt man aus Abb. 100 die Proportion

$$x : y = p : q,$$

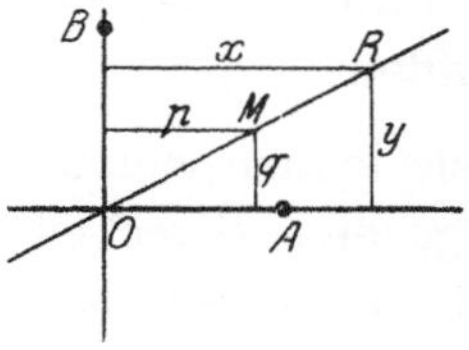

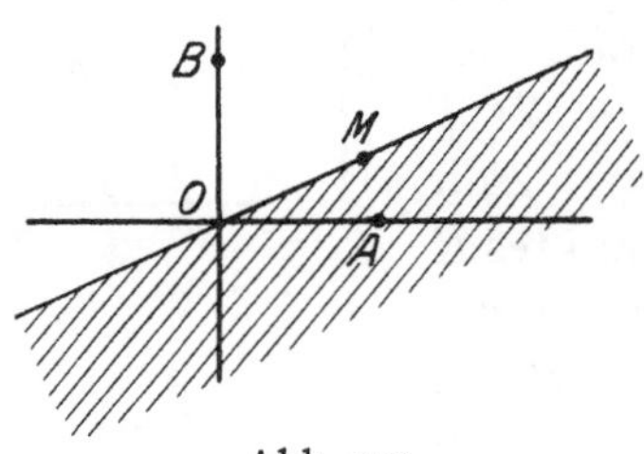

Abb. 100.

die auch hinsichtlich der Vorzeichen richtig ist. Es genügt also der veränderliche Punkt x, y der genannten Geraden der Gleichung

$$(1) \qquad qx - py = 0,$$

in welcher p und q konstante Zahlen bedeuten. Auf der anderen Seite läßt sich beweisen, daß die Gleichung (1) nicht befriedigt wird, falls in sie für x und y die Koordinaten eines Punktes der Ebene eingesetzt werden, der nicht auf der unendlichen Geraden OM gelegen ist. Noch genauer kann man in dem dargestellten Fall sagen (Abb. 101), daß der Ausdruck $qx - py$ für die Punkte x, y des schraffierten Teils der Ebene positiv [1]), für den anderen Teil negativ ausfällt und für die Scheidelinie den Wert o hat. Mit Rücksicht auf die geschilderten Verhältnisse nennt man die Gleichung (1) die Gleichung der Geraden OM; in dieser Gleichung sind x und y die „laufenden Koordinaten" des Punktes der Geraden.

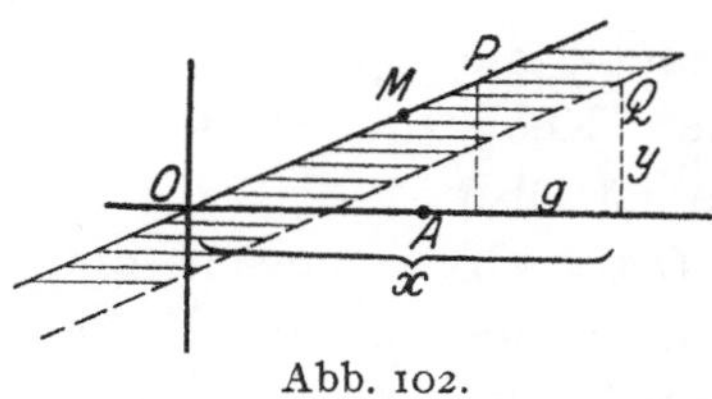

Abb. 101.

Abb. 102.

Um nun die Gleichung einer nicht durch den Punkt O gehenden Geraden zu finden, kann man etwa jedem Punkt der obigen Geraden OM eine und dieselbe Verschiebung von der Maßzahl g im Richtungssinne der Strecke OA erteilen (Abb. 102). Ist in dieser Weise aus dem Punkt P der Geraden OM der Punkt Q geworden, und benennt man jetzt die Koordinaten des Punktes Q mit x, y, so sind $x - g$ und y die Koordinaten des Punktes P, und es muß deshalb nach (1) die Gleichung

$$q(x - g) - py = 0$$

---

[1]) Diese Formulierung setzt aber voraus, daß die Zahl q als positiv angenommen worden ist.

erfüllt sein. Dies gibt, ausgerechnet, die Gleichung

$$q\,x - p\,y - q\,g = 0,$$

welche für den veränderlichen Punkt x, y der neuen, mit OM parallelen Geraden gültig ist.

Es ergibt sich, daß die Punkte x, y einer beliebigen gegebenen Geraden stets eine Gleichung der Form

$$(2) \qquad a\,x + b\,y + c = 0$$

erfüllen, wo die „Koeffizienten" a, b und c gegebene Zahlwerte (Konstanten) und von diesen die zwei ersten nicht beide gleich Null sind. Umgekehrt stellt jede Gleichung von dieser Art in dem angegebenen Sinne eine Gerade dar. Zwei Gleichungen der Form (2) stellen dann und nur dann dieselbe Gerade vor, wenn die eine aus der anderen durch Multiplizieren mit einer von Null verschiedenen Konstanten hervorgeht.

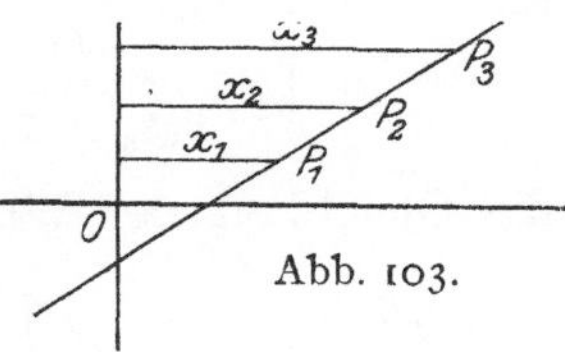
Abb. 103.

Für den Schnittpunkt zweier Geraden, deren eine durch die Gleichung (2), und deren andere durch

$$(3) \qquad a'\,x + b'\,y + c' = 0$$

dargestellt ist, müssen offenbar diese beiden Gleichungen zusammen bestehen, weshalb die Koordinaten des Schnittpunkts dadurch ausgerechnet werden, daß man die beiden Gleichungen (2) und (3) nach x und y als den Unbekannten auflöst.

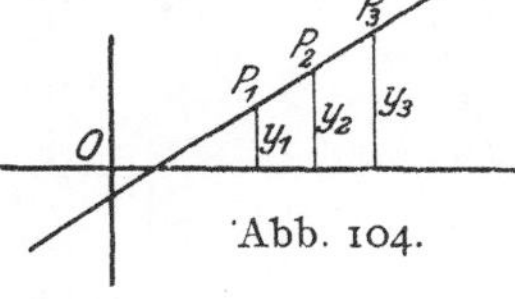
Abb. 104.

Ist eine Gerade nicht etwa der Ordinatenachse parallel, so liegt auf ihr von drei Punkten stets derjenige zwischen den beiden anderen, dessen Abszisse arithmetisch zwischen den beiden anderen Abszissen enthalten ist. Das Entsprechende gilt für die Zwischenlage der Punkte und für die Ordinaten, wenn die Gerade nicht etwa der Abszissenachse parallel ist (Abb. 103 u. 104).

§ 39. Strecken und Winkel. Parallelität und Senkrechtstehen.

Es seien jetzt P_1 und P_2 zwei Punkte unserer Ebene mit den Koordinaten x_1, y_1 und x_2, y_2. Man ziehe durch P_1 eine Parallele zur Abszissenachse und durch P_2 eine solche zur Ordinatenachse, welche beiden Geraden sich in Q treffen (Abb. 105). In dem so entstehenden rechtwinkligen Dreieck $P_1 Q P_2$ sind die Katheten nichts anderes als die Differenzen $x_2 - x_1$ und $y_2 - y_1$, woraus sich dann nach dem pythagoräischen Lehrsatz die Maßzahl der Hypotenuse

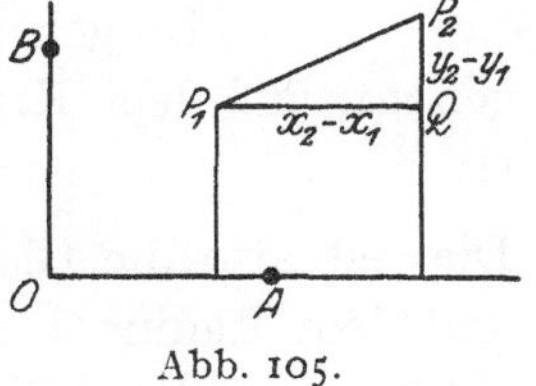
Abb. 105.

$$\overline{P_1 P_2} = \sqrt{(x_2 - x_1)^2 + (y_2 - y_1)^2}$$

durch eine absolute Quadratwurzel ergibt. Sind nun noch zwei Punkte P_3 und P_4 mit den Koordinaten x_3, y_3 und x_4, y_4 gegeben, so bedeutet die Gleichung

$$(1) \qquad \sqrt{(x_2 - x_1)^2 + (y_2 - y_1)^2} = \sqrt{(x_4 - x_3)^2 + (y_4 - y_3)^2},$$

daß die Strecken $P_1 P_2$ und $P_3 P_4$ einander gleich sind.

Wenn noch zwei weitere Punkte P_0 und P_5 mit den Koordinaten x_0, y_0 und x_5, y_5 eingeführt werden, so bedeutet die Gleichung

$$(2) \quad \left\{ \begin{aligned} & \frac{(x_1 - x_0)(x_2 - x_0) + (y_1 - y_0)(y_2 - y_0)}{\sqrt{(x_1 - x_0)^2 + (y_1 - y_0)^2} \cdot \sqrt{(x_2 - x_0)^2 + (y_2 - y_0)^2}} \\ &= \frac{(x_3 - x_5)(x_4 - x_5) + (y_3 - y_5)(y_4 - y_5)}{\sqrt{(x_3 - x_5)^2 + (y_3 - y_5)^2} \cdot \sqrt{(x_4 - x_5)^2 + (y_4 - y_5)^2}} \end{aligned} \right.$$

die Gleichheit der Winkel $P_1 P_0 P_2$ und $P_3 P_5 P_4$ (Abb. 106).

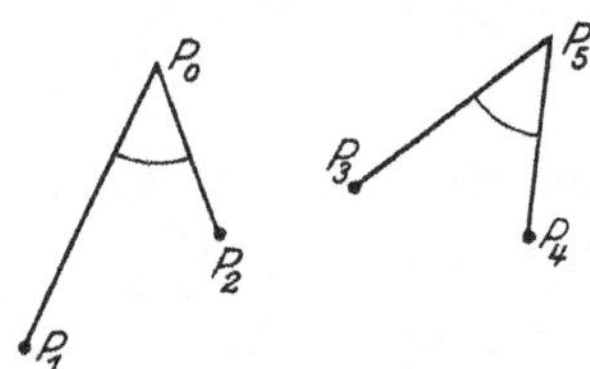

Abb. 106.

Sind

$$a_1 x + b_1 y + c_1 = 0$$

und

$$a_2 x + b_2 y + c_2 = 0$$

die Gleichungen zweier Geraden, so ist die Proportion

$$a_1 : b_1 = a_2 : b_2$$

die Bedingung für die Parallelität, und die Gleichung

$$a_1 a_2 + b_1 b_2 = 0$$

die Bedingung für das Senkrechtstehen der beiden Geraden.

§ 40. Kegelschnitte.

Sind in Beziehung auf unser Koordinatensystem x, y die Koordinaten eines auf einem Kreise veränderlichen Punktes P, während α, β die Koordinaten des Mittelpunktes M des Kreises bedeuten, und a die Maßzahl des Radius (Abb. 107), so erlaubt die Formel (1) des vorigen Paragraphen den Abstand $\overline{MP}$ durch die Koordinaten von M und P auszudrücken, und es ergibt sich so die Gleichung

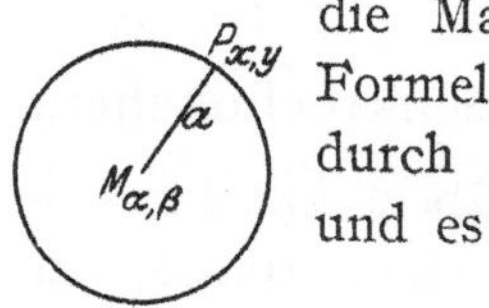

Abb. 107.

$$\sqrt{(x - \alpha)^2 + (y - \beta)^2} = a.$$

Umgekehrt liegt auch jeder Punkt, der dieser Gleichung genügt, auf dem Kreise. Hieraus erhält man durch Quadrieren

$$(1) \qquad (x - \alpha)^2 + (y - \beta)^2 = a^2.$$

Dies ist also die Gleichung eines Kreises mit dem Mittelpunkt α, β und dem Radius a, wobei wiederum x und y die laufenden Koordinaten vorstellen. Die Gleichung stellt sich entwickelt in der Gestalt

$$x^2 + y^2 - 2\alpha x - 2\beta y + (\alpha^2 + \beta^2 - a^2) = 0$$

dar; sie ist also von der Form

$$x^2 + y^2 + c_1 x + c_2 y + c_3 = 0,$$

wobei die Buchstaben c_1, c_2, c_3 Konstante, und x und y die laufenden Koordinaten bedeuten.

Nimmt man den Mittelpunkt des Kreises im Anfangspunkt O des Koordinatensystems an, so ist $\alpha = 0$, $\beta = 0$ zu setzen, und man kann der Gleichung (1) die Form

$$\frac{x^2}{a^2} + \frac{y^2}{a^2} = 1$$

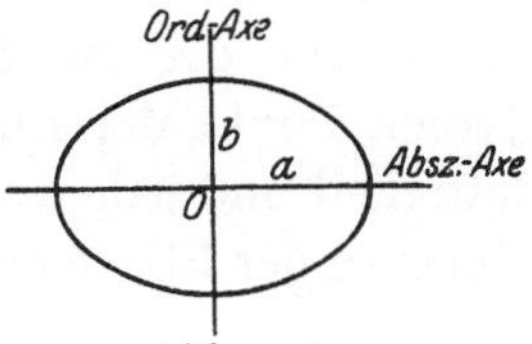

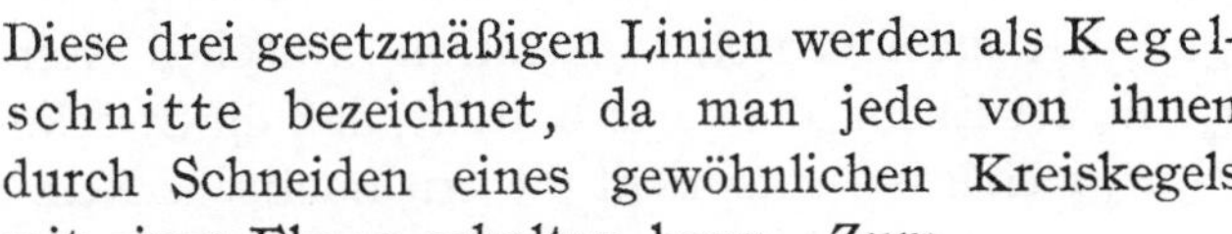

Abb. 108.

geben. Diese stellt einen Sonderfall der Gleichung

$$\frac{x^2}{a^2} + \frac{y^2}{b^2} = 1$$

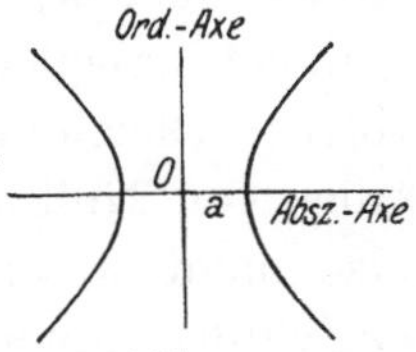

dar, welche die **Ellipse** (Abb. 108) vorstellt. Verwandt mit dieser Kurve sind die **Hyperbel** (Abb. 109), deren Gleichung lautet

$$\frac{x^2}{a^2} - \frac{y^2}{b^2} = 1$$

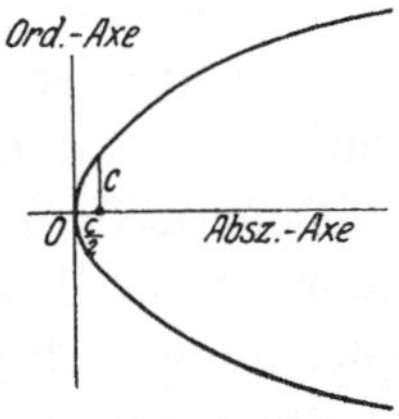

Abb. 109.

und die **Parabel** (Abb. 110) mit der Gleichung

$$y^2 = 2\,c\,x.$$

Abb. 110.

Diese drei gesetzmäßigen Linien werden als **Kegelschnitte** bezeichnet, da man jede von ihnen durch Schneiden eines gewöhnlichen Kreiskegels mit einer Ebene erhalten kann. Zum Kegel ist der Scheitelkegel hinzuzurechnen (Abb. 111), und es entsteht z. B. die Hyperbel durch den Schnitt mit einer solchen Ebene, welche den Kegel und den Scheitelkegel gleichzeitig trifft.

Abb. 111.

§ 41. Abbildung der Ebene und des Raumes auf Zahlenmannigfaltigkeiten.

Die in § 38 und 39 angeführten Beziehungen zwischen der Geometrie der Ebene und gewissen arithmetischen Gebilden geben zu den folgenden Überlegungen Veranlassung. Ich will die Gesamtheit aller reellen — positiven und negativen, ganzen, gebrochenen und irrationalen — Zahlen als einen zulässigen Begriff ansehen, worauf allerdings später noch einmal zurückzukommen ist[1]). Dadurch, daß nun in dem Zahlenpaar x, y sowohl die Zahl x, als auch die Zahl y alle reellen

---

[1]) Vgl. § 76 u. 124.

Werte annimmt, wobei noch jeder Wert von x mit jedem Wert von y zu kombinieren ist, entsteht die Mannigfaltigkeit aller reellen Zahlen paare, die wir als eine zweifache Mannigfaltigkeit bezeichnen. Aus unseren früheren Ergebnissen folgt, daß sich die Ebene in gewissem Sinne auf die zweifache Zahlenmannigfaltigkeit „abbilden" läßt. Jedem Punkt der Ebene entspricht ein Zahlenpaar x, y der Mannigfaltigkeit und jedem solchen Zahlenpaar ein Punkt der Ebene[1]). Jeder Geraden der Ebene entspricht eine Gleichung von der Form (2) in § 38:

$$a x + b y + c = 0,$$

wobei die Koeffizienten a und b nicht beide gleich Null sind. Noch genauer gesagt entspricht jeder Geraden der Ebene eine Gesamtheit solcher Gleichungen, von denen je zwei durch Multiplikation mit einer von Null verschiedenen Konstanten auseinander hervorgehen, also nicht wesentlich voneinander verschieden sind. Jeder solchen Gleichung entspricht eine Gerade, und zwar solchen Gleichungen, die nicht wesentlich voneinander verschieden sind, und nur solchen, dieselbe Gerade.

Der geometrischen Relation eines Punktes und einer Geraden, die darin besteht, daß der Punkt auf der Geraden liegt, entspricht die arithmetische Relation des zugeordneten Zahlenpaares und der zugeordneten Gleichung, die darin besteht, daß das Zahlenpaar x, y die Gleichung befriedigt. Der geometrischen Relation zwischen vier Punkten P_1, P_2, P_3, P_4 der Ebene, die darin besteht, daß die Strecke $P_1 P_2$ der Strecke $P_3 P_4$ gleich ist, entspricht die arithmetische Relation zwischen den zugeordneten Zahlenpaaren x_1, y_1; x_2, y_2; x_3, y_3; x_4, y_4, die darin besteht, daß diese die Gleichung (1) von § 39 erfüllen.

Es ist nützlich, hervorzuheben, daß nicht nur die Objekte, um die es sich im abbildenden Gebiet (der Zahlenmannigfaltigkeit) handelt, ganz anderer Art sind als die Objekte in dem abgebildeten Gebiet (der Ebene), sondern daß dasselbe auch von den „Relationen" der Objekte insofern gilt, als man unter den Relationen, der Ausdrucksweise der Logiker entsprechend, die wechselseitigen Eigenschaften der Objekte (Gegenstände) versteht. Die eindeutige Zuordnung jedoch, die hier besteht, und die wir eben als eine „Abbildung" bezeichnen, ist derartig, daß, falls zwischen Objekten des einen Gebietes eine Relation besteht, zwischen den zugeordneten Objekten des anderen Gebietes die zugeordnete Relation bestehen muß. Existiert ferner z. B. in dem einen Gebiet ein Objekt, das zu gegebenen Objekten in bestimmt geforderten Relationen steht, so existiert in

---

[1]) Vgl. § 37 u. 38.

dem anderen Gebiet auch gerade ein Objekt, das den entsprechenden Bedingungen genügt; ebenso verhält es sich, wenn gerade zwei oder gerade drei Objekte gewissen Bedingungen im einen Gebiete entsprechen.

Um das eben Gesagte an einem Beispiel noch genauer zu erläutern, will ich eine Gleichung

$$(1) \qquad a x + b y + c = 0$$

so bestimmen, daß sie für zwei verschiedene bestimmte Zahlenpaare x_1, y_1 und x_2, y_2 erfüllt ist. Es handelt sich darum, die Koeffizienten a, b und c der Gleichung zu finden. Da die Gleichung für das Zahlenpaar x_1, y_1 erfüllt sein soll, so muß eine richtige Zahlengleichung erscheinen, wenn x_1 für x, und y_1 für y eingesetzt wird, d. h. es muß gelten

$$(2) \qquad a x_1 + b y_1 + c = 0.$$

Ebenso muß aber auch die Gleichung

$$(3) \qquad a x_2 + b y_2 + c = 0$$

richtig sein. Aus (2) und (3) lassen sich nun die gesuchten Koeffizienten bis auf einen gewissen Grad bestimmen. Es ergibt sich nämlich durch Subtrahieren der Gleichung (3) von der Gleichung (2)

$$a (x_1 - x_2) + b (y_1 - y_2) = 0 \, ;$$

diese Gleichung wird aber dadurch und nur dadurch erfüllt, daß man

$$a = (y_1 - y_2)\, \lambda \, ,$$
$$b = - (x_1 - x_2)\, \lambda$$

setzt, wobei sich dann noch c entweder aus (2) oder aus (3), und zwar beide Male durch dieselbe Formel

$$c = (x_1 y_2 - x_2 y_1)\, \lambda$$

berechnet. Dabei bedeutet λ eine beliebige Zahlgröße, die man jedoch von Null verschieden annehmen muß, weil a und b nicht beide gleich Null sein durften (s. o.). Die Änderung der Zahlgröße λ bedeutet dann nur, daß a, b und c mit derselben, von Null verschiedenen Zahl multipliziert werden. Da nun solche Gleichungen nicht als wesentlich voneinander verschieden angesehen werden sollen, von denen die eine aus der anderen durch Multiplizieren mit einer von Null verschiedenen Konstanten hervorgeht, so ist die gesuchte Gleichung (1) in gewissem Sinne eindeutig bestimmt worden durch die Bedingung, daß ihr zwei verschiedene Zahlenpaare x_1, y_1 und x_2, y_2 genügen sollten. Dies ist eine arithmetische Tatsache, die sich rein arithmetisch feststellen ließ.

Lassen wir nun der Gleichung (1) eine Gerade g, den zwei Zahlenpaaren zwei voneinander verschiedene Punkte P_1 und P_2 entsprechen, ebenso dem Umstand, daß x_1, y_1 die Gleichung (1) befriedigen sollte, den Umstand, daß der Punkt P_1 auf der Geraden g liegen soll usw. Man erkennt jetzt, daß der erwähnten arithmetischen Tatsache die geometrische Tatsache entspricht, daß eine Gerade dadurch eindeutig bestimmt ist, daß auf ihr zwei gegebene, voneinander verschiedene Punkte liegen sollen.

Um ein weiteres Beispiel zu haben, fassen wir den ersten Kongruenzsatz ins Auge (§ 2). Haben wir in der Ebene drei Punkte P_1, P_0, P_2

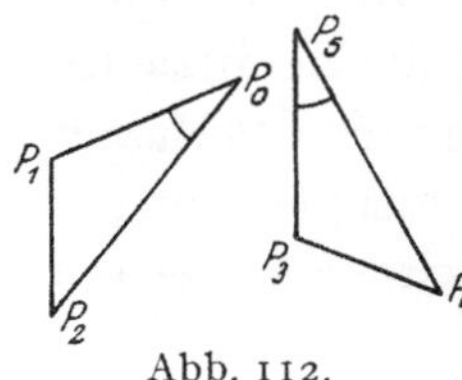

Abb. 112.

und drei weitere Punkte P_3, P_5, P_4, und sind die Strecken $\overline{P_0 P_1}$ und $\overline{P_5 P_3}$ und ebenso die Strecken $\overline{P_0 P_2}$ und $\overline{P_5 P_4}$ und außerdem die Winkel $P_1 P_0 P_2$ und $P_3 P_5 P_4$ einander gleich (Abb. 112), so besagt der erwähnte Kongruenzsatz, daß auch $\overline{P_1 P_2}$ und $\overline{P_3 P_4}$ einander gleich sein müssen. Dieser geometrischen Tatsache entspricht die arithmetische, auch rein arithmetisch beweisbare Tatsache, daß aus dem Bestehen der beiden Gleichungen

$$\sqrt{(x_1 - x_0)^2 + (y_1 - y_0)^2} = \sqrt{(x_3 - x_5)^2 + (y_3 - y_5)^2}$$

$$\sqrt{(x_2 - x_0)^2 + (y_2 - y_0)^2} = \sqrt{(x_4 - x_5)^2 + (y_4 - y_5)^2},$$

welche die Form der Gleichung (1) von § 39 haben, und aus dem Bestehen der Gleichung (2) desselben Paragraphen auf das Bestehen der Gleichung

$$\sqrt{(x_2 - x_1)^2 + (y_2 - y_1)^2} = \sqrt{(x_4 - x_3)^2 + (y_4 - y_3)^2}$$

geschlossen werden kann.

Während also den geometrischen Gegenständen arithmetische Gegenstände, den geometrischen Relationen (Eigenschaften) arithmetische Relationen, also Relationen ganz anderer Art entsprechen,

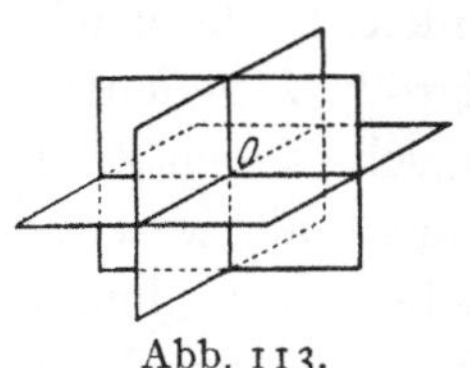

Abb. 113.

so werden doch jene Gegenstände und Relationen in gewissem Sinne von denselben Tatsachen allgemeiner Art, d. h. von denselben Gesetzen oder Regeln (Axiomen) beherrscht wie diese.

Wie nun in der Ebene zwei aufeinander senkrechte Gerade eingeführt worden sind, so kann man im Raume drei Ebenen einführen, die durch denselben Punkt O, den Anfangspunkt, gehen und aufeinander senkrecht stehen (Abb. 113). Die Lage eines Punktes P im Raum kann dann durch die — auf eine Längeneinheit sich beziehenden — Maßzahlen x, y, z der drei Abstände beschrieben werden, die der Punkt P von jenen drei Ebenen hat. Dabei wird die Maßzahl des Abstandes von einer Ebene stets auf einer bestimmten Seite dieser

Ebene positiv, auf der anderen negativ gerechnet, und es entsprechen die acht Vorzeichenkombinationen

$$+ + + \qquad - + + \qquad - - + \qquad + - +$$
$$+ + - \qquad - + - \qquad - - - \qquad + - -,$$

die für das Zahlentripel x, y, z möglich sind, den acht räumlichen Winkeln (Oktanten), in die der unendliche Raum durch jene drei Ebenen zerfällt, und die den Punkt O umgeben (Abb. 113).

Es läßt sich jetzt beweisen, daß den Punkten, die auf einer bestimmten Ebene gelegen sind, diejenigen Zahlentripel entsprechen, die einer bestimmten Gleichung

$$a x + b y + c z + d = 0$$

mit konstanten Koeffizienten genügen, von denen a, b und c nicht alle drei gleich Null sind. Vier Punkten P_1, P_2, P_3, P_4, welche in der wechselseitigen Eigenschaft zueinander stehen, daß die Abstände $\overline{P_1 P_2}$ und $\overline{P_3 P_4}$ einander gleich sind, entsprechen vier Zahlentripel

$$x_1, y_1, z_1, \quad x_2, y_2, z_2, \quad x_3, y_3, z_3, \quad x_4, y_4, z_4,$$

für welche die Gleichung

$$\sqrt{(x_2 - x_1)^2 + (y_2 - y_1)^2 + (z_2 - z_1)^2} = \sqrt{(x_4 - x_3)^2 + (y_4 - y_3)^2 + (z_4 - z_3)^2}$$

erfüllt ist.

Man erkennt, daß sich der Raum in ähnlicher Weise auf die dreifache Zahlenmannigfaltigkeit abbildet wie die Ebene auf die zweifache. Das beschriebene Verfahren, welches gestattet, die Untersuchung geometrischer Gebilde auf die Untersuchung arithmetischer zurückzuführen, wird als „analytische Geometrie" bezeichnet. Der Gedanke, der zu dieser Bezeichnung geführt hat, war wohl der, daß die geometrischen Gebilde durch ihre arithmetische Darstellung „analysiert" werden, und es hat sich vielleicht im Anschluß an die „analytische Geometrie" die Ausdrucksweise gebildet, welche den Teil der Mathematik, der in rechnender Weise vor sich geht, mit dem Namen „Analysis" belegt[1]

Sechster Abschnitt

Widerspruchslosigkeit und Unabhängigkeit der geometrischen Axiome. Höhere Mannigfaltigkeiten.

§ 42. Die Widerspruchslosigkeit der euklidischen Geometrie.

Es wird von den neueren Mathematikern großer Wert darauf gelegt, daß sich die Widerspruchslosigkeit der geometrischen

---

[1] Mit anderen Anwendungen der Worte „analytisch" und „synthetisch", namentlich mit den von Kant so genannten analytischen und synthetischen Urteilen (§ 127) hat das nichts zu tun.

Axiome beweisen läßt[1]). Von philosophischer Seite wird dagegen eingewendet: „Nicht das Fehlen des Widerspruchs ist es, was die Existenz eines Begriffs beweist, sondern umgekehrt ist es die Existenz eines Begriffs, die seine Widerspruchslosigkeit verbürgt[2])." Grundsätzlich glaube ich, daß die letzte Auffassung durchaus zugegeben werden muß; trotzdem liegt in der Geometrie ein besonderer Fall vor, der einen Beweis der Widerspruchslosigkeit wünschenswert und zugleich möglich macht. Wer die unerschütterliche Überzeugung von der unbedingten Gültigkeit der Grundbegriffe der Geometrie und der von EUKLID an sie geknüpften Axiome hat, wer, kurz gesagt, diese Axiome als etwas Notwendiges, d. h. „Apriorisches", ansieht, wird wohl zunächst kein Bedürfnis nach einem solchen Beweis fühlen. Nun ist aber doch diese Überzeugung von der Apriorität der Geometrie neuerdings stark erschüttert worden. Jedenfalls wird man zugeben müssen, daß die euklidischen Axiome logisch nicht bewiesen werden können. Die Arithmetik jedoch wird so ziemlich allgemein als ein in sich notwendiges, apriorisches Gebiet angesehen; in der Tat lassen sich auch fast alle ihre Sätze „rein logisch" beweisen[3]).

Die Arithmetik kann also als ein unbedingt sicher begründetes Gebiet angesehen werden, in dem Widersprüche, auch bei noch so weit fortgesetzter Weiterentwicklung, ausgeschlossen sind. Bedenkt man nun die in dem vorigen Paragraphen geschilderte Abbildbarkeit der geometrischen Theorie EUKLIDS auf die arithmetische Theorie, so kann daraus ein völlig strenger Rückschluß auf die Widerspruchslosigkeit der euklidischen Geometrie gezogen werden. Um sich dies ganz klar zu machen, denke man sich die Worte „Punkt", „Gerade", „Ebene" und die dazu gehörenden Relationsbegriffe ihrer geometrischen Bedeutung entkleidet und verstehe unter einem Punkt nichts als ein Zahlenpaar bzw. ein Zahlentripel, unter einer Geraden in der Ebene, unter einer Ebene im Raum nichts als eine Gleichung von der erwähnten Form usw.; es werden dann die Axiome der euklidischen Geometrie in dem neuen Sinne der in sie eingehenden Begriffe im arithmetischen Gebiet wirklich unbedingt erfüllt, was deshalb auch von allen den Lehrsätzen gelten muß, die sich logisch

---

[1]) Vgl. HILBERT, Grundlagen der Geometrie, 1899, S. 19—21.

[2]) Vgl. BRUNO BAUCH, Kantstudien, Bd. 12, 1907, S. 228; CASSIRER, ebenda, S. 41; COUTURAT, Revue de Métaphysique et de Morale, t. 14, no. 2, 1906.

[3]) Hiervon bilden m. E. gewisse Sätze eine Ausnahme, in denen von der Gesamtheit aller oder von der Gesamtheit derjenigen reellen Zahlen die Rede ist, die zwischen zwei Grenzen enthalten sind. Zum Beweis dieser Sätze ist die Annahme der Existenz des — einfachen, d. h. linearen — Kontinuums erforderlich. Ich glaube dargetan zu haben, daß dieses entgegen der ziemlich üblichen Behauptung nicht rein logisch konstruiert werden kann (vgl. den Schluß von § 76); trotzdem kann man es wohl als in sich notwendige, also apriorische Form gelten lassen (vgl. § 134).

notwendig aus den Axiomen folgern lassen. Es können also auch die Folgerungen aus den Axiomen nicht untereinander in einen Widerspruch geraten.

Die Untersuchung der Widerspruchslosigkeit ließe sich auch in anderen mathematischen Wissenschaften durchführen, z. B. in gewissen Teilen der Mechanik, jedoch dürfte sie z. B. schon in der Mechanik kaum dieselbe Wichtigkeit wie in der Geometrie besitzen.

§ 43. Die Unabhängigkeit des Parallelenaxioms von den anderen Axiomen oder die Widerspruchslosigkeit der nichteuklidischen Geometrie.

In unmittelbarem Zusammenhange mit der Frage nach der Widerspruchslosigkeit steht die Frage nach der Unabhängigkeit[1] der Axiome. Sie hat nur mit Rücksicht auf gegebene, bestimmt gefaßte Axiome einen klaren Sinn. Sind solche bestimmte, einander nicht widersprechende Axiome gegeben, so kann man untersuchen, ob das Gegenteil eines dieser Axiome zusammen mit den übrigen Axiomen Widerspruchslosigkeit ergibt. Ist diese Widerspruchslosigkeit vorhanden, die etwa wiederum durch Abbildung auf arithmetische Gebilde bewiesen wird, so erkennt man hieraus, daß jenes eine Axiom von den anderen unabhängig ist.

Für jedes einzelne Axiom die hier angedeutete Untersuchung durchzuführen, würde sehr umständlich und vielleicht auch nicht besonders fruchtbar sein. Eine teilweise Untersuchung der Unabhängigkeit der Axiome hat mit Rücksicht auf deren Einteilung in Axiomgruppen HILBERT durchgeführt[2]. So hat er gezeigt, daß sich die Kongruenzaxiome nicht aus den Axiomen der anderen Gruppen herleiten lassen, indem er arithmetische Mannigfaltigkeiten konstruiert hat, die allen anderen Axiomgruppen genügen, jedoch den ersten Kongruenzsatz nicht erfüllen. Er hat ebenso eine widerspruchslose Geometrie nachgewiesen, in der das archimedische Axiom und somit auch das DEDEKINDsche Stetigkeitsaxiom nicht gilt, während die anderen Axiome erfüllt sind.

Daß das Parallelenaxiom (§ 3) von den anderen Axiomen unabhängig, d. h. daß die nichteuklidische Geometrie LOBATSCHEFSKIJS[3])

---

[1]) F. KLEIN hat bereits 1872 auf die allgemeine Fragestellung nach der Unabhängigkeit der Grundannahmen aufmerksam gemacht, und zwar nicht nur für die Geometrie (Erlanger Programm, abgedruckt in Bd. 43 der Mathematischen Annalen, S. 96).

[2]) Grundlagen der Geometrie 1899, S. 19—26.

[3]) Übereinstimmend ist damit die Geometrie von J. BOLYAI. Ich ziehe der Einfachheit wegen nur diese nichteuklidische Geometrie in Betracht, weil dann die Axiome der Anordnung nicht modifiziert zu werden brauchen.

widerspruchslos ist, war schon früher gezeigt worden[1]). Dieser Beweis trat ursprünglich in der Form auf, daß *unter der Voraussetzung der Gültigkeit der euklidischen Geometrie* die Widerspruchslosigkeit der nichteuklidischen in der Weise bewiesen wurde, daß man die nichteuklidische Geometrie auf die euklidische „abbildete" oder, wie man

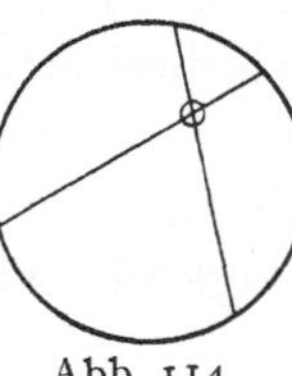

Abb. 114.

sich auch ausdrückt, jene in diese „einbaute". Zu diesem Zwecke denke man sich einen Kreis[2]). Die Punkte, welche im Innern des Kreises gelegen sind, sollen allein in Betracht gezogen, die Punkte, welche außerhalb oder auf der Peripherie liegen, gewissermaßen als nicht vorhanden angesehen werden. Von den Geraden der Ebene sollen nur diejenigen, die

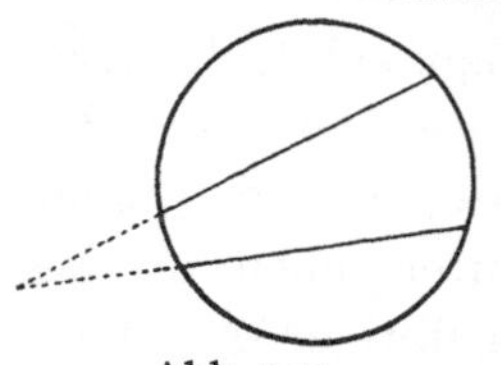

Abb. 115.

durch den Kreis hindurchgehen, in Betracht gezogen werden, und von diesen jedesmal auch nur der Teil, der im Innern des Kreises gelegen ist, zu welcher Strecke dann die zugehörigen Enden nicht hinzuzurechnen sind. Die in Betracht gezogenen Punkte und Geradenteile seien die „Punkte" und die „Geraden" unserer neuen, jetzt zu definierenden Geometrie. In dieser werde ein Punkt

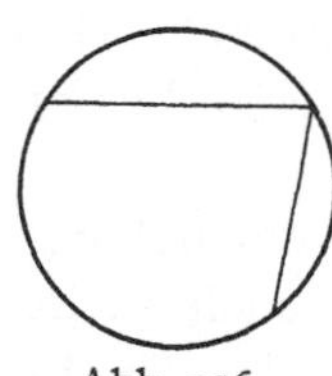

Abb. 116.

als „auf einer Geraden liegend" bezeichnet, wenn er im Sinne der gewöhnlichen Geometrie auf dem betreffenden Geradenteil liegt. Zwei Gerade der neuen Geometrie haben einen Punkt gemein, wenn die beiden betreffenden Geradenteile der gewöhnlichen Geometrie, welche jene Geraden vorstellen, einen im Innern des Kreises gelegenen Punkt gemein haben (Abb. 114), aber nicht dann, wenn die beiden unendlichen Geraden, denen die genannten Teile angehören, außerhalb des Kreises (Abb. 115) oder auf der Peripherie (Abb. 116)

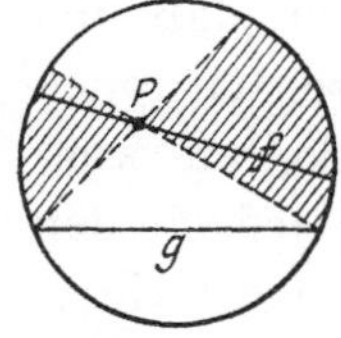

Abb. 117.

einen Punkt gemein haben. Ein Punkt liegt im Sinne der neuen Geometrie zwischen zwei anderen, wenn er im Sinne der gewöhnlichen Geometrie zwischen ihnen liegt.

Es ist nun nicht schwer, einzusehen, daß hinsichtlich der durch einen Punkt P führenden Strahlen und einer Geraden g im Sinne unserer neuen Festsetzungen gerade das eintritt, was die Geometrie LOBATSCHEFSKIJs (§ 3) annimmt; diejenigen Strahlen f, welche durch einen gewissen Winkel laufen, der in Abb. 117 schraffiert worden ist, treffen die Gerade g nicht.

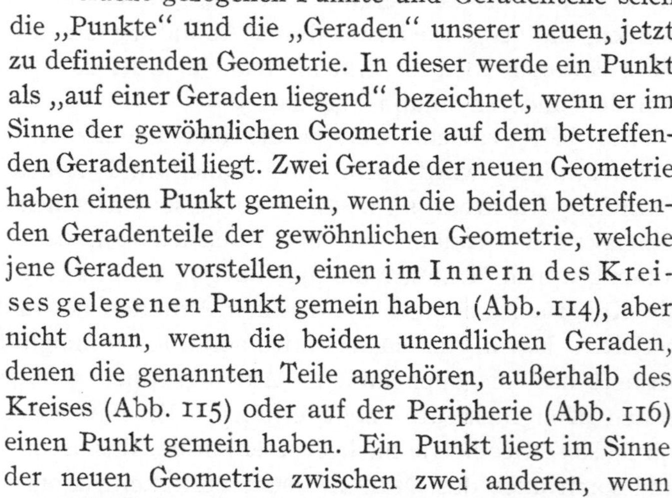

---

[1]) Vgl. BELTRAMI, Saggio di interpretazione della geometria noneuclidea, Giornale di Matematiche, t. 6 (1868), p. 284; HILBERT, a. a. O., S. 22.

[2]) Man kann allgemein eine Ellipse oder auch einen anderen Kegelschnitt nehmen, wobei man dann das „Innere" entsprechend zu deuten hat.

Zwei Strecken AB und $A'B'$ auf derselben Geraden der neuen Geometrie — d. h. also auf einem jener in Betracht gezogenen Teile — sollen nun als „gleich" angesehen werden, wenn sie einander in dem Sinne jener künstlichen Gleichheit von § 18 in bezug auf die beiden Schnittpunkte X, Y, welche die betreffende unendliche Gerade mit dem Kreis bestimmt, und welche als „Flucht-punkte" genommen werden sollen, einander „pro-jektiv gleich" sind (Abb. 118). Dabei verschlägt es selbstverständlich dieser Definition gar nichts, daß die beiden Punkte X und Y, welche nur als Fluchtpunkte die Gleichheitsdefinition zu vermit-teln haben, gar nicht selbst als Punkte der neuen

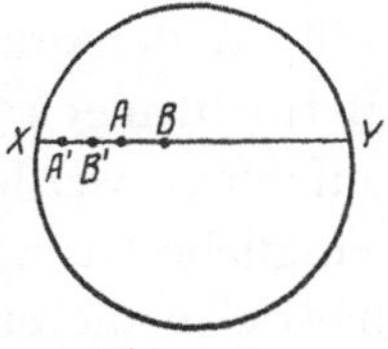

Abb. 118.

Geometrie in Betracht kommen. Verlängert man die Strecke AB über A oder über B hinaus um sich selbst einmal, zweimal, dreimal usw., so erreicht man den Punkt X bzw. Y niemals (vgl. § 20), und es ist die im neuen Sinne genommene Gerade, die als endlicher Teil einer euklidischen Geraden dargestellt ist, im nichteuklidischen Sinne unendlich lang und hat keine Enden.

Die Definition der Gleichheit für zwei Strecken AB und $A'B'$, die auf verschiedenen Geraden liegen, besteht in unserer neuen Geo-metrie in der Forderung, daß die Schnittpunkte der drei Geradenpaare
$$XA',\ X'A;\quad XB',\ X'B;\quad XY',\ X'Y$$
in gerader Linie liegen sollen, wobei natürlich X' und Y' in Beziehung auf die durch A' und B' gehende Gerade dieselbe Bedeutung haben wie X und Y in Beziehung auf die durch A und B gehende (Abb. 119). In analoger, freilich noch verwickelterer Weise gelangt man zu einer Erklärung für die Gleichheit zweier Winkel. Auf Grund der gegebenen Erklärungen läßt sich be-weisen, daß zwei Strecken, die in dem neuen Sinne des Wortes einer dritten gleich sind, ein-ander gleich sind, daß für drei Punkte A, B, C, von denen B auf der Verbindungslinie der bei-den anderen zwischen diesen gelegen ist, und für drei eben solche Punkte A', B', C' der Satz gilt, daß aus $AB = A'B'$ und $BC = B'C'$ auch

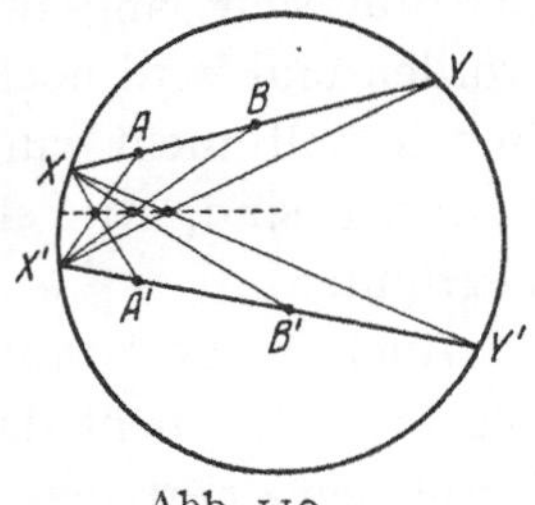

Abb. 119.

die Gleichung $AC = A'C'$ folgt, und daß für die Winkel ent-sprechende Sätze bestehen. Es läßt sich aber auch die Gültigkeit der Dreieckskongruenzsätze zeigen.

Man gelangt so zu einem System, in dem außer dem Parallelen-axiom die sämtlichen Axiome der euklidischen Ebene im alten Wort-laut gültig sind, falls man den Begriffen die neuen Bedeutungen unterlegt. Auch die Erweiterungen dieser Betrachtungen für den

Raum ist ohne weiteres möglich, wodurch ein der räumlichen Geometrie Lobatschefskijs entsprechendes System von Tatsachen entsteht. Es folgt also mit logischer Notwendigkeit, daß diese Geometrie widerspruchslos sein, oder mit anderen Worten, daß das Parallelenaxiom von den anderen Axiomen Euklids unabhängig sein muß.

Voraussetzung war aber hier die Gültigkeit oder, wenn man lieber will, Widerspruchslosigkeit der euklidischen Geometrie, auf der die Betrachtungen aufgebaut worden sind. Nun darf dies aber nicht so aufgefaßt werden, als bildete die euklidische Geometrie eine unumgängliche Grundlage[1]). Genau so, wie eben die nichteuklidische Geometrie in die euklidische „eingebaut" worden ist, läßt sich auch die euklidische in die nichteuklidische einbauen, und beide lassen sich unabhängig voneinander durch Abbildung auf arithmetische Mannigfaltigkeiten begründen, d. h. als widerspruchslos nachweisen. In der Tat bildet die Arithmetik als das sicher von der Erfahrung unabhängige, also unbedingt gültige, apriorische Gebiet die natürliche Grundlage für derartige Beweise der Widerspruchslosigkeit.

§ 44. John Stuart Mills Äußerungen zum Parallelenaxiom.

Aus dem Vorhergehenden dürfte schon zur Genüge hervorgehen, daß alle Versuche, das Parallelenaxiom aus den anderen Axiomen Euklids zu beweisen, scheitern müssen. Wir verdanken ja auch die Entdeckung der nichteuklidischen Geometrie den folgerichtig durchgeführten Bemühungen der Mathematiker um den Beweis des Parallelenaxioms[2]), die schließlich zu dem Experiment hinführen mußten, dieses Axiom versuchsweise aufzugeben. Dieser Sachverhalt ist natürlich nur sehr langsam in nichtmathematischen Kreisen bekannt geworden und wird noch heute vielfach nicht richtig gewertet. Es darf uns deshalb nicht wundern, wenn noch in neuester Zeit Versuche aufgetreten sind, die euklidische Parallelentheorie als notwendig zu begründen.

Auch John Stuart Mill hat sich mit der Parallelentheorie abgegeben. Er sucht das Ziel durch eine Änderung der Definition der Parallelen zu erreichen. Er sagt, parallele Gerade seien solche Gerade, die überall denselben Abstand voneinander haben[3]). Es kann wohl

---

[1]) Diese Auffassung hat neuerdings hauptsächlich Natorp zu begründen und damit die Lehre Kants von der Apriorität der gewöhnlichen Geometrie zu stützen versucht (a. a. O., S. 293ff., 309ff.).

[2]) Hinsichtlich der geschichtlichen Entwicklung vgl. R. Bonola, Die nichteuklidische Geometrie, deutsch von H. Liebmann, 1908, S. 1 ff.

[3]) J. St. Mill, A system of logic rationative and inductive, 7. Ausg., Bd. 2, 1868, S. 156. Dieselbe Definition ist schon im 1. Jahrhundert v. Chr. versucht worden, vgl. Bonola-Liebmann, a. a. O., S. 2.

keinem Zweifel unterliegen, daß er unter „Abstand" die Länge einer auf beiden Geraden senkrechten Strecke versteht. Er nimmt also hinsichtlich der beiden einander parallelen Geraden g und g' an, daß jede Gerade, die auf g senkrecht steht, auch auf g' senkrecht steht, und daß alle die zwischen g und g' fallenden Stücke der genannten Geraden einander gleich sind. Um deutlich zu machen, was hier alles gefordert wird, denke man sich einmal in jedem Punkt der Geraden g ein Lot errichtet und auf allen diesen Loten eine und dieselbe Strecke a abgetragen (Abb. 120). Es folgt aus den Axiomen der euklidischen Geometrie, wenn dabei das Parallelenaxiom fortgelassen wird, keineswegs, daß der geometrische Ort c der Endpunkte dieser Lote eine Gerade sein muß, und wenn dieser Fall einträte, müßte dann erst noch bewiesen werden, daß diese Gerade ihrerseits auf den sämtlichen Loten senkrecht steht[1]).

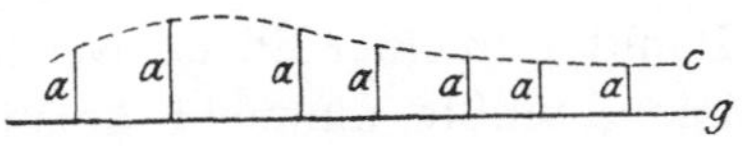

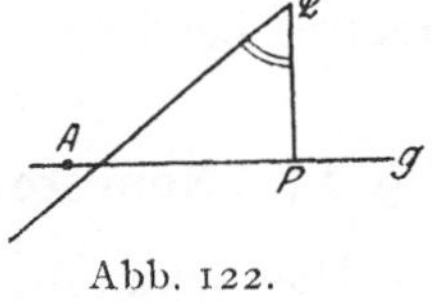

Abb. 120.

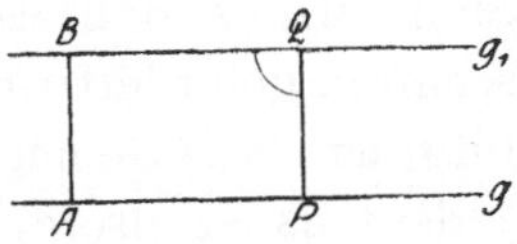

Abb. 121.

Errichtet man auf g zunächst ein Lot AB und zieht durch B eine auf AB senkrechte Gerade g_1 (Abb. 121), so kann diese bekanntlich g niemals schneiden, wie weit man die beiden Geraden auch verlängert[2]). Falls nun auf g ein zweites Lot in P errichtet wird, welches die Gerade g_1 in Q trifft, so braucht der bei Q entstandene Winkel, falls das Parallelenaxiom nicht vorausgesetzt wird, kein rechter zu sein. Wird aber nun nachträglich das Parallelenaxiom Euklids noch hinzugefordert[3]), so muß eine in Q an QP nach der Seite von A angelegte Halbgerade die Gerade g treffen, wenn der Winkel, unter dem sie angelegt worden ist, kleiner ist als ein rechter (Abb. 122), während im anderen Fall, falls der genannte Winkel größer als ein rechter ist (Abb. 123), die Rückwärtsverlängerung der Halbgeraden mit der Geraden g zum Schnitt kommen muß. Indem die obige Gerade g_1 die Gerade g niemals schneiden konnte, bleibt nunmehr, da das Parallelenaxiom jetzt vorausgesetzt wird, nichts anderes mehr übrig, als daß der von g_1 mit PQ gemachte Winkel, der in Abb. 121 hervor-

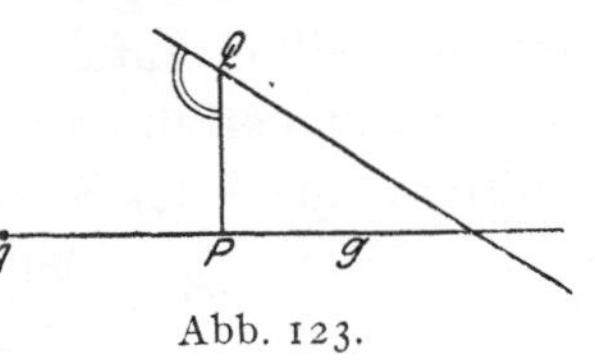

Abb. 122.

Abb. 123.

---

[1]) Über die „Abstandslinie" in der nichteuklidischen Geometrie vgl. H. Liebmann, Nichteuklidische Geometrie, 1905, S. 92.

[2]) Euclidis elementa, Liber I, Nr. XXVII.

[3]) Vgl. § 3.

gehoben wurde, gerade ein rechter ist. Es kann dann auch gezeigt werden, daß $AB = PQ$ ist, worauf hier nicht eingegangen werden soll.

Es wird jetzt schon einigermaßen einleuchten, daß auf Grund des Axioms, das wir das euklidische Parallelenaxiom zu nennen pflegen — obwohl in ihm in der von EUKLID gewählten Form das Wort „parallel" gar nicht vorkommt — die MILLsche Namenserklärung der Parallelen möglich wäre, daß aber damit kein Vorteil erreicht würde. Daß eine solche Parallele zu einer Geraden g durch einen Punkt P in einer Ebene, welche g und P enthält, stets gezogen werden kann, müßte nunmehr umständlich bewiesen werden. Wollte man aber das euklidische Parallelenaxiom nicht fordern, so müßte man als neues Axiom ausdrücklich voraussetzen, daß eine Parallele im Sinne MILLs, daß also eine Gerade existiert, von der so viele Eigenschaften gefordert werden. Damit wäre aber gewiß nicht die Zurückführung der Geometrie auf einfachere Voraussetzungen erreicht. Jedenfalls ist also durch die früheren Überlegungen die Unabhängigkeit des euklidischen Parallelenaxioms von den anderen Axiomen EUKLIDS, d. h. die Widerspruchslosigkeit der nichteuklidischen Geometrie bewiesen.

§ 45. Neueste Versuche, das Parallelenaxiom aufzufassen.

Das bekannte Verfahren, die Sätze über die Winkel an Parallelen im Zusammenhang mit den Begriffen „Richtung" und „Richtungsunterschied" einzuführen, spielt immer noch im Unterricht eine Rolle. Bei diesem Verfahren bewirkt das Wort „Richtungsunterschied", daß stillschweigend der Satz benutzt wird: Zwei Gerade g und g_1, die mit einer Geraden gleiche Winkel (gemischte Gegenwinkel) machen, tun dies auch mit jeder anderen Geraden (Abb. 124). Die Annahme dieses Satzes ist aber mit der Annahme des Parallelenaxioms gleichbedeutend.

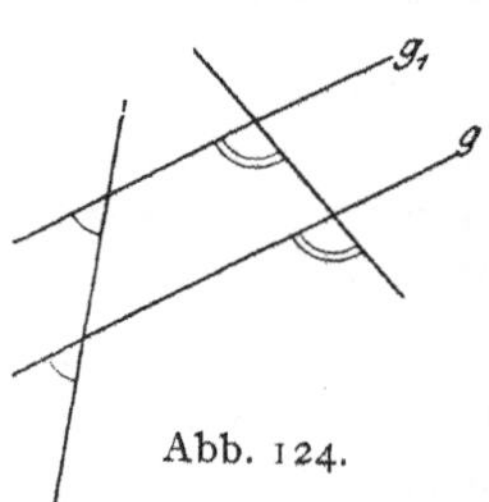

Abb. 124.

Ein neuer Versuch, das Parallelenaxiom zu beweisen, der an einen Gedanken von A. RIEHL anknüpft, findet sich in HEYMANS „Gesetzen des wissenschaftlichen Denkens"[1]). Ich will dabei von der Einkleidung des Grundgedankens absehen, bei der auf die Tasterfahrungen zurückgegriffen und von den Gesichtserfahrungen abgesehen werden soll, und demgemäß eine „Raumanschauung des Blindgeborenen" konstruiert wird. Die Hauptsache ist dabei, daß die geradlinige Bewegung eines Punktes im Raum, welcher der Beobachter tastend folgt,

---

[1]) 2. Aufl. 1905, S. 204 ff.

mathematisch gesprochen in drei Komponenten zerlegt wird: nach vorn, nach oben und nach der Seite. Indem nun die Bewegung auch als mit konstanter Geschwindigkeit vor sich gehend gedacht wird, und die Komponenten in Abhängigkeit von der Zeit mit Berücksichtigung der Proportionalität angesetzt werden, ergibt sich eine „analytische"[1]) Darstellung der Geraden, die das Parallelenaxiom zu folgern erlaubt.

Um diesen Gedankengang zu bewerten, genügt es, auf die hier in § 38 gegebene Herleitung der Gleichung der Geraden hinzuweisen, welche die ganz gewöhnliche, seit der Erfindung der analytischen Geometrie gebräuchliche ist. Es geht aus dieser bereits hervor, daß man mit der Komponentenzerlegung der Strecken oder, was dasselbe ist, mit der Addition gerichteter Strecken (Vektoraddition) im Zusammenhang mit den Lehrsätzen von den Proportionen der Strecken an Parallelen auskommt. Dabei ist es nicht einmal nötig, die Begriffe der Zeit und der Geschwindigkeit in die Betrachtung miteinzubeziehen. Natürlich umfassen die Beziehungen der gewöhnlichen analytischen Geometrie auch das Parallelenaxiom mit. Die Hilfsmittel aber, die hier benutzt worden sind, d. h. die Lehrsätze von der Streckenaddition und von den Proportionen an Parallelen, stellen solche Sätze dar, die Euklid nicht zu den Voraussetzungen rechnet, sondern mit Hilfe des Parallelenaxioms beweist. Es ist ein Irrtum von Heymans, zu glauben, daß er damit das Parallelenaxiom an und für sich als notwendig nachgewiesen habe. Es sind jetzt eben andere Voraussetzungen gemacht worden, wobei außerdem der Mathematiker den Voraussetzungen Euklids den Vorzug der Einfachheit geben wird.

Der Philosoph Cornelius hat die unbedingte Notwendigkeit der euklidischen Geometrie daraus folgern wollen, daß, wie er glaubt, nur in dieser Geometrie „wirklich gerade" Linien existieren. Dabei geht er davon aus, daß nur in der euklidischen Geometrie ähnliche Figuren möglich sind[2]), und definiert die Gerade als eine solche Linie, bei der *jeder Teil jedem anderen Teile ähnlich ist*. In weiterer Ausführung dieses Gedankenganges hat Mohrmann zu beweisen versucht, daß aus der Existenz von Linien, welche der eben gegebenen Definition genügen, und aus den übrigen Axiomen Euklids das Parallelenaxiom sich ableiten lasse.

Man wird geneigt sein, der Definition der Geraden, die Cornelius gegeben hat, zuzustimmen, wenn man das Wort „ähnlich" zunächst nur in einem allgemein logischen Sinne nimmt. Ist aber die geometrische Ähnlichkeit gemeint, aus der allein wirkliche Schlüsse gezogen werden können, so wird man sich klar zu machen haben, was diese

---

[1]) Im Sinne von § 41, Schluß.   [2]) Vgl. § 5.

bedeutet. Definiert man die Ähnlichkeit von Polygonen, so kann man nicht umhin, von entsprechenden Ecken zu reden; daraus folgt, daß die Ähnlichkeit zwischen kontinuierlichen Linien erst dadurch einen Sinn bekommt, daß diese punktweise aufeinander bezogen, die Punkte der einen Linie denen der anderen zugeordnet sind. Die Ähnlichkeit zweier Linienstücke l und l' in der Ebene besteht also darin, daß nach der Vornahme einer solchen Zuordnung für je drei Punkte A, B, C der Linie l und die drei entsprechenden Punkte A', B', C' der Linie l' die Streckenproportion $AB : BC = A'B' : B'C'$ besteht, und die Winkel ABC und $A'B'C'$ einander gleich sind (Abb. 125). Da hier von geradlinigen Strecken und von Winkeln zwischen solchen die Rede ist, so setzt diese Erklärung *den Begriff der geraden Linie bereits voraus.*

Soll also die gerade Linie nicht als etwas Gegebenes angesehen, sondern im Sinne von CORNELIUS erst definiert werden, so kann

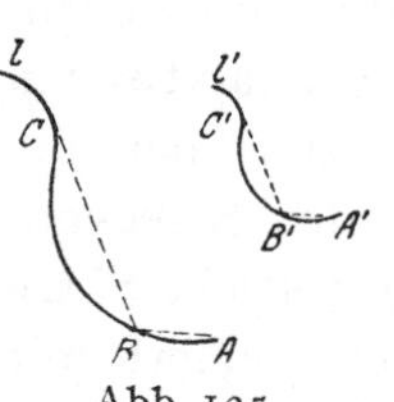

Abb. 125.

dieser Ähnlichkeitsbegriff dabei jedenfalls nicht benutzt werden. Sucht man aber den Ähnlichkeitsbegriff zweier Linien dahin abzuändern, daß man etwa nur verlangt, daß Bogenstücken zwischen Punkten der einen Linie proportionale Bogenstücke zwischen den zugeordneten Punkten der anderen Linie entsprechen, so würde man wieder nicht weiter kommen, weil nun zwei ganz beliebige Kurvenstücke einander ähnlich wären; man könnte ja, falls die Kurvenstücke gleich lang wären, ihre Punkte dadurch aufeinander beziehen, daß man stets um gleiche Stücke weiter ginge, und man könnte im anderen Falle bei der einen Kurve eine Maßstabsänderung vornehmen.

Der wirkliche Sachverhalt geht auch aus dem ausführlicheren Beweis hervor, den MOHRMANN an anderer Stelle für das Parallelenaxiom oder, was im Grunde auf dasselbe hinausläuft, für den Satz von der Winkelsumme im Dreieck gegeben hat. Er nimmt dabei tatsächlich an[1]), daß zwei Dreiecke, deren Seiten proportional sind, gleiche Winkel haben. Somit beruht der Beweis nicht auf jener Definition der Geraden, sondern es werden die Eigenschaften ähnlicher Dreiecke beweislos vorausgesetzt und benutzt[2]). Daß aber damit die nicht-

---

[1]) Jahresber. d. Deutschen Mathematikervereinigung, 23. Bd. 1914, S. 342.

[2]) MOHRMANN hat auch behauptet, daß man ohne Voraussetzung von Ähnlichkeit nicht messen könne (a. a. O., S. 177), was mir nicht verständlich ist. Zur Messung von Bögen gehört die Möglichkeit, zwei Bögen hinsichtlich der Gleichheit, des Größer- und Kleinerseins miteinander zu vergleichen (praktisch mit Hilfe eines Fadens) und die Annahme einiger Axiome über Bögen, die den in § 2 angegebenen Axiomen über gleiche Strecken und über die Abtragung von Strecken völlig analog sind.

euklidische Geometrie ausgeschlossen wird, und die euklidische allein übrig bleibt, ist von selber klar[1]).

Die in diesem und im vorigen Paragraphen erwähnten neueren Betrachtungen haben also nichts gebracht, was dem Mathematiker unbekannt gewesen wäre; sie beweisen insbesondere nicht, daß die euklidische Geometrie an und für sich notwendig, und die nicht-euklidische Geometrie unmöglich wäre. Auf Grund der streng durchgeführten Beweise, über die in § 43 berichtet worden ist, ist es zweifellos unmöglich, so etwas zu zeigen.

§ 46. Andere Arten des Aufbaus der Geometrie.

Unsere Erwägungen über die Axiome der Geometrie lassen es natürlich offen, daß noch andere Geometrien außer den betrachteten möglich sind, und daß auch die betrachteten Geometrien noch auf ganz andere Art aufgebaut werden können. So hat HELMHOLTZ die Möglichkeit erwähnt, die Begriffe Punkt und Abstand als die einzigen gegebenen Begriffe der Geometrie zu behandeln und damit die Lehrsätze der gewöhnlichen euklidischen Geometrie aufzubauen[2]). Im Grunde findet sich dieser Gedanke, wenn auch in einer etwas unklaren Form, bei LEIBNIZ. Dieser wollte die Ebene als den geometrischen Ort eines veränderlichen Punktes definieren, der von zwei gegebenen Punkten gleiche Abstände hat, und die gerade Linie als den Ort eines Punktes, der mit drei gegebenen Punkten drei einander gleiche Abstände macht[3]). Das Unzulängliche an den betreffenden LEIBNIZschen Betrachtungen bildet nur der Umstand, daß er keine dazu gehörigen Axiome eingeführt hat[4]) und infolgedessen nicht imstande ist, auf Grund seiner Definitionen die Lehrsätze zu beweisen. Der von ihm versuchte Beweis dafür, daß der Schnitt einer Ebene mit einer Kugeloberfläche ein Kreis ist[5]), ist nicht in Ordnung, und im Grunde weiß er nur deshalb, weil er stillschweigend die ganze alte Geometrie voraussetzt, daß seine Formulierungen die Ebene und die Gerade eindeutig definieren, daß der erstgenannte geometrische Ort eine Fläche, der zweitgenannte eine Linie ist. Ein wirklicher Aufbau der Geometrie von diesen Voraussetzungen aus müßte mit Hilfe von Axiomen, die sich auf Abstände von Punkten beziehen, und mit

---

[1]) Vgl. § 5.

[2]) Vorträge und Reden, 1884, 2. Bd., S. 260/61. HELMHOLTZ weist dabei ausdrücklich auf Sätze hin, welche die Stelle der Axiome einnehmen müßten

[3]) Vgl. Hauptschriften zur Grundlegung der Philosophie, übersetzt von BUCHENAU, herausgegeben von CASSIRER, 1 Bd., 1904, S. 80ff. (Philosophische Bibliothek, Bd. 107).

[4]) Vgl. auch was oben in § 2 (S. 12) über den Briefwechsel von LEIBNIZ und CONRING gesagt worden ist.

[5]) a. a. O., S. 83.

Rücksicht auf die genannten Definitionen die Tatsachen beweisen:

a) durch zwei verschiedene Punkte geht eine und nur eine Gerade, und

b) durch drei Punkte, die nicht auf einer Geraden liegen, geht eine und nur eine Ebene.

Bis auf einen gewissen Grad ist ein solcher Aufbau der Geometrie neuerdings ausgeführt worden.

§ 47. Wert der „Axiomatik".

Die Untersuchungen, welche die Widerspruchslosigkeit und die Unabhängigkeit von Axiomen betreffen, pflegt man als „axiomatische" zu bezeichnen. Es ist bereits hervorgehoben worden, daß solche Untersuchungen stets an ganz bestimmte Formulierungen der Axiome anknüpfen müssen. Es wäre sozusagen ein uferloser Plan, wenn man aus dem allgemeinen Begriff einer Geometrie, die nur im allgemeinen charakterisiert ist, ohne bestimmte Grundtatsachen anzunehmen, die Axiome, die überhaupt möglich sind, ableiten, wenn man gewissermaßen die Geometrie in ihre einfachsten Bestandteile zerlegen wollte. Solche an sich einfache Bestandteile existieren hier eben nicht.

Der Wert aller Axiomatik ist auch schon angefochten worden. So hat sie STUDY für unfruchtbar erklärt[1]). Er will als einzig wahren Aufbau der Geometrie die Begründung der Gesetze der arithmetischen Mannigfaltigkeiten gelten lassen, auf die wir den Raum abbilden können[2]). Die Frage der Anwendbarkeit dieser Gesetze auf die Körper ist für ihn dann eine zweite, die von der ersten völlig getrennt zu behandeln ist. Natürlich ist dieser Standpunkt folgerichtig und in sich selbst nicht angreifbar. Immerhin ist jene Begründung der Gesetze der arithmetischen Mannigfaltigkeiten verwickelt; die in § 42 und § 43 erwähnten Beweise der Widerspruchslosigkeit der euklidischen und der nichteuklidischen Geometrie fallen mit ihr zusammen. Vielleicht ist die genannte Begründung auch nur für den auffindbar, der die Geometrie zuerst aus Axiomen aufgebaut hat und dann zur „analytischen Geometrie" übergegangen ist. Auch scheint mir die Überzeugung von der Anwendbarkeit der Geometrie weniger darauf zu beruhen, daß etwa gewisse aus Messungen entsprungene Zahlenreihen mit solchen, die aus unserer Theorie hervorgehen, überein-

---

[1]) Vgl. „Die realistische Weltansicht und die Lehre vom Raume" (Die Wissenschaft, Einzeldarstellungen aus der Naturwissenschaft und der Technik, Bd. 54), 1914, insbesondere S. 134.

[2]) Vgl. § 41.

stimmen, als darauf, daß erstens die bekannten Axiome selbst einfachen Tatsachen entsprechen[1]), zweitens die aus den Axiomen gefolgerten Lehrsätze sowohl untereinander, als auch wiederum mit weiteren Erfahrungstatsachen in der auffallendsten Übereinstimmung stehen. Der Aufbau der Geometrie aus Axiomen hat auch deswegen einen Vorzug, weil diejenigen, die an den Ergebnissen mit Rücksicht auf die Anwendungen interessiert sind und die Geometrie nicht vom Standpunkt des Erkenntnistheoretikers betrachten, schneller und leichter in sie eingeführt werden, wenn man die Sätze aus einfachen Axiomen, die dann eben *als wahr angenommen werden*, herleitet und nicht den Umweg über jene verwickelten arithmetischen Gebilde nimmt.

Jedenfalls wird der Aufbau der Geometrie aus Axiomen immer seine Bedeutung behalten, und ebenso kommt gewiß auch der Frage der Widerspruchslosigkeit und der Unabhängigkeit der Axiome Interesse zu. Auch haben solche neue Fragen die Geometrie stofflich weiterentwickelt, wie z. B. doch die nichteuklidische Geometrie einer solchen Frage ihre Entstehung verdankt[2]). Doch wird man Study darin recht geben können, daß eine gar zu sehr ins einzelne gehende „Axiomatik" unfruchtbar werden kann. Eine nützliche Beschränkung in dieser Hinsicht liegt auch bereits in der von Hilbert vorgenommenen Zusammenfassung der Axiome in gewisse Gruppen, vorausgesetzt, daß dann von den Axiomen einer Gruppe entweder alle gefordert werden oder keines.

§ 48. Sogenannte vier- und mehrdimensionale Geometrie. Riemanns allgemeine Zahlenmannigfaltigkeiten.

Die dreifache Zahlenmannigfaltigkeit, die der Raumgeometrie entspricht, mit ihren Gebilden (vgl. § 41), kann auf vielerlei Arten verallgemeinert werden. Nahe liegt es, statt der Gesamtheit der Zahlentripel x, y, z die Zahlenquadrupel x, y, z, u zu betrachten und aus ihnen die entsprechenden Gebilde durch entsprechende Formeln aufzubauen, z. B. die den Geraden und Ebenen entsprechenden Gebilde mit Hilfe von Gleichungen ersten Grades zu definieren. Die Beschäftigung mit einer solchen vierfachen Mannigfaltigkeit bezeichnet man als Beschäftigung mit der „ebenen Geometrie von vier Dimensionen". Im Grunde gebraucht man damit nur ein Gleichnis, indem man entsprechend der Art und Weise, wie oben die dreidimensionale Geometrie auf die dreifache Zahlenmannigfaltigkeit wirklich

---

[1]) Vgl. den 14. Abschnitt.
[2]) Vgl. F. Engel, Nicolaj Iwanowitsch Lobatschefskij, Zwei geometrische Abhandlungen mit einer Biographie des Verfassers, 1899, S. 373—383.

„abgebildet" worden ist, jetzt gewisse in der vierfachen Zahlenmannigfaltigkeit gefundene Ergebnisse rückwärts in eine geometrische Sprache übersetzt. Alle die Begriffsbildungen in der 4. oder 5. oder einer höheren „Dimension" haben im Grunde nur eine arithmetische Bedeutung und Berechtigung[1]).

Auf diese Weise kann man z. B. beweisen, daß ein Körper mit seinem Spiegelbild — der rechte Handschuh mit dem linken — in der vierten Dimension durch stetiges Bewegen zur Deckung gebracht werden, daß ein Knoten in einem in sich zurücklaufenden, geschlossenen Faden ohne Zerschneidung des Fadens in der vierten Dimension gelöst werden „könnte", was beides in der dritten Dimension ein Ding der Unmöglichkeit ist.

Aber auch die nichteuklidische Geometrie kann in ähnlicher Weise in höhere Dimensionen übertragen werden. Wir wollen gleich die allgemeinsten Zahlenmannigfaltigkeiten betrachten, die von Riemann definiert worden sind. Er geht von einem System $x_1, x_2, \ldots, x_n$ von n Werten aus. Läßt man hier jede der Größen x_1, x_2 usw. unabhängig von den anderen alle reellen Zahlwerte annehmen, so kommt man zu einer n fachen Zahlenmannigfaltigkeit, die entweder in ihrer ganzen Ausdehnung oder auch nur in einem durch Einschränkung der Werte gebildeten Teil betrachtet werden kann. Jedes Wertsystem $x_1, x_2, \ldots, x_n$ wird als „Punkt" der Mannigfaltigkeit bezeichnet. Die zunächst völlig unbestimmte Aufgabe in einer solchen Mannigfaltigkeit Gebilde zu definieren, die den geometrischen Gebilden analog sind, löst Riemann durch eine den „Abstand" zweier „Punkte" betreffende, im Grunde willkürliche Annahme. Es sollen zwei Punkte $x_1, x_2, x_3, \ldots, x_n$ und $x'_1, x'_2, x'_3, \ldots, x'_n$ als benachbart bezeichnet werden, wenn die n Differenzen

$$\Delta_1 = x'_1 - x_1, \quad \Delta_2 = x'_2 - x_2, \ldots, \Delta_n = x'_n - x_n$$

sämtlich in ihren absoluten Zahlenwerten klein sind. Als Maßzahl des Abstandes zweier unendlich benachbarter Punkte wird dann die Quadratwurzel

$$(1) \qquad \sqrt{F(x_1, x_2, \ldots, x_n, \Delta_1, \Delta_2, \ldots, \Delta_n)}$$

angenommen, wobei $F(x_1, x_2, \ldots, x_n, \Delta_1, \Delta_2, \ldots, \Delta_n)$ eine von den Größen $x_1, x_2, \ldots, x_n, \Delta_1, \Delta_2, \ldots, \Delta_n$ nach einem Gesetz abhängige Größe bedeutet, welche sich aus den $\Delta_1, \Delta_2, \ldots, \Delta_n$ als homogener

---

[1]) Man hat auch schon den Aufbau der „Geometrie vierter, fünfter Dimension" usw. auf Axiome gegründet. Es ist klar, daß man zur Überzeugung der Widerspruchslosigkeit solcher Axiome nur durch den arithmetischen Beweis und nicht durch den Hinweis auf irgendwelche Anschauung oder Erfahrung gelangen kann.

algebraischer Ausdruck von der zweiten Dimension[1]) darstellt und noch bis auf einen gewissen Grad beliebig gewählt werden kann. Die Wahl dieses Ausdrucks bestimmt dann den Charakter der Mannigfaltigkeit oder, wie man sagt, die Art der „Geometrie", um die es sich handelt. Die Bedeutung jenes „Abstandes" und dessen, was wir hier „unendlich klein" nennen, wird erst durch das folgende deutlich werden.

Was Riemann in seiner Mannigfaltigkeit eine „Linie" nennt, ist nichts anderes als eine einfache (eindimensionale) und stetige Mannigfaltigkeit von Wertsystemen (Punkten). Man erhält eine solche Mannigfaltigkeit, wenn man n Funktionen[2])

$$\varphi_1(t), \ \varphi_2(t), \ \ldots, \varphi_n(t)$$

einer Veränderlichen t, z. B. n algebraische Ausdrücke, welche außer gegebenen Zahlen noch einen variabeln Wert t enthalten, wählt.

$$(2) \qquad x_1 = \varphi_1(t), \ x_2 = \varphi_2(t), \ \ldots, x_n = \varphi_n(t)$$

setzt und den variabeln Wert t alle Zahlwerte von t' bis t'' annehmen, d. h. also „t kontinuierlich von t' bis t'' laufen läßt" ($t' < t''$)[3]). Die Funktionen müssen außerdem noch gewisse Eigenschaften besitzen, insbesondere muß jede von der unabhängigen Veränderlichen t stetig abhängen (§ 33).

Zu dem Begriff der Länge einer Linie gelangt man nun folgendermaßen. Man schaltet zwischen den Werten t' und t'', die eben zur Verwendung gekommen sind, Zahlwerte $t_1, t_2, \ldots, t_k$ in großer Zahl, und zwar so ein, daß

$$(3) \qquad t' < t_1 < t_2 < \ldots < t_k < t'',$$

und daß alle Differenzen zwischen zwei aufeinanderfolgenden Werten der Folge (3) sehr klein sind. Es ergibt sich nun zugleich durch Einsetzen der Werte (3) in die Formeln (2) eine Folge von $k + 2$ Punkten unserer Mannigfaltigkeit, derart, daß je zwei aufeinanderfolgende benachbart sind. Die Summe aller Abstände zwischen je zwei aufeinanderfolgenden Punkten definiert uns nun für den Fall, daß die Abstände unendlich klein, und die Zwischenwerte $t_1, t_2, t_3, \ldots, t_k$ in unendlicher Zahl gedacht werden, die Länge der oben mit Hilfe des Zahlenintervalls $t' \ldots t''$ definierten stetigen Linie.

---

[1]) D. h. der Ausdruck besteht aus Gliedern von der Form $c\,\Delta_1^{\alpha_1}, \Delta_2^{\alpha_2}, \ldots, \Delta_n^{\alpha_n}$, wo jedesmal c von $\Delta_1, \Delta_2, \ldots, \Delta_n$ unabhängig ist, und jeder der Exponenten $\alpha_1, \alpha_2, \ldots, \alpha_n$ einen der Werte 0, 1 oder 2 und die Summe $\alpha_1 + \alpha_2 + \ldots + \alpha_n$ den Wert 2 hat.

[2]) Vgl. § 57.

[3]) Man könnte auch sagen, daß eine „kontinuierliche Folge" von Wertsystemen vorliege; doch wollte ich diesen Ausdruck lieber vermeiden, um das Wort „Folge" nur in seinem ursprünglichen logisch-psychologischen Sinne der diskreten Aufeinanderfolge anzuwenden.

Indem einer dieser unendlich kleinen Abstände mit ds bezeichnet wird, wendet man das Zeichen $\int ds$ auf die Länge der Linie an, da das „Integralzeichen“ $\int$ eine Summe aus unendlich vielen, unendlich kleinen Teilen bedeutet[1]). Noch besser wird man übrigens das Integral $\int ds$ nicht selbst als die Maßzahl des fraglichen Linienstückes ansehen, sondern nur die Gleichheit zweier Linienteile dadurch definieren, daß die beiden auf dieselben sich beziehenden Integrale von der Form $\int ds$ einander gleich sind, in welchem Fall dann nachher noch ein beliebig zu wählendes Linienstück zur Längeneinheit gemacht werden kann.

Der Ausdruck „Summe von unendlich vielen unendlich kleinen Teilen“ ist als ein abkürzender, den wahren Sachverhalt nur andeutender, im Sinne der sogenannten infinitesimalen Methode zu verstehen, die im siebenten Abschnitt näher auseinandergesetzt wird. An Stelle einer wirklichen Summe liegt hier ein bestimmter, durch einen ohne Ende fortgehenden Prozeß definierter Annäherungswert vor, in-

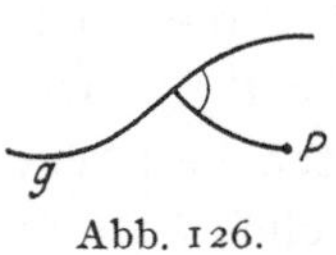

Abb. 126.

dem immer mehr Werte $t_1, t_2, \ldots, t_k$ zwischengeschaltet und immer neue Summen von einer immer größeren Zahl, immer kleiner werdender Glieder gebildet werden. So ist auch das Wort „unendlich kleiner Abstand“ nicht in dem logisch transzendenten Sinne einer Größe, die „kleiner ist als alle endlichen Werte“ zu verstehen, sondern nur so, daß jene Abstandsformel (1) die Bestimmung hat, in jenem unendlichen Prozeß zur Berechnung der Abstände der einander immer näher rückenden „Punkte“ gebraucht zu werden.

Auf Grund der gegebenen Definition der Länge einer Linie kann nun mit Hilfe der Methode der sogenannten Variationsrechnung die kürzeste Verbindungslinie zwischen zwei gegebenen Punkten gesucht werden, und RIEMANN definiert durch diese „Kürzeste“ dasjenige Gebilde, das in der neuen „Geometrie“, d. h. in der vorliegenden Zahlenmannigfaltigkeit der Geraden entspricht[2]). Die Aufgabe, die kürzeste Verbindung zwischen einer Geraden g und einem nicht auf ihr liegenden Punkt P zu finden (Abb. 126), führt dann weiter auf das von P auf g gefällte „Lot“, und es kann eben durch die rechnerische Behandlung

---

[1]) Das Integralzeichen $\int$ ist aus dem Buchstaben S entstanden, mit dem ursprünglich Summen bezeichnet wurden.

[2]) NATORP (Die logischen Grundlagen usw., S. 300) hat das Verfahren kritisiert, welches die Gerade als kürzeste Verbindungslinie definiert. Hierzu ist zu sagen, daß in der euklidischen Geometrie die Tatsache, daß die Gerade die Kürzeste ist, mit vollem Recht als ein Lehrsatz behandelt wird. In dieser Hinsicht stimme ich NATORPS Auffassung, welche auch diejenige KANTS war, völlig zu. Die Dinge liegen jedoch bei dem Ausgangspunkt, den RIEMANN genommen hat, anders. Ohne die obige oder eine andere ähnliche Definition würde man bei diesem Ausgangspunkt nicht zum Begriff einer „Geraden“ gelangen, und es würde dann der aufgestellte Begriff der Zahlenmannigfaltigkeit ein recht leerer sein.

der genannten Aufgabe diejenige Relation zweier sich schneidender Geraden der Mannigfaltigkeit gefunden werden, die der **Rechtwinkligkeit** entspricht.

Hieran lassen sich noch andere Begriffsbestimmungen knüpfen, z. B. die der Gleichheit zweier Winkel. Von diesen Begriffen hat derjenige der **Krümmung** der RIEMANNschen Mannigfaltigkeiten bei den Nichtmathematikern Anstoß erregt. Es ist zuzugeben, daß das Wort Krümmung ursprünglich dem gewöhnlichen Sprachgebrauch entlehnt ist und zunächst bei einer Fläche die Abweichung von der Ebene, bei einer Linie die von der geraden Richtung bedeutet, wobei dann die Fläche und die Linie in dem sie außen umgebenden gewöhnlichen Raum betrachtet werden. Demgegenüber ist die „Krümmung‟ RIEMANNS freilich etwas anderes. Man könnte aber doch höchstens ihren Namen anfechten. Sie hat an einer bestimmten Stelle in jeder Flächenrichtung eine durch die **inneren** Eigenschaften der Mannigfaltigkeit definierte Größe, die sich im Falle einer Fläche, die im euklidischen Raum gelegen ist, mit dem deckt, was in diesem Falle in der gewöhnlichen Geometrie als Krümmung bezeichnet wird.

Dabei kommt der Krümmung RIEMANNS auch ein Vorzeichen zu. So ist in einem Teil einer zweifachen Mannigfaltigkeit die Krümmung positiv oder negativ, je nachdem ein in diesem Teile gelegenes, aus kürzesten Linien gebildetes kleinstes Dreieck eine Winkelsumme besitzt, die größer oder kleiner als zwei Rechte ist. Wie die gewöhnliche Kugel überall eine positive Krümmung hat, so hat die nichteuklidische Ebene LOBATSCHEFSKIJS überall eine negative. Ebenso hat der (hyperbolische) Raum LOBATSCHEFSKIJS eine negative, der Raum der sogenannten elliptischen Geometrie eine positive Krümmung.

Auch der Umstand, daß sich neben dem Vorzeichen ein Zahlwert für die konstante Krümmung des nichteuklidischen Raumes herausrechnet, wenn ein bestimmter Zahlenansatz gemacht wird, ist gegen die nichteuklidische Geometrie geltend gemacht worden. Sie soll nicht bestimmt und deshalb nicht klar definiert sein[1]). Um den Sachverhalt an einem anschaulichen Gebilde klar zu machen, denke man sich zwei verschieden große Kugeln im euklidischen Raum. Mißt man Linienstücke, die auf der Oberfläche der einen gezogen sind, und dann die entsprechenden — etwa ähnlich vergrößerten — der anderen Kugel und legt beide Male dieselbe Strecke des Raumes als Maßeinheit zugrunde, so ergibt sich, daß alle linearen Maße der zweiten Kugel in

---

[1]) Vgl. H. MOHRMANN, Jahresber. d. Deutsch. Mathematikervereinigung, Bd. 23, 1914, S. 178; auch NATORP (a. a. O., S. 293) glaubt in einem ähnlichen Sinne, daß durch die Merkmale: „Einzigkeit, Unverrückbarkeit, Unendlichkeit, Homogeneität und Stetigkeit‟ die euklidische gerade Linie definiert sei.

einem gewissen Verhältnis vergrößert sind; dem entsprechend erscheint die Krümmung bei der zweiten (größeren) Kugel verkleinert. Mißt man aber die Bogenstücke auf jeder Kugel durch den Umfang eines Großkreises derselben Kugel, so ergibt die eine Kugel dieselben Maße wie die andere. In diesem Sinne gibt es also nur eine einzige Geometrie der Kugel, und ähnlich ist es mit der hyperbolischen und ebenso mit der elliptischen nichteuklidischen Geometrie.

Siebenter Abschnitt.

Methode der Grenzwerte oder Infinitesimalverfahren.

§ 49. Bestimmung des Inhalts der Kreisfläche.

Die sogenannte „Methode des Unendlichen", des „unendlich Kleinen" und des „unendlich Großen", beansprucht nach meiner Auffassung keine logischen Gesichtspunkte, die von denjenigen verschieden wären, die sonst die Mathematik beherrschen. Da jedoch infolge verschiedener Umstände hier sehr eigentümliche Betrachtungsweisen entstehen, erscheint es gerechtfertigt, dieser „Methode" einen besonderen Abschnitt zu widmen. Dazu kommt noch, daß mancherlei Behauptungen, die über das „Unendliche in der Mathematik" aufgestellt worden sind, widersprochen werden muß. Es sollen nun einige Beispiele gegeben werden.

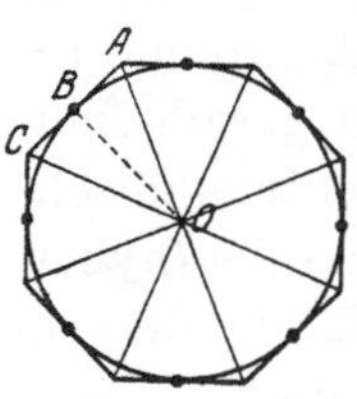

Abb. 127.

Ich will zuerst an die bekannte Bestimmung des Inhalts einer Kreisfläche erinnern. Dieser Inhalt kann nicht dadurch gefunden werden, daß man in eine endliche Zahl von Stücken zerschneidet, da in diesem Falle die Stücke nicht sämtlich geradlinig begrenzt wären, und somit bei ihrer Bestimmung wieder dieselbe Schwierigkeit sich ergeben würde.

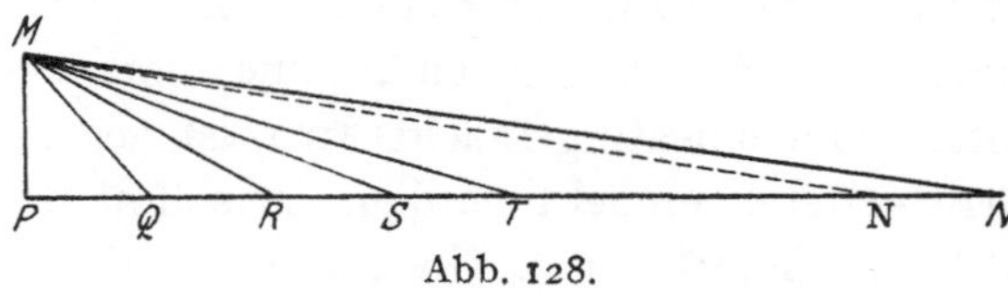

Abb. 128.

Man verfährt deshalb folgendermaßen. Man denkt sich die Peripherie in n gleiche Teile geteilt (vgl. Abb. 127, wobei acht Teile gewählt worden sind) und bildet ein umschriebenes Polygon von n Seiten, indem man in jedem jener Teilpunkte der Peripherie eine Tangente zieht. Das Polygon zerfällt in n Dreiecke durch die Verbindungslinien, die vom Mittelpunkt O nach den Ecken gezogen werden. Zu einem dieser Dreiecke OAC, dessen Seite AC wir als Grundlinie betrachten, und dessen Höhe OB gleich dem Kreisradius ist, konstruieren wir ein ihm gleiches MPQ, indem wir $PQ = AC$ machen und senkrecht auf PQ die Strecke $PM = OB$, d. h. gleich dem Kreisradius, errichten (Abb. 128). Verlängern wir nun PQ über Q hinaus um seine ursprüngliche Länge einmal, zweimal, dreimal usw., so daß wir zu den Punkten $R, S, T, \ldots, N$ gelangen, so sind die Dreiecke MPQ, MQR, MRS, ... als Dreiecke mit gleicher Grundlinie und Höhe einander und den in Abb. 127 um O gelagerten Dreiecken gleich. Ist also PN gerade das $n$fache von PQ, d. h. also das $n$fache von AC oder, was dasselbe heißt, ist PN gleich dem Umfang des n-Ecks von Abb. 127, so ist das ganze Dreieck MPN gleich dem $n$fachen jenes in Abb. 127 hervorgehobenen Dreiecks OAC, d. h. also gleich dem Inhalt jenes umbeschriebenen Polygons. Dabei ist die Höhe PM des Dreiecks MPN gleich dem Kreisradius.

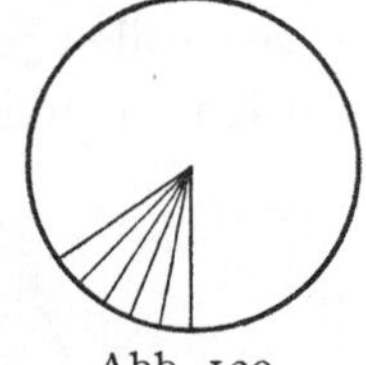

Abb. 129.

Läßt man nun die ganze Zahl n unendlich groß werden, so geht das umschriebene Polygon in den Kreis, die Länge PN in den Kreisumfang über, und man erkennt, daß der Inhalt der Kreisfläche einem Dreieck MPN gleich ist, das den Kreisumfang PN zur Grundlinie und den Kreisradius zur Höhe hat.

Die Überlegung, die eben in Erinnerung gebracht worden ist, wird auch folgendermaßen dargestellt. Man denkt sich die Kreisfläche aus „unendlich vielen, unendlich schmalen Sektoren" zusammengesetzt (Abb. 129). Indem man nun jeden dieser Sektoren als ein geradliniges Dreieck betrachtet, dessen Grundlinie das betreffende Bogenstück auf dem Kreise und dessen Höhe der Radius ist, kann man alle diese Dreiecke, welche die Höhe gemein haben, zusammenfügen; dadurch entsteht dann ein Dreieck, das den Kreisradius zur Höhe und die Summe jener Bogenstücke, d. h. den Kreisumfang, zur Grundlinie hat. In dieser Form der Überlegung ist eine gewisse Ungenauigkeit in die Augen springend. Man hat jedoch diese Form nur als eine abgekürzte Darstellung der vorigen ausführlicheren Überlegung anzusehen, in Hinsicht auf welche uns ein deutliches Gefühl sagt, daß sie im Endergebnis genau sein wird. Dazu freilich, dieses unbestimmte Gefühl[1] in eine Gewißheit zu verwandeln, bedarf es eines logisch einwandfreien Beweises. Die Gesichtspunkte, auf Grund deren sich ein vollkommen strenger Beweis führen läßt, werden erst später (§ 51 und 53) angegeben werden[2].

---

[1] Nicht mit Unrecht spricht Mach von „instinktiver" Erkenntnis (Die Mechanik in ihrer Entwicklung, 4. Aufl., 1901, S. 28/29).

[2] Es werden hier absichtlich alle die Schwierigkeiten übergangen, die in dem Begriff der Länge einer krummen Linie, im Begriff des Flächeninhalts und bei dem Beispiel von § 52 im Begriff der Geschwindigkeit liegen; Länge, Flächeninhalt und Geschwindigkeit sollen hier als gegebene Begriffe betrachtet werden.

§ 50. Dreiecke mit gleicher Grundlinie und Höhe.

Das folgende Beispiel, der infinitesimale Beweis des im vorigen
Paragraphen benutzten Lehrsatzes von der Gleichheit zweier Dreiecke, welche die Grundlinie und die Höhe gemein haben, ist noch
geeigneter für die spätere strengere Erörterung. Der genannte Satz
kann bekanntlich auch ohne die infinitesimale Methode bewiesen
werden[1]), doch ist diese Methode zum Beweis des analogen Satzes
der Raumgeometrie, der sich auf dreiseitige Pyramiden bezieht, notwendig[2]).

Ich denke mir ein Dreieck ABC, dessen Seite BC als Grundlinie
angesehen und horizontal gezeichnet werden soll, und teile die Seite AB
erst in zwei, dann in drei, dann in vier Teile usw. Der Einfachheit
wegen sollen jedesmal die Teile als untereinander gleich angenommen
werden. Durch jeden der Teilpunkte werde eine Parallele zu BC
gezogen, wodurch das
Dreieck schließlich in
streifenartige Stücke
zerfällt, deren jedes zu
einem Rechteck ergänzt
werden soll (Abb. 130).
Durch jede dieser Tei-
lungen wird über dem
Dreieck ABC eine staf-
felförmige Fläche be-

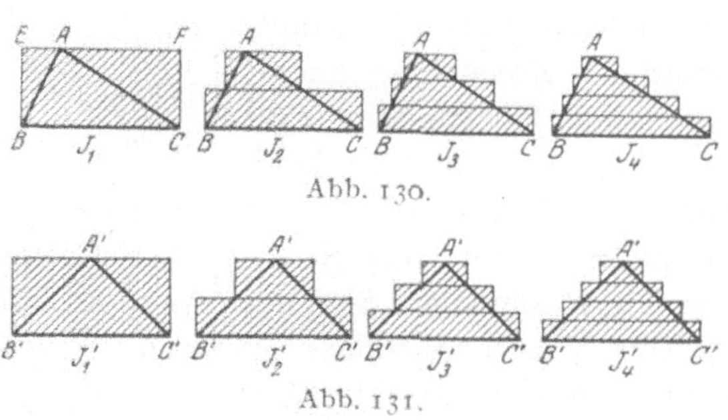

Abb. 130.

Abb. 131.

schrieben; sie ist in der Abbildung jedesmal schraffiert. Es entsteht
auf diese Weise eine unendliche Reihe solcher staffelförmiger Flächen,
als deren erste diejenige angesehen werden kann, die aus einem einzigen dem Dreieck umbeschriebenen Rechteck $EBCF$ besteht.

Angenommen nun, es sei noch ein zweites Dreieck $A'B'C'$ gegeben,
dessen Grundlinie $B'C'$ der Grundlinie BC, und dessen Höhe der
Höhe des vorigen Dreiecks gleich ist, so möge für dieses neue Dreieck
eine Reihe von Figuren nach demselben Gesetz konstruiert werden
(Abb. 131). Werden nun die Inhalte der über ABC konstruierten
Figuren mit $J_1, J_2, J_3, J_4, \ldots$, die Inhalte der über $A'B'C'$ konstruierten Figuren mit $J'_1, J'_2, J'_3, J'_4, \ldots$ bezeichnet, so erkennt man
die Richtigkeit der Gleichungen

(1) $J_1 = J'_1,\ J_2 = J'_2,\ J_3 = J'_3,\ J_4 = J'_4 \ldots;$

es ist ja ohne weiteres ersichtlich, daß sich z. B. J_3 und J'_3 aus

[1]) Vgl. § 26, vgl. auch Euclidis elementa, Liber I, Nr. XXXV.
[2]) Vgl. M. DEHN, Über den Rauminhalt, Mathematische Annalen, Bd. 55,
1902, S. 465.

denselben Rechtecken zusammensetzen. Teilen wir also die Seiten AB und $A'B'$ der beiden Dreiecke in gleich viele Teile, so werden die über den beiden Dreiecken konstruierten staffelförmigen Figuren einander gleich. Jede dieser Figuren stellt das Dreieck näherungsweise dar, über dem sie konstruiert worden ist, und zwar mit um so größerer Näherung, wie nachher gezeigt werden soll, je größer die Zahl der angenommenen Teile ist. Aus der Gleichheit der entsprechenden beiden staffelförmigen Figuren folgt also die Gleichheit der beiden Dreiecke ABC und $A'B'C'$, wenn die Zahl der Teile, in die AB und $A'B'$ geteilt worden sind, u n e n d l i c h groß gedacht wird.

§ 51. Würdigung des in den beiden letzten Paragraphen benutzten Beweisverfahrens.

Die Eigentümlichkeit des eben benutzten Beweisverfahrens besteht darin, daß die Dreiecke ABC und $A'B'C'$ mit Hilfe der Flächenreihe

I $$J_1, J_2, J_3, \ldots$$

und der Flächenreihe

II $$J'_1, J'_2, J'_3 \ldots$$

verglichen und als gleich nachgewiesen werden können; dabei sind die Flächen I und II einzeln der Reihe nach einander g e n a u gleich (vgl. die Gleichungen (1) des vorigen Paragraphen), während die Flächen I das Dreieck ABC nur g e n ä h e r t zur Darstellung bringen, und dasselbe von den Flächen II und dem Dreieck $A'B'C'$ gilt. Weil hier eine bloße Näherung mit im Spiel ist, ist die Gültigkeit des Verfahrens angezweifelt worden, und zwar nicht bloß von philosophischer Seite. Auch vielen Mathematikern galt die infinitesimale Methode lange für unsicher[1]). Während nun die moderne Mathematik diese Methode durch eine strenge, wieder auf ARCHIMEDES und EUKLID zurückgehende Schlußweise gesichert hat, melden sich neuerdings gerade im philosophischen Lager einzelne, welche der unreifen Form der Betrachtungsweise, wie sie bei KEPLER und CAVALIERI sich findet, den Vorzug geben wollen[2]).

Um klar zu erkennen, was dem oben gegebenen Beweis noch hinzugefügt werden muß, hat man das logische Verhältnis zu bedenken, in dem der Inhalt des Dreiecks ABC zu der gesetzmäßigen unendlichen Reihe der Flächeninhalte I steht. Nebenbei bemerkt, ist in dieser Reihe jede Fläche größer als das Dreieck ABC, und da außerdem, wie sich leicht beweisen läßt, jedes folgende Glied der Reihe einen

---

[1]) Vgl. M. CANTOR, Vorlesungen über Geschichte der Mathematik, 3. Bd. 1894, S. 245, 718ff.

[2]) Vgl. § 60, Anm., vgl. auch § 54.

kleineren Inhalt hat als das vorhergehende, so wird der Fehler, mit dem die Reihenglieder den Inhalt des Dreiecks ABC darstellen, von Glied zu Glied kleiner. Das Wesentliche aber ist, daß, wie gleich nachher bewiesen werden soll, der Unterschied zwischen dem Dreieck und dem Reihenglied „schließlich unendlich klein wird", d. h. daß dieser Unterschied beim Fortgang von Glied zu Glied *unter jeden noch so klein angenommenen Wert einmal herabsinkt.* Es wird in § 53 gezeigt werden, daß immer nur eine einzige Größe zu einer gesetzmäßigen Folge in der eben erwähnten Beziehung stehen kann. Wir drücken diese Beziehung in den Worten aus, daß die Reihe der Inhalte $J_1, J_2, J_3, \ldots$ dem Inhalt des Dreiecks ABC „zustrebe" oder daß der Inhalt dieses Dreiecks der Grenzwert sei von der Reihe der Inhalte $J_1, J_2, J_3, \ldots$ In derselben Weise ist der Inhalt des Dreiecks $A'B'C'$ der Grenzwert der Folge der Inhalte $J_1', J_2', J_3', \ldots$ Da nun

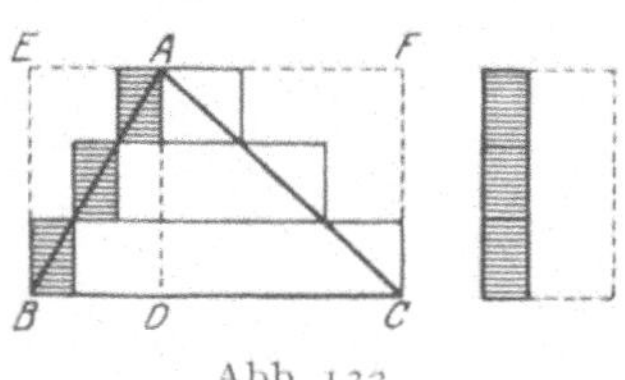

Abb. 132.

wegen der Gleichungen (1) des vorigen Paragraphen die beiden Reihen I und II Glied für Glied übereinstimmen, und der Grenzwert einer Reihe durch deren Gesetz eindeutig mitbestimmt ist, in dem Falle, daß er überhaupt existiert, so sind die Inhalte der beiden Dreiecke ABC und $A'B'C'$ einander genau gleich.

Daß der Unterschied zwischen den Gliedern der Reihe I und dem Dreieck ABC unter jeden Wert herabsinkt, wird folgendermaßen bewiesen. Es ragt z. B. die staffelförmige Figur J_3 (Abb. 130) auf der linken Seite in drei kleinen Dreiecken über das Dreieck ABC hervor. Wenn wir jedes dieser Dreiecke zum Rechteck ergänzen und diese Rechtecke übereinander stellen (Abb. 132), so entsteht ein Rechteck, das die Höhe DA des Dreiecks ABC zur Höhe und die Horizontalprojektion eines Drittels der Strecke AB, also ein Drittel der Strecke BD zur Grundlinie hat. Es muß also das erwähnte Rechteck einem Drittel des Rechtecks $BDAE$ und somit die Summe jener drei kleinen Dreiecke der Hälfte davon gleich sein. In derselben Weise beweist man, daß die Summe der drei kleinen Dreiecke, um welche die Fläche J_3 der Abb. 130 über das Dreieck ABC auf der rechten Seite hinüberragt, der Hälfte eines Drittels des Rechtecks $ADCF$ gleich ist (Abb. 132). Es ist also der Unterschied zwischen der Fläche J_3 und dem Dreieck ABC gleich der Hälfte eines Drittels des ganzen Rechtecks $EBCF$ (Abb. 132 und 130). Genau ebenso ergibt sich der Unterschied zwischen J_n und dem Dreieck ABC gleich der Hälfte eines n^{tels} desselben Rechtecks $EBCF$. Nun ist dieses Rechteck eine gegebene Größe, und der $2\,n^{\text{te}}$ Teil davon sinkt, wenn n ohne Ende zunehmend gedacht wird, unter jeden Wert herab.

Indem wir aber eben dies geltend machen, benutzen wir wiederum ein Axiom. Um einzusehen, daß jener $2\,n^{\text{te}}$ Teil z. B. kleiner wird als eine irgendwie vorgegebene Fläche $\varDelta$, müssen wir wissen, daß das $2\,n$ fache von $\varDelta$ dadurch, daß die ganze Zahl n hinreichend groß angenommen wird, größer gemacht werden kann als das obige Rechteck $EBCF$. Dieses ist in der Tat eine Folge des archimedischen Axioms, welches besagt, daß von zwei Größen die kleinere so oft vervielfältigt werden kann, daß das Vielfache die größere jener beiden übertrifft. Es muß also vorausgesetzt werden, daß für Flächen das archimedische Axiom gültig ist; es wird aber auch deutlich sein, daß aus der Annahme der Gültigkeit des archimedischen Axioms für Strecken, auch die Gültigkeit des Axioms für Flächeninhalte sich ergibt.

Die Schlußweise von § 49 ist dieselbe wie die eben besprochene. So wie hier das Dreieck ABC als Grenzwert der Folge I und das Dreieck $A'B'C'$ als Grenzwert der Folge II erkannt wurde, und aus der völligen Übereinstimmung der beiden Folgen auf die Gleichheit der Dreiecke geschlossen werden konnte, so stellt sich in § 49 die Kreisfläche als Grenzwert der Polygone (Abb. 127), und das Dreieck, dessen Höhe der Kreisradius und dessen Grundlinie der Umfang des Kreises ist, als Grenzwert der Dreiecke dar, welche aus MPN (Abb. 128) hervorgehen, wenn für die Seitenzahl n des Polygons allmählich alle ganzen Zahlen gesetzt werden; es ist aber jedesmal das Dreieck MPN dem betreffenden Polygon genau gleich. Nur ist im Fall der Polygone der genaue Beweis für die Grenzwerteigenschaft der Kreisfläche etwas verwickelt, worauf hier nicht weiter eingegangen werden soll[1]).

§ 52. Gleichförmig beschleunigte Bewegung[2]).

Ich denke mir einen Punkt, der sich auf einer Geraden bewegt; dabei soll die Geschwindigkeit proportional mit der Zeit wachsen, in

---

[1]) Man kann den Sachverhalt auch so darstellen, daß zuerst für die Kreisfläche das n-Eck, nachher für das der n-Ecksfläche genau gleiche Dreieck, dessen Basis der Umfang des n-Ecks ist, das Dreieck gesetzt wird, dessen Basis der Umfang des Kreises ist. So wird also zweimal ein Fehler begangen, und diese beiden heben sich dann im Endergebnis auf. In dieser Weise hat Lazare Carnot das infinitesimale Verfahren aufgefaßt (Réflexions sur la Métaphysique du Calcul infinitésimal, neu herausgegeben Paris, 1921, I, p. 10). Daß dieses Sichaufheben wirklich eintritt, kann nur mit Hilfe der archimedischen Exhaustionsmethode bewiesen werden (§ 53). Angedeutet ist die Begründung bei Carnot in dem Corollaire premier seines Principe fondamental (a. a. O., I, p. 26).

[2]) In § 14 wurde diese Bewegung nur insofern betrachtet, als nachgewiesen wurde, daß eine konstante Kraft eine der Zeit proportionale Geschwindigkeitszunahme hervorruft. Hier wird untersucht, was für eine Abhängigkeit des Weges von der Zeit sich aus dem erwähnten Geschwindigkeitsgesetz ergibt. Der Schluß von § 59 bringt dann die Umkehrung dieses Ergebnisses. Die Untersuchung dieses Paragraphen ist zuerst von Galilei, aber in geometrischer Form, geführt worden.

welchem Fall die Bewegung als „gleichförmig beschleunigt" bezeichnet wird. Als Maß der Geschwindigkeit in einem bestimmten Augenblick gilt die Zahl der Längeneinheiten (Meter) des Weges, der in einer Zeiteinheit (Sekunde) zurückgelegt würde, wenn die Bewegung so lange mit eben dieser Geschwindigkeit im Gange wäre. Der Einfachheit wegen will ich annehmen, daß „zur Zeit t", d. h. in dem Zeitpunkt, der t Zeiteinheiten nach dem gewählten Anfangspunkt der Zeit eintritt, die Geschwindigkeit v der gedachten Bewegung durch die Formel

$$(1) \qquad\qquad v = g\,t$$

vorgestellt sei, so daß also zur Zeit $t = 0$ die Geschwindigkeit $v = 0$ vorhanden ist. Es ist dabei g eine gegebene, von t unabhängige Zahl, d. h. also eine Konstante. Sie ist gleich der Zunahme, welche die Geschwindigkeit in der Zeiteinheit erfährt und heißt „Beschleunigung". Bei der Fallbewegung ist, wenn die obigen Einheiten gewählt werden, $g = 9{,}81$.

Um nun den Weg zu berechnen, der in dem Zeitintervall zwischen dem Zeitpunkt $t = 0$ (Anfangspunkt der Zeit) und dem Zeitpunkt $t = \tau$ bei der betrachteten Bewegung zurückgelegt wird, zerlege man dieses Intervall $0 \ldots \tau$ in n gleiche Teile:

$$(2) \qquad 0 \ldots \frac{\tau}{n}, \ \frac{\tau}{n} \ldots \frac{2\tau}{n}, \ \frac{2\tau}{n} \ldots \frac{3\tau}{n}, \ \ldots, \ \frac{(n-1)\tau}{n} \ldots \frac{n\tau}{n}.$$

Infolge des oben eingeführten Geschwindigkeitsmaßes erhält man den Weg, der gleichförmig in einem Zeitintervall von T Zeiteinheiten zurückgelegt wird, durch Multiplizieren der Geschwindigkeit mit T. Nun werden die in den Intervallen (2) zurückgelegten Wege zunächst so berechnet, als ob in jedem Zeitintervall die Geschwindigkeit konstant, und zwar gleich derjenigen Geschwindigkeit wäre, die der Punkt tatsächlich im Anfang des Zeitintervalls besitzt. Dadurch erhält man Wege, die zu klein sind, da ja die Anfangsgeschwindigkeit des Zeitintervalls kleiner ist als diejenigen Geschwindigkeiten, die innerhalb des Zeitintervalls vorkommen. Wir rechnen also so, als ob während des Zeitintervalls $0 \ldots \dfrac{\tau}{n}$ die Geschwindigkeit 0, während das Intervalls $\dfrac{\tau}{n} \ldots \dfrac{2\tau}{n}$ die Geschwindigkeit $g\,\dfrac{\tau}{n}$, während des Intervalls $\dfrac{2\tau}{n} \ldots \dfrac{3\tau}{n}$ die Geschwindigkeit $g\,\dfrac{2\tau}{n}$ usw. bestände. Es ergibt sich dadurch als Summe der in den Zeitintervallen (1) zurückgelegten Wege

$$\frac{\tau}{n} \cdot 0 + \frac{\tau}{n} \cdot g\frac{\tau}{n} + \frac{\tau}{n} \cdot g\frac{2\tau}{n} + \ldots + \frac{\tau}{n} g\frac{(n-1)\tau}{n}$$

$$= g\frac{\tau^2}{n^2}(0 + 1 + 2 + \ldots + [n-1]) = g\frac{\tau^2}{n^2}\frac{n(n-1)^{1)}}{2}$$

$$= \frac{1}{2}g\tau^2\left(1 - \frac{1}{n}\right).$$

Diese Zahl ist also kleiner als die Zahl der in dem wirklich zurückgelegten Weg enthaltenen Längeneinheiten.

Rechnet man jetzt umgekehrt so, als ob in jedem der Zeitintervalle (2) konstant diejenige Geschwindigkeit vorhanden wäre, die in Wahrheit die Endgeschwindigkeit des betreffenden Zeitintervalls ist, so erhält man im ganzen als Weg

$$\frac{\tau}{n} \cdot g\frac{\tau}{n} + \frac{\tau}{n} \cdot g\frac{2\tau}{n} + \frac{\tau}{n} \cdot g\frac{3\tau}{n} + \ldots + \frac{\tau}{n} \cdot g\frac{n\tau}{n}$$

$$= g\frac{\tau^2}{n^2}(1 + 2 + 3 + \ldots + n) = g\frac{\tau^2}{n^2}\frac{n(n+1)}{2} = \frac{1}{2}g\tau^2\left(1 + \frac{1}{n}\right).$$

Diese Zahl ist größer als die Maßzahl des wirklich zurückgelegten Weges.

Die Maßzahl s des wirklichen Weges liegt also zwischen

$$(3) \qquad \frac{1}{2}g\tau^2\left(1 - \frac{1}{n}\right)$$

und

$$(4) \qquad \frac{1}{2}g\tau^2\left(1 + \frac{1}{n}\right).$$

Der Unterschied zwischen diesen beiden Werten ist aber

$$(5) \qquad g\tau^2\frac{1}{n},$$

d. h. also der n^{te} Teil der Zahl $g\tau^2$. Betrachtet man immer dasselbe Zeitintervall $0 \ldots \tau$, so ist $g\tau^2$ ein fester Wert, dessen n^{ter} Teil unter jede Zahl einmal herabsinkt, wenn wir die ganze Zahl n ohne Ende vergrößern. Da nun der Weg s zwischen den Größen (3) und (4) gelegen ist, also sowohl von (3) als von (4) einen kleineren Unterschied aufweist, als diese beiden voneinander, so hat der Weg s auch z. B. von (3) eine Differenz, die mit unendlich wachsendem n unter jeden Wert herabsinkt. Setzt man somit in dem Ausdruck (3) für n die Zahlwerte $1, 2, 3, \ldots$ ein, so ergibt sich eine Folge

$$(6) \qquad 0, \frac{1}{2}g\tau^2\left(1 - \frac{1}{2}\right), \frac{1}{2}g\tau^2\left(1 - \frac{1}{3}\right), \frac{1}{2}g\tau^2\left(1 - \frac{1}{4}\right), \ldots,$$

---

[1] Vgl. § 67.

deren Grenzwert die Maßzahl s sein muß (§ 51). Andererseits aber ist die Differenz zwischen $\frac{1}{2} g \tau^2$ und dem Ausdruck (3) gleich $\frac{1}{2} g \tau^2 \frac{1}{n}$ und sinkt gleichfalls mit unendlich wachsendem n unter jeden Wert herab. Es kommt also auch der Zahl $\frac{1}{2} g \tau^2$ die Eigenschaft eines Grenzwertes zu in Beziehung auf die Folge (6). Da nun die Folge (6) nach dem bereits in § 51 erwähnten Satz, der im folgenden Paragraphen bewiesen wird, nur einen Grenzwert besitzen kann, so ist

$$(7) \qquad s = \frac{1}{2} g \tau^2 .$$

Dies ist also der zur Zeit τ zurückgelegte Weg, falls die Bewegung zur Zeit o mit der Geschwindigkeit o begonnen hat, und die Geschwindigkeit in jedem Zeitintervall, das Einheitslänge hat, um g zunimmt [vgl. Formel (1)]. Die gefundene Formel (7) stimmt bekanntlich mit den Fallgesetzen überein, indem sich für $\tau = 1$, $\tau = 2$, $\tau = 3$, ... Wege ergeben, die sich wie die Quadrate 1^2, 2^2, 3^2, ... der natürlichen Zahlen verhalten.

Die oben ausgeführte Rechnung kann man in abgekürzter Redeweise als eine „Summierung unendlich vieler unendlich kleiner Wege" bezeichnen.

§ 53. Strenger Beweis für die eindeutige Bestimmtheit des Grenzwertes.

Es ist noch der bereits in § 51 versprochene Beweis nachzuliefern. Es sei

$$(1) \qquad J_1, J_2, J_3, \ldots$$

irgendeine gegebene, gesetzmäßige, unendliche Reihe von Größen, die einen Grenzwert G besitzen soll. Die Größen der Reihe können z. B. Flächeninhalte sein, in welchem Fall auch G ein Flächeninhalt sein muß, oder es können alle die in Betracht kommenden Größen etwa Längen oder aber auch reine Zahlgrößen sein. Wird nun irgendeine noch so kleine, von Null verschiedene Größe δ derselben Art gewählt, so muß ein Glied der Reihe (1) existieren, so daß *für dieses und für alle folgenden Glieder* ihre Differenz von G kleiner als δ ist[1]).

---

[1]) Man kann es auch so ausdrücken, daß, falls G_1 und G_2 irgendwie so gewählt werden, daß $G_1 < G$ und $G_2 > G$ ist, stets ein Glied der Reihe (1) muß gefunden werden können, dessen — unendlich viele — nachfolgende sämtlich zwischen G_1 und G_2 gelegen sind. In dieser Form ist der Begriff des Grenzwertes G lediglich auf Ordnungsbegriffe gestützt, ohne daß dabei der Begriff der Differenz gebraucht wäre (vgl. Bertrand Russel, Einführung in die Mathematische Philosophie, deutsch von E. J. Gumbel und W. Gordon, 1923, S. 99).

Daß es für jede Größe δ ein solches Reihenglied gibt, dies und nur dies ist damit gemeint, wenn wir sagen, daß der Unterschied zwischen G und den Reihengliedern „unter jede Grenze sinke", und eben dieses Verhalten ist das Kennzeichen dafür, daß G „Grenzwert" der Reihe (1) ist (§ 51).

Zunächst beachte man, daß nicht jede gesetzmäßige unendliche Reihe einen Grenzwert besitzen muß, wie z. B. die Reihe der Zahlgrößen

$$1,\ 2,\ 1,\ 2,\ 1,\ 2,\ \ldots,$$

in der die Zahlen 1 und 2 regelmäßig abwechseln, augenscheinlich keinen Grenzwert hat. Es muß aber noch bewiesen werden, daß eine Folge von Größen in dem angegebenen Sinne niemals mehr als e i n e n Grenzwert besitzen kann. Wohl drücken wir das Verhältnis des Grenzwerts zu der gesetzmäßigen Folge vielfach durch den Ausdruck aus, daß diese dem Grenzwert „zustrebe"; es wäre jedoch eine Erschleichung, wenn wir durch dieses Gleichnis einer Bewegung oder eines Strebens nach einem Ziel die eindeutige Bestimmtheit des Grenzwertes begründen wollten; diese muß sich aus der oben gegebenen genauen Erklärung des Grenzwertes ergeben. In der Tat läßt sich der Beweis führen, aber nur auf indirektem Wege.

Angenommen also, es hätte die obige Reihe (1) noch einen zweiten von G verschiedenen Grenzwert G', so wäre die Differenz zwischen G und G', die wir mit $\varDelta$ bezeichnen wollen, von Null verschieden. Nach der Definition des Grenzwertes müßte es nun auch ein Glied der Reihe (1) derart geben, daß für dieses und für alle folgenden der Unterschied von G kleiner ist als z. B. $\dfrac{\varDelta}{2}$. Aber es müßte aus demselben Grunde auch ein Glied der Reihe existieren, von dem ab der Unterschied der Glieder von G' kleiner als $\dfrac{\varDelta}{2}$ ist. Von demjenigen der beiden eben genannten Reihenglieder an, das den größeren Index hat, das also später in der Reihe auftritt, muß beides gelten, nämlich, daß der Unterschied eines Reihengliedes sowohl von G, als auch von G' kleiner als $\dfrac{\varDelta}{2}$ ist. Stellt nun J_n ein Reihenglied vor, für welches dies gilt, so folgt daraus, daß G und G' von einer und derselben Größe J_n einen Unterschied besitzen, der kleiner als $\dfrac{\varDelta}{2}$ ist, daß G und G' voneinander um weniger als $\varDelta$ verschieden sein müssen. Dies ist aber ein unmittelbarer Widerspruch mit dem Früheren, da ja mit $\varDelta$ die genaue Differenz zwischen G und G' bezeichnet worden ist. Da sich dieser Widerspruch mit Notwendigkeit daraus ergeben hat, daß G

und G' als voneinander verschieden angenommen worden sind, so kann in bezug auf eine gegebene Reihe nicht gleichzeitig zwei voneinander verschiedenen Größen die Eigenschaft eines Grenzwertes zukommen.

Die Aussage, die den Grenzwert definiert, bezieht sich darauf, daß seine Differenzen von den Reihengliedern unter einer Grenze liegen, welche Grenze überdies durch Hinausschieben des Reihengliedes, von dem an die Aussage gelten soll, beliebig klein gemacht werden kann. Die Aussage bezieht sich also auf Ungleichungen. In diesem Sinne hat NATORP[1]) den Sachverhalt passend dadurch gekennzeichnet, daß „auf Grund des Grenzverfahrens ein Wert nicht bloß, wie in der Elementarmathematik, durch eine Gleichung, sondern durch ein System von Ungleichungen bestimmt wird".

§ 54. Unhaltbarkeit der logisch transzendenten Auffassung des Unendlichen. KEPLER und CAVALIERI.

Im Gegensatz zu der hier durchgeführten strengen Behandlung der infinitesimalen Methode benutzten im 17. Jahrhundert KEPLER[2]) und CAVALIERI[3]) zur Bestimmung von Körper- und Flächeninhalten eine etwas unbestimmte Vorstellung, wonach z. B. ein Körper durch die Gesamtheit der aus ihm parallel zu einer festen Ebene bestimmbaren Schnittflächen, eine ebene Fläche durch die Gesamtheit der parallelen zu einer festen Geraden durch sie legbaren Strecken bestimmt gedacht, und dann auch der Körper als „Summe" der parallelen Schnittflächen, die ebene Fläche als „Summe" der parallelen Strecken bezeichnet wird. Es werden dann die Schnittflächen gewissermaßen als die einfachen Teile des Körpers, die parallelen Strecken als die einfachen Teile der ebenen Fläche angesehen, welche — wenigstens nach einer gewissen Richtung — nicht mehr teilbar sind, da sie keine Breite haben. In diesem Sinne wohl hat CAVALIERI diese Elemente mit dem Namen der „Indivisibilia" belegt, der übrigens schon von älteren Schriftstellern benutzt worden war. Hier erschiene also der Körper als eine Summe von Teilen, die kleiner sind als jedes endliche Volum, und die ebene Fläche als eine Summe von Teilen, die kleiner sind als jeder endliche Flächeninhalt, also als eine Summe von Elementen, die nicht so, wie bei der Betrachtung von § 50, infolge einer fortgesetzten Neuteilung kleiner und kleiner werden, sondern wirklich unendlich klein sind.

---

[1]) Die logischen Grundlagen der exakten Wissenschaften, 1910, S. 222, Anm.

[2]) KEPLER, Nova stereometria doliorum vinariorum etc., Lincii, 1615.

[3]) CAVALIERI, Geometria indivisibilibus continuorum nova quadam ratione promota, Bononiae, 1653.

Das Bedenkliche einer solchen unklaren, im Grunde unzulässigen Vorstellung vermag das folgende Beispiel zu zeigen. Ich denke mir zwei Dreiecke ABC und $A'B'C'$, deren Grundlinien BC und $B'C'$ einander gleich, deren Höhen aber verschieden sind. Durchziehen wir nun die Dreiecke mit Strecken, die den Grundlinien parallel sind (Abb. 133) und ordnen wir z. B. die Strecke MN der Strecke $M'N'$ zu, wenn M die Seite AB des ersten Dreiecks in demselben Verhältnis teilt, wie M' die Seite $A'B'$ des zweiten, so ist leicht zu sehen, daß die zugeordneten Strecken einander gleich sind. Es ist also die Gesamtheit der durch ABC gezogenen Strecken dieselbe wie die Gesamtheit der durch $A'B'C'$ gezogenen. Dürfte man nun jedes der Dreiecke im eigentlichen Sinne des Wortes als Summe der hindurchgezogenen Strecken betrachten, so käme man zu dem offenbaren Fehlschluß, die beiden Dreiecke für gleich zu erklären.

Es ist allerdings zuzugeben, daß Kepler und Cavalieri, die sich mit vortrefflichem mathematischem Instinkt ihrer Methoden bedient haben, fast nie in Irrtümer verfallen sind[1]), wie denn auch Cavalieri ge-

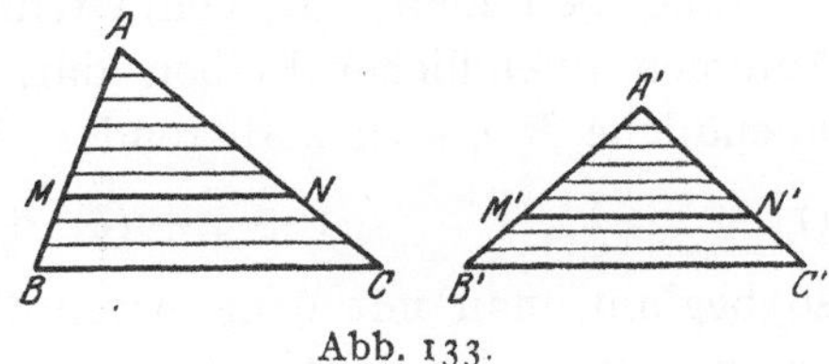

Abb. 133.

legentlich erwähnt, daß es auch auf die Abstände der parallelen Geraden ankomme[2]) und ein mit dem eben hier gegebenen so ziemlich übereinstimmendes Beispiel anführt. Trotzdem ist bei beiden die Beweisführung nicht zwingend. Denkt man sich in dem obigen Beispiel die Dreiecke nicht aus Strecken zusammengesetzt, sondern aus Paralellstreifen, welche durch zugeordnete Linien begrenzt sind (Abb. 133), so kann man die Schlußweise von § 50 in modifizierter Weise anwenden, und es ergibt sich, daß die Dreiecke ABC und $A'B'C'$ sich wie ihre von A beziehungsweise von A' aus gefällten Höhen verhalten.

Man erkennt also, daß Flächen nicht in Linien zerlegt werden können, sondern nur in Flächen, und daß die Zerlegung zunächst in eine endliche Anzahl zu erfolgen hat, damit von einer wirklichen Breite der Teile gesprochen werden kann. Die Fortsetzung dieses Verfahrens ohne Ende durch immer neue Teilung in immer kleinere Teile ist es, was man mit der „Teilung in unendlich viele unendlich kleine Teile" meint. Es ist dies jetzt nur noch eine abgekürzte

---

[1]) Vgl. aber den von M. Cantor erwähnten Fall bei Kepler (Vorlesungen über Geschichte der Mathematik, 2. Bd. 1892, S. 753).

[2]) Insbesondere ist sein bekannter Lehrsatz völlig richtig: Gebilde der Ebene wie des Raumes sind inhaltlich gleich, wenn in gleicher Höhe bei beiden geführte Schnitte gleiche Strecken, bzw. gleiche Flächen ergeben.

Redeweise zur Bezeichnung des auf dem Begriff des Grenzwertes aufgebauten strengen Schlußverfahrens.

Kepler[1]) glaubte mit seiner Darstellung den Sinn der Sache besser erfaßt zu haben als Archimedes mit seinem indirekten Beweisverfahren, und auch in neueren Werken findet man die Behauptung, daß die moderne Auffassung vom „Unendlichkleinen" die indirekte Beweisführung überflüssig mache. Dies ist aber doch nur insoweit richtig, als man sich auf den Satz von der eindeutigen Bestimmtheit des Grenzwertes berufen und damit vermeiden kann, daß in jedem Einzelfall, wie bei Archimedes[2]), ein indirekter Beweis notwendig wird. Der strenge Beweis für jenen Eindeutigkeitssatz ist aber nur auf indirekte Weise zu führen (vgl. § 53).

§ 55. Sogenannte Summen unendlicher Reihen.

Eine besondere Art von Grenzwerten stellen die sogenannten Summen unendlicher Reihen dar. Ist nämlich eine gesetzmäßige unendliche Folge zu addierender Werte gegeben, wie z. B.

$$(1) \qquad 1 + \tfrac{1}{2} + (\tfrac{1}{2})^2 + (\tfrac{1}{2})^3 + \dots,$$

so beginnt man mit dem ersten Glied, fügt zu diesem zuerst das zweite, dann das dritte hinzu usw., so daß also aus der Folge der Glieder der Reihe (1) die gleichfalls gesetzmäßige unendliche Folge von Teilsummen

$$(2) \qquad \begin{aligned} &1 \\ &1 + \tfrac{1}{2} \\ &1 + \tfrac{1}{2} + (\tfrac{1}{2})^2 \\ &1 + \tfrac{1}{2} + (\tfrac{1}{2})^2 + (\tfrac{1}{2})^3 \\ &\dots\dots\dots\dots\dots\dots \end{aligned}$$

abgeleitet wird. Wenn diese Folge im Sinne von § 51 einen Grenzwert besitzt, wird derselbe als Summe der unendlichen Wertreihe (1) bezeichnet. Im vorliegenden Fall ist diese Summe gleich der Zahl 2. Es läßt sich nämlich einsehen, daß sich die Werte der Folge (2) der Reihe nach um $1, \tfrac{1}{2}, \tfrac{1}{4}, \tfrac{1}{8}, \dots$ von 2 unterscheiden; genauer gesagt, ist dabei das Gesetz dieses, daß der n^{te} Wert der Folge (2) um $(\tfrac{1}{2})^{n-1}$ von der Zahl 2 verschieden ist. Man erkennt dies zunächst für die ersten Glieder durch Rechnung. Da nun allgemein der $n + 1^{\text{te}}$ Wert der Folge (2) aus dem vorhergehenden durch Hinzufügung von $(\tfrac{1}{2})^n$, d. h. durch Hinzufügung der Hälfte dessen entsteht, um was sich der vorhergehende Wert von 2 unterscheidet, so ergibt sich hieraus die

---

[1]) Vgl. Joannis Kepleri Opera omnia, ed. Frisch, vol. IV, 1863, p. 558.

[2]) Das Verfahren des Archimedes, das man als „Exhaustionsverfahren" bezeichnet, kommt auch bereits bei Euklid vor (vgl. Euklids Elementa, 12. Buch, Nr. 2).

Gültigkeit jenes Gesetzes für den $n + 1^{\text{ten}}$ Wert unter der Voraussetzung, daß es bis zum n^{ten} Wert der Folge hin richtig ist. Hieraus folgt, daß das genannte Gesetz, das für die ersten Werte der Folge gültig ist, sich durch die ganze unendliche Folge hindurch gewissermaßen fortpflanzen muß.

Es ist ersichtlich, daß die Summierung einer unendlichen Reihe in einer bestimmten Ordnung vor sich geht, nämlich in derjenigen, in welcher die Glieder der unendlichen Reihe aufeinander folgen. Da demgemäß in die Definition einer sogenannten Summe unendlich vieler Glieder die Ordnung der Glieder mit eingeht, braucht es uns gar nicht wunder zu nehmen, daß es solche Reihen gibt, bei denen die Summe durch Änderung der Gliederordnung geändert werden kann[1]). So ist z. B. die Summe der Reihe

$$1 - \tfrac{1}{2} + \tfrac{1}{3} - \tfrac{1}{4} + \tfrac{1}{5} - \tfrac{1}{6} + \cdots,$$

die aus abwechselnd positiven und negativen Gliedern besteht, gleich

$$\log 2,$$

während dieselben Glieder in der Anordnung

$$1 + \tfrac{1}{3} - \tfrac{1}{2} + \tfrac{1}{5} + \tfrac{1}{7} - \tfrac{1}{4} + \cdots,$$

in der stets zwei positive Glieder mit einem negativen abwechseln, die Summe

$$\tfrac{3}{2} \log 2$$

ergeben[2]).

In solchen Fällen, in denen nicht von anderer Seite her ein Wert gefunden werden kann, der sich dann als Summe der Reihe nachweisen läßt, muß die Summe durch die Reihe selbst definiert werden; doch besitzt nicht jede gesetzmäßige unendliche Reihe von Werten eine Summe. Es soll hier nicht auf die Bedingung der Existenz einer solchen Summe eingegangen werden, welche Bedingung mit der allgemeinsten Definition der Zahlgröße (§ 75) zusammenhängt.

---

[1]) Bei Reihen mit nur positiven Gliedern kann dies allerdings nicht vorkommen.

[2]) Bei diesen Angaben ist der „natürliche" Logarithmus gemeint, d. h. der Logarithmus, der sich auf die Grundzahl

$$e = 1 + \frac{1}{1} + \frac{1}{1 \cdot 2} + \frac{1}{1 \cdot 2 \cdot 3} + \cdots = 2{,}7182818 \ldots$$

bezieht. Der erste der angegebenen Summenwerte folgt aus der bekannten logarithmischen Reihe. Eine andere Herleitung desselben Summenwertes und damit eine Verifikation des Ergebnisses erhält man aus der Tatsache, daß der Ausdruck

$$\frac{1}{1} + \frac{1}{2} + \frac{1}{3} + \cdots + \frac{1}{n} - \log n$$

einem bestimmten, endlichen Grenzwert zustrebt für den Fall, daß die ganze Zahl n über alle Grenzen wächst. Aus derselben Tatsache kann auch der andere Summenwert ermittelt werden.

Eine ziemlich schwierige Frage möge wenigstens noch gestreift werden. Ich will mir eine Reihe denken, wie z. B.

$$(3) \qquad \frac{x}{1} - \frac{x^2}{2} + \frac{x^3}{3} - \frac{x^4}{4} + \cdots,$$

in der die Glieder sämtlich von einer und derselben veränderlichen Zahl (Variabeln) x abhängen. Es läßt sich beweisen, daß die Reihe (3) jedesmal eine ganz bestimmte Summe ergibt, wenn ein zwischen o und $+1$ gelegener Zahlwert für x in die Reihe eingesetzt wird; dasselbe gilt auch noch, wenn man $x = 0$ oder $x = +1$ annimmt. Man kann nun die Frage stellen, ob die Summenwerte, die sich für $0 \leqq x \leqq +1$ ergeben, „stetig zusammenhängen", oder richtiger gesagt, ob der im Zusammenhang mit x veränderlich gedachte Summenwert von der unabhängigen Variabeln x stetig abhängt. Im vorliegenden Fall ist die Frage zu bejahen; dabei ist es aber besonders schwierig für den Summenwert, der $x = +1$ zugeordnet ist und für die Summenwerte, welche zu den Werten x „in der Nachbarschaft" von $+1$ gehören, den Beweis zu führen.

Bei diesem Stetigkeitsbeweis handelt es sich darum, zu zeigen (vgl. § 33), daß für die Veränderliche x ein Spielraum, d. h. ein Intervall $1 - \delta \ldots 1$ derart gefunden werden kann, daß für jedes x in diesem Intervall die Summe (3) von der Summe

$$(4) \qquad \tfrac{1}{1} - \tfrac{1}{2} + \tfrac{1}{3} - \tfrac{1}{4} + \cdots,$$

die sich für $x = 1$ ergibt, eine Differenz besitzt, die einen vorher beliebig vorgeschriebenen Kleinheitsgrad nicht überschreitet. Der Ansatz des Beweises beruht darauf, daß die Reihe (3) in der Form

$$(5) \quad \frac{x}{1} - \frac{x^2}{2} + \frac{x^3}{3} - \frac{x^4}{4} + \cdots + \frac{x^{2k-1}}{2^{k-1}} - \frac{x^{2k}}{2^k} + \left(\frac{x^{2k+1}}{2^{k+1}} - \frac{x^{2k+2}}{2^{k+2}} + \cdots \right)$$

geschrieben wird; man denkt sich also die Summe der Reihe hergestellt aus den $2\,k$ ersten Gliedern und einem sogenannten Rest, d. h. der Summe der sämtlichen übrigen Glieder, die in der Formel (5) durch die Klammer zusammengefaßt erscheinen. Man kann nun, worauf nicht näher eingegangen werden soll, nachweisen, daß die Summe der in der Klammer zusammengefaßten Glieder positiv und kleiner ist als das erste dieser Glieder, also kleiner als $\dfrac{x^{2k+1}}{2k+1}$, somit für die in Betracht kommenden Werte von x auch kleiner als $\dfrac{1}{2k+1}$. Wird nun der vorgeschriebene Kleinheitsgrad durch die Zahl ε bezeichnet, so wollen wir zunächst die ganze Zahl k so annehmen, daß $\dfrac{1}{2k+1} < \dfrac{1}{2}\varepsilon$ ist. Es ist dann nicht nur der vom $2\,k + 1^{\text{ten}}$ Gliede an gebildete Rest der Reihe (3), sondern auch der entsprechend gebildete Rest der

Reihe (4) kleiner als $\frac{1}{2}\varepsilon$, und es gilt somit dasselbe für den Absolutwert der Differenz dieser Reste, die selbst beide positiv sind. *Nachdem nun k festgesetzt worden ist,* steht in der Formel (5) vor der Klammer ein bestimmtes Polynom aus einer bestimmten, endlichen Zahl von $2k$ Gliedern. Nun läßt sich mit Hilfe eines für endliche Polynome gültigen Satzes zeigen, daß jetzt ein Intervall $1 - \delta \ldots 1$ so gefunden werden kann, daß für alle im Innern dieses Intervalls gelegenen Werte x die Summe jener $2k$ ersten Glieder von (3) von der Summe der entsprechenden Glieder von (4) eine Differenz besitzt, die gleichfalls kleiner als $\frac{1}{2}\varepsilon$ ist. Hieraus kann man schließen, daß die Summen von (3) und von (4) sich um weniger als

$$\tfrac{1}{2}\varepsilon + \tfrac{1}{2}\varepsilon = \varepsilon$$

unterscheiden, wenn x in jenem Intervall gelegen ist. Damit ist für den vorgegebenen Kleinheitsgrad, d. h. für die beliebig, aber noch von Null verschieden vorgeschriebene Zahl ε die Existenz eines zugehörigen, noch von Null verschiedenen Intervalls $1 - \delta \ldots 1$ nachgewiesen[1]), derart, daß für alle x dieses Intervalls die Summe von (3) um weniger als ε von der Summe von (4) verschieden ist.

Der Nerv dieses Beweises liegt darin, daß z u e r s t die ganze Zahl k dem vorgegebenen Kleinheitsgrad angepaßt und festgelegt wird. N a c h h e r steht in der Formel (5) vor der Klammer ein bestimmtes Polynom von endlichem Grad, und es kann ein für solche Polynome gültiger Satz angewendet werden. Hieraus ist ersichtlich, daß der Kunstgriff eines Beweises unter Umständen auf dem Ausfindigmachen der O r d n u n g beruht, in der gewisse Operationen vollzogen und die entsprechenden Überlegungen angestellt werden.

§ 56. Herleitung der Barometerformel.

Damit für die infinitesimale Methode und überhaupt für die mathematische Deduktion auch ein physikalisches Beispiel hier Platz finde, will ich die Barometerformel ableiten. Unter dem „Druck der

---

[1]) Daß in der Tat ein solcher Nachweis der Stetigkeit notwendig war, zeigt das abweichende Verhalten der Reihe

$$\frac{\sin(x)}{1} - \frac{\sin(2x)}{2} + \frac{\sin(3x)}{3} - \frac{\sin(4x)}{4} + \ldots .$$

Hier ist für jedes einzelne x zwischen 0 und π, das in die sämtlichen Glieder der Reihe eingesetzt wird, die Summe gleich $\frac{1}{2}x$. Die Summe strebt also, wenn $0 < x < \pi$ genommen und dann x näher und näher an π herangeschoben wird, dem Wert $\frac{\pi}{2}$ zu.

Setzt man jedoch in sämtlichen Reihengliedern für x den genannten Wert π selbst ein, so wird jedes Glied und infolgedessen auch die Summe der Glieder gleich Null. Die Summe einer Reihe, deren Glieder von x stetig abhängen, ist also nicht immer selbst von x stetig abhängig.

Luft" sei der Druck in Kilogrammen verstanden, der auf eine Fläche
von einem Quadratmeter ausgeübt wird. Es ist dann der Luftdruck
in irgendeiner Höhe gleich dem Gewicht der über dieser Höhe stehenden senkrechten, bis zum Ende der Atmosphäre sich erstreckenden
Luftsäule, die einen Querschnitt von einem Quadratmeter hat, in
Kilogrammen. Der Druck nimmt also offenbar nach oben zu ab. Nun
kann das Gesetz dieser Abnahme nur dann deduziert werden, wenn
noch ein empirisches, induktiv gefundenes Ergebnis, nämlich das Gesetz von Boyle-Mariotte, herangezogen wird. Diesem letzteren
Gesetz zufolge sind bei verschiedenen Zuständen einer und derselben
Gasmenge Druck und Volum einander umgekehrt proportional, so daß
also Druck und Dichte direkt proportional sein müssen. Dabei ist die
Temperatur des Gases unverändert gedacht, wie wir auch in der folgenden Betrachtung von Temperaturunterschieden absehen wollen.

Ich denke mir jetzt über einem Quadratmeter der Erdoberfläche

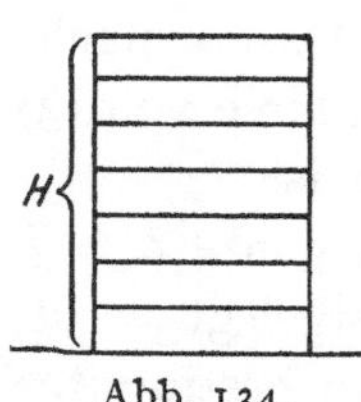

Abb. 134.

eine senkrechte Luftsäule von der Höhe H (Abb. 134).
Diese Luftsäule sei durch horizontale Ebenen, die
in gleichen Abständen hindurchgelegt werden sollen,
in n gleiche Zellen eingeteilt. Es sei nun p_0 der
Luftdruck an der Erdoberfläche und α_0 die Dichte
der Luft, d. h. das Gewicht eines Kubikmeters Luft
in Kilogrammen, beim Druck p_0. Ebenso sei p_1 der
Luftdruck in der ersten Horizontalebene über dem Erdboden, p_2 der in
der zweiten Horizontalebene usw., so daß also $p_0 > p_1 > p_2 > \ldots$ ist.

Bedeutet nun p den Luftdruck an irgendeiner Stelle und ist dort
α das auf die Volumeinheit (das Kubikmeter) bezogene Gewicht der
Luft, so hat man nach dem genannten Gesetz

$$p : p_0 = \alpha : \alpha_0 \,,$$

woraus sich

$$(1) \qquad \alpha = \frac{p\,\alpha_0}{p_0}$$

ergibt. Der Unterschied zwischen p_0 und p_1 ist nun gleich dem Unterschied der Gewichte der über den betreffenden Stellen stehenden,
nach oben vollständigen Luftsäulen, d. h. gleich dem Gewicht der
untersten Zelle von Abb. 134. Da in dieser Zelle der Druck von p_0
bis p_1 wechselt, so ist die Dichte der Luft in dieser Zelle nach For-
mel (1) zwischen $\dfrac{p_0\,\alpha_0}{p_0}$ und $\dfrac{p_1\,\alpha_0}{p_0}$ enthalten, und es ist deshalb das
Gewicht der Zelle, da die Grundfläche gleich 1 und die Höhe gleich
$\dfrac{H}{n}$, und somit die Maßzahl des Volums gleich $1 \cdot \dfrac{H}{n}$ ist, kleiner

als $\dfrac{p_0\,\alpha_0}{p_0}\dfrac{H}{n}$ und größer als $\dfrac{p_1\,\alpha_0}{p_0}\dfrac{H}{n}$. Hieraus ergibt sich

$$p_0 < p_1 + \frac{p_0\,\alpha_0}{p_0}\frac{H}{n}, \qquad p_0 > p_1 + \frac{p_1\,\alpha_0}{p_0}\frac{H}{n}.$$

Auf dieselbe Art erkennt man auch, daß der Unterschied von p_1 und p_2 gleich dem Gewicht der zweiten Zelle von unten, und daß dieses zwischen $\dfrac{p_1\,\alpha_0}{p_0}\dfrac{H}{n}$ und $\dfrac{p_2\,\alpha_0}{p_0}\dfrac{H}{n}$ enthalten sein muß, woraus dann folgt, daß

$$p_1 < p_2 + \frac{p_1\,\alpha_0}{p_0}\frac{H}{n}, \qquad p_1 > p_2 + \frac{p_2\,\alpha_0}{p_0}\frac{H}{n}.$$

In dieser Weise kann man zu schließen fortfahren. Die auf der rechten Seite stehenden Ungleichungen, die auch in der Form

$$p_0 > p_1\left(1 + \frac{\alpha_0 H}{p_0 n}\right)$$
$$p_1 > p_2\left(1 + \frac{\alpha_0 H}{p_0 n}\right)$$
$$p_2 > p_3\left(1 + \frac{\alpha_0 H}{p_0 n}\right)$$
$$\cdots \cdots \cdots \cdots$$
$$p_{n-1} > p_n\left(1 + \frac{\alpha_0 H}{p_0 n}\right)$$

geschrieben werden können, zeigen, daß von den Größen $p_0, p_1, p_2, \ldots$ jede größer ist als das $\left(1 + \dfrac{\alpha_0 H}{p_0 n}\right)$fache der folgenden. Es ergibt sich demnach, wenn P den zur Höhe H gehörenden Druck bedeutet,

$$(2) \qquad p_0 > P\left(1 + \frac{\alpha_0 H}{p_0 n}\right)^{n}.$$

Aus den auf der linken Seite stehenden Ungleichungen folgt

$$p_1 > p_0 - \frac{p_0\,\alpha_0 H}{p_0 n}$$
$$p_2 > p_1 - \frac{p_1\,\alpha_0 H}{p_0 n}$$
$$\cdots \cdots \cdots \cdots$$

d. h. also

$$p_1 > p_0\left(1 - \frac{\alpha_0 H}{p_0 n}\right)$$
$$p_2 > p_1\left(1 - \frac{\alpha_0 H}{p_0 p}\right)$$
$$\cdots \cdots \cdots \cdots$$

woraus sich ergibt, daß

$$(3) \qquad P > p_0 \left(1 - \frac{\alpha_0 H}{p_0 n}\right)^n$$

ist. Infolge der Formeln (2) und (3) muß der Druck P zwischen den beiden Werten

$$(4) \qquad p_0 \left(1 + \frac{\alpha_0 H}{p_0 n}\right)^{-n}$$

und

$$(5) \qquad p_0 \left(1 - \frac{\alpha_0 H}{p_0 n}\right)^n$$

gelegen sein, von welchen der zweite der kleinere sein muß.

Diese Betrachtung gilt mit denselben Werten von p_0, α_0, H, P für jede Einteilung der Höhe H in gleiche Teile, d. h. für jeden Wert der ganzen Zahl n. Wird nun n ohne Ende wachsend gedacht, so streben, wie strenge gezeigt werden kann, die Ausdrücke (4) und (5) demselben Grenzwert

$$(6) \qquad p_0\, e^{-\frac{\alpha_0 H}{p_0}}$$

zu. Da nun der feste Wert P zwischen den von n abhängigen Werten (4) und (5) gelegen ist, die näher und näher zusammenrücken, so ergibt sich, daß auch P Grenzwert, z. B. von (4), sein muß. Es ist also (vgl. § 53)

$$(7) \qquad P = p_0 \cdot e^{-\frac{\alpha_0 H}{p_0}\,[1)}$$

Durch Auflösung der Gleichung (7) nach H ergibt sich die sogenannte Barometerformel

$$H = \frac{p_0}{\alpha_0} \log \frac{p_0}{P},$$

vermöge deren die Höhe H aus dem Luftdruck P berechnet werden kann. Der Logarithmus ist der „natürliche", d. h. er bezieht sich auf die Zahl

$$e = 2{,}71828 \ldots$$

als Grundzahl.

[1) Bekanntlich ist die x^{te} Potenz der Zahl e (vgl. S. 143, Anm. 2) durch die unendliche Reihe

$$e^x = 1 + \frac{x}{1} + \frac{x^2}{1 \cdot 2} + \frac{x^3}{1 \cdot 2 \cdot 3} + \cdots$$

ausgedrückt.

Achter Abschnitt.

Funktion und Differentialquotient.

§ 57. Begriff der Funktion.

Wenn eine Größe von einer zweiten, in einem Intervall beliebig veränderlichen Größe nach einem Gesetz so abhängt, daß jedem Werte dieser ein bestimmter Wert der ersten Größe zugeordnet ist, so sagen wir, die erste Größe sei eine Funktion der zweiten. Die zweite Größe wird als die unabhängige Veränderliche oder auch als das Argument der Funktion bezeichnet. So ist bei einer in gerader Linie vor sich gehenden Bewegung der vom Anfang der Bewegung an zurückgelegte Weg eine Funktion der seit jenem Anfang verflossenen Zeit. Handelt es sich dabei z. B. um den freien Fall, so drückt sich der Weg s in der Zeit t durch die Formel

$$s = \tfrac{1}{2}\, g\, t^2$$

aus, wenn g die Beschleunigung der Schwere bedeutet. Im Hinblick auf solche Fälle, in denen eine wirkliche Formel gegeben werden kann, ist es üblich geworden, die funktionale Abhängigkeit einer Größe s von einer unabhängigen Veränderlichen t durch die Gleichung

$$s = f(t)$$

zum Ausdruck zu bringen. Dabei darf nicht vergessen werden, daß in vielen Fällen die Größe s nicht durch einen wirklichen, geschlossenen, aus t aufgebauten Ausdruck dargestellt werden kann.

Das Wesentliche am Funktionsbegriff ist also die Zuordnung der Funktionswerte zu den Argumentwerten und der Umstand, daß das Argument ein kontinuierliches Intervall[1]) durchlaufen kann. Es kann eine solche Zuordnung auch durch eine Tabelle dargestellt werden, die den Wert des Arguments t, freilich nur näherungsweise, im Eingang aufzusuchen gestattet und dann dazu im Innern den zugeordneten Wert der Funktion s liefert. Solche Tabellen für den Logarithmus und die trigonometrischen Funktionen sind ja allgemein bekannt, ebenso der Umstand, daß man — wenigstens in den gewöhnlichen Fällen — auch umgekehrt verfahren und zu dem im Innern der Tabelle aufgesuchten Funktionswert den entsprechenden Argumentwert im Eingang finden kann, wodurch man zu der Umkehrfunktion der gegebenen Funktion gelangt.

---

1) Was unter einem kontinuierlichen Größen- oder Zahlenintervall bzw. unter der Gesamtheit der Zahlen zu verstehen ist, die zwischen zwei Zahlen gelegen sind, möge hier einfach als gegeben hingenommen werden. Es kann aber § 76 und § 124 verglichen werden.

Am anschaulichsten wird eine Funktion durch eine Kurve dargestellt, indem man die unabhängige Veränderliche — genauer eine Strecke, deren Maß gleich der unabhängigen Veränderlichen ist — als Abszisse x und den zugehörigen Funktionswert als Ordinate y aufträgt (§ 38) und so zu einem Punkt P gelangt. Es erfüllen dann die aus den verschiedenen Werten der unabhängigen Veränderlichen hervorgegangenen Punkte P eine „Kurve" (Abb. 135). Ist die Funktion y von dem Argument x in stetiger Weise abhängig, so wird man sich die Kurve in der Tat „zusammenhängend" denken dürfen; doch bedürfte dieser Umstand streng genommen noch einer Erörterung (vgl. § 33).

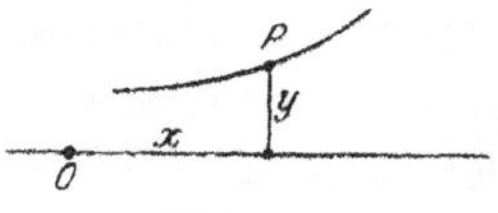

Abb. 135.

Als Beispiel mag die Funktion

$$y = \tfrac{1}{4}\,x^2$$

dienen. Sie wird durch die nebenstehende Parabel (Abb. 136) vorgestellt, deren Brennpunkt F auf der Ordinatenachse liegt und um eine Längeneinheit vom Anfangspunkt der Koordinaten absteht.

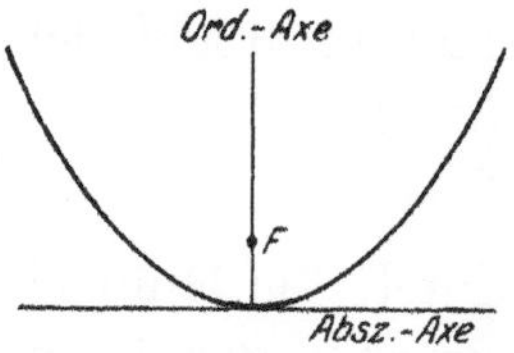

Abb. 136.

Um auch ein Beispiel zu haben, in welchem zwischen der Funktion, d. h. also der Ordinate, und dem Argument, d. h. der Abszisse, keine algebraische Gleichung besteht, denken wir uns über zwei Punkten A und B der Abszissenachse zwei Ordinaten $AA = a$ und $BB = b$ errichtet. In der Mitte zwischen A und B werde nun eine Ordinate c errichtet, die das geometrische Mittel von a und b ist (Abb. 137), so daß also gilt

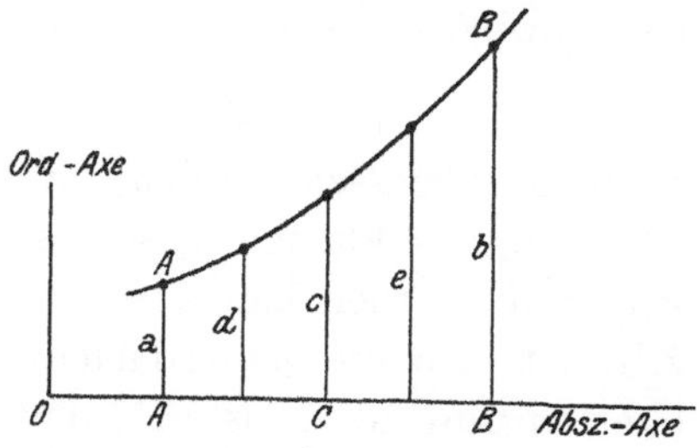

Abb. 137.

$$c = \sqrt{a\,b}\,.$$

Wenn nun ferner in der Mitte zwischen a und c eine Ordinate d angebracht wird, welche gleich dem geometrischen Mittel von a und c ist, und zwischen c und b, gleichfalls in der Mitte, eine Ordinate e gleich dem geometrischen Mittel von c und b, und in dieser Weise mit Einschaltungen fortgefahren wird, so ergibt sich schließlich zwischen A und B ein Kurvenbogen, dessen Punkte teils durch den beschriebenen Prozeß erreicht werden, teils sich durch unendliche Annäherung bestimmen.

Die Kurve kann nachträglich auch ihrem Gesetz entsprechend über A und B hinaus fortgesetzt werden, wobei sich zu jeder Abszisse eine eindeutig bestimmte Ordinate ergibt. Die Ordinate ist also hier eine für alle Werte bestimmte, aber nicht durch die gewöhnlichen algebraischen Hilfsmittel dargestellte Funktion der Abszisse.

§ 58. Der Differentialquotient als Koeffizient der Kurvensteigung.

Liegt jetzt irgendeine Kurve vor, welche — innerhalb gewisser Grenzen — jede Parallele zur Ordinatenachse unseres Koordinatensystems gerade einmal schneidet, so kann man sie im Sinne des vorigen Paragraphen als Darstellung einer Funktion auffassen, d. h. man kann die Ordinate y des Kurvenpunktes als Funktion $f(x)$ der Abszisse x des Punktes auffassen. Verbindet man nun einen bestimmten Punkt P der Kurve, der die Koordinaten x, y hat, mit einem auch auf der Kurve gelegenen Nachbarpunkt P' von den Koordinaten $x + \xi$, $y + \eta$, so ist die trigonometrische Tangente des in Abb. 138 bezeichneten Winkels α, d. h. des Neigungswinkels der Sehne PP' gegen die Abszissenachse

$$tg\,\alpha = \frac{\eta}{\xi}\,;$$

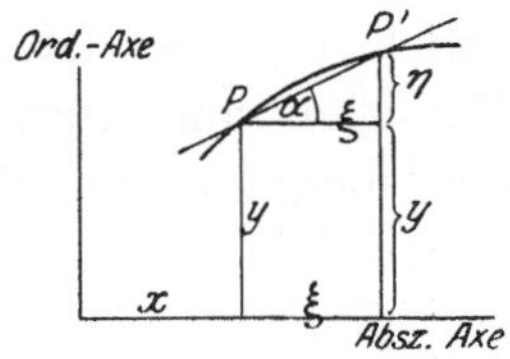

da aber für die Ordinaten die Gleichungen gelten

$$y + \eta = f(x + \xi)$$

und

$$y = f(x),$$

so ist

$$(1) \qquad tg\,\alpha = \frac{f(x + \xi) - f(x)}{\xi}.$$

Abb. 138.

Hat man sich die Abszissenachse horizontal gedacht, so ist $tg\,\alpha$ oder das Verhältnis $\eta : \xi$ der Änderungen von Funktion und Argument nichts anderes als das Steigungsmaß der Sehne PP'.

Denkt man sich jetzt weiter, daß der Punkt P' auf der Kurve sich dem Punkt P unendlich annähert, ohne ihn je zu erreichen, wobei P' noch von der einen oder von der anderen Seite auf P zukommen kann, so nähert sich die Zahlgröße ξ der Null, ohne sie je ganz zu erreichen, wobei ξ entweder positiv oder negativ sein kann. Existiert im Punkt P eine Tangente an die Kurve im eigentlichen Sinne des Wortes, so ist für den gedachten Annäherungsprozeß diese Tangente die Grenzlage der Sehne[1]). Das Steigungsmaß $tg\,\beta$ der

---

[1]) Wir definieren neuerdings die Tangente (berührende Gerade) in einem Punkt P einer Kurve als die Grenzlage derjenigen Geraden, die P mit einem beweglichen, an P unendlich nahe heranrückenden Nachbarpunkt der Kurve verbindet. Die Tangentendefinition der Alten, welche verlangt, daß die Tangente mit der Kurve einen und nur einen Punkt gemein haben soll, versagt bei höheren Kurven, wie aus Abb. 139 ersichtlich ist.

Abb. 139.

Tangente muß deshalb auch der Grenzwert sein von dem Steigungsmaß $tg\,\alpha$ der Sehne PP' (vgl. Abb. 140), worin wegen der Gleichung (1) auch liegt, daß der Ausdruck

$$(2) \qquad \frac{f(x+\xi)-f(x)}{\xi}$$

für ein — positives oder negatives — von Null verschiedenes, aber ohne Ende abnehmendes ξ einen Grenzwert besitzt. Es ist hier der stetigen (kontinuierlichen) Folge von Werten, welche sich vermöge der Änderung des ξ aus (2) ergibt, ein Grenzwert geradeso zugeordnet wie in § 51 einer diskreten Reihenfolge von Werten ein Grenzwert zugeordnet war.

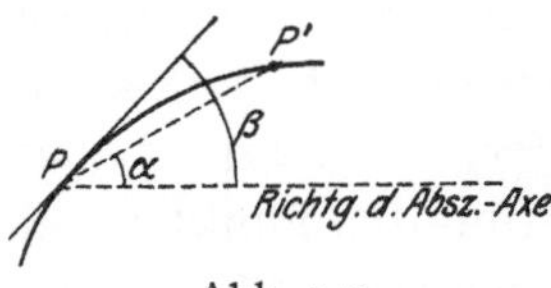

Abb. 140.

Bei dem eben erwähnten Prozeß der unendlichen Annäherung wird der Punkt P mit seiner Abszisse x festgehalten. Wird nun das ganze Verfahren für einen anderen Punkt P der Kurve, dem eine andere Abszisse x zukommt, wiederholt, so ergibt sich ein anderer Grenzwert des Ausdrucks (2). Der Grenzwert ist also von x abhängig, d. h. er ist eine Funktion von x und wird deshalb mit $f'(x)$ bezeichnet. Der Vorgang des Übergangs zum Grenzwert oder „limes" wird durch die Gleichung

$$\underset{\xi\to 0}{\text{limes}}\,\frac{f(x+\xi)-f(x)}{\xi}=f'(x)$$

zum Ausdruck gebracht. Die Funktion $f'(x)$ heißt der Differentialquotient oder Differentialkoeffizient oder auch die Ableitung der Funktion $f(x)$[1].

§ 59. Der Differentialquotient als Geschwindigkeitsmaß.

Um neben der geometrischen auch eine mechanische Deutung des Differentialquotienten zu erhalten, denken wir uns einen Punkt mit im allgemeinen wechselnder Geschwindigkeit auf einer geraden Linie in Bewegung. Diese Bewegung wird dadurch beschrieben, daß zwischen gewissen Zeitgrenzen für jeden Zeitpunkt t — der eben dadurch charakterisiert ist, daß dann gerade t Zeiteinheiten vom Anfangspunkt der Zeit an verflossen sind — die Abszisse s des Ortes P angegeben wird[2], durch den der bewegte Punkt gerade hindurchgeht (Abb. 141). Die mit dem richtigen Vorzeichen gemessene Maßzahl s des Abstandes, den der Punkt P von einem auf der Geraden angenommenen festen Anfangspunkt O

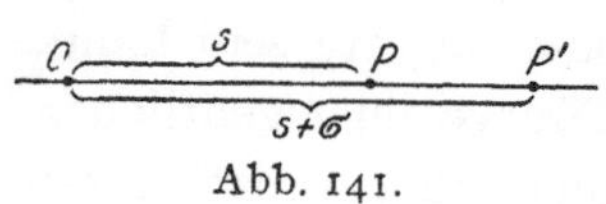

Abb. 141.

---

[1] Die Ableitung der Funktion $f'(x)$ heißt die zweite Ableitung von $f(x)$.
[2] Vgl. § 37.

besitzt, ist also von der Zahlgröße t abhängig. Es ist also s eine Funktion von t, weshalb wir

$$(1) \qquad OP = s = f(t)$$

setzen.

Nun denken wir uns etwas nach dem oben erwähnten Zeitpunkt t einen zweiten $t + \tau$. Zu dieser Zeit soll der bewegte Punkt durch die Stelle P', welche die Abszisse $s + \sigma$ besitzt, hindurchgehen. Es ist dann wiederum nach (1)

$$(2) \qquad OP' = s + \sigma = f(t + \tau),$$

da jetzt $t + \tau$ und $s + \sigma$ als Zeitwert und Abszissenwert zueinander gehören. Nun ergibt sich der Weg von P nach P' durch Subtraktion aus (2) und (1), indem

$$PP' = \sigma = f(t + \tau) - f(t)$$

ist. Der Einfachheit wegen will ich mir vorstellen, daß die Bewegung stets im Sinne wachsender Abszissen — etwa in der Figur in der Richtung nach rechts — vor sich geht, wobei aber zu bemerken ist, daß die Betrachtung auch im anderen Falle richtig bleibt, wenn die Maßzahl σ der von P nach P' führenden Strecke und auch die im folgenden noch einzuführenden Geschwindigkeiten als mit Vorzeichen versehene Werte angesehen werden.

In dem Zeitintervall von dem Zeitpunkt t bis zum Zeitpunkt $t + \tau$ sei die kleinste bei unserer Bewegung vorkommende Geschwindigkeit[1] v_1 und die größte vorkommende Geschwindigkeit v_2; es ist dann der in dem erwähnten Zeitintervall zurückgelegte Weg $f(t + \tau) - f(\tau)$ größer als derjenige, der mit der Geschwindigkeit v_1, und kleiner als derjenige, der mit der Geschwindigkeit v_2 in τ Zeiteinheiten zurückgelegt würde. Da sich nun die beiden eben gedachten Wege gleich $v_1 \tau$ und $v_2 \tau$ berechnen, so hat man die Beziehung

$$v_1 \tau \leqq f(t + \tau) - f(t) \leqq v_2 \tau.$$

Hieraus folgt, daß der Quotient

$$(3) \qquad \frac{f(t + \tau) - f(t)}{\tau}$$

in dem Zahlenintervall von v_1 bis v_2 gelegen ist. Es wird nun der Zeitpunkt t, der irgendeiner von den in Betracht kommenden sein kann, festgehalten, und die gemachte Überlegung mit anderen und anderen Größenwerten des mit t beginnenden Zeitintervalls $t \ldots t + \tau$ wiederholt. Dabei bedeuten dann v_1 und v_2 andere und andere Werte,

---

[1] Streng genommen wäre bei einer nicht gleichförmigen Bewegung (bei welcher die Geschwindigkeit wechselt) die Momentangeschwindigkeit eigentlich schon als Grenzwert zu definieren; ich will hier jedoch absichtlich die Geschwindigkeit als einen gegebenen Begriff und die zwischen Weg, Zeit und Geschwindigkeit bestehende Relation als gegeben behandeln (vgl. § 52).

die sich aber beide — im Sinne des Grenzüberganges — dem einen selben bestimmten Geschwindigkeitswert v unendlich annähern, der in Wirklichkeit bei der betrachteten Bewegung zur Zeit t selbst statthat, vorausgesetzt, daß die Bewegung überhaupt eine solche war, die mit „stetig sich ändernder" Geschwindigkeit[1]) vor sich ging. Also muß sich unter dieser Voraussetzung auch der Ausdruck (3) dadurch, daß die Größe τ des betrachteten Zeitintervalls ohne Ende klein gemacht wird, dem Wert v als seinem Grenzwert unendlich annähern. Es ist somit (vgl. § 58)

$$v = \lim_{\tau \to 0} \frac{f(t + \tau) - f(t)}{\tau} = f'(t) .$$

Man gelangt also zu dem Ergebnis:

Wird die Abszisse s eines geradlinig bewegten Punktes als Funktion der Zeit aufgefaßt, so liefert der Differentialquotient dieser Funktion das Geschwindigkeitsgesetz der Bewegung.

Ist z. B. die Abszisse eines geradlinig bewegten Punktes als Funktion der Zeit t durch die Formel

$$s = f(t) = \tfrac{1}{2} g t^2$$

vorgestellt, wo g eine unveränderliche Zahlgröße bedeuten soll, so ergibt sich

$$\frac{f(t + \tau) - f(t)}{\tau} = \frac{\tfrac{1}{2} g (t + \tau)^2 - \tfrac{1}{2} g t^2}{\tau} ,$$

was durch Umrechnung in

$$g t + \tfrac{1}{2} g \tau$$

übergeht. Wenn hierin τ sich gegen Null bewegt, so ergibt sich $g t$ als Grenzwert. Die Geschwindigkeit im Zeitpunkt t selbst ist deshalb durch die Formel

$$v = g t$$

exakt ausgedrückt.

Das hier gewonnene Ergebnis ist eine Umkehrung des in § 52 gefundenen. Dort wurde aus dem Geschwindigkeitsgesetz $v = g t$ die Formel $s = \tfrac{1}{2} g t^2$ für den Weg erhalten, während jetzt aus dieser Formel das Gesetz der Geschwindigkeit abgeleitet worden ist.

§ 60. Würdigung des Begriffs des Differentialquotienten.

Während in dem Fall von § 58 die vorausgesetzte Tangente der betrachteten Kurve und im Fall von § 59 die vorausgesetzte Geschwindigkeit der betrachteten Bewegung auf das Vorhandensein eines Differentialquotienten der Funktion, welche in dem einen Fall die Kurve, in dem anderen die Bewegung darstellt, schließen ließ, hat

---

[1]) D. h. mit einer Geschwindigkeit, die stetig von der Zeit abhängt (vgl. § 33).

man neuerdings erkannt, daß eine rein mathematisch definierte Funktion, selbst dann, wenn der Funktionswert vom Argumentwert stetig abhängig ist, nicht notwendig einen Differentialquotienten besitzen muß[1]).

Existiert jedoch der Differentialquotient, d. h. besitzen die Werte, welche aus dem Bruch

$$(1) \qquad \frac{f(x + \xi) - f(x)}{\xi}$$

durch stetige Bewegung des Wertes ξ gegen Null hervorgehen, einen Grenzwert

$$(2) \qquad f'(x),$$

so ist dieser, für einen Wert x des Arguments, der fest vorgeschrieben ist, eindeutig bestimmt. Es ist nämlich die Grenzwerteigenschaft der Größe (2) in bezug auf die veränderliche Größe (1), wenn wir von dem Gleichnis einer „Bewegung" absehen wollen, dadurch definiert, daß es nach Vorgabe jedes Kleinheitsgrades einen zugehörigen Wert δ so gibt, daß der Ausdruck (1) sowohl für alle Werte ξ des Intervalls $0 \ldots \delta$, als auch des Intervalls $0 \ldots -\delta$ (Null selbst ausgenommen) mit dem Grenzwert (2) eine unterhalb des Kleinheitsgrades befindliche Differenz ergibt. Daraus ergibt sich aber in genauer Nachbildung des in § 53 für den diskontinuierlichen Grenzübergang geführten indirekten Beweises, daß nicht ein zweiter Wert vorhanden sein kann, der ebenfalls in Beziehung auf die veränderliche Größe (1) die charakteristische Eigenschaft des Grenzwertes besäße.

Der Differentialquotient ist also, trotz seines Namens, kein Quotient, sondern nur der Grenzwert eines solchen und bezieht sich auf einen einzelnen Argumentwert x und nicht auf ein wirkliches, d. h. endliches Intervall, wie auch der Differentialquotient in § 58 die Steigung der Kurventangente an einer einzelnen Stelle und in § 59 die momentane Geschwindigkeit in einem einzelnen Zeitpunkt der Bewegung vorstellt. Aus diesem Grunde kann auch nicht unmittelbar aus den Werten des Differentialquotienten auf die Änderung geschlossen werden, welche die Funktion erfährt, wenn das Argument ein endliches Intervall durchläuft. Allerdings wird in § 62 gezeigt werden, wie man auf Umwegen dennoch zu solchen Schlüssen gelangen kann. Es ist jedoch unzulässig und kann zu Fehlern führen, wenn man, wie Cohen[2]) es will, das kontinuierliche endliche Intervall aus

---

[1]) Dies ist von Riemann zuerst ausgesprochen und von Weierstrass bewiesen worden (vgl. Weierstrass, Werke, 2. Bd., 1895, S. 71).

[2]) Vgl. H. Cohen, Das Prinzip der Infinitesimalmethode und seine Geschichte, 1883. Cohen drückt sich dabei noch so aus, daß das Wesen des Verfahrens darin bestehe, daß man von der „extensiven Größe" zur „intensiven" übergehe. Dies ist

unendlich vielen Stufen der Größe Null zusammenzusetzen sucht, gerade so, wie in § 54 der Versuch, einen Flächeninhalt aus Linien zusammenzusetzen, zu einem Fehler geführt hat.

§ 61. Anwendung auf Maxima und Minima.

Eine der wichtigsten Anwendungen des Differentialquotienten und des an ihn sich anschließenden Rechenverfahrens, der Differentialrechnung, ist die auf die Maxima und Minima der Funktionen. Historisch ist freilich dazu zu bemerken, daß viele Aufgaben des Maximums und Minimums schon vor der Entdeckung der eigentlichen Differentialrechnung behandelt waren und diese Entdeckung vorbereitet haben.

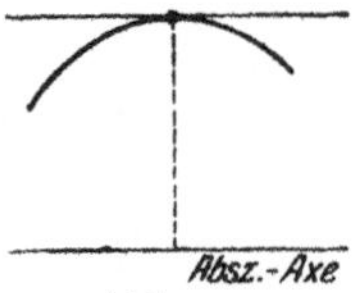

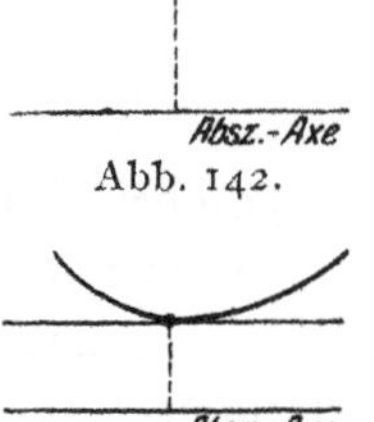

Abb. 142.

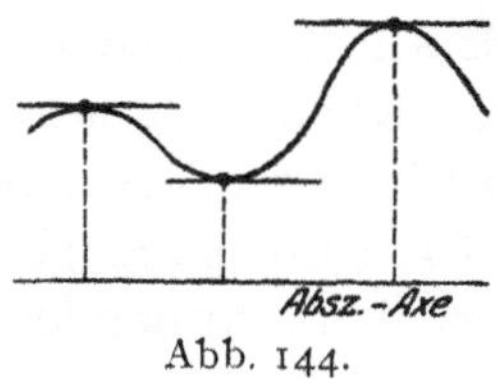

Abb. 143.

Denken wir uns nun wieder eine Funktion

$$y = f(x)$$

dadurch dargestellt, daß x und y als Abszisse und Ordinate eines mit x veränderlichen Punktes aufgetragen werden. Ein größter oder kleinster Funktionswert wird sich dann an der darstellenden Kurve zeigen, wobei aber die betreffende Ordinate nur im Vergleich zu den benachbarten eine größte oder kleinste zu sein braucht. Der Blick auf die Abb. 142, 143 und 144 zeigt, daß sowohl im Maximum als im Minimum die Tangente der (horizontalen) Abszissenachse parallel gehen wird. Es wird also an einer solchen Stelle die Steigung der Tangente gleich Null sein, d. h. es ist daselbst (§ 58)

Abb. 144.

$$f'(x) = 0.$$

ein bloßes Spiel mit Worten. Daß man eine extensive Größe nicht aus intensiven zusammensetzen kann, erkennt man schon daraus, daß man nur Größen derselben Art, also Flächen zu Flächen, Strecken zu Strecken, Winkel zu Winkel, Zeiten zu Zeiten, Kräfte zu Kräften addieren kann. Im Grunde handelt es sich ja auch in der analytischen (im Sinne von § 41) Differentialrechnung um reine Zahlgrößen. Diese können Maßzahlen von extensiven oder von intensiven Größen sein (§ 25) und sind selbst keines von beiden. Auch andere neuere Philosophen, wie z. B. VAIHINGER (Die Philosophie des Als ob, 1911, vgl. besonders S. 554), haben gegenüber der strengen, auf den Grenzbegriff gegründeten Theorie eine Vorliebe für die noch nicht reifen Begriffsbildungen von KEPLER und CAVALIERI bekundet (vgl. § 54). Dagegen ist hervorzuheben, daß die Entdecker der Differentialrechnung, NEWTON und LEIBNIZ, obwohl sie nicht für alle ihre Sätze ausreichende Beweise besaßen, trotzdem den Grundbegriff des Differentialquotienten schon sehr scharf gefaßt haben, wie denn auch COHEN selbst den Ausspruch von LEIBNIZ anführt, daß es nur ein „modus loquendi" sei, wenn der Differentialquotient als ein Quotient zweier unendlich kleiner Zuwüchse bezeichnet werde.

Ein vollständiges Mißverständnis begeht BOLTZMANN (Populäre Schriften, 1905, S. 144), wenn er sagt, daß ohne atomistische Vorstellung der „Limitenbegriff" sinnlos sei.

Daß dies freilich nur dann gilt, wenn eine Tangente im eigentlichen Wortsinn vorhanden ist, kann aus der Abb. 145 ersehen werden, wo zwar nach links und nach rechts eine Halbtangente existiert, diese beiden jedoch miteinander einen Winkel bilden.

Da offenbar der eben benutzte Hinweis auf die Anschauung nicht als ein vollkommen strenger und alle Fälle erschöpfender Beweis anzusehen ist, soll jetzt ein „analytischer" Beweis dafür gegeben werden, daß an der Stelle eines Maximums oder Minimums der Differentialquotient $f'(x)$ den Wert Null haben muß, vorausgesetzt, daß überhaupt an der betreffenden Stelle ein Differentialquotient vorhanden ist. Man kann nämlich unter dieser Voraussetzung für das Argument x, für welches ein Maximum oder Minimum vorhanden sein soll,

$$\frac{f(x + \xi) - f(x)}{\xi} = f'(x) + \varepsilon$$

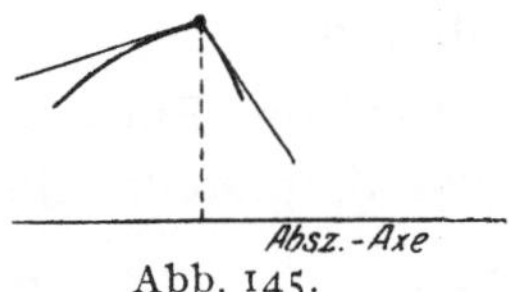

Abb. 145.

setzen, wo dann ε einen Wert von jeder gewünschten Kleinheit bedeuten kann, wenn zugleich der von Null verschiedene Argumentzuwachs ξ auf ein passendes Intervall $-\delta \ldots + \delta$ eingeschränkt wird (§ 60). Nimmt man nun für den Augenblick an, es sei für unser Argument $f'(x)$ nicht gleich Null, sondern gleich $\pm a$, wo a einen von Null verschiedenen Absolutwert bedeutet, so könnte man dafür sorgen, daß ε absolut kleiner als $\frac{a}{2}$ wird. Für das betreffende Intervall $-\delta \ldots + \delta$, in dem ξ dabei angenommen werden müßte, wäre nun

$$f(x + \xi) - f(x) = \xi \, [f'(x) + \varepsilon].$$

Es ist aber jetzt ersichtlich, daß in der eckigen Klammer das erste Glied über das zweite überwiegen müßte, so daß also in der Klammer ein von Null verschiedener Wert steht, der zugleich das Vorzeichen von $f'(x)$ hat. Für einen in jenem Intervall $-\delta \ldots + \delta$ gelegenen, von Null verschiedenen Wert ξ müßte demnach die Differenz

$$f(x + \xi) - f(x)$$

von Null verschieden herauskommen und dabei entweder das Vorzeichen von $f'(x)$ oder das entgegengesetzte Vorzeichen besitzen, je nachdem ξ positiv oder negativ wäre. Da $f(x)$ die Ordinate an der betreffenden Stelle, $f(x + \xi)$ aber die Nachbarordinate bedeutet, so erkennt man jetzt, daß man in jeder Nähe der zum Argument x gehörenden Ordinate sowohl größere als kleinere Ordinaten finden könnte, wenn, wie vorhin angenommen wurde, $f'(x)$ von Null verschieden wäre. Es stünde dies im Widerspruch mit der Eigenschaft eines Maximums, d. h. einer größten Ordinate, und ebenso mit der Eigenschaft eines Minimums oder einer kleinsten Ordinate. Es ergibt sich somit indirekt, daß sowohl in einem Maximum, als auch in einem Minimum $f'(x) = 0$ sein muß.

Dieses Ergebnis darf durchaus nicht so verstanden werden, als müßte nun umgekehrt auch an jeder Stelle, an der der Differentialquotient gleich Null ist, entweder ein Maximum oder ein Minimum stattfinden; es ist jedoch nicht nötig, hier auf die weiteren Bedingungen des Maximums bzw. Minimums einzugehen.

§ 62. Satz von ROLLE. Mittelwertsatz und Folgerungen für endliche Zuwüchse.

Hängt die Funktion $f(x)$ stetig von ihrem Argument x ab, und haben wir
$$f(x_1) = f(x_2) = 0,$$
so wird der Funktionsverlauf von x_1 bis x_2 geometrisch durch eine Linie dargestellt sein (§ 57), welche zwei Punkte der Abszissenachse zusammenhängend verbindet (Abb. 146). Falls zwischen x_1 und x_2 der Funktionswert einmal positiv wird, erhebt sich die Linie über die Abszissenachse, und es muß dann mindestens ein Maximum vorhanden sein, wie Abb. 146 zeigt; wird aber die Funktion zwischen x_1 und x_2 einmal negativ, so muß ein Minimum vorhanden sein (Abb. 147), wobei

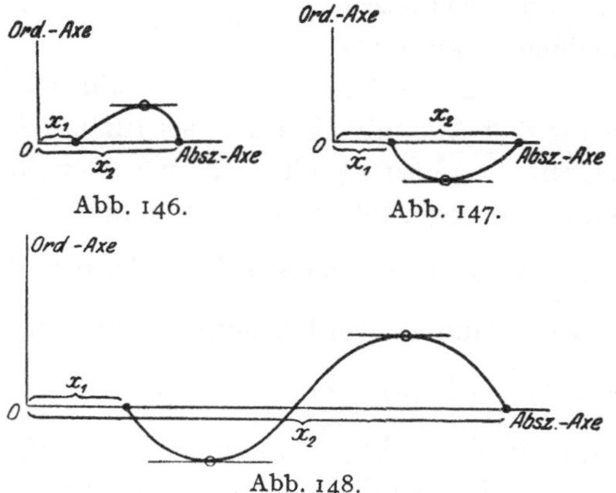

Abb. 146.   Abb. 147.

Abb. 148.

natürlich auch beides, ein Maximum und ein Minimum, vorkommen kann (Abb. 148). Auf den Beweis, der für die eben erwähnten Aufstellungen auf Grund der Eigenschaften des Argumentkontinuums $x_1 \ldots x_2$ und der stetigen Abhängigkeit der Funktion $f(x)$ von ihrem Argument geführt werden kann, soll hier nicht weiter eingegangen werden. Es ergibt sich also für jeden der beiden genannten Fälle die Existenz eines zwischen x_1 und x_2 gelegenen Arguments ξ für das

(1) $$f'(\xi) = 0$$

ist (vgl. § 61). In dem dritten noch möglichen Fall, daß die Funktion zwischen x_1 und x_2 weder einmal positiv noch einmal negativ wird, läuft die Linie mit der Abszissenachse zusammen, so daß für jedes Zwischenargument ξ das Steigungsmaß gleich Null ist, und somit gleichfalls die Gleichung (1) besteht.

Man gelangt so zu dem Satz von Rolle. Da die Existenz des Differentialquotienten für die zwischen x_1 und x_2 gelegenen Argumente die Stetigkeit der ursprünglichen Funktion für diese Argumente mit sich führt, kann er so ausgesprochen werden: *Wenn eine Funktion $f(x)$ für die Endwerte des Intervalls $x_1 \ldots x_2$ den Wert Null besitzt, in x_1 und x_2 selbst stetig und im Innern des Intervalls überall differenzierbar ist, so gibt es zwischen x_1 und x_2 mindestens ein Argument, für welches die Ableitung $f'(x)$ den Wert Null hat.*

Aus diesem Satz läßt sich unschwer ein etwas allgemeinerer herleiten. Unter der Voraussetzung, daß die Funktion $f(x)$ von a bis b stetig und zwischen den genannten beiden Argumenten überall differenzierbar ist, kann man aus a, b, dem veränderlichen Argument x und den zugehörigen Funktionswerten $f(a)$, $f(b)$ und $f(x)$ den Ausdruck

$$(2) \qquad F(x) = f(x) - f(a) - \frac{x-a}{b-a}[f(b) - f(a)]$$

zusammensetzen, der gleichfalls eine Funktion der Veränderlichen x und differenzierbar ist. Man berechnet nämlich aus (2), daß

$$(3) \qquad \frac{F(x+\xi) - F(x)}{\xi}$$

gleich dem Ausdruck

$$(4) \qquad \frac{f(x+\xi) - f(x)}{\xi} - \frac{f(b) - f(a)}{b-a}$$

ist. Da hier der zweite Teil konstant ist, und der erste sich dem Wert $f'(x)$ als seinem Grenzwert nähert, so erkennt man, daß (4) und somit auch (3), natürlich für einen ohne Ende abnehmenden Wert von ξ, den Grenzwert

$$(5) \qquad f'(x) - \frac{f(b) - f(a)}{b-a}$$

besitzt. Es existiert somit die Ableitung $F'(x)$ für dieselben Argumente x, für die $f'(x)$ existiert.

Da ferner $F(x)$, wie man aus (2) berechnet, für $x = a$ und für $x = b$ den Wert Null hat und wegen der Stetigkeit von $f(x)$ gleichfalls in a und b stetig ist, so kann man auf diese Funktion den Satz von Rolle anwenden. Hieraus ergibt sich ein Argument ξ zwischen a und b, für welches

$$0 = F'(\xi) = f'(\xi) - \frac{f(b) - f(a)}{b-a}$$

ist. Die letzte Gleichung ergibt

$$(6) \qquad f'(\xi) = \frac{f(b) - f(a)}{b-a}.$$

Es gibt also ein Zwischenargument, für welches, geometrisch gesprochen, das Steigungsmaß der Kurventangente gleich dem Steigungsmaß

$$\frac{f(b) - f(a)}{b - a}$$

der die Punkte

$$a,\ f(a)\quad b,\ f(b)$$

verbindenden Sehne ist. D. h. also, es gibt auf jedem Bogen eine Stelle, in welcher die Tangente parallel ist mit der zu dem Bogen gehörenden Sehne (Abb. 149). Der soeben geometrisch ausgesprochene, analytisch (im Sinne von § 41, Ende) durch die Formel (6) ausgedrückte Satz wird als der **Mittelwertsatz der Differentialrechnung** bezeichnet.

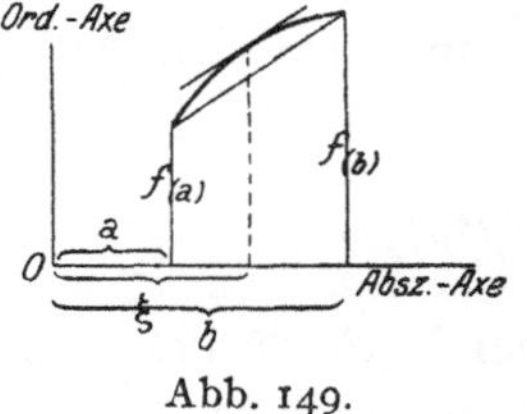

Abb. 149.

Dieser Satz setzt uns in den Stand, aus den Werten des Differentialquotienten auf die Änderung der Funktion in einem endlichen Intervall zu schließen. Weiß man z. B. von der Funktion $f(x)$, daß sie sich bei a und b stetig verhält, während sie zwischen diesen beiden Argumenten den Differentialquotienten Null besitzt, so ergibt die Formel (6), da die Funktion $f'(x)$ auch für den Zwischenwert ξ gleich Null ist,

$$0 = \frac{f(b) - f(a)}{b - a}$$

und somit

$$f(b) = f(a).$$

Man kann jetzt weiter in einem Argumentintervall, in dem überall $f'(x) = 0$ ist, die Argumente a und b beliebig wählen und findet schließlich, daß alle zu dem Intervall gehörenden Funktionswerte einander gleich, die Funktion somit in diesem Intervall konstant ist.

In derselben Weise ergibt sich, falls $f'(x)$ im Innern eines Intervalls $a \ldots b\ (a < b)$ positiv und von Null verschieden, und $f(x)$ in a und b selbst stetig ist, daß

$$f(b) > f(a)$$

sein muß.

In der Tat kann man also aus den Werten, welche die Ableitung *an den sämtlichen Stellen eines Intervalls* hat, auf die Änderung der Funktion im Intervall schließen; es muß jedoch der Beweis auf einem Umweg geführt werden, und es genügt dazu nicht die bloße Vorstellung, daß man sich den endlichen Argumentzuwachs aus unendlich vielen Stufen der Größe Null zusammengesetzt denkt. Der

Beweis erfordert außer der Begriffsbestimmung des Differentialquotienten, der eben kein Quotient, sondern nur der Grenzwert eines solchen ist, noch eine Kontinuitätsbetrachtung. Wohl kann man aber die Charakterisierung des ganzen Verfahrens der Differentialrechnung durch NATORP[1]) gelten lassen, der sagt, daß durch dasselbe „Begriffsgrenzen überschreitbar werden, die ohne das für unüberschreitbar gelten müßten", und daß auf diese Weise zwei vorher dem Begriff nach geschiedene Fälle „qualitativ unter eine Betrachtung, unter ein und dasselbe höhere Gesetz" fallen.

Neunter Abschnitt.

Reine niedere Arithmetik der reellen Zahlen.

§ 63. Die ganze Zahl als Stellenzeichen und als Anzahl.

Es gibt zwei verschiedene Definitionen, also zwei verschiedene Begriffe, der ganzen Zahl. Im einen Fall betrachtet man die Zahlen

$$(1) \qquad\qquad 1, 2, 3, 4, \ldots$$

lediglich als eine Reihe von lauter verschiedenen Zeichen, denen, abgesehen von der Reihenfolge, in der sie angenommen worden sind, zunächst keine weitere Bedeutung zukommt. Zu einem dieser Zeichen „Eins addieren" soll dann gar nichts anderes heißen, als daß man von dem betreffenden Zeichen zu dem in der Reihe nächstfolgenden übergeht. Durch solche Tätigkeiten des „Vorschreitens" und „Rückwärtsschreitens" in der Reihe der Zeichen definiert man nachher auch die Addition eines beliebigen Zeichens zu einem anderen, und es lassen sich dann auf Grund der Definitionen die Lehrsätze der gewöhnlichen Arithmetik beweisen. Ich will diesen Begriff der Zahl das Stellenzeichen nennen[2]).

Ein anderer Zahlbegriff, der gewissermaßen von Anfang an eine größere Menge logischer Beziehungen in sich vereinigt, ist der Begriff der Anzahl. In diesem Fall geht man von Aggregaten von Gegenständen aus. Die Aggregate werden natürlich als endlich vorausgesetzt, d. h. es ist jedes derselben dadurch, daß man ein Element nach dem anderen fortnimmt, erschöpfbar[3]). Man nennt zwei solche Aggregate

---

[1]) a. a. O., S. 217.

[2]) Von HELMHOLTZ ist der oben erwähnte Begriff als „Ordinalzahl" bezeichnet worden. Ich vermeide diesen Ausdruck, weil er schon den Einwand hervorgerufen hat, daß die Ordinalzahl den anderen, gleich nachher zu erörternden Zahlbegriff, die Anzahl, schon voraussetze und nichts anderes sei als eine zur Bezeichnung einer Stelle in einer Reihe verwendete Anzahl.

[3]) Was hierunter zu verstehen ist, nehme ich allerdings als gegeben an, und ich halte es für verkehrt, wenn man für das endliche Aggregat eine Definition aufstellen

äquivalent, wenn sich zwischen den Gegenständen des einen und denen des anderen eine umkehrbare eindeutige Zuordnung herstellen läßt, ohne daß dabei in einem der beiden Aggregate Elemente übrig bleiben, und schreibt äquivalenten Aggregaten dieselbe, nichtäquivalenten Aggregaten verschiedene Anzahlen zu[1]). Man kann den von HUSSERL,[2]) gebrauchten Ausdruck gelten lassen, daß die Anzahl die „Form" eines solchen Aggregates sei; ich wüßte aber keine Möglichkeit, die Gleichheit der Form zweier vorgegebenen Aggregate anders als mit Hilfe der umkehrbar eindeutigen Zuordnung zu erkennen.

Der erste Zahlbegriff, der des Stellenzeichens, wird vielfach als der einzig richtige hingestellt, und es erklärt sich dies vielleicht daraus, daß die ersten Schriftsteller, die überhaupt eine strenge Begründung der Arithmetik unternommen haben, an diesen Begriff angeknüpft haben. Es ist aber längst bemerkt worden, daß er zum mindesten für die Anwendung der Zahlen auf in der Erfahrung gegebene Dinge einer Ergänzung bedarf. Will man nämlich solche „zählen", so muß man eines davon mit 1, ein anderes mit 2, wieder ein anderes mit 3 bezeichnen usw., bis schließlich mit einem gewissen Zeichen unserer Folge (1) die vorgegebenen Dinge erschöpft sind. Nun tritt die Frage auf, ob das Ergebnis des Zählens nicht ein anderes wird, wenn wir dieselben Dinge in anderer Weise zu zählen beginnen, sie also „in einer anderen Ordnung" zählen. Daß, unabhängig von der Art und Weise der Zählung, immer dasselbe Endzeichen gefunden wird, hat man merkwürdigerweise als ein empirisches Ergebnis betrachten wollen[3]), auf dem dann die Anwendbarkeit des Zahlbegriffs auf Gegenstände der Erfahrung beruhen soll.

Im Grunde ist nun das Zählen von Gegenständen nichts anderes als ein Zuordnen dieser Gegenstände zu den Zeichen der obigen Folge (1), vom Anfangszeichen 1 an bis zu einem bestimmten Zeichen hin. Es deckt sich also die eben angeregte Frage mit derjenigen, ob,

---

will, die es aus dem Begriff der allgemeinen (unendlichen oder endlichen) Aggregate vermöge eines spezifischen Unterschieds heraushebt, wie es DEDEKIND versucht hat (vgl. „Was sind und sollen die Zahlen", 1888, S. 17; vgl. auch dazu meine Bemerkung in dem Programm: „Die Arithmetik in strenger Begründung", 1914, S. 27, Anm.). Einen mit dem meinigen hierin übereinstimmenden Standpunkt nimmt WEYL ein (vgl. „Das Kontinuum", 1918, S. 16/17).

[1]) DAVID HUME definiert auf dieselbe Weise die Gleichheit zweier Zahlen: „When two numbers are so combin'd as that the one has always an unite answering to every unite of the other, we pronounce them equal" ...

[2]) In seiner Philosophie der Arithmetik (1. Bd. 1891, S. 128) sagt HUSSERL: „Eins und Eins und Eins und Eins" sei eine „allgemeine Mengenform", welche den Namen Vier habe. Dazu ist zu bemerken, daß man die Elemente einer vorliegenden Menge, wenn man nachweisen will, daß diese die angeführte Form hat, eines um das andere den in obiger Aussage enthaltenen Worten „Eins" zuordnen muß.

[3]) E. SCHRÖDER, Lehrbuch der Arithmetik und Algebra, 1. Bd., 1873, S. 14—16.

falls ein Aggregat A einem Aggregat B oder auch, wie wir gleich hinzufügen wollen, einem Teil eines Aggregates B umkehrbar eindeutig zugeordnet werden kann, es gleichzeitig möglich ist, durch ein anderes Verfahren die Beziehung zu verwirklichen, daß die sämtlichen Elemente des Aggregats B einem bloßen Teil der Elemente von A umkehrbar eindeutig zugeordnet sind. Die Tatsache, daß dies nicht möglich ist, kann man meines Erachtens beweisen. Ich will dies die Grundtatsache des Anzahlbegriffes nennen.

Ich werde zeigen, und habe es schon in einer früheren Schrift ausgeführt[1]), daß der Anzahlbegriff, d. h. also die oben genannte Grundtatsache, nicht bloß für die empirischen Anwendungen, sondern auch zu dem vollständigen theoretischen Aufbau der niederen und höheren Arithmetik unentbehrlich ist. Mit Rücksicht hierauf wird man zu überlegen haben, ob es sich nicht empfiehlt, die Arithmetik gleich mit dem Anzahlbegriff zu beginnen, um so mehr als die Herleitung der arithmetischen Gesetze aus dem Begriff des Stellenzeichens mit Umständen verknüpft ist. Immerhin ist doch auch diese Herleitung von einem gewissen besonderen Interesse, und ich will sie wenigstens für die Addition hier ausführen.

§ 64. Addition der Stellenzeichen.

Kein Geringerer als LEIBNIZ hat es der Mühe wert gefunden, einen besonderen Beweis dafür zu geben, daß

$$(1) \qquad 2 + 2 = 4$$

ist. Er will damit belegen[2]), daß im Grunde alles bewiesen werden müsse und auch bewiesen werden könne, was meines Erachtens wohl für die Arithmetik, aber nicht für andere Disziplinen richtig ist. LEIBNIZ sagt nicht ganz deutlich, wie er die Zahl auffaßt; da er jedoch die Zahlformeln

$$(2) \qquad \begin{aligned} 2 &= 1 + 1 \\ 3 &= 2 + 1 \\ 4 &= 3 + 1 \\ &\cdot \cdot \cdot \cdot \cdot \end{aligned}$$

als die Definitionen der Zahlen $2, 3, 4, \ldots$ bezeichnet, so darf man wohl annehmen, daß er die Zahl ganz so wie wir in § 63 das Stellenzeichen ansehen will und das Fortschreiten in der Reihe der Stellenzeichen um ein Glied als die Addition von 1 bezeichnet.

Zum Beweis der Formel (1) ist aber noch eine vorausgehende Erklärung darüber nötig, was man unter der Addition von zwei verstehen will. Wir geben diese Erklärung folgendermaßen: „Zwei

---

[1]) Vgl. das eben erwähnte Programm, S. 16.
[2]) Vgl. Nouveaux essais etc., liv. IV, chap. VII, § 10.

addieren" heißt Eins addieren und dann, nachdem dies geschehen ist, noch einmal Eins addieren. In eine Formel gefaßt, heißt dies

$$2 + 2 = (2 + 1) + 1{}^1).$$

Aus der rechten Seite dieser Gleichung ergibt sich aber nach (2) zuerst $3 + 1$ und dann 4, was im wesentlichen der Leibnizsche Beweis ist.

Dem hier gewählten Zahlbegriff entspricht es, die Addition von $3, 4, 5, \ldots$ fortlaufend zu definieren, ausgehend von der Erklärung, daß 2 addieren heißt 1 addieren und noch einmal 1 addieren. Setzen wir also fest, daß 3 addieren heißen soll: 2 addieren und dann noch einmal 1 addieren, daß 4 addieren heißen soll: 3 addieren und dann noch einmal 1 addieren usw., so ergeben sich die fortlaufenden Formeln

$$(3) \qquad \begin{aligned} a + 2 &= (a + 1) + 1 \\ a + 3 &= (a + 2) + 1 \\ a + 4 &= (a + 3) + 1 \\ &\cdots\cdots\cdots, \end{aligned}$$

die man auch in die einzige Formel

$$(4) \qquad a + (b + 1) = (a + b) + 1$$

zusammenfassen kann.

Die Formeln (3) besagen, wenn man es anders ausdrückt, daß die Zahlzeichen $a + 1, \ a + 2, \ a + 3, \ldots$ solche sind, die in der ursprünglich angenommenen Reihe aufeinander folgen. Es ist also $a + b$ durch die mit $a + 1$ beginnende, aus der ursprünglichen Reihe genommene Folge

$$(5) \qquad a + 1, \ a + 2, \ a + 3, \ \ldots, \ a + b$$

definiert, die sich den Zeichen

$$1, \ 2, \ 3, \ \ldots, \ b$$

der Reihe nach zuordnen läßt, und deren Endglied eben dadurch bestimmt ist${}^2).$

${}^1)$ Frege (Die Grundlagen der Arithmetik, 1884, S. 7) stellt die Annahme dieser Formel als unberechtigt hin; es ist aber zu bedenken, daß die Addition einer von 1 verschiedenen Zahl zunächst noch gar nicht definiert war.

${}^2)$ Helmholtz (Philosophische Aufsätze, Eduard Zeller zu seinem fünfzigjährigen Doktorjubiläum gewidmet, 1887, S. 26ff.) erklärt genau auf diese Weise die Addition. Natorp (Die logischen Grundlagen der exakten Wissenschaften, 1910, S. 132) kleidet die Definition in die Angabe, daß man, um auf $a + b$ zu kommen, erst auf a und dann daran anschließend auf b zählt. Mit diesem anschließenden „auf b Zählen" ist aber die Bildung der Folge (5) gemeint, was natürlich nur mit Rücksicht auf die Zuordnung der Glieder zu der Folge 1, 2, 3, ... b so bezeichnet werden kann. Es wird also der Begriff der Zuordnung hier mitbenutzt, und ich kann mir eine solche Zuordnung nur auf die Weise bewirkt denken, daß an den verschiedenen

Auf Grund der Gleichungen (3) und der festgesetzten Reihenfolge der Zahlzeichen oder, was auf dasselbe hinauskommt, der Gleichungen (2) kann man jede Zahlformel, z. B. die häufig von Kant angeführte Formel

$$7 + 5 = 12$$

oder etwa die Formel

$$(6) \qquad 7 + 5 = 9 + 3$$

wirklich beweisen.

Hinsichtlich der Bedeutung des Gleichheitszeichens ist hier noch etwas zu bemerken, da es unter unseren Zahlzeichen keine unterscheidbaren Objekte, die zugleich in gewisser Hinsicht einander gleich sind, gibt, wie dies früher bei den Strecken der Fall war. Es bedeutet in der Gleichung (6) das Gleichheitszeichen nichts anderes, als daß die von 7 ausgehende, an der Reihe unserer Stellenzeichen auszuführende und durch den Ausdruck $7 + 5$ angedeutete Operation auf dasselbe Zeichen der Reihe hinführt, wie die von 9 ausgehende, durch $9 + 3$ ausgedrückte Operation.

§ 65. Beweis des Assoziativgesetzes und des Kommutativgesetzes der Addition.

Die im vorigen Paragraphen gegebene Erklärung der Addition von b zu a, d. h. also die Definition der Summe $a + b$, läßt ohne weiteres erkennen, daß in ihr das Zeichen b eine andere Rolle spielt als das Zeichen a. Es muß also, jedenfalls zunächst, $b + a$ von $a + b$ unterschieden werden, und es bedarf das sogenannte Kommutativgesetz der Addition, d. h. die Gleichung

$$(1) \qquad a + b = b + a,$$

falls sie hier besteht, eines besonderen Beweises.

Nehmen wir zuerst den Sonderfall an, daß $a = 1$ ist, in welchem Fall die Formel heißt

$$(2) \qquad 1 + b = b + 1.$$

Benennungen unserer Zeichen festgehalten wird. Darum will mir auch die Bemerkung von Natorp nicht einleuchten, daß „die Einzelglieder durch nichts mehr unterscheidbar" sein sollen als durch die Reihenfolge, in der sie gesetzt werden.

Man könnte zur Erläuterung die empirische Zählung an der Hand eines Maßstabes, dessen Kerben nicht numeriert sind, heranziehen. Wir könnten in diesem Fall von einer Kerbe zur nächsten fortgehen, aber nicht ohne weiteres eine einzelne Kerbe mitten aus den anderen heraus hervorheben. Wollen wir an diesem Maßstab z. B. die Summe $3 + 2$ erläutern, so müssen wir zuerst an den Kerben hin bis auf 3 und dann, indem wir an dem Maßstab weitergehen, gleich noch einmal bis 2 zählen. Wir müssen aber die Anfangskerbe der ersten Zählung und die Endkerbe der zweiten markiert haben, wenn wir schließlich von jener nach dieser hin zählend die Ziffer 5 als Summationsergebnis herauszählen wollen.

Dabei bedeutet die rechte Seite der Gleichung das in der Reihe unserer Zeichen auf b folgende Zeichen, während zunächst nicht eingesehen werden kann, daß die linke Seite der rechten gleich ist. Dagegen stellt die Gleichung für $b = 1$ eine Selbstverständlichkeit dar. Wird nun vorerst einmal $b = 2$ genommen, so ist nach der ersten von den Formeln (3) des vorigen Paragraphen, d. h. nach der Erklärung der Addition der 2, die linke Seite der obigen Gleichung

$$1 + 2 = (1 + 1) + 1.$$

Somit ist

(3) $$1 + 2 = 2 + 1.$$

Für $b = 3$ erhält man nach der zweiten Formel (3) von § 64

$$1 + 3 = (1 + 2) + 1,$$

also vermöge der jetzigen Formel (3)

d. h. $$1 + 3 = (2 + 1) + 1,$$
$$1 + 3 = 3 + 1.$$

Offenbar kann man so weiter schließen. Man erkennt die Allgemeingültigkeit des Verfahrens, indem man annimmt, daß die Gleichung (2) für ein bestimmtes b gültig ist, und sie dann für $b + 1$ beweist. Es ist nämlich

$$1 + (b + 1) = (1 + b) + 1$$

[nach Gleichung (4) von § 64]. Da nun die Gleichung (2) für b bereits gelten sollte, so erhält man hiernach

$$1 + (b + 1) = (b + 1) + 1,$$

d. h. es ist in der Tat die Gleichung (2) auch für das folgende b, also auch für das nächstfolgende usw., somit allgemein richtig.

Ehe nun zum Beweis der noch allgemeineren Gleichung (1) übergegangen werden kann, muß das Assoziativgesetz bewiesen werden, das sich in der Formel

(4) $$a + (b + c) = (a + b) + c$$

ausdrückt. Diese ist für $c = 1$ richtig, da sie in diesem Fall mit Formel (4) von § 64 übereinstimmt, d. h. nichts anderes besagt, als daß die Zahl $a + (b + 1)$ in der Zahlenreihe auf $a + b$ folgt. Man wird also wiederum die in Rede stehende Gleichung bewiesen haben, wenn man gezeigt hat, daß ihre Gültigkeit für ein bestimmtes c die Gültigkeit für $c + 1$ nach sich zieht.

Bilden wir nun die linke Seite von (4) mit $c + 1$ an Stelle von c:

(5) $$a + [b + (c + 1)],$$

so ist dies, wiederum nach Formel (4) des vorigen Paragraphen, dasselbe wie

$$(6) \qquad a + [(b + c) + \mathbf{1}],$$

was seinerseits auf Grund derselben **Regel** mit

$$(7) \qquad [a + (b + c)] + \mathbf{1}$$

übereinstimmt.

Da nun für den Wert c selbst, bei beliebigen Werten von a und b, die Formel (4) bereits gültig sein sollte, .so gelangt man von dem Ausdruck (7) zu der Formel

$$(8) \qquad [(a + b) + c] + \mathbf{1}.$$

Diese stimmt jedoch, wiederum nach der in Formel (4) von § 64 niedergelegten Definition, mit

$$(9) \qquad (a + b) + (c + \mathbf{1})$$

überein. Wir sind jetzt unter der Voraussetzung, daß Gleichung (4) für ein bestimmtes c bereits gültig sein sollte, vom Ausdruck (5) über (6), (7) und (8) nach (9), d. h. also zu der Gleichung

$$a + [b + (c + \mathbf{1})] = (a + b) + (c + \mathbf{1})$$

gelangt. Dies ist aber die für das nächstfolgende c gebildete Gleichung (4), womit unser Ziel erreicht ist.

Um nun die Gleichung (1) allgemein zu beweisen, nehmen wir sie gleich für ein bestimmtes a und für alle Werte b als gültig an. Die linke Seite gibt mit $a + \mathbf{1}$ an Stelle von a

$$(10) \qquad (a + \mathbf{1}) + b,$$

was nach dem Assoziativgesetz (4) gleich

$$a + (\mathbf{1} + b)$$

ist. Dies gibt aber, wenn zuerst Formel (2), dann wieder das Assoziativgesetz und nachher die Formel (1) selbst (für a und b) angewendet wird

$$a + (b + \mathbf{1}) = (a + b) + \mathbf{1} = (b + a) + \mathbf{1}.$$

Der letzte Ausdruck ist nun bereits wieder nach der Formel (4) des vorigen Paragraphen gleich

$$(11) \qquad b + (a + \mathbf{1}).$$

Die Überführung von (10) in (11), die uns unter der Voraussetzung der Gültigkeit von (1) gelungen ist, beweist, daß aus der Gültigkeit von (1) für ein gewisses a auch die Gültigkeit derselben Gleichung für den nächstfolgenden Wert von a sich ergibt. Da nun die Gleichung (1) für $a = 1$ mit (2) übereinstimmt und somit gültig ist, ist sie ganz allgemein gültig[1]).

§ 66. Analyse eines anderen Beweises des Kommutativgesetzes.

Einen eigenartigen Beweis hat neuerdings G. F. Lipps für das Kommutativgesetz der Addition aufgestellt[2]). Er geht dabei von demselben Zahlbegriff aus, den ich mit dem Ausdruck des Stellenzeichens belegt habe. Die Reihe der Stellenzeichen $1 \ldots a + b$ zerfällt nach der Definition der Summe in die aneinander anschließenden Reihen $1 \ldots a$ und $a + 1 \ldots a + b$. Betrachtet man nun die ganze Reihe in der umgekehrten Folge $a + b \ldots 1$, so zerfällt sie in $a + b \ldots a + 1$ und die nachfolgende Reihe $a \ldots 1$. Indem nun Lipps annimmt, daß sich die Glieder der Folge $1 \ldots a + b$ denen der Folge $a + b \ldots 1$ von Anfang bis zu Ende, der Reihe nach, zuordnen lassen, so daß also auch beide Folgen gleichzeitig zu Ende kommen, findet er, daß sich die Folge $1 \ldots a + b$ auch derjenigen der Reihe nach zuordnen läßt, die aus $a + b \ldots a + 1$ und nachfolgend $a \ldots 1$ sich zusammensetzt. Statt dessen kann man dann auch hintereinander die Folgen $b \ldots 1$ und $a \ldots 1$ und, wiederum *auf Grund der erwähnten Annahme*, die Folgen $1 \ldots b$ und $1 \ldots a$ und dann natürlich auch die Folgen $1 \ldots b$ und $b + 1 \ldots b + a$ nehmen. Die beiden letzten Folgen schließen sich aber zu der Reihe $1 \ldots b + a$ zusammen, welche damit erreicht ist. Aus der Zuordnung der Elemente dieser Reihe zu denen der ursprünglichen Reihe $1 \ldots a + b$ fließt dann die Gleichung

$$a + b = b + a.$$

Als die Eigenschaft der Reihenform, aus der sich im Grunde alles ergeben soll, nennt Lipps die „Homogeneität". Es ist nun hierzu zu bemerken, daß die oben hervorgehobene Annahme, welche tatsächlich benutzt worden ist, vielleicht ohne daß sich Lipps dessen voll bewußt war, meines Erachtens nicht mit dem Hinweis auf Homogeneität erledigt werden kann, sondern eines wirklichen Beweises bedarf; dabei scheint mir der natürliche Beweis darin zu bestehen, daß jene Möglichkeit, eine endliche Folge von Elementen ihrer eigenen Umkehrung zuzuordnen, als ein Sonderfall der in § 63 bereits genannten und in § 68 bewiesenen Grundtatsache aufgefaßt wird.

---

[1]) Die hier wiedergegebenen Beweise hat zuerst Grassmann geführt, vgl. Lehrbuch der Arithmetik für höhere Lehranstalten, 1861, S. 2ff.; vgl. auch Helmholtz, a. a. O. Bei Grassmann ist auch die Multiplikation mit ihren Gesetzen entsprechend behandelt.

[2]) Vgl. Philosophische Studien, herausg. von Wundt, Bd. 11, 1895, S. 290.

§ 67. Die Notwendigkeit der Grundtatsache und des Anzahlbegriffs auch für theoretische Erwägungen.

Um zu zeigen, daß der Begriff des Stellenzeichens nicht nur für die empirischen, sondern auch für die theoretischen Anwendungen des Zahlbegriffes einer Erweiterung bedarf durch Hinzufügung der in § 63 erwähnten Grundtatsache und durch den Übergang zu dem eigentlichen Begriff der Anzahl, erwähne ich ein Prinzip, das Minkowski[1]) in folgende Einkleidung gebracht hat:

Tut man in eine Anzahl von Schubfächern eine größere Zahl von Gegenständen, als man Schubfächer hat, so finden sich notwendig in wenigstens einem Fache gleichzeitig zwei oder mehrere Gegenstände vor.

Dieses so überaus einfache Prinzip ist in den verschiedensten Gebieten der Mathematik fruchtbar. Aus ihm folgt z. B. die Periodizität derjenigen Dezimalbrüche, die aus gewöhnlichen Brüchen (Rationalzahlen) entwickelt sind und nicht abbrechen. Um dies zu erkennen, dividiere man etwa mit 7 in irgendeine durch 7 nicht teilbare Zahl hinein. Die bei der Division nacheinander entstehenden Reste sind sämtlich Zahlen aus der Reihe 1, 2, 3, 4, 5, 6. Diese 6 Restzahlen sind in dem obigen Bilde durch die Schubfächer vorgestellt. Jeder Schritt der Division gibt einen Rest, also einen der genannten 6 Fälle. Nachdem man nun mindestens 7 Schritte gemacht hat, muß sich bei zweien der vollzogenen Schritte derselbe Rest ergeben haben. Man erhält also beim Fortfahren im Divisionprozeß sowohl von dem einen wie von dem anderen Schritt an dieselbe Ziffernfolge des Dezimalbruchs. Noch fruchtbarer erscheint das Prinzip in der höheren Zahlentheorie, in der es häufig verwendet wird[2]).

Es dürfte wohl deutlich sein, daß das besprochene Prinzip sich nicht aus dem Zahlbegriff der vorangehenden Paragraphen, d. h. nicht aus dem Begriff des Stellenzeichens, ableiten läßt. Seine natürliche Begründung ist diese. Hat man die Gegenstände sämtlich in jene Schubfächer verteilt, so kann man sich diejenigen Schubfächer, die etwa leer geblieben sein sollten, ganz wegdenken. Läge nun in keinem der Schubfächer mehr als ein Gegenstand, so wäre zwischen den Gegenständen und den Schubfächern oder einem Teil von diesen eine eindeutig umkehrbare Zuordnung geschaffen. Nun sollte aber die Zahl der Gegenstände „größer" sein als die Zahl der Schubfächer, und dies heißt, daß vorher schon einmal eine umkehrbar eindeutige Zuordnung

---

[1]) Gedächtnisrede auf Dirichlet, Jahresbericht d. Deutschen Mathematiker-Vereinigung, Bd. 14, 1905, S. 156.

[2]) Hier ist es vielleicht zuerst von Euler angewendet worden; vgl. Commentarii novi Academiae Petropolitaneae, t. XVIII, 1773, p. 86.

zwischen den sämtlichen Schubfächern und einem Teil der Gegenstände hergestellt worden war. Man hätte also zweierlei Zuordnungen, und es würde ihr Zusammenbestehen der Grundtatsache (§ 63 und 68) widersprechen. Verfügen wir also über die Grundtatsache von der Anzahl, so müssen wir infolge des eingetretenen Widerspruchs die vorhin gemachte Annahme fallen lassen, daß in keinem der Schubfächer mehr als ein Gegenstand sich befindet; es befinden sich also mindestens in einem Fache zwei oder mehrere Gegenstände, was zu beweisen war.

In der erwähnten Grundtatsache liegt es auch, daß man durch Umkehrung einer Folge $x, y, \ldots, u, v$ eine Folge $v, u, \ldots, y, x$ erhält, deren Elemente nach dem Schema[1]

$$x, y, \ldots, u, v$$
$$v, u, \ldots, y, x$$

denen der ersten Folge der Reihe nach restlos, d. h. also „ein-eindeutig" zugeordnet werden können. Dieser Umstand ist in dem Beweis von Lipps benutzt worden, den ich in § 66 besprochen habe. Derselbe Umstand dient zur Herleitung der Summenformel einer arithmetischen Progression[2].

Natorp leugnet die Grundtatsache der Anzahl, indem er sagt[3]: „Das Glied, das ich zuerst in Vergleichung ziehe, ist eben damit das erste, da nur nach der Reihenfolge dieser meiner Setzungen hier die Frage ist. So kann man gar nicht dazu kommen, einen Satz aufzustellen: Die Anzahl ist unabhängig von der Reihenfolge der Glieder, solange man rein mit dem Zählverfahren selbst, nicht mit abzuzählenden Dingen zu tun hat." Ich gebe Natorp gerne zu, daß man im Grunde nicht „Dinge" zählt[4], sondern „Setzungen" oder „Einheiten" und daß man in einem gegebenen empirischen Falle das Mannigfaltige der Erfahrung vor der Zählung durch den Verstand in Einheiten zusammenfaßt. Trotzdem behält die Grundtatsache ihre Bedeutung; sie kommt auch beim Zählen der gedanklichen Einheiten[5] zur

---

[1]) Das räumliche Schema ist hier freilich nur ein Bild.

[2]) Um die Summe $1 + 2 + 3 + \ldots + n$ zu finden, vereinigt man in den beiden Zeilen

$$1 + 2 + 3 + \ldots + n$$
$$+ n + (n-1) + (n-2) + \ldots + 1$$

zunächst die übereinanderstehenden Zahlen, wodurch man erkennt, daß $n(n+1)$ das Doppelte der gesuchten Summe ist.

[3]) a. a. O., S. 109.

[4]) a. a. O., S. 54, 108.

[5]) H. Schubert weist in der Enzyklopädie der Mathematischen Wissenschaften (1. Bd. 1898—1904, S. 1) auf die Bemerkung von Leibniz hin, daß auch unkörperliche Gegenstände gezählt werden können (Ars Combinatoria, 1690, p. 2).

Geltung. Fragt man z. B. nach der Gesamtheit der Zahlenpaare x, y, für die $x^2 + y^2$ kleiner als 12 ist, so findet man die Paare

$$1,1; \quad 1,2; \quad 1,3; \quad 2,1; \quad 2,2; \quad 3,1.$$

Diese Paare können aber in verschiedenen Ordnungen gefunden und gezählt werden, und wenn ich sage, daß es sechs Zahlenpaare sind, so ist damit durchaus nicht die Frage nach der Reihenfolge meiner Setzungen gestellt.

Überall in der ganzen Mathematik, auch z. B. in der Geometrie, kommen Anzahlen vor; bald werden sie ausgezählt, bald spielen sie in einer theoretischen Betrachtung eine Rolle, wobei sie dann auch allgemein bleiben können. Stets aber benutzen wir in Einzelfällen die Grundtatsache und in allgemeinen Überlegungen die aus ihr fließenden Sätze[1]. Diese Grundtatsache erklärt also gleichzeitig die theoretische wie die empirische (§ 63) Anwendbarkeit der Zahl.

§ 68. Beweis der Grundtatsache.

Um nun die bereits in § 63 angeführte Grundtatsache zu beweisen, nehme ich zwei Aggregate A und A' von irgendwelchen Elementen an, wobei ich jedoch sowohl die Elemente eines Aggregates voneinander, als auch die des einen Aggregates von denen des anderen als verschieden annehme. Ich ordne nun ein Element von A und ein Element von A' einander zu, dann ein neues Element von A einem neuen Element von A' usw., bis eines der Aggregate erschöpft ist. Es soll angenommen werden, daß das Aggregat A entweder zugleich mit dem Aggregat A' oder vor diesem erschöpft wird, so daß in dem letzten Falle einige Elemente von A' unverbunden bleiben. Dieses Ergebnis will ich — nur zur Erleichterung der Übersicht — durch die räumliche Zusammenstellung

$$(1) \qquad \begin{array}{l} a, \ b, \ c, \ \ldots, g \\ a', \ b', \ c', \ \ldots, g', \ u', \ v', \ \ldots, \ z' \end{array}$$

deutlich machen, wobei die Elemente der ersten Zeile zum Aggregat A, die der zweiten Zeile zum Aggregat A' gehören, und die Elemente a und a' und ebenso b und b', c und c' usw. einander zugeordnet sind. Der Vorgang kann auch so dargestellt werden, daß die Elemente von A untereinander in die Ordnung $a, b, c, \ldots, g$, die von A' in die Ordnung $a', b', c', \ldots, g', u', v', \ldots, z'$ gebracht, und dann die beiden Folgen der Reihe nach Glied für Glied einander zugeordnet werden,

---

[1] In § 71 werde ich zeigen, daß NATORP selbst, freilich ohne es zu wissen, in einem Fall, in dem er sich auf einen wirklichen arithmetischen Beweis eingelassen, die Grundtatsache benutzt hat.

bis nun möglicherweise nach der oben gemachten Annahme aus dem zweiten Aggregat A' die Elemente u', v', ..., z' übrigbleiben.

Nunmehr soll die Vergleichung derselben beiden Aggregate A und A' auf eine andere Weise vorgenommen werden. Zu diesem Zweck werden erst einmal die Elemente von A in eine neue Ordnung

$$(2) \qquad \alpha, \beta, \gamma, \ldots, \zeta$$

gebracht. Diese Umordnung von A in irgendeine gewünschte neue Folge kann auf folgende Weise durchgeführt werden. Man denkt sich, falls α von a verschieden ist, in der ursprünglichen Reihenfolge $a, b, c, \ldots, g$ zunächst einmal das Element a mit dem Element α, das ja auch hier irgendwo auftritt, vertauscht. Man hat also jetzt eine neue Folge, die mit α beginnt, und in der a an der Stelle auftritt, an der vorher α sich befand; a und α haben ihre Plätze gewechselt, was aber im Grunde nicht räumlich zu verstehen ist. Die neue Folge ist nun der alten Folge $a, b, c, \ldots, g$ vom ersten bis zum letzten Glied zugeordnet. Falls nun in dieser neuen Folge nicht etwa gerade β auf α folgt, vertauscht man das in ihr auf α folgende Element mit β. Indem man nun so fortfährt und bei jedem neuen Schritt an die nächste Stelle, auf der sich noch nicht das in (2) vorgeschriebene Element befindet, dieses Element bringt, ergibt sich schließlich die Folge (2).

Man beachte hierbei, daß von den entstehenden Folgen, die alle aus den Elementen des Aggregats A gebildet sind, jede auf die vorhergehende umkehrbar eindeutig bezogen ist. Mittelbar ist also auch die letzte α, β, γ, ..., ζ auf die erste a, b, c, ..., g, d. h. auf die obere Zeile unserer Zusammenstellung (1) bezogen.

Nun sollen auch die Elemente des Aggregats A' in eine neue Ordnung

$$(3) \qquad \alpha', \beta', \gamma', \ldots, \zeta', \varphi', \psi', \ldots, \omega'$$

gebracht werden. Man kann dabei die Umordnung des zuerst in die Folge

$$a', b', c', \ldots, g', u', v', \ldots, z'$$

geordneten Aggregats wieder in der vorhin geschilderten Weise vor sich gehen lassen, wodurch dann die Folge (3) auf die untere Zeile der Zusammenstellung (1) umkehrbar eindeutig bezogen wird. Es lassen sich nun die bewirkten Zuordnungen bildlich durch das Schema

$$\alpha, \beta, \gamma, \ldots, \zeta$$
$$a, b, c, \ldots, g$$
$$a', b', c', \ldots, g', u', v', \ldots, z'$$
$$\alpha', \beta', \gamma' \ldots, \zeta', \varphi', \psi', \ldots, \omega'$$

darstellen. Hier ist die erste Zeile auf die zweite, die dritte auf die vierte und die zweite auf einen Teil der dritten (s. o.) umkehrbar eindeutig (ein-eindeutig) bezogen. Man erkennt jetzt, daß, wenn die Elemente der ersten Zeile [d. h. die von (2)] mit denen der vierten Zeile [d. h. den Elementen von (3)] der Reihe nach zusammengeordnet werden, die Elemente φ', ψ', ..., ω' übrigbleiben, und daß diese auf die Elemente u', v', ..., ω' ein-eindeutig bezogen sind, die bei der ersten Vergleichung der Aggregate A und A' gleichfalls aus dem letzten Aggregat übriggeblieben waren.

Damit ist nun die Grundtatsache bewiesen. Mit Rücksicht darauf, daß man die umkehrbar eindeutige Zuordnung eines Aggregats auf ein anderes auch als eine „Abbildung" auffassen kann[1]), läßt sich die Grundtatsache so aussprechen:

Wenn sich zwei e n d l i c h e [2]) *Aggregate vollständig aufeinander abbilden lassen, so ist es nicht möglich, eines der Aggregate auf nur einen Teil des anderen abzubilden. Läßt sich das Aggregat A auf einen Teil des Aggregats A' abbilden, so ist es nicht möglich, A' vollständig auf A oder auf einen Teil von A abzubilden.*

Das vorhin bewiesene Ergebnis geht aber noch darüber hinaus. Es ist nämlich für den Fall, daß das Aggregat A auf einen Teil von A' abgebildet werden kann, gezeigt worden, daß bei doppelter Wahl dieses Teils *die Gesamtheit der im einen Fall aus A' übrigbleibenden Elemente sich auf die Gesamtheit der im anderen Fall übrigbleibenden vollständig abbilden läßt* [3]).

---

[1]) Vgl. § 130. Vgl. auch Dedekind, R.: Was sind und was sollen die Zahlen? 1893, S. 6.

[2]) Selbstverständlich war hier stets nur von einem endlichen Aggregat die Rede; immerhin verdient es hervorgehoben zu werden, daß die Erschöpfbarkeit des Aggregats wirklich insofern benutzt worden ist, als von dem geschilderten Umordnungsprozeß angenommen wurde, daß er vollendet werden kann. Für unendliche Aggregate ist der Satz auch nicht richtig (vgl. § 180).

[3]) Eine gewisse Abneigung, die ich bei manchen gegen diesen und ähnliche Beweise beobachtet zu haben glaube, führe ich darauf zurück, daß man beim „Vertauschen" leicht an einen empirischen Akt denkt, der mit Gegenständen der Erfahrung vor sich geht. Im Grunde handelt es sich aber doch um eine Selbsttätigkeit des Verstandes, welche dieser mit von ihm gesetzten, zugleich freilich auch in ihrem Unterschied festgehaltenen Einheiten übt. An diese Tätigkeit knüpfen sich Begriffe an, die wir zu den „reinen" oder „apriorischen" Begriffen rechnen müssen (vgl. § 134). Im Jahresbericht der Deutschen Mathematikervereinigung, 17. Bd. 1908, S. 158, hat G. Hessenberg treffend auf die Selbsttätigkeit der „Vernunft" hingewiesen. Bekanntlich bildet die Theorie der Vertauschungen ein ebenso klares und dabei an nichttautologischen, ja zum Teil überraschenden Ergebnissen ebenso reiches Gebiet wie die Theorie der Zahlen. Wollte man alles Vertauschen in das Gebiet der Erfahrung verweisen, so käme auch z. B. dem Satz keine Notwendigkeit zu, daß sich jede Vertauschung aus einer Anzahl von Vertauschungen von je zwei Elementen zusammensetzen läßt. Die Begründung der in § 63 erwähnten Tatsache mit Hilfe von Vertauschungen ist von O. Stolz (Vorlesungen über allgemeine Arithmetik, 1. Teil, 1885, S. 9) gegeben worden. Derselben Auffassung hat A. Capelli dadurch Ausdruck gegeben, daß er die Arithmetik als einen Teil der „scienza combinatoria" bezeichnet (Giornale di matematiche, vol. 39, 1901, p. 81).

§ 69. Begründung der Anzahl. Addition und Subtraktion der Anzahlen.

Die eben bewiesene Tatsache bildet nun die Grundlage für den Anzahlbegriff. Läßt sich das Aggregat A dem Aggregat A', und ebenso das Aggregat A' dem Aggregat A'' umkehrbar eindeutig zuordnen, so ergibt sich eben dadurch auch eine Zuordnung zwischen A und A'', indem man zwei solche Elemente dieser beiden Aggregate einander zuweist, die vorher demselben Element von A' zugeordnet waren. Hieraus ergibt sich nun, daß man zu keinem Widerspruch kommt[1]), wenn man die Aussage zuläßt, daß zwei Aggregaten, die einander umkehrbar eindeutig zugeordnet werden können (aufeinander abbildbar, einander äquivalent sind), derselbe Typus zukomme, wobei natürlich diesem „Typus" nur durch die Aggregate, die ihn darstellen, eine Existenz zukommt. Dieser Typus ist aber eben das, was man sonst die Anzahl der Elemente des Aggregats[2]) nennt.

Beginnt man mit einem Element, fügt noch eines hinzu, dann noch eines usw., so entstehen Aggregate, von denen dem Beweis von § 68 zufolge keines dem anderen äquivalent ist. Daß man so ohne Ende fortfahren kann, mag als ein logisches Axiom gelten. Man kommt so zu einer unendlichen Normalreihe von Aggregaten. Da jedes endliche Aggregat durch fortgesetztes Wegnehmen je eines Elements erschöpft und somit auch durch den umgekehrten Vorgang aufgebaut werden kann, so tritt in der genannten Normalreihe jeder Typus einmal und nur einmal auf. Die so erhaltene Folge von Anzahlen kann nun auch die Folge der Stellenzeichen von § 63 vertreten.

Hinsichtlich der gegebenen Auseinandersetzung mag noch bemerkt werden, daß auf diese Weise jede einzelne Zahl und auch der allgemeine Begriff der Anzahl aufgebaut wird, daß aber dabei natürlich der Gegensatz zwischen Einheit und Mehrheit bereits vorausgesetzt ist. Die beiden letzten Begriffe gehören zu den allgemeinen Verstandesbegriffen (Kategorien); sie bedürfen keiner Erklärung und sind, da sie selbst Bedingungen des Denkens bedeuten, einer Erklärung gar nicht fähig. Vermöge einer gewissen Verallgemeinerung lassen wir auch „Aggregate" zu, die nur ein Element enthalten, und gelangen so zur Anzahl Eins. Diese „Zahl Eins" ist also im Grunde etwas anderes als die „logische Einheit", die den Elementen unserer Aggregate zukommt[3]).

---

[1]) Vgl. im zweiten (logischen) Teil § 100.

[2]) B. RUSSEL (a. a. O., p. 114), G. HEYMANS (Die Gesetze und Elemente des wissenschaftlichen Denkens, 2. Aufl., 1905, S. 133) und die meisten Mathematiker definieren die Zahl in derselben Weise.

[3]) Wieder etwas anderes ist die sog. „Maßeinheit". Diese ist z. B. bei den Strecken eine für die Messung beliebiger Strecken zugrunde gelegte Normalstrecke, der dann selbst die Maßzahl 1 zukommt (vgl. dazu auch noch § 79).

Die Addition der Anzahlen (Typen) ist jetzt leicht zu definieren. Sind A und B zwei Aggregate, welche zwei gegebene Zahlen darstellen, so hat man zu dem gewünschten Zweck nur die Aggregate A und B, die aus lauter voneinander verschiedenen Elementen bestehen sollen, zusammenzutun. Es muß aber gezeigt werden, daß der Typus des so entstehenden Aggregats durch die beiden vorgegebenen Typen allein bestimmt und nicht mitbestimmt ist durch die besondere Individualität der diese Typen darstellenden Aggregate A und B. Dieser Beweis ergibt sich sofort, wenn man das Aggregat A durch ein anderes, denselben Typus darstellendes, also mit A äquivalentes Aggregat A' und ebenso B durch ein äquivalentes Aggregat B' ersetzt. Es kann dann zwischen A und A' und ebenso zwischen B und B' eine Zuordnung hergestellt werden; hieraus ergibt sich aber sofort auch eine Zuordnung zwischen den beiden neuen, durch Zusammenwerfen entstandenen Aggregaten $A + B$ und $A' + B'$. Diese beiden Aggregate stellen also denselben Typus dar, und es ist deshalb die Summe der beiden vorgegebenen Anzahlen eine eindeutig bestimmte.

Man gelangt jetzt ohne weiteres auch zur Summierung von mehr als zwei Zahlen, wobei es nicht einmal nötig ist, diese Summierung allmählich, schrittweise, zu gewinnen; es ist dann auch die Unabhängigkeit der Summe von der Ordnung und der Zusammenfassung der Summanden klar.

Sind zwei Anzahlen a und b vorgegeben, die voneinander verschieden sind, und sind A und B die darstellenden Aggregate, so bleiben, falls die Elemente von A und B einander zugeordnet werden, in einem bestimmten dieser beiden Aggregate Elemente übrig. Dieses Aggregat bleibt nicht nur nach § 68 dasselbe, wenn die Zuordnung zwischen A und B auf andere Weise vorgenommen wird, sondern, wie leicht zu sehen ist, auch dann, wenn an Stelle von A und B äquivalente Aggregate gesetzt werden. Wir nennen die Zahl die größere, in deren zugehörigem Aggregat die Elemente übrigbleiben, die andere die kleinere. Man erhält also den Satz:

Von zwei verschiedenen Zahlen ist eine bestimmte die größere, die andere die kleinere (z. B. $a > b$, $b < a$).

Aus der Beweisführung von § 68 ergibt sich noch:

Ist die Zahl a größer als b, so existiert eine Zahl c von der Beschaffenheit, daß $b + c = a$ ist.

Damit ist dann auch für die Subtraktion der Grund gelegt. Daß aus $a > b$ und $b > c$ die Relation $a > c$ folgt, ergibt sich jetzt in einfacher Weise, ebenso, daß Größeres zu Größerem oder auch zu Gleichem addiert Größeres ergibt.

§ 70. Multiplikation der Anzahlen.

Es ist jetzt für die Anzahlen der Begriff des Produkts aufzustellen. Das a fache von b, das wir von dem b fachen von a unterscheiden müssen, soll durch die Zeichenzusammenstellung $a \cdot b$ ausgedrückt sein, so daß also der Multiplikator dem Multiplikandus vorangestellt wird[1]). Die Zahl $a \cdot b$ ist also der Typus eines Aggregats, das aus a Unteraggregaten besteht, von denen jedes b Elemente enthält. Man kann dieses noch genauer so beschreiben. Es seien die Anzahlen a und b durch die Aggregate A und B dargestellt, deren „Typen" sie sind. Man ersetzt jetzt in dem Aggregat A jedes einzelne Element durch ein Aggregat vom Typus von B, so daß man die Aggregate

$$(\text{I}) \qquad\qquad B', B'', B''', \ldots$$

erhält, die aber so angenommen werden sollen, daß nicht nur die Elemente eines Aggregats untereinander — wie immer — verschieden gedacht werden, sondern auch jedes Element eines Aggregats von jedem Element eines anderen verschieden ist. Löst man jetzt die Gesamtheit der Aggregate (I) in ihre einzelnen Elemente auf, so erhält man das Aggregat, dessen Typus als das Produkt $a \cdot b$ anzusehen ist.

Es wäre nun zuerst zu zeigen, daß der Typus des erhaltenen Aggregats nur von den Typen der Aggregate A und B, d. h., wie man sagt, nur von den Anzahlen a und b der in A und B enthaltenen Elemente, aber nicht von der sonstigen individuellen Beschaffenheit der Aggregate A und B abhängt. Um dies einzusehen, denke man sich zwei neue Aggregate A_1 und B_1, wobei A_1 von demselben Typus wie A, und B_1 von demselben Typus wie B ist. Wiederholt man jetzt mit den Aggregaten A_1 und B_1 das eben mit A und B eingeschlagene Verfahren, so kommt man zu einer neuen Gesamtheit

$$(2) \qquad\qquad B_1', B_1'', B_1''', \ldots$$

von Aggregaten, die jetzt für die Aggregate (I) eintreten. Da nun diese Aggregate (2) in jenem Verfahren an Stelle der Elemente von A_1 getreten sind, so wie die Aggregate (I) an Stelle der Elemente von A getreten waren, und da die Elemente von A und A_1 einander umkehrbar eindeutig zugewiesen werden können, so gilt dasselbe auch von den Aggregaten (I) und (2). Entsprechen sich nun in dieser

---

[1]) Entsprechend der alten Übung, die ich für die praktischere halte. $a\,b$ ist somit eine Summe aus a Zahlen, die gleich b sind, so wie a eine Summe ist aus a Einheiten; es entsteht also das Produkt $a \cdot b$ aus dem Multiplikandus b geradeso, wie der Multiplikator a aus der Einheit gebildet worden ist. Diese Definition der Multiplikation paßt auch für die sämtlichen Erweiterungen des Zahlbegriffes, worauf Weierstrass in seinen Vorlesungen stets hinzuweisen pflegte (vgl. § 77 und 79).

Zuordnung z. B. die Aggregate B''' und B_1'', jedes dieser Aggregate als ein Ganzes betrachtet, so kann man nunmehr die in diesen beiden enthaltenen Ele men te einander zuordnen, da B''' mit B, ebenso B_1'' mit B_1, und auch B mit B_1 äquivalent ist, also die eben genannten vier Aggregate von demselben Typus sind. So kommt man schließlich zur umkehrbar eindeutigen Zuordnung der beiden Gesamtheiten der in (1) und der in (2) enthaltenen Einzelelemente, was zu beweisen war.

§ 71. Beweis des Kommutativgesetzes der Multiplikation.

Begrifflich ist also (vgl. § 70) $a \cdot b$ von $b \cdot a$ verschieden. Das Gesetz, wonach tatsächlich in allen Fällen $a \cdot b = b \cdot a$ ist, nennt man das Kommutativgesetz der Multiplikation. Während man dieses Gesetz dann, wenn die Zahlen als Stellenzeichen aufgefaßt werden, durch den Schluß von a auf $a + 1$ allgemein beweist[1]), kann man es nach Einführung des Begriffs der Anzahl in einer Weise zeigen, die gewöhnlich so dargestellt wird: Es wird ein Aggregat gedacht, welches das Produkt $a \cdot b$ darstellt, das also aus a Unteraggregaten von je b Elementen besteht. Nimmt man aus jedem der Unteraggregate ein Element heraus und vereinigt diese Elemente, so hat man 1 Aggregat von a Elementen und dann noch jene alten a Aggregate, in deren jedem noch $b - 1$ Elemente übrig sind. Nimmt man dann aus diesen letzten a Aggregaten wieder je ein Element heraus und vereinigt die herausgenommenen, so hat man 2 Aggregate von je a Elementen und a Aggregate von je $b - 2$ Elementen. Indem man so fortfährt, zeigt sich, daß nach b Schritten jene a alten Aggregate erschöpft sind, wobei dann, entsprechend der Zahl der gemachten Schritte, gerade b Aggregate von je a Elementen vorliegen. Es sind also jene a Aggregate von b Elementen in b Aggregate von a Elementen umgeordnet worden[2]).

Diese Umordnung derselben Elemente aus einer Gruppierung in eine andere hätte keinen klaren Sinn, wenn nicht die gegebenen Elemente als individuelle Gegenstände gedacht würden, die man festhalten kann, wenn es auch bloße Gegenstände des Denkens sind und keine Dinge. Wenn nun aber aus der Möglichkeit der vorgenommenen Umordnung geschlossen wird, daß $a \cdot b = b \cdot a$ ist, so wird auch noch die Grundtatsache (§ 63) vorausgesetzt, die oben in § 68 bewiesen

---

[1]) In diesem Fall wird das $a$fache von b fortlaufend dadurch definiert, daß es das $(a - 1)$fache von b ist, vermehrt um b, und daß $1 \cdot b = b$ ist (vgl. GRASSMANN, a. a. O., S. 25, HELMHOLTZ, a. a. O., S. 34; bei HELMHOLTZ wird übrigens die Multiplikation nur definiert und der Beweis des erwähnten Gesetzes nicht ausgeführt).

[2]) Bekannt ist die auf einer Anordnung in einem Rechteck beruhende Veranschaulichung.

Hölder, Mathematische Methode. 12

worden ist. Ohne diese Grundtatsache könnte man nicht einsehen, daß einem Aggregat unabhängig von der ihm zu gebenden Gruppierung und Ordnung eine bestimmte Anzahl zukommt.

Der letzte Umstand wird vielleicht noch deutlicher, wenn ich die Wendung erwähne, die NATORP[1]) dem in Rede stehenden Beweis gegeben hat. Er geht von a Vielheiten von b Gliedern aus und sagt: „Die ersten Glieder der a Vielheiten b sind a Glieder, die zweiten sind a, und so fort bis zu den letzten, d. h. b^{ten} Gliedern, denn b Einheiten hat jede Vielheit b; also erhält man b Vielheiten von a". Der Unterschied dieser Darstellung von der vorigen besteht darin, daß die „Glieder" innerhalb jeder der ursprünglichen a Vielheiten in eine Folge geordnet gedacht sind, und ohne Zweifel denkt sich NATORP seiner Grundanschauung von der Zahl gemäß (vgl. oben § 67) auch die a Vielheiten in einer Folge. Man muß sich aber, wie ich es vorhin schon hervorgehoben habe, die „Glieder" als individuelle, also voneinander unterschiedene Gegenstände denken; wohl sind sie im Grunde nur Schritte der ursprünglichen Zählung, aber, ohne diese Schritte individuell aufzufassen, kann ich nicht einen Teil von ihnen, nämlich „die ersten Glieder der a Vielheiten", für sich zählen und dabei die zwischenliegenden auslassen. Daraus, daß wir dieselben Individuen auf zwei Arten zählen, ergibt sich dann ein Zusammenhang zwischen den beiden Zählungen, die sonst gar nichts miteinander zu tun hätten. Wären wir aber nicht außerdem im Besitz der Grundtatsache, so wären wir trotzdem nicht sicher, daß die beiden Reihenfolgen unserer sämtlichen Individuen, die der Zählung auf $a \cdot b$ entsprechende und die der Zählung auf $b \cdot a$ entsprechende, schließlich, wenn wir nunmehr ihre Glieder der Reihe nach einander zuordnen, *gleichzeitig zu Ende kommen*, und dann könnten wir immer noch nicht behaupten, daß $a \cdot b = b \cdot a$ ist. Für den Fall $a = 3$, $b = 5$ mögen die Gruppierungen

und

$$1_1\, 2_1\, 3_1\, 4_1\, 5_1 \quad 1_2\, 2_2\, 3_2\, 4_2\, 5_2 \quad 1_3\, 2_3\, 3_3\, 4_3\, 5_3$$

$$1_1\, 1_2\, 1_3 \quad 2_1\, 2_2\, 2_3 \quad 3_1\, 3_2\, 3_3 \quad 4_1\, 4_2\, 4_3 \quad 5_1\, 5_2\, 5_3$$

zusammen mit der Zuordnung

$$1_1\, 2_1\, 3_1\, 4_1\, 5_1\, 1_2\, 2_2\, 3_2\, 4_2\, 5_2\, 1_3\, 2_3\, 3_3\, 4_3\, 5_3$$

$$1_1\, 1_2\, 1_3\, 2_1\, 2_2\, 2_3\, 3_1\, 3_2\, 3_3\, 4_1\, 4_2\, 4_3\, 5_1\, 5_2\, 5_3$$

das Gesagte klarmachen[2]).

---

[1]) a. a. O., S. 151.

[2]) Nur infolge des vorgenommenen Verfahrens der Umordnung der Elemente, also vermittels eines zu diesem Zweck neugebildeten Begriffes gelingt der allgemeine Beweis; dieser erfordert also einen Umweg, wie das auch meist in der Geometrie zu sein pflegt (§ 6). Will man durch unmittelbare Rechnung feststellen, daß die Gleichung

Es sind also Gegenstände vorausgesetzt, die neben ihrer Zusammenfassung auch unterschieden werden können[1]), es ist ferner vom Begriff der Zuordnung und von der Grundtatsache der Anzahl Gebrauch gemacht worden.

Die letzte Darstellung leitet noch zu einer etwas anderen Auffassung über. Stellen wir die vorliegenden Elemente statt wie soeben durch eine einen Index tragende Stammzahl nunmehr durch Zusammenstellung zweier Buchstaben dar, so daß z. B. 3_1 durch $\alpha_1\beta_3$, ebenso 4_2 durch $\alpha_2\beta_4$ usw. ausgedrückt wird. Es liegen dann einfach alle Kombinationen der Form $\alpha\beta$ aus den 3 Buchstaben α_1, α_2, α_3 und den 5 Buchstaben β_1, β_2, β_3, β_4, β_5, im allgemeinen Fall aus den Buchstaben

$$(1)\qquad\qquad \alpha_1, \alpha_2, \ldots, \alpha_a$$

und den Buchstaben

$$(2)\qquad\qquad \beta_1, \beta_2, \ldots, \beta_b$$

vor. Hier erscheinen von Anfang an die beiden Reihen (1) und (2) als gleichberechtigt, und ich kann von den Kombinationen $\alpha\beta$ nach Belieben entweder diejenigen, welche dasselbe α enthalten, oder diejenigen, welche dasselbe β enthalten, in ein Aggregat zusammenfassen. Im einen Fall finde ich a Aggregate von b Kombinationen, im zweiten Fall b Aggregate von a Kombinationen, womit dann wiederum die Gleichung $a \cdot b = b \cdot a$ bewiesen ist[2]). Im übrigen bleibt natürlich bestehen, was hinsichtlich der Bedeutung der Grundtatsache gesagt worden ist.

$a \cdot b = b \cdot a$ richtig ist, so kann man mit den unendlich vielen vorhandenen Fällen nicht fertig werden. Man könnte also dann das Gesetz höchstens induktiv aus einer endlichen Zahl von Fällen erschließen, so daß seine Allgemeingültigkeit streng genommen noch fraglich erschiene. In diesem Sinne betrachtete Wundt, dem der allgemeine Beweis nicht bekannt war, die erwähnte Gleichung als ein empirisches Gesetz (vgl. Logik, 2. Aufl., 2. Bd., 1. Abt., 1894, S. 123).

[1]) Platos Einheit in der Vielheit, die von Natorp (a. a. O., S. 54 und 101) mehrfach angeführt wird. Die Zusammenfassung der Gegenstände, um deren Anzahl es sich handelt, pflegt dadurch ausgedrückt zu werden, daß die Gegenstände gleichartig sein sollen.

[2]) Natorp hat (a. a. O., S. 157) diesen Beweis, der Whitehead zugeschrieben wird, als ein „Hysteron-Proteron" bezeichnet. Seine Meinung ist offenbar die, daß zuerst die Zahlensätze erledigt und sie dann erst auf Kombinationen angewendet werden sollten. Damit wird aber der Zusammenhang zwischen den mathematischen Gebieten verkannt. Sehr oft beruht der mathematische Beweis auf der Hinzuziehung eines Begriffs, der selbst nicht notwendig zur Sache zu gehören scheint, der aber dann, nachdem er hinzugebracht worden ist, einen Übergang zu der zu erweisenden Tatsache durch notwendige Schlüsse ermöglicht. Darin beruht eben das, was wir den „Kunstgriff" des Beweises nennen.

§ 72. Produkt von beliebig vielen Faktoren.

Ein Produkt von mehr als zwei Faktoren kann zunächst nur sukzessiv gebildet werden. Dies kann aber, wenn die Faktoren gegeben sind, noch auf viele verschiedene Arten geschehen. So kann das Produkt aus den 4 Faktoren a_1, a_2, a_3, a_4 auf die 5 folgenden Arten

$$a_1 \cdot [a_2 \cdot (a_3 \cdot a_4)], \quad a_1 \cdot [(a_2 \cdot a_3) \cdot a_4],$$
$$(a_1 \cdot a_2) \cdot (a_3 \cdot a_4),$$
$$[a_1 \cdot (a_2 \cdot a_3)] \cdot a_4, \quad [(a_1 \cdot a_2) \cdot a_3] \cdot a_1$$

gebildet werden, wobei aber dann auch noch die Ordnung der vier ursprünglichen Faktoren geändert werden kann.

Zunächst läßt sich für drei Faktoren das sogenannte Assoziativgesetz der Multiplikation beweisen, das sich in der Gleichung

$$(1) \qquad\qquad a_1 \cdot (a_2 a_3) = (a_1 a_2) \cdot a_3$$

ausdrückt; es soll auf diesen Beweis hier nicht eingegangen werden. Aus dieser Gleichung aber und aus dem Kommutativgesetz (§ 71) kann dann bewiesen werden, daß ganz allgemein das Produkt aus k gegebenen Faktoren unabhängig von seiner Bildungsweise ist, was im folgenden ausgeführt werden mag.

Da für $k = 2$ nichts mehr zu beweisen ist, und die Beweise für $k = 3$ und $k = 4$ sich ohne weiteres durch Erschöpfen aller Fälle führen lassen, so mag gleich angenommen werden, daß der zu beweisende Satz für ein bestimmtes k bereits nachgewiesen sei. Um nun den Satz für ein Produkt aus $k + 1$ Faktoren

$$(2) \qquad\qquad a_1, a_2, a_3, \ldots, a_{k+1}$$

zu beweisen, bedenke man, daß ein solches jedenfalls zunächst als ein Produkt $A \cdot B$ von zwei Faktoren, als das A fache von B erscheinen wird, wobei A das irgendwie gebildete Produkt aus einem Teil der Faktoren (2) und B ein aus den übrigen Faktoren (2) gebildetes Produkt ist. Der Faktor a_1 kann nun ebensogut in B wie in A auftreten, im ersten Fall können wir an Stelle des Produkts $A \cdot B$ das Produkt $B \cdot A$, d. h. das B fache von A nehmen, da dieses Produkt dem ursprünglichen nach dem Kommutativgesetz für zwei Faktoren gleich ist. Es genügt also, die Annahme weiter zu verfolgen, daß a_1 in dem ersten der beiden Faktoren, der nun wieder A heißen mag, auftritt. Da nun A höchstens aus k der Faktoren (2) besteht, indem mindestens einer der Faktoren in B enthalten sein muß, und da für k Faktoren der zu beweisende Satz schon gelten soll, so kann man

$$A = a_1 \cdot C$$

setzen. Es liegt nun ein Produkt von der Form

$$(3) \qquad (a_1 \cdot C) \cdot B$$

vor, wobei C alle Faktoren, aus denen A gebildet war, mit Ausnahme von a_1 enthält. Nach dem Assoziativgesetz [Gleichung (1)] ist aber das Produkt (3) gleich

$$(4) \qquad a_1 \cdot (C \cdot B) \, .$$

Es ist also jedes beliebige aus den Faktoren (2) gebildete Produkt gleich dem $a_1$fachen eines Produkts, das aus allen Faktoren (2) mit Ausnahme von a_1 gebildet ist. Da nun dieses letzte Produkt ein solches von nur k Faktoren ist, und vorausgesetzt war, daß ein solches, falls die Faktoren gegeben sind, von der Bildungsweise unabhängig ist, so erkennt man, daß alle die aus den Faktoren (2) gebildeten Produkte einander gleich sein müssen. Der Satz, daß das Produkt durch die Faktoren allein gegeben ist, unabhängig von deren Ordnung und Zusammenfassung, ist also für $k + 1$ Faktoren notwendig richtig, falls er für k Faktoren richtig ist; er ist aber für $k = 2$ richtig und gilt somit allgemein, was zu beweisen war.

§ 73. Die Buchstabenrechnung.

Die Gleichungen

$$(1) \qquad a + b = b + a$$
$$(2) \qquad a + (b + c) = (a + b) + c$$
$$(3) \qquad a \cdot b = b \cdot a$$
$$(4) \qquad a \cdot (b \cdot c) = (a \cdot b) \cdot c$$
$$(5) \qquad a \cdot (b + c) = a \cdot b + a \cdot c$$

stellen die Gesetze der „Buchstabenrechnung" vor. Aus (1) und (2) ergibt sich, daß die Glieder einer Summe beliebig geordnet und beliebig zusammengefaßt werden dürfen; aus (3) und (4) folgt das Entsprechende für die Faktoren eines Produkts, wie im vorigen Paragraphen bewiesen worden ist. Die Gleichung (5), auf deren Beweis nicht eingegangen werden soll, ergibt, zusammen mit dem Kommutativgesetz (3) der Multiplikation, die bekannte Regel, wonach das Produkt zweier Klammerausdrücke dadurch erhalten wird, daß man jedes Glied der einen Klammer mit jedem Glied der anderen zum Produkt verbindet und die Produkte addiert.

Die Gewohnheit der Mathematiker, Gleichungen in Buchstaben, die für beliebige Zahlwerte der Buchstaben gültig sind, „Identitäten" zu nennen, hat den logischen Charakter dieser Gleichungen verdunkelt. Sie sind durchaus keine Tautologien[1]), sondern sind als Lehrsätze

---

[1]) M. E. sind diese Gleichungen im Sinne von KANT als synthetische Urteile anzusprechen; ich halte aber KANTS Einteilung der Urteile in „synthetische" und „analytische" beim heutigen Stand der Wissenschaft nicht für zweckmäßig (vgl. § 127).

anzusprechen. So ist es ein Lehrsatz, daß das a fache von b dem b fachen von a gleichkommt, daß man dasselbe erhält, wenn man das a fache der Summe $b + c$ bildet oder zum a fachen von b das a fache von c addiert. Die sogenannte Buchstabenrechnung oder das „algebraische Rechnen" besteht in einem auf den genannten Lehrsätzen beruhenden Schließen[1]), das in die Form eines Symbolkalküls, d. h. der Zusammenstellung und Umstellung von Symbolen gekleidet ist. Ein wirkliches Rechnen kann nur mit gegebenen Zahlen ausgeführt werden. Jenes Schließen aber dient dazu, die Ergebnisse von Einzelrechnungen vorauszusehen oder zum Voraus zu erkennen, daß verschiedene Arten der Einzelrechnung mit zum Teil noch nicht bestimmten Zahlen zu demselben Ergebnis führen müssen, auf welch letzterem Umstand meist der Gebrauch des Kalküls beim Bestimmen der Unbekannten in den Gleichungen beruht.

Dieses Verfahren der sogenannten Buchstabenrechnung verdankt die Wissenschaft in der Hauptsache Vieta[2]).

§ 74. Brüche.

Die Einführung der Brüche in die reine Arithmetik ist nicht ohne Schwierigkeit. Gewiß ist es zunächst das Natürlichste und entspricht dem ursprünglichen Gedanken, wenn man z. B. $\frac{1}{3}$ als denjenigen Wert definiert, dessen Dreifaches gleich der Einheit ist. Allein die Einheit der Zählung läßt sich an und für sich nicht teilen. Nur im Gebiet der Messung, z. B. der Streckenmessung, ist das Drittel ein klarer Begriff und bedeutet hier die Strecke, deren Dreifaches gleich ist der für die Messungen zugrunde gelegten Normalstrecke, der sogenannten Längeneinheit (§ 22).

Abb. 150.

Ich will vorerst einmal bei den Strecken stehenbleiben, und es sollen sechs einander gleiche Strecken

$$A B = B C = C D = D E = E F = F G$$

aneinander gefügt werden (Abb. 150). Man beachte, daß es nicht etwa eine logische Selbstverständlichkeit, sondern eine Folge der für Strecken in § 2 aufgestellten geometrischen Axiome ist (vgl. besonders III), daß nun auch

$$A C = B D = C E = D F = E G$$

----

[1]) Vgl. auch § 115.

[2]) Der Eindruck, den die Erfindung der Buchstabenrechnung gemacht hat, wird durch eine Erzählung beleuchtet, die in bezug auf J. Jungius überliefert ist (vgl. Guhrauer, Joachim Jungius und sein Zeitalter, 1850, S. 21). Jungius hatte durch Zufall von der Erfindung gehört und zog sich, als er Vietas Werke nicht längere Zeit behalten durfte, in einer Nacht die wichtigsten Ergebnisse aus, um sich dann selbst das übrige durch Nacherfinden zu ergänzen.

ist, und ebenso dann auch $AD = AC + CD$ und $DG = DF + FG$ einander gleich sein müssen. Es ist infolgedessen jede der Strecken AC, CE und EG ein Drittel, und jede der Strecken AD und DG eine Hälfte von AG. Betrachtet man nun AG als die Längeneinheit, so liefert die Streckengleichung

die Relation
$$AD + DF + FG = AG$$
(1)
$$\tfrac{1}{2} + \tfrac{1}{3} + \tfrac{1}{6} = 1.$$

Im Grunde bedeuten hier unsere Zahlen Maßzahlen von Strecken, und die Additionszeichen in der Gleichung beziehen sich auf die Addition der Strecken. Natürlich kann man, wenn man will, in diesem Sinne die ganze Bruchrechnung begründen.

Trotzdem scheint mir eine rein arithmetische Begründung der Bruchrechnung, da sie möglich ist[1]), auch ein Bedürfnis zu sein. Eine solche strebt z. B. auch NATORP an, wenn er sagt[2]), daß „überhaupt nichts als die Zählung selbst, als gesetzmäßige Funktion des Erkennens" zu entwickeln sei, und daß der Bruch auf der Einführung einer neuen Einheit beruhe. Es entsteht aber bei dieser Auffassung daraus eine Schwierigkeit, daß mehrere Zählungen mit verschiedenen Einheiten nebeneinander herlaufen.

Um dies deutlich zu machen, will ich versuchen, die Gleichung (1) rein arithmetisch zu begründen. Es liegen die Zahlen 1, $\tfrac{1}{2}$, $\tfrac{1}{3}$, $\tfrac{1}{6}$, vor, d. h. ich führe gleichzeitig vier verschiedene Einheiten e_1, e_2, e_3, e_4 ein. Dies geschieht aber mit der Maßgabe, daß in jedem Aggregat, das aus den genannten Einheiten gebildet ist und jede der Einheiten auch mehrmals enthalten kann, allemal zwei Einheiten e_2 durch e_1, drei Einheiten e_3 durch e_1, sechs Einheiten e_6 durch e_1, ferner drei Einheiten e_6 durch e_2, zwei Einheiten e_6 durch e_3 ersetzt werden dürfen, und daß auch die umgekehrten Ersetzungen alle erlaubt sein sollen. Gehe ich jetzt von dem der linken Seite von (1) entsprechenden Aggregat

(2)
$$e_2 + e_3 + e_6$$

aus, so fragt es sich, in welche andere Aggregate ich dasselbe durch die genannten Ersetzungen umwandeln kann. Ich kann in (2) zunächst e_3 durch zwei Einheiten e_6 ersetzen, so daß ich

$$e_2 + e_6 + e_6 + e_6$$

---

[1]) K. KROMANN, (Unsere Naturerkenntnis, Beiträge zu einer Theorie der Mathematik und Physik, deutsch von FISCHER-BENZON, 1883, S. 106) glaubt, daß überhaupt in der ganzen Arithmetik keine strenge Begründung ohne die Geometrie der geraden Linie möglich sei, was ohne Zweifel nur daher kommt, daß KROMANN keine von geometrischen Grundlagen freie Begründung der Arithmetik bekannt geworden ist.

[2]) a. a. O., S. 155.

erhalte. Hier können nun die drei e_6 durch e_2 ersetzt werden, so daß

$$e_2 + e_2$$

entsteht, was nach dem Gesagten durch e_1 ersetzt werden kann. Dies entspricht der obigen Gleichung (1).

Man kann aber auch anders verfahren. Ersetzt man in (2) zuerst die Einheit e_2 durch drei Einheiten e_6 und dann zweimal hintereinander je zwei Einheiten e_6 durch e_3, so ergibt sich zuerst

$$e_6 + e_6 + e_6 + e_3 + e_6 \,,$$

nachher

$$e_3 + e_6 + e_3 + e_6$$

und schließlich

$$e_3 + e_3 + e_3 \,,$$

was dann durch e_1 ersetzt werden kann.

Nachdem die geometrische Bedeutung der Einheiten und die zwischen ihnen bestehenden geometrischen Relationen aufgehoben worden sind, haben die eben ausgeführten beiden „Rechnungen" nur noch den Sinn gewisser, nach gewissen Regeln ausgeführter Tätigkeiten. Daß aber die beiden verschiedenen Verfahren auf dasselbe Ergebnis, d. h. auf die Einheit e_1, hingeführt haben, ist nun nicht mehr unmittelbar erklärbar. Insbesondere ist jetzt ein Beweis dafür erforderlich, daß alle derartigen Übereinstimmungen, wie sie durch die gewöhnliche Arithmetik gefordert werden, sich auch tatsächlich einstellen.

Natorp[1]) glaubt hier mit der Umkehrung der Relation auskommen zu können. Weil das 3fache von 2 entsprechend der Formel

$$3 \cdot 2 = 2 + 2 + 2$$

durch ein „mit Zweiern vorgenommenes Zählen auf 3" entsteht, weil man ebenso mit jeder beliebigen Zahl a das Produkt $3 \cdot a$ bilden kann, das sich demnach zu a verhält wie 3 zu 1, deswegen soll es auch zu jeder beliebigen Zahl b eine zugehörige geben, die sich zu b umgekehrt wie 3 zu 1, also wie 1 zu 3 verhält; insbesondere also soll zu $b = 1$ eine solche Zahl existieren, die dann nichts anderes ist als $\frac{1}{3}$. Hierzu ist zu bemerken, daß, wenn das 3fache von a gleich b ist, eine unsymmetrische Relation von a zu b vorliegt, d. h. eine solche, die sich von ihrer umgekehrten, d. h. von derjenigen Relation von b zu a, die mit ihr selbst mitgesetzt ist, unterscheidet. In solchem Fall ergibt sich aber daraus, daß ich zu jedem a ein zugehöriges b finden kann, nicht unmittelbar, daß auch umgekehrt zu jedem b ein zugehöriges a existieren müßte[2]). Die Unrichtigkeit dieses Schlusses

---

[1]) a. a. O., S. 153; vgl. auch meine Auseinandersetzung in § 95 über die Umkehrung der zweigliedrigen Relation.

[2]) Um ein populäres Beispiel zu haben, nehme ich die Relation „a ist der Sohn von b". Hier gibt es zu jedem a ein b, aber nicht zu jedem b ein a: jeder Mann ist der Sohn, aber nicht jeder ist der Vater eines andern.

ergibt sich ja auch schon daraus, daß im vorliegenden arithmetischen Fall unter den Zahlen, die bis jetzt für uns allein vorhanden waren, nämlich den ganzen Zahlen, jene Zahl $\frac{1}{3}$, deren Existenz selbstverständlich sein soll, jedenfalls nicht zu finden ist.

Indem wir also die neuen Denkobjekte $\frac{1}{2}, \frac{1}{3}, \ldots$ annehmen und zwischen ihnen und der Einheit die genannten Beziehungen setzen, nehmen wir Axiome an. Mögen wir diese Axiome geometrisch, wie oben, oder sonstwie (mit Beziehung auf andere Größen, die teilbar sind) motivieren, jedenfalls kann uns zunächst nur die Überzeugung, daß den Axiomen eine Wahrheit entspreche, die Sicherheit geben, daß Widersprüche innerhalb der aus den Axiomen gefolgerten Beziehungen sich nicht ergeben werden. Es gibt aber noch eine andere Auffassung. Statt auf die Existenz von genauen Bruchteilen (aliquoten Teilen) hinzuweisen, können wir in gewissem Sinn beweisen, daß sie sich ohne Widerspruch denken lassen, indem wir, lediglich auf Grund der bereits bewiesenen Gesetze der ganzen Zahlen zeigen, daß bei dem oben geschilderten, mit den Einheiten $e_1, e_2, e_3, \ldots$ ausgeführten Zählverfahren Widersprüche nicht eintreten können. Dabei müssen aber auch noch die Relationen, die den Begriffen „größer" und „kleiner" entsprechen, mit einbezogen werden.

Es liegt in der Natur der Sache, daß man einen solchen Beweis nur in einer mehr formalen Weise führen kann. Die Mathematiker verfahren dabei in der Regel so[1]). Sie betrachten einen Bruch, z. B. $\frac{2}{3}$, zunächst einmal als eine bloße Form, die durch zwei ganze Zahlen 2 und 3, die in der Form eine verschiedene Rolle spielen, gebildet ist. Man könnte diese Auffassung auch durch einen neuen Ausdruck, der nicht an die alte Bedeutung erinnert, wie etwa den Klammerausdruck (2, 3) noch deutlicher machen. Einen Fingerzeig dafür, wie der Beweis geführt werden kann, liefert im vorliegenden Fall nun das, was man beweisen will. Da in der früheren, jetzt aufgegebenen, geometrischen Bedeutung des Bruchs, z. B. die Brüche

$$(3) \qquad \frac{2}{3}, \frac{2 \cdot 2}{2 \cdot 3}, \frac{3 \cdot 2}{3 \cdot 3}, \frac{4 \cdot 2}{4 \cdot 3}, \ldots$$

alle einander gleich waren, fassen wir jetzt unsere Formen so in Klassen zusammen, daß solche Formen, wie sie in (3) gegeben sind, in dieselbe Klasse kommen. Wir müßten also festsetzen, daß $\frac{a}{b}$ und $\frac{c \cdot a}{c \cdot b}$ in dieselbe Klasse kommen oder, wie wir sagen wollen, „äquivalent" sind. Wir definieren gleich allgemeiner, daß $\frac{a}{b}$ und $\frac{a'}{b'}$ dann

---

[1]) Vgl. z. B. F. ENRIQUES, Questioni riguardanti le Matematiche elementari, vol. I, p. 429 ff.

und nur dann einander äquivalent sein sollen, wenn

$$a\,b' = a'\,b$$

ist. Man kann dann aus den Gesetzen der ganzen Zahlen heraus beweisen, daß *zwei Formen, die einer und derselben dritten äquivalent sind, einander äquivalent sind*[1]).

Auf Grund dieser Tatsache kann man aber, ohne auf Widersprüche zu stoßen, die Formen (Brüche) so in Klassen einteilen[2]), daß äquivalente Formen in dieselbe, nichtäquivalente in verschiedene Klassen kommen. Es lassen sich dann auch zwei verschiedene Kompositionsarten dieser Klassen definieren, die man „Addition" und „Multiplikation" der Klassen nennt; ebenso läßt sich ein „Größersein" und „Kleinersein" zwischen den Klassen definieren[3]). Natürlich handelt es sich um Addition, Multiplikation, „größer" und „kleiner" in einem ganz neuen Sinn. Schließlich kann man, wiederum auf Grund der Gesetze der ganzen Zahlen, zeigen, daß diese neuen Begriffe den alten Gesetzen der gewöhnlichen Bruchrechnung gehorchen; auch die Subtraktion und die Division als Umkehrungen der Addition und der Multiplikation lassen sich leicht einfügen[4]). Damit ist dann der oben angestrebte Beweis der Widerspruchslosigkeit geführt, da ja die Teileinheiten $e_2, e_3, e_4, \ldots$ unter unseren „Formen" enthalten sind, indem sie die Formen $\frac{1}{2}, \frac{1}{3}, \frac{1}{4}, \ldots$ vorstellen.

Es ließe sich auch ein Beweis der in Frage stehenden Widerspruchslosigkeit führen, der mehr dem am Ausdruck (2) erläuterten Verfahren mit den Einheiten $e_1, e_2, e_3, \ldots$ angepaßt ist. Dieser Beweis

---

[1]) Ist $\frac{a}{b}$ mit $\frac{a''}{b''}$, und $\frac{a'}{b'}$ mit $\frac{a''}{b''}$ äquivalent, so habe ich zwei Gleichungen: $a\,b'' = a''\,b$ und $a'\,b'' = a''\,b'$. Aus der ersten Gleichung folgt zunächst $b'\,(a\,b'') = b'\,(a''\,b)$. Diese Gleichung kann aber vermöge der Rechengesetze der ganzen Zahlen in der Form $b''\,(a\,b') = b\,(a''\,b')$ geschrieben werden. Auf der rechten Seite der letzten Gleichung kann man $a''\,b'$ (vermöge der zweiten Gleichung) durch $a'\,b''$ ersetzen, wodurch man zuerst $b\,(a'\,b'')$ und dann vermöge der Rechengesetze $b''\,(a'\,b)$ erhält. Die letzte Gleichung heißt also nunmehr $b''\,(a\,b') = b''\,(a'\,b)$. Wäre nun nicht $a\,b' = a'\,b$, so käme man auf einen Widerspruch mit der Tatsache, daß Größeres mit Gleichem multipliziert, Größeres ergibt. Es muß also $a\,b' = a'\,b$, d. h. die Form $\frac{a}{b}$ mit der Form $\frac{a'}{b'}$ äquivalent sein.

[2]) Vgl. § 100.

[3]) Man nennt zunächst die Form $\frac{a}{b}$ größer als die Form $\frac{a'}{b'}$, wenn $a\,b' > a'\,b$ ist. Es läßt sich dann beweisen, daß auch jede Form, die mit $\frac{a}{b}$ in dieselbe Klasse gehört, größer ist als jede Form aus der Klasse von $\frac{a'}{b'}$, und daß z. B. aus $\frac{a}{b} > \frac{a'}{b'}$ und $\frac{a'}{b'} > \frac{a''}{b''}$ folgt $\frac{a}{b} > \frac{a''}{b''}$. Der Beweis verläuft ähnlich wie der vorhin in Anm. 1 geführte.

[4]) Vgl. mein Programm: Die Arithmetik in strenger Begründung, 1914, S. 30—37.

würde vielleicht umständlicher ausfallen als der eben angedeutete und wahrscheinlich dem Verständnis noch größere Schwierigkeiten bereiten. Der vorhin skizzierte Beweis kann auch dahin gekennzeichnet werden, daß er auf der Möglichkeit beruht, die alte, etwa geometrisch gewonnene Theorie der Brüche auf die Theorie unserer Formenklassen „abzubilden"[1]) und vorher diese letzte Theorie rein arithmetisch zu begründen. Häufig wird bei der Darstellung des Beweises von „Gleichheit" statt von „Äquivalenz" und dann etwa statt von einer „Formenklasse" von einer „Schar unter sich gleicher Formen" gesprochen, welcher Ausdruck von den Logikern vielfach beanstandet wird[2]). Der Kernpunkt bei diesem „Gleichheitsbegriff" ist eben der, daß hier nicht Gegenstände „gleich" genannt werden, die einem schon gegebenen Inbegriff angehören, oder, wie man auch sagt, ein gemeinsames bekanntes Merkmal besitzen, sondern, daß durch ein Verfahren der Vergleichung auf Grund einer willkürlich festgesetzten „Äquivalenz" ein neuer Inbegriff, die Formenklasse, geschaffen werden soll[3]). Das Verfahren ist von ganz derselben Art wie die Einführung des Äquivalenzbegriffes in der Theorie der quadratischen Formen[4]), in welchem Fall es niemand als selbstverständlich ansehen wird, daß zwei Formen, die einer dritten äquivalent sind, einander äquivalent sind, und daß deshalb die Einteilung der Formen in der Weise möglich ist, daß zwei äquivalente stets und zwei nichtäquivalente niemals in dieselbe Klasse gelangen.

§ 75. Irrationalzahlen.

Betrachtet man ein gleichschenklig rechtwinkliges Dreieck (Abb. 151) und wählt die Kathete zur Längeneinheit, so ist das über der Kathete errichtete Quadrat als Einheit der Flächenmessung anzusehen[5]). Ist nun x das Längenmaß der Hypotenuse, so enthält das Quadrat, das über der Hypotenuse errichtet werden kann, x^2 Flächeneinheiten, und es führt der Pythagoräische Lehrsatz auf die Gleichung

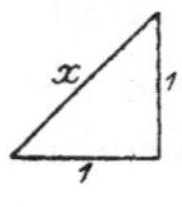

Abb. 151.

$$(1) \qquad x^2 = 1 + 1 = 2\,,$$

so daß sich also

$$(2) \qquad x = \sqrt{2}$$

ergibt.

Aus Gleichung (2) läßt sich folgern, daß x keine rationale Zahl sein kann. Nimmt man nämlich für x einen Bruch an, d. h. setzt man

$$x = \frac{\mu}{\nu}\,,$$

---

[1]) Im Sinne von § 10, § 41, § 130. [2]) Vgl. NATORP, a. a. O., S. 155.
[3]) Vgl. § 100. [4]) Vgl. § 18. [5]) Vgl. § 27.

wo μ und ν ganze Zahlen sein sollen, so ergibt sich aus (1) die Gleichung

$$(3) \qquad \mu^2 = 2\,\nu^2\,.$$

Man kann dabei unbeschadet der Allgemeinheit der Betrachtung voraussetzen, daß nicht beide Zahlen μ und ν gerade sind, da man ja im anderen Falle vor den weiteren Schlüssen so oft beide Zahlen mit 2 dividieren könnte, bis die eine ungerade geworden wäre. Nun ist aber leicht zu zeigen, daß die Gleichung (3) einen Widerspruch mit sich bringt. Ist nämlich μ ungerade, so ist $\mu \cdot \mu$ als Produkt zweier ungeraden Zahlen auch ungerade, und es wäre in unserer Gleichung die linke Seite ungerade und die rechte gerade. Ist aber μ gerade, so muß nach dem, was vorhin bemerkt wurde, dafür ν als ungerade angenommen werden. Setzt man dann $\mu = 2\,\mu'$, so erscheint die Gleichung

$$4\,\mu'^2 = 2\,\nu^2$$

oder nach der Division mit 2 die Gleichung

$$2\,\mu'^2 = \nu^2\,,$$

welche wiederum denselben Widerspruch darbietet. Die Annahme, daß x eine Rationalzahl sei, führt also unter allen Umständen auf einen Widerspruch. Es kann also die Hypotenuse des gleichschenklig rechtwinkligen Dreiecks kein μfaches eines ν^{ten} Teils der Kathete sein, d. h. die beiden Strecken sind nicht ganzzahlige Vielfache einer und derselben Strecke, sie sind inkommensurabel[1]).

Man kann gegen die eben dargestellte Beweisführung einwenden, daß von Anfang an ein Maß x der Hypotenuse in Beziehung auf die Kathete als Längeneinheit angenommen und für diese Größe x die Gültigkeit der Gleichung (1) vorausgesetzt worden ist. Die folgende Wendung macht aber den Beweis als indirekten völlig einwandfrei. Man nehme für den Augenblick an, es sei die Hypotenuse unseres Dreiecks mit der Kathete kommensurabel, dann existierte eine rationale Maßzahl x. Da sich nun die Betrachtung von § 27 ohne weiteres auf ein Quadrat ausdehnen läßt, dessen Seite ein rational gebrochenes Vielfaches der Längeneinheit ist, so bleibt auch der Umstand bestehen, daß x^2 die Zahl der Flächeneinheiten ist, die im Quadrat der Hypotenuse enthalten sind. Man kommt so auf Gleichung (1), von da auf (2) und (3), und es ergibt sich wieder der nachgewiesene Widerspruch.

Die verneinende Seite unserer Behauptung, daß nämlich die Hypotenuse in bezug auf die Kathete als Einheit keine rationale Maßzahl besitzt, ist also gesichert. Es handelt sich noch darum, zu zeigen,

---

[1]) Sie besitzen, wie man sagt, kein „gemeinschaftliches Maß".

inwiefern nun doch in gewissem Sinne ein Längenmaß x vorhanden ist, und daß für diese „irrationale Maßzahl" die Gleichung (1) gilt.

In § 22 ist auseinandergesetzt worden, inwiefern von dem Maß einer Strecke a in Beziehung auf eine mit ihr inkommensurable Längeneinheit b gesprochen werden kann. Es wurden dort die Rationalzahlen $\frac{\mu}{\nu}$ in Beziehung auf die Strecken a und b in zwei Klassen eingeteilt, und zwar kam, wenn wir der Einfachheit halber wieder die Existenz der genauen Bruchteile einer Strecke voraussetzen, die Zahl $\frac{\mu}{\nu}$ in die erste oder zweite der beiden Klassen, je nachdem das μfache des ν^{ten} Teils von b kleiner oder größer war als a. Eine solche Einteilung der sämtlichen Rationalzahlen in zwei Klassen wird als Schnitt bezeichnet. Es ist nun möglich, rein arithmetisch, ohne geometrische Axiome, die Theorie der durch solche Schnitte definierten Zahlgrößen zu entwickeln und dann mit Hilfe der Axiome der Geometrie alles das zu beweisen, was in § 22 und § 27 über die Maßzahlen von Strecken und Flächen gesagt worden ist[1]). Auf diese Weise wird dann auch die Gleichung (1) dieses Paragraphen wirklich bewiesen.

Hier interessiert uns in erster Linie die rein arithmetische (rein logische) Definition der Zahlgröße oder des Schnitts selber. Wir verstehen unter einem Schnitt jetzt gar nichts anderes als eine Einteilung aller absoluten Rationalzahlen, welche die Eigenschaft hat, daß jede Zahl der einen Klasse kleiner ist als jede Zahl der anderen[2]). Die Zahlen der ersten Klasse sollen die „unteren", die der zweiten Klasse die „oberen" heißen[3]). In einem Schnitt besonderer Art, der durch eine rationale Zahl hervorgebracht wird, welche die übrigen in größere

---

[1]) Hinsichtlich der Ausführung kann mein schon mehrfach erwähntes Programm, S. 68 ff., verglichen werden.

[2]) Selbstverständlich soll jede Klasse wirklich Zahlen enthalten; die Null gilt hier nicht als Zahlgröße. Der Gedanke des Schnitts stammt von MERAY und DEDEKIND. Dieser geht in seiner Schrift (Stetigkeit und irrationale Zahlen, 1872) von geometrischen Betrachtungen aus, beschreibt die Eigenschaft der Geraden, kontinuierlich zu sein, mit Hilfe des bekannten, nach ihm benannten Axioms (§ 29) und nimmt dann dieses geometrische Axiom zum Anlaß für die Bildung des rein arithmetischen Begriffs des Schnitts (S. 19). Hierdurch ist das Mißverständnis von RUSSEL entstanden, der (a. a. O., p. 279—281) glaubt, DEDEKIND habe die Irrationalzahl mit Hilfe eines Axioms begründen wollen. Die genaueren Beweise für die Arithmetik der Schnitte sind zuerst von M. PASCH (Einleitung in die Differential- und Integralrechnung, 1882, S. 1—8) gegeben worden. Es gibt noch andere Arten der Einführung der Irrationalzahl.

[3]) PASCH wendet den Begriff des Schnitts etwas anders, indem er statt seiner die „Zahlenstrecke" benutzt. Sie besteht aus einer Gesamtheit von Rationalzahlen von der Eigenschaft, daß jede Rationalzahl, die kleiner ist als eine in der Gesamtheit enthaltene, auch zur Gesamtheit gehört, wobei aber nicht alle Rationalzahlen zur Zahlenstrecke gehören, und diese keine größte Zahl enthalten soll. Die Zahlenstrecke ist nichts anderes als die Gesamtheit der „unteren Zahlen" eines Schnitts.

oder kleinere trennt, möge der größeren Bestimmtheit halber jene rationale Zahl selbst zu den oberen gerechnet werden[1]). Diese besonderen Schnitte entsprechen den rationalen Zahlen selbst, die anderen Schnitte stellen irrationale Zahlgrößen vor. Für alle Schnitte muß man nun die Beziehungen des „Größerseins" und „Kleinerseins", die Addition, Multiplikation, Subtraktion und Division definieren und kann dann die bekannten Gesetze beweisen.

Die in Frage stehende Theorie soll hier nicht durchgeführt werden; nur einige Beispiele mögen die rein arithmetischen Definitionen erläutern. Wir nennen einen Schnitt „kleiner" als einen anderen, den zweiten „größer" als den ersten, wenn es eine obere Zahl des ersten Schnittes gibt, die zugleich eine untere Zahl des zweiten ist. Eine nähere Überlegung zeigt, daß, falls zwei verschiedene Schnitte s und s', d. h. zwei nichtidentische Einteilungen der rationalen Zahlen von der obigen Art, gegeben sind, stets einer und nur einer der beiden kleiner ist als der andere, daß also niemals die beiden Urteile $s < s'$ und $s' < s$ zusammen bestehen können. Ist nun $s < s'$ und zugleich $s' < s''$, so läßt sich beweisen, daß in der Tat auch $s < s''$ sein muß. Es muß nämlich nach der festgesetzten Definition eine obere Zahl α von s geben, die zugleich eine untere Zahl von s' ist, und es muß eine obere Zahl α' von s' vorhanden sein, die zugleich eine untere Zahl von s'' ist. Dann ist aber sicher $\alpha < \alpha'$, da ja in dem mittleren Schnitt s' die Rationalzahl α eine untere und die andere Rationalzahl α' eine obere ist. Somit muß die Zahl α, da sie als kleiner nachgewiesen ist im Vergleich zu der unteren Zahl α' von s'', selbst eine untere Zahl von s'' sein. Es liegt also in α eine Rationalzahl vor, die zugleich eine obere ist im Schnitt s und eine untere in s'', d. h. es ist $s < s''$, was zu beweisen war.

Um nun eine Kompositionsweise der Schnitte festzusetzen, die als „Addition" anzusprechen ist, gehen wir von zwei beliebigen Schnitten s_1 und s_2 aus und betrachten die Gesamtheit der Rationalzahlen, die sich als Summe einer unteren Zahl von s_1 und einer unteren Zahl von s_2 darstellen lassen. Es läßt sich beweisen, daß diese Zahlen die Gesamtheit der unteren Zahlen eines neuen Schnittes ausmachen, der mit $s_1 + s_2$ bezeichnet wird.

In entsprechender Weise läßt sich die zweite Kompositionsart, die Multiplikation der Schnitte, definieren, und es ergeben sich dann durch Umkehrung der Operationen auch die Subtraktion und Division. Daß die bekannten Gesetze auch bei den Schnitten bestehen, läßt sich beweisen; eine weitläufigere Beweisführung macht nur die Existenz der Differenz nötig, d. h. der Beweis der Tatsache, daß es

---

[1]) Es gibt dann niemals eine größte untere Zahl.

zu den Schnitten s_1 und s_2, falls $s_1 < s_2$ ist, einen dritten Schnitt s_3 so gibt, daß $s_1 + s_3 = s_2$ ist[1]).

Um einige Beispiele anzuführen, will ich die Rationalzahlen einteilen in solche, deren dritte Potenz kleiner als 5, und solche, deren dritte Potenz größer oder gleich 5 ist. Es läßt sich zeigen, daß ein Schnitt x vorliegt, und man kann auch auf Grund der oben gegebenen Definition der Multiplikation beweisen, daß

$$x^3 = x \cdot (x \cdot x) = 5,$$

d. h. daß $x = \sqrt[3]{5}$ ist. Daß dieser Schnitt x eine irrationale Zahlgröße darstellt, beweist man auf die Art, daß man zunächst

$$x = \frac{\mu}{\nu}$$

annimmt und dann die Gleichung

$$\mu^3 = 5\,\nu^3,$$

die sich so ergibt, mit der Tatsache in Verbindung setzt, daß jede ganze Zahl nur auf eine Art in ein Produkt (ungleicher oder gleicher) Primzahlen aufgelöst werden kann[2]).

Nehme ich andererseits die unendliche Reihe

$$(4) \qquad 1 + \frac{1}{1} + \frac{1}{1 \cdot 2} + \frac{1}{1 \cdot 2 \cdot 3} + \cdots$$

an, so erkennt man leicht, daß diejenigen Rationalzahlen, die beim fortlaufenden Summieren der Glieder der Reihe einmal überschritten werden, die unteren Zahlen eines Schnittes ausmachen Dieser Schnitt ist, wie verhältnismäßig leicht gezeigt werden kann, auch im Sinne von § 55 die Summe der unendlichen Reihe (4), wobei dann natürlich die einzelnen Glieder von (4) als (rationale) Schnitte aufzufassen sind. Die Summe der Reihe läßt sich als irrational nachweisen.

In ähnlicher Weise läßt sich ein, freilich wesentlich verwickelterer, Beweis dafür führen, daß z. B. die Gleichung

$$x^3 - 2\,x^2 - x + 1 = 0$$

tatsächlich eine zwischen 0 und 1 gelegene Wurzel hat, und daß eine Summe der Reihe

$$1 - \tfrac{1}{2} + \tfrac{1}{3} - \tfrac{1}{4} + \cdots$$

existiert.

§ 76. Die Existenz der oberen Grenze.

Auf Grund der eben gegebenen Begriffsbestimmungen kann man noch weitere Sätze allgemeiner Art beweisen. So läßt sich zeigen, daß, wenn ein Schnitt kleiner ist als ein zweiter, stets ein Vielfaches des ersten gefunden werden kann, das den zweiten übertrifft. Es erscheint

---

[1]) Vgl. das Programm, S. 48.   [2]) Vgl. § 89.

also in dem jetzt in Rede stehenden Gebiet das Analogon des „archimedischen Hilfssatzes" (vgl. § 30) als ein ohne Voraussetzung eines
geometrischen Axioms rein arithmetisch beweisbarer Lehrsatz.

Ebenso kann nun die „obere Grenze" rein arithmetisch nachgewiesen werden. Ich denke mir unendlich viele, absolute, von Null
verschiedene Zahlen, etwa in Form einer Reihe

$$(\mathrm{I}) \qquad\qquad s_1,\ s_2,\ s_3 \ldots$$

gegeben, wobei alle diese Zahlen kleiner sein sollen als eine bestimmte
Zahl M. Jede unserer „Zahlen" ist ein „Schnitt". Man beachte nun,
daß, wenn ein Schnitt gegeben werden soll von jeder Rationalzahl
bestimmt werden muß, ob sie in die Klasse der oberen oder in die
der unteren Zahlen gehört. Da sich dafür offenbar nicht unendlich
viele Einzelaussagen bereit stellen lassen, muß die Einteilung in die
beiden Klassen durch ein Gesetz gegeben werden. Sollen nun unendlich viele Schnitte gegeben werden, so muß ein *Gesetz von
Gesetzen* vorliegen. Daß dies aber möglich gemacht werden kann,
zeigt im Hinblick auf das, was im vorigen Paragraphen erörtert worden ist, das Beispiel

$$s_1 = \mathrm{I}$$
$$s_2 = \mathrm{I} + \frac{\mathrm{I}}{\sqrt[3]{5}}$$
$$s_3 = \mathrm{I} + \frac{\mathrm{I}}{\sqrt[3]{5}} + \left(\frac{\mathrm{I}}{\sqrt[3]{5}}\right)^2$$
$$s_4 = \mathrm{I} + \frac{\mathrm{I}}{\sqrt[3]{5}} + \left(\frac{\mathrm{I}}{\sqrt[3]{5}}\right)^2 + \left(\frac{\mathrm{I}}{\sqrt[3]{5}}\right)^3$$

und so weiter nach dem leicht erkennbaren Gesetz.

Im Hinblick auf die unendlich vielen gegebenen Schnitte (I) kann
nun eine Gesamtheit von Rationalzahlen folgendermaßen definiert
werden: Zu der Gesamtheit soll jede Rationalzahl gehören, die in irgendeinem der Schnitte (I) eine untere Zahl ist. Zu jeder Zahl r dieser
Gesamtheit gibt es in dieser auch eine Zahl, die größer als r ist; es
läßt sich nämlich in jedem Schnitt s, dem r als untere Zahl angehört,
auch eine größere untere Zahl auffinden, da ja eine größte untere
Zahl in keinem Schnitt vorhanden ist[1]). Ist aber die rationale Zahl r'
kleiner als r, so muß auch r' der definierten Gesamtheit angehören,
da auch r' in dem Schnitt, dem r als untere Zahl angehört, eine untere
Zahl sein muß. Der definierten Gesamtheit gehören aber nicht alle
rationalen Zahlen an, z. B. nicht die oberen Zahlen des Schnittes M[2]).

---

[1]) Vgl. S. 190, Anm.　　[2]) Vgl. die Definition des größeren Schnitts in § 75.

Teilt man jetzt alle Rationalzahlen ein in die genannte Gesamtheit und in die übrigen, so liegt offenbar ein Schnitt g vor. Die Zahl g wird die **obere Grenze** der Zahlen (1) genannt[1]). Man beweist leicht die beiden Eigenschaften der oberen Grenze:

I. *Keine der Zahlen* (1) *überschreitet die obere Grenze.*

II. *Jede Zahl, die kleiner ist als die obere Grenze, wird von einer der Zahlen* (1) *überschritten.*

Es liegt ein besonderer Fall vor, wenn die obere Grenze g der Zahlen (1) unter diesen selbst vorkommt, wenn es also unter den unendlich vielen gegebenen Zahlen eine größte gibt, während andererseits natürlich unter jeder endlichen Gesamtheit von Zahlen eine größte vorhanden sein muß[2]).

Die obere Grenze entspricht in der Arithmetik dem „Grenzpunkt“, der in § 35 auf Grund des geometrischen Stetigkeitsaxioms von Dedekind nachgewiesen worden ist. Wir haben also wieder einen rein arithmetischen Lehrsatz erhalten, der in Analogie steht mit einem früher auf Grund von Axiomen bewiesenen geometrischen Satz. Es liegt nahe, die Analogie noch weiter zu verfolgen. Man ist versucht, an Stelle der sämtlichen Punkte der Geraden die Gesamtheit aller Schnitte zu setzen und sich eine in dieser Gesamtheit vorgenommene Einteilung zu denken, welche die Schnitte in zwei Klassen, in größere und kleinere Schnitte teilt. Man könnte dann durch dieselbe Art der Betrachtung, die vorhin angewendet wurde, die Existenz eines neuen Schnittes zeigen, der in diesem Fall nun die beiden Klassen von Schnitten trennen müßte. Hier ließe sich also die Existenz eines trennenden Schnittes **beweisen**, und es wäre so in gewissem Sinne das geometrische Kontinuum arithmetisch erzeugt oder vielmehr durch ein arithmetisches Gebilde ersetzt und für dieses das Analogon des Dedekindschen Stetigkeitsaxioms beweisbar geworden. Obwohl viele Autoren den eben geschilderten Standpunkt einnehmen[3]), möchte ich mich dem doch nicht anschließen. Bedenkt man, daß die Definition jedes Schnittes ein besonderes Gesetz erfordert, so bedeutet der Begriff der Gesamtheit aller Schnitte, daß wir glauben, uns die Gesamtheit aller der Gesetze, die noch einer gewissen Forderung entsprechen, denken zu können. Eine solche gänzlich unbestimmte Gesamtheit dürfte aber einen unzulässigen Begriff vorstellen; demgemäß

---

[1]) Dieser Begriff ist zuerst von Bolzano aufgestellt (vgl. S. 101, Anm.) und besonders von Weierstrass für die Funktionentheorie fruchtbar gemacht worden.

[2]) Dies ergibt sich ohne weiteres aus der Erschöpfbarkeit der endlichen Gesamtheit durch eine mit § 122 analoge Überlegung.

[3]) Vgl. Dedekind, Stetigkeit und irrationale Zahlen, 1872, S. 25; H. Weber, Lehrbuch der Algebra, 2. Aufl., Bd. 1, 1898, S. 7.

bin ich der Ansicht, daß *das Kontinuum nicht rein arithmetisch erzeugt werden kann*[1]).

§ 77. Negative Zahlen.

Die Rechnung mit negativen Zahlen wird an sich ganz richtig durch die Bemerkung gekennzeichnet, daß man neben der ursprünglichen Einheit eine zweite einführt, mit der Bestimmung, daß diese beiden verschiedenen Einheiten, da, wo sie zusammen auftreten, sich gegenseitig aufheben[2]). Soll aber diese Bemerkung ohne weiteres als eine Begründung der Rechnung mit dem Negativen gelten, so muß man auf erfahrungs- oder anschauungsmäßige Zusammensetzungen hinweisen, bei denen tatsächlich ein Sichaufheben statthat, z. B. auf die entgegengesetzten Kräfte oder die entgegengesetzten Strecken in einer Geraden, wobei dann die Axiome von § 25 oder die hinsichtlich der Anordnung der Punkte und der Abtragung der Strecken auf einer Geraden gemachten Annahmen (vgl. § 2) in ähnlicher Weise zu einer Begründung führen, wie die Bruchrechnung am Anfang von § 74 geometrisch begründet worden ist. Die Begründung stützt sich also dann auf die Annahme der idealen Wahrheit oder Widerspruchslosigkeit gewisser Axiome.

Will man jedoch eine rein arithmetische (logische) Begründung geben, so muß man ausführlich beweisen, daß die Einführung von zwei Einheiten, die sich gegenseitig aufheben sollen, im Zusammenhang mit den Rechengesetzen widerspruchslos möglich ist. Zugleich hat man jetzt den Gedanken von einer Zusammensetzung von Kräften oder Strecken zu ersetzen durch den einer Zusammen-

---

[1]) Ich habe dies bereits im Jahre 1892 ausgesprochen (vgl. Göttingische gelehrte Anzeigen, 1892, S. 594). H. Weyl in seiner Schrift: Das Kontinuum, kritische Untersuchungen über die Grundlagen der Analysis, 1918, vertritt sehr entschieden eben diese Ansicht (S. 65ff.). Wenn Weyl allerdings auch den Satz von der Existenz der oberen Grenze bestreitet (S. 23), so geht er m. E. in der Kritik viel zu weit. Wie es scheint, will Weyl zunächst nur gewisse Schnitte von einfachster Erzeugungsart definiert haben und dann mit Hilfe dieser Schnitte neue hervorbringen usw. Offenbar läßt er sich dadurch verleiten, den Begriff eines Schnittes g zu verwerfen, der sich aus **irgendwelchen** unendlich vielen Schnitten $s_1, s_2, s_3, \ldots$ in der im Text geschilderten Weise aufbauen soll. Nun scheint mir aber die zum Voraus gegebene Beschreibung der Bildung von g doch so zu sein, daß man unmittelbar erkennt, daß für g dann ein wirkliches Gesetz vorliegt, *wenn das Gesetz der unendlich vielen Schnitte* $s_1, s_2, s_3, \ldots$ *gegeben* ist. Ich nehme deswegen auch keinen Anstand, zu sagen, daß zu den unendlich vielen Zahlen $s_1, s_2, s_3, \ldots$ hinzu eine obere Grenze g unter der angegebenen Bedingung **existiere**.

[2]) Es ist von Interesse, daß Kant den negativen Zahlen eine besondere Schrift gewidmet hat. Sein — freilich nicht sehr tiefgehender — Grundgedanke ist der, daß es sich dabei nicht um eine „Verneinung" handle, sondern, daß die negativen Zahlen ebenso real wie die positiven und nur diesen entgegengesetzt sind (Versuch, den Begriff der negativen Größen in die Weltweisheit einzuführen, 1763).

stellung[1]) von Einheiten. Wir denken uns also eine Anzahl von gleichartigen Einheiten e und eine Anzahl andersgearteter, aber unter sich gleichartiger Einheiten e', wobei aber in besonderen Fällen auch die eine Art von Einheiten in Wegfall kommen kann, und es auf die Anordnung der Einheiten nicht ankommen soll. Wir wollen nun bestimmen, daß ein solches Aggregat von Einheiten dadurch „umgewandelt" werden darf, daß wir gleichzeitig ein e und ein e' hinzutun oder auch umgekehrt, wenn Einheiten von beiden Sorten vorhanden sind, gleichzeitig ein e und ein e' weglassen oder eine größere Zahl von Veränderungen hintereinander vornehmen, die teils von der einen, teils von der anderen Art sind. Wir betrachten also gewisse Aggregate, von denen eines aus dem anderen nach einer gewissen Regel hervorgeht, und es ist im Grunde nur ein Gleichnis, wenn wir von einer „Umwandlung", gleichsam von Veränderungen eines und desselben Substrats hier sprechen. Entsteht auf diese Weise ein Aggregat aus einem anderen, so nennen wir die beiden Aggregate äquivalent. Man erkennt auf Grund der gegebenen Definition ohne weiteres, daß diese Äquivalenz eine gegenseitige Eigenschaft zweier Aggregate ist; ebenso erkennt man die Richtigkeit des Satzes: Wenn zwei Aggregate einem dritten äquivalent sind, so sind sie einander äquivalent.

Daß aber hier doch noch etwas zu beweisen übriggeblieben ist, sieht man sofort, wenn ich frage: Woher wissen wir, daß in dem genannten Sinne nicht etwa alle möglichen Aggregate einander äquivalent sind? Daß dies in der Tat nicht der Fall ist, läßt sich am besten dadurch zeigen, daß man zuerst folgendes Kriterium[2]) beweist: *Es ist das aus a Einheiten e und aus a' Einheiten e' bestehende Aggregat dem Aggregat, das aus b Einheiten e und aus b' Einheiten e' besteht, dann und nur dann äquivalent, wenn*

$$(1) \qquad a + b' = a' + b$$

ist.

Zunächst soll bewiesen werden, daß für zwei äquivalente Aggregate die Gleichung (1) jederzeit erfüllt ist, und zwar möge zuerst einmal angenommen werden, daß das Aggregat der b Einheiten e und der b' Einheiten e' aus dem anderen durch einen einzigen Schritt des Hinzufügens oder des Wegnehmens von e und e' entstanden sei. In diesem Fall ist entweder $b = a + 1$ und gleichzeitig $b' = a' + 1$

---

[1]) Vgl. die Bemerkungen von A. MEINONG über Zusammensetzung und Zusammenstellung: „Über Annahmen", Zeitschr. f. Psychol. u. Physiol. d. Sinnesorgane, Ergänzungsband 2, 1902, S. 116.

[2]) Vgl. die Einleitung der WEIERSTRASSschen Vorlesung über Funktionentheorie, z. B. in der Abschrift des mathematischen Instituts der Universität Leipzig (S. S. 1878), S. 55.

oder $b = a - 1$ und gleichzeitig $b' = a' - 1$. Es kommt also dann die Gleichung (1) entweder auf die Gleichung

$$a + (a' + 1) = a' + (a + 1)$$

oder auf die Gleichung

$$a + (a' - 1) = a' + (a - 1)$$

hinaus. Die letzten Gleichungen sind aber beide erfüllt, da sie aus den Gesetzen der Addition und Subtraktion der absoluten (positiven) ganzen Zahlen folgen. Nimmt man jetzt an, daß ein Aggregat in ein zweites durch k Schritte umgewandelt worden ist, die teils von der einen, teils von der anderen Art sein können, und daß zwischen den beiden Aggregaten die Gleichung (1) gültig sei, so läßt sich in ähnlicher Weise beweisen, daß auch zwischen einem dritten Aggregat, das aus dem zweiten durch e i n e n neuen Schritt hergeleitet worden ist, und dem ersten Aggregat die Gleichung (1) bestehen muß. Hieraus ergibt sich der Reihe nach, daß die Gleichung (1) gelten muß, wenn ein Aggregat in ein anderes durch 2, 3, 4, ... Schritte umgewandelt worden ist. Es muß also die Gleichung (1) für je zwei äquivalente Aggregate richtig sein.

Jetzt muß noch umgekehrt bewiesen werden, daß nur für äquivalente Aggregate die Gleichung (1) erfüllt ist, d. h. daß aus dem Bestehen der Gleichung für zwei Aggregate notwendig deren Äquivalenz folgt. Es bestand das eine Aggregat aus a Einheiten e und aus a' Einheiten e', das andere aus b Einheiten e und b' Einheiten e'. Wäre nun etwa $a = b$, so würde die Gleichung (1), die jetzt vorausgesetzt ist, ergeben, daß auch $a' = b'$ sein muß, weil sonst ein Widerspruch mit dem im Gebiet der absoluten Zahlen gültigen Satz vorläge, daß Größeres zu Gleichem addiert Größeres ergibt. Nun wären aber die beiden Aggregate gar nicht voneinander verschieden. Sind aber a und b nicht einander gleich, so kann man unbeschadet der Allgemeinheit der Schlußfolgerungen annehmen, daß etwa a die größere Zahl, also $a > b$ sei. Nun kann man das zweite Aggregat dadurch, daß man hinreichend oft eine Einheit e und eine Einheit e' hinzufügt, in ein drittes umwandeln, das wiederum a Einheiten e enthält. Dieses dritte Aggregat möge a'' Einheiten e' in sich schließen. Da das zweite Aggregat aus b Einheiten e und b' Einheiten e' mit dem dritten Aggregat aus a Einheiten e und a'' Einheiten e' äquivalent ist, so gilt zwischen diesen Aggregaten die der Gleichung (1) entsprechende Gleichung

$$(2) \qquad b + a'' = b' + a.$$

Aus dieser Gleichung und aus (1) folgt aber, daß

$$b + a'' = a' + b,$$

und hieraus wiederum, daß

$$a'' = a'$$

ist. Es stimmt somit das dritte Aggregat wieder völlig mit dem ersten überein, und da zwischen dem zweiten Aggregat und dem dritten ein Übergang durch eine schrittweise Umwandlung hergestellt ist, so ist also damit die Äquivalenz des zweiten Aggregats mit dem ersten nachgewiesen.

Die Theorie der Äquivalenz unserer Aggregate ist damit im wesentlichen erschöpft. Sollen nun zwei Aggregate addiert werden, so hat man einfach die Einheiten beider zusammenzutun, und es ergibt sich aus den Gesetzen der Addition und der Subtraktion der absoluten Zahlen, daß es auf dasselbe herauskommt, ob man einen Summanden vor der Summenbildung durch eine Anzahl der erwähnten Schritte umformt, oder ob man nach der Summenbildung an der Summe selbst dieselben Schritte vornimmt. Man erkennt also, daß: *Äquivalentes zu Äquivalentem addiert, Äquivalentes ergibt.* Diejenigen besonderen Aggregate, die ebenso viele Einheiten e wie Einheiten e' umfassen, spielen eine besondere Rolle; sie sind alle untereinander äquivalent, und ihre Addition zu anderen Aggregaten verändert diese nur unwesentlich, indem sie in äquivalente Aggregate übergeführt werden. Die genannten besonderen Aggregate repräsentieren die Null[1]). Das Aggregat, das aus a Einheiten e und aus a' Einheiten e' besteht, wird von demjenigen, das a' Einheiten e und a Einheiten e' hat, zur Null ergänzt. Sie sind einander entgegengesetzt.

Man erkennt nun ohne weiteres, wie sich die Gesetze der Addition für die positiven und negativen ganzen Zahlen ergeben. Bei unserer Begründung sind Sätze benutzt worden, welche die Addition und die Subtraktion der absoluten Zahlen betreffen, was um so mehr hervorgehoben zu werden verdient, da bekanntlich, nachdem die negativen Zahlen bereits eingeführt sind, die Gesetze der Subtraktion sich allerdings einfacher und übersichtlicher von dem Standpunkt der Addition der entgegengesetzten Zahl darstellen lassen.

Im Grunde sind die hier betrachteten positiven und negativen Zahlen nichts anderes als *Paare von absoluten ganzen Zahlen* von der Form $a\,|\,a'$, die mit der Maßgabe betrachtet werden, daß die Addition derselben Zahl zu den beiden Zahlen des Paares als bedeutungslos zu erachten ist. Die Summation solcher Paare $a\,|\,a'$,

---

[1]) Hier ist m. E. die natürliche Stelle für die Einführung der Null in das arithmetische System. Historisch ist sie allerdings im Zusammenhang mit der dezimalen, indischen Schreibweise der Zahlen aufgetreten, da diese Schreibweise es notwendig macht, eine nicht besetzte Zifferstelle zu kennzeichnen.

$b \mid b'$, $c \mid c'$ usw. wird einfach dadurch vollzogen, daß sowohl die linken als auch die rechten Teile der Paare in der Form

$$
\begin{array}{c|c}
a & a' \\
b & b' \\
c & c' \\
\cdot & \cdot \\
\cdot & \cdot \\
\cdot & \cdot
\end{array}
$$

zusammengestellt werden, worauf dann auf jeder Seite die Summe gezogen werden kann, wie wir alle es bei dem Beispiel des Vermögens und der Schulden tun. Nimmt man nun in die Paare nicht nur ganze, sondern auch rational gebrochene und irrationale absolute Zahlen auf, so gelangt man zu den allgemeinsten positiven und negativen reellen Zahlen[1]).

Das Zahlenpaar $a \mid a$ stellt die Null dar. Jedes diesem nicht äquivalente Zahlenpaar ist entweder von der Form $a + c \mid a$ oder von der Form $a' \mid a' + c'$. Zwei Paare von diesen beiden verschiedenen Formen sind einander niemals äquivalent, da unsere Gleichung (1) in diesem Fall auf

$$
a + c + a' + c' = a + a'
$$

führen würde, was zwischen absoluten Zahlen nicht möglich ist. Stellen wir das Paar $a + c \mid a$, in dem allein die Zahl c wesentlich ist, durch $+ c$, das Paar $a' \mid a' + c'$ durch $- c'$ vor, so gelangen wir zu der bekannten gewöhnlichen Darstellung, welche eine mit der Marke $+$ oder $-$ versehene absolute Zahl benutzt.

Die Begründung der Multiplikation knüpft am besten gleich an die letzte Darstellung an. Bezeichnet man z. B. als das 3fache der Zahl α die Zahl $\alpha + \alpha + \alpha$, dagegen als das $- 3$fache von α diejenige Zahl, die aus α durch Verdreifachung und Umkehrung des Vorzeichens entsteht[2]), so wird die Multiplikation eindeutig definiert, und man gelangt sofort zu den bekannten Vorzeichenregeln. Aus diesen und aus der Gültigkeit des kommutativen und assoziativen Gesetzes für die Multiplikation der absoluten Zahlen ergibt sich nunmehr die Gültigkeit dieser Gesetze im Gebiet der positiven und negativen Zahlen. Schließlich läßt sich auch das distributive Gesetz

$$
\alpha\,(\beta + \gamma) = \alpha\,\beta + \alpha\,\gamma
$$

beweisen, was aber, je nach den Vorzeichen und nach den Absolutwerten von β und γ, für verschiedene Fälle gesondert zu geschehen hat.

---

[1]) Vgl. die näheren Ausführungen in dem erwähnten Programm, S. 59ff.
[2]) Vgl. S. 176, Anm.

Zehnter Abschnitt.

Die sogenannten imaginären Zahlen und ihre Anwendungen.

§ 78. Der „casus irreducibilis“ der Gleichung dritten Grades und die imaginären Zahlen.

Der Gedanke, z. B. die Gleichung

$$x^2 + 3 = 0$$

dadurch angeblich lösbar zu machen, daß man

$$x = \sqrt{-3} = \sqrt{3} \cdot \sqrt{-1}$$

schreibt, ist nicht nur ein dem ursprünglichen Zahlbegriff widersprechender, sondern auch zugleich ein in gewissem Sinne trivialer. Daß die aus der Quadratwurzel aus -1 gebildeten „imaginären Zahlen“ sich durchsetzten, lange ehe für sie eine wirkliche Begründung gegeben worden war, liegt ohne Zweifel an dem großen Erfolge, den BOMBELLI mit ihrer Anwendung auf den „casus irreducibilis“ der Gleichung vom dritten Grade gehabt hat[1]).

Bekanntlich wird die Gleichung dritten Grades in der „reduzierten“ Form

$$(1) \qquad x^3 + a x + b = 0,$$

in der wir die Koeffizienten a und b natürlich reell annehmen, durch die sogenannte Cardanische Formel

$$(2) \qquad x = \sqrt[3]{-\frac{b}{2} + \sqrt{\frac{b^2}{4} + \frac{a^3}{27}}} + \sqrt[3]{-\frac{b}{2} - \sqrt{\frac{b^2}{4} + \frac{a^3}{27}}}$$

in dem Fall gelöst, daß

$$(3) \qquad \frac{b^2}{4} + \frac{a^3}{27}$$

positiv ist. Dabei ist das Produkt der beiden dritten Wurzeln

$$(4) \qquad \sqrt[3]{-\frac{b}{2} + \sqrt{\frac{b^2}{4} + \frac{a^3}{27}}} \cdot \sqrt[3]{-\frac{b}{2} - \sqrt{\frac{b^2}{4} + \frac{a^3}{27}}} = -\frac{a}{3}.$$

Nimmt man aber nun in der Gleichung (1) z. B.

$$a = -15, \quad b = -4$$

an, so versagt scheinbar die Formel (2), indem sie

$$(5) \qquad x = \sqrt[3]{2 + \sqrt{-121}} + \sqrt[3]{2 - \sqrt{-121}}$$

---

[1]) R. BOMBELLI, L'Algebra, 1579. Vgl. dazu H. HANKEL, Zur Geschichte der Mathematik in Altertum und Mittelalter, 1874, S. 372; dort findet sich auch das im Text benutzte Zahlenbeispiel.

ergibt, und die unter den beiden dritten Wurzeln stehende Quadratwurzel sich nicht reell ausziehen läßt. Trotzdem besitzt die Gleichung gerade im vorliegenden Fall nicht nur eine, sondern sogar drei reelle Wurzeln; es wird nämlich die Gleichung

$$(6) \qquad\qquad x^3 - 15\,x - 4 = 0$$

durch $x = 4$, durch $x = -2 + \sqrt{3}$ und durch $x = -2 - \sqrt{3}$ befriedigt.

Die Formel (2) ergibt also in dem Fall, daß der Ausdruck (3) negativ ist, die Wurzeln der Gleichung nicht durch reelle Wurzelausziehungen, obwohl drei reelle Gleichungswurzeln vorhanden sind. Man bezeichnete deshalb diesen Fall als „casus irreducibilis"; zugleich aber betrachtete man das ganze Vorkommnis als eine Paradoxie. Zunächst verdient es allerdings betont zu werden, daß es sich um einen logischen Widerspruch nicht handelt. Wenn man nämlich das zur Formel (2) führende Verfahren[1]) unter der ursprünglichen Voraussetzung, daß man nur reelle Zahlen gelten läßt, genau analysiert, so zeigt sich, daß wohl der Wert, den die Formel für einen positiven Wert von (3) liefert, die Gleichung (1) befriedigen muß, daß aber nicht notwendig jede tatsächlich vorhandene Lösung von (1) in der Formel (2) enthalten sein muß. Immerhin ist es eine Erfahrung, die man in den verschiedensten Gebieten der rechnenden Mathematik macht, daß eine Formel, die z. B. für positive Werte hergeleitet worden ist, nachher meist auch für negative Werte sich als gültig erweist. Es ist deshalb sehr begreiflich, daß Bombelli auf den Gedanken kam, daß die tatsächlich vorhandenen reellen Lösungen in der scheinbar widerspruchsvollen Formel in versteckter Weise enthalten sein müßten.

Wir gestatten uns also, nun mit $i = \sqrt{-1}$ zu „rechnen". Dies soll lediglich heißen, daß wir das Symbol i mit reellen Zahlen zusammenstellen, geradeso, als ob i selbst eine solche Zahl wäre, daß wir beim Umwandeln der Formeln die gewöhnlichen Gesetze gebrauchen, aber jedesmal, wenn $i \cdot i$ vorkommt, dieses Produkt durch -1 ersetzen. Es ergibt sich dann in dem obigen Zahlenbeispiel

$$2 + \sqrt{-121} = 2 + \sqrt{11^2(-1)} = 2 + 11 \cdot \sqrt{-1} = 2 + 11\,i$$

und ebenso

$$2 - \sqrt{-121} = 2 - 11\,i.$$

---

[1]) Das Verfahren beruht darin, daß für x die Summe $u + v$ in der Gleichung (1) eingeführt wird. Nachdem man dann die linke Seite entwickelt hat, teilt man die Glieder in zwei Aggregate und setzt willkürlich jedes dieser beiden Aggregate gleich Null, worauf sich dann die beiden dritten Wurzelwerte für u und v ergeben.

Durch Auspotenzieren erhält man aber

$$(2 + i)^3 = 2^3 + 3 \cdot 2^2 \cdot i + 3 \cdot 2 \cdot i^2 + i^2 \cdot i$$
$$= 8 + 12\,i + 6\,(-1) + (-1)\,i$$
$$= 2 + 11\,i$$

und auf dieselbe Weise

$$(2 - i)^3 = 2 - 11\,i.$$

Man kann also in der obigen Formel (5) die erste von den beiden dritten Wurzeln gleich $2 + i$, die andere gleich $2 - i$ setzen, wobei sich dann auch die Gleichung (4) als erfüllt erweist[1]). Dadurch erhält man

$$x = (2 + i) + (2 - i) = 4;$$

man erhält also den einen von den wirklichen Wurzelwerten der Gleichung (6). Da ferner jede der beiden Wurzeln $\sqrt[3]{2 + 11\,i}$ und $\sqrt[3]{2 - 11\,i}$ drei Werte besitzt[2]), bei der Kombinierung der Werte jedoch die Gleichung (4) beachtet werden muß, so bleiben nun außerdem noch zwei Möglichkeiten übrig, welche, wie die Rechnung zeigt, die beiden übrigen Wurzeln $-2 + \sqrt{3}$ und $-2 - \sqrt{3}$ der Gleichung (6) ergeben.

Das Gedankenexperiment von Bombelli zeigt also, daß die imaginären Zahlen für die Beziehungen zwischen reellen Zahlen fruchtbar werden können. Es ist aber damit noch nicht bewiesen, daß die Rechnung mit dem Symbol i nicht auch auf Widersprüche führen kann.

§ 79. Geometrische Darstellung und Begründung.

Bekanntlich ist es üblich, eine Zahl von der Form $\alpha + \beta i$, die als „komplex" oder auch als imaginär im weiteren Sinne des Wortes bezeichnet wird, durch den Punkt C einer Ebene darzustellen, der mit Beziehung auf ein rechtwinkliges Koordinatensystem und eine gewählte Längeneinheit (§ 37 u. 38) die Abszisse α und die Ordinate β besitzt (Abb. 152). Die Ebene heißt dann Ebene der komplexen Zahlen, der Anfangspunkt des Koordinatensystems Nullpunkt der komplexen Zahlenebene; die Abszissenachse heißt nun reelle Achse, weil auf ihr die Punkte liegen, welche die reellen Zahlen

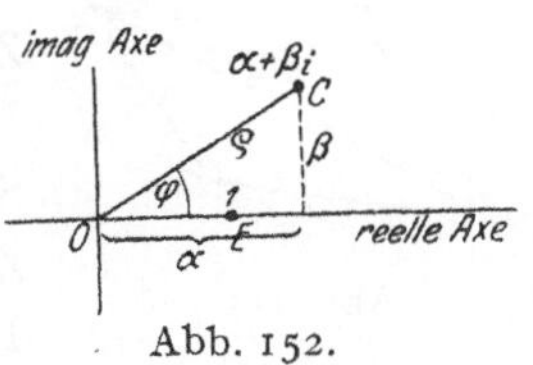

Abb. 152.

---

[1]) Zwei Zahlen von den Formen $\alpha + \beta i$ und $\alpha - \beta i$ heißen konjugiert komplex; sie haben sowohl eine reelle Summe, als auch ein reelles Produkt.

[2]) Es ist auch

$$\left(-1 \mp \tfrac{1}{2}\sqrt{3} + (-\tfrac{1}{2} \pm \sqrt{3})\,i\right)^3 = 2 + 11\,i$$

und

$$\left(-1 \mp \tfrac{1}{2}\sqrt{3} - (-\tfrac{1}{2} \pm \sqrt{3})\,i\right)^3 = 2 - 11\,i.$$

$\alpha + 0\,i$ darstellen; insbesondere liegt hier der die Zahl 1 darstellende Punkt E. Die Ordinatenachse heißt imaginäre Achse, weil durch ihre Punkte die imaginären Zahlen im engeren Sinn, d. h. die „rein imaginären" Zahlen $0 + \beta\,i$, dargestellt sind. Die komplexe Zahl hat ihren Namen daher, daß sie aus einer reellen und einer rein imaginären Zahl zusammengesetzt ist. Die Abb. 153 veranschaulicht einige komplexe Zahlen durch ihre darstellenden Punkte.

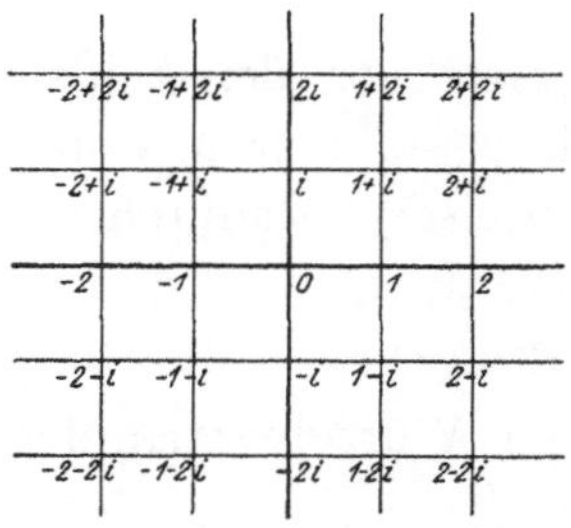

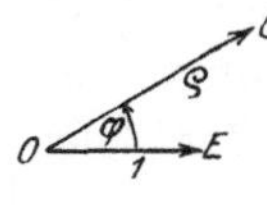

Abb. 153.

Man kann nun auch den Punkt C, der die Zahl $\alpha + \beta\,i$ darstellt, mit dem Anfangspunkt O der Koordinaten verbinden und als neue Darstellung der Zahl $\alpha + \beta\,i$ die gerichtete Strecke ansehen, die von O nach dem Punkt C hinführt. Diese Strecke OC entsteht aus der „Einheitsstrecke"[1] OE dadurch, daß man diese um einen Winkel φ aus ihrer ursprünglichen Richtung herausdreht und zugleich die Länge im Verhältnis $1 : \varrho$ abändert (Abb. 154). Denkt man sich die Werte φ und ϱ auch in Abb. 152 eingetragen, so erkennt man aus dieser, daß

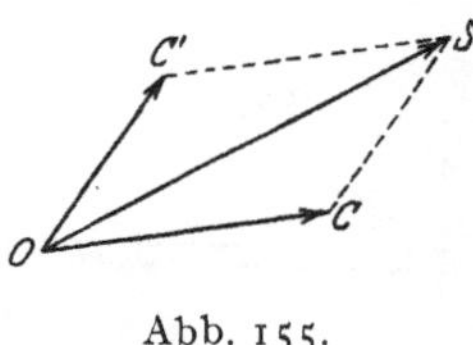

Abb. 154.

$$\alpha = \varrho \cos \varphi \qquad \beta = \varrho \sin \varphi$$

und somit

$$(1) \qquad \alpha + \beta\,i = \varrho\,(\cos \varphi + i \sin \varphi)$$

ist. Die rechte Seite der letzten Gleichung wird als die „trigonometrische Normalform" der komplexen Zahl bezeichnet.

Es läßt sich nun beweisen, daß für die Summe und für das Produkt zweier Zahlen der Form $\alpha + \beta\,i$ sich wiederum Zahlen derselben Form vermöge unserer mit dem Symbol i eingeführten Rechnungsweise ergeben. Diesen so gewonnenen neuen Zahlen entsprechen die folgenden Konstruktionen. Die Strecke OS, die der Summe der durch die Strecken OC und OC' vorgestellten komplexen Zahlen entspricht, ergibt sich als Diagonale des Parallelogramms $OCSC'$ (Abb. 155). Die Strecke OP, die das Produkt der durch OC und OC' dargestellten Zahlen darstellt, genauer das Produkt aus OC als Multiplikator und aus OC' als Multiplikand, wird aus OC' auf dieselbe Weise gebildet, wie der Multiplikator OC aus der Einheitsstrecke OE gebildet war[2]. Dies soll heißen, daß die Länge ϱ' von OC' im Verhältnis von $1 : \varrho$ ge-

Abb. 155.

---

[1] Man erkennt hier wiederum einen neuen Begriff der „Einheit", indem jetzt der Einheitsstrecke auch noch eine Richtung zukommt.

[2] Vgl. S. 176, Anm.

ändert, und dann die in ihrer Länge geänderte, zunächst noch in
der Richtung von OC' befindliche Strecke um den Winkel φ gedreht
werden soll (Abb. 156). Man erkennt, daß die Dreiecke OEC und
$OC'P$ einander ähnlich sind.

Auf die beiden eben beschriebenen Konstruktionen kann eine geometrische Begründung der komplexen Zahlen aufgebaut werden. Läßt
man nämlich jetzt das fragliche Symbol i, das den
Ausgangspunkt gebildet hat, ganz beiseite, so kann
man die Sache so auffassen, daß es sich nur um die
von O ausgehenden gerichteten Strecken (Vektoren)
und um die oben genannten geometrischen Operationen mit den Strecken handelt, welche Operationen
wir eben Addition und Multiplikation nennen wollen.
Es liegt eben eine neue „Addition" und eine neue
„Multiplikation" vor, beides mit neuen Objekten. Ohne

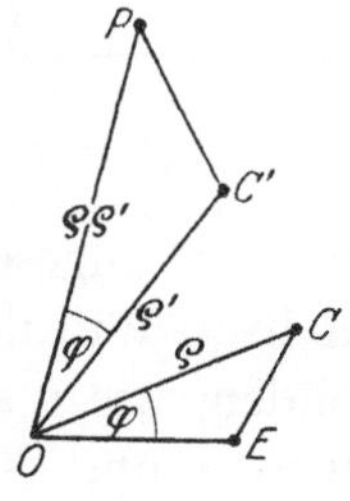

Abb. 156.

Zweifel stellen diese Operationen klare und eindeutig definierte
Gegenstände der Untersuchung vor. Dabei setzt die Multiplikation
eine ausgezeichnete Strecke OE voraus, die wir „Einheit" nennen
und die wir ein für allemal in irgendeiner Richtung und Größe von
O ausgehen lassen. Es läßt sich nun auf geometrischem Wege beweisen, daß für diese neue Addition und diese neue Multiplikation
die alten fünf Gesetze von § 73 gelten. Nachher lassen sich auch
die umgekehrten Operationen, die Subtraktion und Division, definieren und ihre Gesetze begründen.

Es ist noch zu bemerken, daß die in die Gerade OE fallenden
Strecken hinsichtlich ihrer Addition und Multiplikation genau den
reellen Zahlen parallel gehen. Ist z. B.
OC doppelt und OC' dreimal so lang
als die Einheitsstrecke OE, dabei OC

Abb. 157.

gleichgerichtet, dagegen OC' entgegengesetzt gerichtet mit OE (Abb. 157),
so erhalte ich nach der Definition das Produkt $OC' \times OC$, indem
ich den Multiplikanden OC verdreifache und ihn zugleich um 180 Grad
drehe. Dadurch erhalte ich aber dann das 6fache von OE in entgegengesetzter Richtung zu OE. Dies entspricht der Formel (-3)
$\cdot (+2) = -6$. Ebenso bedeutet die Multiplikation irgendeiner Strecke
mit der eben genannten Strecke OC' als Multiplikator eine Verdreifachung der betreffenden Strecke, verbunden mit einer Umkehrung
ihrer Richtung.

Da also die in die unendliche Gerade OE nach der einen oder der
anderen Richtung fallenden Strecken die reellen Zahlen darstellen
oder sich auf sie „abbilden", so haben wir in der Gesamtheit der
von O ausgehenden gerichteten Strecken ein umfassenderes Gebiet,

das die alten reellen Zahlen in gewissem Sinne in sich schließt. Jede
Rechnung, die mit Zahlen und Buchstaben nach den algebraischen
Gesetzen vollführt wird, kann so gedeutet werden, daß die Zahlen
und die Buchstaben gerichtete Strecken vorstellen sollen. Nunmehr

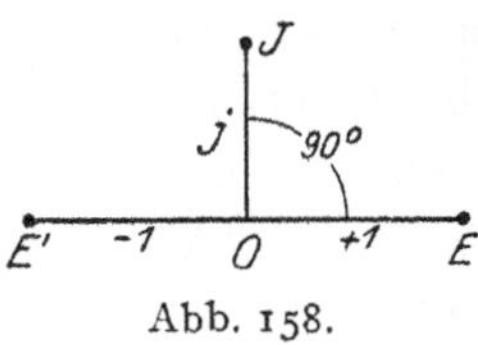
Abb. 158.

möge die Strecke OJ, die durch Drehung der
Strecke OE um $+90°$ entsteht, wenn dabei die
Länge nicht geändert wird, mit j bezeichnet
werden (Abb. 158). Da die Drehung, welche
die positive reelle Achse in die positive imaginäre
Achse auf dem nächsten Wege überführt, als
positive angesehen wird, so fällt j in den positiven Teil der imaginären
Achse. Will man nun $j \cdot j$ bilden, so muß man aus j eine Strecke so
bilden, wie j selbst aus der Einheit entstanden war; man muß also
jetzt j um $+90°$ drehen. Dadurch erhält man die Strecke OE',
welche die reelle Zahl -1 darstellt. In dem jetzt definierten Gebiete ist also wirklich $j^2 = -1$.

§ 80. Rein arithmetische Begründung.

Die Theorie der imaginären Zahlen läßt sich aber auch frei von
jeder Benutzung der Geometrie begründen. Man braucht nur zu bedenken, daß eine Zahl $\alpha + \beta i$ im Grunde nur eine Form ist, in der
das Symbol i lediglich eine Marke bedeutet, was auch dadurch zum
Ausdruck gebracht werden kann, daß wir sagen, daß einfach mit
dem reellen Zahlenpaar α, β gerechnet wird. Dabei tragen aber α
und β selbst, soweit sie nicht gleich Null sind, die Marken $+$ oder $-$,
so daß also z. B. $\alpha = +5$ und $\beta = -4$ sein kann. Wir wollen
ein solches Zahlenpaar durch $[\alpha, \beta]$ vorstellen. Zwei Zahlenpaare
$[\alpha, \beta]$ und $[\alpha', \beta']$ sind nur dann als gleich zu erachten, wenn gleichzeitig $\alpha = \alpha'$ und $\beta = \beta'$ ist. Setzt man jetzt kraft Definition
fest, daß

$$(1) \qquad [\alpha, \beta] + [\alpha', \beta'] = [\alpha + \alpha', \beta + \beta']$$

und

$$(2) \qquad [\alpha, \beta] \times [\alpha', \beta'] = [\alpha \cdot \alpha' - \beta \cdot \beta', \alpha \cdot \beta' + \alpha' \cdot \beta]$$

sein soll[1]), wobei die Zeichen $+$ und $\times$, die zwei eckige Klammern
miteinander verbinden, die zu definierende neue Addition und Multiplikation der Zahlenpaare, dagegen die innerhalb der eckigen Klammern auftretenden Zeichen $+$, $-$ und $\cdot$ die Addition, Subtraktion
und Multiplikation der reellen Zahlen bedeuten, so hat man die
neuen Operationen eindeutig festgelegt.

---

[1]) Natürlich ist die Wahl gerade dieser Definitionen durch die frühere Rechnung
mit dem Symbol i veranlaßt. Da diese Rechnung jedoch nicht begründet war, ist dieselbe vorläufig als aufgehoben zu betrachten.

Daß nun diese neuen Operationen den viel besprochenen fünf Gesetzen von § 73 genügen, muß bewiesen werden. Dies läßt sich aber jetzt durch bloßes Ausrechnen auf Grund der Arithmetik der reellen Zahlen zeigen, wie dies zuerst W. R. Hamilton erkannt hat[1]). Man erhält ferner aus (1) und (2) die Gleichungen

$$[\alpha, 0] + [\alpha', 0] = [\alpha + \alpha', 0],$$
$$[\alpha, 0] \times [\alpha', 0] = [\alpha \cdot \alpha', 0],$$

woraus man erkennt, daß die Paare $[\alpha, 0]$, $[\alpha', 0]$, ... hier die Rolle der reellen Zahlen spielen, weshalb diese Paare jetzt auch einfach mit $\alpha, \alpha', \ldots$ bezeichnet werden können. Nun ergibt aber die Gleichung (2) noch die Relation

$$[0, 1] \times [0, 1] = [-1, 0] = -1.$$

Es existiert also tatsächlich ein Zahlenpaar, das mit sich selbst multipliziert -1 ergibt, d. h. es hat die Gleichung

$$x^2 = -1$$

in dem neuen Gebiete eine Lösung. Damit ist die gewünschte Begründung im wesentlichen geleistet.

§ 81. Natorps Vorschlag für eine arithmetische Begründung.

Natorp hat (a. a. O., S. 250—255) eine rein arithmetische Begründung der Imaginären gefordert und dafür einen Vorschlag gemacht. Er denkt sich eine unendliche Folge von unendlichen Reihen (a. a. O., S. 254)

$$\ldots\ldots -2_{-1} - 1_{-1}\, 0_{-1}\, 1_{-1}\, 2_{-1} \ldots\ldots -2_0 - 1_0\, 0_0\, 1_0\, 2_0 \ldots | \ldots$$
$$\ldots -2_1 - 1_1\, 0_1\, 1_1\, 2_1 \ldots | \ldots$$

Indem er nun aus den 0-Elementen dieser Reihen eine neue Reihe

$$(1) \qquad\qquad \ldots 0_{-1}\, 0_0\, 0_1 \ldots$$

bildet, nennt er diese Reihe eine „gerade Reihe", die zu den ursprünglichen Reihen der genannten Folge „Normalrichtung" hat (S. 255), und bemerkt, daß man dann zu anderen „Winkelgrößen" übergehen könne. Dieser von Natorp nicht weiter ausgeführte Gedanke könnte in der Tat ausgestaltet werden.

Zunächst ist zu bemerken, daß es sich wirklich um eine rein arithmetische Gedankenbildung handelt, wenn auch die Namen einem

---

[1]) The Transactions of the Royal Irish Academy, vol. XVII, 1837, p. 393.

geometrischen Gleichnis entsprungen sind und sich auf das rechteckige
Schema (a. a. O., S. 154)

$$
\begin{array}{ccccc}
\cdot & \cdot & \cdot & \cdot & \cdot \\
-{}^{*}2_{-2} \;-\; I_{-2} & O_{-2} & I_{-2} & 2_{-2} \\
-\; 2_{-1} \;-{}^{*}I_{-1} & O_{-1} & I_{-1} & 2_{-1} \\
-\; 2_{0} \;-\; I_{0} & {}^{*}O_{0} & I_{0} & 2_{0} \\
-\; 2_{1} \;-\; I_{1} & O_{1} & {}^{*}I_{1} & 2_{1} \\
-\; 2_{2} \;-\; I_{2} & O_{2} & I_{2} & {}^{*}2_{2} \\
\cdot & \cdot & \cdot & \cdot & \cdot
\end{array}
$$

beziehen, das ich nur mit anderen Benennungen bereits in § 79 in
Abb. 153 aufgeführt habe. In diesem Schema liegen in der Tat die
Elemente der Reihe (1) in einer geraden Linie, die zur Linie der
„Hauptreihe"

(2) $\qquad \ldots - 2_0 - I_0\, O_0\, I_0\, 2_0 \ldots$

normal ist. Eine „schräge" Reihe erhält man nun z. B. dadurch, daß
man die in dem Schema mit einem Stern hervorgehobenen Elemente

$$\ldots - 2_{-2} - I_{-1}\, O_0\, I_1\, 2_2 \ldots$$

aneinander reiht. Allgemein erhält man eine solche Reihe rein arithmetisch dadurch, daß man die Grundziffer die Vielfachen einer Zahl α
und die Indexziffer die Vielfachen einer Zahl β durchlaufen läßt, also
eine Reihe

(3) $\qquad \ldots (-2\,\alpha)_{-2\beta} \quad (-\alpha)_{-\beta} \quad O_0 \quad \alpha_\beta \quad (2\,\alpha)_{2\beta} \ldots$

bildet.

Mit diesen Begriffsbestimmungen ist es jedoch noch lange nicht
getan. Sollen die imaginären Größen, d. h. die Rechnung mit ihnen,
begründet und als widerspruchslos nachgewiesen werden, so muß man
eine additive und multiplikative Komposition für die Objekte, die
jetzt der Betrachtung unterliegen, definieren und dann die Gültigkeit
der Rechengesetze nachweisen. Eine additive Komposition zweier
Reihen von der Form (3) läßt sich ohne weiteres so gewinnen, daß
man in entsprechenden Gliedern beider Reihen sowohl die Grund-
ziffern als auch die Indexziffern addiert. Um aber eine multiplikative
Komposition zu erhalten, wird man am besten zuerst eine Erklärung
darüber geben, wann eine Reihe sich zu einer zweiten so verhält oder
so aus ihr gebildet ist wie eine dritte Reihe aus einer vierten. Nach
Analogie anderer Produktdefinitionen[1]) bestimmt man dann das Produkt aus einer Reihe R_1 als Multiplikator in eine Reihe R_2 als Multiplikand als diejenige Reihe, die aus R_2 genau so gebildet ist wie R_1
aus der Hauptreihe, d. h. aus der Reihe (2). Nachdem so die Defi-

---

[1]) Vgl. S. 176 Anm. und S. 202/3.

nitionen aufgestellt sind, hat man, wie schon bemerkt, das Bestehen der fünf Gesetze von § 73 zu beweisen, was allemal die Hauptsache ist.

Bei der genaueren Durchführung der hier angedeuteten multiplikativen Komposition würde man erkennen, daß die einzige für unseren Zweck brauchbare nähere Bestimmung derselben auf die Begriffsbestimmungen und Formeln von § 80, nur in verwickelterer Weise, zurückführt. Dabei ist daran zu erinnern, daß jede Reihe von der Form (3) durch das Element, das in ihr auf o_0 folgt, allein schon bestimmt ist, so daß also das Objekt der hier vorliegenden Rechnung durch die Zusammenstellung α_β, d. h. durch eine Zahl α und eine Zahl β charakterisiert ist. Der NATORPsche Gedanke führt also einfach auf die bereits im Jahre 1837 von HAMILTON gegebene Theorie.

§ 82. Der Fundamentalsatz der Algebra.

Nach Einführung der imaginären Zahlen zeigt sich, daß nunmehr jede algebraische Gleichung eine Wurzel besitzt. Diese Tatsache bezeichnen wir als den *Fundamentalsatz der Algebra*. Dieser Satz wurde von manchen wie eine Art von Axiom betrachtet, und man gab für ihn gelegentlich einen Scheinbeweis, der etwa so lautete: Entweder ist die Lösung der Gleichung möglich, dann hat sie eine mögliche, d. h. reelle Wurzel, oder die Lösung ist unmöglich, dann hat die Gleichung eine unmögliche, d. h. imaginäre Wurzel. Im Gegensatz zu solch naiven Auffassungen haben D'ALEMBERT und EULER bereits eine klare Einsicht in das, was zu beweisen ist, gehabt und haben bemerkenswerte Ansätze zu einem Beweise geliefert. Einen wirklichen Beweis hat erst GAUSS im Jahr 1799 gegeben.

Dieser Beweis entsprang vor allem der Erkenntnis des Umstandes, daß die komplexe Zahl mit einem reellen Zahlenpaar, und eine Gleichung zwischen komplexen Zahlen mit zwei Gleichungen zwischen reellen Zahlen gleichbedeutend ist (vgl. § 80). So errechnet sich aus der Gleichung

$$(1) \qquad a\,x + a_1 = 0,$$

die nach der Unbekannten x aufgelöst werden soll, falls

$$\begin{aligned}
x &= \xi + \eta\,i, \\
a &= \alpha + \beta\,i, \\
a_1 &= \alpha_1 + \beta_1\,i
\end{aligned}$$

gesetzt wird, die Relation

$$(\alpha + \beta\,i)\,(\xi + \eta\,i) + (\alpha_1 + \beta_1\,i) = 0$$

oder

$$(\alpha\,\xi - \beta\,\eta + \alpha_1) + (\beta\,\xi + \alpha\,\eta + \beta_1)\,i = 0.$$

Die letzte Gleichung ist aber gleichbedeutend mit dem Zusammenbestehen der zwei Gleichungen

$$(2) \qquad \alpha\,\xi - \beta\,\eta + \alpha_1 = 0,$$
$$(3) \qquad \beta\,\xi + \alpha\,\eta + \beta_1 = 0.$$

Es erscheint also die Aufgabe, eine komplexe Zahl x zu finden, die der Gleichung (1) genügt, zurückgeführt auf die andere, ein reelles Zahlenpaar ξ, η zu finden, das in (2) und (3) eingesetzt, diesen beiden Gleichungen gleichzeitig genügt.

Es liegt nahe, die letzte Aufgabe so zu behandeln, daß man zuerst nach den unendlich vielen Zahlenpaaren ξ, η fragt, welche die Gleichung (2) allein erfüllen, dann nach den gleichfalls unendlich vielen Zahlenpaaren, die der Gleichung (3) genügen, und dann nachsieht, ob diese beiden Mannigfaltigkeiten ein Zahlenpaar gemein haben. Deutet man nun wieder $\xi + \eta\,i$ in der „Ebene der komplexen Zahlen" (§ 79), d. h. betrachtet man die Zahlen ξ und η als Abszisse und Ordinate eines Punktes in einer Ebene, so stellt jede der Gleichungen (2) und (3) eine Gerade dar (§ 38), und es ist die Frage nach einem Punkt gestellt, dessen Koordinaten sowohl (2) als (3) genügen, d. h. also nach einem Punkt, der beiden Geraden angehört, in dem die Geraden sich also kreuzen.

Wäre nun nicht das Vorhandensein der gemeinsamen Lösung von (2) und (3) in dem gewählten, sehr einfachen Beispiel ohne weiteres arithmetisch festzustellen, so könnte man das Vorhandensein aus dem geometrischen Verhalten der beiden Geraden erschließen. Es stehen

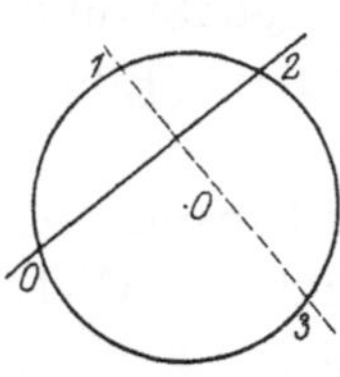

Abb. 159.

nämlich die beiden durch (2) und (3) vorgestellten Geraden senkrecht aufeinander (§ 39) und müssen sich deshalb kreuzen. Denkt man sich noch um den Nullpunkt der komplexen Zahlenebene als Mittelpunkt einen Kreis beschrieben, so werden die beiden Geraden diesen Kreis, wenn er groß genug genommen ist, in vier Punkten schneiden, die wir der Reihe nach mit 0, 1, 2, 3 numerieren wollen, und von denen die mit geraden Zahlen bezeichneten Punkte 0 und 2 von der einen, die ungeradzahligen Punkte 1 und 3 von der anderen Geraden verbunden werden (Abb. 159).

Liegt jetzt allgemein eine Gleichung n^{ten} Grades

$$a_0\,x^n + a_1\,x^{n-1} + a_2\,x^{n-2} + \ldots + a_{n-1}\,x + a_n = 0$$

vor, so erhält man, wenn man wieder

$$x = \xi + \eta\,i$$

in die linke Seite einsetzt und den imaginären Teil vom reellen trennt, zwei Gleichungen, deren jede, wenn sie geometrisch gedeutet wird, ein Liniensystem darstellt. Diese Liniensysteme haben Zweige, die, wie oben die beiden Geraden, ins Unendliche verlaufen oder auch, wenn man lieber will, als aus dem Unendlichen kommend betrachtet werden können. Beschreibt man wieder einen Kreis um den Nullpunkt der Zahlenebene, so zeigt sich, sobald der Radius einen gewissen Wert übersteigt, die nebenstehende Abb. 160. Es treten $2n$ Zweige des ersten und $2n$ Zweige des zweiten Liniensystems in den Kreis ein, und es sind die Eintrittspunkte dieser Zweige auf dem Kreise abwechselnd gelegen. Numeriert man also die Eintrittspunkte auf dem Kreise der Reihe nach mit $0, 1, 2, 3, \ldots, 4n - 1$, so sind etwa die mit geraden Zahlen bezeichneten Punkte $0, 2, 4, \ldots, 4n - 2$ Eintrittspunkte für das erste, und die „ungeraden Punkte" $1, 3, 5, \ldots, 4n - 1$ Eintrittspunkte für das zweite Liniensystem. Es kann dabei dahingestellt bleiben, ob außerdem etwa noch gewisse geschlossene Linien ganz innerhalb des Kreises verlaufen; es folgt aber aus dem bekannten Charakter der durch algebraische Gleichungen ausgedrückten Linien (§ 38 u. 40), daß jeder aus dem Unendlichen kommende Zweig des ersten Liniensystems mit mindestens einem anderen Zweig desselben Systems durch das Innere des Kreises hindurch in kontinuierlicher Verbindung sich befinden muß. Dasselbe gilt für das zweite Liniensystem. Daraus

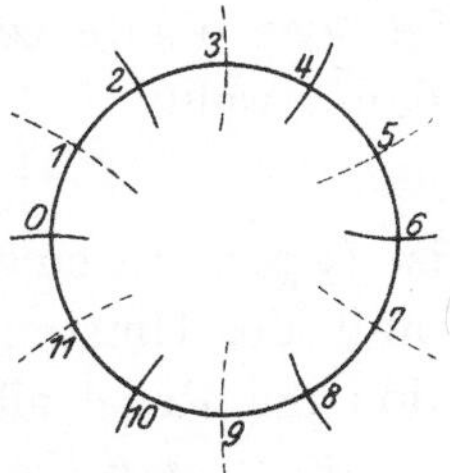

Abb. 160.

nun, daß jeder gerade Punkt mit einem anderen geraden Punkt, und jeder ungerade Punkt mit einem anderen ungeraden Punkt durch einen die Kreisfläche durchziehenden Linienzug des ersten bzw. des zweiten Liniensystems in Verbindung stehen muß, kann bewiesen werden, daß mindestens eine Kreuzung zwischen einer Linie des einen und einer Linie des anderen Systems im Kreise existieren muß. Der weitere Gang des Beweises soll später im logischen Teil (§ 116) gegeben werden.

Man erkennt, daß die Untersuchung schließlich auf die Betrachtung gewisser Lageanordnungen herausgespielt wird, unser Beweis beruht also, wie es in der Sprache der Mathematiker heißt, auf der „analysis situs".

§ 83. Allgemeine Bemerkungen über die Einführung neuer Zahlenarten.

Bedenkt man die im Vorangehenden gegebenen Begründungen der verschiedenen neu eingeführten Zahlenarten, so erkennt man, daß die neue Zahl jedesmal durch ein System von Zahlen einer früheren Art definiert ist. So ist ein absoluter Bruch nichts anderes als eine

Zusammenstellung $\frac{a}{b}$ von zwei absoluten ganzen Zahlen a und b (§ 74); eine Irrationalzahl beruht auf dem Begriff des Schnittes, d. h. auf einer Einteilung der absoluten Rationalzahlen in zwei Klassen (§ 75); eine (positive oder negative) reelle Zahl ist im Grunde nichts anderes als ein Paar $a\,|\,a'$ von absoluten Zahlen (§ 77), eine imaginäre Zahl nichts anderes als ein Paar $[\alpha,\beta]$ von reellen Zahlen (§ 80). An diese Zusammenstellungen werden dann teilweise noch Äquivalenzdefinitionen geknüpft, so daß vermöge der Äquivalenz die Gesamtheit aller in Frage kommenden Formen in Formenklassen eingeteilt wird. So werden zwei Brüche $\frac{a}{b}$ und $\frac{a'}{b'}$ dann und nur dann für äquivalent erklärt, wenn (§ 74)

$$a \cdot b' = a' \cdot b$$

ist, zwei Paare von absoluten Zahlen $a\,|\,a'$ und $b\,|\,b'$ dann und nur dann, wenn

$$a + b' = a' + b$$

ist (§ 77). In einem solchen Fall ist das erste, was bewiesen werden muß, der Umstand, daß auf Grund der gewählten Äquivalenzdefinition die Regel gilt (vgl. § 18):

Wenn zwei Formen einer dritten äquivalent sind, so sind sie einander äquivalent.

In allen Fällen werden dann zwei verschiedene Kompositionsarten der betrachteten Formen beziehungsweise der Formenklassen, eine additive und eine multiplikative, definiert, und es besteht dann der Hauptpunkt der Begründung darin, daß für diese Addition und diese Multiplikation die Gültigkeit der algebraischen Gesetze bewiesen wird. Zu den umgekehrten Operationen, der Subtraktion und Division, kann man dann hinterher gelangen. Es ist übrigens zu bemerken, daß es auch solche Verallgemeinerungen des Zahlbegriffs gibt, bei denen nur ein Teil der fünf Gesetze von § 73 bestehen bleibt.

Es ist selbstverständlich gleichgültig, ob z. B. bei der Begründung der „komplexen Zahlen" von reellen Zahlenpaaren $[\alpha,\beta]$ oder von „Ausdrücken" $\alpha + \beta\,i$ gesprochen wird, in denen das Symbol i eine rein formale Bedeutung haben soll. Wesentlich ist nur, daß dem Beweis der algebraischen Gesetze eine klare Definition der Objekte, die betrachtet werden sollen, der Formen oder Formenklassen, und eine deutliche Erklärung der mit diesen Objekten vorzunehmenden Operationen vorausgeschickt wird.

Man hatte sich früher mathematischerseits damit begnügt, für Gleichungen, die im ursprünglichen Gebiet der absoluten ganzen

Zahlen keine Lösung hatten, Symbole einzuführen, wie z. B. $\frac{1}{3}$ für die Lösung der Gleichung

$$3x = 1$$

oder $1 - 3$ für die Lösung der Gleichung

$$x + 3 = 1$$

oder $\sqrt{-1}$ für die Lösung der Gleichung

$$x^2 + 1 = 0$$

und dann für die Rechnung mit diesen Symbolen und mit den ursprünglichen Zahlen die Erhaltung der formalen Regeln zu fordern. H. Hankel[1]) hat dieses Verfahren als ein besonderes Prinzip, das „Prinzip der Permanenz der formalen Gesetze", bezeichnet. Wohl kann dieses Prinzip zur Auffindung neuer Zahlenarten führen oder auch zu einem Beweis dafür hinleiten, daß eine neue Zahlenart, die gewissen Forderungen genügen soll, wenn sie existiert, dem oder jenem Ansatz entsprechen muß. Niemals aber kann dieses sogenannte Prinzip eine wirkliche Begründung zustande bringen, d. h. zum Beweis dafür dienen, daß die Rechnung mit den neuen Zahlen nicht auf Widersprüche führen wird.

Dieses ältere, ungenügende Verfahren der Mathematiker hat philosophischerseits Folgerungen hervorgerufen, die ich als verkehrt bezeichnen muß. So glaubt Vaihinger geradezu im Widerspruch ein besonders tiefsinniges logisches Hilfsmittel zu erkennen und betrachtet einen großen Teil der Mathematik von dem Standpunkt, daß dabei jedesmal eine nicht weiter begründbare Fiktion wesentlich sein soll; das Imaginäre, die sogenannten unendlich fernen Punkte und die Methode des unendlich Kleinen werden dieser Auffassung unterworfen[2]). Ich glaube, daß nur wenige Vaihinger und einer älteren Philosophenschule darin werden folgen wollen, im Widerspruch ein brauchbares Mittel des Denkens zu erblicken, und begnüge mich hier, auf die an anderen Stellen gegebenen Beispiele zu verweisen, wo die Zulassung eines sich selbst widersprechenden Begriffs oder zweier einander widersprechender Urteile jedesmal die sinnlosesten Ergebnisse zeitigt[3]). Was die Fiktionen betrifft, so kann man wohl heutzutage sagen, daß da, wo die Mathematiker allenfalls eine solche gebrauchen, deren Berechtigung wirklich nachgewiesen werden kann[4]).

---

1) Theorie der komplexen Zahlensysteme, 1867, S. 10.

2) Vergl. die 4. Aufl. der Philosophie des Als Ob, 1920, S. 563 ff., 517 ff. und 532 ff. Auch Wundt hat in einer früheren Schrift eine „Transcendenz" der Mathematik in Beziehung auf das Imaginäre und das Unendliche (§ 87) angenommen, scheint jedoch von dieser Ansicht wieder zurückgekommen zu sein.

3) Vgl. § 188 und 106.

4) Vgl. § 86 und 87.

Daß man nie vor Widersprüchen sicher ist, wenn man neue Denkobjekte einführt und für diese gewisse Einzelrelationen und allgemeine Gesetzesrelationen fordert, das mögen die beiden folgenden Beispiele zeigen. Ich will drei Symbole i, k, j einführen und

$$i^2 = j^2 = k^2 = -1, \quad i \cdot j = k$$

setzen. Man wird unmittelbar nicht erkennen können, daß diese angesetzten Relationen unter Voraussetzung des kommutativen und assoziativen Gesetzes der Multiplikation miteinander unverträglich sind. Es ergibt sich jedoch nun

$$+ 1 = (-1) \cdot (-1) = i^2 \cdot j^2 = (i \cdot i) \cdot (j \cdot j) = (i \cdot j) \cdot (i \cdot j) = k \cdot k = -1.$$

Das andere Beispiel ergibt einen Widerspruch, wenn neben den aufgestellten Einzelrelationen auch nur das assoziative Gesetz der Multiplikation vorausgesetzt wird. Ich setze nämlich

$$i^2 = -1, \quad j^2 = -1, \quad i k = j, \quad k j = -i;$$

dann ist

$$-1 = j \cdot j = (i \cdot k) \cdot j = i \cdot (k \cdot j) = i \cdot (-i) = -i^2 = +1.$$

Mit Rücksicht darauf, daß wir nicht ganz beliebige Relationen setzen können, scheint mir der von G. Cantor gelegentlich gebildete und von philosophischer Seite aufgenommene Ausdruck „freie Mathematik" an Stelle von „reine Mathematik" unzweckmäßig und irreführend[1]). Wir dürfen eben nicht neue Objekte und Zusammensetzungen von solchen annehmen und für diese irgendwelche Relationen fordern, sondern müssen Zusammenstellungen von Zahlen und Zeichen als solche betrachten und nur solche Relationen einführen, die sich aus der Tätigkeit des Zusammenstellens und aus der Überführung von Zusammenstellungen in andere von selbst ergeben, wobei dann nur wahre und deshalb verträgliche Relationen herauskommen können, und die Gültigkeit der betreffenden allgemeinen Gesetze in einer ähnlichen Weise gezeigt werden kann, wie die Beweise bei den ganzen Zahlen geführt worden sind. Es ist zuzugeben, daß auch in mathematischen Schriften gelegentlich noch gegen diese Regeln bei Einführung von Symbolen gefehlt wird.

§ 84. Die Hamiltonschen Quaternionen.

Um die Bedeutung der imaginären Zahlen noch mehr zu erläutern, will ich einige ihrer Verallgemeinerungen wenigstens erwähnen. Das einzige System dieser Art, das eine gewisse Bedeutung erlangt hat,

---

[1]) Vgl. auch G. Hessenberg, „Willkürliche Schöpfungen des Verstandes?" (Jahresbericht d. Deutsch. Mathematikervereinigung, Bd. 17, 1908, S. 115.)

ist das der Hamiltonschen Quaternionen. Man betrachtet in diesem
Falle Ausdrücke von der Form

$$(1) \qquad \alpha + \beta i + \gamma j + \delta k,$$

wobei α, β, γ, δ reelle Zahlen und i, j, k rein formal aufzufassende
Symbole sein sollen. Die Addition der Ausdrücke (1) wird in selbst-
verständlicher Weise durch Addieren der entsprechenden Teile vollzogen, wobei dann augenscheinlich sowohl das kommutative als auch
das assoziative Gesetz der Addition gelten wird. Will man nun zwei
Ausdrücke (1) miteinander multiplizieren, z. B. das Produkt

$$(1 - 2i + 5j + 6k)(3 + i - 10j - 8k)$$

bilden, so kombiniert man jedes Glied der ersten Klammer mit jedem
Glied der zweiten. Soll dabei etwa das vierte Glied der ersten mit
dem dritten Glied der zweiten Klammer verbunden werden, so multipliziert man die Zahlfaktoren und läßt die Symbole in ihrer Ordnung
bestehen, so daß also aus dem Glied $6k$ der linken und dem Glied
$-10j$ der rechten Klammer die Zusammenstellung

$$-60\,kj$$

und nicht etwa $-60\,jk$ hervorgeht. In den so entstehenden 16 Gliedern ersetzt man nun die Symbolzusammenstellungen gemäß der
Tabelle:

$$i\,i = -1, \qquad i\,j = k, \qquad i\,k = -j,$$
$$j\,i = -k, \qquad j\,j = -1, \qquad j\,k = i,$$
$$k\,i = j, \qquad k\,j = -i, \qquad k\,k = -1,$$

und zieht dann die Glieder zu einem Ausdruck der Form (1) zusammen.
Durch dieses Verfahren wird das Produkt definiert.

Auf Grund dieser Definition kann man beweisen, daß das Assoziativgesetz der Multiplikation und die beiden Distributivgesetze

$$(2) \qquad x(y + z) = xy + xz$$

und

$$(3) \qquad (y + z)x = yx + zx$$

gültig sind, worauf hier nicht näher eingegangen werden soll. Daß
das eine, frühere Distributivgesetz sich hier in zwei Gesetze spaltet,
liegt daran, daß hier das Kommutativgesetz der Multiplikation nicht
besteht, so daß also die Gleichungen (2) und (3) verschiedene Bedeutung besitzen. Daß das Kommutativgesetz nicht erfüllt ist, erkennt
man unmittelbar an der obigen Tabelle, in der ik gleich $-j$ und
ki gleich j angesetzt ist; es sind aber auch schon die in der Tabelle
auftretenden Relationen

$$i^2 = j^2 = k^2 = -1, \qquad i \cdot j = k,$$

wie im vorigen Paragraphen gezeigt wurde, mit dem Fortbestehen aller Rechengesetze unvereinbar.

Die Quaternionen besitzen noch die Eigenschaft, daß bei ihnen, genau wie bei den reellen und den gewöhnlichen imaginären Zahlen, das Produkt nur dann gleich Null sein kann, wenn einer der Faktoren gleich Null ist, d. h. es können in dem Produkt zweier Ausdrücke der Form (1) nur dann alle vier Koeffizienten gleich Null sein, wenn dies auch bei einem der miteinander multiplizierten Ausdrücke der Fall ist.

§ 85. Weitere Beispiele.

Jetzt möge ein einfaches Beispiel gegeben werden, für welches das Kommutativgesetz der Multiplikation gültig ist. Ich will ein „Symbol" j annehmen und für eine bestimmte ganze Zahl n die Relation

$$(1) \qquad j^n = \varrho_0 + \varrho_1 j + \varrho_2 j^2 + \cdots + \varrho_{n-1} j^{n-1}$$

mit bestimmten reellen Zahlkoeffizienten $\varrho_0, \varrho_1, \varrho_2, \ldots \varrho_{n-1}$ ansetzen. Die „Zahlen", die jetzt betrachtet werden sollen, sind die Ausdrücke

$$(2) \qquad \alpha_0 + \alpha_1 j + \alpha_2 j^2 + \cdots + \alpha_{n-1} j^{n-1},$$

wobei auch hier die Koeffizienten $\alpha_0, \alpha_1, \ldots, \alpha_{n-1}$ gewöhnliche reelle Zahlwerte annehmen sollen. Je zwei Ausdrücke von der Form (2), die nicht in den Koeffizienten übereinstimmen, gelten als verschiedene Objekte.

Die Ausdrücke der Form (2) sollen nun gerade so nach den Regeln der gemeinen Buchstabenrechnung additiv und multiplikativ miteinander kombiniert werden, als ob j eine wirkliche Zahlgröße bedeutete; dabei sollen aber die bei der Multiplikation auftretenden „Potenzen" von j, deren Exponent höher ist als $n - 1$, stets vermöge der Gleichung (1) auf einen Exponenten herabgedrückt werden, der kleiner als n ist[1]. Um aber zu zeigen, daß diese formelle Art des Rechnens nicht in sich auf Widersprüche führen, d. h. ergeben kann, daß zwei der Ausdrücke, die nicht in den Koeffizienten übereinstimmen, einander gleich zu setzen wären, muß die Sache etwas anders gewendet werden.

Die Addition der Ausdrücke (2) samt ihren Gesetzen ist ohne weiteres deutlich. Sollen aber zwei Ausdrücke φ und ψ von der Form (2) miteinander „multipliziert" werden, so heißt dies, daß zunächst $\varphi \cdot \psi$ rein formell nach dem bekannten Verfahren des Ausmultiplizierens zweier Klammern zu behandeln ist, daß man aber nachher

---

[1] Vgl. auch Weierstrass, „Zur Theorie der aus n Haupteinheiten gebildeten komplexen Größen", Göttinger Nachrichten 1884, S. 395.

in das resultierende nach „Potenzen" von j geordnete Polynom noch mit dem Ausdruck

$$(3) \qquad j^n - \varrho_{n-1} j^{n-1} - \varrho_{n-2} j^{n-2} - \cdots - \varrho_2 j^2 - \varrho_1 j - \varrho_0$$

formell hineinindividiert, bis ein Rest, dessen Grad kleiner als n ist, übriggeblieben ist. Dieser zuletzt erhaltene Rest, dessen Koeffizienten völlig bestimmt sind, wie man aus den Regeln des algebraischen Rechnens erkennt, soll im Sinne der eben aufgestellten Theorie als das „Produkt" von φ in ψ gelten. Es ist deshalb hier ohne weiteres klar, daß

$$\varphi \cdot \psi = \psi \cdot \varphi$$

ist.

Es muß jedoch bewiesen werden, daß, wenn χ einen dritten Ausdruck der Form (2) bedeutet, auch das Assoziativgesetz der Multiplikation gilt, d. h., daß

$$(4) \qquad \varphi \cdot (\psi \cdot \chi) = (\varphi \cdot \psi) \cdot \chi$$

ist. An und für sich ist es nicht dasselbe, ob ich den Rest der Division in $\psi \cdot \chi$ suche, diesen mit φ durchmultipliziere und dann wieder den Rest bestimme, oder ob ich zuerst den Rest von $\varphi \cdot \psi$ suche, dann mit ihm χ multipliziere und schließlich noch einmal in das letzte Produkt mit (3) hineinindividiere und den Rest feststelle. Es läßt sich jedoch, wenn man den Rechenprozeß in Gedanken verfolgt, einsehen, daß beide Male ein aus Potenzen von j aufgebautes Polynom entsteht, das sich von dem **ungekürzten** Produkt höheren Grades[1]

$$\varphi \cdot \psi \cdot \chi$$

nur um eine durch (3) ohne Rest teilbare Differenz unterscheiden kann. Da aber zu jedem Ausdruck in j nur **ein** zweiter gefunden werden kann, der von jenem eine durch (3) teilbare Differenz hat *und zugleich nur vom $n-1^{\text{ten}}$ Grade ist*, so wird dadurch die Gleichung (4) erwiesen. Ganz ebenso läßt sich auch die Gültigkeit des Distributivgesetzes erkennen.

Es liegen also Zahlen vor, für deren Addition und Multiplikation die sämtlichen fünf Gesetze von § 73 gelten. Dabei besteht keine Gleichung der Form

$$\beta_0 + \beta_1 j + \beta_2 j^2 + \cdots + \beta_{n-1} j^{n-1} = 0,$$

in der nicht

$$\beta_0 = \beta_1 = \beta_2 = \cdots = \beta_{n-1} = 0$$

wäre, da die Ausdrücke (2) sämtlich voneinander verschieden sind. Für den Fall, daß

$$n = 2, \qquad \varrho_0 = -1, \qquad \varrho_1 = 0$$

---

[1] Im Grunde habe ich hier vorausgesetzt, daß die Koeffizienten dieses ungekürzten Produkts von drei Faktoren davon unabhängig ist, wie es im einzelnen gebildet wird; es läßt sich dieses jedoch leicht einsehen.

gesetzt wird, und somit die Gleichung (1) mit

$$j^2 = -1$$

zusammenfällt, ergeben sich die gewöhnlichen imaginären Zahlen.

Wird jetzt

$$n = 4, \qquad \varrho_0 = 1, \qquad \varrho_1 = \varrho_2 = \varrho_3 = 0$$

angenommen, so heißt die Gleichung (1) nunmehr

$$j^4 = 1.$$

Es ist also

$$0 = j^4 - 1 = (j^2 - 1)(j^2 + 1).$$

Da nach dem vorhin Bemerkten hier weder $j^2 - 1$, noch $j^2 + 1$ gleich Null ist, so liegt nunmehr eine merkwürdige Abweichung von dem in der Theorie der reellen und der gewöhnlichen imaginären Zahlen gültigen Satz vor, demzufolge ein Produkt nur dann gleich Null ist, wenn einer seiner Faktoren den Wert Null hat.

Man erkennt also, daß man trotz der Erhaltung der fünf formalen Gesetzesrelationen doch bei der Verallgemeinerung der komplexen Zahlen gewisse für die gewöhnliche Algebra wichtige Beziehungen aufgeben muß.

G. F. Lipps hat eine Verallgemeinerung der komplexen Zahlen aufgestellt[1]), die sich mit dem eben besprochenen System nahe berührt. Er führt ein iterierbares (potenzierbares) Symbol ein, dessen n^{te} Iteration wieder auf die ursprüngliche Einheit führen soll. Ich will das Symbol mit j bezeichnen. Es wird dann

$$(5) \qquad\qquad j^n = 1$$

sein, und j^{n+1}, j^{n+2}, ... wieder mit j, j^2, ... übereinstimmen, so daß sich aus den unendlich vielen Iterationen des Symbols zusammen mit der ursprünglichen Einheit nun gerade n verschiedene Einheiten

$$(6) \qquad\qquad 1, j, j^2, j^3, \ldots j^{n-1}$$

ergeben. Lipps betrachtet nun Aggregate dieser n Einheiten, indem er zugleich annimmt, daß das aus allen n Einheiten bestehende, jede Einheit nur einmal enthaltende Aggregat sich selbst aufheben soll. Es soll also gestattet sein, das eben genannte Aggregat hinzuzufügen, oder auch, falls noch jede Einheit mindestens einmal vorhanden ist, es wegzunehmen oder ein vorgegebenes Aggregat durch mehrere solcher Hinzufügungen und Wegnahmen „umzuwandeln". Lipps bezeichnet infolgedessen das Symbol j als den iterierbaren Denkakt, der mit dem in der ursprünglichen Einheit gesetzten Denkakt in „n gliedrigem Gegensatz" steht. Offenbar soll damit auf die Analogie mit

---

[1]) Vgl. Philosophische Studien, herausgegeben von W. Wundt, 14. Bd. (1898), S. 214 bis 218.

der negativen Einheit[1]) hingewiesen werden, deren Eigenschaften das Symbol j für $n = 2$ annimmt, indem dann $j^2 = 1$ und $1 + j = 0$ ist.

Die Addition zweier Aggregate wird lediglich durch Zusammenwerfen der Einheiten, aus denen sie bestehen, vollführt; zum Zwecke der Multiplikation hat man jede Einheit des einen Aggregats mit jeder Einheit des anderen zusammenzustellen und $j^k j^l$ gemäß der Gleichung (5) durch j^r zu ersetzen, wenn r der Rest ist, den die Summe $k + l$ übrigläßt, nachdem mit der Zahl n in sie hineindividiert worden ist.

Eigentlich müßte man nun zwei Fragen stellen:

I. Sind diese Festsetzungen mit dem Fortbestehen der Gesetze der Algebra überhaupt verträglich?

II. Bringen diese Festsetzungen im Zusammenhang mit den Gesetzen der Algebra es vielleicht mit sich, daß auch Aggregate einander gleichgesetzt werden müssen, die nicht in der oben beschriebenen Weise ineinander umwandelbar sind.

Die erste Frage ist von Lipps nicht untersucht worden. Hinsichtlich der zweiten glaubt er, gefunden zu haben, daß sich infolge der getroffenen Festsetzungen im Fall $n = 4$ auch das Aggregat $j^2 + 1$ gleich Null ergebe[2]), so daß also in diesem Fall dem Symbol j die Eigenschaften der Quadratwurzel aus -1 zukämen. Dieses ist jedoch nicht der Fall. Man kann nämlich beide Fragen allgemein für ein beliebiges n auf folgende Weise behandeln. Man betrachte zwei Aggregate *dann und nur dann* als äquivalent, wenn sie in der oben erwähnten Weise ineinander umgewandelt werden können. Man erkennt sofort, daß zwei Aggregate, die einem dritten äquivalent sind, auch einander äquivalent sind, und daß Äquivalentes zu Äquivalentem addiert Äquivalentes ergibt. Alles kommt jetzt nur noch darauf an, zu beweisen, daß auch Äquivalentes mit Äquivalentem multipliziert

---

[1]) Vgl. hierzu meine Auseinandersetzungen in § 77.

[2]) Es ist $j^2 \cdot j^2 = 1$ und $j^2 \cdot 1 = j^2$. Lipps schließt nun aus dem Zusammenbestehen zweier Gleichungen der Form $v\,x = y$ und $v\,y = x$, daß, falls das Symbol v einen von 1 verschiedenen Wert hat, $x + y = 0$, d. h. also im obigen Fall $j^2 + 1 = 0$ sein muß (vgl. a. a. O., S. 215, Zeile 11—8 von unten). Dieser Schluß erscheint an einer früheren Stelle in einer genauer begründeten Form (a. a. O., S. 211, Zeile 19—20). Hier schließt Lipps aus dem angegebenen Gleichungspaar zuerst auf die Gleichung $v\,(x + y) = x + y$, die auch in die Form $(v - 1)\,(x + y) = 0$ gesetzt werden kann, und dann auf die Relation $x + y = 0$. Der Schluß wäre in Ordnung, wenn der Satz benutzt werden dürfte, daß ein Produkt nur verschwinden kann, wenn einer seiner Faktoren verschwindet. In der Tat weist Lipps an dieser Stelle auf den von ihm vorher (S. 191, Gleichung 3) aufgestellten „axiomatischen Satz“ hin: ist $\alpha\,a = 0$, so ist entweder $\alpha = 0$ oder $a = 0$; er hat jedoch sein Axiom nur für die Multiplikation der Einheiten (S. 190) aufgestellt. Später kennt Lipps (a. a. O., S. 235) Produkte, die verschwinden, ohne daß einer der Faktoren das tut, und will solche Produkte nicht aus seiner Betrachtung ausschließen.

Äquivalentes ergibt, was möglich ist, aber hier nicht ausgeführt werden soll. Nachher kann man die Aggregate auf Klassen von untereinander äquivalenten verteilen und die Rechengesetze beweisen. Damit ist dann die Frage I bejaht und II verneint, da die Verschiedenheit nicht äquivalenter Aggregate mit den Rechengesetzen und den getroffenen Festsetzungen zusammen bestehen kann.

Die Sache kann aber auch von dem folgenden Standpunkt aus betrachtet werden. Die untersuchten Aggregate können in der Form

$$(7) \qquad \beta_0 + \beta_1 j + \beta_2 j^2 + \cdots + \beta_{n-1} j^{n-1}$$

dargestellt werden, wobei die Koeffizienten β *nichtnegative ganze* Zahlen bedeuten, und diese Ausdrücke noch einem Äquivalenzbegriff unterworfen werden. Es sind nämlich zwei Ausdrücke der Form (7) dann und nur dann als einander äquivalent anzusehen, wenn einer der beiden aus dem anderen dadurch entsteht, daß zu den sämtlichen Koeffizienten β dieselbe ganze Zahl hinzugefügt wird. Es hat nun bereits Lipps[1]) darauf aufmerksam gemacht, daß infolge der getroffenen Festsetzungen die Subtraktion einer der n Einheiten (6) der Addition aller anderen gleichbedeutend, und daß deshalb die Subtraktion hier stets ausführbar ist. Es liegt deshalb nahe, bei der Umwandlung der Ausdrücke zuzulassen, daß auch jederzeit alle Koeffizienten um gleichgroße ganzzahlige Beträge, selbst ins Negative hinein, vermindert werden können. Auf diese Weise, kann aber in (7) der Koeffizient β_{n-1} von j^{n-1} stets gleich Null gemacht werden, so daß nun die untersuchten Zahlen in der Form

$$\beta_0 + \beta_1 j + \beta_2 j^2 + \cdots + \beta_{n-2} j^{n-2}$$

dargestellt werden können, wobei dann zwei solche Ausdrücke, wenn sie verschiedene Koeffizienten haben, *niemals als äquivalent anzusprechen sind.*

Es läßt sich nun nach einiger Überlegung erkennen, daß die von Lipps betrachteten Zahlen sachlich sich mit denjenigen der im Anfang dieses Paragraphen auseinandergesetzten Zahlen decken, die man erhält, wenn die Zahl $n-1$ für n und die Gleichung

$$(8) \qquad j^{n-1} = -1 - j - j^2 - j^3 - \cdots - j^{n-2}$$

an Stelle der obigen Gleichung (1) gesetzt wird, wobei allerdings jetzt die Beschränkung auf ganzzahlige Koeffizienten gefordert wird, was aber im übrigen der Beweisführung keinen Eintrag tut. Die Gleichung (5) ergibt sich nun von selbst aus (8), da man durch bloße Umrechnung

$$(j^n - 1) = (j - 1)(j^{n-1} + j^{n-2} + \cdots + j^2 + j + 1)$$

[1]) a. a. O., S. 212, S 214 unten.

findet. Obwohl sich nun die Gleichung

$$(9) \qquad j^2 + 1 = 0,$$

auch wenn n gerade ist, nicht als Folge von (8) und (5) ergibt, so ist sie doch mit den beiden letztgenannten Gleichungen für ein gerades n, das größer als 2 ist, verträglich, da man ja auch Gleichung (9) in der früheren Definition an Stelle der Gleichung (1) treten lassen kann, und sich dann für $n = 2k > 2$, wie man sofort sieht, die Gleichungen (5) und (8) von selbst ergeben.

Daß man jedoch auf Widersprüche stoßen kann, wenn man ohne nähere Untersuchung für ein Symbol j zwei Relationen fordert, zeigt das folgende Beispiel. Setzt man gleichzeitig

$$j^4 = 1$$

und

$$j^3 + j^2 + j + 2 = 0,$$

so erhält man zunächst durch reines Umrechnen

$$5 = (j^2 + 2j + 3)[j^4 - 1] - (j^3 + j^2 + j - 4)[j^3 + j^2 + j + 2]$$

und dann, mit Rücksicht darauf, daß die in den eckigen Klammern stehenden Ausdrücke gleich Null sind,

$$5 = 0.$$

§ 86. Potenzlinie. Imaginäre Schnittpunkte von Kreisen.

Ich kehre zu den gewöhnlichen imaginären Zahlen $\alpha + \beta i$ zurück. Sie haben auch für die Geometrie Bedeutung, einmal durch die in § 79 auseinandergesetzte geometrische Darstellung dieser Imaginären und dann noch auf eine ganz andere Art.

Es mögen zunächst rein geometrisch in der Ebene zwei Kreise betrachtet werden, die sich in den Punkten S_1 und S_2 schneiden. Auf der Verbindungslinie $S_1 S_2$ sei irgendein Punkt P gewählt, durch den noch zwei Sekanten $PT_1 T_2$ und $PU_1 U_2$ der beiden Kreise gezogen seien (Abb. 161). Nach einem bekannten Satz von den Kreissekanten ist

$$(1) \qquad PT_1 \cdot PT_2 = PS_1 \cdot PS_2$$

und

$$(2) \qquad PU_1 \cdot PU_2 = PS_1 \cdot PS_2,$$

woraus folgt, daß auch

$$(3) \qquad PT_1 \cdot PT_2 = PU_1 \cdot PU_2$$

sein muß [1]).

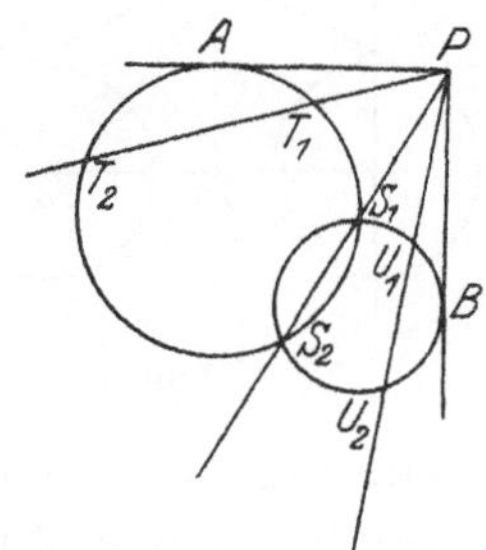
Abb. 161.

---

[1]) Die Gleichungen (1), (2) und (3) gelten auch mit Vorzeichen, wenn z. B. das Produkt $PT_1 \cdot PT_2$ positiv oder negativ gerechnet wird, je nachdem die Richtungen von P nach T_1 und von P nach T_2 übereinstimmen oder entgegengesetzt sind. Das letztere tritt ein, wenn der Punkt P zwischen T_1 und T_2 gelegen ist.

Das in der Formel (3) ausgedrückte Ergebnis kann auch so ausgesprochen werden: Die Potenz des Punktes P ist für den einen Kreis dieselbe wie für den anderen. Es heißt deshalb die Gerade $S_1 S_2$, deren sämtliche Punkte P durch die eben genannte Eigenschaft ausgezeichnet sind, die Potenzlinie der beiden Kreise. Lassen sich insbesondere von P Tangenten PA und PB an die beiden Kreise ziehen (s. d. Abb.), so ist nach den bekannten Sätzen vom Kreis auch

$$PA^2 = PT_1 \cdot PT_2$$

und

$$PB^2 = PU_1 \cdot PU_2$$

und deshalb im Hinblick auf (3) auch

$$PA^2 = PB^2,$$

d. h. es sind die Tangentenabschnitte von P bis an die Kreise einander gleich.

Werden die beiden Kreise jetzt analytisch-geometrisch betrachtet, so sind

$$(4) \qquad x^2 + y^2 + a_1 x + a_2 y + a_2 = 0$$

und

$$(5) \qquad x^2 + y^2 + b_1 x + b_2 y + b_3 = 0$$

ihre Gleichungen (vgl. § 40). Da nun der Punkt S_1 beiden Kreisen angehört, so müssen seine Koordinaten x, y sowohl der Gleichung (4), als auch (5), somit auch der Gleichung genügen, die dadurch entsteht, daß man (5) von (4) abzieht. Es genügen also die Koordinaten des Punktes S_1 der Gleichung

$$(6) \qquad (a_1 - b_1)\, x + (a_2 - b_2)\, y + (a_3 - b_3) = 0.$$

Dasselbe muß aber auch von den Koordinaten des Punktes S_2 gelten. Die Gleichung (6) stellt nach § 38 eine gerade Linie vor, wenn x und y in der Gleichung als „laufende Koordinaten" aufgefaßt werden. Auf dieser Geraden liegen also die beiden Punkte S_1 und S_2. Die Gerade (6) ist somit die Verbindungslinie von S_1 und S_2 und deshalb auch die Potenzlinie der beiden Kreise.

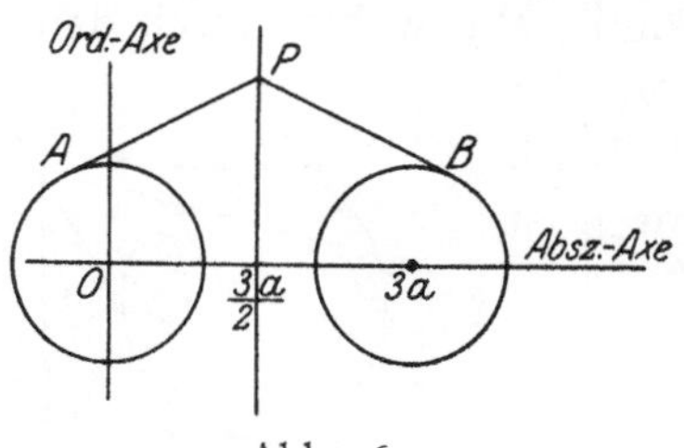

Abb. 162.

Werden nun zwei andere Kreise, beide mit dem Radius a angenommen, so daß der eine im Anfangspunkt der Koordinaten, der andere im Punkt der Abszissenachse mit der Abszisse $3\, a$ seinen Mittelpunkt hat (Abb. 162), so treten an Stelle der Gleichungen (4) und (5) die Gleichungen

$$(7) \qquad x^2 + y^2 - a^2 = 0$$

und

$$(8) \qquad (x - 3\, a)^2 + y^2 - a^2 = 0,$$

und man erhält durch Subtrahieren der letzten Gleichung von der vorhergehenden

$$6\,a\,x - 9\,a^2 = 0,$$

welche Gleichung auf

$$(9) \qquad x = \frac{3\,a}{2}$$

hinauskommt. Diese Gleichung tritt also an Stelle von Gleichung (6). Es ist nun schon aus der Symmetrie der Figur ersichtlich, daß die von einem Punkt P der Geraden (9) an die Kreise gezogenen Tangentenabschnitte PA und PB einander gleich sind. Es ist also wiederum durch die Gleichung, welche durch Subtrahieren der Kreisgleichungen entstanden ist, in diesem Fall durch die Gleichung (9), die Potenzlinie der beiden Kreise dargestellt, obwohl die Gerade (9) jetzt nicht mehr die Verbindungslinie (reeller) gemeinsamer Punkte der beiden Kreise ist.

Setzt man jedoch jetzt den Wert aus (9) in die Gleichungen (7) und (8) ein, so ergibt sich übereinstimmend $y = \pm \frac{a}{2}\sqrt{-5} = \pm \frac{a}{2}\sqrt{5} \cdot i$, wo wieder i die gewöhnliche imaginäre Einheit bedeuten soll. Es genügen also die beiden „imaginären Punkte" mit den Koordinatenwerten

$$(10) \qquad \frac{3\,a}{2},\; \frac{a}{2}\sqrt{5}\,i \qquad \frac{3\,a}{2},\; -\frac{a}{2}\sqrt{5}\,i$$

den beiden Kreisgleichungen (7) und (8) und der Geradengleichung (9); d. h. man kann sagen, daß die Gerade (9) die Verbindungslinie der beiden imaginären Schnittpunkte (10) der Kreise (7) und (8) ist. Die Potenzlinie der beiden Kreise ist also auch in diesem Fall die Verbindungslinie der Schnittpunkte der Kreise, nur mit dem Unterschied, daß die Schnittpunkte nunmehr imaginär sind.

Man könnte versucht sein, zu sagen, die imaginären Punkte seien eine reine Fiktion; jedoch kann die neue Auffassung zu Schlüssen dienen und auf bestimmte Sätze führen, die eine reale Bedeutung haben. So kann man z. B. erkennen, daß es durch einen (wirklichen, d. h. reellen) Punkt Q der Ebene einen und nur einen Kreis gibt, der mit jedem der beiden genannten Kreise zusammen dieselbe Potenzlinie hat wie diese beiden mit einander, vorausgesetzt, daß der Punkt Q nicht gerade auf dieser Potenzlinie gelegen ist. Diese Tatsache läßt sich nämlich jetzt unter den Satz subsumieren, daß durch drei Punkte, die nicht auf einer Geraden liegen, gerade ein Kreis gelegt werden kann.

Sollen jedoch solche Schlüsse zwingend sein, so muß natürlich für sie noch eine Grundlage gefunden werden. Diese Grundlage besteht darin, daß wir zunächst die Ebene auf die reelle zweifache Zahlenmannigfaltigkeit abbilden (§ 41), d. h. den Punkten der Ebene die reellen Zahlenpaare x, y und den Geraden, Kreisen usw. diejenigen einfachen Mannigfaltigkeiten von Zahlenpaaren zuordnen, die gewissen Gleichungen genügen. Nachdem dies geschehen ist, erweitern wir die Mannigfaltigkeit der reellen Zahlenpaare x, y in die Mannigfaltigkeit der komplexen Zahlenpaare x, y. Wir setzen also $x = \alpha + \beta i$, $y = \gamma + \delta i$. Das Element (der „Punkt") der neuen Mannigfaltigkeit hängt somit von *vier reellen Zahlen* α, β, γ, δ ab, weshalb nunmehr eine vierfache Mannigfaltigkeit vorliegt. In dieser Erweiterung der betrachteten Mannigfaltigkeit, durch welche neue Elemente eintreten, die zugleich neue Relationen der alten Elemente vermitteln können, beruht im Grunde die logische Bedeutung des eingeführten Hilfsmittels[1]).

Damit aber strenge Schlüsse und nicht etwa bloße Analogiebetrachtungen vorliegen, muß nun auch bewiesen werden, daß in dem erweiterten Gebiet die analogen Sätze wirklich gelten. Z. B. muß bewiesen werden, daß durch drei im allgemeinen imaginäre „Punkte" wenn sie nicht auf einer Geraden gelegen sind, gerade ein „Kreis" geht. Dies bedeutet, daß die Koeffizienten einer Gleichung von der Form

$$x^2 + y^2 + a_1 x + a_2 y + a_3 = 0$$

gerade bestimmt werden können durch die Bedingung, daß die Gleichung für drei im allgemeinen imaginäre Zahlenpaare

$$x_1,\ y_1,\quad x_2,\ y_2,\quad x_3,\ y_3,$$

die aber einer bestimmten anderen Gleichung nicht genügen, erfüllt ist. Da dieser Beweis und zugleich andere ähnliche Beweise geführt werden können, sind auch die gemachten Anwendungen des Imaginären in der Geometrie erlaubt.

Hinsichtlich der obigen Anwendung ist noch zu bemerken, daß für den durch den reellen Punkt Q und die imaginären Punkte (10) gelegten Kreis die Koeffizienten a_1, a_2, a_3 der Kreisgleichung deshalb reell herauskommen, weil die beiden Punkte (10) zueinander konjugiert imaginär sind[2]). Es läßt sich schließlich in der Tat ein reeller Kreis nachweisen.

---

[1]) Der Sachverhalt ist von Natorp sehr gut gekennzeichnet worden, indem er (a. a. O., S. 247 unten) sagt: „Die Gültigkeit eines durch die komplexe Zahl erhaltenen Ergebnisses für reelle Zahlen ist dann um nichts rätselhafter, als daß ein geometrischer Beweis, der auf n Dimensionen Bezug nimmt, eine Aussage in bezug auf $n-1$ Dimensionen begründen kann."

[2]) Zwei Koordinatenpaare von der Form $\alpha + \beta i,\ \gamma + \delta i$ und $\alpha - \beta i,\ \gamma - \delta i$ stellen konjugiert imaginäre Punkte vor (vgl. S. 201, Anm. 1).

§ 87. Unendlich ferne Punkte.

Ähnlich wie mit der Einführung der imaginären Punkte verhält es sich auch mit der Einführung der sogenannten unendlich fernen Punkte in die Geometrie, obwohl es sich hier zunächst nicht um imaginäre Koordinatenwerte handelt. Zuerst sollen neue Koordinaten, die „homogenen Koordinaten", eingeführt werden. Statt dem Punkt der Ebene die gewöhnlichen rechtwinkligen Koordinaten x und y zuzuordnen, ordnet man ihm drei Zahlen ξ, η, ζ zu, welche mit den beiden rechtwinkligen Koordinaten durch die Gleichungen

$$(1) \qquad x = \frac{\xi}{\zeta}, \quad y = \frac{\eta}{\zeta}$$

verknüpft sind; hier darf aber vorerst die dritte der Größen, nämlich ζ, nicht gleich Null sein. Jedem dieser Einschränkung entsprechenden Zahlentripel ξ, η, ζ entspricht ein Punkt der Ebene, während umgekehrt jedem Punkt der Ebene unendlich viele solcher Zahlentripel $\xi\varrho$, $\eta\varrho$, $\zeta\varrho$ entsprechen, die alle aus einem von ihnen, nämlich ξ, η, ζ, durch Multiplikation mit einer von Null verschiedenen Zahl ϱ hervorgehen. Solche Zahlentripel sind einander äquivalent, d. h. werden nicht als wesentlich voneinander verschieden angesehen. Die Zahlen eines Tripels sind also nur „Verhältniszahlen", und es bilden deshalb die sämtlichen Zahlentripel nicht eine dreifache, sondern nur eine zweifache Mannigfaltigkeit von wesentlich verschiedenen Objekten.

Eine Schar von parallelen Geraden ist nun in gewöhnlichen Koordinaten durch die Gleichungen

$$
\begin{aligned}
a\,x + b\,y + c_1 &= 0, \\
a\,x + b\,y + c_2 &= 0, \\
a\,x + b\,y + c_3 &= 0,
\end{aligned}
\qquad (2)
$$

$$\cdots\cdots\cdots\cdots$$

beschrieben (§ 39). Führt man die neuen Koordinaten ξ, η, ζ vermöge der Gleichungen (1) in die Gleichungen (2) der parallelen Geraden ein, so erhält man, wenn gleichzeitig die Nenner durch Heraufmultiplizieren fortgeschafft werden,

$$
\begin{aligned}
a\,\xi + b\,\eta + c_1\,\zeta &= 0, \\
a\,\xi + b\,\eta + c_2\,\zeta &= 0, \\
a\,\xi + b\,\eta + c_3\,\zeta &= 0,
\end{aligned}
\qquad (3)
$$

$$\cdots\cdots\cdots\cdots$$

Diese neuen Gleichungen sind homogen, weshalb auch die Verhältniszahlen ξ, η, ζ, in denen diese Gleichungen geschrieben sind, als „homogene Koordinaten" bezeichnet werden.

Läßt man nunmehr auch solche Zahlentripel ξ, η, ζ zu, in denen $\zeta = 0$ ist, so lassen die neuen Gleichungen (3) eine neue gemeinsame Lösung zu:

$$\xi = -b, \quad \eta = a, \quad \zeta = 0.$$

Man gestattet sich nun die Ausdrucksweise, diese „analytische" Lösung (§ 41) als den den parallelen Geraden gemeinsamen „unendlich fernen Punkt" zu bezeichnen. Diese Ausdrucksweise findet ihre Grundlage in der Tatsache, daß ein Punkt, der sich auf einer der Geraden ins Unendliche bewegt (Abb. 163), zwei ins Unendliche wachsende Koordinaten x und y besitzt, für welche sich das Verhältnis unbegrenzt dem Verhältnis $-b : a$ annähert[1]). Im Grunde ist der unendlich ferne Punkt durch eine Richtung repräsentiert.

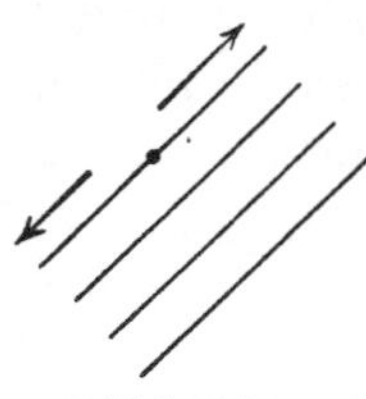

Abb. 163.

Die Tatsache, daß in gewissen Lehrsätzen eine Schar von parallelen Geraden dieselbe Rolle spielt wie eine Schar von Geraden, die durch einen Punkt hindurchlaufen, wird durch die Einführung des fiktiven unendlich fernen Punktes zur Darstellung gebracht[2]), und es kann der Umstand, daß dieser den Schlüssen in einem bestimmten Begriffsgebiet zugrunde gelegt werden darf, sowohl „synthetisch" (d. h. hier rein geometrisch), als auch „analytisch" (d. h. hier mit Hilfe der Koordinatengeometrie) bewiesen werden[3]). Die homogenen Koordinaten bieten den Vorteil, daß dem unendlich fernen Punkt ein wirkliches Gebilde entspricht, nämlich drei Verhältniszahlen, deren dritte gleich Null ist. In ähnlicher Weise, wie die Mannigfaltigkeit der reellen Zahlen bei der Hinzufügung der Imaginären erweitert wird, werden hier die homogenen Zahlentripel durch das Aufgeben jener Einschränkung, daß die dritte Zahl von Null verschieden sein soll, erweitert. In diesem Fall erfährt allerdings die Ordnung (Dimension) der vorliegenden Mannigfaltigkeit keine Erhöhung, indem, geometrisch gesprochen, in der Ebene nur der zweifachen Mannigfaltigkeit der wirklichen (endlichen) Punkte noch die einfache Mannigfaltigkeit der Richtungen angegliedert wird.

---

[1]) Gewissermaßen haben die Gleichungen (2) die Lösung

$$x = \frac{-b}{0}, \qquad y = \frac{a}{0},$$

was aber nicht im eigentlichen Sinne, sondern nur im Sinne einer für jede einzelne Gleichung besonders zu vollziehenden Grenzannäherung zu verstehen ist, da Brüche mit dem Nenner Null unzulässig sind.

[2]) Der Sachverhalt ist von Natorp sehr richtig zum Ausdruck gebracht worden (a. a. O. S. 217).

[3]) Vgl. S. 36, Anm.

Um die Bedeutung und den Gebrauch des unendlich fernen Punktes noch deutlicher ins Licht zu setzen, will ich ein zweites Beispiel geben. Die Gleichung

$$(4) \qquad \frac{x^2}{m^2} - \frac{y^2}{n^2} = 1$$

stellt in gewöhnlichen Koordinaten eine Hyperbel dar. Führt man hierin wieder vermöge der Gleichungen (1) die homogenen Koordinaten ξ, η, ζ ein, so erhält man die homogene Gleichung

$$\frac{\xi^2}{m^2} - \frac{\eta^2}{n^2} - \zeta^2 = 0 \,.$$

Diese läßt die beiden Lösungen

$$(5) \qquad \xi = m\,, \quad \eta = n\,, \quad \zeta = 0$$

und

$$(6) \qquad \xi = -m\,, \quad \eta = n\,, \quad \zeta = 0$$

zu, welche dem Umstand entsprechen, daß ein auf einem Hyperbelzweig ins Unendliche hinauswandernder Punkt P (Abb. 164) unendlich wachsende Koordinaten aufweist, deren Verhältnis sich entweder dem festen Verhältnis $m : n$ oder dem festen Verhältnis $- \, m : n$ nähert.

Die Gleichung der Tangente der Hyperbel (4) in dem Punkt, der die rechtwinkligen Koordinaten a, b besitzt, ist in rechtwinkligen Koordinaten

$$(7) \qquad \frac{a\,x}{m^2} - \frac{b\,y}{n^2} = 1 \,.$$

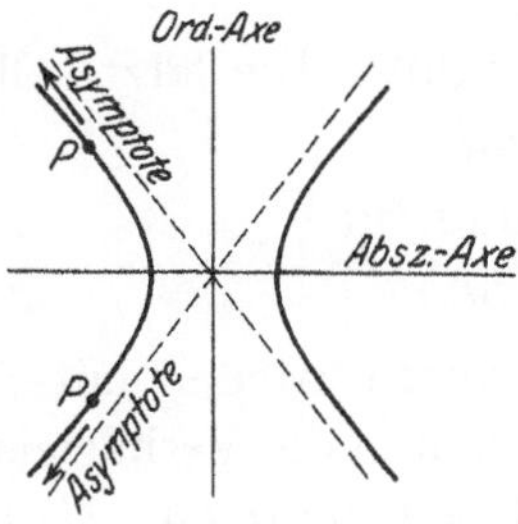

Abb. 164.

Führt man für den Punkt, in dem die Tangente gezogen war, vermöge der Gleichungen

$$(8) \qquad a = \frac{\alpha}{\gamma}, \; b = \frac{\beta}{\gamma}$$

gleichfalls homogene Koordinaten α, β, γ ein, so geht die Gleichung (7) vermöge (1) und (8) in die homogene Gleichung

$$\frac{\alpha\,\xi}{m^2} - \frac{\beta\,\eta}{n^2} - \gamma\,\zeta = 0$$

über. Setzt man hier für α, β, γ nacheinander die unendlich fernen Punkte (5) und (6) ein, so erhält man die beiden Geraden

$$\frac{\xi}{m} - \frac{\eta}{n} = 0$$

und

$$- \frac{\xi}{m} - \frac{\eta}{n} = 0 \,.$$

Dies sind die beiden Asymptoten der Hyperbel, denen sich die ins Unendliche verlaufenden Zweige unbegrenzt annähern (s. d. Abb.).

Es läßt sich allgemein zeigen, daß die ins Unendliche verlaufenden Zweige derjenigen Kurven, die durch algebraische Gleichungen dargestellt werden, unter bestimmten Umständen solche Asymptoten besitzen, und daß diese dann als „Tangenten in den unendlich fernen Punkten" aufgefaßt werden dürfen.

§ 88. Imaginäre unendlich ferne Punkte.

Man kann natürlich auch das Imaginäre in die Geometrie einführen und außerdem noch die Gleichungen homogen machen, wodurch man dann auf „imaginäre unendlich ferne Punkte" geführt wird. Die Gleichung eines Kreises hat in gewöhnlichen Koordinaten die Form

$$(1) \qquad x^2 + y^2 + a_1 x + a_2 y + a_3 = 0$$

(§ 40), woraus sich die homogene Gleichung

$$\xi^2 + \eta^2 + a_1 \xi \zeta + a_2 \eta \zeta + a_3 \zeta^2 = 0$$

ergibt. Die letzte Gleichung ist erfüllt für

$$(2) \qquad \xi : \eta : \zeta = 1 : i : 0$$

und für

$$(3) \qquad \xi : \eta : \zeta = 1 : -i : 0,$$

wofern wieder mit i die imaginäre Einheit $\sqrt{-1}$ bezeichnet wird. Da nun die Verhältniszahlen (2) und (3) von den in (1) vorkommenden Koeffizienten a_1, a_2 und a_3 völlig unabhängig sind, so kann man sagen, daß j e d e durch eine Gleichung von der Form (1) dargestellte Kurve, d. h. also, daß jeder Kreis durch dieselben beiden imaginären unendlich fernen Punkte (2) und (3) hindurchgeht. Diese beiden Punkte werden kurz die unendlich fernen Kreispunkte genannt. Der Kreis ist ein spezieller Fall einer Kurve zweiter Ordnung, und es läßt sich auch umgekehrt zeigen, daß eine reelle Kurve zweiter Ordnung, wenn sie die beiden unendlich fernen Kreispunkte enthält, stets ein Kreis sein muß.

Es gilt allgemein der Satz, daß durch fünf Punkte, von denen keine drei in einer Geraden liegen, eine Kurve zweiter Ordnung (ein Kegelschnitt, vgl. § 40) gelegt werden kann, und daß diese Kurve durch die fünf Punkte auch völlig bestimmt ist. Dieser Satz, der sich rechnerisch — wie die Mathematiker sagen, „analytisch" — beweisen läßt, bleibt in diesem seinem arithmetischen Sinn bestehen, wenn es sich um sogenannte Punkte und Kegelschnitte handelt, die imaginär sein dürfen. Hieraus ergibt sich aber, daß durch drei endliche reelle

Punkte, die nicht in einer Geraden liegen, und durch die beiden imaginären Kreispunkte stets eine Kurve zweiter Ordnung gelegt werden kann. Es wird dies dann ein Kreis (s. o.), der infolge des Umstandes, daß die unendlich fernen Kreispunkte [(2) und (3)] konjugiert imaginär sind[1]), sich als reell herausstellt. Es kann also der Satz, daß ein Kreis durch drei beliebige, nicht in einer Geraden gelegene Punkte gelegt werden kann und dadurch bestimmt ist, als ein besonderer Fall jenes von den Kurven zweiter Ordnung angeführten Lehrsatzes angesehen werden.

Um noch eine Anwendung der unendlich fernen Kreispunkte zu haben, betrachten wir jetzt die Schar der sämtlichen Kreise, die durch zwei (wirkliche) Punkte hindurchgehen. Mit Rücksicht auf die unendlich fernen Kreispunkte stellt diese Schar einen Sonderfall von einer solchen Schar von Kurven zweiter Ordnung vor, die alle durch dieselben vier Punkte gehen. Eine durch vier wirkliche Punkte bestimmte Schar von Kurven zweiter Ordnung besitzt eine wichtige Eigenschaft. Schneidet man diese Schar durch eine gerade Linie s und greift man aus der Schar irgendwelche drei von den Kurven heraus (Abb. 165), welche von der Geraden s in A und A', in B und B' und in C und C' geschnitten werden, so besteht zwischen den drei Punktepaaren A, A'; B, B'; C, C', die auf s entstanden sind, eine eigentümliche Relation, die sich darin äußert, daß über den drei Punktepaaren auch die geradlinige Konstruktion von Abb. 166 ausgeführt werden kann. Diese Relation bedeutet eine Abhängigkeit des einen der sechs Punkte A, A', B, B', C, C' von den fünf anderen und kann auch in der Formel

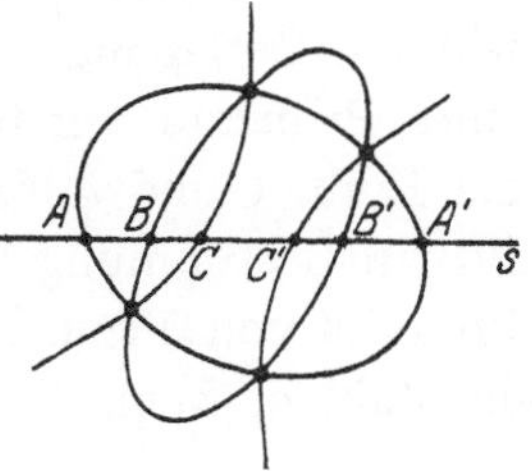

Abb. 165.

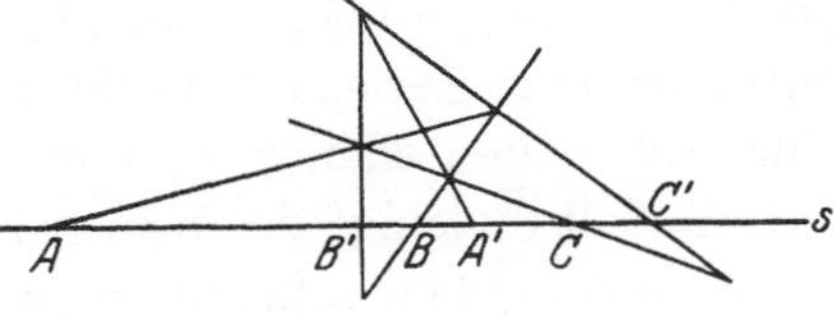

Abb. 166.

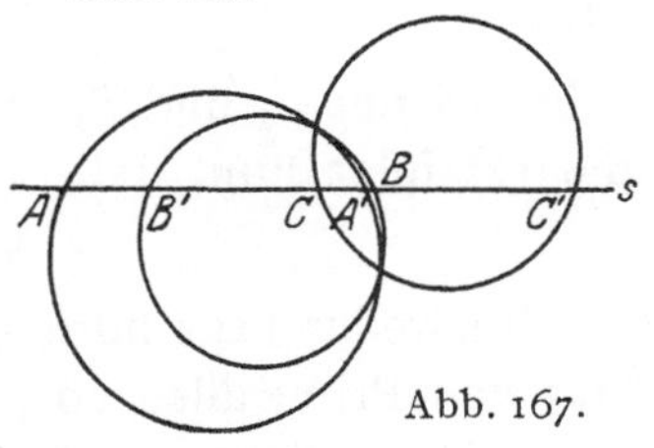

Abb. 167.

$$BC \cdot AB' \cdot C'A' + B'C' \cdot A'B \cdot CA = 0$$

zwischen den auf s gebildeten und mit Vorzeichen behafteten geradlinigen Abschnitten ausgedrückt werden. Dieselbe Relation besteht zwischen den drei Punktepaaren, die von irgendwelchen drei Kreisen der obigen Kreisschar auf einer Geraden s ausgeschnitten werden (Abb. 167).

---

[1]) Vgl. S. 222, Anm. 2.

Elfter Abschnitt.

Höhere Arithmetik der reellen Zahlen.

§ 89. Zerlegung der Zahlen in Primzahlen.

Die höhere Arithmetik, die auch Zahlentheorie genannt wird, befaßt sich mit gewissen besonderen Eigenschaften der ganzen Zahlen. Dabei sollen jetzt nur reelle ganze Zahlen betrachtet werden[1]). Ich will die Zerlegung dieser Zahlen in Primzahlen betrachten. Unter einer Primzahl versteht man eine solche ganze Zahl, die nur durch die Einheit und durch sich selbst ohne Rest teilbar ist. Aus dieser Begriffsbestimmung ergibt sich sofort, daß jede (ganze) Zahl in ein Produkt von Primzahlen aufgelöst werden kann. Es kann nämlich die Zahl a, wenn sie nicht selbst eine Primzahl ist, in die Form

$$(1) \qquad a = a_1 \cdot b_1$$

gesetzt werden, wobei a_1 und b_1 beide größer als 1 sind. Nun liegt entweder eine Zerlegung in Primzahlen vor, oder es ist mindestens eine der beiden Zahlen a_1 und b_1 keine Primzahl. Ich nehme im letzten Fall diejenige der beiden Zahlen, die nicht Primzahl ist, oder, wenn sie es beide nicht sind, irgendeine von den beiden und setze z. B.

$$(2) \qquad a_1 = a_2 \cdot b_2,$$

wobei wieder a_2 und b_2 größer als 1 sind. Aus den Gleichungen (1) und (2) folgt nun, daß

$$a = a_2 \cdot b_2 \cdot b_1$$

ist. Entweder liegt nunmehr eine Auflösung der Zahl a in ein Produkt von Primzahlen vor, oder es läßt sich wiederum einer der jetzt vorhandenen Faktoren durch zwei Faktoren ersetzen. Offenbar kann man in dieser Weise fortfahren, solange man kein Produkt von Primzahlen erhalten hat. Da aber jedesmal ein Faktor hinzukommt und die Faktoren alle mindestens gleich 2 sein müssen, so muß das Verfahren zu einem Abschluß gelangen[2]).

Jede Zahl, die nicht selbst eine Primzahl ist, kann also als ein Produkt von Primzahlen dargestellt werden, wobei natürlich dieselbe Primzahl auch mehrfach als Faktor auftreten kann. Das Verfahren, durch das wir die Existenz der Zerlegung dargetan haben, kann in der Regel auf sehr verschiedene Arten ausgeführt werden, wie denn

---

[1]) Es gibt auch eine höhere Arithmetik der im komplexen Gebiet als ganz bezeichneten Zahlen, auf die jedoch nicht näher eingegangen werden soll.

[2]) Und zwar nach höchstens ν Schritten, wenn die Zahl ν so groß gewählt ist, daß $2^{\nu+2}$ größer als a ist, da ja dann a höchstens gleich einem Produkt von $\nu + 1$ Faktoren sein kann, wenn diese mindestens gleich 2 sind.

schon die Zerlegung der Zahl a in zwei Faktoren, mit der das Verfahren beginnt, meist auf verschiedene Weise möglich ist. Es ist deshalb durchaus nicht selbstverständlich, daß die schließlich sich ergebende Zerlegung in Primzahlen für jede gegebene Zahl a, natürlich abgesehen von der Reihenfolge der Primzahlfaktoren, die immer noch abgeändert werden kann, eindeutig bestimmt ist. Daß dies so ist, ist der wichtigste Lehrsatz dieser Zerlegungstheorie.

Vor dem Auftreten von GAUSS[1]) haben die Mathematiker kein Bedürfnis gefühlt, diesen Eindeutigkeitssatz zu beweisen. Offenbar hat dabei der Vergleich mit einer Zerlegung in „letzte Elemente" eine Rolle gespielt und den Gedanken hervorgerufen, daß man bei jeder Art der Ausführung jenes Verfahrens doch nur die Elemente finden könne, die in der Zahl „enthalten" seien. Zahlen sind aber keine letzten Elemente im logischen Sinn. Primzahlen sind zwar nicht multiplikativ, aber doch additiv zerlegbar, und es folgt z. B. daraus, daß p_1 und p_2, jedes für sich, wenn man die Eins und die Zahl selbst nicht rechnet, keine Teiler haben, jedenfalls nicht unmittelbar, daß nicht das Produkt $p_1 \cdot p_2$ noch einen von p_1 und p_2 verschiedenen Teiler p_3 haben könnte, so daß dann

$$p_1 p_2 = p_3 p_4 ,$$

und dabei etwa p_3 kleiner als p_1, und dafür p_4 größer als p_2 wäre[2]).

Wir wollen jetzt den Beweis kennen lernen. Zunächst muß der folgende Hilfssatz gezeigt werden:

Wenn das Produkt $a \cdot b$ durch die Primzahl p teilbar ist, ohne daß zugleich auch a durch die Primzahl teilbar ist, so muß b durch p teilbar sein.

Es soll zunächst angenommen werden, daß a nicht kleiner als p sei. Unter dieser Annahme kann man mit p in a hineindividieren, wobei dann die Division nach Voraussetzung nicht aufgehen, d. h. also ein von Null verschiedener Rest a' übrigbleiben wird. Ist p nun

---

[1]) Vgl. GAUSS, Werke 1. Bd., S. 15.

[2]) Am schlagendsten wird die Notwendigkeit eines Beweises durch das Herbeiziehen eines analogen Falles dargetan, in dem der entsprechende Satz gar nicht richtig ist. Betrachtet man imaginäre Zahlen von der Form $\alpha + \beta i \sqrt{5}$, wo α und β reelle ganze Zahlen sind, und das Symbol i wiederum $\sqrt{-1}$ bedeutet (vgl. § 78—80), so ist $(i \sqrt{5})^2 = -5$, und es liegen die aus $\sqrt{-5}$ gebildeten „ganzen algebraischen Zahlen" vor. Hier ist nun
$$6 = 2 \cdot 3 = (1 + i \sqrt{5}) \cdot (1 - i \sqrt{5}),$$
während zugleich in dem jetzt betrachteten Zahlengebiet die Zahlen 2, 3, $1 + i \sqrt{5}$, $1 - i \sqrt{5}$ alle vier nicht zerlegbar sind; eine Zerlegung, bei der ein Faktor $+ 1$ oder $- 1$ vorkommt, wird dabei nicht gerechnet (vgl. z. B. J. SOMMER, Vorlesungen über Zahlentheorie, 1907, S. 33).

m-mal in a enthalten, d. h. ist $m \cdot p$ das größte Vielfache von p, das a nicht übertrifft, so hat man die Gleichung

$$(3) \qquad a = m p + a'.$$

Dabei ist a' als Rest der Division kleiner als die Primzahl p, mit der dividiert worden ist. Die Gleichung (3) ergibt, wenn man sie mit b durchmultipliziert,

$$a b = m b p + a' b,$$

und man findet nun, da $a b$ gleich einem Vielfachen $n p$ von p sein sollte,

$$a' b = n p - m b p = (n - m b) p.$$

Unter der Annahme, die gemacht worden ist, gibt es also auch einen Multiplikator a', der kleiner als p ist und der das Produkt $a' b$ durch p teilbar macht.

Wir können also unbeschadet der Allgemeinheit von Anfang an annehmen, daß a kleiner als p und $a \cdot b$ durch p teilbar sei. Wäre nun etwa gerade $a = 1$, so wäre damit gesagt, daß b durch p teilbar wäre, es wäre also damit bereits festgestellt, was wir beweisen wollen. Ist jetzt a größer als 1, so dividieren wir mit a in das nach Voraussetzung größere p hinein; da p als Primzahl nur durch 1 und durch sich selbst ohne Rest teilbar ist, kann die Division nicht aufgehen und liefert somit einen von Null verschiedenen Rest a_1. Man gelangt so zu einer Gleichung von der Form

$$p = r a + a_1.$$

Wird nun diese Gleichung mit b multipliziert, so ergibt sich

$$b p = r a b + a_1 b$$

oder, wenn $a b$ wieder durch $n p$ ersetzt wird,

$$b p = r n p + a_1 b,$$

d. h.

$$a_1 b = (b - r n) p.$$

Es ist also auch $a_1 b$ durch p teilbar. Dabei ist a_1 als Rest der letzten Division kleiner als die Zahl a, welche bei dieser Division die Rolle des Divisors gespielt hat, und deshalb auch kleiner als p. Ist nun a_1 größer als 1, so kann man die Betrachtung wiederholen und durch Division mit a_1 in p einen neuen Rest a_2 erhalten, der noch kleiner sein muß als a_1 und für den $a_2 b$ durch p teilbar ist. Falls a_2 wieder größer als 1 ist, kann in derselben Weise fortgefahren werden. Man gelangt so zu einer stets abnehmenden Folge absoluter, von Null verschiedener Zahlen a, a_1, a_2, ..., die so lange fortgesetzt werden kann, als das Reihenglied noch nicht gleich 1 geworden ist. Dies muß aber nach einer gewissen Zahl von Schritten eintreten. Man

erkennt dies, im Grunde auf indirekte Weise, daraus, daß eine unendliche Folge wirklich abnehmender absoluter ganzer Zahlen unmöglich ist. Ist dann ein Rest a_k gleich 1 geworden, wobei dann zugleich wieder $a_k b$ durch p teilbar ist, so ist der gewünschte Beweis
geliefert.

Der eben bewiesene Hilfssatz läßt sich nun auf den Fall von drei
und mehr Faktoren ausdehnen. Daß er wirklich für beliebig viele
Faktoren gilt, läßt sich durch den „Schluß von n auf $n + 1$" erhärten.
Nimmt man nämlich an, der Hilfssatz sei für n Faktoren bereits bewiesen, so wird er folgendermaßen für $n + 1$ Faktoren gezeigt. Es
ist (vgl. § 72)

$$c_1 c_2 c_3 \ldots c_{n+1} = c_1 \cdot (c_2 c_3 \ldots c_{n+1}).$$

Wird nun das links stehende Produkt von $n + 1$ Faktoren als durch
die Primzahl p teilbar angenommen, so liegt, wie die rechte Seite
der letzten Gleichung erkennen läßt, auch ein durch p teilbares
Produkt von zwei Faktoren vor. Für dieses Produkt von zwei
Faktoren gilt jedenfalls der ursprüngliche Hilfssatz. Es ist also
entweder c_1 durch p teilbar oder das in der Klammer stehende
Produkt von n Faktoren. Im letzten Fall ist aber, nach dem, was
wir schon als bewiesen annehmen wollen, entweder c_2, oder c_3, $\ldots$
oder c_{n+1} durch p teilbar. Unter allen Umständen ist also einer
der $n + 1$ Faktoren des Produkts $c_1 c_2 c_3 \ldots c_{n+1}$ durch die Primzahl p teilbar.

Aus dem verallgemeinerten Hilfssatz ergibt sich leicht die Eindeutigkeit der besprochenen Zerlegung. Hat man nämlich zwei Produkte von Primzahlen, die derselben Zahl gleich sind, wobei natürlich jede der Primzahlen als von 1 verschieden angenommen ist, so
liegt eine Gleichung der Form

$$(4) \qquad p_1 p_2 p_3, \ldots p_k = q_1 q_2 q_3 \ldots q_l$$

vor. Da q_1 ein Faktor der rechten Seite ist, muß auch die linke Seite,
welche ja dieselbe Zahl wie die rechte Seite vorstellt, durch q_1 ohne
Rest teilbar sein. Nach dem Hilfssatz in seiner allgemeinen, auf beliebig viele Faktoren sich beziehenden Form muß deshalb einer der
Faktoren der linken Seite von (4) durch q_1 teilbar sein. Mit Rücksicht darauf, daß man die Faktoren der linken Seite umstellen bzw.
anders benennen kann, kann man unbeschadet der Allgemeinheit annehmen, es sei gerade der Faktor p_1 der linken Seite durch q_1 teilbar.
Nun ist aber p_1 als Primzahl nur durch 1 und durch sich selbst teilbar; da q_1 von 1 verschieden ist, muß somit

$$q_1 = p_1$$

sein. Jetzt läßt sich die Gleichung (4) mit p_1 (bzw. q_1) dividieren, und man findet dadurch, daß

$$p_2 p_3 \ldots p_k = q_2 q_3 \ldots q_l$$

ist. Hieraus ergibt sich wieder, daß

$$q_2 = p_2$$

usw.

Man erkennt nun auch, daß die Faktoren auf der linken Seite der Gleichung bei der Fortsetzung des Verfahrens zu gleicher Zeit mit denen der rechten Seite erschöpft werden müssen. Es ist also auch die Anzahl der Faktoren links und rechts dieselbe, d. h. es ist $k = l$. Damit ist aber alles bewiesen: es muß jeder Faktor, der auf der einen Seite der Gleichung (4) vorkommt, auch auf der anderen Seite, und zwar ebensooft, vorkommen.

§ 90. Die unendliche Zahl der Primzahlen.

Nachdem die Eindeutigkeit der Zerlegung einer Zahl in Primzahlen erkannt ist, erhebt sich die Frage darnach, ob unendlich viele Primzahlen existieren oder nur endlich viele. Vielleicht denkt jemand, daß das Vorhandensein von unendlich vielen Primzahlen sich schon daraus ergebe, daß man aus den Primzahlen die sämtlichen unendlich vielen ganzen Zahlen zusammensetzen kann. Deshalb weise ich darauf hin, daß man auch schon aus z. B. zwei Primzahlen, etwa aus 2 und 3, unendlich viele ganze Zahlen zusammenzusetzen vermag. Betrachtet man nämlich die ins Unendliche sich erstreckende Tabelle

$$
\begin{array}{cccccc}
1, & 2, & 2^2, & 2^3, & 2^4, & \ldots \\
3, & 2 \cdot 3, & 2^2 \cdot 3, & 2^3 \cdot 3, & 2^4 \cdot 3, & \ldots \\
3^2, & 2 \cdot 3^2, & 2^2 \cdot 3^2, & 2^3 \cdot 3^2, & 2^4 \cdot 3^2, & \ldots \\
 & & \cdot & & \cdot &
\end{array}
$$

so erkennt man, daß an zwei verschiedenen Stellen dieser Tabelle zwei formell verschiedene Produkte stehen, die wegen der Eindeutigkeit der Zerlegung einer Zahl in ihre Primzahlen nicht den gleichen Zahlwert besitzen können. Man hat also unendlich viele verschiedene Zahlen, die sich alle aus den beiden Primzahlen 2 und 3 zusammensetzen lassen.

In der Tat ist also ein Beweis notwendig dafür, daß es unendlich viele Primzahlen gibt. Einen solchen Beweis hat bereits EUKLID gegeben[1]). Angenommen, man habe n verschiedene Primzahlen $p_1, p_2, p_3, \ldots, p_n$, so zeigt er, daß man eine $n + 1^{\text{te}}$ Primzahl

---

[1]) Vgl. Nr. 20 des 9. Buchs der Elemente.

finden kann, womit dann alles bewiesen ist. EUKLID bildet nämlich
die Zahl

$$N = p_1 p_2 p_3 \ldots p_n + 1 \, .$$

Diese Zahl ergibt, wenn sie mit p_1 oder mit p_2 oder mit p_3 usw. dividiert wird, jedesmal den Rest 1 und ist somit weder durch p_1, noch durch p_2, ..., noch durch p_n teilbar. Nun ist diese Zahl N entweder selbst eine Primzahl oder sie ist es nicht. Im ersten Fall liegt eine Primzahl, die größer als p_1, als p_2, ..., als p_n ist, also eine neue Primzahl vor. Im zweiten Fall muß (§ 89) N durch eine von 1 verschiedene Primzahl p_{n+1} ohne Rest teilbar sein. Da aber die Zahl N durch p_1, p_2, ..., p_n nicht teilbar ist, kann p_{n+1} mit keiner der Zahlen p_1, p_2, ..., p_n übereinstimmen; es ist also in p_{n+1} eine neue, $n + 1^{\text{te}}$ Primzahl gefunden.

§ 91. Satz von FERMAT.

Falls p eine Primzahl und a eine durch diese nicht teilbare Zahl bedeutet, so besagt der Satz von FERMAT[1]), daß die Potenz

$$a^{p-1},$$

wenn mit p in sie hineindividiert wird, den Rest 1 ergibt. Zum Zweck des Beweises bildet man die Produkte

$$(1) \qquad a \cdot 1, \; a \cdot 2, \; a \cdot 3, \; \ldots, \; a \cdot (p-1)$$

und bestimmt, indem man in jedes derselben mit p dividiert, die Reste

$$(2) \qquad r_1, \; r_2, \; r_3, \; \ldots, \; r_{p-1} \, .$$

Diese Reste sind also den Zahlen (1) und somit auch den Zahlen 1, 2, 3, ..., $p-1$ zugeordnet, was auch durch die angehängten Indizes angedeutet worden ist. Da die Zahlen 1, 2, 3, ..., $p-1$ durch p nicht teilbar sind, und a als nicht durch p teilbar angenommen worden war, kann mit Rücksicht auf den Hilfssatz von § 89 keines der Produkte (1) durch p teilbar, also keiner der Reste (2) gleich Null sein. Da überdies jeder Rest kleiner ist als der Divisor, mit Hilfe dessen er entstanden ist, muß jede der Zahlen (2) in der Folge

$$(3) \qquad 1, \; 2, \; 3, \; \ldots, \; p-1$$

enthalten sein. Es ist noch nicht gezeigt worden, daß die Zahlen (2) alle voneinander verschieden sind. Wären nun die beiden aus $a \cdot \mu$ und $a \cdot \nu$ durch Division mit p entstandenen Reste r_μ und r_ν einander gleich, so müßte die Differenz

$$a \cdot \mu - a \cdot \nu$$

---

[1]) Der gewöhnliche Satz von FERMAT ist nicht zu verwechseln mit dem sogenannten letzten FERMATschen Theorem, dem jetzt so viele Versuche gewidmet werden.

durch p teilbar sein. Dies heißt aber, daß das Produkt

$$a(\mu - \nu)$$

durch die Primzahl p teilbar sein müßte. Nun war der erste Faktor a als nicht teilbar durch p angenommen worden, und es folgt deshalb aus dem Hilfssatz von § 89, daß $\mu - \nu$ durch p teilbar sein müßte. Da nun r_μ und r_ν zwei von verschiedenen Stellen der Reihe (2) genommene Zahlen, und somit die Indizes μ und ν zwei verschiedene aus den Zahlen $1, 2, 3, \ldots, p - 1$ sein sollten, ist dies unmöglich; denn eine Differenz von zwei verschiedenen Zahlen, die beide kleiner als p sind, kann nicht durch p teilbar sein. Die Verschiedenheit der Reste (2) ist somit auf indirektem Wege bewiesen.

Da die von Null verschiedenen absoluten Reste (2) alle kleiner als p und voneinander verschieden sind, ihre Anzahl aber gleich $p - 1$ ist, so erkennt man, daß die Reste (2) nichts anderes sind als die in irgendeine Ordnung gebrachten Zahlen (3). Es ist aber von logischer Bedeutung, zu beachten, daß der zuletzt gemachte Schluß auf der Grundtatsache von der Anzahl (§ 63, 67, 68) beruht. Um dies einzusehen, bedenke man, daß von den Resten (2) bis jetzt nur bewiesen war, daß jeder von ihnen der Zahlenfolge (3) angehört, und daß sie alle voneinander verschieden sind. Es ist noch zu zeigen, daß jede der Zahlen (3) unter den Resten (2) vorkommt. Dies wird nun so auf indirektem Wege bewiesen. Eine der Zahlen (3) kann nur e i n e r der Zahlen (2) gleich sein. Ordnet man jetzt einer Zahl μ aus der Reihe (3) dasjenige Zeichen r der Reihe (2) zu, das mit μ denselben Wert hat, falls ein solches Zeichen r vorhanden ist, so müßten bei dieser neuen Zuordnung von den Elementen (3) welche übrigbleiben, falls nicht jede der Zahlen (3) unter den Resten (2) vorkäme. Es liegt aber eine andere Art der Zuordnung bereits vor, bei welcher der Rest r_ν aus (2) und die Zahl ν aus (3) sich entsprechen, und bei der die Zuordnung zwischen den Elementen von (2) und von (3) aufgeht, ohne daß in einer der Folgen Elemente übrigblieben. Dies ist ein Widerspruch mit der früher aufgestellten und bewiesenen „Grundtatsache".

Da nun jedes Produkt von der Reihenfolge (und der Zusammenfassung) der Faktoren unabhängig ist (§ 72), so kann man jetzt auf die Gleichheit der Produkte

$$(4) \qquad r_1 \cdot r_2 \cdot r_3 \ldots \cdot r_{p-1}$$

und

$$(5) \qquad 1 \cdot 2 \cdot 3 \ldots (p - 1)$$

schließen. Da aber die Zahlen r der Folge (2) nichts anderes als die Reste sind, die sich aus den Zahlen der Folge (1) durch Division mit

p ergeben, so kann man die Zahlen der letzten Folge auch in die Formen

$$k_1\, p + r_1,\; k_2\, p + r_2,\; k_3\, p + r_3,\; \ldots\; k_{p-1}\cdot p + r_{p-1}$$

setzen, und es ist deshalb das Produkt

$$(6) \qquad\qquad a\cdot 1\cdot a\cdot 2\cdot a\cdot 3\ldots a\cdot(p-1)$$

dem Produkt

$$(7) \qquad (k_1\, p + r_1)\,(k_2\, p + r_2)\,(k_3\, p + r_3)\ldots(k_{p-1}\cdot p + r_{p-1})$$

gleich. Denkt man sich nun hier die Klammern ausmultipliziert, so erkennt man, daß das Produkt (7), d. h. also das Produkt (6), von dem Produkt (4) und somit auch von dem Produkt (5) sich nur um ein Vielfaches der Primzahl p unterscheidet. Es ist also

$$a\cdot 1\cdot a\cdot 2\cdot a\cdot 3\ldots a\cdot(p-1) - 1\cdot 2\cdot 3\ldots(p-1)$$

oder, anders ausgedrückt,

$$1\cdot 2\cdot 3\ldots(p-1)\left[a^{p-1}-1\right]$$

gleich einem Vielfachen von p.

Hier liegt nun ein Produkt von p Faktoren, nämlich der Zahlen $1, 2, \ldots, p-1$ und der eckigen Klammer vor, und man kann auf dieses Produkt den Hilfssatz von § 89 anwenden. Da nun die Zahlen $1, 2, \ldots, p-1$ durch die Primzahl p nicht teilbar sind, so muß die in der eckigen Klammer stehende Zahl durch p teilbar sein, was nichts anderes besagt, als daß die Potenz a^{p-1} den Rest 1 übrigläßt, wenn mit p in sie dividiert wird.

§ 92. Darstellung einer Primzahl als Summe zweier Quadrate.

Es mag noch eine Probe aus einem zahlentheoretischen Beweise gegeben werden. Zunächst soll daran erinnert werden, daß jede ungerade Zahl, wenn mit 4 in sie dividiert wird, entweder den Rest 1 oder den Rest 3 übrig lassen muß. Dies heißt, daß eine ungerade Zahl entweder von der Form $4n+1$ oder von der Form $4n+3$ sein, d. h. daß sie entweder in der Folge

$$(1) \qquad\qquad 1, 5, 9, 13, 17, 21, 25, 29, \ldots$$

oder in der Folge

$$(2) \qquad\qquad 3, 7, 11, 15, 19, 23, 27, 31, \ldots$$

enthalten sein muß. Nimmt man aus der Reihe der Primzahlen die Zahl 2, welche die einzige gerade Primzahl ist, fort, so verteilen sich die übrigen auf die Folgen (1) und (2)[1].

---

[1] Da es unendlich viele Primzahlen gibt (§ 90), so erkennt man jezt auch, daß mindestens eine der Zahlenreihen (1) oder (2) unendlich viele Primzahlen enthalten

Schon Fermat (1601—1665) hatte beobachtet, daß jede Primzahl von der Form $4\,n + 1$, d. h. also jede in der Reihe (1) enthaltene Primzahl, in die Summe zweier Quadrate zerlegt werden kann. So ist

$$5 = 1^2 + 2^2, \quad 13 = 2^2 + 3^2, \quad 17 = 1^2 + 4^2, \quad 29 = 2^2 + 5^2.$$

Will man jedoch z. B. von der Primzahl 23, die der Folge (2) angehört, eine solche Zerlegung herstellen, so wird man ein Quadrat, also entweder 1 oder 4 oder 9 oder 16 von 23 abziehen, wobei sich dann ergibt, daß keine Quadratzahl übrigbleibt, so daß also die gewünschte Zerlegung nicht möglich ist. Daß in der Tat keine der Zahlen (2), mag sie nun Primzahl sein oder nicht, eine Summe von zwei Quadraten sein kann, ergibt sich sofort daraus, daß das Quadrat einer geraden Zahl

$$(2\,n)^2 = 4\,n^2$$

durch 4 teilbar sein, und das Quadrat einer ungeraden Zahl

$$(2\,n + 1)^2 = 4\,n^2 + 4\,n + 1$$

mit 4 dividiert den Rest 1 lassen muß, so daß also eine Summe von zwei Quadraten, wenn sie mit 4 dividiert wird, nur einen der Reste 0, 1 und 2 übriglassen kann.

Das von Fermat induktiv gefundene, oben erwähnte Ergebnis kann nur durch ein umständliches Beweisverfahren als allgemein gültig nachgewiesen werden. Den ersten Beweis hat Euler gegeben[1]), und es soll dieser Beweis wenigstens zum Teil hier ausgeführt werden. Euler beweist zuerst für den Fall, daß eine Primzahl p von der Form $4\,n + 1$ gegeben ist, daß man zwei ganze Zahlen a und b so finden kann, daß $a^2 + b^2$ durch p teilbar ist, und zwar in der Weise, daß dabei weder a noch b selbst durch p teilbar ist. Es ist also dann

$$(3) \qquad\qquad a^2 + b^2 = p\,h.$$

Diesen Teil des Beweises wollen wir auf sich beruhen lassen und das in der Formel (3) ausgedrückte Ergebnis einfach annehmen.

Man denke sich jetzt die Reihe der ganzen Zahlen nach beiden Seiten, sowohl ins Positive, als auch ins Negative, unendlich fortgesetzt und rechne zwei ganze Zahlen, wenn ihre — mit Rücksicht

---

muß. Tatsächlich kommen in jeder dieser Reihen unendlich viele Primzahlen vor, was aber nicht so ganz einfach zu beweisen ist. Der allgemeine Beweis dafür, daß in jeder arithmetischen Reihe erster Ordnung

$$\varrho \cdot 1 + \sigma, \quad \varrho \cdot 2 + \sigma, \quad \varrho \cdot 3 + \sigma, \ldots,$$

in der ϱ und σ keinen gemeinsamen Teiler haben, unendlich viele Primzahlen enthalten sind, kann bis jetzt nur mit Hilfe der Infinitesimalanalysis geführt werden. Dadurch wird der Zusammenhang zwischen den verschiedenen Teilgebieten der Mathematik in auffallender Weise beleuchtet.

[1]) Novi Commentarii Academiae Petropolitaneae, t. V., ad annos 1754, 1755, p. 3 sqq.

auf die Vorzeichen genommene — Differenz ein Vielfaches von p ist, in dieselbe Kategorie, sonst in verschiedene Kategorien. Es ist dann leicht zu erkennen, daß man, wenn man in der Zahlenreihe irgendwo beginnt und von da vorwärts schreitet, zuerst p aufeinanderfolgende Zahlen verschiedener Kategorien vorfindet, daß sich hernach die Kategorie der ersten Zahl, dann die der zweiten wiederholt usw. Es gibt also auch zu einer vorgegebenen Zahl unter p aufeinanderfolgenden genau eine, die mit der vorgegebenen Zahl eine durch p teilbare Differenz bildet. Da oben die Primzahl p von der Form $4n + 1$ angenommen war, ist $\frac{p}{2}$ keine ganze Zahl, und es bilden die zwischen $-\frac{p}{2}$ und $+\frac{p}{2}$ gelegenen g a n z e n Zahlen

$$(4) \quad -\frac{p-1}{2}, \; -\frac{p-3}{2}, \; \ldots -2, \; -1, \; 0, \; +1, \; +2, \; \ldots +\frac{p-3}{2}, \; +\frac{p-1}{2}$$

eine Reihe von p aufeinanderfolgenden. Es gibt deshalb in dieser Reihe gerade eine Zahl α, die mit der in der Gleichung (3) vorkommenden Zahl a eine durch p teilbare Differenz bildet. Man kann also

$$(5) \quad a = \alpha + A p$$

setzen, wo die Zahl α positiv oder negativ sein kann und absolut genommen kleiner ist als $\frac{p}{2}$. Falls α nicht negativ ist, ist diese Zahl nichts anderes als der Rest, der sich bei der Division von a durch p ergibt, und es kann α nicht gleich Null sein, weil sonst a gegen die Voraussetzung durch p teilbar sein müßte. In derselben Weise kann man aus der Reihe (4) eine Zahl β so finden, daß

$$(6) \quad b = \beta + B p$$

ist, wobei dann β positiv oder negativ, aber nicht gleich Null sein kann und absolut genommen kleiner als $\frac{p}{2}$ ist. Man kann auch α und β als die „absolut kleinsten Reste" von a und b in Beziehung auf den „Modul" p bezeichnen.

Setzt man jetzt die Werte (5) und (6) von a und b in die Gleichung (3) ein, so ergibt sich

$$\alpha^2 + 2\alpha A p + A^2 p^2 + \beta^2 + 2\beta B p + B^2 p^2 = p h$$

oder

$$\alpha^2 + \beta^2 = p (h - 2\alpha A - 2\beta B - A^2 p - B^2 p).$$

Es ist somit

$$(7) \quad \alpha^2 + \beta^2 = p k,$$

wobei k eine ganze Zahl bedeutet, die wegen der linken Seite der Gleichung (7) positiv und von Null verschieden sein muß. Da ferner die Absolutwerte von α und β kleiner sind als $\frac{p}{2}$, so ist die Summe ihrer Quadrate kleiner als das Doppelte von $\frac{p^2}{4}$, d. h. es ist $p\,k$ kleiner als $\frac{p^2}{2}$, und deshalb k kleiner als $\frac{p}{2}$.

Falls nun gerade $k = 1$ sein sollte, so wäre in der Gleichung (7) die Primzahl p als Summe zweier Quadrate dargestellt, und damit das zu Beweisende bereits festgestellt. Wenn k nicht gleich, sondern größer als 1 ist, so führen wir für α und β ihre absolut kleinsten Reste *in Beziehung auf den Modul k* ein. Da aber, im Gegensatz zu der obigen Primzahl p, die Zahl k auch gerade sein kann, so ist dies folgendermaßen zu verstehen. Wir betrachten, falls k ungerade ist, die k aufeinanderfolgenden Zahlen

$$(8) \qquad -\frac{k-1}{2},\ -\frac{k-3}{2},\ \ldots -2,\ -1,\ 0,\ +1,\ +2,\ \ldots +\frac{k-3}{2},\ +\frac{k-1}{2},$$

falls aber k gerade ist, die folgenden Zahlen

$$(9) \qquad -\frac{k-2}{2},\ -\frac{k-3}{2},\ \ldots -2,\ -1,\ 0,\ +1,\ +2,\ \ldots +\frac{k-2}{2},\ +\frac{k}{2},$$

deren Anzahl ebenfalls gleich k ist. Es ergeben sich dann, je nachdem in (8) oder in (9), zwei Zahlen α' und β', deren eine sich von α und deren andere sich von β nur um ein Vielfaches von k unterscheidet. Man hat damit die Gleichungen

$$(10) \qquad\qquad \alpha = \alpha' + \mathfrak{A}\,k$$

und

$$(11) \qquad\qquad \beta = \beta' + \mathfrak{B}\,k.$$

Dabei sind α' und β' entweder positiv oder negativ oder unter Umständen auch gleich Null. Jedenfalls können sie aber nicht beide gleich Null sein, weil in diesem Fall nach (10) und (11) sowohl α, als auch β durch k, und somit $\alpha^2 + \beta^2$ durch k^2, d. h. [vgl. (7)] $p\,k$ durch k^2, und somit p durch k teilbar sein müßte; es war aber $k > 1$ und $< \frac{p}{2}$, und es hat p als Primzahl keinen von 1 und von p selbst verschiedenen Teiler. Da jede der Zahlen α' und β' entweder der Folge (8) oder der Folge (9) entnommen ist, so sind beide Zahlen absolut genommen nicht größer als $\frac{k}{2}$ und somit sicher kleiner als $\frac{p}{2}$.

An die Gleichungen (7), (10) und (11) lassen sich nun dieselben Rechnungen anknüpfen wie oben an (3), (5) und (6). Es ergibt sich dadurch ein der Gleichung (7) entsprechendes Resultat. Es ist nämlich

$$(12) \qquad\qquad \alpha'^2 + \beta'^2 = k \cdot k_1,$$

wobei k_1 entweder kleiner oder möglicherweise in diesem Fall noch gleich $\frac{k}{2}$ ist. Es ist aber k_1 von Null verschieden, weil α' und β' nicht beide gleich Null sein können, und somit $\alpha'^2 + \beta'^2$ positiv und von Null verschieden ist. Nun gilt die Gleichung

$$(13) \qquad (\alpha\,\alpha' + \beta\,\beta')^2 + (\alpha\,\beta' - \alpha'\beta)^2 = (\alpha^2 + \beta^2)(\alpha'^2 + \beta'^2).$$

Diese Gleichung ergibt sich durch bloße Ausrechnung vermöge der fünf Rechengesetze (§ 73), weshalb sie auch noch richtig bliebe, wenn für die vier in ihr vorkommenden Buchstaben ganz beliebige Werte eingesetzt würden. Diese Buchstaben sollen aber jetzt die oben mit denselben Namen bezeichneten ganzen Zahlen bedeuten. Wenn man auf der rechten Seite von (13) die in (7) und (12) gegebenen Ausdrücke einsetzt, so findet man

$$(14) \qquad (\alpha\,\alpha' + \beta\,\beta')^2 + (\alpha\,\beta' - \alpha'\beta)^2 = p\,k^2 k_1.$$

Es ergibt sich aber weiter, wenn die Werte von α' und β' aus (10) und (11) gezogen werden,

$$\alpha\,\alpha' + \beta\,\beta' = \alpha(\alpha - \mathfrak{A}\,k) + \beta(\beta - \mathfrak{B}\,k) = \alpha^2 + \beta^2 - (\alpha\,\mathfrak{A} + \beta\,\mathfrak{B})\,k$$

oder mit Hilfe von (7)

$$(15) \quad \alpha\,\alpha' + \beta\,\beta' = p\,k - (\alpha\,\mathfrak{A} + \beta\,\mathfrak{B})\,k = [p - (\alpha\,\mathfrak{A} + \beta\,\mathfrak{B})]\,k = \alpha_1 k.$$

Auf dieselbe Weise findet man auch

$$(16) \quad \alpha\,\beta' - \alpha'\beta = \alpha(\beta - \mathfrak{B}\,k) - \beta(\alpha - \mathfrak{A}\,k) = [\beta\,\mathfrak{A} - \alpha\,\mathfrak{B}]\,k = \beta_1 k.$$

Setzt man jetzt die Ergebnisse (15) und (16) in (14) ein, so erhält man

$$(\alpha_1 k)^2 + (\beta_1 k)^2 = p\,k^2 k_1,$$

woraus durch Dividieren mit k^2 die Gleichung

$$(17) \qquad \alpha_1^2 + \beta_1^2 = p\,k_1$$

folgt. Hier sind nun die beiden Zahlen α_1 und β_1 von Null verschieden und auch nicht durch p teilbar. Wäre nämlich etwa α_1 gleich Null oder wenigstens durch p teilbar, so ergäbe sich aus (17), daß $\beta_1 \cdot \beta_1$ durch p teilbar sein müßte, dann aber wäre nach dem Hilfssatz von § 89 auch β_1 durch p, und somit $\alpha_1^2 + \beta_1^2$ durch p^2, d. h. $p\,k_1$ durch p^2, und k_1 durch p teilbar, was damit in Widerspruch stünde, daß k_1 von Null verschieden und nicht größer als $\dfrac{k}{2}$ und somit sicher kleiner als $\dfrac{p}{2}$ sein mußte.

Es liegt nun wieder genau derselbe Fall wie in der Gleichung (7) vor, indem die beiden auf der linken Seite vorkommenden Zahlen α_1 und β_1 nicht durch die Primzahl p teilbar sind, diese Primzahl aber rechts mit einer von Null verschiedenen positiven Zahl k_1, die kleiner als $\dfrac{p}{2}$ ist, multipliziert erscheint. Dabei ist jedoch die in (17) auftretende Zahl k_1 kleiner als die in (7) auftretende Zahl k. Ist nun gerade $k_1 = 1$, so liefert die Gleichung (17) die gewünschte Darstellung von p durch zwei Quadrate. Ist aber $k_1 > 1$, so kann genau dasselbe Verfahren wiederholt werden und führt zu einer Gleichung

$$\alpha_2^2 + \beta_2^2 = p\,k_2\,.$$

Dabei sind α_2 und β_2 nicht durch p teilbar, und es ist k_2 positiv und von Null verschieden, kleiner als $\dfrac{p}{2}$ und kleiner als k_1. Man gelangt so zu einer Reihe von Gleichungen

$$\alpha^2 + \beta^2 = p\,k\,,$$
$$\alpha_1^2 + \beta_1^2 = p\,k_1\,,$$
$$\alpha_2^2 + \beta_2^2 = p\,k_2\,,$$
$$\cdot\ \cdot\ \cdot\ \cdot\ \cdot\ \cdot\ \cdot$$

und zu einer Reihe von positiven, von Null verschiedenen und abnehmenden ganzen Zahlen

$$k,\,k_1,\,k_2,\,\ldots$$

Diese letzte Reihe müßte, falls kein Glied von ihr gleich 1 würde, gemäß der vorigen Auseinandersetzung ohne Ende fortgehen. Dies ist jedoch bei positiven ganzen Zahlen, die abnehmen, ein Widerspruch. Es ist damit indirekt bewiesen, daß für ein gewisses μ die Zahl k_μ gleich 1 wird, wodurch sich dann eine Darstellung der Primzahl p, die von Anfang an von der Form $4\,n + 1$ gegeben war, als Summe von zwei Quadraten ergibt.

Die letzte Beweisführung zeigt, ebenso wie die Beweisführung von § 89, ein vielfach für die Zahlentheorie charakteristisches Verfahren schrittweiser Vereinfachungen. Man erkennt dabei, daß das behauptete Ergebnis in jedem Falle eintreten muß, und zwar beruht diese Erkenntnis meist wieder auf einem indirekten Beweis.

In dem jetzt vorliegenden Fall können die schrittweisen Vereinfachungen natürlich dazu benutzt werden, für eine einzelne vorgegebene Primzahl der Form $4\,n + 1$ die Zerlegung in eine Summe von zwei Quadraten herzustellen. So kann man z. B. für $p = 13$

$$5^2 + 1^2 = 13 \cdot 2$$

setzen, was der Gleichung (3) und zugleich auch schon der Gleichung (7) entsprechen würde. Indem man nun von den Zahlen 5 und 1 ihre „absolut kleinsten Reste" in Beziehung auf den Modul 2 nimmt, ergibt sich die Gleichung

$$1^2 + 1^3 = 2 \cdot 1\,,$$

welche (12) entsprechen würde, und es ergäbe sich dann nach der Formel (13)

$$(5 \cdot 1 + 1 \cdot 1)^2 + (5 \cdot 1 - 1 \cdot 1)^2 = (5^2 + 1^2)(1^2 + 1^2)\,,$$

d. h. $$6^2 + 4^2 = 13 \cdot 2^2 \cdot 1\,.$$

Durch Division mit 2^2 findet man schließlich die gewünschte Zerlegung

$$3^2 + 2^2 = 13\,.$$

Offenbar stellt dieses schrittweise Verfahren im Einzelfall gegenüber von einer unmittelbaren Ausrechnung einen Umweg dar. Dieser Umweg — oder ein anderer ähnlicher Umweg — stellt sich aber für den allgemeinen Beweis als notwendig heraus, da man die unmittelbaren Ausrechnungen der unendlich vielen Fälle, auf welche der Satz sich bezieht, nicht erledigen[1]) und an diesen Rechnungen auch nicht nach einem allgemeinen Gesetz die Richtigkeit des Satzes erkennen kann. Jene schrittweisen Umformungen jedoch erfolgen nach einem faßbaren allgemeinen Gesetz.

Es zeigt sich also in der Zahlentheorie wie in der Geometrie (§ 6), daß die Deduktion einen Umweg zu gehen gezwungen ist; auch in der Beweisführung von § 91 ist ein Umweg erkennbar, indem das Produkt von $p - 1$ Faktoren a

$$a \cdot a \cdot a \cdot \cdot \cdot \cdot \cdot a$$

auf dem Wege über das Produkt

$$a \cdot 1 \cdot a \cdot 2 \cdot a \cdot 3 \cdot \cdot \cdot \cdot \cdot a\,(p - 1)$$

gebildet worden ist.

§ 93. Gerade und ungerade Permutationen und Substitutionen.

Im folgenden behandle ich noch ein Beispiel aus der Theorie der zwischen n Elementen möglichen Anordnungen (Permutationen) und Vertauschungen (Substitutionen). Diese Theorie wird nicht mit zur Arithmetik gerechnet, steht aber mit ihr in sehr naher Beziehung. Ich möchte zeigen, daß auch in diesem Gebiete allgemeine Gesetze bestehen, die streng bewiesen werden können. Nimmt man zunächst die vier Zahlen 1, 2, 3, 4 als Elemente, so ergeben sich 24 Anordnungen:

	1	2	3	4		1	2	4	3
	1	3	4	2		1	3	2	4
	1	4	2	3		1	4	3	2
	2	1	4	3		2	1	3	4
	2	4	3	1		2	4	1	3
(1)	2	3	1	4		2	3	4	1
	3	4	1	2		3	4	2	1
	3	1	2	4		3	1	4	2
	3	2	4	1		3	2	1	4
	4	3	2	1		4	3	1	2
	4	2	1	3		4	2	3	1
	4	1	3	2		4	1	2	3

---

[1]) WEYL (Das Kontinuum, 1918, S. 37) bemerkt sehr richtig, er erblicke das Große der Mathematik gerade darin, daß in fast allen ihren Theoremen das seinem Wesen nach Unendliche zu endlicher Entscheidung gebracht werde.

Diese sind hier bereits auf zwei Klassen von je 12 Anordnungen verteilt. Vertauscht man zwei der vier Elemente, k und l, miteinander, indem man die beiden anderen an ihren Stellen läßt, d. h. führt man die „Transposition" $(k\,l)$ aus, so gehen die Anordnungen der ersten, links angeschriebenen Klasse in die der zweiten Klasse über und umgekehrt.

Daß eine ebensolche Einteilung in zwei Klassen für die Anordnungen von n Elementen gebildet werden kann, soll jetzt allgemein bewiesen werden. Zunächst ist die Anzahl aller Anordnungen zu bestimmen. Nun kann man mit jedem der n Elemente den Anfang machen; man hat also für das an die erste Stelle zur Linken zu setzende Element die Wahl unter n Möglichkeiten. Nachdem diese Wahl geschehen ist, liegen für die Wahl des an die zweite Stelle zu setzenden Elements nur noch $n - 1$ Möglichkeiten vor, da das an die erste Stelle gesetzte Element hier nicht wiederkehren darf. Hat man auch das zweite Element bestimmt, so hat man für das dritte noch $n - 2$ Möglichkeiten usw. Man hat also zunächst n Fälle; jeder von diesen spaltet sich in $n - 1$ Unterfälle, jeder von diesen in $n - 2$ weitere Unterfälle usw. Man wird deshalb

$$n \cdot (n - 1) \cdot (n - 2) \ldots 3 \cdot 2 \cdot 1,$$

d. h. $n!$ Anordnungen im ganzen erhalten.

Um nun diese Anordnungen gliedern zu können, wollen wir eine von ihnen auszeichnen und sie als die normale Anordnung bezeichnen. Am einfachsten nehmen wir zu Elementen die n Zahlen $1, 2, 3, \ldots, n$ und bezeichnen deren natürliche Reihenfolge als die normale Anordnung. Indem wir nun eine der Anordnungen betrachten und in ihr irgend zwei Elemente ins Auge fassen, sagen wir, daß diese beiden dann in Inversion stehen, wenn sie in der betrachteten Anordnung anders als in der normalen Anordnung aufeinanderfolgen. Gehen wir z. B. von der Anordnung $1, 2, 3, \ldots, n$ als der normalen aus, so stehen in jeder anderen Anordnung derselben Elemente zwei der Zahlen dann in Inversion, wenn die größere Zahl vor der kleineren kommt (links von der kleineren steht). Wir gehen nun in der betrachteten Anordnung alle Kombinationen von je zwei Elementen durch, gleichgültig, ob diese Elemente nebeneinander stehen oder nicht, und bestimmen die Anzahl der Inversionen. So weist für $n = 5$ die Anordnung

$$2\ 4\ 5\ 3\ 1$$

folgende sechs Inversionen auf:

$$2,1 \quad 4,3 \quad 4,1 \quad 5,3 \quad 5,1 \quad 3,1.$$

Die Einteilung der Anordnungen in zwei Klassen vollzieht sich nun so, daß in die erste Klasse, welche die normale Anordnung mitenthält, alle diejenigen Anordnungen, die eine gerade Anzahl von Inversionen besitzen, die anderen aber in die zweite Klasse kommen. Man kann deshalb auch von geraden und von ungeraden Anordnungen oder Permutationen sprechen. Dabei ist dann zweierlei zu beweisen:

1. Daß jede Anordnung, wenn in ihr eine Transposition ausgeführt wird, die Klasse wechselt.

2. Daß beide Klassen gleich viele Anordnungen enthalten.

Zum Beweis des ersten Punktes betrachte man eine bestimmte Anordnung

$$(2) \qquad a, b, \ldots, g, \boldsymbol{k}, u, v, \ldots, w, \boldsymbol{l}, x, y, \ldots, z$$

und untersuche die Änderung, die in der Zahl der Inversionen dadurch entsteht, daß k und l miteinander vertauscht werden. Es wird z. B. a mit k nach der Vertauschung eine Inversion bilden oder nicht, je nachdem es vor der Vertauschung eine solche gebildet oder nicht gebildet hat, da ja nach wie vor das Element a dem Element k vorangeht. Dasselbe gilt zwischen a und l, überhaupt zwischen jedem der vor k und hinter l stehenden Elemente $a, b, \ldots, g, x, y, \ldots, z$ und sowohl k, als auch l. Anders liegt die Sache zwischen k oder l und einem der von k und l eingeschlossenen Elemente $u, v, \ldots, w$. Diese Elemente seien in der Anzahl r, dabei seien m dieser Elemente in der Anordnung (2) mit k in Inversion und $r - m$ der Elemente nicht in Inversion mit k, d. h., falls wir uns wieder die Elemente $1, 2, 3, \ldots n$ gegeben denken, es seien m der Zahlen $u, v, \ldots, w$ kleiner als k und $r - m$ dieser Zahlen größer als k. Ebenso seien n der Elemente $u, v, \ldots, w$ in (2) mit l in Inversion (größer als l) und $r - n$ dieser Elemente mit l nicht in Inversion (kleiner als l). Ist jetzt k mit l vertauscht worden, d. h. ist man von der Anordnung (2) zu der Anordnung

$$(3) \qquad a, b, \ldots, g, \boldsymbol{l}, u, v, \ldots, w, \boldsymbol{k}, x, y, \ldots, z$$

übergegangen, so hat zwischen k und jedem der Elemente $u, v, \ldots, w$ die Stellung gewechselt; dasselbe gilt für l und jedes der genannten Elemente. Man hat also aus dem genannten Teil $m + n$ Inversionen in der Anordnung (2), dagegen $(r - m) + (r - n)$ Inversionen in der Anordnung (3). Aus diesem Teil ergibt sich also beim Übergang von (2) zu (3) eine Zunahme von

$$(r - m) + (r - n) - m - n = 2\,(r - m - n)$$

Inversionen, was natürlich so zu verstehen ist, daß die „Zunahme" auch negativ sein kann. Es berechnet sich also hier ein gerader

16*

Betrag. Bedenkt man noch, daß k und l miteinander in der einen der beiden Anordnungen (2) und (3) in Inversion stehen und in der anderen nicht, daß ferner in der gegenseitigen Stellung der Elemente $a, b, \ldots,$ $g, u, v, \ldots, w, x, y, \ldots, z$ sich nichts geändert hat, so findet man, daß im ganzen bei der Vertauschung von k mit l eine Änderung der Inversionen um eine ungerade Zahl stattgefunden hat. Damit ist Punkt 1 bewiesen.

Ich nehme jetzt an, es seien ϱ Anordnungen der ersten und σ Anordnungen der zweiten Klasse vorhanden. Man denke sich nun in allen diesen $\varrho + \sigma = n!$ Anordnungen dieselben beiden Elemente vertauscht. Zunächst erkennt man, daß dabei lauter voneinander verschiedene Anordnungen entstehen müssen. Wären nämlich zwei der neu entstandenen Anordnungen übereinstimmend, so würde man in ihnen die Vertauschung derselben beiden Elemente noch einmal vornehmen können und zu der Folgerung gelangen, daß die beiden so zurückgebildeten ursprünglichen Anordnungen, gegen die Voraussetzung nicht voneinander verschieden wären. Man hat also nach jener Vertauschung von zwei Elementen wieder $n!$ verschiedene Anordnungen erhalten. Da jedoch $n!$ Anordnungen und nicht mehr im ganzen existieren, so hat man jede Anordnung gerade einmal erhalten. Bei diesem Schluß ist wieder von der auf eine endliche Menge von Gegenständen anwendbaren Grundtatsache der Anzahl Gebrauch gemacht worden (vgl. die Auseinandersetzung in § 91). Nach dem vorhin Bewiesenen müssen aber aus den ϱ Anordnungen der ersten Klasse durch die Vertauschung ϱ Anordnungen der zweiten Klasse und aus den σ Anordnungen der zweiten Klasse σ Anordnungen der ersten Klasse geworden sein. Wir haben also jetzt umgekehrt ϱ Anordnungen der zweiten und σ Anordnungen der ersten Klasse, und da es doch im ganzen wieder dieselben $n!$ Anordnungen sein müssen, so ist

$$\varrho = \sigma = \tfrac{1}{2} n!,$$

womit auch Punkt 2 erledigt ist.

Setzt man unter eine der Anordnungen von n Elementen eine zweite Anordnung derselben Elemente, also z. B. unter die normale Anordnung aus der Tabelle (1) die Anordnung 4 1 3 2, so erhält man einen Ausdruck

$$(4) \qquad \begin{pmatrix} 1 & 2 & 3 & 4 \\ 4 & 1 & 3 & 2 \end{pmatrix}$$

für eine „Vertauschung" (Substitution) der Elemente. Derselbe ist so zu verstehen, daß von jedem der Elemente der oberen Zeile zu dem darunter stehenden der Übergang gemacht wird. Dabei kommt es nur auf die Art der Zuordnung zwischen den Elementen der oberen

und der unteren Zeile und nicht auf die Anordnung an, welche der
oberen Zeile gegeben worden ist. So stellt z. B. der Ausdruck

$$\begin{pmatrix} 2 & 1 & 4 & 3 \\ 1 & 4 & 2 & 3 \end{pmatrix}$$

dieselbe Vertauschung dar wie der vorige, da beidemal 4 für 1, 1 für 2,
3 für 3 und 2 für 4 gesetzt werden soll.

Zwei hintereinander ausgeführte Vertauschungen sind einer einzigen Vertauschung gleichwertig, die als „Produkt" jener beiden bezeichnet wird. Es läßt sich einsehen, daß für diese „Multiplikation"
der Vertauschungen oder Substitutionen das assoziative Gesetz (§ 72)
gilt, während das Kommutativgesetz (§ 71) in diesem Fall nicht immer
erfüllt ist.

Aus einem in der niederen Arithmetik angewendeten Verfahren
(§ 68) ergibt sich, daß man von jeder Anordnung von n Größen zu
jeder anderen Anordnung derselben durch eine Anzahl von hintereinander ausgeführten Transpositionen übergehen kann. Dies heißt,
daß jede Substitution gleich einem Produkt von Transpositionen ist.
Aus dem, was von den beiden Klassen von Anordnungen oder Permutationen bewiesen worden ist, folgt, daß jede Substitution entweder
nur in eine gerade oder nur in eine ungerade Zahl von Transpositionen
zerlegt werden kann. In diesem Sinne unterscheidet man *gerade
und ungerade Vertauschungen*. So ist z. B. die obige Vertauschung
(4) sowohl gleich dem Produkt der Transpositionen (14), (12), als
auch gleich dem Produkt der Transpositionen (12), (13), (24), (13),
jedesmal in der genannten Ordnung, was man an den Folgen von
Permutationen

$$\begin{matrix} 1 & 2 & 3 & 4 \\ 4 & 2 & 3 & 1 \\ 4 & 1 & 3 & 2 \end{matrix}$$

und

$$\begin{matrix} 1 & 2 & 3 & 4 \\ 2 & 1 & 3 & 4 \\ 2 & 3 & 1 & 4 \\ 4 & 3 & 1 & 2 \\ 4 & 1 & 3 & 2 \end{matrix}$$

erkennen kann; es kann jedoch die Substitution (4) nicht das Produkt
einer ungeraden Zahl von Transpositionen sein.

Die geraden Substitutionen bewirken den Übergang der Permutationen derselben Klasse ineinander, die ungeraden den Übergang
der Permutationen der einen Klasse in die der anderen. Das Produkt
einer geraden und einer ungeraden Substitution gibt in jeder Folge

der Faktoren eine ungerade, das Produkt zweier ungeraden Substitutionen eine gerade und das Produkt zweier geraden Substitutionen eine gerade Substitution[1]). Es gibt $\frac{1}{2}\,n!$ gerade und ebenso viele ungerade Substitutionen.

Die Art, wie hier vom Zahlbegriff Gebrauch gemacht worden ist, der Umstand, daß auch in der niederen Arithmetik (§ 68) Vertauschungen benutzt worden sind, und das Hervortreten der Zahlenqualitäten des Geraden und Ungeraden in den vorliegenden Betrachtungen lassen den innigen Zusammenhang zwischen der Arithmetik und der Theorie der Vertauschungen genugsam erkennen.

---

[1]) Infolge des letzten Umstandes sagt man, daß die geraden Substitutionen eine „Gruppe" bilden.

ZWEITER TEIL.

LOGISCHE ANALYSE DER METHODEN.

Zwölfter Abschnitt.

Allgemein logische Vorbemerkungen.

§ 94. Form und Inhalt der Aussagen.

Es handelt sich jetzt darum, die im ersten Teile ausgeführten mathematischen Beweise für die Logik und Methodenlehre zu verwerten. Diese Beweise stellen gewissermaßen die Urkunden dar, aus denen die logische Beurteilung der mathematischen Methoden geschöpft werden muß. Zu diesem Zwecke möchte ich jedoch einige Bemerkungen vorausschicken, welche die allgemeine Logik betreffen. Als selbstverständlich betrachte ich es dabei, daß es Sache der Philosophen von Fach ist, die gesamte Logik endgültig aufzubauen. Ich werde mich hier auf die Charakterisierung weniger logischer Erscheinungen beschränken, wie sie sich mir bei der Arbeit ergeben haben. Diese Bemerkungen werden auch zur Vorbereitung für die im folgenden Abschnitt niedergelegten, die mathematische Methode betreffenden Beobachtungen genügen.

Wenn die alte schulmäßige Logik als Form der Aussage eine zweiteilige, aus Subjekt und Prädikat bestehende Form annimmt, so ist dies schon von vornherein zu eng. Die Aussage: „a ist kleiner als b" wird nicht auf natürliche Weise erläutert, wenn wir etwa sagen, a sei das Subjekt und „kleiner als b" sei das Prädikat. In Wahrheit liegen hier zwei Gegenstände vor[1]), a und b, und es wird über eine Eigenschaft ausgesagt, welche die beiden Gegenstände in Beziehung zueinander haben; es wird also richtiger sein, zu sagen, daß die vorliegende Aussage zwei Subjekte habe, a und b, und ein Prädikat, das die Bedeutung einer Relation hat, einer Eigenschaft, die dem einen Subjekt in Beziehung auf das andere beigelegt wird. Allgemeiner ausgedrückt heißt dies, daß eine mathematische Aussage für gewöhnlich nicht ausdrückt, daß etwa a ein B sei, oder daß alle B zu den C

---

[1]) Auch Chr. Sigwart (Logik, 2. Aufl., 1. Bd., 1889, S. 81) weist bereits darauf hin, daß das Relationsurteil, in dem mindestens zwei Objekte vorausgesetzt seien, von dem üblichen Normalschema abweicht.

gehören, d. h. also nicht besagt, daß ein Einzelgegenstand einem Gattungsbegriff angehöre, oder daß ein Gattungsbegriff in einem anderen enthalten sei, sondern daß die mathematische Aussage gewöhnlich eine *Relation zwischen mehreren Gegenständen* ausdrückt. Außer der oben angegebenen Relation zwischen zwei Gegenständen liefert die Mathematik deren zahlreiche andere zwischen zwei oder auch zwischen einer größeren Zahl von Gegenständen[1]). In § 1 ist bereits der Umstand, daß ein Punkt A auf einer Geraden b liegt, als eine Relation des Punkts A zur Geraden b bezeichnet worden. Wenn es zu drei Punkten eine solche Gerade gibt, die durch alle drei hindurchgeht, so ist damit eine Relation zwischen den drei Punkten gegeben; ebenso bedeutet es eine Relation zwischen vier Punkten, wenn sie die Ecken eines Quadrats ausmachen. Ist die ganze Zahl α ein Teiler der ganzen Zahl β, so liegt eine Relation von α zu β vor; ebenso haben wir eine Relation zwischen drei ganzen Zahlen α, β und γ, wenn α gleich dem βfachen der Zahl γ, oder wenn α gleich der β^{ten} Potenz der Zahl γ ist.

Bei der Relation ist nun zu beachten, daß die Gegenstände, auf die sie sich bezieht, ihre Glieder oder Elemente, wie wir sagen, in der Regel eine verschiedene Rolle spielen. Diese verschiedene Rolle wird meist durch die Reihenfolge, in der die Elemente genannt, oder durch die Art, wie sie mit Hilfe symbolischer Bezeichnungen von links nach rechts hin aufgeschrieben werden, zur Darstellung gebracht. Es ist jedoch in diesem Fall die Reihenfolge in der Zeit oder im Raume nichts als eine willkürlich gewählte Ausdrucksweise. Die Rolle der verschiedenen Elemente ergibt sich aus der Definition der Relation. Z. B. in der Relation $a < b$ bedeutet a, falls es sich um Strecken handelt, diejenige Strecke, die von der anderen abgeschnitten werden kann, b diejenige Strecke, die über die andere überschießt; in der Zahlenrelation

$$(1) \qquad\qquad \alpha = \gamma^{\beta}$$

bedeutet γ die Zahl, die mit sich selbst multipliziert werden soll, β die Zahl der Faktoren γ, die genommen werden sollen, und α das Ergebnis der Rechnung.

Es ist nun deutlich, daß dann, wenn eine Relation von bestimmten Einzelgegenständen ausgesagt werden soll, diese Aussage erst Bestimmtheit erhält, wenn diese Einzelgegenstände den bei der Definition der Relation gedachten Elementen in bestimmter Weise

---

[1]) Bereits LEIBNIZ kennt die Relation von drei und mehr Elementen; vgl. „Neue Abhandlungen über den menschlichen Verstand", in 3. Aufl. neu übersetzt, eingeleitet und erläutert von E. CASSIRER (der Philosophischen Bibliothek Bd. 69), 1915, S. 237. In der Mathematik sind diese Relationen besonders naheliegend.

zugeordnet worden sind[1]). So gilt die zuletzt erwähnte Relation (1) zwischen den Zahlen 8, 3 und 2 dann, wenn 8 dem obigen Symbol α, wenn 3 dem Symbol β und 2 dem Symbol γ zugeordnet wird.

Hier zeigt sich also die Bedeutung der Zuordnung, die wir auch später wieder als eine der wichtigsten Denktätigkeiten kennen lernen werden.

Besonders häufig betreffen die mathematischen Aussagen die Gleichheit zweier Gegenstände; „Gleichheit" in irgendeiner Hinsicht ist aber in den meisten Fällen als eine Relation im eben besprochenen Sinne anzusehen (vgl. § 18). In manchen Fällen, in denen in der Regel auch das Wort „gleich" angewendet wird, handelt es sich jedoch um eine völlige Übereinstimmung. In einem solchen Fall wird über Identität zweier Objekte eine Aussage gemacht, ohne daß diese Aussage trivial wäre. So besagt die Gleichung

$$7 + 5 = 3 + 9,$$

daß zwei verschiedenartige, an der Zahlenreihe ausgeführte Operationen auf dasselbe Zahlzeichen hinführen.

Andererseits kommen auch Aussagen in Betracht, die eine Verschiedenheit feststellen; so gilt, falls auf einer Geraden der Punkt B zwischen A und C gelegen ist, allgemein, daß jeder zwischen B und C gelegene Punkt von A verschieden sein muß; dies ist eine Folge der in § 2 für den Begriff des „Zwischen" aufgestellten Axiome.

Zuletzt sind noch besonders die Aussagen zu betonen, die eine Existenz feststellen (vgl. § 2)[2]).

§ 95. Schlüsse. Umkehrung der zweigliedrigen Relation.

Da die mathematische Aussage im allgemeinen schon eine ganz andere Form hat als diejenige, die in der aristotelischen Logik behandelt

---

[1]) H. Weyl (Das Kontinuum, 1918, S. 3 und 5) bezeichnet z. B. eine Relation von drei Gliedern x, y, z mit $U(x, y, z)$ und nennt dabei x, y, z die „Leerstellen" der Relation. Diese werden dann bei dem Zustandekommen einer bestimmten Aussage mit bestimmten Gegenständen „besetzt". Er weist zugleich darauf hin, daß man bei Verwendung anderer Symbole als der Worte nicht nötig hätte, die Leerstellen in einer bestimmten Reihenfolge zu nennen und stellt sich zu diesem Zweck das Schema für die Aussage einer Relation in Form einer Holzplatte mit einzelnen den Leerstellen entsprechenden Pflöcken vor, auf die dann kleine, mit einem Loch versehene Kugeln, welche die Gegenstände vorstellen, gesteckt werden können. Offenbar ist auch hier die Zuordnung der Kugeln zu den Pflöcken das einzig logisch Wesentliche.

Der Vergleich einer Relation, die mehrere Leerstellen besitzt, mit einer mathematischen Funktion von mehreren Argumenten (§ 57), der sich in dem Wort „propositional function" ausdrückt, erscheint mir nicht besonders fruchtbar (vgl. B. Russel, The Principles of Mathematics, p. 19 und Cassius J. Keyser, Mathematical Philosophy, 1922, p. 51).

[2]) Meinong (Gesamm. Abh., 2. Bd., 1913, S. 165) hat darauf hingewiesen, daß bereits Hume die Existenzurteile hervorgehoben hat.

wurde, so wird man von vornherein erwarten, daß die Schluß-
formen der alten Logik („Barbara" usw.) auf die in der Mathematik
vorkommenden Schlüsse gewöhnlich nicht passen. Es ist dies für die
Geometrie bereits in § 6 ausgeführt worden. In der Tat beruhen die
meisten mathematischen Schlüsse nicht auf der Einordnung von Individuen in Gattungsbegriffe oder auf der Überordnung der Gattungsbegriffe, sondern vielmehr auf der Verkettung der Relationen; es ist
dies auch in § 6 bereits an dem besonders einfachen Beispiel der transitiven Relation von zwei Gliedern erläutert worden.

Schon in der Einleitung ist auf den Schluß hingewiesen worden,
von dem bereits JUNGIUS erkannt hatte, daß er nicht den syllogistischen Formen entspricht, und der in der Umkehrung der zweigliedrigen Relation besteht. Diese wird in der Regel mit Rücksicht auf
eine bestimmte Folge der Glieder als ein Verhältnis des einen Gliedes
zum anderen aufgefaßt. Steht nun a zu b in einer solchen Relation,
die wir mit R bezeichnen wollen, so begründet der Umstand, daß b
ein solcher Gegenstand ist, zu dem a in der genannten Relation steht,
eine neue Relation R', in der b zu a steht. Für gewöhnlich ist R'
eine andere Relation als R und wird als die **Umkehrung** von R
bezeichnet; eine Relation, die ihre eigene Umkehrung ist, wird als
symmetrisch bezeichnet[1]). So folgt z. B. aus „a ist **kleiner als**
b", daß b **größer** als a ist, aus „α ist ein **Vielfaches** von β", daß
β ein **Teiler** ist von α, oder, wenn noch ein Beispiel aus dem gemeinen
Leben gegeben werden soll, daraus, daß A der Sohn von B ist, daß
B der Vater von A sein muß. In all diesen Beispielen ist die umgekehrte Relation eine neue, von der Ausgangsrelation verschiedene.
Dagegen begründet die Längengleichheit zweier Strecken eine symmetrische Relation zwischen diesen, und dasselbe gilt für die Parallelität zweier Geraden.

---

[1]) Wie oft Mißverständnisse entstehen, die nur auf dem Gebrauch der Ausdrücke
beruhen, kann man daran sehen, daß einerseits der Ausdruck „umkehrbare Relation",
den RUSSEL für die von mir „symmetrisch" genannte Relation gebraucht, mit dem
Bemerken bemängelt worden ist, daß ja jede Relation — nämlich in dem oben im
Text so genannten Sinne — umkehrbar sei, und daß andererseits WEYL eine Umkehrung der Relation gar nicht gelten lassen will (Das Kontinuum, 1918, S. 3). WEYL
betrachtet nämlich die Relation mit ihrer Umkehrung zusammen als ein einheitliches
Gesetz, das zwei Gegenstände a und b verknüpft. Damit aber faßt er die zweigliedrige
Relation anders auf als die anderen Autoren. Jenes einheitliche Gesetz, in dem a
eine andere Rolle spielt als b, begründet eben ein Verhältnis von a zu b und ein eben
damit anderes Verhältnis von b zu a, und jedes dieser Verhältnisse bezeichnet man
gewöhnlich als eine Relation. Dieser gewöhnliche Standpunkt scheint mir der praktischere zu sein, da sonst solche Ausdrücke wie „größer", „kleiner", „Vielfaches",
„Teiler" nicht gut in die Relationstheorie sich einfügen würden. Bei drei- und mehr-
gliedrigen Relationen liegen die Verhältnisse allerdings anders und kann nicht im
eigentlichen Sinne von einer Umkehrung gesprochen werden.

§ 96. Begriff. Umfang und Inhalt. Merkmalstheorie.

Es ist eine gewisse Streitfrage, ob bei einem Begriff der Umfang, d. h. die Gesamtheit der Fälle, die unter ihn gehören, als das in erster Linie in Betracht kommende anzusehen ist oder vielmehr der Inhalt, d. h., wie es meist ausgedrückt wird, die Gesamtheit der Merkmale, die den Begriff bestimmen. Die Philosophen sind meistens für die zweite Annahme und werden damit wohl im allgemeinen recht haben. Wenn andererseits in Untersuchungen, die an die Mathematik anknüpfen[1]), manchmal der Umfang als das zunächst Wesentliche zugrunde gelegt wird, so ist dies immerhin deshalb verständlich, weil wir einen Begriff immer dann als bestimmt ansehen werden, wenn wir bei jedem vorkommenden Einzelfall entscheiden können, ob er unter den Begriff gehört oder nicht.

Es kann meiner Meinung nach auch kein Zweifel sein, daß in einigen, allerdings wenigen Fällen der Begriff wirklich von der Seite seines Umfangs her gebildet wird durch Zusammenlesen (Kolligieren) der sämtlichen unter ihn gehörenden Einzelfälle; dies wird z. B. dann geschehen, wenn eine Untersuchung damit beginnt, gewisse Erscheinungen aufzuzählen und sie unter einen Hut zu bringen, wobei dann ein gemeinsamer Name eingeführt wird. Ein solches Verfahren ist aber doch nur dann möglich, wenn die in Betracht kommenden Einzelfälle alle wirklich vorliegen, wobei sie dann natürlich in endlicher Zahl sein müssen. Eine unendliche oder wenigstens noch nicht fertig vorliegende Anzahl von Erscheinungen oder Gebilden kann offenbar nicht durch Aufzählung der Einzelfälle beschrieben und bestimmt werden.

In solchem Fall muß also jedenfalls der Begriff so bestimmt werden, daß durch gewisse Kennzeichen oder durch eine Regel, die von vornherein gegeben ist, jede später neu auftretende unter den Begriff gehörende Erscheinung als solche erkannt wird[2]). Daß dabei der Begriff durch eine bestimmte Zahl voneinander unabhängiger Merkmale gegeben sei, kann ich auch nur für die wenigsten Fälle richtig finden. Wie wollen wir auf diese Weise irgendeinen einheitlichen empirischen Begriff, z. B. den eines Lebewesens, wie einen Grundbegriff der Geometrie, z. B. den eines Punktes (§ 1), oder einen Grundbegriff der Arithmetik, z. B. den Begriff der Zahl selbst (§ 63, 69), oder den der Multiplikation zweier Zahlen (§ 70), wirklich angeben? Eine solche Bestimmung durch zwei oder mehrere Merkmale wird

---

[1]) So auch in dem Kalkül von § 105.

[2]) Mach (Principien der Wärmelehre, 2. Aufl., 1900, S. 419) sagt: „Der Name des Begriffes löst eine bestimmte Tätigkeit, eine bestimmte Reaktion aus, die ein bestimmtes Ergebnis hat.“

nur in besonderen Fällen möglich sein, wenn es eben gerade auf die Erscheinungen (Gegenstände, Relationen usw.) ankommt, die gleichzeitig unter zwei oder mehrere einheitliche Begriffe fallen[1]). So kann allerdings z. B. der Begriff eines Schimmels vollkommen durch die Angabe bestimmt werden, daß es sich um ein Pferd handelt, das weiß ist. Als gewöhnliche Form des Begriffs ist jedoch seine Zusammensetzung aus unabhängigen Merkmalen abzulehnen[2]).

Zwei Begriffe können, ohne in der Beziehung der Überordnung oder Unterordnung zu stehen, eine gewisse Verwandtschaft zueinander zeigen. Das gilt von solchen Begriffen, deren Individuen in Relationen zueinander stehen können. Hier wären z. B. Punkte, Geraden, Winkel, Vielecke (ein Punkt kann auf einer Geraden liegen, ein Winkel an einer Geraden anliegen, ein Punkt Ecke eines Vieleckes sein), überhaupt alle geometrischen Gebilde, dann andererseits Zahlen und Zahlenoperationen zu nennen.

Die Erörterungen von § 94 lassen erkennen, daß man vor allem Gegenstandsbegriffe und Relationsbegriffe zu unterscheiden hat. Diesen entsprechen in der Sprache die Haupt- und Eigenschaftsworte. Dem Zeitwort scheint für die logische Struktur der Aussage keine besondere Stellung zuzukommen; es bezeichnet meist einen Verlauf oder eine Tätigkeit. Begriffe, die einen Verlauf bezeichnen, können natürlich Gegenstände unserer Aussagen werden, wie dies in der Mechanik selbstverständlich (z. B. in § 14), aber auch in der Geometrie vorkommt, in welch letzterem Fall die Bewegungsvorstellung freilich mehr der pädagogisch anschaulichen Einführung als der wissenschaftlich vollkommenen Formulierung dient. Solche Begriffe können aber auch der Begründung einer Relation dienstbar gemacht werden. Dies ist z. B. der Fall, wenn wir von zwei in Bewegung begriffenen Massenpunkten in einem bestimmten Augenblick denjenigen als den geschwinderen bezeichnen, der, falls die Massenpunkte aus ihren Verbindungen gelöst werden und ohne Einwirkung von Kräften in ihrer Bewegung fortfahren könnten, in derselben Zeit den größeren

---

[1]) LEIBNIZ vergleicht die Zusammensetzung des Begriffs aus seinen Merkmalen mit der Zusammensetzung einer Zahl aus ihren Primzahlen (siehe L. COUTURAT, La Logique de Leibniz d'après des documents inédits, 1901, p. 192); es ist dabei bemerkenswert, daß gerade in diesem Beispiel die Unabhängigkeit der Merkmale nicht selbstverständlich ist (vgl. § 89).

[2]) A. TRENDELENBURG (Logische Untersuchungen, 3. Aufl., 1. Bd., 1870, S. 20) sagt: „In einer solchen Zusammensetzung liegt jedoch ein wesentlicher Irrtum. Denn die Merkmale, die wir in einem Begriff unterscheiden, haben unter sich einen eigentümlichen Zusammenhang." Auch LOTZE hat in seiner Logik (1874) hierauf aufmerksam gemacht und die Verknüpfung der Merkmale mit der Verknüpfung der Symbole in einer mathematischen Formel verglichen (vgl. Philosophische Bibliothek Bd. 141, 1912, S. 47).

Weg zurücklegen würde (§ 15). Entsprechendes gilt von den Tätigkeitsbegriffen, insbesondere von solchen Begriffen, die sich auf unsere eigene logische Tätigkeit, z. B. der Reihenbildung, der Zuordnung usw. beziehen und die gleichfalls Gegenstände der mathematischen Betrachtung erzeugen, aber auch Relationen begründen können und eine ganz besondere Bedeutung für die Mathematik besitzen.

Von den sogenannten allgemeinen Verstandesbegriffen, die von ganz anderer Art sind als die erwähnten Begriffe, soll hier nicht die Rede sein (vgl. § 106).

§ 97. Bildung der Begriffe. Definition.

Ein empirischer Allgemeinbegriff wird gewöhnlich, wie man sagt, durch Abstraktion aus gewissen unter ihn fallenden Einzelerscheinungen gebildet. Das Wort „Abstraktion" wird dabei in doppelter Weise gedeutet: als ein „Abziehen" des den Erscheinungen Gemeinsamen oder als ein „Absondern" oder Weglassen alles übrigen, worin jene Erscheinungen sich unterscheiden[1]). Im allgemeinen wird man aber nicht ein von den Erscheinungen selbst Trennbares auffinden können, das sich als das ihnen Gemeinsame darstellte. Das eigentlich Reale dürften ausschließlich die Einzelerscheinungen sein, die nur insofern ein Gemeinsames besitzen, als sie gleichartig erscheinen, also gewissermaßen einem gemeinsamen Gesetz gehorchen[2]). Helmholtz gebraucht deshalb den Ausdruck, daß die Begriffsbildung nichts anderes ist als typisches Erfassen einer Reihe von Erscheinungen. Es kann hier unmöglich erörtert werden, was uns in den Stand setzt, zwischen den einzelnen Dingen und Vorgängen der Erfahrung Ähnlichkeiten und zwischen den Zusammenstellungen solcher Erscheinungen ein Entsprechen zu entdecken, wodurch wir Gegenstands- und Relationsbegriffe bilden, denen wir dann nachher neu auftretende Fälle mit mehr oder weniger Sicherheit unterordnen (subsumieren) können. Daß wir dieses können, ist jedenfalls als Grundlage der verstandesmäßigen Bearbeitung der Erfahrung anzusehen.

Die Definition des empirischen Begriffs kann nur eine genauere Umgrenzung geben, und zwar nur für den, der ihn in der Hauptsache schon besitzt; oft ist die sogenannte Definition nur eine Namenserklärung. Derjenige, welcher einen solchen Begriff noch nicht gefaßt

---

[1]) Vgl. z. B. den Artikel über Abstraktion in Eislers Wörterbuch der Philosophischen Begriffe, 2. Aufl., 1904, 1. Bd., S. 5.

[2]) Hume (A Treatise on human nature, Book I, Part II, sect. III) sagt: „All abstract ideas are really nothing but particular ones, considered in a certain light; but being annexed to general terms, they ar able to represent a vast variety, and to comprehend objects, which, as they are alike in some particulars, are in others vastly wide of each other."

hat, kann nur durch den Hinweis auf die Einzelerscheinungen, an denen der Begriff gebildet worden ist, zur Erfassung des Begriffs gebracht werden. Die schulmäßige Logik läßt die Definition eines Begriffs in der Angabe der nächsthöheren Gattung, des „genus proximum“, und des kennzeichnenden Unterschieds, der „differentia specifica“, bestehen. Dieses Verfahren ist auf die eigentlichen Hauptbegriffe nicht anwendbar, die eben nicht dadurch gebildet werden, daß man zu gewissen Merkmalen ein neues hinzufügt. Wohl aber werden zahlreiche Begriffe so gebildet, durch Einschränkung eines allgemeineren Begriffs oder, wie man sagt, durch Determination.

Ich werde im dritten Teil wahrscheinlich zu machen versuchen, daß die geometrischen Grundbegriffe als empirische Begriffe einzuschätzen sind, während allerdings andere nach dem Vorgang von Kant sie einer „reinen Anschauung“ entstammend annehmen.

Von wesentlich anderer Art als die der Erfahrung oder Anschauung entsprungenen Begriffe sind diejenigen, die wir vermöge unserer eigenen Verstandestätigkeit bilden, und welche ich bereits in dem ersten Teil (§ 1) als synthetische bezeichnet habe. Hier sind zunächst diejenigen zu nennen, die ausschließlich auf dieser unserer eigenen Tätigkeit, namentlich auf den Tätigkeiten der Reihenordnung und Zuordnung beruhen, wie der allgemeine Begriff der ganzen Zahl selbst (§ 63 u. 69), die Begriffe der Operationen, die mit Zahlen ausgeführt werden (§ 69 u. 70), die Begriffe von speziellen Qualitäten der Zahlen, von Buchstabenanordnungen und Vertauschungen usw. Dann kämen die Begriffe in Betracht, die wir auf Grund der der Erfahrung oder der Anschauung entnommenen Begriffe, also etwa mit Hilfe der geometrischen Elemente und ihrer Relationen unter Benutzung der für ihre Verkettung angenommenen Gesetze (der Axiome) oder mit Hilfe der mechanischen oder auch physikalischen Begriffe gebildet haben. Als Beispiele könnten wir das Vieleck, das Kräftepaar[1]), die gleichförmig beschleunigte Bewegung (§ 52), den mechanisch-physikalischen Begriff der Arbeit (§ 144) anführen.

Bei allen den durch unsere eigene Tätigkeit gebildeten Begriffen deckt sich die Definition des Begriffs mit der Angabe der Herstellung des unter ihn fallenden Gegenstandes, mit der zusammenstellenden Tätigkeit, vermöge deren wir diesen aufbauen, und nur bei diesen Begriffen spielt die Definition in allen Beweisen die aus der Mathematik bekannte, immer wieder hervortretende Rolle.

Auch bei diesen Begriffsbildungen kommt es häufig vor, daß hernach durch Einschränkung (Determination) ein neuer Unterbegriff

---

[1]) D. h. zwei gleich große, einander parallele, aber in verschiedenen Geraden wirkende und einander entgegengesetzt gerichtete Kräfte.

gebildet wird, indem man aus den Fällen, die nach einer allgemeinen Regel gebildet worden und die vielfach in unendlicher Zahl vorhanden sind, wieder gewisse durch ein besonderes Kennzeichen, durch eine Relation, die man fordert, aussondert. Dabei wird diese Relation meist durch das Eintreten eines gewissen Umstandes definiert bei einer Tätigkeit, die bei jedem unter den oberen Begriff gehörenden Einzelfall ausgeführt werden kann, so z. B. wenn man jede der unendlich vielen ganzen Zahlen durch alle im Verhältnis zu ihr kleineren und von 1 verschiedenen dividiert denkt und die Zahl dann, wenn keine der Divisionen aufgeht, für eine Primzahl erklärt.

Daß wir jeden Begriff genau in dem Sinne anwenden müssen, in dem er gemeint ist[1]), daß wir uns dessen bei jeder Subsumption bewußt sein müssen, ist eine selbstverständliche Regel, und es ist wohl ein etwas zu vornehmer Ausdruck, wenn eine solche Selbstverständlichkeit als „Prinzip der Identität" bezeichnet wird.

§ 98. Gegenstand und Begriff höherer Ordnung. Begriffszeichen. Begriff und Sache.

Liegt eine Mehrzahl von Elementen vor, die durch Relationen miteinander verknüpft sind, so bilden diese Elemente damit eine Einheit, die von MEINONG[2]) als Gegenstand höherer Ordnung bezeichnet wird. Man kann auch von einem Begriff höherer Ordnung sprechen[3]), besonders in dem Fall, in dem die Elemente noch variiert werden können, so daß es sich um eine Mannigfaltigkeit von Gegenständen handelt, die einem gemeinsamen Gesetz genügen. So wird durch vier beliebig und voneinander unabhängig im Raum variierbare Punkte A, B, C, D und durch ihre, damit auch variierbaren geradlinigen Verbindungsstrecken AB, BC, CD, DA eine Mannigfaltigkeit von Vierecken gebildet und dadurch der Allgemeinbegriff „Raumviereck" definiert.

Wir benützen für jeden Begriff ein feststehendes Zeichen, seinen Namen. Er dient dazu, daß wir uns seiner Identität bewußt bleiben und uns mit anderen verständigen können[4]). An sich ist das Begriffszeichen willkürlich und kann mit einem anderen vertauscht werden; mittelbar erscheint es uns, nachdem es sich festgesetzt hat, als das Kennzeichen oder Merkmal des Begriffs, als das den verschiedenen unter ihn fallenden Erscheinungen Gemeinsame, obwohl die einzige Wirklichkeit darin besteht, daß die Erscheinungen gleichartig sind.

---

[1]) E. HUSSERL definiert den Begriff durch den „identischen" bzw. „einheitlichen Sinn"; vgl. Logische Untersuchungen, 2. Teil, 1901, S. 499, 501.

[2]) Vgl. a. a. O., S. 380.

[3]) Vgl. auch VOLKELT, Erfahrung und Denken, 1886, S. 181 ff.

[4]) Vgl. S. 251, Anm. 2.

Handelt es sich um einen Begriff höherer Ordnung, so wird als Begriffszeichen häufig ein gegliedertes Gebilde gewählt, dessen Glieder den hauptsächlichsten in dem Gegenstand höherer Ordnung verknüpften Teilen entsprechen und ihn dadurch gewissermaßen abbilden[1]). So betrachten wir unter Umständen die Buchstabenzusammenstellung $ABCD$ als das Zeichen für das Viereck, das aus den angegebenen vier Punkten und aus den in der angegebenen zyklischen Ordnung (von A nach B, von da nach C, von da nach D und schließlich von da wieder zurück nach A) gezogenen Verbindungsstrecken besteht. Ebenso bezeichnen wir das $a$fache von b, d. h. die Summe aus a Summanden, die gleich b sind, durch die Buchstabenzusammenstellung $a \cdot b$, in welcher wenigstens zunächst (§ 71) auch die Ordnung der Buchstaben mit maßgebend ist.

Das gegliederte Begriffszeichen kann nun selbst vermöge seiner Gliederung wiederum Gegenstand der Betrachtung werden. Dadurch entsteht ein Neues. Bis jetzt wurde das Begriffszeichen von der Sache, die es bezeichnete, im Grunde genommen kaum unterschieden. Wir nannten das Begriffszeichen und dachten dabei an die Sache, d. h. an die Einzelerscheinungen oder an irgendeine der Einzelerscheinungen, die in dem Begriff zusammengefaßt sein sollten. Jetzt stellen wir, indem wir unter dem „Begriff“ das gegliederte Begriffszeichen verstehen, Begriff und Sache einander gegenüber. Es kann nun auch geschehen, daß bei eingehenderer Erkenntnis der Sache für denselben Begriff, d. h. für dieselbe Gesamtheit von Einzelerscheinungen, ein neues noch mehr gegliedertes Begriffszeichen gewählt (den Merkmalen des Begriffs ein neues hinzugefügt) wird. Wir können dann sagen, daß wir von der Sache einen reicheren, genaueren, also besseren Begriff bekommen haben, als wir vorher hatten. Was Leibniz einen adäquaten Begriff genannt hat, das dürfte wesentlich auf ein gegliedertes Begriffszeichen hinauskommen, dessen Gliederung in möglichst vollkommener Weise der Sache entspricht[2]).

Da auch jedes Einzelne, selbst ein Einzelnes der Erfahrung, uns erst in einer gewissen begrifflichen Bearbeitung bewußt wird und somit auch als ein Begriff bezeichnet werden kann, so könnte man ganz allgemein sagen: der Begriff ist ein gegliedertes oder ungegliedertes Zeichen, dessen Bedeutung darin besteht, daß

---

[1]) Ein solches Begriffszeichen ist gewissermaßen eine vereinfachte Beschreibung der unter den Begriff fallenden Gegenstände oder Verhältnisse.

[2]) Vgl. Leibniz, Hauptschriften zur Grundlegung der Philosophie, übersetzt von Buchenau, herausgegeben von Cassirer, Bd. 1 (Philosophische Bibliothek Bd. 107), 1904, S. 24: „Wird hingegen jeder Bestandteil, der in einen deutlichen Begriff eingeht, wiederum in deutlicher Weise erkannt, wird also die Analysis bis ans letzte Ende durchgeführt, dann ist die Erkenntnis adäquat.“

es auf eine oder auf eine Reihe von Erscheinungen oder auf eine Verknüpfung von solchen bezogen wird. Der Übergang vom Begriff zur Sache ist die Deutung des Begriffs, der Übergang von der Sache zum Begriff die Darstellung der Sache durch den Begriff.

Es verdient noch bemerkt zu werden, daß der Gegensatz von Begriff und Sache ganz dasselbe ist wie der Gegensatz von Form[1]) und Inhalt, und wir werden im folgenden noch sehen, daß dieser Gegensatz ein relativer ist, indem eine Form selbst wieder den Inhalt für neue Formen abgeben kann (§ 116). Auch von der Form des Raumes, von den euklidischen und von den nichteuklidischen Raumformen (§ 5, 43, 48) kann man sprechen; in diesem Fall ist durch das betreffende System, das gewisse Mannigfaltigkeiten von Elementen und Relationen der Elemente und dazu noch die in den Axiomen niedergelegten Gesetze mit umfaßt, in gewissem Sinn ein Begriff höherer Ordnung gegeben.

§ 99. Vorangehender und nachfolgender Begriff.

In der neueren, namentlich in der von KANT beeinflußten philosophischen Literatur spielt der Gegensatz des vorangehenden und des nachfolgenden Begriffs eine Rolle. Diese Unterscheidung ist ohne Zweifel wichtig, obwohl aus ihr gelegentlich auch schon unfruchtbare Streitfragen entstanden sind. So z. B. scheint mir kein Zweifel darüber zu bestehen, daß in einer natürlich aufgebauten elementaren Geometrie der Begriff der Gleichheit der Strecken dem Begriff des Streckenmaßes oder des Zahlverhältnisses zweier Strecken vorausgeht (§ 22), während man bei oberflächlicher Betrachtung auch umgekehrt denken könnte, daß gleiche Strecken als solche zu erklären seien, die zueinander das Verhältnis 1 : 1 besitzen. Jedenfalls gehen einem der Begriffe, die ich als synthetisch bezeichne (§ 1, 97), alle diejenigen voran, die bei seiner Definition, d. h. bei seinem Aufbau, benutzt werden.

Immerhin kann nur bei einem bestimmten Aufbau eines Wissensgebietes unter Umständen gesagt werden, daß die Erklärung eines Begriffs einen anderen als vorangehenden bestimmt voraussetzt. Dieses Verhältnis kann sich geradezu umkehren, wenn ein neuer Aufbau desselben Wissensgebietes aus anderen Voraussetzungen vorgenommen wird. So wird z. B. in der projektiven Geometrie v. STAUDTS der Begriff der harmonischen Punkte durch eine reine Lagenbeziehung fest-

---

[1]) THOMAS VON AQUINO (Summa theologiae I, 85, 1) spricht von: „abstrahere formam a materia individuali".

gelegt[1]) und dann auf diesen Begriff das projektive Maß gegründet[2]), während man dann, wenn man die Kongruenzaxiome voraussetzen will (§ 2), zuerst das gewöhnliche Maß begründen (§ 22) und dann die harmonischen Punkte durch eine Relation zwischen den Maßzahlen von vier Strecken erklären kann.

§ 100. Einteilung eines Begriffs. Prinzip der Einteilung.

Zu einem Begriff können manchmal mehrere, unter Umständen sogar unendlich viele, in ihm enthaltene Unterbegriffe, die sich ausschließen, so gefunden werden, daß sie zusammen wieder den vollständigen Umfang des ursprünglichen Begriffs ausmachen. Eine solche Einteilung des Begriffs kann auf zweierlei Art geschehen. Einmal geht dies gewissermaßen „von oben her" vor sich, indem gewisse Kennzeichen für die einzelnen Unterbegriffe gegeben werden, an denen das erwähnte Verhältnis zum Oberbegriff unmittelbar ersichtlich ist, z. B. wenn die ganzen Zahlen in solche, die mit 3 dividiert den Rest 0, in solche, die dabei den Rest 1, und in solche, die den Rest 2 geben, eingeteilt werden. Ein anderes Mal wird die Einteilung sozusagen „von unten her" durch Vergleichung zwischen je zwei unter den Oberbegriff gehörenden Individuen zustande gebracht, indem festgesetzt wird, daß zwei dieser Individuen unter gewissen Bedingungen als äquivalent angesehen werden sollen. Eine solche Festsetzung kann zwar bis auf einen gewissen Grad willkürlich sein, kann aber doch nicht ganz beliebig getroffen werden. Würde man z. B. festsetzen, daß zwei Strecken dann und nur dann äquivalent sein sollen, wenn sie gleich lang, aber von entgegengesetzter Richtung sind, so würde, wie dies bereits in § 18 auseinandergesetzt ist, das Grundgesetz verletzt, demgemäß zwei Gegenstände, die einem dritten äquivalent sind, auch einander äquivalent sein sollen. Da wir nun mit gutem Grund das Wort „äquivalent" nur für eine solche symmetrische Relation (§ 95) zwischen zwei Gegenständen anwenden wollen[3]), für die das genannte Grundgesetz erfüllt ist, so dürfen wir die Äquivalenz von

---

[1]) v. Staudt (Geometrie der Lage, 1847, S. 43, 44) nennt zwei Punktepaare A, A' und B, B' einer Geraden dann harmonisch, wenn sie mit vier anderen Punkten einer durch sie gehenden Ebene in der Beziehung der nebenstehenden Abb. 168 gelegen sind. Im Sinne der gewöhnlichen Maßgeometrie besteht zwischen den harmonischen Punkten die Beziehung

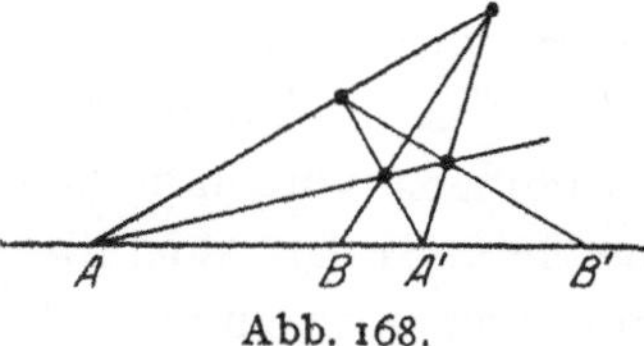

Abb. 168.

$$\frac{AB}{A'B} : \frac{AB'}{A'B'} = -1.$$

[2]) Vgl. Beiträge zur Geometrie der Lage, 2. Heft, 1857, S. 166 ff. (vgl. auch § 18 und 22).
[3]) Vgl. v. Helmholtz, Wissenschaftliche Abhandlungen, 3. Bd., 1895, S. 375, 376.

Strecken keinesfalls so definieren, wie eben angeführt wurde. Ein klassisches Beispiel einer Äquivalenzdefinition ist in § 18 in der Äquivalenz der quadratischen Formen

$$a\,x^2 + 2\,b\,x\,y + c\,y^2$$

gegeben worden.

Ist das erwähnte Grundgesetz erfüllt, so ergibt sich aus ihm, daß alle die Individuen, die einem bestimmten von ihnen äquivalent sind, es auch untereinander sind, weshalb man dann, ohne dabei auf Widersprüche zu stoßen, die Gesamtheit der unter jenen ursprünglichen Oberbegriff fallenden Individuen so einteilen kann, daß solche, die einander äquivalent sind, derselben, aber solche, die einander nicht äquivalent sind, verschiedenen Unterabteilungen oder Unterbegriffen zufallen[1]). Den logischen Grundsatz, wonach eine solche Einteilung stets mitgegeben ist, falls eine symmetrische Relation jener Elemente vorliegt, für die zugleich das genannte Grundgesetz (in etwas anderer Form das Gesetz der Transitivität) erfüllt ist, will ich als das *Prinzip der Einteilung* bezeichnen. Auf Grund dieses Prinzips sind in § 74 die Zusammenstellungen $\frac{a}{b}$ von ganzen Zahlen eingeteilt und dadurch die „rationalen Zahlen" geschaffen worden. Bei dem oben angeführten Beispiel der Äquivalenz der quadratischen Formen nennt man den entstehenden Unterbegriff die Klasse der quadratischen Formen, und es ist in diesem Fall von vornherein gar nicht ersichtlich, worin ein hinreichendes gemeinsames Merkmal für die Formen einer Klasse gefunden werden könnte, so daß also hier die Einteilung des Oberbegriffs der Formengesamtheit in die Unterbegriffe der Klassen unzweifelhaft, wie ich es vorhin ausgedrückt habe, „von unten her" erfolgt.

Der Umstand, daß die einen die Einteilung des Begriffs ausschließlich von oben her, andere sie ausschließlich von unten her zustande kommen lassen wollen, hat zu Kontroversen geführt[2]). Ich glaube durch die gegebenen Beispiele hinreichend gezeigt zu haben, daß beide Arten der Bildung der Unterbegriffe vorkommen. Bei der ersten Art erscheinen die Unterbegriffe als vorangehend im Vergleich zu derjenigen Gleichheit zweier Individuen des Oberbegriffs, die darin

---

[1]) Diese Auffassung des Gleichheitsbegriffs findet sich auch bereits bei G. Frege (Die Grundlagen der Arithmetik, 1884, S. 75) und bei Helmholtz (Philosophische Aufsätze, Eduard Zeller zu seinem 50jährigen Doktorjubiläum gewidmet, 1887, S. 37 unten). .

[2]) Mir scheint, daß überhaupt bei manchen Kontroversen von seiten jeder Partei eine richtige Beobachtung vorliegt, und dann nur dadurch eine Kontroverse entsteht, daß man nicht zugeben will, daß teils das eine, teils das andere statthat, und daß man mit einem „Entweder-Oder" ein falsches Dilemma schafft.

besteht, daß diese unter denselben Unterbegriff fallen. Bei der zweiten Art erscheint diese Gleichheit bzw. die entsprechende Ungleichheit als das Vorangehende, aus dem sich dann nach unserem Prinzip die Einteilung des Oberbegriffs und damit die Unterbegriffe ergeben[1]).

Es kann nun derselbe Oberbegriff unter Umständen auf verschiedene Arten den erwähnten Bedingungen gemäß eingeteilt werden. So kann man die Strecken nur nach der Länge oder nur nach der Richtung oder nach der Länge und der Richtung vergleichen; im ersten Fall gehören alle längengleichen Strecken zum selben Unterbegriff, im zweiten Fall alle richtungsgleichen Strecken und im dritten nur solche Strecken, die sowohl nach der Größe, als auch nach der Richtung einander gleich sind. In derselben Weise können zwei Töne einander in der Stärke oder in der Tonhöhe oder in beiden, zwei Körper in der Farbe oder in der Gestalt einander gleich sein. Man kommt auf diese Weise zum Begriff des *Gleichseins in gewisser Hinsicht*. Dieser Begriff ist bereits ARISTOTELES bekannt gewesen[2]).

Ist A dem C in einer gewissen Hinsicht und B dem C in derselben Hinsicht gleich, so sind *in dieser Hinsicht* auch A und B einander gleich; das ist das obige Grundgesetz in genauerer Fassung. Offenbar braucht dann, wenn A dem C in einer Hinsicht, und B dem C in einer anderen Hinsicht gleich ist, A dem B weder in der einen, noch in der anderen Hinsicht gleich zu sein.

Die von MEINONG über die Gleichheit in gewisser Hinsicht angestellten Betrachtungen[3]) scheinen mir nicht einen Vorzug für das Verfahren der Einteilung von oben her zu begründen, sondern nur zu beweisen, daß dann, wenn nur solche Gegenstände als „gleich" erkannt werden, die es in jeder Hinsicht sind, die Gleichheit in einer bestimmten Hinsicht daraus nicht abgeleitet werden kann.

Hinsichtlich der Einteilung eines Begriffs ist zu bemerken, daß sie auch bei einem Relationsbegriff vorkommen kann. So können wir z. B. in dem Fall, daß eine Zahl a größer als b ist, unterscheiden, ob a um mehr als c größer ist als b, oder ob a zwar größer als b ist, dieses aber um höchstens c übertrifft. Der Umfang des Begriffs

---

[1]) MEINONG bezeichnet die erste Art der Begriffsbildung als „Abstrahieren", die zweite als „Vergleichen" und betrachtet die erste Art als die ursprüngliche, obwohl er auch die zweite bis auf einen gewissen Grad zugibt (Gesammelte Abhandlungen, 1. Bd., 1914, S. 129). B. RUSSEL (The Principles of Mathematics, vol. I, 1903, S. 166ff.) hat im Gegensatz zum sonstigen Sprachgebrauch die zweite Bildungsart mit dem Wort „abstraction" belegt.

[2]) A. TRENDELENBURG (Logische Untersuchungen, 3. Aufl., 1. Bd., 1870, S. 31) gibt das aristotelische Identitätsprinzip in dieser Form wieder: „es sei unmöglich, daß demselbigen in derselbigen Hinsicht dasselbige zugleich zukomme und nicht zukomme."

[3]) A. MEINONG, Gesammelte Abhandlungen, Bd. 1, S. 454—455.

(größer), der eingeteilt worden ist, stellt sich hier durch gewisse Zusammenstellungen zu zweien von solchen Gegenständen (Zahlen) dar, auf die hier der Relationsbegriff angewandt werden soll, wobei in der Zusammenstellung auch die Folge der beiden Elemente von Bedeutung ist.

§ 101. Urteil. Bejahung und Verneinung. Beziehung zu den Existenzurteilen.

Wird eine Aussage nicht etwa bloß zur Erörterung gestellt, sondern bestimmt behauptet, d. h. bejaht, so wird aus der Aussage ein Urteil. Die Verwerfung oder Verneinung der Aussage ergibt ein zweites, dem ersten entgegengesetztes Urteil. Zu einem Einzelurteil entsteht das entgegengesetzte dadurch, daß es zu dem Prädikatsbegriff im allgemeinen einen entgegengesetzten gibt. Dies ist freilich nur innerhalb eines bestimmten Oberbegriffs regelmäßig richtig, der stillschweigend vorausgesetzt zu werden pflegt. So bedeutet etwa „Nichtweiß" den Inbegriff der von Weiß verschiedenen Farben. Soll aber unter „Nichtweiß" alles das verstanden werden, was nicht „Weiß" genannt werden kann, auch alles das, was unter den Begriff des Farbigen oder gar des Körperlichen gar nicht fällt, so liegt ein ganz unbestimmter Begriff vor, mit dem man gar nichts anfangen kann.

Habe ich also einen Oberbegriff M in zwei Unterbegriffe P und Q im Sinne des vorigen Paragraphen eingeteilt[1]), so stehen sich die beiden Einzelurteile: „a ist ein P" und „a ist ein Q" gerade entgegen, unter der Voraussetzung, daß es sich nur um einen unter den Oberbegriff M fallenden Gegenstand a handeln kann. Es ist dann die Bejahung des ersten Urteils gleichbedeutend mit der Verneinung des zweiten und umgekehrt[2]). Unter der Verneinung der Verneinung des ersten Urteils können wir also auch nur die Verneinung des zweiten, d. h. die Bejahung des ersten Urteils verstehen; es ergibt sich also das *Prinzip von der doppelten Verneinung*, die einer Bejahung gleichkommt. Eines der beiden entgegengesetzten (kontradiktorischen) Urteile muß wahr sein; das ist der sogenannte *Satz vom ausgeschlossenen Dritten*.

Meistens sind die beiden entgegengesetzten Urteile, von denen das eine bejahend ausgedrückt zu werden pflegt: „a ist ein P", und das andere verneinend: „a ist ein Nicht-P", einander insofern gleichartig,

---

[1]) Dieser Fall spielt bei Leibniz unter dem Namen der Dichotomie eine besondere Rolle.

[2]) Dies ist die „kontradiktorische Opposition" der Urteile; vgl. Sigwart, Logik, 1. Bd., 1904, S. 448.

als die Rolle des bejahenden und des verneinenden vertauscht werden kann. Man kann ja für das erste Urteil sagen: „a ist ein Nicht-Q" und für das zweite: „a ist ein Q"; es ist gleichgültig, ob wir die beiden Aussagen einander entgegensetzen: „der Punkt A liegt auf der Geraden g" und: „der Punkt A liegt nicht auf der Geraden g", oder ob wir die beiden anderen Aussagen vorziehen: „der Punkt A hat keinen Abstand von der Geraden g" und: „der Punkt A hat einen Abstand von der Geraden g".

Etwas anders liegen die Sachen, wenn ein Urteil über völlige Übereinstimmung oder Verschiedenheit oder über Existenz oder Nichtexistenz aussagt (§ 94). In diesen Fällen haben wir keinen gemeinsamen Oberbegriff, durch dessen Einteilung der Gegensatz geschaffen worden ist, sondern es handelt sich um Entgegensetzung von ursprünglichen Funktionen (Tätigkeiten) des Verstandes. Auch wird man ein Urteil, das eine Existenz feststellt, an und für sich ein bejahendes, ein solches, das aussagt, daß etwas nicht existiert, an und für sich ein verneinendes nennen. Gerade in der Mathematik tritt die besondere Rolle der Existentialurteile klar hervor. Das bejahende Existentialurteil gestattet die Einführung eines neuen Elements in die Verkettung der Relationen und damit in unsere Schlüsse (vgl. § 6 und den Beweis in § 30), während das verneinende Existentialurteil zur Begründung eines Widerspruchs zum Zweck eines indirekten Beweises verwendet werden kann.

Bis jetzt habe ich nur Einzelurteile betrachtet. F. BRENTANO[1]) hat die Beobachtung gemacht, daß die allgemeinen und die besonderen (partikulären) Urteile, sowohl an und für sich, als auch dann, wenn sie ins Entgegengesetzte verkehrt werden, auf Existentialurteile hinauskommen. „Alle R sind P" bedeutet, daß kein R existiert, das ein Nicht-P wäre. „Einige R sind P" heißt: es existieren solche R, die zu den P gehören. Verneinen wir aber die beiden genannten Urteile, so ergibt sich einerseits, daß es solche R gibt, die zu den Nicht-P gehören, andererseits, daß kein R existiert, das zugleich ein P wäre. An diese wichtige Beobachtung hat BRENTANO dann die meines Erachtens zu weitgehende Behauptung geknüpft, daß im Grunde alle Urteile Existentialurteile seien. Dabei deutet er das Einzelurteil „a ist ein P" so: „a existiert und ist ein P". Ich will gerne zugeben, daß auch das Einzelurteil im allgemeinen auf Existenz Bezug nimmt, allein es ist ein wesentlicher Unterschied zwischen einem Urteil, das nur mittelbar auf Existenz sich bezieht, und einem solchen, das eine Existenz feststellt oder verneint, und nur ein solches Urteil will ich als Existentialurteil bezeichnen.

---

[1]) Von der Klassifikation der psychischen Phänomene, 1911, S. 52.

Aber auch die Behauptung ist nicht ausnahmslos richtig, daß das Urteil „a ist ein P" den Satz „a existiert" einschließen müsse. Wir können z. B. das Subjekt unserer Aussage dadurch bestimmen, daß es unter zwei gegebene Begriffe fallen soll, und ohne Kenntnis des Umstandes, ob es wirklich Individuen gibt, die unter beide Begriffe fallen, von jenem Subjekt etwas aussagen. Trotzdem kann ein in gewissem Sinne wahres Urteil vorliegen. Als Beispiel dazu soll ein Ergebnis von Euler erwähnt werden. Euler beweist in seiner Algebra[1]), daß jede ganze, nicht durch 3 teilbare Zahl p, die mit einer Zahl q zusammen den Ausdruck

$$(1) \qquad\qquad 2\,p\,(p^2 + 3\,q^2)$$

zu einem Kubus macht, wobei noch p mit q ohne gemeinsamen Teiler und eine der beiden Zahlen als gerade angenommen wird, die Form

$$p = t\,(t + 3\,u)\,(t - 3\,u)$$

haben muß; dabei sind dann t und u, ebenso wie vorhin p und q, als ganze Zahlen gedacht. Tatsächlich gibt es aber, wie nachher *mit Hilfe des eben erwähnten Ergebnisses* gezeigt wird, keine von Null verschiedene Zahl p, die mit einer Zahl q zusammen den Ausdruck (1) zu einem Kubus macht, derart, daß p und q zugleich die übrigen genannten Eigenschaften haben.

Das vorhin genannte Ergebnis kann auch als hypothetisches Urteil (Bedingungsurteil) in dieser Form ausgesprochen werden: „wenn eine nicht durch 3 teilbare Zahl p mit einer Zahl q zusammen den Ausdruck (1) zu einem Kubus macht" usw. Ich bin also im Grunde schon beim hypothetischen Urteil angelangt, das erst in dem nächsten Paragraphen genauer behandelt werden soll.

Die letzten Überlegungen führen auch auf Erscheinungen, die in gewissem Sinn als Ausnahmen von dem Gesetz angesehen werden können, daß von zwei entgegengesetzten Urteilen das eine wahr, das andere falsch sein soll. Kant hat bereits die beiden Urteile angeführt: „ein viereckiger Kreis ist rund" und „ein viereckiger Kreis ist nicht rund" und hat mit Rücksicht auf die Nichtexistenz des Subjekts dieser Aussagen beide für falsch erklärt. Man könnte aber auch im Sinne des vorhin erwähnten Eulerschen Ergebnisses zwei entgegengesetzte Urteile, die in Beziehung auf ein lediglich hypo - thetisches Subjekt gefällt werden, beide wahr finden. Ich werde in § 103 ausführen, daß zwei hypothetische Urteile mit demselben Vordersatz (Bedingungssatz) und entgegengesetzten Nachsätzen in ihrer besonderen Eigenschaft als hypothetische Urteile wahr sein

---

[1]) Vollständige Anleitung zur Algebra, 1771, zweiter Teil, S. 371.

können. Natürlich ist dann die im Vordersatz ausgesprochene Bedingung nicht erfüllbar; das schadet aber, wie ich später zeigen werde, nicht der Wahrheit jener Urteile, sofern sie hypothetisch sind.

Ein schwächerer Grad der Verwerfung einer Aussage als deren Verneinung ist der Fall, in dem wir die Aussage nur nicht behaupten; sie war nur zur Erörterung gestellt, und die Entscheidung der damit gegebenen Frage ist ausgesetzt worden.

§ 102. Abhängigkeit der Urteile. Hypothetisches Urteil. Alternative. Unverträglichkeit. Prinzip des Widerspruchs.

Von einer Aussage kann eine zweite Aussage so abhängen, daß die Annahme oder Behauptung der ersten Aussage die Annahme der zweiten mit Notwendigkeit nach sich zieht. Man pflegt dann zu sagen, daß die beiden Aussagen zusammen ein *Bedingungsurteil* oder *hypothetisches Urteil* bilden, das aus einem Vordersatz oder Bedingungssatz (der ersten Aussage) und einem Nachsatz (der zweiten Aussage) besteht. Diese Abhängigkeit des zweiten Urteils von dem ersten wird manchmal dadurch ausgedrückt, daß man sagt, das zweite Urteil sei im ersten „enthalten“; es scheint mir jedoch dieser Ausdruck nicht glücklich zu sein. Es ist etwas anderes, wenn der Fall des zweiten Urteils unter den allgemeineren Fall des ersten unmittelbar subsumiert werden kann, und wieder etwas anderes, wenn das zweite Urteil aus dem ersten nur auf den verschlungenen Wegen einer deduktiven Betrachtung als Folgerung gewonnen wird[1]).

Bedeuten p und q Urteile und folgt aus dem Urteil p das Urteil q, folgt ferner ebenso aus dem Urteil q ein drittes Urteil r, so folgt auch aus p das Urteil r. Man könnte diese Regel als das *Prinzip der fortlaufenden*[2]) *Folgerung bezeichnen.*

Folgt aus dem Urteil p das Urteil q, und müssen wir aus anderen Gründen q verneinen, d. h. also das dem Urteil q entgegengesetzte Urteil q' fällen, oder folgen etwa aus p zwei einander entgegengesetzte Urteile, so muß das Urteil p falsch, und somit nach dem Satz vom ausgeschlossenen Dritten das dem p entgegengesetzte Urteil p' richtig sein. Dies ist das *Prinzip des Widerspruchs*[3]) in seiner positiven Form, die man auch als „Prinzip der widersprechenden Folgerung“

---

[1]) In ähnlicher Weise unterschied Kant bei den gewöhnlichen (kategorischen) Urteilen diejenigen, die wir wirklich in dem Begriffe selbst schon denken, von denjenigen, die wir zu ihm erst noch hinzudenken sollen (vgl. § 127).

[2]) Bedingung und Folge begründen eine „transitive“ Relation eines Urteils zu einem zweiten (§ 6, 105).

[3]) Vgl. Eisler, Wörterbuch der philosophischen Begriffe, 2. Aufl., 2, Bd. 1904, S. 738 ff. Hier findet sich auch die Formulierung von Leibniz angeführt: „Nos raisonnements sont fondés sur deux grands principes, celui de la contradiction, en vertu duquel

bezeichnen könnte. Dieses Prinzip stellt in der Tat eine bestimmte Denkregel vor, nach der die indirekten Beweise (§ 103) verlaufen. Es liegt in dieser Denkregel auch schon das, was wir die Umkehrung des hypothetischen Urteils nennen können, daß wir nämlich aus dem Urteil: „aus p folgt q" schließen können: aus q' folgt p'.

Ein anderer Zusammenhang zwischen zwei Urteilen p und q besteht darin, daß sie eine Alternative bilden, worunter wir verstehen wollen, daß sicher entweder p oder q richtig ist, ohne daß deswegen ausgeschlossen sein soll, daß auch beide Urteile richtig sein können. Es folgt dann aus der Verneinung von p, d. h. aus dem dem Urteil p entgegengesetzten Urteil p', daß das Urteil q wahr sein, aus der Verneinung von q, daß p wahr sein muß. Ein nach diesem Schema verlaufender Schluß entspricht dem „modus tollendo ponens" des disjunktiven[1]) Schlusses der alten Logik, in dem das Wegnehmen oder Verneinen des einen Urteils das Setzen oder Behaupten des anderen zur Folge hat.

Eine dritte Art des Zusammenhanges zweier Urteile p und q ist ihre Unverträglichkeit. Es folgt dann aus der Wahrheit von p die Unrichtigkeit von q, d. h. die Wahrheit des dem q entgegengesetzten Urteils q', und ebenso aus der Wahrheit von q die Unrichtigkeit von p. Ein diesem Schema nachgebildeter Schluß entspricht dem „modus ponendo tollens" des disjunktiven Schlusses.

Man kann aber auch den Umstand, daß aus p das Urteil q folgt, als eine Alternative zwischen q und dem dem Urteil p entgegengesetzten Urteil p' oder als eine Unverträglichkeit zwischen p und dem dem Urteil q entgegengesetzten Urteil q' auffassen. Es ist also die enge Beziehung zwischen dem hypothetischen Urteil, der Alternative und der Unverträglichkeit der Urteile erkenntlich. Man kann diese Erscheinungen ineinander umformen; trotzdem dürfte der Versuch nicht ratsam sein, sie ausschließlich auf eine Erscheinung zurückzuführen. Die Alternative und die Unverträglichkeit scheinen darin einen Vorzug zu besitzen, daß in jeder von ihnen die beiden in Frage kommenden Urteile sich symmetrisch zueinander verhalten, d. h. dieselbe Rolle spielen. Die Form des hypothetischen Urteils erscheint aber dadurch als die natürliche, daß sich die Zusammenhänge meist zuerst in dieser Form ergeben, indem eine Annahme gemacht und aus

---

nous jugeons faux ce qui en enveloppe, et vrai ce qui est opposé ou contradictoire au faux" (Monadol. 31, vgl. Die philosophischen Schriften von Leibniz, herausgegeben von Gerhard, VI. Bd., 1885, S. 612).

[1]) Als Disjunktion wird gewöhnlich der Fall bezeichnet, in dem von zwei oder auch einer größeren Zahl von Urteilen, die sich ausschließen, die also unverträglich untereinander sind, eines richtig sein muß; die Disjunktion stellt also eine Verbindung der Unverträglichkeit mit der Alternative dar.

ihr durch eine meist mehrfach verbundene Kette von Schlüssen eine Folgerung gezogen wird.

Die Verträglichkeit wird noch in § 104 besprochen werden.

§ 103. Die eigentliche Bedeutung des hypothetischen Urteils und der Unverträglichkeit. Indirekter Beweis.

Es hat zunächst den Anschein, als hätte das hypothetische Urteil überhaupt nur für den Fall eine Bedeutung, daß sich der Bedingungssatz oder Vordersatz jetzt oder später als wahr erweist, als wäre das Urteil nur für diesen Fall zum voraus bereitgestellt und als stellte es für den anderen Fall eine völlig leere Aussage vor. Zu einer anderen Auffassung führt aber die Betrachtung des indirekten oder apagogischen Beweises.

Da ich diese Beweisart hier anführe, um aus ihrem Dasein wichtige Folgerungen zu ziehen, kann ich nicht unerwähnt lassen, daß manche Logiker den indirekten Beweis haben verwerfen wollen. Man begegnet z. B. hie und da der Äußerung, daß ein Lehrsatz niemals genau durchschaut sei, ehe es gelungen sei, ihn auf direktem Wege zu beweisen[1]). Dazu muß ich bemerken, daß man selbst dann, wenn jeder Beweis direkt gewendet werden könnte, einem Verfahren Rechnung tragen müßte, das anerkanntermaßen stets zu notwendig richtigen Ergebnissen führt. Es kommt aber noch dazu, daß die indirekte Beweisart nicht nur in der Mathematik sehr viel benutzt wird, sondern auch in einer ganzen Reihe von Fällen gar nicht umgangen werden kann. Ich möchte hier nur den Beweis des archimedischen Hilfssatzes aus dem Stetigkeitsaxiom (§ 30), den Beweis für die eindeutige Bestimmtheit des Grenzwerts (§ 53), der den eigentlichen Nerv aller infinitesimalen Betrachtungen bildet (§ 51, 54), und das Ende des in § 92 entwickelten zahlentheoretischen Beweises anführen, wo gleichfalls die indirekte Schlußart eine wesentliche Rolle spielt. Diesen Beispielen gegenüber haben die erwähnten Bedenken kein Gewicht, und die Logik muß einfach dem indirekten Beweis gerecht werden[2]).

Der indirekte Beweis geht stets von einer gewissen Annahme p aus, kommt dann zu einem Widerspruch, und schließt daraus, daß das Gegenteil p' jener Annahme richtig ist, benutzt also das, was ich in § 102 die positive Form des Prinzips des Widerspruchs genannt

---

[1]) SCHOPENHAUER sagt, daß der apagogische Beweis möglichst vermieden werden müsse (vgl. Werke, herausgegeben von DEUSSEN, 9. Bd., 1913, S. 512).

[2]) Der indirekte oder apagogische Beweis wurde bereits von dem Eleaten ZENO angewandt; vgl. R. EISLER, Wörterbuch der Philosophischen Begriffe, 2. Aufl., 1. Bd., 1904, S. 54.

habe[1]). Der gewöhnlichste Fall ist wohl der, daß aus der Annahme p ein Urteil q gefolgert wird, das einer bekannten Tatsache widerspricht. Der erste Teil des Beweises stellt also fest, daß aus p das Urteil q folgt, d. h. daß das hypothetische Urteil wahr ist: „wenn p ist, so ist q". Es könnte aber auch die Annahme p auf irgendeinem deduktiven Umwege geradezu auf das Gegenteil p' von p selbst hinführen, oder man könnte, ausgehend von der Annahme p, auf dem einen Wege zu einem Urteil r und auf einem anderen Wege zu dem gerade entgegengesetzten Urteil r' gelangen. Im letzten Fall werden dann zwei hypothetische Urteile bewiesen: „wenn p ist, so ist r", und: „wenn p ist, so ist r', d. h. Nicht-r"; es werden also zwei hypothetische Urteile bewiesen, welche den Vordersatz gemein haben und dabei genau entgegengesetzte Nachsätze besitzen. Für diesen letzten Fall ist in § 30 ein sehr gutes Beispiel gegeben worden. Es waren dort auf einer Geraden drei Punkte A, B, C von links nach rechts vorgestellt worden (Abb. 75). Unter der Annahme, daß j e d e s Vielfache von AB kleiner sein sollte als AC, ergab sich für den unter dieser Annahme rechts von B existierenden Punkt X ebensowohl, daß AX von einem Vielfachen von AB übertroffen werden müßte, als auch, daß AX größer sein müßte als jedes Vielfache von AB, so daß also AX von keinem dieser Vielfachen übertroffen werden könnte.

In allen den genannten Beispielen wird aus den verschiedenen hypothetischen Urteilen und aus dem Widerspruch, den die Nachsätze derselben untereinander aufweisen, auf die Unrichtigkeit des Vordersatzes der hypothetischen Urteile geschlossen; es liegt für diesen eine „reductio ad absurdum" vor. Da aber doch die hypothetischen Urteile es sind, welche die Schlußfolgerung begründen, so müssen diese Urteile als solche, d. h. sofern sie eben hypothetisch sind, wahr sein, obwohl der Vordersatz, d. h. die gemachte Annahme sich nachträglich als falsch herausstellt. Es muß also dem hypothetischen Urteil in der Weise eine Bedeutung zukommen, daß es unter Umständen auch dann als wahr bezeichnet werden kann, wenn der Vordersatz falsch ist[2]).

Mir scheint aus dem eben Auseinandergesetzten hervorzugehen, daß man sich in ganz unlösbare Widersprüche verwickelt, wenn man nicht annimmt, daß das hypothetische Urteil gar keinen anderen Inhalt hat als die Feststellung, daß das Verfahren logisch zwingend ist, das aus jener Annahme p auf die Folgerungen hingeführt hat. Daß

---

[1]) Chr. Sigwart (Logik, 2. Aufl., 2. Bd., 1893, S. 287) betont, daß der indirekte Beweis auf der positiven Grundlage einer Disjunktion (der Disjunktion zwischen den Behauptungen p und p') beruht.

[2]) Vgl. S. 271, Anm., S. 270, Anm. 3.

dies richtig ist, wird für mich dadurch noch mehr bestätigt, daß ein Logiker wie CHR. SIGWART von ganz anderer Seite her, auf Grund von Beobachtungen, die den philologisch-historischen Wissenschaften entlehnt sind, auf dasselbe Ergebnis gekommen ist[1]).

Daß q aus p folgt, kann man auch so ausdrücken, daß p mit dem zu q entgegengesetzten Urteil q' unverträglich ist, und man kann den Beweis dafür dadurch führen, daß man sogleich p und q' annimmt und dann daraus widersprechende Folgerungen gewinnt. Ebenso können auch Urteile p, p_1, p_2, ..., p_n in größerer Zahl miteinander unverträglich sein; dies soll dann nur heißen, daß sie nicht alle zusammen bestehen können, und wird dadurch gezeigt, daß die gleichzeitige Annahme von p, p_1, p_2, ..., p_n die Entwicklung einander widersprechender Folgerungen gestattet.

Nur wo man, gleichgültig auf welche Weise, bereits zu gewissen Gesetzen gelangt ist, läßt sich ein solcher Widerspruch entwickeln; es ist also nur durch einen logischen Zusammenhang auf Grund von Gesetzen ein hypothetisches Urteil oder die Behauptung einer Unverträglichkeit möglich. Dagegen ist dies nicht möglich auf Grund der Aufnahme eines Tatbestandes, wie etwa bei der Ausrechnung eines arithmetischen Einzelergebnisses oder der Aufnahme eines empirischen Augenscheins.

Das hypothetische Urteil oder die Behauptung einer Unverträglichkeit bedeutet also die Feststellung eines logisch notwendigen Zusammenhanges und ist etwas wesentlich anderes als das kategorische Urteil, das einen Tatbestand ausdrückt. Daß dem hypothetischen Urteil ein besonderer Charakter zukommt, ist auch von den meisten Logikern anerkannt worden[2]).

Obwohl damit die Bedeutung des hypothetischen Urteils völlig klargelegt erscheint, bildet *die Art seiner Entstehung* doch noch ein gewisses Rätsel. Man kann sich fragen, wie es im Grunde möglich ist, daß wir aus einer Annahme, unabhängig davon, ob sie wahr ist oder falsch, schließen können, daß, falls sie wahr wäre, etwas

---

[1]) SIGWART sagt (Logik, 2. Aufl., 1. Bd., 1889, S. 286): „Für die Behauptung dieses notwendigen Zusammenhangs kommt es dann weiter gar nicht darauf an, wie es mit der Gültigkeit des Vordersatzes bestellt ist . . .“ Übrigens ist dies nach SIGWART (S. 285) bereits von den Stoikern erkannt worden.

Auch KANT (Kr. d. r. V., Elementarlehre, II. Teil, I. Abt., I. Buch, I. Hauptst., II. Abschn.) sagt von dem Vorder- und dem Nachsatz des hypothetischen Urteils: „Ob beide dieser Sätze an sich wahr sind, bleibt hier unausgemacht. Es ist nur die Konsequenz, die durch dieses Urteil gedacht wird“, und weiter unten: „Daher können solche Urteile auch offenbar falsch sein, und doch, problematisch genommen, Bedingungen der Erkenntnis der Wahrheit sein.“

[2]) Allerdings nicht von HEYMANS, vgl. „Die Gesetze und Elemente des wissenschaftlichen Denkens“, 2. Aufl., 1905, S. 48ff.

Bestimmtes aus ihr folgen müßte. Dieses Problem ist von MEINONG betont worden[1]). Ich werde im nächsten Abschnitt, der sich mit der speziellen Logik der Mathematik abgibt, in § 118 eine Lösung des Problems versuchen.

§ 104. Gibt es eine Verneinung des hypothetischen Urteils? Verträglichkeit. Das Problem von LEWIS-CARROL.

Die Erörterungen des vorigen Paragraphen werfen auch Licht auf die Frage nach der Verneinung des hypothetischen Urteils. Da das Urteil „wenn p ist, so ist q" nur bedeutet, daß ein gewisser logischer Zusammenhang von der Annahme, daß p ist, auf die notwendige Folgerung führt, daß auch q Gültigkeit haben muß, so würde die Verneinung des genannten Urteils bedeuten, daß ein solcher Zusammenhang nicht besteht, vielleicht auch nur, daß ein Zusammenhang nicht bekannt ist, ja vielleicht nur, daß ein bekannter Beweis, der von p auf q führen sollte, sich nicht als stichhaltig erwiesen hat. Aus dem letzten Umstand kann man natürlich keine Folgerungen ziehen; ebensowenig daraus, daß ein Zusammenhang nicht bekannt ist. Es fragt sich nun, ob wir unter Umständen sicher sagen können, daß kein solcher Zusammenhang wird gefunden werden können. Eine Untersuchung der unendlich vielen Wege, die man sich ausdenken könnte, um von p auf q zu kommen, dürfte niemals möglich sein[2]). Als einziger Fall, in dem wir sicher sagen können, daß man aus p nicht auf q wird zu schließen vermögen, scheint der übrigzubleiben, in dem ein Fall vorliegt, für den zwar p, aber nicht q erfüllt ist.

Im Grunde gibt es also keine klare Verneinung des hypothetischen Urteils. In gewissem Sinne aber kann man als Entgegengesetztes zu dem Urteil: „wenn p ist, so ist q" das Urteil betrachten: „es existiert ein Fall, in dem p und zugleich Nicht-q gilt". Dieses letzte Urteil kann auch so ausgedrückt werden: „p ist mit Nicht-q verträglich." So aufgefaßt, bedeutet die Behauptung der Verträglichkeit ein Existentialurteil und besagt insofern eigentlich mehr als bloß dies, daß q nicht aus p folgt, oder daß p und Nicht-q nicht zusammen auf einen Widerspruch führen können; es ist also auch die Verträglichkeit

---

[1]) Vgl. „Über Annahmen", Zeitschr. f. Psychol. u. Physiol. d. Sinnesorgane, Ergänzungsband 2, 1902, S. 85.

[2]) Die Mathematik kennt wohl Beweise dafür, daß unter unendlich vielen Fällen ein gewisser, der gesucht war, nicht vorkommt; so kommt unter den Zahlen der Form $4\,n + 3$ keine vor, die eine Summe von zwei Quadraten wäre (§ 92). Wo aber ein solcher Beweis möglich ist, handelt es sich stets um eine gesetzmäßige Mannigfaltigkeit von Fällen. Die Mannigfaltigkeit der von uns etwa einzuschlagenden Gedankenwege ist von durchaus unbestimmter Natur.

gewissermaßen mehr als nur die Verneinung der Unverträglichkeit[1]). Ich kann deshalb auch MEINONG nicht zustimmen, der sagt[2]), daß Verträglichkeit stets auf Unverträglichkeit zurückzuführen sei.

Man könnte versucht sein, auch das Urteil: „wenn p ist, ist Nicht-q" als ein Entgegengesetztes des hypothetischen Urteils: „wenn p ist, ist q" anzusehen. Diese Art der Entgegensetzung ist aber eine ganz andere als die frühere und enthält keine Verneinung unseres hypothetischen Urteils. Es folgt ja daraus, daß Nicht-q ist, wenn p ist, durchaus nicht, daß nicht zugleich q aus p folgen kann, da zwei hypothetische Urteile mit demselben Vordersatz und mit entgegengesetzten Nachsätzen beide richtig sein können, wie im letzten Paragraphen gezeigt wurde.

LEWIS CARROLL hat ein Problem gestellt, das hinsichtlich der hier behandelten Fragen lehrreich ist. Es lautet so: Was kann man aus den beiden Urteilen schließen:

I. Aus q folgt r.

II. p bringt mit sich, daß Nicht-r aus q folgt?

Nehmen wir für den Augenblick einmal die Urteile p und q beide als wahr, oder je nachdem, die Bedingungen p und q beide als erfüllt an, so würde nach I auf r, nach II auf Nicht-r geschlossen werden können. Wir kommen somit auf einen Widerspruch. Es können also p und q nicht beide zugleich gelten. Sie sind unverträglich; aus p folgt Nicht-q und aus q folgt Nicht-p. Dies ist die richtige Auflösung der Frage.

LEWIS CARROLL behandelt sein Problem in Form eines Gesprächs, wobei der eine Teilnehmer die richtige Lösung angibt, dem anderen Teilnehmer „Joe" jedoch eine andere Schlußweise in den Mund gelegt wird, welche LEWIS CARROLL auch für möglich zu halten scheint[3]). Joe sagt nämlich so: Da die Annahme von p das hypothetische Urteil mit sich bringt: „aus q folgt Nicht-r", welches dem sicheren hypothetischen Urteil I widerspricht, so muß das Urteil p falsch (bzw. die Bedingung p nicht realisierbar) sein. Daß Joe einfach unrecht hat[4]), und daß zwei hypothetische Urteile mit demselben Vordersatz und

---

[1]) Die Unabhängigkeit des Parallelenaxioms von den übrigen Axiomen (§ 43) bedeutet die Verträglichkeit dieser Axiome mit dem Gegenteil des Parallelenaxioms oder die Existenz von Mannigfaltigkeiten, in denen das Parallelenaxiom nicht gilt, während die anderen Axiome bestehen bleiben (vgl. auch § 118).

[2]) Gesammelte Abhandlungen, 2. Bd., 1913, S. 100ff.

[3]) Vgl. „Mind", new series, vol. III, 1894, p. 436. Es werden dabei noch diese beiden Fragen gestellt: Can a Hypothetical, whose protasis is false, be regarded as legitimate? Are two Hypotheticals, of the forms „If A then B" and „If A then not-B" compatible?

[4]) Mind, n. s., vol. XIV, 1905, p. 292.

entgegengesetzten Nachsätzen beide richtig sein können [1]), ist seitdem mehrfach bemerkt worden.

Anders liegt die Sache, wenn wir die zweite Voraussetzung von Lewis Carroll durch die folgende ersetzen:

III. p bringt mit sich, daß q und Nicht-r miteinander verträglich sind.

Jetzt soll also die Annahme von p (s. o.) die Existenz eines Falles mit sich bringen, in dem sowohl q als auch Nicht-r Geltung hat. Dies ist aber mit der Voraussetzung I, daß aus q die Gültigkeit von r folgt, im Widerspruch Wenn also III mit I zusammen bestehen soll, kann p keine Geltung haben, d. h. es ist n u n m e h r die Schlußweise von Joe richtig.

Für den Schluß aus I und II hat Lewis Carroll selbst ein Beispiel angegeben. Er denkt sich einen Linienzug aus drei geradlinigen Strecken $KLMN$ (Abb 169), wobei aber die Winkel bei L und M von vornherein einander gleich angenommen sein sollen. Fallen die Punkte K und N außerdem noch zusammen, so liegt ein Dreieck vor, das an der Basis gleiche Winkel hat (wenn q ist, so ist r). Werden nun-mehr die Strecken KL und NM als voneinander verschieden angenommen (Voraussetzung p), so

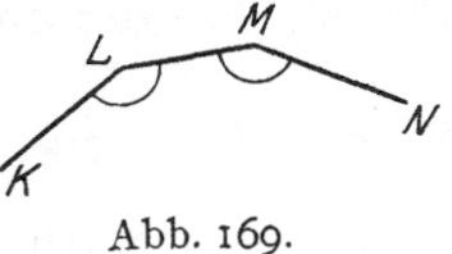

Abb. 169.

könnte man, falls auch wieder K und N zusammenfielen, die Hilfs-konstruktion anwenden, an der Euklid zeigt, daß die ungleichen Seiten gegenüberliegenden Winkel ungleich sein müssen (falls q ist, so ist Nicht-r). Hier würde also q das Zusammenfallen der Punkte K und N, das Zeichen p die Verschiedenheit der Strecken KL und NM und r die Gleichheit der Basiswinkel in dem eventuell ent-stehenden Dreieck bedeuten, und es liegen jetzt gerade zwei Urteile von der Form I und II vor. Man kann also den obigen Schluß wiederholen, demzufolge p und q unverträglich sind. Mit anderen Worten: man erhält die Alternative (§ 102) zwischen Nicht-p und Nicht-q; es sind also entweder die Strecken KL und NM nicht voneinander verschieden, oder es fallen die Punkte K und N nicht zusammen.

Ich will nun auch für den Fall ein Beispiel vorlegen, daß aus I und III geschlossen werden soll. Denken wir uns, daß durch viele genaue Messungen festgestellt sei, daß die Summe der Winkel eines Vierecks gleich vier Rechten ist, so wird man nach einer Induktion daraus das hypothetische Urteil ziehen: wenn ein Viereck drei rechte Winkel hat, so ist auch sein vierter Winkel ein Rechter (wenn q ist,

---

[1]) Vgl. ebenda p. 146, ferner B. Russel, The principles of mathematics, 1903, vol. I, p. 18 Anm. und L. Couturat, Les principes des mathematiques, 1905 p. 16.

so ist *r*). Geht man aber jetzt von der Voraussetzung der nicht-euklidischen Geometrie LOBATSCHEFSKIJS aus (Voraussetzung *p*), d. h. nimmt man an, es gebe in der Ebene zwei Gerade, die, ohne sich jemals zu schneiden, mit einer dritten Geraden innere Gegen-

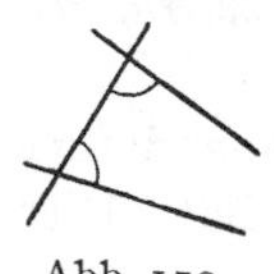

Abb. 170.

winkel machen, deren Summe kleiner ist als zwei Rechte (Abb. 170), so kann man beweisen, daß, falls drei Winkel eines Vierecks Rechte sind, nicht notwendig der vierte Winkel auch ein Rechter sein muß, was in diesem Fall heißen soll, daß man die Konstruktion für ein Viereck mit drei rechten Winkeln angeben kann, in dem der vierte Winkel kein Rechter ist (*q* und Nicht-*r* sind verträglich). Es liegen nun zwei Voraussetzungen von der Form I und III vor. Man wird also schließen, daß die Annahme *p* der nichteuklidischen Geometrie fallen gelassen werden muß. Leider kann man nicht behaupten, daß alle ebenen und geradlinigen Vierecke bei der Messung absolut genau die Winkelsumme von vier Rechten ergeben, sonst wäre damit er-wiesen, daß der empirische Raum wirklich der euklidische sein muß.

§ 105. Logistik. Kalkül der Gattungsbegriffe und Relationen.

Die von Mathematikern ersonnene Darstellung logischer Verhält-nisse und Schlüsse durch einen Kalkül mit Symbolen wird neuerdings meist Logistik[1]) genannt und hat sich eine beschränkte Anerken-nung auch in philosophischen Kreisen erworben. Aus diesem Grunde möchte ich kurz auf diese Verfahren eingehen, obwohl ich ihnen, wie ich gleich bemerken will, einen erheblichen Nutzen nicht zuerkennen kann. Man kann dabei dreierlei unterscheiden:

1. den Kalkül der Gattungsbegriffe,
2. den Kalkül der Relationen,
3. den Kalkül der Urteile.

In der Logik ist der Kalkül der Gattungsbegriffe der älteste. Er wurde zuerst von BOOLE aufgestellt und knüpft an den Umfang der Begriffe an. Sind A und B zwei Gattungsbegriffe (allgemeine Gegen-standsbegriffe), so bezeichnet man mit AB den Begriff, in dem alle die Individuen vereinigt sind, die sowohl unter A als auch unter B gehören. Andererseits versteht man unter $A + B$ den Begriff, der alle die Individuen umfaßt, die entweder A oder B (natürlich mög-licherweise auch beiden, A und B) zugehören. Es besteht also der Umfang von AB aus dem, was den Umfängen von A und von B gemeinsam ist, während der Umfang von $A + B$ durch Zusammentun

---

[1]) Vgl. NATORP: Die logischen Grundlagen der exakten Wissenschaften, 1910, S. 4, und COUTURAT: Die philosophischen Prinzipien der Mathematik, deutsch von SIEGEL, 1908, S. IX.

der Umfänge·von A und von B gebildet wird. Trifft man nun diese Festsetzungen, so gilt in diesem Sinne die Formel

$$(1) \qquad (A + B)\, C = AC + BC .$$

Der Beweis dafür ist einfach. Nach den eben gegebenen Erklärungen gehört jedes Individuum von $AC + BC$ entweder AC oder BC, d. h. also entweder gleichzeitig A und C oder gleichzeitig B und C an. Damit ist gesagt, daß ein solches Individuum jedenfalls dem Begriff C, außerdem aber entweder A oder B, d. h. aber dem Begriff $A + B$ angehört. Es muß also ein solches Individuum zum Begriff $(A + B)\, C$ gehören. Umgekehrt aber erkennt man, daß auch jedes zum letzten Begriff gehörende Individuum einerseits C, andererseits entweder A oder B zugehört, wodurch dann deutlich wird, daß sich die Gesamtheit der im Begriff $AC + BC$ enthaltenen Individuen mit der Gesamtheit der dem Begriff $(A + B)\, C$ zugehörigen deckt.

Die Formel (1) ist also richtig, und es kann auf sie ein Verfahren des Schließens gegründet werden. Die äußerliche Übereinstimmung der Gleichung (1) mit der bekannten Formel der Algebra gewährt ein gewisses Interesse, und es besteht wohl kein Zweifel darüber, daß die eingeführte Bezeichnung zu dem Zwecke gewählt wurde, um diese Übereinstimmung herzustellen. Ältere Autoren haben die auf die Formel (1) gegründete logische Symbolrechnung, durch welche sie die gewöhnliche Syllogistik ersetzen wollten, als „Algebra der Logik" bezeichnet. Eine Abkürzung des logischen Verfahrens, das überdies gewöhnlich nicht mit Gattungsbegriffen zu tun hat (vgl. § 6, 94, 95), wird jedoch durch diese Symbolrechnung nicht erreicht[1]).

Einfacher erscheint die Einführung einer unmittelbaren symbolischen Darstellung des Verhältnisses eines Unterbegriffs M zum Oberbegriff N, wenn dieses Verhältnis z. B. durch $M < N$ ausgedrückt wird. Offenbar muß zu diesem Symbol dann die Regel eingeführt werden, daß aus $M < N$ und aus $N < P$ stets $M < P$ folgt, und es kann hernach diese Regel zum formalen Schließen verwendet werden; offenbar aber übersieht man ohne jedes andere Hilfsmittel an einer Reihenfolge übergeordneter Begriffe das aus solchem Symbolgebrauch etwa zu schließende Endergebnis.

Der neuerdings hauptsächlich von Russel und Couturat betonte Umstand, daß die mathematischen Schlüsse weniger auf der Überordnung der Gattungsbegriffe als auf der Verkettung der Relationen beruhen[2]), hat die Forderung hervorgerufen, die Formallogik

---

[1]) Man vergleiche z. B. Ernst Schröder, Vorlesungen über die Algebra der Logik, 1. Bd., 1890; 2. Bd., 1. Abt.. 1891; 3. Bd. 1895; 2. Bd., 2. Abt., 1905.

[2]) Vgl. S. 4, Anm. 1.

der Relationen auszubauen. Man ist dabei aber nicht viel über die „transitive" Relation hinausgekommen. Bedeutet etwa $x\,c\,y$, daß ein Einzelgegenstand x zu einem Einzelgegenstand y in einer gewissen Relation steht, so ist das Gesetz der Transitivität darin ausgedrückt, daß aus $x\,c\,y$ in Verbindung mit $y\,c\,z$ folgen soll, daß auch $x\,c\,z$ ist[1]). Dieses Gesetz hat außerordentlich einfache Schlüsse zur Folge[2]), deren Formalismus im Grunde schon erwähnt worden ist, da ja auch die Überordnung der Begriffe (s. o.) eine transitive Relation der Begriffe selbst vorstellt.

Will man zu Beispielen gelangen, die ausgiebiger sind, so muß man schon eine oder mehrere Relationen von mehr als zwei Elementen annehmen und dabei die Gültigkeit von mehreren Gesetzen fordern (vgl. § 108). Ob diese angenommenen Gesetze oder Axiome nicht etwa auf Widersprüche führen, kann man dabei von vornherein nicht erkennen. Aus diesem Grunde und um sich nicht ins Uferlose zu verlieren, wird man am besten an bekannte und bewährte Tatsachen anknüpfen; dann aber wird man in der Regel erkennen, daß man eine der bekannten mathematischen Theorien vor sich hat, etwa die Theorie der Anordnung der Punkte in einer Geraden (§ 2), die Theorie des Schwerpunkts, der Kräftezusammensetzung u. dgl. Es erscheint mir darum eine wenig fruchtbare Aufgabe zu sein, nach neuen Formalismen der Relationslogik zu suchen.

Der bekannteste und fruchtbarste Formalismus ist jedenfalls der der gewöhnlichen Buchstabenrechnung. LEIBNIZ' Gedanke einer „Characteristica universalis", durch welche jedes Begriffsgebiet in ähnlicher Weise — durch Zusammensetzung des Verwickelten aus dem Einfachen — sollte bearbeitet werden können, ist in dieser Allgemeinheit ohne Zweifel unrichtig[3]). Doch sind im Anschluß an diesen Gedanken verschiedene nützliche Darstellungen geometrischer Spezialgebiete entstanden, wobei es dann wesentlich ist, daß ausgedehnte Gebilde, Lagenbeziehungen, Drehungen usw. durch einheitliche Symbole vorgestellt werden, ohne daß man dabei nötig hätte, auf die Koordinaten der einzelnen Punkte (§ 38) zurückzugehen. Ein wirklicher Nutzen des Formalismus ist meistens da vorhanden, wo gleichartige Relationen sich häufen[4]), und infolgedessen deren Zusammentreten besser in einer Zusammenstellung von Symbolen als in Worten überblickt werden kann.

---

[1]) Vgl. § 6 und 18.

[2]) Vgl. § 107.

[3]) Vgl. auch J. BAUMANN, Die Lehren von Raum, Zeit und Mathematik in der neueren Philosophie, II Bd., 1869, S. 62/63.

[4]) Wie ich nachträglich sehe, ist dies auch schon von MACH bemerkt worden; vgl. „Erkenntnis und Irrtum", 2. Aufl., 1906, S. 182.

§ 106. Urteilskalkül. Allgemeine Verstandesbegriffe.

Von den eingeführten Formalismen erscheint mir der Kalkül der Urteile am wenigsten bedeutungsvoll. Er ist gleichfalls zuerst von Boole[1]) erdacht worden. Wenn p und q zwei Behauptungen vorstellen, so soll die Formel

$$(1) \qquad p \frown q$$

heißen: „p schließt q ein", oder: „wenn p wahr ist, so ist auch q wahr", während die Formel

$$(2) \qquad p \smile q$$

bedeuten soll, daß entweder p oder q sicher wahr sein muß. Daß Ausdrücke wie „Enthaltensein" oder „Einschließen" vielfach nicht zweckmäßig sind, habe ich schon oben (§ 102) bemerkt. Es bedeutet also (1) einfach das hypothetische Urteil: „aus p folgt q", und (2) die Alternative zwischen p und q oder, anders gewendet, die Unverträglichkeit der zu p entgegengesetzten Behauptung p' mit der zu q entgegengesetzten Behauptung q'. Es werden nun an diese Formeln gewisse Regeln geknüpft, die uns erlauben, symbolisch zu verfahren, und die im Grunde nichts anderes als die schon in § 102 in Worten geschilderten Verhältnisse darstellen. Besonders verdächtig erscheint mir dabei, daß dafür, daß eine Behauptung und noch eine andere gleichzeitig gelten sollen, ein besonderes symbolisches Zeichen eingeführt wird, das verbunden mit einer neuen Regel auftritt. Falls nun Behauptungen in größerer Zahl zusammenkommen, müßte man doch die für dieses Zeichen gegebene Regel erst einmal *und dann noch einmal* anwenden und so fortfahren. Dies wird jedoch derjenige nicht können, der die mit dem Wort „und" bezeichnete logische Aufgabe[2]) nicht zu lösen vermag, und der, welcher dies vermag, wird jenes Zeichen samt der damit verbundenen Regel entbehren können.

Ein Ausfluß der bereits betonten, überscharfsinnigen Auffassung ist es auch, daß als besonderes Axiom die These aufgestellt wird: „Die gleichzeitige Behauptung von p und q schließt die Behauptung von p ein[3])." Ebenso wird die Substitution des Einzelnen in den allgemeinen Begriff, also die einfache Subsumption, als ein besonderes Prinzip bezeichnet[4]).

---

[1]) Vgl. auch Russel, a. a. O., S. 13ff., ich gebrauche jedoch die Couturatschen Symbole; vgl. auch hier S. 277, Anm. 1.

[2]) In ähnlicher Weise drückt sich F. Hausdorff mit Rücksicht auf das Wort „alle" aus (vgl. § 188).

[3]) Vgl. Couturat, Die philosophischen Prinzipien der Mathematik, deutsch von Siegel, 1908, S. 10.

[4]) Ebenda S. 12.

An den erwähnten Kalkül der Urteile knüpft sich noch ein Paradoxon. Es soll sich aus dem Kalkül ergeben, daß, wie man es ausdrückt, aus jeder falschen Behauptung jede beliebige andere Behauptung, nämlich sowohl jede richtige, als auch jede falsche Behauptung folgt. Der Gedankengang des Paradoxons, der auch ohne Kalkül dargestellt werden kann, ist nun dieser. Die Behauptung p hat die Behauptung

$$(3) \qquad\qquad p \smile q$$

oder in Worten die Behauptung: „es gilt entweder p oder q" zur Folge; dabei kann q eine ganz beliebige Aussage sein, die wir willkürlich zu p hinzugenommen haben. Nun sollte aber p, wie ausdrücklich vorausgesetzt wurde, eine „falsche" Behauptung sein, d. h. es soll das Gegenteil p' von p richtig sein, weshalb also der erste Teil p der Alternative (3) einen Widerspruch mit sich bringt. Infolgedessen fällt nun nach der für die Alternative geltenden Regel (modus tollendo ponens, § 102) dieser erste Teil weg, und es muß dafür der zweite Teil behauptet werden. Es bleibt also die Behauptung q als „Folgerung aus der falschen Behauptung p" übrig.

Es liegt hier der interessante Fall vor, daß etwas gleichzeitig trivial und doch im Grunde falsch oder wenigstens schief ist. Aus der Behauptung „p ist" folgt allerdings in gewissem Sinn bei beliebigem q: „es ist entweder p oder q", obwohl wahrscheinlich niemand im natürlichen Denkverfahren so schließen würde. Der Umstand aber, daß hier p zwar gesetzt, gleichzeitig jedoch als falsch bezeichnet wird, macht, daß zuerst die Alternative erschlossen wird: „es gilt entweder p oder q", und daß dann nachher, weil eben p falsch sein soll, der erste Teil der Alternative wieder weggelassen wird, so daß die Behauptung q übrig bleibt. Das hier ausgeführte Taschenspielerkunststück wird viel richtiger so geschildert: Es wird zuerst die Aussage p behauptet, woraus dann eine Folgerung gezogen wird, nachher wird dann, mit der Begründung, daß p falsch gewesen sei, *ohne daß die aus p gezogene Folgerung zugleich fallen gelassen würde*, die gegenteilige Aussage p' behauptet. Daß man aber schließlich zu allen möglichen Folgerungen gelangen kann, wenn man eine Annahme p und gleichzeitig dazu die Annahme p' des Gegenteils macht, war im Grunde längst bekannt.

Wer die Formulierung zugeben will, daß aus einer falschen Behauptung jede beliebige Behauptung folgt, der kommt auch zu dem Schlusse, daß aus einer falschen Behauptung das Gegenteil jeder beliebigen Behauptung folgt, d. h. daß eine falsche Behauptung mit jeder beliebigen Behauptung unverträglich ist. Dies ist auch tatsächlich richtig, natürlich in dem Sinne, daß die falsche Behauptung, für den, dem ihre Unrichtigkeit bekannt ist, schon mit sich selber unverträglich ist. Da nun also das Gegenteil r' einer richtigen Behauptung r mit jeder anderen Behauptung q unverträglich ist, so folgt r aus q. Es folgt also die richtige Behauptung r aus jeder anderen Behauptung, was aber doch nur den trivialen Sinn hat, daß die richtige Behauptung, für den, der ihre Richtigkeit kennt, gar nicht mehr besonders gefolgert zu werden braucht.

Das Wesen der im vorigen durchgeführten Betrachtungen versteckt sich bei einer formalen Behandlung[1]); dieselben beweisen also, daß ein Kalkül, so nützlich er in einzelnen mathematischen Disziplinen ist (§ 105), in logischen Fragen nicht zur Klarheit beiträgt, sondern eher Verwirrung hervorzurufen geeignet ist. Ich bekenne mich deshalb gerade zum Gegenteil der Ansicht von L. Couturat, der die Darstellung durch Zeichen oder Symbole als Bedingung der logischen Vollständigkeit eines Gedankenganges ansieht[2]). Es ist noch zu bedenken, daß jedes solche Zeichen mit einer Gebrauchsregel verbunden ist; diese Regel läßt sich jedoch nicht auf eine neue Symbolrechnung, sondern nur auf die Bedeutung des Zeichens gründen[3]). Insbesondere schiene es mir irrig zu sein, wenn man den Gebrauch derjenigen Begriffe durch einen Symbolkalkül regeln wollte, welche in Worten wie: „und“, „oder“, „alle“, „Einheit“, „nicht“, „Bedingung“, „Folgerung“ usw. niedergelegt sind. Derartige Begriffe, die man in der Philosophie als allgemeine Verstandes-

---

[1]) Vgl. Russel, a. a. O., S. 17 unten; vgl. auch Couturat, Les principes des mathématiques, 1905, p. 15.

[2]) Vgl. Couturat, ebenda p. 23. Ausführliche Symbolrechnungen sind entwickelt worden von G. Peano, Notations de logique mathématique, 1894, Logique mathématique, 1897 (Formulaire de mathématiques, t. I, II), Les définitions mathématiques (Bibliothèque du congrès de philosophie, t. III, p. 280) und von A. Padova, Introduction logique á une théorie déductive quelquonque (ibid. p. 315).

[3]) Vgl. auch meine Bemerkung in der Einleitung S. 5; übrigens gibt doch auch Couturat an einer Stelle (a. a. O., S. 12) zu, daß man die „Anfangssymbole und Grundformeln“ in der Wortsprache definieren müsse. In seiner Schrift „Intuitionism and Formalism“ (Bull. of the American Mathematical Society 2d Series, Vol. XX, 1913, p. 87/88) hat L. E. J. Brouwer scharfsinnig gezeigt, daß der Anhänger des Formalismus, der alle Schlüsse durch Symbole darstellen will, die Widerspruchslosigkeit seiner Ansätze niemals wirklich beweisen kann. Ich gehe aber insofern weiter, als ich nicht den Formalismus und das, was Brouwer Intuitionismus nennt, als gleichberechtigte Anschauungen nebeneinander stellen möchte, sondern glaube, daß der Formalismus als Grundlage der mathematischen Gedankenbildung zu verwerfen ist.

Philosophischerseits hat sich Franz Brentano (Von der Klassifikation der psychischen Phänomene, 1911, S. 160/61) sehr entschieden dagegen ausgesprochen, die Methode der Mathematik dadurch zu reformieren, daß man eine mathematische Logik auf sie anwendet. Er weist dabei treffend auf die „Ars magna“ des Raimundus Lullus (1234—1315) hin, die gleichfalls, trotz der hohen an sie geknüpften Erwartungen, völlig unfruchtbar geblieben ist. Auch Lotze hat sich in seiner Logik gegen solche Versuche erklärt (Philosophische Bibliothek, Bd. 141, S. 260).

begriffe oder auch als Kategorien zu bezeichnen pflegt, bilden selbst die Grundfunktionen alles Denkens und liefern die leitenden Gesichtspunkte für die Bildung aller Regeln und Begriffe der Einzelwissenschaften.

Dreizehnter Abschnitt.

Bausteine zu einer Logik der mathematischen Wissenschaften.

§ 107. Verkettung der Relationen.

Es ist schon mehrfach betont worden[1]), daß die mathematischen Schlüsse in der Regel nicht auf der Überordnung der Gattungsbegriffe, auf welche die alte Syllogistik ihre verschiedenen Formen gegründet hatte, sondern auf der Verkettung der Relationen beruhen. Man hat sich dabei eine Mehrzahl von gleichartigen oder ungleichartigen Elementen, d. h. Einzelgegenständen, zu denken, zwischen denen noch gewisse Relationen angenommen werden; so denkt man sich z. B. mehrere Gerade und Punkte, wobei gewisse Gerade durch gewisse Punkte gehen, ein Punkt zwischen zwei anderen liegt, zwei Punkte denselben Abstand haben wie zwei andere usw. Indem nun gewisse Regeln, d. h. gewisse Tatsachen allgemeiner Art, zur Verfügung stehen oder richtiger als Axiome zugrunde gelegt sind, die besagen, daß, wenn zwischen gewissen Elementen gewisse Relationen bestehen, zwischen diesen oder einem Teil von ihnen, vielleicht zusammen mit noch anderen Elementen, weitere Relationen bestehen müssen, liegt die Möglichkeit vor, zu anderen und wieder anderen Relationen weiterzuschreiten. Man gelangt so zu einer Folge gedanklicher Operationen, wobei die nachfolgenden in der Regel die vorhergehenden voraussetzen und nur manchmal eine Umstellung der innegehaltenen Ordnung möglich ist.

Beim Fortsetzen dieser, oft auch sich teilenden Gedankenkette gelangt man nicht nur zu neuen Relationen zwischen bereits gegebenen Elementen, sondern manchmal auch zur Erkenntnis des Zusammenfallens oder umgekehrt zur sicheren Erkenntnis der Verschiedenheit zweier zunächst nur vorläufig unterschiedenen Elemente. So müssen zwei Gerade g und g', deren jede durch die beiden voneinander verschiedenen Punkte A und B hindurchgeht, miteinander zusammenfallen; andererseits muß, wenn A, B und C voneinander verschieden sind und wenn B zwischen A und C gelegen ist, jeder zwischen B und C gelegene Punkt von A verschieden sein usw. (vgl. auch § 8).

---

[1]) Vgl. § 6 und 105.

Dabei ist zu beachten, daß die wirkliche Vollziehung der angedeuteten Gedankenoperationen, die Ausfindigmachung der Ordnung, in der allein sie vollzogen werden können, notwendig ist, so daß also eine Art von Gedankenexperiment zur Erreichung des Ergebnisses erforderlich ist. Liegt eine Untersuchung aus dem Gebiete der Geometrie, der Mechanik oder der Physik vor, so kommt den betrachteten Elementen eine Beziehung auf die Anschauung oder die Erfahrung zu, die jedoch bei der Handhabung jener Gedankenoperationen beiseite gelassen werden kann, wie bereits in § 7 und 8 gezeigt worden ist. Im Grunde operieren wir also nur mit den Zeichen, durch die wir jene anschaulichen oder empirischen Elemente in unserem Geiste darstellen, stellen oder ordnen jene Zeichen um, beziehen sie aufeinander usw. In diesem Sinne kann unser Gedankenexperiment in der Tat so, wie Hobbes sich ausgedrückt hat[1]), als eine Art Rechnung bezeichnet werden, wobei es aber ziemlich gleichgültig ist, ob der Gedankengang in Worten oder durch einen Symbolkalkül dargestellt wird[2]).

Durch das Gedankenexperiment entscheiden wir, wenn es sich um eine geometrische oder um eine mechanische oder physikalische Sache handelt, zum voraus, wie eine geometrische Zeichnung oder wie ein mechanisches oder ein physikalisches Realexperiment in dem gegebenen Falle ausfallen muß. In diesem Sinne hat Kroman die deduktive Methode passend dahin charakterisiert[3]), daß sie ein Realexperiment durch ein Gedankenexperiment ersetze.

Ein physikalisches Beispiel allereinfachster Art mag dazu dienen, das Deduktionsverfahren noch besser ins Licht zu setzen. Eine Erfahrungsregel besagt, daß, wenn ich mit dem Körper P die Fläche des Körpers Q ritzen kann, die Fläche von P nicht mit Q geritzt zu werden vermag. Eine andere Erfahrungsregel stellt fest, daß, wenn P die Fläche von Q ritzt, und Q die Fläche von R, daß dann auch P die Fläche von R ritzt; der Umstand, daß P die Fläche von Q ritzt, bedeutet also eine transitive Relation[4]) des Körpers P zum Körper Q. Daß auch ein anderer Tatsachenbestand denkbar wäre, wird hier niemand bestreiten; es handelt sich um Verhältnisse in der Erfahrung. Trotzdem können wir aus der zweiten Regel, nachdem wir sie einmal als allgemeingültig angenommen haben, auf rein logischem Wege Schlüsse ziehen. Wir wollen vorher noch die folgenden einzelnen Erfahrungstatsachen feststellen: Der Topas ritzt den Quarz, der

---

[1]) Vgl. § 125.
[2]) Vgl. § 105.
[3]) Vgl. Kroman, Unsere Naturerkenntnis, deutsche Ausgabe von v. Fischer Benzon, 1883, S. 26 und 139.
[4]) Vgl. § 6 und 105.

Feldspat den Apatit, der Quarz den Feldspat und der Diamant den Topas[1]). Bringt man nun die genannten Körper in die Reihenfolge: Apatit, Feldspat, Quarz, Topas, Diamant, so ist infolge der erwähnten einzelnen Feststellungen der Bedingung Genüge geleistet, daß in der aufgestellten Reihe jeder Körper den unmittelbar vorangehenden ritzt. Nunmehr ist deutlich, wie wir mit Hilfe jener zweiten Regel Schritt für Schritt schließen können, daß zunächst der Quarz, dann aber auch der Topas und schließlich der Diamant den Apatit ritzt. Hier können wir also auf Grund der einzelnen erfahrungsmäßigen Feststellungen, nachdem wir jene Regel als allgemein angenommen haben[2]), ein Realexperiment voraussagen. Das Gedankenexperiment aber, auf Grund dessen dies geschieht, beruht hier darauf, daß wir eine solche Reihenfolge der genannten Körper — oder vielmehr ihrer Namen — herausgefunden haben, welche den Apatit mit dem Diamanten verband und dabei der erwähnten Bedingung Genüge leistete.

Wie wir nun in der Geometrie, der Mechanik und der Physik mit den Gegenstandsbegriffen: Punkt, Gerade, Kraft, Druck, Zeit, Masse, Temperatur usw. und mit den Relationen, wonach etwa eine Gerade durch einen Punkt geht, oder eine Kraft mit anderen im Gleichgewicht ist, verfahren, so verfahren wir in ähnlicher Weise in der gemeinen Algebra mit den Zahlgrößen und mit den zwischen ihnen herrschenden Relationen, die z. B. auf ihrem Größersein und Kleinersein oder darauf beruhen, daß die eine Zahlgröße aus den anderen durch bestimmte Operationen entstanden ist. Man hat im Grunde dieselbe Art des Schließens, hier wie dort, nur daß man hier mit besonderem Vorteil, wegen der Häufung der gleichartigen Operationen, das Schließen in der Form eines Kalküls darstellt. Schon die übliche Bezeichnung, die durch $a + b$ die Summe und durch $a\,b$ das Produkt der Zahlen a und b ausdrückt, ist auf dieses Verfahren zugeschnitten. Die arithmetischen Grundformeln, wie z. B. die Formel

$$(1) \qquad a\,(b + c) = a\,b + a\,c$$

spielen hier die in der Geometrie den Axiomen zukommende Rolle. So wird aus der Formel (1) im Zusammenhang mit der Formel

$$(2) \qquad a\,b = b\,a$$

---

[1]) Falls wir sagen: „Topas ist härter als Quarz" usw., so wird jene Regel der Transitivität in dem sprachlich üblichen Gebrauch des Komparativs „härter" versteckt.

[2]) Diese Regel stellt das Axiom dar, auf dem der Schluß beruht. J. St. Mill hat die Bemerkung gemacht (System der deduktiven und induktiven Logik, deutsch von Schiel, 4. deutsche Aufl., 1877, 1. Teil, S. 272), daß in der geometrischen Deduktion die oberen Prämissen aus Definitionen und Axiomen bestehen. Diese Bemerkung ist zutreffend, wenn man die obere Prämisse oder den Obersatz in einem etwas allgemeineren Sinne als in dem bei den Aristotelischen Formen üblichen auffaßt.

d. h. mit dem Satz von der Vertauschbarkeit von Multiplikator und Multiplikand die bekannte Quadratform

$$a^2 + 2\,ab + b^2$$

hergeleitet.

Freilich besteht doch ein wesentlicher Unterschied. Während z. B. in der Geometrie der Punkt, die Gerade, die vereinigte Lage von Punkt und Gerade schlechthin gegebene Begriffe sind, die nicht innerhalb der geometrischen Deduktion, sondern nur durch den Hinweis auf die Erfahrung — oder vielleicht Anschauung — zu begründen sind, kann der Zahlbegriff, der Begriff der Addition und Multiplikation aufgebaut, und können die arithmetischen Grundformeln, d. h. also jene allgemeinen Lehrsätze, aus denen die Algebra schließt, bewiesen werden. Nur wenn wir das formale Verfahren der Algebra losgelöst von der Bedeutung der Zeichen betrachten, läßt es sich genau mit dem Verfahren der Geometrie in Parallele stellen.

Es ist schon mehrfach darauf hingewiesen worden, daß die Geometrie bereits in ihren Axiomen über Existentialtatsachen verfügt[1]). Diese gestatten nun andere und andere Elemente in die Schlüsse hineinzuziehen und so die Schlußkette noch mehr zu erweitern. So benutzt der geometrische Beweis etwa die Schnittpunkte von gewissen vorher schon in die Betrachtung eingeführten Geraden. In ähnlicher Weise zieht der algebraische Beweis die Summe oder das Produkt schon vorhandener Zahlen mit in den Kreis der Betrachtung.

Daß die mathematische Betrachtung sich allerdings nicht auf die eben geschilderten, aus einer endlichen Zahl von Elementen gebildeten mehrfach verzweigten Gedankenketten, die wirklich vollzogen werden können und müssen, beschränkt, wird später (§ 116) gezeigt werden. Es liegt dies im Grunde schon in der vorhin über die Beweisbarkeit der algebraischen Grundformeln gemachten Bemerkung, da diese Grundformeln nicht allgemein durch eine endlich fertige Schlußkette erlangt werden können.

Daß wir uns bei dem geschilderten Verfahren der Regeln bewußt bleiben müssen, nach denen es zu verlaufen hat, ist selbstverständlich. Wie wir es machen, daß wir einen Widerspruch mit der Regel vermeiden, daß die Identität des Verfahrens gewahrt bleibt, ist schwer zu sagen. Daß wir dies können, setzt die Logik voraus, und nur in diesem Sinne kann man sagen, daß das Denken auf der Identität und auf der Vermeidung des Widerspruchs beruhe, ohne daß ich darin ein besonderes, ausdrücklich hervorzuhebendes Prinzip zu erkennen vermöchte.

---

[1]) Vgl. § 2.

Daß die mathematische Beweisführung nicht, wie auch schon behauptet worden ist, ausschließlich auf der Substitution des Gleichen für das Gleiche beruht, dürfte bereits aus dem Vorstehenden hervorgehen und ist auch schon im ersten Abschnitt gezeigt worden[1]).

§ 108. Beispiel: Die Theorie des dritten Elements.

Um ein Beispiel zu bekommen, das reichere Beziehungen darbietet als die im vorigen Paragraphen angeführte Theorie der Transitivität und doch übersichtlicher ist als z. B. die Geometrie, will ich mir eine Mannigfaltigkeit von gleichartigen Elementen denken, die durch folgenden Relationsbegriff verknüpft sind.

I. Zu je zwei Elementen A und C soll es jedesmal ein zugehöriges, eindeutig bestimmtes drittes Element B geben. Dasselbe Element B gehört auch zu den Elementen C und A, d. h. es ist nicht davon abhängig, in welcher Reihenfolge die beiden Elemente als vorgegeben gedacht waren.

Wir wollen dieses Element B einfach das „dritte Element" nennen, um durch eine dergestalt abstrakte Bezeichnung jede unstatthafte Übertragung aus den schon bekannten Gebieten, in denen eine analoge Relation besteht, abzuwehren. Wir setzen ferner voraus:

II. Wenn A und C zusammenfallen, soll auch das zugehörige dritte Element mit ihnen zusammenfallen. Sind A und C voneinander verschieden, so ist auch das dritte Element von ihnen beiden verschieden.

Es soll jetzt noch diese Forderung gestellt werden:

III. Zu zwei Elementen A und B soll stets ein und nur ein Element C so existieren, daß B das dritte Element ist von A und C.

In dem besonderen Falle, daß B mit A zusammenfällt, kann C, wegen II, nicht von A verschieden sein; es fällt also das Element C, das nach III zu A und A gefunden werden kann, mit A selbst zusammen.

Geht man nun von zwei verschiedenen Elementen A und A_1 aus, so kann man nach III Schritt für Schritt die Elemente

$$A , A_1, A_2, A_3, \ldots$$

so definieren, daß A_1 das dritte Element ist zu A und A_2, ferner A_2 das dritte Element zu A_1 und A_3, weiter A_3 das dritte Element zu A_2 und A_4 usw. In derselben Weise läßt sich dann auch die Reihe

$$A_1, A, A_{-1}, A_{-2}, A_{-3}, \ldots$$

derart definieren, daß A das dritte Element ist zu A_1 und A_{-1}, ferner A_{-1} das dritte Element zu A und A_{-2}, ebenso A_{-2} das dritte Element zu A_{-1} und A_{-3} usw.

---

[1]) Vgl. § 6.

Es wird deutlich sein, daß man auch die beiden gebildeten Reihen zusammenfassen und in gewissem Sinne von der vor- und rückwärtsschreitenden Folge

$$(1) \qquad \ldots, A_{-4}\, A_{-3},\, A_{-2},\, A_{-1},\, A,\, A_1,\, A_2,\, A_3,\, A_4,\, \ldots$$

sprechen kann, wobei natürlich die räumliche Anordnung auf dem Papier nur der Verständigung dienen soll. Die Eigenschaft dieser Folge (1) ist dadurch charakterisiert, daß in ihr jedes Element das „dritte Element" vorstellt zum „vorangehenden" und „nachfolgenden". Dabei bleibt aber die Frage immer noch unerörtert, inwieweit die Elemente dieser Folge voneinander verschieden sind.

Zu erheblich weiteren Folgerungen gelangt man nur, wenn man eine neue Voraussetzung macht. Ich nehme jetzt noch das folgende Postulat an:

IV. Wenn in einer Folge von sieben Elementen $D'\,C'\,B'\,A\,B\,C\,D$ das mittlere A das dritte Element ist zum ersten D' und letzten D, ebenso zum zweiten C' und vorletzten C und auch zum dritten B' und drittletzten B, und wenn noch von den drei ersten Elementen der Folge das mittlere C' das dritte Element ist zu den beiden anderen D' und B', so ist auch von den drei letzten Elementen das mittlere C das dritte Element zu den beiden anderen D und B.

Um dieses Postulat auf die Reihe (1) anwenden zu können, führe ich die Elemente $B_1, B_2, B_3, B_4, \ldots$ so ein, daß A das dritte Element sowohl von A_{-1} und B_1 ist, als auch von A_{-2} und B_2, als auch von A_{-3} und B_3 usw. Es muß dann B_1 mit A_1 zusammenfallen, da nach Postulat III nur ein Element existiert derart, daß zu diesem und zu A_{-1} das Element A das zugehörige dritte ist. Nicht so unmittelbar ist zu erkennen, daß nun auch B_2 mit A_2, ebenso B_3 mit A_3 usw. zusammenfällt. Hierzu wird das Postulat IV gebraucht. Dieses Postulat kann auf die Folge $A_{-2}\,A_{-1}\,A\,A\,A\,B_1\,B_2$ angewendet werden, woraus sich ergibt, daß B_1, d. h. also A_1, das dritte Element von A und B_2 ist. Da aber nach der ursprünglichen Bildung der Reihe (1) das Element A_1 auch das zu A und A_2 zugehörige dritte ist, so kann, wiederum nach Postulat III, das Element B_2 nicht von A_2 verschieden sein. Betrachtet man jetzt weiter die Folge $A_{-3}\,A_{-2}$ $A_{-1}\,A\,B_1\,B_2\,B_3$, so sieht man, daß wieder die Voraussetzungen des Postulats IV erfüllt sind. Es muß deshalb B_2 das dritte Element zu B_1 und B_3, d. h. also A_2 das dritte Element zu A_1 und B_3 sein, woraus folgt, daß B_3 mit A_3 zusammenfallen muß.

Damit sind zunächst zwei wesentlich neue Eigenschaften der Reihe (1) nachgewiesen, die mit der „Konstruktion" der Reihe nicht ursprünglich gegeben waren. Es ist nämlich A das dritte Element zu A_{-2} und A_2, weil nach der Definition von B_2 das Element A das dritte war zu A_{-2} und B_2, und B_2 sich schließlich als mit A_2 zusammenfallend ergeben hat. Auf ganz entsprechende Weise ist A als drittes Element von A_{-3} und A_3 erwiesen worden. Diese Ergebnisse haben wir dadurch gewonnen, daß wir die in den Postulaten niedergelegten Gesetze angewendet, d. h. die in diesen Regeln ausgedrückten Tätigkeiten des Beziehens wirklich vollzogen haben. In dieser Hinsicht erläutert unser Beispiel die Verkettung der Relationen, d. h. die tatsächliche Bildung der Gedankenketten, die sich aus den die Relationen beherrschenden Postulaten ergeben. Nun aber kommt ein wesentlich Neues hinzu. Es ist bereits angedeutet worden, daß sowohl die Reihe (1), und zwar diese sogar nach zwei Seiten, als auch das zuletzt angewendete Schlußverfahren ins Unendliche fortgesetzt werden kann. Für das Schlußverfahren muß dies bewiesen werden.

Zu diesem Zweck nehmen wir als bereits bewiesen an, daß nicht nur B_1 mit A_1, B_2 mit A_2, B_3 mit A_3, sondern auch B_4 mit A_4 usw. und schließlich auch B_n mit A_n zusammenfällt. Es kann unter dieser Voraussetzung gezeigt werden, daß auch B_{n+1} nicht von A_{n+1} verschieden sein kann. Betrachten wir nämlich die Folge $A_{-n-1} A_{-n} A_{-n+1} A B_{n-1} B_n B_{n+1}$, so ergibt die Anwendung des Postulats IV sofort, daß B_n das dritte Element ist von B_{n-1} und B_{n+1}, d. h. also, daß A_n das dritte Element von A_{n-1} und B_{n+1} ist, woraus dann das Zusammenfallen von B_{n+1} mit A_{n+1} erschlossen wird.

Niemand wird bestreiten, daß der eben gegebene Beweis die unbeschränkte Fortsetzbarkeit unserer Schlußweise erhärtet, daß also allgemein B_ν mit A_ν zusammenfallen wird. Worauf es im Grunde beruht, daß ein Ergebnis von solcher Allgemeinheit möglich ist, was der eigentliche Kern des hier angewendeten „Schlusses von n auf $n + 1$" ist, ist freilich nicht so leicht zu sagen. Es soll auf diesen Punkt, der in § 120 bis auf einen gewissen Grad untersucht werden wird, hier nicht eingegangen werden.

Da nun in der Folge (1) jedes Element das dritte ist zum vorangehenden und nachfolgenden, so ist im Grunde das Element A gar nicht ausgezeichnet. Im vorigen war nun B_ν so angenommen, daß A das dritte Element war von $A_{-\nu}$ und B_ν, und es fiel dann B_ν mit A_ν zusammen, d. h. also, es wurde bewiesen, daß A das dritte Element ist zu dem ihm um ν Stellen vorangehenden und dem ihm um ν Stellen nachfolgenden Element. Weil nun an Stelle von A auch irgendein anderes Element treten kann, so ist allgemein für zwei beliebige Zahlen μ und ν das Element A_μ das dritte zu $A_{\mu+\nu}$ und $A_{\mu-\nu}$; es hat also auch die Folge

$$\ldots A_{\mu-3\nu},\ A_{\mu-2\nu},\ A_{\mu-\nu},\ A_\mu,\ A_{\mu+\nu},\ A_{\mu+2\nu},\ A_{\mu+3\nu},\ \ldots$$

die Eigenschaft, daß jedes ihrer Elemente das dritte Element ist zu dem vorhergehenden und nachfolgenden. Diese Eigenschaft kommt also jeder Folge zu, die aus der Folge (1) dadurch herausgehoben wird, daß man jedesmal dieselbe Zahl $\nu - 1$ von Elementen überspringt.

Es können jetzt in die Reihe (1) auch umgekehrt Glieder eingeschaltet werden. Bedeutet nämlich allgemein C_μ das dritte Element zu A_μ und $A_{\mu+1}$, so kann man die neue Folge

$$(2) \qquad \ldots, A_{-2}, C_{-2}, A_{-1}, C_{-1}, A_0, C_0, A_1, C_1, A_2, C_2, \ldots$$

bilden, in der A_0 dasselbe Element wie oben A bedeuten soll. Nach der gegebenen Vorschrift ist hier z. B. C_0 das dritte Element zu A_0 und A_1, und ebenso C_1 das dritte Element zu A_1 und A_2; es ist aber zunächst noch nicht ersichtlich, daß auch A_1 das dritte Element ist zu C_0 und C_1. Dies läßt sich aber in ähnlicher Weise, wie die früheren Beweise geführt worden sind, mit Hilfe des Postulats IV dartun, worauf aber jetzt nicht eingegangen werden soll. Man kann nun die Bildung der Reihe (1) als eine „Vervielfachung" des Reihenintervalls $A\,A_1$ und den Übergang von der Folge (1) zur Folge (2) als eine „Zweiteilung" der Intervalle von (1) deuten, wobei aber das Wort „Intervall" nicht geometrisch, sondern nur im Sinne der Reihe, also im Sinne eines Gleichnisses zu verstehen ist. In diesem Sinne können nun die Intervalle von (2) noch einmal geteilt werden, und man kann so weiter fortfahren. Jetzt liegt es nahe, die Reihenglieder durch Zahlen zu markieren. Es soll allgemein dem Element A_μ die ganze Zahl μ, dem Element C_μ von (2) die um $\frac{1}{2}$ größere Zahl $\mu + \frac{1}{2}$ zugewiesen werden. Man gelangt schließlich dazu, jedem Element, auf das man in der geschilderten Weise durch eine endliche Zahl solcher Zwischenschaltungen geführt wird, eine rationale, im allgemeinen gebrochene Zahl mit einem Nenner, der eine Potenz von 2 ist, d. h. mit anderen Worten eine dyadische Zahl zuzuordnen.

§ 109. Erweiterung der Theorie mit Hilfe eines neuen Relationsbegriffs.

Es ist schon darauf hingewiesen worden, daß zunächst nicht die Verschiedenheit aller der in einer der obigen Reihen auftretenden Glieder behauptet werden kann. Ich führe nun noch einen weiteren Relationsbegriff ein, indem ich die folgenden Annahmen mache:

V. Von zwei verschiedenen unserer Elemente ist stets ein bestimmtes das „frühere", das andere das „spätere"; andererseits müssen zwei Elemente, von denen das eine das frühere und das andere das spätere ist, voneinander verschieden sein.

VI. Wenn M früher ist als N, und N früher als P, so ist auch M früher als P, weshalb (vgl. V) auch M von P verschieden sein muß.

Hier wird also der Begriff „früher" als eine neue Relation unserer Elemente eingeführt, die gegeben sein soll (§ 1) und die in Wahrheit weder mit zeitlichen noch mit räumlichen Begriffen und zunächst auch nicht mit dem „vorangehen" und „nachfolgen" der Elemente in den oben konstruierten (synthetisch gebildeten) Reihen etwas zu tun haben soll. Die neue Relation ist nach VI eine transitive (§ 105 und 107), und es muß deshalb, wie leicht zu sehen ist, auch der umgekehrten Relation „später" (§ 95) derselbe Charakter der Transitivität zukommen. Es soll aber außerdem noch das weitere Postulat angenommen werden:

VII. Wenn die beiden Elemente M und N das Element P als drittes bestimmen, so ist von jenen beiden Elementen das eine früher, das andere später als P.

Betrachtet man nun die im vorigen Paragraphen definierte Elementenfolge (1), so ergibt sich zunächst, falls A_1 als verschieden von A angenommen wird, daß auch A_2 von A verschieden sein muß; man käme sonst, da A_1 das dritte Element von A und A_2 ist, mit Hilfe des Postulats II auf einen Widerspruch. Da A_2 von A verschieden ist, ist nach VII entweder A früher als A_1, und dieses früher als A_2, oder umgekehrt A später als A_1, und A_1 später als A_2. Nimmt man nun z. B. an, daß von den eben genannten beiden Möglichkeiten die erste eintritt, so erkennt man, wenn die angestellte Betrachtung jetzt auf die drei Elemente A_1, A_2 und A_3 angewendet wird, daß A_2 früher ist als A_3, ebenso wie A_1 früher als A_2. Indem man so in der Folge (1) weiterschreitet, ergibt sich in ihr jedes Element als früher im Verhältnis zum unmittelbar folgenden und vermöge der Transitivität der Relation „früher" auch im Verhältnis zu jedem nachfolgenden Element. Hätte man aber von den oben ermittelten beiden Möglichkeiten die zweite angenommen, so hätte sich in unserer Folge (1) jedes Element im Verhältnis zu jedem nachfolgenden als später herausgestellt. Man erkennt nunmehr auch, daß auf Grund der neuen Annahmen die Elemente unserer Folge alle voneinander verschieden sind.

Es läßt sich nun auch von der Folge (2) und von den anderen Folgen, die in der oben geschilderten Weise durch mehrfache Einschaltung entstehen, beweisen, daß jede aus lauter verschiedenen Elementen besteht, und daß entweder in allen Folgen jedes Element früher ist als jedes ihm nachfolgende oder in allen Folgen jedes Element später als jedes nachfolgende, je nachdem dies eben bei der Folge (1) auf die eine oder die andere Art sich verhält.

Die frühere Auseinandersetzung setzte noch stillschweigend voraus, daß zwei voneinander verschiedene Elemente existieren, woraus dann mit Hilfe der Postulate sich die Existenz von unendlich vielen verschiedenen Elementen ergibt. Es können nun aber unter den Elementen, die als gegeben vorausgesetzt waren und den Postulaten I—VII genügen sollten, auch noch solche vorhanden sein, die sich nicht aus den beiden oben gewählten A und A_1 durch eine endliche Zahl der beschriebenen Operationen der Reihenfortsetzung und der Zwischenschaltung erreichen lassen. Insbesondere müssen solche weitere Elemente vorhanden sein, wenn noch mit Rücksicht auf die eben eingeführte Relation des Früheren — bzw. Späteren — das Stetigkeitsaxiom gefordert wird:

VIII. Falls die sämtlichen Elemente so in zwei Klassen eingeteilt sind, daß jedes Element der ersten Klasse früher ist als jedes der zweiten, so existiert ein Element S von der Art, daß alle Elemente, die früher als S sind, der ersten, und alle die, welche später als S sind, der zweiten Klasse angehören. Das Element S selbst kann je nach dem Fall zur ersten oder zur zweiten Klasse gerechnet erscheinen[1]).

Werden noch zwei einfache Postulate hinzugefügt[2]), so gelingt es mit Hilfe der Elemente, denen die dyadischen Zahlen zugeordnet wurden (§ 108), und mit Hilfe der Relationsbegriffe „früher" und „später" schließlich jedem Element eine reelle Zahl eindeutig zuzuordnen und dann zu zeigen, daß auch jede, rationale oder irrationale, reelle Zahl als zugeordnete eines einzigen bestimmten Elements auftritt. Es gehört bei dieser Zuordnung entweder allgemein zum früheren Element die algebraisch (d. h. mit Rücksicht auf das Vorzeichen) kleinere oder allgemein zum früheren Element die algebraisch größere Zahl. Ist außerdem B das dritte Element zu A und zu C, so ist die dem Element B zugeordnete Zahl das arithmetische Mittel der zu A und zu C zugeordneten Zahlen.

Im Gegensatz zu den lückenlos aus den Axiomen I—X (vgl. die Anm.) möglichen Beweisen der aufgestellten Sätze, steht die Tatsache, daß die Widerspruchslosigkeit der Axiome, wenn das Stetigkeitsaxiom in diesen inbegriffen ist, sich nicht „rein logisch" beweisen läßt. Dagegen folgt die Widerspruchslosigkeit der Axiome I—VII, IX und X sofort aus der reinen Arithmetik, wenn man von vornherein die reellen — positiven und negativen — Rationalzahlen die

---

[1]) Vgl. § 29ff.

[2]) Ich habe mich überzeugt, daß es genügt, noch diese Postulate anzunehmen:

IX. Falls B das dritte Element ist von A und von C, und B' das dritte Element von A und von C', und wenn C früher ist als C', so ist auch B früher als B'.

X. Falls B das dritte Element ist sowohl von A und C als auch von A' und C', und wenn A früher ist als A', so ist C' später als C.

Elemente sein läßt und das „dritte Element" als arithmetisches Mittel definiert. Da die Arithmetik sich rein logisch aufbauen läßt (vgl. den neunten Abschnitt), so ist die Widerspruchslosigkeit der zuletzt genannten Axiome rein logisch beweisbar. Dies gilt meines Erachtens nicht mehr von dem System der Axiome, nachdem das Stetigkeitsaxiom hinzugetreten ist, denn die Gesamtheit aller reellen Zahlen, die dann die Elemente vorstellen müßten, ist nicht durch rein logischen Aufbau erreichbar[1]). Dagegen ergibt sich die Widerspruchslosigkeit der Axiome I—X mit Notwendigkeit, wenn man das einfache Kontinuum oder, was auf dasselbe hinauskommt, die Gesamtheit der Punkte einer Geraden mit den in § 2 angegebenen, die Anordnung der Punkte und die Abtragung der Strecken betreffenden Axiomen samt dem Stetigkeitsaxiom (§ 29) als gegeben, d. h. als eine in anderem als rein logischem Sinne in sich notwendige, mit idealer Wahrheit ausgestattete Form annimmt. Das „dritte Element" ist dann als der Mittelpunkt zweier jener Punkte zu deuten, die alle auf derselben Geraden gelegen sind[2]).

Auf der anderen Seite ist zu beachten, daß der Aufbau der Theorie des dritten Elements aus den Axiomen, nachdem diese einmal angenommen sind, ohne jegliche Benutzung der Begriffe „Abstand", „Abstandsgleichheit" u. dgl. durchgeführt wird[3]), und es läßt deshalb diese Theorie wohl noch deutlicher erkennen, als dies im dritten Abschnitt bereits gezeigt worden ist, daß aus qualitativen Relationen mit Hilfe gewisser Folgen von Operationen, die gezählt werden, der Begriff des Maßes erwächst.

§ 110. Zahlformeln, Vertauschungen und Ähnliches.

Um die Bedeutung einer Zahlformel, z. B. der bei Kant öfters erwähnten Formel $5 + 7 = 12$, auseinanderzusetzen, will ich mich an die in § 63 zuerst erwähnte einfachere Zahlauffassung halten. Sie betrachtet die Zahlen lediglich als Zeichen, welche die Stellen in einer Reihenfolge zu unterscheiden bestimmt sind, wobei für die im Grunde beliebigen Zeichen eben einmal die Charaktere

$$1, 2, 3, \ldots, 10, 11, 12, 13, \ldots$$

gewählt worden sind. Um die „Summe" $5 + 7$ zu finden, hat man von dem Zeichen 5 aus zum nächsten, dann zum nächstnächsten Zeichen und so weiter fortzuschreiten, wobei man den einzelnen Schritten

---

[1]) Vgl. § 76 und 124.

[2]) Vgl. § 17 ff.

[3]) In derselben Weise werden in der v. Staudtschen projektiven Geometrie den Punkten der Geraden Zahlen zugeordnet, ohne daß dabei von Abständen und von Abstandsgleichheit die Rede ist (vgl. den Schluß von § 22).

dieses Verfahrens die Anfangszeichen 1, 2, ... der obigen Folge der Reihe nach[1]) z u o r d n e t. Der Schritt, dem das Zeichen 7 zugeordnet wird, ergibt dann in unserem Verfahren das Zeichen 12, und dieser Umstand ist es, der durch die Aussage ausgedrückt wird, daß die Summe von 5 und 7 gleich 12 ist. Die Summe wird also allgemein durch ein nach einer Regel fortlaufendes Verfahren definiert, und *man muß dieses Verfahren tatsächlich im Einzelfall vollziehen,* um die Summe zu finden.

Man beachte außerdem, daß hier auch von einer Zuordnung Gebrauch gemacht worden ist. Hätten wir den anderen Zahlbegriff, d. h. den Begriff der „Anzahl" zugrunde gelegt, der lediglich auf der Zuordnung der in zwei Mengen enthaltenen Einheiten beruht (§ 63, 68, 69), so wäre in noch weitergehendem Sinne von der Tätigkeit des Zuordnens Gebrauch gemacht worden, indem dann nicht nur der Reihe nach, sondern auch außerhalb der Reihe zugeordnet wird. Beide Auffassungen aber stimmen darin überein, daß gewisse Tätigkeiten gefordert werden, durch welche die Summe definiert wird, und welche im Einzelfall wirklich vollzogen werden müssen. Dabei werden keine Voraussetzungen gemacht, die, so wie in der Geometrie die Axiome, von anderswo her in das Denken hereingekommen sind.

Ganz ähnlicher Tätigkeiten wie der eben geschilderten bedürfen wir, wenn wir z. B. erkennen wollen, daß wir vier verschiedene Elemente auf genau drei Arten in zwei Paare von je zwei Elementen trennen können. So ergeben die vier Elemente a, b, c, d die drei Arten der Trennung

$$a, b; c, d \qquad a, c; b, d \qquad a, d; b, c$$

in je zwei Paare.

Wiederum durch ähnliche Tätigkeiten, die wir zunächst jedenfalls, solange wir noch keine höhere Theorie geschaffen haben, wirklich im einzelnen vollziehen müssen, erkennen wir, daß drei Elemente a, b, c auf sechs und nicht auf mehr Arten in eine Reihenfolge gestellt werden können. Die folgende Übersicht stellt die sechs Reihenfolgen dar:

$$a \quad b \quad c$$
$$a \quad c \quad b$$
$$b \quad a \quad c$$
$$b \quad c \quad a$$
$$c \quad a \quad b$$
$$c \quad b \quad a$$

---

[1]) Die Bedeutung der Sukzession für die Arithmetik ist bei Kant klar erkannt; er sagt: „Arithmetik bringt selbst ihre Zahlbegriffe durch sukzessive Hinzusetzung der Einheiten in der Zeit zustande" (Prolegomena, § 10). Freilich glaube ich im Gegensatz zu Kant, daß man die r e i n e Reihenfolge abgelöst vom Zeitbegriff betrachten muß (über „Zeit" und „Reihenfolge" ist § 121 zu vergleichen).

Mit solchen Reihenfolgen, die wir Permutationen nennen, in unmittelbarem Zusammenhang stehen die Vertauschungen oder Substitutionen von irgendwelchen gegebenen Elementen. Man kann z. B. in dem Ausdruck

$$(1) \qquad x_1 x_2 + x_3 x_4$$

für die vier Buchstaben x_1, x_2, x_3, x_4 dieselben Buchstaben in einer anderen Ordnung einsetzen, etwa für x_1, x_2, x_3, x_4 nunmehr der Reihe nach x_2, x_3, x_1, x_4. Es ist damit eine Zuordnung

$$(2) \qquad \begin{pmatrix} x_1 & x_2 & x_3 & x_4 \\ x_2 & x_3 & x_1 & x_4 \end{pmatrix}$$

aufgestellt, welche die Bedeutung eines Ersetzungsverfahrens hat, indem für jeden Buchstaben der oberen Zeile des Schemas (2) der darunter stehende zugeordnete Buchstabe gesetzt werden soll. Wir haben bereits in § 93 solche Vertauschungen betrachtet. Bei diesen kommt es also nur auf die Zuordnung der oberen Elemente zu den unteren, nicht auf die Reihenfolge an, in der die Elemente der oberen Zeile untereinander aufgeführt waren, so daß dieselbe Substitution (2) auch z. B. durch das Schema

$$\begin{pmatrix} x_2 & x_4 & x_1 & x_3 \\ x_3 & x_4 & x_2 & x_1 \end{pmatrix}$$

ausgedrückt erscheint.

Gegenstände mathematischer Betrachtung sind nun sowohl die Vertauschungen selbst als auch die Relationen, die sich zwischen den verschiedenen Ausdrücken und Vertauschungen dadurch ergeben, daß eine Vertauschung einen Ausdruck in einen zweiten, ein anderes Mal einen Ausdruck, wie wir sagen, in sich selbst, d. h. in einen solchen überführt, der dem ersten Ausdruck, falls die Buchstaben Zahlgrößen bedeuten, nach den Gesetzen der Algebra gleichwertig ist.

Eine besondere Bedeutung kommt den zyklischen Vertauschungen zu. Eine solche ist z. B.

$$(3) \qquad \begin{pmatrix} x_1 & x_2 & x_3 & x_4 \\ x_2 & x_3 & x_4 & x_1 \end{pmatrix}$$

Diese wird auch durch

$$(4) \qquad (x_1 \ x_2 \ x_3 \ x_4)$$

in dem Sinne dargestellt, daß für jeden Buchstaben der ihm in der Klammer (4) folgende, für den letzten Buchstaben x_4 aber wieder der erste Buchstabe x_1 gesetzt werden soll. Die zyklische Vertauschung (4) führt den Ausdruck (1) in $x_2 x_3 + x_4 x_1$ über, während die gleichfalls zyklische Vertauschung $(x_1 x_3 x_2 x_4)$ den Ausdruck (1) in $x_3 x_4 + x_2 x_1$, d. h. also „in sich selbst" überführt.

Die erwähnte zyklische Vertauschung (4) kann auch dadurch hergestellt werden, daß man dreimal hintereinander je zwei Elemente miteinander vertauscht, indem man in dem Schema

$$(5) \qquad \begin{matrix} x_1 & x_2 & x_3 & x_4 \\ x_2 & x_1 & x_3 & x_4 \\ x_2 & x_3 & x_1 & x_4 \\ x_2 & x_3 & x_4 & x_1 \end{matrix}$$

zunächst von der ersten Zeile zur zweiten, dann von dieser zur dritten und von hier schließlich zur vierten Zeile übergeht. Man vertauscht dabei zuerst x_1 und x_2 miteinander, dann x_1 und x_3 miteinander und schließlich x_1 mit x_4. Dadurch hat man nun einen mittelbaren Übergang von der ersten Zeile zur vierten hergestellt; es bedeutet aber die unmittelbare Ersetzung der ersten Zeile durch die vierte nichts anderes als die obige zyklische Substitution, die gleichzeitig in der Form (3) und in der Form (4) dargestellt war. Es läßt sich also unsere zyklische Substitution von vier Buchstaben aus drei Vertauschungen von je zwei Buchstaben zusammensetzen. In derselben Weise kann man an dem allgemeinen Schema

$$(6) \qquad \begin{matrix} x_1 & x_2 & x_3 & \ldots & x_{n-1} & x_n \\ x_2 & x_1 & x_3 & \ldots & x_{n-1} & x_n \\ x_2 & x_3 & x_1 & \ldots & x_{n-1} & x_n \\ \cdot & \cdot & \cdot & \ldots & \cdot & \cdot \\ x_2 & x_3 & x_4 & \ldots & x_1 & x_n \\ x_2 & x_3 & x_4 & \ldots & x_n & x_1 \, , \end{matrix}$$

das n Zeilen umfaßt, erkennen, daß die zyklische Vertauschung von n Buchstaben aus $n - 1$ Vertauschungen von je zwei Buchstaben zusammengesetzt werden kann.

Noch allgemeiner ließ sich beweisen (§ 93), daß jede beliebige Vertauschung von Buchstaben sich aus einer gewissen Zahl von Vertauschungen von je zwei Buchstaben zusammensetzen läßt. Es ergab sich dies aus dem Verfahren, durch das wir in § 68 eine Folge von Elementen schrittweise umgestaltet haben zu dem Zweck, dadurch die „Grundtatsache" zu beweisen, auf der der Anzahlbegriff sich aufbaut. Es wird demnach deutlich sein, daß dieselben Arten der Tätigkeit sowohl in der Substitutionenlehre als auch in der Arithmetik ausgeübt werden[1]).

Wir müssen nun für gewöhnlich die genannten Tätigkeiten vollziehen, um zu dem Ergebnis zu gelangen[2]). Dies zeigen die einfacheren

---

[1]) Vgl. S. 173, Anm. 3.
[2]) Vgl. A. Meinong, Gesammelte Abhandlungen, 2. Bd., 1913, S. 139, 147/48, wo der Unterschied zwischen angezeigter und ausgeführter Zusammensetzung betont wird.

von den obigen Beispielen ohne weiteres, während allerdings die an das Schema (6) angeknüpfte Überlegung, ebenso wie die Betrachtung von § 68 und vollends die Beweise von § 93 bereits über diesen gewöhnlichen Fall hinausweisen. Man könnte also zunächst versucht sein, in den obigen Fällen von so etwas wie von einem Erfahrungsergebnis zu sprechen. Beachtet man aber, was in § 107 von der Verkettung der Relationen gesagt worden ist, von der Art, wie z. B. in der Geometrie aus vorausgesetzten Relationen an der Hand gewisser Gesetze neue Relationen gewonnen werden, so wird man erkennen, daß wir in der Arithmetik und in der Substitutionenlehre dieselbe Art der Tätigkeit ausüben, die wir z. B. in dem geometrischen Beweis, wenn er ganz abstrakt dargestellt ist (§ 8), vollziehen. Was wir nun in der Geometrie und in anderen Gebieten als ein Gedankenexperiment bezeichnen (§ 107), durch das wir die Erfahrung ersetzen, z. B. ein Messungsergebnis voraussagen, das werden wir nicht in der Arithmetik der Erfahrung im eigentlichen Sinne des Wortes zuschieben. Vielleicht ist hier die Einführung eines passenden Wortes angebracht. Ich will sagen, daß die besprochenen Tätigkeiten dadurch zu einem Ergebnis führen, daß wir ihren Erfolg zugleich beobachten, daß aber nur solche Beobachtungen als Erfahrungen zu bezeichnen sind[1]), bei denen wirkliche Dinge, also Gegenstände, vorliegen, die den Stoff zu sinnlichen Wahrnehmungen bilden, wenn es sich also insbesondere um sicht- oder tastbare Gegenstände handelt, wie eine wirklich gezeichnete Figur, ein Gips- oder Fadenmodell, ein wirklich ausgeführtes Modell der Mechanik oder dergleichen (vgl. auch § 167).

Es beruhen also die arithmetisch substitutionentheoretischen Gebilde auf Tätigkeiten, die, nebenbei bemerkt, nach gewissen Regeln verlaufen (vgl. § 63 ff.), und deren Ergebnisse wir, indem wir die Tätigkeiten vollziehen, beobachten, und es beruht andererseits die geometrische und mechanische Deduktion auf Tätigkeiten ganz ähnlicher Art.

§ 111. Synthetische Begriffe.

Auf Begriffe, die aus einer gewissen Tätigkeit entspringen, habe ich auch in der Geometrie hingewiesen (§ 1), wo ich diese Begriffe als synthetische[2]) bezeichnet habe. So kann man z. B. in einer

---

[1]) Jungius (vgl. Guhrauer, Joachim Jungius und sein Zeitalter, 1850, S. 164) unterschied von der äußeren die „innere Erfahrung" und bezeichnete den „inneren Sinn" als eine Erkenntnisquelle, auf die man die Logik gründen müsse.

[2]) In meiner Antrittsrede, S. 2, habe ich von diesen Begriffen gesagt, daß sie durch „Konstruktion" erklärt werden; im wesentlichen dasselbe bezeichnet Gauss (Werke, Bd. V, S. 629) als eine „konstruierbare Vorstellung". Verschiedene Autoren

Ebene mit der Festlegung einer Strecke AB beginnen, an deren Endpunkt B um einen rechten Winkel gegen die erste Strecke gedreht
eine zweite, der ersten Strecke gleiche Strecke BC anfügen und in
einer weiteren Drehung um einen rechten Winkel, die in demselben
Sinne ausgeführt worden ist, eine dritte Strecke CD von derselben
Länge anbringen (Abb. 171). Wenn jetzt noch D mit A verbunden
wird, so entsteht ein Viereck, das jedenfalls drei untereinander gleiche
Seiten und zwei rechte Winkel hat. Daß dieses Viereck auch noch
die übrigen Eigenschaften besitzt, die einem Quadrat zugeschrieben
werden, folgt dann mit Hilfe der Gesetze, die in der Geometrie angenommen (gefordert) werden, d. h. also mit Hilfe der Axiome, worauf
aber hier nicht weiter eingegangen werden soll. Jedenfalls geht aus
der genannten Konstruktion auf Grund der Axiome, welche die Möglichkeit der einzelnen Schritte der Konstruktion und das schließliche
Auftreten der übrigen Eigenschaften der Figur ver-
bürgen, hervor, daß nicht nur ein Quadrat existiert,
sondern daß ein solches auch von jeder Strecke
AB der Ebene aus gebildet werden kann.

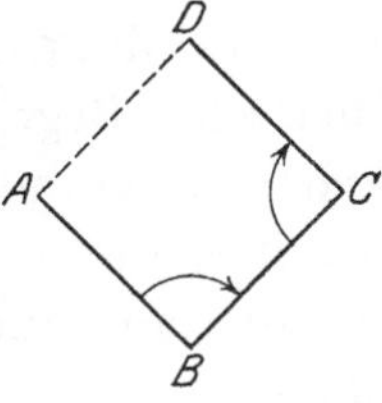

Abb. 171.

Dabei ist noch zu beachten, daß man im Grunde
die Konstruktion nicht tatsächlich ausführt, sondern
sich nur denkt, wobei freilich der Umstand, daß
jene Axiome angenommen worden sind, auf Kon-
struktionen, die tatsächlich in der Erfahrung ausgeführt worden sind,
beruhen mag. Die Hauptsache ist jedenfalls die Aufstellung einer
solchen Reihenfolge, in der die Schritte der Konstruktion hintereinander vorgenommen werden könnten, so daß also diese Reihenfolge auf Grund der angenommenen Axiome die Existenz des fraglichen Gegenstandes, hier des Quadrats, erkennen läßt. Es kommt
also dabei auf die Aufstellung einer bestimmten Reihenfolge gedanklicher Elemente wesentlich an.

Wie soeben das Quadrat, also ein Gegenstand, synthetisch gebildet
wurde, so kann auch eine Relation synthetisch entstehen, indem man
sie aus einer Tätigkeit entspringen läßt. Wir können uns z. B. eine
bestimmte mit Zirkel und Lineal auszuführende Konstruktion ausdenken, und es begründet dann der Umstand, daß diese Konstruktion

---

der Kantschen Schule haben darauf hingewiesen, daß „Synthese" sowohl in der
Urteils- als in der Begriffsbildung wirksam sei. Mir erscheint die Synthese im obigen
Sinne in der Begriffsbildung als das Wichtige, während mir eine Synthese in der
Urteilsbildung weit weniger klar und die Kantsche Unterscheidung der synthetischen
und analytischen Urteile jedenfalls für die heutige Zeit nicht mehr fruchtbar vorkommt
(vgl. § 127). Chr. Sigwart hat die Bedeutung der „konstruierenden Begriffsbildung"
mehrfach scharf betont (vgl. Logik, 1. Aufl., 1878, 2. Bd., S. 176ff., 3. Aufl., 1904, 2. Bd.,
S. 219ff., 276), ebenso Lotze in seiner Logik (1874; vgl. Philosophische Bibliothek
Bd. 141, 1912, S. 197).

aus einer Strecke eine andere ergibt, eine bestimmte Relation der ersten Strecke zu der zweiten.

Auch die geometrische Ähnlichkeit der Figuren, die vermutlich ursprünglich einen empirischen und instinktiv erfaßten Begriff darstellte, erscheint im euklidischen System als ein synthetischer Relationsbegriff. Um zu erkennen, daß es sich hier um eine gewisse logische Tätigkeit handelt, hat man nur zu bedenken, daß zwei ebene Figuren nur mit Rücksicht auf eine bestimmte Zuordnung der Ecken einander ähnlich genannt werden können. Will man also in einem Beweise eine Ähnlichkeit benutzen, so muß man zuerst eine Zuordnung der Ecken der in Frage kommenden Figuren vornehmen und nachsehen, ob wirklich z. B. die bei dieser Zuordnung einander entsprechenden Winkel auf Grund der ursprünglichen Annahmen oder gewisser schon vorher aus ihnen gezogener Folgerungen einander gleich sind, und dann, wenn dies vielleicht nicht der Fall ist, eine andere Art der Zuordnung versuchen usw. Es gibt also nicht nur synthetische Begriffe von Gegenständen, die durch gewisse Tätigkeiten hervorgebracht werden, sondern auch synthetische Relationsbegriffe, die darauf beruhen, daß eine an den betreffenden Gegenständen auszuübende Tätigkeit den einen oder anderen Erfolg haben kann.

In einer ähnlichen Weise wird in der Mechanik der „Mittelpunkt" von gleichgerichteten Parallelkräften, die an einem starren Körper wirkend gedacht werden (§ 11), oder der „Schwerpunkt" eines starren und schweren Körpers auf Grund der Gesetze festgestellt, die über die Ersetzung von Kräften am starren Körper angenommen, bzw. aus den Annahmen bereits wieder abgeleitet worden sind. Es steht so z. B. der Schwerpunkt zu den Massenpunkten, deren Schwerpunkt er ist, in einer bestimmten synthetisch begründeten Relation.

Ein synthetischer Begriff, der sich durch den größten Teil der Mathematik und ihrer Anwendungen hindurchzieht, so sehr, daß man schon versucht hat, auf ihn die Begriffsbestimmung der Mathematik überhaupt zu gründen[1]), ist der Begriff des Maßes. Ich habe in § 22 des näheren ausgeführt, wie der Begriff des Maßes die Begriffe des Gleichseins, des Größer- und Kleinerseins und der Addition für die betreffende Größenart voraussetzt, und wie dann durch bestimmte in Reihen fortgesetzte Tätigkeiten, deren Schritte gezählt werden, das Maß entsteht. Der Umstand, daß z. B. eine Strecke die Maßzahl α besitzt mit Beziehung auf eine zweite Strecke, die als Einheit gewählt

---

[1]) Couturat hat mit Recht demgegenüber betont, daß es auch Gebiete der Mathematik gibt, in denen das Maß keine Rolle spielt. Man kann in dieser Hinsicht z. B. auf die Substitutionentheorie hinweisen (vgl. § 110 und 93).

worden war, bedeutet eine synthetisch bgründete Relation der ersten Strecke zu der zweiten.

Vergleicht man hiermit, was im vorigen Paragraphen von den Zahlformeln und von den Substitutionen gesagt worden ist, so erkennt man, daß hier und dort dieselben Tätigkeiten des Setzens und auch Wiederaufhebens von Elementen oder Schritten, des Zusammenfassens und Unterscheidens der Schritte, ihrer Zuordnung und Reihenordnung[1]) in Frage kommen. So hat schon PLATO, woran NATORP mit Recht erinnert[2]), auf die Eigentümlichkeit z. B. der „Zweizahl" hingewiesen, die eine Einheit ist aus zwei Elementen, die in ihrer Zusammenfassung zugleich auch unterschieden werden. Ich habe in § 67 näher ausgeführt, daß der vollständige Zahlbegriff, vor allem die synthetischen Definitionen der arithmetischen Operationen und die Beweise der arithmetischen Sätze darüber hinaus auch die Tätigkeiten der Zuordnung und der Reihenordnung nötig machen. Dabei besteht aber zwischen dem arithmetisch-kombinatorischen Gebiet und der Geometrie bzw. der Mechanik der wesentliche Unterschied, daß in jenem Gebiet keine solchen gegebenen Elemente wie in der Geometrie der Punkt und die Gerade, keine gegebenen, nicht synthetisch definierbaren, also nicht logisch ableitbaren Relationen und in Beziehung auf diese Elemente und ihre Relationen keine Gesetze (Axiome) vorausgesetzt werden. In der Arithmetik werden nur die aus unser eigenen Tätigkeit entspringenden Gebilde samt ihren Relationen für sich beobachtet und untersucht, während in der Geometrie jedes eingeführte Element und jeder getane Schritt noch außerdem als anschaulicher Teil einer Figur oder als Operation in einer Konstruktion eine Bedeutung hat.

Mit Rücksicht auf das eben Gesagte möchte ich den h y p o t h e - tisch synthetischen und den rein synthetischen Begriff unterscheiden, je nachdem sich der Begriff auf derartigen Voraussetzungen, wie sie in der Geometrie und der Mechanik gemacht werden, aufbaut oder nicht. Man kann es so auffassen, daß dem hypothetisch synthetischen Begriff etwas Empirisches anhaftet, indem die Elemente, aus denen er sich aufbaut, samt ihren in Betracht kommenden Relationen eine Bedeutung in der Erfahrung haben, und auch die vorausgesetzten Gesetze (Axiome) durch die Erfahrung oder Anschauung mit veranlaßt sind. Es ist jedoch zu bemerken, daß auch die hypothetisch synthetischen Begriffe und die aus ihnen gezogenen Folgerungen *auf Grund der gemachten Voraussetzungen* notwendig sind. Alle synthe-

---

[1]) Hinsichtlich der „Reihenordnung" vgl. § 121. Auf den Begriff der „Zuordnung" hat auch HILBERT in den Verhandlungen des 3. internationalen Mathematiker-Kongresses hingewiesen; er will jedoch für diesen Begriff Axiome einführen.

[2]) Vgl. „Die logischen Grundlagen der exakten Wissenschaften", 1910, S. 101.

tischen Begriffe haben, zum Teil allerdings nur auf Grund der gemachten Voraussetzungen, die Gewähr ihrer Berechtigung, d. h. also ihrer Existenz, in der Tätigkeit selbst, durch die wir sie haben entstehen lassen.

In nahem Zusammenhang mit dem, was ich einen „synthetischen Gegenstandsbegriff" nenne, steht das, was A. Meinong einen „Gegenstand höherer Ordnung" genannt hat. Es versteht darunter eine „Komplexion", deren Glieder zueinander in gewissen Relationen stehen[1]), also kurz gesagt: ein gegliedertes Ganzes[2]) und erläutert seinen Begriff unter anderem durch das Beispiel eines Rechtecks, dessen Innenfläche grün ist. Meinongs Begriff unterscheidet sich von dem hier eingeführten dadurch, daß bei ihm sowohl das Ganze, als auch die Glieder ihre Bedeutung wesentlich in der äußeren Erfahrung und also auch dadurch ihren Existenzgrund erhalten, während hier der Hauptnachdruck auf die Tätigkeit des Verstandes gelegt werden soll, die im Fall des rein synthetischen Begriffs diesen allein hervorbringt, während sie sich im Fall des hypothetisch synthetischen Begriffs zugleich noch auf die oben erwähnten Voraussetzungen stützt[3]).

Auch ein Hinweis auf unsere „rein synthetischen Begriffe" kann insofern bei Meinong gefunden werden, als er den Gegensatz von „Zusammenstellungen" und von Zusammensetzungen hervorhebt[4]). Die „Zusammenstellungen" sind im Grunde unsere rein synthetischen Begriffe, die aus den Tätigkeiten des Setzens und Aufhebens, des Zusammenfassens und Auseinanderhaltens, des Ordnens in Reihenfolgen und des Zuordnens hervorgehen[5]), während mit dem „Zu-

---

[1]) Vgl. Gesammelte Abhandlungen, 2, Bd., 1913, S. 380—395.

[2]) Im Grund ist auch jedes Schema, jede Formel, Tabelle, Figur, jede Darstellung eines Ganzen mit Rücksicht auf seine Teile, deren Reihenfolge und deren durch allerhand Beziehungen hergestellte Zuordnungen ein solcher Gegenstand höherer Ordnung.

[3]) Die verstandesmäßige Begründung von Begriffen höherer Ordnung durch gewisse Operationen wird allerdings bei Meinong gleichfalls berührt und „Fundierung" genannt. Er sagt (a. a. O., S. 399): „Überall treten vermöge Operationen, die immerhin bald mehr, bald minder auffällig, in Grenzfällen vielleicht selbst entbehrlich sein können, Vorstellungen in Realrelationen, und je nach Beschaffenheit dieser letzteren kommt es unter günstigen Umständen zu Vorstellungen von Superioren jener Gegenstände, die mit ihren Inferioren durch logische Notwendigkeit verbunden sind." Meinong will also sagen, daß man zu Vorstellungen von gegliederten Ganzen gelange, die mit ihren Gliedern durch logische Notwendigkeit verbunden sind. Er sagt dann weiter: „Im Hinblick auf diesen Sachverhalt nenne ich den eben skizzierten Vorgang Fundierung, genauer Fundierung der betreffenden Superiora durch ihre Inferiora ... Fundierung leistet insofern für Vorstellungen idealer Gegenstände dasselbe, wie Wahrnehmung für Vorstellungen realer Gegenstände."

[4]) Vgl. seinen Aufsatz „Über Annahmen", Zeitschr. f. Psychol. u. Physiol. d. Sinnesorg., Erg.-Bd. 2, S. 116.

[5]) Die einfachsten dieser Begriffe stellen wohl die natürlichen Zahlen dar. Darauf daß diese unsere eigenen Schöpfungen sind, ist schon oft hingewiesen worden; daß sie dabei trotzdem nicht willkürlich sind, hat neuerdings G. Hessenberg besonders

sammensetzen" auf eine geometrische oder physikalische Operation hingedeutet wird, wie z. B. auf das Aneinandersetzen von Strecken, das Aneinanderbefestigen von Körpern, das Anbringen von Kräften an einem und demselben Körper usw.

Auch von anderen philosophischen Schriftstellern ist auf die hier besprochenen Begriffsarten hingewiesen worden, so spricht H. CORNELIUS von „Gestaltsqualitäten" und nennt als Beispiel für eine solche eine Melodie[1]).

§ 112. Synthetische Allgemeinbegriffe und erzeugende Beziehungen.

Solange der im vorigen geschilderte synthetische Begriff nur auf einer bestimmt gegebenen Zahl von Elementen und einer ebensolchen Zahl von Relationen beruht, die zwischen diesen Elementen gesetzt sind, kommt ihm im Grunde nur die Bedeutung einer Abkürzung zu. Statt z. B. von dem Viereck $ABCD$ zu sprechen, kann ich auch von den Punkten A, B, C, und D reden, welche die Ecken des Vierecks bilden. Soll etwa das Viereck ein Quadrat sein, so wird damit verlangt, daß die vier ihm angehörenden Seiten einander gleich, und daß die vier Winkel Rechte sind. Es hat aber die Gleichheit der beiden Seiten AB und CD den Wert einer Relation zwischen vier Punkten A, B, C und D, welche man auch als Äquivalenz des Punktepaares A, B mit dem Punktepaar C, D bezeichnen kann, und es bedeutet ebenso der Umstand, daß der Viereckswinkel bei A ein Rechter ist, eine Relation der drei Punkte D, A und B. Offenbar kann ich das Quadrat in jeder Deduktion, in der es vorkommt, gewissermaßen in seine Ecken und deren Relationen auflösen, so daß gar nicht mehr vom Quadrat selbst, sondern nur von Punkten die Rede ist.

Eine weit größere Bedeutung erlangt jedoch der synthetische Begriff für die Deduktion, wenn er eine neue Art der Allgemeinheit besitzt. Von solcher Art ist z. B. der Begriff des Vielecks von i r g e n d e i n e r Eckenzahl, d. h. also der Begriff des „n-Ecks". Die neue Art der Allgemeinheit, die nun hinzugetreten ist, ist die arithmetische Allgemeinheit. Die allgemeinen Begriffe der Zahl, der Addition von zwei beliebigen ganzen Zahlen, der Multiplikation von irgend zwei Zahlen usw. beruhen gleichfalls auf gewissen Tätigkeiten. Es besteht jetzt nur gegen die früheren Beispiele (§ 111) der Unterschied, daß

---

betont, der den Sachverhalt so formuliert: „Die Zahlen sind selbsttätige Schöpfungen der Vernunft" (Jahresber. d. deutsch. Mathematiker-Vereinigung, 17, Bd., 1908, S. 158).

[1]) Vgl. H. CORNELIUS, Einleitung in die Philosophie, 1903, S. 239ff., 269; CHR. v. EHRENFELS, Vierteljahrsschr. f. wissenschaftl. Philosophie, 1890, S. 262f.; J. VOLKELT, Erfahrung und Denken, 1886, S. 370ff. (besonders S. 384).

die Tätigkeiten, durch welche in jedem Einzelfall der Begriff zu definieren ist, unmöglich für alle Fälle, die doch in unendlicher Anzahl vorhanden sind, wirklich vollzogen werden können. Hier kann aber doch die betreffende Tätigkeit allgemein so bezeichnet werden[1]), daß sie dadurch für jeden vorkommenden Fall klar und bestimmt ist. Die Tätigkeiten ordnen sich, wie wir sagen, einer Regel unter[2]). Man wird wohl behaupten können, daß schon in den in § 111 erwähnten Einzelfällen, z. B. der Zahlenaddition, niemand die betreffende Tätigkeit ausführen wird, ohne sie zugleich schon als eine allgemeine, für alle Fälle bestimmte, aufzufassen und als solche zu verstehen. Unsere Fähigkeit der Bildung und Anwendung solcher Regeln dürfte nicht leicht zu erklären sein. Ohne Zweifel aber muß diese Fähigkeit zugegeben und zugleich anerkannt werden, daß die Antwort auf die Frage, ob die Regel in einem Einzelfall richtig angewendet worden ist, stets in klarer und notwendiger Weise gegeben werden kann[3]), daß also eine solche Regel anders geartet ist als ein durch Abstraktion nach Art der empirischen Begriffe gebildeter Begriff[4]).

In vielen Fällen ist ein solcher allgemeiner Begriff am besten rekurrent zu definieren. Als Beispiel kann ich wieder die Zahlenaddition wählen, indem ich dabei von der in § 64 geschilderten Zahlenauffassung ausgehe, welche die Zahlen lediglich als die Stellen in einer bestimmten Folge ansieht. Die Folge liefert den Begriff des nächstfolgenden Gliedes; hierauf gründet sich die Erklärung der Addition der 1 zu irgendeiner Zahl m (vgl. § 64). Die Definition der Addition der übrigen Zahlen zur Zahl m ist dann rekurrent durch die Formel

$$(1) \qquad m + (n + 1) = (m + n) + 1$$

[1]) Wie schon angeführt wurde, unterscheidet Meinong gelegentlich die nur angezeigte von der ausgeführten Zusammensetzung (vgl. a. a. O., 2. Bd., S. 139); auch andere philosophische Schriftsteller haben den Unterschied betont.

[2]) E. Mach, Prinzipien der Wärmelehre, 2. Aufl., 1900, S. 404, sagt: „Wohlgeübte Tätigkeiten, die sich aus der Notwendigkeit der Vergleichung und Darstellung der Tatsachen durcheinander ergeben haben, sind also der Kern der Begriffe."

[3]) Dasselbe gilt auch bei den schon in § 97 gegebenen Beispielen, wo ein synthetischer Begriff (z. B. der Begriff der Primzahl) durch das „Genus proximum" und die „Differentia specifica" definiert wird, und diese Differenz auf einer nach einer Regel verlaufenden Tätigkeit beruht, durch deren Erfolg aus dem Umfang des allgemeineren Begriffs, des Genus proximum, die in Betracht kommenden Fälle ausgelesen werden.

[4]) Ebenso betrachtet man es allgemein als selbstverständlich, daß das „in Ausübung der Regel" gewonnene Ergebnis kein anderes werden kann, wenn entweder dasselbe intelligente Individuum zu anderer Zeit oder ein anderes Individuum das Gedankenexperiment wiederholt. Man könnte sich dabei einer Auslegung des Aristoteles durch die Schule von Padua erinnern, die einen unpersönlichen oder überpersönlichen Intellekt, den „tätigen Intellekt", angenommen hat (vgl. R. Eisler, Wörterbuch der philosophischen Begriffe, 1. Bd., 2. Aufl., 1904, S. 117, unter „Averroismus").

gegeben. Indem ich in dieser Formel zuerst $n = 1$ einsetze, ergibt sich die Definition der Addition der 2; indem dann darauf in die Formel $n = 2$ eingesetzt wird, ergibt sich auf Grund der vorigen Definition nunmehr die Definition der Addition der 3; dann ergibt sich die Addition der 4 usw. Es ist völlig deutlich, daß sich so die Addition irgendeines Addenden zur Zahl m eindeutig definiert, weil für jeden einzelnen Addenden das rekurrente Verfahren tatsächlich vollzogen werden kann.

Eigentümlich ist hier ferner, daß die Formel (1) festgesetzt werden konnte, und daß man völlig klar einsieht, daß sich dadurch der zu definierende Begriff für alle Fälle bestimmt, und zwar eindeutig bestimmt[1]). Die Formel (1) ist für $n = 1, 2, 3, \ldots$, d. h. also für unendlich viele Fälle gleichzeitig aufgestellt; es beruht somit unsere Definition der Zahlenaddition auf der gleichzeitigen Einführung von unendlich vielen Formeln:

$$(2) \qquad \begin{aligned} m + 2 &= (m + 1) + 1, \\ m + 3 &= (m + 2) + 1, \\ m + 4 &= (m + 3) + 1 \end{aligned}$$

usw. Selbstverständlich dürften wir aber nicht die Gültigkeit von noch mehr Formeln kraft der Definition festsetzen; so dürften wir nicht etwa nebenher noch festsetzen, daß

$$(3) \qquad (m + 1) + n = (m + n) + 1$$

sein soll für $n = 1, 2, 3, \ldots$ Es muß sich im Gegenteil diese Formel (3) als eine Folge der Formel (1), d. h. als eine Folge der unendlichen Kette von Formeln, die mit den drei Gleichungen (2) begonnen worden ist, beweisen lassen. In der Tat gelingt dieser Beweis[2]).

Man hat auch schon die Gleichung (1) als ein „Axiom der Arithmetik" in Anspruch genommen[3]). Eine Analogie mit den Axiomen der Geometrie tritt auch da hervor, wo wir den Ansatz (1) in neuen Überlegungen weiter verwenden (vgl. z. B. § 65); die Analogie ist aber insofern nicht vorhanden, als hier nicht wie in der Geometrie eine Erkenntnis von wo anders her in die Deduktion eingetreten ist. Man wird die Gleichung (1) richtiger als die Beschreibung derjenigen Tätigkeit anzusehen haben, durch die wir die Addition

---

[1]) Mit Recht legt Natorp besonderen Wert auf die Eindeutigkeit mathematischer Begriffsbestimmungen; ich kann mit ihm aber darin nicht übereinstimmen, daß er diesen Gesichtspunkt gegen die nichteuklidische Geometrie ins Feld zu führen sucht (vgl. a. a. O., S. 298 99).

[2]) Vgl. § 65.

[3]) H. v. Helmholtz, „Zählen und Messen" (s. Philosophische Aufsätze, Eduard Zeller zu seinem 50jährigen Doktorjubiläum gewidmet, 1887), S. 18, wo „Graßmanns Axiom" zur Grundlage der Addition gewählt ist.

definieren[1]). Ein von LEIBNIZ gebrauchter Ausdruck könnte hier am Platze gefunden werden, den LEIBNIZ meiner Ansicht nach allerdings mit Unrecht auch auf die Geometrie ausgedehnt hat, indem er alle die Ansätze, welche für die Deduktionen die Ausgangspunkte bilden, als die „identischen Sätze" bezeichnet hat[2]). Bei der Aufstellung der Gleichung (1) beruht alles auf dem Umstand, daß wir unsere eigene Zähltätigkeit so zu beurteilen vermögen, daß wir einsehen, daß diese Tätigkeit durch die Formeln (2) und ihre sich nach einer „Regel" anschließenden Fortsetzungen gerade eindeutig definiert wird.

Eine andere Möglichkeit, einen allgemeinen Begriff für unendlich viele Fälle zu definieren, bietet das Kontinuum dar (vgl. § 29ff. u. 76). Denkt man sich ein einfaches Kontinuum, etwa ein Punktkontinuum auf einer Geraden oder auch ein Kontinuum aus einer anderen Art von Elementen (vgl. § 25), so kann man sich nicht nur ein Element, sondern auch zwei, drei oder mehr Elemente herausgewählt denken, so daß man zum Begriff eines Elementepaares, eines Tripels usw. gelangt. Ebenso kann man sich z. B. in der Ebene n Punkte denken, sie verbinden und so ein n-Eck bilden. In diesem Begriff des n-Ecks bildet das einfache Kontinuum, aus dem man das zweidimensionale Kontinuum der Ebene aufbauen kann (§ 41), die eine, und die Idee der unendlichen Reihe, auf der sich der Zahlbegriff aufbaut, die andere Quelle der Allgemeinheit.

In allen den erwähnten Fällen synthetischer Begriffsbildung ergibt die Beschreibung der Tätigkeit, auf der die Begriffsbildung beruht, die Existenz gewisser Elemente, die zueinander in gewissen Relationen stehen, ja es ergibt sich meist bei solchen Begriffsbildungen allgemeiner Art, z. B. dann, wenn die betreffende Tätigkeit sich als ein fortlaufendes, nicht abbrechendes Verfahren darstellt, die Existenz einer unendlichen Zahl neuer Elemente mit neuen Relationen.

Die Aussagen über die neuen Relationen, in denen die neu eingeführten Elemente in verschiedener Hinsicht stehen, und welche nach Art z. B. der Formel (1) das die neuen Elemente erzeugende Verfahren

---

[1]) Schließlich sagt dies doch auch HELMHOLTZ weiter unten (a. a. O., S. 24). Man bedenke noch folgendes Beispiel. Wenn das Produkt 1, 2, 3 . . . n aller Zahlen von 1 bis n gebildet und, wie üblich, mit $n!$ bezeichnet wird, so kann man dieses Bildungsgesetz in ähnlicher Weise durch die Formel $n! = n \times (n-1)!$ beschreiben, die man nicht als ein neues Axiom ansehen wird (in § 125 sind weitere Beispiele gegeben).

[2]) Vgl. Neue Abhandlungen über den menschlichen Verstand, deutsch von E. CASSIRER (der Philosophischen Bibliothek Bd. 69), 1915, S. 482, ferner die Stelle aus LEIBNIZ' Manuskripten, die von COUTURAT in La Logique de Leibniz usw., S. 205, mitgeteilt ist: „Principia Scientiae veritatum necessarium et ab experientia non dependentium (mea sententia) sunt duo: definitiones et axiomata identica" (vgl. auch S. 12, Anm. 4).

beschreiben, will ich *erzeugende Beziehungen*[1]) nennen. Wesentlich ist, daß wir diese erzeugenden Beziehungen unmittelbar als Beschreibung einer ausführbaren Tätigkeit erkennen. Es handelt sich also nicht um Ergebnisse, die nach einmaliger oder mehrmaliger Ausführung solcher Tätigkeit etwa induktiv gewonnen wären, obwohl eine solche Ausführung von derartiger Tätigkeit häufig die Begriffsbildung veranlaßt haben wird. Dabei ist weiter zu beachten, daß wir eben nur zu den erzeugenden Beziehungen, nicht aber zu denjenigen Beziehungen unmittelbar gelangen, die außerdem noch für unsere Begriffe gelten mögen und die zwar notwendige Folgen, aber nicht Umschreibungen unserer Begriffsbestimmungen sind[2]). So ergab sich aus der Synthese des Zahlbegriffs und des Begriffs der Addition unmittelbar jene in (2) begonnene Folge der erzeugenden Beziehungen, während dann z. B. die allgemeine Gültigkeit des Kommutativgesetzes der Addition nur auf dem Umweg einer kunstvollen Beweisführung wie der in § 65 gegebenen eingesehen werden kann[3]). Noch weniger könnte man etwa aus der Bildung des Begriffs der Primzahl, der Quadratzahl und der Division mit 4 den verborgenen Zusammenhang u n - m i t t e l b a r erkennen, vermöge dessen die Primzahlen, die mit 4 dividiert den Rest 1 ergeben, und nur diese Primzahlen als Summen von zwei Quadraten dargestellt werden können (vgl. den in § 92 teilweise gegebenen Beweis). Wohl aber können wir das Gesetz in jedem Einzelfall durch den wirklichen Vollzug der Tätigkeiten bestätigen, durch welche die Begriffe definiert, bzw. erzeugt worden sind, wobei wir aber mit dem Verfahren der Bestätigung niemals für alle Fälle fertig werden können, da die Zahl der Fälle unendlich groß ist.

Die gegebenen Beispiele allgemein synthetischer Begriffe könnten natürlich beliebig vermehrt werden. Es mag gleich hier darauf

---

[1]) Ich will an dem in der neueren philosophischen Literatur eingeführten Gebrauch festhalten, wonach Eigenschaften, die gewissen Elementen in Beziehung zueinander zukommen, als „Relationen" bezeichnet werden. Aussagen darüber, daß eine Relation eine andere mit sich bringt, will ich als „Beziehungen" bezeichnen; diese drücken sich in der Mathematik vielfach durch Gleichungen aus, die nach einem anderen mathematischen Sprachgebrauch, der älteren Datums ist, auch als Relationen bezeichnet werden. Um Verwechslungen zu vermeiden, will ich das Wort Relation in dem letzten Sinne nicht anwenden.

[2]) Hierdurch wird also die Richtigkeit des manchmal betonten Urteils eingeschränkt, daß die mathematische Erkenntnis deshalb unmittelbar durchsichtig sei, weil wir die Begriffe (wenigstens die arithmetischen und die ihnen ähnlichen) „selbst gemacht haben".

[3]) Man könnte also sagen, daß im Sinne von Kant (§ 127) die erzeugenden Beziehungen als analytische, die anderen zwischen den Begriffen geltenden Beziehungen, wenngleich sie notwendige Folgen der Begriffsbestimmungen sind, als synthetische Urteile anzusehen sind; allein man wird andererseits auch Anstoß daran nehmen können, jene erzeugenden Beziehungen, die sich aus der begriffserzeugenden Synthese ergeben, als „analytische" Urteile in Anspruch zu nehmen.

hingewiesen werden, daß es solche Begriffe gibt, die noch erheblich verwickelter sind. Derartige Begriffe sind z. B. durch die allgemeinen Verfahren dargestellt, vermöge deren in den zahlentheoretischen Beweisen von § 89 und § 92 sukzessive Reduktionen vorgenommen worden sind. Diese noch weit größere Art der Verwicklung, die als Überbauung der Begriffe bezeichnet werden kann, wird in § 116 näher betrachtet werden[1]).

§ 113. Abbildung und auf Grund von Abbildungen gezogene Schlüsse.

Es ist jetzt auf den Sachverhalt hinzuweisen, den die Mathematiker längst gewohnt sind, als Abbildung zu bezeichnen. Eines der einfachsten Beispiele ist die Projektion einer ebenen Figur auf eine neue Ebene durch Strahlen, die alle durch dasselbe Zentrum gehen. Es entspricht dann, mit gewissen Aussahmen, die ich jetzt nicht erörtern will, jedem Punkt der ursprünglichen Figur ein Punkt der Projektion, und verschiedenen Punkten jener sind verschiedene Punkte dieser zugeordnet. Geradlinigen Teilen der einen Figur entsprechen geradlinige Teile der anderen; geradlinigen Teilen der ersten Figur, die in einem Punkt P zusammenlaufen, entsprechen geradlinige Teile der Projektion, die im Bildpunkt des Punkts P zusammenlaufen.

Dieser einfachen Art der Abbildung stehen andere Arten gegenüber, die erheblich merkwürdiger sind. So ist bereits in § 10 eine „Abbildung" einer Ebene auf eine andere erwähnt worden, bei der jedem Punkt der ersten Ebene eine Gerade der zweiten Ebene, jeder Geraden der ersten ein Punkt der zweiten entspricht. Es entsprechen dann z. B. Punkten der ersten Ebene, die auf einer Geraden gelegen sind, Gerade der zweiten, die durch einen Punkt hindurchgehen. Hier entspricht also einem Element des einen Gebildes ein Element anderer Art des zweiten Gebildes und einer Relation zwischen Elementen des ersten Gebildes eine andersartige Relation zwischen den entsprechenden Elementen des zweiten. Es entsprechen aber gleichartigen Elementen des einen Gebildes solche des anderen, die untereinander gleichartig sind, und gleichartigen Relationen zwischen Elementen des ersten Gebildes untereinander gleichartige Relationen zwischen den entsprechenden Elementen des zweiten. Der Grundgedanke bei einer solchen Art der Abbildung ist durch das „Entsprechen", d. h. also durch die Zuordnung, gegeben, und es ist auch ohne weiteres klar, daß dann, wenn für die im einen Gebilde bestehenden Relationen

---

[1]) Auf die Wichtigkeit, welche die begrifferzeugende Tätigkeit des Verstandes gerade für die Mathematik besitzt, hat besonders Chr. Sigwart hingewiesen (vgl. Logik, 1. Aufl., 2. Bd., 1878, S. 176ff., besonders S. 181).

gewisse Gesetze oder Beziehungen herrschen, sich daraus entsprechende Gesetze im anderen Gebilde ergeben müssen, wozu die Ausführungen des in § 10 gegebenen Beispiels zu vergleichen sind.

Es sind aber nicht nur Abbildungen geometrischer Gebilde auf geometrische Gebilde, sondern es sind auch Abbildungen geometrischer Mannigfaltigkeiten auf arithmetische Mannigfaltigkeiten möglich. So ist die gewöhnliche analytische Geometrie (§ 38—41) nichts anderes als eine Abbildung der Ebene bzw. des ganzen Raumes auf eine zweifache bzw. dreifache arithmetische (analytische) Mannigfaltigkeit, d. h. auf die Mannigfaltigkeit aller Zahlenpaare bzw. Zahlentripel. Natürlich kann man auch umgekehrt sagen, daß die arithmetischen Mannigfaltigkeiten in den geometrischen ihr Abbild haben. Auf der zwischen den geometrischen und den arithmetischen Mannigfaltigkeiten hergestellten Zuordnung beruht der arithmetische (analytische) Beweis geometrischer Lehrsätze, wie dies bereits in § 41 auseinandergesetzt worden ist.

Die angeführten Abbildungen ergeben also die Möglichkeit der Übertragung von Lehrsätzen in andere Lehrsätze (vgl. das Dualitätsprinzip in § 10) unter Umständen in solche eines anderen Gebiets, und man spricht ja geradezu in der Mathematik von „Übertragungsprinzipien“, die aus Abbildungsverfahren entspringen. Immerhin kann hierzu bemerkt werden, daß bei solchen Abbildungen wie den eben erwähnten, wo das Entsprechen der Elemente des einen Gebietes mit denen des anderen ein in der Sprache der Mathematik ein-eindeutiges, d. h. ein umkehrbar eindeutiges, ist, nicht bloß die Lehrsätze irgendeines der beiden Gebiete sich in die Lehrsätze des anderen, sondern auch die Beweise der Lehrsätze sich aus dem einen Gebiet in das andere übertragen lassen. Es folgt daraus, daß man die Beweise im Grunde stets auch so einrichten kann, daß man dabei in demselben Gebiet bleibt. Die Übertragungsprinzipien leisten also hier nicht etwas, was ohne sie nicht geleistet werden könnte, sondern stellen eigentlich nur eine Abkürzung dar. Mit der Entdeckung einer Abbildungsweise wird ein völlig exaktes Entsprechen zwischen zwei Gebieten derart festgestellt, daß nun gewisse Probleme des einen Gebiets als bloße Wiederholungen von Problemen des anderen erscheinen und somit schon gelöst sind, wenn diese es sind.

Der Begriff der Abbildung, der, wie schon betont wurde, ganz auf dem Begriff der Zuordnung beruht, hat auch innerhalb der reinen Arithmetik selbst die größte Bedeutung. Hier tritt er sogar schon in den ersten Begriffsbildungen der Theorie auf. Ich glaube oben (§ 63, 67, 68) nachgewiesen zu haben, daß, entgegen der Ansicht vieler Philosophen, die Mathematiker im Rechte sind, wenn sie der

Mehrzahl nach den Begriff der Anzahl auf die ein-eindeutige Zuordnung der Elemente einer Menge zu denen einer anderen Menge, d. h. also auf die *Abbildung einer Menge auf eine andere* gründen. Eine Anzahl ist kleiner als eine andere, wenn eine jener Anzahl entsprechende Menge auf einen Teil einer der zweiten Anzahl entsprechenden sich abbilden läßt (vgl. § 68, 69).

§ 114. Vereinfachte Abbildung. Darstellung und Deutung.

Von noch größerer Wichtigkeit für die Logik der Mathematik als die ein-eindeutige Abbildung, die im vorigen Paragraphen besprochen wurde, scheint mir das zu sein, was ich als vereinfachte Abbildung bezeichnen möchte. Um diese deutlich zu machen, muß ich in Erinnerung bringen, was in § 98 über die Begriffe und ihre Zeichen und was in § 112 über synthetische Allgemeinbegriffe gesagt worden ist. Das Begriffszeichen kann ein gegliedertes sein, und es kann sich bei einem Allgemeinbegriff, der synthetisch ist, der also durch eine gewisse Tätigkeit erzeugt gedacht wird, ein solches gegliedertes Zeichen aus der Bildungsweise selbst ergeben. So ist z. B. das Produkt $a \cdot b$ in dem ich, der älteren Bezeichnungsweise entsprechend, a als den Multiplikator und b als den Multiplikand auffassen will, durch ein gewisses Rechenverfahren, d. h. also durch ein zusammengesetztes Zählverfahren definiert. Dabei kann man sich das Produkt etwa rekurrent erklärt denken, in ähnlicher Weise, wie in § 64 die Addition erklärt worden ist. Man setzt dann

$$(1) \qquad a \cdot b = (a - 1) \cdot b + b,$$

d. h. man erklärt das $a$fache von b durch: „das $(a - 1)$fache von b vermehrt um b", wobei gleichzeitig das $(a - 1)$fache von b auf dieselbe Weise mit Hilfe des $(a - 2)$fachen von b erklärt zu denken ist usw., während schließlich unter dem 1fachen von b eben b selbst zu verstehen ist. Indem wir die Kette dieser Rechenvorgänge überschauen, erkennen wir, daß das Produkt völlig bestimmt ist, wenn die beiden Zahlen a und b gegeben sind, deren verschiedene Rolle in dem zusammengesetzten Zählverfahren überdies zu beachten ist.

Wir können die Multiplikation auch auf ein etwas anders zu definierendes Zählverfahren gründen, wenn wir von der auf den allgemeinen Begriff der Zuordnung aufgebauten Zahldefinition (§ 63, 69) ausgehen. Auch hier ergibt sich, allerdings im Grunde erst aus gewissen an die Definitionen sich anschließenden Überlegungen (§ 69), daß das Produkt durch die Zahlen a und b und durch die Rolle, welche dieselben in unserer Zähltätigkeit spielen, gegeben ist. In diesem Fall sind $a \cdot b$ Einheiten durch a Mengen von je b Einheiten erklärt. Es ergibt sich so bei beiden Auffassungen gewissermaßen von selbst als Begriffszeichen des Produkts die Zusammenstellung der Zahlen a und b, wobei aber wegen der verschiedenen Rollen, welche die beiden Zahlen in unserer Zähltätigkeit spielen, in der Zusammenstellung der Platz von a von dem von b unterschieden werden muß. Man erhält so die mathematische Formel $a \cdot b$ in der — solange der Satz von § 71 noch nicht bewiesen ist — ausschließlich die vorangehende Zahl den Multiplikator bedeutet.

Die Formel $a \cdot b$ bringt zum Ausdruck, daß das Zählverfahren durch die Zahl a einerseits und die Zahl b andererseits sich bestimmt und zwar, wenn diese beiden Zahlen gegeben sind, ein eindeutiges Ergebnis liefert, während alles weitere, was zur tatsächlichen Ausführung des Verfahrens gehört, in der Formel abgestreift ist. Deswegen können wir die Buchstabenzusammenstellung[1]) als ein vereinfachtes Abbild, und insofern als eine Darstellung des Verfahrens bzw. seines Ergebnisses ansehen. Rückwärts deuten wir uns dann die Formel $a \cdot b$, wo wir sie im Einzelfall finden, wieder durch die Ausführung des Zählverfahrens.

Das besprochene einfache Multiplikationsverfahren führt durch Wiederholung zu einem zusammengesetzten. Solche „Wiederholung" von Tätigkeiten birgt ohne Zweifel ein philosophisches Problem, dem ich aber hier nicht nachgehen kann; es genügt, zu bemerken, daß die Wiederholung in einem Verfahren besteht, das dem ursprünglichen Verfahren in gewisser Hinsicht gleich, in anderer Hinsicht aber nicht gleich ist. So wie wir aus a und b das Produkt $a \cdot b$ gebildet haben, so können wir nachher aus $a \cdot b$ und c das Produkt $(a \cdot b) \cdot c$ bilden usw. Auf diese Weise ergeben sich, namentlich wenn nun auch noch die Addition der Multiplikation zugesellt wird, verwickelte Zählverfahren, die durch mehrfach zusammengesetzte Formeln, d. h. durch mehrfache Zusammenstellungen mathematischer Zeichen in dem Sinne „abgebildet" werden, daß die einzelnen Zeichen der Formel Teilen des Zählverfahrens und die Zusammenstellung der Zeichen dem Ineinandergreifen der Teile entspricht. Es liegt aber wieder eine vereinfachte Abbildung vor, da nicht jedem Schritt des Zählverfahrens von einer Einheit zur anderen ein Zeichen zugeordnet ist. Auch hier wollen wir die „vereinfachte Abbildung" eine Darstellung[2])

---

[1]) Wenn nun auch die mathematische Formel am schärfsten das darstellt, was ich ein gegliedertes Begriffszeichen nennen will, so ist doch zu beachten, daß ein solches auch durch Worte ausgedrückt werden kann, und daß kein wesentlicher Unterschied zwischen der Formel $a \cdot b$ und einer Formulierung der gewöhnlichen Sprache besteht wie: „Produkt aus Multiplikator a und Multiplikand b".

[2]) In derselben Weise werden in der angewandten Mathematik die Erfahrungsbegriffe von Anfang an durch mathematische Zeichen und deren Zusammenstellung

des Verfahrens nennen. Wir sind stets imstande, diese Darstellung wieder in das reale Zählverfahren, also die bezeichnete Operation in die ausgeführte umzusetzen (vgl. § 112). Dies nenne ich die Deutung der vorliegenden Darstellung oder Formel.

Es ist wohl zu beachten, daß die Deutung, so wie ich sie verstehe, nur im Einzelfall bei wirklich vorgegebenen Zahlen möglich ist, wenn es auch andererseits wohl üblich ist, die Wiedergabe der Formel in Worten als Deutung zu bezeichnen. Der letzte Umstand kommt nur daher, daß die mit unseren Erfahrungen und mit unseren geistigen Tätigkeiten aufs engste verflochtenen Worte der lebenden Sprache besonders geeignet sind, in jedem Einzelfall die richtige Deutung anzuregen. Die Deutung ist also die Subsumption des Einzelfalls unter die allgemeine Regel. Daß diese Deutung einen besonderen logischen Akt darstellt, kann man auch daran erkennen, daß manche, die mit den mathematischen Formeln äußerlich nach den Vorschriften umzugehen verstehen, sich plötzlich in Schwierigkeiten versetzt sehen, wenn sie die durch die Formeln angedeuteten Rechenoperationen mit vorgegebenen Zahlen durchführen, d. h., wie man sagt, die gegebenen Zahlen in die Formeln „einsetzen" sollen[1]).

An die beschriebene Darstellung der Begriffe knüpfen nun auch die allgemeinen Gesetze an, sei es nun, daß sie wie die Formel (1) eine Definition wiedergeben oder wie die Formel

$$(2) \qquad\qquad a \cdot b = b \cdot a$$

einen beweisbaren Lehrsatz ausdrücken (vgl. § 71). Der Nutzen unserer „Darstellung" beruht nun zunächst darin, daß in ihr, d. h. in dem vereinfachten Abbild, einer aus vielen Schritten bestehenden wirklichen Zahlenrechnung nur wenige Schritte entsprechen. So können wir z. B., statt daß wir die durch die Formel

$$(3) \qquad\qquad (a - b)(a^3 + a^2 b + a b^2 + b^3)$$

dargestellte Rechenoperation für $a = 5$ und $b = 3$ vollziehen, zuerst diese Formel vermöge der algebraischen Gesetze in wenigen Schritten in den Ausdruck

$$(4) \qquad\qquad a^4 - b^4$$

dargestellt; vgl. auch C. Maxwell, Electricity and Magnetism, 2. Bd., 1873, S. 436, wo von „mental representation" die Rede ist, und E. Picard in dem Sammelwerk „De la méthode dans les sciences", Paris, 1909, wo gleichfalls auf die „représentations mentales des faits" hingewiesen ist (p. 16, 30). An der letzten Stelle ist auch die Notwendigkeit der Vereinfachung betont.

[1]) Hier kann auch auf die Bemerkung von C. von Prantl in „Verstehen und Beurtheilen", München, 1877, S. 5, hingewiesen werden, wo er von den Tätigkeiten des Verstehens und Beurteilens sagt: „Die beiden Tätigkeiten werden ja auch in den Naturwissenschaften durch das mathematische Motiv des einfachen Zählens und Messens oder der komplizierteren höheren Analysis beileibe nicht ersetzt oder entbehrlich gemacht..."

umwandeln und dann durch wirkliches Ausrechnen von $5^4 - 3^4$, d. h. also dadurch, daß wir die aus (3) hervorgegangene darstellende Formel (4) für den Einzelfall deuten, das Ergebnis

$$5^4 - 3^4 = 544$$

erhalten.

Noch wesentlicher kommt ein anderer Umstand in Betracht. Da nämlich jedes der allgemeinen Gesetze für unendlich viele Fälle gilt, so können wir mit Hilfe solcher Gesetze in wenigen bestimmten Schritten andere ähnliche Gesetze für unendlich viele Fälle bekommen. So hat sich die allgemeine Übereinstimmung der Ausdrücke (3) und (4) und damit ein neues für beliebige Werte der Zahlen a und b gültiges Gesetz ergeben. Damit erlangt man also Ergebnisse, die in der gewöhnlichen Weise der unmittelbaren rechnerischen Bestätigung nicht durch Ausschöpfen aller einzelnen Fälle hätten bezwungen werden können. Natürlich zeigt sich dabei von neuem die Wichtigkeit der in § 112 berührten Frage nach dem Ursprung der Beziehungen, die bei den Beweisen benutzt werden, selbst aber unmittelbar ohne besonderen Beweis angesetzt werden können, wie z. B. die Gleichung (1) von § 112. Ich glaube hinreichend dargetan zu haben, daß es sich hier in der Arithmetik nicht um wirkliche Axiome handelt, sondern um die von mir so genannten erzeugenden Beziehungen, die nichts anderes als eine Beschreibung unserer synthetischen, begriffserzeugenden Tätigkeit sind[1]).

Um ein geometrisches Beispiel anzuführen, will ich mir drei verschiedene Punkte A, B und C denken. Sind diese gegeben, so kann man auf Grund eines bekannten Axioms A mit B, B mit C und C wiederum mit A durch je eine Strecke verbinden. Daß das so entstehende Gebilde, das wir ein Dreieck nennen, mit anderen Dreiecken verglichen werden kann, so daß sein „Inhalt" dann größer gleich oder kleiner gefunden wird als der Inhalt eines gegebenen anderen solchen Dreiecks ist eine Folgerung[2]) aus der Beweisführung von § 26, die sich zugleich auf weitere Axiome stützt. Der Inhalt des aus den Punkten A, B und C gebildeten Dreiecks wird üblicherweise durch die bloße Zusammenstellung ABC der den Punkten zugeordneten Zeichen „dargestellt". Man kann nun auch weiter die „Summe" zweier Dreiecke durch ein drittes, aus den beiden zu konstruierendes Dreieck erklären, das, wenn die Konstruktion auch einen gewissen

---

[1]) Vgl. auch § 125.

[2]) Statt dies als eine Folgerung aus den Axiomen hinzustellen, kann man, wenn es sich nicht um den deduktiven Aufbau der Geometrie handelt, sich auf Erfahrung, z. B. auf die beim Umgießen von Flüssigkeiten beobachteten Tatsachen berufen (vgl. § 130 im dritten Teil).

Spielraum läßt, doch seinem Inhalt nach bestimmt ist. Es gelingt dann z. B., den Lehrsatz zu beweisen, daß die Gleichung

$$(5) \qquad A_1 A_2 A_3 = A_0 A_1 A_2 + A_0 A_2 A_3 + A_0 A_3 A_1$$

stets für vier ganz beliebige Punkte A_0, A_1, A_2, A_3 der Ebene erfüllt ist, falls die Dreiecksinhalte noch einer bestimmten Regel gemäß teils positiv, teils negativ angenommen werden [1]).

Man kann jetzt wiederum sagen, daß das Verfahren, das aus drei gegebenen Punkten A, B, C den Inhalt des Dreiecks zu bestimmen gestattet, das die Punkte zu Ecken hat, und daß damit der Inhalt selbst durch die Zusammenstellung ABC abgekürzt abgebildet, d h. dargestellt wird. In demselben Sinne bildet die obige, in vier Buchstaben geschriebene Gleichung (5) einen geometrischen Inhaltslehrsatz abgekürzt ab. Dieser Lehrsatz ist die Bedeutung der Formel (5), und die Formel ist seine Darstellung. Es lassen sich nun mit Hilfe der Formel (5) weitere Lehrsätze herleiten durch eine Art von Rechenverfahren, das auf unsere „Darstellung" des Dreiecksinhalts gegründet ist. Natürlich waren hier überall die Axiome der Geometrie als von vornherein gegeben gedacht.

Um noch einige weitere Beispiele von vereinfachter Abbildung oder Darstellung zu geben, erwähne ich, daß man die quadra⁺ische Form

$$a x^2 + 2 b x y + c y^2$$

durch die Zusammenstellung (a, b, c) ihrer Koeffizienten darstellt. Die Relationen, die zwischen verschiedenen Formen existieren und die z. B. darin bestehen, daß sich die eine in die andere „transformieren" läßt (vgl. § 18), werden mit Beziehung auf diese Darstellung in einfacher Weise zum Ausdruck gebracht.

Die funktionale Abhängigkeit, d. h. die Zuordnung der Werte einer „abhängigen Veränderlichen" y zu den ein gewisses kontinuierliches Intervall ausfüllenden Werten einer „unabhängigen Veränderlichen" x bildet man dadurch ab, daß man

$$y = f(x)$$

setzt, indem man hier das auf der rechten Seite stehende Zeichen dem Fall nachbildet, in dem y durch einen wirklichen, mit den Mitteln der Algebra darstellbaren Ausdruck in x gegeben ist. Die der Funktion $f(x)$ zugeordnete Funktion, die wir den „Differentialquotienten" oder die „Ableitung" von $f(x)$ nennen (vgl. § 58), die allerdings nur unter gewissen Umständen existiert, wird durch das Zeichen $f'(x)$ dargestellt; dabei wird dann der Lehrsatz, der besagt, daß die Ab-

---

[1]) In § 26 ist allerdings auf diese Vorzeichenregel nicht eingegangen worden.

leitung der Summe zweier Funktionen der Summe der Ableitungen beider Funktionen gleich ist, durch die Formel

$$[f(x) + g(x)]' = f'(x) + g'(x)$$

zur Darstellung gebracht.

§ 115. Substitution des Gleichartigen für das Gleichartige. Prinzip der übereinstimmenden Erzeugung.

Verschiedene Schriftsteller haben behauptet, daß die mathematischen Schlüsse ausschließlich darauf beruhen, daß Gleiches für Gleiches gesetzt wird. Ich glaube, in § 6 nachgewiesen zu haben, daß diese Kennzeichnung des mathematischen Verfahrens in den meisten Fällen nicht zutreffend ist. Immerhin ist sie bis auf einen gewissen Grad da zutreffend, wo auf Grund einer Abbildung geschlossen wird. In einem solchen Fall wird aus den Verhältnissen, die sich in einem Gebiet zeigen, auf die Verhältnisse eines in gewissem Sinn gleichartigen Gebiets, das eben auf jenes Gebiet abbildbar, ihm also Element für Element zugeordnet ist, geschlossen. Es wird also hier in den gesetzmäßigen Beziehungen, die für das eine Gebiet gelten, das gleichartige andere gesetzt, und zwar wird das Gebiet, auf welches die Untersuchung hinzielte und in dem die Verhältnisse zunächst nicht bekannt sind, durch das Gebiet, welches in den entsprechenden Verhältnissen bereits untersucht ist, ersetzt (§ 10 u. 113).

Um das Wesen einer solchen Ersetzung noch deutlicher zu machen, will ich ein Beispiel erwähnen, das in diesem Fall den Erfahrungswissenschaften entlehnt und das von W. Stanley Jevons zur Erläuterung des Substitutionsverfahrens benutzt worden ist[1]). Dieses Beispiel betrifft einen sehr geistreichen Kunstgriff, den Brewster angewendet hat, um den Lichtbrechungsexponenten eines sehr kleinen Partikelchens zu bestimmen. Brewster benutzte zu diesem Zweck eine Lösung, die durch Auflösen einer anderen Substanz erhalten wurde, und der er die verschiedensten Grade der Konzentration erteilen konnte. Durch passende Wahl der Konzentration der Lösung ließ sich erreichen, daß das Partikelchen, wenn es in die Lösung versenkt wurde, darin unsichtbar blieb, d. h. keinen Glanz an seiner Oberfläche erkennen ließ. Brewster nahm nun an, daß bei dieser Konzentration der Lösung diese gegen Luft denselben Brechungsexponenten besitze, wie ihn das Partikelchen gegen Luft besitzt, und er konnte daraufhin den Brechungsexponenten des Partikelchens, der wegen der Kleinheit des Teilchens nicht unmittelbar hätte bestimmt werden können, mittelbar dadurch finden, daß er die Lösung für das Teilchen

---

[1]) The Principles of science, second ed., 1877, p. 10/11.

substituierte und deren Brechungsexponenten experimentell er-
mittelte.

Man muß jedenfalls annehmen, daß Brewster bei dieser seiner
Überlegung von verwickelteren Gedankengängen geleitet war, und
daß dabei die experimentelle und auch theoretische Kenntnis von
dem Vorgange eine Rolle gespielt hat, der sich ergibt, wenn ein Lichtstrahl in einem Medium auf die Grenze eines anderen trifft, wobei für
gewöhnlich der Strahl sich spaltet und teilweise in das neue Medium
gebrochen übergeht, teilweise aber zurückgeworfen wird. Da nun
eine solche Reflexion an der Grenzfläche und zugleich eine Brechung
des durch sie hindurchgehenden Strahles dann und nur dann eintritt,
wenn die aneinander grenzenden Medien „optisch verschieden dicht"
sind, so konnte daraus Brewster schließen, daß bei einer Konzentration, bei der das Partikelchen unsichtbar erscheint, bei der also
keine Reflexion statthat, die Brechungsexponenten einander gleich
sind, die dem Partikelchen einerseits und der Lösung andererseits
gegen Luft zukommen. Da nun diese Gleichheit erschlossen ist, ohne
daß die Brechungsexponenten beobachtet wären, so findet man jetzt
durch experimentelle Bestimmung des einen, nämlich des Brechungsexponenten der Lösung, den anderen, nicht unmittelbar bestimmten
Brechungsexponenten des Partikels mit.

Hier wird also Gleiches für Gleiches gesetzt, aber im Grunde doch
nicht Identisches für Identisches; der Brechungsexponent der Lösung
ist doch anders definiert, da er sich auf ein anderes Material bezieht
als der Brechungsexponent des Partikelchens. Aus diesem Grunde
ist auch jener experimentell bestimmbar und dieser nicht.

Man kann sagen, daß in diesem und in allen ähnlichen Fällen ein
Sachverhalt dadurch untersucht wird, daß er sich in einem „Modell"
abbildet. Man schließt aus der allgemeinen Gleichartigkeit des ursprünglich zu untersuchenden Sachverhalts mit dem Verhalten des
Modells auf eine Gleichartigkeit in einer bestimmten Einzelheit, in
der die Gleichartigkeit nicht unmittelbar beobachtet, sondern — induktiv oder deduktiv — erschlossen ist. Das am Modell beobachtete
Einzelergebnis wird dann für die nicht ausgeführte und vielleicht
gar nicht mögliche Einzelbeobachtung an der ursprünglichen Sache
gesetzt. Es ist auch klar, daß dann, wenn die Gleichartigkeit des
Modells mit der Sache, die es abbildet, auch in der betreffenden Einzelheit bereits beobachtet wäre, in welcher das Modell die Sache ersetzen
soll, das Heranziehen des Modells gar keinen Nutzen bringen würde.
Ebenso aber könnte es in den rein mathematischen Schlüssen gar
nichts helfen, wenn stets nur völlig Identisches für völlig Identisches
gesetzt würde.

Mit dem eben Geschilderten kann die in § 114 auseinandergesetzte vereinfachte Abbildung in Parallele gesetzt werden. Sie liefert das Modell, durch das wir unseren Gegenstand darstellen, um ihn dann an diesem Modell mittelbar zu untersuchen[1]). Dabei müssen wir unsere Darstellung durch Vollziehen gewisser Gedankenoperationen zur vollständigen Ausführung bringen und dann das so erhaltene Ergebnis wieder rückwärts deuten. Woraus schöpfen wir nun die Sicherheit der Übereinstimmung der Darstellung mit dem Dargestellten auch in der Einzelheit, die erschlossen werden soll, und in der die Übereinstimmung eben gerade keine beobachtete ist?

Betrachten wir eines der in § 114 gegebenen Beispiele. Wir haben dort den Ausdruck

$$(1) \qquad (a - b)(a^3 + a^2 b + a b^2 + b^3)$$

vermöge der Regeln des algebraischen Rechnens in die Formel

$$(2) \qquad a^4 - b^4$$

übergeführt. Dies geschieht dadurch, daß wir in (1) vermöge des Distributivgesetzes [§ 73, (5)] die Klammerausmultiplikation vornehmen, wobei wir zunächst

$$(3) \qquad \begin{aligned} & a^4 + a^3 b + a^2 b^2 + a b^3 \\ & - b a^3 - b a^2 b - b a b^2 - b^4 \end{aligned}$$

erhalten. Nachher formen wir den jetzt vorliegenden Ausdruck (3) durch Vertauschung von Faktoren [§ 73, (3)] und durch Zusammenfassen [§ 73, (1), (2)] und gegenseitiges Sichaufheben der untereinander stehenden Glieder (§ 77) in (2) über. Daß nunmehr die Einsetzung von besonderen Werten, z. B. von $a = 5$ und $b = 3$, in die Formeln (1) und (2) dieselben Ergebnisse zeitigt, nämlich in dem gewählten Fall

$$(5 - 3)(125 + 75 + 45 + 27) = 544$$

und

$$625 - 81 = 544,$$

beruht offenbar darauf, daß jeder Schritt, der bei der Verwandlung der einen in a und b geschriebenen Formel in die andere vorkam, den mit den Zahlen 5 und 3 auszuführenden wirklichen Rechnungen völlig entspricht.

Der Erfolg des Buchstabenverfahrens, das ein formales, auf die Gesetze (1) bis (5) von § 73 gegründetes Schließen ist, kommt also

---

[1]) Auch W. Birkemeier (Über den Bildungswert der Mathematik — Wissenschaft und Hypothese Nr. XXV — 1923, S. 85) betont im Gegensatz zu den Tendenzen des Formalismus die Bedeutung der mathematischen Symbole. Wenn er diesen jedoch nicht einmal eine „stellvertretende Funktion" zuerkennen will, ist er damit offenbar im Unrecht.

daher, daß dieses Verfahren der Zusammenstellung und Ordnung, nach dem sich die aus a und b gebildeten Ausdrücke aufbauen und auseinander ableiten lassen, dem eigentlich numerischen Prozeß, den diese Zusammenstellungen bedeuten sollen, *im Sinne einer Abbildung* (§ 113 u. 114) parallel geht. Dabei ist noch zu bedenken, daß jedes der beiden Verfahren ohne Ende zusammengesetzt und weitergeführt werden kann. Daß wir hier zum Voraus der Übereinstimmung aller einzelnen Endergebnisse im Sinne der auf Zuordnung beruhenden Abbildung sicher sind, obwohl jedes solche Endergebnis in jedem der beiden Verfahren zunächst nur durch Vollziehung des Verfahrens, also durch wirkliche Ausführung der einzelnen Schritte erhalten werden kann, wird wohl niemand leugnen, der sich mit dem Gegenstande beschäftigt hat. Der Grund kann aber nur darin liegen, daß wir in der Erzeugung der beiden Verfahren das Übereinstimmende zu erkennen und daraus zum Voraus auf die Übereinstimmung der Endergebnisse zu schließen vermögen. Ich möchte deshalb sagen, daß der Erfolg der Methode auf dem *Prinzip der übereinstimmenden Erzeugung* der in Frage kommenden Begriffe beruht. Diese Begriffe sind solche des Zusammenstellens, des Ordnens und der Zuordnung; es handelt sich also um synthetische Begriffe, die aus der eigenen Tätigkeit unseres Verstandes entspringen.

Bei dem in den Buchstaben a und b durchgeführten algebraischen Verfahren sind die fünf Rechengesetze [§ 73, (1) bis (5)] die Regeln, nach denen verfahren wird, und spielen gewissermaßen die Rolle von Axiomen[1]). Immerhin darf nicht vergessen werden, daß diese Rechengesetze ihrerseits wieder bewiesen werden können. Zu diesem Zweck muß man aber das Buchstabenverfahren verlassen und auf seine Bedeutung zurückgehen. Stellt man den dabei dann einzuschlagenden Gedankengang wieder durch Formeln dar, z. B. durch rekurrente Formeln im Sinne von § 112, so wird es deutlich, daß man nun wiederum in ganz ähnlicher Weise vorgeht, indem man den nicht für alle Einzelfälle vollziehbaren Prozeß im Sinne einer Abbildung darstellt und mit Hilfe dieser Abbildung nach dem Prinzip der übereinstimmenden Erzeugung schließt (vgl. § 65); in diesem Fall treten aber an Stelle der fünf Rechengesetze von § 73 jene Formeln, die ich als allgemeine Beschreibung der begriffsbildenden Tätigkeit oder als erzeugende Beziehungen bezeichnet habe (§ 112). Die letztgenannten Formeln beruhen also auf einem anderen Erkenntnisgrund, indem wir ihre Berechtigung unmittelbar beim Aufbau des synthetischen Begriffs erkennen.

---

[1]) Vgl. auch die in § 107 gegebene Schilderung von der Verkettung der Relationen auf Grund von Regeln oder Axiomen.

Bei allen den erörterten Begriffsbildungen dürfte als wesentlich in Betracht kommen, daß wir bei den unserer eigenen Tätigkeit entspringenden synthetischen Begriffen klarer als bei anderen zu sehen vermögen. Nicht bloß können wir unsere nach einer Regel verfahrende Tätigkeit selbst erkennen und sie etwa in Form einer der vorhin erwähnten erzeugenden Beziehungen (§ 112 u. 64) begrifflich formulieren, sondern wir erkennen auch nach dem Prinzip der übereinstimmenden Erzeugung, daß die Ergebnisse gewisser Tätigkeiten nach beliebig vielen Zusammensetzungen und Fortsetzungen miteinander übereinstimmen müssen, obwohl wir die Ergebnisse dieser Fortsetzungen im einzelnen nicht ohne weiteres, d. h. zunächst nicht ohne den Vollzug unserer Tätigkeiten, zu erkennen vermögen.

§ 116. Überbauung synthetischer und anderer Begriffe durch synthetische Begriffe.

Bis auf einen gewissen Grad ist im vorigen schon in die Erscheinung getreten, was jetzt Gegenstand einer näheren Betrachtung werden soll. Wir haben z. B. das formale algebraische Rechnen, d. h. das sogenannte Buchstabenrechnen oder besser Buchstabenverfahren, erwähnt, das als darstellende Form für die ihm unterzulegenden, mit vorgegebenen Einzelzahlen auszuführenden numerischen Rechenverfahren gilt. Nach dem Prinzip der übereinstimmenden Erzeugung waren wir der Übereinstimmung des algebraischen und des numerischen Verfahrens bis in die entferntesten Fortsetzungen hinaus sicher. Nun lassen sich aber an das Buchstabenverfahren neue Allgemeinbegriffe knüpfen, die mit Rücksicht auf die Bedeutung, welche das Buchstabenverfahren für das numerische Verfahren hat, zugleich den Wert von Allgemeinbegriffen höherer Ordnung (§ 98) für das numerische Verfahren besitzen. Wie wir im vorigen Paragraphen aus der dortigen Formel (1) die zweizeilige Anordnung (3) und daraus dann die Formel (2) entwickelten, so können wir allgemein aus

$$(1) \quad (a - b)(a^{n-1} + a^{n-2} b + a^{n-3} b^2 + \cdots + a^2 b^{n-3} + a b^{n-2} + b^{n-1})$$

die zweizeilige Anordnung von $2 n$ Gliedern

$$(2) \quad \begin{aligned} & a^n + a^{n-1} b + a^{n-2} b^2 + \cdots + a^2 b^{n-2} + a b^{n-1} \\ & - b a^{n-1} - b a^{n-2} b - \cdots - b a^2 b^{n-3} - b a b^{n-2} - b^n \end{aligned}$$

und daraus schließlich den Ausdruck

$$(3) \quad a^n - b^n$$

herleiten. Hier ist es nun nicht möglich, solange die ganze Zahl n allgemein bleibt, durch tatsächliches Vollziehen des Buchstabenverfahrens von dem Ausdruck (1) über den Ausdruck (2) zu der Formel

(3) zu gelangen. Trotzdem erkennt man, daß dies für jeden Einzelwert von n möglich sein muß. Dieses Erkennen beruht aber auf Allgemeinbegriffen, die an das Buchstabenverfahren anknüpfen und die erschließen lassen, daß z. B. in den beiden in (2) aufgeführten Zeilen das zweite Glied der ersten Zeile gegen das erste der zweiten, das dritte Glied der ersten gegen das zweite der zweiten usw. sich aufhebt, und daß infolgedessen nur das erste Glied der ersten Zeile zusammen mit dem letzten Glied der zweiten Zeile übrigbleibt. Von Allgemeinbegriffen kommt also hier nicht etwa bloß die Zahl n in Frage, welche die Anzahl der in der großen Klammer von (1) vorkommenden und der in jeder Zeile von (2) auftretenden Glieder, gleichzeitig aber auch gleich dem in (3) vorkommenden Exponenten ist, sondern alle die vorkommenden Relationen von Gliedern, Faktoren usw., die in den Begriffen des Vorhergehenden und Nachfolgenden usw. gegeben sind, die überhaupt durch die Tätigkeiten des Setzens und Aufhebens, des Zusammenfassens und Trennens, des Ordnens und Zuordnens bewirkt werden. Das ganze Verfahren der Umwandlung von (1) in (3), das für ein einzelnes gegebenes n sich durchführen läßt, stellt einen synthetischen Allgemeinbegriff vor, der mit einer Anzahl ähnlicher Begriffe, nämlich mit den in dem Verfahren enthaltenen Teiltätigkeiten, durch Relationen verbunden ist. Diese Begriffe knüpfen alle an die algebraische sogenannte Rechnung, d. h. an das Buchstabenverfahren, an. Dieses seinerseits hat das numerische Rechnen zur Unterlage und ist dessen Darstellung im Sinne von § 114. Man erkennt demnach, wie über gewissen Begriffen, die in diesem Fall selbst schon synthetische Begriffe sind, neue synthetische Begriffe sich ü b e r b a u e n[1]).

Solche Beispiele der Überbauung eines Begriffssystems über einem anderen finden sich in allen Gebieten der Mathematik. Aus der Algebra will ich noch die binomische Formel anführen, die es ermöglicht, nicht nur

$$(a + b)^2, \ (a + b)^3, \ (a + b)^4, \ \ldots$$

---

[1]) Eine ganz spezielle Überbauung eines Begriffssystems über ein anderes kennt auch H. WEYL in seiner bereits angeführten Schrift über das Kontinuum (S. 15), nämlich die Gesamtheit irgendwelcher gegenständlichen Elemente mit den Teilmengen dieser Gesamtheit. Er sagt: „Die ein- und mehrdimensionalen Mengen bilden über dem ursprünglich gegebenen Gegenstandsbereich ein neues abgeleitetes System idealer Gegenstände; es entsteht aus dem ursprünglichen, wie ich mich ausdrücken will, durch den m a t h e m a t i s c h e n P r o z e ß. In der Tat glaube ich, daß sich in dieser Begriffsbildung das Charakteristische der mathematischen Denkweise äußert. Es versteht sich von selbst, daß diese neuen Gegenstände, die Mengen, von den ursprünglichen durchweg verschieden sind; sie gehören einer ganz anderen Existenzsphäre an."

WEYL weist an der betreffenden Stelle auch auf die Relation hin, in der eine Teilmenge einer Gesamtheit zu der zu ihr komplementären Teilmenge steht.

durch

$$a^2 + 2\,a\,b + b^2, \quad a^3 + 3\,a^2\,b + 3\,a\,b^2 + b^3,$$
$$a^4 + 4\,a^3\,b + 6\,a^2\,b^2 + 4\,a\,b^3 + b^4, \ldots,$$

sondern auch

(4) $$(a + b)^n$$

durch einen allgemeinen Ausdruck

(5) $\quad a^n + \dfrac{n}{1}\,a^{n-1}\,b + \dfrac{n\,(n-1)}{1\cdot 2}\,a^{n-2}\,b^2 + \dfrac{n\,(n-1)\,(n-2)}{1\cdot 2\cdot 3}\,a^{n-3}\,b^3 + \cdots + b^n$

darzustellen[1]).

Die allgemeinen Beweise der niederen Arithmetik bieten sehr charakteristische Fälle solcher Überbauung dar. Man vergleiche z. B. den in § 72 für ein Produkt von beliebig vielen Faktoren geführten Beweis dafür, daß das Produkt sowohl von der Reihenfolge, als auch von der Zusammenfassung der Faktoren unabhängig ist. Der Beweis besteht darin, daß auf Grund der Formeln

$$a \cdot b = b \cdot a$$

und $\qquad\quad$ $$a \cdot (b \cdot c) = (a \cdot b) \cdot c$$

für zwei und drei Faktoren, die schon als bewiesen anzusehen sind, eine allgemeine Betrachtung über Zusammenfassung und Ordnung von Buchstaben in einer Zusammenstellung durchgeführt wird. Die Zusammenstellung bedeutet dabei eine Produktrechnung und bildet sie ab.

In der Geometrie wird zunächst der Unterbau durch die Begriffe geliefert, die dort als gegebene anzusehen sind (§ 1), und von denen ich im dritten Teil wahrscheinlich machen will, daß sie nur unter der Mitwirkung der Erfahrung zustande kommen, während andere diese Begriffe im Sinne von Kant auf eine apriorische Anschauung zurückführen wollen. Wenn wir nun von den geometrischen Elementen zu einem synthetischen Allgemeinbegriff der Geometrie, z. B. zum Begriff des n-Ecks, weiterschreiten (§ 112) und etwa den Lehrsatz beweisen, daß das n-Eck, wenn man von gewissen besonderen Fällen absieht, $\dfrac{n\,(n-3)}{2}$ Diagonalen besitzt, so verfahren wir dabei mit den Bezeichnungen der Ecken wie mit den Bezeichnungen rein arithmetischer Elemente; dabei kombinieren wir diese Zeichen, im Grunde ohne während dieser Operation an die geometrische Bedeutung der Zeichen zu denken. Wir überbauen hier das geometrische Begriffs-

---

[1]) Leibniz sagt, daß die gesamte Algebra eine bloße Anwendung der Kombinatorik auf Quantitäten sei, rechnet aber die Kombinatorik zur Metaphysik; vgl. Hauptschriften zur Grundlage der Philosophie, übersetzt von Buchenau, herausgegeben von Cassirer, Bd. 1 (Philosophische Bibliothek Bd. 107), 1904, S. 62.

system mit einem anderen, das von der Art der arithmetischen Begriffe ist.

Die in § 82 angefangene Betrachtung aus der „Analysis situs" zeigt dieselben Umstände etwas deutlicher. Auf einem Kreis (Abb. 160 von § 82) liegen $2n$ Punkte, die in der zyklischen Folge, in der sie auf dem Kreise liegen, mit den Zahlen $0, 1, 2, \ldots, 2n-1$ bezeichnet sind, so daß also das Weiterschreiten auf dem Kreise in derselben Richtung wieder den Punkt 0 als auf den Punkt $2n-1$ unmittelbar folgend ergibt. Von den $2n$ Punkten gehören nun die mit den geraden Zahlen $0, 2, 4, \ldots, 2n-2$ bezeichneten zu der einen, die mit den ungeraden Zahlen $1, 3, 5, \ldots, 2n-1$ bezeichneten zu der anderen Klasse. Jeder Punkt der Peripherie ist aber mit einem anderen Punkt derselben Klasse durch eine zusammenhängende, durch das Innere des Kreises gehende Linie verbunden. Es sind auch zwei Klassen von Linien vorhanden: solche, welche die geraden Punkte, und solche, welche die ungeraden Punkte verbinden. Aus den angegebenen Umständen soll geschlossen werden, daß mindestens ein Kreuzungspunkt einer Linie der einen und einer Linie der anderen Klasse im Innern des Kreises vorhanden sein muß.

Sind z. B. k und l zwei etwa gerade Punkte, die durch eine Linie verbunden sind, so gibt der Fortschritt auf dem Kreise von k nach l im Sinne der früher erwähnten zyklischen Folge gewisse Punkte, und der Fortschritt von l nach k wiederum in demselben Sinne gewisse andere Punkte. Man gewinnt so die Punkte auf dem ersten und die Punkte auf dem zweiten der beiden Bögen, in welche die Kreisperipherie durch die Punkte k und l geteilt wird. Nimmt man jetzt einen ungeraden Punkt k' auf dem ersten Bogen, so muß dieser mit einem gleichfalls ungeraden Punkt l' durch eine Linie zusammenhängen; l' kann aber auf dem zweiten oder auf dem ersten Bogen gelegen sein. Falls l' auf dem zweiten Bogen gelegen ist, tritt der Fall der Abb. 172 ein, in dem die Punktepaare k, l und k', l' abwechselnd — d. h. einander trennend — auf der Peripherie liegen, weshalb nach dem durch Abb. 90 von § 33 erläuterten Hilfssatz ein Kreuzungspunkt der betreffenden beiden Linien vorhanden sein muß.

Liegt der mit k' durch eine Linie zusammenhängende Punkt l', der gleich wie k' ein ungerader ist, auf dem ersten Bogen, so können gemeinsame Punkte der beiden Linien vorhanden sein oder auch nicht vorhanden sein (Abb. 173 u. 174). Im letzten Fall muß die Betrachtung dadurch fortgesetzt werden, daß man die beiden ungeraden Punkte k' und l' mit ihrer Verbindungslinie an Stelle der beiden Punkte k und l und deren Verbindungslinie treten läßt. Man wählt nun wieder einen geraden Punkt k'', und zwar auf demjenigen zwischen

k' und l' gelegenen Bogen, der ein Teil jenes ersten Bogens $k\,l$ ist, auf dem der Punkt k' gewählt war. Indem nun der Punkt l'', der mit k'' durch eine Linie in Verbindung steht, ins Auge gefaßt, und die gegenseitige Lage der Paare k', l' und k'', l'' betrachtet wird, kann man die vorigen Erörterungen wiederholen. Man erkennt, daß die Fortsetzung des Verfahrens, wenn sie nicht vorher schon auf einen Kreuzungspunkt führt, schließlich zwei Punkte $\varkappa$ und λ auf der Peripherie ergeben muß, die beide von derselben Art (entweder beide gerade oder beide ungerade) sind, und zwischen denen ein einziger Punkt $\varkappa'$ der anderen Art gelegen ist, der dann notwendig mit einem ihm gleichartigen Punkt λ' des anderen Bogens $\varkappa\,\lambda$ verbunden erscheint. Jetzt muß notwendig ein Kreuzungspunkt der vorausgesagten Art erscheinen (Abb. 175), womit der Beweis vollendet ist.

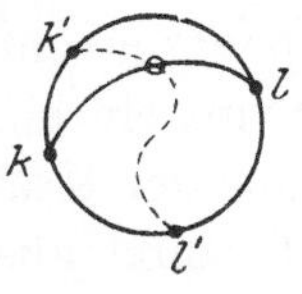

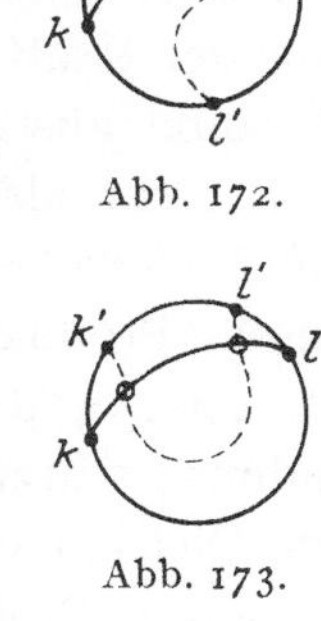

Abb. 172.

Abb. 173.

Bei näherer Überlegung des Beweises wird uns klar, daß wir in unseren Gedanken im Grunde gar nicht mit den Linien operieren, von denen wir einen Schnittpunkt nachweisen wollen, sondern nur mit den Punkten der Kreisperipherie, welche die Enden der Linien bilden, oder noch richtiger nur mit den Bezeichnungen der Punkte. Die zyklische Ordnung der Punkte, die Zusammenordnung derselben in Paare, deren jedes die beiden Enden einer und derselben Linie bedeutet, die Scheidung der Punkte in die gerade und in die ungerade Klasse und ähnliche Umstände liefern uns die Relationen, deren Verkettung wir betrachten. Dabei ist noch darauf hinzuweisen, daß der durch die Abb. 160 von § 82 erläuterte Hilfssatz hier nur insofern zur Verwendung kommt, als bei zwei Punktepaaren, wie z. B. k, l und k', l', darauf zu achten ist, ob sie sich in der abstrakten zyklischen Ordnung der Zeichen

Abb. 174.

Abb. 175.

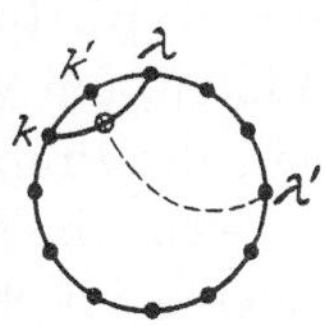

Abb. 176.

$0, 1, 2, \ldots, 2\,n - 1$ trennen oder nicht trennen. An die ganze Kette von Operationen knüpfen sich noch gewisse Allgemeinbegriffe (Wechsel der Klasse der Punkte, Verringerung der Zahl der Zwischenpunkte) so an, daß man das Verfahren zu überschauen und zu erkennen vermag, daß für jede vorgegebene Zahl n das Verfahren tatsächlich ein Ende findet und damit zu dem gewollten Ergebnis führt.

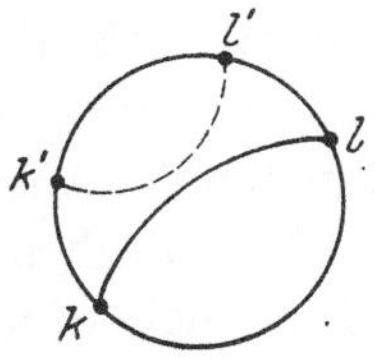

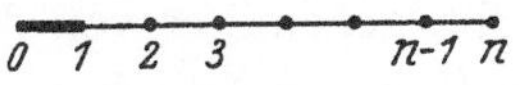

Das durch Aneinanderfügen gleicher Strecken (Abb. 176) gebildete n fache einer Strecke ist ein Begriff von ganz ähnlicher Art wie der des n-Ecks. Über den Begriffen des Doppelten, Dreifachen, $\ldots$,

n fachen aber erhebt sich als ein neuer Überbau noch höherer Ordnung der synthetische Allgemeinbegriff des Maßes, der im dritten Abschnitt ausführlich behandelt worden ist.

Der Maßbegriff kommt für die Mechanik in gleicher Weise in Betracht wie in der Geometrie. Da nun die Maßzahl einer Kraft ein synthetischer, d. h. ein aus unserer eigenen Verstandestätigkeit, wenn auch auf Grund von Hypothesen, die eine empirische Unterlage besitzen, entsprungener Begriff ist, außerdem die Maßzahl eines Hebelarms ein ebensolcher synthetischer Begriff ist, da ferner das Produkt, aus der Kraft und aus dem Arm, an dem die Kraft angreift, d. h. das Produkt aus den Maßzahlen von Kraft und Arm, wie jedes Produkt, erst recht als synthetischer Begfiff in Anspruch genommen werden muß, so ist es meines Erachtens nicht zu verwundern, wenn sich für dieses Produkt aus Kraft und Arm ein Lehrsatz demonstrieren läßt (§ 12 u. 13), der sich auf gewisse empirisch zu rechtfertigende Annahmen stützt, welche die Relationen zwischen Punkten und Kräften im Gleichgewicht betreffen, sich aber doch nicht bereits auf das genannte Produkt selbst beziehen. Es ist dabei noch darauf hinzuweisen, daß die gemachten Annahmen in gewissem Sinne nicht von quantitativer, sondern nur von qualitativer Art waren (§ 17). Damit dürften die Angriffe entkräftet sein, die E. Mach gegen den berühmten archimedischen Beweis des Hebelgesetzes gerichtet hat, indem er zugleich sich so äußerte: „Wenn wir schon die bloße Abhängigkeit des Gleichgewichts vom Gewicht und Abstand überhaupt nicht aus uns herausphilosophieren konnten, sondern aus der Erfahrung holen mußten, um wieviel weniger werden wir die Form dieser Abhängigkeit, die Proportionalität, auf spekulativem Wege finden können[1].‟

Wenn in der geschilderten Weise ein Begriffssystem mit einem anderen überbaut wird, so sind die Begriffe des Unterbaus, mögen sie nun empirische (bzw. anschauliche) oder selbst schon synthetische sein, gegenüber von den sich darüber aufbauenden synthetischen Begriffen des Oberbaues die „vorfindlichen‟ Begriffe[2]. Der Oberbau ist als die darstellende Form, der Unterbau als deren Deutung (§ 114) oder Inhalt anzusehen. Es kann aber jede Form selbst wieder den Inhalt für eine neue darstellende Form bilden. „Inhalt‟ und „Form‟ sind relative Begriffe.

Die Begriffe des Unterbaus kommen im Oberbau meist nur so zur Anwendung, wie z. B. die Begriffe „Punkt‟ und „Gerade‟ und deren Relationen in der Geometrie zur Verwendung kommen, wo man statt

---

[1] Ernst Mach, Die Mechanik in ihrer Entwicklung, 4. Aufl., 1901, S. 16.
[2] Wenn ich mich recht erinnere, spricht Meinong irgendwo von „vorfindlichen‟ Begriffen.

der Punkte und der Geraden auch irgendwelche andere Gegenstände mit anderen Relationen setzen könnte, wofern dabei die verbindenden Gesetze dieselben bleiben (§ 10)[1]. Es kommt aber zwischendurch auch vor, daß die Begriffe in einem Einzelfall wirklich gedeutet werden müssen (§ 114), daß also die Subsumption eines Einzelfalles unter den Allgemeinbegriff stattfindet. Als Beispiel kann der Beweis der binomischen Formel angeführt werden. Dieser geht so vor sich, daß man zunächst durch Multiplikation mit $a + b$ aus der Formel (5) die entsprechende Formel gewinnt, die mit der Zahl $n + 1$ an Stelle von n gebildet ist. Um dann durch den Schluß von n auf $n + 1$ die allgemeine Übereinstimmung von (4) und (5) zu beweisen, hat man diese Übereinstimmung noch für $n = 1$ klarzulegen, indem man die Formel (5) für $n = 1$ deutet[2].

Es verdient noch hervorgehoben zu werden, daß jedes im Unterbau herrschende Gesetz, mag es nun hier eine Definition oder ein angenommenes Axiom vorstellen oder ein beweisbarer Lehrsatz sein, für den Oberbau eine formale Regel liefert, nach der gewisse Bildungen des Oberbaus miteinander zusammenhängen. Zur Erläuterung kann wieder das arithmetische Gesetz dienen, wonach die numerischen Prozesse, die wir z. B. als Verdreifachung von Vier und als Vervierfachung von Drei bezeichnen, auf dasselbe Ergebnis hinführen. Dieses Gesetz wird mit Rücksicht auf die Darstellungsart durch die Formel $b \cdot a = a \cdot b$ vorgestellt und ergibt für das sogenannte algebraische Rechnen, d. h. für das Buchstabenverfahren, die Regel, daß in allen Buchstabenzusammenstellungen, welche Produkte bedeuten, die Faktoren beliebig vertauscht werden dürfen. Wir vollziehen also mit Rücksicht auf die gewählte Darstellung unsere Folgerungen aus den algebraischen Gesetzen in der Weise, daß wir in den Zeichenzusammenstellungen, welche unseren Oberbau ausdrücken, die durch die entsprechenden Regeln möglichen Umstellungen vornehmen.

§ 117. Die sogenannte axiomatische Arithmetik, beleuchtet vom Standpunkt der Überbauung der Begriffe.

Hilbert hat es in einem Aufsatz über den Zahlbegriff ausgesprochen[3], daß die Darstellung der Arithmetik besser nicht nach der „genetischen", sondern nach der „axiomatischen" Methode zu

---

[1] In meiner bereits mehrfach erwähnten Antrittsrede habe ich auf S. 58/59 einen solchen Gebrauch der Begriffe als „formalen" Gebrauch bezeichnet.

[2] Die Anwendung des Begriffs auf den unter ihn passenden Einzelfall, d. h. die Subsumption des Einzelfalls unter den Begriff, habe ich an dem erwähnten Ort „inhaltliche" Anwendung des Begriffs genannt (S. 59).

[3] Jahresber. d. Deutsch. Mathematikervereinigung Bd. 8, 1900, S. 180ff. Hilbert sagt auf S. 181: „Meine Meinung ist diese: *Trotz des hohen pädagogischen und heu-*

erfolgen habe. Er gibt dabei neben anderen Feststellungen, zu denen gewisse auf die Begriffe des Größeren und des Kleineren sich beziehende Aussagen gehören, die folgenden sechs Formeln an:

$$(1) \qquad a + (b + c) = (a + b) + c$$

$$(2) \qquad a + b = b + a$$

$$(3) \qquad a \cdot (b \cdot c) = (a \cdot b) \cdot c$$

$$(4) \qquad a \cdot (b + c) = a \cdot b + a \cdot c$$

$$(5) \qquad (a + b) \cdot c = a \cdot c + b \cdot c$$

$$(6) \qquad a \cdot b = b \cdot a,$$

die er als „Axiome der Rechnung" bezeichnet.

Unter der „genetischen" Methode versteht HILBERT diejenige, die ich oben im neunten Abschnitt angewendet habe und die ich aller dings lieber die „synthetische"[1]) nennen möchte. Da ich in der bezeichneten Frage auf dem Standpunkt stehe, der dem HILBERTschen entgegengesetzt ist, und da tatsächlich die synthetische Darstellung der Arithmetik durch die erwähnte Äußerung HILBERTs zurückgedrängt worden ist, so sehe ich mich veranlaßt, meine Auffassung der Arithmetik noch einmal von dem jetzt gewonnenen logischen Standpunkte aus zu beleuchten.

Ich will zu diesem Zweck eine der schönsten Untersuchungen von HILBERT selbst heranziehen. Wir wollen uns gewisse Objekte irgendwelcher Art denken, die aber keine Zahlen sein und zwei Kompositionsweisen zulassen sollen. Diese beiden Kompositionsweisen wollen wir als „Addition" und „Multiplikation" bezeichnen; sie sind selbstverständlich von der Zahlenaddition und der Zahlenmultiplikation strenge zu unterscheiden. Für die beiden genannten Kompositionsweisen sollen nun *die Gesetze vorausgesetzt werden, die in den obigen Formeln* (1) *bis* (5) *enthalten sind.* Außerdem werden unten, wie vorhin schon angedeutet wurde, einige andere naheliegende Voraussetzungen gemacht, und dann insbesondere noch das archimedische Axiom (vgl. § 22) angenommen. Dieses Axiom besagt, daß, falls *a* kleiner

---

ristischen Wertes der genetischen Methode verdient doch zur endgültigen Darstellung und völligen logischen Sicherung des Inhaltes unserer Erkenntnis die axiomatische Methode den Vorzug."

[1]) Vgl. § 125. Das Wort „synthetisch" tritt auch sonst in neueren Bearbeitungen der Grundlagen der Mathematik auf; vgl. DINGLER, Über die logischen Paradoxien der Mengenlehre usw., Jahresber. d. Deutsch. Mathematikervereinigung, Bd. 22, 1913, S. 309, und JULIUS KÖNIG, Neue Grundlagen der Logik, Arithmetik und Mengenlehre, 1914, Vorwort, wo jedoch der Ausdruck in etwas anderem Sinne als in den im Text gegebenen Ausführungen über die „synthetischen Begriffe" (§ 1, 111, 112) genommen ist.

als b ist, vermöge hinreichend häufiger Wiederholung der „Addition"
aus a ein Objekt

$$a + a + a + \ldots + a^1)$$

hergestellt werden kann, das größer als b ist, d. h. also, daß es ein
Vielfaches von a gibt, das b übertrifft.

In der Untersuchung von Hilbert, die ich im Auge habe[2]), handelt es sich um geometrische Objekte und die beiden Kompositionsarten
sind durch Konstruktionen definiert. Es wird bewiesen, daß das obige
Gesetz (Axiom) (6) sich folgern läßt, wenn die Gesetze (1) bis (5) samt
dem archimedischen Axiom und den übrigen Annahmen gefordert
werden.

Es ist für meinen Zweck nicht notwendig, daß ich den Hilbertschen Beweis vollständig wiedergebe. Er kann folgendermaßen kurz
charakterisiert werden. Es wird zuerst gezeigt, daß für den besonderen
Fall, in dem a und b beide Vielfache von einem und demselben Objekt d
sind, die Gleichung $a \cdot b = b \cdot a$ richtig ist, d. h. also, daß für irgendein Objekt d und für beliebige absolute ganze Zahlen m und n gilt:

$$(7) \qquad m\,d \cdot n\,d = n\,d \cdot m\,d.$$

Sind nun aber a und b beliebige Objekte, so kann man ein d wählen,
das kleiner ist als das kleinere von beiden, so daß also d sowohl kleiner
als a, als auch kleiner als b ist. Nun ergibt sich aus dem archimedischen
Axiom eine Folgerung, die nachher noch genauer besprochen werden
soll, nämlich die, daß es ein Vielfaches von d, das m fache, so geben
muß, daß dieses zwar immer noch kleiner als a, daß aber zugleich
das $(m + 1)$ fache von d bereits größer oder wenigstens gleich a ist.
Man kann also die fortlaufende Ungleichung

$$(8) \qquad m\,d < a \leqq (m + 1)\,d$$

ansetzen. Ebenso ergibt sich aber auch das Vorhandensein einer
Zahl n, für die

$$(9) \qquad n\,d < b \leqq (n + 1)\,d$$

ist.

Der Beweis, um den es sich handelt, geht nun indirekt vor. Es
wird für den Augenblick angenommen, es sei z. B. $b\,a < a\,b$, so daß
also $a\,b - b\,a$ gebildet werden könnte und von Null verschieden wäre;
daraus aber wird dann unter Benutzung von (7) und von den Ungleichungen (8) und (9) schließlich ein Widerspruch entwickelt. Dabei

---

[1]) Wegen Gleichung (1) und (2) macht es keinen Unterschied, wie ich diese Summe
durch aufeinanderfolgende Summationen von je zwei Objekten entstanden denken will.

[2]) Grundlagen der Geometrie (Festschrift zur Feier der Enthüllung des Gauss-
Weber-Denkmals), 1899, S. 72, 73.

muß noch d, das ja beliebig klein gewählt werden konnte, passend klein genommen werden, damit der Widerspruch herauskommt. Infolgedessen kann der Beweis auch so dargestellt werden, daß die Annahme, es sei $ab - ba$ von Null verschieden, mit Rücksicht darauf, daß die Objekte a und b durch Vielfache md und nd von d beliebig angenähert werden können [vgl. (8) und (9)], mit der Gleichung (7), d. h. mit dem Umstand unverträglich ist, daß für solche a und b, die Vielfache von d sind, der Ausdruck $ab - ba$ gleich Null ist.

Analysieren wir nun den Beweis für die Gleichung (7) oder für die ihr gleichwertige Tatsache, daß das Produkt von md in nd gleich mnd^2 ist[1]). Der Beweis dafür beruht auf den sogenannten Distributivgesetzen (4) und (5). Vermöge dieser Gesetze kann man die beiden Klammern

$$(d + d + \ldots + d)\,[d + d + \ldots + d]$$

in bekannter Weise miteinander ausmultiplizieren. Dabei möge die erste (runde) Klammer m Summanden, die zweite (eckige) Klammer n Summanden enthalten. Man erkennt, *indem man das Verfahren dieses sogenannten Ausmultiplizierens, d. h. das Verfahren der Buchstabenkombinationen erwägt*, daß man nun mn Glieder erhält, deren jedes gleich dd, d. h. gleich d^2 ist. Es ist also im Sinne jener obigen als „Produkt“ bezeichneten Kompositionsweise der Objekte das Produkt des m fachen von d in das n fache von d gleich dem mn fachen von d^2 und deshalb auch nach dem für Zahlen geltenden Lehrsatz

$$md \cdot nd = nd \cdot md\,.$$

Es wird jetzt deutlich sein, daß hier an die Schritte des Beweisverfahrens selbst wiederum eine Zählbetrachtung geknüpft worden

---

[1]) Die Benutzung dieser Tatsache erscheint bei Hilbert in der Form, daß aus (8) und (9) die Ungleichung $ba > nd \cdot md = nmd^2$ gefolgert wird, woraus sich dann *durch die für die reellen ganzen Zahlen m und n erlaubte Umstellung*

$$ba > mnd^2$$

ergibt. Diese durch die Umstellung erhaltene Ungleichung kann nun unmittelbar von der gleichfalls aus (8) und (9) abgeleiteten anderen

$$ab \leqq (m + 1)\,(n + 1)\,d^2 = (mn + m + n + 1)\,d^2$$

zum Abzug gebracht werden, so daß sich

$$ab - ba < (m + n + 1)\,d^2 = (md + nd + d)\,d$$

ergibt. Indem man jetzt für md und nd die nach (8) und (9) größeren Objekte a und b und für d das im Text weiter unten genannte Objekt e einsetzt, wobei aber noch d kleiner als e zu denken ist, erhält man die a fortiori gültige Ungleichung

$$ab - ba < (a + b + e)\,d\,.$$

Diese Ungleichung läßt den Widerspruch hervortreten. Da hier nämlich e, a und b feste Objekte sind, und d beliebig klein genommen werden kann, so müßte nach den sonst noch namentlich über das Größer- und Kleinersein gemachten Annahmen d so gewählt werden können, daß die der letzten Ungleichung entgegengesetzte (mit dem Zeichen $>$ an Stelle von $<$) gültig sein, während doch zugleich die eben durchgeführte Überlegung, welche zu der vorigen Ungleichung geführt hat, in Kraft bleiben müßte.

ist, daß also arithmetische Begriffe im eigentlichen Sinne des Wortes, d. h. im Sinne der Entstehung dieser Begriffe gebraucht worden sind.

Vielleicht könnte man die letzte Feststellung hinsichtlich des von HILBERT selbst eingeschlagenen Verfahrens insofern doch noch bestreiten wollen, als ich dieses Verfahren vorhin der Deutlichkeit wegen ein wenig anders gewendet habe. HILBERT verfährt in Wirklichkeit so, daß er ein Objekt, es möge e heißen, derart annimmt, daß allgemein

$$a e = e a = a$$

ist. Hieraus ergibt sich dann mit Hilfe des Gesetzes (4), daß

$$(10) \qquad a (e + e + \cdots + e) = a + a + \cdots + a$$

und vermöge (5), daß

$$(11) \qquad (e + e + \cdots + e) a = a + a + \cdots + a$$

ist. Es ist also auch

$$(12) \qquad a (e + e + \cdots + e) = (e + e + \cdots + e) a \,.$$

Hier haben wir uns in allen Klammern und auf den rechten Seiten der Gleichungen (10) und (11) immer gleich viele, etwa m Glieder zu denken. Indem nun HILBERT das m fache von d, das eigentlich durch

$$d + d + \cdots + d$$

definiert ist, durch das Produkt des Objekts

$$e + e + \cdots + e$$

in das Objekt d ersetzt, und dann auch das n fache von d entsprechend darstellt, kann er

$$m d \cdot n d = \{(e + e + \cdots + e) d\} \cdot \{[e + e + \cdots + e] d\}$$

setzen und dann die rechte Seite auf Grund der Formeln (3) und (12) in

$$\{(e + e + \cdots + e) [e + e + \cdots + e]\} d^2$$

umwandeln. So gelangt er zu der Formel

$$m d \cdot n d = m n d^2 \,.$$

So könnte es scheinen, als wären arithmetische Überlegungen im engeren Sinne des Wortes im Beweise ausgeschaltet worden. Eine noch genauere Analyse der Entstehung von (10) und (11) ergibt jedoch das Gegenteil. Um z. B. die Gleichung (10) mit Hilfe des Gesetzes (4) zu erhalten, muß man zuerst bedenken, daß die wiederholte Anwendung von (4) auf den Ausdruck

$$(13) \qquad a (e + e + \cdots + e),$$

der etwa in der Form

$$a \{\cdots ([(e + e) + e] + e) \cdots + e\}$$

gedacht werden mag, schließlich das Objekt a ebensooft ergeben muß, als das Objekt e in der Klammer von (13) enthalten war. Man denkt sich also wieder die Schritte des Beweisverfahrens selbst gezählt. Offenbar nützt es auch nichts, zu sagen, daß man neben den für unsere Objekte geforderten Axiomen (1) bis (5) eben auch noch für Zahlen die Axiome (1) bis (6) fordern müsse; man müßte es dann noch als eine neue Annahme bezeichnen, daß sich die Wiederholung unserer im Buchstabenverfahren auszuführenden Tätigkeiten in der Weise, wie wir es eben tun, durch Vervielfältigungszahlen darstellen läßt.

Eine genauere Analyse des Gedankenganges, der auf die Ungleichungen (8) und (9) geführt hat, liefert gleichfalls ein beachtenswertes Ergebnis. Das archimedische Axiom besagte nur, daß nicht alle Vielfache von d kleiner sein können als a. Man schließt daraus, daß es in der Reihe der Vielfachen

$$1\,d,\; 2\,d,\; 3\,d,\; 4\,d,\; \ldots$$

ein erstes geben muß, das nicht kleiner ist als a. Da aber d selbst, d. h. also das Anfangsglied der Reihe, kleiner als a angenommen war, so muß es ein jenem ersten, nicht kleineren Vielfachen unmittelbar vorangehendes Vielfaches, das m fache, geben, und es wird dann das m fache von d immer noch kleiner als a, jedoch das $(m + 1)$ fache von d größer oder gleich a sein; damit ist dann die Gleichung (8) bewiesen. Offenbar haben wir hier die fortgesetzte Bildung der Vielfachen von d als einen Reihenprozeß[1]) erkannt und an ihn weitere Begriffsbildungen allgemeiner Art geknüpft.

Aus den vorstehenden Erörterungen geht meines Erachtens hervor, daß es nicht gelingt, diejenigen Betrachtungen aus den Beweisen auszuschalten, die Hilbert als „genetische“ bezeichnet, und die er in die heuristischen Untersuchungen, welche dem eigentlichen, strengen Beweise voraufgehen, verweisen möchte. Auch nach Einführung der sogenannten „Axiome der Rechnung“ sind wir beim weiteren Aufbau der Theorie genötigt, an die Schritte des Verfahrens selbst wieder „genetische“ Zahlenbetrachtungen anzuschließen. Es werden im Beweise selbst Zahlbegriffe gebildet, und zwar treten sie in ihrer eigentlichen Zählbedeutung auf, nicht in dem Sinne von irgendwelchen Objekten, zwischen denen irgendwelche, gewissen Axiomen unterworfene Relationen bestehen. Die Vervielfachungen und Verbindungen jener Kompositionsweisen unserer Objekte stellen neue, von uns selbst gebildete synthetische Begriffe dar, welche durch die Zusammen-

---

[1]) Versuche, den Reihenbegriff selbst in andere Begriffe aufzulösen, werden in § 122 und 123 erörtert werden.

stellungen der jene Objekte darstellenden Buchstaben a, b, c usw. mit Z a h l e n dargestellt werden. Damit haben wir ein jenem früheren Gebiet von Objekten überbautes neues Begriffsgebiet, dem die maßgebenden Überlegungen angehören.

Zu derselben Auffassung gelangt man auch dadurch, daß man die bereits in § 42 für die Geometrie beantwortete Frage der Widerspruchslosigkeit von neuem aufwirft. Die Widerspruchslosigkeit der Geometrie wird bewiesen auf Grund der Widerspruchslosigkeit der Arithmetik[1]). Die Widerspruchslosigkeit der Arithmetik muß aber durch den folgerichtigen Aufbau ihrer Begriffe dargetan werden[2]). Glaubt man, die Arithmetik auch auf Axiome gründen zu müssen, so ergibt sich die neue Aufgabe, nunmehr die Widerspruchslosigkeit der Axiome der Arithmetik zu beweisen. Dieser Beweis könnte aber, wenn kein Beweis ohne Axiome möglich wäre, nur auf Grund wiederum neuer Axiome geführt werden usw. Man käme also schließlich auf einen recursus ad infinitum, der zu keiner vollständigen Begründung führen könnte[3]).

In einem neueren Aufsatz[4]) hat HILBERT das wissenschaftliche Verfahren so geschildert, daß zunächst gewisse Axiome zugrunde gelegt, diese aber unter Umständen später auf Grund von neuen Axiomen selbst bewiesen werden, wobei dieser gleiche Prozeß dann noch weitergehen kann. Es zeigt sich dabei nach HILBERTS Ausspruch eine Schichtung der Axiome, und es ergibt sich ein Vordringen in immer tiefere von diesen Schichten. Diese Schilderung scheint mir eine vorzügliche Darstellung des in den angewandten Wissenschaften, z. B. in der Physik, benutzten Verfahrens zu sein, wobei man dann allerdings wohl besser von Hypothesen als von Axiomen sprechen wird. Was die Mathematik betrifft, so ist zu beachten, daß die Geometrie, seit sie von den Griechen zu einer deduktiven Wissenschaft

---

[1]) Das hat STUDY in seiner Schrift: „Die realistische Weltansicht und die Lehre vom Raume", 1914, S. 92 und 132/33 scharf betont. Er sagt hier auch: „HILBERTS Parallelisierung von Geometrie und Arithmetik können wir hiernach nicht für glücklich halten. Die Arithmetik und alle Analysis kann der Geometrie völlig entraten, während das Umgekehrte nicht zutrifft." Vgl. auch § 42.

[2]) Meines Erachtens gelingt dies allerdings nur so lange, als man nicht auch den Begriff der Gesamtheit aller reellen Zahlen, d. h. also des Kontinuums bilden will (§ 63—76). Stetigkeitsbetrachtungen erfordern die Widerspruchslosigkeit des einfachen Kontinuums als besondere Voraussetzung (vgl. § 76, Schluß).

[3]) L. E. J. BROUWER hat hervorgehoben, daß vom Standpunkte des strengen Formalismus aus, d. h. von dem Standpunkt, der alle Beweisgänge durch Symbolrechnungen auf Grund von Regeln (Axiomen) darstellen will, niemals ein Beweis für die Widerspruchslosigkeit der Annahmen geführt werden kann (vgl. „Intuitionism and formalism", Bull. of the American Mathematical Society, 2d series, vol. XX, 1913, p. 88; vgl. auch hier § 125).

[4]) Mathematische Annalen Bd. 78, 1918, S. 405ff.

umgebildet worden ist, doch im großen und ganzen stets dieselben Voraussetzungen benutzt hat, während die Arithmetik, Algebra und Analysis[1]) nur gelegentlich einmal vorübergehend (abgesehen vom Stetigkeitsaxiom) unbewiesene Voraussetzungen verwendet haben und dies eigentlich nur in Fällen, in denen, wie bei dem auch von HILBERT angeführten Fundamentalsatz der Algebra (§ 82), zunächst darüber keine Klarheit geherrscht hatte, daß in der Tat eine nicht selbstverständliche Voraussetzung gemacht worden war.

In der Mathematik ist also nicht der zu immer neuen Voraussetzungen herunterschreitende, sondern der von unten aufbauende Gang der natürliche. Dabei sind nur in der untersten Schicht und auch nur in der Geometrie — und, wenn sie dazu gerechnet werden soll, der Mechanik — wirkliche Axiome anzutreffen; jede andere „Schicht" besteht aus einem System von Begriffen und dazu gehörenden Lehrsätzen, wobei die Begriffe über der vorangehenden Schicht synthetisch aufgebaut sind.

§ 118. Weitere Aufschlüsse über hypothetisches Urteil und Unverträglichkeit, Widerspruchslosigkeit und Unabhängigkeit.

In § 103 ist im Hinblick auf den in der Mathematik viel gebrauchten indirekten Beweis gezeigt worden, daß das hypothetische Urteil: „aus p folgt q" einen ganz bestimmten Sinn haben muß, ganz unabhängig davon, ob das Urteil p wahr ist oder nicht. Der Sinn der behaupteten Abhängigkeit des Urteils q vom Urteil p muß darin bestehen, daß ein Beweisverfahren nachgewiesen ist, das nach Annahme von p, natürlich unter Mitbenutzung von anderen, als sicher anzusehenden Tatsachen, auf q hinführt. Immerhin kann hier doch noch eine Schwierigkeit gefunden werden, die MEINONG[2]) besonders betont hat: Wie kann man, unabhängig von der Entscheidung der Frage, ob p wahr ist oder nicht, zu der Behauptung gelangen, daß, wenn p wahr wäre, q auch wahr sein müßte?

Natürlich kann die angeführte Schwierigkeit, statt am hypothetischen Urteil, ebensogut an der Unverträglichkeit der Urteile erläutert werden, da das hypothetische Urteil: „aus p folgt q" damit gleichbedeutend ist, daß das zu q entgegengesetzte Urteil q' mit p unverträglich ist. Das symmetrische, gegenseitige Verhältnis zwischen den beiden miteinander unverträglichen Urteilen begründet manchmal einen Vorzug dieses logischen Verhältnisses, während natürlicherweise der Zusammenhang von Urteilen in der Regel so entwickelt wird, daß

---

[1]) Vgl. § 41, Schluß.   [2]) Vgl. S. 269 , Anm. 1.

eine Annahme gemacht und auf Grund derselben eine Folgerung gezogen wird[1]).

Meinong hat selbst ein Beispiel für die Unverträglichkeit gegeben[2]). Ich will hier ein etwas anderes Beispiel wählen. Die drei Annahmen: „a ist kleiner als b“, „b ist kleiner als c“ und „c ist kleiner als a“ sind unverträglich miteinander. Hier ist zunächst zu bemerken, daß kein Widerspruch vorhanden sein würde, wenn an Stelle der Relation „ist kleiner als“ eine andere Relation gesetzt würde, die allerdings dann nicht durch die sprachliche Form des Komparativs ausgedrückt werden dürfte. Nur weil hier eine Relation vorlag, für die das Gesetz der Transitivität[3]) gilt, war ein Widerspruch durch die obigen Angaben gesetzt. Das Gesetz der Transitivität verlangt, daß, falls die betreffende Relation für ein erstes Element im Verhältnis zu einem zweiten und für dieses zweite im Verhältnis zu einem dritten Element besteht, daß sie dann auch für das erste Element bestehen muß im Verhältnis zum dritten. Ordnet man nun die obige Größe a dem ersten, die Größe b dem zweiten und c dem dritten Element der Transitivitätsregel zu, so erkennt man, daß die obigen Angaben in der Tat einen Widerspruch enthalten. Man kann die Sache noch etwas anders darstellen, wodurch wir einen Schritt weiter geführt werden. Wenn gewisse Elemente in endlicher Zahl zu je zweien einer transitiven Relation unterliegen, so können ihre Namen derart in eine Reihe geordnet werden, daß nunmehr die Einzelrelationen zwischen den Elementen durch das Vorausgehen und Nachfolgen der ihnen zugeordneten Zeichen in der Reihenordnung abgebildet erscheinen[4]). Versucht man jetzt den obigen Annahmen entsprechend eine Reihenfolge herzustellen, so wird man mit a beginnen und b auf a folgen lassen; man muß aber dann auch c auf b folgen lassen, so daß die Einfügung in die Reihe es uns nun unmöglich macht, noch zugleich das c vor a anzubringen.

Man kann also sagen, daß die Reihe mit ihren aufeinanderfolgenden Elementen im Sinne der vereinfachten Abbildung[5]) unsere Größen und ihre Relationen darstellt, diesem Begriffssystem somit übergebaut[6]) ist, und daß wir in dem neuen übergebauten System den entscheidenden Versuch wirklich ausführen.

Gewisse Festsetzungen für die „Multiplikation“ von Symbolen können auch als Beispiele von Unverträglichkeit herangezogen werden. Ich will mir drei Symbole i, j, k denken und festsetzen, daß

$$(\text{I}) \qquad ij = k, \quad kk = i, \quad jk = i, \quad ii = j$$

---

[1]) Vgl. § 102. Man kann auch noch die Alternative als dritte Spielart der erörterten Zusammenhänge beiziehen.

[2]) Vgl. Gesammelte Abhandlungen, Bd. 2, 1913, S. 105. Das Beispiel lautet: „A ist 50 Jahre, B ist 60 Jahre; A ist älter als B“.

[3]) Vgl. § 105.   [4]) Vgl. § 122.   [5]) § 114.   [6]) § 116.

sein soll. Ich erhalte dann infolge der angesetzten Beziehungen einerseits

$$i j k = i j \cdot k = k \cdot k = i$$

und andererseits

$$i j k = i \cdot j k = i \cdot i = j.$$

Will man die drei Symbole als verschieden angesehen haben, so widerspricht das letzte Ergebnis dem vorangehenden; es ist aber noch außerdem zu beachten, daß für die Multiplikation der Symbole auch ein Gesetz, nämlich das Assoziativgesetz[1]), stillschweigend angenommen worden ist. Dieses ist dadurch benutzt worden, daß das Produkt $i j k$ von drei Symbolen bald als $i j \cdot k$ bald als $i \cdot j k$ gedeutet wurde.

Die Symbole i, j, k haben hier im Grunde keinen Inhalt, und so stellen die Beziehungen (1) nur gewisse Regeln dar, wie mit den Symbolen verfahren werden soll. Ein solches Verfahren hat ein vielleicht unerwartetes Ergebnis geliefert, man kann aber zunächst die Beziehungen (1) nicht als Aussagen über Gleichheit in Anspruch nehmen und streng genommen weder von hypothetischen Urteilen, noch von einer Unverträglichkeit sprechen. Wir müssen uns erst noch gewisse, unabhängig von den Beziehungen (1) erklärte Objekte denken, für welche die Gleichheit und die Multiplikation bestimmt definiert ist, wobei dann natürlich auch gelten soll, daß Gleiches mit Gleichem multipliziert, Gleiches gibt, und außerdem auch das Assoziativgesetz gelten soll. Dann kann man sagen, daß die vier Gleichungen (1) mit der Annahme, daß i von j verschieden sei, unverträglich sind. Nimmt man andererseits außer den vorigen Voraussetzungen an, daß die zweite, dritte und vierte der Gleichungen (1) sicher bestehe, während das Bestehen der ersten und die Gleichheit oder Ungleichheit der drei Symbole i, j, k offen bleiben soll, so wird man die obige Rechnung so deuten können, daß das hypothetische Urteil bewiesen ist: Wenn $i j = k$ ist, so ist auch $i = j$.

Die beiden gegebenen Beispiele zeigen, daß hypothetische Urteile und Unverträglichkeiten da gefunden werden können, wo ein Begriffssystem von einem anderen überbaut ist. In dem zweiten System handelt es sich um synthetische Begriffe, die sich auf gewisse Tätigkeiten des Zusammenstellens usw. beziehen. Da wir nun die genannten realen Tätigkeiten wenigstens teilweise auch dann ausführen können, wenn die im Unterbau gemachten Annahmen nicht richtig sind[2]), kann der

---

[1]) § 117, Gleichung (3).

[2]) Wenn ich nicht irre, sagt Meinong irgendwo: „Denken ist ein Tun," und an einer anderen Stelle: „im Denken, aber nicht im Vorstellen können wir Vorstellungen zusammenbringen, die nicht vereinbar sind." Das dem „Vorstellen" entgegengesetzte

Erfolg der Tätigkeit mit Rücksicht auf das angenommene Entsprechen zwischen Oberbau und Unterbau die Unverträglichkeit oder die Abhängigkeit zwischen den im Unterbau gemachten Annahmen ergeben. Man kann den Sachverhalt auch so ausdrücken, daß bei der Wendung der Annahmen, die Unverträglichkeit ergibt, in dem Entsprechen zwischen Oberbau und Unterbau eine Lücke auftritt.

Das folgende Beispiel ist verwickelter, dürfte aber noch lehrreicher sein. Ich will noch einmal den in § 30 auseinandergesetzten indirekten Beweis des archimedischen Hilfssatzes betrachten. Es war dabei die Strecke AB ein Teil von AC (Abb. 177), und es wurden die Vielfachen von AB herangezogen. Ich will der Einfachheit wegen annehmen, daß B und C auf der rechten Seite von A gelegen seien. Es wurden dann unter der Voraussetzung, daß die Strecke AC von keinem Vielfachen von AB übertroffen oder erreicht werde, die rechts von A gelegenen Punkte P der Geraden eingeteilt in solche, für welche AP von gewissen der genannten Vielfachen übertroffen und in solche für die es nicht übertroffen wird. Die Einführung des Zwischenpunktes X, der die beiden Punktklassen der genannten Einteilung trennt und der auf Grund der gemachten Voraussetzung nach dem Dedekindschen Stetigkeitsaxiom existieren müßte, ergibt schließlich einen Widerspruch. Es ist infolgedessen klar, daß, falls das Dedekindsche Axiom als gültig angesehen wird, der Punkt X in Wirklichkeit gar nicht existiert. Man könnte sich aber statt der Vielfachen von AB Strecken

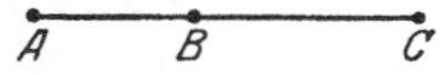

Abb. 177.

$$(2) \qquad A A_1, \; A A_2, \; A A_3, \; \ldots$$

denken, die von A ausgehend auf der Geraden AC sich nach einem gewissen Gesetz in unendlicher Zahl nach der rechten Seite hin erstrecken und eine wachsende Folge bilden, ohne gerade die Vielfachen von AB zu sein. Dann ist auch auf Grund einer gewöhnlichen Geometrie, in der das Dedekindsche Axiom gilt, die Existenz zweier entsprechender Punktklassen und damit die Existenz eines sie trennenden Zwischenpunktes X möglich. In der Tat werden die meisten in dem Teil des Beweises, der auf den Punkt X hinführt, nur an eine Folge wachsender Strecken denken. Wir können nun diesen Fall einmal an Stelle des ursprünglichen setzen und ihn als Abbild des früheren Falles betrachten, freilich mit der Einschränkung, daß hier nicht zu jeder Relation des abzubildenden Sachverhalts eine entsprechende Relation im Abbild zu finden ist. Das Abbild ist aber

---

„Denken" ist hier eine Tätigkeit in dem formalen Begriffsgebiet, das den Vorstellungen übergebaut ist.

jetzt möglich, und wir können mit ihm so verfahren, wie des weiteren in § 30 angegeben wurde.

Wenn wir zwei Punkte X_1 und X_2 links und rechts von X einführen, die wir zugleich auch in Abständen von X uns denken wollen, die kleiner als AB sind, so müssen die Punkte der Reihe $A_1, A_2, A_3, ..$ von einem gewissen Punkt an rechts von X_1 und sie müssen zugleich alle links von X_2 gelegen sein. Bedeutet nun μ einen hinreichend hohen Index, so liegt der Punkt A_μ rechts von X_1. Um die Betrachtung von § 30 fortsetzen zu können, müssen wir aber die Relation wieder aufnehmen, daß der Abstand des Punktes A_μ von dem auf ihn folgenden Punkt $A_{\mu+1}$ der obigen Reihe gleich AB sein soll; dies ist eine Relation aus der Kette derer, die wir fallen gelassen hatten, indem wir statt der äquidistanten Punktfolge mit den Abständen gleich AB nur noch eine von links nach rechts sich irgendwie erstreckende Folge $A, A_1, A_2, ...$ angenommen hatten. Offenbar ist aber jetzt nach der Wiederaufnahme jener Relation der weitere Schluß, daß wegen $X_1 X < AB$ und $A_\mu A_{\mu+1} = AB$ der Punkt $A_{\mu+1}$ rechts von X liegen muß, in Ordnung und die Abb. 178, die ihn zur Darstellung bringt, möglich, *wenn sie für sich betrachtet wird.* Es ist dabei ganz gleichgültig, ob wir die Beziehung aus der Figur ablesen oder so wie in § 30 abstrakt mit den gegebenen Gleichungen und Ungleichungen verfahren. Genau ebenso ist, wenn die Relation für den Punkt $A_{\nu-1}$ und den nachfolgenden A_ν wieder gelten soll, auch der Schluß richtig, daß, da der Punkt A_ν links von X_2 liegt, gleichgültig, in welcher Weise A_ν zu X gelegen sein mag, jedenfalls $A_{\nu-1}$ links von X gelegen sein muß; denn es war ja $X X_2 < AB$ angenommen, und es ist nun wieder $A_{\nu-1} A_\nu = AB$ (Abb. 179).

Nunmehr ist aber zu bedenken, daß vorher μ irgendeinen hinreichend hohen, aber ν einen ganz beliebigen Index bedeutete, so daß also auch $\nu - 1$ ein beliebiger Index ist. Man könnte es also so einrichten, daß für μ und ν beide Aussagen gültig und zugleich $\nu - 1 = \mu + 1$ wäre. Es erscheint dann in Abb. 178 derselbe Punkt $A_{\mu+1}$ notwendig rechts von X, der in Abb. 179 ebenso notwendig links von X angesetzt werden mußte. Die Abbildungen 178 und 179 also, die einzeln möglich sind, lassen sich nicht zu einem Ganzen zusammenfügen, das im Sinne der Bedeutung dieser Bilder den früheren Annahmen lückenlos entspräche.

Mir scheint demnach der Beweis eines hypothetischen Urteils oder einer Unverträglichkeit stets darauf zu beruhen, daß der vorausgesetzte, unter Umständen unmögliche Sachverhalt wenigstens in

Teilen real abgebildet werden kann, wobei wir dann im Grunde nur mit den darstellenden Zeichen der Begriffe operieren und einen im darstellenden Gebiet realen Versuch machen. Dieser Versuch ergibt, wenn er rückwärts gedeutet wird, jenes hypothetische Urteil oder jene Unverträglichkeit.

Hypothetisches Urteil und Unverträglichkeitsurteil beruhen also wesentlich mit auf der Abbildung, und zwar auf der Abbildung durch synthetische Begriffe. Dabei handelt es sich meist um die Abbildung, die ich in § 114 als eine vereinfachte bezeichnet habe; also beruht jene Abhängigkeit zwischen den Urteilen eines Begriffsgebietes auf der Darstellung, die wir den Begriffen dieses Gebiets durch ihm übergebaute synthetische Begriffe geben.

Noch deutlicher ist es, daß der Nachweis einer Widerspruchs losigkeit stets auf einer Abbildung beruht. Es ist in § 104 auseinandergesetzt worden, daß wir Widerspruchslosigkeit nur insofern nachweisen können, als wir die Verträglichkeit der in Betracht kommenden Annahmen durch eine wirklich existierende Mannigfaltigkeit dartun können. Diese muß dann eine Mannigfaltigkeit synthetischer Begriffe sein, welche das Begriffsgebiet, um das es sich handelt, abbildet, wobei dann eine Abbildung vorliegen muß, bei der jedem Element des einen Gebiets umkehrbar eindeutig ein solches des anderen zugeordnet erscheint (§ 113). So ist die Widerspruchslosigkeit der Geometrie durch ein-eindeutige Abbildung der Gesamtheit der Raumpunkte, Geraden usw. und ihrer Relationen auf eine arithmetische Mannigfaltigkeit bewiesen worden (§ 42). Die Widerspruchslosigkeit der Arithmetik war dabei vorausgesetzt (§ 117).

Die Unabhängigkeit einer Annahme von anderen ergibt sich als unmittelbare Anwendung eines Verträglichkeitsbeweises; das Urteil p ist von den Urteilen $q, r, \ldots$ unabhängig, wenn das Gegenteil p' von p mit $q, r, \ldots$ verträglich ist. In diesem Sinne ist die Unabhängigkeit des Parallelenaxioms von den anderen Axiomen Euklids nachgewiesen worden (§ 43).

§ 119. Schluß von n auf $n + 1$. Beispiele.

Es soll jetzt eine Schlußweise besprochen werden, welche für die Mathematik von besonderer Bedeutung ist, nämlich der Schluß von n auf $n + 1$, der gelegentlich auch mit dem Namen der „vollständigen Induktion" belegt wird[1]. Es handelt sich dabei um den Beweis einer

---

[1] Im Grund ist diese Bezeichnung nicht zweckmäßig. Man gebraucht andererseits den Ausdruck „vollständige Induktion" auch dann, wenn ein Ergebnis nur für eine endliche Zahl von Fällen gilt und durch Erschöpfen aller dieser Fälle bewiesen wird. Hier fehlt aber erst recht das wesentliche Kennzeichen

Formel oder eines Lehrsatzes, in den eine allgemein gelassene ganze Zahl m eingeht. Wenn man beweisen kann, daß der fragliche Lehrsatz, falls er für ein m, etwa für $m = n$, richtig ist, auch für das nächste m, d. h. also für $m = n + 1$, richtig sein muß, und wenn der Lehrsatz außerdem für $m = 1$ wahr ist, so ergibt die erwähnte Schlußweise, daß der Lehrsatz allgemein für alle Zahlen m wahr ist. Weiß man dagegen, daß der Lehrsatz für eine von 1 verschiedene Zahl k richtig ist, während man wieder von n auf $n + 1$ zu schließen berechtigt ist, so muß der Lehrsatz jedenfalls für diejenigen ganzen Zahlen m richtig sein, die nicht kleiner als k sind.

Es wurden schon früher Beispiele der in Frage stehenden Schlußweise vorgebracht. So wurde in § 65 bei der rekurrent definierten Addition die Formel des Kommutativgesetzes

$$a + b = b + a$$

für ein a und zugleich für alle b als gültig angenommen und dann für $a + 1$ bewiesen, wobei das Gesetz vorher schon für $a = 1$, d. h. also in der Form

$$1 + b = b + 1$$

als richtig festgestellt war. Ebenso habe ich in § 72 die Unabhängigkeit eines Produkts ganzer Zahlen von der Anordnung und Zusammenfassungsart der Faktoren dadurch bewiesen, daß ich diese Unabhängigkeit für den Fall von n Faktoren als richtig angenommen und sie dann für $n + 1$ Faktoren nachgewiesen habe, wobei dann zugleich auf frühere Beweise für zwei und drei Faktoren zurückgegriffen werden mußte.

Ein weiteres, sehr bekanntes Beispiel ist in dem üblichen Beweis der binomischen Formel gegeben. Man erhält durch Ausrechnen von

$$(a + b)^2, \ (a + b)^3, \ (a + b)^4$$

die Ausdrücke

$$a^2 + 2\,a\,b + b^2, \quad a^3 + 3\,a^2 b + 3\,a b^2 + b^3,$$
$$a^4 + 4\,a^3 b + 6\,a^2 b^2 + 4\,a b^3 + b^4.$$

Daß sich diese drei Ausdrücke der Formel

$$(1) \quad \begin{aligned} (a + b)^n = a^n &+ \frac{n}{1}\,a^{n-1} b + \frac{n\,(n - 1)}{1 \cdot 2}\,a^{n-2} b^2 \\ &+ \frac{n\,(n - 1)\,(n - 2)}{1 \cdot 2 \cdot 3}\,a^{n-3} b^3 + \cdots + \frac{n\,(n - 1)\,(n - 2) \ldots 1}{1 \cdot 2 \cdot 3 \ldots n}\,b^n \end{aligned}$$

induktiven Verfahrens, nämlich der verallgemeinernde Übergang von gewissen beobachteten oder bewiesenen Fällen zu anderen, die nicht beobachtet oder nicht bewiesen sind. Über die eigentliche, d. h. also die „unvollständige" Induktion vgl. man § 171 im ersten Anhang.

fügen, erkennt man durch Subsumieren dieser Ausdrücke unter den in der Formel (1) dargestellten Allgemeinbegriff. Wollte man nun daraus auf die Allgemeingültigkeit der Formel (1) schließen, so würde dies eine wirkliche, d. h. unvollständige Induktion bedeuten. Es gelingt aber, wie gleich nachher gezeigt werden soll, der Nachweis dafür, daß die Formel, wenn sie für ein n gültig ist, auch für das um 1 größere n gültig sein muß. Da außerdem die Formel für $n = 1, 2, 3, 4$ richtig ist, so gilt sie allgemein.

Um den noch ausstehenden Nachweis zu führen, multipliziert man die rechte Seite der Formel (1) mit $a + b$, d. h. man multipliziert sie zuerst mit a und dann mit b durch und vereinigt dann alle die so entstandenen Glieder. Da nun das Glied, das in (1) die Größe b zur ν^{ten} Potenz enthält, gleich

$$(2) \qquad \frac{n(n-1)(n-2)\ldots(n-\nu+1)}{1\cdot 2\cdot 3\ldots\ldots\nu}\, a^{n-\nu}b^{\nu}$$

ist, so finden sich zwei Glieder von (1), die nach dem Durchmultiplizieren die Potenz $b^{\nu+1}$ ergeben, nämlich das Glied (2), das nach der Multiplikation mit b die Potenz $b^{\nu+1}$ ergibt, und das auf (2) folgende Glied:

$$(3) \qquad \frac{n(n-1)(n-2)\ldots(n-\nu)}{1\cdot 2\cdot 3\ldots\ldots(\nu+1)}\, a^{n-\nu-1}b^{\nu+1},$$

das bei der Multiplikation mit a einen die Potenz $b^{\nu+1}$ enthaltenden Ausdruck liefert. Man erkennt somit, daß in dem $(a+b)$ fachen des Ausdrucks (1) das Aggregat der die Potenz $b^{\nu+1}$ enthaltenden Glieder durch

$$(4) \qquad \left[\frac{n(n-1)(n-2)\ldots(n-\nu+1)}{1\cdot 2\cdot 3\ldots\ldots\nu} + \frac{n(n-1)(n-2)\ldots(n-\nu)}{1\cdot 2\cdot 3\ldots(\nu+1)}\right] a^{n-\nu}b^{\nu+1}$$

vorgestellt ist. Nun ist die in (4) in eckiger Klammer stehende Zahlensumme gleich

$$\frac{n(n-1)(n-2)\ldots(n-\nu+1)}{1\cdot 2\cdot 3\ldots\ldots\ldots\nu}\left(1 + \frac{n-\nu}{\nu+1}\right),$$

und da die letzte (runde) Klammer den Wert

$$\frac{n+1}{\nu+1}$$

hat, so erscheint das Produkt $a^{n-\nu}b^{\nu+1}$ schließlich mit dem Zahlkoeffizienten

$$\frac{(n+1)\,n\,(n-1)\ldots(n-\nu+1)}{1\cdot 2\cdot 3\ldots\ldots(\nu+1)}$$

behaftet. Dies ist aber der Koeffizient, den das Bildungsgesetz des Ausdrucks (1) fordert, wenn $n + 1$ statt n genommen und das Glied aufgesucht wird, das $b^{\nu+1}$ enthält.

§ 120. Würdigung dieser und anderer ähnlicher Schlußweisen.

Poincaré hat gesagt, daß der Schluß von n auf $n + 1$ das einzige besondere, für die Mathematik charakteristische Schlußverfahren ausmache, und daß seine Grundlage als ein Axiom angesehen werden müsse[1]). Ich werde nachher zeigen, daß das Verfahren sich mit anderen unter einen gemeinsamen Gesichtspunkt fassen läßt. Zuerst möchte ich für das Verfahren eine Art von Beweis geben. Zu diesem Zweck nehme ich an, der Lehrsatz, in den die ganze Zahl m eingeht, und der für $m = 1$ richtig ist, sei nicht für alle Zahlen

$$(1) \qquad m = 1, 2, 3, 4, \ldots$$

wahr. Es müßte dann eine erste Zahl v geben, für die der Lehrsatz nicht wahr ist, und es könnte nach dem Vorigen v nur einen der Werte $2, 3, 4, \ldots$ besitzen. Hieraus aber geht hervor, daß die v vorangehende Zahl $v - 1$ in der Reihe (1) vorkommt, und es müßte nun für $m = v - 1$ der Lehrsatz noch gültig sein. Wenn andererseits tatsächlich aus der Gültigkeit des Satzes für $m = n$ stets die Gültigkeit für $m = n + 1$ mit Notwendigkeit folgt, so sind wir damit an einem Widerspruch angelangt, da ja unser Lehrsatz für $v - 1$ gültig war und für v nicht. Es folgt aus diesem Widerspruch die Unmöglichkeit der früheren Annahme, d. h. es ergibt sich indirekt die Richtigkeit des Lehrsatzes für alle Zahlen (1).

Ich lege keinen besonderen Nachdruck auf diesen indirekten Beweis. Er setzt gewissermaßen als logisches Axiom[2]) voraus, daß, wenn nicht alle Glieder einer nur nach der einen Seite unendlich ausgedehnten Folge eine bestimmte Eigenschaft besitzen, ein erstes Glied da sein muß, das die betreffende Eigenschaft nicht besitzt[3]). Man kann an Stelle des erwähnten Beweises sich einfach darauf beziehen, daß die Möglichkeit, von n auf $n + 1$ zu schließen, hier eine ganze unendlich Folge möglicher Schlüsse, von 1 auf 2, von 2 auf 3 usw. auf einmal zu überblicken erlaubt. Der Erfolg beruht darauf, daß wir eben von dieser Folge als einer gesetzmäßig unendlichen einen Begriff haben, d. h. daß wir sie eben „begreifen". Der Überblick, den

---

[1]) La Science et l'Hypothèse, p. 23.

[2]) Poincaré, der (p. 22) den erwähnten indirekten Beweis anzudeuten scheint, sagt, daß jeder Beweis der fraglichen Schlußweise ein nur scheinbarer sei und ein ihrer Grundlage gleichwertiges Axiom voraussetze.

[3]) Da überhaupt ein Glied, das die Eigenschaft nicht besitzt, in der Reihe vorkommen soll, d. h. also nach einer endlichen Zahl von Schritten in der Reihe auftreten muß, so gehen diesem Glied nur Glieder in endlicher Zahl voran, und man kann, wenn man die vorangehenden, die Eigenschaft nicht besitzenden Glieder ins Auge faßt, die auf Erschöpfung der Menge gegründete Betrachtungsweise von § 122 durchführen (vgl. auch den Schluß von § 123).

wir erreicht haben, läßt uns erkennen, daß wir von dem Fall $n = 1$ *zu jeder gegebenen Zahl n* durch wirkliche Ausführung einer Kette von Schlüssen gelangen können; daraus aber ergibt sich jener Lehrsatz für alle n als gültig, obwohl wir die Schlußkette nicht für die Gesamtheit der n zu Ende führen können.

Der Sachverhalt wird noch deutlicher werden, wenn ich andere Schlußverfahren, die ähnlich sind, mit heranziehe. Angenommen, es lasse sich von einem Lehrsatz, in den eine ganze Zahl m eingeht, beweisen, daß er, falls er für einen gewissen Wert $m = n$ gilt, auch für $m = 2n$ richtig sein muß, und es gelte der Lehrsatz außerdem für $m = 1$; was läßt sich daraus schließen? Offenbar kann man von 1 auf 2, von 2 auf $2 \cdot 2$, d. h. auf 2^2, von da auf $2 \cdot 2 \cdot 2$, d. h. auf 2^3 schließen usw. Es ergibt sich somit, daß der Lehrsatz für jedes m, das einer Potenz von 2 gleich ist, gelten muß, während er nicht notwendig für andere Zahlwerte von m richtig zu sein braucht. Nachträglich erkennt man freilich, daß die vorliegende Schlußweise auch wieder auf den gewöhnlichen Schluß von n auf $n + 1$ zurückgeführt werden kann, wenn der fragliche Lehrsatz gleich für die Zahl $m = 2^n$ aufgestellt wird.

Nun soll aber, zunächst unter Aufhebung der vorigen Voraussetzung, angenommen werden, daß aus der Gültigkeit unseres ursprünglichen Lehrsatzes für $m = n$ auf die Gültigkeit des Satzes für $m = 2n + 1$ geschlossen werden könne. Falls der Satz überdies für $m = 1$ richtig ist, ergibt sich nunmehr die Richtigkeit für die Reihenfolge der Zahlen

$$1, \quad 2 \cdot 1 + 1, \quad 2(2 \cdot 1 + 1) + 1, \quad 2[2(2 \cdot 1 + 1) + 1] + 1, \quad \cdots$$

Dies sind die Zahlen

$$1, \quad 2 + 1, \quad 2^2 + 2 + 1, \quad 2^3 + 2^2 + 2 + 1, \quad 2^4 + 2^3 + 2^2 + 2 + 1, \quad \cdots$$

deren Gesetz sofort ersichtlich ist, wenn man bedenkt, daß jedes Glied aus dem vorangehenden durch Erhöhung jedes Potenzexponenten von 2 um 1, Verwandlung der 1 in 2 und Hinzufügung einer 1 entsteht. Die ν^{te} von den angegebenen Zahlen läßt sich auch in die Form

$$2^{\nu-1} + 2^{\nu-2} + \cdots + 2^2 + 2 + 1$$

setzen, die nach der bekannten Summationsformel der geometrischen Reihen den Ausdruck

$$\frac{2^\nu - 1}{2 - 1} = 2^\nu - 1$$

ergibt. Es würde also unser Lehrsatz für die unendliche Folge der Zahlen

$$2 - 1, \quad 2^2 - 1, \quad 2^3 - 1, \quad 2^4 - 1, \quad \cdots$$

gültig sein, während er für Zahlen, die nicht von dieser besonderen
Form sind, nicht richtig zu sein braucht.

Jetzt soll vorausgesetzt werden, daß, falls der fragliche Lehrsatz
für ein gewisses $m = n$ gilt, beides sich beweisen lasse, daß der Satz

I. auch für $m = 2\,n$,

II. auch für $m = 2\,n + 1$

richtig sein muß. Unter diesen Voraussetzungen läßt sich der Satz,
wenn er für $m = 1$ gültig ist, als allgemeingültig nachweisen[1]).
Zunächst ergibt sich aus der Gültigkeit des Satzes für $m = 1$ nach I
und II die Gültigkeit für $m = 2$ und für $m = 3$; dann ergibt sich
aus der Gültigkeit für $m = 2$ die für $m = 4$ und $m = 5$; aus der
Gültigkeit für $m = 3$ beweist sich dann weiter die Gültigkeit für
$m = 6$ und $m = 7$ usw. Um hier strenge zu erkennen, daß bei dem
eingeschlagenen Verfahren jeder ganze Zahlwert wirklich erreicht
wird, braucht man nur zu bedenken, daß die Zahlformeln $2\,n$ und
$2\,n + 1$ je um 2 zunehmen, wenn in ihnen die Zahl n um 1 vermehrt wird, und daß sich deshalb die aus diesen Formeln für
$n = 0, 1, 2, 3, \ldots$ hervorgehenden Zahlenpaare

$$(2) \qquad\qquad 0,\ 1;\ 2,\ 3;\ 4,\ 5;\ \ldots$$

wirklich zur lückenlosen Zahlenreihe zusammenschließen. Da nun aus
der Gültigkeit des Lehrsatzes für $m = n$ die Gültigkeit für $m = 2\,n$
und $m = 2\,n + 1$ folgen sollte, und n kleiner ist als $2\,n$ und zugleich
kleiner als $2\,n + 1$ (wenn $n \geqq 1$), so ergibt sich für jedes Paar der
Reihe (2) von 2, 3 an die Gültigkeit des Lehrsatzes daraus sicher,
daß der Satz für die sämtlichen vorangehenden Paare wahr ist.

Der Erfolg des Verfahrens beruht also darauf, daß wir, indem
wir nach den Regeln I und II schließen, unsere eigenen Schlüsse zugleich ordnen und zählen und so das Ergebnis ihrer Verkettung durch
die Folge der Zahlenpaare (2) charakterisieren können. Wir knüpfen
somit an die Verkettung unserer Schlüsse neue Allgemeinbegriffe von
arithmetischer Art an. Es liegt der Fall vor, daß gewisse logische
Tätigkeiten, zu denen jetzt auch diejenige des Schließens selbst gehört, von einem neuen Begriffssystem überbaut werden. Dieses neue
System kann dann infolge seiner Bildungsweise insoweit beurteilt
werden, daß wir für jeden Einzelfall den gewünschten Erfolg unseres
Schlußverfahrens voraussehen.

Unter dem bezeichneten Gesichtspunkt läßt sich auch schon der
gewöhnliche Schluß von n auf $n + 1$ betrachten; in diesem Fall
besteht das obere Begriffssystem lediglich in der einfachen, ohne
Ende fortgehenden Folge der Schlüsse. Demselben Gesichtspunkt

---

[1]) Ich erinnere mich eines Falls, in dem mir ein allgemeiner Beweis zuerst nur auf
diese Weise gelungen ist.

lassen sich aber auch andere, weit verwickeltere Schlußweisen der Mathematik unterordnen. Dabei erkennt man bald eine unbegrenzte gesetzmäßige Fortsetzbarkeit des Verfahrens wie in den früheren Fällen, bald umgekehrt den Umstand, daß das Verfahren notwendig zu einem Ende gelangen muß. Daraus, daß zwischen je zwei Punkten A und B einer Geraden ein Punkt C liegen muß, kann man weiter schließen, daß sich auch zwischen C und einem der beiden ersten Punkte wieder ein Punkt finden muß, und daß man so in bestimmter Weise fortfahren kann[1]), woraus sich dann im Zusammenhang mit anderen Axiomen (§ 2) ergibt, daß zwischen A und B un - endlich viele Punkte liegen. Auch an den schon von Euklid geführten Beweis für die unendliche Zahl der Primzahlen (§ 90) kann hier erinnert werden, während als Beispiel für ein Verfahren, das notwendig abbrechen muß, der Fall angeführt werden kann, in dem $a > b$ ist, und wir b von a einmal und noch einmal und dann noch einmal usw. wegnehmen. Es muß im letzten Fall ein Ende eintreten, wenn a und b Größen bedeuten, die dem archimedischen Axiom unterworfen sind (§ 30), und man erkennt dann durch das Verfahren die Existenz eines Vielfachen von b, das a nicht übertrifft und zugleich so beschaffen ist, daß a von dem nächsten Vielfachen der Größe b übertroffen wird. Der Beweis des Hilfssatzes aus der Theorie der Zerlegung der Zahlen in § 89 liefert wiederum ein Beispiel für ein in jedem vorgegebenen Fall abbrechendes Verfahren; in diesem Fall ist die Folge der Umformungen von einer Folge abnehmender absoluter ganzer Zahlen begleitet, so daß daraus das Abbrechen der Folge deutlich wird. Von derselben Art ist auch die noch verwickeltere, gleichfalls abbrechende Folge von Reduktionen in dem Beweis von § 92. Bei solchen abbrechenden Folgen ergibt sich meistens, daß im Augenblick des Abbrechens eine gewisse Eigenschaft der in Frage stehenden Elemente auftritt. Dieser Umstand wird dann dadurch erkannt, daß einerseits das Verfahren fortgesetzt werden kann, solange die betreffende Eigenschaft — z. B. in § 92 die Eigenschaft der Zahl k_μ, gleich 1 zu sein — nicht vorhanden ist, andererseits aus anderen Gründen das Verfahren abbrechen muß. Auch der Beweis aus der Analysis situs in § 116 kann als Beispiel eines solchen abbrechenden Verfahrens genannt werden.

Es verdient noch bemerkt zu werden, daß auch die alte Logik unter dem Namen des „Sorites"[2]) eine Kette von Schlüssen gekannt

---

[1]) Vgl. den Anfang von § 34.

[2]) Vgl. z. B. R. Eisler, Wörterbuch der philosophischen Begriffe, Bd. 2. 1904, S. 411, E. Zeller, Die Philosophie der Griechen in ihrer geschichtlichen Entwicklung, Teil III, 1. Abt., 3. Aufl., 1880, S. 113.

hat, die sich in unbestimmter Zahl aneinander fügen, freilich nur in der unfruchtbaren Form von Syllogismen der Form „Barbara". Dabei kommt es dann auf eine Folge von Begriffen hinaus, von denen jeder folgende dem vorangehenden unter- oder auch übergeordnet ist; selbstverständlich ist dieser Fall, wenn er wirklich vorkommt, ohne weiteres zu übersehen, so daß der Kettenschluß als solcher keinen Nutzen zu stiften vermag.

§ 121. Die Reihenfolge ein Gegenstand des Denkens und eine Form des Denkprozesses.

Im vorigen Paragraphen und auch schon früher ist die Bedeutung der Reihenfolge hervorgetreten. Sie bildet einen wichtigen Gegenstand unseres Denkens, indem sie uns unendlich viele Elemente gleichzeitig darbietet, die untereinander gewisse Relationen des Vorhergehenden, Nachfolgenden, Nächstfolgenden, Nächstnächstfolgenden usw. aufweisen[1]). Es ist aber von ganz besonderer Bedeutung, daß die Reihenfolge zugleich auch eine Form von Denkprozessen ist, d. h. eine Form, in der das Denken fortschreitet[2]). Dieser Gedanke wird gewiß zunächst von vielen als „psychologistisch" und deswegen als nicht hierhergehörend bezeichnet werden. Ich muß aber betonen, daß nicht von der subjektiven Reihenfolge die Rede sein soll, in der vermöge der Ideenassoziation Gedanken in meinem Bewußtsein auftauchen, sondern von der objektiven, d. h. logisch notwendige Reihenfolge, in der z. B. ein Schluß auf den anderen folgt, ein Begriff nach dem anderen erklärt werden muß, in Fällen, in denen jeder Schluß oder jeder Begriff den vorangehenden voraussetzt. Dasselbe gilt in der Arithmetik oder in einer geometrischen Konstruktion von der Ordnung der Operationen. In allen diesen Fällen stellt die Reihenfolge einen Begriff vor, dem eine rein logische Bedeutung zukommt, und ich halte deshalb eine Logik, die sich nicht auch mit dem Begriff der Reihenfolge befaßt, für geradezu unfruchtbar. Auf der Reihenfolge und auf der Möglichkeit, in ihr fortzuschreiten, beruht das Zählen, beruhen die Zahlformeln,

---

[1]) Dies ist neuerdings besonders betont worden von G. F. LIPPS (Philosophische Studien, Bd. 10, S. 185; Bd. 14, S. 157) und von NATORP (a. a. O. S. 70, 98ff., 111). Auch H. WEYL in seiner Schrift „Das Kontinuum" (1918) macht auf S. 17 und 37 darauf aufmerksam, daß die mathematischen Begriffsbildungen von vornherein den Begriff der „Iteration" der Prozesse und die „natürliche Zahlenreihe" voraussetzen.

[2]) Diese Doppelseite des Begriffs der Reihenfolge hebt auch G. F. LIPPS (Philosophische Studien, Bd. 11, S. 267) hervor, indem er sagt: „Es zeigt sich so, daß die Reflexion über die Reihenfolge des Denkens mit Nothwendigkeit zur Normalreihe führt."

und es ist gewiß ein Verdienst von Kant[1]), auf dieses hingewiesen zu haben.

Darauf, daß die Reihenfolge auch für Zeit und Raum unmittelbare Bedeutung hat, daß dadurch die „Abbildung" zeitlicher Vorgänge und räumlicher Gegenstände ermöglicht wird, indem wir die Einzelereignisse in der Folge, in der sie geschehen, oder die Teile eines räumlichen Gegenstandes in der Folge, in der sie von links nach rechts oder von unten nach oben gelegen sind, aufzählen, soll jetzt nicht eingegangen werden. Der dritte Teil, in dem der Zusammenhang zwischen der Mathematik und den Tatsachen der Erfahrung behandelt werden soll, wird dazu die Gelegenheit bieten.

Der Umstand, daß die Reihenfolge sowohl die Form von Denkprozessen darstellt, als auch Gegenstand des Denkens werden kann, ermöglicht es, daß wir uns von einzelnen in einer Folge vorgenommenen gedanklichen Schritten zu allgemeinen Begriffen, die sich an solche Folgen knüpfen, erheben, daß wir dann neue Folgen höherer Bildungen durchschreiten und nachher durch „Deutung" der allgemeinen Begriffe und Ergebnisse in Einzelfällen wieder zu den alten Reihenfolgen zurückkehren können (§ 114 u. 116). Durch diese Möglichkeiten aber wird gerade die Reihenfolge zu einem besonders wichtigen Hilfsmittel in bezug auf welches unser Denken sich ganz anders verhält als in den geometrischen Überlegungen zu den „Punkten" und „Geraden", die eben nur Gegenstände des Denkens sind.

§ 122. Nichtableitbarkeit des Begriffs der Reihenfolge. Versuch, diesen Begriff auf ein System von Relationen zurückzuführen.

Da die Reihenfolge vor allem die Relation eines Gliedes zum vorangehenden und die dazu umgekehrte Relation zum nachfolgenden Gliede

---

[1]) Kant führt die Zahlen und die Zahlformeln auf die Zeitvorstellung zurück und nennt die Zeit „eine reine Form der sinnlichen Anschauung". Ob der Ausdruck „Anschauung" hier zweckmäßig ist, mag dahingestellt bleiben. Meines Erachtens ist mit Recht von verschiedenen Autoren betont worden, daß Kant mit dieser sog. Anschauungsform nichts anderes meine als die bloße Form der Sukzession. Der Zeitbegriff im eigentlichen Sinne des Worts genommen, bietet mehr Relationen dar als die bloße Reihenfolge, indem der Abstand zwischen zwei Zeitpunkten mit dem Abstand zwischen zwei anderen der Größe nach verglichen werden kann, und auch das kontinuierliche Fließen zum Zeitbegriff mit hinzugerechnet wird. Ein Mißverständnis ist es, wenn Russel (a. a. O., p. 355) sagt, daß Kant das Zählen auf die Zeit zurückführe, weil jedes Zählen Zeit erfordere.

Bereits Locke hatte der Reihenfolge im Zusammenhang mit dem Zeitbegriff eine ausführliche Erörterung gewidmet, dabei aber ausschließlich an die psychologische Sukzession unseres tatsächlichen Gedankenzuges gedacht. Die Reihenfolge als eine Ordnung von logischer Bedeutung wurde dann später von Condillac zur Sprache gebracht (vgl. „Cours d'étude pour l'instruction du Prince de Parme", tome IV, Parme, 1775, p. 35).

darbietet, so liegt der Gedanke nahe, zu untersuchen, ob man nicht auf Grund dieser Relationsbegriffe die Reihenfolge als einen abgeleiteten Begriff darstellen könnte. B. RUSSEL hat einen solchen Versuch gemacht[1]). Um die Möglichkeit einer solchen Ableitung genau zu prüfen, will ich mir zunächst gewisse Elemente in endlicher Zahl denken, die einer unsymmetrischen Relation[2]) unterworfen sein sollen. Zwischen zwei verschiedenen von den Elementen soll die Relation stets auf eine und nur eine Art bestehen, entweder nur von dem ersten zum zweiten oder nur vom zweiten zum ersten. Es gilt also $A < B$ und nicht $B < A$, wenn die Relation von A zu B bestehen soll, oder es gilt $B < A$ und dann nicht $A < B$. Die zu der betrachteten Relation $<$ umgekehrte soll durch das Zeichen $>$ dargestellt werden, so daß also aus $A < B$ stets $B > A$ und umgekehrt folgt, und für irgend zwei verschiedene Elemente A und B entweder die beiden Aussagen $A < B$ und $B > A$ oder die beiden Aussagen $A > B$ und $B < A$ richtig sein müssen.

Wir können nun auch derartige Relationen als etwas auffassen, das wir durch Definition bis auf einen gewissen Grad willkürlich festsetzen. Ich will mir zu diesem Zweck eine endliche Zahl verschiedener Elemente $A, B, C, \ldots$ denken. Für jedes Paar, das aus diesen Elementen gebildet werden kann, soll besonders festgesetzt werden, in welchem Sinne die beiden Relationen zwischen den Elementen des Paares angenommen werden. So wird z. B. für das Paar A, B entweder festgesetzt, daß $A < B$ und dann natürlich auch $B > A$, oder, daß $B < A$ und zugleich $A > B$ sein soll, und es wird in dieser Weise die Festsetzung für jedes Paar unabhängig von jedem anderen Paar getroffen. Diese Festsetzungen kann man dann in Form einer Tabelle zusammengefaßt denken. Z. B. mag für fünf Elemente diese Tabelle aufgestellt werden:

	A	B	C	D	E
A		>	>	<	<
B	<		<	>	<
C	<	>		<	>
D	>	<	>		>
E	>	>	<	<	

Sucht man hier im linken „Eingang" der Tabelle, d. h. in der vorderen Spalte des quadratischen Schemas, z. B. das Element D und im oberen Eingang der Tabelle, d. h. in der obersten Zeile, z. B.

---

[1]) The Principles of Mathematics, vol. I, 1903, p. 199ff.
[2]) Eine Relation soll hier unsymmetrisch heißen, wenn sie sich von der zu ihr umgekehrten Relation unterscheidet; vgl. § 95.

das Element C auf, so gelangt man in diesem Fall auf ein der Zeile von D und der Spalte von C gemeinsames, in der Tabelle schraffiertes Feld mit dem Zeichen $>$. Hieraus ergäbe sich also, daß $D > C$ sein soll. Nach den obigen Festsetzungen soll aber dann $C < D$ sein. Deshalb muß also das in der Zeile von C und in der Spalte von D befindliche Feld, das in der Tabelle punktiert worden ist, das Zeichen $<$ tragen. Die beiden erwähnten Felder, das schraffierte und das punktierte, liegen zueinander symmetrisch in Beziehung auf die durch das Quadrat gestrichelt gezogene Hauptdiagonale, welche durch die leeren Felder läuft. Man erkennt jetzt, daß die unter der Hauptdiagonale liegenden Felder mit den Zeichen $<$ und $>$ nach Belieben ausgefüllt werden können, daß sich jedoch dann die Zeichen in den über der Hauptdiagonale liegenden Feldern nach der unteren Verteilung in der Weise richten müssen, daß jedes obere Feld das umgekehrte Zeichen erhält im Vergleich zu dem zu ihm symmetrischen unteren Feld.

Es muß noch einmal darauf hingewiesen werden, daß die räumliche Ordnung der Tabelle, die auch, und zwar in jeder Zeile und in jeder Spalte, Reihenfolgen darbietet, nur ein Hilfsmittel der Veranschaulichung darstellt. Gemeint sind nur die oben genau bezeichneten Festsetzungen hinsichtlich der Elementenpaare.

Soll von den Relationen $<$ und $>$ nichts weiter vorausgesetzt werden, so ist mit dem Gesagten alles erledigt. Der Zweck jedoch, den wir im Auge haben, erfordert, daß eine Relation $<$ angenommen wird, die transitiv ist[1]). Setzt man nun die Relationen $<$ und $>$ zwischen den Elementenpaaren der obigen Bedingung gemäß, aber sonst willkürlich fest oder — anschaulich ausgedrückt — füllt man den unter der Hauptdiagonale gelegenen Teil der Tabelle beliebig und dann den oberen Teil in entsprechender Weise aus, so wird man im allgemeinen ein Schema erhalten, das sich dem Gesetz der Transitivität nicht fügt. Z. B. ergeben sich aus der für fünf Elemente aufgestellten Tabelle die beiden Relationen

$$A < D, \quad D < B.$$

Diese würden nach dem Transitivitätsgesetz die Relation

$$A < B$$

---

[1]) Vgl. § 105 u. § 6. Es genügt, wenn die Relation $<$ dem Gesetz der Transitivität entspricht; die umgekehrte Relation $>$ erfüllt dann von selbst gleichfalls das Gesetz. Ist nämlich $P > Q$ und $Q > R$, so heißt dies nach den obigen Erklärungen nichts anderes, als daß $Q < P$ und $R < Q$ ist. Stellt man von diesen beiden letzten Relationen die zweite der ersten voran, so erkennt man, daß nach dem für die Relation $<$ gültigen Transitivitätsgesetz auf $R < P$ geschlossen werden kann. Dies bedeutet aber, daß $P > R$ ist. Es folgt somit diese letzte Relation aus $P > Q$ und $Q > R$, womit nichts anderes gesagt ist, als daß für die Relation $>$ das Gesetz der Transitivität besteht.

zur Folge haben müssen, während aus unserer Tabelle umgekehrt die Relation

$$A > B$$

abzulesen ist. Die gewählte Tabelle widerspricht also dem Gesetz der Transitivität.

Für eine vorgegebene Elementenzahl könnte man nun alle möglichen Ausfüllungen der Felder der Tabelle wirklich aufstellen und für jede Ausfüllung jede Kombination von drei Elementen daraufhin prüfen, ob, falls die Voraussetzungen des Transitivitätsgesetzes bei ihnen eintreten, auch die Folgerung des Gesetzes sich dabei bewährt. Man vermag so diejenigen ausgefüllten Tabellen, die dem Transitivitätsgesetz durchweg genügen, und die anderen, die ihm nicht genügen, wirklich aufzustellen, vorausgesetzt, daß Tabellen von beiden Arten existieren. Wie aber wollen wir zum voraus, ohne die Ausführung der Operationen, erkennen, daß mindestens eine dem Transitivitätsgesetz genügende Ausfüllung der Tabelle existiert, insbesondere daß dies *für jede Elementenzahl* behauptet werden darf? Ich wüßte keinen anderen Weg für diese Erkenntnis, als den, zu sagen: Im Fall von n gegebenen Elementen ordne man diese in irgendeine Reihenfolge, lese aus dieser die Relationen des Vorhergehens und Nachfolgens ab und fülle dann dementsprechend die Tabelle aus; in diesem Fall wird dem Transitivitätsgesetz genügt.

Offenbar wird bei dieser Begründung die Reihenfolge als ein bekannter Begriff mit bekannten Relationen zwischen den mit ihr gedachten Elementen und mit bekannten Beziehungen[1]) oder Gesetzen zwischen diesen Relationen vorausgesetzt, und es wird davon Gebrauch gemacht, daß das Denken eine Reihenfolge konstruieren, d. h. gegebene Elemente in eine Reihenfolge ordnen oder auch, ausgehend von einem ersten Element, ein anderes, dann noch ein Element usw. setzen kann.

Nimmt man jetzt andererseits an, es seien für die Paare aus n gegebenen Elementen die beiden erwähnten entgegengesetzten Relationen den früheren Bedingungen und auch dem Transitivitätsgesetz gemäß gesetzt, so läßt sich zeigen, daß die Elemente nachträglich so in eine Reihenfolge geordnet werden können, daß jene lediglich gewissen Bedingungen gemäß, aber sonst frei gesetzten, also abstrakt gedachten Relationen $<$ und $>$ den in der Reihenfolge gegebenen realen Relationen des „Vorhergehenden"[2]) und „Nachfolgenden" entsprechen. Zu diesem Zweck hebe ich irgendeines der n Elemente heraus, das P heißen möge. Es kann nun der Fall

---

eintreten, daß jedes von P verschiedene Individuum J aus unserer Gesamtheit gegebener Elemente der Relation

$$J > P$$

entspricht, so daß also alle anderen Elemente zu P in der zweiten Relation stehen, welche die Umkehrung[1]) der ersten, ursprünglich angenommenen Relation $<$ bedeuten sollte. In diesem Fall will ich das Element P außerdem noch mit M_1 bezeichnen.

Im anderen Fall gibt es mindestens eines unter den Elementen, das $< P$ ist; ich hebe ein solches Element, das Q heißen soll, heraus, so daß also

$$(1) \qquad Q < P$$

ist. Falls nun jedes von Q verschiedene Element J der Relation

$$J > Q$$

genügt, soll jetzt Q mit M_1 bezeichnet werden.

In dem noch übrigbleibenden Fall gibt es ein Element R so, daß $R < Q$ ist; hieraus und aus der Relation (1) folgt mit Rücksicht auf das Transitivitätsgesetz, daß auch $R < P$ sein muß, so daß wir alle diese Relationen durch die fortlaufend zu verstehende Formel

$$R < Q < P$$

ausdrücken können. Gilt nun für jedes von R verschiedene Element J aus unserer gegebenen Gesamtheit, daß

$$J > R$$

ist, so ist R mit M_1 zu bezeichnen.

Dieses Verfahren muß unter Umständen noch weiter fortgesetzt werden. Es ist zu ersehen, daß dabei in der Folge der herausgehobenen Elemente $P, Q, R, \ldots$ sich keines wiederholen kann. Man würde nämlich, wenn z. B. unmittelbar nach R das Element P wiederkehren sollte, zu der fortlaufenden Relation

$$P > Q > R > P$$

geführt; diese ergäbe aber vermöge des Transitivitätsgesetzes aus ihren ersten Gliedern, daß $P > R$ sein müßte, während sie in den Endgliedern die Aussage $R > P$ unmittelbar enthielte, so daß also damit ein Widerspruch gegeben ist. Da somit in der Folge $P, Q, R, \ldots$ keine Wiederholung stattfindet, und doch nur die endlich gegebene Zahl n von Elementen zur Verfügung steht, so muß die genannte Folge notwendig abbrechen. Dadurch gelangt man dann zu einem letzten

---

[1]) Vgl. § 95.

Element M_1 der Folge, und es muß in Beziehung auf dieses jedes andere Element J der Relation

$$J > M_1$$

genügen.

Nachdem das Element M_1 gefunden ist, muß sich auf dieselbe Weise unter den übrigen Elementen ein Element M_2 derart ergeben, daß für jedes unserer Elemente J, das von M_1 und M_2 verschieden ist, die Relation

$$J > M_2$$

gilt. Unter den Elementen, die nunmehr nach Wegnahme von M_1 und M_2 noch übrig sind, muß sich dann ebenso ein Element M_3 finden usw. Man erkennt jetzt, daß

$$(2) \qquad M_1 , \ M_2 , \ M_3 , \ \ldots$$

die von uns gesuchte Reihenfolge ist, d. h. daß in dieser Folge jedes Element $<$ ist als jedes ihm nachfolgende.

Man erkennt auch, daß durch das angenommene Relationensystem die Reihenfolge (2) eindeutig bestimmt ist. Es ist nämlich für jedes von M_1 verschiedene Element J

$$J > M_1 .$$

Würde nun neben M_1 noch ein zweites Element M' dieselbe Eigenschaft haben, daß für jedes von M' verschiedene Element J

$$J > M'$$

ist, so müßte neben $M' > M_1$ auch $M_1 > M'$ sein, womit ein Widerspruch gegeben ist. Es ist also M_1 das einzige Element, das zu allen den anderen unserer Elemente in der durch $<$ ausgedrückten Relation steht. Ebenso besitzt M_2 unter den von M_1 verschiedenen Elementen dieselbe auszeichnende Eigenschaft usw.

Es läßt sich also aus jenen in endlicher Zahl gegebenen Elementen mit ihren Relationen, falls das Transitivitätsgesetz und die anderen oben ausgesprochenen Bedingungen erfüllt sind, eine den Relationen entsprechende Reihenfolge herstellen[1]). Der Begriff der Reihenfolge selbst aber wird hier als etwas Bekanntes benutzt, indem wir in unserer Betrachtung in einer bestimmten Folge von Operationen, des

---

[1]) Man kann dies auch so ausdrücken: wenn bei gewissen *in endlicher Menge* vorhandenen Elementen von je zweien stets ein bestimmtes das „dem Rang nach vorangehende" ist, und hinsichtlich dieser Relation das Transitivitätsgesetz gilt, so gibt es auch zu jedem Element, außer einem, ein und nur ein unmittelbar vorangehendes, zu jedem Element, außer einem, ein und nur ein solches, dem jenes Element unmittelbar vorangeht, und es läßt sich von jedem Element zu jedem ein Übergang in einer Reihenfolge durch Vermittlung von solchen „unmittelbar benachbarten" vollziehen.

Herausnehmens einzelner Elemente usw. fortschreiten. Es verdient noch darauf hingewiesen zu werden, daß wir diese Folge von Operationen, z. B. für $n = 5$, wirklich vollziehen können und auch müssen, wenn wir jene Reihenfolge der Elemente wirklich finden wollen. Die Einsicht aber, *daß wir dies bei jedem n können*, verdanken wir dem Umstand, daß wir an unsere eigenen logischen Operationen wiederum allgemeine Begriffe knüpfen und statt aller jener Operationen, die bei allgemein gelassenem n nicht vollzogen werden können, gewisse endliche Gedankenreihen, in denen wir die Folge der Operationen darstellen, nämlich die entscheidenden Wendungen unseres Gedankenganges, gleichfalls in bestimmt geordneter Folge, wirklich vortragen (vgl. § 116)[1].

Ein neuer Schritt, der selbst nicht begründet werden kann, besteht ohne Zweifel in der Annahme einer u n e n d l i c h e n Reihenfolge. Dabei kann man statt einer nur nach einer Seite sich ins Unendliche erstreckenden Reihenfolge auch eine solche einführen, die sich nach zwei Seiten ohne Ende fortsetzt[2]), während man allerdings andererseits auch die Auffassung vertreten kann, daß nur die erste Annahme eine l o g i s c h e Selbstverständlichkeit bedeute und die zweite mehr durch das geometrische Bild etwa einer Erstreckung von links nach rechts angeregt sei. Nimmt man zunächst nur eine nach einer Seite ohne Ende sich erstreckende Reihe verschiedener Elemente

$$(3) \qquad A_1, A_2, A_3, \ldots$$

als gegeben an, oder mit anderen Worten: betrachtet man das unendliche System von Relationen

$$(4) \qquad \begin{array}{l} A_1 < A_2, \quad A_1 < A_3, \quad A_1 < A_4, \quad \ldots \\ \qquad\qquad A_2 < A_3, \quad A_2 < A_4, \quad \ldots \\ \qquad\qquad\qquad\qquad A_3 < A_4, \quad \ldots \\ \qquad\qquad\qquad \cdots\cdots\cdots\cdots \end{array}$$

---

[1]) Man könnte auch in der zyklischen Ordnung eine besondere Grundform oder in der Voraussetzung ihrer (allgemeinen) Möglichkeit eine besondere Annahme erblicken. Es ist aber zu beachten, daß sich aus der nach beiden Seiten als unendlich gedachten Folge die zyklische Anordnung synthetisch bilden läßt. Man braucht dazu nur die Festsetzung, daß für jedes ν die Glieder der Folge, welche die Indizes ν, $\nu + n$, $\nu + 2n$, $\nu + 3n$, $\ldots$ tragen, ebenso wie diejenigen mit den Indizes $\nu - n$, $\nu - 2n$, $\nu - 3n$, $\ldots$ alle als „einander in gewisser Hinsicht gleich" angesehen werden sollen.

[2]) NATORP legt bei seinen Betrachtungen über die Zahl besonderen Wert auf den Begriff einer „beiderseits offenen" Grundreihe (a. a. O., S. 102), während G. F. LIPPS umgekehrt einen Anfang der Reihe für wesentlich hält (Philosophische Studien, Bd. 11, 1895, S. 269). Offenbar kann man sowohl bei der diskreten Reihe als beim Kontinuum (§ 124) eine unendliche Ausdehnung entweder nach einer oder nach beiden Seiten voraussetzen und dann daraus beidemale den anderen Fall, entweder durch Zusammensetzen oder durch Abteilen, als den sekundären ableiten. Mit Rücksicht auf die

mit Rücksicht auf das Transitivitätsgesetz als widerspruchslos, so läßt sich die nach zwei Seiten erstreckte Reihe daraus ableiten. Man hat zu diesem Zweck nur das System (4) ein zweites Mal mit anderen Zeichen der Elemente und mit Umkehrung des Zeichens $<$ in $>$ anzusetzen, so daß man also hat

$$
\begin{aligned}
A'_1 > A'_2, \quad A'_1 > A'_3, \quad A'_1 > A'_4, \ \ldots \\
A'_2 > A'_3, \quad A'_2 > A'_4, \ \ldots \\
A'_3 > A'_4, \ \ldots
\end{aligned}
$$

(5)

$$\ldots\ldots\ldots\ldots$$

Es muß nun auch das System (5), falls man es ganz für sich betrachtet, wegen seiner eindeutigen Zuordnung zu (4) mit Rücksicht auf das Transitivitätsgesetz widerspruchslos sein, und dasselbe gilt von den mit (5) gleichwertigen, mit dem Zeichen $<$ zu charakterisierenden Relationen, die aus den Relationen (5) bei Vertauschung der beiden Seiten jeder Relation hervorgehen[1]). Nun braucht man nur noch zu erklären, daß *für jedes α und jedes β*

$$A'_\alpha < A_\beta$$

sein soll. Es ist dann leicht zu erkennen, daß ein mit Rücksicht auf das Transitivitätsgesetz widerspruchsloses, der Reihe

(6) $$\ldots, A'_4, A'_3, A'_2, A'_1, A_1, A_2, A_3, A_4, \ldots$$

entsprechendes System von Relationen vorliegt. Zum Beweis ist nur nötig, daß man die vier Hauptfälle überlegt, die in Beziehung auf drei Elemente der Reihe (6) vorkommen können, nämlich: drei Elemente A, drei Elemente A', zwei Elemente A und ein Element A', ein Element A und zwei Elemente A'.

§ 123. Neuer Versuch einer solchen Zurückführung.

Einen anderen Versuch, die Relationen des Vorangehenden, des Nachfolgenden usw. mit Hilfe von Axiomen zu behandeln, hat neuerdings K. Boehm gemacht[2]). Er denkt sich gewisse Elemente derart, daß unter zweien von ihnen stets ein bestimmtes das „höhere“, das andere das „niedrigere“ ist (Axiom II). Dabei soll diese Relation des „höheren“ als eine unsymmetrische Relation irgendwelcher Art betrachtet und trotz der benutzten sprachlichen Komparativform nicht

Einfachheit der nachher zu verwendenden Formulierungen erscheint es mir natürlicher, von vornherein der Reihe einen Anfang, dem Kontinuum aber die unendliche Ausdehnung nach beiden Seiten zu geben.

[1]) S. 341, Anm., ist gezeigt worden, wie das Transitivitätsgesetz, falls es für eine Relation gültig ist, sich auf die umgekehrte Relation überträgt.

[2]) „Axiome der Arithmetik“, Sitzungsberichte der Heidelberger Akademie der Wissenschaften, 1911.

etwa das Gesetz der Transitivität damit verbunden werden, so daß
also auch von den Begriffen „Ordnung" und „Folge" vorläufig ganz
abgesehen wird. Als ein weiteres Axiom wird angenommen, daß ein
Element existiert, in Vergleich zu dem jedes andere höher ist (Axiom
IV)[1]). Dabei erkennt man aus dem obigen Axiom II ohne weiteres,
daß die eben erwähnte Eigenschaft nicht zugleich noch einem anderen
Element zukommen kann. Es existiert also nach Axiom IV ein
„niedrigstes" Element; dieses soll e heißen. Nun wird noch angenommen, daß es zu jedem Element a ein solches gibt, das höher ist als a,
in Vergleich zu dem aber jedes andere Element, das auch höher ist
als a, ein höheres Element darstellt (Axiom V). Dies bedeutet also,
daß zu jedem Element ein „nächsthöheres" existiert. Schließlich wird
noch angenommen, daß man von jedem Element a aus zu jedem anderen, das höher ist als a, durch eine endliche Zahl von Schritten
gelangen kann, indem man bei jedem Schritt von dem betreffenden
Element zum „nächsthöheren" übergeht (Axiom VI). Die letzte
Voraussetzung wird auch durch die Aussage umschrieben, daß jedes
Element, das höher ist als ein Element a, der „Kette von a" angehört.
Da ferner jedes andere Element höher ist als jenes eine in Axiom IV
vorausgesetzte niedrigste Element e, so gehört jedes Element der
Kette von e an.

Unter den gemachten Voraussetzungen kann bewiesen werden,
daß der Relationsbegriff „höher" dem Transitivitätsgesetz entsprechen muß. Zu diesem Zweck nehmen wir an, es sei b höher als a,
und zugleich c höher als b. Dabei sind nicht nur selbstverständlich
b und a und ebenso c und b, sondern es sind auch a und c als verschiedene Elemente zu denken, da ja sonst ein unmittelbarer Widerspruch mit Axiom II vorliegen würde. Es ist jetzt zu beweisen, daß
c höher als a ist. Um diesen Beweis auf indirektem Wege zu vollbringen, nehmen wir für den Augenblick an, es sei neben dem, daß
b höher als a, und c höher als b ist, zugleich auch a höher als c, was
durch die Formeln

$$(1) \qquad a < b, \; b < c, \; c < a$$

ausgedrückt werden soll. Da nun von jedem der eben genannten
drei Elemente unmittelbar gesagt ist, daß es höher ist als ein anderes,
so fällt keines der Elemente a, b, c mit dem niedrigsten Element e

---

[1]) Hinsichtlich der Numerierung der Axiome ist zu bemerken, daß das Boehmsche
Axiom I hier weggefallen ist, da ich der Einfachheit wegen keine Elemente zulassen
will, die einander „gleich" sind und doch zugleich unterschieden werden können.
Ferner hat Boehm zu Anfang auch das Transitivitätsgesetz mit aufgeführt und als
Axiom III bezeichnet und erst dann die Zurückführbarkeit dieses Axioms auf die
anderen nachgewiesen.

zusammen. Somit ist jedes der drei Elemente höher als e, d. h. e niedriger als jedes der drei, was durch die Formeln

$$(2) \qquad e < a, \quad e < b, \quad e < c$$

ausgedrückt wird.

Nun kann z. B. a nicht das zu e nächsthöhere Element sein, da ja nach (1) das Element c niedriger als a ist, während doch dasselbe c nach (2) höher ist als e, womit ein Widerspruch mit dem Begriff des nächsthöheren Elements (Axiom V) gesetzt wäre. Dasselbe aber, was von a gilt, gilt auch von b und c, da sowohl die Formeln (1), als auch die Formeln (2) bei der zyklischen Vertauschung von a, b und c ineinander übergehen. Es muß also das dem e nächsthöhere Element f von a, b und c verschieden sein. Da außerdem diese drei Elemente nach (2) höher sind als e, so müssen nach der Definition des nächsthöheren Elements die Relationen gelten

$$(3) \qquad f < a, \quad f < b, \quad f < c.$$

Man kann nun dasselbe Schlußverfahren wiederholen. So wie aus (1) und (2) geschlossen werden konnte, daß keines der Elemente a, b, c das nächsthöhere von e ist, und daß für das nächsthöhere Element f von e die Relationen (3) bestehen, so kann man aus (1) und (3) beweisen, daß keines jener drei Elemente das nächsthöhere von f sein kann, und daß für das im Vergleich zu f nächsthöhere Element g die Formeln

$$(4) \qquad g < a, \quad g < b, \quad g < c$$

gelten müssen. Man erkennt jetzt, daß in derselben Weise fortgefahren werden kann. Schließlich ergibt sich, daß in der von e ausgehenden Kette

$$e, \ f, \ g, \ \ldots$$

gleichgültig, ob in dieser etwa Wiederholungen auftreten mögen oder nicht, jedenfalls keines der Elemente a, b, c auftreten könnte. Nun hat sich aber ein Widerspruch mit dem Axiom VI herausgestellt.

Der soeben wiedergegebene Beweis ist für die angenommene unsymmetrische Relation sinnvoll und von Wert. Es ist aber zu beachten, daß am Schluß des Beweises und ebenso schon bei der Formulierung des Axioms VI von einer Folge von Schritten in der Beweisführung bzw. in der Begriffskonstruktion die Rede ist. Offenbar ist also der Begriff der Folge als solcher hier bereits vorausgesetzt, und er bildet das wesentliche Hilfsmittel des Beweises. Genau ebenso wurde bei den Betrachtungen von § 122 der Begriff der Reihenfolge vorausgesetzt. Dort wie hier wird bewiesen, daß, *falls für die angenommenen Relationen gewisse Gesetze gelten, auch noch andere Gesetze von selbst erfüllt sein müssen*, nur mit dem Unterschied, daß hier andere Gesetze vorausgesetzt und andere Gesetze bewiesen werden als dort. Die Reihenfolge selbst aber durch ein System von Relationen begründen zu wollen, hat keinen Zweck, da jede solche Begründung von dem Begriff der Folge selbst Gebrauch macht, und man ohne diesen Begriff auch gar nicht einsehen kann, daß ein System solcher Relationen für eine beliebige oder gar für eine unendliche Zahl von Elementen widerspruchslos gebildet werden kann. *Die Reihenfolge ist also als ein durch unser fortschreitendes Denken erzeugter, im übrigen nicht weiter begründbarer Begriff anzusehen.*

Andere Versuche, die mit der Reihenform gegebenen Grundtatsachen aufzubauen, sind von G. Peano[1]) und von G. Frege[2]) ausgeführt worden. Ich gestehe, daß die umständlichen Symbolrechnungen, welche die Schriften von Peano und Frege sehr schwierig und ihr Studium sehr zeitraubend machen, mich abgehalten haben, genauer in diese Schriften einzudringen. Trotzdem glaube ich auf Grund allgemeinerer logischer Überlegungen (vgl. auch § 106 und die Einleitung) Grund zu der Annahme zu haben, daß auch die Analyse dieser Untersuchungen die Ursprünglichkeit des Begriffs der Reihenfolge — der Sukzession — erkennen lassen wird, und daß dasselbe hinsichtlich aller in diesem Begriffsgebiete zu führenden Beweise gelten muß.

§ 124. Das Kontinuum eine gegebene Urform.

Der Reihe kann das Kontinuum als eine in gewissem Sinne ähnliche Ordnung gegenübergestellt werden. Dabei spreche ich vom einfachen Kontinuum, das im geometrischen Bilde als ein „lineares" bezeichnet wird. Dieses Kontinuum stellt eine Urform dar, während das zweifache, dreifache, vierfache Kontinuum usw. auf das einfache zurückgeführt, d. h. aus ihm synthetisch aufgebaut werden kann (vgl. § 41 u. 48). Es soll aber jetzt gar nicht von Geometrie, sondern nur von irgendwelchen „Elementen" die Rede sein, die gewisse Relationen unter sich aufweisen.

Es wird vor allem vorausgesetzt, daß von zwei verschiedenen Elementen *A* und *B* der gegebenen Gesamtheit ein bestimmtes das vorhergehende sei. Das Wort „vorhergehend" ist aber hier nicht gerade zeitlich zu verstehen, sondern bedeutet eben eine nichtsymmetrische Relation von der im folgenden noch verschiedene Beziehungen (Gesetze) als gültig angenommen werden sollen. Wird dem-

[1]) Vgl. § 106.
[2]) Grundgesetze der Arithmetik, Bd. I, 1893; Bd. II, 1903 (vgl. z. B. Bd. I, S. 150).

nach die Relation „vorhergehend" durch das Symbol $<$ ausgedrückt, so ist von den beiden Aussagen: $A < B$ und $B < A$ eine und nur eine richtig.

Nun sollen noch folgende Axiome angenommen werden:

1. Für den Begriff „vorhergehend" soll das Gesetz der Transitivität gelten, d. h. es soll aus $A < B$ und aus $B < C$ folgen, daß auch $A < C$ ist.

2. Falls die mit Rücksicht auf 1 zu verstehende fortlaufende Relation $A < B < C$ oder die Relation $C < B < A$ besteht, soll gesagt werden, daß B zwischen A und C gelegen sei. In diesem Sinne soll gelten, daß zwischen zwei verschiedenen Elementen stets ein drittes Element gefunden wird.

3. Für die eingeführten Elemente soll mit Rücksicht auf ihre Ordnung — in vorhergehende und nachfolgende — das DEDEKIND *sche Stetigkeitsaxiom gelten (§ 29).*

4. Zwei verschiedene Elemente sollen einen Abstand[1]) haben, d. h. es soll, falls A von B verschieden, und C von D verschieden ist, der Abstand A B dem Abstand C D in bestimmter Weise entweder gleich oder ungleich sein. Zwei Abstände, die einem dritten gleich sind, sind einander gleich.

5. Falls B zwischen A und C, und B′ zwischen A′ und C′ gelegen ist, soll daraus, daß der Abstand A B gleich A′ B′, und der Abstand B C gleich B′ C′ ist, folgen, daß auch A C gleich A′ C′ ist.

6. Sind C und D zwei verschiedene Elemente, und ist A irgendein beliebiges Element, so soll es ein und nur ein Element B so geben, daß B dem Element A vorhergeht, und zugleich B A gleich C D ist, ebenso ein und nur ein Element B′, dem A vorhergeht, und für das A B′ gleich C D ist[2]).

Aus *6* erkennt man nun auch die Existenz einer unendlichen Folge von Elementen $\ldots, A'', A', A, A_1, A_2, \ldots$ derart, daß

$$\ldots A'' < A' < A < A_1 < A_2 < \ldots$$

---

[1]) RUSSEL (a. a. O., p. 296) und COUTURAT (franz. Ausgabe 1905, p. 93) legen besonderen Wert darauf, dem Kontinuum nur „ordinale Eigenschaften" zuzuschreiben, also den Begriff des Abstandes dabei fallen zu lassen. Diese Auffassung würde hier unzweckmäßig sein, da einmal zwei nur mit ordinalen Eigenschaften versehene Kontinua nicht Element für Element aufeinander bezogen werden könnten, und ein solches Kontinuum auch zur Führung der in Geometrie und Funktionentheorie erforderlichen Beweise nicht ausreichen würde.

[2]) Nimmt man z. B. Zahlen zur Versinnbildlichung der vorliegenden Elemente, so erkennt man, daß die Gesamtheit der ganzen Zahlen für sich allein dem DEDEKIND-schen Axiom 3 (vgl. § 29), aber nicht dem Axiom 2 genügt, während die Gesamtheit der rationalen Zahlen wohl das Axiom 2 erfüllt, dagegen nicht das Stetigkeitsaxiom 3, da sich ja mit Hilfe von Schnitten, die aus rationalen Zahlen gebildet sind, nichtrationale Zahlen definieren lassen (vgl. § 29 u. 75).

und daß zugleich

$$\ldots A''A' = A'A = A A_1 = A_1 A_2 = \ldots$$

Durch die angegebenen Axiome ist also das Kontinuum so beschrieben, daß es nach beiden Seiten unendlich ausgedehnt gedacht werden muß. Dies ist der Einfachheit wegen geschehen, da die Axiome verwickelt ausfallen, wenn sie von Anfang an ein nur endlich ausgedehntes Kontinuum geben sollen[1]).

Man erkennt in den Axiomen *1*, *2*, *4*, *5*, *6* die nur jetzt in etwas anderer Form ausgesprochenen, in § 2 bereits für die Punkte einer Geraden aufgestellten Beziehungen. Daß diese zusammen mit dem Dedekindschen Stetigkeitsaxiom (3) ein widerspruchsloses System ausmachen, kann man meines Erachtens nicht „rein logisch" beweisen (vgl. den Schluß von § 76). Trotzdem glaube ich, daß man das Kontinuum als einen uns gegebenen Formbegriff, der nicht ableitbar ist, ansehen kann. Wir kämen so auf eine Urform, die man unter Umständen als apriorisch, d. h. notwendig, auffassen könnte. Auch ist für diese Urform vielleicht der Ausdruck am Platze, daß sie eine „Anschauung" sei oder eine ideale Anschauung zur Quelle habe.

Jedenfalls können wir die genannten Axiome zur Herleitung weiterer Eigenschaften des Kontinuums benützen (vgl. den vierten Abschnitt), genau so, wie wir aus den Axiomen der Geometrie Lehrsätze als notwendige Folgerungen ableiten können. Es kann also das Kontinuum, obwohl es nicht vom Denken schrittweise erzeugt wird, wohl Gegenstand des Denkens werden[2]).

§ 125. Der notwendige Charakter mathematischer Betrachtung und die verschiedenen Seiten des mathematischen Denkprozesses.

Es ist wohl allgemein zugestanden und denen, die sich mit dem Gebiet ernsthaft beschäftigen, vollkommen klar, daß die mathematischen Schlüsse unbedingt zwingend sind. Die Geometrie, das bekannteste Teilgebiet der Mathematik, galt in dieser Beziehung von jeher auch den Philosophen als Muster, weshalb z. B. Spinoza seine Ethik „ordine geometrico", d. h. deduktiv, darzustellen versucht hat. Speziell in der Geometrie aber geht man von gewissen Gegebenheiten

---

[1]) Es ist übrigens leicht zu sehen, daß auch das unendliche Kontinuum aus dem endlich ausgedehnten durch wiederholtes Setzen des letzteren und durch Aneinanderreihen der endlichen Kontinua synthetisch aufgebaut werden könnte.

[2]) In gewissem Sinne ist also das Kontinuum „denkfremd" nach der Ausdrucksweise von Jonas Cohn (Voraussetzungen und Ziele des Erkennens, 1908, S. 354); trotzdem haben diejenigen nicht recht, die seine Bearbeitung durch das Denken für unmöglich halten.

aus; von gegebenen Gegenstandsbegriffen: Punkt, Gerade, Ebene, Winkel, Strecke; von gegebenen Relationsbegriffen: Lage eines Punkts auf einer Geraden, Lage eines Punkts zwischen zwei Punkten, Gleichheit usw. (§ 1). Zugleich aber mit diesen Begriffen werden gewisse Beziehungen oder Gesetze, welche für sie Geltung haben sollen, ausdrücklich vorausgesetzt: die Axiome. So benutzen wir das Axiom, demzufolge durch zwei voneinander verschiedene Punkte eine und nur eine Gerade geht, das Parallelenaxiom und andere. Die Axiome erlauben dann, wenn zwischen gewissen Gegenständen (Elementen) gewisse Relationen bestehen, zu schließen, daß zwischen ihnen und auch noch anderen weitere Relationen bestehen müssen (§ 2—6).

Es wäre ein vergebliches Bemühen, wenn man etwa alle geometrischen Axiome durch logische Prozesse ableiten wollte; sie haben sich sogar nach einer gewissen Sichtung wenigstens insofern als unabhängig voneinander herausgestellt, als die Axiome einer Gruppe aus denen der anderen bewiesenermaßen nicht hergeleitet werden können (§ 43 u. 47). Den Axiomen kommt also keine logische Notwendigkeit zu. Nach Ansicht der älteren, namentlich der Kantschen Philosophie sollten die Axiome dafür anschauungsmäßige Notwendigkeit besitzen. Kant hatte dies auch so ausgedrückt, daß der Raum die Form der Erfahrung und als solche eine subjektive, für uns notwendige, d. h. apriorische Bedingung darstelle, der gemäß wir allein Erfahrungen machen können. Diese Ansicht, die namentlich durch den Nachweis erschüttert worden ist, daß man die Axiome abändern kann (§ 3 u. 43), ist heutzutage von den Mathematikern fast durchweg verlassen und wird unter den Philosophen im Grunde nur von der neukantischen Schule festgehalten, die, wenn ich sie recht verstehe, Kants „Bedingung der Erfahrung" in eine Bedingung wissenschaftlicher Erkenntnis vom Raume umgebogen hat[1]).

Wie in der Geometrie, nachdem die Axiome einmal angenommen sind, die Folgerungen sich logisch notwendig ergeben, so sind in der Arithmetik die einfachsten Feststellungen, wie z. B. die Zahlformel $7 + 5 = 12$ usw. ohne Zweifel logisch notwendig. Es besteht hier nur der Unterschied gegen die Geometrie, daß in der Arithmetik keine Axiome vorausgesetzt sind. Für jeden, der die angenommene Folge der Zahlzeichen kennt, folgt die Zahlformel notwendig aus der Vollziehung des Zählprozesses (vgl. § 64).

Es kommt aber in der Arithmetik auch den gesetzmäßigen Beziehungen allgemeiner Art logische Notwendigkeit zu. So wird der Satz, demzufolge das a fache von b stets dem b fachen von a gleich ist, nicht etwa nur durch Ausrechnen einer gewissen Zahl von Fällen

---

[1]) Vgl. Natorp, a. a. O., S. 312—314.

induktiv erhärtet, sondern durch einen Beweis als allgemeingültig festgestellt (vgl. § 71). Sowohl jene Einzelfeststellungen, als auch die allgemeinen, hier ohne Axiome geführten Beweise würden nicht möglich sein, wenn es sich nicht um synthetische, d. h. durch unsere eigene Tätigkeit hervorgebrachte Begriffe handelte. Man kann z. B. die Addition und die Multiplikation so klar definieren, daß ihre Anwendung, nicht nach Art der aus der Erfahrung abstrahierten Begriffe, sondern in einer viel durchsichtigeren Weise für jeden, der den Gedanken einmal gefaßt hat, vollkommen sicher ist[1]). Deswegen kommt also auch den arithmetischen Begriffen: Zahl, Summe, Produkt usw. eine Art innerer Notwendigkeit, gewissermaßen eine ideale Existenz zu. Sie sind „apriorisch"[2]).

Wie früher gezeigt worden ist, kann z. B. die Tätigkeit, durch welche die Summe $a + b$ entsteht, und die eben damit die Addition definiert, durch die Formel

$$(1) \qquad a + b = [a + (b - 1)] + 1$$

beschrieben werden (§ 64). Diese Formel besagt, daß die Zahl $a + b$ auf die Zahl $a + (b - 1)$ in der Zahlenreihe folgt, und es wird dadurch sukzessive erklärt, was unter der Addition von 2, 3, 4 usw. zu irgendeiner Zahl zu verstehen ist, nachdem man die Addition von 1 durch das Weiterschreiten zum nächsten Glied der Zahlenfolge erläutert hat. Eine solche Formulierung wie die Formel (1), welche die begriffserzeugende Tätigkeit unmittelbar beschreibt[3]), habe ich in § 112 erzeugende Beziehung genannt. Genau so kann man die Multiplikation auf die erzeugende Beziehung

$$(2) \qquad a \cdot b = (a - 1) \cdot b + b$$

gründen[4]).

Man hat die eben geschilderte synthetische Betrachtungsweise, welche die grundlegenden Beziehungen der Arithmetik unmittelbar aus dem Aufbau der Begriffe hervorgehen läßt, als „genetisch"

---

[1]) Sowohl jene Einzelfeststellungen als auch die nachher durch die Formeln (1) und (2) beschriebenen allgemeinen Verfahren zeigen, daß die Mathematik „selbstevidente" und doch interessante Tatsachen kennt, die jeder, der sie kennenlernt, als neu und doch einleuchtend anerkennen muß. In diesem Sinne haben auch schon die Alten von Erkenntnissen gesprochen, die auf dem „natürlichen Licht" beruhen, und Leibniz von solchen, die jedem klar sind, der „die Bedeutung der Worte kennt".

[2]) Cassius J. Keyser sagt von diesen Begriffen: „they are increate, as Milton would say, and indestructible" (Mathematical Philosophy, 1922, p. 3). An einer anderen Stelle seines Buches bezeichnet er die mathematischen Disziplinen als „autonomous doctrines" (p. 141).

[3]) Cassirer spricht irgendwo von einer in der Mathematik gebrauchten „rein intellektuellen" Synthesis.

[4]) In § 70 und 71 ist allerdings die Theorie der Multiplikation in etwas anderer Form nach Vorausschickung des Begriffs der Anzahl entwickelt worden.

bezeichnet[1]) und ihr gegenüber auch in der Arithmetik dem Aufbau aus Axiomen den Vorzug geben, namentlich auch einen solchen Aufbau als sicherer bezeichnen wollen. Dabei werden dann auch Formeln, wie $a \cdot b = b \cdot a$, oder $a + (b + c) = (a + b) + c$, die ich als beweisbar betrachte, zu den Axiomen gerechnet (vgl. im übrigen § 112 u. 117).

Andererseits hat HELMHOLTZ, der den Aufbau der Arithmetik in ähnlicher Weise darstellt, wie es hier geschehen ist, gerade die von mir sogenannten erzeugenden Beziehungen der Addition und Multiplikation als „Axiome" der Arithmetik bezeichnet. Demgegenüber will ich zwei Umstände betonen:

1. Auch die höheren Verfahren der Arithmetik und Analysis führen auf Grund der elementaren Sätze wieder von neuem zu ähnlichen Formulierungen, die bis jetzt niemand als Axiome bezeichnet hat. So ist die Definition der Potenz für einen ganzzahligen Exponenten n in der Formel

$$a^n = a \cdot a^{n-1}$$

enthalten, und es drückt ebenso, wenn wir, wie es üblich ist, unter $n!$ das Produkt aller ganzen Zahlen von 1 bis n verstehen, die Gleichung

$$n! = n \times (n-1)!$$

das Gesetz dieser Zahlbildung aus. Es läßt sich auch einsehen, daß, falls solche Formulierungen als Axiome bezeichnet werden sollen, für jeden durch einen derartigen gesetzmäßigen Prozeß (einen „Algorithmus") erzeugten Begriff mindestens ein neues Axiom eingeführt werden müßte, so daß man dann zu der ganz unzweckmäßigen Einführung von unendlich vielen Grundannahmen käme[2]).

2. Auch die Geometrie kennt, allerdings auf Grund ihrer Axiome, die aber in endlich geschlossener Zahl angenommen werden, einen Aufbau der Begriffe (§ 1). Damit sind ähnliche Betrachtungen und Formulierungen gegeben wie in der Arithmetik, wenn sie auch meist nicht in Formeln, sondern in Worten gegeben werden. So wird z. B. öfters ein Vieleck in der Weise erweitert, daß die zwei benachbarte Ecken A und B verbindende Seite weggenommen und nach Annahme einer weiteren Ecke F durch den gebrochenen Linienzug AFB ersetzt wird (Abb. 180). Wollte man der oben erörterten Auffassung entsprechend verfahren, so müßte man ein Axiom einführen, das besagt,

---

[1]) Durch die Bezeichnung „genetisch" soll diese Behandlungsweise entweder mit der Psychologie oder mit der historischen Entwicklung der mathematischen Disziplin in Zusammenhang gebracht und in ihrer logischen Bedeutung geringer gewertet werden.

[2]) Hierauf habe ich in meiner schon erwähnten Antrittsrede: Anschauung und Denken in der Geometrie, 1900 (S. 61), außerdem aber schon früher in einer Rezension hingewiesen (Göttingische gelehrte Anzeigen, 1892, S. 591, Anm.).

daß aus einem n-Eck nach Ersetzung einer seiner Seiten durch einen solchen Linienzug ein $n + 1$-Eck entsteht. Auf diese Art würde man auch in der Geometrie mit der Aufzählung der Axiome nicht fertig werden können; niemand bezeichnet jedoch eine derartige logische Selbstverständlichkeit in der Geometrie als ein Axiom.

Wir können also sagen, daß die Arithmetik und mit einer nachher noch zu erwähnenden Ausnahme (§ 76) die sogenannte Analysis (§ 41, Schluß) ohne Axiome aufgebaut wird.

An dem Vergleich einer der Gleichung (1) oder (2) entsprechenden Formulierung mit einem Axiom ist dies richtig, daß wir nachher, wenn wir mit den neuen Gegenstands- und Relationsbegriffen in Gedanken operieren, die in solchen Gleichungen niedergelegten Beziehungen (Gesetze) ähnlich wie Axiome gebrauchen können; man vergleiche zu diesem Behufe den Beweis des Kommutativgesetzes der Addition, wie er in § 65 aus der Beziehung (1) geführt worden ist. Es bringen also die synthetischen Begriffsbildungen außer den sogenannten erzeugenden Beziehungen, die wir in ihnen oder durch sie unmittelbar erkennen, noch andere Folgerungen in gleichfalls notwendiger Weise mit sich; diese Folgerungen lassen sich aber nur auf ganz bestimmtem, von der deduktiven Betrachtung eingeschlagenem Umwege

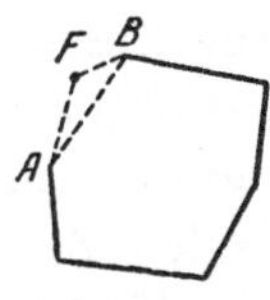

Abb. 180.

(§ 92, Schluß) erkennen. Es erscheint mir deshalb unzweckmäßig, wenn man, wie es allerdings von den meisten Autoren geschieht, solche Gesetze, die aus unseren Begriffen zwar notwendig, aber nicht unmittelbar gefolgert werden können, als in den Begriffen „enthalten" bezeichnet.

Dabei ist noch zu bemerken, daß die neueingeführten synthetischen Begriffe, die meist über andere, bereits vorher gebildete Begriffe übergebaut erscheinen, als Folgerungen nicht nur solche Sätze ergeben, die die Eigentümlichkeiten eben dieser neuen Begriffe darstellen, sondern oft für die bereits vorher bekannten Begriffe neue Gesetze herzuleiten gestatten. So dient der in § 92 von uns gebildete allgemeine Begriff einer Kette von Umformungen zur Führung des Beweises für den allerdings induktiv schon gefundenen, aber nicht ohne weiteres aus den früheren Begriffen beweisbaren Satz über die additive Zerfällung der Primzahlen in Summen von zwei Quadraten.

Die mathematische Deduktion schreitet also fort, indem sie teils in der früher geschilderten, formalen Art des Schließens (vgl. z. B. § 107) der Verkettung von Relationen nachgeht, teils neue synthetische Begriffe bildet[1] und damit neue Gegenstände und Relationen schafft, mit denen sich auch zugleich in Form von „erzeugenden

---

[1] Man vgl. die bereits auf S. 6 angeführte Stelle in Sigwarts Logik.

Beziehungen" neue Gesetze ergeben, die zu weiteren Verkettungen der neuen sowie der alten Begriffe Anlaß geben. Man könnte im Zusammenhang damit von zwei Arten des mathematischen Denkens sprechen, die allerdings meist in Verbindung miteinander auftreten, von einer diskursiven[1]) (fortschreitenden), die zugleich mehr formal ist, und einer intuitiven. Bei der ersten Art handelt es sich um wirkliches, fortschreitendes Durchführen endlicher Gedankenketten, deren Ende dann ein gewisses Ergebnis oder Teilergebnis liefert. Auf diese Art des Denkens paßt die Bemerkung von HOBBES[2]), daß Denken gewissermaßen ein Rechnen sei; diese und nur diese Art des Denkens kann manchmal mit Nutzen durch einen Symbolkalkül (§ 105 u. 106) ersetzt werden. Die zweite Art des Denkens, die neue Begriffe schafft, habe ich als intuitiv[3]) bezeichnet. Der mathematische Denkprozeß bringt es mit sich, daß wir sowohl von der formalen Tätigkeit, an die wir zugleich Allgemeinbegriffe knüpfen, zu einer Darstellung dieser Allgemeinbegriffe und zu einem jener Tätigkeit übergebauten neuen Verfahren übergehen, als auch, daß wir umgekehrt von einer solchen Darstellung im Einzelfall zu der Tätigkeit, welche durch die darstellenden Zeichen angedeutet ist, zurückkehren[4]). Letzteres nannten wir (§ 114) die Deutung jener übergebauten Begriffe. So stellen Darstellung und Deutung[5]) besondere Schritte des intuitiven

---

[1]) In der philosophischen Literatur findet sich gelegentlich eine mich befremdende Anwendung des Ausdruckes „diskursiv", der mit der Bedeutung des lateinischen Worts „discurrere" wenig mehr zu tun hat. So sagt RIEHL (Der philosophische Kriticismus und seine Bedeutung für die positive Wissenschaft, 1. Bd. 1876, S. 403), die Zeit habe „etwas vom diskursiv Allgemeinen eines Begriffes an sich", E. CASSIRER (Kantstudien, Bd. 12, 1907, S. 33) spricht von diskursiven Begriffen der formalen Logik, und schon KANT sagt in den Prolegomena (§ 15): „Darin findet man Mathematik angewandt auf Erscheinungen, auch bloß diskursive Grundsätze (aus Begriffen), welche den philosophischen Teil der reinen Naturerkenntnis ausmachen." Man vgl. übrigens über den Ausdruck „diskursiv" EISLER, Wörterbuch der philosophischen Begriffe, 2. Aufl., 1904, S. 225.

[2]) Vgl. Elementorum philosophiae sectio prima, De corpore, 1655, p. 2f.

[3]) Natürlich will ich mit der gelegentlich in der Philosophie aufgetauchten Utopie von einer mühelosen und alles durchschauenden Intuition nichts zu tun haben. In ganz ähnlicher Weise wie oben im Text wird das Wort „intuitiv" bei LEIBNIZ gebraucht (Hauptschriften zur Grundlegung der Philosophie, übersetzt von BUCHENAU, herausgegeben von CASSIRER, Bd. 1, 1904, S. 25).

[4]) In meiner Antrittsrede: Anschauung und Denken in der Geometrie, 1900 (S. 22 u. 46), habe ich dies im Gegensatz zum formalen Gebrauch als die „wirkliche Anwendung der Begriffe nach ihrem Inhalt" bezeichnet. Auch HILBERT unterscheidet in einer neueren Schrift (Abhandlungen aus dem Mathematischen Seminar der Hamburgischen Universität, Bd. 1, 1922, S. 165) Formalismen und „inhaltliche" Überlegungen und erwähnt auch den Fall, in dem die inhaltlichen Überlegungen „gewissermaßen auf ein höheres Niveau verlegt" (d. h. in dem dem ursprünglichen Gebiet übergebauten höheren Gebiet ausgeführt) werden.

[5]) Anders ausgedrückt ist die „Deutung" ein Akt der Subsumption einer gleichzeitig von uns erzeugten Gedankenkette unter einen zugrunde liegenden Allgemeinbegriff.

Denkens vor; man erkennt auch die Besonderheit dieser Schritte bei der Durchführung des Denkprozesses an dem einem solchen Schritt zugeordneten psychologischen Erlebnis einer gewissen Schwierigkeit. Wir bedürfen in solchen Augenblicken einer gewissen besonderen Konzentration und eines Verweilens im Schlußverfahren[1]).

Eine besondere Stellung muß man denjenigen Überlegungen zuerkennen, die vom Kontinuum Gebrauch machen, was von einem Teil der geometrischen und auch der funktionentheoretischen Betrachtungen gilt (vgl. § 62). Trotz der zweifellos einwandfreien Begründung der Irrationalzahlen und der mit ihnen auszuführenden Rechenoperationen kann man doch nicht die Gesamtheit aller Irrationalzahlen rein arithmetisch erhalten (§ 75 u. 76)[2]). Dagegen führt die Annahme einer fertigen Gesamtheit von Elementen, die „geordnet" sind, und hinsichtlich ihrer „Abstände" oder „Unterschiede" den in § 2 für Punkte und Strecken ausgesprochenen Axiomen, zugleich aber dem Dedekindschen Stetigkeitsaxiom (§ 29) genügen (vgl. auch § 124), nachträglich in einwandfreier Weise zur *Gesamtheit aller Zahlen*, da man einen bestimmten jener Abstände als Einheit (§ 22) gewählt, und durch ihn dann die anderen in Zahlen gemessen denken kann. Aus der Gesamtheit aller Zahlen ergibt sich dann durch Abzug der völlig klar gegebenen Rationalzahlen die Gesamtheit der irrationalen Zahlen.

Rein logisch kann man also nicht beweisen, daß das Kontinuum mit seinen Axiomen (§ 124) niemals auf einen Widerspruch führen kann. Trotzdem werden die wenigsten bereit sein, auf die Teilgebiete der Mathematik, die vom Kontinuum Gebrauch machen, zu verzichten. Man kann ohnehin für die Einführung dieses Begriffs nicht nur Erfahrungstatsachen (vgl. § 134 im dritten Teil), sondern vielleicht auch innere Gründe geltend machen, und wenn man überhaupt eine Form als „reine Anschauung a priori" im Sinne von Kant oder als eine Art von „Platonischer Idee"[3]) gelten lassen will,

---

[1]) Auch H. Poincaré erkennt im Zusammenhang mit dem Schluß von n auf $n + 1$ das Vorhandensein einer „Intuition" an (La science et l'hypothese, 1903, p. 23, 24). Man vgl. auch die Ausführungen von L. E. J. Brouwer über „Intuitionismus" und „Formalismus" mit Beziehung auf die Grundlegung aller Mathematik (Bull. of the American Mathematical Society, 2d series, vol. XX, 1913, p. 87/88) und meine zu dieser Frage in § 106 gemachten Bemerkungen.

[2]) Neuerdings ist dieser Umstand von Weyl und Brouwer besonders betont worden. Ich habe mich schon vor sehr langer Zeit darüber folgendermaßen ausgesprochen: „Freilich erfordert die Definition einer Irrationalen ein eigenes Gesetz. Ich möchte deshalb noch einen Zweifel darein setzen, ob der Inbegriff aller rationalen und irrationalen Zahlen ein legitimer Begriff ist, d. h. ob das Kontinuum, dessen sich einige Zweige der Funktionenlehre bedienen, rein arithmetisch konstruiert werden kann" (Göttingische gelehrte Anzeigen, 1892, S. 594, Anm.).

[3]) Vgl. Natorp, a. a. O., S. 62.

so dürfte sich dazu die Idee des einfachen Kontinuums eignen, aus der sich dann das zweifache, dreifache Kontinuum usw. deduktiv ableiten läßt.

§ 126. Vom Einfachen und Zusammengesetzten.

Die Auseinandersetzungen des vorigen Paragraphen zeigen, daß die mathematischen Betrachtungen außerordentlich viel verwickelter sind als die gewöhnliche syllogistische Logik sie annimmt. Man kann wohl sagen, daß die Mathematik dazu diene, das Zusammengesetzte zu erkennen. Im weiteren Sinne des Wortes kann man auch von zusammengesetzten Begriffen sprechen, wobei dann eben die synthetischen Begriffe gemeint sind. Im engeren Wortsinn versteht man unter „Zusammensetzung" ein nach einer gewissen Regel verlaufendes Kompositionsverfahren für Gegenstände, die unter denselben Begriff fallen, in der Art, daß aus zweien dieser Gegenstände ein dritter aufgebaut wird. Meistens gelten dabei dann auch die additiven Eigenschaften, so daß wir beim Hinzufügen von b zu a dasselbe erhalten wie beim Hinzufügen von a zu b und ebenso dasselbe bekommen, wenn der aus a und b komponierte Gegenstand mit c, oder wenn a mit dem aus b und c komponierten Gegenstand von neuem komponiert wird. Diese Eigenschaften werden durch die beiden Gleichungen

$$a + b = b + a$$
$$(a + b) + c = a + (b + c)$$

ausgedrückt.

Beispiele hierfür haben wir in der „Addition" der gerichteten Strecken (Vektoren, vgl. § 79) und der formal damit zusammenfallenden Zusammensetzung der Kräfte. Ein weiterführendes Beispiel ergibt sich, wenn man sich an jeder Stelle eines räumlichen Gebietes eine dort angreifende Kraft denkt; man erhält so ein „Kraftfeld". Zwei Kraftfelder, welche dieselbe räumliche Erstreckung besitzen, d. h. in demselben Gebiet definiert sind, jedoch verschiedene Kraftgesetze haben können, werden nun dadurch „superponiert", daß an jeder Stelle des in Betracht kommenden räumlichen Gebiets die beiden dort vorhandenen Kräfte des einen und anderen Feldes zusammengesetzt werden, wodurch dann ein neues Kraftfeld entsteht[1]). In ähnlicher

---

[1]) Die der Superposition entsprechende umgekehrte Operation, d. h. die Aussonderung der Sonderfälle, aus denen der allgemeine Fall durch Superposition gebildet werden kann, wird von P. Volkmann als „Isolation" bezeichnet (vgl. Schriften der Physikalisch-ökonomischen Gesellschaft zu Königsberg i. Pr. 1894: Hat die Physik Axiome? und Erkenntnistheoretische Grundzüge der Naturwissenschaften, 2. Aufl. 1910, S. 156). Die Isolation wäre also eine Einschränkung des Begriffs, d. h. eine Determination (vgl. § 97, vgl. auch Wundt: Logik, 3. Aufl., 1. Bd., 1906, S. 237ff.)

Weise können auch Bewegungen eines Punktes zusammengesetzt oder superponiert werden; so ist in § 15 die Wurfbewegung zusammengesetzt worden aus der Bewegung, die der Körper vermöge der Größe und Richtung seiner Anfangsgeschwindigkeit nach dem Gesetze der Trägheit, und aus der Bewegung, die er vollführen würde, wenn die Schwere auf ihn wirkte, ohne daß er eine Anfangsgeschwindigkeit gehabt hätte.

Bei den erwähnten Zusammensetzungen ist wesentlich und wird meist nicht bedacht, daß die Bestandteile, mit denen die Zusammensetzung vorgenommen wird, nicht ohne weiteres gegeben sind. Eine Kraft kann auf sehr verschiedene Arten in zwei oder drei andere zerlegt werden, und erst nach Annahme von drei Achsen erscheinen die diesen Achsen parallelen Kräfte als die natürlichen, der Zusammensetzung der anderen Kräfte dienenden Bestandteile; dabei aber können die Richtungen der Achsen gewechselt werden. Ebenso kann man eine Wurfbewegung, bei der der geworfene Körper zur Zeit t_1 die Stelle A_1 mit der Geschwindigkeit v_1 und zur Zeit t_2 die Stelle A_2 mit der Geschwindigkeit v_2 passiert, ebensogut aus einer mit der Geschwindigkeit v_1 gleichförmig verlaufenden Bewegung und aus einer zur Zeit t_1 aus der Ruhe bei A_1 beginnenden Fallbewegung zusammensetzen, als aus einer mit der Geschwindigkeit v_2 verlaufenden gleichförmigen und einer bei A_2 zur Zeit t_2 beginnenden Fallbewegung. Es ist noch hinzuzufügen, daß die genannten Einzelbewegungen nur zum Zweck der Zusammensetzung *gedacht* werden, aber nicht *in der Wirklichkeit* existieren, indem der materielle Punkt, um den es sich handelt, lediglich die krummlinige Wurfbewegung durchmacht; dies ist bereits von B. Russel, sehr klar hervorgehoben worden[1]).

Es geht hieraus hervor, daß das übliche Normalschema des Zusammengesetzten, das, wie man sagt, aus an sich vorhandenen einfachen Teilen bestehen oder in solche zerfallen soll, vielfach nicht zutreffend ist. In dem von Leibniz[2]) öfters angeführten Beispiel der Zerlegung der Zahlen in ihre Primzahlen trifft das Normalschema zu. Es ist aber zu bemerken, daß die Primzahl nichts absolut Einfaches ist, indem sie sich zwar nicht multiplikativ zerlegen, aber additiv aus Einheiten zusammensetzen läßt; die Eindeutigkeit der Zerlegung einer Zahl in Primzahlen ist ein Lehrsatz, der eines Beweises bedarf[3]).

---

mit der besonderen Bestimmung, der Wiederherstellung des allgemeinen Falls durch Superposition zu dienen. So ergäbe in einem System von Kräften nach Einführung eines Koordinatensystems eine Isolation diejenigen Kraftkomponenten, die den Koordinatenachsen parallel sind, und es setzen sich dann die ursprünglich gedachten Kräfte aus den genannten Komponenten durch einen Additionsprozeß — eine Superposition — zusammen.

[1]) a. a. O., S. VI/VII.　　[2]) Vgl. § 96.　　[3]) Vgl. § 89,

In noch anderen Fällen kommt Zusammensetzung vor, ohne daß dabei einfache Bestandteile (gewissermaßen „Elemente") vorhanden wären, so in der gewöhnlichen Geometrie bei der Strecke. Sie kann aus anderen Strecken zusammengesetzt gedacht werden; dabei gilt aber von jedem Teil wieder dasselbe, so daß die Teilungen ohne Ende fortgesetzt werden können. Das Vorhandensein einfacher Elemente kann also keineswegs durchgängig behauptet werden, und die Hauptsache ist immer die synthetische Operation, die wir im einzelnen Fall mit dem Wort „Zusammensetzen" bezeichnen. Sehr gut paßt auf diese Verhältnisse das Wort von Kant: „Denn wo der Verstand vorher nichts verbunden hat, da kann er auch nichts auflösen"[1]).

Ich habe schon berührt, daß man im weiteren Sinne des Wortes auch von zusammengesetzten Begriffen sprechen kann. Es würden dann z. B. beim Begriff „Vieleck" die Punkte, Strecken und Winkel die Bestandteile bilden[2]). Es ist aber deutlich, daß hier die Bestandteile in einer gewissen Ordnung und in gewissen Relationen und Zuordnungen zueinander auftreten, weshalb man richtiger von einem „Aufbau" sprechen wird als von Zusammensetzung. Die Bestimmung eines Begriffs aus seinen Merkmalen, welche dem Normalschema der Zusammensetzung entsprechen würde, ist schon früher als in der Regel nicht zutreffend abgewiesen worden (§ 96).

In einem Gebiet, in dem, wie in der Geometrie, von besonderen Voraussetzungen, also von gegebenen Begriffen und von Axiomen Gebrauch gemacht wird, kann einer der gegebenen Begriffe mit einem synthetischen Begriff zur Deckung kommen. Es erscheint dann jener ursprünglich als gegeben behandelte Begriff in die anderen gegebenen Begriffe aufgelöst. In entsprechender Weise kann ein hypothetisch synthetischer Begriff (§ 111) mit Rücksicht auf die empirische Bedeutung der Grundbegriffe, aus denen er aufgebaut ist, sich mit einem Erfahrungsbegriff decken. So ist durch die in § 26 im Anschluß an Hilbert ausgeführte Synthese der Begriff des Flächeninhalts in die anderen Grundbegriffe der Geometrie aufgelöst, während er von Euklid noch als ein gegebener Begriff behandelt worden war. In entsprechender Weise kann, allerdings weit weniger einfach[3]), der Rauminhalt behandelt werden. Damit ist dann zugleich ein aus der Erfahrung abstrahierter Begriff, der die beim Ausgießen von Flüssigkeiten aus Gefäßen beobachtbaren Tatsachen umfaßt[4]), durch einen hypothetisch synthetischen Begriff ersetzt. Nach der Ausdrucksweise

---

[1]) Kritik der reinen Vernunft, 2. Ausgabe, 1787, S. 130.

[2]) Vgl. § 1 u. 111.

[3]) Hier ist noch eine infinitesimale Betrachtung nötig, vgl. M. Dehn in den Math. Annalen, Bd. 55, S. 465.

[4]) Vgl. im dritten Teil § 130.

von LEIBNIZ kann man sagen, daß hierdurch eine empirische Sache durch einen adäquaten Begriff zur Darstellung gebracht worden ist.

In einer Wissenschaft wie der Physik kann eine solche Ersetzung eines Begriffs durch einen synthetischen, der auf bestimmten angenommenen Begriffen und Axiomen beruht, immer wieder von neuem vor sich gehen, so daß sich in dem Sinne, wie es einmal HILBERT geschildert hat[1]), ein allmähliches Vordringen in immer tiefer gelegte Fundamente ergibt.

§ 127. KANTS synthetische und analytische Urteile.

Die mathematischen Lehrsätze wären noch von dem Standpunkt der berühmten KANTschen Einteilung der Urteile in synthetische und analytische zu betrachten. Zunächst ist zu bemerken, daß die „synthetischen Urteile" KANTs mit den von mir so genannten „synthetischen Begriffen" an sich nichts zu tun haben[2]). KANT drückt sich in der Kritik der reinen Vernunft[3]) folgendermaßen aus:

„Entweder das Prädicat B gehöret zum Subject A als etwas, was in diesem Begriffe A (versteckter Weise) enthalten ist; oder B liegt ganz außer dem Begriff A, ob es zwar mit demselben in Verknüpfung steht. Im ersten Fall nenne ich das Urtheil analytisch, im anderen synthetisch."

Diese scheinbar so einfache Definition hat nicht überall Klarheit bewirkt, und es ist die Frage, ob gewisse Urteile in diesem Sinne als analytisch oder synthetisch zu bezeichnen sind, geradezu in einen Wortstreit ausgeartet, indem unter Umständen zwei Autoren, die das Zustandekommen eines Urteils im einzelnen auf ganz dieselbe Weise beschreiben, es trotzdem mit Rücksicht auf die KANTsche Einteilung verschieden stellen. Ein Grund der Mißverständnisse liegt jedenfalls darin, daß beim analytischen Urteil das Prädikat im Subjektsbegriff „enthalten" sein soll. Es ist aber bei vielen üblich, was ich bereits in § 125[4]) als unzweckmäßig bezeichnet habe, daß sie von allem, was aus gewissen Voraussetzungen, wenn auch nur auf weiten und verschlungenen Wegen, gefolgert werden kann, sagen, es sei im Grunde in den Voraussetzungen schon enthalten. Eine solche Auffassung

---

[1]) Vgl. S. 325. Wenn im Fall der Geometrie die Geschichte im Grunde nur einmal die Zurückführung eines Grundbegriffs, nämlich die des Inhalts, auf andere Grundbegriffe gelehrt hat, so beruht dies offenbar darauf, daß das System EUKLIDS für die — gewöhnliche — Geometrie im wesentlichen bereits die Zurückführung auf die einfachsten Grundlagen darstellte.

[2]) Auf der anderen Seite will ich auf gelegentliche Äußerungen von Anhängern der neukantischen Schulen hinweisen, wonach sich die „Synthesis" sowohl im Urteil als auch in der Begriffsbildung geltend macht.

[3]) In der Einleitung.   [4]) S. 355.

scheint mir für die obige Kantsche Definition durch den Wortlaut ausgeschlossen zu sein, indem die Definition annimmt, daß es Prädikate gibt, die mit dem Subkjet in „Verknüpfung" stehen, ohne doch in diesem enthalten zu sein, weshalb im Sinne Kants wohl nur das in einem Begriff „enthalten" ist, was ich in ihm o h n e U m w e g erkennen kann[1]).

Insbesondere ergibt sich eine Schwierigkeit bei der Klassifizierung von Urteilen, die sich auf empirische Begriffe beziehen. Kant geht davon aus, daß der Begriff nur einen Teil der Erfahrung vom Gegenstande ausmache, und daß dann die Synthesis eines neuen Prädikats mit dem Begriffe auf Hinzufügung anderer Teile der Erfahrung beruhe[2]). Man kann aber einwenden, daß man bei jedem empirischen Begriff, gleich, wenn man ihn kennenlernt, eine Reihe von Eigenschaften miteinander verbunden vorfindet und daß man meistens eine gewisse Freiheit hat in der Wahl des Teiles der Eigenschaften, die für sich allein schon den Gegenstand bestimmen und damit als den Begriff konstituierende Merkmale, also als analytische Prädikate des Begriffs im Gegensatz zu den anderen Prädikaten aufgefaßt werden können. So wird man gewiß in dem von Kant angeführten Beispiel des „Körpers" den Umstand anfechten können, daß Ausdehnung und Gestalt, aber nicht das Gewicht zu den Begriffsmerkmalen des Körpers gehören soll.

In dieser Richtung ist auch gegen die Einteilung Kants ganz allgemein eingewendet worden, daß wir nach einer Erweiterung unserer Erkenntnis durch ein synthetisches Urteil das neue Prädikat als weiteres Merkmal in den Begriff mit aufzunehmen pflegen, und daß nun dasselbe Urteil, wenn es noch einmal gefällt werde, als ein analytisches bezeichnet werden müsse[3]). Hier wird man sich aber durch die Bemerkung helfen können, daß durch Hinzufügung des einen Merkmals ein neuer Begriff gebildet worden sei, der einen reicheren Inhalt, allerdings dabei denselben Umfang wie der alte besitzt, und den wir nur aus Bequemlichkeit mit demselben Namen belegen. Im Grunde wären die beiden Begriffe dann doch zu unterscheiden, und die Aus-

---

[1]) An einer anderen Stelle (am Schlusse von § 2 der Prologomena) drückt Kant sich so aus: „Aber die Frage ist nicht, was wir zu dem gegebenen Begriff hinzu d e n k e n s o l l e n, sondern was wir w i r k l i c h in ihm, obzwar nur dunkel, d e n k e n . . ."

[2]) Er sagt weiter unten: „Ich kann den Begriff des K ö r p e r s vorher analytisch durch die Merkmale der Ausdehnung, der Undurchdringlichkeit, der Gestalt usw., die alle in diesem Begriff gedacht werden, erkennen. Nun erweitere ich aber meine Erkenntnis, und, indem ich auf die Erfahrung zurücksehe, von welcher ich diesen Begriff des Körpers abgezogen hatte, so finde ich mit obigen Merkmalen auch die Schwere jederzeit verknüpft."

[3]) Vgl. J. H. von Kirchmann, Erläuterungen zu Kants Prolegomena (Philosophische Bibliothek, Bd. 58), 1873, S. 10.

sage, daß die Begriffe denselben Umfang haben, ist dann schließlich wieder ein synthetisches Urteil.

Am besten wird sich Kants Unterscheidung durchführen lassen, wenn es sich um Prädikate solcher Begriffe handelt, die ich (§ 111) als rein synthetische bezeichnet habe. Analytische Urteile sind dann solche, die lediglich die Art der Bildung des synthetischen Begriffs beschreiben; solche Urteile sind durch die von mir so genannten erzeugenden Beziehungen (§ 112) gegeben, und der Mathematiker wird, wenn er von diesen Gebrauch macht, auch niemals von Lehrsätzen sprechen, sondern lediglich auf die Definition des Begriffs, welche in diesem Fall mit seinem Aufbau zusammenfällt, zurückweisen. Natürlich kann auch bei den synthetischen Begriffen infolge von bereits weiter entwickelten Kenntnissen eine Täuschung eintreten.

Hier kann das Kantsche Musterbeispiel eines synthetischen und apriorischen Urteils angeführt werden, nämlich die Zahlformel $7 + 5 = 12$. Merkwürdigerweise wird eben dieses Beispiel wiederum von manchen, die Kants Einteilung annehmen, gerade auf die entgegengesetzte Seite gestellt von derjenigen, auf die Kant selbst es gestellt hat. Hier wirkt jedenfalls auch der Umstand mit, daß wir mit den kleinen Zahlen[1]) schon eine Menge von Summationen und Zerlegungen gemacht haben, die wir bei der Nennung der Zahlbezeichnung unwillkürlich schon mitdenken. Stellen wir uns aber auf den in § 64 angenommenen Standpunkt, wonach die Zahlen zunächst keinerlei Bedeutung haben sollen als die durch ihre Reihenfolge

$$1, 2, 3, 4, 5, 6, 7, 8, 9, 10, 11, 12$$

gegebene[2]), wonach „Eins hinzufügen" nichts anderes heißen soll, als „zum folgenden Glied der Reihe übergehen", wonach die Addition von 2, von 3 usw. rekurrent vermöge der erzeugenden Beziehung (4) von § 64 zu erklären ist, so erkennen wir erst durch die Vollziehung der Folge

$$8, 9, 10, 11, 12,$$

die mit der auf 7 folgenden Zahl beginnt, und die wir zählend mit den Zahlzeichen von 1 bis 5 begleiten, daß die Zahl 12 das Ergebnis ist, wenn 5 zu 7 addiert wird. Aus diesem Grunde hat Kant die in Frage stehende Zahlformel als ein synthetisches Urteil bezeichnet[3]).

---

[1]) Bei größeren Zahlen sind die Zerlegungen entweder noch nicht gemacht oder nicht mehr in Erinnerung. Kant selbst sagt, daß seine Bemerkung vom synthetischen Charakter der Zahlformeln bei größeren Zahlen deutlicher werde (am Anfang der Prolegomena).

[2]) Im Grunde besteht ja die allererste Erlernung der Zahlen auch nur in der Einprägung ihrer Reihenfolge.

[3]) Auch der Ansicht begegnet man, daß die Formel $7 + 5 = 12$ kein apriorisches Urteil, sondern ein Erfahrungsurteil darstelle. Dabei liegt der Gedanke zugrunde,

Auf der anderen Seite wird man folgerichtig — bei den kleineren Zahlen — die Formeln $1 + 1 = 2$, $2 + 1 = 3$, $3 + 1 = 4$, ..., welche unmittelbar aus der Bedeutung der Zahlen sich ergeben oder, wenn man lieber will, ihrerseits die Reihenfolge der Zahlzeichen definieren, als analytische Urteile bezeichnen müssen.

Ein neuer Umstand macht sich geltend, wenn wir größere Zahlen wählen. Offenbar ist z. B. die Bedeutung der Zahl 679 für uns nicht durch ihre Stellung in der von 1 bis zu ihr hinführenden Zahlenreihe, sondern durch die Bedeutung der drei Ziffern, aus denen sie zusammengesetzt ist, und durch das Prinzip des dekadischen Systems gegeben. Es ist also die Formel

$$679 = 6 \cdot 100 + 7 \cdot 10 + 9$$

als die Definition der Zahl anzusehen. Somit muß das in dieser Formel niedergelegte Urteil als ein analytisches, jede andere Zerlegung aber, wie z. B. die Formel

$$679 = 391 + 288,$$

die wir erst durch Rechnung erhalten, als ein synthetisches Urteil bezeichnet werden. Auch eine Formel, wie z. B.

$$699 + 1 = 700$$

bedarf zu ihrer Aufstellung einer aus mehreren Schritten bestehenden, wenn auch einfachen Überlegung und wäre daher im Gegensatz zu der obigen Formelreihe als synthetisch in Anspruch zu nehmen.

Durch die vorstehenden Bemerkungen dürfte KANTS Meinung in das richtige Licht gesetzt sein, die auch durch KANTS Zusatz, daß man die analytischen Urteile Erläuterungs- und die synthetischen Erweiterungsurteile nennen könnte, deutlich genug gemacht ist. Auch KANTS Äußerung im Anfang der Prolegomena, daß mathematische Urteile insgesamt synthetisch sind, ist in dem Sinne, in dem er die Worte faßt, vollkommen klar, da in der Mathematik eine bloße Erläuterung der Definition niemals als besonderes Urteil oder Lehrsatz aufgestellt zu werden pflegt. Damit fällt aber im Grunde auch der Wert der genannten Unterscheidung für die Mathematik fort[1]). Auch

---

daß das Rechenverfahren vollzogen und sein Ergebnis beobachtet werden muß. Die Ausführung solcher Operationen und die Beobachtung des Ergebnisses ist aber auch in der angewandten Mathematik dann nötig, wenn wir deduzieren, oder, um es mit einem Wort von KROMAN auszudrücken (vgl. § 107), ein Gedankenexperiment an Stelle eines Realexperiments setzen. Im Hinblick darauf glaube ich von Erfahrung nur da sprechen zu sollen, wo der Stoff der Erfahrung, d. h. die Außenwelt der Körper, bei der Untersuchung wesentlich benutzt worden ist.

[1]) GAUSS (Briefwechsel zwischen GAUSS und SCHUMACHER, Bd. 4, 1862, S. 337, Brief vom 1. XI. 1844) sagt von KANT: „Seine Distinktion zwischen analytischen und synthetischen Sätzen ist meines Erachtens eine solche, die entweder nur auf eine Trivialität hinausläuft oder falsch ist.“

für die Philosophie dürfte heutzutage das Bedürfnis fortfallen, für die nichttautologischen Urteile eine besondere Benennung zu gebrauchen. Ohne Zweifel aber hat E. Cassirer[1]) damit recht, daß die Kantsche Unterscheidung im Gegensatz zu der älteren Philosophie ihren Zweck erfüllt hat, in der Abwehr gegen ein Verfahren, das ein Merkmal in die Definition eines Begriffs ausdrücklich aufnimmt, um es nachher in einem Urteil von dem Begriffe auszusagen, und das womöglich noch durch ähnliche Kunstgriffe die strittige Realität eines Begriffs begründen möchte.

Wenn z. B. die Zahlformeln gerade von manchen Mathematikern im Gegensatz zu Kant als analytische Urteile bezeichnet werden[2]), so dürfte dies, abgesehen von dem schon oben angeführten Grunde, darauf beruhen, daß es in der Mathematik üblich ist, etwas von der logischen Analyse ganz Abweichendes und dazu noch in verschiedenen Fällen sehr Verschiedenes mit dem Wort „analytisch" zu benennen. Ich habe bereits in § 41 darauf hingewiesen, wie der rechnenden Mathematik im Gegensatz zu der geometrisch konstruierenden der Name „Analyse" erwachsen ist; so wird ja auch die Differential- und Integralrechnung (§ 58 ff.) als die „höhere", die Reihenlehre als „niedere" oder auch als „algebraische Analysis" und die ohne Rechnung arbeitende Geometrie als „synthetische Geometrie" bezeichnet. Aber noch in ganz anderen Bedeutungen kommen die Worte analytisch und synthetisch in der Mathematik vor. So bezeichnet man in der Elementargeometrie mit dem Wort „Analysis" das Verfahren von Plato, das Gesuchte zunächst einmal als gegeben anzunehmen, um von da aus eine Beziehung zu erlangen, die dann nachträglich zur Konstruktion des gesuchten Stücks der Aufgabe führt. Neuere Logiker haben dieses Verfahren wiederum betont[3]). Wieder in anderem Sinne hat H. Hankel die Worte „thetische" und „lytische" Operationen eingeführt, wobei er unter den thetischen Operationen die direkten, z. B. die Addition und Multiplikation, verstand, die man im Gebiet der positiven ganzen Zahlen stets ausführen kann, und unter den lytischen Operationen die indirekten, z. B. die Subtrak-

---

[1]) Kantstudien, Bd. 12 (1907), S. 37.

[2]) Z. B. von Couturat, deutsche Ausgabe, 1908, S. 268/69.

[3]) Vgl. J. M. C. Duhamel, Des méthodes dans les sciences de raisonnement, Paris 1865, p. 75. Duhamel bezieht sich bei dieser Methode, die nicht nur zur Lösung von Aufgaben, sondern auch zur Auffindung der Beweise vermuteter Sätze angewendet wird, auch auf die Logik von Port Royal, die einst so berühmte Logik der Descartes schen Schule. Die in dieser Logik gegebene Unterscheidung der „Analysis" und der „Synthesis" trifft übrigens nicht ganz die erwähnten mathematischen Fälle, indem hier hauptsächlich der Schluß von den Ursachen auf die Wirkungen dem von den Wirkungen auf die Ursachen entgegengestellt wird (vgl. Arnauld: Logica sive Ars Cogitandi, 1694, p. 310).

tion und Division, welche die Umkehrungen der direkten Operationen sind.

Alle diese Benennungen sind aus den Bedürfnissen einzelner Disziplinen erwachsen und lehnen sich nur ganz allgemein an die außerordentlich vieldeutigen Begriffe einerseits des Aufbauens und andererseits des Analysierens und Zerlegens an (vgl. auch § 126); mit Kants analytischen und synthetischen Urteilen haben sie nichts zu tun und sie sind hier nur erwähnt worden, weil ein solcher Zusammenhang schon gesucht worden ist[1]).

Kants Grundfrage: „Wie sind synthetische Urteile a priori möglich?" betrifft also die Möglichkeit einer wirklichen Erweiterung der Erkenntnis auf nichtempirischem Wege. Verallgemeinern wir die Frage dahin, daß wir nicht nur nach den apriorischen, d. h. nach den an und für sich notwendigen Erkenntnissen fragen, sondern auch nach denjenigen, die *aus gewissen Voraussetzungen* notwendig hervorgehen, so fällt die Frage zusammen mit der Frage nach dem Wesen der Demonstration oder Deduktion überhaupt (der ἀπόδειξις der Griechen). Diese Frage ist es, die ich durch Beobachtung von Beispielen in den vorliegenden Teilen dieser Schrift zu beantworten versucht habe.

---

[1]) Wundt (Logik, 3. Aufl., 2. Bd., 1907, S. 107 ff.) hat die verschiedenen Fälle, in denen in der Mathematik die Ausdrücke „analytisch" und „synthetisch" vorkommen, von einem gemeinsamen Gesichtspunkt aus zu behandeln versucht.

DRITTER TEIL

DER ZUSAMMENHANG MIT DER ERFAHRUNG.

Vierzehnter Abschnitt.

Die Tatsachen räumlicher Wahrnehmung und die Grundbegriffe und Axiome der Geometrie.

§ 128. Die Geometrie als Erfahrungswissenschaft im Gegensatz zu der Theorie von KANT.

Wie ich schon in der Einleitung bemerkt habe, kann die KANTsche Frage[1]): „Wie ist reine Mathematik möglich?" für die Geometrie in zwei Teile gespalten werden, nämlich in die Frage nach der Möglichkeit der Deduktion, die ausgehend von den geometrischen Axiomen die Erkenntnis weiterentwickelt, und in die Frage nach dem Ursprung der Axiome. Der Lösung der ersten Teilfrage hoffe ich im Vorangehenden nahegekommen zu sein, die Lösung der zweiten hängt mit der Theorie von der Erfahrung zusammen. KANTS berühmte Antwort auf die ganze Frage besteht bekanntlich darin, daß er eine „reine Anschauung" des Raumes annimmt, welche die Bedingung, unter der wir überhaupt Erfahrungen räumlicher Art machen können, und zugleich die Form der Erfahrung (a priori) darstellt. Auf dieser reinen Anschauung soll in der Geometrie sowohl das Axiom als auch die Führung des Beweises beruhen[2]), und es soll dadurch auch erklärt werden, daß die von der Geometrie entwickelten Gesetze sich nachher in der Erfahrung bestätigen[3]).

---

[1]) Die Frage nach dem Fundament der deduktiven oder demonstrativen Erkenntnis ist übrigens schon lange vor KANT gestellt worden; vgl. VON KIRCHMANN: Erläuterungen zu KANT's Prolegomena, Philosophische Bibliothek, Bd. 58, 1873, S. 15f.

[2]) KANT sagt in § 7 der Prolegomena: „Denn, so wie die empirische Anschauung (er meint die Erfahrung) es ohne Schwierigkeit möglich macht, daß wir unseren Begriff, den wir uns von einem Objekt der Anschauung machen, durch neue Prädikate, die die Anschauung selbst darbietet, in der Erfahrung synthetisch erweitern, so wird es auch die reine Anschauung thun, nur mit dem Unterschiede: daß im letzteren Falle das synthetische Urteil a priori gewiß und apodictisch, im ersteren aber nur a posteriori und empirisch gewiß sein wird . . ."

[3]) „Weil nun die Receptivität des Subjects, von Gegenständen afficiert zu werden, nothwendigerweise vor allen Anschauungen dieser Objecte vorhergeht, so läßt sich

Dieser Auffassung von Kant gegenüber hat v. Helmholtz den Standpunkt eingenommen, daß man, ohne eine solche reine Anschauung anzunehmen, es für möglich erklären müsse, durch Beobachtung und Messung an Körpern zu geometrischen Sätzen zu gelangen, daß man also die Möglichkeit einer „physischen Geometrie" annehmen müsse. Helmholtz bezieht sich dabei auf das folgende Beispiel. Aus drei gleichen Stäben wird ein Dreieck ABC gebildet. Setzt man nun an den Stab BA in geradliniger Verlängerung über A hinaus ein ihm gleiches Stück AB' und ebenso an CA ein gleiches Stück AC' an (Abb. 181), so ergibt die Erfahrung allemal, daß auch der Abstand $B'C'$ durch einen Stab von derselben Länge ausgefüllt wird. Damit wäre also ein induktiv auffindbarer Satz einer empirischen oder physischen Geometrie gegeben.

Helmholtz' Ausführungen sind nicht ohne Widerspruch geblieben. Es ist ja auch zu verstehen, daß diejenigen, die von Anfang an auf dem Standpunkt Kants stehen, der Ansicht sind, daß die reine Anschauung bei jeder Einzelerfahrung mitwirkt, ihr gewissermaßen zum Maßstab dient[1]). Sie glauben daher, daß nur die reine Anschauung uns befähige, in jenen empirischen, mit körperlichen Stäben vorgenommenen Maßnahmen z. B. eine Verlängerung des Stabes BA um seine eigene Länge in gerader Linie zu erkennen. So wird der strenge Kantianer bei der empirischen Auffindung eines geometrischen Tatbestandes in der Erfahrung nur den Anlaß und nicht die Quelle und in der erfahrungsmäßigen Begründung der Geometrie einen circulus vitiosus sehen.

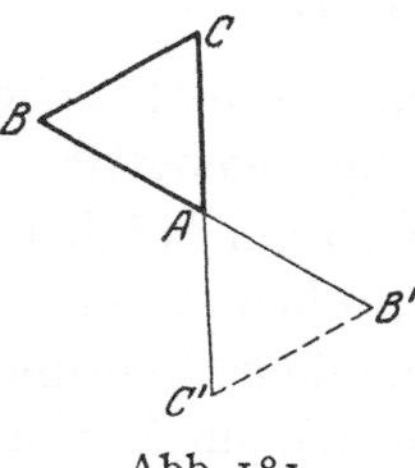

Abb. 181.

Ich möchte die Erörterung der von Kant für seine Ansicht angeführten Argumente auf § 132 verschieben und hier nur bemerken, daß mir diese Ansicht infolge ihrer abstrakten Natur weder strenge widerlegbar noch beweisbar, aber auch nicht gerade fruchtbar zu sein scheint.

---

verstehen, wie die Form aller Erscheinungen vor allen wirklichen Wahrnehmungen, mithin a priori im Gemüthe gegeben sein könne, und wie sie als eine reine Anschauung, in der alle Gegenstände bestimmt werden müssen, Principien der Verhältnisse derselben vor aller Erfahrung enthalten könne" (Kritik der reinen Vernunft, Elementarlehre, 1. Teil, 1. Abschnitt, § 3).

[1]) So sagt z. B. Zindler (Beiträge zur Theorie der mathematischen Erkenntnis, Sitzungsber. d. phil.-hist. Classe, d. K. Akademie d. Wissenschaften zu Wien, Bd. 118, 1889, Nr. IX, S. 11), daß jede Vergleichung von Stäben schon den Begriff der Längengleichheit enthalte, also nicht diese Gleichheit, so wie Helmholtz es will, mit Hilfe des Anlegens eines Stabes an einen anderen definiert werden dürfe.

§ 129. Sehlinie. Gespannter Faden. Starrer Körper.

Für den Kantianer, der die erste der vorhin geschilderten beiden Ansichten vertritt, ist die Gerade ein vor aller Erfahrung gegebener Begriff. Hat er noch Grund gefunden, die Blicklinie als geradlinig anzunehmen, so kann für ihn der Umstand, daß gewisse Punkte einmal für den Blick in Deckung gekommen sind, den Anlaß dazu bilden, daß er die Linie eben dieser Punkte in seiner Anschauung geradlinig entwirft. Bei der anderen Ansicht, die ich kurz als den Erfahrungsstandpunkt bezeichnen kann, würde der Begriff der Geraden lediglich aus dem Umstand gebildet sein, daß sich manchmal mehrere Punkte bei einem gewissen Verhalten des Blickenden für ihn decken[1]).

Nach der zweiten Auffassung müssen wir also, wenn wir konsequent sein wollen, den Begriff der Geraden als eine Abstraktion aus der Erfahrung ansehen und uns ebenso den Punkt daraus abstrahiert denken, daß wir uns kleinere und immer kleinere Körper gegeben denken können. Um diese Auffassung von der Geraden noch etwas weiter durchzuführen, will ich unter A, B, C, D vier kleine Körper oder vier Stellen eines starren Körpers verstehen. Unter Umständen sollen B, C, D von A, unter anderen Umständen A, B, C von D verdeckt werden; in diesem Fall zeigt die Erfahrung, daß von zwei Möglichkeiten eine eintreten muß: entweder es muß bei einem gewissen Verhalten von mir der Punkt B die Punkte C und D und bei einem gewissen anderen Verhalten der Punkt C die Punkte A und B decken, oder es muß zwei Verhaltungsweisen geben, bei denen B und D von C, und A und C von B verdeckt erscheinen. Im ersten Fall liegt B zwischen A und C, und C zwischen B und D, im zweiten erscheinen B und C in ihrer Ordnung vertauscht. Aus solchen Beobachtungen kann man sich den Begriff der Geraden und zugleich das Gesetz abgezogen denken, daß durch zwei Punkte eine und nur eine Gerade

---

[1]) Es wird gewiß manchen geben, der diesen Umstand für eine psychologische oder physiologische Beobachtung und deswegen als nicht hierhergehörig erklärt. Mir scheint es jedoch, daß man sich wohl denken kann, daß derartige, das Tatsachenmaterial unmittelbarer Wahrnehmung sichtende Beobachtungen schon der Einteilung des Erfahrungsmaterials in eine Innen- und Außenwelt erkenntnistheoretisch „vorangehen" und erst recht der Kenntnis unserer Organe und der Kenntnis der physikalischen Vorgänge, die uns die äußeren Eindrücke vermitteln. Ich spreche deshalb absichtlich zunächst nur von dem „Sichdecken" der Punkte und nicht von der „Blicklinie" oder von dem „Weg des Lichtstrahls". Die Punkte verschwinden bei einem bestimmten Verhalten bis auf einen, während durch Wiederherstellung des vorhergehenden Verhaltens der frühere Eindruck von neuem entsteht.

Schon Plato hat die gerade Linie als dasjenige definiert, dessen Mittelstück den beiden Enden so vorgelagert ist, daß es beide deckt (vgl. Parmenides 137e, in O. Apelts Übersetzung, 1919, S. 71).

hindurchgeht, wobei sich dann noch der Begriff „zwischen" zusammen mit gewissen auf ihn sich beziehenden Gesetzen ergibt.

Da der Gesichtssinn beim Aufbau der Raumanschauung entbehrt werden kann, was durch die Raumvorstellungen des Blindgeborenen bewiesen wird, so muß sich der Begriff der Geraden auch in anderer Weise auf einfache und unmittelbare Wahrnehmungen zurückführen lassen. Wir können dazu den gespannten Faden benutzen. Die Tastempfindungen und Muskelgefühle, die wir haben, wenn wir an den Enden des Fadens ziehen und ihn schließlich spannen, wenn wir den gespannten Faden an verschiedenen Stellen und von verschiedenen Seiten drücken oder zupfen, bilden hier ein Tatsachenmaterial, aus dem der Begriff der geraden Linie und der mechanische Begriff der Spannung abstrahiert sein kann, gleichzeitig mit dem geometrischen Axiom, das besagt, daß durch zwei Punkte eben eine Gerade gelegt werden kann[1]). Beim normalen Menschen werden natürlich im allgemeinen die aus Tast- und die aus Gesichtsempfindungen stammenden Erfahrungen nebeneinander hergehen; man wird an dem gespannten Faden auch entlang sehen, wobei er in einen Punkt zusammenschrumpft, usw.

Ein anderer Grundbegriff der Geometrie ist der Begriff des Abstandes oder besser gesagt: der Begriff der Gleichheit des Abstandes zweier Punkte mit dem Abstand zweier anderen. HELMHOLTZ definiert diesen Begriff durch den Vergleich mit Hilfe eines Maßstabes oder eines Zirkels[2]). Gegen diese Erklärung richten sich ganz besonders die Angriffe aus dem aprioristischen Lager. So sagt ZINDLER[3]): „Indem man sagt: zwei Strecken heißen dann gleich, wenn sie aufeinandergelegt sich decken, macht man stillschweigend die Voraussetzung, daß die Strecke während der Bewegung sich nicht geändert habe." Hier beruhte also die „Gleichheit" vermöge der gegebenen Erklärung auf dem „Sichdecken", bei diesem aber setzte man doch wieder den Begriff der Gleichheit voraus, und es wäre also damit nach ZINDLERS Meinung ein *circulus vitiosus* in der Definition gegeben. Nun ist gewiß kein Zweifel: HELMHOLTZ' Maßstab oder Zirkel ist als starr zu denken. Man darf aber bei dieser Auffassung den starren Körper nicht so definieren, wie man es unter Voraussetzung der ganzen Geo-

---

[1]) Auch der Unterschied zwischen dem unelastischen und dem elastischen Faden läßt sich klarmachen, ohne daß man dabei etwa den Begriff des Abstandes bereits voraussetzen müßte. Bei dem schon gespannten unelastischen Faden bringt ein gewisses Verhalten, nämlich die Verstärkung des von uns an den Enden ausgeübten Zuges, keine weitere Veränderung hervor, während dasselbe Verhalten beim elastischen Faden eine Veränderung bewirkt.

[2]) Vorträge und Reden, 1884, 2. Bd., S. 260. Natürlich kann man auch gespannte Fadenteile zum Vergleich benutzen.

[3]) Im Zusammenhang der vorhin angeführten Stelle.

metrie tun kann, indem man sagt: ein starrer Körper ist ein solcher, bei dem je zwei seiner Punkte stets denselben Abstand voneinander halten. Man muß den Begriff des starren Körpers in diesem Fall aus ganz einfachen, unmittelbaren Wahrnehmungen herleiten, die keine geometrischen Gesetze voraussetzen. Solche Wahrnehmungen bieten sich aber dar.

Betrachten wir einen „starren" Körper, indem wir ihn gleichzeitig bewegen, d. h. verschieben, drehen und wenden, so sehen wir wechselnde Gesichtsbilder sich folgen, und es könnte zunächst scheinen, als ließe sich gar kein auf die unmittelbare Wahrnehmung gegründeter Unterschied finden zwischen dem unveränderlich starren und z. B. dem knetbaren Körper. Richten wir aber jetzt unser Augenmerk darauf, das erste Gesichtsbild wieder herzustellen, so wird dies bei dem sogenannten starren Körper, den wir bewegt haben, jederzeit mit leichter Mühe möglich sein, während bei einem Stück Wachs oder Ton, das wir geknetet haben, die Wiederherstellung des ursprünglichen Anblicks ohne weiteres gar nicht und höchstens auf Grund schwieriger, mit Überlegungen verknüpfter Bemühungen möglich sein wird. Darin aber dürften ursprünglich unterscheidende Merkmale des starren und des nichtstarren Körpers liegen[1]). Es kommt noch dazu, daß bei dem Bewegen oder Kneten der Körper die wechselnden Gesichtsbilder von Tastempfindungen begleitet sind und von Muskelgefühlen, in denen wir die Anstrengung unseres Tuns wahrnehmen. Diese Empfindungen der Berührung und der Anstrengung sind bei den Tätigkeiten des Bewegens und des Knetens wesentlich verschieden, und zwar auch für die unmittelbare Wahrnehmung, wobei wir uns gar nicht bewußt zu sein brauchen, daß wir unsere Muskeln so oder so in Tätigkeit setzen, sondern nur die wechselnden Sinneseindrücke und zugleich unsere eigenen Willensimpulse beobachten, mit denen wir im Hinblick auf den vorgesetzten Zweck die Veränderungen regieren. Auf Grund dieser Überlegungen scheint mir eine Auffassung, welche den starren Körper an den Anfang der geometrischen Kenntnisse stellen will, durchaus folgerichtig, und es gilt dies auch dann, wenn nur der Tastsinn und nicht der Gesichtssinn berücksichtigt wird.

Zu den an solchen starren Körpern gemachten Erfahrungen gehört auch dies, daß Teile zweier solcher Körper, die bei einer Gelegenheit einmal zur Deckung gebracht worden sind, auch bei einer anderen

---

[1]) In meiner bereits zitierten Antrittsrede: Anschauung und Denken in der Geometrie (1900) habe ich (S. 5) dieselbe Definition des starren Körpers gegeben. H. POINCARÉ erklärt ihn in „La science et l'hypothèse" (1903) folgendermaßen (p. 79): „Parmi les objects, qui nous entourent, il y en a qui éprouvent fréquemment des déplacements susceptibles d'être ainsi corrigés par un mouvement corr latif de notre propre corps, ce sont les corps solides."

Gelegenheit wieder zur Deckung gelangen. Hat man also einmal den Stab a mit dem Stab b, ein anderes Mal den Stab c mit demselben Stab b zur Deckung gebracht, so wird man, vermöge der verhältnismäßigen Unabhängigkeit dieser beiden Tätigkeiten, annehmen, daß ein drittes Mal a mit b und gleichzeitig c mit b zur Deckung gebracht werden kann; es würden dann auch gleichzeitig die beiden Enden von a mit den beiden Enden von c zusammenfallen und somit die Stäbe a und c miteinander zur Deckung kommen. So wird der Grundsatz: *Wenn $a = b$ ist und $c = b$, so ist auch $a = c$* wenigstens plausibel[1]) gemacht.

Aus dem starren Körper kann man aber auch den Begriff der Geraden entstehen lassen. Denkt man sich ein Stück Draht von irgendwelcher Gestalt, das aber als starr angenommen werden soll, so kann dasselbe um seine Endpunkte gedreht werden, wobei es im allgemeinen sehr verschiedene Lagen annehmen wird; nur wenn das Drahtstück eine geradlinige Strecke ausmacht, so ergibt die Drehung keine neuen Lagen. Zunächst ist dies eine Aussage, die wir auf Grund bekannter geometrischer Gesetze machen. Offenbar aber kann man, ohne von der Geometrie etwas zu wissen, die genannten beiden Fälle beobachten und daran eine Unterscheidung der Linienarten knüpfen. Man kommt dann zu einer Definition der Geraden, die so lautet: Die Gerade ist diejenige Linie, die zwischen zwei gegebenen Punkten nur einerlei Lage haben kann[2]). Diese Definition hat in den Lehrbüchern, in denen sie aufgeführt ist, nur die Bedeutung einer Namenserklärung, da sie in keinem der nachfolgenden Beweise gebraucht wird. Man erkennt aber, daß sie in der geometrischen Praxis gebraucht werden kann als Kennzeichen einer geradlinigen Kante oder auch zum Zwecke der Herstellung einer geraden Linie; denkt man sich nämlich das frühere Drahtstück nicht mehr völlig starr, sondern bei starkem Druck verbiegbar, so wird man, indem man den Draht dreht, zugleich durch Verbiegen einen Teil desselben in die geradlinige Gestalt und Lage allmählich einstellen können.

In ähnlicher Weise werden die geometrischen Elemente und ihre Relationen von J. Hjelmslev definiert, der dabei mit der Ebene den Anfang macht. Er sagt[3]): „Was ist eine wirkliche Ebene? Diese Frage

---

[1]) Daß bei dieser Überlegung doch noch die Erinnerung an Erfahrungen außerdem mitwirkt, wird man erkennen, wenn man sich statt der Stäbe drei ebene Platten denkt, deren jede auf einer Seite eine aufgeritzte geradlinige Strecke zeigt. In diesem Fall ist es nicht möglich, die Strecken alle drei gleichzeitig zur Deckung zu bringen.

[2]) Euklids Definition hat damit eine gewisse Ähnlichkeit; sie lautet in wörtlicher Übersetzung: Eine gerade Linie ist die, welche mit den auf ihr befindlichen Punkten gleichförmig liegt (1. Buch, 4. Definition).

[3]) „Die Geometrie der Wirklichkeit", Acta Mathematica, Bd. 40 (1916), S. 38.

beantwortet man, indem man zusieht, wie man in der Praxis, in den Maschinenfabriken, die Ebenen herstellt. Man benützt eine sogenannte Richtplatte, eine Normalebene, nach welcher man durch geeignete Bearbeitung die herzustellenden ebenen Flächen zurichtet. Wie erhält man aber derartige Richtplatten? Sie werden je drei und drei hergestellt. Man nimmt drei Eisenplatten, welche annähernd ebene Flächen darstellen; dann bearbeitet man sie nach und nach durch Schaben so lange, bis jede derselben schließlich mit jeder der anderen genau aufeinander paßt." In derselben Arbeit wird nachher das Senkrechtstehen der Ebenen, die gerade Linie und der Punkt auf eine ähnliche Art definiert.

Auf dem starren Körper beruht aber nicht nur die Gleichheit der Strecken, sondern auch die der Winkel und ebenso der Teil der Kongruenzsätze, der nicht im eigentlichen Sinn des Worts aus den anderen Axiomen deduziert werden kann und deshalb selbst als axiomatisch anzusehen ist. So besagt der erste Kongruenzsatz, daß zwei Dreiecke $A B C$ und $A' B' C'$, bei denen die Seiten $A B$ und $A' B'$ miteinander, ebenso aber auch die Seiten $A C$ und $A' C'$ und die Winkel $B A C$ und $B' A' C'$ miteinander übereinstimmen, auch in ihren übrigen Stücken übereinstimmend sein müssen. Zum „Beweis" denkt sich EUKLID (I. Buch, 4. Satz) die Dreiecke zur Deckung

Abb. 182.

gebracht, wobei er sich etwa das Dreieck $A B C$ nach dem Dreieck $A' B' C'$ hinbewegt, jenes aber offenbar als ein starres Gebilde denken muß, weil ja sonst natürlich jedes Dreieck müßte mit jedem zur Deckung gebracht werden können, woraus man dann gar nichts zu schließen vermöchte. Dieser sogenannte Beweis ist keine wirkliche Deduktion, sondern ein Hinweis auf die bei der Bewegung starrer Körper gemachten Erfahrungen. Wohl stellt man manchmal derartige Überlegungen so dar, daß sie als eine Kette von Schlüssen erscheinen[1]): man legt die Seite $A B$ auf die ihr gleiche $A' B'$, kann dann wegen der Gleichheit der Winkel $B A C$ und $B' A' C'$ erreichen, daß die Gerade $A C$ in die Richtung von $A' C'$ fällt (Abb. 182), wobei dann wegen der Gleichheit von $A C$ und $A' C'$ auch der Punkt C auf den Punkt C' fallen muß. Zuletzt schließt man dann daraus, daß B auf B' und C auf C' gefallen ist, daß $B C$ und $B' C'$ sich decken und gleich sind, und daß das Entsprechende von den anderen Stücken gilt. Bei genauerer Überlegung wird man aber

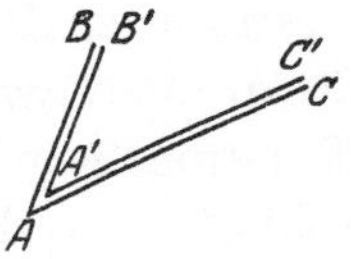

---

[1]) In ähnlicher Weise stellt J. ST. MILL einen bekannten geometrischen Beweis dar, der in Wahrheit auf die Kongruenzaxiome gegründet werden muß (vgl. System der deduktiven und induktiven Logik, deutsch von SCHIEL, 4. Aufl., 1877, Teil I, S. 270).

finden, daß man mehr Tatsachen benutzt hat als nur die vorausgesetzten drei Gleichheitsrelationen. Vorausgesetzt war, daß bei einer gewissen Gelegenheit AB mit $A'B'$, bei einer anderen AC mit $A'C'$ zur Deckung kam, und bei einer dritten Gelegenheit A mit A' sich deckte und zugleich AB in die Richtung von $A'B'$ und AC in die von $A'C'$ zu liegen kam. Daß hieraus die Möglichkeit der Deckung des ganzen zusammenhängenden Linienzugs BAC mit $B'A'C'$ folgt, ist kein bloß rein logischer Schluß; man muß wissen, wie das jedesmal folgende Stück an das vorangehende sich anlegt und sich dabei durch die betreffende Größe bestimmt. Dabei werden die an starren Körpern gemachten Erfahrungen gebraucht.

Ich hoffe im vorangehenden klargemacht zu haben, daß man sich die Grundbegriffe der Geometrie, sowohl die Gegenstandsbegriffe als auch die Relationsbegriffe, als aus der Erfahrung abstrahiert denken kann. Was die gesetzmäßigen Beziehungen betrifft, die teils besagen, daß Elemente existieren, die mit gewissen gegebenen Elementen in bestimmten Relationen stehen, teils erlauben, aus dem Bestehen von Relationen zwischen gewissen Elementen auf das Bestehen weiterer Relationen zwischen diesen und eventuell noch anderen Elementen zu schließen, so dürften sich wohl einige dieser Beziehungen unmittelbar mit der Bildung der Begriffe ergeben. Dies gilt z. B. von dem Gesetz, daß durch zwei Punkte eine und nur eine Gerade bestimmt ist. Andere von diesen gesetzmäßigen Beziehungen dürften als Grundsätze in Anspruch genommen werden, die nach der Bildung der Begriffe induktiv gewonnen worden sind[1]).

§ 130. Möglichkeit der Abbildung von Erfahrungstatsachen durch das Denken. Realrelationen. Gegenstände höherer Ordnung.

Die Möglichkeit einer Abbildung der Erfahrung durch das Denken wird von der neueren Philosophie in der Regel auf das bestimmteste verworfen[2]). Dabei wird meistens davon ausgegangen, daß jede Abbildung eine Ähnlichkeit zwischen den Elementen des Abzubildenden und denen der Abbildung voraussetze, und es dürfte *in diesem Sinne* jene Verwerfung zu Recht bestehen. Jede Darstellung von Gegenständen und Vorgängen der Erfahrung beschränkt sich deshalb darauf, diesen gewisse Zeichen zuzuordnen, gleichgültig, ob diese Zeichen nun in Worten oder etwa in mathematischen Symbolen und Zusammenstellungen von solchen bestehen. In jüngster

---

[1]) Vgl. P. Natorp, der a. a. O., S. 317, auf den Unterschied zwischen „idealisierender Abstraktion" und „Induktion" hinweist.

[2]) Vgl. z. B. Bauch, Kantstudien, Bd. 12, 1904, S. 230.

Zeit hat M. Schlick[1]) klar auseinandergesetzt, daß alles empirische Denken auf ein Zuordnen hinauskommt, und hat dabei die Eindeutigkeit der Zuordnung vor allem betont. Wesentlich ist dabei auch, daß dieselbe Art der Zuordnung für mehr als einen Menschen Bedeutung haben, daß also über die Zuordnung eine Verständigung stattfinden muß.

Um dafür ein Beispiel zu haben, wollen wir uns einmal überlegen, wie über die Farben und ihre Namen eine Verständigung erzielt wird. Selbstverstäddlich spielt dabei der Sinneseindruck, den die einzelnen Beobachter empfangen, eine vermittelnde Rolle. Davon, daß etwa der Farbenname mit der Lichtart, die durch ihn bezeichnet wird, eine Ähnlichkeit haben könnte, kann natürlich keine Rede sein; aber auch die Sinneseindrücke, die von derselben Farbe bei verschiedenen Beobachtern hervorgerufen werden, brauchen nicht untereinander ähnlich zu sein[2]), ja sie können eigentlich gar nicht unmittelbar miteinander verglichen werden. Nehmen wir aber nun einmal geradezu an, der Beobachter *A* habe bei der Betrachtung von Bäumen denselben Farbeneindruck I, den der Beobachter *B* bei der Betrachtung von Ziegeln empfindet, und es erzeuge umgekehrt die Betrachtung von Ziegeln in *A* einen Farbeneindruck II, und zwar denselben, der in *B* beim Anschauen von Bäumen entsteht. Die beiden Beobachter werden sich trotzdem vollkommen verstehen. *A* hat den Eindruck I stets in Verbindung mit Bäumen, Sträuchern usw., kurz mit solchen Gegenständen gehabt, die seine Umgebung als „grün" zu bezeichnen pflegte. Für *B* bedeutet derselbe Eindruck I „rot", und er hat denselben in Verbindung mit Ziegeln erhalten. Dasselbe gilt mit Vertauschung der beiden Beobachter *A* und *B* für den Farbeneindruck II; aber beide Beobachter werden in den Urteilen übereinstimmen, daß die Bäume grün sind und die Ziegel rot[3]). Hier sind also die Farbeneindrücke der Beobachter gewissermaßen eliminiert, und es ist, trotz der Verschiedenheit, die wir in den Eindrücken der beiden angenommen haben, eine eindeutige Zuordnung zwischen den physikalischen Farben, d. h. den Lichtarten, und den Farbennamen erreicht.

Unser Beispiel führt gleich noch auf etwas anderes, wenn wir nicht bloß den Lichtarten, sondern auch den farbigen Gegenständen unser Augenmerk zuwenden. Wir sehen, daß wir unter Umständen verschiedenen individuellen Gegenständen, neben den Namen, die sie

---

[1]) Allgemeine Erkenntnislehre, 1. Bd., 1918, S. 20, 56, 58.

[2]) Auch Kant sagt, daß z. B. eine Rose jedem Auge in Ansehung der Farbe anders erscheinen könne (Kritik der reinen Vernunft, Elementarlehre, 1. Teil, 1. Abschn., § 3).

[3]) Anders liegt die Sache, wenn einer der Beobachter farbenblind ist; dann erzeugen für ihn zwei physikalisch verschiedene Lichtarten denselben Eindruck, und er kann sie nicht unterscheiden.

etwa einzeln bezeichnen, noch eine gemeinsame Bezeichnung, z. B. durch das Eigenschaftswort „grün", geben können[1]). Wir können also Ähnlichkeit feststellen oder Dinge „in gewisser Beziehung" für gleich erklären. Diese Ähnlichkeit oder Gleichheit ist eine gewisse Relation zwischen zweien der Dinge, wie es noch andere Relationen zwischen zwei oder auch mehr Dingen gibt (§ 94).

Die Zuordnung zwischen unserem Denken und den Dingen muß nun, trotz der Verschiedenheit zwischen den darzustellenden Dingen und den zur Darstellung benutzten Mitteln, der Bedingung genügen, daß Dingen oder Relationen zwischen solchen, die untereinander gleichartig sind, entweder dasselbe Zeichen zugeordnet wird oder doch solche Zeichen zugeordnet werden, die untereinander gleichartig sind. Dadurch entsteht schließlich doch eine solche Zuordnung, die meines Erachtens mit dem Namen einer Abbildung belegt werden darf (s. auch unten).

Wir haben also angenommen bzw. annehmen müssen, daß es reale Gleichartigkeit von Dingen und reale Gleichartigkeit zwischen einer

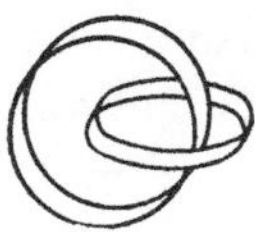

Relation gewisser Dinge und einer Relation gewisser anderer Dinge wirklich gibt, und daß man solche Gleichartigkeit feststellen kann. Der naive Mensch wird daran wohl kaum zweifeln; aber es hat auch hier die Philosophie mit ihrer Kritik schon eingesetzt[2]). Um neben

Abb. 183.

den schon besprochenen Beispielen der Relation, in der zueinander die Teile eines starren Körpers oder die eines nichtausdehnbaren Fadens stehen, ein möglichst schlagendes Beispiel zu erwähnen, sei an den Fall erinnert, in dem zwei starre Ringe ineinanderhängen (Abb. 183). Sind die Ringe etwa aus Holz und jeder aus einem einzigen Stück gebildet und nicht geleimt, so kann dieses gegenseitige Verhältnis

---

[1]) Damit ist also eine Zuordnung vorgenommen, deren Umkehrung nicht eindeutig ist. Zu der gewählten Bezeichnung gehört mehr als ein Gegenstand.

[2]) Besonders hat THEODOR LIPPS diesen kritischen Standpunkt betont; er sagt (Einheiten und Relationen, 1902, S. 1): „Relationen sind nicht gegenständliche Erlebnisse, d. h. sie sind nicht Qualitäten, Merkmale, Bestimmtheiten des Wahrgenommenen, Vorgestellten, Gedachten, von dem wir sagen, daß es in einer Relation stehe... Sondern Relationen sind Apperzeptionserlebnisse, d. h. Weisen, wie ich mich, in meinem Apperzipieren, auf Gegenständliches, und wie ich Gegenständliches auf mich bezogen finde." Im Verlauf seiner Auseinandersetzungen gibt LIPPS aber doch, nachdem er die Relationen besonders durch numerische Verhältnisse erläutert hat, zu (S. 48): „Dies schließt doch nicht aus, sondern ein, daß sie einen Objektivitätscharakter sekundär gewinnen, d. h. daß jetzt das, jetzt jenes zur numerischen Zusammenfassung oder Herauslösung einen Anlaß gibt."

MEINONG (Gesammelte Abhandlungen, 2. Bd., S. 395) drückt sich mit Rücksicht auf die vorliegende Frage folgendermaßen aus: „Daß nun weiter den idealen Komplexionen auch reale zur Seite stehen, wird auch ohne Beispiele jedem selbstverständlich erscheinen ..., wenn auch gar manches von dem, was sich zunächst als greifbarste Wirklichkeit darstellt, genauerer Betrachtung sich als ideale Zutat enthüllt", und

der beiden nur dadurch hervorgebracht werden, daß man sie beide aus einem und demselben Holzstück herausarbeitet. Auch die Relation zwischen den gegeneinander verschiebbaren Teilchen einer tropfbaren (inkompressibeln) Flüssigkeit, die ihr Volum nicht ändert, kann hier erwähnt werden, wobei man dann allerdings den Volumbegriff in passender Weise (s. unten) vermittelt denken muß, und ebenso die auf einen zeitlichen Verlauf sich beziehende Relation zwischen zwei wärmeleitenden Körpern von verschiedener Temperatur, die Wärme miteinander austauschen.

Will man den Rauminhalts- oder Volumbegriff erfahrungsmäßig begründen, so muß man ihn ohne Zweifel mit dem Flüssigkeitsmaß in Verbindung bringen. Denken wir uns mehrere Hohlmaße a, b, c ... aus starrem Material. Ist a mit einer Flüssigkeit gerade gefüllt, und wird b dann gerade voll, wenn wir das Experiment vollführen, den Inhalt von a in das vorher leere b hinüberzugießen, so wird jedesmal b, wenn es voll ist, beim Ausgießen das vorher leere Gefäß a gerade ausfüllen. Wird b gerade voll gemacht durch Ausgießen des vollen Gefäßes a, und ebenso c durch Ausgießen des vollen Gefäßes b, so erhält man auch das Gefäß c eben voll, wenn man das Gefäß a, das gefüllt ist, in das vorher leere c übergießt. Dies alles sind Tatsachen, die sich herausstellen, wenn wir die gewöhnlichen sogenannten „tropfbaren" Flüssigkeiten zum Füllen und Umgießen verwenden, oder vielmehr: wir sagen dann, wenn die genannten Tatsachen sich bewähren, einerseits, daß wir es mit tropfbaren, inkompressibeln, Flüssigkeiten zu tun gehabt haben, und andererseits, daß z. B. im Fall des ersten Experiments das Hohlmaß a gleich b war. Dabei hat sich zugleich ergeben, daß allgemein aus $a = b$ folgt, daß auch $b = a$ ist, und daß aus $a = b$ und $b = c$ die Gleichung $a = c$ folgt. Das sind gesetzmäßige Beziehungen, die an den Begriff der Gleichheit sich knüpfen.

Wir nehmen jetzt an, daß unser erstes Experiment anders ausfällt. Beim völligen Ausgießen des vorher gefüllten Gefäßes a in das Gefäß b hinein soll in diesem noch Raum leer bleiben. Füllen wir jetzt b gänzlich voll und versuchen nachher den Inhalt davon in a einzugießen. Es stellt sich dann heraus, daß nach Auffüllung von a in dem Gefäß b Flüssigkeit übrigbleibt. Bei jeder Wiederholung der Experimente

---

weiter (S. 396): „Es gibt Real- neben Idealrelationen, wie es Real- neben Idealkomplexionen gibt."

Sehr entschieden hat es Schuppe ausgesprochen, daß Einheit und Relation auch Realitätscharakter haben (Grundriß der Erkenntnistheorie und Logik, 1894, S. 130); schon die Scholastiker sprachen übrigens von dem „fundamentum relationis", das dem Begrifflichen in der Wirklichkeit entspricht (vgl. Eisler: Wörterbuch der philosophischen Begriffe, 2. Aufl. 1904, 1. Bd., S. 342).

zeigen sich dieselben Ergebnisse; wir sagen, daß $a < b$, ist und daß aus $a < b$ die Ungleichung $b > a$ folgt. Bleibt beim Übergießen des vollen Gefäßes a in b im letzteren Raum übrig und ebenso beim Übergießen des vollen Gefäßes b in c, so findet man jedesmal, daß man mit dem gefüllten Gefäß a das Gefäß c nicht völlig füllen kann. Dies heißt, daß für unsere Hohlmasse aus $a < b$ und aus $b < c$ stets folgt, daß $a < c$ ist; damit haben sich für die Begriffe „kleiner" und „größer" im Sinne des Volumwerts gleichzeitig gesetzmäßige Beziehungen ergeben.

Durch solche Beispiele kann man wohl deutlich machen, daß man Realrelationen zugeben muß, die auf Erfahrung beruhen, womit natürlich keineswegs geleugnet werden soll, daß die erwähnten Beobachtungen — schon in der einheitlichen Zusammenfassung der auf einen Gegenstand bezogenen Sinneswahrnehmungen — selbst die Mitwirkung der Verstandestäcigkeit voraussetzen.

Bedenkt man jetzt noch, was oben über die begriffliche Bearbeitung der Erfahrung gesagt worden ist, wonach diese im Zuordnen besteht, und bei solchem Zuordnen gleichartigen Elementen und gleichartigen Relationen jedesmal Zeichen entsprechen, die untereinander gleichartig sind, so wird man erkennen, daß auf diese Weise ein verwickelter Gegenstand oder Vorgang so dargestellt werden kann, daß man von einer gewissen Übereinstimmung der Eigenschaften des Gegenstandes oder Vorganges mit dem zur Darstellung verwendeten Gebilde sprechen kann. Eine solche Art der Zuordnung wird aber von den Mathematikern schon lange als „Abbildung" bezeichnet (vgl. § 10, 41, 113, 114). Aus diesem Grunde möchte ich auch, trotz des oben erwähnten Bedenkens der Philosophen, an diesem Ausdruck festhalten[1]), um so mehr, als durch denselben die Bedeutung charakterisiert wird, die eine solche Zuordnung besitzt. Gilt[2]) nämlich für die Elemente des abgebildeten Gegenstands oder Vorgangs und für die Relationen dieser Elemente eine gesetzmäßige Beziehung in der Weise, daß aus dem Bestehen gewisser Relationen auf das Bestehen anderer geschlossen werden kann, so ergibt sich aus den geschilderten, von der Zuordnung zu erfüllenden Bedingungen, für die andersartigen Elemente des Abbilds und für die anders-

---

[1]) E. Study hat in seiner Schrift: Denken und Darstellung, 1921 (Sammlung Vieweg, Tagesfragen aus den Gebieten der Naturwissenschaften und der Technik, Heft 59), S. 34, Anm. gleichfalls auf die mathematische Auffassung des Worts „Abbildung" im Gegensatz zur philosophischen hingewiesen.

[2]) Freilich ist der Ausdruck anfechtbar, daß im Empirischen eine gesetzmäßige Beziehung „gültig sei"; sie kann, wenn sie induktiv entdeckt ist, als genau und allgemeingültig im Grunde nur angenommen werden. Man vgl. hierzu z. B. die von den gewöhnlichen Grundsätzen der Längengleichheit abweichenden Annahmen der Einsteinschen Relativitätstheorie in § 165.

artigen Relationen dieser Elemente eine entsprechende gesetzmäßige Beziehung[1]).

Eine Gesamtheit von realen Teilen, die durch Relationen miteinander verbunden sind, bildet nach dem Ausdruck von Meinong[2]) einen „Gegenstand höherer Ordnung". Zwei solche Gegenstände können sich in der Weise gegenseitig „abbilden", daß eine ein-eindeutige Zuordnung gegeben ist, derart, daß, wo dieselbe Relation mehrfach zwischen Elementen des einen Gegenstandes auftritt, zwischen den Elementen des anderen Gegenstandes sich eine gewisse — im allgemeinen eine andere — Relation in den entsprechenden Fällen wiederholt. Ein solcher Gegenstand kann auch in dieser Weise durch ein Denkgebilde abgebildet werden, das in günstigen Fällen unabhängig von den wirklichen Gegenständen, auf das es sich bezieht, rein synthetisch aufgebaut werden kann[3]). Dieses Denkgebilde ist dann das, was Ehrenfels die „Gestaltsqualität" der Gegenstände genannt hat[4]), in gewissem Sinne das, was allen den aufeinander abbildbaren Gegenständen höherer Ordnung der Wirklichkeit gemeinsam ist und sich aus der Wirklichkeit der Gegenstände gewissermaßen in das Denken überträgt. Meinong hat die Frage nach einer solchen

---

[1]) Schlick, a. a. O., S. 195, drückt es so aus, daß die „Relationen zwischen den Relationen" sich übertragen und infolgedessen im Weltbild der verschiedenen Individuen dieselben sind. Helmholtz (Vorträge und Reden, 2. Bd., 1884, S. 226) sagt von dem „Rest von Ähnlichkeit", der bei näherer Überlegung zwischen den Dingen und zwischen den Bildern bestehen bleibt, die wir von den Dingen (bei ihm allerdings durch die Sinne) erhalten: „Denn mit ihm kann noch eine Sache von der allergrößesten Tragweite geleistet werden, nämlich die Abbildung der Gesetzmäßigkeit in den Vorgängen der wirklichen Welt." Schon Leibniz sagt in den Hauptschriften zur Grundlegung der Philosophie, übersetzt von Buchenau, herausgegeben von Cassirer, Bd. 1 (Philosophische Bibliothek, Bd. 107), 1904, S. 84: „Einer geregelten Ordnung im Gegebenen entspricht eine geregelte Ordnung im Gesuchten." Heinrich Hertz hat es in der Einleitung zu seiner Mechanik (Gesammelte Werke, Bd. 3, 1. Aufl. 1894, 2. Aufl. 1910, S. 1) so ausgedrückt: „Wir machen uns innere Scheinbilder oder Symbole der äußeren Gegenstände, und zwar machen wir sie von solcher Art, daß die denknotwendigen Folgen der Bilder stets wieder die Bilder seien von den naturnotwendigen Folgen der abgebildeten Gegenstände."

[2]) Vgl. S. 296.

[3]) Man vgl., was Meinong (a. a. O., S. 394—399) über reale und ideale Gegenstände und die von ihm so genannten „fundierten Gegenstände" sagt; ferner wäre zu vergleichen, was ich in § 111 über den Zusammenhang dieser fundierten Gegenstände mit den synthetischen Begriffen bemerkt habe.

[4]) Vierteljahrsschrift f. wissenschaftl. Philosophie, 1890, S. 249ff. Man kann hier auch an Lockes primäre Eigenschaften der Körper (Ausdehnung, Gestalt, Bewegung, Reihe, Zahl) erinnern, von denen er sagt, daß ihre Muster in den Körpern wirklich da seien (Versuch über den menschlichen Verstand, Buch II, Kap. 8, § 15); Trendelenburg (Logische Untersuchungen, 3. Aufl., 1870, 2. Bd., S. 518) bemerkt dazu, daß für die ursprünglichen Eigenschaften Lockes die Sinne nur die Motive geben, aus denen der Geist sie entwirft. Es sind dies dieselben Qualitäten, von denen Aristoteles sagt, daß sie mehreren Sinnen gemeinsam seien, und über die Leibniz in den Nouveaux Essais (II, 5) bemerkt hat, daß sie aus dem Geiste selbst seien, sich

Übertragbarkeit erhoben[1]) und sie z. B. für die Anzahl festgestellt. Aus dem soeben Auseinandergesetzten geht hervor, daß der wahre Grund für diese Übertragbarkeit darin liegt, daß einerseits die „Abbildung durch das Denken", andererseits aber auch der Zahlbegriff (§ 63—69) auf der Zuordnung beruht. Es ist immerhin merkwürdig, daß gerade Meinong, der die obenerwähnte Feststellung gemacht hat, sich an anderer Stelle gegen die Herleitung des Zahlbegriffs aus der Einheitenzuordnung gewandt und diese Herleitung für künstlich erklärt hat[2]). Und doch hat bereits Hume die in Frage stehende Definition der Zahl angegeben[3]).

Meinong hat geglaubt, in der von ihm so genannten Gegenstandstheorie ein der Mathematik übergeordnetes, selbständiges Gebiet begrifflicher Untersuchungen zu erkennen. Ich glaube jedoch, daß A. Voss[4]) recht hat, wenn er die Möglichkeit einer Gegenstandstheorie, die nicht zugleich Mathematik ist, in Zweifel zieht; die Gegenstände höherer Ordnung im Sinne von Meinong dürften sich, soweit sie idealer Natur sind, mit unseren rein synthetischen Begriffen decken, deren Untersuchung geradezu die eigentliche Aufgabe der Mathematik ist[5]).

§ 131. Grund der Anwendbarkeit der Mathematik auf Erfahrung.

Im vorigen Paragraphen wurde auseinandergesetzt, wie Gegenstände und Vorgänge der Erfahrung in gewissem Sinn durch das Denken abgebildet werden können, wie dabei den realen Elementen und Relationen im Denken andere Elemente und andere Relationen, aber doch solche, welche denselben gesetzmäßigen Beziehungen gehorchen, entsprechen. Es ist nun deutlich, daß man im begrifflichen Abbild auf Grund der gesetzmäßigen Beziehungen der Verkettung der Relationen nachgehen (§ 107) und, indem man dann die zuletzt

jedoch auf die äußeren Gegenstände beziehen, und daß diese Begriffe der Definition und des exakten Beweises fähig seien (vgl. auch die Anm. von Cassirer in Leibniz' Hauptschriften usw., S. 23/24).

[1]) Vgl. „Über die Erfahrungsgrundlagen unseres Wissens", Abhandlungen zur Didaktik und Philosophie der Naturwissenschaften, Bd. 1 (Zeitschr. f. d. phys. u. chem. Unterricht, Sonderhefte), H. 6, 1904, S. 102.

[2]) Vgl. Gesammelte Abhandlungen, 2. Bd., 1913, S. 241.

[3]) Vgl. die Anm. 1 auf S. 162.

[4]) „Über die mathematische Erkenntnis", Die Kultur der Gegenwart, herausgegeben von Hinneberg, Teil III, Abt. I, 1914, E, S. 17.

[5]) Kant sagt (Kritik der reinen Vernunft, Methodenlehre, I. Hauptst., I. Abschn.), die mathematische Erkenntnis sei Vernunfterkenntnis „aus der Konstruktion der Begriffe". Es ist hier auch zu betonen, was von Voss a. a. O. gleichfalls bemerkt wird, daß die zum Teil beliebte Umfangsbestimmung der Mathematik als der „Wissenschaft von der Quantität" viel zu enge ist (vgl. § 17, 93, 108ff.).

erhaltene Relation rückwärts deutet[1]), eine beobachtbare Realrelation an dem untersuchten physischen Vorgang oder Gegenstand voraussagen kann. Hierauf aber gerade beruht alle Anwendung der Mathematik sowohl auf räumliche, als auch auf physikalische Fragen; damit ist, wie ich glaube, viel besser als durch die Annahme von Kant, die Anwendbarkeit der Mathematik auf die Erfahrungswelt erklärt.

Die Geometrie würde also nicht anders dastehen als die Mechanik oder die Physik. Die Grundgesetze oder Axiome, von denen man bei der Untersuchung ausgeht, sind empirische Gesetze, d. h. es sind Annahmen, die wir zum Zweck der Erklärung der Erfahrungen gemacht haben[2]). Aus diesen Annahmen folgt mit rein logischer Notwendigkeit das, was wir aus ihnen weiter entwickeln. Insofern ist es nunmehr wahr, daß wir „die Form der Erfahrung unabhängig vom Inhalt der Erfahrung studieren" können, indem dazu nur noch ein logischer Prozeß nötig ist, *nachdem wir zu jenen Annahmen gelangt sind*. In dieser Weise betreibt die Menschheit die Geometrie, seit ihr die Griechen diesen deduktiven Weg gewiesen haben[3]); ebenso entwickeln wir dadurch, daß wir den geometrischen Annahmen noch andere, mechanische hinzufügen, die Gesetze des Gleichgewichts und der Bewegung eines starren Körpers unter dem Einfluß von Kräften, und nicht anders untersucht man in einer elastischen Flüssigkeit, d. h. in in einem Gas, die Größen und Richtungen der Geschwindigkeit der einzelnen Teilchen, die Änderung der Dichte-, Druck- und Temperaturverteilung. Dabei ist zu beachten, daß es sicher keine „Anschauungsform" gibt, in der Dichte, Druck und Temperatur mitbetrachtet werden könnten.

---

¹) Die „Deutung" des Begrifflichen in der Erfahrung ist analog der Deutung höherer Begriffe in demjenigen Begriffsgebiet, dem diese höheren Begriffe übergebaut sind (vgl. § 116 u. 114).

²) Vgl. auch J. Wellstein, Elemente der Geometrie (Enzyklopädie der Elementarmathematik von Weber und Wellstein, 2. Bd.), 1905, S. 142. Eduard Zeller sagt (vgl. das von B. Erdmann gewählte Motto in den Eduard Zeller zum Doktorjubiläum, 1887, gewidmeten „Philosophischen Aufsätzen", S. 195): „Alle unsere Kausalbegriffe und somit alle unsere Annahmen über die objektive Beschaffenheit der Dinge sind Hypothesen, durch welche wir uns die in der Erfahrung gegebenen Erscheinungen zu erklären versuchen." Man kann allerdings im Zweifel sein, ob dabei Zeller auch an die Annahmen oder Axiome der Geometrie gedacht hat. Sie können in der Tat mit dem Trägheitsgesetz oder mit einer der anderen Annahmen auf eine Linie gestellt werden, die Newton als „Leges sive axiomata motus" bezeichnet hat. Hinsichtlich des Worts „Hypothese" kann man freilich hinzufügen, daß Newton auch den Ausspruch getan hat: „Hypotheses non fingo." Es gibt eben noch einen spezielleren Gebrauch des Ausdrucks „Hypothese", dem auch die gewöhnliche Übung der Physiker meist folgt, wobei dann die Hypothese ein Objekt mit solchen Eigenschaften voraussetzt, die man in der Erfahrung nicht vereinigt anzutreffen pflegt. So setzt man z. B. das Atom voraus, das körperliche Masse und doch keine Teilbarkeit, und den Äther, der physikalische Eigenschaften und doch keine Masse besitzen soll.

³) Vgl. die Einleitung, S. 2.

In dem mathematischen, d. h. deduktiven, Verfahren, vermöge dessen wir aus den Annahmen die Folgerungen entwickeln, besteht eben das eigentliche „reine" Denken, sofern wir es der Erfahrung entgegensetzen können. Denn nicht darin beruht die Unterscheidung zwischen Erfahrung und Denken, daß etwa eine Erfahrung möglich wäre, die nicht bereits von einer denkenden Verarbeitung begleitet würde, indem ja schon die Fassung des Erfahrungsergebnisses im Urteil die Anwendung von Denkformen voraussetzt, sondern darin, daß ein Denken möglich ist, das insofern von der Erfahrung losgelöst erscheint, als es vor sich geht, ohne daß der Stoff der Erfahrung, auf den es sich doch schließlich bezieht, gegenwärtig ist[1]). So bestimmt der Astronom auf Grund seiner Theorie und auf Grund gewisser empirischer Gegebenheiten, d. h. aus früheren Messungen anderer Werte, den Zeitpunkt einer Sonnenfinsternis an seinem Schreibtisch voraus, und gerade so berechnen oder konstruieren wir, nachdem wir die Mechanik haben, ohne uns dabei irgendwie mit Körpern abzugeben, ein einzelnes Vorkommnis, das z. B. bei der Bewegung eines rotierenden Kreisels, der auf einen zweiten in Bewegung befindlichen Kreisel gestellt wird, tatsächlich eintritt.

§ 132. Kants Argumente für die angebliche Subjektivität der Raumordnung.

Bei der Wichtigkeit der Raumfrage für die ganze Erkenntnislehre wird es sich empfehlen, hier auch Kants berühmte Raumargumente zu erwähnen. Kant hat in der Kritik der reinen Vernunft (Elementarlehre, I. Teil, 1. Abschn., § 2) folgende Punkte hervorgehoben:

1. „Der Raum ist kein empirischer Begriff, der von äußeren Erfahrungen abgezogen worden. Denn damit gewisse Empfindungen auf etwas außer mich bezogen werden (d. i. auf etwas in einem anderen Orte des Raumes, als darinnen ich mich befinde), imgleichen damit ich sie als außereinander, mithin nicht bloß verschieden, sondern als in verschiedenen Orten vorstellen könne, dazu muß die Vorstellung des Raumes schon zum Grunde liegen . . ."

2. „Der Raum ist eine notwendige Vorstellung, a priori, die allen äußeren Anschauungen zum Grunde liegt. Man kann sich niemals eine Vorstellung davon machen, daß kein Raum sei, ob man sich gleich ganz wohl denken kann, daß keine Gegenstände darin angetroffen werden . . ."

---

[1]) Kant nennt in der Kritik der reinen Vernunft (Elementarlehre, II. Teil, Einleitung) eine Anschauung oder einen Begriff „empirisch, wenn Empfindung (die die wirkliche Gegenwart des Gegenstandes voraussetzt) darin enthalten ist: rein aber, wenn der Vorstellung keine Empfindung beigemischt ist."

3. „Auf diese Notwendigkeit a priori gründet sich die apodiktische Gewißheit aller geometrischen Grundsätze und die Möglichkeit ihrer Konstruktionen a priori ...“

4. „Der Raum ist kein diskursiver, oder, wie man sagt, allgemeiner Begriff von Verhältnissen der Dinge überhaupt, sondern eine reine Anschauung. Denn erstlich kann man sich nur einen einigen Raum vorstellen, und wenn man von vielen Räumen redet, so verstehet man darunter nur Teile eines und desselben alleinigen Raumes. Diese Teile können auch nicht vor dem einigen allbefassenden Raume gleichsam als dessen Bestandteile (daraus seine Zusammensetzung möglich sei) vorhergehen, sondern nur in ihm gedacht werden ...“

5. „Der Raum wird als eine unendliche Größe gegeben vorgestellt ...“

Aus diesen Gründen schließt KANT, daß durch die Raumordnung keine „Verhältnisse der Dinge“, sondern solche Verhältnisse sich darstellen, „die nur an der Form der Anschauung allein haften und mithin an der subjektiven Beschaffenheit unseres Gemüts, ohne welche diese Prädikate gar keinem Dinge beigelegt werden können“.

Zunächst mögen einige ältere Einwendungen gegen die KANTschen Argumente angeführt werden. So hat v. KIRCHMANN[1]) zu 1 und 2, wie mir scheint treffend, bemerkt, daß man ebensogut sagen könnte, es müsse z. B. die Vorstellung der Farbe überhaupt schon in der Seele vorhanden sein, damit man eine gewisse Gestalt mit einer bestimmten Farbe ausfüllen könne, und man könne sich sehr wohl eine Vorstellung machen, daß kein Raum sei, sobald man sich auf Selbstwahrnehmungen beschränke. Gegen 3 kann man einwenden, daß die Geometrie bloß insofern notwendig ist, als die Lehrsätze mit Notwendigkeit aus den Axiomen folgen, daß diese selbst aber nicht an und für sich als notwendig angesehen zu werden brauchen; sie könnten auch nur in dem Sinne notwendig sein, als wir gewohnheitsgemäß Naturgesetze, die sich bewährt haben und die durch Erfahrung (empirisch) gefunden worden sind, so nennen[2]). Die geometrischen Axiome dürften auf Erfahrung beruhen und nur deshalb als „evident“ erscheinen, weil bereits die Erfahrung des täglichen Lebens genügt, um zu ihnen zu gelangen. Auch die neuerdings erkannte Möglichkeit, die Axiome abzuändern (§ 3), dürfte gegen ihre strenge Notwendigkeit sprechen. Die abgeänderten Geometrien, die hyperbolische und die elliptische Geometrie, ergeben also in gewissem Sinn mehrere Räume;

---

[1]) Erläuterungen zu KANTS Kritik der reinen Vernunft, Philosophische Bibliothek, Bd. 3, 4. Aufl., 1893, S. 6f.

[2]) KANT hat allerdings eine „reine Naturwissenschaft“ angenommen (vgl. unten § 166), aber z. B. gerade die Bewegung, deren Gesetze am meisten deduktiv bearbeitet sind, zu den empirischen Begriffen gerechnet (Prolegomena § 15).

man kann sich in der Tat mehrere Raumordnungen denken, wenn auch vielleicht nicht gerade vorstellen. Der eben erwähnte Umstand könnte aber immerhin gegen das Argument 4 eingewendet werden.

Auf den unendlichen Fortgang im Raume soll im folgenden Paragraphen noch einmal besonders eingegangen werden. Im Zusammenhang damit wird noch ein anderer Umstand erörtert werden, den Kant an anderer Stelle (Prolegomena § 13) als neues Argument für die Subjektivität der Raumanordnung anführt, nämlich den Umstand, daß zwei Körper, die Spiegelbilder voneinander sind, nicht zur Deckung gebracht werden können.

In allen seinen Äußerungen behandelt Kant die Raumanschauung als etwas durchaus Gegebenes und Bekanntes, von dem nur erörtert werden muß, ob es einen empirischen oder nichtempirischen (apriorischen) Charakter hat. Er identifiziert also ohne Zweifel seine „Raumanschauung" mit dem, was wir jetzt meist als den „Vorstellungsraum" bezeichnen, d. h. er bezieht sich auf das bekannte Erlebnis, daß wir in der Vorstellung Gestalten zu entwerfen vermögen. Zugleich aber behauptet Kant den notwendigen, d. h. apriorischen Charakter der Raumanschauung. Hiergegen ist nun eingeworfen worden, daß eine Anschauung, aus der Sätze a priori gewiß entnommen werden könnten[1]), auch völlige Genauigkeit besitzen müßte[2]), daß aber der Vorstellungsraum durchaus verschwommen und ungenau ist. Um diesem Einwurf zu begegnen, hat Benno Erdmann[3]) die Möglichkeit erwogen, daß zwar der Raum „transzendental" (d. h. eine subjektive, für uns notwendige Form der Erfahrung), daß aber die in den Axiomen niedergelegten besonderen Gesetze empirischen Ursprungs, also der Erfahrung selbst entnommen seien. Ich kann mich jedoch durchaus nicht davon überzeugen, daß mit dieser Auffassung irgend etwas für die vorliegende Frage gewonnen ist. Eine Raumanschauung ohne irgendwelche genauer bestimmte Eigenschaften ist völlig leer und kann nicht die von Kant gewünschte Erklärung für die Möglichkeit der Geometrie abgeben. Auch steht die im Argument 3 gewählte Ausdrucksweise unbedingt dem entgegen, diese Auffassung mit der Kants in Übereinstimmung zu bringen.

Unter solchen Umständen scheint mir, daß man die Kantsche Annahme nur so halten kann, daß man sozusagen hinter dem Vorstellungsraum, in ihm wirkend und von ihm unvollkommen zum Ausdruck gebracht, eine reine Anschauung, gewissermaßen eine platonische

---

[1]) Vgl. die auf S. 367, Anm. 2, angeführte Stelle der Kritik der reinen Vernunft.
[2]) Vgl. Helmholtz, a. a. O., S. 262.
[3]) Die Axiome der Geometrie, 1877, Kapitel III; Helmholtz hat sich dieser Auffassung später bis auf einen gewissen Grad angeschlossen, a. a. O., S. 256.

Idee[1]) des Raumes annimmt, die apriorische Form und Bedingung aller Erfahrung ist. Eine solche Annahme wird man schwer widerlegen können. Im Grund ist sie aber auch eine unbewiesene Hypothese. Außerdem macht die Übereinstimmung der Erfahrung mit dieser Idee doch wieder neue Schwierigkeiten, wenn die Idee wirklich von aller Erfahrung unabhängig sein soll. Freilich für KANT sind Inhalt und Form der Erfahrung voneinander völlig trennbare Dinge. In dem Inhalt steckt jenes unbekannte Etwas der Empirie, das „Ding an sich"; die Form der Erfahrung hat Gesetze, die subjektiv und notwendig sind und die deshalb unabhängig vom Empirischen von uns vorausbestimmt werden können. Ist aber damit die Anwendbarkeit der Mathematik auf die Erfahrung wirklich erklärt[2])? Wie will man verstehen, daß derselbe empirische Gegenstand von n Seiten betrachtet n verschiedene Ansichten liefert, die als ebensoviele unabhängige Erfahrungen erscheinen, während doch nach den Gesetzen der Geometrie ein Teil dieser Ansichten aus den anderen abgeleitet werden kann und jene scheinbar unabhängigen Erfahrungen den eben erwähnten theoretischen Formgesetzen sich fügen? Wie erklärt man es, daß eine unrichtige Beurteilung einer Form, z. B. der Abmessungen eines Grabens, über den ich springe, mir einen Unfall und damit Schmerzen zuziehen kann, wenn der Schmerz als empirischer Inhalt der Erfahrung mit der Form der Erfahrung nichts zu tun hat?

§ 133. Die unendliche Länge der Geraden. Der Körper und sein Spiegelbild.

Zwei Umstände, die von KANT als Argumente für die Subjektivität der Raumanschauung aufgeführt worden sind, habe ich im vorigen Paragraphen nur oberflächlich berührt: die Unendlichkeit des Raumes und die Existenz von Spiegelbildern. Die Unendlichkeit des Raumes wird manchmal einfach mit dem Fehlen einer Grenze des Raumes verwechselt; es muß darauf hingewiesen werden, daß z. B. auf einer Kugeloberfläche keine Grenzlinie vorhanden und trotzdem der Flächeninhalt ein endlicher ist. KANT sagt nun vom Raume: „Wäre es nicht die Grenzenlosigkeit im Fortgange der Anschauung, so würde kein Begriff von Verhältnissen ein Prinzipium der Unendlichkeit derselben bei sich führen." Bleiben wir der Einfachheit wegen bei einer Geraden

---

[1]) Vgl. auch NATORP, a. a. O., S. 266ff.

[2]) v. KIRCHMANN (Erläuterungen zu KANTS Kritik der reinen Vernunft, 4. Aufl. 1893, Philosophische Bibliothek Bd. 53, S. 10) sagt über diese Ansicht: „Nichts eignet sich besser zu ihrer Widerlegung, als der Umstand, daß aus KANTS Annahmen gar nicht erklärt werden kann, weshalb alle Menschen einem bestimmten Dinge an sich, z. B. einer Billardkugel, die gleiche Kugelgestalt und Größe zuteilen."

stehen, so zeigt sich ihre „Unendlichkeit" darin, daß wir uns an eine in der Geraden liegende Strecke eine gleich große, an diese wieder eine gleich große und so fort ohne Ende angefügt denken können. Daß ich mir dabei die Strecken gleich groß denken muß[1]), hat darin seinen Grund, daß ich z. B. beim Aneinanderfügen von Strecken, deren jede halb so groß ist als die vorhergehende, niemals, auch wenn ich den Vorgang noch solange fortsetze, über das Doppelte der Anfangsstrecke hinausgelangen kann (vgl. § 55). Es setzt also die Behauptung, daß die Gerade unendlich lang sei, einen ohne Ende fortgesetzten Prozeß und ein gewisses System von Begriffen: „gleich", „zwischen" usw. voraus. Aus den auf die Anordnung der Punkte in der Geraden und das Abtragen der Strecken sich beziehenden Axiomen von § 2 läßt sich die Unendlichkeit der Länge der Geraden beweisen, die unter anderen Voraussetzungen mit Recht als besondere Annahme eingeführt wird, während umgekehrt in der elliptischen Geometrie, wenn zugleich die auf die Anordnung der Punkte und auf die Gleichheit der Strecken sich beziehenden Axiome anders formuliert werden, bewiesen werden kann, daß die Gerade sich schließt und eine endliche Länge besitzt (§ 20).

Erwägt man alle diese Umstände, so wird man geneigt sein, zu sagen, daß man die Gerade in der euklidischen und der hyperbolischen Geometrie als von unendlicher Länge denkt, und daß man sie nicht so anschaut. In der Tat erklären auch die meisten Menschen auf Grund der Selbstbeobachtung, daß sie im Vorstellungsraum die Gerade als eine endliche erblicken.

Etwas schwieriger erscheint das Problem der spiegelbildlichen Körper. KANT macht an der oben angeführten Stelle der Prolegomena darauf aufmerksam, daß eine Hand und ihr Spiegelbild „in allen Stücken" gleich sind, und daß doch das Spiegelbild mit dem Urbild nicht zur Deckung gebracht werden kann, weil jenes z. B. dann eine linke Hand ist, wenn dieses eine rechte ist. KANT meint nun, es seien hier keine „inneren Unterschiede, die irgendein Verstand denken könnte", und findet, daß damit notwendig ein Widerspruch gegeben wäre, wenn jene Gegenstände „Vorstellungen der Dinge" wären, „wie sie an sich selbst sind und wie sie der pure Verstand erkennen würde"[2]),

---

[1]) Darauf wird vielfach nicht aufmerksam gemacht. EINSTEIN hat auf diesen Punkt scharf hingewiesen (Geometrie und Erfahrung, 1921, S. 14); vgl. auch meine schon mehrfach zitierte Antrittsrede (1900), S. 43.

[2]) Es ist merkwürdig, daß KANT hier sagt, daß „Vorstellungen der Dinge, wie sie an sich selbst sind und wie sie der pure Verstand erkennen würde", eine gewisse Eigenschaft sicher nicht aufweisen könnten, während doch nach der sonst von ihm vertretenen Auffassung wir von den „Dingen wie sie an sich selbst sind" gar nichts wissen können.

woraus er dann schließt, daß es sich um sinnliche (subjektive) Anschauungen handelt.

Ich glaube nun, daß der Verstand trotz allem hier Unterschiede entdecken kann, sowie die Tatsachen so vollständig entwickelt werden, wie die moderne Mathematik es tut. Wie in dem vorigen Beispiel auf die Vorstellung einer nicht abbrechenden Reihe Bezug genommen werden mußte, so muß auch hier auf Reihenfolge und zugleich auf Zuordnung Bezug genommen werden. Man beachte zunächst, daß der Reihenbegriff sowohl bei Beschreibungen empirischer Gegenstände, als auch in der Geometrie überall von Bedeutung ist[1]). Ein empirischer Gegenstand wird ja häufig auf die Weise beschrieben, daß seine Teile in der Reihenfolge, in der sie im Raume liegen, aufgezählt werden. Die Zuordnung bildet eine notwendige Voraussetzung z. B. bei jeder Aussage über Kongruenz von Figuren, worauf allerdings meistens nicht aufmerksam gemacht wird. Bei der Kongruenz sind die Winkel an den zugeordneten Ecken der beiden Figuren und die zugeordneten Seiten einander gleich; zugeordnete Seiten müssen aber zugeordnete Ecken verbinden, d. h. die Zuordnung ist eine solche, bei der benachbarte Elemente der einen Figur benachbarten der anderen entsprechen. Es kommt also auf Ordnung und Zuordnung dabei an; der Umstand, daß nur zu jedem Winkel und zu jeder Seite der einen Figur ein gleicher Winkel und eine gleiche Seite in der anderen gefunden werden kann, würde zur Kongruenz nicht genügen. Ebenso setzt jede Aussage über Symmetrie von Figuren oder von Körpern eine spiegelbildliche Zuordnung der Ecken voraus.

Die Aufhellung der aufgeworfenen Frage setzt aber noch die räumlichen Ordnungsbegriffe voraus, die wir mit den Worten „links" und „rechts" wiederzugeben pflegen. Es darf hier nicht eingewendet werden, daß diese Begriffe nicht eigentlich definiert, d. h. nicht so wie die synthetischen Begriffe (§ 1) aufgebaut werden können. Sie müssen so wie die anderen Grundbegriffe der Geometrie erklärt werden, nämlich durch den Hinweis auf die Tatsachen, von denen sie abstrahiert sind. Umgeht man nun eine ebene Figur, indem man an irgendeiner Ecke beginnt und, nachdem man die Nachbarecke, zu

---

[1]) Die Bedeutung der Reihenfolge für die Formulierung geometrischer Sätze läßt sich schon in gewissen Axiomen erkennen, wie z. B. in diesem: Wenn zwei Strecken einer dritten gleich sind, so sind sie einander gleich. Interessant ist in dieser Hinsicht ein Lehrsatz der projektiven Geometrie, der sich so aussprechen läßt: Wenn sechs Punkte einer Ebene, nachdem sie mit 1, 2, 3, 4, 5, 6 numeriert worden sind, die Eigenschaft aufweisen, daß der Schnittpunkt der Verbindungslinie von 1 und 2 und der Verbindungslinie von 4 und 5 mit dem Schnittpunkt der Verbindungslinien 2—3 und 5—6 und mit dem Schnittpunkt von 3—4 und 6—1 in gerader Linie liegt, so besteht diese Eigenschaft für dieselben sechs Punkte auch dann, wenn sie in einer anderen Ordnung mit den Zahlen 1 bis 6 belegt werden.

der man zuerst übergehen will, gewählt hat, stets in derselben Richtung weitergeht, ohne umzukehren, so ergibt sich eine wieder in sich zurücklaufende, wie man sagt, zyklische Folge der Ecken. So ergibt der in Abb. 184 durch die Pfeile angedeutete Umlauf eines Vierecks die zyklische Folge $ABCD$, die wir ebensogut durch $BCDA$, $CDAB$ und $DABC$ wiedergeben können. Dagegen gibt der umgekehrte Umlauf desselben Vierecks in Abb. 185 die umgekehrte zyklische Folge, die durch $ADCB$ oder $DCBA$ oder $CBAD$ oder $BADC$ zum Ausdruck gebracht wird. Liegt nun das Innere eines Vielecks für den, der es umläuft, mit Rücksicht auf den gewählten Umlauf, der durch die zyklische Folge der Ecken angegeben wird, und mit Rücksicht auf die Seite der Ebene, auf der der Umlaufende sich befindet und von der aus das Vieleck betrachtet wird, auf der linken Seite, so soll das Vieleck als positiv gelten. Liegt das Innere zur rechten Seite, so soll das Vieleck negativ sein. So würde also Abb. 184 ein negatives, Abb. 185 ein positives Vieleck veranschaulichen[1]). Es kommt einer

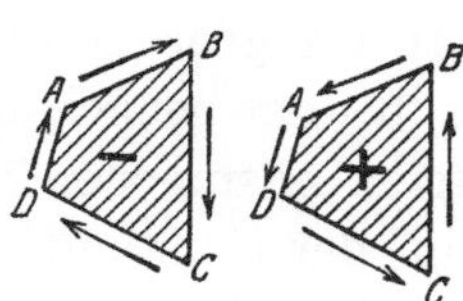

Abb. 184.   Abb. 185.

ebenen Figur also nur mit Rücksicht auf einen bestimmten Umlauf ihres Umfangs und mit Rücksicht auf eine bestimmte Seite, von der aus wir die Ebene der Figur betrachten, ein Vorzeichen zu. Das Vorzeichen schlägt in das Entgegengesetzte um, wenn wir entweder den Umlauf der Figur in das Entgegengesetzte verkehren oder die Seite wechseln, von der aus die Ebene betrachtet werden soll.

Das Vorzeichen der ebenen Figuren führt nun auch auf ein Vorzeichen, das einer vierseitigen Pyramide zugeschrieben werden kann, *falls ihre Ecken in einer bestimmten Ordnung genannt worden sind.* Bedeuten A, B, C, D vier nicht in eine Ebene fallende Punkte des Raumes, so soll der Inhalt der Pyramide (oder des Tetraeders) $ABCD$ als positiv oder negativ angesehen werden, je nachdem das Dreieck BCD (d. h. das von B über C nach D und von da nach B zurück umlaufene Dreieck) von A aus betrachtet als positiv oder negativ

---

[1]) Die Nützlichkeit der zuerst künstlich erscheinenden Festsetzungen für die Geometrie geht daraus hervor, daß zwischen den Inhalten der vier Dreiecke, die man aus vier ganz beliebig in der Ebene gelegenen Punkten A, B, C, D bilden kann, stets die Gleichung

$$BCD = ABC + ACD + ADB$$

besteht, wenn die Inhalte mit den oben erwähnten Vorzeichen in Anschlag gebracht werden, wobei man natürlich alle die Dreiecke von derselben Seite der Ebene aus betrachten muß.

Die den Inhalt eines Dreiecks durch die Koordinaten der Ecken (§ 37 ff.) darstellende Formel der analytischen Geometrie ergibt diesen Inhalt mit einem den obigen Regeln sich fügenden oder mit dem umgekehrten Vorzeichen, je nach dem Achsenpaar, das man zugrunde gelegt hat.

erscheint. Es läßt sich jetzt zeigen, daß von den 24 Ordnungen, in denen dieselben vier im Raum vorgegebenen Punkte A, B, C, D genannt werden können, die folgenden zwölf:

$$ABCD,\ ACDB,\ ADBC;\ BCAD,\ BADC,\ BDCA;$$
$$CABD,\ CBDA,\ CDAB;\ DCBA,\ DBAC,\ DACB$$

Pyramiden desselben Vorzeichens und die zwölf anderen Pyramiden des entgegengesetzten Vorzeichens bedeuten[1]). Ferner läßt sich beweisen, daß Tetraeder, die Spiegelbilder voneinander sind, dann stets mit entgegengesetztem Vorzeichen erscheinen, wenn ihre Ecken entsprechend, d. h. gemäß der Zuordnung aufgeführt sind, die durch das spiegelbildliche Verhältnis vorgezeichnet ist.

Man erkennt also: Ein Körper ist noch nicht durch die Größe seiner „Stücke" allein gegeben, es kommt noch auf die Ordnung an, in der die Stücke liegen; insbesondere spielen bei der Definition von Kongruenz und Symmetrie die Ordnung und die Zuordnung eine Rolle. Geht man aber auf die Ordnungsverhältnisse ein, so kann man den Unterschied des Verhältnisses zweier Körper, die zur Deckung gebracht werden können, von dem Verhältnis solcher, die in spiegelbildliche Lage gebracht werden können, begrifflich analysieren. Man kann wohl annehmen, daß Kant, wenn er alle diese Umstände gekannt hätte, nicht in dem Vorhandensein symmetrischer oder spiegelbildlicher Körper einen Beweis für die Subjektivität der Raumordnung hätte erblicken können.

In ähnlicher Weise, wie soeben die spiegelbildlichen Körper charakterisiert worden sind, kann man auch die rechts- und die linksdrehende Schraube und deren mechanische Wirkungen oder die Wirkung eines positiven oder negativen elektrischen Stroms auf einen positiven oder negativen Magnetpol beschreiben.

§ 134. Apriorisches und aposteriorisches Wissen.

Aus dem, was in den beiden vorigen Paragraphen auseinandergesetzt ist, dürfte hervorgehen, daß Kants Beweis nicht gelungen ist. Es ist nicht bewiesen, daß die Raumordnung eine apriorische, d. h. aller Erfahrung vorangehende, subjektiv notwendige, reine Anschauung ist[2]), aus der die euklidischen Axiome stammen. Andererseits

---

[1]) Auch die analytisch-geometrische Formel für das Tetraedervolum bringt von selbst den Vorzeichenunterschied zum Ausdruck.

[2]) Sehr sonderbar ist meines Erachtens die Auffassung von G. Heymans, der, wenn ich ihn recht verstehe, den Raum als apriorische Form der Tast- und Bewegungsempfindungen faßt und im Gegensatz dazu den „Gesichtsraum" als empirisch ansieht (Die Gesetze und Elemente des wissenschaftlichen Denkens, 2. Aufl., 1905, S. 201, 226). Über Heymans' Versuch der Begründung der euklidischen Geometrie habe ich bereits in § 45 berichtet.

wird man die Auffassung, welche dieses annimmt, auch nicht strenge widerlegen können. Im Grunde aber wird man eine solche, doch schließlich künstliche Annahme dann in der Hauptsache als widerlegt ansehen können, wenn sie als überflüssig nachgewiesen ist. Ich glaube in § 128 und 129 allerdings gezeigt zu haben, daß die Ansicht, welche die geometrischen Grundbegriffe als aus der Erfahrung abstrahiert ansieht und dann natürlich auch die Axiome auf Erfahrung zurückführt, sich folgerichtig durchführen läßt. Diese Auffassung wird durch den Umstand unterstützt, daß wir die Formulierung der Erfahrung abändern, die Erfahrung durch andere Annahmen annähern und erklären können. Die nichteuklidische Geometrie hat zwar im wesentlichen dieselben Grundbegriffe, aber andere Axiome als die euklidische, während in dem Raum-Zeit-System der EINSTEINschen Relativitätstheorie auch schon die Begriffe der räumlichen und der zeitlichen Ordnung wesentlich verändert sind, indem hier schon die Begriffe „Abstand" und „Zeitpunkt" ihre ursprüngliche Bedeutung verlieren (§ 165).

Auch die Schlußfolgerungen, welche die Geometrie aus den Axiomen zieht, bedürfen nicht jener reinen Anschauung als eines besonderen Vehikels der Beweisführung, wie in § 7—9 gezeigt worden ist. Genau besehen, schließt die Geometrie aus ihren Axiomen geradeso, wie es die Physik macht, die dabei „empirische Gesetze" oder, besser gesagt, der Erfahrung angepaßte Hypothesen zugrunde legt (§ 6 u. 131). Deshalb scheint mir auch die Wendung unhaltbar, die der Theorie von seiten der Neukantianer gegeben worden ist, welche die euklidische Geometrie mehr nur als eine notwendige Bedingung „zur Möglichkeit wissenschaftlicher Erfahrung" anzusehen scheinen[1]).

Ganz anders als in der Geometrie steht die Sache in der Arithmetik und den mit dieser in Zusammenhang stehenden Gebieten der Substitutionenlehre usw. Hier handelt es sich um lauter „rein synthetische" Begriffe, die unserer eigenen Denktätigkeit entstammen, und es sind keine Axiome vorausgesetzt, jedenfalls keine von der Art der in der Geometrie gebrauchten, die auf äußere Erfahrung Bezug haben. Infolgedessen sind hier alle Begriffe und Sätze genau so notwendig (§ 125), wie es in der Geometrie *auf Grund der gegebenen Begriffe* (§ 1) *und der Axiome* die Lehrsätze sind. Es ist also die Arithmetik apriorisch, d. h. vor der Erfahrung wahr, während die Geometrie als aposteriorisch, d. h. auf Erfahrung beruhend, anzusehen sein dürfte. Dies ist auch die Ansicht von GAUSS gewesen, wie aus seiner bekannten Äußerung in einem an OLBERS gerichteten Brief[2]) hervorgeht: „Ich

---

[1]) Vgl. P. NATORP, a. a. O., S. 311; man beachte auch das am Schluß von § 43 Gesagte.

[2]) Vom 28. April 1817; vgl. GAUSS, Werke, Bd. VIII, 1900, S. 177.

komme immer mehr zu der Überzeugung, daß die Notwendigkeit unserer Geometrie nicht bewiesen werden kann, wenigstens nicht vom menschlichen Verstande, noch für den menschlichen Verstand. Vielleicht kommen wir in einem anderen Leben zu anderen Einsichten in das Wesen des Raums, die uns jetzt unerreichbar sind. Bis dahin müßte man die Geometrie nicht mit der Arithmetik, die rein a priori steht, sondern etwa mit der Mechanik in gleichen Rang setzen . . .‟

Auch auf Hume, der die Algebra und die Arithmetik als die einzigen vollkommen sicheren Wissenschaften betrachtete[1]), kann hier hingewiesen werden.

Die verwickelteren Untersuchungen der höheren und auch der niederen Arithmetik machen von der Idee einer ohne Ende — oder auch einer je nach Bedürfnis beliebig weit — fortgesetzten Folge Gebrauch (vgl. § 89—92, auch § 71—76). Die Widerspruchslosigkeit der damit gesetzten, unendlich vielen Relationen des Vorhergehenden zum Nachfolgenden, denen zugleich das Gesetz der Transitivität auferlegt wird (§ 105), kann nicht schrittweise deduziert werden (vgl. § 122 u. 123). Man kann also in der Annahme einer unendlichen Folge eine besondere Voraussetzung sehen, die aber von den in der Geometrie gemachten Annahmen, den Axiomen, außerordentlich verschieden ist. Ich glaube kaum, daß irgendein Kenner der einschlägigen Untersuchungen die unbedingte Gültigkeit der in Frage stehenden Idee bezweifeln wird. Die unendliche Folge muß demnach als eine gegebene Form[2]) angesehen werden; sie ist in der Tat eine Bedingung der Erkenntnis, der wir vermutlich den Charakter der Apriorität, d. h. die Eigenschaft innerer Notwendigkeit zuerkennen müssen.

Noch weniger deduzierbar als die diskret unendliche Folge ist das einfache Kontinuum (§ 124 u. 76 Schluß). Wenige von denen, welche die schönen und fruchtbaren auf die Annahme des Kontinuums gegründeten Ergebnisse kennen (vgl. auch § 29—36), werden geneigt

---

[1]) A Treatise of Human Nature, 1739, Book I, Part. III, Sect. I. Er sagt: „There remain therefore algebra and arithmetic as the only sciences, in which we can carry on a chain of reasoning to any degree of intricacy, and yet preserve a perfect exactness and certainty.‟ Daß er aber damit nicht etwa den Beweisgang in der Geometrie angreifen will, geht aus der weiter unten stehenden Bemerkung hervor: „The reason why I impute any defect to geometry, is, because its original and fundamental principles are deriv'd merely from appearances; and it may perhaps be imagin'd, that this defect must always attend it, and keep it from ever reaching a greater exactness in the comparison of objects or ideas than what our eye or imagination alone is able to attain.

[2]) Ob man sie eine „Anschauung‟ nennen soll, scheint mir fraglich; warum ich es jedenfalls vorziehe, diese Form nicht als reine Anschauung der Zeit zu bezeichnen, habe ich in § 121 (S. 339, Anm.) auseinandergesetzt.

sein, auf die Einführung dieser Idee zu verzichten[1]), obwohl auch nach diesem Verzicht ein stattliches Gebiet reiner Mathematik übrigbleiben würde. Jedenfalls haben sich aus der Annahme des Kontinuums bis jetzt widersprechende Folgerungen nicht ergeben; es werden auch solche Folgerungen schwerlich von jemand erwartet werden. Da ferner, was die Hauptsache ist, gewichtige innere und äußere Gründe für die Annahme des Kontinuums sprechen[2]), so kann ich kein Hindernis sehen, die Idee des einfachen Kontinuums als eine unbedingte (apriorische) Form anzusehen, welche die Bedingung für gewisse Arten der Erkenntnis darstellt. Man könnte hier auch die von der KANT-schen Schule so stark betonte intensive Größe (§ 25, Schluß) heranziehen, denn das einfache Kontinuum ist die gemeinsame Form für die gewöhnliche Abstandstheorie von Punkten einer Geraden und für die Unterschiedsstufen der intensiven Größe.

Da die neueste Mathematik es versucht hat, z. B. in den von G. CANTOR aufgestellten Klassen „transfiniter Zahlen" (§ 185), außer der diskret unendlichen Folge und dem Kontinuum noch andere ursprüngliche Arten von unendlichen Gesamtheiten zu definieren, so möchte ich doch nicht unterlassen, darauf hinzuweisen, daß für diese die inneren und äußeren Gründe nicht geltend gemacht werden können, durch welche die Annahme des einfachen Kontinuums gestützt werden kann.

Läßt man die Annahme des einfachen Kontinuums zu, so kommt man dadurch, daß man alle Strecken des Kontinuums durch eine besondere von diesen Strecken gemessen denkt, zur *Gesamtheit der reellen Zahlen*. Diese Gesamtheit, deren rein arithmetische Ableitbarkeit wir am Schluß von § 76 leugnen mußten, würde also von dieser Seite her einen Nachweis ihrer Berechtigung erhalten. Auf Grund dieser Gesamtheit lassen sich jedenfalls alle Sätze der

---

[1]) Sehr bezeichnend ist z. B., daß L. KRONECKER, der sich in seinen erkenntnis-theoretischen Gedankengängen gegenüber von Beweisen für die Existenz der oberen Grenze (§ 76) u. dgl. sehr kritisch, ja geradezu ablehnend verhalten hat, in seinen mathematischen Untersuchungen hinsichtlich der Kontinuität stets ganz unbedenklich zu Werke gegangen ist; man vergleiche dazu seine bekannten Arbeiten über die Charakteristik von Kurvensystemen (Monatsber. d. Akad. d. Wiss. zu Berlin aus dem Jahre 1869, S. 159ff.).

[2]) Der Gedanke, das Kontinuum einfach als gegeben anzunehmen, hat neuerdings auch unter den Mathematikern an Boden gewonnen, wie aus einer 1920 in Nauheim bei der Mathematikerversammlung gepflogenen Diskussion hervorzugehen scheint.

Einen empirischen Anlaß zur Bildung des Kontinuitätsbegriffs und zur Aufstellung des DEDEKINDschen Axioms (§ 29) könnte man in der Tatsache finden, daß, wenn z. B. in einem kreisförmigen Reifen eine Membran ausgespannt ist, der Übergang von einer Stelle der einen zu einer Stelle der anderen Seite der Kreisfläche nur mit Durchstoßung der Membran vor sich gehen kann, vorausgesetzt, daß wir nicht um die Peripherie des Reifens herumgehen; es gibt also eine auf der Membran gelegene Stelle, die auf der durchlaufenen Linie die Punkte der einen Seite von denen der anderen trennt.

höheren Analysis[1]), d. h. der Differentialrechnung, der Integralrechnung, welche die Umkehrung der Differentialrechnung ist, und der an diese Disziplinen sich anschließenden Funktionenlehre, welche die gesetzmäßigen Abhängigkeiten zwischen stetig veränderlichen Größen behandelt, herleiten, wobei aber nicht gesagt sein soll, daß alle diese Sätze das Kontinuum wirklich voraussetzen.

Die Gesamtheit der reellen Zahlen gestattet aber auch die zweifache und dreifache Zahlenmannigfaltigkeit, d. h. die Gesamtheit der Zahlenpaare und der Zahlentripel zu bilden. Fügt man in einer dieser Mannigfaltigkeiten den Elementen, welche durch die Paare bzw. Tripel selbst sich darstellen, noch die übrigen arithmetischen Gebilde hinzu (§ 41), so erhält man gewisse ideale Mannigfaltigkeiten, welche die Geometrie der Ebene bzw. des Raumes mit allen ihren Elementen, Relationen und Axiomen darstellen[2]). Bei etwas abgeänderter Annahme und Auffassung der zugrunde zu legenden Zahlsysteme und passender Wahl der hinzuzunehmenden Gebilde kann man statt der euklidischen Geometrie die hyperbolische oder die elliptische bekommen (§ 43). Da aber geradesogut auch vierfache, fünffache Mannigfaltigkeiten usw. gebildet werden können, und zwar sowohl die „ebenen" als auch die „nichtebenen", so gilt in allen diesen Fällen und damit also allgemein von der $n$fachen RIEMANNschen Mannigfaltigkeit (§ 48), daß sie als ein rein synthetisches, ideales, d. h. also apriorisches Gebilde anzusprechen sein wird.

Im Gegensatz dazu sind wir der Richtigkeit und Genauigkeit der Axiome nicht sicher, wenn die in sie eingehenden Begriffe in ihrer Bedeutung für die physischen Körper gedacht werden (§ 128 u. 129), und diese Unsicherheit überträgt sich von den Axiomen auf die Lehrsätze. Aus diesem Grunde sehe ich nicht ein, weshalb es nicht Sinn haben soll, z. B. den Satz von der Winkelsumme im Dreieck empirisch zu prüfen; es soll diese Frage jedoch im folgenden Paragraphen noch ausführlicher besprochen werden. Auch das ist als eine empirische Tatsache anzusehen, daß der Raum dreidimensional ist. Diese, von den meisten Mathematikern geteilte Auffassung von der idealen Vollkommenheit der Zahlenmannigfaltigkeiten und von der empirischen Natur des Raumes der Körper wird unter den Philosophen z. B. von

---

[1]) Daß das Gebiet, das die Mathematiker „Analysis" nennen, durchaus nichts mit den KANTschen „analytischen Urteilen" zu tun hat und ebensowenig mit einer „Analyse", welche etwa die Umkehrung der Begriffssynthese wäre, habe ich bereits gezeigt (§ 127 u. 41, Schluß).

[2]) Geht man nicht von der stetigen Gesamtheit aller reellen Zahlen aus, sondern von der Gesamtheit der rationalen Zahlen, so erhält man eine Mannigfaltigkeit, die den geometrischen Axiomen mit Ausschluß des DEDEKINDschen Axioms (§ 29) und mit Einschluß des archimedischen Axioms (§ 22) genügt.

Meinong[1]) vollständig gebilligt. Daß Natorp auf einem anderen Standpunkt steht, habe ich bereits erwähnt. Er ficht insbesondere die Behauptung an[2]), daß man sich von der Dreidimensionalität des physischen Raums nur auf dem Weg der Erfahrung überzeugen kann. Dazu möchte ich bemerken, daß man es als eine empirische Tatsache bezeichnen kann, daß sich eine Stelle durch drei Messungen, z. B. in einem Zimmer durch ihre Abstände vom Fußboden und von zwei Wänden, praktisch festlegen läßt. Die theoretische Untersuchung der höheren Mannigfaltigkeiten (s. oben) liefert gleichfalls Unterschiede, die im Raum der Körper nach der Analogie gedeutet auf empirische Vorkommnisse zielen. So könnte im sogenannten vierdimensionalen Raum (§ 48) eine Gerade, deren Punkte nicht alle denselben Abstand von einer (zweidimensionalen) Ebene besitzen, trotzdem an dieser Ebene vorbeigehen, während im dreidimensionalen ebenen Raum unserer Theorie, gerade wie auch im empirischen Raum, eine solche Gerade mit der betreffenden Ebene einen Punkt gemein hat; in derselben Weise können im dreidimensionalen Raum, nicht aber in der Ebene zwei Gerade, auch wenn die Punkte der einen nicht alle denselben Abstand von der anderen haben, aneinander vorübergehen (windschief sein). Damit aber dürften wirklich empirische Daten bezeichnet sein, die mit der Dreidimensionalität des Raums der Körper zusammenhängen.

Die Ansicht, die ich hier als die meines Erachtens wahrscheinlichste und einfachste in den Vordergrund gerückt habe, stimmt insoweit mit dem Kantschen Kritizismus überein, als sie gleichfalls apriorische Erkenntnisse annimmt, die Bedingung der Erfahrung sind. Die Grundfunktionen unseres Denkens sind in der Tat Bedingungen sowohl für jede Erfahrung als für jede theoretische Erkenntnis. Insofern wird man sagen können, daß die sogenannten „Kategorien"[3]) vor der Erfahrung Gültigkeit besitzen, also apriorische Begriffe sind. Dazu mag man dann noch die unendliche Folge und das einfache Kontinuum als apriorische Formen hinzunehmen. Unsere eigene diskursive Denktätigkeit, die wir zugleich in gewisser Hinsicht zu beurteilen vermögen, läßt dann die rein synthetischen, d. h. rein mathematischen, Begriffe entstehen (§ 111 u. 125)[4]). Wenn jedoch Kant auch die euklidische Raumform in ihrer eigentlichen Bedeutung als einer Ordnung der

---

[1]) Vgl. Abhandlungen zur Didaktik und Philosophie der Naturwissenschaften, Bd. 1 (Zeitschr. f. d. physik. u. chem. Unterricht, Sonderhefte), H. 6, 1904, S. 12.

[2]) a. a. O., S. 263; seine Äußerung, die nicht sehr klar ist, lautet: „Übrigens ist zu sagen, daß bisher niemand die Verschiedenheiten der Gegenstände, die den Begriff der Dimensionen geben sollten, unabhängig von der Voraussetzung der Dimensionen anzugeben vermocht hat."

[3]) Vgl. § 106, Schluß.

[4]) Cassius J. Keyser (Mathematical Philosophy, 1922, p. 134) führt den Ausspruch von William Benjamin Smith an, daß „pure mathematics is the universal art apodictic".

Gegenstände der äußeren Erfahrung für apriorisch, und zwar für eine Bedingung der Erfahrung gehalten hat, der deshalb der Rang vor der Erfahrung zukommt, so dürfte er, wie schon v. Kirchmann angenommen hat[1]), über das Ziel hinausgeschossen sein.

Daß die Grundfunktionen unseres Denkens, die sprachlich in Worten wie: Einheit, Vielheit, alle, nicht, Bedingung, Folge, Übereinstimmung, Widerspruch usw. zum Vorschein kommen, apriorisch sind, scheint mir damit nicht in Widerspruch zu stehen, daß wir diese „Kategorien" nicht nach einem allgemeinen Prinzip vollständig aufstellen, sondern nur gewissermaßen zufällig zusammenlesen können[2]).

Andererseits ist es gewiß auch möglich, daß man einen unbedingten Unterschied zwischen zwei Arten der Erkenntnis, der apriorischen und der aposteriorischen, leugnet. Aber auch, wer dies tut, wird nicht alle Denkprozesse als gleichwertig ansehen können. Wenn man sogar die Denkgesetze selbst als Annahmen betrachten will, die nur durch die Verifikation[3]), d. h. durch ihre Übereinstimmung miteinander und durch ihre Anwendungen sich als richtig erweisen, so wird man, wenn die Begriffe des Wahren und Falschen nicht ineinanderfließen sollen, die Überzeugung haben müssen, daß die denkende Verarbeitung der Erfahrung allmählich von selbst die wichtigsten und sichersten Prinzipien so herauslöst, daß sie uns auch klar erkennbar werden. Auch wer der Ansicht ist, daß beim Aufbau der Allgemeinbegriffe der Arithmetik und bei dem Innewerden der das Aufbauverfahren beschreibenden erzeugenden Beziehungen (§ 112) die Erfahrung und die Induktion mitwirken, wird trotzdem den Bau der Arithmetik und die Schlußweise der Geometrie als sicherer anerkennen müssen gegenüber dem Verfahren irgendeiner anderen Wissenschaft; er wird deshalb auch die mathematische Forderung billigen müssen, derzufolge die deduktiven Zusammenhänge überall da, wo sie vorhanden sind, aufzusuchen, und solche Sätze, die aus einfacheren abgeleitet werden können, im Interesse der Sicherheit und Durchsichtigkeit der Erkenntnis, auf diese zurückzuführen sind.

§ 135. Möglichkeit der Bestätigung
oder Widerlegung der Geometrie in der Erfahrung.
Idealisierung. Genauigkeitsgrenzen.

Der Gedanke einer Prüfung der Geometrie durch Erfahrung hat bei den Vertretern des Kantschen Kritizismus stets lebhaften Wider-

---

[1]) Erläuterungen zu Kants Prolegomena, 1873, S. 8.

[2]) E. v. Hartmann sagt, die Kenntnis des a priori sei nicht selbst apriorischer Art (Kritische Grundlegung des transcendentalen Realismus, 1875, Vorwort, S. XVI).

[3]) Über die Verifikation vgl. man Schlick, a. a. O., S. 141 ff.

spruch gefunden. So sagt z. B. Bauch[1]): „Hier zeigt sich, welcher *circulus vitiosus* es wäre, diejenige Geometrie, die die Erfahrung begründen und verbürgen hilft, durch Erfahrung begründen oder auch nur bestätigen zu wollen." Für denjenigen, der die im vorhergehenden in den Vordergrund gestellte Auffassung für folgerichtig hält, ist dagegen eine nachträgliche Prüfung der aus den geometrischen Axiomen abgeleiteten Sätze ohne Zweifel sinnvoll[2]). So ist z. B. eine oberflächliche Bestätigung des euklidischen Satzes von der Winkelsumme im Dreieck mit den einfachsten Mitteln dadurch zu erreichen, daß man ein aus Karton geschnittenes Dreieck zerteilt und die Ecken zusammenlegt (Abb. 186). Durch Tausende von ausgeführten Zeichnungen und Modellen[3]), durch zahllose Bauten, die mittels des Grundrisses und Aufrisses errichtet worden sind, ist die Geometrie, und zwar die euklidische, in dieser Weise indirekt bestätigt, während andererseits häufig Sätze an der Figur aufgefunden werden dadurch, daß z. B. drei ge-

zogene Linien unerwartet durch einen Punkt laufen, oder daß zwei Strecken tatsächlich gleich ausgefallen sind.

Etwas weniger einfach liegt die Sache da, wo es sich um eine sehr exakte Prüfung handelt. Es ist schon häufig genug darauf hingewiesen worden, daß man einen ganz genauen Punkt, eine ganz genaue

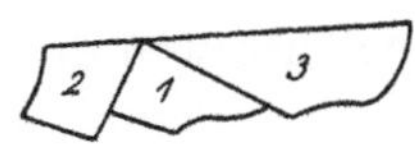

Abb. 186.

Gerade usw. nicht realisieren kann, und daß deshalb keine empirische Probe vollständige Genauigkeit geben kann. Man drückt dies dann so aus, daß die Geometrie nur für die „idealisierten" geometrischen Elemente genau, für die empirischen Anwendungen aber nur innerhalb gewisser Fehlergrenzen gelte. Man hat sogar geradezu der „Präzisionsmathematik" eine „Approximationsmathematik" gegenübergestellt, welche die Lehrsätze so zum Ausdruck bringen soll, wie sie in den Anwendungen in Annäherungen sich darstellen[4]). Um aber das Verhältnis zwischen Präzisions-

---

[1]) Kant-Studien, herausgegeben von Vaihinger und Bauch, Bd. XII, 1907, S. 233.

[2]) Es ist in dieser Beziehung von Interesse, daß bereits im 17. Jahrhundert Joachim Jungius eine „Geometria empirica" hat erscheinen lassen. Freilich scheint Jungius dabei weniger eine empirische Begründung der Geometrie als eine erleichterte Einführung in dieselbe im Auge gehabt zu haben. Vgl. Joachimi Jungii Lüb. Geometria empirica ex recensione H. Siveri, Hamburgi 1688 (die im Jahr 1627 erschienene Originalausgabe liegt mir nicht vor).

[3]) E. Study (Die realistische Weltansicht und die Lehre vom Raume, 1914, S. 86) sagt: „Man kann sagen, daß jeder Tischler, jeder Bauhandwerker täglich Erfahrungen macht, in denen die (angenäherte) Realisierbarkeit des abstrakten Begriffssystems der elementaren und auch der Koordinatengeometrie zum Ausdruck kommt."

[4]) Vgl. Klein, F.: Anwendung der Differential- und Integralrechnung auf Geometrie, eine Revision der Prinzipien, Vorlesung, Göttingen, 1901 (autographiert, Leipzig bei G. B. Teubner, 1902).

mathematik und Approximationsmathematik uns klarzumachen, wollen wir uns zunächst überlegen, was es mit der Präzisionsmathematik und ihren idealisierten Begriffen für eine Bewandtnis hat.

Die geometrischen Begriffe Punkt, Gerade, Ebene usw. samt den zugehörigen Relationsbegriffen dachten wir uns höchstwahrscheinlich an der Erfahrung, ja an einer verhältnismäßig groben Erfahrung gebildet: der Punkt ist ein kleiner Körper oder eine kleine Fläche, die Gerade ein durch eine kleine Öffnung fallender Strahl, also ein Lichtweg, der noch eine kleine Breite besitzt, oder ein gespannter Faden, ein Bleistiftstrich, ein Draht, der um zwei seiner Punkte gedreht, keine Änderung der Lage ergibt. Nachdem wir nun auch noch zu gewissen gesetzmäßigen Beziehungen gelangt sind, kommt die Idealisierung: wir denken uns, es könnten genaue Punkte, genaue Gerade gegeben werden, man könnte genau entscheiden, ob ein gegebener Punkt auf einer gegebenen Geraden liegt oder nicht, und wir nehmen zugleich an, *daß für diese genauen Begriffe die gesetzmäßigen Beziehungen oder Axiome unbedingte Geltung haben.* Das ist aber das Wesentliche an der Idealisierung; sie beruht darauf, daß die Begriffe an die unbedingte Geltung der Axiome geknüpft werden[1]), nicht etwa darauf, daß eine Verschärfung des Punkts oder der Geraden des Vorstellungsraums möglich wäre. Diese Idealisierung geht mit einer Umdeutung der ursprünglich aus gröberen Erfahrungen abgeleiteten geometrischen Begriffe Hand in Hand: der Punkt wird jetzt nicht mehr als kleiner Körper, sondern als G r e n z e zwischen zwei Linien, die Linie — und also auch die Gerade — als Grenze zweier Flächen, die Fläche als Grenze von Körpern gedacht, und der alte „grobe" Punkt ist nun ein gewisses Etwas, das über ganz bestimmte genaue Grenzflächen nirgends hinausgeht. Indem wir nun diese Vorstellungen mit den Axiomen in Verbindung bringen und dabei natürlich auch die Axiome festhalten, die sich auf die Zwischenlage beziehen (§ 2 u. 8), können wir erst beweisen, daß unter gewissen Bedingungen, die für die Grenzen gewisser „grober" Elemente gesetzt sind, gewisse daraus abgeleitete Elemente sicher zwischen gewissen Grenzen liegen müssen. Auf diese Weise wird dann ein klares Ergebnis der Approximationsmathematik

---

[1]) Man kann dann sagen, daß die geometrischen Begriffe durch die Axiome i m p l i z i t definiert seien (vgl. über die implizite Definition M. Schlick, a. a. O., S. 30).

F. Klein (Nichteuklidische Geometrie I, autographierte Vorlesung, Göttingen, 1892, S. 355) sagt: „Axiome sind Forderungen, vermöge deren wir uns über die Ungenauigkeit der Anschauung oder über die Begrenztheit der Genauigkeit der Anschauung zu unbegrenzter Genauigkeit erheben." P. Volkmann (Erkenntnistheoretische Grundzüge der Naturwissenschaften, 2. Aufl., 1910, S. 81) spricht ähnlich von den naturwissenschaftlichen Hypothesen (man vgl. aber auch S. 381, Anm. 2).

erreicht. Die Präzisionsmathematik mit ihren Begriffen und Axiomen ist also notwendig[1]) sowohl für die Entwicklung der Approximationsmathematik, als auch für die praktische Bestimmung der Fehlergrenzen in jedem einzelnen empirischen Fall.

Obgleich wir nun die unbedingte Gültigkeit der Axiome nur für die idealisierten Elemente fordern, müssen wir doch, wenn die Anwendbarkeit des Ergebnisses auf die physische Welt erklärbar sein soll, glauben, daß durch die Annahme der idealisierten Elemente und Relationen und durch die Annahme der Axiome schließlich ein der physischen Welt angepaßtes Begriffssystem[2]) gewonnen ist.

Es ist schon oben erwähnt worden, daß die Geometrie im Grunde nicht anders verfährt als die Mechanik und die Physik. Dies gilt auch hier. Auch die Mechanik und die Physik kennen Idealisierungen[3]): den materiellen Punkt, die an einem Punkt angreifende Kraft, den starren Körper, die inkompressible Flüssigkeit, den elektrischen Leiter mit den positiven und negativen Elektrizitätsmengen auf seiner Oberfläche, das vollkommene Gas, den vollkommen schwarzen Körper, den vollkommenen Kreisprozeß usw. Man macht in allen diesen Fällen die Annahme, daß gewisse Eigenschaften unbedingt gelten, die man in der Erfahrung nie in unbedingter Geltung angetroffen hat. Im Grunde aber werden die Annahmen zunächst nur versuchsweise gemacht, sie können gewechselt, umgebildet werden. Dies geschieht z. B. beim Übergang von der euklidischen zur nichteuklidischen Geometrie, beim Übergang von den beiderlei Elektrizitäten, die sich nach dem Gesetze von COULOMB anziehen bzw. abstoßen, zu der FARADAY-MAXWELLschen Anschauung von der Elektrizität, beim Übergang vom gewöhnlichen Raum und von der gewöhnlichen Zeitvorstellung zu dem Raum-Zeit-System der EINSTEINschen Relativitätstheorie usw. Die Berechtigung des auf die jeweiligen Annahmen gestützten Verfahrens kann uns dabei, neben der theoretischen Übereinstimmung der Folgerungen miteinander, nur der praktische Erfolg verbürgen.

Man beachte noch, daß die Bestätigung in der Geometrie wie in der Mechanik und der Physik meist eine mittelbare sein wird. Ein unmittelbarer empirischer Nachweis dürfte in genauerer Weise

---

[1]) Man vgl. die Äußerungen von Voss in dem Artikel der „Kultur der Gegenwart": Über die mathematische Erkenntnis, 1914, S. 105, ebenso den in der Wiener Akademie 1917 gehaltenen Vortrag von EMIL MÜLLER: Bedeutung und Wert mathematischer Erkenntnisse, S. 6, 7, 19 (besonders auch Anm. 5 und 25).

[2]) BAUCH, a. a. O., S. 229, sucht, wie mir scheint, infolge eines eigentümlich logizistischen Erfahrungsbegriffs eine „Anpassung" des Begriffssystems an die Erfahrung zu leugnen.

[3]) Vgl. auch MACH: Die Principien der Wärmelehre, 1900, S. 456/57.

ebensowenig für das Parallelenaxiom (§ 3) möglich sein, als für das Trägheitsgesetz (§ 138). Man wird durch Nachprüfung der zusammengesetzten Lehrsätze die Axiome mittelbar bestätigen müssen. Auch sind die genaueren Messungen vielfach selbst wieder von mittelbarer Art, indem statt der unmittelbaren Vergleichung Apparate benutzt werden, die wiederum auf Grund der Geometrie konstruiert worden sind. Aber eine nur mittelbare Bestätigung ist immer noch kein „circulus vitiosus". Eine solche Bestätigung hat deshalb große Bedeutung, weil es unwahrscheinlich ist, daß zahlreiche, auf verschiedenen Umwegen, in vielen Schritten erreichte Ergebnisse schließlich mit den Messungen aufs genaueste übereinstimmen könnten, wenn nicht die Annahmen, auf die sie aufgebaut worden sind, wirklich der Erfahrung angepaßt wären.

Für die Mathematiker erschien seit der Ausbildung der nichteuklidischen Geometrien vor allem die Frage wichtig, ob nicht eine dieser Geometrien *in praxi* für die euklidische gesetzt werden müsse. Es geht aus dem im Anfang dieses Paragraphen Gesagten hervor, daß ausreichende Gründe für eine solche Ersetzung vorläufig keineswegs gegeben sind; doch könnten noch genauere Messungen Gründe dafür abgeben. Da die euklidische Geometrie ein Spezialfall oder richtiger Grenzfall z. B. der hyperbolischen Geometrie ist, und da in dieser die Winkelsumme im Dreieck zwar kleiner als zwei Rechte ist, aber bei sehr kleinen Dreiecken nur sehr wenig von zwei Rechten abweicht, so kann der Unterschied in verhältnismäßig kleinen Raumteilen gar nicht zur Geltung kommen. Bekanntlich hat GAUSS auf die an einem größeren Dreieck, nämlich dem geodätischen Dreieck: Hoher Hagen—Brocken—Inselsberg vorgenommene Prüfung hingewiesen[1]). Die Abweichung der gemessenen bzw. errechneten Winkelsumme von zwei Rechten blieb in diesem Fall innerhalb der zu erwartenden Fehlergrenzen. Klarer wird man das Ergebnis auf Grund der Abweichungen, die bei der Messung und Berechnung vorkommen können, in die Form umsetzen, daß, falls der Raum der physischen Körper z. B. der hyperbolischen Geometrie entsprechen sollte, die in § 5 bezeichnete, zum Parallelwinkel von 45° gehörende Strecke — etwa im Verhältnis zur Erdbahn — eine bestimmte Größe, die sich tatsächlich rechnen läßt, mindestens haben müßte.

Schon LOBATSCHEFSKIJ hat geglaubt, daß astronomische Messungen die hier angeregte Frage klären könnten. Bedenkt man aber, daß man einen Winkel nur dann, wenn man sich in seiner Spitze befindet, unmittelbar messen kann, und daß jedenfalls nicht in allen drei

---

[1]) Vgl. P. STÄCKEL u. F. ENGEL: Die Theorie der Parallellinien von Euklid bis auf Gauß, 1895, S. 216.

Ecken eines astronomischen Dreiecks gleichzeitig menschliche Beobachter sich befinden können, so ist deutlich, daß es wieder nur auf eine mittelbare Messung hinauskommen kann. Diese wird zugleich in verschiedenen Teilen zu verschiedenen Zeiten vor sich gehen, und es wird sich dabei der Beobachtungsort auf der Erde im Raume fortbewegen. Da so die Bewegungslehre und wegen des Visierens mit dem Fernrohr der Lichtweg und somit die Optik mit hereinspielt, so würde jede Abweichung der Messung von dem auf Grund der gewöhnlichen Gesetze Erwarteten auf sehr verschiedene Erklärungsversuche führen können. Man könnte die Geometrie oder die Mechanik oder die Optik umbilden wollen. Trotz dieser verschiedenen Möglichkeiten könnte es sein, daß die Umbildungsversuche[1]) des geometrisch-astronomisch-physikalischen Begriffssystems im Zusammenhang mit zahlreichen genauen Messungen doch schließlich nur ein System als hinreichend der Erfahrung angepaßt erweisen würden.

Jedenfalls ist es eine ungeheure Übertreibung, wenn NATORP[2]) behauptet hat, daß jede physikalische Empirie mit jeder Geometrie in Einklang gebracht werden könne. Gewiß könnten wir, falls sich irgendwo eine Differenz herausstellt, sagen, daß der bei der Beobachtung benutzte Lichtstrahl eben keine vollkommene Gerade der zugrunde gelegten Geometrie sei[3]). Aber mit einer solchen allgemeinen Bemerkung ist es nicht getan. Es müßte dann der von der Geraden abweichende Weg des Lichtstrahls auf Grund der betreffenden — etwa der euklidischen — Geometrie beschrieben werden; es müßte für alle solche Linien sich auch ein Gesetz finden lassen, mit dem dann alle möglichst genau durchgeführten und immer wieder vermehrten Messungen im Einklang zu bleiben hätten. Ob ein solches Gesetz gefunden werden kann, das womöglich auch eine geometrisch-physikalische Erklärung für eine solche Art des Lichtwegs zulassen sollte, das hängt mit von den geometrischen Grundannahmen ab, die wir gemacht haben.

---

[1]) Vgl. die Charakterisierung des einzuschlagenden Verfahrens durch RIEMANN, Werke, 1876, S. 268.

[2]) a. a. O. S. 302. NATORP bezieht sich bei dieser Behauptung auf POINCARÉ, soviel ich sehe, ganz mit Unrecht, während allerdings POINCARÉ von einer empirischen Prüfung der Geometrie auch nichts wissen will.

[3]) Wir unterscheiden dann eben, trotzdem daß die gerade Linie zum Teil an der optischen Erfahrung abstrahiert ist, nachträglich bei der Umbildung des Begriffssystems die gerade Linie vom Lichtweg und denken uns nur für jene Linie die Axiome als unbedingt gültig.

Fünfzehnter Abschnitt.

Tatsachen und Annahmen in der klassischen Mechanik.

§ 136. Allgemeine Stellungnahme zu den Grundbegriffen und Definitionen der Mechanik.

Es war früher üblich, in der Einleitung einer Vorlesung über Mechanik die Kraft als die „Ursache einer Bewegung" oder als die „Ursache der Änderung einer Bewegung" zu definieren. Aus dem Grundsatz: *Causa aequat effectum*, aus dem folgt, daß auch gleiche Ursachen gleiche Wirkungen haben müssen, suchte man dann etwa abzuleiten, daß eine nach Richtung und Größe konstante Kraft, die auf einen in der Richtung der Kraft in Bewegung begriffenen materiellen Punkt wirkt, die Geschwindigkeit des Punkts in der ersten Sekunde des Wirkens um ebensoviel erhöhen müsse wie in der zweiten und dritten usw., so daß also eine konstante Kraft in dem genannten Falle eine „gleichförmig beschleunigte" Bewegung hervorbringen muß.

Die Erkenntnis, daß solche Erklärungen und Beweise ziemlich verschwommen und unzuverlässig sind, hat dann, wohl zum erstenmal in G. KIRCHHOFFS Mechanik, dazu geführt, daß auf eine Erläuterung der Grundbegriffe ganz verzichtet und als Aufgabe der Mechanik bezeichnet wurde: „die in der Natur vor sich gehenden Bewegungen vollständig und auf die einfachste Weise zu beschreiben"[1]). Zu dieser vollständigen und einfachsten Beschreibung sind dann die Hilfsbegriffe der Kraft und der Masse nötig.

Um sich KIRCHHOFFS Gedanken ganz klarzumachen, bedenke man, daß die unmittelbare Beschreibung der Bewegung darin bestehen würde, daß zu jedem Zeitpunkt der Ort, an dem der bewegte Punkt sich gerade befindet, angegeben wird. Bedeutet also t die Zahl der Zeiteinheiten, die von einem gewählten Anfang der Zeitrechnung bis zu dem betreffenden Zeitpunkt verstrichen sind, so hat man zu jedem Wert von t die drei Koordinaten x, y und z (vgl. § 38 u. 41) anzugeben, die in bezug auf das gewählte Koordinatensystem den Ort bestimmen, durch den der Massenpunkt in dem betreffenden Zeitpunkt hindurchgeht. Es ist also der veränderliche Zahlwert von x nach einem gewissen Gesetz von dem veränderlichen Zahlwert von t ab-

---

[1]) STUDY, der sich mit dieser Erklärung auch nicht befreunden kann (Die realistische Weltansicht und die Lehre vom Raume, 1914, S. 39) führt den Ausspruch von KÜLPE an: „Eine Sparsamkeit, die sich in solchen Eliminationen unentbehrlicher Gedankendinge betätigt, wäre der Bankrott der Wissenschaft."

abhängig, d. h. es ist x eine „Funktion" von t. Genau ebenso sind aber auch y und z Funktionen von t, und es sollen die drei Abhängigkeitsgesetze in der Form

$$x = \varphi(t)$$
$$y = \psi(t)$$
$$z = \chi(t)$$

geschrieben werden (§ 57), wobei sich natürlich die drei Koordinaten x, y, z des bewegten Punkts auf ein festes Koordinatensystem beziehen, das nicht etwa selbst auch bewegt wird.

Eine mittelbare Beschreibung der Bewegung des Massenpunkts würde darin bestehen, daß gewisse Gleichungen angegeben werden, denen die Funktionen $\varphi(t)$, $\psi(t)$, $\chi(t)$ entweder allein oder mit gewissen ihrer Differentialquotienten (§ 58) genügen müssen, so daß die Funktionen sich dann durch die Gleichungen bestimmen.

Bewegen sich nun n Punkte unter dem Einfluß von Kräften, die etwa selbst nach einem bestimmten Gesetz von den Koordinaten der n Punkte

(1) $$x_1, y_1, z_1;\ x_2, y_2, z_2;\ \ldots\ x_n, y_n, z_n$$

abhängig gedacht werden, so ergeben sich nach der gewöhnlichen Auffassung die Bewegungsgleichungen aus einer fundamentalen Beziehung zwischen Geschwindigkeitsänderung und Masse eines Punkts und der auf diesen wirkenden Kraft, wobei diese dann für jeden Augenblick aus dem Kraftgesetz zu ermitteln ist. Jene Bewegungsgleichungen enthalten schließlich nur die $3n$ Koordinaten (1), die Funktionen der Zeit sind, samt den zweiten[1]) Differentialquotienten dieser Funktionen und den Massen der bewegten Punkte. Die KIRCHHOFFsche Auffassung will nun an dieser Theorie nur den Umstand gelten lassen, daß die die Bewegung darstellenden, von der Zeit t abhängigen Koordinaten die betreffenden Gleichungen tatsächlich erfüllen, falls für gewisse ebenfalls in den Gleichungen enthaltene Größen $m_1, m_2, \ldots m_n$ passend gewählte bestimmte Zahlen gesetzt worden sind. Diese bei der Bewegung konstanten Zahlen heißen dann die „Massen" der bewegten Punkte. Diese Auffassung läßt die Bedeutung der Bewegungsgleichungen und die Art, wie sie gefunden worden sind und nur gefunden werden konnten, nicht klar erkennen; namentlich aber erscheint es dabei gänzlich unverständlich, weshalb die mit dem Namen „Masten" bedachten Zahlen wieder mit denselben Werten erscheinen, falls dieselben kleinen Körper eine andere Bewegung vollführen[2]), was bei

---

[1]) Vgl. S. 152, Anm. 1.

[2]) Man könnte auch die Stoßgleichungen zur Erläuterung herbeiziehen, in denen allerdings aus Gründen, auf die ich hier nicht eingehe, die ersten Differentialquotienten der Koordinaten eingehen. Laufen auf einer etwa horizontalen Geraden zwei

einem anderen Kraftgesetz geschehen könnte oder auch bei demselben Kraftgesetz, wenn die Körper dabei von anderen Anfangsstellen aus oder mit anderen Geschwindigkeiten zu laufen beginnen. In der Tat sind eben jene Bewegungsgleichungen nicht irgendwie oder etwa nur wegen ihrer formalen Eigenschaften zur mittelbaren Beschreibung der Bewegungen gewählt, sondern sie sind auf Grund von Erfahrungstatsachen und von deduktiven Betrachtungen im Laufe langer Zeiten aufgebaut worden. Die KIRCHHOFFsche Auffassung wird dem Erfahrungsgehalt der mechanischen Begriffe durchaus nicht gerecht.

Erwägt man die beiden erwähnten Einführungsarten in die Mechanik, von denen die eine gewissermaßen die Grundbegriffe logisch ableiten, die andere auf jede Erläuterung der Grundbegriffe verzichten will, und die beide keinen Erfolg haben, so erkennt man, daß nur der Weg übrigbleibt, der die Grundbegriffe durch diejenigen Erfahrungen erläutert, aus denen sie abstrahiert sind[1]). Dieses Verfahren würde sich auch für die Geometrie empfehlen, wenn er nicht hier dadurch entbehrlich würde, daß auf Grund der Erfahrungen *des täglichen Lebens* schließlich jedermann weiß, was unter einem Punkt, unter einer Geraden oder einer Ebene zu verstehen ist.

§ 137. Kraft.

Eine Kraft wird etwa durch eine gespannte Spiralfeder, die verlängert oder verkürzt sein, also einen Zug oder einen Druck ausüben kann (Abb. 187), oder auch durch ein Gewicht oder durch einen gespannten Faden dargestellt, welcher letztere nur einen Zug auszuüben fähig ist. Wir schreiben jeder Kraft einen Angriffspunkt, eine Richtung ihres Wirkens und eine Größe oder Intensität zu; dabei bedienen wir uns vielfach einer geometrischen Veranschaulichung der im Grund doch nur in ihrem Angriffspunkt vorhandenen Kraft, indem wir sie durch eine gerichtete Strecke darstellen, deren Anfang im Angriffspunkt liegt, und die, natürlich in der Richtung der

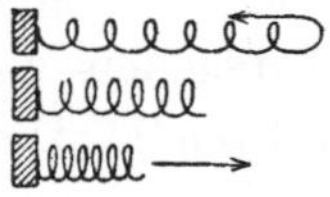

Abb. 187.

---

kleine Körper, die dann nach erfolgtem unelastischem Stoß zugleich miteinander fortgehen, sind zuerst x_1 und x_2 die Koordinaten der beiden Körper, und ist nach dem Stoß ξ ihre gemeinsame Koordinate, so gilt für die „Ableitungen" oder Differentialquotienten x_1', x_2', ξ' der Koordinaten, die nichts anderes als die Geschwindigkeiten der Körper bedeuten (§ 59), die Gleichung $(m_1 + m_2)\,\xi' = m_1 x_1' + m_2 x_2'$. Wiederholt man das Experiment des Stoßes *mit denselben beiden Körpern*, indem man dabei immer wieder neue Anfangsgeschwindigkeiten x_1' und x_2' zur Anwendung bringt, so gilt unsere Gleichung mit denselben beiden Verhältniszahlen m_1 und m_2; dieselben haben also eine für das Körperpaar selbst charakteristische Bedeutung.

[1]) G. FREGE (Grundgesetze der Arithmetik, 2. Bd., 1903, S. 148) macht die gewiß richtige Bemerkung: „Nur das logisch Zusammengesetzte läßt sich definieren; auf das Einfache kann man nur hinweisen."

Kraftwirkung sich erstreckend, ein Ebensovielfaches einer ein für allemal gewählten Längeneinheit ist, als die Kraft ein Vielfaches ist von einer zugrunde gelegten Krafteinheit.

Die Vervielfältigung einer Kraft setzt Vergleichung und Addition von Kräften voraus (§ 25). Dabei müssen wir uns auf Tatsachen beziehen und gewisse Annahmen, welche diesen angepaßt sind, als allgemeingültig einführen. Stellen wir uns zwei Kräfte in Gestalt von zwei Gewichten a und b vor, so können wir als Erklärung ihrer Gleichheit den Umstand ansehen, daß sie sich an einer gleicharmigen Wage das Gleichgewicht halten (Abb. 188). Hinsichtlich des Umstands, daß zwei Gewichte, die sich an einer gleicharmigen Wage das Gleichgewicht halten, dies auch an jeder anderen gleicharmigen Wage tun, werden wir uns auf die Erfahrung berufen. Ist nun in dem genannten Sinne $a = b$ und $c = b$, so heißt dies, daß neben dem durch Abb. 188 dargestellten Gleichgewicht auch das durch die Abb. 189 dargestellte statthat. Es ist aber offenbar keine logische Selbstverständlichkeit, daß aus den beiden vorigen Aussagen auch das durch die neue Abb. 190 dargestellte Gleichgewicht zwischen a und c notwendig folgt. Der Satz, daß aus $a = b$ und $c = b$ die Gleichung $a = c$ folgt, d. h. *daß zwei Gewichte a und c, die einem dritten Gewicht b gleich sind, einander gleich sein müssen*, ist also als eine besondere, durch Tatsachen zu motivierende Annahme, d. h. als ein Axiom einzuführen[1]). Der Form nach ist dies immer wieder das alte, schon in

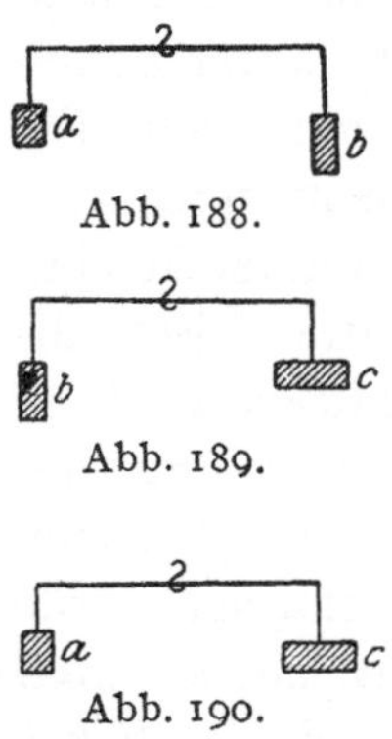

Abb. 188.

Abb. 189.

Abb. 190.

---

[1]) Es ist mir gelegentlich gegen diese Überlegung eingewendet worden, daß man durch eine andere Wendung der Definition der Gewichtsgleichheit die Einführung einer besonderen Annahme und auch die Bezugnahme auf eine gleicharmige Wage vermeiden könne. Offenbar ist folgende Definition möglich. Es soll $a = b$ sein, wenn an einer und derselben, gegebenenfalls auch ungleicharmigen Wage, an deren einem, etwa linken, Arm das Gewicht n angehängt ist, Gleichgewicht hervorgebracht wird, sowohl wenn a, als auch wenn b an den rechten Arm der Wage gehängt wird (Abb. 191). Die Vergleichung zweier vorgegebenen Gewichte a und b wird dann praktisch mit einer Wage zustande gebracht, die auf der einen Seite eine leere Schale trägt. Es wird diese dann bis zum Gleichgewicht mit a mit Schrotkügelchen gefüllt; nachher versucht man, ob sich das Gewicht a durch b ohne Störung des Gleichgewichts ersetzen läßt. Es wird nun bemerkt, daß bei dieser Anordnung es nicht als eine neue Annahme erscheine, daß aus $a = b$ und aus $c = b$ die Gleichung $a = c$ folgt. Dies ist aber nur dann richtig, wenn sowohl der Vergleich von a mit b, als auch der von c mit b *an derselben Wage mit Hilfe desselben Körpers n* vor sich gegangen ist. Daraus z. B., daß sowohl a, als auch b dem Körper n, und daraus, daß sowohl c, als auch b dem Körper m das Gleichgewicht hält, kann man nichts schließen, wenn man sich nicht die Wage wieder als gleicharmig denken und wieder die frühere Annahme oder doch dafür andere ganz neue Annahmen einführen will. Die neue Wendung in der

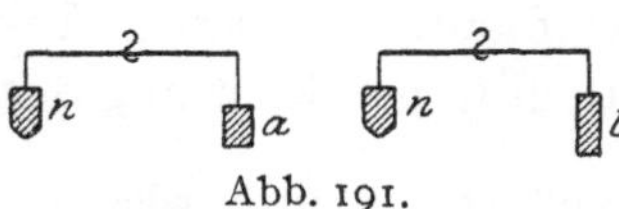

Abb. 191.

der Geometrie bei der Streckengleichheit erwähnte Axiom, das aber augenscheinlich hier, wo es sich um Gewichte handelt, einen anderen empirischen Inhalt besitzt als in dem früheren, auf die Strecken sich beziehenden Fall.

Noch natürlicher als die obige Definition gleicher Gewichte dürfte die folgende allgemeine Definition gleicher Kräfte sein: *zwei Kräfte sind einander an Größe gleich, wenn sie, an einem und demselben freien Massenpunkt in entgegengesetzter Richtung angebracht, sich das Gleichgewicht halten*[1]). Sind nun a, b, c Kräfte, so muß wieder die Grundannahme gemacht werden, daß aus $a = b$ und aus $c = b$ folgt, daß auch $a = c$ ist. Dies bedeutet jetzt, daß aus dem der Abb. 193 und dem der Abb. 194 entsprechenden Tatbestand sich stets auch der der Abb. 195 entsprechenden Tatbestand ergeben soll. Dabei können etwa a, b und c drei Spiralfedern von verschiedener Stärke und vielleicht auch verschiedenem Material bedeuten, von denen jede um ein gewisses Stück, und zwar jede um ein anderes, verlängert ist, während in den vorigen drei Abbildungen jedesmal zwei der Federn im Angriffspunkt P angebracht sind. Offenbar läßt sich die erwähnte Grundannahme nicht „logisch" beweisen; sie läßt sich nur im Einzelfall empirisch bestätigen.

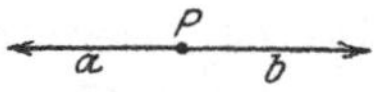

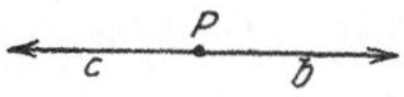

In entsprechender Weise ist jetzt die Addition zu definieren, wobei wieder wichtige, diesen Begriff betreffende Annahmen nötig werden, wenn die bekannten Additionsgesetze für die Addition der Kräfte bewiesen werden sollen. Dies ist jedoch schon im § 25 genauer auseinandergesetzt worden. Dadurch, daß eine Kraft einer Summe von n untereinander gleichen Kräften gleich sein kann, ergibt sich dann der Begriff der Vervielfachung von Kräften und dadurch die Möglichkeit, die Vielfachen jeder beliebigen Kraft mit den Vielfachen einer angenommenen Normalkraft zu vergleichen, d. h. die Möglichkeit, die Intensität jeder beliebigen Kraft zu messen[2]).

Gleichheitsdefinition bewirkt also nur, daß die frühere Annahme bei der Entwicklung des Tatsachenzusammenhangs an eine etwas andere Stelle rückt. Freilich gilt dies alles nur unter der Voraussetzung, daß das Gleichgewicht an der Wage ganz für sich betrachtet wird. Bei einer allgemeineren Entwicklung der Gleichgewichtslehre wird man sowieso die Grundtatsachen etwas anders wählen (vgl. die weiteren Auseinandersetzungen des Textes und § 13).

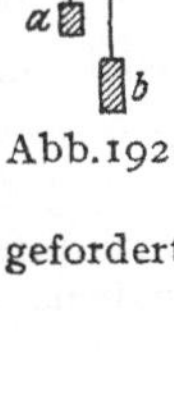

[1]) Zwei Gewichte freilich können nicht in entgegengesetzte Richtung gebracht werden, sondern nur durch Vermittlung von Fäden (Abb. 192) gegeneinander wirken.

[2]) Vgl. § 22; das archimedische Axiom muß auch für die Kräfte besonders gefordert werden.

§ 138. Trägheitsgesetz.

Geht man zur Betrachtung der Bewegung eines als punktförmig angesehenen, aber noch mit Masse begabten Körpers, eines sogenannten „materiellen Punktes" oder „Massenpunktes" über, so wären zunächst die Newtonschen „Leges motus" zu besprechen. Sie bilden die einfachsten Grundlagen der Dynamik, d. h. der Lehre von der Bewegung der Massen unter dem Einfluß gegebener Kräfte. Das erste jener Newtonschen Bewegungsgesetze, das Trägheitsgesetz, war schon Galilei, wenn auch in etwas weniger scharfer Fassung, bekannt. Es lautet bei Newton so[1]):

„Jeder Körper verharrt in seinem Zustand der Ruhe oder der geradlinig gleichförmigen Bewegung, insoweit er nicht durch Kräfte, die auf ihn wirken, diesen Zustand zu ändern gezwungen wird."

Selbstverständlich kann dieses Gesetz auch nicht in einem einzigen Falle als genau gültig beobachtet werden. Wenn dagegen Natorp meint[2]), es mißlinge durchaus, einen empirischen Tatbestand aufzuweisen, den das Prinzip der Beharrung ausdrückt, so muß ich dem dennoch widersprechen. Stoßen wir einen Stein, der auf einer glatten horizontalen Ebene, etwa auf einer Eisfläche gelegen ist, in horizontaler Richtung an, so geht er mit nur sehr allmählich abnehmender Geschwindigkeit ein ganzes Stück in gerader Linie fort. Der Umstand, daß er um so weiter sich fortbewegt, um so länger braucht, bis er zur Ruhe kommt, um so langsamer seine Geschwindigkeit verliert, je glatter die Ebene ist, dieser Umstand ist geeignet, in uns den Gedanken anzuregen, daß der Stein auf einer vollständig glatten Ebene mit konstanter Geschwindigkeit und ohne Ende geradlinig fortgehen müßte, vorausgesetzt, daß die Ebene auch unendlich ausgedehnt wäre. Die so durch den empirischen Tatbestand angeregte Annahme, durch die wir versuchen, uns zu unbedingter Genauigkeit zu erheben[3]), veranlaßt uns zugleich, den Tatbestand, so wie wir ihn wirklich beobachten, zu zerlegen, d. h. ihn zusammengesetzt zu denken aus der Trägheit, vermöge deren der Körper mit unverminderter Geschwindigkeit fortfliegt, und aus einer hemmenden Gegenwirkung, die in der Hauptsache aus der Reibung der nicht vollständig glatten Ebene entspringt.

Es ist schon oft darauf hingewiesen worden, daß das Trägheitsgesetz eigentlich nicht einmal eine an und für sich naheliegende An-

---

[1]) J. Newton, Philosophiae naturalis principia mathematica, 1687, p. 12: „Corpus omne perseverare in statu suo quiescendi vel movendi uniformiter in directum, nisi quatenus a viribus impressis cogitur statum illum mutare."

[2]) a. a. O., S. 360.   [3]) Vgl. S. 397, Anm.

nahme ist, wie denn alle diejenigen, die sich vor Galilei über Bewegung und Kräfte in Spekulationen ergangen haben, angenommen haben, daß dann, wenn die Kräfte zu wirken aufhören, die Bewegung gleichfalls aufhöre[1]). Die von Galilei berücksichtigte Erfahrung war es eben, welche die neue Annahme veranlaßt hat. G. Heymans[2]) hat in der Absicht, einen apriorischen Bestandteil in den Grundlagen der Mechanik nachzuweisen, sich dahin ausgesprochen, daß das Trägheitsprinzip insofern apriorisch sei, als es verlange, daß der Zustand des Körpers, wenn keine Kraft auf ihn wirkt, unverändert bleibt. Er fügt dann hinzu: „Das apriorische Prinzip begründet bloß ein disjunktives Urteil. Entweder der Ort oder der Bewegungszustand des sich selbst überlassenen Körpers muß sich unverändert erhalten." Mindestens dieser Zusatz ist sehr anfechtbar. Weshalb kann der unveränderte Zustand nur entweder durch den unveränderten Ort oder durch die unveränderte Geschwindigkeit charakterisiert sein, warum nicht etwa auch durch eine unveränderte Geschwindigkeitszunahme oder vielleicht durch eine unveränderte Krümmung der Bahn?

Es erscheint mir zwecklos, die Bedeutung der Erfahrung als einer der Hauptquellen unserer mechanischen Erkenntnis herabsetzen zu wollen, wenn auch gewiß zuzugeben ist, daß wir uns durch unsere Annahmen versuchsweise über sie erheben, sie verallgemeinern und zugleich idealisieren.

§ 139. Zeitmessung.

Da das Trägheitsprinzip behauptet, daß in gleichen Zeiten gleiche Wege durchlaufen werden, so setzt es als bekannt voraus, was man unter gleichen Zeitintervallen zu verstehen hat. Der Zeitpunkt, das Aufeinanderfolgen von Zeitpunkten und die Gleichheit bzw. Ungleichheit der Zeitintervalle, das sind also hier gegebene Begriffe, so wie wir ähnliche bereits in § 1 in der Geometrie kennengelernt haben. Es werden dabei für die Zeitpunkte und ihre Intervalle die Annahmen gemacht, die früher allgemein für das Kontinuum (§ 124, vgl. auch § 2) aufgestellt worden sind. So müssen z. B., wenn t_0, t_1, t_2 aufeinanderfolgende Zeitpunkte sind, und wenn dasselbe für t_0', t_1', t_2' gilt, und wenn die Intervalle von t_0 bis t_1 und von t_0' bis t_1' einander, und ebenso die Intervalle von t_1 bis t_2 und von t_1' bis t_2' einander gleich sind, auch die Intervalle von t_0 bis t_2 und von t_0' bis t_2' einander gleich

---

[1]) „Cessante causa cessat effectus" war der Grundsatz der aristotelischen Physik (vgl. Wundt, Die physikalischen Axiome und ihre Beziehung zum Causalprinzip, 1866, S. 42), wozu noch zu bemerken ist, daß Aristoteles ohne Zweifel die Bewegung oder die Geschwindigkeit selbst, nicht aber den Geschwindigkeitszuwachs als den „Effekt" angesehen haben würde.

[2]) Die Gesetze und Elemente des wissenschaftlichen Denkens, 2. Aufl., 1905, S. 388.

sein. Zwischen diesen Zeitbegriffen und den Raumbegriffen: Punkt, Strecke usw. setzt das Trägheitsprinzip mit Rücksicht auf die Bewegung des sich selbst überlassenen Körpers eine Beziehung fest.

Will man sich aber auf die Bestätigung der mechanischen Gesetze in der Erfahrung berufen, so kann man nicht an der Frage vorbeigehen, wie die Gleichheit von Zeitintervallen erfahrungsgemäß ermittelt wird. Die einfachsten Zeitangaben beruhen auf der regelmäßigen Wiederkehr gewisser Ereignisse, wobei dann die Zeitintervalle zwischen je zwei aufeinanderfolgenden der Ereignisse einfach als gleich a n g e n o m m e n und dann diese Intervalle gezählt werden. So zählen wir nach Jahren und Tagen, aber auch etwa nach Pulsschlägen[1]). Die scheinbare Verschiebung eines Fixsterns am Himmel im Laufe des Tages, der Ablauf einer Sand- oder Wasseruhr geben uns andere Zeitbestimmungen, von denen die erste erst infolge von geometrischen Überlegungen und der Annahme, daß die scheinbare Rotation des Fixsternhimmels eine gleichartige ist, zu einem Zeitmaß führt, während die beiden anderen nicht zu großer Genauigkeit gesteigert werden können.

Die Schwierigkeit, so die gleichen Zeitintervalle zu erläutern, hat wohl den Versuch veranlaßt, die Definition an das Trägheitsgesetz selbst zu knüpfen. Dieses Gesetz muß dann so formuliert werden: Zwei freie, sich selbst überlassene Massenpunkte, d. h. solche, auf die keine Kräfte einwirken, bewegen sich jeder auf einer geraden Linie, und es durchläuft der erste Punkt zwei einander gleiche Strecken in zwei solchen Zeitintervallen, in denen der zweite zwei einander gleiche Strecken durchläuft. Auf diese Art ist der Begriff der gleichen Zeitintervalle aus der Formulierung des Trägheitsgesetzes eliminiert, und man kann nachher auf Grund des so formulierten Gesetzes folgendermaßen definieren: Zwei Zeitintervalle heißen gleich, wenn in ihnen ein sich selbst überlassener Körper — und infolgedessen jeder solche Körper — gleiche Strecken durchläuft. Diese Auffassung erscheint mir durchaus folgerichtig[2]). Trotzdem finde ich, daß sie sich nicht sehr wesentlich von derjenigen unterscheidet, die eben die Zeitbegriffe wie die Raumbegriffe als gegeben hinnimmt und das Trägheitsgesetz und die anderen Newtonschen Axiome (Leges) postuliert. Wesent-

---

[1]) Eine, freilich unverbürgte Sage läßt Galilei im Dome zu Pisa die schwingenden Kandelaber beobachten, wobei er die nach der Länge der Aufhängung verschiedenen Schwingungszeiten durch Befühlen seines Pulses bestimmt haben soll.

[2]) Sie rührt von C. Neumann her (vgl. Über die Prinzipien der Galilei-Newtonschen Theorie, Antrittsvorlesung, Leipzig, 1869, S. 18). Man vgl. übrigens auch den Ausspruch von Leibniz: „In diesem Sinne ist denn auch die Zeit das Maß der Bewegung, d. h. die gleichmäßige Bewegung ist das Maß der ungleichmäßigen" (Neue Abhandlungen usw., übersetzt von Schaarschmidt, 2. Aufl., 1904, S. 126).

lich aber ist es, daß wir im Besitze der Theorie, die wir aus den Annahmen deduziert haben, die empirischen Zeitmessungen aneinander korrigieren und verfeinern können. Das Verfahren ist dasselbe, wie das in § 135 hinsichtlich der Geometrie und der geometrischen Messungen geschilderte. Die gröberen Beobachtungen führen bereits zu den Grundannahmen hin. Indem wir dann an diesen als an unbedingt gültigen Ausgangspunkten festhalten, idealisieren wir die Begriffe und gelangen gerade dadurch, indem wir zugleich wieder den Anschluß an die Erfahrung herstellen, zu den verfeinerten Messungen, welche in diesem Fall mit Pendel- oder Taschenuhren und mit Berücksichtigung der astronomischen Beobachtungen vor sich gehen.

Das Gesagte bezieht sich auf die Zeitmessung der klassischen Mechanik. In der Einsteinschen Relativitätstheorie erscheinen wesentlich andere Raum-Zeit-Begriffe, und es bleibt z. B. das Trägheitsgesetz nur unter gewissen Umständen in einer gewissen Annäherung bestehen (vgl. § 165).

§ 140. Newtons zweites Gesetz.

Während nun die besprochene erste „Lex" von Newton wenigstens von seiten der Mathematiker ziemlich allgemein als eine der Erfahrung angepaßte Annahme angesehen wird, so wird das zweite Gesetz gerade von manchen Mathematikern für eine Tautologie erklärt. Das Gesetz lautet so: „Die Änderung der Bewegung ist der Einwirkung der bewegenden Kraft proportional und geschieht nach der Richtung derjenigen geraden Linie, nach welcher jene Kraft wirkt." Dieses Gesetz wird von Newton so aufgefaßt[1]), daß einerseits bei einer unter dem Einfluß einer konstanten Kraft vor sich gehenden Bewegung die Änderung der Geschwindigkeit in verschiedenen Zeitintervallen von derselben Länge dieselbe ist, andererseits, daß bei Änderung der Kraft der Geschwindigkeitszuwachs in demselben Verhältnis sich ändert, wie die Kraft. Zu diesem Gesetz bemerkt z. B. Russel[2]): „The second law as it stands is worthless. For we know nothing about the impressed force except that it produce change of motion, and thus the law might seem to be a mere tautology."

Diese Auffassung, die heutzutage viele Anhänger besitzt, nähert sich dem in § 136 besprochenen Kirchhoffschen Standpunkt. Die Kraft soll sich nur in dem Bewirken einer Beschleunigung äußern können, weshalb eben eine Kraft, die einem Körper in gleichen Zeiten gleiche Geschwindigkeitszuwüchse erteilt, konstant genannt wird. Zwei konstante Kräfte werden dann einander gleich genannt, wenn

---

[1]) Vgl. S. 12 der Principia.   [2]) a. a. O., S. 483.

die eine einem Körper in der Zeiteinheit denselben Geschwindigkeitszuwachs erteilt, den die andere verleiht, falls diese an Stelle jener auf
den Körper wirkt. Die Aussage, daß eine bestimmte Kraft auf einen
Körper wirkt, ist dann bloß noch eine Umschreibung der Gleichung,
welche den Geschwindigkeitszuwachs zu berechnen erlaubt und damit
die Bewegung mittelbar beschreibt. Damit aber wird ein Teil der
Tatsachen vernachlässigt, an denen die mechanischen Begriffe abgezogen sind.

Man denke sich, um dies deutlich zu erkennen, zwei Gewichte, das
eine von a, das andere von b Kilogramm, in der Art der Atwoodschen
Fallmaschine durch einen Faden, der über eine Rolle läuft, verbunden,
wobei aber auf der Seite von a noch eine Feder f in den Faden eingeschaltet sein soll (Abb. 196). Von dem Gewicht dieser Feder soll
abgesehen werden können. Ist nun $a > b$, so wird das erste Gewicht
herabsinken, das andere aufsteigen, und es wird, wenn das Gewicht a

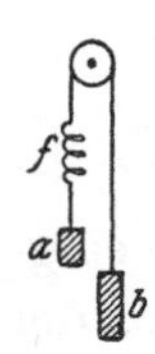

Abb. 196.

das Gewicht b nur wenig übertrifft, die Bewegung längere
Zeit so langsam sein, daß der ganze Vorgang leicht beobachtet
werden kann. Die Bewegung erfolgt mit wachsender Geschwindigkeit, wobei die Feder f, gegenüber von ihrem ursprünglichen Zustand vor der Einschaltung in den Apparat
eine gewisse Verlängerung zeigt, die sich jedoch während
des ganzen Verlaufs der Bewegung gleichbleibt. Die Verlängerung der Feder gibt die Spannung des Fadens an; diese Spannung ist gleich s Kilogramm, wobei dies das Gewicht bedeutet, das
im Fall der Befestigung des oberen Endes der Feder am unteren
Ende angehängt werden müßte, um die Feder um genau soviel zu
verlängern, als sie während der Bewegung verlängert war.

Da nun bei der betrachteten Bewegung der erste Körper von
seinem Gewicht von a Kilogramm nach unten, jedoch vom Faden,
der die Spannung von s Kilogramm hat, nach oben gezogen wurde, so
wirkte auf ihn die Kraft von $a - s$ Kilogramm nach unten. Es bekommt nun dieser Körper, jedesmal wenn das beschriebene Experiment gemacht wird, in gleichen Zeiten gleiche Geschwindigkeitszuwüchse. Die konstante Kraft $a - s$ bewirkt also erfahrungsgemäß solche gleiche Zuwüchse, d. h. sie bewirkt, wie wir sagen, eine
„gleichförmig beschleunigte" Bewegung. Durch Änderung des Gewichts b kann man die Spannung s[1] und damit die Kraft $a - s$ verändern, die auf den sich gleichbleibenden ersten Körper vom Gewicht a
tatsächlich wirkt. Auf diese Weise kann man experimentell beweisen,
daß z. B. die Verdopplung der wirkenden Kraft $a - s$ die Verdopplung

---

[1] Diese Spannung s ist durchaus nicht etwa b und auch nicht $a-b$; sie wird
S. 431 in Anm. 2 bestimmt werden.

der Beschleunigung, d. h. die Verdopplung des auf die Zeiteinheit fallenden Geschwindigkeitszuwachses zur Folge hat[1]).

Wer die angeführten empirischen Tatsachen sämtlich bedenkt, wird kaum mehr der Auffassung zustimmen können, daß die Aussage: „Es wirkt auf diesen Körper eine konstante Kraft" nichts anderes sei als eine Umschreibung der anderen: „Dieser Körper bewegt sich so, daß er in gleichen Zeiten gleiche Geschwindigkeitszuwüchse erhält." Eine solche Auffassung vergißt, daß man die Kraft auch an etwas anderem als an ihrer beschleunigenden Wirkung erkennen, daß man sie auch statisch messen kann, wie dies in § 137 geschehen ist. Allgemein gesagt, finden dann, wenn wir vom Wirken einer bestimmten Kraft sprechen, gewisse Umstände statt, die wir in bestimmter Weise wiederzuerkennen vermögen, wie z. B. die Verlängerung einer im Apparat vorhandenen Feder, deren Spannung eben die betreffende Kraft liefert. Geeignetenfalls fühlen wir die Kraft, wenn sie z. B. auf unsere Hand wirkt, in einer Hautempfindung, oder wir bemerken sie, wenn wir ihr das Gleichgewicht halten, an dem Gefühl der dabei angewendeten Muskelanstrengung. Kehren jene gleichen Umstände in genau derselben Weise wieder, so sagen wir, daß wieder dieselbe Kraft vorliegt. Nimmt man noch auf die in § 137 gegebene Definition der gleichen Kräfte Rücksicht, so wird man erkennen, daß es sich nicht um Tautologien, sondern um in der Erfahrung sich bestätigende Sätze handelt, wenn wir sagen, daß eine Kraft, die sich gleichbleibt, in gleichen Zeiten gleiche Geschwindigkeitszuwüchse bewirkt, und daß zwei gleiche Kräfte demselben Körper, wenn das eine Mal die eine, das andere Mal die andere auf ihn wirkt, dieselbe Beschleunigung erteilen.

§ 141. Das Relativitätsprinzip der klassischen Mechanik.

Die Tatsache, daß die konstante Kraft einen freien Massenpunkt, der zuerst in Ruhe oder in der Linie der Kraft in Bewegung begriffen war, gleichförmig beschleunigt, ist soeben als ein empirisch sich bestätigendes Gesetz bezeichnet worden; dieses läßt sich aber auch deduktiv beweisen, wenn man dafür eine andere Annahme macht. Der Beweis ist in § 14 ausführlich dargelegt worden. Er macht hinsichtlich der relativen Bewegung die Annahme, daß ein freier Massenpunkt unter dem Einfluß von Kräften gegenüber von einem System, das eine geradlinig gleichförmige Verschiebungsbewegung macht, sich

[1] GALILEI hat bei seinen experimentellen Untersuchungen an Stelle des senkrechten Falls das Rollen auf einer schiefen Ebene gesetzt. Die Bewegung geht in diesem Fall so vor sich, als läge ein freier Massenpunkt vor, der in der Richtung der Bewegung von einer Kraft getrieben wird, die nur einen Teil des Gewichts des Körpers ausmacht.

gerade so bewegt, als ob dieses System in Ruhe, und als ob die Geschwindigkeit, die der Punkt im Beginn der Bewegung relativ zu dem System besitzt, seine wirkliche Anfangsgeschwindigkeit wäre[1]). Diese Annahme ist in § 14 aus der Erfahrung motiviert worden, und wir wollen sie als das klassische Prinzip von der relativen Bewegung bezeichnen im Gegensatz zu dem modernen Relativitätsprinzip der Physik, das von wesentlich anderer Art ist. Mit Hilfe des klassischen Relativitätsprinzips der Mechanik kann auch die Bewegung eines Körpers untersucht werden, der von einer konstanten Kraft getrieben, jedoch nicht in der Linie der Kraft in Bewegung begriffen ist. Von dieser Art ist die Wurfbewegung (§ 15).

Es ist eine Folge unseres Prinzips, daß wir uns jede Bewegung, die wir beobachten, nachträglich, bei denselben Annahmen über die Kräfte, auch noch anders vor sich gehend denken können, als wir die Bewegung ursprünglich aufgefaßt hatten; wir können nämlich dem bewegten System und mit demselben uns, den Beobachtern, selbst noch eine geradlinig gleichförmige Verschiebungsbewegung zuschreiben die sich zu den vorher angenommenen Bewegungen addiert. Aus demselben Grunde gestatten unsere a n d e n P l a n e t e n vorgenommenen Beobachtungen im Zusammenhang mit den Gesetzen der Mechanik uns gleich gut, den Schwerpunkt des Planetensystems als fest, oder aber ihn als geradlinig gleichförmig fortschreitend anzunehmen[2]).

Es liegt in dem Gesagten, daß man im Grunde gar nicht mehr ruhende Systeme und solche, die eine geradlinig gleichförmige Verschiebungsbewegung machen, voneinander unterscheiden kann, während z. B. Systeme, die sich drehen, einen wesentlich anderen Charakter haben als die beiden eben genannten Arten, worauf schon NEWTON aufmerksam gemacht hat[3]). Die zuerst genannten beiden Arten nennt man auch „Inertialsysteme"[4]). Jedes Inertialsystem ist gegenüber von jedem anderen solchen System entweder in Ruhe oder in geradlinig

---

[1]) Auf Grund desselben Prinzips hat HUYGENS die Gesetze des Stoßes in sehr geistreicher Weise hergeleitet.

[2]) Wenn trotzdem die zweite Annahme als eine verhältnismäßig gesicherte und auch der Betrag der betreffenden gleichförmigen Bewegung als bis auf einen gewissen Grad nachgewiesen gelten kann, so hat dies andere Gründe, die in der feineren Beobachtung der Fixsterne liegen. Diese liegen nämlich doch nicht in völlig festen Bogenabständen am scheinbaren Himmelsgewölbe, sondern rücken in der Nähe einer bestimmten Stelle (des sog. „Apex" des Sonnensystems) im Laufe langer Zeit mehr und mehr auseinander und in dem Punkt des Himmels, der der Gegenpunkt des genannten ist, mehr und mehr zusammen, und es ist unwahrscheinlich, daß diese Erscheinung von wirklichen Bewegungen der vielen uns ungeheuer fernen und voneinander ungeheuer weit getrennten Fixsterne abzuleiten sein sollte.

[3]) Philosophiae naturalis principia mathematica, 1687, p. 7ff.

[4]) Vgl. H. v. SEELIGER, Berichte d. math.-phys. Klasse der K. Bayer. Akademie d. Wissenschaften, 1906, S. 103.

gleichförmiger Verschiebungsbewegung begriffen[1]), und jeder sich selbst überlassene freie materielle Punkt bewegt sich gegenüber von jedem Inertialsystem geradlinig gleichförmig.

Diese Gedanken führen aber noch weiter. Da man zwar einen Gegenstand meistens, z. B. wenn er von einer hervorstechenden Farbe ist, zu einer späteren Zeit wiedererkennen kann, aber doch im Grunde nicht beobachten kann, ob er dann *im absoluten Raume* wieder oder noch an demselben Orte sich befindet, so muß man sagen, daß sich die Bewegung eines Körpers eigentlich überhaupt nicht an und für sich, sondern nur relativ zu einem anderen Körper beobachten läßt. So ist die These entstanden, die bereits Huygens in seinem Briefwechsel mit Leibniz verfochten hat, und die jetzt wieder zahlreiche Anhänger besitzt, daß es absolute Bewegung überhaupt nicht, sondern nur relative Bewegung gebe. Die allgemeine Relativitätstheorie von Einstein geht auch von diesem Gedanken aus, führt aber noch sehr weit über ihn hinaus. Es ist nicht der Zweck meiner Ausführungen, auf diese schwierigen Dinge hier näher einzugehen; nur darauf muß hingewiesen werden, daß mit der Annahme der neuen These die ganze Grundlage der klassischen Mechanik aufgegeben werden muß. Ob auf die neuen, keineswegs einfachen Grundlagen die Physik in Zukunft dauernd aufgebaut werden wird, will ich dahingestellt sein lassen.

Immerhin, wenn wir auch die absolute Bewegung niemals wahrnehmen können, und wenn man auch bestreiten kann, daß wir beobachten können, ob wir uns mit einem Inertialsystem fortbewegen oder nicht mit einem solchen (man vergleiche aber § 14), so erscheint es mir trotzdem noch nicht widersinnig, wenn wir den absoluten Raum und die absolute Bewegung fordern, d. h. fordern, daß man sich ein ruhendes Koordinatensystem[2]) denken und auf dieses alle Bewegungen beziehen (§ 136 u. 14), oder daß wenigstens das Inertialsystem (s. oben) als etwas ein für allemal Gegebenes eingeführt werden darf. Auch in der Mechanik kommen wir nicht ohne gewisse Idealisierungen aus, und es kommt für die Anwendungen nur die Frage in Betracht, ob das idealisierte System den Erfahrungen angepaßt ist. Vielleicht können wir erfahrungsgemäß, natürlich nur in Annäherung, in der allein Beobachtung möglich ist, die Inertialsysteme von den anderen

---

[1]) Wenn das, natürlich starre, System B gegenüber vom System A eine geradlinig gleichförmige Verschiebungsbewegung macht, und dasselbe für das System C gegenüber von B gilt, so gilt dies auch für das System C gegenüber von A; dies ist ein ohne mechanische Voraussetzungen, lediglich auf Grund der gewöhnlichen Geometrie beweisbarer Satz.

[2]) Noch weitergehend und allerdings überflüssig scheint es mir, wenn man die wirkliche Existenz eines ruhenden physischen Körpers fordern will (vgl. C. Neumann, a. a. O., S. 15).

Systemen unmittelbar unterscheiden, in einer ähnlichen Weise, wie
wir früher (§ 129) den starren Körper vom nichtstarren unterschieden
haben; dann aber sind wir doch berechtigt, diese Unterscheidung und
gewisse an die Begriffsbildung sich anschließende, der Erfahrung angepaßte gesetzmäßige Beziehungen als allgemeingültig einzuführen.
Die Anpassung unserer abstrakten Begriffe: Lage, Bewegung, Geschwindigkeit, Relativbewegung usw. haben wir uns natürlich als
Ergebnis einer allmählichen Entwicklung zu denken. War für uns
zuerst die Erde der ruhende Körper und die Bewegung gegen die Erde
die absolute Bewegung, so haben wir dadurch, daß wir einmal einen
Wagen oder ein Schiff in Bewegung erblickten und ein anderes Mal
mit dem Wagen oder dem Schiff fuhren und uns darin bewegten,
den Unterschied zwischen der „absoluten" und „relativen" Bewegung
kennengelernt. Der dynamische Unterschied zwischen der geradlinig
gleichförmigen Verschiebungsbewegung und einer anderen Bewegung
wurde uns klar, als wir auf dem Fahrzeug eine schwierigere und Überlegung erfordernde Bewegung auszuführen versuchten (§ 14). Nachträglich kommt dann erst der Gedanke, daß, wegen des hierbei sich
zeigenden Relativgesetzes, vielleicht auch der Körper, der ursprünglich ruhend gedacht war, die Erde, eine Verschiebungsbewegung
machen könnte, welcher Gedanke sich dann wieder mit der uns aus
anderen Erscheinungen bekannten Drehbewegung der Erde verwickelt,
wobei aber diese Drehbewegung einen kleinen Teil der Erdoberfläche
in kurzer Zeit nicht wesentlich anders als bei einer geradlinig gleichförmigen Verschiebung bewegt. Die hier zutage tretenden Unbe-
stimmtheiten und Ungenauigkeiten in der Anwendung auf die Erfahrung brauchen uns an unseren Begriffen nicht irrezumachen[1]).
Nachträglich halten wir bei der Anwendung der Begriffe und Sätze
stets an den idealen Annahmen, zu denen wir gelangt sind, unbedingt
fest und korrigieren mit deren Hilfe die einzelnen Erfahrungen untereinander (§ 135 u 139).

§ 142. Unabhängigkeitsprinzip.
Deduktion der Proportionalität von Beschleunigung und Kraft.
Parallelogramm der Kräfte.

Es soll jetzt angenommen werden, daß auf einen, zuerst in Ruhe
befindlichen Massenpunkt gleichzeitig zwei nach Größe und Richtung

---

[1]) In diesem Sinne glaube ich, daß die neuere Kritik der Grundbegriffe vielfach
über das Ziel hinausschießt. Auch der Bemerkung von H. WEYL (Das Kontinuum,
1918, S. 72), daß der Punkt kein „Individuum" sei, weil ich keinen Punkt absolut
genau für sich allein festlegen kann, möchte ich keine tiefere Bedeutung beilegen,
weder für die Anwendung des Punktbegriffs in der Geometrie, noch in der Mechanik
und der Physik.

konstante Kräfte k_1 und k_2 wirken. Der gedachte Punkt würde, falls die erste Kraft k_1 allein auf ihn wirkte, eine geradlinige und gleichförmig beschleunigte Bewegung machen, die ihn in der ersten Sekunde von O bis A_1, in den beiden ersten Sekunden bis A_2 und in den ersten drei Sekunden bis A_3 bringen würde usw. (Abb. 197), wobei sich dann die Strecken OA_1, OA_2, OA_3, $\cdots$ wie $1^2 : 2^2 : 3^2 : \cdots$ verhalten (§52). Ebenso würde der Massenpunkt unter der alleinigen Einwirkung der zweiten Kraft eine geradlinige und gleichförmig beschleunigte Bewegung machen, bei der er, da er mit der Geschwindigkeit o begann, in der ersten, in den beiden ersten, in den drei ersten Sekunden usw. Strecken von O bis B_1, bis B_2, bis B_3 usw. zurücklegen würde, die wiederum dieselben Zahlverhältnisse besitzen.

Newton nahm nun einfach an[1]), daß der Massenpunkt unter dem gleichzeitigen Einfluß der beiden Kräfte tatsächlich den Weg $OC_1C_2C_3\ldots$ macht, wobei die Stelle C_1, in der sich die bewegte Masse am Ende der ersten, und die Stelle C_2, in der sich die Masse am Ende der zweiten Sekunde befindet, durch Konstruktion der Parallelogramme $OB_1C_1A_1$ und $OB_2C_2A_2$ und die anderen Stellen auf entsprechende Weise gefunden werden.

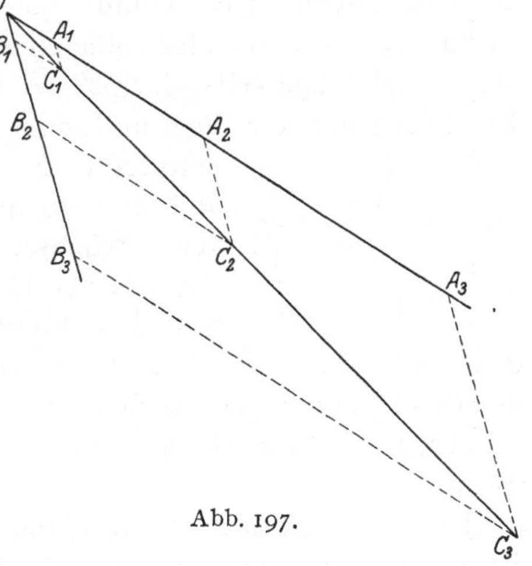

Abb. 197.

Aus den oben angegebenen Streckenverhältnissen folgt geometrisch, daß die Punkte $OC_1C_2C_3\ldots$ in gerader Linie liegen und wieder dem Gesetz der gleichförmig beschleunigten Bewegung entsprechen, so daß sich also $OC_1 : OC_2 : OC_3 : \cdots$ wie $1^2 : 2^2 : 3^2 : \cdots$ verhalten.

Man gebraucht nun auch die Ausdrucksweise, daß in der tatsächlich unter dem Einfluß der beiden Kräfte vor sich gehenden Bewegung jene beiden anderen, nur gedachten Bewegungen $OA_1A_2A_3\ldots$ und $OB_1B_2B_3\ldots$ nebeneinander bestehen, so daß die Einwirkungen beider Kräfte voneinander unabhängig vor sich gehen. Im Grunde ist dies nur eine Umschreibung der Zusammensetzungsart, aus der man die tatsächlich vor sich gehende Bewegung durch mathematische Konstruktion erhalten kann[2]).

---

[1]) Es ist nicht möglich, dieses „Unabhängigkeitsprinzip" so, wie in § 15 die Wurfbewegung hergeleitet wurde, aus dem Relativitätsprinzip der klassischen Mechanik (§ 141) abzuleiten.

[2]) Daß die beiden gedachten Teilbewegungen nicht in der Wirklichkeit existieren, hat B. Russel klar hervorgehoben (a. a. O., p. VI, VII).

Nimmt man nun insbesondere die Strecken OA_1 und OB_1 als einander gleich und als näherungsweise gleichgerichtet an (Abb. 198), so ist das Parallelogramm $OB_1C_1A_1$ ein sehr flacher Rhombus, dessen Diagonale näherungsweise gleichgerichtet und doppelt so groß ist wie OA_1. Es ergibt sich daher im „Grenzfall", wenn man OA_1 und OB_1 zusammenfallen läßt, daß die Wege der tatsächlichen Bewegung $OC_1C_2C_3\ldots$ alle doppelt so groß werden als die Wege, welche in denselben Zeiten unter dem Einfluß der einen Kraft k_1 zurückgelegt würden. Der eben gedachte Fall tritt ein, wenn k_1 und k_2 nach Größe und Richtung gleich sind, wobei dann natürlich die Wege OA_1 und OA_2, die der bewegte Punkt in der ersten Sekunde machen würde, unter der alleinigen Einwirkung von k_1, bzw. unter der alleinigen Einwirkung von k_2, einander völlig gleich sind. Man gelangt so mit Hilfe des „Unabhängigkeitsprinzips" zu dem Ergebnis, daß die doppelte Kraft die doppelten Wege und somit auch im jedesmal entsprechenden

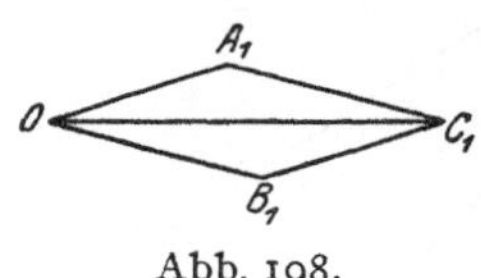

Abb. 198.

Zeitpunkt die doppelte Geschwindigkeit (§ 59) und deshalb auch die doppelten Geschwindigkeitszuwüchse, d. h. die doppelte Beschleunigung (§ 14) hervorbringt. Läßt man also auf denselben Massenpunkt zuerst eine und nachher eine andere Kraft jedesmal konstant einwirken, so erweisen sich die Beschleunigungen als den Kräften proportional. Dieses Ergebnis ist bereits in § 140 als ein experimentell sich bestätigendes angeführt worden.

Jetzt erwäge man noch einmal die Abb. 197, wobei nun die Kräfte k_1 und k_2 und also auch die Wege OA_1 und OB_1 wieder nach Größe und Richtung voneinander verschieden sein dürfen, und denke sich noch eine dritte Kraft k_3, welche die Bewegung $OC_1C_2C_3\ldots$ erzeugen würde. Läßt man nun das auseinandergesetzte Prinzip von der Zusammensetzung der Wege auch für den Fall des gleichzeitigen Wirkens von drei Kräften gelten, so erkennt man, daß das gleichzeitige Wirken von k_1 und k_2 und von der zu k_3 entgegengesetzten Kraft k_3' eine Bewegung ergeben müßte, die sich aus der Bewegung $OC_1C_1C_3\ldots$ und aus einer solchen zusammensetzt, die, gleichfalls in O mit der Geschwindigkeit o beginnend, in entgegengesetzter Richtung wie die letztgenannte Bewegung verläuft und dabei ebenso große Wege macht. Bei dieser Zusammensetzung ergeben sich aber die Wege für alle Zeitintervalle gleich o, d. h. es müßten die Kräfte k_1, k_2 und k_3' zusammen den Massenpunkt, falls er am Anfang in Ruhe war, in der Ruhe belassen. Die Kräfte k_1, k_2 und k_3' sind also miteinander im Gleichgewicht. Aus diesem Ergebnis folgt dann, wenn es mit dem früheren von der Proportionalität von Kraft und Beschleunigung verknüpft wird, daß die Kräfte k_1, k_2 und k_3, falls sie in üblicher Weise geometrisch durch Strecken vorgestellt werden, dieselbe Eigenschaft wie die entsprechenden Wege haben müssen, daß sie nämlich als die beiden Seiten und die Diagonale eines und desselben Parallelogramms erscheinen. Man erhält so den Satz vom Parallelogramm der Kräfte[1]).

§ 143. Masse.

Liegt ein homogener Körper vor und wollen wir *aus demselben Stoff* einen anderen Körper herstellen, der die doppelte Masse besitzt, so werden wir nicht in Verlegenheit sein. Wir werden uns einen dem ersten nach Stoff und Volum völlig gleichen Körper verschaffen und diesen mit jenem fest zusammenfügen, z. B. zusammenlöten, wenn es sich um metallische Körper handelt. Anders liegt die Sache, wenn gefragt wird, ob von zwei vorliegenden Körpern, die aus verschiedenem Stoffe sind, der erste ebensoviel Masse oder vielleicht doppelt oder dreimal soviel Masse habe als der zweite. Es nützt nicht viel, in diesem Fall zu sagen, daß man eben annehme, daß alle Körper aus durchaus gleichartigen, auch gleich großen Teilchen bestehen — die dann natürlich bei verschiedenartigen Stoffen wieder zu verschiedenartigen „Atomen" gruppiert sein müßten —, und nun gleiche Massen als solche zu definieren, welche dieselbe Zahl von Teilchen enthalten. Da ja die gedachten kleinsten Teile hypothetisch sind und im Grunde nicht wahrgenommen werden können, so ist immer noch, zum mindesten bei den Anwendungen des Massenbegriffs, ein Kennzeichen dafür nötig, wann wir zwei Körpern gleiche Massen, d. h. also bei der eben genannten Auffassung dieselbe Zahl von Teilchen zuschreiben sollen.

Mit Rücksicht auf die Gesetze, wonach eine nach Größe und Richtung konstante Kraft einem Massenpunkt, der in der Richtung der Kraft in Bewegung begriffen ist, eine konstante Beschleunigung, d. h. für jede Zeiteinheit denselben Geschwindigkeitszuwachs (§ 14), und wonach die doppelte und dreifache Kraft usw. den doppelten und dreifachen Geschwindigkeitszuwachs erteilt (§ 142), kann man nun definieren: Zwei Körper haben dieselbe Masse, wenn sie von seiten

---

[1]) Man beachte aber auch S. 43, Anm. 1. Überträgt man noch den Satz vom Parallelogramm von dem Fall, in dem die Kräfte an einem freien Massenpunkt angreifen, auf den anderen, in dem sie an derselben Stelle eines starren Körpers wirken, so kann man durch Ersetzen jener beiden Kräfte durch die eine oder in anderen Fällen durch Zerlegung der einen resultierenden Kraft in zwei „Komponenten" und durch Verlegen der Angriffspunkte von Kräften in den Linien, in denen diese wirken, alle die Umformungen vollbringen, durch die ein am starren und freien Körper wirkendes Kräftesystem in ein gleichwertiges übergeführt wird. Man gelangt so zur Statik (Gleichgewichtslehre) des starren Körpers.

derselben Kraft dieselbe Beschleunigung erhalten[1]). Man kann gleich noch hinzufügen: Ein Körper, der die doppelte, dreifache usw. Beschleunigung erhält durch eine Kraft, die einem anderen Körper die einfache Beschleunigung erteilt, hat die Hälfte, den dritten Teil usw. der Masse des zweiten Körpers. Nun besteht aber offenbar die Nötigung, für den Fall, daß zwei Körper verglichen werden, die aus demselben Stoff bestehen, die Übereinstimmung der jetzt gegebenen Erklärung mit der früheren zu zeigen.

Zu diesem Zweck denke man sich nebeneinander zwei nach Volumen und Stoff völlig gleiche Körper M und M', deren jeder, etwa aus der Ruhe heraus, durch eine Kraft bewegt wird (Abb. 199); es soll sich aber dabei um zwei nach Größe und Richtung gleiche Kräfte handeln, die beide mit k bezeichnet werden sollen. Die beiden Körper müssen nun genau dieselbe Bewegung machen und werden also stets nebeneinander hergehen. Es wird somit, das ist jedenfalls eine naheliegende Annahme, sich nichts an dem geschilderten Sachverhalt ändern, wenn bei Wiederholung des Vorgangs die beiden Körper in starre Verbindung miteinander gebracht werden. Jetzt liegt die aus M und M' bestehende, also im Vergleich zu M doppelte Masse vor, welche durch die doppelte Kraft $k + k = 2\,k$ bewegt wird. Der zusammengesetzte Körper erhält aber nach dem eben Gesagten immer noch dieselbe Beschleunigung wie vorher jede der Massen M und M'. Offenbar kann man sich nun auch μ gleiche Massen in derselben Weise aneinandergefügt denken, und es ergibt sich, daß die μ fache Kraft (vgl. § 137) der μ fachen Masse dieselbe Beschleunigung erteilt, wie die einfache Kraft der einfachen Masse. Da nun aber nach § 142 die einfache Kraft einer Masse den μ^{ten} Teil derjenigen Beschleunigung erteilt, die derselben Masse von der μ fachen Kraft erteilt wird, so erhält der Körper, der im früheren Sinn das μ fache des Körpers M ist, d. h. der aus μ dem Körper M nach Stoff und Volum gleichen Körpern zusammengefügt ist, durch die einfache Kraft k den μ^{ten} Teil von derjenigen Beschleunigung, die M selbst durch die Kraft k erhält. Man erkennt nun, daß die frühere Definition des Massenverhältnisses für die Körper, die aus einerlei Stoff bestehen, mit der nachher gegebenen Definition im Einklang bleibt.

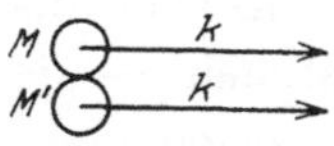

Das eben verwendete Prinzip, das man auch das Prinzip der Juxtaposition nennt, läßt auch für die Zusammenfügung zweier

---

[1]) Wie wir definieren konnten, wann zwei Kräfte gleich genannt werden (§ 137), aber nicht erklären konnten, was eine Kraft ist, so kann man hier auch nur eine Definition dafür geben, wann zwei Körper „in Beziehung auf Masse" einander gleich sind (§ 18 u. 100) oder ein gewisses Verhältnis haben.

Körper, die nicht aus demselben Stoffe bestehen, einen Schluß zu. Seien M_1 und M_2 zwei Körper, deren Massen nach der zuletzt gegebenen Definition das $m_1$fache bzw. das $m_2$fache von der Masse des Körpers M vorstellen. Es wird dann nach § 142 die Kraft $m_1 k$ dem Körper M_1, und die Kraft $m_2 k$ dem Körper M_2 dieselbe Beschleunigung erteilen, die der Körper M durch die Kraft k erhält. Es werden also M_1 und M_2, wenn sie, etwa aus der Ruhe heraus, durch die genannten Kräfte bewegt werden (Abb. 200), beständig nebeneinander hergehen. Indem ich mir jetzt wieder zwischen M_1 und M_2 eine starre Verbindung hergestellt denke, erhalte ich das Ergebnis, daß der so zusammengesetzte Körper durch die Kraft $m_1 k + m_2 k = (m_1 + m_2) k$ dieselbe Beschleunigung erhält, wie der Körper M durch die Kraft k. Hieraus ergibt sich dann, daß $m_1 + m_2$ die Maßzahl der Masse des zusammengesetzten Körpers darstellt, wenn die Masse von M als die Masseneinheit angesehen wird. Es werden also durch die jetzt gewählte Definition der Masse den Körpern in der Tat als Maßzahlen solche Zahlen zugeordnet, die sich bei der physischen Zusammensetzung der Körper additiv verhalten. Dies ließ sich deduzieren, nachdem zu den schon früher gemachten Annahmen noch das Prinzip der Juxtaposition getreten war; das Ergebnis läßt sich aber auch experimentell bestätigen.

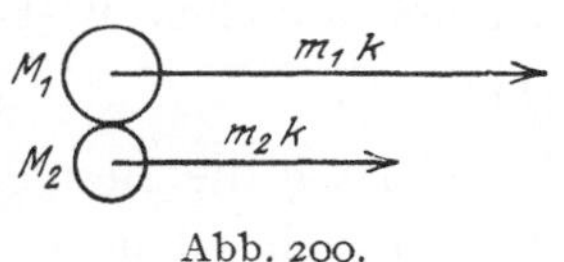

Abb. 200.

Richtet man, wie üblich, mit Rücksicht auf die bereits gewählten Einheiten der Wege und der Zeiten, die auch das Maß der Geschwindigkeit und der Beschleunigung bestimmen (§ 52 u. 59), die Einheiten der Masse und der Kraft so aufeinander ein, daß die Einheit der Kraft der Einheit der Massen die Beschleunigung 1 erteilt, so kommt derjenigen Kraft, welche dem $m$fachen der Masseneinheit, d. h. der Masse m, die Beschleunigung γ erteilt, die Maßzahl $m\gamma$ zu (s. hier oben und § 142)[1]). Wenn also die Masse m an einem gewissen Ort der Erdoberfläche durch ihr eigenes Gewicht die Beschleunigung g erhält, so ist nunmehr $m g$ die Maßzahl der Kraft, welche die betrachtete Masse an dem betreffenden Orte gegen die Erde treibt.

Erfahrungsgemäß fallen zwei ganz verschieden schwere Körper, z. B. eine Flaumfeder und eine Bleikugel, in einer und derselben luftleeren Röhre nebeneinander her, d. h. in genau der gleichen Zeit herab. Es erhalten also, wenn vom Widerstand der Luft abgesehen wird, an derselben Stelle der Erdoberfläche verschieden schwere Körper die-

---

[1]) Nach der in § 142 bewiesenen Proportionalität und der eben getroffenen Festsetzung erteilt die Kraft $m\gamma$ der Masse 1 die Beschleunigung $m\gamma$. Dieselbe Kraft erteilt aber nach der obigen Massendefinition der Masse m den m^{ten} Teil der genannten Beschleunigung, d. h. die Beschleunigung γ.

selbe Beschleunigung. Es müssen also in diesem Falle die Kräfte, welche die Körper gegen die Erde ziehen, den Massen der Körper proportional sein; deshalb werden die Massen zweier Körper dadurch verglichen, daß man sie an irgendeinem Ort der Erdoberfläche in die Schalen einer gleicharmigen Wage legt. An Orten von verschiedener geographischer Breite hat derselbe Körper verschiedenes Gewicht, d. h., er drückt, wenn er auf eine senkrecht aufgestellte Spiralfeder gelegt und nachher mit der Feder transportiert und an einem Ort von anderer Breite wieder aufgelegt wird, die Feder verschieden stark zusammen[1]). Dies drückt sich in der oben für das Gewicht gefundenen Formel $m\,g$ darin aus, daß der eine Faktor, die Beschleunigung g der Schwere, mit der Breite des Orts veränderlich ist, während die Masse m des Körpers unverändert bleibt.

§ 144. Die Erhaltung der lebendigen Kraft bei Leibniz.

Beginnt ein Körper mit der Geschwindigkeit Null und erreicht beim Herabfallen von der Höhe h die Endgeschwindigkeit v, so ist bei der üblichen Festsetzung über das Geschwindigkeitsmaß[2])

$$(1) \qquad \tfrac{1}{2}v^2 = g\,h.$$

Dabei ist g die Beschleunigung der Schwere, d. h. der Geschwindigkeitszuwachs, den die Schwere einem Körper in der Zeiteinheit beim senkrechten Fall erteilt. Schon Galilei war es bekannt, daß, bei sich gleichbleibender Bedeutung der Größe g als Beschleunigung des senkrechten Falls, die Gleichung (1) auch dann noch gilt, wenn der Körper reibungslos auf einer schiefen Ebene herabgeglitten ist, und dabei dann v die erworbene schräggerichtete Geschwindigkeit, h jedoch den Betrag bedeutet, um den der Körper in senkrechter Richtung tiefer gekommen ist. Wird die Gleichung (1) noch mit der Maßzahl m der Körpermasse multipliziert, so erhält man

$$(2) \qquad \tfrac{1}{2}m\,v^2 = m\,g \cdot h.$$

An die letzte Gleichung knüpft sich eine Erörterung, die auf Leibniz[3]) zurückgeht. Wird unten an der schiefen Ebene die Größe der

---

[1]) Diese Veranschaulichung des schwierigen Unterschieds zwischen den Begriffen Masse und Gewicht findet man meistens nicht einmal in den elementaren Lehrbüchern; ich verdanke sie meinem Kollegen A. Brill in Tübingen.

[2]) Bei einer Bewegung von konstanter Geschwindigkeit wird der in der Zeiteinheit zurückgelegte Weg als Maß der Geschwindigkeit angenommen (§ 52); hinsichtlich einer veränderlichen Geschwindigkeit ist § 59 zu vergleichen. Die im Text hier gegebene Formel (1) ist eine unmittelbare Folge der in § 52 angegebenen beiden Formeln (1) und (7).

[3]) Vgl. G. W. Leibniz, Hauptschriften zur Grundlegung der Philosophie, übersetzt von A. Buchenau, herausgegeben von E. Cassirer, Bd. I (Philosophische Bibliothek, Bd. 107), 1904, S. 246ff. Natürlich hat Leibniz andere Maßeinheiten.

Geschwindigkeit belassen, aber die Richtung der Geschwindigkeit umgekehrt, was z. B. eintreten würde, wenn der Körper vollkommen elastisch wäre und dort an ein festes Band anstieße, so steigt der Körper wieder zur gleichen Höhe h auf (Abb. 201), falls von Reibung abgesehen werden kann. Es ist dann oben keine Geschwindigkeit mehr vorhanden; dagegen erreicht der Körper bei erneutem Herabgleiten um denselben Höhenbetrag h auf dieser oder auf einer anders geneigten Ebene wieder dieselbe Geschwindigkeit v. Es erscheint also die Höhenlage des Körpers als ein Ersatz für seinen bewegten Zustand, und dieser, wenn der Körper sich unten befindet, als ein Ersatz für die Höhenlage; der Ruhezustand in der Höhenlage und der Zustand mit der Geschwindigkeit v in der unteren Lage können stets miteinander vertauscht werden. Ist jedoch der Körper ohne Geschwindigkeit in der unteren Lage befindlich, so ist eine Leistung, d. h., wie wir sagen, eine „Arbeit" dazu nötig, ihn auf die Höhe h zu erheben. Leisten wir diese Arbeit und gleitet dann der Körper von selbst herab, so kann der so erreichte Bewegungszustand als ein Äquivalent unserer Leistung angesehen werden. Nun liegt aber — das ist die charakteristische Wendung in dem Leibnizschen Gedankengang — dieselbe Leistung vor, wenn ich z. B. zwei Kilogramm um einen Meter hebe oder wenn ich ein Kilogramm um zwei Meter erhöhe. Leibniz macht dies

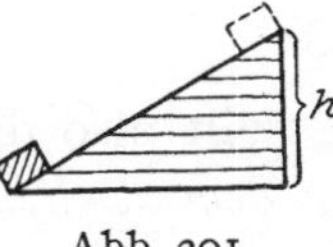

Abb. 201.

so einleuchtend. Das Gewicht von zwei Kilogramm kann man sich aus zwei Stücken A und B bestehend denken von je einem Kilogramm. Will man nun die zwei Kilogramm um einen Meter heben, so hat man erst A und dann B von der Höhe von 0 Meter auf die von 1 Meter zu heben. Offenbar ist es aber eine dieser Leistung gleiche, wenn ich zuerst A von 0 Meter auf 1 Meter und dann dasselbe A noch einmal, jetzt von der Höhe von 1 Meter auf die Höhe von 2 Metern erhebe[1]).

Infolge dieser Überlegung betrachtet Leibniz bei der Hebung einer Masse m das Produkt aus dem Gewicht $m\,g$ der Masse (vgl. den Schluß des vorigen Paragraphen) und aus dem Betrag der senkrechten Erhebung h als das Maß der genannten Leistung. Da nun eben dieses

---

[1]) Auch folgende Veranschaulichung dürfte nützlich sein. Befindet sich A schon in der Höhe von 1 Meter, B noch in der Höhe von 0 Meter, so könnte man zunächst A noch weiter von 1 Meter auf 2 Meter Höhe heben, daraufhin A und B durch einen über eine Rolle gehenden Faden verbinden und nun durch einen kleinen Stoß und nachfolgendes Anhalten, d. h. also durch eine ungemein kleine Leistung, gleichzeitig A wieder auf die Höhe von 1 Meter zurück- und B auf die Höhe von 1 Meter hochbringen (Abb. 202). Nun hat die vorige Hebung des A von 1 auf 2 Meter Höhe die Hebung des B von 0 auf 1 Meter Höhe bewirkt; die Betrachtung kann auch umgekehrt angestellt werden, und die genannten beiden Leistungen sind daher völlig gleichwertig.

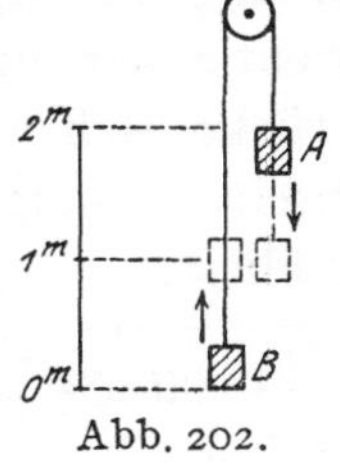

Abb. 202.

Produkt $m g \cdot h$ auf der rechten Seite der Gleichung (2) steht, so ist ihm der zur Linken stehende, jenem Produkt gleiche Ausdruck $\frac{1}{2} m v^2$ das Maß für die nach dem Herabgleiten in dem Bewegungszustand der Masse gegebene „Kraft"[1]), d. h. für die lebendige Kraft oder die kinetische Energie des Körpers, wie wir jetzt sagen. Die in der Höhe beim ruhenden Körper vorhandene „Energie der Lage" und die in der Tiefe auftretende kinetische Energie der Masse können sich ersetzen.

Die Leibnizsche Betrachtung läßt sich jetzt folgendermaßen weiterführen. Es sinkt nunmehr die Masse m, beginnend mit dem Zustand der Ruhe, zuerst um den Betrag h und dann noch weiter bis zum Gesamtbetrag h_1 und erhalte schließlich die Geschwindigkeit v_1. Es muß dann neben der Gleichung (2) noch die Gleichung

$$\tfrac{1}{2} m v_1^2 = m g h_1$$

gelten, und man erhält dadurch, daß man die Gleichung (2) von der letzten Gleichung abzieht,

$$(3) \qquad \tfrac{1}{2} m v_1^2 - \tfrac{1}{2} m v^2 = m g (h_1 - h).$$

Es gilt also das Gesetz, daß *der Zuwachs, den die kinetische Energie in dem zweiten Zeitintervall der Bewegung erfahren hat, gleich ist dem Produkt des Gewichts des Körpers in den Betrag der in diesem Zeitintervall erfolgten Senkung $h_1 - h$*. Dieses Produkt nennt man die Arbeit, welche von dem Gewicht bei der in dem genannten Zeitintervall ausgeführten Bewegung geleistet worden ist. Diese Arbeit ist numerisch der Leistung gleich, die wir benötigen, um das Gewicht umgekehrt wieder um den Betrag $h_1 - h$ zu heben.

Das genannte Gesetz gilt beim Herabgleiten auf einer schiefen Ebene von beliebiger Neigung, wobei aber der Betrag $h_1 - h$ der Senkung in lotrechter Linie in Anschlag zu bringen ist. Nehmen wir jetzt an, der Körper gleite auf einer beliebig vorgegebenen Bahn — also in einer völlig befestigten glatten Rinne — herab. Da jede Linie, auch wenn sie beliebig gekrümmt ist, so betrachtet werden kann, als bestünde sie aus vielen kleinen geradlinigen Stücken verschiedener Neigung, so gilt nun unser Gesetz für jedes Stück der Bahn; daß es infolgedessen auch für die ganze gekrümmte Bahn richtig sein muß, erkennt man sofort, wenn man die auf die Einzelstücke sich beziehenden Beträge sowohl der Änderung der kinetischen Energie, als auch der von dem Gewicht geleisteten Arbeit addiert.

---

[1]) Offenbar ist hier das Wort „Kraft" in einem ganz anderen Sinne genommen als in § 137, wo es etwa die Spannung einer Feder bedeutet.

§ 145. Das zusammengesetzte Pendel, behandelt auf Grund des Satzes von der lebendigen Kraft.

Leibniz hat die von ihm entdeckte Beziehung zwischen lebendiger Kraft und Höhenlage, bzw. Arbeit, auf kein Einzelproblem angewandt. Um die Bedeutung seiner soeben noch etwas weiter ausgeführten Auffassung klarzulegen, schiebe ich noch einmal eine spezielle mathematische Entwicklung ein. Ich will mir eine um den festen Punkt O in einer Ebene drehbare starre Stange denken, auf der zwei Massen m_1 und m_2 befestigt sind (Abb. 203), während die Stange als masselos angenommen werden soll. Die Abstände der Massen vom Drehpunkt O seien l_1 und l_2. Bei einer kleinen Drehung der Stange um den Winkel $d\varphi$ beschreiben die Massen kleine Kreisbögen. Dabei soll $d\varphi$ das „Bogenmaß" der kleinen Drehung bedeuten, ein Maß, das dadurch zustande kommt, daß diejenige Drehung gleich 1 gesetzt wird, bei der eine im Abstand der Längeneinheit vom Drehpunkt befindliche Stelle einen Bogen von der Länge 1 beschreibt. Es wird demgemäß die Drehung $d\varphi$ im Abstand 1 den Bogen $d\varphi$ und im Abstand l_1 den Bogen $l_1\,d\varphi$ ergeben. Es ist also $l_1\,d\varphi$ der von m_1, und ebenso $l_2\,d\varphi$ der von m_2 beschriebene kleine Weg; diese beiden Wege können näherungsweise als geradlinig

Abb. 203.

angesehen werden. Findet nun die kleine Drehbewegung der Stange in einem Zeitintervall von dt Zeiteinheiten statt, so sind die Quotienten, die man erhält, wenn man die kleinen Wege durch den Betrag des entsprechenden Zeitintervalls dividiert, d. h. die Quotienten

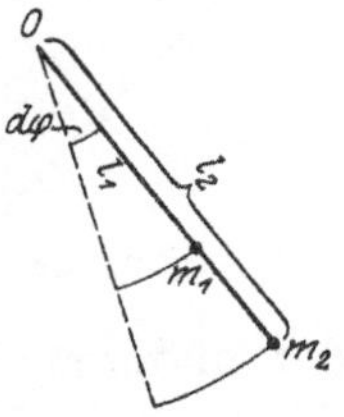

$$(1) \qquad l_1\frac{d\varphi}{dt} = v_1 \qquad l_2\frac{d\varphi}{dt} = v_2$$

nichts anderes als die Geschwindigkeiten, mit denen die Massen m_1 und m_2 in dem Zeitintervall dt bewegt werden (§ 52 u. 59). Dabei ist $\frac{d\varphi}{dt}$ das, was man die „Drehgeschwindigkeit" der Stange nennt.

Die Massen m_1 und m_2 sollen jetzt Gewicht haben, und es soll die Pendelbewegung betrachtet werden, die unsere Stange vermöge der Gewichte ausführt, indem dabei die Ebene, in welcher die Stange sich allein drehen kann, als vertikal angenommen wird; es liegt also damit die Bewegung des denkbar einfachsten zusammengesetzten Pendels vor. Es werde ein bestimmter Zeitpunkt t, d. h. der Zeitpunkt ins Auge gefaßt, bis zu dem, vom Nullpunkt der Zeit an gerechnet, t Zeiteinheiten verstrichen sind. In diesem Zeitpunkt mache die Pendelstange mit der horizontalen Richtung den Winkel φ, und es sei A_1 der Fußpunkt des Lotes, das von der Masse m_1 auf die durch O

gehende Horizontale gefällt ist (Abb. 204). In dem rechtwinkligen Dreieck $m_1 A_1 O$ ist das Lot $m_1 A_1$ die dem Winkel φ gegenüberliegende Kathete, während $m_1 O$, gleich l_1, die Hypotenuse ist. Es ist also

$$m_1 A_1 = l_1 \sin \varphi.$$

Hat nun die Stange in einem früheren Zeitpunkt t_0 mit der Horizontalen $O A_1$ einen geringeren Winkel φ_0 gemacht (s. die Abbildung), so hat sich der Abstand der Masse m_1 von der Horizontalen in dem Zeitintervall $t_0 \ldots t$ von $l_1 \sin \varphi_0$ auf $l_1 \sin \varphi$ vergrößert, und es ist

$$l_1 \sin \varphi - l_1 \sin \varphi_0$$

die Senkung, die mit der Masse m_1 in dem genannten Zeitintervall vor sich gegangen ist, während die Masse sich auf einem Kreisbogen bewegt hat. Bedeutet nun g die Beschleunigung der Schwere, so ist $m_1 g$ das Gewicht der Masse m_1, und das Produkt des Gewichts in die Senkung ist die vom Gewicht dieser Masse im Zeitintervall $t_0 \ldots t$ geleistete Arbeit (§ 144). Diese ist also $m_1 g \, (l_1 \sin \varphi - l_1 \sin \varphi_0)$, und da außerdem in demselben Zeitintervall von dem Gewicht der anderen Masse eine entsprechende Arbeit geleistet wird, so erhält man die Summe

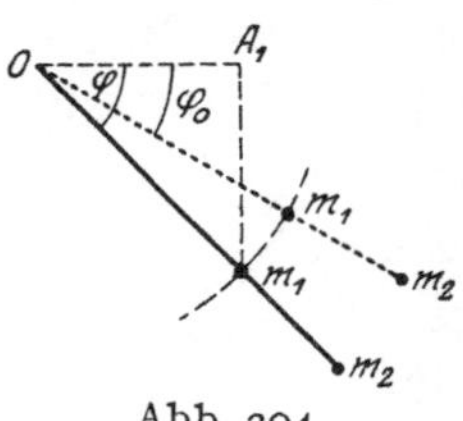

Abb. 204.

$$(2) \qquad m_1 g \, (l_1 \sin \varphi - l_1 \sin \varphi_0) + m_2 g \, (l_2 \sin \varphi - l_2 \sin \varphi_0)$$

als „Gesamtarbeit" der beiden Gewichte im Zeitintervall $t_0 \ldots t$.

Die lebendige Kraft oder kinetische Energie (§ 144) des bewegten Systems, worunter hier eben die Summe der kinetischen Energien der beiden Massen verstanden werden soll, ist zur Zeit t gleich

$$(3) \qquad \tfrac{1}{2} m_1 v_1^2 + \tfrac{1}{2} m_2 v_2^2,$$

wenn v_1 und v_2 die Geschwindigkeiten der beiden Massen zu dieser Zeit bedeuten. Nimmt man nun an, daß zu der vorhin gedachten Zeit t_0 die Stange in Ruhe, also $v_1 = v_2 = 0$ war, so bedeutet (3) zugleich den im Zeitintervall $t_0 \ldots t$ gewonnenen Zuwachs der kinetischen Energie des Systems. Macht man nun nach Analogie des für einen Massenpunkt gültigen Gesetzes die Annahme, *daß auch für das vorliegende, aus zwei Massen bestehende System der Zuwachs an kinetischer Gesamtenergie gleich ist der in der betreffenden Zeit geleisteten Gesamtarbeit der wirkenden Kräfte*, d. h. der Gewichte der beiden Massen, so findet man, daß die beiden Ausdrücke (3) und (2) einander gleichgesetzt werden müssen. Setzt man dabei noch für v_1 und v_2 die in (1) gegebenen Werte ein, so errechnet sich schließlich die Gleichung

$$(4) \qquad \tfrac{1}{2} \left(m_1 l_1^2 + m_2 l_2^2 \right) \left(\frac{d\varphi}{dt} \right)^2 = (m_1 l_1 + m_2 l_2) \, g \, (\sin \varphi - \sin \varphi_0).$$

Hier bedeutet φ_0, ebenso wie g, m_1, m_2, l_1 und l_2, eine Konstante. φ dagegen bedeutet einen veränderlichen Winkel, der von dem veränderlichen Zeitwert t abhängig, d. h. also eine „Funktion" von t ist. Durch diese Funktion, d. h. durch dieses Abhängigkeitsgesetz, würde der Verlauf der Pendelbewegung beschrieben sein. Statt dessen haben wir zwischen dem Differentialquotienten $\dfrac{d\varphi}{dt}$ der Funktion (§ 59) und der Funktion φ selbst die Gleichung (4) erhalten, welche die Funktion mittelbar definiert, indem diese sich aus dieser „Differentialgleichung" durch mathematische Operationen ermitteln läßt. Aus der Differentialgleichung (4) der Pendelbewegung kann auch die Zeit einer ganzen Schwingung, d. h. die Zeit für den einmaligen Hin- und Hergang des Pendels mathematisch ermittelt werden. Unter der Voraussetzung, daß sich das Pendel überhaupt nur wenig von der lotrechten Lage nach unten entfernt, ergibt sich die dann mit großer Annäherung richtige einfache Formel

$$(5) \qquad 2\,\pi\,\sqrt{\frac{m_1\,l_1^2 + m_2\,l_2^2}{(m_1\,l_1 + m_2\,l_2)\,g}}\,,$$

wobei

$$\pi = 3{,}1415926\ldots$$

das bekannte Verhältnis der Kreisperipherie zum Durchmesser bedeutet.

Die Formel (5) läßt sich leicht auf ein aus beliebig vielen Massenpunkten zusammengesetztes Pendel ausdehnen. Setzt man in der Formel (5) die Masse m_2 gleich Null, so daß nur noch ein Massenpunkt vorhanden ist, so erhält man für die Schwingungszeit des „mathematischen Pendels"

$$2\,\pi\,\sqrt{\frac{l_1}{g}}\,,$$

entsprechend dem schon von Galilei experimentell gefundenen Ergebnis, daß an demselben Ort die Schwingungszeiten verschiedener Pendel sich wie die Quadratwurzeln der Pendellängen verhalten.

§ 146. Würdigung der gemachten Annahme.
Die Behandlung des Problems durch Huygens.

Es ist wohl zu beachten, daß die im vorigen Paragraphen gemachte Annahme, auch wenn die Gleichung (3) von § 144 vorher abgeleitet worden ist, durchaus keine Selbstverständlichkeit darstellt. Daß bei mehreren Massen, die, miteinander starr verbunden, sich in ihrer Bewegung gegenseitig beeinflussen, die S u m m e der lebendigen Kräfte sich um den Betrag der S u m m e der von den einzelnen Gewichten bei

ihren Senkungen geleisteten Arbeiten vermehrt, kann auch auf Grund
jener Gleichung nicht ohne weiteres eingesehen und auch nicht mit Hilfe
einer mathematischen Deduktion bewiesen werden, wenn nicht zugleich
noch eine andere Annahme gemacht wird. Im Grunde ist also bei
der obigen Betrachtung von der A n a l o g i e Gebrauch gemacht worden.

Die historisch erste Lösung der Aufgabe des zusammengesetzten
Pendels ist von HUYGENS auf Grund einer Annahme entwickelt worden, die dem hier benutzten Gesetz der lebendigen Kraft nahe verwandt ist, sich aber trotzdem der Form nach nicht völlig mit demselben
deckt. Denken wir uns wieder eine masselose Stange, die sich in einer
vertikalen Ebene um den Punkt O drehen läßt, und auf der in den
Abständen l_1, l_2, l_3 ... die schweren Massen m_1, m_2, m_3 ... befestigt

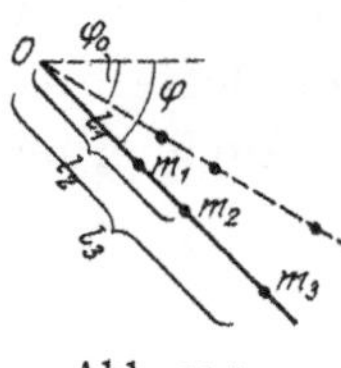

Abb. 205.

sind (Abb. 205). Die Stange habe zur Zeit o den
Winkel φ_0 mit der Horizontalrichtung gemacht, ohne
dabei eine Geschwindigkeit zu besitzen. Indem sich
nun die Stange vermöge der Gewichte der genannten
Massen zur Zeit o in Bewegung setzte, ergibt sich nachher der jeweilige Winkel φ, den die Stange mit der
horizontalen Richtung macht, als abhängig vom be-
treffenden Zeitwert t; es ist also φ eine Funktion von t, und der
Differentialquotient dieser Funktion

$$\frac{d\varphi}{dt} = \vartheta$$

stellt zugleich die jeweilige Drehgeschwindigkeit der Pendelstange vor
(§ 145 u. 59).

Diese Drehgeschwindigkeit ϑ zur Zeit t, die im Grunde gesucht
ist, werde für den Augenblick einmal als gegeben angenommen. Es
sind dann auch die Geschwindigkeiten

$$v_1 = l_1\vartheta, \quad v_2 = l_2\vartheta, \quad v_3 = l_3\vartheta, \ldots$$

der Massen m_1, m_2, m_3, ... [vgl. die Gleichungen (1) in § 145] für den
betreffenden Zeitpunkt mitgegeben. Nun rechne man die Höhen, zu
denen die einzelnen Massen vermöge dieser ihrer Geschwindigkeiten
wieder anzusteigen vermöchten (§ 144), wenn jetzt jede Masse für
sich wäre, d. h. wenn plötzlich in diesem Zeitpunkt t der Zusammenhang der Massen gelöst würde, und bestimme weiter aus diesen Höhen
die zugehörige Höhe des Schwerpunkts der Massen. Nunmehr kommt
die besondere Annahme zur Verwendung, die HUYGENS gemacht hat[1],

---

[1] Streng genommen hat HUYGENS nur angenommen, daß der Schwerpunkt nicht
über seine ursprüngliche Anfangslage hinaus steigen kann, und hat dann den anderen
Teil der Behauptung aus diesem, für sehr allgemeine Bewegungsarten geforderten und noch einem zweiten Prinzip wahrscheinlich gemacht; vgl. Horologium
oscillatorium, 1673, Hypotheses I und II (CHR. HUGENII Opera varia, 1724, S. 121 ff.).

nämlich die, daß *die vorhin bestimmte Höhe wieder derjenigen gleich werden muß, die der Schwerpunkt zur Zeit o in der Anfangslage der Stange wirklich gehabt hat.* Die Gleichsetzung der auf die geschilderte Art bestimmten Höhe mit der anfänglichen Schwerpunktshöhe auf Grund der gemachten Annahme liefert eine Gleichung, in welche außer den gegebenen Konstanten die veränderlichen Größen φ und ϑ eingehen. Man erhält also für die gesuchte Funktion φ von t und für ihren Differentialquotienten $\dfrac{d\varphi}{dt}$ eine Gleichung, und diese ist keine andere als die Differentialgleichung (4) des vorigen Paragraphen[1]).

Die Annahme von HUYGENS liefert also dasselbe Ergebnis wie die in § 145 hinsichtlich der lebendigen Kräfte und der Arbeiten gemachte Annahme. Beide Annahmen sind offenbar nahe verwandt; immerhin erscheint es nicht ohne weiteres als selbstverständlich, daß die gegenseitige Einwirkung, welche die Massen vermöge ihrer starren Verbindung aufeinander ausüben, durch die von HUYGENS für den Schwerpunkt angenommene Beziehung zum Ausdruck kommt. Die Annahme erscheint noch weniger selbstverständlich, wenn man bedenkt, daß die Massen, wenn ihr Zusammenhang in einem bestimmten Augenblick gelöst und jeder einzelnen unter Belassung ihrer Geschwindigkeit etwa der Kreisbogen, auf dem sie sich vorher hatte bewegen müssen, als Bahn des Aufstiegs angewiesen würde, nicht zur selben Zeit ihre höchsten Höhen erreichen würden, so daß also jene oben zuletzt bestimmte Höhe gar nicht die Bedeutung einer zu gleichzeitigen Lagen gehörenden Schwerpunktshöhe besitzt. Der Annahme von HUYGENS haftet also immerhin etwas Künstliches an, womit natürlich in keiner Weise sein ungeheures Verdienst geschmälert werden soll, mit genialem Scharfblick eine Annahme erfaßt zu haben, welche zum erstenmal die gesuchte Beziehung richtig ergab.

§ 147. Dritte Behandlung des zusammengesetzten Pendels.

Ich möchte noch eine Art erwähnen, das zusammengesetzte Pendel zu behandeln, die zugleich über zwei Grundannahmen der Mechanik Licht verbreiten wird; dabei will ich mich wieder auf den einfachsten Fall beschränken, daß auf einer masselosen Stange zwei schwere

---

[1]) Ich habe das Verfahren von HUYGENS der Verständlichkeit wegen etwas anders gewendet; die Darstellung stimmt aber darin genau mit der seinigen überein, daß die Drehgeschwindigkeit, mit der das zusammengesetzte Pendel irgendeinen Winkelabstand passiert, unmittelbar derjenigen gleichgefunden wird, mit dem das einfache, d. h. mathematische Pendel von derselben Exkursion und von der Länge

$$\frac{m_1 l_1^2 + m_2 l_2^2}{m_1 l_1 + m_2 l_2}$$

durch diesen Winkel hindurchgeht (vgl. Opera varia, 1724, S. 127, Propositio V).

Massen m_1 und m_2 befestigt sind, und die Stange in einer Vertikalebene um einen Punkt O gedreht werden kann. Die mechanische Bedeutung einer solchen Vorrichtung wird häufig dadurch in ein besseres Licht gesetzt, daß man sich die Ausführung der Vorrichtung im einzelnen ausmalt. Deshalb will ich mir die Befestigung der Massen m_1 und m_2 auf der Stange s so denken, daß beide Male senkrecht auf der Stange ein Stift t festgemacht ist und die betreffende Masse m eine durch ihren Mittelpunkt durchbohrte Kugel vorstellt, die über dem Stift so angebracht ist, daß dieser in die Öffnung hinein-

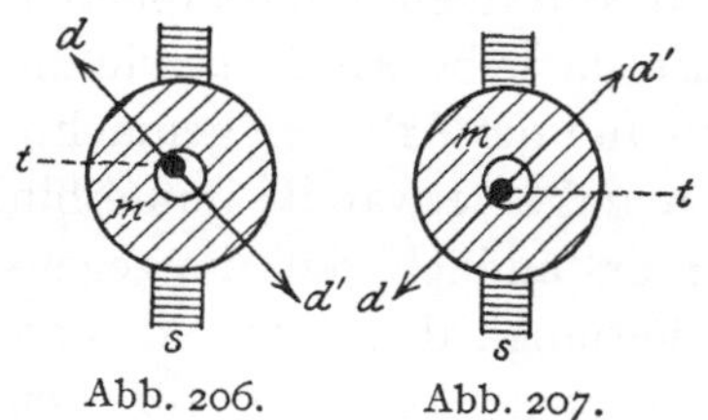

Abb. 206.　　　Abb. 207.

ragt. Bei der Bewegung wird sich der Stift von innen an einer gewissen Stelle der Öffnung anlegen (Abb. 206 und 207). An dieser Stelle übt der Stift t auf die Kugel m senkrecht zu dem gemeinsamen Oberflächenelement, in dem sie sich berühren, einen Druck d aus, den die Kugel durch einen Gegendruck d' erwidert, der auf den Stift und dadurch mittelbar auf die Stange s wirkt. Der Gegendruck d' ist gleich groß wie der Druck d und hat im Vergleich zu ihm entgegengesetzte Richtung. Dabei kann die Richtung von d, je nach der Stelle in der Öffnung, an der die Berührung stattfindet, sehr verschieden gerichtet ausfallen; man erkennt dies sofort beim Vergleich der beiden Abbildungen 206 und 207.

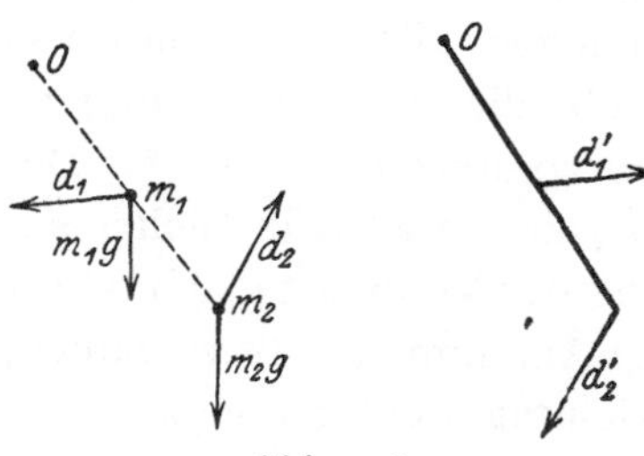

Abb. 208.

Ich werde mir jetzt die Stange s wieder als eine bloße gerade Linie und die Massen m_1 und m_2 wieder als strenge punktförmig vorstellen; wir haben jedoch vermöge der eben durchgeführten Betrachtung erkannt, daß die Befestigung der Masse m an einer Stelle der Stange s die Bedeutung hat, daß an der betreffenden Stelle ein Druck d der Stange auf die Masse entsteht, *der von jeder Intensität und* — in unserer Vertikalebene — *von jeder Richtung sein kann*, d. h. sich in jedem Augenblick der jeweils notwendigen Intensität und Richtung anpaßt, während zugleich die Masse auf die Stange den umgekehrten Druck ausübt.

Nunmehr hat man sich auf die Masse m_1 einfach das Gewicht $m_1 g$ dieser Masse (§ 143) zusammen mit dem Druck d_1, der von der Stange herrührt, wirkend zu denken (Abb. 208); dabei kann die Masse m_1 zugleich so angesehen werden, als wäre sie in unserer Vertikalebene frei beweglich, da ja der ganze Einfluß, den die Befestigung auf der Stange auf m_1 ausgeübt hat, jetzt durch die Kraft d_1 ersetzt ist. Desgleichen ist die Masse m_2 nunmehr als eine solche anzusehen, die, in der Vertikalebene frei beweglich, von ihrem eigenen Gewicht $m_2 g$ und von dem Druck d_2 angegriffen wird (s. die Abbildung). Die Stange selbst wird nun aber von den Drucken d_1' und d_2' angegriffen, die den Drucken d_1 und d_2 bzw. entgegengesetzt sind (vgl. den rechten Teil der Abbildung). Zwischen d_1' und d_2' muß aber eine Beziehung angenommen werden, und diese ist das Wesentliche an der Sache. *Es sind nämlich diese beiden Kräfte an der Stange im Gleichgewicht* unter der Voraussetzung der Starrheit der masselosen Stange und ihrer Drehbarkeit um den Punkt O.

Die Berechtigung der gemachten Annahme kann im Grunde nicht wirklich bewiesen, aber doch einleuchtend oder wahrscheinlich gemacht werden, und die Annahme führt nachher wieder zu den oben in anderer Weise hergeleiteten Formeln des zusammengesetzten Pendels, die von der Erfahrung bestätigt werden. Der Wahrscheinlichkeitsbeweis kann etwa so geführt werden. Wären d_1' und d_2' an der Stange nicht im Gleichgewicht, so müßten sie, wenn wir die Stange zunächst als mit Masse, aber nur mit einer sehr kleinen Masse begabt ansehen, dieser Stange eine sehr starke Drehbeschleunigung erteilen, nach der Analogie der Wirkung einer Kraft auf einen Massenpunkt, wobei eine erhebliche Kraft eine ungeheuer große Beschleunigung bewirkt, wenn die bewegte Masse ungeheuer klein ist (§ 143). Da wir nun die Stange tatsächlich als masselos annehmen wollten, so müßte sie, wenn d_1' und d_2' nicht im Gleichgewicht wären, eine u n e n d l i c h schnelle Bewegung erwerben, was doch widersinnig ist.

Es sind nun zwei Kräfte d_1 und d_2 in die Betrachtung eingeführt worden, deren Größe und Richtung unbekannt ist, während d_1' und d_2' sich nach d_1 und d_2 richten. Das eben erwähnte, an der Stange zwischen d_1' und d_2' herrschende Gleichgewicht liefert eine Relation, zunächst zwischen den beiden letzten Kräften und dadurch dann mittelbar zwischen d_1 und d_2. Zunächst scheint durch unsere Überlegungen wenig gewonnen zu sein, um so weniger, als sich d_1 und d_2 auch noch nach einem bis jetzt nicht bekannten Gesetz während der Bewegung verändern werden. Die mathematische Durchführung, die der Einfachheit wegen hier unterbleiben soll, zeigt jedoch, daß die Kräfte d_1 und d_2 sich tatsächlich dadurch bestimmen, daß sie einerseits jene Relation erfüllen, andererseits zusammen mit den Gewichten der Massen m_1 und m_2 diese Massen, die jetzt als frei beweglich betrachtet werden, so führen sollen, daß die Massen mit dem festen Punkt O in gerader Linie bleiben und ihre ursprünglichen Abstände l_1 und l_2 vom Punkt O innehalten. Dadurch bestimmt sich dann auch die Bewegung vollständig.

§ 148. Prinzip der Wirkung und Gegenwirkung. Prinzip von d'ALEMBERT.

In den Entwicklungen des vorigen Paragraphen sind zwei Prinzipien der Mechanik zum Vorschein gekommen, die bis jetzt nicht besprochen worden waren. Einmal ist das Prinzip zu nennen, vermöge dessen z. B. der Druck d_1, den die Stange auf die Masse m_1 ausübte, und der Druck d_1', den die Stange von der Masse m_1 erlitt, einander entgegengesetzt gerichtet und der Größe nach gleich sind. Es ist dies das *Prinzip von der Gleichheit der Wirkung und der Gegenwirkung*, die „Lex III" von NEWTON[1]). Ohne Zweifel ist das Prinzip aus den Fällen abstrahiert, in denen die beiden in Betracht kommenden Körper unmittelbar aufeinander drücken oder vermittels eines sie verbindenden Fadens aneinander ziehen; als einen dem ersten Fall entsprechenden Tatbestand, der das Prinzip noch näher erläutert, könnte man etwa anführen, daß ein Gummiball, der zwischen zwei sich drückende Körper eingeschoben wird, sich an zwei einander gegenüberliegenden Stellen gleich stark abplattet. Das Prinzip ist dann nach der Analogie auf andere Fälle übertragen worden. Offenbar verdankt auch die Idee der allgemeinen Gravitation dieser Übertragung ihre Entstehung, indem man von der beschleunigenden Wirkung, die der Planet von der Sonne erhält[2]) oder zu erhalten scheint, und die neben ihrer Abhängigkeit von der Entfernung der Masse des angezogenen Planeten proportional ist, auf eine gegenseitige Anziehung je zweier Massen schließt. Ist die Gegenkraft, mit der die Sonne selbst wieder vom Planeten angezogen wird, der zuerst genannten Kraft gleich, so ist auch die Gegenkraft der Masse des Planeten, also in diesem Falle der Masse des anziehenden Körpers proportional. Bekanntlich hat sich diese Verallgemeinerung in der Erfahrung ganz außerordentlich bestätigt, indem sich ihr auch die kleinen Abweichungen der Planetenbewegungen von den KEPLERschen Gesetzen, d. h. die sogenannten Störungen, fügen.

Noch ein anderes Prinzip ist im vorigen Paragraphen hervorgetreten. Dort waren nämlich die beiden an der Stange angreifenden Drucke d_1' und d_2' unter den daselbst herrschenden Beweglichkeitsbedingungen der Stange im Gleichgewicht. Damit kommen wir auf das Prinzip von d'ALEMBERT, das gleich noch durch ein anderes Beispiel erläutert werden soll. Wir wollen die ATWOODsche Fallmaschine

[1]) Vgl. die Originalausgabe der Principia von 1687, S. 13.

[2]) Selbstverständlich bedeutete auch schon die Annahme eine kühne Übertragung, daß überhaupt die Bewegungen der Himmelskörper auf Grund der Wirkung von Kräften erfolgen nach Maßgabe der aus dem Studium der terrestrischen Erscheinungen gewonnenen Gesetze.

betrachten. Sie besteht aus einem völlig biegsamen, nicht ausdehnbaren Faden, der über eine sogenannte feste Rolle[1]) läuft und an seinen senkrecht herabhängenden Enden zwei schwere Massen m_1 und m_2 trägt (Abb. 209). Kommen die Massen in Bewegung, wobei die größere Masse, etwa m_2, mit dem Gewicht $m_2 g$ (vgl. § 143) fallen, die andere Masse steigen wird, so wirkt auf die Masse m_2 nach unten ihr Gewicht und nach oben ein vom Faden herrührender Zug, der eben gleich der Fadenspannung s ist; auf die Masse m_1 wirkt ihr Gewicht $m_1 g$ nach unten und wieder die Fadenspannung s nach oben. Man kann deshalb die Bewegung der beiden Massen m_1 und m_2 so behandeln, als wären sie beide frei beweglich, und dabei die erste der nach oben wirkenden Kraft $s - m_1 g$, die zweite der nach unten wirkenden Kraft $m_2 g - s$ unterworfen[2]). Es bewirkt also hier die Verbindung der Teile, daß zu den auf die Massen wirkenden „äußeren" Kräften $m_1 g$ und $m_2 g$ noch je eine nach oben gerichtete Kraft s hinzukommt. Andererseits bewirkt jedes der Gewichte am Ende des Fadens einen Gegenzug s', der gleich s aber nach unten gerichtet ist. Diese beiden einander gleichen Kräfte s' sind aber, für sich betrachtet, am Faden im Gleichgewicht (Abb. 210).

Ab. 209. Abb. 210.

Was sich an diesem Beispiel und an dem Beispiel des vorigen Paragraphen gezeigt hat, ist aber in der Tat ein allgemeines Prinzip. Man kann die Teile eines jeden Systems als frei bewegliche Punkte behandeln, wenn man den äußeren Kräften noch solche Kräfte, die aus den gegebenen Verbindungen der Teile entspringen, hinzufügt; dabei sind diese hinzuzufügenden Kräfte von der Art, daß ihre Gegenkräfte[3]) an dem System unter den dort herrschenden Bedingungen im Gleichgewicht sind.

Dieses Prinzip ist ohne Zweifel an ähnlichen Beispielen abstrahiert; man kann es plausibel machen, aber nicht beweisen. Man betrachtet es jetzt als eine Grundannahme der Mechanik und man kann mit seiner Hilfe z. B. den oben erwähnten Satz von der lebendigen Kraft (§ 145 und Anfang von § 146) wirklich beweisen.

---

[1]) D. h. über eine Rolle, die sich um eine im Raum feste Achse dreht.

[2]) Nachträglich bestimmt sich dann daraus, daß die Beschleunigungen absolut genommen einander gleich sind,

$$s = \frac{2\, m_1\, m_2\, g}{m_1 + m_2}.$$

[3]) Diese Gegenkräfte heißen die „verlorenen" Kräfte, was offenbar von einem besonderen Fall herrührt. Das letzte Beispiel zeigt, daß jene Kräfte, von denen die verlorenen Kräfte die Gegenkräfte sind, nicht immer am System im Gleichgewicht zu sein brauchen, denn an den Fadenenden wären die beiden den Kräften s' gleichen, aber nach oben gewandten Kräfte s selbst nicht im Gleichgewicht.

§ 149. Über den Charakter der Annahmen in der Mechanik.

Die in § 137—143 gegebenen Erörterungen können kaum einen Zweifel daran aufkommen lassen, daß die einfachsten Grundbegriffe und Grundannahmen der Mechanik aus der Erfahrung abstrahiert sind. Dies dürfte aber doch nicht so unmittelbar richtig sein hinsichtlich einer Annahme wie der in § 145 über lebendige Kraft und Arbeit gemachten oder hinsichtlich des D'Alembertschen Prinzips (§ 148 u. 147). Hier handelt es sich eher um Schlüsse durch Analogie oder Induktion aus Fällen, die selbst vorher schon weitgehender theoretischer Bearbeitung unterzogen worden waren. Trotzdem wird das Prinzip von D'Alembert, das die Mechanik erst im Laufe einer langen Entwicklung herausgearbeitet hat, das aber immerhin etwas Einleuchtendes, Naheliegendes (vgl. § 147) auszudrücken scheint, nachträglich als ein unbeweisbares Grundprinzip der Mechanik angenommen, während das Gesetz von der lebendigen Kraft und der Arbeit sich, wie eben schon erwähnt wurde, für die Fälle, in denen es gilt, mit Hilfe des D'Alembertschen Prinzips beweisen läßt. Man kann also in der Mechanik nicht wie in der Geometrie alle Grundannahmen an die Spitze stellen und dann rein deduktiv verfahren. Man gelangt allmählich zu neuen Grundannahmen, die erst im Verlauf der Entwicklung, auch der deduktiven Entwicklung, sich ergeben und sich nötig machen. Dabei bildet natürlich die Übereinstimmung, in der die Folgerungen aus diesen Annahmen mit der Erfahrung stehen, den eigentlichen Rechtsgrund für diese Annahmen.

Diese Betrachtungen könnten auch auf das allgemeinste Prinzip angewendet werden, welches das Gleichgewicht der „materiellen Systeme" beherrscht, das „Prinzip der virtuellen Verschiebungen", auf das ich hier nicht genauer eingehen will. Dieses Prinzip ist ohne Zweifel aus der Vergleichung verschiedener Fälle, die vorher ohne dieses Prinzip teils induktiv, teils deduktiv behandelt worden waren, durch Verallgemeinerung gewonnen, obwohl es für einen besonderen Fall in noch nicht reifer Form bereits bei Galilei vorkommt[1]). Allerdings gibt es für dieses Prinzip auch einen Beweis. Dieser berühmte, von keinem Geringeren als von Lagrange herrührende Beweis[2]) wird vielfach angefochten, weil er *ad hoc* besondere, nur im Hinblick auf die Erfahrung zu rechtfertigende Annahmen macht, nämlich z. B. die, daß nicht nur für jede Kraft ein Flaschenzug gesetzt werden kann, sondern daß auch alle die am System wirkenden

---

[1]) Unterredungen und mathematische Demonstrationen usw., deutsch von A. v. Oettingen, 3. und 4. Tag, 2. Aufl., 1904, S. 27ff.

[2]) Oeuvres, t. VII, 1877, p. 317 (Journ. de l'École Polytechn., Ve Cahier, t. II).

Kräfte, falls sie ein gemeinschaftliches Maß besitzen, durch eine aus ebenso vielen Flaschenzügen bestehende Vorrichtung ersetzt werden können, durch die ein einziger, zusammenhängender und in allen seinen Teilen gleichmäßig gespannter Faden hindurchläuft.

In derselben Hinsicht lehrreich ist auch die Art, wie die Gleichungen für die Bewegung der Flüssigkeiten, d. h. die Gleichungen der Hydrodynamik abgeleitet werden. Es muß dabei vor allem ein neuer Erfahrungsbegriff eingeführt werden, nämlich der des Flüssigkeitsdrucks[1]). Dieser Druck ist im allgemeinen eine Größe, die — auch in demselben Augenblick — an verschiedenen Stellen der Flüssigkeitsmasse verschiedene Beträge aufweist. Nachdem man diesen neuen Begriff eingeführt hat, kann man einen kleinen Teil der Flüssigkeit gesondert betrachten. Indem man zuerst die Drucke, die auf die Oberfläche des Teils, und die gegebenen Kräfte, die auf seine inneren Punkte wirken, vereinigt, kann man drei Gleichungen aufstellen, die den für eine punktförmige Masse geltenden Gleichungen analog sind. Man kann diesen Ansatz auch durch den „Satz von der Bewegung des Schwerpunkts" motivieren; dabei wird aber dann doch von der Analogie Gebrauch gemacht, indem dieser Satz, der für eine endliche Zahl von Massenpunkten unter den entsprechenden Voraussetzungen aus dem d'Alembertschen Prinzip folgt, dann doch in einem verallgemeinerten Sinne angewendet wird.

Indem man nun einen kleineren und immer kleineren Teil der Flüssigkeit in Betracht zieht und schließlich zur Grenze übergeht (§ 51), bekommt man die unter gewissen Voraussetzungen als exakt anzusprechenden „Differentialgleichungen" der Hydrodynamik, aus denen dann der zeitliche Bewegungsverlauf jedes einzelnen Partikelchens der Flüssigkeit, d. h. jedes der ursprünglichen Lage der Flüssigkeitsmasse entnommenen Punkts, hergeleitet werden kann, wenn dabei noch gewisse Nebenbedingungen beachtet werden, z. B. bei den sogenannten inkompressibeln Flüssigkeiten die Bedingung, daß für jeden endlichen Teil der Flüssigkeit das Volum erhalten bleibt[2]).

Man erkennt also, daß bei der Mechanik die Entwicklung der Theorie neue Annahmen nötig macht (vgl. auch § 16), die natürlich schließlich der Erfahrung angepaßt erscheinen, z. T. aber sich durch

---

[1]) Ich stehe nicht an, diesen Begriff für einen Erfahrungsbegriff zu erklären. Eine in die Flüssigkeit versenkte elastische Kugel wird je nach der Stelle, an der sie sich befindet, d. h. je nach dem Druck, der an der betreffenden Stelle herrscht, bald mehr, bald weniger zusammengedrückt.

[2]) Die Flüssigkeit wird dabei als kontinuierlich gedacht. Es ist nicht richtig, was von mathematisch nicht Unterrichteten vielfach angenommen wird, daß die Verschiebung der Teile einer Flüssigkeit gegeneinander nur auf Grund der Annahme von „Molekülen" und von Zwischenräumen gedacht werden kann.

Induktion oder Analogie in der Entwicklung selbst ergeben. Ähnliche Verallgemeinerungen von Ergebnissen, die selbst bereits auf Grund theoretischer Betrachtungen gefunden worden sind, kommen noch häufiger als in der Mechanik in der Physik vor.

Sechzehnter Abschnitt.
Tatsachen und Annahmen in der Physik.

§ 150. Allgemeine Bemerkungen über die zu machenden Annahmen.

Wenn auch in der Physik in gewissen Fällen so deduktiv verfahren werden kann wie in der Mathematik, so ist es doch hier unmöglich, die ganze Fülle der Erscheinungen aus wenigen Annahmen herzuleiten. Es wird deshalb in der Physik regelmäßig auch zwischendurch, mitten in der theoretischen Untersuchung, auf die Erfahrung Bezug genommen, oder, was auf dasselbe hinauskommt, es werden zwischendurch neue Annahmen eingeführt, die schließlich durch den Hinweis auf die Erfahrung gerechtfertigt werden. Eine solche neue Annahme besteht vielfach darin, daß eine Beziehung als allgemein und genau gültig gefordert wird, die sich in einer gewissen — meistens großen — Zahl von Fällen mit hinreichender Annäherung in der Erfahrung bestätigt hat, d. h. wir führen für die weitere theoretische Untersuchung ein an der Hand der Erfahrung induktiv gefundenes sogenanntes „empirisches Gesetz" ein. So ist z. B. in § 56 bei der Behandlung der Barometeraufgabe das Gesetz von MARIOTTE eingeführt worden. Neben solchen Gesetzen braucht aber die Physik außerdem noch diejenigen besonderen Annahmen, die wir als Hypothesen[1] im engeren Wortsinn bezeichnen. Es sind dies solche Annahmen, die eine im Grund nicht beobachtete, oft sogar bis auf einen gewissen Grad der Beobachtung widersprechende Beziehung fordern, so z. B. wenn wir ein „Imponderabile", ein nicht wägbares Fluidum annehmen, oder wenn wir uns in dem bis jetzt als leer betrachteten Raum, in dem der Bewegung durch nichts Widerstand geleistet wird, einen „Äther" denken, der z. B. magnetisierbar ist, also physikalische Eigenschaften hat, oder wenn wir Teile der Materie annehmen, die selbst nicht teilbar sein sollen usw.

Dabei handelt es sich sehr häufig um das, was man als Hilfshypothese oder jetzt meist als „Arbeitshypothese" bezeichnet, d. h. um eine Hypothese, die nicht ein für allemal der ganzen Physik

---

[1] Vgl. S. 381, Anm. 2.

zugrunde gelegt werden soll, sondern die man in einem Teilgebiet der Arbeit zugrunde legt, ohne sich daran zu stoßen, daß diese Hypothese vielleicht in einem anderen Teilgebiet der Wissenschaft gar nicht brauchbar ist und vermutlich später einmal ganz fallen gelassen werden wird. Die Schwierigkeit, welche heutzutage der Physik daraus erwächst, daß sie von ihren Hypothesen nicht so leicht losgelöst werden kann, so daß z. B. experimentelle Ergebnisse vielfach nur mit Beziehung auf Hypothesen ausgesprochen werden und dadurch der eigentliche Tatsachengehalt verschleiert wird, ist von OSTWALD[1]) treffend geschildert worden. Trotzdem dürfte diese Schwierigkeit kaum ganz vermieden werden können. Das Programm, die Erscheinungen hypothesenfrei oder „phänomenologisch", d. h. nur so darzustellen, wie sie in der Erfahrung der unbefangenen Beobachtung erscheinen[2]), ist nicht so leicht erfüllbar, da die Hypothese nicht nur der deduktiven Verknüpfung, sondern auch bereits der übersichtlichen Beschreibung der experimentellen Ergebnisse dient, die sich manchmal ohne sie kaum in ein Gesetz zusammenfassen lassen[3]).

Es wird genügen, einige wenige Beispiele zu geben, um den Charakter der physikalischen Annahmen und ihrer Anpassung an die Erfahrung zu beleuchten. Dabei werden auch im allgemeinen die älteren Theorien ausreichen; doch ist in § 165 etwas auf die Relativitätstheorie EINSTEINS eingegangen worden.

§ 151. Wärmemenge.

Als besonders einfaches Beispiel möge die Messung von Wärmemengen betrachtet werden und die Abhängigkeit, in der die Temperatur eines Mischkörpers zu den Temperaturen der zur Mischung verwendeten Körper steht. Die Vorstellung, wir können sagen die Arbeitshypothese, die BLACK in der zweiten Hälfte des 18. Jahrhunderts eingeführt und mit deren Hilfe er die erwähnten Zusammenhänge klargestellt hat, war die, daß die Wärme eine unwägbare Sub-

---

[1]) „Die Überwindung des wissenschaftlichen Materialismus" (Vortrag, gehalten auf der Versammlung der Gesellschaft Deutscher Naturforscher und Ärzte zu Lübeck) 1895.

[2]) MACH (Die Geschichte und die Wurzel des Satzes von der Erhaltung der Arbeit, 1872, S. 46) sagt: „Das Ziel der Naturwissenschaft ist der Zusammenhang der Erscheinungen. Die Theorien aber sind wie dürre Blätter, welche abfallen, wenn sie den Organismus der Wissenschaft eine Zeitlang in Atem gehalten haben." In dem Vorwort zur 2. Auflage der Principien der Wärmelehre (1899) bekennt sich MACH zu dem Grundsatz von J. B. STALLO: „to eliminate from science its latent metaphysical elements".

[3]) STUDY (Die realistische Weltansicht und die Lehre vom Raume, 1914, S. 74) sagt im Anschluß an WUNDT: „Die Hypothese ist dazu da, den logischen Zusammenhang der Tatsachen zu vermitteln."

stanz sei, die jeden Körper durchdringt, die sich im Falle der Wärmeleitung von dem einen Körper auf den anderen verbreitet, ohne daß,
wenigstens bei den Vorgängen, die wir zunächst im Auge haben,
Wärme entstehen oder verschwinden kann. Vereinigt man gleiche
Mengen, z. B. von Wasser, die von verschiedener Temperatur sind,
so bekommt dabei die Mischung diejenige Temperatur, die das arithmetische Mittel ist von den ursprünglichen Temperaturen der verwendeten beiden Mengen. Vereinigt man dagegen die Menge m_1 von
der Temperatur t_1 mit der Menge m_2 von der Temperatur t_2, wobei
es sich wieder um zwei Mengen derselben Flüssigkeit handeln soll, so
entsteht die Mischungstemperatur

$$(1) \qquad \frac{m_1 t_1 + m_2 t_2}{m_1 + m_2}.$$

In dieser Formel hatte bereits RICHMANN[1]) die Ergebnisse seiner
Mischungsversuche ausgedrückt; auch er war schon durch eine, wenn
auch noch unklare Substanzvorstellung der Wärme dabei geleitet.
Die Formel (1) steht mit der genannten Vorstellung in Übereinstimmung, wenn man zugleich annimmt, daß die Erhöhung der Temperatur
der Menge m eines Stoffes um einen gewissen Betrag die m fache
Wärmemenge in Anspruch nimmt im Vergleich zur Erhöhung der
Menge 1 desselben Stoffs um denselben Temperaturbetrag, und daß
bei derselben Menge desselben Stoffs die zur Erhöhung der Temperatur
erforderliche Wärmemenge der Temperaturerhöhung proportional ist.

Die obige Formel (1) ist im allgemeinen nicht mehr richtig, wenn
Mengen verschiedener Stoffe miteinander gemischt werden. Diesen
Fall versuchten die Physiker zunächst vergeblich zu klären, wobei
u. a. vermutet wurde, daß in der Formel an Stelle der Gewichte m_1
und m_2 die Volumina gesetzt werden müßten, bis schließlich BLACK
die Tatsachen dadurch befriedigend erklärte, daß er neben der klar
herausgearbeiteten Stoffhypothese der Wärme noch die Annahme
machte, daß z. B. zur Erhöhung der Temperatur eines Kilogramms
Quecksilber um einen Grad Celsius eine andere Wärmemenge nötig ist,
als zur Erhöhung der Temperatur eines Kilogramms Wasser um einen
ebensolchen Grad[2]).

---

[1]) Vgl. E. MACH, Die Principien der Wärmelehre, 2. Aufl., 1900, S. 154.

[2]) Streng genommen kommt es allerdings auch etwas auf die Ausgangstempera-
tur an.

BLACK sagt, indem er einen vorher von anderen mit Quecksilber und Wasser
ausgeführten Mischungsversuch bespricht: „Das Quecksilber ist daher um 30° weniger
warm geworden, und das Wasser wurde nur um 20° wärmer: *und doch ist die Menge
der Wärme, welche das Wasser gewonnen hat, eben dieselbe Menge, welche das Quecksilber
verloren hat* ... Dies zeigt, daß dieselbe Menge der Materie der Wärme eine größere
Kraft zeigt, das Quecksilber zu erwärmen, als ein gleiches Maß Wasser ... Queck-

Ist zur Erwärmung eines Kilogramms eines Stoffes von $0°$ auf $1°$ das α fache derjenigen Wärmemenge nötig, mit der man ein Kilogramm Wasser von 0 auf $1°$ erwärmen kann, so nennt man jetzt bekanntlich α die spezifische Wärme des betreffenden Stoffes. Hat man nun die Mengen von m_1 Kilogramm eines etwa flüssigen Stoffes, der die spezifische Wärme α_1 besitzt und im Beginn des Mischens die Temperatur t_1 hat, und mischt diese Menge mit der Menge von m_2 Kilogramm eines anderen Stoffes, der von der spezifischen Wärme α_2 ist und gerade die Temperatur t_2 hat, so ergibt sich eine Mischungstemperatur t', die auf Grund der angenommenen Vorstellungen leicht berechnet werden kann. Zunächst wird deutlich sein, daß t' zwischen t_1 und t_2 gelegen sein wird. Ist also t_1 im Vergleich zu t_2 die höhere Temperatur, so ist

$$t_1 > t' > t_2.$$

Während des Mischungsvorgangs gibt nun der erste Stoff, indem seine Temperatur von t_1 auf t' herabsinkt, $m_1 \alpha_1 (t_1 - t')$ Wärmeeinheiten ab, während der andere Stoff $m_2 \alpha_2 (t' - t_2)$ Wärmeeinheiten aufnimmt, indem seine Temperatur von t_2 auf t' steigt. Da nun von den beiden Körpern, die sich bei dem Mischungsvorgang auf dieselbe Temperatur t' angeglichen haben, ohne Zweifel der erste ebensoviel Wärme abgegeben haben wird, als der zweite aufgenommen hat, so muß die Gleichung

$$(2) \qquad m_1 \alpha_1 (t_1 - t') = m_2 \alpha_2 (t' - t_2)$$

gelten, aus der sich

$$(3) \qquad t' = \frac{m_1 \alpha_1 t_1 + m_2 \alpha_2 t_2}{m_1 \alpha_1 + m_2 \alpha_2} \qquad .$$

berechnet. Diese Formel geht für $\alpha_1 = \alpha_2$, also insbesondere dann, wenn wieder beide Mengen von demselben Stoff sind, in die alte Formel (1) über, und es ergibt sich dann, wenn außerdem noch gleiche Mengen vorliegen, d. h., wenn $m_1 = m_2$ ist, die Mischungstemperatur t' als das gewöhnliche (arithmetische) Mittel von t_1 und t_2.

Niemand nimmt heute noch an, daß die Wärme selbst ein Stoff, eine Substanz sei. Es ist aber klar, wie die Stoffvorstellung zum Aufbau der Formeln (1) und (3) geführt hat. Auch hat MACH[1]) sehr deutlich gemacht, welche Beobachtung diese Vorstellung veranlaßt hat, nämlich die Beobachtung, daß sich ein Körper auf Kosten eines anderen erwärmt, wie beim Umgießen einer Flüssigkeit das eine Gefäß voller und das andere leerer wird. Nachträglich aber entsteht

---

silber hat daher weniger *Capacität für die Materie der Wärme* (wenn ich mich dieses Ausdrucks bedienen darf) als Wasser..." (vgl. MACH, a. a. O., S. 157 und BLACKS Vorlesungen über die Grundlehren der Chemie, deutsch von CRELL, 1804, S. 104).

[1]) a. a. O., S. 185.

das Bedürfnis, die Erfahrungstatsachen, soweit es möglich ist, unabhängig von irgendeiner hypothetischen Vorstellung über die Natur der Wärme, rein „phänomenologisch" auszusprechen. Dabei wird man sich klar, daß man eine Wärmemenge weder sieht, noch fühlt, noch unmittelbar mißt. Man mißt aber die Temperatur[1]), und das allein experimentell festgestellte Gesetz besagt, daß man jedem körperlichen Stoff eine Zahl α ein für allemal so zuordnen kann, daß die Mischungstemperatur im Fall von zwei Stoffen von beliebigen Anfangstemperaturen t_1 und t_2 und von beliebigen Massen m_1 und m_2 sich stets der Formel (3) und im Fall von mehr als zwei Stoffen sich einer entsprechenden allgemeineren Formel fügt. Nimmt man statt (3) die mathematisch gleichbedeutende Formel (2), so ergibt sich eine besser zu deutende Formulierung des empirischen Gesetzes. Man sieht nämlich — unter der früheren Voraussetzung, daß $t_1 > t' > t_2$ ist —, daß das auf den ersten Körper sich beziehende Produkt $m_1 \alpha_1 t_1$ durch den Mischungsvorgang zu $m_1 \alpha_1 t'$ geworden ist und somit um $m_1 \alpha_1 t_1 - m_1 \alpha_1 t'$ abgenommen hat, daß aber nach Gleichung (2) das entsprechende, auf den anderen Körper sich beziehende Produkt $m_2 \alpha_2 t_2$ durch denselben Vorgang um ebensoviel zugenommen hat. Nur der Umstand, daß das Produkt $m \alpha t$ aus Masse, spezifischer Wärme und Temperatur eines Körpers sich in der genannten Beziehung als maßgebend[2]) erwiesen hat, berechtigt uns, dieses Produkt unter dem Namen Wärmemenge als einen besonderen Begriff einzuführen, und es ergibt sich nun dadurch eine Übersicht über die empirischen Erscheinungen, daß man sagt, die Mischung vollziehe sich so, als ob die Wärmemenge eine Substanz wäre[3]).

Für denjenigen jedoch, der die genauen Erfahrungstatsachen, d. h. das oben erwähnte empirische Gesetz der Mischungsvorgänge nicht kennt, ist der Begriff der Wärmemenge ein durchaus vager und

---

[1]) Strenge genommen ist auch diese Messung keine unmittelbare; da aber die Ausdehnungen, welche verschiedene, miteinander in Berührung befindliche Körper durch Erwärmung erfahren, einander — wenigstens innerhalb gewisser Grenzen — proportional sind, so bietet sich die durch Erwärmung hervorgebrachte Ausdehnung der Körper als natürliches Mittel zur Bestimmung oder richtiger zur Definition der Temperatur oder des Wärmegrades dar.

[2]) Vgl. MACH, a. a. O., S. 184, 186 und 193.

[3]) Mit einer ähnlichen Formulierung ließen sich viele physikalische Hypothesen umschreiben. H. VAIHINGER hat den zugrunde liegenden Gedanken in seiner „Philosophie des Als Ob" zum leitenden Gedanken der Philosophie zu erheben versucht. Dazu scheint mir jedoch dieser Gedanke weniger geeignet, insbesondere dürfte er in der Lehre von KANT, worin VAIHINGER ihn nachweisen will, genauer besehen nicht zu finden sein. Hinsichtlich der Mathematik, auf welche VAIHINGER denselben Gedanken, z. B. bei den imaginären Größen (§ 78—80) anwendet, ist zu bemerken, daß derselbe hier jedenfalls nur dann zulässig ist, wenn man beweisen kann, daß richtige Ergebnisse dadurch gewonnen werden, daß man so verfährt, „als ob" eine gewisse Hypothese richtig wäre.

unklarer. Dabei ist es bezeichnend, daß noch kurz vor der Feststellung und Aufklärung der tatsächlichen Vorgänge durch BLACK der Gebrauch, den die Physiker von dem Wort „calor", d. h. Wärme, gemacht haben, ein schwankender gewesen ist, indem bald eine der Wärmemenge entsprechende, aber nicht ganz klar gedachte Größe, bald lediglich die Temperatur gemeint wird[1]).

Die ausgeführten Betrachtungen sind so lange gültig, als es sich wirklich um einen Mischungsvorgang und nicht um eine von der Mischung sich wesentlich unterscheidende chemische Verbindung, auch nicht etwa um gleichzeitige Änderung etwa des festen Zustandes eines Körpers in den flüssigen od. dgl. handelt. Denken wir uns aber jetzt beispielsweise ein Kilogramm Eis von $0°$ in die gleiche Menge Wasser von $t°$ gebracht, so verwandelt sich, falls die Temperatur t nicht zu klein ist, die ganze Masse in Wasser von t' Grad. Es ist aber dann t' nicht das arithmetische Mittel von 0 und von t, d. h. nicht gleich $\frac{t}{2}$, sondern kleiner als diese Zahl. Die Differenz läßt sich erklären, wenn man annimmt, daß eine gewisse Wärmemenge nötig ist, um ein Kilogramm Eis von $0°$ in Wasser von $0°$ überzuführen, und es stehen dann die Experimente mit der weiteren Annahme in Übereinstimmung, daß zur Überführung der $m$fachen Menge von Eis in Wasser die $m$fache Wärmemenge notwendig ist. Der scheinbare Widerspruch in der Theorie ist also hier aufgehoben worden durch die Einführung des gleichfalls von BLACK entdeckten Begriffs der Schmelzwärme des Eises oder durch die Vorstellung, daß Wasser von $0°$ mehr Wärme enthält als Eis von 0 Grad. Auch hier drücken die durch Messung gefundenen Zahlenverhältnisse, unabhängig von der ursprünglichen Hypothese, daß Wärme eine Substanz sei, eine gesetzmäßige Beziehung aus. Daß beim Schmelzen Wärme gebunden und infolgedessen „latent", d. h. verborgen wird, ist im Grunde eine Fiktion. Ein klares Gesetz liegt jedoch darin, daß dem Schmelzen von einem Kilogramm Eis von $0°$ zu Wasser von $0°$ eine ganz bestimmte Wärmemenge entspricht, derart, daß in allen möglichen verschiedenen Fällen beim Schmelzen der genannten Menge eben diese Wärmemenge verschwindet und beim Gefrieren einer solchen Menge dieselbe Wärmemenge neu erscheint, daß ferner bei der Wiederholung des Experiments mit einer anderen Gewichtsmenge eine andere, dem Gewicht proportionale Wärmemenge in die Erscheinung tritt. In dieser strengen Äquivalenz einer Zustandsänderung mit einem Wärmequantum liegt eben allein das klare Gesetz, das durch die genannte Hypothese nur umschrieben wird.

---

[1]) Vgl. z. B. MACH, a. a. O., S. 154.

Die voranstehenden Betrachtungen dürften es deutlich machen, in welcher Weise in einer physikalischen Theorie Tatsachen und Annahmen sich verbinden.

§ 152. Satz von der Erhaltung der Energie.

Denken wir uns noch einmal wie in § 144 eine schwere Masse m, die auf einer schiefen Ebene reibungslos herabgleitet und sich dabei in lotrechter Richtung um den Betrag h senkt. Die Masse erreicht am Ende der Ebene eine Geschwindigkeit v, und es ist dann ihre lebendige Kraft $\frac{1}{2} m v^2 = m g h$, falls g die Beschleunigung der Schwere bedeutet (vgl. Gleichung (2) von § 144). Kann dafür gesorgt werden, daß die Masse am unteren Ende — etwa dadurch, daß sie an einem Bande b zurückgestoßen wird (Abb. 211) — ihre Geschwindigkeit bei unveränderter Größe in die entgegengesetzte Richtung verkehrt, so steigt sie wieder in die alte Höhe empor, aus der sie dann durch er-

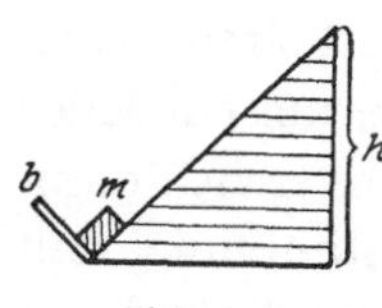

Abb. 211.

neutes Herabgleiten wieder den vorigen Bewegungszustand mit der lebendigen Kraft $\frac{1}{2} m v^2$ erreichen kann. Wie schon früher ausgeführt wurde, ist hier der bewegte Zustand am unteren Ende mit der Höhenlage am oberen vertauschbar, und es ist die lebendige Kraft $\frac{1}{2} m v^2$, die der Körper am unteren Ende besitzt, gleich der „Energie der Lage" $m g h$, die ihm in der Höhenlage bei der Geschwindigkeit o zukommt.

Die vorhin gedachte Umkehr der Geschwindigkeit des Körpers am unteren Ende der Ebene kann nur eintreten, wenn entweder der Körper oder das Band b elastisch ist. Nehmen wir nun beide völlig unelastisch an, so wird die Geschwindigkeit v der Masse, die sie beim Herabgleiten erworben hatte, durch den Stoß an dem Bande vernichtet. Es ist nun nicht nur die Energie der Lage, sondern schließlich auch wieder die lebendige Kraft verschwunden. Die Erfahrung lehrt aber, daß sich der Körper jetzt durch den Stoß erwärmt hat. Ist ihm dabei eine Wärmemenge zugeführt worden, mit der w Kilogramm Wasser um einen Grad Celsius erwärmt werden könnten[1]), d. h. hat der Körper w Wärmeeinheiten erhalten, so entspricht diese Wärmemenge jener Energie der Lage $m g h$, die oben an der schiefen Ebene, bzw. jener lebendigen Kraft $\frac{1}{2} m v^2$, die unmittelbar vor dem Anstoßen am Band b noch vorhanden war. Dabei zeigt die Erfahrung, daß, nach Festsetzung der Maßeinheiten, eine feste Zahl A, das Wärmeäquivalent, existiert, so daß mit diesem Zahlwert die Gleichung

$$(1) \qquad \frac{1}{2} m v^2 = m g h = A w$$

---

[1]) Vgl. übrigens den Anfang der Anm. 2 auf S. 436.

für jeden Körper und jede Höhe des Herabgleitens zahlenmäßig richtig ist.

In § 144 ist der Ausdruck $m g h$ als Maß einer „Arbeit" gedeutet worden. Läßt man nun in der vorigen Gleichung (1) die Wärmemenge w gleich 1 werden, so erkennt man, daß A das Maß derjenigen Arbeit ist, aus der die Wärmemenge gewonnen werden kann, welche die Temperatur eines Kilogramms Wasser um einen Grad Celsius erhöht. A ist also das Arbeitsäquivalent der Wärmeeinheit. Wir haben eben das Kilogramm[1]) als Masseneinheit angenommen; wird gleichzeitig das Meter zur Längeneinheit und die Sekunde zur Zeiteinheit gewählt, so ergibt sich für die genannte Zahl

$$A = 424.$$

Nimmt man jetzt an, daß dieselbe Masse m, die früher betrachtet wurde, auf einer schiefen Ebene wieder um denselben Höhenbetrag h sinkt (Abb. 211), daß aber nunmehr Reibung statt hat, so wird die Masse mit einer im Verhältnis zu dem früheren Experiment geringeren Geschwindigkeit $\bar{v}$ unten an der Ebene ankommen, da die Reibung hemmend eingewirkt hat. Dafür ist aber nun infolge der Reibung beim Hinabgleiten eine Wärmemenge $\bar{w}$ entstanden. Es stellt sich nun heraus, daß der obige Wert $\tfrac{1}{2} m v^2$, der im früheren Fall entstandenen lebendigen Kraft sich zerlegt in den neuen Wert der jetzt entstandenen lebendigen Kraft $\tfrac{1}{2} m \bar{v}^2$ und den Arbeitswert $A \bar{w}$ der jetzt entstandenen Wärmemenge. Es gilt also die Gleichung

$$\tfrac{1}{2} m v^2 = \tfrac{1}{2} m \bar{v}^2 + A \bar{w}.$$

Man kann auch in dem früher angenommenen Fall, in dem die Masse mit der Geschwindigkeit v am unteren Ende der Ebene ankommen, und dort die Geschwindigkeit durch einen elastischen Stoß ins Entgegengesetzte verkehrt werden sollte, den Stoßvorgang in die Betrachtung mit einbeziehen. Zwischen der Ankunft am Bande b (Abb. 211) und dem Beginn des Wiederaufsteigens liegt dann ein Augenblick, in dem die Geschwindigkeit 0 geworden ist, während der Körper, der allein als elastisch angesehen werden mag, sich an das Band angedrückt und gerade den Zustand der größten Zusammenpressung erreicht hat. Hier ist die Energie der Lage und zugleich auch die lebendige Kraft, in welche jene sich verwandelt hatte, und die unmittelbar vorher noch vorhanden war, vollständig verschwunden; es ist in diesem Augenblick, da wir uns jetzt das Herabgleiten wieder reibungslos denken wollen, die ganze anfängliche Energie $m g h$ der Lage in die elastische Spannungsenergie des Körpers verwandelt

---

[1]) Das Kilogramm ist die Masse eines Liters destillierten Wassers bei $+ 4°$ Celsius.

worden. Eine Erwärmung findet in diesem Falle nicht statt. Vermöge der elastischen Spannung stößt sich gleich darauf der Körper wieder vom Bande b ab und beginnt seinen Wiederaufstieg.

Wenn wir hier von einem Verwandlungsprozeß der Energie sprechen, so benutzen wir freilich das Bild einer unzerstörbaren Substanz, die in verschiedenen Formen erscheinen kann, dabei aber doch im Grunde immer dieselbe bleibt. Immerhin wird jeder vorsichtige Vertreter der Naturwissenschaft als wahren Kern des Gesetzes nur den Umstand ansehen, daß die verschwindenden und neu auftretenden verschiedenartigen Quantitäten einer bestimmten mathematischen Äquivalenz genügen, die oben angegeben worden ist. Bekanntlich lassen sich die geschilderten Beziehungen dahin erweitern, daß neben der Mechanik und der Wärmelehre noch andere Gebiete der Physik, wie z. B. die Elektrizitätslehre, hinzugezogen werden. Man gelangt so zu dem Satz von der Erhaltung der Energie in seiner ganz allgemeinen Bedeutung[1]).

§ 153. Zur Vorgeschichte des Energieprinzips.

Bei einem Satz von solch prinzipieller Bedeutung und von solcher Allgemeinheit liegt es nahe, daß man schon in den Aufstellungen alter Naturphilosophen Hinweise auf denselben sucht. Bereits Heraklit hatte darauf aufmerksam gemacht, daß Bewegung entweder bestehen bleibt oder neue Bewegung hervorzurufen pflegt. Es liegt hier eine Beobachtung vor, etwa der Übertragung von Bewegung von einem Körper auf einen anderen durch den Stoß. Durch diese Beobachtung war eine Aufgabe vorbereitet, die Bewegung von Massen von einem quantitativen Standpunkt aus zu betrachten. Von der Lösung dieser Aufgabe konnte natürlich erst gesprochen werden, nachdem eine Vorstellung davon gewonnen war, wie dasjenige, was wir etwa als die „Bewegungsmenge" bezeichnen wollen, durch die Masse m des bewegten Körpers und durch seine Geschwindigkeit v gemessen wird[2]). Der mißlungene Versuch, den Cartesius in dieser Richtung gemacht hat, ist bekannt. Er nahm das absolute Produkt $m \cdot v$ als Maß für

---

[1]) Die Auffassungen der drei Entdecker dieses Satzes: R. Mayer, Joule und Helmholtz sind von Mach vorzüglich geschildert worden (Die Principien der Wärmelehre, 2. Aufl., 1900, S. 316ff.). Helmholtz war dabei von dem Gedanken geleitet, daß ein „perpetuum mobile", d. h. eine unerschöpfliche Quelle der Arbeit, nicht möglich ist.

[2]) Die ziemlich verbreitete Sucht, neue Gedanken stets als schon bei älteren Schriftstellern dagewesen nachweisen zu wollen, hat bereits Kant sehr hübsch gekennzeichnet. Er sagt (Prolegomena, 1783, S. 32): Die, so niemals selbst denken, besitzen dennoch die Scharfsichtigkeit, alles, nachdem es ihnen gezeigt worden, in demjenigen, was sonst schon gesagt worden, aufzuspähen, wo es doch vorher niemand sehen konnte.

die Bewegung des Körpers und glaubte, daß in einem System von
Körpern die Summe dieser absoluten Produkte konstant sein müsse.
Die Unrichtigkeit dieser Auffassung hat LEIBNIZ aufgedeckt[1]). LEIBNIZ
hat auch die richtige Auffassung eingeführt, derzufolge die mit der
Hebung eines Gewichts $m\,g$ (§ 143) geleistete „Arbeit" einerseits dem
Gewicht selbst und andererseits dem Betrag h der Erhebung pro-
portional zu setzen ist, wobei dann die für den wieder herabfallenden
oder herabgleitenden Körper gültige Gleichung (§ 144)

$$\tfrac{1}{2}\,m\,v^2 = m\,g \cdot h$$

auf den Ausdruck $\tfrac{1}{2}\,m\,v^2$ für die „lebendige Kraft" oder „kinetische
Energie" des Körpers führt. Damit war dann auch im einfachsten
Beispiel die prinzipielle Beziehung zwischen der lebendigen Kraft
und der „Energie der Lage", so wie sie in der Mechanik besteht,
gegeben.

In einer am 200 jährigen Todestag LEIBNIZ' gesprochenen Rede hat
nun WUNDT auch das allgemeine, physikalische Prinzip von der Erhaltung der Energie LEIBNIZ zugeschrieben. WUNDT glaubt offenbar,
daß in der Formulierung LEIBNIZENS, wonach die aus der „vis viva"
und der „vis mortua" bestehende „vis activa" im ganzen konstant bleibt,
die vis mortua nicht nur als Energie der Lage, potentielle Energie u.
dgl., sondern auch als ein aus Wärme, elektrischen Zuständen usw.
bestehender Energievorrat gedeutet werden müsse. LEIBNIZ sei bereits
im vollen Besitz des Erhaltungsprinzips gewesen, „wie es die heutige
Physik voraussetzt, wenn er auch selbstverständlich nach dem dama-
ligen Zustand der Wissenschaft von den sogenannten Transformationen der Naturkräfte nichts wissen konnte"[2]). Für diese Ansicht
von WUNDT kommen vor allem zwei Stellen der LEIBNIZschen Werke
in Betracht. An beiden Stellen ist auf die Möglichkeit einer unsichtbaren Bewegung im Innern der Körper hingewiesen, die das Bestehen
des Satzes von der Erhaltung der lebendigen Kraft mit dem Verschwinden von sichtbarer Bewegung in Einklang bringen könnte.
Denkt man dabei daran, daß die Wärme jetzt meist als Bewegung der
kleinsten Teile der Körper aufgefaßt wird, und daß ähnliche Vorstellungen gelegentlich schon viel früher ausgesprochen worden sind
und auch in LEIBNIZ' Werken, jedoch in einem anderen Zusammen-

---

[1]) Vgl. LEIBNIZENS gesammelte Werke, herausgegeben von PERTZ, dritte Folge,
Mathematik, 6. Bd. (LEIBNIZENS mathematische Schriften, herausgegeben von GER-
HARDT, 2. Abteilung, II. Bd.), 1860, S. 216. LEIBNIZ zeigt hier auch, daß z. B. beim
Stoß die algebraische Summe der Bewegungsgrößen $m v$ konstant ist, wenn diese, in
Berücksichtigung der Geschwindigkeitsrichtungen, mit Vorzeichen, also bald positiv,
bald negativ, gedacht werden.

[2]) LEIBNIZ zu seinem zweihundertjährigen Todestag von WILHELM WUNDT, 1917,
S. 44.

hang vorkommen[1]), so erkennt man wohl, welche Auffassung WUNDT in den betreffenden Stellen hat finden wollen. Trotzdem scheint mir, daß damit in LEIBNIZ' Worte mehr hineingelegt wird, als er selbst in denselben gedacht hat. In der einen der fraglichen Stellen[2]) heißt es, nachdem vorher von dem „motus intestinus" die Rede gewesen ist: „Haec porro vis intestina sese extrorsum vertit, cum vis Elasticae officium facit, ..." Hier wird also die zusammen mit dem Verschwinden von äußerer Bewegung eingetretene elastische Zusammenpressung als eine Verwandlung sichtbarer Bewegung in unsichtbare gedeutet, wobei diese sich dann wieder nach außen wendet, wenn — wie wir jetzt sagen würden — die elastische Spannungsenergie sich wieder in äußere Bewegung umsetzt. Es handelt sich hier um einen Fall, in dem Erwärmung nicht eintritt, und in dem wir heutzutage keine Bewegung der kleinsten Teile annehmen. Eher scheint die andere Stelle auf den ersten Anblick die WUNDTsche Auffassung zu belegen. Hier wird auf den Fall eines unvollkommen elastischen Körpers hingewiesen. In diesem Fall werde ein Teil der lebendigen Kraft durch die kleinsten Teile absorbiert, ohne daß dieser Teil nachher der Bewegung des Ganzen wieder erstattet würde[3]). Es wird auch am Ende der Betrachtung dann noch gesagt, daß dieser nicht wiederhergestellte Teil der Bewegung fürs Weltganze nicht verloren sein könne[4]). Hätte LEIBNIZ gesagt, daß der scheinbar verlorene Teil sich in der Regel in Wärme umsetzt, so wäre er in der Tat über das rein mechanische Erhaltungsprinzip, das sich auf lebendige Kraft und potentielle Energie bezieht, in der Richtung auf das physikalische Energieprinzip zu hinausgeschritten. LEIBNIZ spricht aber in diesem Zusammenhang gar nicht von Wärme, geschweige denn von Elektrizität u. dgl. Es dürfte außerdem deutlich sein, daß derjenige, der das physikalische Energieprinzip besessen haben soll, zum mindesten den Gedanken gehabt haben müßte, daß zwischem einem Quantum lebendiger Kraft bzw. Arbeit und etwa einem Quantum von Wärme eine zahlenmäßige Äquivalenz besteht, wenn ihm auch das Zahlenverhältnis nicht bekannt ist; dazu müßte aber der Betreffende auch den Begriff der Wärmemenge (§ 151) haben, während bei LEIBNIZ in denjenigen Schriften, in denen das Wort Wärme (calor) in einer

---

[1]) Vgl. a. a. O., S. 36. [2]) a. a. O., S. 103.

[3]) a. a. O., S. 230. „D'où vient que dans le choc de tels corps une partie de la force est absorbée par les petites parties qui composent la masse, sans que cette force soit rendue au total: et cela doit toujours arriver lorsque la masse pressée ne se remet point parfaitement."

[4]) a. a. O., S. 231: „Car ce qui est absorbé par les petites parties, n'est point perdu absolument pour l'univers, quoiqu'il soit perdu pour la force totale des corps concourants."

bestimmteren Bedeutung vorkommt[1]), dieses stets nur den Wärmegrad, d. h. die Temperatur[2]), bezeichnet. Überhaupt sind die hier angeführten Stellen bei LEIBNIZ durchaus nicht von derselben Klarheit, wie seine in § 144 wiedergegebene Betrachtung über lebendige Kraft, Energie der Lage und Arbeit.

§ 154. Die Energie im unendlichen Raum.

Das Prinzip von der Erhaltung der Energie wird meistens in der Form ausgesprochen, daß die Summe der in der Welt vorhandenen Energie konstant ist, sich nicht im Laufe der Zeit ändern kann. Bei dieser Formulierung, die vermutlich dem Streben nach Kürze ihre Entstehung verdankt, wird übersehen, daß sie gänzlich inhaltsleer ist, in dem Fall, daß die Gesamtsumme der im unendlichen Raum vorhandenen Energie unendlich groß sein sollte. Man hat freilich auch schon wahrscheinlich zu machen versucht, daß sowohl die Menge der Materie, als auch die Menge der Energie, die im Raume vorhanden ist, endlich sein müsse; ich glaube kaum, daß die betreffenden Überlegungen stichhaltig sind, wie überhaupt alle die aufs Weltganze gerichteten Betrachtungen über die Zerstreuung der „Energie" u. dgl.[3]) als im höchsten Grade zweifelhaft angesehen werden müssen.

Die Schwierigkeit, welcher der Satz von der Erhaltung der Energie mit Rücksicht auf eine etwa vorhandene unendliche Gesamtmenge der Energie zu begegnen scheint, hat sogar schon den Gedanken angeregt, daß deswegen die euklidische Geometrie fallen gelassen werden und die elliptische Geometrie[4]) eingeführt werden müsse, in welcher dem ganzen Raum ein endliches Volumen zukommt.

Die einfachste Lösung der Schwierigkeit scheint mir darin zu bestehen, daß man das Prinzip so faßt, wie es für einen endlichen Raumteil gilt, für welchen Fall ohnedies allein eine praktische Anwendung des Prinzips möglich ist. Die Formulierung müßte dann so lauten: *Die Änderung der in einem begrenzten Raumteil befindlichen Energie ist gleich der Differenz zwischen der zugeführten und der aus dem Raumteil hinweggeführten Energie.* Natürlich wäre die neue Formulierung eine wertlose Tautologie, wenn wir nicht die Zuführung und die Hinwegführung von Energie an besonderen, meßbaren, an der Grenze des Raumteils sich abspielenden Vorgängen erkennen könnten.

---

[1]) A. a. O., S. 449/50.

[2]) Es gibt kein mechanisches Äquivalent der Temperatur, so wenig als eines der Elektrizitätsmenge (vgl. auch MACH: Die Geschichte und die Wurzel des Satzes von der Erhaltung der Arbeit, 1872, S. 21).

[3]) Dabei kommt freilich der sog. zweite Hauptsatz der Wärmelehre mit in Betracht, doch ist es überflüssig, hier auf diese Zusammenhänge näher einzugehen.

[4]) Vgl. § 133.

§ 155. Das Licht als Strahl.

Betrachtet man in der Lehre vom Licht zunächst diejenigen Tatsachen, die schon durch die Erfahrung des täglichen Lebens dargeboten werden, so fällt das Vorhandensein von Strahlen auf. Was ein Strahl ist, wird am deutlichsten durch die Bedingung seiner Aufhebung, d. h. durch das Entstehen des Schattens. Wird ein undurchsichtiger Körper an eine Stelle im Lichtstrahl gebracht, so wird von dieser Stelle ab der der Lichtquelle abgewendete Teil des Strahls ausgelöscht[1]). Bringt man umgekehrt in das Licht einen undurchsichtigen Schirm mit einer einzigen kleinen Öffnung, so macht sich ein einzelner Strahl dadurch geltend, daß „hinter" dem Schirm nur solche kleine Körper beleuchtet werden, die von dem betreffenden Strahl getroffen oder in ihn hineingebracht werden. Im Grunde sind es die genannten Tatsachen allein, an denen wir uns den Begriff des Strahls gebildet (abstrahiert) haben; im Hinweis auf diese Tatsachen ist deshalb zunächst die Erklärung des Strahlbegriffs erschöpft.

Denkt man sich zwei kleine Körper an verschiedenen Stellen in den Lichtstrahl gebracht, so wird nur der der Lichtquelle näher liegende den anderen, dieser aber nicht jenen beschatten. Demnach hat der Strahl gewissermaßen einen Richtungssinn, so daß wir ihn „vorwärts" oder „rückwärts" durchlaufen können. Damit ist aber doch noch nicht gesagt, daß sich längs des Strahls ein gewisses Etwas bewegt, oder ein Zustand in einem Medium sich fortpflanzt; einen solchen Fortgang längs des Strahls beobachten wir zunächst nicht, da wir eine längere Zeit unveränderten Scheinens von Licht ins Auge fassen.

Der Beweis dafür, daß sich längs des Strahls ein Zustand fortpflanzt, wird erst durch die verfeinerte Erfahrung des beobachtetenden und messenden Astronomen und Physikers geliefert. Olaf Römer gelang es, die scheinbaren Unregelmäßigkeiten in den Umlaufszeiten der Jupitermonde durch die Annahme zu erklären, daß das Licht Zeit braucht, um den Weg von der Gegend des Jupiter bis zur Erde zu durchlaufen, und daß dieser Zeitbetrag ein wechselnder ist, je nach der Stellung der Erde und des Jupiter in ihren Bahnen um die Sonne. Dadurch ergab sich zugleich die erste Bestimmung der Lichtgeschwindigkeit. Diese Bestimmung ist augenscheinlich eine mittelbare. Indem die Annahme, daß das Licht einer gewissen Zeit bedarf, mit der wechselnden Entfernung und mit den Beobachtungszeiten der Verfinste-

---

[1]) Auch in der Wellentheorie des Lichts wird der Schatten auf diese Weise definiert, und es ist hier eine besondere Deduktion erforderlich, um für den Fall eines homogenen Mediums die Geradlinigkeit des Strahls bzw. des Schattens aus der Wellentheorie abzuleiten (vgl. z. B. G. Kirchhoff, Vorlesungen über mathematische Optik, herausgegeben von K. Hensel, 1891, S. 39).

rungen der Jupitermonde in Verbindung gebracht wird, ergibt sich neben der Erklärung jener Unregelmäßigkeiten die Maßzahl für den bereits vorausgesetzten Zeitverbrauch. Genau denselben Wert der Lichtgeschwindigkeit ergibt die physikalische Messung von FIZEAU. Es lohnt sich immerhin, zu bemerken, daß auch diese physikalische Messung keine unmittelbare ist[1]). Eine direkte Messung würde erfordern, daß die Ankunftszeit der im Lichtstrahl sich fortpflanzenden Erregung in zwei verschiedenen Stellen des Strahls registriert würde, was wegen der Größe der Geschwindigkeit unmöglich ist. Die Übereinstimmung der beiden auf einer Reihe von Beobachtungen und Deduktionen unabhängig voneinander gewonnenen Zahlen kann ohne Zweifel nicht anders erklärt werden, als dadurch, daß die zugrunde liegende Annahme richtig ist.

§ 156. Das Licht als Wellenvorgang.

Die ursprüngliche Auffassung des Lichts, wonach im Lichtstrahl kleine imponderable Teilchen sich fortbewegen sollten (Emissionstheorie), wurde aus Gründen aufgegeben, auf die ich hier nicht näher eingehen will. HUYGENS hat als erster das Licht als einen Wellenvorgang gedeutet. Er dachte sich Schwingungen, die sich mit der Zeit in einem elastischen Mittel (Medium), dem jetzt sogenannten „Äther", ausbreiten sollten, d. h. es sollte ein von dem Lichtstrahl getroffenes Teilchen des Mittels um seine Gleichgewichtslage herum Schwingungen ausführen, und diese Schwingungen sollten von einem anderen, von demselben Lichtstrahl später getroffenen Teilchen in einer dem Abstand und der Lichtgeschwindigkeit entsprechenden späteren Zeit wiederholt werden. Es wurde also eine Wellenbewegung angenommen, ähnlich den Wellen des Wassers und den tönenden Schwingungen der Saiten und der Luft. Diese Theorie wird als elastische Wellenlehre des Lichts bezeichnet. Es mag jedoch mit Rücksicht auf die neuere elektromagnetische Wellenlehre des Lichts gleich bemerkt werden, daß ähnliche Vorgänge auch denkbar sind, ohne daß es sich um eine Bewegung von Teilchen handelt. Wir können uns denken, daß in einem Mittel, dessen Teile gar nicht gegeneinander bewegt werden, an einer Stelle eine wechselnde Folge irgendwelcher physikalischer Zustände statthat, und daß diese gleiche Folge von Zuständen an einer anderen Stelle, die von der ersten in der Richtung des Strahles, d. h. in der Richtung des Fortgangs der „Welle" abliegt, sich mit der entsprechenden Zeitverschiebung wiederholt. Es kann also auch da von einem Wellenvorgang gesprochen werden, wo gar keine Bewegung

---

[1]) Daß deswegen die Richtigkeit der Messung angefochten wird, kommt wohl heutzutage nicht mehr vor.

stattfindet, wo das Mittel, das den Träger des Vorgangs darstellt, völlig in Ruhe ist. Handelt es sich dabei an jeder einzelnen Stelle um einen periodischen Wechsel von Zuständen, so spricht man von einer Schwingung, die sich fortpflanzt. In dieser Weise denken wir uns in neuerer Zeit das Licht nach der Idee von Maxwell als einen Wellenvorgang, der auf einem periodischen Wechsel elektromagnetischer Zustände des Äthers beruht (§ 162).

Die elastische Wellenlehre des Lichts nahm die Abweichung eines Teilchens des Mediums von seiner Gleichgewichtslage in der Richtung senkrecht zum Strahl an, d. h. es wurden die Schwingungen als transversal vorausgesetzt. Dabei ist der einfachste Fall der, daß alle diese Abweichungen für alle Stellen eines Strahles in einer und derselben, natürlich den Strahl enthaltenden Ebene liegen. Es handelt sich in diesem Fall um polarisiertes Licht. In der neueren Wellenlehre des Lichts werden elektrische und magnetische Zustände des Äthers angenommen, die an einer einzelnen Stelle je durch eine bestimmte Intensität und eine bestimmte Richtung charakterisiert werden, so daß also der Zustand an jeder Stelle durch die Größe und Richtung des elektrischen und des magnetischen „Vektors"[1] beschrieben wird. Beim polarisierten Lichtstrahl liegen für alle seine Stellen die elektrischen Vektoren in einer und derselben Ebene, und es liegen zugleich die magnetischen Vektoren in einer zweiten Ebene, die auf der ersten senkrecht steht. Dies ergibt sich durch mathematische Deduktion aus den Faraday-Maxwellschen Grundannahmen über die gegenseitige Einwirkung der durch den Raum verbreiteten Vektoren der einen und der anderen Art (§ 160).

Die zuletzt gegebene Auseinandersetzung war im Grunde nur eine theoretische, da sie sich auf die nicht beobachtbare Abweichung des Ätherteilchens von seiner Ruhelage in der elastischen Theorie bzw. auf die im Innern der Körper meist nicht beobachtbaren[2] elektrischen und magnetischen Vektoren der anderen Theorie bezogen. Man kann sie aber mittelbar mit den Experimenten in Beziehung setzen. Man kann nämlich durch besondere Vorkehrungen Licht erzeugen, das in bezug auf eine den Strahl enthaltende Ebene andere Eigenschaften besitzt als in bezug auf die anderen solchen Ebenen. Fällt ein solcher besonderer Strahl senkrecht auf eine planparallele Platte, die aus einem Turmalinkristall parallel zur Hauptachse des Kristalls herausgeschnitten ist, und dreht man diese Platte allmählich in sich selbst, so gelangt

---

[1] Jeder dieser Vektoren ist durch eine an der betreffenden Stelle beginnende, gerichtete Strecke dargestellt, deren Länge die Intensität ausdrückt. Sie werden senkrecht zum Lichtstrahl angenommen.

[2] In der Luft sind sie beobachtbar.

je nach der Drehstellung der Platte bald ein größerer, bald ein kleinerer
Teil des Lichts durch die Platte hindurch, und zwar dringt der Lichtstrahl dann vollständig hindurch, wenn gerade die Hauptachsenrichtung der Kristallplatte in jene ausgezeichnete Ebene des Strahls
zu liegen kommt, während der Strahl beim Durchgang durch die
Platte ganz ausgelöscht wird, wenn die Hauptachsenrichtung auf jener
ausgezeichneten Ebene des Strahls senkrecht steht. In der elastischen
Wellentheorie nimmt man an, daß jene ausgezeichnete Ebene des
Strahls diejenige ist, in der die Schwingungen des als polarisiert zu
denkenden Lichtstrahls stattfinden; es wäre aber zunächst auch möglich, daß die Schwingungen in der Ebene stattfänden, welche zu jener
durch das Experiment ausgezeichneten Ebene senkrecht steht, da ja
von den Ebenen, die durch eine feste Gerade gehen, die zu einer ausgezeichneten senkrechte Ebene offenbar gleichfalls ausgezeichnet ist.
Unter der Voraussetzung der elektromagnetischen Wellenlehre des
Lichts könnte man, wenn nicht noch andere Umstände herbeigezogen
werden sollen, jene durch das Experiment ausgezeichnete Ebene des
Lichtstrahls ebensogut für diejenige erklären, in der der elektrische,
als auch für diejenige, in der der magnetische Vektor gelegen ist.

Die erwähnten Tatsachen und theoretischen Überlegungen mögen
zeigen, daß in einem solchen Fall, in dem die der Theorie zugrunde
gelegten Vorstellungen nur eine mittelbare Beziehung zur Erfahrung
haben, die Deutung der theoretischen Ergebnisse in der Erfahrung
auf der Analogie beruhen, in dem angeführten Fall darauf, daß sowohl die Schwingungsebene, als auch jene experimentell bestimmte
Ebene eine ausgezeichnete Ebene ist. Infolgedessen wird auch die
theoretische Wertung experimentell im einzelnen beobachteter Vorgänge häufig etwas Willkürliches an sich haben. Die Beziehung zwischen Erfahrung und Theorie ist nicht immer völlig eindeutig, und
jedenfalls ist die Bestätigung der theoretischen Grundlagen durch
die Erfahrung, die sooft betont wird, nur eine mittelbare und bedingte.

§ 157. Positive und negative Elektrizitätsmengen.

Die ältere Theorie führte alle elektrischen Erscheinungen auf die
beiden elektrischen „Fluida" zurück. Auch in der neueren Theorie
spielen die positiven und negativen Elektrizitätsmengen eine große
Rolle. Maxwell hat in glänzender Weise auseinandergesetzt[1]), wie
man zur Feststellung gleicher Elektrizitätsmengen, zu der Vorstellung
der Addition von Mengen und des Sichaufhebens zweier absolut
einander gleichen, aber im Vorzeichen entgegengesetzten Mengen

---

[1]) A Treatise on Electricity and Magnetism, vol. I, 1873, p. 30 ff.

gelangen kann. Er läßt dabei die Wirkung auf größere Entfernungen und ihre Abhängigkeit von den Abständen aus dem Spiel und bezieht sich nur auf ganz einfache Erfahrungen, die man im Anschluß an gewisse Tätigkeiten machen kann. Es wird dabei z. B. ein geladener metallischer Leiter einem nicht geladenen genähert und von diesem zugleich Elektrizität abgeleitet, es werden Leiter miteinander in Berührung gebracht u. dgl. Da für die so erklärte physische Addition zweier Elektrizitätsmengen die früher erwähnten abstrakt mathematischen Gesetze (§ 25 u. 77) nachgewiesen werden können, so kommt man in einwandfreier Weise für ein gewisses Teilgebiet der Elektrizitätslehre zu dem Begriff des Maßes der Elektrizitätsmengen. Eine Voraussetzung über das Wesen der Elektrizität braucht dabei gar nicht gemacht zu werden. Immer wird man da, wo in der Physik Mengen definiert werden, an die Substanzidee erinnert, doch kann offenbar von der Auffassung der Elektrizität als einer „Substanz" im philosophischen Sinne schon deswegen gar keine Rede sein, weil nach der Auffassung der Philosophie Substanzen sich nicht aufzuheben vermögen.

§ 158. Elektrischer Strom und OHMsches Gesetz.

Bei dem Vorgang, den wir als konstanten elektrischen Strom in einem linearen Leiter, etwa in einem Kupferdraht, bezeichnen, wird die Vorstellung zugrunde gelegt, daß durch einen bestimmten Querschnitt des Leiters in zwei gleichen Zeitintervallen gleichviel Elektrizität in bestimmter Richtung hindurchgeht, und zwar auch durch einen Querschnitt gleichviel wie durch einen anderen. Da die beiden Elektrizitäten sich gegenseitig aufheben, so bedeutet z. B. der Durchgang einer Einheit positiver Elektrizität in der einen Richtung ebensoviel als der Durchgang einer Einheit negativer Elektrizität in der entgegengesetzten oder als der gleichzeitige Durchgang einer halben Einheit positiver Elektrizität in der ersten und einer halben Einheit negativer Elektrizität in der zweiten Richtung.

Die Erscheinungen, die wir am „elektrischen Strom" beobachten, sind wesentlich andere als diejenigen, die dann vorliegen, wenn wir von „Gleichgewicht" der Elektrizität reden, d. h. wenn wir im „elektrostatischen" Sinne Elektrizitätsmengen messen (§ 157). Wenn auch mit Hilfe eines elektrischen Stromes ein Leiter mit Elektrizität geladen werden kann, so wird doch auch derjenige, der geneigt wäre, das wirkliche Vorhandensein der elektrischen Fluida anzunehmen, für gewöhnlich nicht behaupten können, daß die im Draht sich bewegenden Elektrizitätsmengen sich irgendwie unmittelbar nachweisen lassen, solange der konstante Strom im Gange ist. Wir haben dagegen gewisse Empfindungen, wenn der Strom durch unseren Körper hindurchgeht — bekanntlich kann ein starker Strom sogar eine tödliche Wirkung haben —, wir beobachten das Überspringen eines Funkens, wenn wir einen Strom unterbrechen oder durch Zusammenbringen von zwei vorher getrennten Drahtenden ihn erst herstellen, d. h. schließen, wir beobachten in der Nähe des vom Strom durchflossenen Drahtes Kräfte, die auf einen Magnetpol wirken[1]) und die unter anderem von der Stärke des Stroms abhängig sind; wir beobachten aber keine im Draht sich bewegenden Elektrizitätsmengen. Trotzdem ist die angenommene Vorstellung sehr fruchtbar und zunächst für die Auffindung der Gesetze wesentlich. Sie wird für das Teilgebiet, um das es sich handelt, auch jetzt noch als Hilfs- oder Arbeitshypothese gebraucht, obwohl inzwischen die Elektrizitätslehre auf neue Grundlagen gestellt worden ist.

Die Folgerungen aus der angenommenen Vorstellung werden erst im Zusammenhang mit den Gesetzen von Ohm und Kirchhoff deutlich. Der Einfachheit wegen wollen wir uns als Stromquelle stets eine galvanische Batterie denken, deren Pole durch ein Drahtstück miteinander in leitende Verbindung gebracht worden sind. Die Stärke des so entstandenen Stromes ist bereits von Ohm durch die Neigung einer

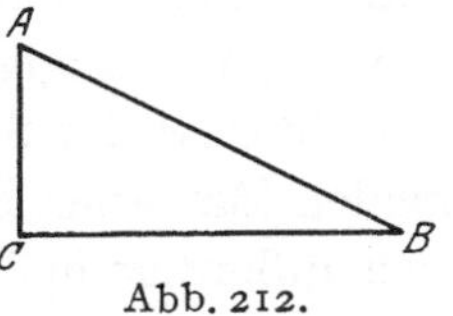

Abb. 212.

Geraden AB dargestellt worden (Abb. 212). Die Höhe AC, um welche das Geradenstück abfällt, stellt in der Abbildung die S p a n - n u n g (elektromotorische Kraft, Potentialdifferenz) zwischen den beiden Polen dar, welche durch die Batterie allein bestimmt wird; BC stellt den Leitungswiderstand des Drahtes[2]) vor, während die Stromstärke durch das Verhältnis $AC:BC$, d. h. durch das „Gefälle" der geraden Linie AB gegeben ist. Es besteht demnach, bei Einführung passender Einheiten, zwischen Stromstärke J, Spannung E der Batterie und Widerstand W des Drahtes die Gleichung

$$\frac{E}{W} = J$$

oder

(1) $$E = J \cdot W.$$

Diese Gleichung wird als Ohmsches Gesetz bezeichnet.

Da im Grunde die Spannung zwischen den Polen der Batterie und der Widerstand des Drahtes nur wieder mit Hilfe des Stromes selbst,

---

[1]) Nach dem Gesetz von Oerstedt (vgl. z. B. E. Riecke, Lehrbuch der Physik, 2. Aufl., 2. Bd. 1902, S. 157 f.); die Richtung der Kraftwirkung ist senkrecht zu der durch Stromlinie und Magnetpol bestimmten Ebene.

[2]) Der Einfachheit wegen habe ich den Widerstand innerhalb der Batterie vernachlässigt, der gewöhnlich klein ist.

d. h. durch dessen Wirkungen, erkannt werden können, so erscheint die tatsächliche experimentelle Bedeutung des Ohmschen Gesetzes in dieser Form nicht als völlig klar. Um das Gesetz zu erläutern, denke ich mir denselben Draht zuerst mit den Polen der Batterie B_1, dann statt dessen mit den Polen der Batterie B_2 verbunden. Jedesmal entsteht ein Strom. Benutzt man zunächst einmal wieder die gewonnenen Vorstellungen, so erhält man, wenn mit J_1 und J_2 die beiden Stromstärken und mit E_1 und E_2 die Spannungen der beiden Batterien bezeichnet werden, aus (1) die Gleichungen

$$(2) \qquad E_1 = J_1 W, \quad E_2 = J_2 W,$$

da ja beide Male derselbe Draht, und somit auch derselbe Widerstand W vorliegt. Aus den Gleichungen (2) ergibt sich nun die Proportion

$$(3) \qquad E_1 : E_2 = J_1 : J_2 \,.$$

Hier können nun die Stromstärken, die auf der rechten Seite stehen, gemessen werden; sie werden einfach ihren Wirkungen auf die Magnetnadel proportional gesetzt. Damit ist aber nun die Möglichkeit gegeben, unabhängig von den ursprünglich benutzten Vorstellungen die Verhältnisse der Spannungen oder der elektromotorischen Kräfte der beiden Batterien durch die Proportion (3) zu definieren. Es zeigt sich außerdem in der Erfahrung, daß auf diese Weise für zwei gegebene Batterien eine bestimmte Verhältniszahl herauskommt, unabhängig davon, welchen Draht man dabei zur Schließung der Ströme benutzt. In dieser Erfahrung liegt aber ein Teil des tatsächlichen Inhalts des Ohmschen Gesetzes und die eigentliche Berechtigung der gewählten Definition.

In derselben Weise kann man nun auch bei einer und derselben Batterie die Pole zuerst durch den einen und nachher durch einen anderen Draht in Verbindung bringen. Versteht man dann unter J_1 und J_2 die Stärken der so entstehenden Ströme, und bedeuten W_1 und W_2 die Leitungswiderstände der Drähte, so gelangt man mit Hilfe der Gleichung (1) jetzt zu der Proportion

$$(4) \qquad W_1 : W_2 = J_2 : J_1 \,.$$

Diese Proportion erlaubt, nachdem wieder die Stromstärken beobachtet worden sind, den Widerstand eines Drahtes in Beziehung auf einen anderen, dessen Widerstand als Einheit zugrunde gelegt wird, durch eine Zahl zu messen, und damit überhaupt erst den Widerstand richtig zu definieren. Die genannte Zahl erweist sich, wenn die beiden Drähte gegeben sind, schließlich als unabhängig von der zur Ausführung der Vergleichung benutzten Batterie.

Die Abbildung 212 war eigentlich nur ein Gleichnis, welches das Strömen der Elektrizität darstellen sollte; diese Strömung jedoch ist selbst nur ein Bild zum Ausdruck für irgendwelche unbekannte, aber doch in gewissem Sinne meßbare Verhältnisse. Die an die Proportionen (3) und (4) geknüpften Tatsachen bilden im Grunde den experimentellen Inhalt des Ohmschen Gesetzes.

Es kommt nun noch etwas hinzu. Ist ein Draht aus mehreren verschiedenartigen Stücken zusammengesetzt, die hintereinander geschaltet sind, so erweist sich erfahrungsgemäß der Widerstand des zusammengesetzten Drahtes gleich der Summe der Widerstände seiner Teile. Auf diese Tatsache, die auf Grund der oben gegebenen Definition durchaus nicht logisch selbstverständlich ist, stützt sich ein weiteres, die Verhältnisse darstellendes Bild. Es seien etwa drei Drahtstücke: $A A_1$, $A_1 A_2$, $A_2 B$ hintereinander geschaltet (Abb. 213), wobei dann der Anfang A des ersten und das Ende B des letzten Drahtstückes mit einem Pol der Batterie in Berührung gebracht wird.

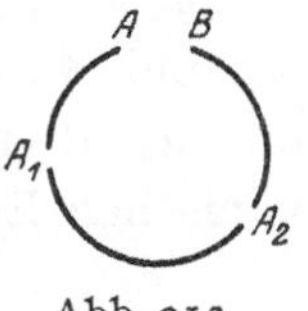

Abb. 213.

Zunächst ist nun die Erfahrungstatsache zu erwähnen, daß in dem gedachten Fall die Magnetnadel in der Nähe jeder Stelle des ganzen Leiters AB dieselbe — natürlich noch von der Entfernung abhängige — Ablenkung zeigt; es fließt also durch alle drei Drahtstücke derselbe Strom von gleicher Stärke. Diesen Umstand bringt man nun durch das geometrische Bild einer dreiteiligen Linie von durchaus gleichem Gefälle zur Darstellung (Abb. 214); dabei stellen die Projektionen $C C_1$, $C_1 C_2$, $C_2 C_3$ der Abschnitte der den Strom darstellenden Linie $C' C_3$ die Widerstände, nicht die Längen, der einzelnen Drahtstücke $A A_1$, $A_1 A_2$, $A_2 B$ vor. $C C'$ aber mißt wieder die zwischen den Polen der Batterie bestehende Spannung.

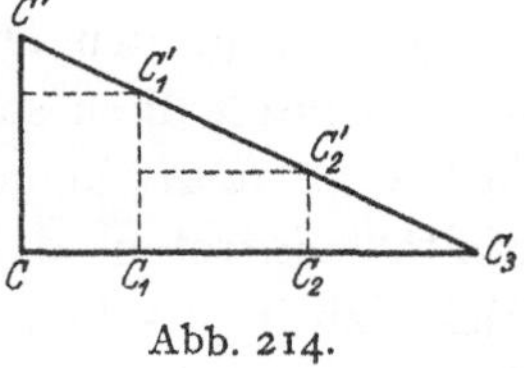

Abb. 214.

Nach dem eben Gesagten ergäbe sich die Stromstärke als Quotient dieser Spannung und des Gesamtwiderstandes $C C_3$, wegen der gleichförmigen Neigung der Geraden $C' C_3$ aber auch z. B. als Quotient der Differenz der in Abb. 214 über C_1 und C_2 stehenden Höhen und des Widerstandes $C_1 C_2$ des mittleren Drahtstücks. Bezeichnet man jene Differenz als Spannung zwischen den Stellen A_1 und A_2 in Abb. 213, indem man die Gesamtspannung gewissermaßen gleichmäßig im Verhältnis der Widerstände über die ganze Leitung sich verteilt denkt, so erkennt man, daß nun das Ohmsche Gesetz für jeden Teil, insbesondere für jedes der vorhin angenommenen einzelnen Drahtstücke gültig ist.

Die eigentliche Berechtigung der zuletzt eingeführten Vorstellung, wonach zwischen je zwei Stellen der Leitung eine Spannung oder

Potentialdifferenz besteht, wird sich erst im folgenden Paragraphen zeigen, indem diese Vorstellung noch weitere experimentelle Tatsachen zu umfassen gestattet.

§ 159. KIRCHHOFFsche Gesetze.

Zur Erläuterung sollen jetzt noch die KIRCHHOFFschen Gesetze[1]) zum Teil mit herbeigezogen werden. Diese Gesetze beherrschen die Verhältnisse, die sich bei Verzweigungen von elektrischen Strömen einstellen. Angenommen, es seien die Drähte d_1, d_2, d_3, d_4 so, wie in Abb. 215 angegeben ist, miteinander verbunden, so daß also d_2 und d_3 zwei „parallele‘‘ Leitungen zwischen den Verzweigungspunkten A_2 und A_3 darstellen, und es seien die freien Enden der Drähte d_1 und d_4, d. h. also die Stellen A_1 und A_4, mit den Polen eines galvanischen Elements oder einer Batterie in Verbindung gebracht. Die

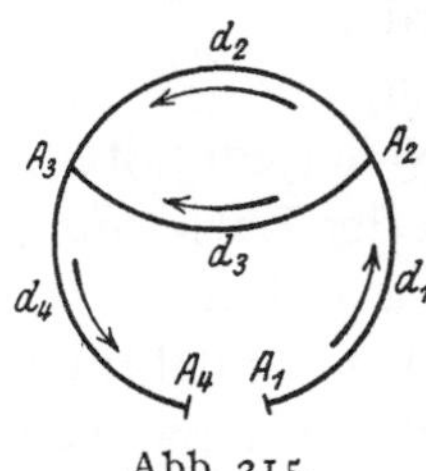

Abb. 215.

gegebene, zwischen den Polen des Elements oder der Batterie herrschende Spannung und die gegebenen Leitungswiderstände der Drähte werden in jedem Teil des Drahtnetzes eine bestimmte Strömung bewirken. In diesem Falle wird der Strom nicht in allen Teilen dieselbe Stärke haben. Die Pfeile mögen die Richtung des Stromes positiver Elektrizität angeben, wobei dann J_1, J_2, J_3, J_4 die in den Drahtstücken d_1, d_2, d_3, d_4 vorhandenen Stromstärken bezeichnen sollen. Da die Strömungen konstant sein sollen, darf z. B. in A_2 keine „Stauung‘‘ der einen oder der anderen Elektrizität eintreten, d. h. es muß an dieser Stelle ebensoviel positive Elektrizität aus dem Draht d_1 ankommen, als daselbst in die Drähte d_2 und d_3 wieder abgeht. Es muß also die Stärke des ankommenden Stroms der Summe der Stärken der beiden abgehenden gleich, d. h.

$$(1) \qquad J_1 = J_2 + J_3$$

sein.

Nun wollen wir auf die beiden stromdurchflossenen Drähte d_2 und d_3 einzeln das Gesetz von OHM anwenden. Zwischen A_2 und A_3 wird nach dem im vorigen Paragraphen Gesagten eine gewisse Spannungsdifferenz $P_2 - P_3$ angenommen, weshalb man nach dem OHM-schen Gesetz für die in d_2 und d_3 fließenden Ströme die Gleichungen

$$(2) \qquad J_2 = \frac{P_2 - P_3}{W_2}, \qquad J_3 = \frac{P_2 - P_3}{W_3}$$

---

[1]) Diese Gesetze sind allerdings im besonderen Fall bereits bei OHM angedeutet; vgl. OHM: Die galvanische Kette, Neudruck mit einem Vorwort von JAMES MOSER, 1887, S. VI, VII, 106, 107.

hat, in denen natürlich W_2 und W_3 die betreffenden Leitungswiderstände bedeuten. Aus den letzten Gleichungen folgt aber

$$(3) \qquad J_2 : J_3 = W_3 : W_2 .$$

Hieraus und aus (1) berechnet man leicht

$$(4) \qquad J_2 = \frac{W_3}{W_2 + W_3} J_1, \qquad J_3 = \frac{W_2}{W_2 + W_3} J_1 .$$

Vergleicht man jetzt die in A_3 ankommenden Ströme mit dem dort abgehenden, so erhält man noch die Gleichung

$$(5) \qquad J_2 + J_3 = J_4$$

hinzu, die mit (1) zusammen

$$J_4 = J_1$$

ergibt. Auf die allgemeine Formulierung der KIRCHHOFFschen Gesetze, von denen (1) bzw. (5) und (3) Spezialfälle vorstellen, soll hier nicht eingegangen werden. Es genügt, zu bemerken, daß man, wenn man über diese Gesetze verfügt, auch J_1 aus der gegebenen Spannung der galvanischen Batterie und aus den gegebenen Widerständen der vier Drahtstücke berechnen kann und so die Stärken der durch die vier Drahtteile fließenden Ströme vollständig in den gegebenen Werten ausgedrückt erhält. In dem besonderen Fall, daß z. B.

$$(6) \qquad W_3 = 2\, W_2$$

ist, ergibt sich aus (4), daß

$$J_2 = \tfrac{2}{3} J_1, \qquad J_3 = \tfrac{1}{3} J_1$$

sein muß.

Die durchgeführte Überlegung soll nur zeigen, wie die angenommenen Vorstellungen der fließenden Elektrizität und ihres Gefälles hier angewendet werden. Die Ergebnisse sind unabhängig von diesen Vorstellungen tatsächlich richtig. Was wir „Stromstärke" nennen, ist schließlich lediglich durch die von OERSTÄDT entdeckte Wirkung auf die Magnetnadel bzw. durch den Ausschlag des Galvanometers definiert[1]). Sind aber die beiden parallel geschalteten Drähte d_2 und d_3 etwa so wie in dem vorhin gewählten Beispiel [Gleichung (6)] beschaffen, so daß also der Draht d_2 die doppelte Stromstärke im Vergleich zum Draht d_3 ergibt, wenn ich abwechselnd bald den einen, bald den anderen mit den Polen einer Batterie in Berührung bringe, so stellt

---

[1]) Nur mittelbar kann man den elektrischen Strom mit elektrostatisch gemessenen Elektrizitätsmengen in Verbindung bringen, indem einerseits die Bewegung eines elektrisch geladenen Leiters (die sogenannte konvektive Bewegung der Elektrizität), andererseits die Entladung einer Leydener Flasche Wirkungen auf die Magnetnadel, bzw. das Galvanometer, hervorbringt, die nach einer gewissen Umrechnung mit den Wirkungen eines konstanten Stroms in Vergleich gesetzt werden können.

sich auch in der durch die Abb. 215 erläuterten Vorrichtung der Strom in d_2 als zwei Drittel und der in D_1 als ein Drittel von demjenigen Strom ein, der in d_1 und d_4 vorhanden ist. Diese Ergebnisse werden durch das Experiment erwiesen, und darin allein beruht schließlich die Wahrheit der Theorie, welche durch die erwähnten Vorstellungen nur in einem Bilde dargestellt ist. Dabei ist aber deutlich, daß ohne das Bild von der zuströmenden und abfließenden Elektrizität wohl kaum die Gleichung (1), ohne das OHMsche Gesetz und das Bild vom „Gefälle" des Stroms (Abb. 212) nicht die Gleichungen (2) und damit nicht die Gleichung (3) erhalten worden wäre. Die Hilfsvorstellungen sind hier so wesentlich, daß man sich ohne sie kaum eine übersichtliche Darstellung der Verhältnisse denken kann; diese sind eben tatsächlich so „als ob" die Strömung mit ihrem Gefälle vorhanden wäre (§ 151).

§ 160. FARADAYS Kraftfelder und MAXWELLS Theorie des Elektromagnetismus.

Die ältere Theorie der Elektrizität gründete sich auf die Annahme einer momentan in die Ferne wirkenden Anziehung und Abstoßung zwischen den Elektrizitätsmengen. Elektrizitätsmengen desselben Vorzeichens sollten sich abstoßen, solche verschiedenen Vorzeichens sich anziehen, und zwar sollte im Falle ruhender Elektrizität die in der Verbindungslinie beider Mengen wirkende Kraft den Elektrizitätsmengen direkt und dem Quadrat der Entfernung umgekehrt proportional sein. So ergab sich aus der Fernwirkung von Elektrizitätsmengen, die etwa auf Leitern verbreitet gedacht werden, an einer bestimmten Stelle eines nichtleitenden Mediums, etwa der Luft, eine bestimmte Kraft, mit der dort ein hinzugebrachter, mit der Einheit positiver Elektrizität geladener kleiner Körper angegriffen würde. Nach dieser Theorie bestimmte sich die Kraft unabhängig von der Beschaffenheit der zwischen den Leitern liegenden nichtleitenden Medien. Die Experimente von FARADAY haben aber gezeigt, daß diese Unabhängigkeit in Wahrheit nicht vorhanden ist, und daß auch zugeführte Elektrizität sich unter Umständen auf die gegebenen Leiter anders verteilt, wenn dabei liegende Nichtleiter mit solchen von anderem Stoffe ausgewechselt werden. Infolge davon bildete sich FARADAY eine andere Ansicht von den in Nichtleitern sich zeigenden Wirkungen. Diese Auffassung, die von MAXWELL mathematisch weiter entwickelt worden ist, betrachtet die an einer Stelle eines Nichtleiters auftretende elektrische Kraft als die Wirkung eines bestimmten Zustandes des Nichtleiters an der betreffenden Stelle selbst, gewisser-

maßen als eine Art von Spannung des Nichtleiters. Der elektrische
Zustand eines ausgedehnten Nichtleiters wird demnach dadurch beschrieben, daß für jede Stelle eine Intensität und eine Richtung angegeben wird, wobei zu einem gegebenen Zeitpunkt sowohl die Intensität als auch die Richtung von Stelle zu Stelle verschieden sein kann.
So liegt also in jedem gegebenen Augenblick ein sogenanntes „elek-
trisches Kraftfeld" vor; geht man darin von irgendeiner Stelle aus
und geht stets in der Richtung weiter, welche die elektrische Kraft
gerade an dem berührten Ort besitzt, so durchläuft man eine „elek=
trische Kraftlinie".

Ein solches Kraftfeld wird nun auch z. B. in einem nichtleitenden
festen Körper angenommen, in welchem Fall die an den einzelnen
Stellen wirksamen elektrischen Kräfte nicht unmittelbar nachgewiesen
werden können[1]). Es ist also zu beachten, daß hier wieder eine Vorstellung zugrunde gelegt wird, die nicht im eigentlichen Wortsinn
aus der Erfahrung entnommen ist, sondern eben
eine Annahme darstellt.

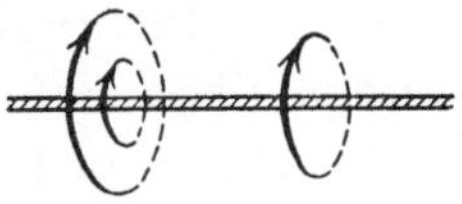

Neben dem elektrischen Kraftfeld ist im
allgemeinen auch ein magnetisches vorhanden.

Abb. 216.

Ein solches wird nicht nur durch magnetisierte
Körper hervorgerufen. So ist z. B. in der Umgebung eines elektrischen Stromes ein magnetisches Kraftfeld nachweisbar, dessen
Kraftlinien sich um die Stromleitung herumschlingen (Abb. 216). Es
ist dies eine Folge des Örstedtschen Gesetzes (§ 158). Faraday hat
den elektrischen Strom mit Rücksicht auf diese Vorstellung als eine
„Achse von Kraft" bezeichnet und auf diese Weise eine ganz andere
Auffassung des Stromes an Stelle der ursprünglichen gesetzt oder,
anders ausgedrückt, eine ganz andere Seite der Erscheinung als die
grundlegende hervorgekehrt. Elektrische und magnetische Kraftfelder wirken nun nach der Faraday-Maxwellschen Theorie aufeinander ein. Es ist nämlich die Beschaffenheit, die in einem bestimmten Augenblick das elektrische Kraftfeld in der nächsten Nähe einer
bestimmten Stelle darbietet, für die Änderung maßgebend, die in dem
auf den betreffenden Augenblick folgenden kleinen Zeitteil die magnetische Kraft an der betreffenden Stelle erfährt. In derselben Weise
wird die zeitliche Veränderung der elektrischen Kraft an einer bestimmten Stelle durch die augenblickliche räumliche Verteilung der magne-

---

[1]) Hertz erläutert die elektrische Kraft an einer bestimmten Stelle im Innern
eines festen Nichtleiters durch die Kraft, mit der in einer dort gebohrten Höhlung
von bestimmter Form und Richtung die Einheit positiver Elektrizität angegriffen
werden würde. Die besondere Form, die er dabei annimmt, ohne sich über den Grund
zu äußern, zeigt deutlich, daß es sich um einen Rückschluß aus der Theorie selbst
handelt, die eben begründet werden soll.

tischen Kraft in der Nähe dieser Stelle bedingt. Das in gewisse Gleichungen gefaßte mathematische Gesetz, das für diese Änderungen aufgestellt worden ist, war ursprünglich aus einer ziemlich künstlichen Hypothese, also auf Grund von Annahmen, die selbst nicht unmittelbar in der Erfahrung geprüft werden können, abgeleitet worden[1]). Eine neuere Betrachtungsweise sucht die „Maxwellschen Gleichungen" an der Hand der Erfahrungstatsachen aufzubauen[2]). Immerhin ist nicht zu leugnen, daß dabei die Analogie eine erhebliche Rolle spielt oder, um es anders auszudrücken, daß dabei doch zugleich neue Annahmen gemacht werden, die durch die Erfahrung nur mit Rücksicht auf ziemlich unbestimmte Analogien gerechtfertigt werden können. So wird z. B. das Entstehen der an einer bestimmten Stelle vorhandenen elektrischen Spannung (Kraft) und ebenso eine Veränderung dieser Spannung als ein Auseinandertreten einer gleich großen Menge positiver und negativer Elektrizität nach entgegengesetzten Richtungen an der betreffenden Stelle gedeutet, und es werden dann auf diesen „Polarisationsstrom" Gesetze angewendet, die für einen von konstantem elektrischem Strom durchflossenen Draht empirisch festgestellt sind. Dabei kann man sich das nichtleitende Medium etwa aus kleinen Teilchen (Molekülen) bestehend denken, von denen jedes einzelne für sich als Leiter betrachtet wird, während der Übergang der Elektrizität vom einen Teilchen zum anderen nicht möglich sein soll.

§ 161. Potential. Beziehungen zu den Messungen.

Unter gewissen Umständen, z. B. in dem Fall, den wir als den elektrostatischen bezeichnen (§ 158 u. 160), und der sich in der Erfahrung sehr deutlich von den anderen abhebt, besitzt das elektrische Kraftfeld eine Eigenschaft, vermöge deren aus ihm ein Potential abgeleitet werden kann. Unter diesem Potential versteht man eine Wertverteilung im Raume in der Weise, daß zu jeder Stelle eine bestimmte Zahl (ohne eine ihr zugeordnete Richtung) gehört. Aus dem Potential kann dann das Kraftfeld in der folgenden Weise abgeleitet werden. Es sei V_A der Wert des Potentials an einer bestimmten Stelle A, und V_B der Wert desselben an einer Stelle B, die von A den Abstand r hat, und zwar an derjenigen, die von allen den im Abstand r von A befindlichen Stellen den am meisten nach der positiven Seite von V_A abweichenden Potentialwert ergibt. Wir bilden nun den Quotienten

$$(1) \qquad \frac{V_B - V_A}{r}.$$

---

[1]) Vgl. die leicht faßliche Darstellung von Boltzmann: Populäre Schriften, 1905, S. 1
[2]) Vgl. z. B. Riecke: Lehrbuch der Physik, 2. Aufl., 1902, 2. Bd., S. 415.

Für den Fall, daß nun r „unendlich klein" gedacht wird[1]), ist die Richtung von A nach B die Richtung der in A herrschenden elektrischen Kraft und der Quotient (1) gleich dem Intensitätsmaß dieser Kraft. Hierbei ist es beachtenswert, daß das Wort Potential ganz ursprünglich eine an die alte Fernwirkungstheorie — sowohl der gravitierenden Massen, als auch der Elektrizitätsmengen — sich anknüpfende, durch eine mathematische Formel definierte Größe bedeutete. Diese durch den Raum verbreitete Größe stand aber zu dem Kraftfeld, das sich aus jener früheren Theorie ergab, in derselben Beziehung, die eben auseinandergesetzt worden ist. Die alte Theorie des elektrostatischen Kraftfeldes hatte ergeben, daß das Potential längs der Oberfläche eines Leiters, der das betrachtete nichtleitende Medium begrenzt, überall einen und denselben Wert haben, und daß im Zusammenhang damit eine durch das nichtleitende Medium laufende Kraftlinie, die auf dem Leiter endigt, dort auf dem Leiter senkrecht stehen muß; zugleich ergab jene Theorie an der erwähnten Endstelle der Kraftlinie eine gewisse Elektrizitätsdichte auf dem Leiter[2]). Diesen Ergebnissen wurden auch die Annahmen der neuen Theorie angepaßt. Zugleich wurde die Potentialdifferenz zweier Orte mit der in § 158 an der Erfahrung erläuterten Spannung in dem Leitungsdraht eines Stromes in eine unmittelbare Beziehung gesetzt, indem z. B. angenommen wird, daß zwischen zwei Stellen zweier in bestimmter Lage einander nahe gegenüberstehender Leiter, die durch einen Nichtleiter — oder vielmehr schlechten Leiter — getrennt sind, dann ein elektrischer Funke überspringe, wenn die Potentialdifferenz gerade eine gewisse Höhe erreicht hat.

Die gewählten Beispiele dürften zur Genüge erkennen lassen, daß die neue Theorie zugleich mit der Erfahrung auch die Analogie mit der alten Theorie als Grundlage benutzt, und daß die Grundvorstellungen der neuen Theorie[3]) zum Teil auch nicht wirklich in der

---

[1]) Natürlich bedeutet diese Anwendung der Vorstellung vom Unendlichkleinen eine bloße Abkürzung, und es ist hier wie in allen anderen Fällen (§ 49, 50, 51) die betreffende Vorstellung in Wahrheit durch strenge Grenzbegriffe zu ersetzen. Die Richtung der Kraft ist die Grenzrichtung der Verbindungslinie von A und B für den Fall des allmählichen Übergehens von B in den festen bestimmten Punkt A, und die Intensität der Kraft ist der Grenzwert des Quotienten (1) für diesen gleichen Fall. Diese Intensität ist ein sogenannter „geometrischer Differentialquotient".

[2]) Diese Verhältnisse treten anschaulich hervor in dem FARADAYschen Experiment, wo eine metallische — also leitende — und geladene Kugel sich in der Mitte einer metallischen Hohlkugel befindet und die Kraftlinien in dem zwischenliegenden Raum radial verlaufen.

[3]) Neuere Darstellungen der FARADAY-MAXWELLschen Theorie gehen darauf aus, die Elektrizitätsmenge aus den Grundvorstellungen vollständig zu eliminieren; es ist jedoch nicht zu leugnen, daß die Theorie dadurch eine zwar einheitlichere, aber überaus abstrakte Form erhält (vgl. H. HERTZ, Gesammelte Werke, II. Bd., 3. Aufl., 1914, S. 208ff.).

Erfahrung nachgewiesen werden können. Die Bestätigung einer solchen Theorie durch die Erfahrung ist natürlich eine nur mittelbare. Immerhin sieht man, daß auch in eine solche Theorie, vermöge der Beziehungen, die ihr, wenn auch zum Teil nur auf Grund der Analogie, zur Erfahrung gegeben worden sind, Größen hereinkommen, die wirklich experimentell in Zahlen gemessen werden können. Eine solche Zahl ist das Verhältnis v des sogenannten „elektrostatischen" Maßes der Stromstärke[1]) zu ihrem „elektromagnetischen" Maß (§ 158). Diese Zahl geht in die MAXWELLschen Gleichungen (§ 160) mit ein.

§ 162. Elektromagnetische Schwingungen. MAXWELLS Lichttheorie.

MAXWELL hatte aus seinen Gleichungen (§ 160) geschlossen, daß eine solche zeitliche Veränderung des elektromagnetischen Kraftfeldes vorkommen kann, bei der die Änderung an einer und derselben Stelle periodisch ist und sich dabei mit konstanter Geschwindigkeit im Raum verschiebt. Es folgt also mathematisch aus der FARADAY-MAXWELLschen Theorie, daß es elektromagnetische „Schwingungen" gibt. Als Fortpflanzungsgeschwindigkeit dieser Schwingungen, für den Fall, daß sie im „leeren" Raum oder Äther stattfinden, ergibt sich aus den Gleichungen MAXWELLs die am Schluß des vorigen Paragraphen genannte Konstante v. Nun ist aber v experimentell bestimmt und gleich der Lichtgeschwindigkeit gefunden worden. Darauf gründete sich die kühne Hypothese MAXWELLs, daß das Licht nichts anderes als eine elektromagnetische Schwingung ist; in der Tat würde eine rein zufällige Übereinstimmung zweier solcher physikalischen Konstanten sehr sonderbar sein, wenn zwischen den Erscheinungen kein Zusammenhang bestünde. Nahezu zu einer Gewißheit ist die Hypothese durch die bekannten Versuche von HERTZ geworden, der unmittelbar auf elektromagnetischem Wege Schwingungen erzeugen konnte, die in ihren physikalischen Eigenschaften der Zurückwerfung, der Brechung usw. genau mit den Lichtstrahlen übereinstimmen. Diese Schwingungen übermitteln allerdings keinen Lichteindruck an unser Auge; ihre Wellen sind verhältnismäßig groß, während die Lichtwellen klein sind. Aus dem Vorhandensein der auf der photographischen Platte wirksamen und doch unsichtbaren ultravioletten Strahlen, deren Wellen noch kleiner sind als die des sichtbaren Lichts, war schon weit früher bekannt, daß unter den dem Lichte ähnlichen Schwingungen nur diejenigen dem Auge erkennbar sind, deren Wellenlängen zwischen gewissen Grenzen enthalten sind.

---

[1]) Vgl. S. 455, Anm.

Aus den Tiefen des Weltalls, von den fernsten Gestirnen gelangt das Licht zu uns. Wir bezeichnen mit dem Namen „Äther" das den Raum erfüllende Medium, das uns die Lichtschwingungen vermittelt. Nach MAXWELLs Theorie müssen also elektromagnetische Zustände des Äthers angenommen werden. Daß der sogenannte „leere Raum" in gewissem Sinne magnetisierbar ist, hatte bereits FARADAY im Zusammenhang mit den von ihm entdeckten Erscheinungen des Para- und Diamagnetismus gezeigt.

§ 163. Unmittelbare Fernwirkung und Fortpflanzung von Wirkungen.

Während die alte Elektrizitätstheorie eine momentan in die Ferne wirkende Anziehung und Abstoßung voraussetzte, kennt die neue elektromagnetische Theorie nur Wirkungen, die sich von Ort zu Ort fortpflanzen. Es ist nicht undenkbar, daß auch die Gravitation, d. h. die gegenseitige Anziehung der Himmelskörper, sich später einmal durch solche von Ort zu Ort sich fortpflanzende Wirkungen wird erklären lassen. Die moderne Physik zeigte, zum mindesten eine Zeitlang, deutlich die Tendenz, die Fernwirkung wieder zu eliminieren, deren Einführung in die Himmelsmechanik durch NEWTON seinerzeit als eine ungewöhnliche Annahme angesehen worden war, wie denn NEWTON selbst seine Annahme, jedenfalls im Anfang, nur als eine Hilfshypothese betrachtet hat. Seit ihrer Einbürgerung in die Physik ist die Fernwirkung häufig Gegenstand allgemeiner Erörterungen gewesen. Der Philosoph LOTZE hat nachzuweisen versucht, daß die Ablehnung der unmittelbaren Fernwirkung auch die vermittelte Fernwirkung unmöglich machen würde[1]). Ich glaube aber, daß heutzutage kaum jemand diesen Erörterungen wird zustimmen wollen. Genau besehen handelt es sich um folgendes. Daß eine Wirkung eines Körpers auf einen von ihm getrennten anderen möglich ist, nimmt man, durch die Erfahrung dazu gedrängt, allgemein an. Es sind aber dabei zwei Fragen aufzuwerfen: einmal die, ob zum Übergang der Wirkung von dem einen Körper zum anderen Zeit gebraucht wird, und dann die andere, ob eine räumliche Vermittlung in Anspruch genommen werden muß, so daß zwischenliegende Körper von der Wirkung mit berührt werden. Der letzte Umstand muß genauer so dargestellt werden: Denken wir uns um den Körper, von dem die Wirkung ausgeht, eine kontinuierliche, geschlossene — natürlich ideale, d. h. rein nur in Gedanken konstruierte — Fläche gelegt, die zugleich den anderen Körper, auf den die Wirkung sich überträgt, ausschließt, so

---

[1]) Metaphysik, 2. Aufl., 1884, S. 401—405.

soll die Wirkung nur so zustande kommen können, daß auch an einer Stelle der konstruierten Fläche irgendeine mit dem Vorgang in Zusammenhang stehende Wirkung beobachtet wird. Der richtige Gegensatz der Theorien wird also nicht durch die Worte: Fernwirkung und Nahwirkung, sondern durch die Worte: unvermittelte Fernwirkung und vermittelte Fernwirkung gekennzeichnet.

In dem Vorigen ist stets an die gewöhnliche Zeitvorstellung gedacht und auch angenommen, daß von einer festen Stelle des Raumes gesprochen werden könne, wie denn die Gesamtheit der Punkte jener um den ersten Körper konstruierten Fläche als eine Gesamtheit von im Raum festen Stellen gedacht war. Nimmt man dagegen an, daß nur von relativen Lagen von Punkten zu gewissen Körpern gesprochen werden könne, so muß das Gesagte natürlich anders ausgedrückt werden.

§ 164. Moderne Atomtheorie.

Im Grunde bilden Physik und Chemie ein zusammenhängendes Tatsachengebiet. So mag denn auch ein Beispiel aus den Grundlagen der Chemie hier Platz finden; man kann an ihm besonders gut den Unterschied zwischen den empirischen Gesetzen und den Vorstellungen erkennen, die zur Darstellung der Gesetze angewendet werden. Demokrit hatte den Gedanken gefaßt, daß die Materie aus kleinsten Teilen bestehe, die selbst keiner Teilung mehr fähig sind. Man hatte dann auch schon im Altertum diese kleinsten Teile oder „Atome“[1]) in den verschiedenen Elementen: Erde, Wasser, Luft und Feuer als von verschiedener Art angenommen und mit gewissen geometrischen Figuren in Zusammenhang gebracht. Auch die neuere Atomtheorie denkt sich die Atome desselben Elements als gleich, die verschiedener Elemente als verschiedenartig. Dabei ist freilich der Begriff des Elements ein wesentlich anderer, bedeutend vertiefter. Unter einem Element verstehen wir jetzt einen Stoff, der sich von anderen, die auch von einheitlicher Art sind, dadurch unterscheidet, daß er nicht in neue Stoffe zerlegt werden kann. Diejenigen Stoffe, die nicht Elemente sind, sind Verbindungen von solchen.

Nun ist aber die moderne Wiederaufnahme der Atomvorstellung an ein empirisches Gesetz, das Gesetz der „multiplen Proportionen“ angeknüpft worden, das eben Dalton durch diese Vorstellung erklären konnte. Betrachtet man z. B. die Gewichtsverhältnisse, in denen der Stickstoff Verbindungen mit Sauerstoff eingeht, so sind fünf verschiedenartige Verbindungen zu nennen, je nachdem 28 Gewichtsteile Stickstoff sich mit 16 oder $2 \cdot 16$ oder $3 \cdot 16$ oder $4 \cdot 16$

---

[1]) Ein Atom ist, was nicht mehr zerschnitten werden kann.

oder 5 · 16 Gewichtsteilen Sauerstoff vereinigen[1]). Man nimmt nun an, daß jedes Stickstoffatom 14 mal so schwer ist als 1 Atom Wasserstoff, während jedes Sauerstoffatom das 16 fache Gewicht des Wasserstoffatoms besitzt. Die erwähnten Zahlenverhältnisse erklären sich dann durch die weitere Annahme, daß in der ersten Verbindung jedesmal zwei Stickstoffatome mit einem Sauerstoffatom gruppiert sind und die Verbindung aus lauter solchen als „Moleküle" bezeichneten Atomgruppen besteht, während in der zweiten Verbindung je zwei Stickstoffatome mit zwei Sauerstoffatomen, in der dritten zwei Stickstoffatome mit drei Sauerstoffatomen gruppiert sind usw. So erklärt die neue Atomtheorie, weshalb sich die Elemente nur in den Verhältnissen ihrer Atomgewichte oder einfacher Multiplen derselben verbinden. Dabei ist der wesentlich neue, über die Atomtheorie des klassischen Altertums hinausgehende kombinatorische Gedanke zu beachten, daß jede Verbindung aus Molekülen besteht, in denen immer dieselbe Zahl von Atomen der verschiedenen verbundenen Elemente vereinigt sind. Nur vermöge dieser Annahme erklärt die Atomtheorie das Gesetz der multiplen Proportionen.

Es zeigt sich hier sofort eine gewisse Unbestimmtheit in der Anwendung der Atomvorstellung auf die Tatsachen. Offenbar hätten es die erwähnten Ergebnisse auch zugelassen, daß wir z. B. das Atomgewicht des Stickstoffs gleich 28 und zugleich angenommen hätten, daß in jener ersten Verbindung ein Stickstoffatom mit einem Sauerstoffatom, in der zweiten ein Stickstoffatom mit zwei Sauerstoffatomen, in der dritten ein Stickstoffatom mit drei Sauerstoffatomen verbunden sei usw. Eine größere Bestimmtheit wird nun erzielt, wenn noch mehr Verbindungen herangezogen und dabei auch die Volumgewichte der im gasförmigen Zustande befindlichen Körper berücksichtigt werden. Dabei wird zugleich noch eine neue Hypothese, die Hypothese von Avogadro, benutzt, die besagt, daß in demselben Volumen aller gasförmigen Verbindungen stets dieselbe Zahl von Molekülen enthalten sei. Betrachten wir einmal alle die gasförmigen Verbindungen, an denen ein bestimmtes Element E vom Atomgewicht μ beteiligt ist. Enthalten die Moleküle dieser Verbindungen α, bzw. β, bzw. γ usw. Atome des Elements E, und ist m die nach der Hypothese von Avogadro für alle gasförmigen Verbindungen gemeinsame Anzahl der in einem Liter einer solchen Verbindung enthaltenen Moleküle, so enthält je ein Liter der genannten Verbindungen das Element E im Gewicht $m\,\mu\,\alpha$, $m\,\mu\,\beta$, $m\,\mu\,\gamma$, ..., wobei α, β, γ, ... ganze Zahlen sind. Kommt nun unter jenen Verbindungen eine mit

---

[1]) Vgl. z. B. B. Roscoes kurzes Lehrbuch der Chemie, deutsch von Schorlemmer, 1875.

vor, die nur ein Atom des Elements E im Molekül hat, so findet sich in dem Liter dieser Verbindung die kleinste Gewichtsmenge $m\,\mu$ des Elements E und in jedem Liter der anderen Verbindungen ein Vielfaches von dieser Menge. Macht man dasselbe für ein anderes Element E', so ergibt sich — immer unter der Voraussetzung, daß eine Verbindung mit nur einem Atom im Molekül vorkommt — ebenso eine kleinste Gewichtsmenge $m\,\mu'$ des Elements E', von der die in einem Liter der anderen Verbindungen von E' auftretenden Gewichtsmengen Vielfache sind; da aber die Zahl m beide Male dieselbe ist, so ergibt das Verhältnis dieser beiden kleinsten Mengen auch das Verhältnis $\mu : \mu'$ der Atomgewichte. In dieser Weise berechnet man die auf den Wasserstoff als Einheit bezogenen Atomgewichte.

Die Betrachtung läßt sich auch auf die im gasförmigen Zustand befindlichen Elemente selbst anwenden. Dabei ergibt sich z. B., daß ein Liter Sauerstoff das doppelte Gewicht der kleinsten in einem Liter einer gasförmigen Verbindung auftretenden Sauerstoffmenge besitzt. Man betrachtet deshalb das Liter Sauerstoff als aus m Molekülen bestehend, in deren jedem zwei Atome des Sauerstoffs vereinigt sind. Dasselbe gilt vom Wasserstoff. Mit Rücksicht auf die eben gegebenen Erläuterungen enthält die Formel H_2O des Wassermoleküls nicht nur die Tatsache, daß Wasserstoff H und Sauerstoff O im Wasser in dem Gewichtsverhältnis von $2 : 16$ verbunden sind, sondern sie zeigt verdoppelt in der Form

$$O_2 + 2\,H_2 = 2 \cdot H_2O$$

noch ein weiteres. Man erkennt nämlich aus dieser identischen Gleichung, daß ein Sauerstoffmolekül O_2 mit zwei Wasserstoffmolekülen H_2 zusammen zwei Wassermoleküle H_2O ergibt; dies bedeutet aber, wenn wieder mit der obigen Zahl m multipliziert wird, daß ein Liter Sauerstoff sich mit zwei Litern Wasserstoff zu zwei Litern Wasserdampf verbindet.

Offenbar machen die Gewichts- und Volumverhältnisse, in denen sich die Körper verbinden, zusammen mit den Volumgewichten der Verbindungen und der Elemente den eigentlichen Tatbestand des besprochenen Gebietes aus, während die Atomvorstellung nur zur Erklärung oder, wenn man lieber will, Darstellung herangezogen ist. Man kann die Atome weder sehen noch tasten[1]), sie sind nur nach der Analogie, etwa mit einem Mosaik, angenommen. Es zeigt sich wieder, worauf schon früher mehrfach hingedeutet worden ist, daß in der Physik gerade die Grundvorstellungen oft nicht der Erfahrung

---

[1]) Vgl. E. MACH, Die Geschichte und die Wurzel des Satzes von der Erhaltung der Arbeit, S. 27, der auch diesen Umstand betont.

entnommen sind, weshalb sie auch höchstens indirekt bestätigt werden können.

Vielleicht werden moderne Naturforscher sagen, daß man neuerdings die Atome zu sehen vermöge. Beim Abbau von Kristallen, die Röntgenstrahlen ausgesetzt sind, lassen sich Photographien erlangen, in denen eine regelmäßige Verteilung dunkler Punkte erscheint. Man glaubt, die Atome selbst vor sich zu haben. Jedenfalls sind die Ergebnisse für die Symmetrieeigenschaften der untersuchten kristallinen Materie beweisend. Den Schluß auf die Existenz der Atome halte ich nicht für zwingend; vielleicht könnten die MAXWELLschen Schwingungen der Röntgenstrahlen im Gebiet der untersuchten Materie etwas wie Knoten o. dgl. bilden, die sich auf der photographischen Platte darstellten, ohne daß gerade an jenen Stellen kleinste Partikel sich befänden. Auf Grund der Annahme der Atome und einer gewissen Theorie lassen sich solche Erscheinungen natürlich für Messungen — selbst von Atomgrößen usw. — ausnutzen. Man wird aber hier kaum sagen können, daß sich die Erscheinungen nicht auch aus ganz anderen Annahmen erklären lassen könnten[1]).

§ 165. Neueste Annahmen in der Physik.
EINSTEINS Relativitätstheorie.

Ich habe mich im vorhergehenden auf wenige Beispiele beschränkt, die meist den bekannten und seit langer Zeit bearbeiteten elementaren Gebieten entlehnt sind. Man gelangt auch zu keinen anderen Einsichten über die prinzipielle Beschaffenheit der physikalischen Annahmen, wenn man die modernsten Theorien mit hereinzieht. Immer wird man finden, daß die Annahmen, wo sie einmal gemacht sind, in derselben Weise verwendet werden wie z. B. in der Geometrie. Überall tritt hervor, daß nicht nur bei allen Begriffsbildungen etwas zur Erfahrung hinzugebracht wird, sondern auch, daß gerade in der Physik, im Gegensatz zur Geometrie und elementaren Mechanik, die Grundannahmen, die eingeführt werden, weit über die Erfahrung hinausgehen, z. B. durch Abänderung und durch willkürliche Verallgemeinerung einzelner Begriffe und Annahmen, die aus einer auf ein anderes Gebiet sich beziehenden oder gar aus einer verlassenen Theorie

---

[1]) E. DU BOIS-REYMOND bezeichnete die Atome als „Rechenpfennige"; MACH nennt die Atomistik eine „rohe" und „naive" Hypothese (Die Principien der Wärmelehre, 2. Aufl., 1900, S. 429 unten). Man muß aber zugeben, daß Versuche, die chemischen Erscheinungen ohne die Atomhypothese zu erklären, bis jetzt jedenfalls keinen durchschlagenden Erfolg gehabt haben; MACH nennt (a. a. O., S. 430, Anm.) einige dahinzielende Arbeiten.

desselben Gebiets entlehnt sein können[1]). Aus eben diesen Gründen können die Annahmen meist nur mittelbar in der Erfahrung bestätigt werden, und ergibt sich häufig ein Grund zum Wechsel der Annahmen und zum Umbau der Theorie[2]).

Dem eben Gesagten wird man gewiß zustimmen im Hinblick etwa auf die Energetik, die eine aus der Mechanik stammende Formel von Hamilton einfach dadurch umdeutet, daß sie den beiden in ihr enthaltenen Größen der kinetischen und potentiellen Energie, die zunächst mechanisch zu verstehen waren, andere Größen unterschiebt, die durch physikalische oder chemische Vorgänge definiert werden, oder im Hinblick auf die Elektronentheorie, die z. B. in den Kathodenstrahlen Teilchen annimmt, die zwar mit Elektrizität beladen, aber im mechanischen Sinne von Masse frei sind, oder im Hinblick auf die Quantentheorie, die, indem sie die atomistische Vorstellung auf andere Gebiete überträgt, annimmt, daß bei gewissen Vorgängen die Energie nur in gewissen festen Portionen überzugehen vermag, oder im Hinblick auf die neueren Erklärungen von Spektren, welche die Atome des glühenden, Strahlen aussendenden Stoffes nach Art eines winzigen Planetensystems aufgebaut voraussetzen.

. Eine kurze Betrachtung möchte ich noch der Einsteinschen Relativitätstheorie widmen, die heutzutage ein besonderes Interesse beansprucht. In dieser Theorie werden im Zusammenhang mit neuen Raumbegriffen geradezu neue Begriffe der Zeitordnung, des Zeitintervalls usw. eingeführt. Um die Bedeutung dieses Schrittes zu erkennen, wollen wir zuerst einmal die Begriffe von Raum, Zeit und Bewegung aus der klassischen Mechanik uns in Erinnerung bringen. Hier wird ein sogenannter absoluter Raum gedacht, d. h. es wird angenommen, daß ein bestimmter Ort nach längerer Zeit als genau derselbe wieder erkannt werden könne, wobei dann zugleich für die Abstände der Punkte usw. gewisse Gesetze vorausgesetzt werden, die in der gewöhnlichen Geometrie — oder auch der nichteuklidischen — enthalten sind. Zugleich wird eine Zeitordnung angenommen, die für alle Ereignisse, gleichgültig, wo sie sich auch zutragen mögen, gültig ist. Man denkt sich also mit der Aussage, daß hier etwas vor sich gegangen sei, zu genau derselben Zeit, zu der sich an einem anderen Orte ein anderes Ereignis abgespielt habe, einen ganz bestimmten

---

[1]) Mach (Die Geschichte und die Wurzel des Satzes von der Erhaltung der Arbeit, 1872, S. 32) drückt sich folgendermaßen aus: „Welche Tatsachen man als Grundtatsachen gelten lassen will, bei welchen man sich beruhigt, das hängt von der Gewohnheit und von der Geschichte ab."

[2]) Vgl. auch P. Volkmann, Hat die Physik Axiome? 1894, Vortrag, gehalten in der Physikalisch-ökonomischen Gesellschaft zu Königsberg i. Pr. (Schriften d. Phys.-ökonom. Ges., 35. Jahrgang).

Sinn verbunden. Für die Zeitpunkte untereinander gilt dann die bekannte Ordnung des Vorhergehens und Nachfolgens. Die Spanne zwischen zwei Zeitpunkten ist der Zeitspanne, die zwischen zwei anderen gelegen ist, in bestimmter Weise entweder gleich oder ungleich; im zweiten Fall ist die erste entweder kleiner oder größer als die zweite Zeitspanne und hat zu ihr ein bestimmtes Zahlverhältnis (vgl. auch § 22 u. 25). Mit Rücksicht auf diese Begriffe von Zeit und Raum wird die Bewegung eines Punktes dadurch beschrieben, daß für jeden Zeitpunkt, oder wenigstens für jeden einer gewissen Zeitspanne angehörenden, ein bestimmter Ort angegeben wird, was z. B. durch Angabe dreier Funktionen der Zeit geschehen kann (§ 136). Durch eine solche eindeutige Zuordnung von Punktlagen zu den Zeitpunkten eines Zeitintervalls nach einem Gesetz ist die Bewegung des Punktes geradezu definiert. Man kann mit Rücksicht darauf auch sagen, daß in der klassischen Theorie der Bewegungsbegriff selbst als ein synthetischer, auf die Zeit- und Raumbegriffe und auf die Zuordnung aufgebauter erscheine (§ 1 u. 111). Die Bewegung eines Körpers wird durch die Bewegung seiner Punkte definiert[1]).

Den Grund zur Einführung einer neuen, von dem eben Gesagten abweichenden Auffassung von Raum, Zeit und Bewegung hat nun ein optisches Experiment gegeben. Die optische Theorie betrachtete das Licht als einen im Äther sich fortpflanzenden Vorgang; dabei hatten astronomisch-optische Erscheinungen — namentlich die BRADLEYsche „Aberation der Fixsterne" — dazu geführt, daß der Äther als unbewegt angenommen wurde (§ 156 u. 162). Eine im Raume sich bewegende, ausgedehnte Masse sollte, ähnlich einem Siebe, den Äther durch sich hindurchlassen. Dachte man sich nun Licht, das, von einer Lichtquelle ausgehend, an einem Spiegel zurückgeworfen, wieder zum Ausgangspunkt zurückkehrt, wobei aber Lichtquelle und Spiegel in unveränderlichem Abstand voneinander in der Geraden der Lichtfortpflanzung, also in der Verbindungslinie von Lichtquelle und Spiegel und senkrecht zu der Fläche des Spiegels bewegt sein sollten, so berechnete sich die zum Hin- und Hergang des Lichtes nötige Zeit je nach der Größe der gemeinsamen Geschwindigkeit von Lichtquelle und Spiegel verschieden, da der Lichtvorgang in dem von der Bewegung unberührten Äther sich abspielt. Ein dieser Vorstellung angepaßtes Experiment, bei dem Lichtquelle und Spiegel mit der Erde fest verbunden waren, und das die Erdbewegung aufzeigen sollte, führte zu einem negativen Ergebnis.

---

[1]) Ebenso kann in dieser Theorie auf Grund des als gegeben anzusehenden Abstandsbegriffs und der Axiome der starre Körper als ein solcher definiert werden, für den je zwei seiner Punkte bei der Bewegung einen konstanten Abstand halten.

Der eben genannte Versuch, das bekannte Experiment von MICHELSON, hat nun zur Formulierung eines Relativitätsprinzips geführt, das mit dem Relativprinzip der klassischen Mechanik (§ 141) viel Ähnlichkeit besitzt. Es soll nämlich in einem System, dessen Teile relativ zueinander ruhen, und das in geradlinig gleichförmiger Parallelverschiebung begriffen ist, die Wirkung der Körper aufeinander gerade so vor sich gehen, als ob das System in Ruhe wäre, und zwar soll dies auch z. B. für Lichtstrahlen gelten, die, ausgehend von einer im System ruhenden Lichtquelle und von im System ruhenden Spiegeln zurückgeworfen, zwischen den Teilen des Systems hin- und hergehen.

Dies ist das sogenannte spezielle Relativitätsprinzip EINSTEINS. Es ist jedoch dieses Prinzip, wie man leicht mathematisch nachweisen kann, unvereinbar mit den überkommenen Begriffen von Raum, Zeit und Bewegung der klassischen Mechanik, es wäre denn, daß man die Lichtübertragung als momentan, d. h. also die Fortpflanzungsgeschwindigkeit des Lichts als unendlich groß annehmen wollte (vgl. aber § 155). Infolgedessen hat das Prinzip zu einer völligen Umarbeitung der Begriffe geführt.

Um die neue Betrachtungsweise verstehen zu können, muß man sich des alten synthetischen Bewegungsbegriffs gänzlich entschlagen. Zunächst wird der Begriff von Systemen, deren Teile zueinander in relativer Ruhe sind, als gegeben eingeführt[1]). Für die Ausmessung eines solchen Systems mit einem im Verhältnis zu ihm ruhenden — d. h. ungeheuer langsam bewegten — Maßstab soll die gewöhnliche Geometrie gelten. Für ein solches System soll es auch eine für alle Teile desselben gleich verbindliche Zeitzählung geben. EINSTEIN bringt diese Zeitbestimmung mit der Fortpflanzung von Lichtzeichen in Verbindung; es genügt, zu betonen, daß nach seiner Annahme in einem System der erwähnten Art das Licht in der gewöhnlich angenommenen Weise sich fortpflanzt, so daß zu einer bestimmten Zeit nach Abgang des Lichtzeichens von einer bestimmten Stelle die sämtlichen Orte, an denen das Lichtzeichen eben ankommt, auf einer leicht berechenbaren Kugelfläche um jene Stelle als Mittelpunkt herumliegen. Sind nun aber zwei Systeme der erwähnten Art relativ zueinander bewegt, so soll die in dem einen gültige Zeitzählung von der im anderen gültigen ganz verschieden sein, nach einem ganz anderen Gesetz erfolgen. Wesentlich ist dabei natürlich eine positive Annahme über den Zusammenhang zwischen diesen Gesetzen. Man beschränkt sich dabei auf den Fall, daß ein System zu einem anderen

---

[1]) Man vergleiche auch die in § 129 durchgeführten Betrachtungen über den starren Körper.

eine geradlinig gleichförmige Verschiebungsbewegung macht, welcher Bewegungsbegriff natürlich gegenüber von dem in der klassischen Mechanik ebenso benannten ein etwas anderer ist. Begegnet nun ein Punkt des ersten Systems einem Punkt des zweiten[1], so kann der Treffpunkt durch rechtwinklige Koordinaten x, y, z, die sich auf ein im ersten System ruhendes Koordinatensystem beziehen, oder durch Koordinaten x', y', z' des zweiten Systems gekennzeichnet werden; ebenso kann durch eine für das erste System gültige Zeitangabe t oder durch eine Zeitangabe t' des zweiten Systems die Treffzeit angegeben sein. Zwischen diesen zweierlei Orts- und Zeitangaben sollen nun in dem besonderen Fall, daß die Verschiebung längs der z-Achse erfolgt, und die anderen Achsen der beiden Systeme einander parallel sind, die Gleichungen

$$(1) \qquad x' = x, \quad y' = y, \quad z' = az - bct, \quad t' = at - \frac{b}{c}z$$

bestehen[2]), wobei a und b irgend zwei durch die Beziehung

$$(2) \qquad a^2 - b^2 = 1$$

miteinander verbundene Konstanten und c für alle Fälle dieselbe Konstante (s. u.) bedeutet. Die Gleichungen (1) stellen diejenige Transformation vor, die Lorentz früher aus etwas anderen Vorstellungen gewonnen, und die eben später Einstein durch die von ihm eingeführte Auffassung des Zeitbegriffs gedeutet hat.

Wenn zwei Punkte zweier Systeme zusammentreffen, in denen wir uns je einen in dem betreffenden System ruhenden Beobachter denken, so kann auch an der Treffstelle zu der fraglichen Zeit noch sonst ein Ereignis stattfinden, das sich die beiden Beobachter, jeder nach der für ihn geltenden Orts- und Zeitbestimmung notieren. Während nun die besprochene Theorie im wesentlichen zunächst nur die Koinzidenz der Ereignisse nach Ort und Zeit in Betracht zieht, so kennt sie doch von Anfang an eine Relation zwischen einem Ereignis, das zu einer gewissen Zeit an einem gewissen Ort und einem anderen Ereignis, das zu anderer Zeit an einem anderen Ort vor sich geht. Die Theorie nimmt nämlich die Fortpflanzung der Lichtzeichen als eine gegebene Grundtatsache an. Es ist also vorausgesetzt, daß man ein irgendwo

---

[1]) Man denkt sich die Systeme ohne Hindernis durcheinander hindurchgehend.

[2]) Mag es auch möglich sein, die Relativitätstheorie „axiomatisch" aufzubauen (§ 2 u, 6; man vergleiche auch den Aufbau der analytischen Geometrie im fünften Abschnitt), so ist jedenfalls nicht zu leugnen, daß in diesem Fall die Transformationsgleichungen historisch das erste gewesen sind und auf alles andere erst geführt haben. Man kann sie deshalb auch ruhig als das logisch Vorangehende (§ 99) in der Darstellung der Theorie behandeln und die „Parallelverschiebung" durch die Transformationsgleichungen (1) definieren. Auch würde es bei einem axiomatischen Aufbau schwierig sein, die Widerspruchslosigkeit der benutzten Axiome einzusehen.

zu irgendeiner Zeit eintreffendes Lichtzeichen als „identisch" erkennen kann mit einem irgendwo zu irgendeiner Zeit gegebenen Lichtzeichen; praktisch könnte man dabei die Farbe oder den Rhythmus, in dem das Lichtzeichen mit anderen zusammen auftritt, verwenden[1]) im Zusammenhang von nachträglicher Mitteilung oder vorhergehender Verabredung zwischen verschiedenen Beobachtern.

Denkt man sich jetzt ein Lichtzeichen, das sich in dem einen System geradlinig mit der konstanten Lichtgeschwindigkeit fortpflanzt und rechnet man zu den durchwanderten Stellen x, y, z dieses Systems und zu den zugehörigen, auf das erste System sich beziehenden Zeiten t nach den Formeln (1) die Stellen x', y', z' eines zweiten relativ zum ersten bewegten Systems, die in jenen Zeiten mit jenen Punkten zur Deckung kommen und dazu noch die zugehörigen, auf das zweite System sich beziehenden Zeitwerte t', so erscheint ein Fortpflanzungsvorgang im zweiten System, der durch die kontinuierliche Folge der x', y', z', t' gegeben ist. Dieser Vorgang ergibt sich mit Hilfe der Rechnung auf Grund der Gleichungen (1) und der Konstantenrelation (2) gleichfalls als ein geradliniger Fortgang mit eben der konstanten Geschwindigkeit c, falls die Fortpflanzungsgeschwindigkeit des Lichts im ersten System gerade jener in den Gleichungen (1) auftretenden Konstante c gleich war[2]). Man kann dies folgendermaßen ausdrücken. Falls die Bewegung der Systeme gegeneinander durch die Gleichungen (1) definiert ist, ist damit die Annahme verträglich, daß sich das Licht relativ zu jedem der fraglichen Systeme geradlinig mit derselben konstanten Geschwindigkeit c fortpflanzt. Dasselbe gilt für die allgemeineren Transformationen, welche in dieser Theorie eine „geradlinig gleichförmige Verschiebungsbewegung" darstellen.

---

[1]) Vielleicht besteht das Lichtzeichen auch in einer mit dem Fernrohr ausgeführten Beobachtung einer momentanen Koinzidenz.

[2]) Der Beweis beruht darauf, daß die Gleichungen (1) rechts vom ersten Grad in x, y, z, t sind und die Gleichung $x^2 + y^2 + z^2 - c^2 t^2 = x'^2 + y'^2 + z'^2 - c^2 t'^2$ mit sich bringen, d. h., wie man sagt, die Form $x^2 + y^2 + z^2 - c^2 t^2$ invariant lassen. Die allgemeinsten Transformationen mit den beiden eben erwähnten Eigenschaften stellen dann die allgemeinsten „geradlinig gleichförmigen Verschiebungsbewegungen" vor, auf welche das spezielle Einsteinsche Relativitätsprinzip sich bezieht.

Bei dieser Betrachtung ist das Licht lediglich als geradlinig gleichförmige Fortpflanzung eines wiedererkennbaren Zustandes angesehen und von den eigentlichen, teils periodischen, teils gerichteten Welleneigenschaften abgesehen worden. Bekanntlich hatte bereits Lorentz die Beobachtung gemacht, daß seine Transformation auch die Maxwellschen elektromagnetischen Grundgleichungen invariant läßt, durch die nach der heutigen Auffassung auch die Lichtwellen bestimmt sind (man vergleiche auch die Arbeit von Minkowski über die elektromagnetischen Grundgleichungen in den Göttinger Nachrichten, 1908).

Hält man die Werte von x', y', z' fest, während man t' ein Intervall durchlaufen läßt, so bekommt man zu den einzelnen Werten von t' aus den Gleichungen (1) die Stellen x, y, z des ersten Systems, mit denen die im zweiten System feste, oder vielmehr ruhende, Stelle x', y', z' im Laufe der Zeit zur Deckung kommt, wobei dann, die aus (1) sich ergebenden Werte von t die zugehörigen nach der Zeitzählung des ersten Systems bestimmten Zeitwerte sind. Auf Grund dieser Vorstellung kann man auch Größe und Richtung der Geschwindigkeit des im zweiten System ruhenden Punktes x', y', z' relativ zum ersten System genau so bestimmen wie in der klassischen Mechanik Geschwindigkeiten bestimmt werden. Es ergibt sich dabei durch Differentiieren der drei ersten Gleichungen (1)

$$(3) \qquad \frac{dx}{dt} = 0, \qquad \frac{dy}{dt} = 0, \qquad \frac{dz}{dt} = \frac{bc}{a}, {}^{1})$$

was bedeutet, daß sich jeder im zweiten System ruhende Punkt relativ zum ersten System parallel zur z-Achse mit der Geschwindigkeit $\dfrac{bc}{a}$ bewegt. Man erkennt jetzt auch, in welchem Sinn die durch die Gleichungen (1) dargestellte Lorentzsche Transformation eine geradlinige Parallelverschiebung von konstanter Geschwindigkeit darstellt. Immerhin darf man nicht vergessen, daß wegen der Abänderung der Begriffe, schon wegen der verschiedenen Zeitzählung in den beiden Systemen, etwas anderes vorliegt als eine Parallelverschiebung der gewöhnlichen Mechanik.

Die von der gewöhnlichen Auffassung außerordentlich abweichenden, in dieser Theorie sich ergebenden Beziehungen mögen an einem Beispiel dargelegt werden. Es ruhe in dem ersten der durch die Gleichungen (1) in Verbindung gesetzten Systeme der Stab MN, für dessen einen Endpunkt M beständig $z = 0$, und für dessen anderen Endpunkt N beständig $z = l$ sei. Ebenso ruhe der Stab $M'N'$ in dem anderen System, so daß für seine Endpunkte beständig $z' = 0$, bzw. $z' = l$ ist. Zugleich sollen die Stäbe in der z-Achse bzw. in der damit zusammenfallenden z'-Achse gelegen sein, so daß man für jeden Punkt jedes der Stäbe

$$x = y = x' = y' = 0$$

hat. Setzt man nun in der dritten und vierten der Gleichungen (1)

${}^{1})$ Diese Gleichungen gelten hier sogar, wenn statt dx, dy, dz, dt endliche Zuwüchse der Größen x, y, z, t gesetzt werden; im übrigen vergleiche man hinsichtlich der Begriffe der Differentialrechnung den achten Abschnitt. Da aus Gleichung (2) folgt, daß b absolut genommen kleiner als a sein muß, so ist die oben gefundene Geschwindigkeit $\dfrac{dz}{dt} = \dfrac{b}{a} c$ absolut kleiner als c, d. h. also *kleiner als die Lichtgeschwindigkeit*.

die Koordinate $z = \dfrac{l}{a}$ und den Zeitwert $t = 0$, so erhält man

$$(4) \qquad z' = l, \qquad t' = -\frac{b\,l}{a\,c}.$$

Man bedenke nun zunächst einmal, daß nach Gleichung (2) der Zahlwert von $a > 1$ und somit $\dfrac{l}{a} < l$ ist. Es bedeuten also die Gleichungen (4), daß für einen im ersten System ruhenden Beobachter der im Abstand $\dfrac{l}{a}$ vom Punkt M befindliche Punkt P, der zwischen M und N auf dem Stab $M\,N$ gelegen ist, zu der für diesen Beobachter gültigen Zeit 0 mit dem Ende N' des anderen Stabes zur Deckung kommt. Da nun andererseits die Gleichungen (1) für die Koordinate $z = 0$ und den Zeitwert $t = 0$ auch

$$(5) \qquad z' = 0, \quad t' = 0$$

ergeben, und sich somit auch die Punkte M und M' für die Zeit 0 des genannten Beobachters decken, so wird dieser den im zweiten System ruhenden Stab $M'\,N'$ zu dieser Zeit als kleiner beurteilen im Vergleich zu dem ersten in des Beobachters eigenem System ruhenden Stab $M\,N$ (Abb. 217). Zugleich zeigen die jedesmal zweiten Gleichungen von (5) und (4), daß die Deckung von M und M' und die von P und N' für einen im zweiten System ruhenden Beobachter zu verschiedenen Zeiten, nämlich zu den Zeiten $t' = 0$ und $t' = -\dfrac{b\,l}{a\,c}$ vor sich gegangen sind, während nach der Auffassung des ersten, im ersten System befindlichen Beobachters beide Ereignisse gleichzeitig zur Zeit $t = 0$ vor sich gehen.

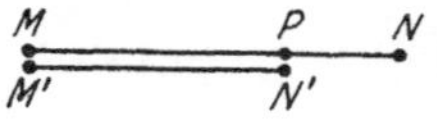

Abb. 217.

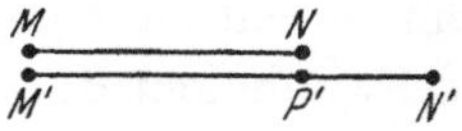

Abb. 218.

Genau so findet man für $z' = \dfrac{l}{a}$ und $t' = 0$ durch Rückwärtsauflösung von (1) mit Rücksicht auf (2)

$$z = l, \qquad t = +\frac{b\,l}{a\,c}.$$

Hieraus ist ersichtlich, daß für den Beobachter im zweiten System zur Zeit $t' = 0$ der im Abstand $\dfrac{l}{a}$ von M' befindliche Punkt P' des zweiten Stabes mit dem Ende N des ersten Stabes sich deckt, während für ihn gleichzeitig wieder M' und M sich decken. Der im zweiten System ruhende Beobachter wird also zu der für ihn geltenden Zeit 0 entgegen dem Urteil des ersten Beobachters den Stab $M\,N$ für den kleineren erklären (Abb. 218). Die erwähnte Begegnung von P' mit N findet aber nach der Auffassung des ersten Beobachters zur

Zeit $t = + \dfrac{b\,l}{a\,c}$ und nicht gleichzeitig mit der Begegnung von M und M' statt.

Es ist von Interesse, auch die Begegnung von N mit N' in Betracht zu ziehen. Setzt man zu diesem Zweck

$$z = z' = l,$$

so ergeben die Gleichungen (1) mit Rücksicht auf (2)

$$t = \frac{(a-1)l}{b\,c}, \quad t' = -\frac{(a-1)l}{b\,c}.$$

Nach der Ansicht des ersten Beobachters wird also der Punkt N' dem Punkt N später, und zwar um $\dfrac{(a-1)\cdot l}{b\,c}$ Zeiteinheiten später, begegnen, als M' dem Punkt M begegnet ist; der zweite Beobachter wird dagegen finden, daß jene Begegnung sich um $\dfrac{(a-1)l}{b\,c}$ Zeiteinheiten früher ereignet hat als diese.

Denkt man sich gegen ein erstes System ein zweites gemäß den Gleichungen (1), aber gegen das zweite System gemäß analogen Gleichungen ein drittes System bewegt, so steht, wie die Rechnung zeigt, auch das dritte System gegen das erste in einer Bewegungsbeziehung derselben Art[1]).

---

[1]) Ist die Beziehung zwischen dem dritten und zweiten System durch die Gleichungen

$$(6) \qquad x'' = x', \quad y'' = y', \quad z'' = a'z' - b'ct', \quad t'' = a't' - \frac{b'}{c}z'$$

definiert, in denen natürlich c wieder die alte Konstante, nämlich die Lichtgeschwindigkeit, bedeuten muß, und wobei entsprechend der früheren Relation (2)

$$(7) \qquad a'^2 - b'^2 = 1$$

anzunehmen ist, so erhält man durch Rechnung aus (1) und (6)

$$(8) \qquad x'' = x, \quad y'' = y, \quad z'' = a''z - b''ct, \quad t'' = a''t - \frac{b''}{c}z,$$

wobei a'' und b'' neue Zeichen sind für die Ausdrücke

$$(9) \qquad a'' = a\,a' + b\,b', \quad b'' = a\,b' + a'\,b.$$

Es erfüllen aber diese Ausdrücke mit Rücksicht auf (2) und (7) die Relation

$$a''^2 - b''^2 = (a^2 - b^2)(a'^2 - b'^2) = 1,$$

die also wieder mit (2) analog ist.

Die Transformation (8) ist also wieder von derselben Art wie (1) und (6). Man kann sagen, daß die Transformation (8) aus (1) und (6) zusammengesetzt ist. Die Transformationen, die in der Form (1) — mit demselben c — enthalten sind, bilden deshalb nach der Ausdrucksweise der Mathematiker in ihrer Gesamtheit eine Gruppe.

Die Gleichungen (1) drücken aus, daß das durch die Koordinaten x, y, z und den Zeitwert t mit Rücksicht auf das erste System charakterisierte Ereignis dasselbe ist wie das durch die Ortsbestimmung x', y', z' und die Zeitbestimmung t' charakterisierte. Ebenso besagen die Gleichungen (6), daß das durch x', y', z', t' gegebene Ereignis dasselbe ist wie das durch x'', y'', z'', t'' gegebene. Wenn die Gleichungen so gedeutet

Läßt man in den Gleichungen (1) die Zahl a sich der 1 nähern, während man zugleich die Lichtgeschwindigkeit c ins Unendliche wachsend und b in der Art unendlich abnehmend denkt, daß $b \cdot c$ „schließlich" in einen beliebig vorgeschriebenen Wert v übergeht, so erhält man die Gleichungen, welche in der gewöhnlichen Mechanik gültig sind, falls das zweite System gegen das erste mit der Geschwindigkeit v in der Richtung der z-Achse in Verschiebung begriffen ist. In diesem Sinn ist die gewöhnliche Mechanik ein Grenzfall der speziellen Relativitätstheorie.

In einem ähnlichen Verhältnis des „Grenzfalls" steht wiederum die spezielle Relativitätstheorie zur allgemeinen Relativitätstheorie Einsteins. Diese allgemeine Theorie läßt die Forderungen der speziellen wieder fallen. Sie stellt zunächst einmal ein viel allgemeineres Relativitätspostulat[1]) auf, das sich nicht bloß auf geradlinig gleichförmige Verschiebungen, sondern auf Bewegungen jeder Art und zugleich auf alle physikalischen Vorgänge bezieht. Während nun die spezielle Relativitätstheorie im Grunde nur in einer Umbildung der raumzeitlichen Begriffe: Bewegung, Geschwindigkeit usw., im Zusammenhang mit der Lichtfortpflanzung, bestand und nicht einmal ein dem Trägheitsgesetz entsprechendes Postulat umfaßte, ist es Einstein gelungen, in die allgemeine Relativitätstheorie die Gesetze des relativen Bewegungsverlaufs gegeneinander gravitierender Massen einzufügen. Zu diesem Behufe wird zunächst postuliert, daß die raumzeitliche Festlegung eines Massenteilchens relativ zu einem bestimmten System durch Zuordnung von irgendwelchen vier Größen x_1, x_2, x_3, x_4 geschehen könne, die wir die Raumzeitkoordinaten des Massenteilchens nennen. Es kann dann für die Gesamtheit der Wert-

---

werden sollen, ist es aber auch logisch notwendig, daß das Ereignis x, y, z, t dasselbe ist wie das durch x'', y'', z'', t'' bezeichnete Ereignis; damit stimmt der Umstand überein, daß die Gleichungen (8) mit denselben Eigenschaften, die (1) und (6) besitzen, durch Zusammensetzen der beiden letzten Gleichungssysteme herauskommen. Man erkennt noch aus (8) und (9), mit Rücksicht auf die Geschwindigkeitsformel (3), daß sich das dritte mechanische System gegen das erste mit der Geschwindigkeit

$$\frac{b''}{a''}c = \frac{a\,b' + a'\,b}{a\,a' + b\,b'}c = \frac{\dfrac{b'}{a'}c + \dfrac{b}{a}c}{1 + \dfrac{1}{c^2}\cdot\left(\dfrac{b}{a}c\right)\left(\dfrac{b'}{a'}c\right)}$$

bewegt. Der letzte Ausdruck ist aber gleich

$$\frac{v' + v}{1 + \dfrac{v\,v'}{c^2}},$$

falls v die Geschwindigkeit des zweiten Systems gegen das erste, und v' die Geschwindigkeit des dritten gegen das zweite System bedeutet. Dies ist also in der neuen Theorie die Formel für die „Zusammensetzung der Geschwindigkeiten".

[1]) Vgl. S. 484, Anm. 1.

systeme x_1, x_2, x_3, x_4 die einem individuellen Teilchen während
des ganzen Bewegungsverlaufs zukommen, d. h., wie wir sagen, für
die „Linie", die ein individuelles Teilchen im Raum-Zeit-Kontinuum
„beschreibt", ein Gesetz aufgestellt werden, das mit dem allgemeinen
Relativitätspostulat in Übereinstimmung ist. Jene Linie wird nämlich als eine „Kürzeste" im Sinne der RIEMANNschen Mannigfaltig-
keitslehre (§ 48) angenommen, wobei natürlich vorher die inneren
Eigenschaften des Raum-Zeit-Kontinuums durch eine dem Problem
angepaßte mathematische Form (vgl. den Ausdruck (1) in § 48) zu
definieren sind. Es zeigt sich dabei, daß eine in den genannten Begriffs-
festsetzungen noch vorhandene Unbestimmtheit sich gerade noch durch
die Forderung beseitigen läßt, daß die allgemeine Relativitätstheorie
unter besonderen Umständen in die spezielle als Grenzfall übergehen
soll[1]).

Betrachtet man den ganzen geschilderten Gedankengang, so erkennt man dabei eine ziemlich reichliche Verwendung der Analogie.
Nur wer den Aufbau der Geometrie und der elementaren Mechanik
aus den gewöhnlichen Axiomen und Gesetzen und deren analytische[2])
Weiterentwicklung kennt, wird in Transformationen und in den Gebilden einer RIEMANNschen Mannigfaltigkeit den natürlichen Ausdruck von Bewegungsvorgängen erblicken. Davon wird jetzt ausgegangen; die überkommenen Mannigfaltigkeiten und deren Transformationen werden abgeändert und verallgemeinert, und zwar in
einer verhältnismäßig willkürlichen, zunächst nur durch die Analogie
vermittelten Weise. Nur die nachträglich sich ergebende Anpassung
an die Erfahrung liefert dann einen Berechtigungsgrund[3]). Wenn die
Physik in stärkerem Maße als die gewöhnliche Mechanik und die
neuere Physik viel mehr als die ältere von solchen Analogien Gebrauch
macht, so hat sie vor dem älteren, synthetisch deduktiven Verfahren
den Vorzug, sich leichter der Erfahrung anpassen zu können. Im
Gegensatz dazu hat das alte Verfahren den Vorteil größerer Sicherheit, wenigstens dann, wenn die Grundlagen, von denen es ausgeht,
selbst als verhältnismäßig sicher, d. h. als hinreichend der Erfahrung
angepaßt, angesehen werden können.

---

[1]) Vgl. M. SCHLICK, Raum und Zeit in der gegenwärtigen Physik, 2. Aufl., 1919,
S. 60/61.

[2]) Vgl. den Schluß von § 41.

[3]) MACH (Die Principien der Wärmelehre, 2. Aufl., 1900, S. 363) hat sich so ausgedrückt: „Auch damit könnte ich mich nicht einverstanden erklären, daß die Wunder-
kräfte, welche man gern den Vorstellungen der mechanischen Physik zuschreibt, nun
einfach auf die algebraischen Formeln übertragen werden... Die Gültigkeit der
Formel bedeutet ebenso eine Analogie zwischen einer Rechnungsoperation und einem
physikalischen Prozeß, deren Bestehen oder Nichtbestehen in jedem besonderen Fall
eben auch zu prüfen ist."

Die Annahmen, von denen die Relativitätstheorie ausgeht, beruhen im Grunde — ebensowenig wie die Annahme der Existenz eines Äthers oder der Existenz von Atomen — auf der Erfahrung. Infolgedessen können auch die aus der Theorie entwickelten Begriffe nicht unmittelbar, sondern nur mittelbar vermöge der Analogie an die Erfahrung angeschlossen werden, so wie etwa die in der optischen Theorie ausgezeichnete Schwingungsebene des polarisierten Strahls mit einer in einem Experiment ausgezeichneten, den Lichtstrahl enthaltenden Ebene einfach gleichgesetzt worden ist (§ 156). Bei jedem Versuch, die Theorie durch Messung zu bestätigen, wird der erwähnte Umstand und die dadurch bewirkte Unsicherheit hervortreten. Es wird aber jedenfalls bei jeder Messung darauf hinauskommen, daß man in gewissem Sinne zusammensetzbare Dinge, Umstände, Vorgänge oder Tätigkeiten in der Erfahrung als untereinander gleichartig beurteilt und sie nach der Analogie durch gewisse Gebilde in der darstellenden Mannigfaltigkeit deutet, wodurch die Zahl jener Dinge usw. zu einer zusammengesetzten Zahlgröße der Mannigfaltigkeit in Beziehung tritt, und so diese Zahlgröße durch Auszählen gefunden werden kann (§ 25).

In einer hinreichend begründeten analytischen — oder eigentlich richtiger arithmetischen — Mannigfaltigkeit können Widersprüche nicht auftreten (§ 134 u. 125). Man ist also bei völliger Durchführung der geschilderten Herleitung sicher, daß die Relativitätstheorie nicht in sich widerspruchsvoll werden kann. Eine andere Frage ist natürlich die, ob es immer gelingen wird, die theoretischen Ergebnisse in Übereinstimmung mit der Erfahrung zu deuten. Dabei darf man sich natürlich nicht an dem Umstand genügen lassen, daß diese Theorie gewisse bis jetzt unverstandene Einzelerscheinungen erklärt. Es ist durchaus notwendig, sie auch in Beziehung auf die zahllosen Tatsachen zu prüfen, mit denen die alte Auffassung in der genauesten Übereinstimmung gewesen war. Es ist auch in dieser Hinsicht nicht ausreichend, zu sagen, daß die neue Theorie sich von der klassischen Mechanik, die von ihr ein Grenzfall ist, für die gedachten Fälle wenig unterscheidet. Man muß, ebenso, wie es beim MICHELSONschen Versuch zuungunsten der gewöhnlichen Auffassung geschehen ist, genau die Differenzen zwischen der alten und der neuen Theorie prüfen und untersuchen, ob sie nach der in Frage kommenden Größenordnung beobachtbar sein müßten, und ob die Beobachtung sie wirklich ergibt[1]).

---

[1]) HUGO DINGLER (Kritische Bemerkungen zu den Grundlagen der Relativitätstheorie, 1921, S. 19) hat mit Recht bemerkt, daß z. B. die in der Navigation geübte Methode der Zeitbestimmung in die Betrachtungen der Relativitätstheorie mit einbezogen werden müßte.

§ 166. Kants „reine Naturwissenschaft". Regulative Ideen in der Physik. Kausalität.

Es ist schon erwähnt worden, daß es in der Physik kaum vermieden werden kann, daß im Laufe neuer Untersuchungen auch neue Annahmen auftauchen. Immerhin könnte man fragen, ob sich nicht gewisse physikalische Annahmen finden lassen, die man nicht bloß überall von vornherein zugrunde legt, sondern die auch an und für sich etwas Notwendiges darstellen. Bekanntlich hat Kant an die Möglichkeit einer reinen, d. h. apriorischen, Naturwissenschaft geglaubt. Als einen Satz dieser „reinen Naturwissenschaft" führt Kant das an, was wir den Satz von der Konstanz der Masse nennen. Erwähnenswert ist das von ihm dazu gegebene Beispiel. Er sagt[1]): „Ein Philosoph wurde gefragt: Wieviel wiegt der Rauch? Er antwortete: Ziehe von dem Gewicht des verbrannten Holzes das Gewicht der übrigbleibenden Asche ab, so hast du das Gewicht des Rauchs. Er setzte also als unwidersprechlich voraus, daß, selbst im Feuer, die Materie (Substanz) nicht vergehe, sondern nur die Form derselben eine Abänderung erleide." Nun ist es gewiß richtig, daß wir in vielen Fällen ähnlich verfahren, wie der Kantsche Philosoph es tut. Trotzdem können wir den Grundsatz, der uns dabei leitet, mit Hilfe von älteren Erfahrungen gewonnen haben. Dabei wird nicht nur der Umstand eine Rolle spielen, daß die Summe der Gewichtsmengen von Stoffen, die an einer Umsetzung beteiligt waren, schließlich tatsächlich als unverändert festgestellt worden ist, sondern wir werden hier auf den richtigen Gedanken wohl schon dadurch hingeleitet, daß wir in den einfacheren Fällen jeden Teil der Materie wiederzuerkennen und seinen Weg durch den Raum zu verfolgen vermögen[2]). War dann wirklich einmal ein Stückchen verlorengegangen, so ergab sich nachher beim Wiederauffinden eine eindrucksvolle Bestätigung der bereits vermuteten Tatsache, daß die Materie unzerstörbar ist. Von da an lag der Gedanke nicht mehr so fern, daß die gesamte Gewichtsmenge, richtiger eigentlich die Masse (§ 143), der an einer Umsetzung beteiligten Stoffe konstant bleibt. Die Prüfung durch die Wage gehört wohl einem späteren Stadium an. Auch in diesem Falle ist es gewiß besonders überzeugend, wenn das scheinbar Verlorene nachher irgendwo nachgewiesen wird, wie z. B. bei einer Kerze, die in luft-

---

[1]) Kritik der reinen Vernunft, Elementarlehre, II. Teil, I. Abt., II. Buch, II. Hauptst., 3. Abschn.

[2]) Mach (Die Prinzipien der Wärmelehre, 2. Aufl., S. 426) macht auf eben diesen Umstand aufmerksam.

Als Beispiel mag erwähnt werden, daß man den unterirdischen Zusammenhang von Wasserläufen durch Einlassen von Farbstoffen festgestellt hat.

dichtem Abschluß unter einer Glocke gebrannt hat, gezeigt werden kann, daß die Gewichtszunahme der unter der Glocke befindlichen Gase genau der Gewichtsabnahme der Kerze gleich ist. Daß die in vielen Fällen experimentell erhärtete Beziehung nachträglich wieder benutzt wird, um in anderen Fällen, in denen nicht alle Teile gewogen worden sind, die Erfahrung zu ergänzen oder zu berichtigen, entspricht nur dem Verhalten, das wir auch sonst beständig in den Erfahrungswissenschaften üben, und es braucht deshalb meines Erachtens eine solche Beziehung nicht als apriorisch aufgefaßt zu werden.

Das Trägheitsgesetz wird auch häufig in philosophischen Betrachtungen als apriorisch hingestellt. KANT hat es vermutlich deshalb nicht zur „reinen Naturwissenschaft" gerechnet, weil er überhaupt die Bewegung als etwas Empirisches angesehen hat[1]). Über die Tatsachen, aus denen man sich das Trägheitsgesetz abgeleitet denken kann, wobei die Vergleichung einer Reihe von Erscheinungen notwendig wird und auf Grund dieser Vergleichung und der Annahmen, auf die sie hingedrängt[2]) hat, auch eine Zerlegung der Erscheinungen stattfindet, habe ich schon in § 138 hingewiesen, wo ich die Ansichten von NATORP und HEYMANS zu widerlegen versucht habe. Jedenfalls ist das Trägheitsgesetz, als es zuerst aufgestellt wurde, nicht im mindesten als etwas ohne weiteres Einleuchtendes angesehen worden; es erschien damals eher natürlich anzunehmen, daß die einem Körper durch den Stoß eines anderen mitgeteilte Bewegung sofort nach dem Aufhören der Berührung auch selbst wieder aufhören müsse.

Als ein drittes Prinzip der Physik, dem ein philosophischer Sinn untergelegt zu werden pflegt, und das deshalb manchmal als ein apriorisches angesehen wird, ist das Prinzip von der Erhaltung der Energie zu nennen (§ 152). Der eine der Entdecker des Prinzips, ROBERT MAYER, hat seine erste Auseinandersetzung an die These angeknüpft: Aus Nichts wird nichts, und nichts vergeht ins Nichts (ex nihilo nil fit, nil fit ad nihilum). Er betrachtete demnach die

---

[1]) In § 15 der Prolegomena sagt KANT in der „Propaedeutik der Naturlehre, die unter dem Titel der allgemeinen Naturwissenschaft vor aller Physik (die auf empirische Prinzipien gegründet ist) vorhergeht . . .": „Darin findet man Mathematik angewandt auf Erscheinungen, auch bloß diskursive Grundsätze (aus Begriffen), welche den philosophischen Teil der reinen Naturwissenschaft ausmachen. Allein es ist doch auch manches in ihr, was nicht ganz rein und von Erfahrungsquellen unabhängig ist: als der Begriff der Bewegung, der Undurchdringlichkeit (worauf der empirische Begriff der Materie beruht), der Trägheit u. a. m., welche es verhindern, daß sie nicht ganz reine Naturwissenschaft heißen kann . . ." Weiter unten weist dann Kant der „reinen" Naturwissenschaft den Satz zu, daß die Substanz bleibt und beharrt, daß alles was geschieht, jederzeit durch eine Ursache nach beständigen Gesetzen vorher bestimmt sei usw."

[2]) Vgl. MACH: Die Geschichte und die Wurzel des Satzes von der Erhaltung der Arbeit, 1872, S. 50.

Energie als eine Substanz, die unerschaffbar und unzerstörbar ist. Tatsächlich ist aber ein solcher Satz wie: „Aus Nichts wird nichts“ an und für sich viel zu unbestimmt und leer, als daß aus ihm allein Folgerungen gezogen werden könnten. Es geht auch aus den in § 152 gegebenen Erörterungen deutlich hervor, daß das Prinzip nur insofern sich bewährt, als immer wieder für verschwundene Energiemengen der einen Art Umstände aufgefunden werden können (z. B. in einem dort angeführten Beispiel die elastische Zusammendrückung der Körper), die man als Ersatz für die verloren gegangene Energie aufzufassen vermag. Der bloße Gedanke, daß ein bewegter Körper einen anderen durch Stoß in Bewegung versetzen kann, dieser wieder andere usw., wie er schon bei den Philosophen des Altertums sich findet, gibt jedenfalls nur eine allererste Anregung in der betreffenden Richtung und enthält auch das Leibnizsche Prinzip „der Erhaltung der lebendigen Kraft“ (§ 144) noch lange nicht. Nur die Vergleichung der teils empirisch, teils deduktiv gefundenen Beziehungen in der Mechanik und in den verschiedenen Gebieten der Physik hat auf das Prinzip führen können; bei Robert Mayer hat eine auffällige Einzelbeobachtung den Anlaß zur Auffindung gegeben. Die Gültigkeit des Prinzips deckt sich, wie Helmholtz ausgeführt hat, mit dem Umstand, daß ein Perpetuum mobile, d. h. eine aus dem Nichts schöpfende Quelle der Arbeit unmöglich ist; diese Unmöglichkeit hat jedoch der Menschheit durchaus nicht a priori eingeleuchtet, sondern sie ist ihr erst allmählich durch das beständige Scheitern der dahin zielenden Versuche aufgezwungen worden. Aus den auseinandergesetzten Gründen kann ich es auch nicht richtig finden, das Energieprinzip, wie schon vorgeschlagen worden ist, an die Spitze der Physik zu stellen.

Ein wesentlicher Unterschied zwischen der Masse und der Energie besteht darin, daß man den Weg eines Masseteilchens im Grunde stets anzugeben vermag, während bei den Änderungen der Energie etwas Ähnliches in vielen Fällen nicht möglich ist. Es mag sein, daß die Fälle, in denen diese Unmöglichkeit hervortritt, später passend umgedeutet werden können[1]). Jedenfalls aber zerfällt die Energie nicht so wie die Masse in Teile, die später individuell wiedererkannt zu werden vermöchten; dies wird nicht nur bei der Transformation einer Energieart in eine andere, sondern sogar schon beim Transport derselben Energieart einleuchten.

Auch ohne Rücksicht auf neueste Hypothesenbildungen in der Physik, wobei das Trägheitsgesetz, ja sogar der Satz von der Kon-

---

[1]) In der elektromagnetischen Lichttheorie z. B. zeigt sich, daß der Lichtstrahl, auch in dem von Massen freien Äther, ein solcher Weg ist, auf dem die Energie sich fortpflanzt.

stanz der Masse aufgegeben und die Grundlage der Mechanik allein in elektromagnetischen Vorstellungen gefunden werden soll, kann man sagen, daß die erwähnten Gesetze heutzutage in physikalischen Kreisen ganz allgemein nur als Annahmen angesehen werden, auf welche die Erfahrung hingeleitet hat. Wohl kann man aus diesen Gesetzen deduktive Folgerungen ableiten, die sich auch in der Erfahrung bestätigen; trotzdem behaupten wir, daß es keine „apriorischen" Sätze der Physik, also keine „reine Naturwissenschaft" gibt.

Dagegen können wir wohl die Idee von der Konstanz eines Vorrates — in einem Teilgebiet der Wärmelehre von Wärme, in einem Teilgebiet der Mechanik von lebendiger Kraft, allgemein in der Physik von Energie — und ebenso die verwandten Ideen, die man etwa als Verharren der Wirkung und als Gleichheit von Ursache und Wirkung ausdrückt[1]), als regulative Ideen[2]) der mechanisch-physikalischen Forschung bezeichnen. Sie sind sehr unbestimmt und werden erst im Einzelfall mit einem bestimmten Inhalt gefüllt. Bei der Energie haben wir dies schon gesehen. Unter dem Verharren der Wirkung versteht z. B. WUNDT in der Mechanik das, daß die einem Körper durch das Wirken einer Kraft mitgeteilte Geschwindigkeit ihm verbleibt, wenn nicht nachher eine weitere Einwirkung eintritt, so daß diese Geschwindigkeit mit einer dem Körper nun noch dazu erteilten neuen Geschwindigkeit sich addiert, eventuell sogar durch diese aufgehoben wird usw. Dies ist aber eine Vorstellung, die in jener Idee allein noch gar nicht vorhanden war, die mit Hilfe der Erfahrung von GALILEI entwickelt und von NEWTON weitergeführt worden ist. Auch in den Ausdruck: „Gleichheit von Ursache und Wirkung" muß erst etwas hineingelegt werden, wenn er sinnvoll sein soll. Es wird dabei eine Äquivalenz behauptet zwischen einem Umstand, den wir mit einem gewissen Maß messen können, und einem anderen, nachher eintretenden, gleichfalls meßbaren Umstand oder Vorgang, der aber in den Anwendungen meist von anderer Art ist als die Ursache.

Die hierher gehörende Grundbeobachtung wird stets die sein, daß ein gewisses Etwas, irgendein Umstand, im Wechsel unverändert bleibt, wiedererkannt werden kann. Nachdem man dann zu dem Gedanken des Maßes gelangt ist (§ 17—28), bedeutet es eine besonders einfache mathematische Beziehung, wenn für gewisse Mengen, die einzeln veränderlich sein, sich auch spalten oder verbinden können, die Summe der Maßzahlen konstant angenommen wird. Ein ebenso einfacher

---

[1]) Vgl. W. WUNDT, Die physikalischen Axiome und ihre Beziehung zum Causalprincip, 1866, S. 6.

[2]) KANT (Kritik der reinen Vernunft, Elementarlehre, II. Teil, II. Abt., II. Buch, II. Hauptst., 8. Abschn.) spricht von einem regulativen Prinzip der Vernunft in Ansehung der Ideen.

Gedanke besteht in der Annahme einer Äquivalenz (§ 152) zwischen zwei Mengen verschiedener Art, für den Fall, daß die eine Menge verschwindet und die andere neu auftritt, d. h. die Annahme der Proportionalität zwischen den Beträgen der beiden miteinander wechselnden Mengen nach einem für die beiden bestimmten Arten von der Größe unabhängigen, festen Verhältnis. In solcher Konstanz oder solcher Proportionalität sind eben besonders einfache Formen der mathematischen Abhängigkeit physikalischer Größen gegeben. Mit den einfachsten Formen suchen wir die Zusammenhänge zwischen dem empirisch Gegebenen zu meistern. Im Grunde sind also jene regulativen Ideen alle nur der Ausfluß einer einzigen, nämlich der, daß wir mit den einfachsten Annahmen auszukommen versuchen[1]). Die Einfachheit ist der leitende Gedanke[2]). Sie ist aber doch kein Kennzeichen der Richtigkeit[3]). Wie wir die einfachsten Begriffe, welche zugrunde liegen, an der Erfahrung gebildet haben, so müssen wir auch jene einfachen Annahmen an der Erfahrung prüfen.

Als eine apriorische Voraussetzung allgemeiner Art, die neben den überall vorausgesetzten, rein logischen Grundbegriffen[4]) in jeder physikalischen Untersuchung eine Rolle spielt, kann man dies bezeichnen, daß überhaupt gesetzmäßige Beziehungen existieren oder vielmehr entsprechende Annahmen sich auf die Erfahrung anwenden lassen. Dies ist im Grunde das Kausalitätsgesetz, wenn wir es auf seine allgemeinste Form bringen. In diesem Sinne ist das Kausalgesetz nach dem Standpunkt von Wundt, so wie ihn Heymans[5]) formuliert, gleichbedeutend mit der Annahme der Begreiflichkeit der Welt. Eine etwas andere Ausdrucksweise schlägt Heymans selbst vor, indem er Kausalgesetze und Koexistenzgesetze unterscheidet[6]). Ein

---

[1]) In gewissem Sinne kann man also mit der Behauptung von Mach übereinstimmen, daß die Wissenschaft „ökonomisch" verfährt (vgl. z. B. Die Principien der Wärmelehre, 2. Aufl., 1900, S. 391 ff.). Immerhin möchte ich dies nur so verstanden wissen, daß die Annahmen möglichst einfach und evtl. in möglichst geringer Zahl gewählt werden; dagegen würde ich eine Ersparnis an Denkprozessen durchaus nicht als ein Zeichen wissenschaftlicher Vollkommenheit betrachten. Hierin ist auch Study vollkommen meiner Ansicht (vgl. Die realistische Weltansicht usw., 1914, S. 43/44, wo noch ein sehr charakteristischer Ausspruch von Nelson angeführt wird).

[2]) Vgl. Wundts Äußerungen über das „Prinzip der Einfachheit" in der 1. Auflage der Logik (2. Bd., 1883, S. 242), wobei vor allem auf Galilei Bezug genommen wird.

[3]) E. Picard sagt allerdings (De la méthode dans les sciences, herausgegeben von P. F. Thomas, 1909, S. 18): „Ce principe de simplicité, malgré son caractère hypothétique, tend à produire en nous un sentiment de certitude."

[4]) Vgl. auch § 106 und 134.

[5]) Vgl. „Die Gesetze und Elemente des wissenschaftlichen Denkens", 2. Aufl., 1905, S. 361/62. Wundt sagt (Logik, I. Bd., 1880, S. 551), das Kausalgesetz sei „die Anwendung des Satzes vom Grunde auf den Inhalt der Erfahrung".

[6]) Vgl. a. a. O., S. 292 ff.; übrigens ist diese Unterscheidung auch schon von J. St. Mill gemacht worden (vgl. die 4. deutsche Ausgabe der deduktiven und induktiven Logik, 2. Teil, 1877, S. 123 ff.).

Hölder, Mathematische Methode. 31

Kausalgesetz würde z. B. bei ihm durch die der Zeit proportionale Zunahme der Geschwindigkeit vorgestellt, bei einem Körper, auf den in der Richtung seiner Bewegung eine konstante Kraft einwirkt. Das optische Brechungsgesetz, welches das Richtungsverhältnis des gebrochenen Strahls zum einfallenden regelt, wäre im Gegensatz dazu ein Koexistenzgesetz, wenigstens so lange, als wir nur den genannten Sachverhalt während des gleichförmigen Scheinens des Lichtes im Auge haben, aber von der Fortpflanzungsgeschwindigkeit des Lichts und von der Wellenhypothese absehen. Andererseits können wir aus der Wellenhypothese das Brechungsgesetz deduktiv herleiten, indem wir das Scheinen des Lichts als einen sich nicht bloß längs des Strahls, sondern auch im umgebenden Raum fortpflanzenden Vorgang betrachten. Dadurch verwandelt sich das ursprünglich empirisch gewonnene Koexistenzgesetz in ein Kausalgesetz, das überdies deduziert werden kann. Ob sich wirklich jedes Koexistenzgesetz schließlich in ähnlicher Weise in ein Kausalgesetz auflösen läßt, wie Heymans annimmt, will ich dahingestellt lassen. Ebenso möchte ich nicht glauben, was Heymans im Anschluß an W. Hamilton angenommen hat, daß alle Kausalität schließlich auf den Grundgedanken zurückgeht, daß „ein wirkliches Entstehen oder Vergehen nicht möglich ist". Schon die mechanische Annahme über die Zusammensetzung von Kraftwirkungen, die nach verschiedenen Richtungen hinzielen (§ 142), fügt sich nicht dieser Formulierung.

Immerhin wird man die Kausalität im engeren Sinn als eine besondere Art der allgemeinsten gesetzlichen Abhängigkeit ansehen können, indem das Kausalgesetz im üblichen Sprachgebrauch verlangt, daß jedes kommende Ereignis durch den unmittelbar vorangehenden Zustand notwendig und eindeutig bestimmt ist. Damit stimmt im Grunde auch die von Fechner[1]) gegebene Begriffsbestimmung des Kausalgesetzes; nach ihm verlangt dieses Gesetz, „daß überall und zu allen Zeiten, insoweit dieselben Umstände wiederkehren, auch derselbe Erfolg wiederkehrt; ..." Auf diese besondere Art der Abhängigkeit des Künftigen vom Vergangenen dürfte aber auch wieder die Erfahrung hingeleitet haben, aus der sich dann auch erst im Einzelfall wieder ergibt, was zu dem vorangehenden Zustand zu rechnen ist. So gehört zum Zustand einer Masse nicht nur der Ort, den sie im Raum einnimmt, sondern auch die Geschwindigkeit, die sie in dem betreffenden Augenblick besitzt. Das Kausalgesetz, auch in dem bezeichneten spezielleren Sinne gefaßt, stellt eine der allgemeinsten regulativen Ideen in der Mechanik und in der Physik vor.

---

[1]) Ber. d. Kgl. Sächs. Ges. d. Wiss., math.-phys. Kl., 1850, S. 100.

Noch ein Prinzip könnte angeführt werden, das im mechanisch-physikalischen Gebiet als selbstverständlich vorausgesetzt zu werden pflegt, das sogenannte Prinzip der Symmetrie. Wir sagen z. B., es sei eine Folge dieses Prinzips, daß eine fortgeschleuderte punktförmige und schwere Masse in der Ebene verbleiben muß, die durch die Anfangslage der Masse, durch die ursprüngliche Richtung des Fortschleuderns und durch die Richtung der Schwere bestimmt ist; es würde der Symmetrie widersprechen, wenn die Masse die genannte Ebene nach einer Seite verlassen würde. Man kann diesen Gedanken noch folgendermaßen näher ausführen: Hätte man eine die Ebene verlassende Bewegung, so könnte man die dazu symmetrische Bewegung, welche die Ebene auf der anderen Seite verläßt, in Gedanken konstruieren. Nun findet man, daß kein Grund vorhanden wäre, weshalb die Masse von den beiden genannten Bewegungen die eine bevorzugt und schließt daraus, daß keine der beiden Bewegungen eintritt, da nichts ohne „zureichenden Grund" geschieht. Wir sind also hier bei dem Leibnizschen „Satz vom zureichenden Grunde", einer Variante des Kausalprinzips, angelangt.

Mir scheint, daß dabei zwei Gedanken mitspielen. Zunächst liegt eine Art von physikalischem Kongruenzsatz vor, den wir uns genau so wie die geometrischen Kongruenzsätze (§ 2 u. 129) aus den Erfahrungen des täglichen Lebens abziehen können. Denken wir uns die für den Anfang einer Bewegung maßgebenden Daten, die Ausgangslage, die Richtung und Größe der Anfangsgeschwindigkeit, dann aber für die ganze Folgezeit die Kraft, alles von einer neuen Anfangsstelle aus in neuer Orientierung, aber in kongruenter oder symmetrischer Weise, d. h. also in denselben gegenseitigen Raumbeziehungen angebracht, so muß nun in dem neuen, äquivalenten Raumteil ein jenem früheren Weg genau entsprechender entstehen[1]). Dieser Kongruenzsatz ergibt nun in dem obigen Beispiel mit Bezug auf die genannte, die ursprüngliche Wurfrichtung enthaltende lotrechte Ebene, daß die Bewegung, falls sie einmal nach der einen Seite abweichen könnte, sie ein anderes Mal ebensogut auch nach der anderen Seite abweichen könnte. Das wäre aber ein Widerspruch mit der Forderung, daß die Bewegung durch Anfangszustand und einwirkende Kraft eindeutig bestimmt sein soll. In dieser Eindeutigkeit der Abhängigkeit des Folgenden vom Vorhergehenden, die ich oben in die Formulierung des spezielleren Kausalgesetzes mit aufgenommen habe, liegt also der

---

[1]) Man wird also von einem Prinzip der Kongruenz zu sprechen haben, das die eigentliche Kongruenz im engeren Sinne und die spiegelbildliche Kongruenz (§ 133) in sich faßt. Ein dunkles Gefühl des Kongruenzprinzips liegt zugrunde, wenn in philosophischen Schriften davon die Rede ist, daß der Raum „homogen" oder „mit sich selbst kongruent" oder auch „mit sich selbst identisch" sei.

zweite der hier maßgebenden Gedanken. Diese Eindeutigkeit ist auch in der FECHNERschen Formulierung darin enthalten, daß bei der Wiederholung derselben Umstände auch wieder der e i n e g l e i c h e Erfolg eintreten soll. Will man auch schon das Symmetrie- und Kongruenzprinzip in die FECHNERsche Formulierung hineinnehmen, so muß man sich „dieselben Umstände" an verschiedenen Orten eben im Sinne der Kongruenz, d. h. also so denken, daß ein Wechsel der Orientierung durch Drehung oder ein spiegelbildlicher Wechsel als nicht wesentlich aufgefaßt wird[1]).

Auf eine ähnliche Betrachtung wie die beim „Symmetrieprinzip" angewendete kann man auch den Umstand gründen, daß die Wirkung eines Punktes auf einen anderen, mit einer gewissen Einschränkung, in die Verbindungslinie beider fallen muß[2]). Die Einschränkung besteht darin, daß keinem dieser „Punkte" eine solche Eigenschaft zukommt, in Beziehung auf welche sich die Richtungen des Raumes verschieden verhalten. Ein Linienelement eines galvanischen Stroms z. B. hat die Eigenschaft „gerichtet" zu sein und übt auf einen Magnetpol eine Kraft aus, die nicht in der Verbindungslinie beider Punkte gelegen ist[3]).

Damit dürften die wesentlichen Punkte zur Sprache gebracht sein. Weniger wesentlich erscheint es mir, ob man die Materie kontinuierlich oder atomistisch annimmt (§ 164), ob man nach Möglichkeit die Erscheinungen auf Bewegung zurückführt[4]) oder auf etwas anderes. In jedem dieser Fälle ist die kausale Betrachtung durchführbar.

[1]) Ein ähnliches Prinzip ist das allgemeine Relativitätsprinzip; es verlangt, daß jedes System, dessen Teile sich nicht gegeneinander bewegen, für die physikalische Erklärung mit jedem ebensolchen System gleichwertig ist, daß also z. B. nicht ein Unterschied bemerkt werden kann, zwischen einem sich drehenden und einem sich nicht drehenden System. Man kann dieses Prinzip aber annehmen oder verwerfen (§ 165).

[2]) In seiner Schrift: „Die physikalischen Axiome und ihre Beziehung zum Causalprincip", 1866, S. 6, hatte WUNDT den erwähnten Umstand ohne die genannte Einschränkung als Axiom formuliert.

[3]) Nach der AMPÈREschen Regel, vgl. z. B. E. RIECKE, Lehrbuch der Physik, 2. Aufl., 2. Bd., 1902, S. 161.

[4]) In der vorhin erwähnten Schrift hatte WUNDT auch das Axiom aufgestellt: „Alle Ursachen in der Natur sind Bewegungsursachen", während er in der 2. Auflage seiner Logik (2. Bd., 1894, S. 326/27) nur sagt, daß es ein „regulativer Grundsatz" sei, die Naturerscheinungen nach Möglichkeit auf Bewegung zurückzuführen.

DIE KUNST DER UNTERSUCHUNG.

§ 167. Erfahrung und Denken.

Während der erste und zweite Teil dem mathematischen Beweis gewidmet waren und der dritte Teil sich mit den Erfahrungsgrundlagen der angewandten Gebiete beschäftigt hat, sollen hier einige Beobachtungen über die Hilfsmittel mitgeteilt werden, deren man sich sowohl in der reinen Mathematik, als auch in den Anwendungen bei der Untersuchung bedient. In den logischen Werken älterer Autoren, z. B. bei LEIBNIZ[1]), spielt die „Kunst des Entdeckens" eine gewisse Rolle. Vermutlich hat der Umstand, daß die überlieferten logischen Regeln für die Untersuchung noch weniger als für die Sicherung des Wissens geleistet haben, dazu geführt, daß die „ars inveniendi" aus den Kompendien der Logik verschwand. Von neueren deutschen Werken beschäftigt sich eigentlich nur die Logik von WUNDT ausführlicher mit den Hilfsmitteln der Untersuchung.

Gewöhnlich stellt man die deduktiven Wissenschaften den Erfahrungswissenschaften gegenüber, die dann als induktive bezeichnet werden. Damit soll dann der Unterschied der Wissenschaften sowohl in den Gegenständen, als auch in der Art, wie sie ihre Ergebnisse nachweisen, und in der Art, wie sie dieselben finden, ausgedrückt sein. Demgegenüber möchte ich zunächst bemerken, daß das auf der Grundlage der Erfahrung ruhende und das induktiv gefundene Wissen sich nicht völlig decken[2]). Auf der anderen Seite sind auch, trotz der — doch wohl zufälligen — Bezeichnung, Deduktion und Induktion keine eigentlichen Gegensätze in dem Sinne, daß das eine das gerade Gegenteil oder die Umkehrung des anderen wäre[3]), sondern nur so, daß es zwei gänzlich verschiedene Wege sind, unsere Kenntnis

---

[1]) Seine „Ars combinatoria" sollte jedenfalls auch diesem Zwecke dienen; außerdem vgl. man L. COUTURAT, La Logique de LEIBNIZ d'après les documents inédits, 1901, S. 180ff., wo von „l'art d'inventer" die Rede ist. Auch zu J. JUNGIUS' Logik gehörte eine „Heuretik" (vgl. G. E. GUHRAUER, JOACHIM JUNGIUS und sein Zeitalter, 1850, S. 157).

[2]) WUNDT allerdings sagt meist induktiv statt empirisch. Er nennt übrigens auch die Feststellung einer arithmetischen Tatsache durch Auszählen und selbst die Bildung eines arithmetischen Begriffs eine Induktion (vgl. Logik, 3. Aufl., 2. Bd., 1907, S. 132/33).

[3]) Wie WUNDT geglaubt hat (ebenda S. 1).

zu erweitern, wobei der erste Weg, als auf notwendigen Schlüssen beruhend, ein sicherer, der andere ein unsicherer ist.

Von dem Verhältnis von Deduktion und Induktion wird in § 172 genauer die Rede sein. Hier möge zunächst betont werden, daß die Herausarbeitung der Erfahrungsbegriffe an der Hand der Beobachtung weder als Deduktion noch als Induktion bezeichnet werden kann[1]). Solche Begriffsbildung gehört zu dem vorbereitenden Teil der Untersuchungen, der von WUNDT ausführlich geschildert worden ist und der in den vorliegenden Betrachtungen als schon erledigt angesehen werden soll. Die erwähnten Begriffsbildungen stellen dann die Grundlage dar sowohl für die Deduktion als auch für die Induktion. Aber auch die Aufstellung einer allgemeinen Beziehung oder Regel kann mit der empirischen Begriffsbildung Hand in Hand gehen und verdient dann auch nicht im eigentlichen Sinne den Namen einer Induktion. So habe ich in § 129 darauf hingewiesen, daß die Erfahrungen, die wir machen, wenn wir einen Faden an seinen beiden Enden nehmen und ihn spannen, möglicherweise gleichzeitig den Begriff der Geraden und die Regel haben entstehen lassen, daß durch zwei getrennte Punkte eine und nur eine Gerade geht.

Im allgemeinen beruht die Begriffsbildung auf dem mehr gefühlsmäßigen Erfassen[2]) der Gleichartigkeit und der Unterschiede, namentlich auch der feineren Unterschiede im Gleichartigen und der besonderen Gleichartigkeit, die auch dem Verschiedenartigen in gewisser Hinsicht zukommen kann. Handelt es sich aber um solche Fälle, in denen mit dem Begriff bereits eine Art von gegliedertem Abbild der Sache gegeben ist, so erfordert schon die Begriffsbildung selbst ein Herausheben der wesentlichen und Weglassen der unwesentlichen Züge[3]) des empirisch gegebenen mannigfaltigen Stoffes. Dasselbe ist natürlich erst recht notwendig, wenn wir uns einer Regel inne werden, die verschiedene Begriffe miteinander verknüpft. Man erkennt also, daß die Tätigkeiten des Heraushebens und Weglassens, des Zusammenfassens und Unterscheidens und, wo es sich um gegliederte Begriffe handelt, natürlich auch des Ordnens der Teile in Reihen und des Zuordnens der Teile schon bei der Begriffsbildung eine Rolle spielen. Damit sind im Grunde alle die Verstandestätigkeiten genannt, die

---

[1]) Auch NATORP sagt (Die logischen Grundlagen der exakten Wissenschaften, 1910, S. 317): „Idealisierende Abstraktion ist nicht Induktion."

[2]) HELMHOLTZ spricht, wenn ich nicht irre, irgendwo von „typischem Erfassen".

[3]) So ist z. B. der Hebel ein Apparat mit „Armen", an deren Enden Gewichte gehängt werden können, und es hebt MACH (Die Mechanik in ihrer Entwicklung, 4. Aufl., 1901, S. 12) mit Recht hervor, daß wir uns schon vor der eigentlichen Fragestellung nach der mathematischen Gleichgewichtsbedingung des Hebels klarmachen, daß dabei zwar die Länge, aber durchaus nicht etwa die Farbe der Arme maßgebend sein wird.

auch innerhalb der Deduktion bei der Bildung von synthetischen Begriffen (§ 111) geübt werden. Es gibt eben gar keine Erfahrung ohne das Miteingreifen geistiger Tätigkeit, und nur dadurch unterscheidet sich die Erfahrung von dem „Nurdenken", daß im ersten Fall ein uns fremder Stoff der Beobachtung mit unterliegt (§ 134 u. 135)[1]), die Körper oder die Strahlen usw., die wir beobachten und mit denen wir experimentieren, während wir uns im zweiten Fall nur mit der Art unserer eigenen Tätigkeit und deren Erfolg beschäftigen[2]).

§ 168. Vermutung, Fragestellungen, Induktion und Analogie.

Die Ergebnisse, die wir streng beweisen können, so wie z. B. die Lehrsätze der Arithmetik, sind manchmal auch auf demselben Wege, auf dem wir sie beweisen, gefunden worden. Immerhin ist dies nicht allgemein der Fall. Häufig geht eine Vermutung des Lehrsatzes seinem Beweise voran, oder es ist die Auffindung des Lehrsatzes durch eine Frage veranlaßt, die vielleicht aus ganz anderen Motiven heraus gestellt ist[3]). GAUSS hat durchblicken lassen, daß er viele, wenn nicht die meisten seiner Ergebnisse induktiv gefunden und sie dann erst nachträglich bewiesen hat[4]). Die Induktion begründet in solchem Fall eine Vermutung, bei der man sich zwar nicht beruhigt, welche aber nachher der Deduktion den Weg weist. Den Vorteil, den ein solches Verfahren besitzt, wobei man das gesuchte Ergebnis auf einem leichteren, eher eine Übersicht gewährenden und schneller zum Ziele führenden, wenn auch nicht ganz zuverlässigen Weg vorausholt, hat ein anderer von den großen Mathematikern, BERNHARD RIEMANN, durch die Äußerung gekennzeichnet: „Wenn ich nur erst die Sätze habe! Die Beweise werde ich schon finden."[5]) In der Tat beobachtet man, daß das ausnahmslose Beharren bei dem streng deduktiven Verfahren leicht zu einem unfruchtbaren Klebenbleiben am Bekannten führen kann.

[1]) Man vergleiche auch die auf S. 382, Anm., angeführte KANTsche Stelle.

[2]) JUNGIUS hat bereits im 17. Jahrhundert auf die Reflexion des Verstandes hingewiesen, vermöge deren dieser seine eigenen Operationen bemerkt, und in diesem Zusammenhang von „innerer Erfahrung" gesprochen (vgl. G. E. GUHRAUER, a. a. O., S. 164); auch LOCKE hat „die Wahrnehmung der Tätigkeiten des eigenen Geistes in uns" als eine Quelle der Erkenntnis bezeichnet (Versuch über den menschlichen Verstand, deutsch von WINCKLER, I. Bd., 1913, S. 102).

[3]) Es verdient dabei bemerkt zu werden, daß oft solche Vermutungen und Fragestellungen, die aus den Anwendungen herrühren, gerade in der Theorie weiterführen, so führen die Tatsachen und Probleme der Wärmeleitung in einer ebenen Platte auf das für die Theorie zentrale Randwertproblem der Potentialtheorie.

[4]) Werke, 2. Bd., 1876, S. 516. (Brief an DIRICHLET).

[5]) Die Kenntnis dieses Wort von RIEMANN verdanke ich einer mündlichen Mitteilung von H. A. SCHWARZ.

Es ist bereits ausgeführt worden, daß uns bei der Untersuchung eine gewisse Fragestellung leiten kann. Eine Fragestellung beruht auf einem entweder sichergestellten oder auch nur vermuteten Ergebnis, wobei gewisse Teilergebnisse noch unbestimmt geblieben sind, und die nähere Bestimmung dieser Teilergebnisse zum Ziel gesetzt wird. So sind wir etwa durch Deduktion zu einem disjunktiven Urteil gelangt und fragen darnach, welcher Fall unserer Disjunktion nun wirklich eintritt. Oder wir finden z. B., daß an Vielecken, die nach einem gewissen Gesetz entstehen, jedesmal ein Winkel mehrmals vorkommt, und fragen nach der Zahl der jedesmal einander gleichen Winkel. Diese Frage erst löst eine Tätigkeit bei uns aus, indem wir in jedem Einzelfall die in Frage stehenden Winkel zählen, und es kann dann vielleicht in der so sich herausstellenden Folge von Ergebnissen sich eine Regelmäßigkeit darbieten, wobei nunmehr das so induktiv gefundene Ergebnis die Untersuchung weiterführt. Es kann aber auch in noch anderen Fällen der bloße Vorsatz, jene Anzahl zu bestimmen, dazu führen, neue Begriffsbildungen allgemeiner Art mit den vorliegenden zu verbinden, so daß wir dann gleich im allgemeinen deduktiven Verfahren weiter kommen.

Der Grund, weshalb Vermutungen und Fragestellungen uns in der Deduktion weiter bringen, liegt, wie wir nachher noch besser sehen werden, darin, daß sie uns, meist instinktiv, dazu veranlassen, die richtigen Elemente herauszugreifen, mit Hilfe deren sich eine erfolgreiche Verkettung der Relationen (§ 107) ins Werk setzen läßt, oder solche neue synthetische Begriffe (§ 1, 111, 112) zu bilden, die mit den gegebenen oder vorher schon gebildeten zusammen zu neuen fruchtbaren Betrachtungen den Anstoß geben. Jene zur Verkettung der Relationen sich eignenden Elemente können sich in besonderen Fällen in einer endlichen und auch übersehbaren Zahl von selbst darbieten, so daß die Erschöpfung gewisser Fälle oder gewisser Kombinationen von Fällen in systematischer Weise vorgenommen werden kann; doch ist dies nicht der gewöhnliche Fall, und der weit häufigere ist derjenige, in dem uns die richtigen Hilfselemente eben „einfallen" müssen, und es kein künstliches Mittel gibt, das Spiel unserer Phantasie in die richtigen Bahnen zu lenken.

Bei empirischen Untersuchungen wird uns die Vermutung, die wir hegen, oder die Frage, die wir gestellt haben, auf die Gegenstände der Erfahrung hinweisen, die mit den zu untersuchenden verwandt sind, und auf die Versuche, die wir anstellen könnten, in ähnlicher Weise, wie uns z. B. in der Geometrie die Vermutungen oder die Fragestellungen zur Einführung der brauchbaren Hilfslinien oder der fruchtbaren Hilfsbegriffe veranlassen.

Natürlich können Vermutungen auf sehr verschiedene Art entstehen, manchmal auf scheinbar ganz freie, zufällige Weise, durch das Auftreten einer nicht erwarteten auffälligen Erscheinung, sei es nun in der Empirie bei einem Experiment, sei es in der mathematischen Betrachtung, vielleicht bei der Durchführung einer Rechnung. Der häufigste Weg, auf dem wir zu richtigen und fruchtbaren Vermutungen gelangen, scheint mir aber in Übereinstimmung mit dem oben angeführten Geständnis von Gauss die Induktion zu sein, d. h. also die aus der Beobachtung einzelner Fälle hervorgegangene Verallgemeinerung. Dies gilt eben nicht nur für die Erfahrungswissenschaften[1]), in denen die Induktion meist der einzige Weg ist, der das Fortschreiten möglich macht, sondern auch für die reine Mathematik[2]), z. B. die Arithmetik. Es ist in dieser Hinsicht bereits früher erwähnt worden, daß der Lehrsatz der Zahlentheorie, wonach jede in der Zahlformel $4\,n + 1$ enthaltene Primzahl als Summe von zwei Quadraten darstellbar ist, ohne Zweifel induktiv von Fermat gefunden wurde. Der oben in § 92 teilweise wiedergegebene, von Euler herrührende Beweis des Satzes ist wohl nur auf Grund des bereits vermuteten Zusammenhanges gefunden worden. Es hatte nämlich früher schon Euler selbst und darauf Lagrange gezeigt, daß, falls p eine Primzahl von der Form $4\,n + 1$ ist, stets eine ganze Zahl x so gefunden werden kann, daß $x^2 + 1$ durch p teilbar ist. Derjenige, der jenen von Fermat induktiv gefundenen Satz kannte und ihn beweisen wollte, konnte das erwähnte Ergebnis von Euler und Lagrange in die Formel

$$(1) \qquad x^2 + 1^2 = p \cdot c$$

kleiden, durch eine neue Verallgemeinerung in dieser Gleichung einen Spezialfall der Gleichung

$$(2) \qquad x^2 + y^2 = p \cdot c$$

erschauen und nun darauf ausgehen, hieraus die gewünschte Fermatsche Relation

$$(3) \qquad x'^2 + y'^2 = p$$

zu erhalten. In der Tat kommt der oben geschilderte Eulersche Beweis darauf hinaus, zu zeigen, daß man aus zwei Zahlen x und y, die der Gleichung (2) entsprechen, durch fortgesetzte Reduktionen

---

[1]) Die oft wiederholte Behauptung, daß Bacon of Verulam hinsichtlich der Einführung des induktiven Verfahrens in den Erfahrungswissenschaften eine besondere Bedeutung zukomme, ist von Justus von Liebig näher beleuchtet worden (Rede zum 104. Stiftungstag der Münchener Akademie der Wissenschaften, 1863).

[2]) Freilich darf man im mathematischen Gebiet nicht bei der Induktion stehenbleiben, wie dies schon Jungius bemerkt hat (vgl. G. E. Guhrauer, De Joachimo Jungio, Breslau 1846, S. 20).

andere Zahlen von derselben Eigenschaft so erhalten kann, daß dabei c verkleinert wird, bis man schließlich zur Gleichung (3) gelangt. Hier hat also das vorausgehende deduktive Ergebnis von Euler und Lagrange zusammen mit dem früher induktiv gefundenen von Fermat auf die Möglichkeit geführt, die Gleichung (2) zu befriedigen, und auf die Vermutung, daß diese Gleichung zu dem gewünschten Beweis einen Ausgangspunkt abgeben könnte.

Gelegentlich bietet sich bei dem Bestreben, einen vermuteten Satz zu beweisen, die Erkenntnis dar, daß der Beweis auf Grund einer gewissen Annahme geliefert werden könnte. In solchem Fall sind wir manchmal veranlaßt, die Richtigkeit der betreffenden Annahme zu vermuten. Ein interessanter geschichtlicher Fall ist der folgende. Es war Legendre gelungen, einen allgemeinen Lehrsatz der Zahlentheorie, der vorher induktiv gefunden worden war, nämlich das „Reziprozitätsgesetz der quadratischen Reste", dann zu beweisen, wenn er neben noch einer anderen Annahme sich das Postulat gestattete, daß in jeder arithmetischen Progression

$$(4) \qquad 1 \cdot a + b, \quad 2 \cdot a + b, \quad 3 \cdot a + b, \quad \dots,$$

in der a und b ohne gemeinsamen Teiler sind, unendlich viele Primzahlen gefunden werden können. Wäre dieser Satz, der eine Art von Wahrscheinlichkeit für sich zu haben schien, und dazu noch die Richtigkeit der anderen Annahme gleich darauf bewiesen worden, so hätte Legendre in der Tat einen Beweis des Reziprozitätsgesetzes gefunden gehabt. Es hat aber nachher Gauss das Reziprozitätsgesetz auf andere Weise bewiesen, während es erst viel später mit sehr subtilen, gewissermaßen fremdartigen Mitteln Dirichlet gelungen ist, das genannte Legendresche Postulat als richtig zu erweisen.

Wir haben gesehen, daß die richtigen und brauchbaren Vermutungen vielfach sich auf Induktion gründen. Auf der anderen Seite gibt es aber auch viele Fälle, in denen sich die Induktion nicht so ganz von selbst dargeboten hat, sondern ihrerseits von Vermutungen und Fragestellungen geleitet worden ist. Gewiß wird z. B. der Umstand, daß der Donner stets in kurzer Zeit dem Blitze nachfolgt, ohne weiteres den induktiven Schluß bewirken, daß der blitzende Funke es ist, der den Donner verursacht. Es ist aber undenkbar, daß Kepler sein die elliptische Bahn betreffendes Gesetz an den Messungen gefunden haben könnte, ohne es vorher aus der Überlegung heraus vermutet zu haben. Von den ziemlich phantastischen Vorstellungen und Gedanken, die Kepler ursprünglich geleitet hatten, kann dabei noch völlig abgesehen werden. Man denke sich aber einmal die im Laufe der Zeit eintretenden Abstände zwischen Erde und Sonne und die

Winkel, welche in der Ebene der Erdbahn jene Verbindungslinien mit einer festen Richtung machen, in einer Tabelle zusammengestellt; es ist offenbar unmöglich, aus einer solchen Zusammenstellung von Zahlen allein zu dem Gesetz der Ellipse zu gelangen. Wären jene Abstände alle einander gleich, so könnte dies beobachtet werden. So aber, wie sie beschaffen sind, kann der Tabelle nur abgesehen werden, daß die Abstände nicht sehr stark voneinander abweichen, daß während des jährlichen Umgangs der Erde um die Sonne ein einziges Mal ein größter und ein einziges Mal, und zwar ein halbes Jahr darauf, ein kleinster Abstand auftritt (Abb. 219). Aber nur der, dem die Ellipse mit ihren Eigenschaften (ihrer Gleichung) bekannt war, und der zugleich auf die Vermutung gekommen war, daß die Erde in einer Ellipse läuft, war imstande, durch Einsetzen von Zahlen in die Formel einer mit passenden Achsen angenommenen Ellipse das elliptische Gesetz nachträglich zu bestätigen. Er mußte zu diesem Zweck auch vorher schon die Vermutung haben, daß man sich die Sonne in dem einen Brennpunkt der Ellipse zu denken hat. Die Annahme der Sonne im Mittelpunkt der Ellipse war allerdings schon durch die vorhin erwähnten Beobachtungen ausgeschlossen, da sonst bei dem vollständigen Umlauf um die Ellipse in einem Jahr zweimal eine kürzeste und zweimal eine größte Entfernung zwischen Sonne und Erde eintreten müßte (Abb. 219, 220). Bekanntlich hatte

Abb. 219.

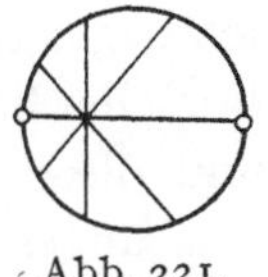

Abb. 220.

Abb. 221.

es aber Kepler vorher mit einer anderen Annahme versucht, indem er die Erdbahn (Planetenbahn) als genau kreisförmig, aber die Sonne nicht im Mittelpunkt angenommen hatte (Abb. 221). Erst das Fehlschlagen dieses Versuchs hat ihn dann auf die richtige Vermutung geführt. Auch Kant hat die Bedeutung der Vermutung für experimentelle Untersuchungen richtig gekennzeichnet, indem er sagt[1]: Der Ausgang der Versuche entspricht nicht immer den Vermutungen. Wenn aber die Versuche nicht lediglich eine Sache des Ohngefährs sein sollen, so müssen sie durch Vermutung veranlaßt werden.

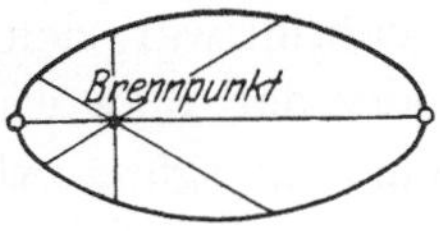

Überall zeigt sich demnach die Vermutung als leitend; auch eine falsche Vermutung stiftet manchmal den größten Nutzen, indem sie zu neuen richtigen und wertvollen Untersuchungen anregen kann. Meist ergibt sich die richtige und fruchtbare Vermutung aus dem induktiven Verfahren oder aus einer Analogie (§ 171). Es empfiehlt

---

[1] Vgl. Versuch den Begriff der negativen Größen in die Weltweisheit einzuführen, 1763, S. 37, Anm.

sich, nach Verallgemeinerungen zu suchen, zugleich aber dann wieder Einzelfälle zu beobachten oder wenigstens die Begriffe und Probleme zu beschränken (Determination), um an dem Einzelnen oder an den beschränkten Fällen Feststellungen zu machen, die neu sind und sich dann häufig wieder nach anderer Seite als verallgemeinerungsfähig erweisen. Auch ist es vorteilhaft, wenn neben dem Problem, das ursprünglich gestellt ist, noch andere, analoge oder verwandte Probleme mit in die Untersuchung hineingezogen werden; es bewährt sich hier der Grundsatz der Alten, daß „Ähnliches durch Ähnliches" erkannt wird. Natürlich spielt dabei auch der Zufall eine Rolle, und es führt vielleicht der Umstand zu einer Entdeckung, daß man aus äußeren Gründen genötigt war, sich gleichzeitig mit zweierlei Aufgaben zu beschäftigen, oder daß man während der einen Beschäftigung von einem anderen eine Anregung erhält, die dazu führt, die betreffende Beschäftigung mit einem neuen Gedanken zu verbinden. Quelle einer Vermutung ist auch im Grunde der ohne Beweis von einem anderen mitgeteilte Satz, und es ist eine pädagogische Erfahrung, daß begabtere Schüler die Beweise vielfach selbst zu finden pflegen, wenn ihnen die Ergebnisse vorher in der richtigen Ordnung mitgeteilt werden. Dieselbe Rolle einer Vermutung spielt die eigene Erinnerung an ein selbstgewonnenes Ergebnis, wenn ich dabei den Weg vergessen habe, den ich gegangen war[1]). Auch die ohne Beweis überlieferten Sätze großer Forscher haben schon oft die Probleme späterer Generationen gebildet[2]) und diese zu Leistungen angeregt.

Langes erfolgloses Suchen nach dem Beweis eines vermuteten Lehrsatzes oder nach der Lösung einer gestellten Aufgabe wird die Vermutung erzeugen, daß das Gegenteil jenes Satzes richtig, oder daß die Aufgabe unlösbar ist, und es ist wohl schon den meisten Mathematikern vorgekommen, daß sie nach einer solchen schließlich erfolgten Umkehrung ihrer Auffassung plötzlich in kürzester Frist zu einer Erledigung der Probleme durch einen Beweis gelangt sind. So gingen dem berühmten Beweis von Abel für die Unmöglichkeit, die Gleichung fünften Grades mit Hilfe von Wurzelausziehungen im allgemeinen Fall zu lösen, erfolglose Lösungsversuche anderer Mathematiker voraus.

Auch schon die Form eines mathematischen Lehrsatzes kann Vermutungen und Fragen anregen. Wer z. B. bemerkt, daß das arithmetische Mittel zweier positiver Zahlen stets größer ist als ihr geometrisches Mittel, was in diesem einfachen Fall sehr leicht durch Rechnung eingesehen werden kann, wird geneigt sein, die entspre-

---

[1]) Meinong bezeichnet gelegentlich die Erinnerung als „Vermutungsevidenz".
[2]) Man könnte z. B. an das „letzte Theorem von Fermat" dabei denken.

chende Beziehung auch für das arithmetische und geometrische Mittel von n Zahlen zu vermuten. Die Erfahrung, daß in vielen Fällen in den mathematischen Lehrsätzen Bedingung und Folge miteinander vertauscht werden können, regt bei jeder solchen Bedingung die Untersuchung darüber an, ob sie bloß hinreichend oder auch notwendig ist.

Wo wir auf eine Frage stoßen, werden wir gut daran tun, gleich zu untersuchen, ob auf sie eine eindeutig bestimmte Antwort existieren wird. Es ist auch schon der Rat gegeben worden, nur solche Fragen zu stellen, von denen man zum voraus weiß, daß sie eine eindeutige Antwort haben müssen[1]). Dies scheint mir doch nicht ganz richtig zu sein. Z. B. ist die Frage, ob die obige arithmetische Reihe (4), in der a und b relativ prim zueinander sind, unendlich viele Primzahlen enthält, augenscheinlich so beschaffen, daß sie nur die Antwort ja oder nein zuläßt; trotzdem gehört ihre tatsächliche Beantwortung zu den schwierigsten Aufgaben, und es ist nicht möglich, in der Fragestellung selbst die Hilfsmittel zu vermuten, die zur Beantwortung dienen. Manche Frage mehr unbestimmter Art, etwa die nach den Eigenschaften eines Einzelfalles, sind viel leichter zu erledigen und können dabei zu fruchtbaren Untersuchungen allgemeiner Art weiterführen.

§ 169. Beispiel einer Gaussschen Untersuchung.

Die großen Mathematiker haben selten etwas darüber ausgesagt, wie sie ihre Ergebnisse gefunden haben[2]). Als Beispiele von Untersuchungen, die man sich durch induktive Überlegungen veranlaßt denken könnte, möchte ich zwei Betrachtungen von Gauss anführen, ohne im mindesten behaupten zu wollen, daß damit der von Gauss bei der Erfindung begangene Weg dargelegt sei.

Ich habe bereits in § 82 über den ersten Gaussschen Beweis für den Fundamentalsatz der Algebra berichtet. Nimmt man zunächst die Gleichung

$$(1) \qquad a\,x + a_1 = 0,$$

aus der die komplexe Unbekannte

$$x = \xi + \sqrt{-1} \cdot \eta = \xi + i \cdot \eta$$

---

[1]) Vgl. Abel, Oeuvres, nouv. édition, tome second, 1881, S. 217. Dieser Rat ist neuerdings vielfach wiederholt worden.

[2]) Mach hat dies bedauert, und es ließe sich von seiten der Mathematiker wohl etwas mehr in dieser Sache tun. Immerhin muß bemerkt werden, daß in der Mathematik gewöhnlich die zuerst eingeschlagenen Wege ungeheure Umwege darstellen; dabei geht der erfindende Mathematiker vielfach durch so viele Umbildungen seiner Gedanken hindurch, die dabei zugleich von sehr subjektiver und noch schwankender Art sein können, daß seine Scheu, diese Wege bekanntzugeben, begreiflich ist, ja daß er sich ihrer oft gar nicht mehr erinnern kann.

zu bestimmen ist, während a und a_1 gegebene komplexe Zahlen bedeuten, so ergibt sich, daß die eine Gleichung (1) mit der komplexen Unbekannten x zwei Gleichungen mit den reellen beiden Unbekannten ξ und η gleichwertig ist. Von diesen beiden letzten Gleichungen bedeutet jede für sich mit Rücksicht auf die geometrische Darstellung der komplexen Zahl $\xi + i\eta$ (§ 79), bzw. des reellen Zahlenpaars ξ, η,

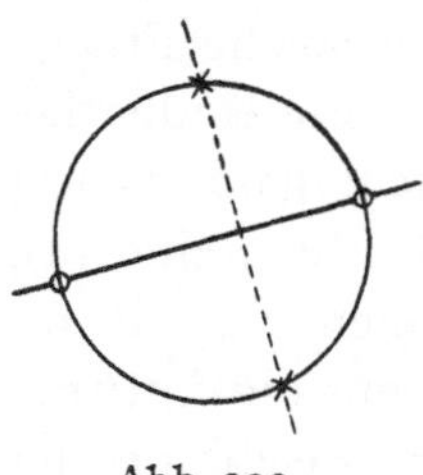

Abb. 222.

eine gerade Linie der Ebene, in welcher die gesamte Darstellung vor sich geht. Die beiden geraden Linien stehen in dem genannten Fall senkrecht aufeinander und haben deshalb einen Schnitt- oder Kreuzungspunkt, der eben die gesuchte komplexe Zahl x darstellt (§ 82). Beschreibt man um diesen Kreuzungspunkt einen Kreis, so wird dieser von den genannten Geraden in zwei sich gegenseitig trennenden Punktepaaren geschnitten, die den Kreis in vier genau gleiche Viertel teilen. Beschreiben wir nun statt des genannten Kreises einen anderen um den Anfangspunkt der Koordinaten unserer Ebene, der die Zahl o darstellt (§ 38 u. 79), so werden die Schnittpunkte, falls der Radius hinreichend groß genommen wird, in derselben Weise auf dem Kreise abwechseln, nur werden die vier Teile in welche die Peripherie zerfällt, nicht völlig einander gleich sein (Abb. 222; vgl. auch Abb. 159 in § 82).

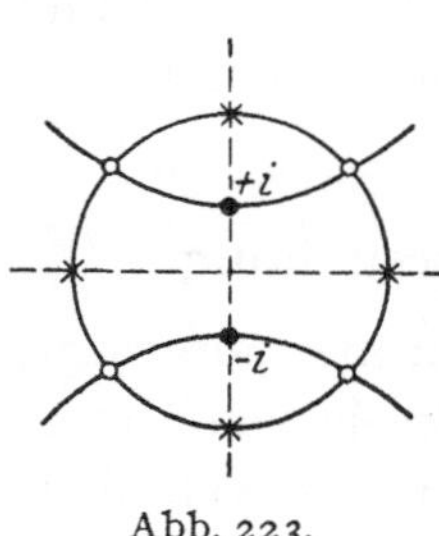

Abb. 223.

Behandeln wir jetzt die Gleichung

$$(2) \qquad x^2 + 1 = 0,$$

obwohl ihre Wurzeln $+ i$ und $- i$ im Grunde bekannt sind, auf dieselbe Weise, so ergeben sich, indem wieder

$$x = \xi + i\eta$$

gesetzt wird, die Gleichungen

$$(3) \qquad \xi^2 - \eta^2 + 1 = 0$$

und

$$(4) \qquad \xi\eta = 0$$

in den reellen Größen ξ und η. In diesem Fall bedeutet die Gleichung (3) die ausgezogene Hyperbel und die Gleichung (4) die punktiert gezeichneten beiden Geraden, welche die Achsen unseres Koordinatensystems sind (Abb. 223). Die Kreuzungspunkte der punktierten Linien mit den nichtpunktierten stellen eben die Wurzelwerte $+ i$ und $- i$ der jetzt vorliegenden Gleichung (2) dar. Schneidet man aber alle diese Linien durch einen um den Anfangspunkt der Koordinaten beschriebenen Kreis, dessen Radius größer ist als die zugrunde liegende Längeneinheit (§ 37), d. h. also größer als der Abstand, den die mit

$+ i$ und $- i$ bezeichneten Punkte vom Koordinatenanfangspunkt oder Nullpunkt besitzen, so erscheinen neben vier Durchschnittspunkten der Hyperbel vier Durchschnittspunkte des punktiert gezeichneten Liniensystems, die mit jenen vier Punkten abwechselnd auf dem Kreise gelegen sind.

Liegt nun allgemein eine Gleichung n^{ten} Grades

$$(5) \qquad a\,x^n + a_1\,x^{n-1} + a_2\,x^{n-2} + \cdots + a_n = 0$$

vor, die sich nach dem Einsetzen von

$$x = \xi + \eta\,i$$

in

$$U + Vi = 0$$

verwandelt und somit in

$$(6) \qquad\qquad U = 0$$

und

$$(7) \qquad\qquad V = 0$$

spaltet, so liegt der induktive Schluß nahe, daß auch im allgemeinen Falle die Punkte, in denen das Liniensystem (6) einen großen um den Nullpunkt beschriebenen Kreis durchdringt, und diejenigen, in denen das Liniensystem (7) dies tut, abwechselnd auf dem Kreise liegen werden.

Man kommt so zu der Vermutung, daß die Abb. 160 von § 82 den Sachverhalt darstellen wird. Die Richtigkeit dieser Vermutung kann man auch dadurch wahrscheinlich machen, daß man in (5) die „trigonometrische Normalform" der komplexen Größe

$$x = \varrho\,(\cos\varphi + i\sin\varphi)$$

einsetzt[1]), nach Potenzen der Größe ϱ ordnet und dann auch in den mit U und V bezeichneten Ausdrücken nur je das Glied mit der n^{ten}, d. h. höchsten, Potenz beibehält und die anderen Glieder wegwirft. Dadurch ergibt sich eine bestimmte, der Abb. 160 entsprechende Verteilung der Punkte auf dem Kreise, dessen — hinreichend groß zu nehmender — Radius mit ϱ bezeichnet ist. Im Grunde ist eben von einer unbestimmten Analogie Gebrauch gemacht worden. Da man weiß, daß es bei den nach Potenzen einer Größe ϱ geordneten Ausdrücken in solchen Fällen, in denen ϱ groß ist, häufig nur auf das Glied höchsten Grades ankommt, so nimmt man gewissermaßen instinktiv an, daß dies auch im vorliegenden Falle hinsichtlich der zu findenden Punktverteilung gültig ist, und wirft die Glieder niedrigerer Ordnung einfach weg. Die so gefundene Punktverteilung weicht von der in Wirklichkeit gesuchten etwas ab, indem die nach den jetzt gefundenen Punkten der einen und anderen Art vom Nullpunkt aus

---

[1]) ϱ und φ bedeuten dann dieselben Größen, die in § 79 ebenso bezeichnet worden sind.

führenden Strahlen, die durch die Werte des Winkels φ charakterisiert werden, genau gleiche Winkelabstände voneinander halten. Die gefundene Punktverteilung hilft aber dazu, *den abwechselnden Charakter der wirklichen strenge zu erweisen.* Zu diesem Zweck hat man zu erwägen, daß zu jedem Punkt der Ebene, d. h. zu jedem Zahlenpaar ξ, η ein Wert von U und ein Wert von V gehört. Auf dem großen Kreis mit Radius ϱ wird die Lage eines Punktes lediglich durch den Winkel φ charakterisiert, so daß also die zu einem auf dem Kreise wandernden Punkt gehörenden Werte von U und V lediglich Funktionen von φ sind (§ 57). Studiert man nun das Verhalten dieser Funktionen und ihrer Differentialquotienten (§ 58 ff.) in den Intervallen, welche die vorangehende Betrachtung als maßgebend wahrscheinlich gemacht hat, so gelangt man zum strengen Beweis für den abwechselnden Charakter der wirklichen Punktsysteme[1]).

Auf dem genannten Charakter baut sich dann, vermöge neuer Überlegungen ganz anderer Art (§ 116), der Gausssche Beweis vollends auf.

§ 170. Zweites Beispiel.

Als zweites Beispiel möge die Untersuchung über die Teilung des Kreises in gleiche Bogenteile dienen, eine gleichfalls von Gauss herrührende Betrachtung, die ebenfalls mit der Theorie der komplexen Zahlen und der algebraischen Gleichungen in innigem Zusammenhang steht. Wie in § 79 auseinandergesetzt worden ist, wird eine komplexe Zahl $\xi + \eta\,i$ in einer zu diesem Zweck gewählten Ebene entweder durch den Punkt, der die Koordinaten ξ, η besitzt, oder durch diejenige gerichtete Strecke dargestellt, die vom Nullpunkt nach dem eben genannten hinführt.

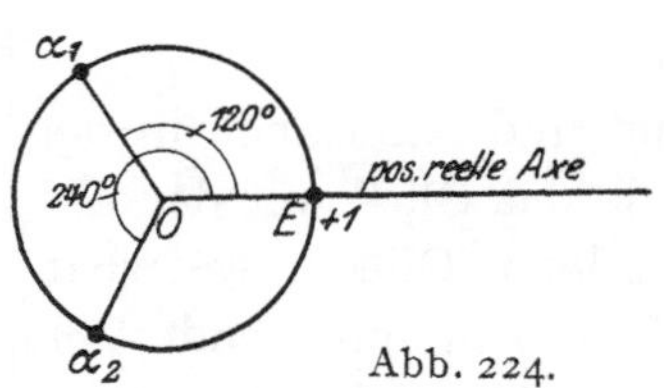

Abb. 224.

Es werde nun durch den Nullpunkt $(0, 0)$ mit der Längeneinheit, die bei der Darstellung der komplexen Zahlen benutzt worden ist, ein Kreis beschrieben, der somit durch den die Zahl $+1$ darstellenden Punkt $(+1, 0)$ gehen muß. Werden jetzt noch die beiden Punkte angegeben, welche mit dem Punkt $+1$ zusammen die Kreisperipherie in drei gleiche Teile teilen, so stellen die vom Nullpunkt nach diesen beiden Punkten führenden gerichteten Strecken (Abb. 224) die komplexen Zahlen

$$(\text{I}) \qquad \begin{cases} \alpha_1 = \cos\,(120\,°) + i\,\sin\,(120\,°) \\ \alpha_2 = \cos\,(240\,°) + i\,\sin\,(240\,°) \end{cases}$$

vor [Gleichung (I) von § 79].

---

[1]) Vgl. Gauss' Werke, Bd. III, 1876, S. 25 und 26.

Nach der in § 79 gegebenen geometrischen Darstellung der Multiplikation erhält man das Produkt $\alpha_1 \cdot \alpha_1$, indem man die Strecke α_1 in ihrer Länge 1 beläßt, sie aber noch einmal um den Winkel 120° dreht, um den sie bereits aus der Richtung der Einheitsstrecke OE herausgedreht war. Auf diese Weise kommt man aber zur Strecke α_2. Es ist also

$$\alpha_1^2 = \alpha_1 \cdot \alpha_1 = \alpha_2.$$

Ebenso findet man dadurch, daß man nun α_2 um den Winkel 120° dreht, daß

$$\alpha_1 \cdot \alpha_2 = +1$$

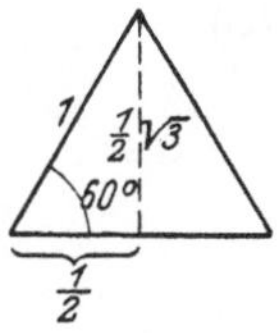

ist. Man hat also

$$\alpha_1^3 = \alpha_1 \cdot \alpha_1^2 = \alpha_1 \cdot \alpha_2 = 1$$

und daraus auch

$$\alpha_2^3 = (\alpha_1^2)^3 = (\alpha_1^3)^2 = 1.$$

Es sind deshalb 1, α_1 und α_2 die drei Wurzeln der Gleichung

$$(2) \qquad x^3 - 1 = 0.$$

Bedenkt man noch die bekannten Längenverhältnisse und Winkel im gleichseitigen Dreieck (Abb. 225), sowie die Quadrantenrelationen der trigonometrischen Funktionen Sinus und Kosinus, so erkennt man, daß

$$(3) \qquad \begin{cases} \alpha_1 = -\dfrac{1}{2} + \dfrac{i}{2}\sqrt{3}, \\[2mm] \alpha_2 = -\dfrac{1}{2} - \dfrac{i}{2}\sqrt{3} \end{cases}$$

ist.

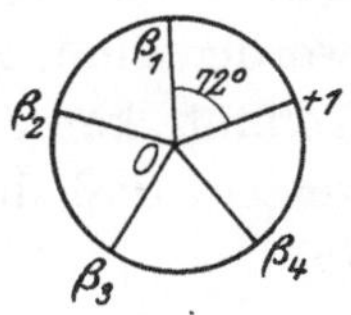

Abb 225.

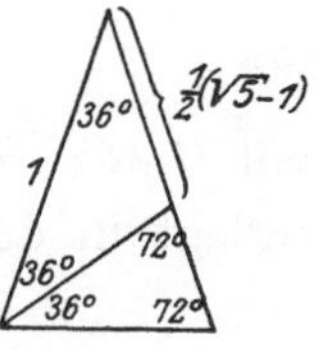

Abb. 226.

Abb. 227.

In ähnlicher Weise erkennt man, daß die vom Nullpunkt ausgehenden, im „Einheitskreis" endenden und diesen in fünf gleiche Bogen teilenden gerichteten Strecken von Abb. 226 die fünf Wurzeln 1, β_1, β_2, β_3, β_4 der Gleichung

$$(4) \qquad x^5 - 1 = 0$$

darstellen. Zugleich hat man

$$(5) \qquad \begin{cases} \beta_1 = \cos(72°) + i\sin(72°), \\ \beta_2 = \cos(2 \cdot 72°) + i\sin(2 \cdot 72°), \\ \beta_3 = \cos(3 \cdot 72°) + i\sin(3 \cdot 72°), \\ \beta_4 = \cos(4 \cdot 72°) + i\sin(4 \cdot 72°). \end{cases}$$

Mit Hilfe des bekannten, in Abb. 227 dargestellten Dreiecks der Elementargeometrie, dessen Längenverhältnisse sich durch den „goldenen Schnitt" bestimmen, kann man die Werte des Kosinus und des Sinus von 36° und damit dann alle die in (5) vorkommenden Werte von trigonometrischen Funktionen bestimmen. Man erhält so:

$$(6) \quad \begin{cases} \beta_1 = \dfrac{1}{4}\left(\sqrt{5}-1\right) + \dfrac{i}{2\sqrt{2}}\sqrt{5+\sqrt{5}}, \\[2mm] \beta_2 = -\dfrac{1}{4}\left(\sqrt{5}+1\right) + \dfrac{i}{2\sqrt{2}}\sqrt{5-\sqrt{5}}, \\[2mm] \beta_3 = -\dfrac{1}{4}\left(\sqrt{5}+1\right) - \dfrac{i}{2\sqrt{2}}\sqrt{5-\sqrt{5}}, \\[2mm] \beta_4 = \dfrac{1}{4}\left(\sqrt{5}-1\right) - \dfrac{i}{2\sqrt{2}}\sqrt{5+\sqrt{5}}. \end{cases}$$

In genau entsprechender Weise, wie oben die Wurzeln (1) der Gleichung (2) und die Wurzeln (5) der Gleichung (4) nachgewiesen worden sind, zu denen jedesmal noch die Zahl 1 als weitere Wurzel kommt, kann man streng deduktiv und zugleich allgemein zeigen, daß die Gleichung

$$(7) \qquad\qquad x^n - 1 = 0$$

außer durch 1 noch durch die Zahlen befriedigt wird, die aus der Formel

$$(8) \qquad \gamma_\lambda = \cos\left(\lambda\,\frac{360}{n}\right)^0 + i\sin\left(\lambda\,\frac{360}{n}\right)^0$$

mit $\lambda = 1, 2, 3, \ldots, n-1$ hervorgehen. Da nun die Gleichung (7) zerlegt in der Form

$$(x-1)\left(x^{n-1} + x^{n-2} + x^{n-3} + \cdots + x^2 + x + 1\right) = 0$$

geschrieben werden kann, wobei der erste Faktor für die Wurzel $x = 1$ zu Null wird, so muß die große Klammer nach bekannten Sätzen der Algebra in $n-1$ Faktoren ersten Grades zerfallen, von denen jeder für gerade einen der Werte (8) zu Null wird. Die wirkliche Berechnung der Wurzeln (8) der Gleichung

$$(9) \qquad\qquad x^{n-1} + x^{n-2} + \cdots + x + 1 = 0$$

und die erwähnte Zerlegung der linken Seite dieser Gleichung stellen demgemäß ein und dasselbe Problem vor; nur ist in diesem Fall die Berechnung nicht so einfach auf Ausdrücke zurückzuführen, die aus Wurzelzeichen gebildet sind, wenigstens dann, wenn die Exponenten der Wurzelzeichen kleiner als n sein sollen.

Soweit war nun die Theorie der „Kreisteilungsgleichungen" schon vor GAUSS ausgebildet. GAUSS hat nun die Berechnung der Wurzeln durch Radikale von niedrigeren Exponenten geleistet. Vorher hatte er sich als erstes Ziel seiner Untersuchungen die Zerlegung der linken Seite der Gleichung (9) in Faktoren gleichen Grades gesetzt[1]), wobei

---

[1]) a. a. O., S. 419 (Art. 342).

er sich aber auf den Fall beschränkt hat, daß n eine Primzahl ist. Der eben erwähnte Gedanke war in der Tat nicht so fernliegend; denn bereits Descartes hatte die Gleichung vierten Grades auf neue Weise dadurch gelöst, daß er ihre linke Seite in zwei Faktoren zweiten Grades zerlegt hatte. Die einfachste Zerlegung der linken Seite der Gleichung (9) wird nun doch die sein in zwei Faktoren vom Grade $\dfrac{n-1}{2}$. Diese Zerlegung läßt sich jedenfalls für die beiden oben ausgerechneten Beispiele leicht bewerkstelligen, da man in diesen Fällen sogar die Zerlegung in lauter Faktoren ersten Grades schon hat. So findet man für $n = 3$ aus den Wurzeln (3)

$$(10)\quad x^2 + x + 1 = \left(x + \frac{1}{2} - \frac{i}{2}\sqrt{3}\right)\left(x + \frac{1}{2} + \frac{i}{2}\sqrt{3}\right) = \left(x + \frac{1}{2}\right)^2 + 3\left(\frac{1}{2}\right)^2.$$

Für $n = 5$ erhält man zunächst aus (6)

$$x^4 + x^3 + x^2 + x + 1$$

$$(11)\quad \begin{aligned} &= \left[x - \frac{1}{4}(\sqrt{5} - 1) - \frac{i}{2\sqrt{2}}\sqrt{5 + \sqrt{5}}\right] \cdot \left[x + \frac{1}{4}(\sqrt{5} + 1) - \frac{i}{2\sqrt{2}}\sqrt{5 - \sqrt{5}}\right] \\ &\times \left[x + \frac{1}{4}(\sqrt{5} + 1) + \frac{i}{2\sqrt{2}}\sqrt{5 - \sqrt{5}}\right] \cdot \left[x - \frac{1}{4}(\sqrt{5} - 1) + \frac{i}{2\sqrt{2}}\sqrt{5 + \sqrt{5}}\right]. \end{aligned}$$

Hieraus aber ergibt sich, wenn man den ersten und vierten und außerdem den zweiten und dritten Faktor zusammennimmt, das Produkt

$$(12)\quad [x^2 - \tfrac{1}{2}(\sqrt{5} - 1)x + 1][x^2 + \tfrac{1}{2}(\sqrt{5} + 1)x + 1],$$

das sich wiederum nach bekannten Regeln[1]) in

$$(13)\quad (x^2 + \tfrac{1}{2}x + 1)^2 - 5 \cdot (\tfrac{1}{2}x)^2$$

zusammenziehen läßt.

Man erkennt also, daß sich die linke Seite von (9) für $n = 3$ und für $n = 5$ in zwei Faktoren gleichen Grades zerlegen läßt, das eine Mal mit Hilfe der Irrationalität $i\sqrt{3} = \sqrt{-3}$, das andere Mal mit Hilfe von $\sqrt{5}$. Hierdurch wird der induktive Schluß angedeutet, daß die genannte Zerlegung allgemein mit Hilfe entweder der Irrationalität $\sqrt{n}$ oder der Irrationalität $\sqrt{-n}$ möglich sein werde, was sich dann für den Fall bewährt, daß n eine Primzahl ist.

Versucht man nun zunächst die Zerlegung für den Fall $n = 7$, so kommt man auf eine Gleichung von der Form

$$(14)\quad \begin{aligned} &x^6 + x^5 + x^4 + x^3 + x^2 + x + 1 \\ &= (\alpha x^3 + \beta x^2 + \gamma x + \delta)^2 \mp 7(\varepsilon x^3 + \zeta x^2 + \eta x + \vartheta)^2 \end{aligned}$$

---

[1]) Es ist $\left(a + b\sqrt{5}\right)\left(a - b\sqrt{5}\right) = a^2 - 5b^2$.

[vgl. (10) und (13)]. Entwickelt man die rechte Seite nach Potenzen von x und setzt man dann die links stehenden und die rechts erscheinenden Koeffizienten einander gleich, so ergeben sich Gleichungen für die α, β, γ, δ, ε, ζ, η, ϑ, die mit der Nebenbedingung zu lösen sind, daß die genannten acht Werte gewöhnliche reelle Rationalzahlen sein sollen[1]). Diese Gleichungen lassen sich diskutieren. Man kommt dabei zu dem Ergebnis, daß die Gleichung (14) nicht in der verlangten Weise befriedigt werden kann, wenn auf ihrer rechten Seite das Minuszeichen gewählt wird. Nimmt man aber daselbst das untere Vorzeichen, d. h. das Pluszeichen, an, so wird die Gleichung durch

$$\alpha = 1, \quad \beta = \tfrac{1}{2}, \quad \gamma = -\tfrac{1}{2}, \quad \delta = -1, \quad \varepsilon = 0, \quad \zeta = \tfrac{1}{2}, \quad \eta = \tfrac{1}{2}, \quad \vartheta = 0$$

befriedigt. Es ist also

$$x^6 + x^5 + x^4 + x^3 + x^2 + x + 1$$

$$= \left[x^3 + \frac{x^2}{2} - \frac{x}{2} - 1 + i\sqrt{7}\,\frac{x^2 + x}{2} \right]\left[x^3 + \frac{x^2}{2} - \frac{x}{2} - 1 - i\sqrt{7}\,\frac{x^2 + x}{2} \right]$$

$$= \left[x^3 + \frac{1 + i\sqrt{7}}{2}\,x^2 - \frac{1 - i\sqrt{7}}{2}\,x - 1 \right]\left[x^3 + \frac{1 - i\sqrt{7}}{2}\,x^2 - \frac{1 + i\sqrt{7}}{2}\,x - 1 \right],$$

d. h. die gewünschte Zerlegung kann mit Hilfe der Irrationalität $i\sqrt{7} = \sqrt{-7}$ ausgeführt werden.

Wir erinnern uns jetzt daran, daß zwischen den Primzahlen von der Form $4k + 1$ und zwischen denjenigen der Form $4k + 3$ sich schon früher maßgebende Unterschiede gezeigt haben (§ 168 u. 92). Hier ist nun die Zerlegung der linken Seite von Gleichung (9) mit Hilfe der Irrationalität $\sqrt{-n}$ gelungen in den Fällen, in denen $n = 3$ und $n = 7$ war. Dies trifft damit zusammen, daß die eben genannten beiden Primzahlen die Form $4k + 3$ haben. Andererseits haben wir jene Gleichung (9) mit Hilfe von $\sqrt{n}$ zerlegt für den Fall $n = 5$, und es ist 5 von der Form $4k + 1$. Durch Induktion vermuten wir also, daß die Zerlegung mit Hilfe von $\sqrt{n}$ vor sich gehen wird, wenn n die Form $4k + 1$ hat, und mit Hilfe von $\sqrt{-n}$, wenn n von der Form $4k + 3$ ist.

---

[1]) Zunächst ergeben sich sieben Gleichungen, also eine Gleichung zu wenig. Bedenkt man aber, daß die linke Seite von (14) die Eigenschaft hat, in sich selber überzugehen, wenn man $\frac{1}{x}$ statt x einsetzt und dann mit x^6 multipliziert, und macht man die Annahme, daß auf der rechten Seite jeder der beiden Teile einzeln die entsprechende Eigenschaft haben soll, so ergibt sich eine Ergänzung jener sieben Gleichungen. Die gemachte Annahme läßt sich auch mit Rücksicht auf die bestehende Nebenbedingung, allerdings mit höheren Hilfsmitteln, als notwendige Bedingung für die Befriedigung der obigen Gleichung erweisen.

Zu weiteren Einsichten gelangt man, wenn man fragt, welche der oben genannten Wurzeln (8) den einen, und welche den anderen Faktor zu Null machen. Zu diesem Zweck betrachte ich den Sonderfall $n = 5$. In diesem Fall ist die Produktzerlegung (12) dadurch entstanden, daß von den Faktoren ersten Grades in (11) je zwei zusammengefaßt worden sind. Von diesen Faktoren sind z. B. der erste und der vierte zusammengenommen worden und diese entsprechen [vgl. (6) und (5)] den Gleichungswurzeln

$$\beta_1 = \cos(72°) + i \sin(72°),$$

$$\beta_4 = \cos(4 \cdot 72°) + i \sin(4 \cdot 72°).$$

Wir bekommen diese Wurzeln für $n = 5$ aus der allgemeinen Formel (8)

$$\cos\left(\lambda \cdot \frac{360}{n}\right)^0 + i \sin\left(\lambda \cdot \frac{360}{n}\right)^0,$$

indem wir $\lambda = 1$ und 4, d. h. $\lambda = 1^2$ und 2^2, setzen.

Zunächst beachte man, daß die Formel (8) keine neuen Werte liefert, wenn man für λ größere Zahlen einsetzt; läßt man nämlich die ganze Zahl λ um n zunehmen, so nimmt der in der Formel auftretende Winkel um 360°, d. h. also um eine ganze Umdrehung, zu. Aus diesem Grunde sind in die Formel (8) zunächst für λ nur die Zahlen $1, 2, 3, \ldots, n - 1$, d. h. die „Reste" des „Moduls" n, eingesetzt worden. Der Rest 0 kommt nur für die Gleichung (7), nicht für die Gleichung (9) in Betracht.

Zur Verallgemeinerung des für $n = 5$ beobachteten Ergebnisses sind nun allerdings zahlentheoretische Kenntnisse nötig. Die Zahlentheorie lehrt, daß die Reihe der Quadrate

$$(15) \qquad 1^2, \; 2^2, \; 3^2, \; \ldots, \; (n - 1)^2$$

wenn wir mit der Primzahl n in jedes Glied hineindividieren nur $\frac{n - 1}{2}$ verschiedene Divisionsreste ergibt. Diese Zahlen werden die „quadratischen Reste des Moduls n" genannt. Die übrigen $\frac{n - 1}{2}$ aus den Zahlen $1, 2, 3, \ldots, n - 1$, die nicht als Divisionsreste aus (15) hervorgehen, nennt man die „quadratischen Nichtreste des Moduls n". Das oben für $n = 5$ gefundene Ergebnis läßt uns nun vermuten, daß allgemein bei der Zerlegung der linken Seite der Gleichung (9) in zwei Faktoren $\frac{n - 1}{2}^{\text{ten}}$ Grades die in dem einen Faktor enthaltenen Wurzeln diejenigen sein werden, die aus (8) hervorgehen, wenn man für λ der Reihe nach die quadratischen Reste des Moduls n einsetzt. Die

Wurzeln des anderen Faktors müssen dann den quadratischen Nichtresten entsprechen.

Von hier aus ergibt sich gleich noch eine weitere Verallgemeinerung für den Fall einer Zerlegung in α Faktoren β^{ten} Grades. Ist nämlich

$$n - 1 = \alpha \cdot \beta,$$

so ergibt die Reihe

$$1^{\alpha}, \quad 2^{\alpha}, \quad 3^{\alpha}, \ldots (n - 1)^{\alpha}$$

bei der Division mit n nur $\dfrac{n-1}{\alpha} = \beta$ verschiedene Divisionsreste. Dasselbe gilt von den Reihen

$$1^{\alpha}a, \quad 2^{\alpha}a, \quad 3^{\alpha}a, \ldots (n - 1)^{\alpha}a,$$
$$1^{\alpha}b, \quad 2^{\alpha}b, \quad 3^{\alpha}b, \ldots (n - 1)^{\alpha}b,$$
$$\cdot \quad \cdot \quad \cdot \quad \cdot \quad \cdot \quad \cdot \quad \cdot \quad \cdot \quad \cdot \quad \cdot$$

falls $a, b, \ldots$ durch die Primzahl n nicht teilbar sind. Man kann dabei die Zahlen $a, b, \ldots$ so aussuchen, daß man im ganzen jeden der Reste $1, 2, 3, \ldots, n - 1$ des Moduls n genau einmal erhält. Dadurch findet man schließlich eine Einteilung der Reste in α Klassen von je β Zahlen. Auf diese Weise ergeben sich dann, wenn die Reste in Formel (8) eingesetzt werden, auch α Klassen von je β Wurzeln der Gleichung (9), die „Perioden" der Wurzeln. Mit diesen Perioden ist nun derjenige synthetische Begriff (§ 111, 112, 116) gefunden, mit dessen Hilfe sich das in Frage stehende Gebiet streng deduktiv und allgemein aufbauen läßt, so daß dann dadurch alle die auf Grund der Induktion von uns vermuteten Tatsachen wirklich bewiesen werden können.

Aus den Untersuchungen von GAUSS folgt auch noch z. B für $n = 17$, in welchem Fall

$$n - 1 = 2 \cdot 2 \cdot 2 \cdot 2$$

ist, daß nicht nur die komplexen Wurzeln von (9) durch Quadratwurzelausziehung gefunden, sondern auch die in den Ausdrücken dieser Wurzeln [vgl. (8)] vorkommenden reellen Werte

$$\cos\left(\lambda \frac{360}{17}\right)^{0}, \quad \sin\left(\lambda \frac{360}{17}\right)^{0}$$

durch reelle Quadratwurzelausdrücke dargestellt werden können. Daraus aber ergibt sich weiter, daß die Teilung des Kreises in 17 gleiche Teile mit Zirkel und Lineal allein ausgeführt werden kann (§ 24).

§ 171. Wesen und Verfahren der Induktion.
MILLS induktive Logik.

Nachdem nachdrücklich auf die Bedeutung hingewiesen worden ist, welche die Induktion für die Erfindung, auch in der reinen Mathematik, besitzt, soll auch ihr Wesen und ihr Verfahren noch näher beleuchtet werden. Wir vollziehen dann eine Induktion, oder machen einen induktiven Schluß, wenn wir die Anwendbarkeit zweier Begriffe auf denselben Einzelgegenstand oder Einzelfall beobachtet haben und daraus auf einen mit der Bildung der Begriffe noch nicht erfaßten Zusammenhang zwischen den beiden schließen, d. h. also den Zusammenhang, der sich im Einzelfall dargestellt hat, als einen allgemeinen und notwendigen annehmen. So trifft in dem schon mehrfach erwähnten Beispiel (§ 92) bei jeder ungeraden Primzahl, mit der wir die Rechnung machen, die Beobachtung, daß die Primzahl mit 4 dividiert den Rest 1 gibt, mit dem Umstand zusammen, daß wir zwei Quadratzahlen finden können, deren Summe gerade jene Primzahl ausmacht. Die Beobachtung, auf welcher der induktive Schluß beruht, ist meistens in einer Mehrzahl von Fällen gemacht, sie kann sich aber unter Umständen auch nur auf einen einzigen Fall beziehen. So kann die eine an Abb. 228 vorgenommene Messung, die uns

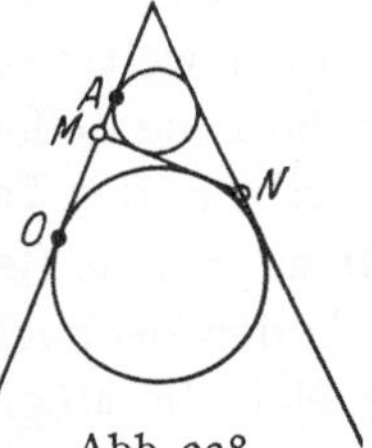

Abb. 228.

hat erkennen lassen, daß $AO = MN$ ist, zur Folge haben, daß wir, vermutungsweise, einen allgemeinen Satz gewinnen. Wir beobachten hier, daß derselbe, inzwischen nicht verstellte Zirkel mit seinen Spitzen in der von uns gezeichneten Figur zuerst die beiden Berührungspunkte A und O der einen äußeren gemeinsamen Tangente und nachher die Schnittpunkte M und N der beiden äußeren mit der einen inneren gemeinsamen Tangente deckt. Man könnte auch sagen, daß in dem einen vorliegenden Fall der gezeichneten Figur die durch die Konstruktionsweise mit Hilfe der gemeinsamen Tangenten hergestellte Relation zwischen den Strecken AO und MN mit der Gleichheitsrelation zusammengetroffen ist.

Oft kommt die Induktion darin zum Ausdruck, daß wir in einem oder in mehreren Fällen von zwei Gegenständen oder Vorgängen, die in einer gewissen Hinsicht einander gleich sind (§ 100), beobachtet haben, daß sie auch in einer bestimmten anderen Hinsicht einander gleich sind, und nun schließen, daß stets die Gleichheit in der einen Hinsicht auch die in der anderen Hinsicht mit sich bringt. Hier bilden die zwei Gegenstände ein Ganzes, das unter zwei Gleichheitsbegriffe gebracht werden kann, und wir schließen aus diesem Fall, daß in allen ähnlichen Fällen diese beiden Begriffe zusammen vorkommen werden.

Der den induktiven Schluß auslösende Einzelfall kann auch durch gewisse Zeitverhältnisse vorgestellt sein, in denen zwei zunächst ohne Zusammenhang erscheinende Ereignisse zusammentreffen oder durch einen Ort oder eine Gegend im Raume, hinsichtlich deren ein solches Zusammentreffen eintritt. So hat z. B. der Umstand, daß die Verfinsterungen der Jupitermonde schneller aufeinanderfolgten zu der Zeit, da die Erde sich auf das System des Jupiter zubewegte, und langsamer zu der Zeit, da die Erde sich von jenem System entfernte, OLAF RÖMER zu dem Induktionsschluß geführt, daß das Tempo, in dem jene Verfinsterungen uns erscheinen, durch die Bewegung der Erde mitbestimmt, also nicht durch den Umlauf der Trabanten des Jupiter allein gegeben sei[1]). Da dies nicht recht erklärlich schiene, wenn der Anblick jener Verfinsterungen uns zeitlos vom Licht übermittelt würde, so zwingen uns, nachdem wir jene Induktion vollzogen haben, weitere Überlegungen, anzunehmen, daß das Licht zu seiner Fortpflanzung Zeit braucht. Die deduktive Durchführung dieser Annahme ergibt in der Tat, daß gerade dann, wenn die Erde sich auf Jupiter zu bewegt, eine Beschleunigung der Aufeinanderfolge der Verfinsterungen für den beobachtenden Erdbewohner statthaben muß, wobei sich zugleich die Möglichkeit ergibt, die Lichtgeschwindigkeit zu berechnen.

Auch der Umstand, daß in verschiedenen Gebieten, z. B. der Physik, ausgeführte Messungen in einer einzigen Zahl zusammentreffen, kann zu dem induktiven Schlusse führen, daß die Gebiete unmittelbar zusammenhängen. So schließt man daraus, daß das Verhältnis v des elektrostatischen und des elektromagnetischen Maßes der Stromstärke (§ 161) gleich der Lichtgeschwindigkeit ist, auf einen Zusammenhang zwischen Licht und Elektrizität. Da insbesondere MAXWELL aus seinen Gleichungen, in welche jene Verhältniszahl v eingeht, theoretisch das Vorhandensein von elektromagnetischen Schwingungen erkannte, die damals noch gar nicht beobachtet waren, deren Fortpflanzungsgeschwindigkeit aber theoretisch sich gleich v bestimmte, so schloß er aus der Gleichheit der beiden Fortpflanzungsgeschwindigkeiten auf die Identität der Lichtschwingungen mit elektromagnetischen Schwingungen. Die Übereinstimmung der beiden Geschwindigkeitszahlen in so vielen Ziffern wäre sonst als ein unerklärlicher Zufall erschienen.

---

[1]) Natürlich wäre an sich auch die Annahme möglich, daß tatsächlich die Umkreisung des Jupiter durch seine Trabanten in ungleichförmiger Weise stattfände und dabei von der Bewegung der Erde beeinflußt würde; dies wäre aber eine sehr wenig einfache und deshalb sehr unwahrscheinliche Annahme (vgl. S. 481, Anm. 1).

Vor der Hypothese Maxwells wurden Licht einerseits und Elektromagnetismus andererseits als völlig getrennte Begriffsgebiete betrachtet, und nur der genannte induktive Schluß hat den Zusammenhang hier hergestellt. Aber auch in dem an die Spitze dieses Paragraphen gestellten Beispiel (Abb. 228) war für den, der etwa nur das erste Buch Euklids studiert hatte, trotzdem er alle Axiome kannte, vor der Auffindung eines Beweises kein Zusammenhang da, aus dem unmittelbar hinsichtlich der Gleichheit jener Strecken AO und MN hätte geurteilt werden können. Der auf Grund einer Messung gezogene induktive Schluß stellt diesen Zusammenhang unmittelbar her. Ebenso war vor dem Schluß Olaf Römers der Zusammenhang zwischen den Zeitabständen der Verfinsterungen der Jupitermonde und der Erdbewegung nicht erkennbar, welcher Zusammenhang dann durch jene Induktion unmittelbar hervortrat.

Es ist also das Bezeichnende an der Induktion, daß sie auf Grund der Beobachtung eines oder mehrerer Einzelfälle unmittelbar einen Zusammenhang zwischen Begriffen oder Begriffsgebieten herstellt, zwischen denen vorher, der Entstehung der Begriffe gemäß, kein Zusammenhang oder wenigstens nicht dieser Zusammenhang bestand. Dasselbe zeigt sich auch da, wo später ein theoretischer, d. h. also deduktiver Zusammenhang wirklich hergestellt werden kann. So ist auch für denjenigen, der die Begriffe der Zahl, der Addition, der Multiplikation, der Quadratzahl, der Primzahl vollständig klar erfaßt hat, zunächst nicht der geringste Zusammenhang erkennbar, aus dem hervorginge, daß eine Primzahl von der Form $4\,n + 1$ sich in der Form $x^2 + y^2$ darstellen läßt. Durch die Induktion Fermats ist ein Zusammenhang, freilich nur vermutungsweise, unmittelbar gebildet worden (§ 92). Auf dem oben geschilderten Weg über jene zahlreichen, subtilen, in einer bestimmten Folge angeordneten Operationen, aber nur auf diesem schwer zu findenden oder auf einem anderen ähnlichen, läßt sich jener Zusammenhang streng deduktiv beweisen[1]). Das aber ist wieder etwas ganz anderes als ein unmittelbares Erkennen aus den Begriffen.

Man sieht hieraus, daß die Induktion gerade das leistet, was Natorp für unmöglich erklärt, indem er sagt[2]), daß Subjekt und Prädikat in einem Urteil nicht zusammenkommen könnten, wenn nicht eben dieser begriffliche Zusammenhang zwischen ihnen ihrer Entstehung nach bereits bestünde.

Auch dies wird manchmal erörtert, ob die Induktion die Übertragung einer in einem oder mehreren Einzelfällen gemachten Beobach-

---

[1]) Vgl. S. 241.
[2]) Die logischen Grundlagen der exakten Wissenschaften, 1910, S. 39.

tung auf neue Einzelfälle bedeute, oder ob der induktive Schluß vom Einzelfall vielmehr auf den allgemeinen Begriff gehe, woraus dann durch eine „Deduktion" — richtiger durch einfache Subsumption unter den allgemeinen Begriff — die Gültigkeit der beobachteten Beziehung für neue Einzelfälle gefolgert werden könne. Hier handelt es sich offenbar lediglich um etwas verschiedene Darstellungen desselben logischen Vorgangs. Der Schluß von einem Einzelfall auf einen anderen setzt eine gewisse Gleichartigkeit der Einzelfälle voraus, womit ein die Einzelfälle umfassendes Gesetz, d. h. ein allgemeiner Begriff mitgedacht wird[1]). Ebenso ist es im Grunde dasselbe, ob wir annehmen und sagen, daß B immer dann zutreffe, wenn A zutrifft, oder ob wir lieber sagen, A sei der logische Grund oder in anderen Fällen die physikalische Ursache von B.

In der oben besprochenen Unmittelbarkeit der induktiv hergestellten Gedankenverbindung liegt für mich auch, daß es im Grunde keine Theorie der Induktion geben kann, während ohne Zweifel für die Deduktion eine Theorie entwickelt werden kann, da sie sich aus zahlreichen Schritten verschiedener Art zusammensetzt, und deshalb an ihr mannigfaltige Beobachtungen gemacht werden können. Die Klarlegung des Deduktionsprozesses ist es eben, was im ersten und zweiten Teil dieses Buches versucht worden ist. Auch ist es zum mindesten schief ausgedrückt, wenn man die Induktion als die Umkehrung der Deduktion bezeichnet[2]). Die Induktion beruht weder darin, daß etwa bei ihr die Schritte der Deduktion in umgekehrter Ordnung vorgenommen würden, noch darin, daß die zusammengesetzte Tätigkeit der Deduktion in ihre Teile zerlegt würde. Es besteht zwischen Deduktion und Induktion nur insofern ein Gegensatz, als wir im ersten Fall sichere Allgemeinheit, im zweiten Einzelfälle verbunden mit einer nur vermutungsweisen Verallgemeinerung vor uns haben, als wir im ersten Fall über einen empirischen oder auch apriorischen Gegenstand (z. B. über ein arithmetisches Gebilde, s. o. und vgl. § 134) aus allgemeinen Grundsätzen und Regeln, gewissermaßen in Abwesenheit des Gegenstandes, etwas ausmachen, während im zweiten Fall der zu untersuchende Gegenstand oder Vorgang

---

[1]) R. Eisler (Wörterbuch der philosophischen Begriffe, 2. Aufl., 1. Bd., 1904, S 510) zitiert aus der Logik von Port-Royal die Definition: „Inductio fit, cum ex rerum particularium notitia deducimur in cognitionem veritatis genericae"; ich habe jedoch dieses Zitat in Arnaulds Logica nicht gefunden.

[2]) Vgl. Wundt, Logik, 3. Aufl., 2. Bd., 1907, S. 1. Natorp (a. a. O., S. 91/92) sagt, daß die Induktion durch Tatsachen zum Gesetz führe, und die Deduktion, „indem sie scheinbar den umgekehrten Weg des Gedankens beschreibt", aus dem anerkannten Gesetz die Tatsachen ableite. Meines Erachtens bedeutet jedoch eine unmittelbare Ableitung eines Einzelfalls aus einem Gesetz eine einfache Subsumption und im Grunde keine Deduktion.

beobachtet wird und deshalb vorliegen oder sich vor uns abspielen muß.

J. St. Mill hat entgegen dem vorhin Gesagten eine Art von Theorie der Induktion zu geben versucht. Er legt dabei das Verhältnis von Ursache und Wirkung zugrunde und fragt unter der Voraussetzung, daß unter gewissen kombinierten Umständen eine Wirkung erscheint, nach der wahrscheinlichen Ursache. In derselben Weise könnte er von Beziehungen anderer Art, etwa von rein mathematischen, sprechen und nach der wahrscheinlichen Bedingung für das Auftreten eines Sachverhaltes fragen. Er hat fünf besondere Regeln aufgestellt[1]. Um das Wesen dieser Regeln etwas aufzuhellen, will ich eine davon herausgreifen. Die dritte Regel lautet folgendermaßen[2]):

„Wenn zwei oder mehr Fälle, in welchen die Naturerscheinung stattfindet, nur einen Umstand gemein haben, während zwei oder mehr Fälle, in welchen sie nicht stattfindet, nichts als die Abwesenheit dieses Umstandes gemein haben, so ist der Umstand, in welchem die zwei Reihen von Fällen allein differieren, die Wirkung oder Ursache, oder ein notwendiger Teil der Ursache der Naturerscheinung."

Will man die Regel in der Art, wie es Heymans[3]) getan hat, aber genau im Anschluß an den Wortlaut von Mill in ein Schema fassen, so kann man sagen: Wenn z. B. die Umstände A, B, C, D zusammen mit W, ebenso auch die Umstände A, E, F, G zusammen mit W aufgetreten sind, während andererseits sowohl B, F, G, als auch ein anderes Mal C, H, L vorgekommen sind, ohne daß im Zusammenhang damit W beobachtet worden wäre, so ist A die wahrscheinliche Ursache oder Mitursache — oder allenfalls auch die Wirkung — von W. Bei näherer Überlegung scheinen mir hier nur die beiden Gedanken maßgebend zu sein, daß erstens das Zusammentreffen eines Umstandes, z. B. von A, mit W allein schon eine gewisse Wahrscheinlichkeit dafür mit sich bringt, daß A und W in einem notwendigen Verhältnis, d. h. also im Verhältnis von Ursache und Wirkung stehen könnten, und daß zweitens das nachherige Stattfinden z. B. von B verbunden mit dem Nichtstattfinden von W das Verhältnis von Ursache und Wirkung zwischen B und W ausschließt. Alles übrige, z. B. daß auch F und W, und ebenso C und W nicht in dem Verhältnis von Ursache und Wirkung zueinander stehen können, ergibt sich gleichfalls aus dem zweiten

---

[1]) System of Logic ratiocinative and inductive, being a connected view of the principles of evidence and the methods of scientific investigation, 7 th ed., 1868, vol. I, p. 428 ff.

[2]) Vgl. System der deduktiven und induktiven Logik, deutsch von Schiel, 4. Aufl., 1877, I. Teil, S. 495.

[3]) Die Gesetze und Elemente des wissenschaftlichen Denkens, 2. Aufl., 1905, S. 272/73.

der genannten Gedanken, indem derselbe immer wieder auf eine andere Kombination eines der Umstände mit W angewendet wird. Die von Mill aufgeführten fünf Fälle, die man um beliebig viele, etwas verwickeltere, vermehren könnte, stellen deshalb meines Erachtens keine besonderen voneinander unabhängigen Regeln dar[1]).

Es ist bei der Millschen Betrachtung außerdem noch eine Voraussetzung stillschweigend eingeführt, nämlich die, daß einer und nur einer von den angeführten Umständen die Ursache (oder in einem anderen Falle auch die Wirkung) von W ist. Offenbar kann, abgesehen davon, daß die wahre Ursache immer noch in einem gar nicht beobachteten Umstande bestehen könnte, die Sache in dem eben angenommenen Schema so liegen, daß W immer dann und nur dann eintritt, wenn **entweder** D **oder** E stattfindet. Es bestehen auch noch ganz andere Möglichkeiten, die in der Millschen Formulierung insofern wenigstens angedeutet sind, als von einer Teilursache gesprochen wird. Handelte es sich z. B. in dem obigen Schema um chemische Verbindungen, so wäre es möglich, daß B, C und D zusammen die Elemente enthielten (§ 164), die zur Bildung der Verbindung W dienen können, und daß diese Verbindung auch vielleicht sich bildete, wenn A, B, C und D anwesend sind. Gleichzeitig wäre es möglich, daß auch E, F und G zusammen eben diese Elemente, aus denen W sich bildet, in anderer Weise miteinander und noch mit anderen Elementen verbunden enthielten, und daß W auch aus A, E, F und G — natürlich noch neben anderen Stoffen — entstehen könnte, während andererseits in B, F und G und auch in C, H und L eines oder mehrere der Elemente, die zur Bildung von W nötig sind, fehlten. Es würde dann der jetzt gedachte Fall hinsichtlich der Voraussetzungen auf das obige Schema passen. Trotzdem wäre in diesem Fall das oben gefolgerte Ergebnis, daß A die Ursache (oder vielleicht auch Wirkung) von W sein soll, nicht richtig.

Es scheint mir hieraus hervorzugehen, daß für das induktive Schließen selbst zunächst die beiden oben genannten, höchst einfachen Gedanken maßgebend sind, daß es aber dabei außerdem darauf ankommt, welche Begriffsbildungen wir vorher vorgenommen haben. Um noch ein Beispiel von einer etwas verwickelteren Begriffsbildung zu geben, möchte ich hier auch auf das Trägheitsprinzip hinweisen

---

[1]) An einer früheren Stelle (S. 484 der Übersetzung), ehe er seine fünf Regeln formuliert, gibt Mill zwei Methoden an zur Bestimmung der gesetzmäßigen Zusammenhänge, die er als „Methode der Übereinstimmung" und als „Differenzmethode" bezeichnet. Die eine besteht darin, daß man verschiedene Fälle, in denen die Naturerscheinung stattfindet, miteinander vergleicht; die andere, daß man Fälle, in denen die Erscheinung stattfindet, mit in anderer Beziehung ähnlichen Fällen vergleicht, worin sie nicht stattfindet."

und auf die Art, wie es aus der Erfahrung gefolgert worden ist. Es ist in § 138 in Erinnerung gebracht worden, daß ein auf einer horizontalen Eisfläche angestoßener Stein um so langsamer seine Geschwindigkeit verliert und um so weiter läuft, ehe er zur Ruhe gelangt, je glatter die Eisfläche ist, auf der sich der Stein bewegt. Macht man also eine Anzahl solcher Versuche, wobei der Stein infolge des ursprünglichen Anstoßes stets dieselbe Geschwindigkeit erhalten, jedoch die Unterlage gewechselt werden soll, so wird man die Versuche nachträglich folgendermaßen vergleichen. Man ordnet in Gedanken die Versuche in eine solche Reihenfolge, daß jeder folgende eine langsamer abnehmende Geschwindigkeit darbietet als der vorangehende. Mit dieser Eigenschaft des geordneten Ganzen, das wir betrachten, wird dann die andere zusammentreffen, daß die benutzten Unterlagen in unserer Folge immer glatter werden. Auf dieses Zusammentreffen stützt sich dann der Induktionsschluß, daß die Geschwindigkeit um so weniger abnehmen wird, je glatter die Fläche ist, und daß der Stein auf einer „absolut" glatten Fläche mit konstanter Geschwindigkeit fortgehen müßte.

MILL selbst hat übrigens die „Vielfachheit der Ursachen" und die „Vermischung der Wirkungen"[1]) ausführlich behandelt. Die in diesen Ausführungen enthaltenen Feinheiten scheinen mir aber weniger auf das Wesen der Induktion als solcher Bezug zu haben, als auf die Begriffe, die wir, vielleicht auf Grund von früheren Induktionen, bilden müssen, um zu neuen Induktionen zu gelangen.

Wenn oben von wahrscheinlicher Ursache die Rede war, so sollte damit nur betont werden, daß zwar Grund vorhanden ist, den betreffenden Umstand als Ursache zu vermuten, daß wir aber doch keine Gewißheit haben. Mit der Wahrscheinlichkeitsrechnung hat die Induktion meines Erachtens nichts zu tun. W. STANLEY JEVONS[2]) hat allerdings dies angenommen und einen Zusammenhang zu konstruieren gesucht zwischen der Induktion und der Aufgabe der Wahrscheinlichkeitsrechnung, die aus einem gegebenen Erfolg unter einer Reihe von in Frage kommenden Umständen das Verhältnis der Wahrscheinlichkeiten zu bestimmen versucht, mit denen jeder dieser Umstände als Ursache des eingetretenen Erfolges in Rechnung zu ziehen ist. Diese Aufgabe ist in gewissem Sinne die Umkehrung der gewöhnlichen Aufgabe der Wahrscheinlichkeitsrechnung, welche bei einer bis auf einen gewissen Grad gegebenen Ursache die Wahrscheinlichkeit eines von mehreren möglichen Erfolgen festzustellen sucht. Es scheint mir zweifellos festzustehen und ist schon mehrfach bemerkt

---

[1]) S. 544 ff. der oben angeführten deutschen Ausgabe.
[2]) The Principles of Science, second edition, 1877, p. 244 ff.

worden[1]), daß die Wahrscheinlichkeitsrechnung selbst nur durch die Annahme von gesetzmäßigen Zusammenhängen begründet werden kann, z. B. durch die Annahme, daß mit jeder Abweichung von einer Norm die entgegengesetzte Abweichung im allgemeinen gleich oft vorkommt. Da sich also die Wahrscheinlichkeit auf die Annahme von vorhandener Gesetzmäßigkeit gründet, so glaube ich, daß man zwar wohl in einem einzelnen Falle im Zusammenhang mit der Induktion die Wahrscheinlichkeitsrechnung zur Ermittlung einer speziellen Ursache benutzen, daß sie aber nicht zur Begründung der Induktion, d. h. zur Begründung der Annahme einer Gesetzmäßigkeit dienen kann. Auch spricht gegen die Wahrscheinlichkeitsrechnung als Grundlage der Induktion der Umstand, daß eine Induktion, wie schon oben angeführt wurde, auch aus einem einzigen Einzelfall abgeleitet werden kann, wobei dann keine Möglichkeit gegeben scheint, die Begriffe der Wahrscheinlichkeit anzuwenden[2]). Im Grunde wird auch von den meisten Logikern der Zusammenhang zwischen Induktion und Wahrscheinlichkeitsrechnung geleugnet.

Unserer Auffassung steht natürlich nicht entgegen, daß die durch den induktiven Schluß bereits begründete Vermutung sich verstärkt, wenn sie nachträglich von neuen Einzelfällen bestätigt wird, namentlich dann, wenn diese unabhängig von den früheren Fällen sind, die zur Auffindung des Induktionsschlusses geführt hatten.

Es mag noch erwähnt werden, daß weder dann, wenn eine Wahrheit durch Beobachtung aller in Betracht kommenden Fälle festgestellt wird, noch bei dem in § 119 besonders behandelten Schluß von n auf $n + 1$ mit Recht Induktion als Grundlage des Schlusses angenommen werden darf, obwohl in beiden Fällen gelegentlich von „vollständiger Induktion" gesprochen wird.

Während die Induktion darauf beruht, daß ein unter einen scharf bestimmten Begriff gehörender Einzelfall beobachtet wird, der zugleich unter einen anderen scharf umrissenen Begriff fällt, möchte ich das Wort „Analogie"[3]) auf den Fall beschränken, in dem mehr nur auf Grund einer unbestimmten, instinktiv erfaßten Ähnlichkeit von einem Einzelfall auf einen anderen oder auch von einem allgemeinen Satz auf einen andern allgemeinen Satz vermutungsweise geschlossen wird.

---

[1]) Vgl. z. B. HEYMANS, a. a. O., S. 258—263.

[2]) Auch HEYMANS (S. 258) wendet gegen die Theorie von JEVONS ein, daß in der großen Mehrzahl der Fälle der Anzahl der einstimmigen Beobachtungen keine Bedeutung zugemessen wird.

[3]) MACH gebraucht das Wort „Analogie" im Sinne der sog. „exakten Analogie", indem er sagt (Die Principien der Wärmelehre, 2. Aufl., 1900, S. 403): „Eine solche Beziehung von Begriffssystemen, in welcher sowohl die Unähnlichkeit je zweier homologer Begriffe als auch die Übereinstimmung in den logischen Verhältnissen je zweier

§ 172. Verhältnis von Deduktion und Induktion.

Über das Verhältnis von Deduktion und Induktion finden sich scheinbar ganz widersprechende Äußerungen, die meines Erachtens sämtlich auf richtigen, aber in ihrer Bedeutung überschätzten Beobachtungen beruhen. So sagt Wundt[1]), daß jede Deduktion auf induktiven Grundlagen beruhe, während sich bei Leibniz und bei den meisten idealistisch gerichteten Philosophen die Ansicht findet, es beruhe alle Induktion auf Sätzen der demonstrativen Logik.

Bei Wundt ist die Meinung die, daß die Deduktion stets Sätze zur Grundlage habe, die aus der Erfahrung abgeleitet sind, und daß Erfahrungsergebnisse und induktive Ergebnisse sich decken. Dabei nennt Wundt z. B. auch die zählende Feststellung einer Zahlformel, wie der Formel $7 + 5 = 12$, eine Induktion[2]). Ich habe demgegenüber an verschiedenen Stellen (§ 125 u. 134) darzulegen versucht, daß gerade das, was wir z. B. in der Geometrie als Deduktion bezeichnen und als Tätigkeit des Denkens der Erfahrung entgegensetzen, ein ganz ähnliches Tun ist wie etwa das Fortschreiten in der Zahlenreihe, bei dem wir eine Regel unseres Tuns festhalten und seinen Erfolg beobachten, wodurch wir zu einer Zahlformel hingeführt werden. Ich rechne deshalb solche Tätigkeiten zum Denken und bezeichne Wissenschaften, die sich nur auf solchen Tätigkeiten unserer selbst aufbauen, jedenfalls also z. B. die Arithmetik, nicht als Erfahrungswissenschaften, sondern als rein deduktive Wissenschaften. Sie gehören sämtlich zu der umfassenden Wissenschaft der rein synthetischen Begriffe, die ich in § 111 definiert habe.

Aber auch das wirklich empirische Wissen gründet sich nicht ausschließlich und nicht von Anfang an auf eigentliche Induktion. So

homologer Begriffspaare zum klaren Bewußtsein kommt, pflegen wir eine Analogie zu nennen." In ähnlicher Weise hat auch Kant das Wort Analogie gebraucht (vgl. Prolegomena, § 58). Ich bezeichne die exakte Analogie in der vorliegenden Schrift stets als „Abbildung" in Übereinstimmung mit einem in der Mathematik längst eingeführten Brauch (§ 10, u. 113). Wie schon erwähnt, beruht das Denken vielfach auf einer Abbildung in diesem Sinne, was philosophischerseits allerdings meist bestritten wird, weil beim Wort „Abbildung" in der philosophischen Literatur in der Regel weniger an das Entsprechen zwischen den Teilen des abgebildeten Gegenstandes und denen der Abbildung gedacht wird und mehr an eine — hier nicht vorhandene — unmittelbare Ähnlichkeit zwischen Gegenstand und Abbildung oder zwischen den Teilen des Gegenstands und den entsprechenden Teilen der Abbildung (§ 41, u. 130). Auf das Abbildungsprinzip gegründete Schlüsse sind als deduktive Schlüsse zu betrachten (§ 10, 131). Zu den Schlüssen der letzten Art gehören in der Mathematik diejenigen, die auf die sog. „Übertragungsprinzipien" gegründet sind, z. B. auf das Dualitätsprinzip (§ 10).

[1]) Logik, 1883, 2. Bd., S. 27.

[2]) Vgl. oben S. 485, Anm. 2. Auch Mill spricht von Induktionen der Arithmetik (A System of Logic ratiocinative and inductive, seventh ed., 1868, vol. I, p. 289).

beruht allerdings die Geometrie auf den Axiomen. Es scheint mir aber, daß man das Axiom, welches besagt, daß durch zwei verschiedene Punkte stets eine und nur eine Gerade geht, nicht erst nach der Bildung der Begriffe Punkt und Gerade an Einzelfällen in der im vorigen Paragraphen auseinandergesetzten Weise induktiv, sondern gleichzeitig mit der Bildung des Geradenbegriffs, also zugleich mit der typischen Erfassung der Erfahrungs- oder Anschauungstatsachen gewinnt, die auf den Geradenbegriff hinführen. Die geistige Tätigkeit, die von Anfang an mit der Erfahrung Hand in Hand geht, indem wir Erfahrungsbegriffe bilden, und die meist als Abstraktion bezeichnet wird, kann weder der Deduktion, noch der Induktion zugerechnet, sondern muß als eine besondere, sowohl die Deduktion, als auch die Induktion vorbereitende angesehen werden. Wie eben an dem Beispiel des Geradenaxioms gezeigt wurde, gewinnen wir durch die verallgemeinernde und idealisierende Abstraktion zuweilen neben den Allgemeinbegriffen auch gewisse mit diesen verbundene Sätze.

Auf der anderen Seite ist die Anwendung des im eigentlichen Sinne des Wortes induktiven Verfahrens nicht auf das Erfahrungsgebiet beschränkt. Die Induktion wird wenigstens als heuristisches, zur Auffindung der Wahrheiten dienendes Mittel[1]) auch im apriorischen Gebiet, z. B. der reinen Arithmetik, benutzt, das nachher rein deduktiv aufgebaut werden kann (§ 92).

Es gründet sich also gewiß nicht jede Deduktion auf Induktion, und es deckt sich auch nicht Erfahrungswissen mit induktiv gefundenem Wissen. Immerhin beruhen aber im Gebiet des Erfahrungswissens ausgeführte deduktive Betrachtungen sehr oft, wenn nicht gar vorzugsweise, auf Sätzen, die sich vorher induktiv ergeben haben. In dieser Hinsicht wurde in § 56 das sicher induktiv gefundene Gesetz von Boyle-Mariotte zur theoretischen Herleitung der Barometerformel benutzt.

Für die Ansicht der mehr idealistisch gerichteten Philosophen[2]), wonach alle Induktion auf Deduktion beruhen soll, scheint der Umstand zu sprechen, daß jeder Induktionsschluß gewisse Allgemeinbegriffe voraussetzt (§ 171)[3]). Diese Allgemeinbegriffe sind aber meist durch Abstraktion gebildete Erfahrungsbegriffe, die dann auf neue

---

[1]) Auch Leibniz hat dieses Hilfsmittel beachtet; er sagt (Neue Abhandlungen usw., deutsch von Schaarschmidt, 2. Aufl., 1904, S. 389): „Auch geschieht es, daß die Induktion uns in den Zahlen und Figuren auf Wahrheiten bringt, deren allgemeinen Grund man noch nicht entdeckt hat."

[2]) Man vergleiche Sigwart, Logik, 2. Bd., 1893, S. 384 und 385, Lotze, Logik, 1874, S. 340.

[3]) Trendelenburg, Logische Untersuchungen, 3. Aufl., 2. Bd., 1870, S. 316, sagt: „Allerdings setzt die Induktion schon ein Allgemeines voraus, unter dessen Führung sie steht und für dessen Zwecke sie arbeitet, und sie ist daher für sich rathlos."

oder wenigstens in neuer Weise betrachtete Einzelfälle angewendet werden. Es ist damit nicht gesagt, daß dabei auch Deduktion vorausgesetzt wird; denn die Subsumption des Einzelfalls unter den Allgemeinbegriff ist keine Deduktion.

Andererseits gibt es freilich viele Fälle, in denen die Induktion wirklich Deduktion voraussetzt. Man denke z. B. an GALILEIS Untersuchungen über den Fall. Seine Experimente an der schiefen Ebene ergaben induktiv das Gesetz, daß die in der ersten, in der zweiten, der dritten Sekunde usw. zurückgelegten Wege sich wie $1 : 3 : 5 : \cdots$ d. h. wie die ungeraden Zahlen verhalten. Diese Induktion setzte also neben dem Begriff derjenigen Bewegung, die wir als Fallen bezeichnen, der durch Abstraktion aus der Erfahrung gewonnen ist, neben Raum- und Zeitbegriffen doch auch den allgemeinen Zahlbegriff und den besonderen Begriff der ungeraden Zahlen schon voraus. Es liegen also neben empirischen Begriffen hier entschieden deduktive oder rein synthetische Begriffe zugrunde. GALILEIS Fallstudien lehren aber noch viel mehr. GALILEI war offenbar von Anfang an darauf aus, das Gesetz der Geschwindigkeit, die er bereits als wachsend beobachtet hatte, vollständig zu ergründen. Wie aber fand er dieses Gesetz? Etwa rein induktiv? Man bedenke, daß er gar kein Mittel besaß, die Geschwindigkeit genauer zu beobachten[1]). Er machte deshalb eine willkürliche Annahme über das Geschwindigkeitsgesetz, entwickelte aus dieser deduktiv die Folgerungen und verglich sie dann mit den Tatsachen. GALILEI verfiel dabei zuerst auf die Annahme, daß die Geschwindigkeit während der Bewegung dem zurückgelegten Weg proportional zunehme. Die aus dieser Annahme gezogenen Folgerungen widerstritten schließlich den Tatsachen, und er wechselte daraufhin die Annahme und setzte das Wachstum der Geschwindigkeit der dabei ablaufenden Zeit proportional. Hieraus ergab sich nun das Gesetz mit dem obigen induktiv aus den Experimenten an der schiefen Ebene gewonnenen Ergebnis übereinstimmend. Man ersieht hier das aus Deduktion und Induktion gewobene Verfahren der Untersuchung, das gerade bei GALILEI besonders deutlich zu erkennen ist[2]).

---

[1]) Der Grund davon ist die bedeutende Größe der Geschwindigkeit. Die moderne Fallmaschine von ATWOOD gestattet für eine weniger schnelle Bewegung von zwei Körpern, unter Voraussetzung des Trägheitsgesetzes, die Geschwindigkeit zu messen. Man hat hier zwei gleiche Gewichte verbunden durch einen über eine Rolle gehenden Faden. Indem nun dem einen Gewicht ein Übergewicht zugelegt, dann aber, wenn die Massen — die eine mit dem Übergewicht fallend und die andere steigend — sich ein Stück weit bewegt haben, das Übergewicht abgestreift wird, läßt sich die in diesem Augenblick vorhandene Geschwindigkeit nachher bei der gleichförmigen Weiterbewegung des Systems messen.

[2]) Die wahre Methode der mathematischen Physik besteht in einer Verbindung induktiven und deduktiven Verfahrens (vgl. WUNDT, Logik, 2. Bd., 1883, S. 66).

Eine bereits weit entwickelte deduktive Theorie mußte vorausgehen, ehe die KEPLERschen Gesetze gefunden werden konnten; denn dazu waren, wie oben (§ 168) auseinandergesetzt wurde, die geometrischen Eigenschaften der Ellipse notwendig, was ungefähr dasselbe bedeutet, wie wenn man die Gleichung der Ellipse in Koordinaten benutzt.

NEWTON hat induktiv gezeigt, daß die den Fall eines Körpers in der Nähe der Erdoberfläche verursachende Kraft von derselben Art ist wie diejenige, welche die Planeten und Trabanten der Planeten in ihren Bahnen erhält. Dies geschah dadurch, daß zwei aus Messungen und aus den deduktiven Verknüpfungen der mechanischen Theorie hervorgehende Zahlen als gleich gefunden wurden, nämlich:

1. die tatsächliche Beschleunigung eines in der Nähe der Erdoberfläche fallenden Körpers,

2. die berechnete Beschleunigung, die sich für einen solchen Körper ergibt, wenn man annimmt, daß er von den sämtlichen Teilen der Erde nach dem NEWTONschen Gravitationsgesetz angezogen wird, und dabei einen in diesem Gesetz vorkommenden, zunächst nicht bekannten Zahlwert so ansetzt, daß das Gesetz die Anziehung der Erdmasse auf den Mond der tatsächlichen Umlaufzeit des Mondes entsprechend ergibt.

Auch die Auffindung des BOYLE-MARIOTTEschen Gesetzes (§ 56) setzte in der umgekehrten Proportionalität von Zahlenwerten die Kenntnis eines rein synthetischen — also deduktiven — Begriffs voraus. Die Bedeutung solcher Begriffe zeigt sich mittelbar in der verkehrten Auffassung, der ich schon oft bei mathematisch nicht Unterrichteten begegnet bin, als ob nur solche Größenabhängigkeiten mathematisch zu beherrschen seien, bei denen es sich um Proportionalität oder etwa noch um umgekehrte Proportionalität handelt; verwickeltere Untersuchungen in den exakten Naturwissenschaften setzen eben die rein synthetischen Abhängigkeitsgesetze höherer Art, d. h. die mathematischen Funktionsbegriffe (§ 57), voraus, und dies gilt auch von vielen Induktionen.

Eine deduktive Grundlage zeigt sich natürlich erst recht bei solchen Induktionen, wo wir, z. B. in der Mechanik, durch Vergleichung deduktiv bearbeiteter Sondertheorien zu einem neuen allgemeinen Prinzip, wie dem D'ALEMBERTschen, fortgeschritten sind (§ 148).

Übrigens findet man bereits bei JUNGIUS die Bemerkung, daß die Quellen der wissenschaftlichen Wahrheit „weder in dem apriorischen Denken und der Vernunft allein, noch in der Erfahrung allein zu suchen seien, sondern in der unzertrennlichen und nothwendigen Verbindung beider" (vgl. G. E. GUHRAUER, JOACHIM JUNGIUS und sein Zeitalter, S. 152).

Auch der Fall ist erwähnenswert, daß in einem empirischen Gebiet gewisse Allgemeinbegriffe nur in ihren gegenseitigen formalen Eigenschaften, d. h. also in ihren Relationen, als gegeben angenommen oder vielmehr aus einem anderen Gebiet herübergenommen werden, und daß man nun in dem eigentlichen Gebiet, um das es sich jetzt handelt, für die erwähnten Begriffe einen Inhalt sucht. Beobachtet man dabei die Anwendbarkeit der betreffenden Allgemeinbegriffe oder Relationen an einer Einzelerscheinung des jetzt vorliegenden Gebiets, so macht man eine Induktion (§ 171). So kann jemand die Gesetze der in der Geometrie auf Grund der Axiome deduktiv aufgebauten Streckenaddition in die Mechanik übertragen und hier an einem Einzelfall die Zusammensetzung der Kräfte nach denselben formalen Gesetzen des Parallelogramms versuchen. Als ein anderer der obigen Schilderung entsprechender formaler Allgemeinbegriff kann eine Formel, das HAMILTONsche Integralprinzip, angeführt werden. Dieses Prinzip wird in der sogenannten Energetik so gebraucht, daß die in ihm vorkommenden Größen von ursprünglich mechanischer Bedeutung entsprechend dem Bedarf des nunmehr betrachteten physikalischen Gebiets umgedeutet werden.

§ 173. Verwendung der Annahme.

Ein ganz wesentliches Hilfsmittel, das oft einen Fortschritt der Untersuchung bedingt, besteht darin, daß man vorläufig einmal, vielleicht auch mehrmals etwas als wahr annimmt und nun zunächst nachsieht, was aus diesen Annahmen gefolgert werden kann. Die Annahme kann von zweierlei Art sein: es kann die Existenz eines Elements angenommen werden, die sich zunächst nicht aus den früheren Kenntnissen oder z. B. in der Geometrie nicht aus den überall zugrunde gelegten Axiomen folgern läßt, oder es wird einem Element oder mehreren Elementen im Verhältnis zueinander eine noch nicht bewiesene Eigenschaft zugeschrieben[1]). Die historisch ursprüngliche Art der Einführung der imaginären Zahlen stellte auch eine damals noch nicht begründete Annahme dar, indem die Existenz

---

[1]) Zu den Annahmen, die hier besprochen werden sollen, rechne ich nicht die ein für allemal für das ganze Gebiet zugrunde gelegten Postulate — z. B. die Axiome der Geometrie — und auch nicht das, was gleichfalls manchmal als eine Annahme bezeichnet wird, nämlich die Wahl gewisser Elemente, die ohne weiteres als möglich eingesehen und etwa als Grundlage für eine Konstruktion vorgenommen wird. MEINONG hat das Verdienst, zuerst eine „Theorie der Annahmen" in Angriff genommen zu haben, wobei er aber zusammen mit den oben im Text besprochenen Annahmen auch die eben erwähnten beiden Arten der Festsetzung betrachtet („Über Annahmen", Zeitschr. f. Psychologie und Physiologie der Sinnesorgane, Ergänzungsband 2, 1902).

einer Wurzel einer reell nicht lösbaren Gleichung einfach gefordert wurde[1]).

Die auf solche Annahmen gestützten Deduktionen liefern nun vorläufige Ergebnisse, die nach Art von anderen, auf irgendeine Art entstandenen Vermutungen (§ 168ff.) die weitere Untersuchung leiten und so unter Umständen auch auf den Beweis der gemachten Annahmen selbst führen können. Namentlich findet man nicht selten, daß alle die vorläufigen Ergebnisse bewiesen werden können, nachdem man einen Überblick über dieselben gewonnen und sie von diesem Standpunkt aus in eine neue Ordnung gebracht hat[2]). Ein besonders einfacher Fall ist der, daß wir gerade den vermuteten Satz, den wir eigentlich beweisen wollen, als Annahme, und zwar als einzige Annahme einführen und daraus eine geradlinige Kette von Folgerungen ziehen, die mit einem Ergebnis schließt, dessen Richtigkeit uns bekannt ist. Lassen sich nun, was unter Umständen vorkommt, die Schlüsse auch in der umgekehrten Folge ziehen, so daß man von dem letzten sicheren Ergebnis wieder mit zwingender Notwendigkeit zu der gemachten Annahme zurückkommt, so ist damit der vermutete Satz bewiesen. Dieses Verfahren, von dem zu Beweisenden auszugehen, stellt die viel besprochene und gerühmte sogenannte „analytische“ Methode[3]) PLATOS vor.

Natürlich muß man dann, wenn Annahmen gebraucht worden sind, nachher stets unterscheiden, was gesicherte Ergebnisse sind, und was nur angenommen oder auf Grund der Annahmen bewiesen worden ist[4]). Entwickelt sich aus den Annahmen später in strenger Folgerichtigkeit ein Widerspruch, sei es nun ein Widerspruch in sich oder ein Widerspruch mit feststehenden Tatsachen, so weiß man, daß man mindestens eine der eingeführten Annahmen zu ändern hat; in § 168 und § 172 sind berühmte Beispiele gegeben worden, in denen ein großer Forscher zuerst nach einer falschen Annahme gegriffen hat, auf Wider-

---

[1]) Insofern passen auf diesen Fall die von VAIHINGER in seiner „Philosophie des Als Ob“ gegebenen Ausführungen; im übrigen vergleiche man aber § 83.

[2]) Von ähnlicher Art ist die bekannte, schon erwähnte Erfahrung, daß der Schüler oft imstande ist, auch einen verwickelteren Beweis dann selbst zu finden, wenn man ihm vorher die wesentlichsten Zwischenergebnisse des Beweises in der Reihenfolge angibt, in der sie sich feststellen lassen.

[3]) Vgl. S. 365.

[4]) Offenbar könnte es im anderen Fall auch geschehen, daß ein Beweis geführt würde, der im Grunde das Bewiesene schon voraussetzte, womit ein fehlerhafter Kreisschluß, ein circulus vitiosus gegeben wäre.

Mein verewigter Kollege ADOLPH MAYER konnte nie genug hervorheben, daß Annahmen dann unbedenklich sind, wenn man sie mit vollem Bewußtsein macht. Allerdings ist es in der Mathematik im allgemeinen nicht üblich, Untersuchungen, die auf Annahmen beruhen und noch nicht zur vollständigen und strengen Beweisführung durchgereift sind, zu veröffentlichen.

sprüche gestoßen und dann nach Verwerfung der Annahme auf eine neue andere geführt worden ist. Hat man nur eine Annahme gemacht, und tritt ein Widerspruch ein, so muß nach dem Satz des ausgeschlossenen Dritten (§ 101) das Gegenteil von jener Annahme das Richtige sein, und man erhält dadurch von jenem Gegenteil einen indirekten Beweis (vgl. auch § 102 f.). Aus diesem Grunde wird bisweilen gerade das von vornherein als Annahme eingeführt, was dem Vermuteten entgegengesetzt ist, während für gewöhnlich doch die Annahmen mit dem übereinstimmen werden, was man auf Grund induktiver Betrachtungen oder aus anderen Gründen vermutet. Natürlich kann in gewissen Fällen auch schon die Erfolglosigkeit der an eine Annahme sich anschließenden Untersuchungen, z. B. die Tatsache, daß man etwas, dessen Existenz man angenommen hatte, nie wirklich finden konnte, zur Änderung oder geradezu zur Umkehrung der Annahme führen. In dieser Hinsicht hat man nur an die vergeblichen Versuche der Konstruktion des „Perpetuum mobile" zu denken, die auf die Entdeckung des Prinzips von der Erhaltung der Energie geführt haben[1]).

Eine besondere Verwendung der Annahme, die namentlich in neuerer Zeit in der Mathematik eine große Rolle spielt, könnte man nach einem Fall, in dem der Ausdruck bereits früher üblich war, als Verfahren der „Regula falsi" bezeichnen. Dieser Ausdruck wird schon lange in der Gleichungstheorie gebraucht. Hier handelt es sich darum, die genaue Wurzel ξ einer Gleichung

$$(\text{I}) \qquad f(x) = a_n x^n + a_1 x^{n-1} + a_2 x^{n-2} + \cdots + a_1 x + a_0 = 0$$

zu suchen, wenn zwei der Wurzel naheliegende Werte x_0 und x_1 bereits vorliegen. Diese Voraussetzung bringt mit sich, daß die Werte

$$y_0 = f(x_0), \quad y_1 = f(x_1),$$

die durch Einsetzen von x_0 bzw. x_1 in die linke Seite von (I) hervorgehen, zwar nicht gleich Null, aber doch kleine Werte sind. Stellt man nun in der früher schon angegebenen Weise die Funktion $f(x)$, welche die linke Seite von (I) bildet, durch eine Kurve vor (§ 57), indem man die Werte von x als Abszissen und die zugeordneten Werte

$$y = f(x)$$

als Ordinaten aufträgt (§ 38), so hat man die Aufgabe, die Abszisse ξ des Punktes, in dem die Kurve die Abszissenachse schneidet, zu finden, wenn auf der Kurve zwei Punkte P_0 und P_1 mit den Koordinaten

---

[1]) S. 442, Anm. 1.

x_0, y_0 und x_1, y_1 bereits bekannt sind, die dem Schnittpunkt nahe liegen (Abb. 229).

Die falsche Annahme, die nun hier für den Augenblick gemacht wird, besteht darin, daß man sich die Kurve in der Nähe des gesuchten Schnittpunkts als geradlinig vorstellt und statt der genauen Abszisse ξ des Schnittpunkts der Kurve die Abszisse x_2 berechnet, die dem Schnittpunkt der geraden Verbindungslinie $P_0 P_1$ mit der Abszissenachse zukommt. Diese Abszisse berechnet sich nach einer bekannten Formel der analytischen Geometrie (§ 38):

$$x_2 = x_0 - y_0 \frac{x_1 - x_0}{y_1 - y_0} = x_0 - f(x_0) \frac{x_1 - x_0}{f(x_1) - f(x_0)}.$$

Setzt man den so berechneten Wert x_2 in die linke Seite $f(x)$ der Gleichung (1) ein, so ergibt sich ein Wert $y_2 = f(x_2)$, der im allgemeinen nicht gleich Null sein wird. Es zeigt sich aber, unter einer gewissen Voraussetzung, daß der Punkt mit den Koordinaten x_2, y_2

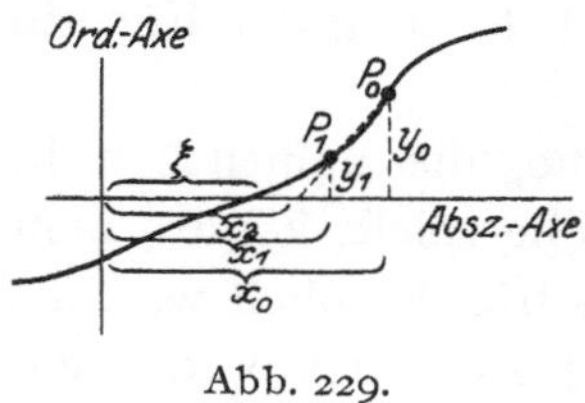

Abb. 229.

ein solcher auf der Kurve gelegener Punkt ist, der dem gesuchten Schnittpunkt näher liegt als die beiden Punkte x_0, y_0 und x_1, y_1. Man kann nun den Punkt x_2, y_2 an Stelle des Punktes x_0, y_0 treten lassen und mit x_1, y_1 und x_2, y_2 das Verfahren wiederholen. Auf diese Weise läßt sich schließlich auch ein ohne Ende fortgehender Prozeß definieren, der durch unbegrenzte Annäherung (§ 51) den genauen Wert von ξ wirklich definiert unter der Voraussetzung, daß die beiden Abszissen x_0 und x_1, mit denen die ganze Betrachtung begonnen hat, dem gesuchten Wert schon einigermaßen nahe liegen.

Ein anderes Beispiel, das ein einigermaßen ähnliches Verfahren darbietet, erhält man, wenn man die Gleichung (1) in der oben angegebenen ausführlicheren Weise

$$a_n x^n + a_{n-1} x^{n-1} + \cdots + a_1 x + a_0 = 0$$

schreibt, wobei wir uns aber auf den Fall beschränken wollen, in dem $a_1 = 1$ ist. Es ergibt sich dann die neue Form

$$(2) \qquad x = - a_0 - a_2 x^2 - a_3 x^3 - \cdots - a_n x^n.$$

Würde hier die richtige Wurzel ξ auf der rechten Seite eingesetzt, so müßte beim Zusammenrechnen des auf dieser Seite stehenden Polynoms wieder der Wert ξ erscheinen. Nun setzt man aber an Stelle von ξ, und hierin liegt gewissermaßen eine falsche Annahme über den Wert von ξ, einen beliebigen Wert x_0 ein. Wir setzen

$$x_1 = - a_0 - a_2 x_0^2 - a_3 x_0^3 - \cdots - a_n x_0^n.$$

Im allgemeinen wird x_1 von x_0 verschieden ausfallen, und es zeigt sich dann hierin die Unrichtigkeit der gemachten Annahme. Wir kümmern uns aber nicht um den so zutage getretenen Widerspruch und nehmen jetzt an Stelle von x_0 den Wert x_1 für den Wurzelwert an. Setzt man nachher

$$x_2 = - a_0 - a_2 x_1^2 - a_3 x_1^3 - \cdots - a_n x_1^n,$$

so gelangt man zu einem neuen Wert x_2.

Nun erkennt man, daß man in dieser Weise ohne Ende fortfahren kann. Es ergibt sich dabei eine unendliche Folge

$$(3) \qquad x_0, \ x_1, \ x_2, \ x_3, \ \ldots,$$

die durch das „rekurrente" Gesetz:

$$(4) \quad x_{\nu+1} = - a_0 - a_2 x_\nu^2 - a_3 x_\nu^3 - \cdots - a_n x_\nu^n \quad (\nu = 0, 1, 2, \ldots)$$

definiert ist. Für den Fall, daß die Folge (3) einen Grenzwert besitzt (§ 51), der ξ' heißen soll, läßt sich leicht und in aller Strenge mit Hilfe der Gleichung (4) beweisen, daß

$$\xi' = - a_0 - a_2 \xi'^2 - a_3 \xi'^3 - \cdots - a_n \xi'^n$$

sein muß, d. h. daß ξ' eine Wurzel der Gleichung (2), d. h. für den jetzt gedachten Spezialfall, in dem $a_1 = 1$ sein sollte, auch der Gleichung (1) ist. Unter gewissen Umständen, nämlich dann, wenn der oben zuerst eingesetzte Wert x_0 von einer Wurzel der Gleichung (2) wenig verschieden ist, läßt sich tatsächlich beweisen, daß die Folge (3) einen Grenzwert besitzt, so daß das Verfahren in solchem Fall wirklich erfolgreich ist.

Auch in ganz anderen Gebieten, z. B. in der Theorie der Differentialgleichungen, kann man ähnliche Verfahren anwenden. Sei z. B. die Gleichung

$$(5) \qquad \frac{dy}{dx} = \varphi(x, y)$$

gegeben. Hier bedeute $\varphi(x, y)$ einen gegebenen, die Größen x und y enthaltenden Ausdruck, und y eine noch unbekannte Funktion (§ 57 ff.) von x, die daraus zu bestimmen ist, daß sie zusammen mit ihrem Differentialquotienten $\dfrac{dy}{dx}$ der Gleichung (5) und der Nebenbedingung genügen soll, für den speziellen Wert x_0 von x in den Wert y_0 überzugehen. Es besitzt nun, da y_0 konstant ist, die Funktion $y - y_0$ von x denselben Differentialquotienten wie y. Daraus ergibt sich aber, daß die beiden Funktionen $y - y_0$ und

$\int\limits_{x_0}^{x}\varphi\,(x,\,y)\,d\,x$ [1]) wegen Gleichung (5) denselben Differentialquotienten
haben. Da sie außerdem für den speziellen Wert $x = x_0$ beide gleich
Null sind, müssen sie für alle Werte von x die Differenz Null haben
(§ 62), d. h. einander gleich sein. Hieraus ergibt sich die Gleichung

$$(6) \qquad y = y_0 + \int\limits_{x_0}^{x}\varphi\,(x,\,y)\,d\,x\,,$$

die also eine notwendige Folge ist von (5) und von der gestellten
Nebenbedingung. Die Gleichung (6) ist insofern von ähnlicher Art
wie die bloß algebraische Gleichung (2), als ich in (6) die rechte Seite
eigentlich nur berechnen könnte, wenn die unbekannte Funktion y
von x schon bekannt wäre, in welchem Fall aber dann diese Berechnung wieder dasselbe y ergeben müßte. y ist eine von x abhängige,
veränderliche Größe, deren Verlauf mit y_0 beginnen soll, wenn x mit
dem Wert x_0 zu laufen beginnt. Man setzt deshalb zunächst — hierin
liegt wieder die im Grund falsche Annahme — rechts für die unbekannte Funktion y eine solche Funktion von x ein, die konstant
den Wert y_0 hält. Man setzt also

$$(7) \qquad y_1 = y_0 + \int\limits_{x_0}^{x}\varphi\,(x,\,y_0)\,d\,x\,.$$

Würde hier y_1 gerade konstant, d. h. unabhängig von x, und zwar
gleich y_0 herauskommen, so würde sich die gemachte Annahme bestätigen, daß die der Nebenbedingung entsprechende Lösung der
Differentialgleichung (5) konstant gleich y_0 sei. In dem anderen Fall,
der sich für gewöhnlich einstellen wird, läßt man die Annahme $y = y_0$
fallen und ersetzt sie durch die Annahme, daß y für alle die in Betracht kommenden Werte von x gleich der durch die Gleichung (7)
definierten Funktion y_1 von x sei. Nun setzt man diese zweite „Näherung" an die Wahrheit rechts in die Gleichung (6) ein und bildet

$$y_2 = y_0 + \int\limits_{x_0}^{x}\varphi\,(x,\,y_1)\,d\,x\,.$$

---

[1]) Falls die Funktion $\psi\,(x)$ in der üblichen Weise (§ 57 u. 38) durch eine Kurve
dargestellt ist, so versteht man unter dem „Integral"
$\int\limits_{x_0}^{x}\psi\,(x)\,d\,x$ den Flächeninhalt, der durch die Kurve,
die Abszissenachse und durch die beiden Parallelen
der Ordinatenachse begrenzt ist, welche von dieser
Achse die Abstände x_0 und x besitzen. Denkt man
sich dabei den Abstand x veränderlich, so ist der
Flächeninhalt eine Funktion von x, deren Differen-

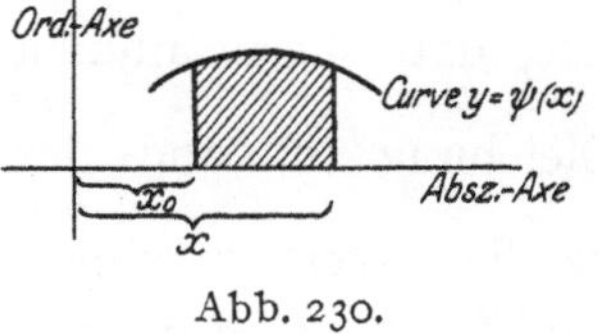

Abb. 230.

tialquotient gerade gleich $\psi\,(x)$ ist. Für $x = x_0$ wird der Inhalt gleich Null
(Abb. 230).

Indem man so fortfährt, ergibt sich wieder ein unendlicher Prozeß. Unter gewissen Bedingungen, auf die hier nicht näher eingegangen werden kann, läßt sich nachträglich beweisen, daß die Funktionen

$$y_0, \; y_1, \; y_2, \; y_3, \; \ldots$$

wirkliche Näherungen sind, indem sie einer Grenzfunktion y von x ohne Ende zustreben, die tatsächlich der Differentialgleichung (5) und zugleich der Nebenbedingung genügt, für $x = x_0$ den Wert y_0 haben. Die genannte Überlegung, die von PICARD herrührt, gibt für den Aufbau der Theorie der Differentialgleichungen eine brauchbare Grundlage ab, welche zugleich die ältere Begründungsweise, die CAUCHY verdankt wird, an Einfachheit übertrifft.

Auch in der Theorie der sogenannten partiellen Differentialgleichungen können ähnliche Überlegungen zur Lösung der „Randwertprobleme" verwendet werden, d. h. der Probleme, bei denen von einer Funktion des Orts, d. h. von einer Wertverteilung in einem gewissen Gebiete, verlangt wird, daß im Innern des Gebiets die Gleichung erfüllt sein und auf dem Rand des Gebiets vorgegebene Werte angenommen werden sollen.

In allen diesen Fällen wird eine Annahme gemacht, die sich nachher nicht bestätigt, im einen Fall, in dem oben zuerst angeführten, eine Annahme allgemeinerer Art, auf die immer wieder zurückgegriffen wird — daß nämlich die Kurve als eine gerade Linie behandelt werden könne — in den anderen Fällen eine besondere Annahme, aus der dann in gerader Linie fortlaufend Folgerungen gezogen werden. Man kümmert sich im Grunde nicht darum, daß die aufeinanderfolgenden Ergebnisse nicht miteinander übereinstimmen, sondern läßt jedesmal das frühere Ergebnis fallen und ersetzt es durch das spätere, obwohl dieses aus dem früheren abgeleitet war. Unter gewissen günstigen Umständen liefert dann die Folge dieser Ergebnisse, von denen keines den gewünschten Wert genau darstellt, eine Folge von immer besseren Annäherungen an diesen, die schließlich in ihrem gesetzmäßigen unendlichen Fortgang den Wert sowohl definiert als auch zu berechnen erlaubt.

Natürlich kann ein solches Verfahren nachträglich auch dargestellt werden, ohne daß man jene, nicht einmal richtigen Annahmen macht, und es ist eine solche Darstellung auch für den endgültigen Beweis notwendig. Trotzdem erkennt man in jenen Annahmen oder Fiktionen die leitenden Gedanken, die auf das Verfahren geführt haben[1]).

---

[1]) Man vergleiche das in § 83 Gesagte. Fiktionen haben in der Mathematik bisweilen heuristische Bedeutung; niemals dürfen sie zur Begründung benutzt werden.

§ 174. Das Auftreten des Widerspruchs.
Verfahren der Prüfung.

Es war schon davon die Rede, was das Auftreten eines Widerspruchs zu bedeuten hat, wenn er im Gefolge von bewußt gemachten Annahmen erscheint. Bisweilen tritt auch da schon ein Widerspruch ein[1]), wo wir uns im Bereich der sicheren Tatsachen zu befinden glauben. Hier ist der weniger wichtige Fall derjenige, daß der Widerspruch aus einer psychologischen Ursache entstanden ist. Dies ist dann der Fall, wenn wir uns in einem im Grunde bekannten und völlig klaren Punkte einen Mangel an Aufmerksamkeit haben zu Schulden kommen lassen, wenn wir etwas verwechselt[2]), eine Erfahrung unter einen Begriff subsumiert, unter den sie nicht paßt, oder bei der Ausübung unserer diskursiven Denktätigkeit (§ 125) eine Regel nicht richtig angewendet haben, die wir beachten mußten. Natürlich müssen wir zunächst, ehe wir zu neuen Ergebnissen weiterschreiten, den Widerspruch aufklären. Das nächstliegende wird dabei sein, daß wir unsere Überlegungen mit verschärfter Aufmerksamkeit wiederholen, am besten in einzelnen Teilen, indem wir jeden solchen nach einer Ruhepause mit frischen Kräften in Angriff nehmen, nachher — vielleicht in einer anderen Anordnung — ihn noch einmal überprüfen und das vollkommen gesicherte Teilergebnis wegen des Anschlusses an die benachbarten Teile genau schriftlich festlegen[3]). Ein sehr nützliches Prüfungsverfahren besteht auch darin, die allgemeinen Überlegungen an einem Einzelfall, etwa an einem Zahlenbeispiel, Schritt für Schritt durchzunehmen, wobei dann der vorliegende Einzelfall für jeden Schritt die Probe der Richtigkeit der allgemeinen Überlegungen hergeben muß, und dadurch dann die Stelle, an der

---

[1]) Ein Widerspruch liegt auch dann vor, wenn wir, wie man zu sagen pflegt, zu viel bewiesen haben, d. h. wenn das Ergebnis des Beweisverfahrens nicht nur allgemeiner, als erwartet war, herausgekommen, sondern, wenn zugleich auch noch — vielleicht aus einem Beispiel — bekannt ist, daß das Ergebnis in so allgemeiner Form nicht gültig sein kann. Ein leicht erkennbarer Widerspruch kann darin bestehen, daß unsere Betrachtung ihrer Natur nach gewisse Eigenschaften der Symmetrie, gleicher Dimensionen (§ 28) usw. zeigen muß, und diese Eigenschaften in einem Teilergebnis vermißt werden.

[2]) Beim schulgemäßen Syllogismus ist der Fehler längst bekannt, der darin besteht, daß der den Schluß vermittelnde Mittelbegriff, der in beiden Prämissen vorkommt, irrtümlicher Weise als ein und derselbe angesehen worden ist. Wir haben dann etwa die Formel: Alle A sind B, alle B' sind C, und gelangen durch Verwechslung von B mit B' zu dem falschen Schluß: Alle A sind C. Da in diesem Fall vier Begriffe auftreten statt der regelmäßigen drei Begriffe A, B und C, so nennt man dies eine „Quaternio terminorum".

[3]) Daß bei Zahlenrechnungen die Ausführung in Teilen empfehlenswert ist, ist den Astronomen längst bekannt. Schon die richtige Addition einer sehr langen Kolumne in einem Stück ist für manche eine psychologische Unmöglichkeit.

eine Unaufmerksamkeit begangen worden war, mit Sicherheit aufgedeckt wird.

Weit wichtiger als in dem eben besprochenen Fall ist der Widerspruch dann, wenn er in einer noch bestehenden Unklarheit der zugrunde gelegten Begriffe seine Ursache hat. Die Stelle, an der der
Fehler begangen worden ist, kann in diesem Fall genau so wie im
vorigen aufgesucht werden. Indem dann die an dieser Stelle benutzten
Begriffe noch einmal an der Hand ihrer Definitionen, falls es synthetische Begriffe sind, oder an den Erfahrungen, falls sie aus solchen
abstrahiert sind, geprüft werden, gelingt es meistens, die Klarheit zu
erreichen. Auch in dem Fall, in dem etwa eine Grundannahme geändert werden muß, oder in demjenigen, wo wir stillschweigend, d. h.
unbewußt, von einer nicht haltbaren Annahme Gebrauch gemacht
haben, liegen die Dinge ähnlich. Wir können die Stelle, wo sich die
Annahme geltend macht, und damit die Annahme selbst in ähnlicher
Weise entdecken und als nicht stichhaltig erkennen.

Ein derartiges Auftreten eines Widerspruchs, also eines logisch[1])
und nicht psychologisch verursachten, ist meist als ein glücklicher
Zufall[2]) anzusehen, der uns oft um ein Bedeutendes vorwärts bringt.
Das Denken wird sich dadurch mehr bewußt. Sind wir vorher mehr
instinktiv verfahren, was im Anfang behufs schneller Erzielung eines
Überblicks vorteilhaft sein kann, aber nachher im fertigen Beweis
nicht erlaubt ist, so sind jetzt die Begriffe wirklich völlig genau voneinander unterschieden.

Ein außerordentlich lehrreiches Beispiel hat in neuester Zeit die
Mechanik im Zusammenhang mit der empirischen Beobachtung und
Messung geliefert. Es besteht nämlich zwischen dem „Schwerpunkts-
satz" und dem „Flächensatz" der Mechanik eine gewisse Analogie.
Der erste besagt, unter gewissen Bedingungen, daß die mit den Massen
multiplizierten, zu einer festen Ebene senkrechten Geschwindigkeiten
der einzelnen Teile eines Systems, falls sie in einem gewissen Augen-
blick die Summe Null haben, diese Summe Null stets behalten. Der
Flächensatz besagt, daß unter gewissen Bedingungen die mit den
Massen der Teile multiplizierten, auf eine feste Achse sich beziehenden
Flächengeschwindigkeiten stets die Summe Null haben. Aus dem

---

[1]) Natürlich ist hier „logisch" nicht im Sinne der Formallogik gemeint.
Diese ist, wie schon mehrfach betont wurde, überhaupt für die Mathematik sehr
wenig fruchtbar. Ein Fehler gegen die Regeln der Formallogik würde eher der ersten
Kategorie zuzurechnen und einem Rechenfehler vergleichbar sein (vergl. § 125).

[2]) Ein ähnlicher Zufall liegt in den Erfahrungswissenschaften vor, wenn etwa
eine unvorgesehene Abweichung oder Ungenauigkeit in der Ausführung eines Experiments eine neue unerwartete Erscheinung hervorruft. Auf einem solchen Vorgang beruhte die Entdeckung der Röntgenstrahlen.

Schwerpunktssatz folgt jedoch außerdem noch, daß unter den betreffenden Voraussetzungen der Schwerpunkt des Systems, falls er im Anfang des betrachteten Zeitintervalls keine Geschwindigkeit hatte, seinen Abstand von einer Vertikalebene nicht durch die vorausgesetzte Art von Kräften, nämlich nicht durch „innere" Kräfte ändern kann, daß also z. B. ein zuerst ruhender lebender Körper in freier Luft seinen Abstand von einer Vertikalebene nicht durch das Spiel seiner Muskelkräfte zu ändern vermag. Man hat nun vermöge einer falschen Analogie geradeso aus dem Flächensatz geschlossen gehabt, daß unter Umständen eine gewisse Ebene eines zuerst ruhenden Systems durch innere Kräfte nicht gedreht werden könne. Danach würde ein lebender Körper, wenn er in freier Luft seine Muskeln bewegt und zuletzt alle seine Teile wieder r e l a t i v zueinander in dieselbe Lage gebracht hat, falls er im Anfang in Ruhe gewesen war, in seiner Endlage nicht gegen die Anfangslage gedreht erscheinen können. Dieses scheinbar deduktive Ergebnis stand im Widerspruch mit einer Erfahrung. Der Volksmund nämlich hatte stets behauptet, daß eine zu Fall gekommene Katze es einzurichten verstehe, auf die Pfoten zu fallen. Diese Behauptung wurde von den mathematischen Mechanikern nicht geglaubt, bis die Momentphotographie sich der Sache annahm. Eine kinematographische Aufnahme der fallenden Katze führte zu der Feststellung, daß diese Drehbewegungen der einen Körperteile gegen die anderen ausführt, und nun gelang im Zusammenhang mit einer verbesserten theoretischen Überlegung die völlige Klärung der Sache[1]). Jener scheinbare Schluß war kein logisch zwingender, sondern eine falsche Analogie, weil die linke Seite der den Flächensatz darstellenden Gleichung andere mathematische Eigenschaften hat als die linke Seite der den Schwerpunktssatz darstellenden Gleichung[2]). Dieser Unterschied hätte bei scharfer Auffassung von Anbeginn an mathematisch eingesehen werden müssen; er war aber verkannt worden, und erst die empirische Messung berichtigte den in der Theorie gemachten logischen Fehlschluß. Dieser Fall ist allerdings der seltenere, und weit häufiger wird die Theorie zwar nicht die Erfahrung selbst, aber deren Deutung zu berichtigen haben.

§ 175. Die Entwicklung der Wissenschaft.

WUNDT hat einmal von der „Änderung der Begriffe" gesprochen und dabei von seiten von SCHUPPE starken Widerspruch erfahren.

---

[1]) Vgl. MAREY und GUYOU in den Comptes rendus der Académie des Sciences, Bd. 119, 1894, S. 714, 717.

[2]) Die linke Seite des einmal integrierten, d. h. in den e r s t e n Differentialquotienten geschriebenen Schwerpunktssatzes ist ein sogenanntes vollständiges Differential, die linke Seite des ebenso geschriebenen Flächensatzes ist es nicht.

Es handelt sich hier um zweierlei Beobachtungen, deren jede richtig ist und Bedeutung besitzt. Man wird zugeben müssen, daß die in jeder einzelnen Untersuchung vorkommenden Begriffe von Anfang bis zu Ende dieselbe bestimmte Bedeutung besitzen müssen. Gerade darauf, daß wir mit dieser Bedeutung nicht auseinandergeraten, beruhen die berühmten sogenannten Prinzipien der Identität und des Widerspruchs[1]). Vergleicht man aber einen späteren Zustand der Wissenschaft mit einem früheren, so wird man oft ähnliche und doch zugleich verschiedene Begriffe derart vorfinden, daß man einen später aufgestellten als Umbildung und Fortentwicklung eines früher gebildeten Begriffs wird ansehen können.

In diesem Sinne gibt es also eine Verbesserung, Verfeinerung, Verallgemeinerung, Berichtigung der Begriffe. In der reinen Mathematik, insbesondere in der Arithmetik, Zahlentheorie usw., d. h. also im Gebiet der rein synthetischen Begriffe, werden allerdings keine Definitionen umgestoßen, so wenig als hier einmal gefundene Sätze sich nachträglich als falsch herausstellen — außer wenn ein grober Irrtum vorgekommen ist. Es werden hier neue Begriffe gebildet durch Verallgemeinerung und Spezialisierung von solchen, die schon vorhanden waren; es werden zu diesen hinzugehörige, gewissermaßen verwandte, vielleicht feinere Begriffe gebildet, man wird aber doch im allgemeinen nicht von Umbildung der Begriffe zu sprechen haben.

Etwas anders liegt die Sache bei den empirischen Begriffen. Hier kommt es vor, daß Dinge, die zuvor als gleichartig erschienen, nachher nicht mehr gleichartig zu sein scheinen. Meistens wird sich wohl in diesem Fall der Begriff der betreffenden Dinge so unterteilen lassen, daß eine der Eigenschaften, die nach vorher gefaßter Meinung dem ganzen umfassenden Begriff zukommen sollten, tatsächlich nur dem einen Unterbegriff allein zukommt, indem der ursprüngliche Begriff eben nicht im Sinne von Descartes „klar und deutlich“ gewesen war. Wird nun etwa noch der Name des umfassenderen Begriffs nachträglich auf den einen Unterbegriff beschränkt, so ist in gewissem Sinne eine Änderung der Begriffe da. Auch unter anderen Umständen, selbst im Gebiet der rein synthetischen Begriffe, kann ein Begriff durch einen anderen, ähnlichen, der vielleicht fruchtbarer ist, ersetzt werden, und falls dann der erste Begriff nicht mehr verwendet und sein Name auf den neuen Begriff übertragen wird, so liegt wenigstens im uneigentlichen Sinne eine Umbildung des Begriffs vor.

Das Gebiet der rein synthetischen Begriffe entwickelt sich durch immer neue synthetische Bildungen, die empirischen Gebiete durch

---

[1]) Man vergleiche auch die auf S. 255, Anm. 1 erwähnte Husserlsche Definition des Begriffs.

neue, an der Erfahrung abstrahierte Begriffe, die nachher als gegeben vorausgesetzt werden, durch neue Annahmen oder Postulate, die gesetzt, verworfen und umgebildet werden, und außerdem noch durch Bildung synthetischer Begriffe, die aus solchen gegebenen Begriffen und Annahmen aufgebaut sind. Diese Entwicklung ist ein der Natur der Sache nach nie völlig abgeschlossener Prozeß[1]).

Besondere Erscheinungen zeigen sich dann, wenn ein ursprünglich aus der Erfahrung abgezogener Begriff nachher auf ein aus anderen Grundbegriffen aufgebautes Verfahren mathematischer Zusammensetzung bezogen, wenn also ein „synthetischer Begriff" zur Darstellung eines empirisch gegebenen benutzt wird Hier müssen dann die logischen Folgerungen aus dem mathematischen (synthetischen) Ansatz mit den Erfahrungstatsachen übereinstimmen, und es ist im Falle des Gegenteils der mathematische Begriff durch einen anderen solchen auszutauschen, der besser zur Darstellung geeignet ist In diesem Fall bezeichnen wir auch allenfalls den empirischen Begriff als die Sache, den mathematischen Begriff, mit dem wir die empirischen Erscheinungen überbauen (§ 116), als den Begriff der Sache, und der mit der Einführung des mathematischen oder synthetischen Begriffs getane Schritt stellt das Vorkommnis dar, daß wir von der Sache „einen neuen Begriff erlangt haben".

So stellt für den, der den Begriff des Lichts nur aus der Erfahrung kennengelernt hatte, nachher die elastische Wellentheorie einen neuen Begriff des Lichts vor, aus dem die in der Erfahrung unmittelbar gegebenen Eigenschaften, die im allgemeinen geradlinige Fortpflanzung, die Reflexion, Brechung, Beugung des Lichts, mittelbar durch mathematische Betrachtung hergeleitet werden. Dieser Begriff wurde aber dann noch einmal durch einen anderen, ihm allerdings verwandten, ersetzt, indem wir das Licht jetzt durch die moderne, elektromagnetische Wellentheorie darstellen, bei der nicht Bewegung vorausgesetzt wird, sondern ein periodischer Wechsel von gewissen gerichteten Eigenschaften innerhalb des als unbeweglich und starr gedachten Äthers. Der Begriff des Lichts ist also umgebildet worden, während wir unter ihm doch immer dieselbe Sache begreifen, d. h. ihn nach wie vor denselben Komplexen elementarer Wahrnehmungen zuordnen[2]). Wir haben hier „eine neue Auffassung bekommen", „erklären" unsere Wahrnehmungen anders als vorher.

---

[1]) Dies hat neuerdings vor allem Natorp betont (Die logischen Grundlagen der exakten Wissenschaften, 1910, S. 13) und dabei auf Plato hingewiesen.

[2]) M. Schlick führt überhaupt alles Denken auf Zuordnung zurück (Allgemeine Erkenntnislehre, 1918, S. 56).

Einen solchen Aufbau empirischer Begriffe und der an sie sich anknüpfenden Tatsachen aus anderen vorausgesetzten Grundbegriffen und Annahmen bezeichnet man gelegentlich auch als ein Zerlegen der Erfahrungstatsachen in jene hypothetischen Elemente. Ich habe jedoch bereits darauf hingewiesen (§ 126), daß es sich nicht um ein wirkliches Zerfallen der Erscheinungen in empirisch vorhandene Elemente handelt, sondern nur um ein Nachkonstruieren aus zu diesem Zweck gewählten hypothetischen Elementen[1]). In diesem Sinne also wird man versuchen, die Erscheinungen zu zerlegen oder richtiger, sie neu aufzubauen. Die Darstellung einer Sache durch einen passend gebildeten synthetischen Begriff, also durch die passende Art der Zusammensetzung, das scheint mir mit dem „adäquaten" Begriff Leibnizens zusammenzufallen.

Der natürliche Weg des wissenschaftlichen Fortschritts besteht in einem langsamen Wachsen und Sichumbilden des Begriffssystems. Dabei muß, wenn es sich nicht um die reine Mathematik (Arithmetik usw.) handelt, stets die Erfahrung zu Rate gezogen werden. Öfters werden Begriffe mit solchen vertauscht, die in höherem Maße adäquat sind, weshalb wir dann sagen, daß wir unsere Begriffe den Tatsachen angepaßt haben[2]). So ist die elastische Wellentheorie des Lichts durch den adäquateren Begriff ersetzt worden, der jetzt in der elektromagnetischen Wellentheorie gegeben ist.

Manchmal erreichen wir das Ziel, daß ein ganzes Erfahrungsgebiet sich durch Folgerungen aus gewissen Annahmen darstellen läßt, deren Widerspruchslosigkeit überdies noch bewiesen werden kann. Dies kommt dann stets darauf hinaus, daß wir das ganze Gebiet in allen seinen Erscheinungen durch ein System rein synthetischer Begriffe „abbilden" (§ 113 u. 130). Dies geschieht z. B. hinsichtlich der nur räumlichen Eigenschaften der Körper durch die Geometrie (§ 41), es gilt dies aber auch für gewisse Teile der Mechanik (z. B. die Statik der starren Körper) und auch z. B. für die Wellenlehre des Lichts. F. Klein nennt eine solche Darstellung der empirischen Wissenschaft durch rein synthetische Begriffe, d. h. also ihre Auflösung in reine Mathematik (§ 134), „Arithmetisierung der Wissenschaft".

Sind wir aber gewissermaßen in eine Sackgasse geraten, so lassen wir auch einmal eine ganze große Theorie fallen und ersetzen sie durch

---

[1]) Man vergleiche auch den auf S. 360 erwähnten Ausspruch von Kant.

[2]) J. St. Mill sagt (4. deutsche Aufl., übersetzt von Schiel, 1877, 2. Teil, S. 230/31): „In dem Verhältnis, als wir von den Erscheinungen selbst und von den Bedingungen, von denen ihre wichtigen Eigenschaften abhängen, mehr Kenntnis erhalten, ändern sich naturgemäß unsere Ansichten von dem Gegenstand, und wir gelangen so bei dem Fortschreiten unserer Untersuchungen von einer weniger zu einer mehr angemessenen allgemeinen Idee."

eine neue. Auch in einem solchen Fall kommt es vor, daß Voraussetzungen oder auch abgeleitete Ergebnisse der alten Theorie in die neue als Voraussetzungen mit herübergenommen werden. So wird z. B. in der elektromagnetischen Lichttheorie bei der Herleitung des Brechungsgesetzes an der Grenze der beiden Medien, welche das Licht nacheinander durcheilt, für den „elektrischen Vektor" eine Bedingung vorausgesetzt[1]), die ich mir nur dadurch motiviert denken kann, daß sie in der alten elektrostatischen Theorie, in der der elektrische Vektor — die elektrische Kraft — eine aus den Fernwirkungen der Elektrizitätsmengen zusammengesetzte Größe, d. h. also ein abgeleiteter Begriff, war, sich als deduzierbares Gesetz ergeben hatte.

In ähnlicher Weise wird gelegentlich ein fertiges allgemeines Gesetz oder eine fertige allgemeine Formel einfach aus einer älteren Theorie in eine neue übertragen, indem die in der Formel vorkommenden Größenwerte für den neuen Fall willkürlich umgedeutet werden. Immerhin stellen derartige gewaltsame Verallgemeinerungen nicht den gewöhnlichen Weg vor, wie die Wissenschaft sich entwickelt. Das schrittweise Verfahren, das z. B. in der Mechanik im Laufe von zwei Jahrhunderten von Galilei über Newton, Leibniz und Huygens zu d'Alembert und Lagrange geführt hat, ist meist natürlicher und sicherer als der moderne Versuch der sogenannten „Energetik", die Mechanik mitsamt einem Teil der Physik und Chemie auf einen Schlag durch eine entsprechende Deutung des Hamiltonschen Integralprinzips[2]) zu gewinnen.

Das Festhalten am Bewährten ist unter Umständen ebenso wichtig wie die Auffindung neuer Ansätze. Man darf sich auch im allgemeinen nicht durch eine einzige Erscheinung, die sich einer Theorie nicht fügt, an dieser Theorie irre machen lassen. Manchmal läßt sich die ihr scheinbar widersprechende Erscheinung doch noch mit ihr vereinigen. Bekanntlich fügte sich anfänglich die Bewegung des Uranus der Gravitationslehre nicht mit der zu verlangenden Genauigkeit. Man konnte daran denken, diese abändern zu müssen[3]); doch wurde später die genaue Übereinstimmung dadurch erreicht, daß die Voraussetzung hinzugenommen wurde, daß jenseits der Bahn des Uranus ein damals noch unbekannter Planet die Sonne umkreise, dessen Anziehung dann natürlich den Uranus beeinflussen mußte. Bekanntlich bedeutete es eine der Großtaten der Astronomie, als auf Grund des genannten Gedankens Leverrier den Planeten Neptun

---

[1]) Vgl. § 161.   [2]) Vgl. S. 515.

[3]) Wenn ich nicht irre, hatte aus dem genannten Grunde Bessel die Annahme versucht, daß der „Konstanten" der Gravitation für verschiedene Paare von Körpern verschiedene Werte zugeschrieben werden sollten.

nicht nur theoretisch entdeckte, sondern auch die Elemente seiner Bahn richtig vorausbestimmen konnte, so daß dann, darauf gestützt, GALLE den neuen Planeten mit dem Teleskop auffand.

Es ist schon erwähnt worden (§ 150), daß wir es manchmal nicht verschmähen, mit einer Hypothese, die wir in einem Gebiet haben aufgeben müssen, in einem anderen Gebiet weiter zu arbeiten. Freilich werden wir dann das Ziel einer später zu erreichenden Gesamtauffassung nicht aufgeben dürfen. Auch das kommt vor, daß wir die gröbere Arbeitshypothese in einem Teilgebiet weiter benutzen, obwohl wir im Besitz einer besseren, alles erklärenden Gesamthypothese sind. So operiert man noch heute in der mathematischen Behandlung der Linsensysteme, Fernrohre usw. da, wo es keinen Unterschied mit sich bringt, mit einer Auffassungsweise des Lichtstrahls, die von der Wellenlehre ganz absieht und etwa im Sinne der vor HUYGENS herrschenden Emissionstheorie die geradlinige Fortpflanzung als eine ursprüngliche Eigenschaft des Lichts behandelt.

Natürlich ist die Einfachheit stets ein wesentlicher Vorteil einer Hypothese, und man wird niemals eine verwickelte Hypothese annehmen, wenn sich nicht Mehreres und Wesentliches aus ihr folgern läßt[1]).

Hinsichtlich der Art der zu verwendenden Hypothesen herrscht im übrigen, je nach dem Zeitalter, bald diese, bald jene Vorliebe. Eine Zeitlang liebte man es, durch NEWTONs Erfolg geblendet, alles auf Fernkräfte zurückzuführen; jetzt ist uns die Anschauung der stetigen, Zeit verbrauchenden Fortpflanzung einer Wirkung von Ort zu Ort wieder natürlicher (§ 163). Die neuere Zeit hat bis vor kurzem möglichst allen Vorgängen die Bewegungsvorstellung unterzulegen versucht[2]). Es haben aber die elektromagnetischen Vorgänge in der MAXWELLschen Theorie dazu geführt, die Vorstellung einer im Raume vor sich gehenden Änderung einzuführen, die nicht Bewegung ist, nämlich die von Ort zu Ort sich ausbildenden gerichteten Eigenschaften (elektrischen und magnetischen Spannungen) in einem selbst sich nicht bewegenden Medium. Ein anderes Beispiel vom Wechsel der Auffassungen bietet die atomistische Hypothese dar. Sie herrscht zur Zeit in der Physik vor, und zwar nicht nur in Beziehung auf die Konstruktion der Materie, sondern neuerdings sogar auch hinsichtlich

---

[1]) Vgl. S. 481, Anm. 1, 2 u. 3. Man wird auch eine möglichst kleine Zahl von Hypothesen zugrunde legen. GUHRAUER (J. JUNGIUS und sein Zeitalter, S. 167) führt als Grundsatz von JUNGIUS an: „Ein Phänomen, welches auf wenige Hypothesen zurückgeführt werden kann, muß nicht aus mehreren erwiesen werden; denn nur dann werden die Hypothesen den Erscheinungen richtig angepaßt, wenn wenige vielen Erscheinungen genug tun."

[2]) Vgl. S. 484, Anm. 4.

Hölder, Mathematische Methode. 34

der Auffassung des sogenannten Äthers und selbst der Elektrizität. Man darf aber doch nicht vergessen, was die der atomistischen entgegengesetzte Kontinuitätshypothese — z. B. in der Hydrodynamik — geleistet hat. Die Schätzung der Hypothesen auf das richtige Maß zurückzuführen, helfen uns die Versuche, die tatsächlichen Erscheinungen, soweit es eben möglich ist, hypothesenfrei darzustellen[1]). Jedenfalls muß vor einer überstürzten Hypothesenbildung, wie sie die Physik in der Gegenwart zu zeigen scheint, gewarnt werden.

Ich möchte noch bemerken, daß die früher von dem Wesen der Deduktion gegebene Beschreibung (§ 125, 134, 167), daß die über das Verhältnis von Deduktion und Induktion (§ 172) usw. gemachten Bemerkungen richtig bleiben und davon gar nicht berührt werden, welche Vorstellungsarten wir in den zu machenden Hypothesen bevorzugen.

§ 176. Allgemeine Verhaltungsmaßregeln. Wissenschaftliche Fähigkeiten.

Für das Verhalten des Untersuchenden sind schon mancherlei Regeln gegeben worden. Leibniz hat vor allem die Regel angegeben, daß man auch das Kleine beachten soll. Ohne Zweifel stellt aber diese Regel doch nur eine notwendige Ergänzung der anderen, in gewissem Sinne dazu gegensätzlichen Regel vor, daß man lernen muß, das Wichtige vom Unwichtigen zu unterscheiden, und daß man sich mit dem Unwichtigen nicht zu lange aufhalten darf. Es gehört eben ein gewisser Instinkt dazu, das, was fruchtbar ist, zu bemerken. Helmholtz hat gesagt, daß er stets damit begonnen habe, sein Problem auf alle möglichen Arten zu wenden. Dies hat wohl den Sinn, daß man gut daran tut, sich alle benachbarten Probleme, alle Gebiete, mit denen die aufgeworfene Frage zusammenhängt, von vornherein klar zu machen. In dieser Hinsicht ist gewiß oft auch das Gespräch mit anderen nützlich, wie denn gerade der Gedankenaustausch den Vorteil hat, daß der einzelne auf Dinge aufmerksam wird, die er, in einseitiger Arbeitsrichtung begriffen, nicht bemerkt, während die Durchführung einer Untersuchung strenge, mit Isolierung verbundene Konzentration erfordert. Das Beachten jeder auffälligeren Erscheinung ist jedenfalls zu empfehlen[2]), vielfach zeitigt eine solche Beobachtung dann auch gleich instinktive Schlüsse, die schnell vorwärts führen, später aber doch durch genaue Begriffszergliederung geklärt werden müssen. Ist es auf der einen Seite nützlich, jede Gelegenheit, irgendwo vorwärts zu kommen, wahrzunehmen, so ist es doch zugleich gut, ein festes, wichtiges Ziel immer im Auge zu behalten; die Regel:

---

[1]) Man vergleiche aber S. 435.   [2]) S. 489, S. 523, Anm. 2.

ein festes Ziel mit wechselnden Mitteln zu verfolgen, ist schon des öfteren ausgesprochen worden.

Eine allgemeine Vorbereitung auf wissenschaftliche Untersuchungen verschafft uns auch das Studium der Geschichte der Wissenschaft, wenn diese nicht nur mit den Ergebnissen, sondern namentlich mit der Art sich beschäftigt, wie diese gewonnen worden sind, und überall die wichtigen Wendungen im richtigen Lichte darzustellen versteht. Auch ist es gewiß nützlich, neue Methoden dadurch zu prüfen und einzuüben, daß man sie auf alte, in ihren Haupteigenschaften schon von anderer Seite her untersuchte Beispiele anwendet; dabei fällt meist auch auf die alten Beispiele ein neues Licht, indem sie in einen neuen Zusammenhang eingefügt werden[1]).

Die Fähigkeiten, die zu erfolgreicher Durchführung wissenschaftlicher Untersuchungen tauglich machen, und die wir, falls sie uns überhaupt zukommen, durch Übung in uns zu stärken suchen müssen, könnten hier mit besprochen werden. Descartes erklärt im „Discours de la méthode", daß er keine wissenschaftlichen Fähigkeiten kenne[2]) außer Gedanken, die bei der Hand sind, einer feinen und deutlichen Einbildungskraft und einem umfassenden und gegenwärtigen Gedächtnis. Meines Erachtens dürfte es von derartigen allgemein menschlichen Vermögen die Unterscheidungsgabe sein, die besonders wichtig ist und in verfeinerter Beschaffenheit eine Seltenheit vorstellt. Von lebhaften Gedanken und gutem Gedächtnis sind viele Menschen, an denen wir keine bedeutenden Leistungen, namentlich in wissenschaftlicher Hinsicht, erleben. Immerhin scheint es manchmal, als ob neben jenen allgemeinen Fähigkeiten doch noch eine besondere und für jedes Gebiet spezifische Kraft wissenschaftlicher Produktivität bestünde. Vielleicht allerdings besteht diese nur in der Steigerung der von Descartes genannten Vermögen und in deren Übung und Anpassung an die Ziele des betreffenden Einzelgebietes.

Über den Physiker Robert Mayer wird von einem seiner Freunde berichtet[3]), daß seine hervortretendste Gabe das „unaufhaltsame einbohrende Durchdenken eines Gedankens bis in seine letzten Ausläufer" gewesen sei, während Helmholtz auf Grund seiner eigenen Erfahrung das Hauptgewicht auf die Beobachtungsgabe legt. Offenbar betont der eine mehr die Seite des Begrifflichen, der andere mehr das Verhältnis zu den Sachen, während ohne Zweifel beides von Bedeutung ist. Dabei hat die scharfe Unterscheidung der Begriffe da, wo

---

[1]) Darauf hat z. B. J. Tannery aufmerksam gemacht (vgl. das Sammelwerk: De la méthode dans les sciences, Paris, 1909, S. 66).

[2]) Vgl. Descartes' Hauptschriften zur Grundlegung seiner Philosophie, deutsch von Kuno Fischer, 1864, S. 4.

[3]) Vgl. G. Rümelin, Reden und Aufsätze, neue Folge, 1881, S. 364.

es sich um empirische Begriffe handelt, selbstverständlich eine feine und unbefangene Beobachtung zur Unterlage. Für die Deduktion, also gerade im eigentlich mathematischen Gebiet, sind besondere Einfälle mit Rücksicht auf das Ersinnen neuer Regeln, auf kombinatorische Selbsttätigkeit des Denkens nötig. Hier ist also kombinatorisch-mathematische Phantasie erforderlich; es mag sein, daß diese angeboren sein muß. Eine starke kritische Fähigkeit ist dem Forscher ebenfalls nötig, doch darf sie nicht so sehr überwuchern, daß sie die Initiative im Denken erlahmen macht[1]).

Gerade die zur Deduktion befähigenden Eigenschaften sind wichtig für tief eindringende Untersuchungen im Gebiete der exakten Wissenschaften; sie werden meines Erachtens heutzutage vielfach von Physikern unterschätzt, freilich oft auch von den Mathematikern überschätzt.

Zu alledem kommen aber noch unerläßliche Fähigkeiten, die mehr der Sphäre des Willens angehören: der aufrichtige Wahrheitsdrang, die Energie und vor allem der Fleiß. Freilich z. B. in der Mathematik wird beim größten Fleiß der wenig Begabte in der eigentlichen Erfindung nicht viel leisten können, er wird ebensowenig vollbringen, wie der Begabte im ermüdeten Zustand. Trotzdem aber leistet auch der Begabteste nur durch eisernen Fleiß etwas ganz Großes[2]).

---

[1]) WILLIAM WHEWELL spricht einmal davon, daß im Verknüpfen der Wahrheiten Kühnheit notwendig sei (von seinen für die Erkenntnistheorie der exakten Wissenschaften wichtigen Schriften sind zu nennen: History of the inductive sciences, 3 vol., 1837—38, Philosophy of inductive sciences, 2 vol., 1840, On the philosophy of discovery, 1860).

[2]) Bekannt ist MOLTKES Wort: Das Genie ist der Fleiß.

PARADOXIEN UND ANTINOMIEN.

§ 177. Einleitende Bemerkungen.

Im mathematischen Gebiet wird man, abgesehen von solchen Fällen, in denen eine Unaufmerksamkeit eingetreten (§ 174) oder eine nicht richtige Annahme eingeführt worden ist (§ 173), Widersprüche nicht erwarten. Immerhin kommen Ergebnisse vor, die scheinbar widersprechend sind, d. h. uns paradox anmuten. Im allgemeinen lassen sich diese Ergebnisse restlos aufklären. Wo dies nicht vollständig der Fall ist, liegt stets ein unzulässiger Begriff als Grundlage der Schlußweise vor, und wir sind dann in Wirklichkeit aus dem klar umgrenzbaren Gebiet der Mathematik herausgetreten.

Falls wir gewisse, neuerdings der Mathematik hinzugefügte, meines Erachtens ihr eigentlich nicht angehörige Begriffsbildungen zulassen wollen, haben wir allerdings sowohl Paradoxien, d. h. unerwartete, scheinbar widerspruchsvolle Ergebnisse, als auch Antinomien, d. h. notwendige, nicht fortzuschaffende Widersprüche zu betrachten[1]). Wir werden zuerst einige Beispiele von Paradoxien vornehmen. Sie beruhen eigentlich immer auf der Verwechslung zweier verschiedener Begriffe, der Vertauschung einer anzuwendenden Regel mit einer anderen, auf der irrtümlichen Meinung, daß eine Disjunktion (Einteilung) vollständig sei, und dergleichen. Einige derselben, z. B. das im folgenden Paragraphen gegebene Beispiel, dienen manchmal als mathematisches Unterhaltungsspiel. Es ist nicht gerade schwierig, sie aufzuklären, und für den, der die in Betracht kommenden Begriffsbildungen klar und deutlich durchschaut, verschwindet die Paradoxie.

§ 178. Division mit Null.

Durch Division mit der Zahl c kann aus der Gleichung

$$(1) \qquad a\,c = b\,c$$

für gewöhnlich auf die Gleichung

$$(2) \qquad a = b$$

---

[1]) Nach R. Eisler (Wörterbuch der philosophischen Begriffe, 1. Bd., 1904, S. 51) kennt bereits der Eleate Zeno den Begriff der Antinomie.

geschlossen werden; wendet man jedoch das durch diese Gleichungen gegebene Schema auf die Gleichung

$$3 \cdot 0 = 2 \cdot 0$$

an, so ergibt sich

$$3 = 2,$$

d. h. es ergibt sich eine völlig unrichtige Behauptung[1]). Der Grund des Fehlers liegt hier darin, daß mit Null dividiert worden ist; deshalb pflegt man auch dann, wenn jemand durch einen solchen Schluß getäuscht werden soll, für c einen solchen Ausdruck zu setzen, dessen Wert gleich Null, aber nicht ohne weiteres als solcher erkennbar ist. Der Fehlschluß beruht also darin, daß in der Regel: „wenn eine richtige Gleichung mit einer von Null verschiedenen Zahl durchdividiert wird, so entsteht wieder eine richtige Gleichung", die einschränkende Bedingung nicht beachtet wird[2]). Dadurch wird die Regel mit einer anderen, zu allgemeinen, vertauscht.

Man kann den falschen Schluß mit Rücksicht auf das zuletzt gewählte Beispiel auch so darstellen. Setzt man ausdrücklich voraus, daß c gleich Null ist, so ist sowohl $3 \cdot c$ als auch $2 \cdot c$ gleich Null und deshalb

$$(3) \qquad\qquad 3 \cdot c = 2 \cdot c.$$

Geht man nun von dieser Gleichung aus, indem man die ausdrücklich gemachte Voraussetzung vergißt und die gegenteilige Voraussetzung macht, es sei c von Null verschieden, so ergibt sich $3 = 2$. In dieser Darstellung liegt klar zutage, daß man gerade von der Voraussetzung, auf der die Gleichung (3) beruht, nachher das Gegenteil zusammen mit der Gleichung (3) verwendet hat. Das Ergebnis ordnet sich also damit dem allgemeineren unter, daß man jede beliebige Behauptung beweisen kann, wenn man neben einer bestimmten Voraussetzung zugleich ihr Gegenteil in den Schlüssen verwendet[3]), und so erscheint das Ergebnis gar nicht mehr interessant und kaum als paradox.

§ 179. TRISTRAM SHANDYS Lebensbeschreibung.

Eine paradox erscheinende mathematische Spielerei anderer Art findet man namentlich in der englisch-amerikanischen Literatur.

---

[1]) Vgl. B. BOLZANO, Paradoxien des Unendlichen, 1851, S. 59.

[2]) Die Notwendigkeit der Einschränkung geht natürlich auch aus dem Beweis der Regel hervor. Er verläuft folgendermaßen. Aus $ac = bc$ folgt $ac - bc = 0$, d. h. $(a - b) \cdot c = 0$. Da nun ein Produkt dann und nur dann gleich Null ist, wenn ein seiner Faktoren den Wert Null hat, so ergibt sich zuletzt, daß entweder $a - b = 0$ oder $c = 0$ sein muß.

[3]) Vgl. die Auseinandersetzung von § 106. Die dort behandelten sogenannten Paradoxien des Urteilskalküls möchte ich kaum als Paradoxien gelten lassen, da sie nur infolge einer künstlichen Deutung der formalen Ergebnisse so erscheinen.

Tristram Shandy, so heißt es, hat sich vorgenommen, sein Leben zu beschreiben; er kommt dabei jedoch so langsam vorwärts, daß er an jedem seiner Lebenstage nur den Inhalt eines halben Lebenstages niederschreiben kann. Er mag also leben, so lange er will, so wird er doch am Ende seines Lebens nur die Hälfte davon beschrieben haben. Man gelangt nun in gewissem Sinn zu einer Paradoxie, wenn man sich denkt, daß Tristram Shandy ewig leben würde. Es würde dann jedes Ereignis, das ihm begegnet ist, auch einmal, wenngleich erst in erheblich späterer Zeit, durch ihn zur Beschreibung kommen; die Beschreibung würde also nun das ganze Leben umfassen. Dieses neue Ergebnis scheint insofern mit dem vorher erhaltenen in einem Widerspruch zu stehen, als die erste Betrachtung, welche nur die Beschreibung der einen Hälfte ergeben hatte, von der Dauer des Lebens unabhängig gewesen war, also, so denkt man unwillkürlich, auch für ein unendlich langes Leben gelten müßte.

Offenbar galt aber jene erste Betrachtung nur unter der Voraussetzung, daß das Leben Tristrams überhaupt einen Endpunkt besaß, und galt dann allerdings für jede Zeitlage dieses Endpunkts, wie es ja auch richtig ist, daß bei einem ohne Ende fortgehenden Leben in jedem

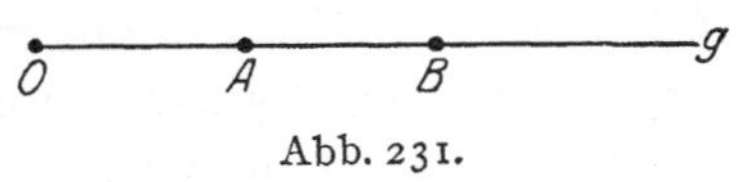

Abb. 231.

Augenblick dieses Lebens von dem bis dahin abgelaufenen Stück eben gerade nur die Hälfte beschrieben ist, während die andere Hälfte dieses Stückes erst nach jenem Augenblick zur Beschreibung gelangt. Allerdings kommt in dem ohne Ende weitergehenden Leben auch jedes Ereignis dieses Lebens schließlich einmal zur Beschreibung. Das ist für den feiner Unterscheidenden kein Widerspruch. Man kann auch sagen, daß der Begriff der Hälfte, überhaupt alles Maß (§ 22), wenigstens im eigentlichen Sinne des Wortes, nur auf eine endliche Größe angewendet werden kann, so daß eben das unendliche Intervall stets einen ganz anderen Fall vorstellt. Es zeigt sich ja auch in der Mathematik überall, daß unmittelbare Übertragungen vom Endlichen aufs Unendliche leicht zu Fehlschlüssen führen.

Noch deutlicher und einfacher dürfte die entsprechende Betrachtung in geometrischer Form mit Hilfe der Bewegungsvorstellung ausfallen. Auf der festen Geraden *g* sollen sich, ausgehend von dem festen Nullpunkt *O*, zwei Punkte *A* und *B*, etwa mit unveränderlichen Geschwindigkeiten, so nach rechts bewegen, daß *A* stets zwischen *O* und *B* die Mitte hält (Abb. 231). Fragt man nach den von *A* und *B in einem bestimmten, also endlichen, Zeitintervall* beschriebenen Strecken, so ergibt sich, daß die von *A* beschriebene halb so groß ist als die andere, von *B* beschriebene. Fragt man aber nach dem von *A* oder von B *überhaupt, d. h. in unbestimmter Zeit* beschriebenen Weg, so ergibt sich beidemal die unendliche von O nach rechts geführte Halbgerade. Hier ist es wohl deutlicher, daß die beiden gestellten Fragen zwei ganz verschiedene sind.

Die neue Einkleidung zeigt zugleich in klarer Weise ein anderes interessantes Vorkommnis. Es seien OA_1 und OB_1 zwei in derselben Zeit von A bzw. B bestrichene Strekken, und es sollen dabei A', A'', A''', ... irgendwelche Lagen von A, und B', B'', B''', ... die zugehörigen Lagen von B bedeuten (Abb. 232). Es erscheinen nun die beiden Strecken OB_1 und OA_1 punktweise „eineindeutig“ aufeinander bezogen. Dabei sollte aber von den eben erwähnten beiden Strecken, die in Abb. 232 nur der Deutlichkeit wegen untereinander gezeichnet worden sind, die Strecke OA_1 ganz in OB_1 enthalten sein. Somit liegt eine eineindeutige Zuordnung vor zwischen den Punkten von OB_1 und einem Teil dieser Punkte, nämlich den Punkten von OA_1. Man erkennt zugleich, daß durch die entsprechende punktweise Zuordnung die unendliche Halbgerade auf sich selbst im Maßstab von $1 : \frac{1}{2}$ „abgebildet“ ist[1]).

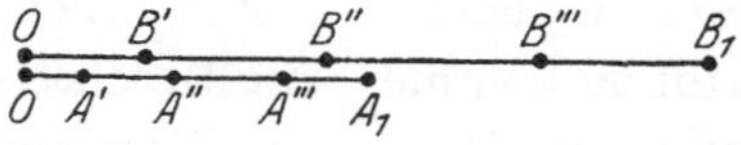

Abb. 232.

§ 180. Nochmals der Teil und das Ganze.

Die letzte Wendung des im vorigen Paragraphen gegebenen Beispiels kommt wieder auf die Beziehung hinaus, die zwischen dem Ganzen und seinem Teil besteht, und zwar bei einer Gesamtheit aus unendlich vielen Elementen, die in diesem Falle Punkte sind. Ähnliche Beziehungen spielen auch bei anderen Paradoxien der Mathematik eine Rolle.

Die Reihe

$$(1) \qquad 1, 3, 5, 7, 9, \ldots$$

der ungeraden Zahlen bildet einen Teil der Reihe

$$(2) \qquad 1, 2, 3, 4, 5, \ldots$$

aller natürlichen Zahlen. Trotzdem kann man ohne weiteres zwischen der Reihe (1) und der Reihe (2) eine eineindeutige Beziehung dadurch herstellen, daß man das Anfangsglied von (1) dem Anfangsglied von (2), dann das folgende Glied von (1) dem folgenden Glied von (2) zuweist und in dieser Weise fortfährt.

---

[1]) In derselben Weise können zwei bei einer gewissen punktweisen Zuordnung einander kongruente logarithmische Spiralen zugleich auch als einander nur ähnlich in irgendeinem von $1 : 1$ verschiedenen Längenmaßstabe angesehen werden. Es ist deshalb auch eine solche Spirale bei entsprechender Zuordnung der Punkte mit sich selbst ähnlich in irgendeinem Maßstabe $1 : \alpha$.

Dieses Ergebnis[1]) ist analog dem am Schlusse des vorigen Paragraphen gefundenen, wo die Punkte der Strecke $O\,B_1$ und die der Teilstrecke $O\,A_1$ sich zugeordnet wurden. Beide Ergebnisse erscheinen
nur deshalb als paradox, weil bei den endlichen Mengen die ein-
eindeutige Zuordnung zwischen den Elementen der Menge und denen
eines Teils der Menge nicht möglich ist, und infolgedessen der Begriff
der zahlenmäßigen Gleichheit eben auf die eineindeutige Zuordnung
gegründet werden kann, und, wie ich in § 63, 67—69 gegenüber von
entgegengesetzten Meinungen hinreichend auseinandergesetzt zu haben
glaube, schließlich gegründet werden muß. Für endliche Mengen
habe ich in § 68 bewiesen, daß, falls es möglich ist, eine Menge
einem Teil einer zweiten eineindeutig zuzuordnen, es nicht möglich
ist, die beiden Mengen restlos einander oder die zweite Menge einem
Teil der ersten in derselben Weise zuzuordnen. Da nun jener Beweis
ganz wesentlich auf der Erschöpfbarkeit der beiden Mengen beruhte,
ist es gar nicht verwunderlich, daß die betreffende Tatsache für unerschöpfliche Mengen nicht gilt, wobei es dann gleichgültig ist, ob die
unerschöpfliche Menge als eine ohne Ende fortgehende Reihe oder als
ein anderes unendliches Aggregat gegeben ist, z. B. durch die sämtlichen, einer kontinuierlichen Strecke angehörenden Punkte[2]), die ja
nach § 36 nicht in einer Reihe angeordnet werden können.

Erörtern wir die Frage allgemeiner, inwiefern das Ganze einem
seiner Teile in irgendeinem Sinne gleich oder äquivalent sein kann,
so tritt deutlich hervor, daß es in der Tat verschiedene Begriffe des
Teils gibt, so daß es also eine Verwechslung bedeutet, wenn man
Sätze, die von dem einen Begriff des Teils gelten, ohne weiteres auf
einen anderen solchen Begriff überträgt. Rein logisch und ohne
weitere Erklärung ist verständlich, was unter einem Teil einer Menge
voneinander unterschiedener Gegenstände zu verstehen ist. Es liegt
aber ein ganz anderer Begriff des Teils bei einer Strecke vor[3]), wenn

---

[1]) B. Russel, a. a. O. S. 358, nennt es die Paradoxie von Cantor; dieselbe ist
jedoch bereits Galilei bekannt, der das Beispiel der Quadratzahlen wählt, die von
den sämtlichen natürlichen Zahlen nur einen Teil bilden und doch diesen eindeutig
zugeordnet werden können (Ostwalds Klassiker der exakten Wissenschaften, Nr. 11,
S. 30/31). Die entsprechende Beobachtung für die Strecken findet sich bei Bolzano
(Paradoxien des Unendlichen, S. 28 u. 29); sie ist aber auch bereits an der angeführten
Stelle bei Galilei angedeutet.

[2]) Vgl. § 34, Anfang.

[3]) Wieder anders liegt die Sache bei empirischen Quanten. In dieser Hinsicht ist
von A. Bain bemerkt worden, daß die Begriffe des Ganzen und des Teils auf den
letzten Erfahrungen des Geistes beruhende, nicht erläuterbare Begriffe seien (Logic,
1873, 2. Bd., p. 203/4). Vgl. S. 57 u. dort Anm. 1 über Leibniz. Dieser hat übrigens an
einer anderen Stelle behauptet, daß die Lehre vom Teil und Ganzen, auch soweit
sie geometrisch ist, einen Spezialfall von der „Doctrina de continente et contento",
d. h. von der Lehre der sich einschließenden und voneinander eingeschlossenen Mengen

nicht etwa nur von irgendeinem Teil der Punkte der Strecke, sondern auf Grund der früher (§ 2) für die Punkte und Strecken der Geraden eingeführten Axiome und der anschließend daran benutzten Definitionen vom Teil der Strecke die Rede sein soll. Wir können dann wieder beweisen (§ 19), daß der Teil nicht gleich dem Ganzen und nicht größer als das Ganze sein kann.

Auf ähnlichen Annahmen und Definitionen bauen sich in der Lehre vom Volumen die Begriffe Teil, Addition, Vielfaches usw. auf.

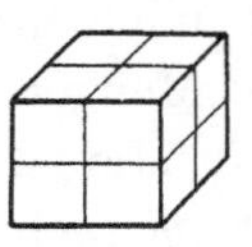

Abb. 233.

BOLZANO führt in den Paradoxien des Unendlichen[1]) als Beweis dafür, daß das Volumen nicht durch die „Menge der in ihm enthaltenen Punkte" definiert werden dürfe, den Umstand an, daß 8 Würfel von der Kante 1 zusammen einem Würfel von der Kante 2 gleichgeachtet werden (Abb. 233). Fügt man nämlich die 8 Würfel zusammen, so kommen $6 \cdot 4 = 24$ ihrer Flächen nach außen, während die anderen $8 \cdot 6 - 24$, d. h. also 24 Flächen dieser 8 Würfel ins Innere des großen Würfels zu liegen kommen, wobei dann immer zwei der Flächen der ursprünglichen Würfel zusammenfallen. In dem durch Zusammenfügen der 8 Würfel entstandenen Gebilde wären also die Punkte von 12 Würfelflächen, die im Innern liegen, doppelt zu rechnen, während der Würfel von der Kante 2 an sich diese Punkte in seinem Inneren nur einfach enthält. Wird also der größere Würfel den acht kleineren gleich geachtet, so läßt man bei der Summierung der 8 Würfel gewissermaßen die Punkte der 12 erwähnten Quadrate einmal verschwinden.

§ 181. Sophisma des ZENO.

Das bekannte Sophisma des Eleaten ZENO von Achilles und der Schildkröte bedarf nur einer kurzen Erörterung[2]). Achilles, der der Schildkröte nachsetzt, bewegt sich zehnmal so schnell als diese. Der anfängliche Abstand beträgt 10 Meilen. ZENO überlegt sich den Fall nun so. Zunächst legt Achilles die 10 Meilen zurück. Da währenddessen die Schildkröte 1 Meile macht, so beträgt hernach der Abstand gerade 1 Meile. Nun muß Achilles die 1 Meile durchmessen, während in dieser Zeit die Schildkröte $1/_{10}$ Meile zurücklegt. Indem ZENO nun so zu schließen fortfährt, ergibt sich eine nicht endende Folge von

---

ausmache; man vergleiche hierzu die Anm. von CASSIRER in G. W. LEIBNIZ' Hauptschriften zur Grundlegung der Philosophie, übersetzt von BUCHENAU, Bd. I, 1904 (Philosophische Bibliothek, Bd. 107), S. 56 57.

[1]) S. 81.

[2]) Der Aufsatz von NOËL: „Le mouvement et les arguments de Zénon d'Elée" (Revue de Métaphysique et de Morale, vol. 1, pp. 107—125) war mir nicht zugänglich.

Schritten, wobei nach jedem dieser Schritte noch ein Abstand zwischen der Schildkröte und ihrem Verfolger übrigbleibt. Hieraus wird dann geschlossen, daß Achilles die Schildkröte nicht erreichen könne.

Dieser Trugschluß wird am besten durch die Bemerkung widerlegt, daß der Philosoph die Wegstrecke, nach welcher Achilles die Schildkröte tatsächlich erreicht, willkürlich ohne Ende in Schritte zerlegt und nun daraus, daß diese Zerlegung so, wie sie eingerichtet ist, nicht zu Ende kommt, schließen will, daß Achilles sein Ziel nicht erreiche, obwohl dieses sich langsamer vorwärts bewegt als er selbst. Man könnte ja auch das Zeitintervall, das zur Erreichung erfordert wird, genau ebenso zerlegen, und es folgt aus solcher Zerlegung doch nicht, daß dieses Intervall nicht als ein bestimmt endliches existiert. Nimmt man eine bestimmte Zeit an, die Achilles zur Zurücklegung einer Meile braucht, so kann man unter der Voraussetzung, daß sich sowohl Achilles, als auch die Schildkröte gleichförmig bewegt, die zu den genannten einzelnen Schritten erforderlichen Zeiten berechnen; es ergibt sich dann eine unendliche Reihe, die summierbar ist[1]), und man findet durch die Summation das Zeitintervall richtig und genau ebenso groß[2]), wie man es z. B. in elementarer Weise, in diesem Fall unter der Voraussetzung seiner Existenz[3]), durch eine Gleichung ersten Grades mit einer Unbekannten berechnen kann. Es mag zur näheren Erläuterung noch die Bemerkung hinzugefügt werden, daß ja nach Zurücklegung der oben erwähnten Wegabschnitte keine Pausen eintreten. Würde dabei jedesmal ein Stillestehen, immer um denselben, wenn auch sehr kleinen Betrag, eintreten, so würden die unendlich vielen Abschnitte allerdings nicht in einer endlichen Zeit zurückgelegt[4]), während in Wahrheit Achilles stets mit derselben Geschwindigkeit ohne Pause weiterschreitet, und nur der Philosoph bei seiner Zergliederung des Vorgangs nach jedem Abschnitt einen Ruhepunkt der Betrachtung eintreten läßt.

Es sind mir schon Leute begegnet, denen auch diese Aufklärungen nicht genügt haben. Es wurde dann gesagt, daß ja die unendlich

---

[1]) Vgl. § 55. Es scheint übrigens, daß der Gedanke, das Paradoxon durch Summation einer unendlichen Reihe aufzulösen, auch schon im Altertum und zwar von Eudoxus gefaßt worden ist (vgl. F. Bernstein, „Die Mengenlehre Georg Cantors und der Finitismus", Jahresber. d. deutschen Mathematikervereinigung, Bd. 28, S. 67, 68).

[2]) Bekanntlich läßt sich fast jede mathematische Aufgabe auf mehrere Arten bearbeiten, fast jeder mathematische Satz auf mehrere Arten beweisen, weshalb alle die wirklich mathematischen Gebiete eine Reihe der glänzendsten Verifikationen darbieten.

[3]) Vgl. auch den in § 32 auf Grund des Dedekindschen Stetigkeitsaxioms geführten Existenzbeweis.

[4]) Vgl. in § 30 das „archimedische Axiom".

vielen Zwischenpunkte, welche die erwähnten Wegabschnitte gegeneinander abgrenzen, tatsächlich in einer endlichen Zeit durchlaufen werden müßten, und daß darin eine Unmöglichkeit liege. Nun, wenn dies richtig ist, so ist die ganze kunstvolle Betrachtung Zenos gänzlich überflüssig; dann ergibt sich die Unmöglichkeit jeder Bewegung an und für sich schon aus dem Umstand, daß in jeder Strecke unendlich viele Punkte gedacht werden. Man beachte aber, daß dieser Umstand mit logischer Notwendigkeit folgt (§ 34), wenn man annimmt, daß innerhalb jeder Strecke wenigstens ein Punkt angenommen werden kann, und daß jede Strecke durch jeden Zwischenpunkt in zwei Strecken geteilt wird, die keine inneren Punkte gemeinsam haben (§ 2). Will man also darin einen Widerspruch finden, daß in einem endlichen Zeitintervall unendlich viele Punkte berührt werden, so muß man entweder den Bewegungsbegriff oder die in § 2 eingeführten Streckenaxiome von vornherein fallen lassen.

Der eigentlich der zenonischen und anderen ähnlichen Betrachtungen zugrunde liegende, wenn auch nicht tatsächlich eingestandene Gedanke scheint mir der zu sein, daß alles, was zusammengesetzt ist, aus einer endlichen Zahl von einfachen Teilen bestehen müsse. Das Mosaik gilt als Gleichnis bzw. als Normalbild für jede Zusammensetzung. Weil nun die kontinuierliche Bewegung nicht aus einer endlichen Zahl einfacher Schritte besteht, so soll sie nicht möglich sein. Es ist aber umgekehrt jenes Normalbild als falsch zu erachten, wenn es mit dem Anspruch auftritt, für alle Zusammensetzung zu gelten. Überhaupt dürften wir eigentlich gar nicht vom Zusammengesetztsein sprechen, sondern nur von der Möglichkeit, etwas als zusammengesetzt zu denken[1]). Wenn, wie die Mathematik es annimmt, jede Strecke aus anderen Strecken zusammengesetzt und keine Strecke aus Punkten aufgebaut werden kann, so zerfällt eben die Strecke nicht in einfache Teile. Die Mathematik ist aber bis jetzt auf keinen Widerspruch gestoßen, der sich aus ihren Annahmen entwickeln ließe; im Gegenteil, sie zieht aus diesen mit Hilfe der infinitesimalen Methode (§ 49 bis 56, 57—62, insbesondere § 55 und 62) die fruchtbarsten Folgerungen, die alle miteinander in völliger Übereinstimmung sind. Allerdings muß zugegeben werden, daß die Widerspruchslosigkeit aller aus den Annahmen über das Kontinuum noch zu ziehenden Folgerungen im Grunde nicht bewiesen werden kann[2]).

§ 182. Das Rätsel der Sphinx.

Ein anderes aus dem Altertum überliefertes Gedankenspiel, das zunächst keine Beziehung zur Mathematik zu haben scheint, ist unter

---

[1]) Vgl. § 126.   [2]) Vgl. S. 194 und S. 392.

p. 358

dem Namen „Rätsel der Sphinx" bekannt. Die Sphinx hat ein Kind
geraubt und verspricht nachher der flehenden Mutter, ihr das Kind
dann, aber auch nur dann zurückzugeben, wenn die Mutter richtig
errät, was die Sphinx tun wird, ob sie das Kind zurückgeben wird oder
nicht. Natürlich denkt man hier zuerst, die richtige Antwort der
Mutter sei die: „Du wirst es mir zurückgeben", und die Sphinx sei
dann durch ihr Versprechen genötigt, es zu tun. Die Sphinx bleibt
aber mit ihrem Versprechen auch in Übereinstimmung, wenn sie das
Kind nicht zurückgibt, denn dann hat die Mutter eben unrichtig geraten. Erwägen wir die andere Antwort, welche die Mutter geben
kann: „Du wirst es mir nicht geben." Würde bei dieser Antwort die
Sphinx das Kind doch zurückgeben, so würde dies mit der Abmachung
nicht stimmen, da ja die Mutter falsch geraten hätte; falls jedoch die
Sphinx das Kind nicht zurückgibt, hätte die Mutter richtig geraten
und die Sphinx gleichfalls ihrem Versprechen entgegen gehandelt.
Es bleibt also bei der zuerst genannten Antwort der Mutter der Sphinx
die volle Freiheit, trotz des gegebenen Versprechens, zu tun, was sie
will, während bei der anderen Antwort die Sphinx ihrem Versprechen
überhaupt nicht treu bleiben kann, sie mag so oder so handeln.

Die eigentümliche Verwicklung besteht hier darin, daß zwischen
gewissen Umständen mehrere Relationen auf einmal gesetzt werden.
Der Umstand, ob die Mutter richtig geantwortet hat, hängt von der
nachfolgenden Handlung der Sphinx ab, und doch soll diese Handlung
sich nach jener Antwort richten. In einem solchen Fall kann man die
Vereinbarkeit der Relationen und die verschiedenen Möglichkeiten,
die sich eventuell daraus ergeben, nicht ohne weiteres überblicken.
Infolgedessen glaubt man nach der Analogie anderer, viel einfacherer
Fälle, daß die eine Antwort der Mutter die Rückgabe, die andere
Antwort die Verweigerung des Kindes bewirken werde; man über-
sieht gewisse Fälle und macht deshalb eine unrichtige Disjunktion.
Deshalb nur erscheint das Ergebnis paradox oder unerwartet.

Man kann dieses Gedankenspiel auch in ein mathematisches Gewand kleiden. Bestimmen wir, daß das Symbol ε den Wert $+1$
haben soll, wenn die Mutter sagt: „Du wirst es mir geben", und den
Wert -1 im anderen Falle, ebenso, daß $\delta = +1$ sein soll, wenn
die Sphinx das Kind zurückgibt, und $\delta = -1$, wenn sie es ver-
weigert. Es sind dann ε und δ von demselben Vorzeichen, wenn die
Mutter richtig, und von verschiedenem Vorzeichen, wenn die Mutter
unrichtig rät. Nach der bekannten, für die Multiplikation geltenden
Vorzeichenregel ist also $\varepsilon\delta$ gleich $+1$ bzw. -1, je nachdem die
Mutter richtig oder unrichtig rät. Nach dem von der Sphinx gegebenen
Versprechen soll aber das Kind im ersten Fall zurückgegeben werden

und im anderen nicht, d. h. es soll im ersten Fall $\delta = +1$, im zweiten $\delta = -1$ sein. Die von der Sphinx getroffene Festsetzung drückt sich also in der Gleichung

$$(1) \qquad\qquad \varepsilon\,\delta = \delta$$

aus, die jedoch zu der Bestimmung hinzutritt, daß jeder der beiden Werte ε und δ nur entweder $+1$ oder -1 sein kann. Unter solchen Umständen ergibt sich aus (1) notwendig, daß $\varepsilon = +1$ sein muß[1]), insbesondere, daß nur die erste Antwort der Mutter die Möglichkeit der Rückgabe des Kindes offen läßt. Setzt man aber das Ergebnis in (1) ein, so erscheint die nichtssagende Gleichung $\delta = \delta$, aus der sich δ nicht bestimmt. Dieses kann also immer noch $+1$ oder -1 sein. Es bleibt also der Sphinx immer noch die Freiheit des Handelns, ganz wie wir es oben bereits gefunden hatten.

§ 183. KANTS sogenannte Antinomien.

Wie schon bemerkt wurde, versteht man unter einer Antinomie einen Widerspruch, der sich nicht vermeiden läßt, natürlich unter der Voraussetzung, daß man nicht die Begriffsbildung, an die er anknüpft, vollständig aufgeben will. Bekanntlich hat Kant ein System von vier Antinomien aufgestellt. Von diesen interessieren uns hier im Grunde nur die beiden ersten, die man auch sonst als die „mathematischen" zu bezeichnen pflegt. Die erste Antinomie besteht aus der These: „Die Welt hat einen Anfang in der Zeit und ist dem Raum nach auch in Grenzen eingeschlossen" und aus der Antithese: „Die Welt hat keinen Anfang und keine Grenzen im Raume, sondern ist, sowohl in Ansehung der Zeit als des Raums, unendlich."[2]) Die zweite Antinomie besteht aus der These: „Eine jede zusammengesetzte Substanz in der Welt besteht aus einfachen Teilen und es existiert überall nichts als das Einfache, oder das, was aus diesem zusammengesetzt ist" und aus der Antithese: „Kein zusammengesetztes Ding in der Welt besteht aus einfachen Teilen und es existiert überall nichts Einfaches in derselben."[3]) Nach KANTS Ansicht läßt sich jedesmal sowohl die These als auch die Gegenthese beweisen, wenn wir die Verstandesgrundsätze über die Grenzen der Erfahrung hinaus wagen „auszudehnen". Ich muß gestehen, daß ich mich niemals davon habe überzeugen können, daß die von KANT dabei gebotenen Überlegungen wirkliche Beweise darstellen, auch wenn man den Boden,

---

[1]) $\varepsilon = -1$ ist „unverträglich" mit der Erfüllung aller der gegebenen Bestimmungen. Beispiele von Unverträglichkeit beim Gebrauch von Symbolen sind oben in § 83 gegeben worden.

[2]) Kritik der reinen Vernunft, Elementarlehre, II. T., II. Abth., II. Buch, II. Hauptstück.

[3]) Ebenda, weiter unten.

auf den die Beweise gestellt sind, gelten lassen will. Lassen wir einmal die Zeit beiseite und sprechen wir auch nicht von der „Welt", sondern nur vom Raume, so dürfte heutzutage für jeden Mathematiker klar sein, daß ohne gewisse Axiome (vgl. § 20 und die Axiome von § 2) auf logisch zwingende Weise weder bewiesen werden kann, daß der Raum Grenzen hat, noch daß er unendlich ist. Es deckt sich überdies für den Mathematiker die Behauptung, daß der Raum u n e n d - l i c h g r o ß ist, durchaus nicht mit derjenigen, daß er keine Grenzen hat. Es bedeutet nämlich die erste Aussage eine Aussage über das Maß und bezieht sich deshalb auf einen Gleichheitsbegriff und auf einen Widerholungsprozeß (§ 18, 20, 22, 25). Diese Aussage bedeutet, daß der Raum durch eine endliche Zahl von Wiederholungen g l e i c h e r Streckenabtragungen nicht durchmessen werden kann[1]), während z. B. eine Kugeloberfläche durch Aneinanderfügungen einer endlichen Zahl gleicher Bogen durchmessen werden kann, also endlich ist, und doch in ihrer eigenen Flächenerstreckung keine Begrenzung besitzt.

Weder die Möglichkeit, noch die Unmöglichkeit, die Strecke unendlich zu vervielfältigen oder sie unendlich zu teilen, kann man ohne Axiome deduzieren; überdies würden i n d i e s e m F a l l e die für die Deduktion vorauszusetzenden Axiome nicht viel anderes als die Annahme der zu beweisenden Sache selbst bedeuten. Das einzige, was man hier logisch erledigen kann, ist jedesmal die Frage nach der Widerspruchslosigkeit der These und der Antithese. Für die Thesen, welche sich gewissermaßen allein an die Struktur der endlichen Menge halten, ist die Widerspruchslosigkeit selbstverständlich; für die beiden Antithesen läßt sich der Beweis der Widerspruchslosigkeit erbringen, wobei man im Grunde nur auf die unstetige Mannigfaltigkeit der Rationalzahlen und der lediglich aus solchen bestehenden und von Rationalzahlen begrenzten „Intervalle" hinzuweisen braucht (§ 125 u. 74)[2]). Gerade die in den A n t i t h e s e n niedergelegten Annahmen sind es ja auch, die in der Mathematik mit großem Erfolg verwendet werden, worauf in § 181 bereits hingewiesen worden ist. Um wirkliche Antinomien dürfte es sich also hier nicht handeln.

§ 184. Geordnete und wohlgeordnete Mengen.
Ordnungstypen und transfinite Zahlen.

In einem Gebiet, das der Mathematik neuerdings hinzugefügt worden ist, gibt es in der Tat Antinomien. Um die hierhergehörige

---

[1]) Vgl. auch den Anfang von § 133.

[2]) Es braucht wohl kaum daran erinnert zu werden, daß die unendliche Teilbarkeit der Strecke selbstverständlich nicht die unendliche Teilbarkeit der Materie zur Folge hat und somit wohl mit der atomistischen Hypothese vereinbar ist.

Begriffsbildung, die sehr künstlich ist, deutlich zu machen, will ich an die Punktsysteme erinnern, die in § 34 auf einer Geraden angenommen worden sind. Wir wollen uns auf einer Geraden unendlich viele Punkte denken (Abb. 234), die vom Nullpunkt O die Abstände $\frac{1}{2}, \frac{2}{3}, \frac{3}{4}, \frac{4}{5}, \ldots$ haben. Das Gesetz der Punkte ist völlig gegeben, da der n^{te} davon den Abstand $\frac{n}{n+1}$ von O besitzt. Zu diesen Punkten hinzu denken wir uns noch den Punkt 1, der in die eben definierte Folge nicht hineingehört. Die Ordnung aller der so in unserer Figur gesetzten Punkte von links nach rechts ist nun die, daß zuerst die unendlich vielen Punkte $\frac{1}{2}, \frac{2}{3}, \frac{3}{4}, \frac{4}{5}, \ldots$ in der Reihenfolge, in der sie genannt sind, erscheinen, und daß dann nach allen diesen der Punkt 1 kommt. Die sämtlichen genannten Punkte bilden also, so wie sie auf der Geraden gelegen sind, eine geordnete Menge von Elementen. Diese Ordnung kann auch vom geometrischen Gebilde losgelöst gedacht werden. Um ganz deutlich zu sein, wollen wir auch

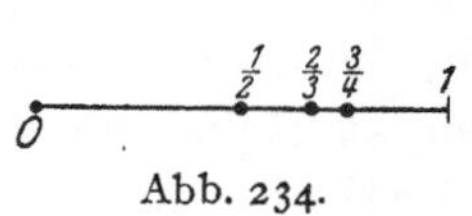

Abb. 234.

den Begriff der Zeit ganz beiseite lassen und von einer Rangordnung sprechen; ein Element, das in dem vorigen Bilde links von einem anderen lag, soll als das „im Rang vorangehende" angesehen werden. Es sind dann eben unendlich viele Elemente zu denken, zwischen denen eine Rangordnung in der Weise festgesetzt ist, daß von je zweien eines das im Rang vorangehende oder höhere ist, wobei für diese begriffliche Relation das Gesetz bestehen soll, daß stets dann, wenn a dem b, und b dem c „vorangeht", auch a dem c vorangeht. Da nun dieses Vorangehen einen Rang und nicht notwendig das Fortschreiten in einer Reihe bedeuten, auch keine Beziehung zum Zeitbegriff haben soll, so ist es kein Widerspruch, wenn wir uns zunächst eine nicht abbrechende Reihe von Elementen, deren Rangordnung der Reihenfolge entspricht, und dann noch ein einzelnes Element denken, das in seinem Rang nach den sämtlichen in der Reihe enthaltenen Elementen kommen soll. Das genannte Relationsgesetz gilt für die Gesamtheit der Elemente ohne Ausnahme, also mit Einschluß jenes einzelnen Elements.

Solche geordnete Mengen kann man sich in unendlicher Zahl und von unendlich vielen Arten ausdenken. Um noch ein Beispiel zu geben, das zunächst wieder an ein geometrisches Bild geknüpft werden mag, will ich mir unendlich viele nach rechts hin aneinander anschließende gleiche Strecken und in jeder unendlich viele Punkte denken. Die Punkte sollen vom linken Endpunkt der ersten Strecke Abstände haben, die — durch die gemeinsame Streckenlänge gemessen — durch die Zahlen

$$\tfrac{1}{2}, \tfrac{2}{3}, \tfrac{3}{4}, \ldots, 1\tfrac{1}{2}, 1\tfrac{2}{3}, 1\tfrac{3}{4}, \ldots, 2\tfrac{1}{2}, 2\tfrac{2}{3}, 2\tfrac{3}{4}, \ldots, \ldots$$

vorgestellt sind. Denkt man sich nun, daß stets der links gelegene
Punkt dem rechts gelegenen im Range vorangeht, so stellen diese
Punkte (Abb. 235) eine geordnete Menge vor. Dieselbe Art der Ordnung würden unendlich viele Elemente darbieten, die nach dem folgenden Schema

$$(1)$$

in unendlich vielen, nach unten fortgehenden Zeilen so verteilt
wären, daß jede Zeile eine nach rechts nicht abbrechende Reihe von
Elementen darbietet, wobei dann noch bestimmt wird, daß in jeder
Zeile das linksstehende Element dem rechtsstehenden und außerdem stets das Element der oberen Zeile jedem Element der unteren
im Range vorangehen soll.

G. Cantor, der den
Begriff der „geordneten"
Mengen eingeführt hat, hat

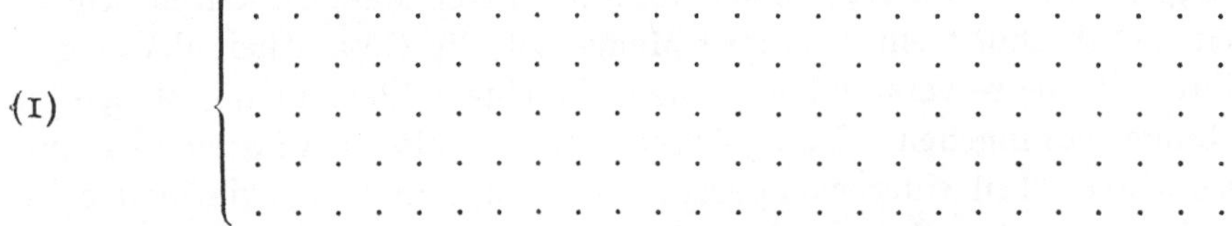
Abb. 235.

aus ihm noch den Unterbegriff der wohlgeordneten Mengen aus-
gesondert. Die eben gegebenen Beispiele stellen beide wohlgeordnete
Mengen dar. Allgemein ausgedrückt ist eine geordnete Menge dann
wohlgeordnet, wenn jede aus ihr herausgegriffene Gesamtheit von
unendlich vielen Elementen ein Element höchsten Ranges, d. h. also
ein allen anderen Elementen der Gesamtheit dem Range nach vorangehendes Element enthält. Eine geordnete Menge, welche diese
Eigenschaft nicht besitzt, also nicht wohlgeordnet ist, würde z. B.
entstehen, wenn wir uns in dem Schema (1) die in den Zeilen enthaltenen Elementenfolgen auch nach links ins Unendliche fortgesetzt
denken wollten; es würde dann beispielsweise unter den sämtlichen
Elementen einer Zeile keines existieren, das unter diesen von dem
höchsten Range ist.

Zwei geordnete Mengen, die sich Element für Element eineindeutig
und dem Rang der Elemente entsprechend aufeinander beziehen lassen,
also so, daß auf das höhere Element der einen Menge stets auch das
höhere Element der anderen bezogen ist, stellen denselben Ordnungs-
typus dar[1]). Die Ordnungstypen der wohlgeordneten Mengen
bezeichnet Cantor als transfinite (überendliche) Zahlen.

---

[1]) Nimmt man z. B. die beiden Mengen

$$(2) \qquad a_1, a_2, a_3, \ldots b_1, b_2, b_3, \ldots$$

und

$$(3) \qquad c_1, c_2, c_3, \ldots,$$

Hölder, Mathematische Methode. 35

§ 185. Antinomie von BURALI-FORTI.

Bis zu dem eben dargelegten Punkt dürften die neuen Begriffe kaum einem Einwand begegnen. Ehe ich nun weiter gehe und an die in diesem Gebiete liegende Schwierigkeit gelange, muß ich noch den Begriff des Abschnitts einer wohlgeordneten Menge erklären. Unter einem Abschnitt einer solchen Menge soll die Gesamtheit derjenigen ihrer Elemente verstanden werden, die einem Element der Menge im Range vorangehen. Der „Abschnitt" ist also gewissermaßen ein vorderer Teil einer wohlgeordneten Menge und ist, wie man ohne weiteres sieht, selbst wohlgeordnet. Es wird nun zunächst aus dem Begriff der wohlgeordneten Menge bewiesen, daß es nicht möglich ist, eine solche mit Erhaltung der Ordnung auf einen Abschnitt von sich selbst eineindeutig zu beziehen[1]).

Als eine Art von Bildungsprinzip wohlgeordneter Mengen wird es angesehen, daß man aus jeder solchen Menge wieder eine ebensolche dadurch herstellen kann, daß man ein allen den gegebenen Elementen nachgeordnetes hinzufügt, das natürlich als von diesen allen verschieden anzusehen ist. Man gelangt nun in der Tat zu einem Widerspruch, wenn man sich die Gesamtheit der wohlgeordneten Mengen, und zwar in der Weise denkt, daß eine einzige wohlgeordnete Menge vorliegen soll, von der alle anderen wohlgeordneten Mengen Abschnitte sind[2]). Man könnte nämlich in diesem Fall zu jener alles umfassenden Menge ein nachgeordnetes Element hinzufügen, wobei man auf Grund des Gesagten eine neue wohlgeordnete Menge erhalten müßte, während diese doch andererseits als Menge solcher Art schon da gewesen, d. h. als Abschnitt in jener umfassenden Menge enthalten sein müßte. Diesen Widerspruch nennt man die Antinomie von BURALI-FORTI.

Freilich hat G. CANTOR seine Theorie der wohlgeordneten Mengen und der transfiniten Zahlen etwas anders aufgebaut, als ich es soeben dargestellt habe. CANTOR denkt sich nämlich zuerst nur diejenigen wohlgeordneten Mengen gebildet, deren jede einzelne aus einer „abzählbaren" Menge von Elementen besteht (§ 36). Die

---

so lassen sich diese eineindeutig aufeinander beziehen, indem man dem Element a_ν das Element $c_{2\nu-1}$ und dem Element b_ν das Element $c_{2\nu}$ zuordnet. Eine eineindeutige Zuordnung ist aber dann nicht möglich, wenn bei der Zuordnung der Rang [in den Folgen (2) und (3) von links nach rechts] erhalten bleiben soll.

[1]) Vgl. F. HAUSDORFF, Grundzüge der Mengenlehre, 1914, S. 103; A. FRAENKEL, Einleitung in die Mengenlehre, 1919, S. 116. Bei einer bloß geordneten, aber nicht wohlgeordneten Menge ist im Gegenteil etwas Ähnliches möglich; so kann man die Gesamtheit der rationalen Zahlen < 1 der Gesamtheit der rationalen Zahlen $< \frac{1}{2}$ eineindeutig und der Ordnung (Größe) entsprechend zuweisen.

[2]) Über die Vergleichbarkeit der Ordnungszahlen s. HAUSDORFF, a. a. O.

Gesamtheit der Typen dieser wohlgeordneten Mengen selbst ist, wie dann weiter bewiesen wird, nicht abzählbar und bildet die von Cantor sogenannte zweite Zahlenklasse. Mit Hilfe dieser Zahlenklasse kommt man dann weiterhin in ähnlicher Weise zu einer dritten Zahlenklasse usw. Hilbert war der erste der in der Literatur auf einen Widerspruch hingewiesen hat, der sich ergibt, wenn man von der Gesamtheit aller Zahlenklassen spricht. Immerhin scheint mir, daß man die Bedenken gegen die aufgestellte Begriffsbildung schon an einer früheren Stelle einsetzen muß. Offenbar wird die zweite Zahlenklasse nur dadurch definiert, daß aus der Gesamtheit aller wohlgeordneten Mengen diejenigen, die einzeln abzählbar sind, herausgegriffen werden. Das ist aber eine Definition von der bekannten Art, bei der aus der nächsthöheren Gattung, dem „genus proximum", gewisse Fälle herausgegriffen werden, die sich durch eine besondere Eigenschaft, die „differentia specifica", auszeichnen. Es ist aber eine solche Definition immer dann zu verwerfen, wenn die höhere Gattung, aus der die Fälle herausgegriffen werden sollen, selbst nicht genügend klar definiert ist[1]). Daß hier dem allgemeineren Begriff die Klarheit mangelt, wird für mich allein schon durch die Antinomie angezeigt, die von Burali-Forti, allerdings erst später als jener von Hilbert gefundene Widerspruch, mitgeteilt worden ist.

Meines Erachtens wäre also der allgemeinere Begriff aller wohlgeordneten Mengen von vornherein zu beanstanden gewesen, was auch schon für die Zahlen der zweiten Zahlenklasse Bedenken hervorruft, indem diese nicht als eine einem klaren Gesetz unterworfene Gesamtheit angesehen werden können. Auf Widersprüche in diesem Begriffsgebiet müßte man also nach dieser Auffassung überall gefaßt sein, während nach der Ansicht anderer die zweite, die dritte Zahlenklasse usw. bestehen würde, man aber — nur wegen jenes tatsächlich aufgetretenen Widerspruchs — nicht von der Gesamtheit aller Zahlenklassen reden darf. Diese Gesamtheit stellt nach Cantor einen „inkonsistenten" Begriff dar.

Es unterliegt keinem Zweifel, daß man auch völlig klare Gesamtheiten von transfiniten Zahlen bilden kann, die jedoch dann von besonderer Art sind. Bezeichnet man, wie üblich, den Typus der rechts nicht abbrechenden Reihe:

. . . .

---

[1]) Auch Hausdorff sagt (a. a. O., S. 134): „Da man von der Menge aller Ordnungszahlen nicht sprechen darf, so darf man auch nicht ohne weiteres voraussetzen, daß alle Ordnungszahlen, welche eine bestimmte Eigenschaft haben, eine Menge bilden." Hausdorff zieht aber daraus nicht dieselbe Folgerung wie ich.

35*

mit ω, den der doppelt gesetzten Reihe:

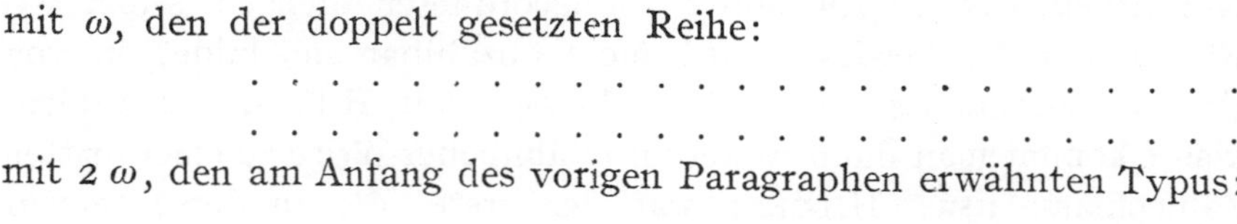

mit $2\,\omega$, den am Anfang des vorigen Paragraphen erwähnten Typus:

mit $\omega + 1$ usw., so kommt man zunächst zu den transfiniten Zahlen der Form $a\omega + b$, wobei a und b gewöhnliche, endliche (absolute) ganze Zahlen bedeuten. Ein naheliegendes Multiplikationsverfahren führt dann noch weiter. Man kann in dem transfiniten Typus x für jedes Element ohne Änderung der Ordnung eine wohlgeordnete Menge von stets demselben transfiniten Typus y setzen und so zu dem x fachen von y gelangen. Vermöge dieser Festsetzung wäre der durch das Schema (1) von § 184 vorgestellte Typus durch $\omega \cdot \omega = \omega^2$ auszudrücken. Man gelangt so dann allgemein zu den Typen der Form

$$(1) \qquad a\,\omega^n + b\,\omega^{n-1} + \cdots + f\omega + g .$$

Es wird deutlich sein, daß sowohl die für einen bestimmten Wert der Zahl n, als auch die für alle Werte von n in dieser Formel enthaltenen transfiniten Zahlen eine ganz bestimmte, klar umgrenzte, d. h. gesetzmäßige Gesamtheit bilden. Es läßt sich aber nachweisen, daß jede der eben genannten Gesamtheiten eine abzählbare Menge transfiniter Zahlen enthält. Von der zuletzt erwähnten Gesamtheit[1]) läßt sich auch noch eine Fortsetzung ausdenken; trotzdem scheint mir, daß man bei einem rein logischen Aufbau, der vom Begriff des Kontinuums keinen Gebrauch macht, entweder im Gebiet des Abzählbaren stecken bleibt oder in gewissermaßen uferlose Begriffe hinübergleitet[2]), die nicht als „klar und deutlich" anerkannt werden können[3]).

§ 186. Antinomie von RICHARD.

Die übrigen Fälle, in denen noch mathematische Antinomien aufgestellt worden sind, scheinen mir weniger wichtig zu sein; es dürfte

---

[1]) CANTOR bezeichnet den Typus der in der Formel (1) enthaltenen Gesamtheit, wenn zugleich n alle ganzzahligen Werte annehmen darf, mit ω^ω; es ist dies jedoch eine willkürliche, nicht an die obige Definition der Multiplikation angeknüpfte Bezeichnung.

[2]) Auch der in die Prinzipien der Analysis so tief eingedrungene LUDWIG SCHEEFFER war der Meinung, daß die zweite Zahlenklasse nicht existiere, während F. BERNSTEIN (Jahresber. d. deutschen Mathematikervereinigung, Bd. 28, S. 66) von POINCARÉ das Geständnis berichtet, daß er nicht überzeugt sei, daß die zweite Zahlenklasse existiere, daß er aber nicht sage, daß sie nicht existiere.

[3]) Das „clare et distincte" hat besonders bei LEIBNIZ, aber auch schon bei DESCARTES eine große Rolle gespielt (vgl. R. EISLER, Wörterbuch der philosophischen Begriffe, 2. Aufl., 1. Bd., S. 554).

in diesen Fällen nicht schwer fallen, die Unzulässigkeit der angewandten Begriffsbildung von vornherein einzusehen. Zunächst will ich der Antinomie von Richard[1]) eine kurze Besprechung widmen. Sie knüpft an eine Betrachtung an ähnlich derjenigen, vermöge deren G. Cantor die Nichtabzählbarkeit des Kontinuums nachgewiesen hat. Man kann als Ergebnis der Cantorschen Betrachtung, wenn zugleich statt der Punkte Zahlen gesetzt werden, auch das folgende erhalten (§ 36): Wenn eine nicht abbrechende Reihe von reellen Zahlgrößen gegeben ist von der Art, daß von jedem Zahlenintervall eine Zahl in der Reihe auftritt, so läßt sich aus der genannten Reihe eine neue Folge herausheben, die eine nicht in jener Reihe vorkommende Zahlgröße zum Grenzwert hat. Richard denkt sich nun alle möglichen Kombinationen, die mit Wiederholung aus den Buchstaben des Alphabets gebildet werden können. Da diese Buchstaben in einer gegebenen, endlichen Anzahl vorhanden sind, so läßt sich beweisen, daß die Zahl der zu allen Klassen (Elementenzahlen) zu bildenden Kombinationen, auch dann, wenn die Elemente jeder Kombination zugleich noch auf alle möglichen Arten gegeneinander abgeteilt gedacht werden, nur ab zählbar unendlich viele Fälle darstellen. Hieraus schließt Richard, daß die unendlich vielen verschiedenen Zahlgrößen, die durch eine endliche Zahl von Worten definiert werden können, sich in eine Reihe ordnen lassen müssen; es bilden ja die betreffenden Wortkombinationen oder abgeteilten Buchstabenzusammenstellungen nur einen Teil der vorhin erwähnten abzählbaren Fälle von Kombinationen. Da nun sicher in jedem reellen Zahlenintervall eine durch eine endliche Zahl von Worten definierbare Zahl, z. B. eine rationale Zahl, vorkommt, so kann man die Betrachtung von Cantor anwenden. Aus ihr ergibt sich dann die Existenz einer neuen reellen Zahl N, die in der genannten Gesamtheit von Zahlen nicht enthalten wäre[2]). Da diese neue Zahlgröße aber durch den entwickelten Zusammenhang definiert und eben damit auch durch eine endliche Zahl von Worten ausgedrückt erscheint, so müßte andererseits diese Zahl N auch zur Gesamtheit der endlich definierbaren gehören, womit nun ein unlösbarer Widerspruch erreicht ist.

In der Tat ist dieser Widerspruch so lange unlösbar, als man die Begriffsbildungen, auf denen er sich aufbaut, zugibt. Jene unendliche Gesamtheit von Buchstabenkombinationen wird man als eine gesetzmäßige und deshalb als zulässigen Begriff nicht anzweifeln können, wohl aber die unendlich vielen reellen Zahlen, die durch eine endliche Zahl von Worten, d. h. also durch die Bedeutung eines

---

[1]) Vgl. Acta Mathematica, Bd. 30, S. 295.
[2]) Es ist zu bemerken, daß allerdings Richard ein etwas anderes Verfahren als Cantor anwendet; doch ist dies hier nicht von Bedeutung.

Teils jener Buchstabenzusammenstellungen definiert sein würden. Die Bedeutung eines Satzes läßt sich wohl nicht eindeutig und jedenfalls nicht mathematisch-mechanisch aus den Buchstaben, welche die Worte des Satzes bilden, zusammensetzen, wie etwa eine Summe aus ihren Summanden errechnet wird. Die Bedeutung der Aussage ist eine besondere Schöpfung des Bewußtseins, das mit den Worten des ausgesagten Satzes Erinnerungen an früher Erfahrenes und Gedachtes assoziiert. Die Zuordnung zwischen jenen Zahlen und den Buchstabenkombinationen ist also keine solche, daß mit dem gesetzmäßigen Begriff aller jener Kombinationen auch der der genannten Zahlgrößen[1], noch dazu in der Ordnung einer Reihe garantiert wäre.

Richard selbst hat seine Antinomie in einer etwas spitzfindigeren Weise aufzulösen versucht, und Poincaré hat sich dieser Auflösung angeschlossen[2]. Richard denkt sich zunächst alle Buchstabenkombinationen nach einem mechanischen Prinzip in eine Reihe geordnet. Nun müssen in dieser Folge der Reihe nach alle die Glieder ausgestrichen werden, denen nicht der Sinn einer Zahldefinition untergelegt werden kann. Jetzt sagt Richard, daß die Buchstabenzusammenstellung M, welche die oben gegebene Definition jener neuen Zahl N ausmacht, an der Stelle, an der sie in der vorhin genannten Folge auftritt, noch nicht den Sinn einer Zahldefinition hat, da die betreffende Definition auf die ganze, durch Ausstreichen herzustellende zweite Folge Bezug hat, die in diesem Augenblick erst hergestellt werden soll. In diesem Sinn schließt Richard mit der Feststellung, daß die Worte, welche die Zahl N definieren, erst eine Bedeutung bekommen, nachdem jene zweite Folge hergestellt worden ist, und daß diese nur durch eine unendliche Zahl von Worten definiert werden kann. Demgegenüber möchte ich aber bemerken, daß die Antizipation, die wir vielleicht durch die Annahme machen, jene Buchstabenzusammenstellung M werde von vornherein als bedeutungsvoll erkannt, doch dem Begriff des ganzen Verfahrens zugrunde liegt. Die Definition jener zweiten Folge reeller Zahlwerte ist bereits vorausgeschickt und in einer endlichen Zahl von Worten beschlossen gewesen, nur bezog sie sich auf den Sinn von Buchstabenkombinationen, die doch im Grunde jedesmal erst zu deuten[3] sind, und deren Bedeutung uns vielleicht erst in späteren Zusammenhängen klar wird.

---

[1] A. Schoenfliess hat sich (Jahresber. der deutschen Mathematikervereinigung, Bd. XX, S. 232) in ähnlicher Weise ausgesprochen, indem er sagt, daß die „endliche Definierbarkeit" jedenfalls im allgemeinsten Umfang kein mathematisch verwendbarer Begriff sei.

[2] Vgl. Acta Mathematica, Bd. 32, S. 195.

[3] Daß das „Deuten" stets wieder ein besonderer Akt ist, wurde schon früher betont (§ 114 u. 125).

Meines Erachtens ist es das einzig Richtige, wenn man derartig unbestimmte, uferlose Begriffsbildungen, wie: „die sämtlichen reellen Zahlen, die durch eine endliche Zahl von Worten definiert werden können", überhaupt vollständig verwirft.

§ 187. Russels Antinomie.

Noch einer anderen, von Bertrand Russel erdachten Antinomie wird vielfach eine gewisse Wichtigkeit zugeschrieben. Sie ist im Grunde nicht mathematisch und bezieht sich auf das Enthaltensein von Gattungen ineinander. Zunächst werden die Gattungen eingeteilt in solche, die sich selbst enthalten, und solche, die dies nicht tun. Die meisten werden hier gleich bedenklich werden und fragen, ob es überhaupt möglich ist, daß eine Gattung sich selbst enthält; ist nicht die Gattung stets notwendig ein ganz anderer Denkgegenstand als die die Gattung bildenden Einzelgegenstände? Immerhin kann man in sehr abgezogenen Gebieten einigermaßen passende Beispiele finden; so wird die „Menge aller abstrakten Begriffe" als eine Gattung von Objekten angeführt, die sich selbst enthält[1]). Das disjunktive Urteil, daß eine gegebene Menge entweder sich selbst als Element enthält oder nicht, wird nun zunächst als logisch richtig angesehen[2]) und daraufhin die Frage gestellt, ob die Gesamtheit aller derjenigen Gattungen, die sich selbst nicht enthalten, sich selbst enthält oder nicht. Nimmt man jetzt an, daß die genannte Gesamtheit M die Gattung M' enthalte, und daß M' mit M übereinstimme, so dürfte M' als eine in M enthaltene Gattung sich nicht selbst enthalten. Somit könnte auch M, das mit M' übereinstimmt, nicht sich selbst enthalten gegen die gemachte Annahme. Nimmt man aber an, daß M sich nicht selbst enthalte, so gehört damit M zu dem Begriff derjenigen Gattungen, die eben in M vereinigt waren, und es

---

[1]) Vgl. Fraenkel, Einleitung in die Mengenlehre, 1919, S. 131.

Ich habe versucht, ob sich dafür vielleicht ein wirklich mathematisches Beispiel geben läßt. Man denke sich etwa sechs Haufen von je sechs Kugeln, so haben wir eine Gattung (Menge) von Haufen, die zwar nicht eigentlich sich selbst, aber ein auf die Gesamtheit abbildbares (§ 113) Element enthält; nur sind die Elemente der Gesamtheit selbst wieder zusammengesetzt (Haufen), und die Elemente des Elements sind einfache Kugeln. Wir wollen nun aber für jede der Kugeln wiederum einen Haufen von sechs Kugeln einsetzen. Man könnte sich nun dieses Verfahren ohne Ende fortgesetzt denken, wobei man zur Vorstellung eines unendlichen Prozesses gelangt, wie er sonst wohl in anderen Fällen für völlig strenge Betrachtungen zur Grundlage werden kann. Freilich liegen keine Gegenstände im Sinne des ganz gewöhnlichen Sprachgebrauchs vor; man könnte aber vielleicht doch sagen, daß man jetzt eine Gattung oder Menge von zusammengesetzten Haufen definiert habe, die sich selbst enthält.

[2]) Vgl. aber § 188.

enthielte damit M sich selbst, entgegen der soeben gemachten Annahme[1]).

Auch dieser Antinomie gegenüber scheint es mir die einzig richtige Auffassung zu sein, daß die ganze Begriffsbildung abgelehnt wird, die auf sie geführt hat. Ein so allgemeiner Begriff wie: die Gesamtheit der Gattungen, denen eine gewisse logische Eigenschaft zukommt, oder nicht zukommt, stellt ein unabsehbar unendliches und durch kein wirkliches Gesetz beherrschbares Gebiet dar; ein solcher Begriff ist unzulässig oder umfaßt wenigstens keine so klare Gesamtheit, daß hinsichtlich dieser die erwähnte Disjunktion berechtigt wäre. Dazu kommt noch, daß, wie aus dem Vorhergehenden gleichfalls hervorgehen dürfte, auch die zur Definition verwendete logische Eigenschaft gleichfalls verschieden deutbar und nicht vollkommen klar ist.

Man erkennt überdies, daß eine unmittelbare Beantwortung der Frage, ob jene Gesamtheit sich selbst enthält oder nicht, völlig unmöglich ist, und daß die ganze angestellte Betrachtung nur auf den beiden Annahmen: die Gesamtheit enthalte sich selbst oder enthalte sich selbst nicht und auf gewissen allgemeinen und formellen Grundsätzen beruht, wie, daß das, was vom einen gilt, auch vom Gleichen muß ausgesagt werden können. Jede der beiden Annahmen führt zu einem Widerspruch, während doch nach der vorher angenommenen Disjunktion, die nur eine Anwendung des Satzes vom ausgeschlossenen Dritten (§ 101) zu sein schien, eine der beiden Annahmen richtig sein müßte. So ist der Widerspruch entstanden.

§ 188. Schlußbetrachtungen.

Überblickt man die Begriffe, die in den letzten Paragraphen benutzt worden sind und zu Antinomien geführt haben, so erkennt man, daß sie von ganz unbestimmter Art sind. Um noch außerhalb der Mathematik ein Beispiel eines ähnlich unbestimmten Begriffs zu geben, könnte man vielleicht den Begriff des „Nichtweißen" aufstellen. Er ist bestimmt, d. h. klar und deutlich, wenn es sich um Farben handelt, und wir diejenigen Farben meinen, die nicht weiß sind. Soll es sich aber um Gegenstände irgendwelcher Art, auch vielleicht um bloße Gedankendinge, handeln dürfen, und soll in dem Begriff alles das vereinigt werden, worauf das Prädikat „weiß" nicht anwendbar ist, so ist der Begriff völlig unbestimmt und deshalb im Grunde unzulässig[2]).

---

[1]) Eine andere Einkleidung im Grunde derselben Antinomie findet sich bei FRAENKEL, a. a. O., S. 133 unten.

[2]) Auch hier sieht man wieder, daß der Begriff nicht durch die Worte oder Buchstaben bestimmt wird, durch die man ihn umschreibt, sondern durch das, was man sich bei den Worten oder Buchstaben denkt.

Natürlich können auch Relationsbegriffe, d. h. Begriffe von Eigenschaften, welche die Gegenstände relativ zueinander haben, von einer solchen Unbestimmtheit sein.

Von einer ähnlichen Unbestimmtheit wie etwa der Begriff des „Nichtweißen" ist meines Erachtens „die Gesamtheit der wohlgeordneten Mengen" oder „die Gesamtheit der reellen Zahlen, die durch eine endliche Zahl von Worten definiert werden können" oder auch die „Gesamtheit aller Gattungen, die sich selbst nicht enthalten".

In dem Gebiete eines solchen Begriffs kann der Satz vom ausgeschlossenen Dritten versagen, d. h. es braucht von zwei kontradiktorisch entgegengesetzten Aussagen nicht notwendig die eine richtig zu sein, ganz so wie die in § 187 vorgebrachte, die Gesamtheit der sich selbst nicht enthaltenden Gattungen betreffende Disjunktion versagt hat. Genau so würde es eine sinnlose Disjunktion sein, wenn ich z. B. von der „zwei", d. h. von der abstrakten Zahl — nicht von einer gemalten Ziffer 2 — sagen wollte, daß sie entweder weiß sein müsse oder nicht. Nimmt man statt eines unbestimmten Begriffs einen solchen, der sich direkt selber widerspricht, so kann man sogar zu zwei kontradiktorisch einander gegenüberstehenden Aussagen gelangen, von denen *sicher beide falsch sind*. Das ist durchaus nicht neu[1]); bereits Kant hat als Beispiel dafür die beiden Aussagen aufgestellt: „Ein eckiger Kreis ist rund" und „ein eckiger Kreis ist nicht rund"[2]). Das Versagen des Satzes vom ausgeschlossenen Dritten ist also ein Zeichen dafür, daß mit den benutzten Begriffen etwas nicht in Ordnung ist; dagegen ist es gewiß nicht richtig, wenn man, wie es auch schon vorgeschlagen worden ist, wegen solcher Vorkommnisse den Satz vom ausgeschlossenen Dritten aus der Mathematik verbannen will[3]). Gerade im Gebiet der normalen Mathematik mit ihren völlig bestimmten Begriffen feiert dieser Satz seine größten Triumphe; das zeigt uns jeder indirekte Beweis.

Der Umstand, daß manchmal zwischen zwei kontradiktorischen Urteilen nicht entschieden werden kann, bringt es mit sich, daß gewisse Fragen offen bleiben können. Bei der in § 187 aufgeworfenen Frage glaube ich allerdings, daß sie im Grunde gar keinen rechten Sinn hat. Es wäre aber auch im Gebiet der klaren mathematischen Begriffe

---

[1]) Mit Recht hat G. Hessenberg (Jahresber. der Deutschen Mathematikervereinigung, Bd. 17, S. 162) die Mathematiker und Naturforscher davor gewarnt, die jahrhundertealte Gedankenarbeit der Philosophen in erkenntnistheoretischen Prinzipienfragen unbeachtet zu lassen.

[2]) Vgl. Prolegomena, § 52b, Schluß.

[3]) Vgl. L. E. J. Brouwer, Begründung der Mengenlehre unabhängig vom logischen Satz vom ausgeschlossenen Dritten, erster Teil (Verh. d. Koninkl. Akad. van Wetensch. te Amsterdam, eerste Sectie, Deel XII, No. 5), 1918, ferner eine Äußerung von Brouwer im Jahresber. d. Deutschen Mathematikervereinigung, 23. Bd., 1914, S. 80.

ein Offenbleiben von Fragen[1]) denkbar. So wäre es z. B. denkbar, daß wir die Frage niemals zu erledigen vermöchten, ob alle Zahlen einer gegebenen gesetzmäßig unendlichen Gesamtheit eine gewisse Eigenschaft besitzen oder nicht; ebenso könnte es vielleicht bei zwei unendlichen Gesamtheiten, auch wenn sie beide durch ein klares Gesetz beherrscht sind, vorkommen, daß wir weder ein neues Gesetz, das die Elemente dieser Gesamtheiten eineindeutig aufeinander bezieht, noch etwa einen indirekten Beweis finden könnten, der eine solche Beziehung als unmöglich feststellt. Es bliebe dann die Frage offen, ob die beiden Gesamtheiten dieselbe „Mächtigkeit" haben oder nicht.

Wenn man die eben erwähnten Fälle für möglich hält, so gäbe es also mathematische Probleme, die unlösbar sind. Die Frage, ob jedes mathematische Problem lösbar ist, ist auch bereits erörtert worden, und HILBERT hat die Möglichkeit vermutet[2]), daß diese Frage mit Hilfe einer Axiomatisierung der Logik entschieden werden könnte. Nach meiner Auffassung haben solche Pläne keine Aussicht auf Verwirklichung[3]). Es müßte doch jede solche Betrachtung von einem Begriff des allgemeinsten mathematischen Problems ausgehen, und ein solcher Begriff kann nicht in gesetzmäßiger Weise gegeben werden, sondern muß von der oben charakterisierten, gänzlich unbestimmten Art sein.

ZERMELO hat versucht, den in der Mengenlehre aufgetretenen Widerspruch (§ 185) dadurch zu beseitigen, daß er die Mengen gewissen Axiomen unterwirft, die sich auf das Verhältnis des Ganzen zum Teil, auf das Herausgreifen gewisser Elemente aus gewissen Mengen usw. beziehen. Es wird ziemlich allgemein angenommen, daß es ZERMELO gelungen ist, die Axiome so zu wählen, daß nunmehr, trotzdem die meisten der sonst behandelten unendlichen Mengen zugelassen erscheinen, die in sich widerspruchsvollen Mengen ausgeschlossen bleiben. Obwohl die benutzten Gedankengänge entschieden interessant sind und sich zur Zeit großer Wertschätzung erfreuen, kann ich doch meine Bedenken gegen dieses ganze Verfahren nicht unterdrücken[4]). Selbst wenn für die ZERMELOschen Axiome die Widerspruchslosigkeit nachgewiesen werden könnte, so bliebe ihre Bedeutung für die Mengen selbst immer noch fraglich[5]). Besonders bedenklich

---

[1]) Die Möglichkeit der Unlösbarkeit mathematischer Probleme betrachtet auch BROUWER als vorhanden (an dem zuletzt angeführten Ort). Zu solchen etwa offenbleibenden Fragen rechne ich aber nicht die von H. WEYL im Anschluß an den Begriff des Kontinuums genannten (Das Kontinuum, 1918, S. 66).

[2]) Vgl. Mathematische Annalen Bd. 78, S. 412.

[3]) Man vergleiche auch die in § 106 und in § 117 gegebenen Erörterungen.

[4]) Insbesondere scheint mir bestehen zu bleiben, was ich in § 185 gegen die zweite Zahlenklasse vorgebracht habe.

[5]) Man wende hier nicht ein, daß doch auch die Axiome der Geometrie unabhängig von den anschaulich räumlichen Beziehungen studiert werden. Sie haben in

erscheint dabei jedenfalls das sogenannte „Auswahlaxiom", das besagt, daß aus einer unendlichen Folge von Mengen eine unendliche Folge von Elementen der Mengen dadurch gebildet werden könne, daß man aus jeder Menge eines ihrer Elemente herausgreift. Hier schließe ich mich ganz der Auffassung von WEYL an[1]), welche die Vorstellung einer unendlichen Folge von Elementen „als einer durch unendlich viele einzelne willkürliche Wahlakte zusammengebrachten" völlig verwirft.

Eine unendliche Menge von Elementen kann, falls es sich nicht um die Gesamtheit der Glieder der Folge selbst oder um die sämtlichen Elemente eines einfachen Kontinuums handelt (§ 124), nur durch ein Gesetz definiert werden[2]). Diese Wahrheit büßt meines Erachtens dadurch nichts an Bedeutung ein, daß man den Begriff des Gesetzes im Grunde nicht vollständig befriedigend durch eine Definition erschöpfen kann. Immerhin wird man ein solches Gesetz dadurch charakterisieren können, daß es eine endliche Zahl von Festsetzungen enthalten wird, aus denen dann die unendlich vielen Elemente notwendig und gewissermaßen mechanisch hervorgehen. Von solchen unendlich vielen Elementen kann man unter Umständen sagen, daß sie alle eine gewisse Eigenschaft haben oder nicht haben[3]). Aus einer solchen bestimmt definierten unendlichen Gesamtheit wird gewiß eine ebensolche herausgehoben, wenn wir von den herauszuhebenden Elementen eine ganz klar definierte Eigenschaft verlangen, d. h. eine solche, hinsichtlich deren Auftreten bei jedem einzelnen Element, wenn es gegeben ist, bestimmt entschieden werden kann.

Aus einer bestimmten Gesamtheit von unendlich vielen Elementen kann man sich auch alle Zusammenstellungen von je zwei, von je drei, vier usw. Elementen gebildet denken. Man wird dadurch stets zu einer bestimmten, gesetzmäßig zu nennenden Gesamtheit gelangen. Dasselbe gilt, wenn alle Zusammenstellungen der Elemente in einer beliebigen, aber endlichen Zahl gedacht werden sollen, und zwar auch dann, wenn die Elemente noch in gewisse gesetzmäßig bestimmte Verbindungen gebracht werden sollen. So betrachten wir z. B. alle

den Zahlenmannigfaltigkeiten, welche den Axiomen entsprechen (§ 41), immer noch ein hinlängliches Substrat. Hier aber handelt es sich meines Erachtens um Begriffe, die zunächst nicht den Gegenstand, sondern das Werkzeug mathematischer Betrachtung ausmachen, und deren axiomatische Begründbarkeit mir deshalb von vornherein als fraglich erscheint (§ 106 u. 117).

[1]) a. a. O., S. 15.

[2]) Vgl. S. 98, Anm. Freilich ist auch die Ansicht schon geäußert worden, daß man unendliche Mengen überhaupt nicht betrachten dürfe. Auf die Dauer wird jedoch niemand, der auch nur die Erfolge der Mathematik in der Theorie der aus unendlich vielen Gliedern bestehenden Reihen kennt, sich zu diesem „Finitismus" verstehen können.

[3]) Vgl. S. 241, Anm.

Ausdrücke, die aus den rationalen Zahlen durch die Rechnungsoperationen der vier Spezies und durch Quadratwurzelausziehungen in beliebiger Zusammensetzungsweise gebildet werden können, als einen klaren und bestimmten Begriffsbereich (§ 24).

Sollen aber aus einer unendlichen Gesamtheit unendlich viele Elemente herausgehoben werden, so ist dazu ein neues Gesetz nötig. Ich kann also nicht zugeben, daß eine unendliche Teilmenge jener Gesamtheit an sich schon vorhanden sei[1]) oder daß die Gesamtheit aller Teilmengen von unendlich vielen Elementen einen klar bestimmten Gesamtheitsbereich darstelle.

Die nicht gesetzmäßigen unendlichen Gesamtheiten stellen mathematisch nicht verwendbare, nicht klare und bestimmte Begriffe dar[2]). In einem solchen Fall kann der Versuch, über alle[3]) Elemente der Gesamtheit etwas auszusagen, zu einer Antinomie führen.

Wer die Betrachtungen der letzten Paragraphen genau überdenkt und sie insbesondere mit den rein mathematischen Beweisen des ersten Teiles vergleicht, wird, glaube ich, die feine Grenzlinie erkennen können, durch welche das normal mathematische Gebiet abgesteckt ist. Man wird von solchem Standpunkt aus die in der sogenannten Mengenlehre aufgetretenen Antinomien kaum als besonders merkwürdig oder überraschend mehr gelten lassen[4]). Immerhin lassen die Antinomien die genannte Grenzlinie noch deutlicher erkennen. Sie dienen dazu, die menschliche Vernunft zurückzuhalten, die, wie Kant es einmal ausgesprochen hat, sich nur durch unmittelbaren Widerspruch in ihrer Tätigkeit zurückschrecken läßt.

---

[1]) Vgl. auch Weyl, a. a. O., S. 19.

[2]) Es verdient aber hervorgehoben zu werden, daß einige der zunächst als unbestimmt und deshalb unzulässig erscheinenden Gesamtheiten nachher doch wieder synthetisch hergeleitet werden können, wenn man, wie ich es empfehlen möchte, sich entschließt, das Kontinuum als eine apriorische Form anzuerkennen und es bei mathematischen Gedankenkonstruktionen zu benutzen. Dadurch gewinnt man z. B. die Gesamtheit der reellen Zahlen zwischen o und 1, damit dann auch diejenigen dieser Zahlen, die nicht rational sind. Indem man dann die zuletzt genannten Zahlen in Kettenbrüche entwickelt denkt, erhält man in den Folgen der Teilnenner dieser Kettenbrüche die Gesamtheit der „nach irgendeinem Gesetz gebildeten", nicht abbrechenden Folgen von absoluten ganzen Zahlen.

[3]) In einer Besprechung von Russels Werk „The Principles of Mathematics" sagt Hausdorff ganz richtig: „Wir erkennen, daß das Wort: alle nicht immer eine erfüllbare Forderung bezeichnet, daß wir in manchen Fällen zwar distributiv jedes Objekt einer bestimmten Definition gemäß denken, nicht aber kollektiv alle Objekte ‚uno intellectus actu' zusammenfassen können." Auch Hausdorff führt hier als unzulässige Gattungsbegriffe die „uferlosen Negationen": Nichtmensch, nichtgrün usw. an.

[4]) Poincaré hat auf dem internationalen Mathematikerkongreß in Rom im Jahre 1908 gesagt, man werde später auf die Mengenlehre als auf eine überwundene Krankheit zurückblicken.

NAMENVERZEICHNIS.

Die Zahlen bezeichnen die Seiten.

ABEL 492f.
D'ALEMBERT 207, 430—433.
AMALDI 80.
AMPÈRE 484.
ARCHIMEDES, Hebel 39 bis 45; Exhaustionsmethode 133, 142.
ARISTOTELES 22, 23, 260, 298, 407.
ARNAULD 365, 506.
ATWOOD 513.
AVOGADRO 463.

BACON OF VERULAM 489.
BAIN 537.
BAUCH 114, 374, 396, 398.
BAUMANN 274.
BELTRAMI 116.
BERKELEY 27f.
BERNSTEIN 539, 548.
BESSEL 558.
BIRKEMEIER 311.
BLACK 435ff.
BOEHM 346ff.
DU BOIS-REYMOND, E. 465.
DU BOIS-REYMOND, P. 99.
BOLTZMANN 156, 458.
BOLYAI, J. 115.
BOLZANO 101, 193, 534, 537f.
BOMBELLI 199ff.
BONOLA 118.
BOOLE 272, 275.
BOYLE 98, 146.
BRADLEY 467.
BRENTANO, F. 262—264, 277.
BREWSTER 309f.
BRILL 420.
BROUWER, L. E. J. 277, 325, 357, 553f.
BURALI-FORTI 546.

CANTOR, G. 102—105, 212, 537, 545ff.
CANTOR, M. 133, 141.
CAPELLI 173.

CARNOT, L. 135.
CARTESIUS s. DESCARTES.
CASSIRER 5, 27, 114, 353, 365.
CAUCHY 44.
CAVALIERI 133, 140—142.
COHEN 155f.
COHN, JONAS 351.
CONDILLAC 339.
CONRING 12, 123.
CORNELIUS 121f., 297.
COULOMB 398.
COUTURAT, zur Logik u. Erkenntnislehre 4, 5, 24, 50, 114, 271f., 275, 277, 294, 365; zur Geometrie 18, 350; über Leibniz 12, 57, 250, 300, 485.

DALTON 462.
DEDEKIND 87f., 162, 173, 189, 193.
DEHN 82.
DEMOKRIT 462.
DESCARTES, Philosophisches 2, 531, 548; zur Geometrie 64, 72ff.; zur Mechanik 97, 442f.
DINGLER 320, 476.
DIRICHLET 97, 490.
DUHAMEL 365.

EHRENFELS 297.
EINSTEIN 386, 466—476.
EISLER 264, 266, 298, 337, 356, 377, 506, 533, 548.
ENGEL 125, 399.
ENRIQUES 185.
ERDMANN, B. 384.
EUDOXUS 64, 539.
EUKLID, seine Methode 2, 361; Definitionen u. Axiome 10, 12, 372; Kongruenz, Paralellentheorie usw. 14, 16, 19, 23f.; Proportionen 67f., 71; Inhalt 79, 360; Exhaustions-

methode 133, 142; Primzahlen 232.
EULER 169, 207, 236—241, 263, 489.

FARADAY 456—461.
FECHNER 482ff.
FERMAT 233, 236, 492.
FIZEAU 447.
FRAENKEL 546, 551f.
FREGE 164, 259, 349, 403.

GALILEI, theoretische Dynamik 45, 47f., 135, 406f., 420, 432, 513; Experimente 408, 411, 425, 513; Ganzes u. Teil 537; seine Annahmen 481; Proportionen 71.
GALLE 529.
GAUSS, zur Erkenntnislehre 7, 292, 364, 390f., 487; Prüfung der Geometrie 399; Zahlentheorie u. Kreisteilung 229, 490, 496—502; Algebra 207ff., 316f., 493—496.
GRASSMANN 168, 177.
GUHRAUER 2, 182, 292, 485, 487, 489, 514, 529.
GUYOU 524.

HAMILTON 205, 212—214, 466, 482.
HANKEL, H. 199, 211, 365.
V. HARTMANN 395.
HAUSDORFF 546f., 556.
V. HELMHOLTZ, zur Erkenntnistheorie 69, 259, 368, 370, 379, 384, 486; zur Arithmetik 161, 164, 177, 299f., 354; neuer Aufbau der Geometrie 123; Energiesatz 442; Methoden der Forschung 530f.
HERAKLIT 442.

HERMITE 77.

HERTZ 379, 457, 459f.

HESSENBERG 173,212,297f., 553.

HEYMANS 120f., 174, 389, 407, 481f., 507ff.

HILBERT, erkenntnistheoretische Fragen 295, 319ff., 356, 554; zur Arithmetik 319ff.; geometrische Axiome usw. 2, 13f., 16, 66, 72, 81, 83, 360; Fragen der Widerspruchslosigkeit u. Unabhängigkeit 64, 114ff., 125; Zahl π 77; transfinite Zahlen 547.

HILL 72.

HJELMSLEV 372.

HOBBES 57, 279, 356.

HUME 162, 249, 391.

HUSSERL 28, 162.

HUYGENS 412f., 425ff., 447.

JEVONS 24, 309, 509f.

JOULE 442.

JUNGIUS, Methoden der Forschung 2, 202, 485, 487, 489, 514, 529; Relationen 4, 23, 250; Mathematisches 23, 182, 396.

KANT, Allgemeines über Forschung u. Begriffe 2, 88, 442, 491, 556; Versagen des Satzes vom ausgeschlossenen Dritten 553; synthetische u. analytische Urteile 264, 361 bis 366; synthetische Einheit, Auflösen und Verbinden 6, 360; Analogie 511; reine Anschauung der Zeit 339; reine Anschauung des Raumes als Bedingung der Erfahrung 7, 28, 352, 357, 367f., 394f.; Begriff der Erfahrung 382; Subjektivität der Raumanschauung 382—389; Antinomien 542; reine Naturwissenschaft 477ff.; Subjektivität der Farbe 375; mathematische Erkenntnis 3, 289, 380; negative Zahlen 194.

KEPLER 133, 140—142,490f.

KEYSER, C. J. 249, 353.

KIRCHHOFF 401, 446, 454.

V. KIRCHMANN 362, 367, 383, 385, 395.

KLEIN 67, 89, 105, 115, 396f., 527.

KÖNIG, J. 320.

KROMAN 27, 183, 279.

KRONECKER 392.

KÜLPE 401.

LAGRANGE 49, 432, 489.

LAMBERT 2.

LEGENDRE 490.

LEIBNIZ, allgemeine Gesichtspunkte 4, 7, 9, 170, 300, 485, 530, 548; Lehre vom Begriff 252, 256, 261, 274; Relationen u. geregelte Ordnung 248, 379; Ganzes u. Teil 57, 537f.; Intuition 353, 356; Induktion 511f.; Arithmetik u. Kombinatorik 163, 315, 485; Differentialquotient 156; Geometrie 12, 28, 60, 123; Stetigkeit 97; Dynamik 97, 408, 420ff., 443ff.; Satz vom Grunde 38, 483.

LEVERRIER 528.

LEWIS-CARROLL 269ff.

LIEBIG 489.

LIEBMANN 119.

LINDEMANN, F. 77.

LIPPS, G. F. 168, 216—219, 338, 345.

LIPPS, TH. 376.

LOBATSCHEFSKIJ 17, 19, 21, 115ff., 125, 399f.

LOCKE 4, 22, 339, 379, 487.

LORENTZ 469f.

LOTZE 277, 293, 461.

LULLUS 277.

MACH, Allgemeines über Erkenntnis, Begriffe usw. 97, 274, 298, 475, 481, 493; Hypothesen u. phänomenologische Physik 398, 435, 464f., 466; Erhaltungssätze usw. 438f., 445, 477f.; Kritik des Hebelbeweises 42—45, 318, 486.

MAREY 524.

MARIOTTE 98, 146.

MAXWELL 306, 448f., 456 bis 461, 504f.

MAYER, ADOLPH 516.

MAYER, ROBERT 442, 479f., 531.

MEINONG, allgemein Logisches 3, 16, 51, 318, 492; Vergleichen u. Abstrahieren 52, 260; Zusammensetzung u. Zusammenstellung 195, 291; Relationsu. Gegenstandstheorie 296, 376f., 379f.; hypothetisches Urteil, Unverträglichkeit u. Verträglichkeit 269f., 327f.; Apriorität geometrischer Systeme 394.

MÉRAY 189.

MICHELSON 468.

MILL, J. St., allgemein Logisches 16, 507ff., 527; angebliche Induktionen der Arithmetik 511; Geometrisches 23, 118—120, 280; Kausalgesetze 481.

MINKOWSKI 169, 470.

MOHRMANN 121f., 129.

MOLTKE 532.

MOORE 31.

MOSER, J. 454.

MÜLLER, E. 398.

NATORP, Allgemeines zur Logik u. Erkenntnislehre 3, 15, 187, 299, 505, 526; synthetische Einheit 6, 179, 295; Reihenfolge 338, 345; Logistik 5, 272; idealisierende Abstraktion 374; Apriorität der Raumanschauung 118, 352, 357, 385, 390, 394, 400; mathematische Definitionen 88,128f.; Arithmetisches 164f., 170f., 178f., 184, 205ff.; Grenzwert u. Differentialrechnung 140, 161; imaginäre u. unendlich ferne Elemente 36, 222; Trägheitsgesetz 406.

NELSON 481.

NEUMANN, C. 408, 413.

NEWTON, allgemeiner Grundsatz 381, Gesetze der Mechanik 406, 409ff., 412, 415, 430; Gravitation u. Fall 461, 514.

OERSTEDT 451.
OHM 451, 454.
OSTWALD 435.

PADOVA 277.
PADUA, Schule v. P. 298.
PASCAL 5.
PASCH 2, 13, 89, 189.
PEANO 277, 349.
PICARD 306, 481.
PLATO 6, 7, 179, 295, 516, 526.
POINCARÉ 334, 357, 371, 400, 548, 550, 556.
PORT ROYAL, Logik von P. R. s. ARNAULD.
v. PRANTL 8, 306.
PROKLUS 12.

RICHMANN 436.
RIECKE 458.
RIEHL 120, 356.
RIEMANN 125—130, 155, 400, 487.
RÖMER, OLAF 446, 504f.
ROSCOE 463.
RÜMELIN 531.
RUSSEL, Relationen und logischer Kalkül 4, 24, 250, 275; Reihenfolge, Zahl

u. Zeit 174, 339f.; Kontinuum u. Grenzwert 138, 350; Zusammensetzung von Bewegungen 359, 415; sogenanntes Abstrahieren 260; zum Problem von LEWIS-CARROLL 271.

SCHEEFFER 548.
SCHLICK 375, 379, 395, 397, 475, 526.
SCHMITZ-DUMONT 59.
SCHOENFLIES 550.
SCHOLASTIKER 377.
SCHOPENHAUER 266.
SCHRÖDER, E. 162, 273.
SCHUPPE 377.
SCHUR, F. 81.
SCHWARZ, H. A. 487.
v. SEELIGER 412.
SIGWART, allgemein Logisches 4, 51, 247, 261, 267; Begriffsbildung u. Verfahren der Mathematik 6, 18, 23, 28, 293, 302; über Induktion 512.
SOMMER 229.
SPINOZA 2, 351.
STÄCKEL 399.
STALLO 435.
v. STAUDT 67, 257f.
STOIKER 268.
STOLZ 173.
STUDY 9, 124f., 325, 378, 396, 401, 435, 481.

TANNERY 531.
THOMAS VON AQUINO 257.
TRENDELENBURG 260, 379, 512.

VAGETIUS 23.
VAIHINGER 156, 211, 438.
VERONESE 89.
VIETA 5, 73, 182.
VOLKELT 255, 297.
VOLKMANN 358, 397, 466.
VOSS 64, 380, 398.

WEBER 193.
WEIERSTRASS 155, 193, 195, 214.
WELLSTEIN 381.
WEYL 98, 162, 194, 241, 249f., 314, 338, 357, 414, 554ff.
WHEWELL 532.
WHITEHEAD 179.
WUNDT, analytisch u. synthetisch 366; Begriffsbildung 513; empirische Gesetze, Induktion und Hypothese 179, 435, 485, 506, 511, 513; Prinzip der Einfachheit 481; physikalische Axiome 407, 480, 484; hat Leibniz den Energiesatz besessen? 443ff.

ZELLER 337, 381.
ZENO 266, 533, 538ff.
ZERMELO 554f.
ZINDLER 10, 16, 368, 370

SACHVERZEICHNIS.

Die Zahlen bezeichnen die Seiten.

Abbildung 32ff., 302ff.,511. A. von Ebene u. Raum auf Zahlenmannigfaltigkeiten 109—113, eines Aggregats auf ein anderes 173. Ist eine Abbildung der Erfahrung durch das Denken möglich? 374ff. Beweise, die durch Abbildung geführt werden 32, 303.

Aberration der Fixsterne 467.

Ableitung s. Differentialquotient.

Abstandslinie 119.

Abstrahieren, Abstraktion 253, 260.

Abszisse 104.

Abzählbar 102.

Adäquat (angemessen) 256, 527.

Addition von Stellenzeichen (Ordinalzahlen) 163ff.

D'Alembertsches Prinzip 430—433.

Alternative 265.

Analogie 510f.

Analysis (rechnende Mathematik) 113. A. bei Plato 365.

Analytisch (im Gegensatz zu synthetisch) 51, 365f. Analytische u. synthetische Urteile 361—366. Analytische Geometrie 104 bis 113.

Annahmen als heuristisches Hilfsmittel 515—521.

Anordnungstatsachen (rein logisch aus den Axiomen bewiesen) 29ff.

Anschauung, sog. reine Anschauung 352. Rolle der A. im Beweis 26ff., 367.

Antinomien 542—551. A. von Burali-Forti 546.

A. von Richard 548.

A. von Russel 551.

Anwendbarkeit der Mathematik 380ff.

Apagogischer Beweis s. indirekter Beweis.

Apodiktisch 2, 394: s. auch apriorisch u. notwendig.

Aposteriorisch 389—395.

Approximationsmathematik 396ff.

Apriorisch 7, 351ff., 389 bis 395. Apriorität der Arithmetik 352ff., 391.

Äquivalent, Äquivalenz 51 bis 56, 258.

Argument einer Funktion 149.

Assoziativgesetz der Addition, bei Strecken 59, bei Zahlen 165—167.

Atombau 466.

Atomtheorie 462ff.

Axiome 12. A. der Verknüpfung 13, der Anordnung 13, 15. Existentialaxiome 15f. Streckenaxiome 13ff. Kongruenzaxiome 14f., 24. Parellelenaxiom bei Euklid u. in neuer Fassung 16, 17. Archimedisches Axiom 64; dieses projektiv gefaßt 67. Stetigkeitsaxiom 88. Größenaxiome 78. Archimedisches Axiom aus dem Stetigkeitsaxiom bewiesen 89f. Axiomatische Proportionenlehre 71f. Scheinbare A. der Arithmetik 299, 319—326. Gibt es Axiome der Physik? 480ff.

Barometerformel 145—148.

Begriff, bei Mach 251, b. Leibniz 252, b. Trendelenburg u. Lotze 252, b. Hume 253, b. Helmholtz 253, b. Husserl 255. Umfang u. Inhalt 251. Ablehnung der Merkmaltheorie 251f. Begriff höherer Ordnung 255f., 296f., 379. B. im Gegensatz zur Sache 255ff. Adäquater Begriff 256. Synthetischer B. 292 bis 302. Gegebener oder vorfindlicher B. 10, 318; vorangehender u. nachfolgender B. 257f. Inhaltliche Anwendung eines Begriffs 319.

Beschreiben im Gegensatz zu Erklären 1, 401ff.

Beurteilen u. Verstehen 306.

Beziehungen 301. Erzeugende Beziehungen 297ff.

Bruchteile von Strecken 61.

Buchstabenrechnung 181f.

Casus irreducibilis der Gleichung 3. Grades 199ff.

Causa aequat effectum 480.

Darstellung u. Deutung 257, 304—309.

Deduktion 2, 279, 380ff.

Definition 253—255.

Delisches Problem 76.

Demonstration 2.

Deutung u. Darstellung 257, 304—309.

Differentialquotient 151 bis 156.

Dimension, in Mechanik u. Physik 83—86, einer Formel 127. Dimensionen des Raumes 394.

Disjunktion 265.

Diskursiv 356.

Division mit Null 533f.

Dreiecke mit gleicher Grundlinie u. Höhe 132f.
Drittes Element (Theorie) 282—288.
Dualitätsprinzip 35.

Einfach u. zusammengesetzt 358ff.
Einfachheit als regulatives Prinzip 481.
Einheit 64. Längen-, Flächen- u. Volumeinheit 82. Physikalische Einheiten 83ff. Gerichtete Einheitsstrecke 202.
Einholung eines Punktes 93ff.
Elektrischer Strom 450 bis 456.
Elektrizitätsmengen 449f.
Elektromagnetische Kraftfelder 456ff.
Elliptische Geometrie 60.
Empirisches Gesetz 390.
Endliche Zuwüchse beurteilt mit Hilfe des Differentialquotienten 160f.
Energie, Satz von der Erhaltung 440—445, 479. E. im unendlichen Raum und im endlichen Gebiet 445. Vorgeschichte des Energiesatzes 442ff.
Erfahrung, im Gegensatz zum Denken 382. Bedingung der E. 7. Form der Erfahrung 381f., 385.
Erklären im Gegensatz zu Beschreiben 1, 401ff.
Erschöpfbare Aggregate (Mengen) im Gegensatz zu den unendlichen 173, 537.
Evidenz 353.
Existentialsätze, Existentialurteile 16, 249, 262 bis 264.

Fallende Katze u. Flächensatz 524.
Fallmaschine von ATWOOD 513.
FERMATscher Satz 233ff.
Fernwirkung, unmittelbare u. mittelbare 461f.
Fiktion als heuristisches Hilfsmittel 517ff.

Finitismus 539, 555.
Form u. Inhalt 257.
Formales Beweisverfahren 36, 319.
Fragestellungen 488—493.
Fundamentalsatz der Algebra 207ff., 316f., 493 bis 496.
Funktion 149ff.

Ganzes u. Teil 56f., 535ff.
Gedankenexperiment 279, 292.
Gegenstand höherer Ordnung 296, 379f. Gegenstandsbegriffe 10, Gegenstandstheorie 380.
Genauigkeit 397f.
Geometrie als Erfahrungswissenschaft 367—368.
Gerade, Definition 369ff., bei EUKLID 372, bei PLATO 369.
Geschwindigkeitsmaß 152 bis 154.
Gesetz 98, 555.
Gespannter Faden 370.
Gestaltsqualitäten 379.
Gewicht im Gegensatz zu Masse 420.
Gleichförmig beschleunigte Bewegung 45ff., 135ff.
Gleichheit 13, 51—56, 259, 260. G. in gewisser Hinsicht 52, 260. „Projektive" G. 53f. G. von Dreiecken 80f. G. von Strecken in der nichteuklidischen Geometrie 117. G. von Kräften 404f.
Gleichschenkliges Dreieck 18f.
Gleichungen von Linien 106, 108f.
Grenzpunkt 99.
Grenzwert, seine eindeutige Bestimmtheit 138—140.
Größe 68.

HAMILTONsches Prinzip 466.
Härtegrade 79, 280.
Hebelgesetz, Beweis 39ff. MACHs Kritik 42ff.
Hilfslinien 18.
„Homogeneität" des Raumes 483.

Hydrodynamik 433.
Hyperbolische Geometrie 17, 19ff.
Hypothese 381. Hilfs- oder Arbeitshypothese 434f.
Hypothetisches Urteil 264 bis 269, 326—331; seine eigentliche Bedeutung 266—269; sein Zustandekommen 326—331. Gibt es eine Verneinung des h. Urteils? 269f.

Ideale Elemente 35f.
Idealisierung 397f.
Imaginäre Punkte 219—227.
Implizite Definition 397.
Indirekter Beweis 25, 266f.
Indivisibilien 140ff.
Induktion, ihr Wesen 503 bis 510; Verhältnis zur Deduktion 511—515. I. als heuristisches Mittel auch im apriorischen Gebiete 489ff. MILLS induktive Logik 507ff.
Infinitesimalverfahren 130 bis 140; falsche Anwendung desselben 140ff.
Inhalt von Flächen u. Körpern 79—82. Inhaltsmaß 82f. I. u. Form 257.
Inkommensurable Strecken 87.
Innerer Punkt eines Dreiecks 30.
Instinktive Erkenntnis 97, 132.
Integral 128, 520.
Intuitiv 356f.

Kategorien s. Verstandesbegriffe.
Kausalität 481—484.
Kegelschnitte 108f.
KIRCHHOFFsche Gesetze 454ff.
Kommutativgesetz der Addition, bei Strecken 59, bei Zahlen 165—168. K. der Multiplikation 177ff.
Kongruenzprinzip in der Physik 483.
Kongruenzsätze s. Axiome.
Konstruierbare Vorstellung s. Begriff (synthetischer).

Kontinuierlich, Kontinuum 89, 96f., 349ff. Das Kontinuum als apriorische Form betrachtet 392.
Koordinaten 105.
Kraft 403.
Kreisinhalt, Bestimmung desselben 130—131.
Kreisteilungsgleichungen 496—502..
Kürzeste Linie 128.

Lebendige Kraft, Erhaltung derselben 420—422.
Lichtgeschwindigkeit, ihre Bestimmung 447. Die L. gleich einer elektromagnetischen Konstanten 460.
Logistik 5, 272.
Lullische Kunst 277.

Maß 51, 63ff., 77ff. Maßzahl 65ff., 318. Projektive Maßbestimmung 67.
Masse 417ff. M. im Gegensatz zu Gewicht 420.
Materie, ihre Erhaltung 477f.
Maxima u. Minima 156ff.
Mengen 314. Geordnete u. wohlgeordnete M. 543ff.
Mittelbare Beziehung der Experimente zur Theorie 449, 470.
Mittelpunkt der Parallelkräfte 39.
Mittelwertsatz der Differentialrechnung 158—161.

Negative Urteile 261f.
Nichtabzählbarkeit des Punktkontinuums 102ff.
Nichteuklidische Geometrie 17, 19ff.
Nominalist 8.
Notwendiger Charakter der Mathematik 351—358.

Obere Grenze 191ff.
Ohmsches Gesetz 451ff.

Paradoxien 533—542.
Parallelentheorie Lobatschefskijs 17. Neuere Versuche zur P. 118—123.

Parallelogramm der Kräfte 43, 417.
Parallelsehnen der Ellipse 33.
Parallelwinkel 20.
Pendel 423—429.
Permanenz der formalen Gesetze 211.
Permutationen 241.
Perpetuum mobile 442.
Pol u. Polare 34.
Polarisationsebene 449.
Postulate 12.
Potential 458ff.
Potenzlinie 220.
Prädikat u. Subjekt 247, 505.
Primzahlen, Zerlegung in solche 228ff. Die Zahl der P. ist unendlich 232f.
Prinzip, der doppelten Verneinung 261, der Einteilung 259f., der Identität 255. P. der Identität bei Aristoteles 260. P. der übereinstimmenden Erzeugung 312, des Widerspruchs 264f.
Proportionen 67—72.
Prüfung der Geometrie 395 bis 400.
Punkt, Definition bei Euklid 10.
Punktmengen 98ff.

Quadratische Form 54f.
Quadratur des Kreises 77.
Quadratwurzelausdrücke 74.
Qualität im Gegensatz zu Quantität 50f., 288. Gestaltsqualität 297.
Quaternionen 212ff.

„Rationelle" Mechanik 37.
Rätsel der Sphinx 540ff.
Realist 8.
Realrelationen 376ff.
Recursus in infinitum 5.
Regeln der Forschung 530f.
Regula falsi 517ff.
Regulative Ideen 480—484.
Reihenfolge, Reihenordnung, logische Bedeutung 338f., Bedeutung für geometrische Sätze 387, für

das Zustandekommen einer Deduktion 145, 280, für die Beschreibung eines empirischen Tatbestandes 339. Unmöglichkeit, die Reihenfolge in andere Begriffe aufzulösen 339 bis 349.
Reihensumme abhängig von der Gliederordnung 143.
„Reine Naturwissenschaft" 477ff.
Rein logische Beweisführung 26ff.
Relation, Begriff 4, 11f. Umkehrung der R. von zwei Elementen 249f.; symmetrische R. 250, transitive R. 274. R. von mehr als zwei Elementen 248. Relationslogik 24.
Relativitätsprinzip der klassischen Mechanik 45f., 411ff.
Relativitätstheorie Einsteins 466—476, 484.
Resultante von Kräften 37.
Riemannsche Mannigfaltigkeiten 125—130.

Sache im Gegensatz zum Begriff 255ff.
Satz, vom zureichenden Grunde 38, 483f., vom ausgeschlossenen Dritten 261ff. Versagen dieses Satzes 553.
Schluß von n auf $n+1$ 331—336.
Schmelzwärme 439.
Schnitt (im Gebiet der rationalen Zahlen) 65, 189.
Sehlinie 369.
Selbsttätigkeit des Verstandes 173.
Siebzehnteilung des Kreises 502.
Sophisma des Zeno 538ff.
Spezifische Wärme 437.
Spiegelbild 386—389.
Starrer Körper 370—374.
Stellenzeichen 161.
Stetigkeitsaxiom, von Dedekind 86, von Veronese 89.
Strahl 446f.

Subjekt u.. Prädikat 247, 505.
Substitutionen 241 ff., 290 ff.
Substitutionsprinzip in Schlüssen 24 f., 309—313.
Syllogismus 3, 4, 23.
Symbolrechnung 31 f.
Symmetrieprinzip in der Physik 484.
Synthesis 353, 361; s. auch unter Begriff.
Synthetisch u. analytisch 365 f.; synthetische und analytische Urteile 361 bis 366.

Tangente einer Kurve 151.
„Tätiger Intellekt" 298.
Teil u. Ganzes 56 f., 535 ff.
Teilstrecke, Existenz der genauen T. 90 ff.
Trägheitsgesetz 406 f., 480.
Transfinite Zahlen 545.
Transitive Relation 24, 341.
Tristram Shandys Lebensbeschreibung 534 f.

Überbauung von Begriffssystemen 313—326.
Unabhängigkeit von Axiomen 114—118, 331.
Unabhängigkeitsprinzip in der Dynamik 414 ff.
Unendliche Aggregate im Gegensatz zu den erschöpfbaren 537.
Unendliche Länge der Geraden 59, 385 f.
Unendliche Reihen, ihre Summe 142—143; U. R. stetiger Funktionen 144 f.
Unendlich ferne Elemente 35 f., 223 ff.
Unlösbare Probleme, Frage nach deren Existenz 554.
Unverträglichkeit 265—269, 326—331.
Unzulässige (uferlose) Begriffe 548, 551, 552 f.

Verdichtungspunkt 99.
Verdopplung des Würfels 76.
Vergleichen 260.
Verifikation 395, 539.
Verkettung der Relationen 24, 278.
Vermutung, ihre Bedeutung für die Untersuchung 487 bis 493.
Verneinung 261 f.
Verstandesbegriffe (allgemeine) 277 f.
Verstandestätigkeiten 296 f., 486 f.
Verstehen u. Beurteilen 306.
Vertauschungen, ihr Zusammenhang mit arithmetischen Begriffen 172 f. Vgl. auch Substitutionen.
Verträglichkeit 269—272; s. auch Widerspruchslosigkeit.
Vierdimensionale Geometrie 125.

Wärmeäquivalent 441.
Wärmemenge 435—439.
Wellentheorie 446 ff.
Widersprechender Begriff kein Hilfsmittel des Denkens 211 f.
Widerspruchslosigkeit, der gewöhnlichen Geometrie 113 ff., der nichteuklidischen Geometrie 115 ff., der Arithmetik 325, anderer Disziplinen 115. Möglichkeit des Nachweises 331 (s. auch Verträglichkeit). Auflösung eines Widerspruchs 522 ff.
Winkelsumme im Dreieck 18 f.
Wirkung u. Gegenwirkung 430 f.
Wurfparabel 47 ff.

Zahl, reelle Zahlgröße 65, 68. Z. als Stellenzeichen 161 ff., als Anzahl 174 f. Grundtatsache für den Begriff der Anzahl 169—173. Rein arithmetische Begründung der gebrochenen Zahlen 183 ff., der negativen Zahlen 194 ff. Irrationale Z. 187 ff. Gewöhnliche imaginäre Z., in geometrischer Darstellung 201—204, in rein arithmetischer Darstellung 204—207; höhere imaginäre Z. 212 ff.
Zahl e 143.
Zahlenmannigfaltigkeite ι 109 f., 113, 125 ff.
Zahlformeln 288.
Zeit, Zeitmessung 407 f., 476; s. auch KANT.
Zerlegung einer Primzahl in die Summe zweier Quadrate 235—240.
Zirkel u. Lineal, Konstruktionen damit 72—77.
Zufällige Entdeckungen 523.
Zuordnung, ihre Bedeutung für das Relationsurteil 249, für den Anzahlbegriff 69, für die Begriffe von Kongruenz u. Ähnlichkeit 122, 387, 536, für geometrische Sätze 387, für geometrische Beweise 19, für die Darstellung der Erfahrung 374 ff., 526
Zusammengesetzt u. einfach 358 ff.
Zusammenhängend s. kontinuierlich.
Zusammensetzung, ausgeführte u. angezeigte 291 u. 298, gedachte, d. h. nicht wirkliche 359.
Zusammenstellung im Gegensatz zu Zusammensetzung 195, 212.
Zweite Zahlenklasse 547 f.

Die Grundlehren
der mathematischen Wissenschaften
in Einzeldarstellungen

Mit besonderer Berücksichtigung der Anwendungsgebiete

Gemeinsam mit

W. Blaschke, Hamburg, **M. Born**, Göttingen, **C. Runge**, Göttingen

Herausgegeben von **R. Courant**, Göttingen

Bd. I: Vorlesungen über Differential-Geometrie und geometrische Grundlagen von Einsteins Relativitätstheorie. Von **Wilhelm Blaschke**, Professor der Mathematik an der Universität Hamburg. I. Elementare Differential-Geometrie. Zweite, verbesserte Auflage. Mit einem Anhang von Kurt Reidemeister, Professor der Mathematik an der Universität Wien. Mit 40 Textfiguren. (XII u. 242 S.) 1924.
11 Goldmark; gebunden 12 Goldmark / 2.65 Dollar; gebunden 2.90 Dollar

Bd. II: Theorie und Anwendung der unendlichen Reihen. Von Dr. **Konrad Knopp**, ord. Professor der Mathematik an der Universität Königsberg. Zweite, erweiterte Auflage. Mit 12 Textfiguren. (X u. 527 S.) 1924.
27 Goldmark; gebunden 28 Goldmark / 6.45 Dollar; gebunden 6.70 Dollar

Bd. III: Vorlesungen über allgemeine Funktionentheorie und elliptische Funktionen. Von Adolf Hurwitz, weil. ord. Professor der Mathematik am Eidgenössischen Polytechnikum Zürich. Herausgegeben und ergänzt durch einen Abschnitt über: **Geometrische Funktionentheorie von R. Courant**, ord. Professor der Mathematik an der Universität Göttingen. Zweite Auflage.   In Vorbereitung

Bd. IV: Die mathematischen Hilfsmittel des Physikers. Von Dr. **Erwin Madelung**, ord. Professor der theoretischen Physik an der Universität Frankfurt a. M. Mit 20 Textfiguren. (XII u. 247 S.) 1922. Gebunden 10 Goldmark / Gebunden 2.40 Dollar

Bd. V: Die Theorie der Gruppen von endlicher Ordnung mit Anwendung auf algebraische Zahlen und Gleichungen sowie auf die Kristallographie. Von **Andreas Speiser**, ord. Professor der Mathematik an der Universität Zürich. (VIII u. 194 S.) 1923.
7 Goldmark; gebunden 8.50 Goldmark / 1.70 Dollar; gebunden 2.05 Dollar

Bd. VI: Theorie der Differentialgleichungen. Vorlesungen aus dem Gesamtgebiet der gewöhnlichen und der partiellen Differentialgleichungen. Von **Ludwig Bieberbach**, o. ö. Professor der Mathematik an der Friedrich-Wilhelms-Universität in Berlin. Mit 19 Textfiguren. (VIII u. 319 S.) 1923.
10 Goldmark; gebunden 12 Goldmark / 2.40 Dollar; gebunden 2.90 Dollar

Bd. VII: Vorlesungen über Differential-Geometrie und geometrische Grundlagen von Einsteins Relativitätstheorie. Von **Wilhelm Blaschke**, Professor der Mathematik an der Universität Hamburg. II. Affine Differential-Geometrie, bearbeitet von Kurt Reidemeister, Professor der Mathematik an der Universität Wien. Erste und zweite Auflage. Mit 40 Textfiguren. (IX u. 259 S.) 1923. 8.50 Goldmark; gebunden 10 Goldmark / 2.05 Dollar; gebunden 2.40 Dollar

Bd. VIII: Vorlesungen über Topologie. Von **B. v. Kerékjártó**. I. Flächentopologie. Mit 60 Textfiguren. (VII u. 270 S.) 1923.
11.50 Goldmark; gebunden 13 Goldmark / 2.75 Dollar; gebunden 3.10 Dollar

Bd. IX: Einleitung in die Mengenlehre. Eine elementare Einführung in das Reich des Unendlichgroßen. Von **Adolf Fraenkel**, a. o. Professor an der Universität Marburg. Zweite, erweiterte Auflage. Mit 13 Textfiguren. (VIII u. 251 S.) 1923.
10.80 Goldmark; gebunden 12.60 Goldmark / 2.60 Dollar; gebunden 3 Dollar

Siehe auch umstehende Seite!

Die Grundlehren der mathematischen Wissenschaften in Einzeldarstellungen mit besonderer Berücksichtigung der Anwendungsgebiete. Gemeinsam mit W. Blaschke - Hamburg, M. Born - Göttingen, C. Runge - Göttingen herausgegeben von **R. Courant** in Göttingen.

Demnächst werden erscheinen:

X. Band: **Der Ricci-Kalkül.** Eine Einführung in die neueren Methoden und Probleme der mehrdimensionalen Differentialgeometrie. Von **J. A. Schouten,** ord. Professor der Mathematik an der Technischen Hochschule Delft in Holland. Mit 7 Textfiguren.

XI. Band: **Vorlesungen über numerisches Rechnen.** Von Geh. Reg.-Rat Dr. **Carl Runge,** o. Professor der Mathematik an der Universität Göttingen, und Dr. **H. König,** o. Professor der Mathematik an der Bergakademie Clausthal. Mit 13 Textfiguren.

XII. Band: **Methoden der mathematischen Physik.** Von **R. Courant,** ord. Professor der Mathematik an der Universität Göttingen, und **D. Hilbert,** Geh. Reg.-Rat, ord. Professor der Mathematik an der Universität Göttingen. Erster Band. Mit 29 Abbildungen.

XIII. Band: **Vorlesungen über Differenzenrechnungen.** Von **Niels Erik Nörlund,** o. ö. Professor der Mathematik an der Universität in Kopenhagen. Mit 54 Textfiguren.

Weitere Bände in Vorbereitung.

Felix Klein, Gesammelte mathematische Abhandlungen. In drei Bänden.

I. Band: **Liniengeometrie — Grundlegung der Geometrie — Zum Erlanger Programm.** Herausgegeben von **R. Fricke** und **A. Ostrowski.** (Von F. Klein mit ergänzenden Zusätzen versehen.) Mit einem Bildnis. (XII u. 612 S.) 1921. 25 Goldmark / 6 Dollar

II. Band: **Anschauliche Geometrie — Substitutionsgruppen und Gleichungstheorie — Zur mathematischen Physik.** Herausgegeben von **R. Fricke** und **H. Vermeil.** (Von F. Klein mit ergänzenden Zusätzen versehen.) Mit 185 Textfiguren. (VI u. 714 S.) 1922. 25 Goldmark / 6 Dollar

III. Band: **Elliptische Funktionen, insbesondere Modulfunktionen, hyperelliptische und Abelsche Funktionen, Riemannsche Funktionentheorie und automorphe Funktionen.** Anhang: Verschiedene Verzeichnisse. Herausgegeben von **R. Fricke, H. Vermeil** und **E. Bessel-Hagen.** (Von F. Klein mit ergänzenden Zusätzen versehen.) Mit 138 Textfiguren. (IX u. 810 S.) 1923. 30 Goldmark / 7.20 Dollar

---

B. Riemann, Über die Hypothesen, welche der Geometrie zu Grunde liegen. Neu herausgegeben und erläutert von **H. Weyl.** Dritte Auflage. (V u. 48 S.) 1923. 2 Goldmark / 0.50 Dollar

---

Mathematische Analyse des Raumproblems. Vorlesungen, gehalten in Barcelona und Madrid. Von Dr. **Hermann Weyl,** Professor der Mathematik an der Eidgenöss. Technischen Hochschule Zürich. Mit 8 Abbildungen. (VII u. 117 S.) 1923. 5 Goldmark / 1.20 Dollar

---

Relativitätstheorie und Erkenntnis a priori. Von Hans Reichenbach. (V u. 110 S.) 1920. 4 Goldmark / 0.95 Dollar

---

Immanuel Kant und seine Bedeutung für die Naturforschung der Gegenwart. Von **Johannes von Kries,** Professor der Physiologie zu Freiburg i. Br. (IV u. 127 S.) 1924. 3.90 Goldmark / 0.95 Dollar

---

Immanuel Kant 1724—1924. Gedächtnisrede zur Einweihung des Grabmals. Im Auftrage der Albertus-Universität und der Stadt Königsberg in Preußen am 21. April 1924 im Dom zu Königsberg, gehalten von **Adolf von Harnack.** (14 S.) 1924. 0.90 Goldmark / 0.25 Dollar